国外计算机科学教材系列

自动控制原理与设计
（第六版）

Feedback Control of Dynamic Systems
Sixth Edition

Gene F. Franklin

［美］　J. David Powell　　　著

Abbas Emami-Naeini

李中华　等译

电子工业出版社
Publishing House of Electronics Industry
北京·BEIJING

内 容 简 介

本书是自动控制领域的经典著作，以自动控制系统的分析和设计为主线，在回顾自动控制系统动态响应和反馈控制的基本特性基础上，重点介绍了自动控制系统的 3 种主流设计方法，即根轨迹设计法、频率响应设计法和状态空间设计法。此外，还阐述了非线性系统的分析与设计，给出了一系列经典控制系统设计实例。全书在阐述自动控制原理和设计方法的过程中，适时地穿插 MATLAB 仿真源代码和仿真实验结果。

本书可作为高等院校自动化、电气工程、机电自动化及相关专业的高年级本科生和研究生的教材，还可供从事半导体制造、汽车控制、宇航自动化、运动控制、机器人、化工自动化等相关领域的教师、科研人员、工程技术人员作为参考用书。

Authorized translation from the English language edition, entitled Feedback Control of Dynamic Systems, Sixth Edition, ISBN 9780136019695 by Gene F. Franklin, J. David Powell and Abbas Emami-Naeini, published by Pearson Education, Inc, Copyright © 2010 Pearson Education.

CHINESE SIMPLIFIED language edition published by PEARSON EDUCATION ASIA LTD., and PUBLISHING HOUSE OF ELECTRONICS INDUSTRY Copyright © 2014.

版权贸易合同登记号 图字：01-2011-7697

图书在版编目（CIP）数据

自动控制原理与设计：第 6 版／（美）富兰克林（Franklin, G. F.）等著；李中华等译.
北京：电子工业出版社，2014.7
书名原文：Feedback Control of Dynamic Systems, Sixth Edition
国外计算机科学教材系列
ISBN 978-7-121-23272-5

I. ①自… II. ①富… ②李… III. ①自动控制理论-高等学校-教材 ②自动控制系统-系统设计-高等学校-教材 IV. ①TP13 ②TP273

中国版本图书馆 CIP 数据核字（2014）第 105226 号

策划编辑：马　岚
责任编辑：李秦华
印　　刷：三河市鑫金马印装有限公司
装　　订：三河市鑫金马印装有限公司
出版发行：电子工业出版社
　　　　　北京市海淀区万寿路 173 信箱　邮编　100036
开　　本：787×1092　1/16　印张：38.75　字数：1042 千字
版　　次：2014 年 7 月第 1 版（原著第 6 版）
印　　次：2023 年 9 月第 10 次印刷
定　　价：89.00 元

凡所购买电子工业出版社图书有缺损问题，请向购买书店调换。若书店售缺，请与本社发行部联系，联系及邮购电话：（010）88254888，88258888。

质量投诉请发邮件至 zlts@phei.com.cn，盗版侵权举报请发邮件至 dbqq@phei.com.cn。
本书咨询联系方式：classic-series-info@phei.com.cn。

译　者　序

今天，各种自动化装置、机器人、无人工厂、办公自动化设备、农业自动化、家庭自动化等形成的社会生产力，在物联网技术革新和产业发展的浪潮助推下，把人类社会引领到一个崭新的时代——智能自动化时代。虽然自动化装置的种类繁多并且应用领域十分广泛，但是如何分析和设计自动控制系统的基本概念和基本理论却是不变的。因此，控制工程师们需要对控制系统的特性和分析设计方法有一个基本的认识和了解。另外，控制系统设计中所采用的许多技术和原理也在其他学科中有着广泛的应用。

本书在帮助读者掌握实际控制系统设计技术的全景过程中，融会贯通了由基本概念到实际应用的思想。众所周知，精通控制系统的具体分析和设计需要有一定的悟性和洞察力。坚实的理论基础只是确保充分地理解控制系统，更为重要的是，在实际工作中要能敏锐地判断系统的运行情况，进而思考改进系统性能的方法，而且要明白如何改进系统设计来满足期望的控制要求。本书的编排和讲解正是沿着这条有效的学习途径进行的，即在对问题有一个很好理解的基础上，再提出有效的系统设计方案，并辅之以必要的仿真实验进行验证设计的结果。

本书涵盖了自动控制理论的基础知识，重点强调了基本理论分析、应用设计和技术案例实践，具有以下鲜明的特点：

- 本书整合了自动化专业过去分散的专业课程，将经典自动控制理论、现代控制理论、数字控制技术和非线性系统理论中的基础知识全部囊括其中，知识体系清晰、内容丰富，适应当今社会对宽口径自动化专业学生的培养需求。
- 每章的开篇都提纲挈领地给出了本章的知识背景和控制要求，也给出了全章的主要内容结构分布，在每章末尾还给出了全章所讲述主题的发展历史，并对关键的知识点及时地进行了小结，有助于学生进一步理解所学知识，形成完整的知识体系。
- 本书在介绍自动控制基础的分析和设计方法的同时，还以丰富的设计实例配以翔实的设计步骤，特别是第 10 章提供的来自实际问题的丰富而系统的案例研究，让读者能充分体会到每一个设计细节，有利于快速地培养起学生的分析和设计控制系统的能力。
- 配套网站(http://www.FPE6e.com)①提供了绘制本书中一系列图形的计算机仿真程序和学习帮助文件。书中和配套网站提供的 MATLAB 仿真程序为读者提供了验证、分析和设计自动控制系统的范例，让读者能够真实地体验到控制效果。

本书的第 1 章和第 2 章由张拥杰翻译，第 3 章和第 4 章由霍利超翻译，第 5 章和第 9 章由黄桂英翻译，第 6 章和第 8 章由刘贻杰翻译，第 7 章由刘佰兰翻译，第 10 章和附录由陈夏翻译。颜杰、李坚明、段鹏斌、欧阳灿参与了本书译稿的整理和校对工作。全书由李中华负责统稿、审校。

由于水平所限，翻译不妥或错误之处在所难免，敬请广大读者批评指正。

另外，在本书付印之前，我们得到了原书作者提供的勘误表，因而在最短的时间内对其进行了逐一订正，不尽之处请谅解。

---

① 若由于网络原因无法打开此网址，读者也可登录华信教育资源网(http://www.hxedu.com.cn)注册下载配套资源——编者注。

前　　言

本书第六版依然致力于控制理论的入门课程，并且保留了过去版本的最佳特点。在新版中，我们实质上重写了描述反馈基本特性的第4章，使得内容安排更合乎逻辑顺序，组稿方式更为有效。还更新了使用计算机辅助设计方法的内容，以更充分地反映当今的设计是如何实现的。同时，我们还配备了控制系统工程师，以更好地指导和检验计算机的计算结果。在内容的更新方面，对MATLAB的使用也进行了更新，包括了一些最新的软件功能。我们保留了第10章的案例研究，并增加了关于新兴的生物工程领域的新案例。在每一章的最后增加了一个小节，用于描述相关技术的发展历史，这是为了阐述这些概念是如何提出的。

本书的基本架构保持不变，依然包括利用根轨迹、频率响应和状态变量方程三种途径实现的设计分析，以及为阐明控制理论而精心准备的案例。跟过去一样，为了帮助学生检验学习效果，在每章的末尾提供了复习题，并在书后附有答案。

在介绍设计方法的三个核心章节里，我们依然希望学生能够掌握基本的手工计算方法，并且能够快速地绘制出根轨迹或者伯德图的草图作为设计指导。鉴于MATLAB软件在控制分析与设计中的广泛应用，本书较早地引入了MATLAB的使用。而且，鉴于越来越多的控制器在嵌入式计算机中实现，我们在第4章中还介绍了数字控制，并且在大量的实例中对使用模拟控制器和数字控制器的反馈系统响应进行了比较研究。与以前一样，给出了一系列的MATLAB文件（包括m文件和Simulink仿真文件）用来输出本书的图形。这些可用的文件，可以通过网站找到。

对于Simulink文件，通过相同网站上的链接可以获得等效的LabView文件。

我们删除了一些对于介绍控制设计入门知识帮助不大的内容。然而，在意识到有些教师仍有可能讲授这些内容或者有些学生想要学习这部分内容，因此，将这部分内容放到了网站上。仅在目录中提供了相关题目。

第六版的内容安排符合教育学原理，为学习控制理论提供了清晰的动机，并为应对教学挑战打下坚实的基础。

教育挑战

在反馈控制学习中，学生面对的有些挑战是长期存在的，而有些挑战是近几年才新出现的。有些挑战伴随着他们的整个工科学习过程，而有些挑战则是这门相对复杂的课程中所独有的。无论这些挑战是现存的还是新生的，普通的还是特殊的，它们对本书的不断修订都是非常关键的。下面介绍几个教育挑战，并讨论我们的解决方法。

- **挑战　学生必须掌握设计和分析方法**

设计是工程尤其是控制系统的核心工作。学生们将发现，有机会解决实际应用问题的设计课题令人激动不已。但同时也将发现，由于设计问题给定的描述不足以及解决方案的不唯一，所以导致设计变得困难起来。鉴于设计对学生固有的重要性和激励性，整本书都对设计问题给予了相当的重视，从头开始就树立解决设计问题的信心。

在学习了建模和动态响应后，第4章将开始介绍设计问题。首先介绍的是反馈的基本思想，描述了它对扰动抑制、跟踪精度、对参数变化的鲁棒性影响。随后，在关于根轨迹、频率响应和状态变量反馈方法的一致讨论中继续深入介绍设计方法。所有的论述旨在提供必要的知识，以找到一个在数学上便于理解的优良反馈控制设计。

全书引用了大量的实例来比较或者对比采用不同设计方法得到的设计方案。在集中介绍案例研究的第10章，我们将采用所有的方法来解决复杂的实际设计问题。

● 挑战　不断地将新理念引入到控制中

控制是一个活跃的研究领域，因此，不断有新的概念、思想和技术涌入。其中一些内容很快就会发展成每个控制工程师都必须掌握的技术。本书将同时满足学生掌握传统和现代知识的双重要求。

在过去的每一个版本中，我们都会尽力地赋予根轨迹、频率响应和状态变量设计法对于控制的同等重要性。这一版继续强调对基本方法的掌握，同时，也重视用于详细运算的计算机实现方法。考虑到数字控制器在目前控制领域中的重要地位，我们还将提前介绍数据采样和离散控制器。虽然跳过这部分内容对全书的流畅性并无损害，但是我们认为，让学生了解计算机控制的广泛应用程度以及计算机控制基本方法掌握的简易性，这是十分重要的。

● 挑战　学生需要管理大量的信息

大量的系统应用到反馈控制，而且控制问题的解决方案不断增多，这意味着当今学习自动控制的学生必须掌握许多新的知识。学生们应该如何在冗长复杂的理论学习中保持敏锐性呢？如何确定重点和归纳总结？如何复习考试？帮助学生解决这些任务是第四版和第五版的准则，同样也是第六版的准则。现将本书的特点列举如下。

特点

1. 章节开篇。每章以主题介绍和全章概述作为开始，从整体上介绍该章的主题在学科中的位置，并简要地概括该章各个小节的内容。
2. 页边注解①。页边注解有助于提醒学生浏览每章的重点，指出重要的定义、公式和概念。
3. 加框显示。加框显示用于识别文中的重要概念。它们也用于总结重要的设计步骤中。
4. 章节小结。海报式的章节小结，简要地重申关键的概念和结论，有助于学生复习并区分重点。
5. 设计辅助大纲。为方便查阅，将在设计和全书中用到的关系式集中地列出。
6. 蓝色强调。使用蓝色显示意义特别。(1)强调有用的教学特点；(2)强调在方框图中的特殊组件；(3)区分图中的曲线；(4)使物理系统的图像看起来更真实。
7. 复习题。在每章的末尾给出复习题，并将答案附于书后，用于指导学生自学。

● 挑战　学习反馈控制的学生来自不同的学科

控制可应用于工程中可以想到的任何领域，因此反馈控制具有跨学科的特性。因此，许多学校在各个传统学科中分别开设了控制导论课程，而另一些学校(如斯坦福大学)开设了一系

---

① "页边注解"和"蓝色强调"系指原英文版本的排版方式。在本翻译版做了一些技术处理——编者注。

列供不同学科学生学习的课程。然而，把实例限制在单一领域，这牺牲了反馈的广度和影响力，因此覆盖应用的整个范围是必然的趋势。本书体现了反馈控制的跨学科特性，为许多最普遍的技术提供素材以方便各学科的学生使用。特别地，针对在变换分析方面有良好背景知识的电气工程学科的学生，我们在第2章介绍了机械运动方程。而针对机械工程师，在第3章回顾了用于控制理论的拉普拉斯变换和动态响应。另外，还简要地介绍了其他的技术。有时我们忽略了其推导过程，而是从响应的角度，运用易于理解足够的物理描述来列写物理系统的动态方程。本书介绍的物理系统实例，包括计算机磁盘驱动器的读/写磁头控制、卫星跟踪系统、汽车引擎燃料空气比例控制和飞机自动导航系统。

内容提要

全书内容共分10章和3个附录。在一些章节的末尾，使用△标注了高级的或增强的选学内容。在网站上还有附加的详细资料。基于上述内容的实例和问题也被标注了△。附录包括了背景资料和参考文献，如拉普拉斯变换表、每章末尾复习题的答案以及 MATLAB 命令列表。网站上的附录包括复数变量综述、矩阵理论综述，有关状态空间设计的一些重要结果、MAT-LAB 中 RLTOOL 命令的用法指导以及选学内容支持材料或几个章节的扩展知识。

第1章介绍了反馈的基本思想以及重要的设计问题。这一章还介绍了从古老的过程控制到飞行控制和电子反馈放大器的控制理论简史。希望这份简史能够阐明该领域的发展过程，介绍对其发展起到重要作用的关键人物，以此激发学生的学习热情。

第2章简要介绍了动态模型，涉及机械、电气、机电、流体以及热力学装置。这一章是可以跳过的，或者可完全根据学生的需要来处理，其出发点是作为复习要点来帮助学生厘清参差不齐的基础知识。

第3章阐述了用于控制理论的动态响应。尤其是对于电气工程专业的学生，这一章的大部分内容已经学习过了。极点位置与暂态响应间的关系，以及附加零点和极点对动态响应的影响，对于许多学生来说还是新知识。动态系统的稳定性在本章也会涉及。这些都需要认真学习。

第4章介绍了反馈的基本方程和传递函数，以及灵敏度函数的定义。利用这些工具，可以通过扰动抑制、精度跟踪以及误差敏感度对开环和闭环控制进行对比。根据跟踪多项式参考信号或者抑制多项式扰动的能力，对系统分类和系统类型的概念一起做了描述。最后，介绍了经典的比例、积分、微分(PID)控制结构，讨论了控制器参数对系统特性的影响。在该章末尾的选修部分涉及了数字控制。

在第4章对反馈进行讲述后，本书的核心内容，即基于根轨迹、频率响应和状态变量反馈的设计方法，分别在第5章至第7章进行介绍。

第8章更详细地开发一些工具，有助于在数字计算机中实现反馈控制设计。但是，对于用数字计算机实现反馈控制的完整处理，读者需要参阅 Franklin、Powell 和 Workman 编写的同步教材 *Digital Control of Dynamic System*(Ellis-Kagle Press, 1998)。

第9章介绍了非线性内容，涵盖运动方程的线性化方法、变量增益的零记忆非线性分析、描述函数的频率响应、相平面、李雅普诺夫稳定性定理和圆稳定性判据。

第10章将三种主要的设计方法综合应用在几个案例研究中，建立了一个可应用于实际问题控制设计的设计框架。

课程结构

本书结构灵活。大多数初学控制理论的学生都掌握了动态方程和拉普拉斯变换。因此，第2章和第3章的大部分对于他们可以起到复习的作用。用10周时间来复习第3章，以及第1章、第4章、第5章和第6章的全部内容，这是可能的。其中大部分的选学内容都可以跳过。在第二个10周的学习中，可以顺利地完成第7章和第9章的学习，包括选学的内容在内。若忽略选学的内容，可以选择第8章的部分内容进行学习。一个学期能够顺利掌握第1章至第7章，如有必要也可包含第2章、第3章的复习内容。如果时间有余，在学完这些核心内容后，可以学习第8章关于数字控制的部分内容、第9章关于非线性的部分内容和第10章的实例研究。

全书也可以实行三段10周教学法，分为建模和动态响应(第2章、第3章)，经典控制(第4章至第6章)和现代控制(第7章至第10章)三个部分授课。

这两种基本的10周教学过程都已在斯坦福大学实践过，可应用于高年级的控制学本科学生和没有学习过控制的航空航天类、机械工程类和电气工程类的一年级的研究生。初级课程为复习第2章、第3章并学习第4章至第6章。高级课程为研究生设计，包括复习第4章至第6章，并学习第7章至第10章。这些顺序化的安排，弥补了研究生课程在线性系统方面的不足，而且它们是数字控制、非线性控制、最优控制、飞行器控制和智能产品设计的预备课程。许多的后续课程还包括了大量的实验。在学习本课程之前，要求掌握动态系统或者电路分析和拉普拉斯变换的知识。

反馈控制课程的预备知识

本书针对所有工科专业的高年级学生。对于第4章至第7章的核心内容，理解建模和动态响应的预备知识是必需的。通过过去的物理学、电路和动态响应等方面的概念学习，许多学生已经具有足够的背景知识来学习这门课程。对于需要复习的学生，第2章和第3章可以弥补这一漏洞。

理解矩阵代数是理解状态空间的基础。尽管通过过去的数学课，所有的学生都具备这方面的知识，但是，在网上的附录WE列写了一些基本的关系式，对控制系统需要的特定知识也在第7章开始处给出。这里需要强调的是线性动态系统和线性代数之间的关系。

补充

前面提到的网站包括有可以用来输出本书所有MATLAB图形的m文件和mdl文件，这些文件可以根据需要进行复制和使用。具有完整习题答案的教师手册也是可用的[①]。网站同样包括了高级的内容和附录。

---

① 有关教师手册的获取方法请参阅"目录"后所附的"教学支持说明"——编者注。

致谢

最后，我们向为反馈控制理论发展到今天这个水平做出过贡献的学者，特别是给予我们巨大帮助和建议的学生、同事们致谢。尤其应该提到的是，我们在与斯坦福大学控制理论导论教师 A. E. Bryson、Jr.、R. H. Cannoon、Jr.、D. B. DeBra、S. Rock、S. Boyd、C. Tomlin、P. Enge 和 C. Gerdes 的讨论过程中受益匪浅。其他帮助过我的同事还有 D. Fraser、N. C. Emami、B. Silver、M. Dorfman、D. Brennan、K. Rudie、L. Pao、F. Khorrami、K. Lorell 和 P. D. Mathur。

还要特别地感谢为本书几乎全部的习题提供答案的同学们。

Gene F. Franklin

J. David Powell

Abbas Emami-Naeini

斯坦福大学，加利福利亚

目　　录

第1章　反馈控制概述及其历史回顾 ……………………………………………………… 1

1.1　简单的反馈系统 …………………………………………………………………… 2

1.2　反馈分析 …………………………………………………………………………… 4

1.3　历史简介 …………………………………………………………………………… 7

1.4　全书概述 …………………………………………………………………………… 11

本章小结 …………………………………………………………………………………… 12

复习题 ……………………………………………………………………………………… 12

习题 ………………………………………………………………………………………… 13

第2章　动态模型 ……………………………………………………………………………… 15

2.1　机械系统动力学 …………………………………………………………………… 16

2.1.1　平移运动 ………………………………………………………………… 16

2.1.2　旋转运动 ………………………………………………………………… 20

2.1.3　旋转和平移的组合 ……………………………………………………… 25

2.1.4　分布参数系统 …………………………………………………………… 28

2.1.5　小结：推导刚体的运动方程 …………………………………………… 28

2.2　电路模型 …………………………………………………………………………… 29

2.3　机电系统模型 ……………………………………………………………………… 31

△2.4　热和液体流动模型 ……………………………………………………………… 35

2.4.1　热流动 …………………………………………………………………… 35

2.4.2　不可压缩液体的流动 …………………………………………………… 37

2.5　历史回顾 …………………………………………………………………………… 41

本章小结 …………………………………………………………………………………… 43

复习题 ……………………………………………………………………………………… 44

习题 ………………………………………………………………………………………… 44

第3章　动态响应 ……………………………………………………………………………… 51

3.1　拉普拉斯变换回顾 ………………………………………………………………… 52

3.1.1　卷积响应 ………………………………………………………………… 52

3.1.2　传递函数与频率响应 …………………………………………………… 56

3.1.3　拉普拉斯变换 …………………………………………………………… 61

3.1.4　拉普拉斯变换的性质 …………………………………………………… 63

3.1.5　部分分式法求拉普拉斯反变换 ………………………………………… 64

3.1.6　终值定理 ………………………………………………………………… 66

3.1.7　应用拉普拉斯变换解决问题 …………………………………………… 67

3.1.8　极点和零点 ……………………………………………………………… 69

3.1.9 用 MATLAB 分析线性系统 ·· 70

3.2 系统建模图 ·· 73

　　3.2.1 方框图 ·· 73

　　3.2.2 利用 MATLAB 进行方框图化简 ·································· 76

3.3 极点配置的影响 ·· 77

3.4 时域特性 ·· 83

　　3.4.1 上升时间 ·· 83

　　3.4.2 超调量和峰值时间 ·· 84

　　3.4.3 调节时间 ·· 85

3.5 零点和附加极点的影响 ·· 86

3.6 稳定性 ·· 93

　　3.6.1 有界输入和有界输出稳定性 ·· 93

　　3.6.2 线性时不变系统的稳定性 ··· 94

　　3.6.3 劳斯稳定性判据 ·· 95

△3.7 由实验数据建立模型 ·· 101

　　3.7.1 由瞬态响应数据建立模型 ··· 102

　　3.7.2 由其他数据建立模型 ·· 105

△3.8 幅值变换与时间变换 ·· 105

　　3.8.1 幅值变换 ·· 105

　　3.8.2 时间变换 ·· 106

3.9 历史回顾 ·· 107

本章小结 ·· 107

复习题 ·· 108

习题 ·· 109

第4章 反馈分析的基本概念 ·· 122

4.1 控制系统的基本方程 ·· 123

　　4.1.1 稳定性 ·· 124

　　4.1.2 跟踪性 ·· 125

　　4.1.3 校正性 ·· 125

　　4.1.4 灵敏度 ·· 126

4.2 对于多项式输入的稳态误差控制：系统类型 ·························· 128

　　4.2.1 对于跟踪的系统类型 ·· 129

　　4.2.2 用于校正和干扰抑制的系统类型 ··································· 132

4.3 PID 控制器 ·· 135

　　4.3.1 比例控制(P) ·· 135

　　4.3.2 比例积分控制(PI) ·· 136

　　4.3.3 比例积分微分控制(PID) ·· 137

　　4.3.4 PID 控制器的 Z-N(Ziegler-Nichols)整定法 ·················· 140

4.4 数字控制简介 ·· 143

4.5　历史回顾 ………………………………………………………………… 148

本章小结 ……………………………………………………………………… 149

复习题 ………………………………………………………………………… 150

习题 …………………………………………………………………………… 151

第5章　根轨迹设计法 ……………………………………………………… 161

5.1　基本反馈系统的根轨迹 ………………………………………………… 162

5.2　绘制根轨迹的原则 ……………………………………………………… 165

　　5.2.1　绘制正(180°)根轨迹的规则 …………………………………… 167

　　5.2.2　绘制根轨迹规则小结 …………………………………………… 171

　　5.2.3　参数值的选取 …………………………………………………… 171

5.3　根轨迹图解举例 ………………………………………………………… 173

5.4　使用动态补偿的设计 …………………………………………………… 182

　　5.4.1　使用超前补偿的设计 …………………………………………… 183

　　5.4.2　使用滞后补偿的设计 …………………………………………… 185

　　5.4.3　使用陷波补偿的设计 …………………………………………… 187

　　5.4.4　模拟和数字补偿的实现 ………………………………………… 188

5.5　使用根轨迹法的设计实例 ……………………………………………… 191

5.6　根轨迹法的扩展 ………………………………………………………… 196

　　5.6.1　绘制负(0°)根轨迹的规则 ……………………………………… 196

　　5.6.2　考虑两个参数的情况 …………………………………………… 198

　　△5.6.3　时间延迟 ……………………………………………………… 199

5.7　历史回顾 ………………………………………………………………… 201

本章小结 ……………………………………………………………………… 203

复习题 ………………………………………………………………………… 204

习题 …………………………………………………………………………… 204

第6章　频率响应设计法 …………………………………………………… 217

6.1　频率响应 ………………………………………………………………… 218

　　6.1.1　伯德图法 ………………………………………………………… 223

　　6.1.2　稳态误差 ………………………………………………………… 232

6.2　临界稳定 ………………………………………………………………… 233

6.3　奈奎斯特稳定性判据 …………………………………………………… 235

　　6.3.1　幅角原理 ………………………………………………………… 235

　　6.3.2　在控制设计中的应用 …………………………………………… 236

6.4　稳定裕度 ………………………………………………………………… 244

6.5　伯德增益-相位关系 ……………………………………………………… 250

6.6　闭环频率响应 …………………………………………………………… 253

6.7　补偿 ……………………………………………………………………… 254

　　6.7.1　PD 补偿 ………………………………………………………… 254

　　6.7.2　超前补偿 ………………………………………………………… 255

      6.7.3　PI 补偿 ················· 263

      6.7.4　滞后补偿 ················· 264

      6.7.5　PID 补偿 ················· 268

      6.7.6　设计的考虑因素 ················· 272

      △6.7.7　灵敏度函数性能指标 ················· 273

      △6.7.8　灵敏度函数的设计限制 ················· 277

△6.8　时滞 ················· 279

△6.9　数据的其他表示 ················· 280

      6.9.1　尼科尔斯图 ················· 281

6.10　历史回顾 ················· 283

本章小结 ················· 284

复习题 ················· 286

习题 ················· 286

第 7 章　状态空间设计法 ················· 303

7.1　状态空间的优点 ················· 304

7.2　状态空间中的系统描述 ················· 305

7.3　方框图和状态空间 ················· 309

    状态空间的时间和幅值换算 ················· 311

7.4　状态方程的分析 ················· 312

      7.4.1　方框图与标准型 ················· 312

      7.4.2　从状态方程求解动态响应 ················· 321

7.5　全状态反馈的控制规律设计 ················· 326

      7.5.1　寻找控制规律 ················· 327

      7.5.2　引入全状态反馈的参考输入 ················· 333

7.6　优良设计的极点位置选择 ················· 336

      7.6.1　主导二阶极点 ················· 337

      7.6.2　对称根轨迹（SRL） ················· 338

      7.6.3　两种方法的评论 ················· 344

7.7　估计器设计 ················· 344

      7.7.1　全阶估计器 ················· 344

      7.7.2　降阶估计器 ················· 349

      7.7.3　估计器极点选择 ················· 352

7.8　补偿器设计：结合控制规律和估计器 ················· 354

7.9　带有估计器的参考输入 ················· 362

      7.9.1　参考输入的一般结构 ················· 363

      7.9.2　选择增益 ················· 370

7.10　积分控制和鲁棒跟踪 ················· 371

      7.10.1　积分控制 ················· 371

      △7.10.2　鲁棒跟踪控制：误差空间法 ················· 373

△7.10.3　扩展估计器 ·· 381
△7.11　回路传递恢复（LTR） ·· 383
△7.12　使用有理传递函数的直接设计 ·························· 387
△7.13　含纯时滞的系统设计 ·· 390
7.14　历史回顾 ·· 393
本章小结 ·· 394
复习题 ··· 396
习题 ·· 397

第8章　数字控制 ··· 411
8.1　数字化 ·· 411
8.2　离散系统的动态分析 ·· 413
8.2.1　z 变换 ·· 413
8.2.2　z 逆变换 ·· 414
8.2.3　s 与 z 的关系 ······································ 416
8.2.4　终值定理 ··· 417
8.3　离散等效设计 ·· 419
8.3.1　零极点匹配法（MPZ） ································· 421
8.3.2　改进的零极点匹配法（MMPZ） ····················· 424
8.3.3　比较三种数字逼近方法 ································· 424
8.3.4　离散等效设计法的应用限制 ·························· 425
8.4　硬件特性 ·· 425
8.4.1　模数（A/D）转换器 ····································· 426
8.4.2　数模（D/A）转换器 ····································· 426
8.4.3　抗混叠预滤波器 ··· 426
8.4.4　计算机 ·· 427
8.5　采样速率的选择 ··· 428
8.5.1　跟踪有效性 ·· 428
8.5.2　扰动抑制 ··· 429
8.5.3　抗混叠预滤波器的作用 ································· 429
8.5.4　异步采样 ··· 430
△8.6　离散设计 ··· 430
8.6.1　分析工具 ··· 430
8.6.2　反馈特性 ··· 432
8.6.3　离散设计举例 ·· 432
8.6.4　设计的离散分析 ··· 434
8.7　历史回顾 ·· 435
本章小结 ·· 436
复习题 ··· 437
习题 ·· 437

第9章　非线性系统 ··· 442

　9.1　引言和动机：为什么学习非线性系统 ··· 443

　9.2　线性化分析 ··· 444

　　　9.2.1　使用小信号分析的线性化 ··· 444

　　　9.2.2　使用非线性反馈的线性化 ··· 448

　　　9.2.3　使用反向非线性的线性化 ··· 448

　9.3　使用根轨迹法的等效增益分析 ··· 449

　　　9.3.1　积分器抗漂移 ··· 453

　9.4　使用频率响应的等效增益分析：描述函数 ··· 456

　　　9.4.1　用描述函数的稳定性分析 ··· 460

　△9.5　基于稳定性的分析和设计 ··· 463

　　　9.5.1　相平面 ··· 464

　　　9.5.2　李雅普诺夫稳定性分析 ·· 467

　　　9.5.3　圆判据 ··· 473

　9.6　历史回顾 ··· 477

　本章小结 ··· 477

　复习题 ··· 478

　习题 ··· 478

第10章　控制系统设计：原理与案例研究 ··· 485

　10.1　控制系统设计概要 ··· 486

　10.2　卫星姿态控制设计 ··· 490

　10.3　波音747飞机的侧向和纵向控制 ··· 500

　　　10.3.1　偏移阻尼器 ··· 503

　　　10.3.2　姿态保持自动导航仪 ·· 508

　10.4　汽车引擎的油气比例控制 ··· 512

　10.5　硬盘的读/写磁头组件控制 ··· 517

　10.6　半导体芯片制造中的快速热处理器控制系统 ··· 522

　10.7　趋化性或者大肠杆菌的顺利游动 ··· 533

　10.8　历史回顾 ··· 539

　本章小结 ··· 540

　复习题 ··· 541

　习题 ··· 541

附录A　拉普拉斯变换 ··· 550

附录B　章末复习题答案 ··· 562

附录C　MATLAB命令 ··· 573

参考文献 ··· 576

术语表 ··· 581

网 上 附 录

附录 WD　复变量回顾

附录 WE　矩阵理论总结

附录 WF　能控性和能观性

附录 WG　Ackermann 公式的极点配置

附录 W2　动态模型

附录 W3　框图化简

附录 W4　时域响应对参数变化的灵敏度

附录 W5　根轨迹设计法

附录 W6　频率响应设计法

附录 W7　数据的其他表示

附录 W8　数字控制

第1章 反馈控制概述及其历史回顾

反馈控制简介

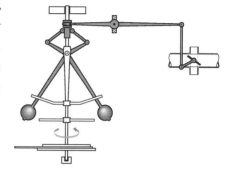

动态系统的反馈控制是一个很早就提出来的概念，具有很多特性。其核心思想是，对一个系统的输出进行检测，然后反馈给某种类型的控制器，并用以影响控制。这表明，信号反馈可以用来控制许多的动态系统，如飞机、硬盘数据存储设备。为了实现精确的控制，应满足四个基本的要求。

- 系统必须一直处于稳定状态。
- 系统输出必须跟踪控制输入信号。
- 系统输出必须尽量避免来自扰动输入的响应。
- 虽然在设计中使用的模型不是完全精确的，或者物理系统的动态特性随时间变化或者因环境变化而变化，但是这些目标也必须满足。

稳定性是最基本的要求。引起系统不稳定的原因有两个方面。一方面，系统可能是不稳定的。以 Segway 代步车为例，在控制关闭时，代步车将失去平衡。另一方面，增加反馈可能会使系统自身变得不稳定。根据以往的经验，这种不稳定性被看做是"恶性循环"，回传的反馈信号将使得系统状态更差，而不是更好。

许多例子可以表明，系统输出需要跟踪控制信号。例如，驾驶车辆并保持在车道内，就是控制跟踪。相似地，驾驶飞机在接近起降跑道时，需要精确地跟踪滑翔道。

抗扰动是反馈控制的早期应用之一。在这里，"控制"只是一个恒值设定点，在环境变化时用以保持输出。一个常见的例子就是室内恒温器。不管外部温度和风力如何变化，不管门窗处于打开还是关闭状态，室内恒温器都会将房间内的温度保持在设定的温度值附近。

最后，若要为动态系统设计一个控制器，则需要在最简单的情况下建立系统动态响应的数学模型。遗憾的是，几乎所有的物理系统都是非常复杂而且是非线性的，因此，设计通常会以简化的模型为基础，并且必须足够稳定，以使得系统在应用于实际设备时能够满足其性能要求。更进一步地，在几乎所有的情况下，随着时间及环境的变化，即使是最好的模型也会因为系统动态特性变化而出现误差。另外，设计对这些不可避免的变化不能够过于敏感，同时，也必须要保证系统能够足够稳定地工作。

随着时间的推移，有效解决控制设计系统的各种问题的方法逐渐成形。尤其重要的是数字计算机的辅助计算以及嵌入式控制设备的发展。作为计算设备，计算机允许识别更加复杂的模型以及复杂的控制设计方法。同样，作为嵌入式设备，数字设备也允许实现复杂的控制规律。控制工程师不仅需要熟练地操作这些设计工具，同时还需要理解这些工具背后的概念，以最佳地使用它们。控制工程师需要了解可用的控制器设备的性能及其局限性，这同样也很重要。

全章概述

　　本章从一个简单而常见的例子,即使用恒温器来控制家用火炉,来开启反馈控制的介绍。以这个例子为背景,我们将确定控制系统的一般组成结构。在另一个例子,即汽车运动控制中,推导了系统模型的基本静态方程,并给系统模型的各单元赋予具体的数值,以比较在忽略动态响应时的开环控制和反馈控制的性能。为了给我们的学习和研究提供相应的背景知识,并让读者对该领域的发展有个简单的了解,1.3节简单地介绍了控制理论和设计的发展历史。另外,在后面的章节中,将对涉及的其他相关历史知识进行简单的介绍。最后,1.4节简要地概括了全书的内容以及组织架构。

1.1　简单的反馈系统

　　在反馈系统中,使用传感器测量被控变量,如温度或速度,然后把测量信号反馈给控制器,通过控制器对被控变量产生作用。为了说明这个原理,下面介绍一个非常常见的系统:使用恒温器控制的家用火炉。该系统的各个组件以及它们之间的相互连接关系,如图1.1所示。图1.1标出了系统的主要部分,并描述了信号在系统中各个组件之间的流动方向。

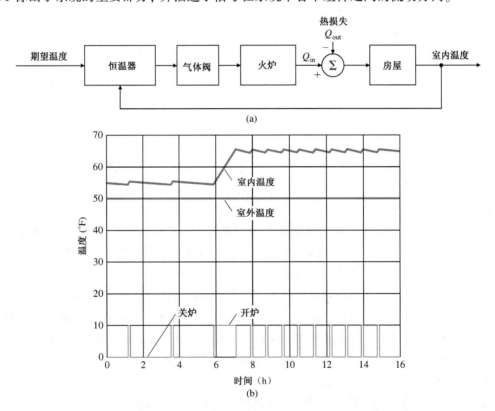

图1.1　(a)室内温度控制系统的组件方框图;(b)室内温度和火炉动作的图示

　　根据图1.1,可以定性地分析系统的工作过程。假设在给系统加电时,安装有恒温器房间的室内温度和室外温度都明显低于参考温度(也称为设定点)。那么,恒温器将导通,控制器打开火炉气体阀并点燃燃烧室。从而使热量 Q_{in} 以一定的速率提供给房间,这个速率必须比热量损失 Q_{out} 的速率大。这样,室内温度将会一直升高,直到稍微超过恒温器的参考设定温度。

这时候，火炉被关闭，室内温度开始朝着室外温度不断地下降。当室内温度降低到稍微低于设定点时，恒温器将再次导通，就这样一直循环地执行通断过程。室内温度的典型曲线图和火炉的开关周期示意图，如图 1.1 所示。室外温度保持在 50℉，恒温器的初始设定值为 55℉。在上午 6 点钟，恒温器的温度设定值被调至 65℉，在火炉的作用下室内温度升高到这个设定值，于是，室内温度将一直围绕该设定值上下波动①。要注意，房子的隔热性能是比较好的，因此，当火炉关闭时温度下降的速率，要低于火炉打开时温度上升的速率。从这个实例中，可以初步认识到基本反馈控制系统的一般组成结构，如图 1.2 所示。

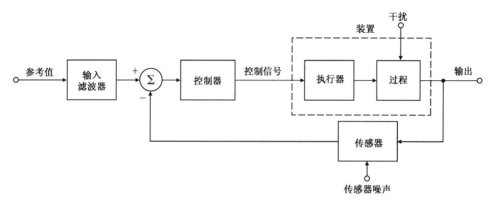

图 1.2　基本反馈系统的组件方框图

　　反馈系统的核心组件是实现控制输出的过程(process)。在我们的例子中，过程就是房间，其输出是室内温度。过程的干扰(disturbance)是从房间流出到更低温的室外热量，这与房间的墙壁和房顶原材料有关(热量的外流量还与其他因素相关，例如风速、门的开关等)。过程的设计，将很明显地对控制的效果产生显著影响。对于装有 Thermopane 双层隔热窗玻璃的隔热房间，其温度显然要比没有这些特性的房间温度容易控制得多。同样地，使用控制的飞机设计也使得其性能大为改进。一般地，越早将控制问题引入到过程的设计中，得到的系统性能就越好。执行器(actuator)是可以用来改变过程的被控变量的装置。在上述例子中，执行器就是火炉。实际上，火炉通常带有指示灯或者打火机构、气体阀，以及根据炉内气体温度而进行开关操作的增压风机。执行器的这些细节表明，事实上很多反馈系统包含了各种组件，而组件本身可能又属于某种反馈系统②。执行器的主要问题是，它能否以合适的速度和范围改变过程的输出。火炉给房间提供的热量，必须要多于房间散失的热量，并且当要求室温保持在较小的范围时，火炉能够迅速地做出响应。功耗、速度以及可靠性，通常都比精确性更重要。一般而言，过程和执行器是紧密结合在一起的，控制设计的重点就在于寻找合适的输入或控制信号，并传送给执行器。将过程和执行器联合起来，就称为装置(plant)，而用于计算控制所需的信号的组件则称为控制器(controller)。鉴于电信号处理的灵活性，现在控制器处理的信号典型地属于电信号，尽管使用压缩空气的气动控制器在过程控制领域有较长历史和重要地位。随着数字技术的不断发展，微处理器的性价比和灵活性不断提高，因此，现在越来越多地使用数字处理器来实现控制器。在图 1.1 中标记为恒温器(thermostat)的组件，其作用主要是测量室内温

---

　　① 注意：按照常规的夜间工作计划，火炉在上午 6 点钟之前的数分钟里已经启动工作。

　　② Jonathan Swift(1733)这样说："博物学家观察到，一只跳蚤身上有更小的跳蚤以它为寄主；而这些小跳蚤又还有更小的跳蚤去叮咬它们；如此下去，无穷无尽。"

度，在图 1.2 中则被称为传感器(sensor)。传感器不可避免地会包含有噪声。因为在实际应用中被控变量和被测变量有时候不完全相同，所以传感器的选择和安装对控制设计来说都是非常重要的。例如，尽管我们希望把整个房子的温度作为一个整体来进行控制，但恒温器却只安装在某个特定的房间，那里的温度可能和房内其他地方的温度相同，当然也可能不同。例如，如果恒温器设定为 68°F，但是若被安装在客厅里燃烧正旺的火炉旁，那么工作在书房的人也许就会感觉到寒冷①②。另外，除了安装位置，传感器的其他重要特性是测量的精确度、低噪声、高可靠性和良好的线性度。传感器的作用是将物理变量转变为电信号，然后传送给控制器使用。系统一般还包括一个输入滤波器(input filter)。输入滤波器在系统中的作用，是将参考信号转化为电信号，以便于后端控制器进行处理。在有些情况下，输入整形滤波器可以适当修整输入的参考信号，以改善系统的响应性能。最后，系统中还有一个比较器(comparator)，用于计算参考信号和传感器输出之间的偏差，并将所测得的系统偏差测量信号传送给控制器。

　　本书将介绍反馈系统及其各个组件的分析方法，描述一些最重要的设计技术。工程师可以通过这些技术应用反馈原理来解决控制问题。本书还将研究反馈的特殊优势，虽然它会增加系统的复杂性，但总体说来是利大于弊。然而，尽管上述的温度控制系统很容易理解，但它是非线性的。我们可以看到，火炉只存在两种状态：不是开就是关。为了介绍线性控制，我们再举一个例子。

1.2　反馈分析

　　通过对一个常见系统的简化模型的定量分析，很容易证明反馈的价值，下面介绍一个汽车巡航控制系统，如图 1.3 所示。为了解析地研究这个问题，需要为该系统建立一个数学模型(model)，利用各个变量的一组定量关系来建立该模型。在这个例子中，忽略了汽车的动态响应，而只考虑汽车的稳态行为(当然，动态特性是在后面章节要考虑的主要内容)。另外，假设在系统的速度范围内，可以将系统的各种关系近似为线性的。当汽车以 65 英里/小时(mph，mile/h，1 英里 = 1609.34 m)的速度在水平路面行驶时，我们发现，若调速气门每改变 1°的角度(控制变量)，则会引起速度变化 10 mph。根据对汽车上坡、下坡的观察，我们发现，当坡度改变 1%时，测得的速度变化 5 mph。测速器可以精确到 1 mph，这可以认为是准确的。利用这些关系，可以绘制出整个装置的方框图(block diagram)(如图 1.4 所示)，以图的形式描绘了这些数学关系。在图 1.4 中，各连线表示信号的流动，每个方框都可以看做一个理想放大器，用方框内标记的值乘以输入端的信号，然后得到输出信号。为了对两个或更多的信号进行加法运算，我们用信号线流入一个加法器来表示，加法器用叠加符号 Σ 外加一个圈表示。在加法器的每个箭头旁边有一个代数符号(+ 或 −)，它表示这个信号是加入到总的信号还是从总的信号中减去。在分析中，设定参考速度为 65 mph，然后比较在有反馈和没有反馈两种情况下，1% 的坡度对输出速度的影响。

---

① 本书的一位作者在重新装修厨房时，刚好把新的烤炉装在了书房恒温器所在墙的另一面。现在，如果在寒冷的天气里做饭开烤炉，他就会在书房受冻，除非重新设定恒温器的温度值。
② 有一个故事这样讲到，一个生产硝化甘油工厂的新员工，他的工作是人工控制生产过程中某个关键部分的温度。他开始被告知"保持温度读数低于 300°F"。在一次例行巡查中，检查员感觉到炉子已经加热到危险状况了，却发现那个工人拿着温度计在冷水龙头下试图使其读数降到 300°F。他们赶紧在爆炸发生前逃出了工厂。其寓意是：有时候，自动控制要优于人工控制。

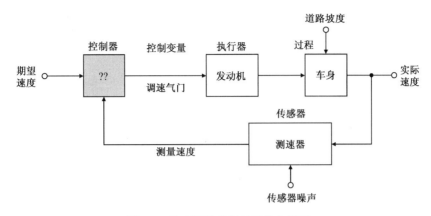

图 1.3　汽车巡航控制的组件方框图

对于第一种情况,如图 1.5 所示,控制器没有利用测速器的读数,而是令 $u = r/10$。这是一个开环控制系统(open-loop control system)的应用实例。开环这个术语表明这样一个事实:在方框图中信号流过的路径没有闭合的通道或回路。在这个简单例子中,开环输出速度为

$$y_{\mathrm{ol}} = 10(u - 0.5w)$$
$$= 10\left(\frac{r}{10} - 0.5w\right)$$
$$= r - 5w$$

其输出速度的误差是

$$e_{\mathrm{ol}} = r - y_{\mathrm{ol}} \tag{1.1}$$
$$= 5w \tag{1.2}$$

而误差百分比为

$$误差(\%) = 500\frac{w}{r} \tag{1.3}$$

如果 $r = 65$,并且路面是水平的,那么 $w = 0$,则输出速度将会是 65 mph,没有误差。然而,如果 $w = 1$,即路面坡度为 1%,则输出速度是 60 mph,系统有 5 mph 的误差,也就是 7.69% 的相对速度误差。对于 2% 的坡度,速度误差将变成 10 mph,对应于 15.38% 的相对速度误差。以此类推。这个例子表明,当 $w = 0$ 时,系统没有误差,但这一结果取决于控制器的增益刚好是装置增益 10 的倒数。在实际情况下,装置的增益通常会发生改变,如果是这样的话,使用以上的控制方法显然不能避免系统误差。在开环控制中,如果装置增益有误差,则由此引起的速度误差百分数与装置增益误差百分数是相等的。

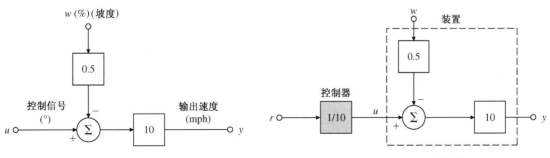

图 1.4　巡航控制装置的方框图　　　　　　　　图 1.5　开环巡航控制

采用了反馈方法的方框图,如图 1.6 所示,其中控制器的增益被设定为 10。回顾一下,这个例子中的传感器已经被假定为理想传感器,其方框图在图中并没有画出。这样,可知系统方程是

$$y_{cl} = 10u - 5w$$
$$u = 10(r - y_{cl})$$

联立这两个方程,可以得到

$$y_{cl} = 100r - 100y_{cl} - 5w$$
$$101y_{cl} = 100r - 5w$$
$$y_{cl} = \frac{100}{101}r - \frac{5}{101}w$$
$$e_{cl} = \frac{r}{101} + \frac{5w}{101}$$

因此,反馈降低了速度误差对坡度的灵敏度,与开环系统相比减小了一个因子 101。注意,然而,现在汽车行驶在水平路面都会有一个小小的速度误差,因为即使当 $w = 0$

$$y_{cl} = \frac{100}{101}r = 0.99r \text{ mph}$$

只要环路增益(装置和控制器增益的乘积)很大①,系统误差就会很小。若再次考虑参考速度为 65 mph,并比较坡度为 1% 时的速度,则输出速度的误差百分比是

$$误差(\%) = 100\frac{\dfrac{65 \times 100}{101} - \left(\dfrac{65 \times 100}{101} - \dfrac{5}{101}\right)}{\dfrac{65 \times 100}{101}} \tag{1.4}$$

$$= 100\frac{5 \times 101}{101 \times 65 \times 100} \tag{1.5}$$

$$= 0.0769\% \tag{1.6}$$

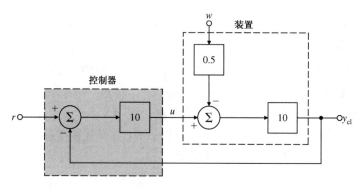

图 1.6　闭环巡航控制

在这个例子中,反馈的作用降低了系统对坡度干扰以及装置增益的速度灵敏度,这是因为系统的环路增益为 100。遗憾的是,环路增益不能无限制地增大。当考虑动态响应时,反馈的高环路增益可能会使系统响应变得更差,甚至引起系统不稳定。这个两难问题可以通过另外

① 万一误差过大,在实际应用中通常重设参考值,在这个例子中可以设为 $\frac{101}{100}r$,这样,系统输出就刚好达到真实的期望值。

一个熟悉的情形来加以说明,在这个情形下我们可以很容易地改变系统的反馈增益。例如,如果有人试着把扩音器的增益调得太大,则声音系统必然会发出令人不舒服的刺耳声。这是因为整个反馈回路的增益(从说话者到话筒,再通过放大器返回到说话者)太大了。如何获得尽可能高的增益而又不破坏系统的稳定性,这就是大多数反馈控制设计所要考虑的问题。

1.3　历史简介

O. Mayr(1970)撰写了一本书,介绍了有关早期反馈控制工作的一些有趣的故事,他介绍的主要是古代的机械装置控制。其中两个最早的事例是,对水钟的流速控制和对酒容器的液位控制(为了保持容器是满的,不管从容器中取走了多少杯酒)。液体流速的控制也可以归结为液位控制,因为在压力相同的情况下,从小孔流出的液体流量将是一样的,也就是说,若要保持流速不变,则要保持液体相对于流出孔的高度为常量。古代发明的一种液位控制装置在今天仍在使用(例如,在抽水马桶的水箱中就有这种液位控制装置),我们称之为球阀(float valve)。当液面下降时,浮球也跟着下降,因此液体流入槽中;随着液面上升,液体流量减小甚至被截断。图 1.7 说明了球阀的工作原理。要注意的是,在这里,传感器和执行器不是分立的器件,而是包含在精心制作的浮球和给料管联合体中。

Mayr 描述的事例中,距离现在较近的一个发明是,即大约在 1620 年由 Cornelis Drebbel 完成的设计,用于控制加热孵卵器中的火炉温度[①](如图 1.8 所示)。火炉有一个箱子,用于围控火苗,在箱子顶部设有通气管并安装了一个烟道挡板。在火箱里面是双层隔板的孵卵箱,隔板间充满水以均衡整个孵卵器的受热。温度传感器是一个玻璃容器,里面装的是酒精和水银,被安装在孵卵箱周围的水套中。当用火加热箱子和水的时候,酒精体积膨胀,提升杆往上浮,因此降低了通气管上的烟道挡

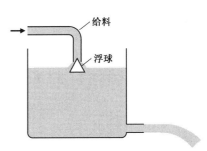

图 1.7　早期的液位和流量控制

板。如果孵卵箱过冷,则酒精收缩,烟道挡板打开,因此火势变旺,提供更多的热量。期望温度可通过调整提升杆的长度来设定,对某个给定的酒精膨胀度设定烟道挡板的开度。

他所记录的控制系统中还有一个比较著名的问题,那就是探求一种方法来控制转动轴的转动速度。很多早期的工作(Fuller, 1976)似乎都因为希望自动地控制风力磨面机的磨石速度而开展。在试用过的各种方法中,最有潜力的一种方法是运用了一个锥摆,又称飞球式调速器(fly-ball governor),用于测量磨面机的速度。驱动风车的帆布可以用绳索和滑轮卷起或放开,就像一扇窗帘,以保持固定的速度。然而,直到大约在 1788 年 James Watt 的实验室把这些原理应用于蒸汽发动机后,飞球式调速器才闻名于世。图 1.9 描述的是一个早期版本的蒸汽机,图 1.10 和图 1.11 给出了飞球调速器的近距离图片及其各组件的草图。

飞球式调速器(也称离心调速器)的工作描述起来是很简单的。假设发动机工作在平衡状态。两只重球绕着中心轴旋转,整体看起来就像一个圆锥,并且圆锥母线与转动轴的角度已经确定。当突然给发动机施加负载时,发动机的速度降低,调速器的球随之掉下一定角度形成一个小一些的圆锥。这样,球的角度就可以用于自动检测输出速度。然后,这个动作通过控制杆

---

① 法国人在 100 年前已经应用孵化器来照顾早产婴儿。

打开蒸汽室的主阀门(也就是执行器),让更多的蒸汽进入发动机,补偿了大部分因负载而减小的速度。为保持蒸汽阀停留在新的位置,必须使飞球在一个不同的角度继续旋转,这也就意味着带负载时系统的速度并非精确地和原来一样。我们在前面的速度控制例子中就看到过这种作用效果,但在例子中反馈控制引起的系统误差非常小。要精确地恢复系统以前的速度,就要求重置系统的期望速度,改变从杠杆到阀门的杆的长度。后来的发明家为系统引进了一些机械装置,用于求解速度误差的积分,然后给系统提供自动重置。在第 4 章,我们将分析这些系统,证明这样的积分器确实能够使反馈系统在恒定干扰的作用下实现稳态误差。

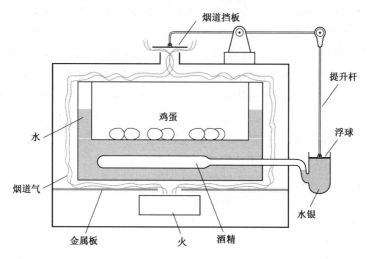

图 1.8　用于孵化鸡蛋的 Drebbel 孵卵器(摘自 Mayr 的书籍,1970)

图 1.9　早期 Watt 蒸汽机的影像图(英国皇家著作权,伦敦科学博物馆)

图 1.10　飞球式调速器的特写镜头(1789 – 1800)(英国皇家著作权,伦敦科学博物馆)

Watt 是一名实践科学家,因此,与在他之前的技术工程师们一样,他并不对调速器做理论分析。Fuller(1976)追溯了控制理论在早期的研究中的相关进展,从 1673 年 Christian Huygens 追溯到了 1868 年 James Clerk Maxwell(麦克斯韦)。Fuller 特别看重 G. B. Airy 所作的贡献。Airy 在 1826 年至 1835 年任剑桥大学数学和天文学教授,在 1835 年至 1881 年是格林尼治天文台皇家天文学家。Airy 关注的是速度控制,因为如果他的望远镜可以逆着地球旋转的方向转动,那么就可以长期地观察某个固定的恒星。但应用了离心调速器之后,他发现望远镜的运动非常不稳定——"这个机器(如果可以这样表达)变得相当混乱"(Airy,1840;引自 Fuller,1976)。

根据 Fuller 的说法，Airy 是讨论反馈控制系统不稳定性的第一人，也是采用微分方程分析这种系统的第一人。这些工作标志着反馈控制动力学研究的开端。

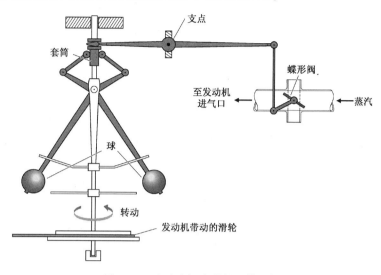

图 1.11　飞球式调速器的工作组件

第一次系统地研究反馈控制稳定性，应该是由麦克斯韦（1868）的论文《关于调速器》（*On Governors*）给出的[①]。在论文中，麦克斯韦推导了调速器的微分方程，在平衡点附近对方程进行线性化，并声明：系统的稳定性取决于某个特定的方程（特征方程）的根是否有负实部。麦克斯韦尝试推导多项式系数必须满足的条件，以使方程的根都有负实部。但他仅仅在二阶方程和三阶方程中取得了成功。1877 年亚当斯奖讨论的问题就是如何确定稳定性判据，这个奖最终被 E. J. Routh（劳斯）获得[②]。在他的文章中提出的稳定性判据，至今仍占有重要的地位，控制工程师们仍然在学习如何应用这种简单的技巧。分析特征方程，一直都是控制理论的基础，直到 1927 年贝尔电话实验室的 H. S. Black 发明电子反馈放大器。

劳斯的文章发表不久，俄国数学家 A. M. Lyapunov（李雅普诺夫）（1893）开始研究运动稳定性的方程。他主要研究运动的非线性微分方程，也包括线性方程的一些结果，这和劳斯判据是等价的。他的工作是现在控制理论中状态变量法的基础，但是直到大约 1958 年他的成果才被引入到控制论文献中。

Bellman 和 Kalaba（1964）撰写了一篇有趣的文章，简要地描述了反馈放大器的发展，这篇文章主要是关于 H. W. Bode（1960）的一次谈话。随着电子放大器的应用，第一次世界大战以后的几十年内远距离电话已经成为可能。然而，随着距离的增加，电能的损耗也在增加，除了增大传输线的直径，还需要增加放大器的数量来弥补损失的能量。但是，大量的放大器又引发了严重的失真，因为那时候用于放大器的都是电子管，管子有微小非线性，但相乘的次数多了就必然会产生严重失真。为了解决这个问题，必须减小失真，Black 提出了反馈放大器。就像我们前面提到的汽车巡航控制，越是希望减小误差（或失真），就越要应用反馈。从执行器到装置，到传感器，再到执行器的回路增益必须设计得非常大。但随着增益的增大，反馈回路会

---

① Fuller（1976）全面介绍了麦克斯韦的贡献。
② 在剑桥大学，劳斯在他那一届（1854）中学术上是排名第一的，麦克斯韦排名第二。1877 年，麦克斯韦在亚当斯奖委员会担任职务，委员会选择稳定性问题作为当年的主题。

变得不稳定。这又变成了麦克斯韦和劳斯的稳定性问题，只是其动力学方程比较复杂(高达50阶的微分方程都是很常见的)，这为劳斯判据的使用造成了麻烦。因此，贝尔电话实验室的通信工程师们开始转向复数域分析，因为他们熟悉频率响应的概念和复变量代数。1932 年，H. Nyquist(奈奎斯特)发表了一篇文章，描述了如何通过回路频率响应图表来确定系统的稳定性。根据这一理论，Bode(伯德)(1945)提出了一种设计反馈放大器的方法，这种方法同样在反馈控制的设计中得到了广泛应用。第 6 章将详细讨论奈奎斯特图和伯德图。

随着反馈放大器的发展，反馈控制在工业过程中应用越来越普遍。通常，工业过程不仅非常复杂，而且很多是非线性的，在执行器和传感器之间有相对较长的时间延迟。在这个领域发展起了比例-积分-微分(PID)控制。PID 控制器是由 Callender 等人在 1936 年第一次提出的。这门技术主要依靠大量的实验工作，以及对系统动态特性的简单线性近似，通过一些标准的实验指导现场应用，并最终整定出满意的 PID 控制器参数(PID 控制器将在第 4 章介绍)。在这个时期发展起来的还有飞机导航和控制设计技术，尤其重要的是用于测量飞机飞行高度和飞行速度的传感器的发展。McRuer(1973)记述了这方面控制理论的有趣事例。

第二次世界大战对反馈控制领域的发展起了巨大的推动作用。在美国，工程师和数学家们在麻省理工学院辐射实验室整合了他们的知识，包括 Bode 的反馈放大器理论和过程控制中的 PID 控制以及 N. Wiener(1930)提出的随机过程理论等。其中的成果就是关于伺服机构的一整套设计技术的发展，于是，伺服机构作为控制机构开始被提出。James 等人(1947)在辐射实验室档案中对这些工作进行了收集和发表。

控制系统设计的另一个主要方法是 1948 年 W. R. Evans(伊凡思)提出的，他当时的工作是飞机导航和控制。他遇到的问题大多都和不稳定或中性稳定的动态特性有关，这使得频率分析法难以使用，因此他重新回到特征方程的研究方向上来，这是 70 多年前麦克斯韦和劳斯工作的基础。然而，伊凡思还是发现了新的方法和规则，使得人们可以刻画特征方程的根在某个参数改变时的运动轨迹。他的方法既适合于设计，也适合于稳定性分析，我们称为根轨迹(root locus)，至今这种方法在控制设计中仍然非常重要。伊凡思的根轨迹法，将在第 5 章介绍。

20 世纪 50 年代，包括美国的 R. Bellman 和 R. E. Kalman 以及前苏联的 L. S. Pontryagin 在内的几位科学家，重新回到利用常微分方程模型来研究控制系统的方向上来。其中大部分工作都是受人造地球卫星控制需求的推动，这一领域的模型通常可以用常微分方程来描述。支持这方面研究继续发展的是数字计算机，计算机能够处理在那之前 10 年几乎不可想象的复杂运算(现在，任何工科学生都可以利用台式计算机完成这些运算)。大约在这段时期，Lyapunov 的工作被翻译成控制语言，在第二次世界大战期间由 Wiener 和 Phillips 开创的最优控制，这时被推广为基于变量的微积分的非线性系统的最优轨迹线。1960 年，刚刚成立的自动控制国际联盟就在莫斯科召开的第一次会议上介绍了其中的大部分成果①。这些成果没有使用频率响应以及特征方程的概念，而是以"正常"形式或"状态"形式直接研究常微分方程，并广泛地使用计算机作为辅助工具。尽管研究常微分方程的基础早在 19 世纪末就已经建立，但我们还是把这种方法称为现代控制(modern control)，以区别于使用 Bode 的复数变量法和其他

---

① Bryson 和 Denham 在 1962 年展示了为使用最少的时间达到给定的海拔高度，超音速飞机实际运动轨道应该是朝某一点俯冲。这个与直觉不符的结论后来被持怀疑态度的飞行员在飞行测试中得到证明。之后最优控制得到了很大的推进。

方法进行研究的经典控制(classical control)。从 20 世纪 70 年代直到今天,自动控制的研究应用一直处于发展之中,并寻求利用每一种技术的最佳特点。

就这样,我们看到了当今世界的这种情形,控制原理被广泛地应用于各种学科,涵盖了工程科学的每一个分支。要做好一名控制工程师,必须知道作为这一领域基础的基本数学理论,在解决面临的问题时还必须能够选择最好的设计方法。随着计算机的广泛应用,工程师必须懂得如何应用自己的知识指导并检验计算机所做的计算①。

1.4　全书概述

本书主要介绍了单输入单输出控制系统设计的重要技术。第 2 章回顾了建立动态系统模型必须使用的一些技巧。这些系统包括机械系统、电气系统、机电系统和其他的物理系统。第 2 章还简要介绍了非线性系统模型的线性化,尽管这些方法还会在第 9 章详细讨论。

第 3 章和附录 A 讨论了应用 Laplace(拉普拉斯)变换进行动态响应分析,以及时间响应与传递函数零极点之间的关系。这一章还讨论了系统稳定性的临界问题,包括劳斯判据。

第 4 章介绍了反馈的基本方程和特点。首先给出了反馈对系统各种特性的影响,包括扰动抑制、跟踪精度、系统对参数的灵敏度和动态响应。然后讨论了比例积分微分(PID)控制的思想。这一章还介绍了传递函数的数字实现,以及线性时不变控制器的数字实现,因此我们可以比较数字控制器和模拟控制器的作用效果。

在第 4 章内容的基础上,第 5 章至第 7 章介绍了在更复杂的动态系统中实现控制目标的技术方法。这些方法包括根轨迹、频率响应,以及状态变量法。各种方法的目的都是一样的,而且在设计中各有优缺点。这几种方法基本上是互补的,控制工程师们必须理解各种方法,以便在设计控制系统时能够得到最好的控制效果。

在第 4 章的基础上,第 8 章更加深入地探讨了用数字计算机实现控制器的思想。这一章将告诉读者如何将在第 5 章至第 7 章得到的控制方程离散化,系统采样如何引起迟滞而降低系统的稳定性,以及为了达到良好的控制效果,采样速率应该是系统频率的多少倍。分析采样系统需要用到另一个分析工具——z 变换法,因此,第 8 章还将介绍 z 变换及其使用方法。

在某种程度上说,大多数实际系统都是非线性的。然而,本书中大部分的分析和设计方法又是基于线性系统的。第 9 章解释了为什么只研究线性系统就可以满足大部分系统的要求,以及怎样设计线性系统才能够很好地控制被控系统中大部分常见的非线性特性。这一章的内容包括饱和非线性、描述函数和抗漂移控制器以及关于 Lyapunov 稳定性理论的简要介绍。

如何将所介绍的设计技术应用到实际的复杂问题中,将在第 10 章讨论。对于一些特殊的案例,我们将应用多种方法对其进行研究。

今天,控制设计师广泛地使用计算机辅助控制系统设计的软件,相关软件可以通过商业途径获得。而且,学生可以获得很多控制系统设计软件中的教育版程序。在这方面应用得最多的软件是 MathWorks 公司的 MATLAB 和 Simulink。本书中我们大量使用了 MATLAB 程序,帮助说明解决问题的方法以及解决一些需要计算机辅助解决的问题。书中很多图片都由 MATLAB 生成,生成这些图片的文件可以从以下网址免费获得:http://www.FPE6e.com。

---

① 如果想知道更多关于控制发展的历史,请查看 IEEE 的 *Control Systems Magazine* 1984 年 11 月和 1996 年 6 月的调查报告。

我们希望学生和教师们可以好好地利用这些文件，它们可以帮助我们学习怎样使用计算机方法解决控制问题。当然，这本书没有涉及的内容还有很多。比如，没有将设计方法扩展到有多个输入或多个输出的多变量控制系统，只是在第10章关于快速热处理的个案研究中简单涉及。另外，最优控制也只是在第7章有简单的介绍。

本书也没有详细介绍使用实际硬件对书中的理论进行实验检验和模拟，而这又是检验某个设计是否可行的最好方法。这本书关注的是如何为线性装置模型分析和设计线性控制器——不是因为我们认为这就是设计的全部，而是因为这是掌握反馈基本思想的最好方法，通常也是获得满意设计的第一步。我们相信，本书的材料可以给大家提供一个理解这门学科的基础，在此基础上大家可以掌握更为复杂、更为现实的知识，甚至可以建立自己的设计方法，就像我们前面列举的人一样给我们创造出新的知识。

本章小结

- 控制(control)就是使系统变量跟踪某个特定值的过程，这个特定值称为参考值(reference value)。如果系统设计为跟踪变化的参考值，则称之为随动控制(tracking control)或伺服机构(servo)。如果系统设计为不管受到什么干扰都要保持输出恒定，则称之为调节控制(regulating control)或调节器(regulator)。

- 根据控制所使用的信息定义了两种不同的控制，根据其系统结构为这两种控制命名。在开环控制(open-loop control)中，系统不测量输出，因而也就不对控制信号进行修正以使输出符合参考信号。在闭环控制(closed-loop control)中，系统有传感器测量输出，并利用反馈(feedback)的测量值作用于控制变量。

- 一个简单的反馈系统由以下组件构成：过程(process)，其输出是需要控制的对象；执行器(actuator)，其输出引起过程的输出变化；参考信号(reference)；输出传感器(output sensor)，用于测量系统输出；控制器(controller)，计算用于指导执行器工作的控制信号。

- 方框图(block diagram)形象地描述系统结构，简单方便地说明控制系统中信息的流动。标准的方框图刻画了控制系统中各信号之间的数学关系。

- 控制的理论和设计技术可以分成两类：经典控制(classical control)法运用拉普拉斯(Laplace)变换或傅里叶(Fourier)变换，直到大约1960年这些方法一直是控制设计的主要方法；而现代控制(modern control)法基于状态变量形式的常微分方程，在20世纪60年代开始被引入到控制领域。现在，人们已经发现这两者之间存在很多的联系，优秀的工程师必须熟悉这两种技术。

复习题

1. 反馈控制系统的主要组件有哪些？
2. 传感器的作用是什么？
3. 指出一个好的传感器必须具备的三个重要特性。
4. 执行器的作用是什么？
5. 指出一个好的执行器必须具备的三个重要特性。
6. 控制器的作用是什么？指出控制器的输入和输出。

7.什么样的物理变量可以用霍尔效应传感器直接测量？

8.什么样的物理变量可以用测速器测量？

9.描述用于测量温度的三种方法。

10.不管被测变量的物理特性是什么，为什么大多数传感器的输出都是电信号？

习题

1.1 为下面的反馈控制系统画出其组件的方框图：

(a)汽车的人工驾驶系统

(b)Drebbel 孵卵器

(c)用浮球和阀门实现的水位控制

(d)带飞球式调速器的 Watt 蒸汽机

在每个系统中，指出以下各系统组件的位置，给出与各信号相对应的单位：

- 过程
- 过程期望输出信号
- 传感器
- 执行器
- 执行器输出信号
- 控制器
- 控制器输出信号
- 参考信号
- 误差信号

要注意的是，在很多情况下，同样的物理元件可能用于实现这其中的几种功能。

1.2 了解你家里或办公室的恒温器的物理原理，并描述其工作过程。

1.3 有一台用于制造纸张的机器，如图 1.12 所示。其中有两个参数使用了反馈控制：一个是纤维的稠密度，控制的是从压头箱流到造纸网的纸坯的浓度；另一个是从干燥机出来的最终产品的含水量。成浆池流出造纸原料由清水稀释，清水由造纸网回流得到并受控制阀控制(CV)。系统中有仪表提供稀释后原料浓度的读数。在机器后面的干燥部分有湿度传感器。为下面两个控制系统画出信号图，并确定习题 1.1(d)列出的 9 个系统组件。

(a)浓度控制

(b)湿度控制

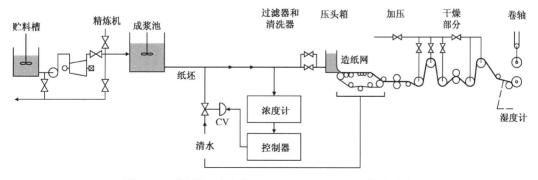

图 1.12 造纸机(选自 Åström，1970，p.192. 经许可引用)

1.4 人身体中的很多变量也处于反馈控制之中。下面列出了几个被控变量，请画图描述被控过程、用于测量这些变量的传感器，用于引起这些变量增大或减小的执行器，用于实现整个反馈回路的信息通道，以及引起这些变量扰动的干扰。关于这个问题，可能需要参考一本百科全书或人体生理学的教科书。

(a) 血压

(b) 血糖浓度

(c) 心率

(d) 眼睛瞄准角

(e) 眼睛瞳孔直径

1.5　画出电冰箱或汽车空调系统中温度控制的组件图。

1.6　画出电梯位置控制的组件图。简要说明你会如何检测电梯的位置。考虑一个制造粗糙但测量组件优良的系统，你认为其传感器需要怎样的精度？假设设计的系统用于高楼的电梯，由于电梯绳索拉伸的长度是电梯负载的函数，要求系统能够自动调整保证位置准确。

1.7　反馈系统要求能够测量被控变量。因为电信号可以很容易地进行传送、放大和处理，我们通常希望传感器的输出是与被测变量成比例的电压或电流信号。请分别描述一种传感器，使得测量的输出信号与物理量成比例。

(a)压力

(b)温度

(c)液位

(d)沿着管道的液体(或沿着动脉的血液)的流速

(e)角位置

(f)线位置

(g)线速度

(h)角速度

(i)移动加速度

(j)转矩

1.8　在习题 1.7 中列出的每个变量都可以用于反馈控制。请给出一种执行器，要求能够接收电信号输入，并用于控制上述变量。给出执行器输出信号的单位。

第2章 动态模型

动态模型简介

反馈控制的总体目标就是，无论参考变量的轨迹如何变化、过程受到什么样的外部干扰或者系统参数如何改变，都要利用反馈原理使得动态过程的输出变量精确地跟随我们给定的参考变量。为了实现这个复杂的目标，需要完成许多简单、独立的步骤。其中第一个步骤就是获取被控过程的数学描述，我们称之为动态模型（dynamic model）。对于控制工程师而言，"模型"这个词也就相当于一组描述过程的动态行为的微分方程。我们可以根据基础物理学原理获取系统的模型，也可以通过运用器件的原型、测量原型对输入的响应，利用得到的数据建立分析模型。本章只关注如何根据物理学理论建立模型。另外，有些书专门介绍如何通过实验的方法确定系统的模型（我们有时候称之为系统辨识），第3章将会对这些技术做简要介绍。实际上，即使是根据物理学原理推导而得到的系统模型，细心的控制系统设计者还是会通过一些具体的实验来验证模型的精确度。

在很多情况下，对复杂过程的建模不仅非常困难而且花费巨大，特别是在必须建立过程的测试原型并对其进行测试的时候。但是，作为介绍性的一章，我们关注的将是一些最普通的物理系统，介绍与这些系统建模相关的最基本的原理。这一章还会提及一些更为全面的参考资料以及一些专门研究建模的书籍，以供希望深入学习相关知识的读者参考。

在后续的章节中，我们将深入研究多种分析方法，以便处理系统的运动方程以及它们的解，帮助我们达到反馈控制系统设计的目的。

全章概述

建立动态模型的第一个步骤就是写出系统的运动方程。2.1节通过详细地探讨和列举相关实例，阐明如何列写机械系统的运动方程。此外，本节还将介绍如何使用MATLAB求取简单系统对阶跃输入的时间响应。更进一步地，本节将介绍传递函数以及方框图的概念，以及如何使用Simulink来解决所遇到问题的思想。

电路和电机系统的建模分别在2.2节和2.3节介绍。

如果想知道更多不同动态系统的建模实例，读者可以阅读可选内容——2.4节。2.4节扩充了对热和流体系统的讨论。

2.5节是本章的结论部分，专门讨论了发现当今看来理所当然的知识背后的历史故事。

由建模得到的微分方程通常都是非线性的。与线性系统相比，求解非线性系统是一项更具挑战性的工作。同时，通常使用系统的线性模型就已经能够满足分析设计的要求，因此本书中前面章节介绍的重点是线性系统。然而，第2章也简单涉及了如何对简单的非线性特性进行线性化。对线性化的扩展探讨以及对非线性系统的分析，请阅读第9章。

为了更好地关注如何建立系统的数学模型，对于本章推导得出的运动方程，我们并没有介绍求解这些方程的计算方法，而是把这些内容推迟到了第3章进行介绍。

2.1 机械系统动力学

2.1.1 平移运动

求取机械系统的数学模型或运动方程(equation of motion),其基石就是牛顿定律,即

$$F = ma \qquad (2.1)$$

式中,F 为作用于系统中每一个受体的所有力的向量和,单位为牛顿(N)或磅(lb, 1b =0.45 kg);a 为系统中每一个受体相对于惯性系(即相对于恒星既不加速也不旋转的参考系)的向量加速度;通常称为惯性加速度(inertial acceleration),单位为 m/s² 或 ft/s²,(1 ft = 0.30 m);m 为物体的质量,单位为千克(kg)或斯勒格(slug, 1 slug =14.59 kg)。

这里,请注意式(2.1)中的黑斜体字母。在本书中,我们用黑斜体的字母表示的是矩阵或向量,也可能是向量方程。

在国际单位制中,1N 的力将引起 1kg 质量的物体产生 1 m/s² 的加速度。在英制单位中,1 lb 的力将引起 1 slug 质量的物体产生 1 ft/s² 的加速度。物体的重量是 mg,其中 g 是重力加速度(g =9.81 m/s² =32.2 ft/s²)。在英制单位中,通常用物体的重量(单位为 lb)来描述物体的质量,这两者是成比例的。这时,如果要使用牛顿定律,则先要求出以斯勒格(slug)表示的质量,然后把重量值除以 g 即可。因此,一个物体重 1 磅(lb),则意味着它的质量为 1/32.2 slug。1 slug =1 lb × s²/ft。在国际单位制中,质量的标准单位是 kg。

应用牛顿定律需要建立一个合适的坐标,方便我们测量物体的运动(位移、速度以及加速度),并画出自由体受力图来分析物体的受力情况,然后根据式(2.1)写出物体运动的方程。如果选择惯性系作为坐标描述物体的位移,则上述过程会有所简化。因为这样,牛顿定律中的加速度就是坐标位移对时间的二阶导数。

例 2.1 一个简单的系统:巡航控制模型

1. 写出如图 2.1 所示的汽车的速度和前向运动的运动方程,假设发动机提供的拉力为 u(如图所示)。对推导得出的微分方程实行拉普拉斯变换,并求出输入 u 和输出 v 之间的传递函数。

2. 若输入初始值为 $u = 0$,在 $t = 0$ 时刻跳变为常数 $u = 500$ N,并一直持续下去,请用 MATLAB 求出汽车的速度响应。假设车的质量 m 为 1000 kg,$b = 50$ N·s/m。

图 2.1 巡航控制模型

解:

1. 运动方程:为简单起见,假设车轮的转动惯量可以忽略不计,并假设阻碍汽车运动的阻力和汽车的速度成正比[①]。这样,汽车模型可以近似地做些简化。如图 2.2 所示的自由体受力图,图中定义了参考坐标,画出了物体受到的外力(用粗实线表示),标明了物体

---

① 如果速度用 v 表示,则空气摩擦力正比于 v^2。在我们的简化模型中,已经对它做了线性化近似。

的加速度(用虚线表示)。汽车的位移 x 表示从图中画出的参考线到物体的距离,并取向右为位移的正方向。因为汽车的位移是在惯性参考系中测量得到的,所以,在这样的情况下,惯性加速度就是 x 的二阶微分(即 $a = \ddot{x}$)。根据式(2.1),可以得到汽车的运动方程。因为摩擦力的作用方向与汽车运动方向相反,因此将它的方向画成汽车运动方向的反方向,在式(2.1)中应表现为负作用力。所得的结果如下:

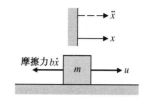

图 2.2 巡航控制的自由体受力图

$$u - b\dot{x} = m\ddot{x} \tag{2.2}$$

或者

$$\ddot{x} + \frac{b}{m}\dot{x} = \frac{u}{m} \tag{2.3}$$

在自动巡航控制的情形中,我们关心的是物体运动的速度 $v(v = \dot{x})$,因此把运动方程写成

$$\dot{v} + \frac{b}{m}v = \frac{u}{m} \tag{2.4}$$

关于求解这个方程的方法,将在第 3 章中进行详细介绍。在此,简单地说明,若输入信号的形式为 $u = U_0 e^{st}$,我们可以假设上述方程的解有这样的形式 $v = V_0 e^{st}$。由于 $\dot{v} = sV_0 e^{st}$,所以微分方程可以写成

$$\left(s + \frac{b}{m}\right)V_o e^{st} = \frac{1}{m}U_o e^{st} \tag{2.5}$$

把 e^{st} 这一项省略掉,于是得到

$$\frac{V_o}{U_o} = \frac{\frac{1}{m}}{s + \frac{b}{m}} \tag{2.6}$$

基于第 3 章将会给出的原因,上面的式子通常可写成

$$\frac{V(s)}{U(s)} = \frac{\frac{1}{m}}{s + \frac{b}{m}} \tag{2.7}$$

式(2.4)的微分方程表达式,我们称之为传递函数(transfer function),传递函数在后面章节中将会有更广泛的应用。请注意,事实上我们用 s 代替了式(2.4)中的 $\mathrm{d}/\mathrm{d}t$ [①]。

2. 时间响应:系统的动力学特性在 MATLAB 中可以用行向量来描述。行向量包含的是描述系统传递函数的分子或分母多项式的系数。这个问题中的传递函数,已经在解答 1 中给出。在本例中,分子(用 num 表示)仅仅是一个数字,因为分子 s 的阶数是 0,因此,num $= 1/m = 1/1000$。分母(用 den 表示)含有 s 项,$s + \dfrac{b}{m}$,故分母向量为

$$\mathrm{den} = \begin{bmatrix} 1 & \dfrac{b}{m} \end{bmatrix} = \begin{bmatrix} 1 & \dfrac{50}{1000} \end{bmatrix}$$

在 MATLAB 中,阶跃函数用于计算线性系统对单位阶跃输入的时间响应。由于系统是线性的,所以可以把阶跃函数计算得到的结果乘以阶跃输入的值,这样计算出输入为任

---

① 用算子来表示微分是大约在 1820 年由 Cauchy 在拉普拉斯变换的基础上获得的,而拉普拉斯变换大约在 1780 年被提出。第 3 章将介绍如何应用拉普拉斯变换来推导传递函数。参考资料:Gardner and Barnes, 1942。

意幅值的阶跃响应。同样,也可以先把 num 乘以阶跃输入的值,再求阶跃响应。

以下指令计算了 500 N 阶跃输入的时间响应,并画出了时间响应图。阶跃响应曲线如图 2.3 所示。

```
num = 1/1000;              %   1/m
den = [1 50/1000];         %   s + b/m
sys = tf(num* 500, den);   %   step 函数给出的是单位阶跃响应,因此, num* 500
                               对应输入 u = 500
step(sys);                 %   画出阶跃响应曲线
```

牛顿定律也可应用于多个物体的情形。在这种情况下,画出每个物体的自由体受力图非常重要,并在图中表示出各物体所受的外力以及系统中物体之间相互作用的内力。

例2.2　一个双物体系统:悬挂模型

图 2.4 是一个汽车悬挂系统。假设垂直方向上每个轮子承受四分之一的汽车的质量,请写出汽车和轮子运动的运动方程。由汽车一个轮子的悬挂组成的系统,通常被称为四分之一汽车模型。假设这个模型中汽车的质量是 1580 kg,包括了四个轮子,其中每个轮子的质量是 20 kg。在一个轮子的正上方向放置一个已知质量的物体(如一个人),

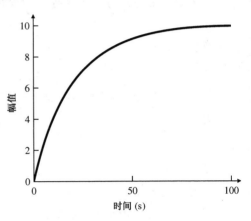

图 2.3　汽车速度对阶跃输入 u 的响应

然后测量车身偏移的距离,我们发现 k_s = 130 000 N/m。测量车轮对同样质量物体的偏移距离,可得到 k_w ≈ 1 000 000 N/m。参考图 3.18(b)的结论以及定性的观察,我们发现,当这个人跳跃时汽车的响应符合 ζ = 0.7 的曲线。由此,可得出 b = 9800 N·s/m。

解: 系统可以近似为如图 2.5 所示的简化系统。两个物体的坐标(x 和 y,参考方向如图所示)表示的是物体偏离平衡位置的距离。平衡位置是指弹簧因受到物体重力的作用偏离自然状态,并重新达到稳定后物体的位置。减震器在原理图中用阻尼器符号表示,其摩擦常数为 b。假设减震器产生的力的大小与两个物体相对位移的变化率成正比,即 $b(\dot{y} - \dot{x})$。物体的重力也可以在自由体受力图中表示,但是,它的作用仅仅是使 x 和 y 产生恒定的偏移。通过定义 x 和 y 为物体偏离平衡位置的距离,就不需要再考虑重力的作用。

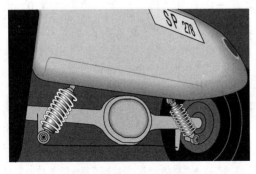

图 2.4　汽车悬挂系统

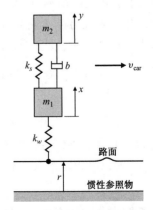

图 2.5　四分之一汽车模型

　　汽车悬挂作用于两个物体的力正比于物体之间的相对位移，比例系数为常数 k_s。图 2.6 画出了各个物体的自由体受力图。注意，两物体之间的弹簧对两个物体的作用力大小是相同的，但方向相反。对于阻尼器也是同样的情况。物体 m_2 的正位移 y 将引起弹簧对 m_2 的作用力，方向如图所示。同时也有一个力作用于 m_1，方向如图所示。然而，m_1 的正位移

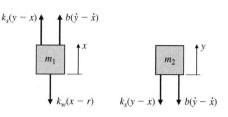

图 2.6　悬挂系统的自由体受力图

x 将引起 k_s 对 m_1 产生作用力，方向和如图 2.6 所示的受力方向相反，这由弹簧力中 x 项前面的负号表示。

　　位置比较低的弹簧 k_w 表示轮胎的可压缩性，由于它没有足够的阻尼（由速度确定的力），因此在模型中没有包含阻尼器。这个弹簧产生的力正比于轮胎被压缩后物体的位移，其中有一部分力作为平衡力，用于支持 m_1 和 m_2 克服重力。如果定义 x 为偏离平衡位置的距离，那么只有在以下两种情形下弹簧会产生力，一是路面不平坦（r 改变，平衡状态其值为 0），二是车轮弹起（x 改变）。如果这个简化的汽车行驶在不平坦的路上，则导致 $r(t)$ 的值不是恒定的。

　　如前所述，地球的引力对每个物体都产生恒定的作用力，然而，这个作用力已经被忽略了，因为弹簧产生了大小相等方向相反的力。在垂直弹簧体系统中，如果满足以下两个条件则重力通常可以忽略：（1）位置坐标定义为偏离仅有重力作用时的平衡状态的距离；（2）在分析中，弹簧力为弹簧受到扰动后对平衡状态时的力的变化量。

　　对每个物体应用式（2.1），注意某些力作用在物体的负方向，由此得到系统方程

$$b(\dot{y} - \dot{x}) + k_s(y - x) - k_w(x - r) = m_1\ddot{x} \tag{2.8}$$

$$-k_s(y - x) - b(\dot{y} - \dot{x}) = m_2\ddot{y} \tag{2.9}$$

进行简单的重组变形后，得到

$$\ddot{x} + \frac{b}{m_1}(\dot{x} - \dot{y}) + \frac{k_s}{m_1}(x - y) + \frac{k_w}{m_1}x = \frac{k_w}{m_1}r \tag{2.10}$$

$$\ddot{y} + \frac{b}{m_2}(\dot{y} - \dot{x}) + \frac{k_s}{m_2}(y - x) = 0 \tag{2.11}$$

　　在列写诸如上述方程这样的系统方程时，最容易犯的错误是符号错误。在推导的过程中，为保持符号正确性，我们可以想象物体发生了一定的偏移，然后根据这个偏移表示出由此产生的力的作用。一旦获得了系统的方程，就可以根据物理上的稳定性，对系统中各项的符号进行快速地检测，验证方程的符号是否正确。我们将在 3.6 节学习系统稳定性，对于一个稳定的系统，其相同的变量一般都有相同的符号。对于上述系统，由式（2.10）可以看出，$\ddot{x}$，$\dot{x}$ 和 x 项的符号都为正，这是系统稳定的条件之一。同样，在式（2.11）中，$\ddot{y}$，$\dot{y}$ 和 y 项的符号都是正的。

　　运用前面介绍的方法，求出系统的传递函数。用 s 代替微分方程中的 $\mathrm{d}/\mathrm{d}t$，得到

$$s^2 X(s) + s\frac{b}{m_1}(X(s) - Y(s)) + \frac{k_s}{m_1}(X(s) - Y(s)) + \frac{k_w}{m_1}X(s) = \frac{k_w}{m_1}R(s)$$

$$s^2 Y(s) + s\frac{b}{m_2}(Y(s) - X(s)) + \frac{k_s}{m_2}(Y(s) - X(s)) = 0$$

进行相关的代数运算后, 得到传递函数

$$\frac{Y(s)}{R(s)} = \frac{\dfrac{k_w b}{m_1 m_2}\left(s + \dfrac{k_s}{b}\right)}{s^4 + \left(\dfrac{b}{m_1} + \dfrac{b}{m_2}\right)s^3 + \left(\dfrac{k_s}{m_1} + \dfrac{k_s}{m_2} + \dfrac{k_w}{m_1}\right)s^2 + \left(\dfrac{k_w b}{m_1 m_2}\right)s + \dfrac{k_w k_s}{m_1 m_2}} \tag{2.12}$$

为了得到数值表示式, 我们使用全车质量 1580 kg 的四分之一, 即 $m_2 = 375$ kg, 代入式子。轮子的质量, 直接测得为 $m_1 = 20$ kg。因此, 数值表示的传递函数为

$$\frac{Y(s)}{R(s)} = \frac{1.31e06(s + 13.3)}{s^4 + (516.1)s^3 + (5.685e04)s^2 + (1.307e06)s + 1.733e07} \tag{2.13}$$

2.1.2　旋转运动

在一维旋转系统中应用牛顿定律时, 需要把式(2.1)修正为

$$M = I\alpha \tag{2.14}$$

式中, M 为对物体质量中心的所有的外力矩的和, 单位为 N·m 或 lb·ft; I 为物体对质心的惯性矩, 单位为 kg·m^2 或 slug·ft^2; α 为物体的角加速度, 单位为 rad/s^2。

例 2.3　旋转运动: 卫星姿态控制模型

卫星(如图 2.7 所示), 通常需要进行姿态控制以使得天线、传感器以及太阳能电池板保持正确的方向。天线通常指向地球某个特定的位置, 而太阳能电池板则必须面向太阳以获取最大的功率。为了逐步掌握三轴姿态控制系统, 我们有必要先研究单轴控制。列写单轴系统的运动方程, 并用方框图进行描述。另外, 确定系统的传递函数, 并通过 MATLAB 中的 Simulink 来构造该系统。

解: 图 2.8 描述了这个例子, 其中系统的运动仅仅是环绕垂直于纸面的轴而转动。描述卫星方向的角度 θ 必须在惯性参考系中进行测量, 也就是一个没有角加速度的参考系。控制力来自喷射流对质心产生的力矩 $F_c d$。卫星还可能受到小的干扰力矩 M_D, 这主要由太阳能电池板受到不对称的太阳压强而造成。应用式(2.14), 得到运动方程为

$$F_c d + M_D = I\ddot{\theta} \tag{2.15}$$

图 2.7　通信卫星(由 Space Systems/Loral 提供)

该系统的输出量 θ 由所有输入转矩的二重积分产生, 因此, 这种类型的系统通常被称为二重积分装置(double-integrator plant)。类似于式(2.7)的推导, 可得出的传递函数如下:

$$\frac{\Theta(s)}{U(s)} = \frac{1}{I}\frac{1}{s^2} \tag{2.16}$$

式中, $U = F_c d + M_D$。对于以上形式的系统, 我们通常称之为 $\dfrac{1}{s^2}$ 装置(plant)。

在图 2.9 中, 上半部分表示式(2.15)的方框图, 而下半部分表示式(2.16)的方框图。要

分析这个简单的系统，可以使用后面章节介绍的线性分析方法，也可以使用 MATLAB 辅助工具（正如例 2.1 中看到的）。同样，也可以使用 Simulink，对任意的输入时间进行数值分析。Simulink 是 MATLAB 中的一个附属程序包，可用于交互式、非线性仿真，且具有可拖放特性的图形用户接口。图 2.10 给出了一个利用 Simulink 构造的系统方框图。

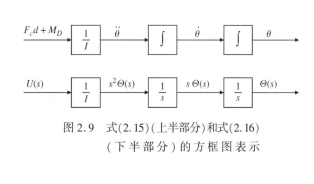

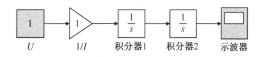

图 2.9　式(2.15)(上半部分)和式(2.16)
(下半部分)的方框图表示

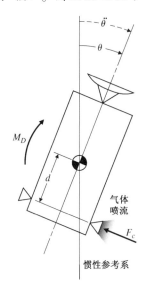

图 2.8　卫星控制原理图

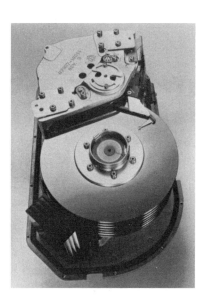

图 2.10　双积分器装置的 Simulink 方框图

在很多情况下，系统在实际中可能会有一定的柔性。例如，如图 2.11 所示的硬盘驱动读/写头，系统的柔性可能会对控制系统的设计过程带来某些问题。如果在传感器和执行器的位置之间有一定的柔性，则会使设计过程造成特殊的困难。因此，我们通常需要在建立模型的时候包括这个柔性，使得系统看起来是相当刚性的。

例 2.4　柔性：硬盘驱动器的灵活读/写

假设在如图 2.11 所示的读/写头和驱动电动机之间有一定的柔性。求出关于读/写头的运动和作用到基座的力矩的运动方程。

解：图 2.12 给出了磁盘读写机构主要组件的动态模型原理图。这个模型在动态特性上与图 2.5 的谐振系统有些类似，因此，系统的运动方程也与式(2.10)和式(2.11)相类似。图 2.13 是系统的自由体受力图，图中画出了每个物体所受的力矩。关于物体所受力矩的讨论和例 2.2 相同，只是在例 2.2 中由弹簧和阻尼器产生力，而在本例中

图 2.11　硬盘读写机构(Hewlett-
Packard公司提供图片)

是力矩作用在每个转动惯量上。由式(2.14)可知，所有外力矩之和等于角加速度与转动惯量之积，经化简得到

$$I_1\ddot{\theta}_1 + b(\dot{\theta}_1 - \dot{\theta}_2) + k(\theta_1 - \theta_2) = M_c + M_D \tag{2.17}$$

$$I_2\ddot{\theta}_2 + b(\dot{\theta}_2 - \dot{\theta}_1) + k(\theta_2 - \theta_1) = 0 \tag{2.18}$$

为简单起见,忽略干扰力矩 M_D 和阻尼系数 b,我们得到从施加的力矩到读操作运动的传递函数为

$$\frac{\Theta_2(s)}{M_c(s)} = \frac{k}{I_1 I_2 s^2 \left(s^2 + \dfrac{k}{I_1} + \dfrac{k}{I_2}\right)} \tag{2.19}$$

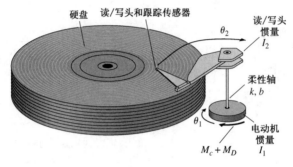

图 2.12   用于建模的磁盘读/写头原理图

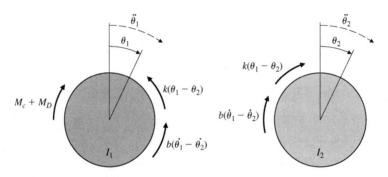

图 2.13   磁盘读/写头的自由体受力图

我们还可以求出受到力矩直接作用的转动惯量的运动(θ_1)。在同样的简化条件下,其传递函数为

$$\frac{\Theta_1(s)}{M_c(s)} = \frac{I_2 s^2 + k}{I_1 I_2 s^2 \left(s^2 + \dfrac{k}{I_1} + \dfrac{k}{I_2}\right)} \tag{2.20}$$

在很多情况下,传感器和执行器总是安装在一个柔性体中的相同位置或者不同位置,这时候上面两种情形可以被视为典型。我们把式(2.19)描述的传感器和执行器之间的情形称为"非并置"情形,而把式(2.20)描述的情形称为"并置"情形。在第 5 章,会发现控制一个在传感器与执行器之间有柔性的系统(非并置情形),要远比控制传感器与执行器严格地联合在一起的系统(并置情形)困难得多。

有一类特殊的系统,旋转体的一点在惯性参考系中是固定的,例如钟摆。这时候如果应用式(2.14),则 M 是对固定点的所有力矩之和,I 是物体对固定点的转动惯量。

例 2.5   旋转运动:钟摆

1. 写出如图 2.14 所示单摆的运动方程。假设单摆的质量集中在摆的末端,且力矩 T_c 作用于支点。

2. 当输入 T_c 为 1 N·m 的阶跃输入时, 用 MATLAB 确定 θ 的时间
   关系曲线图。假设 $l = 1$ m, $m = 1$ kg, $g = 9.81$ m/s^2。

解:

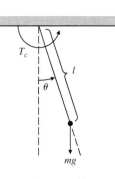

图 2.14 单摆

1. 运动方程: 单摆对支点的转动惯量为 $I = ml^2$。对支点的力矩和
   包括由重力产生的力矩和外部施加的力矩。根据式(2.14),
   可得运动方程为

$$T_c - mgl \sin \theta = I\ddot{\theta} \qquad (2.21)$$

通常写成以下形式:

$$\ddot{\theta} + \frac{g}{l} \sin \theta = \frac{T_c}{ml^2} \qquad (2.22)$$

由于上式中含有 $\sin\theta$ 项, 因此上述方程是非线性的。在第 9 章, 将开展关于非线性方程的
比较全面的讨论。在本例中, 如果单摆的运动幅度足够小, 则有 $\sin\theta \approx \theta$, 这样就可以将
式(2.22)线性化为

$$\ddot{\theta} + \frac{g}{l} \theta = \frac{T_c}{ml^2} \qquad (2.23)$$

如果没有外施加力矩, 则式(2.23)表示谐波振荡, 其固有频率[①]为

$$\omega_n = \sqrt{\frac{g}{l}} \qquad (2.24)$$

进行类似于式(2.7)的推导, 得到系统传递函数如下:

$$\frac{\Theta(s)}{T_c(s)} = \frac{\dfrac{1}{ml^2}}{s^2 + \dfrac{g}{l}} \qquad (2.25)$$

2. 时间关系曲线图: 在 MATLAB 中, 使用一组包含传递函数分母和分子多项式系数的行
   向量来描述系统的动态特性。在本例中, 分子(用 num 表示)只是一个数字, 因为它只
   含有 s 的 0 次项, 因此有

$$num = \frac{1}{ml^2} = \frac{1}{(1)(1)^2} = [1]$$

分母(用 den 表示)含有 s 的非 0 次项为 $\left(s^2 + \dfrac{g}{l} \right)$, 其行向量有三个元素:

$$den = \begin{bmatrix} 1 & 0 & \dfrac{g}{l} \end{bmatrix} = [1 \quad 0 \quad 9.81]$$

系统的期望响应, 可由 MATLAB 的阶跃响应函数 step 获得。MATLAB 指令如下:

```
t=0:0.02:10;          % 用于输出的时间向量, 从 0 到 10, 间隔增量为 0.02
num=1;
den=[1 0 9.81];
sys=tf(num, den);     % 由分子和分母定义系统
y=step(sys, t);       % 计算对于给定时间 t=0 的阶跃响应
plot(t, 57.3* y)      % 把角度由弧度转换为度, 并画出阶跃响应
```

得出的期望时间关系曲线, 如图 2.15 所示。

---

① 要求落地式大摆钟的钟摆周期精确为 2 s。那么摆长应为多少?

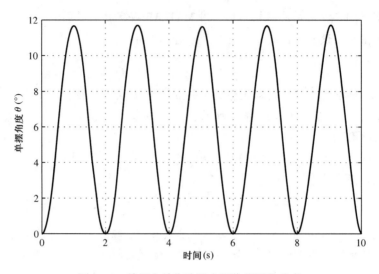

图 2.15　单摆在单位阶跃力矩作用下的响应

在例 2.5 中,我们得到的运动方程通常都是非线性的。求解这样的方程,要比求解线性方程困难得多。相比于由线性模型推导得来的各种运动形式,由非线性模型推导出来的各种运动更难分类。因此,对模型进行线性化,然后运用线性分析方法是很有效的。通常线性模型和线性分析仅仅用于控制系统的设计阶段(事实上,控制的作用通常可以使系统保持在线性范围)。如果基于线性分析的控制系统具有期望的性能,那么还可以对系统进行更进一步的分析或精确的数值仿真,在模型中包含所有的非线性特性以便验证系统性能。Simulink 是实现这类仿真的简便方法,能够处理大多数的非线性系统。要使用这个仿真工具,就需要构造出表示运动方程的方框图[①]。例 2.5 中对于特定参数钟摆模型的线性运动方程可从式(2.23)中得到,即

$$\ddot{\theta} = -9.81 * \theta + 1 \tag{2.26}$$

用来表示此式的 Simulink 方框图,如图 2.16 所示。注意,图中左边的圆(圆内标识有" + "和" - ")表明了上述方程的相加或者相减实现。

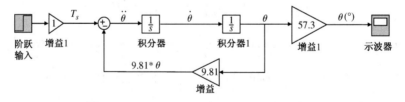

图 2.16　表示线性方程式(2.26)的 Simulink 方框图

执行这个数值仿真得到的结果,与图 2.15 给出的线性解在本质上是一致的,因为这是在相对非常小角度($\sin \theta \approx \theta$)的条件下得到的解。然而,运用 Simulink 来求解响应时,可以让我们模拟整个非线性响应的过程,因此能够分析更为庞大的运动系统。此时,式(2.26)就可变换为

$$\ddot{\theta} = -9.81 * \sin \theta + 1 \tag{2.27}$$

如图 2.17 所示的 Simulink 方框图,就实现了这个非线性方程。

Simulink 能够仿真所有的经常遇到的非线性系统,包括死区、开关函数、静摩擦、迟滞、

---

① 关于方框图的更充分讨论,请参阅 3.2.1 节。

空气动力阻力(一个关于 v^2 的函数)和三角函数。所有的实际系统在不同程度上都有一个或者一个以上的非线性特性。

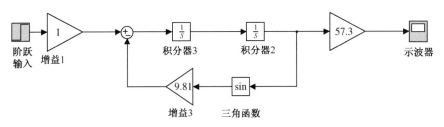

图 2.17　非线性方程的 Simulink 方框图表示

例 2.6　使用 Simulink：对于非线性运动(钟摆)

使用 Simulink，确定例 2.5 中钟摆的角度 θ 的时间关系曲线图。并比较当 $T_c = 1\,\mathrm{N\cdot m}$ 和 $T_c = 4\,\mathrm{N\cdot m}$ 时的线性解。

解：时间关系曲线图。将前述讨论的两个例子的 Simulink 方框图组合在一起，并将图 2.16 和图 2.17 中的输出通过一个 Multiplexer block(Mux)发送到示波器 Scope，这样就可以绘制在同一个图上。图 2.18 给出了组合后的方框图，其中增益 K 表示 T_c 的取值。对于 $T_c = 1\,\mathrm{N\cdot m}$ 和 $T_c = 4\,\mathrm{N\cdot m}$，系统的输出如图 2.19 所示。注意，当 $T_c = 1\,\mathrm{N\cdot m}$ 时，图中上方的输出角度保持在 12° 或更少，而且线性化逼近与非线性输出非常接近。当 $T_c = 4\,\mathrm{N\cdot m}$ 时，输出角度增大到接近 50°，并且在幅频响应上由于 θ 非常接近 $\sin\theta$ 而出现一个很大的区别。

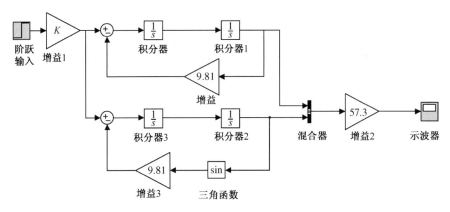

图 2.18　线性和非线性模型的钟摆方框图

第 9 章将主要介绍非线性系统的分析方法，并充分扩展这些思想。

2.1.3　旋转和平移的组合

在有些情况下，机械系统包含了平移部分和旋转部分。与 2.1.1 节和 2.1.2 节所介绍的步骤一样，分析步骤主要包括：画出自由体受力图、建立坐标和正方向、确定所有的作用力和作用力矩，以及应用式(2.1)和/或式(2.14)。准确地推导系统方程的过程是很复杂的。因此，在以下例子中只给出模型的线性方程和它们的传递函数，完整的分析过程请参阅网上的附录 W2。

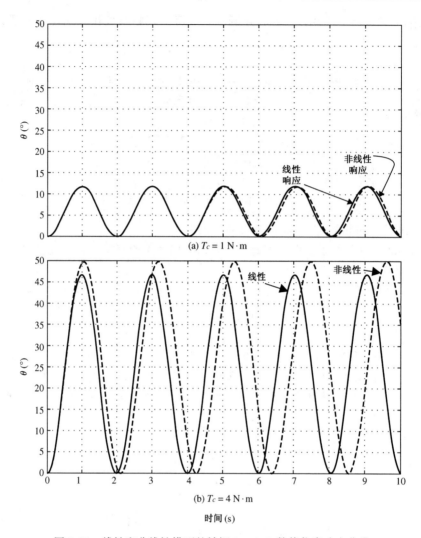

(a) $T_c = 1\,\mathrm{N \cdot m}$

(b) $T_c = 4\,\mathrm{N \cdot m}$

时间(s)

图2.19　线性和非线性模型的钟摆 Simulink 数值仿真响应曲线

例2.7　旋转和平移运动：悬挂吊车

如图2.20所示为悬挂吊车的原理图，试写出其运动方程。在 $\theta = 0$ 附近对方程进行线性化，这对悬挂吊车而言一般都是有效的。另外在 $\theta = \pi$ 附近也对方程进行线性化，这表征了如图2.21所示的倒立摆情形。吊车质量用 m_t 表示，挂臂(或摆锤)的质量用 m_p 表示，它到其质心的惯量为 I。摆锤的支点到其质心的距离为 l。因此，摆锤相对其支点的转动惯量为 $I + m_p l^2$。

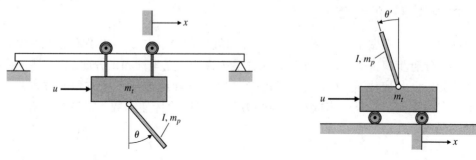

图2.20　悬挂负载的吊车原理图　　　　　　　图2.21　倒立摆

解： 首先，绘制吊车和摆锤的自由体受力图以及相互连接时的反作用力（参阅网上的附录 W2）。对电车的平移运动和摆锤的旋转运动应用牛顿定律，我们可以知道，两个自由体之间的反作用力可以相互抵消。这样就只有 θ 和 x 为未知数。对吊车施加一个输入作用力 u，可以得到关于 θ 和 x 的二阶非线性微分方程组的结果。通过类似于单摆在假设为小角度情形下的处理方法，我们可以对方程组进行线性化。对于运动角度 θ 为接近零的很小值，可近似地得到 $\cos\theta \approx 1, \sin\theta \approx \theta, \dot{\theta}^2 \approx 0$。由此，这些方程可以近似为

$$(I + m_p l^2)\ddot{\theta} + m_p g l\theta = -m_p l\ddot{x}$$
$$(m_t + m_p)\ddot{x} + b\dot{x} + m_p l\ddot{\theta} = u \tag{2.28}$$

注意，第一个方程与式（2.21）所示的单摆方程很相似，其中施加的力矩是由吊车的加速度引起的。相似地，第二个方程表示吊车的运动 x，这类似于式（2.3）所示的汽车平移运动，其中推力项是由摆锤的角加速度引起的。忽略摩擦阻力项 b，由此得到由控制输入 u 到悬挂吊车角度 θ 的传递函数如下：

$$\frac{\theta(s)}{U(s)} = \frac{-m_p l}{((I + m_p l^2)(m_t + m_p) - m_p^2 l^2)s^2 + m_p g l(m_t + m_p)} \tag{2.29}$$

对于如图 2.21 所示的倒立摆，这里有 $\theta \approx \pi$。假设 $\theta \approx \pi + \theta'$，其中 θ' 表示垂直向上方向的运动。在这种情况下，$\sin\theta \approx -\theta', \cos\theta \approx -1$。于是，非线性方程变为[1]

$$(I + m_p l^2)\ddot{\theta}' - m_p g l\theta' = m_p l\ddot{x}$$
$$(m_t + m_p)\ddot{x} + b\dot{x} - m_p l\ddot{\theta}' = u \tag{2.30}$$

正如例 2.2 所提到的，一个稳定的系统对于每一个变量总是有相同的符号。这就是用式（2.28）对稳定的悬挂吊车进行建模的实例。然而，在式（2.30）中，θ 和 $\ddot{\theta}$ 的符号是相反的，这意味着不稳定，这就是倒立摆的特性。

此时，不考虑摩擦阻力，传递函数可表示为

$$\frac{\theta'(s)}{U(s)} = \frac{m_p l}{((I + m_p l^2) - m_p^2 l^2)s^2 - m_p g l(m_t + m_p)} \tag{2.31}$$

在第 5 章，将学习如何使用反馈来使得系统稳定，也将看到即使像倒立摆那样不稳定的系统，也可以通过传感器测量其输出量以及控制输入来达到稳定。对于吊车上的倒立摆问题，要求测量摆的角度 θ'，并提供一个控制输入 u，为吊车加速使得摆直指前方。在几年前，这个倒立摆系统主要是作为一项教学工具出现在大学的控制系统实验室。然而，就在最近，一个具有同样动态系统的实际装置，已经被制造和销售。这就是 Segway 代步车。它应用陀螺仪使得设备的角度相对垂直，而且应用电动机为轮子提供转矩使之保持平衡，并提供前进或后退的动力。如图 2.22 所示。

图 2.22 Segway 代步车（这有些类似于倒立摆，使用反馈控制系统保持直立）（由 David Powell 提供）

---

[1] 通常在描述倒立摆的运动时把顺时针方向定义为正方向。如果按照这种方法定义，则式（2.30）中的 θ' 或 $\ddot{\theta}'$ 项的符号必须要相反。

2.1.4　分布参数系统

前面所述的所有例子都只包含一个或多个刚体,虽然其中有一些通过弹簧与其他部分相连。但实际的结构(如卫星的太阳能电池板、飞机的翼或机械臂)通常是可以弯曲的,如图2.23(a)的柔性杆所示。描述这个柔性杆运动的方程是一个四阶的偏微分方程,因为沿着柔性杆连续分布有大量的小单元,各小单元与其他单元之间的联系又带有少量的柔性。这种类型的系统,称为分布参数系统(distributed parameter system)。本章介绍的动态分析方法并不足够用于分析这种系统,不过一些更高层次的书籍(Thomson and Dahleh,1998)给出了以下的结论

$$EI\frac{\partial^4 w}{\partial x^4} + \rho\frac{\partial^2 w}{\partial t^2} = 0 \qquad (2.32)$$

式中,E 为弹性模量;I 为杆的面积转动惯量;ρ 为杆密度;w 为沿着杆在长 x 处杆的挠度。

在设计控制系统时,精确地求解式(2.32)会使设计任务显得过于繁重,但它对于我们设计控制系统时估算弯曲程度的影响还是相当重要的。

图2.23(b)的连续杆有无限个振动波形,每个波形都有不同的频率。一般地,最小频率的波形具有最大的幅值,这在对杆做近似处理时最重要。图2.23(c)的简化模型可以用于重现一阶弯曲形式的基本运动和频率,对控制器的设计也基本能够满足。如果预期在控制系统运行中频率高于一阶弯曲形式的频率,我们可能需要建立如图2.23(d)所示的杆模型,它可以近似前两阶的弯曲形式和频率。同样,如果确实需要,还可以建立更精确、更复杂的高阶模型(Thomson and Dahleh,1998;Schmitz,1985)。如果把一个连续的弯曲物体近似为两个或多个刚体用弹簧连接,则得到的模型有时称为集总参数模型(lumped parameter model)。

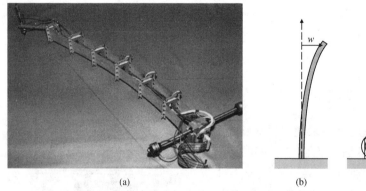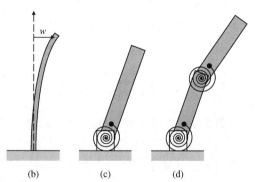

(a)　　　　　　　(b)　　(c)　　(d)

图2.23　(a)斯坦福大学研究用的柔性机械臂;(b)连续柔性杆的模型;(c)一阶弯曲
形式的简单模型;(d)一阶和二阶弯曲形式的模型(图片由E. Schmitz提供)

2.1.5　小结:推导刚体的运动方程

推导刚体运动方程所需的物理知识,完全由牛顿运动定律给出。具体方法如下:

1. 分配变量如 x 和 θ,变量必须能够而且有效地描述物体的任意位置。
2. 画出每个元件的自由体受力图。表示出作用在每个物体上的所有力,并画出它们的参考方向。还要表示出每个物体的质心对惯性参考系的加速度。
3. 应用牛顿定律,根据具体情形选择平移[参见式(2.1)]和/或旋转[参见式(2.14)]形式。
4. 联立各方程,消去内部作用力。
5. 独立方程的个数和未知量的个数应该相等。

2.2 电路模型

在控制系统中常常用到电路,因为电信号的操作与处理相对比较容易。虽然控制器越来越多地用数字逻辑来实现,但很多功能还是使用模拟电路。模拟电路比数字电路的速度快,对于大多数简单的控制器来说,用模拟电路实现会比数字电路便宜。另外,用于机电控制的功率放大器、用于数字控制的消锯齿预滤波器等,都必须是模拟电路。

电路就是包括电压源、电流源和其他电子元件(如电阻、电容、电感等)的互连网络。在电路中,一种重要的结构单元是运算放大器(op-amp)[①],这也是一种复杂的反馈系统。一些重要的反馈系统设计方法就是由设计高增益、宽频带反馈放大器的设计者提出的(主要在 1925 年至 1940 年由贝尔电话实验室提出)。电气、电子元器件同样在电动机械能量转换设备中扮演重要角色,例如电动机、发电机和电传感器。作为简单介绍,我们不可能全面引申出电的物理学原理,也不可能对所有重要的分析方法进行全面的回顾。我们将定义一些变量,通过典型的元件和电路来介绍与这些变量相关的关系,并介绍一些用于求解所得方程的最为有效的方法。

线性电路元件的符号以及它们的电流电压关系,如图 2.24 所示。无源电路由电阻、电容、电感的互连网络组成。在电子学中,我们还加入了有源器件,包括二极管、晶体三极管以及放大器。

电路的基本方程,又称为基尔霍夫定律,其描述如下:

1. **基尔霍夫电流定律(KCL)**:流出一个节点的电流代数和等于流入这个节点的电流代数和。

2. **基尔霍夫电压定律(KVL)**:在电路中环绕一个闭合回路一周的所有电压的代数和为零。

对于含有众多元器件的复杂电路,列写方程的时候必须要细心而且有条理。在众多方法之中,我们选择比较常用而且有效的方法——节点分析法(node analysis)进行介绍。先选择一个节点作为参考点,并假设其他节点的电位都是未知的。理论上参考节点的选择是任意的,但在实际电路中公共端或接地端通常是标准的选择。然后,应用基尔霍夫电流定律(KCL)对每个节点列写关于未知量的方程。通过图 2.24 中的元件等式,在方程中消去我们不关心的未知量,只留下选择的未知量。如果电路中含有电压源,必须对这个电源使用基尔霍夫电压定律(KVL)。例 2.8 介绍了节点分析法的应用。

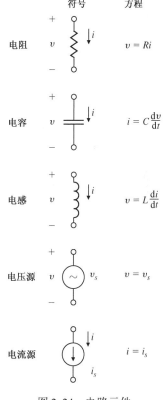

图 2.24 电路元件

例 2.8 T 形电桥方程

确定如图 2.25 所示电路的微分方程。

---

① Oliver Heaviside 引入数学算子 p 来表示求导运算,这样 $pv = \mathrm{d}v/\mathrm{d}t$。拉普拉斯变换也采用了这一思想,使用了复变量 s。Ragazzini 等人(1947)证明了一个理想的高增益电子放大器可以实现关于拉普拉斯变换中变量 s 的任意"运算",因此,它们称之为运算放大器,通常简称 op-amp。

解：我们选择节点4作为参考节点，节点1、2、3的电位 v_1、v_2、v_3 都是未知的。首先，我们得出简化的 KVL 关系

$$v_1 = v_i \tag{2.33}$$

对于节点2，应用 KCL，得到

$$-\frac{v_1 - v_2}{R_1} + \frac{v_2 - v_3}{R_2} + C_1 \frac{dv_2}{dt} = 0 \tag{2.34}$$

对于节点3，应用 KCL，得到

$$\frac{v_3 - v_2}{R_2} + C_2 \frac{d(v_3 - v_1)}{dt} = 0 \tag{2.35}$$

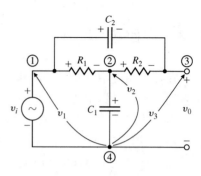

图 2.25　T 形电桥电路

以上三个方程，描述了这个 T 形电桥电路。

　　基尔霍夫定律还可以运用在含有运算放大器(operational amplifier)的电路中。运算放大器的简化电路，如图 2.26(a)所示，其原理图符号如图 2.26(b)所示。如果放大器的正输入端在原理符号中没有标示出来，则假设已经接地，即 $v_+ = 0$，这时用如图 2.26(c)所示的简化符号表示。在控制电路的应用中，通常假设运算放大器是理想的，即 $R_1 = \infty$，$R_0 = 0$，$A = \infty$。因此，理想运算放大器的方程相当简单，即

$$i_+ = i_- = 0 \tag{2.36}$$

$$v_+ - v_- = 0 \tag{2.37}$$

　　放大器的增益通常假设为非常高，以至于其输出电压为 v_{out} 满足以上方程的任意值。当然，实际的放大器只是近似地满足这些方程，除非需要精确地描述运算放大器，否则都假设所有的运算放大器是理想的。本章末尾的几个问题将给出更为实际的模型。

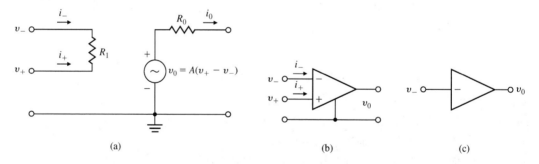

图 2.26　(a)运算放大器的简化电路；(b)运算放大器的原理图符号；(c) $v_+ = 0$ 时的简化符号

例 2.9　加法器

求出如图 2.27 所示电路的方程和传递函数。

　　解：式(2.37)要求 $v_- = 0$，因此电流 $i_1 = \dfrac{v_1}{R_1}$，$i_2 = \dfrac{v_2}{R_2}$，$i_{out} = \dfrac{v_{out}}{R_f}$。为满足式(2.36)，需要 $i_1 + i_2 + i_{out} = 0$，由此得出 $\dfrac{v_1}{R_1} + \dfrac{v_2}{R_2} + \dfrac{v_{out}}{R_f} = 0$，于是

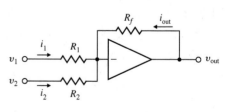

图 2.27　加法器

$$v_{out} = -\left[\frac{R_f}{R_1} v_1 + \frac{R_f}{R_2} v_2\right] \tag{2.38}$$

由上式可知，电路的输出是对输入电压的反向加权求和。因此这个电路被称为加法器（summer）。

另一个在控制技术中比较重要的电路是积分运算放大器。

例 2.10 积分器

求如图 2.28 所示电路的传递函数。

解： 在这个例子中，方程是微分方程。由式（2.36）和式（2.37），可以得到

$$i_{\text{in}} + i_{\text{out}} = 0 \tag{2.39}$$

因此有

$$\frac{v_{\text{in}}}{R_{\text{in}}} + C\frac{\mathrm{d}v_{\text{out}}}{\mathrm{d}t} = 0 \tag{2.40}$$

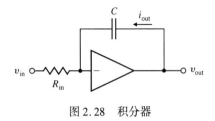

图 2.28 积分器

式（2.40）可以写成积分的形式，即

$$v_{\text{out}} = -\frac{1}{R_{\text{in}}C}\int_0^t v_{\text{in}}(\tau)\,\mathrm{d}\tau + v_{\text{out}}(0) \tag{2.41}$$

在式（2.40）中应用运算符号 $\mathrm{d}/\mathrm{d}t = s$，得到传递函数（假设初始状态为 0）为

$$V_{\text{out}}(s) = -\frac{1}{s}\frac{V_{\text{in}}(s)}{R_{\text{in}}C} \tag{2.42}$$

显然，理想运算放大器在电路中执行的是积分运算，所以这个电路被简称为积分器（integrator）。

2.3 机电系统模型

要理解大多数机电执行器和传感器的工作过程，首先要知道电路和磁场相互作用的两种方式。如果 i 安培的电流流过长 l 米的导线，并与磁场成直角地放置在磁通密度为 B 特斯拉（tesla）的磁场中，那么导线会受到力的作用，并且力的方向与 i 和 B 形成的平面成直角，大小为

$$F = Bli \ \text{N} \tag{2.43}$$

这个方程就是电能向机械功转化的基础，因此被称为电动机定律（law of motor）。

例 2.11 扬声器建模

图 2.29 所示的是一个用于产生声音的扬声器的典型结构。永磁体在两极间的圆柱形间隙中建立辐射场。缠绕在卷轴上的导线由于受到力的作用，引起音圈移动，由此产生声音[①]。空气的作用效果可以认为锥面有等效的质量 M 和黏滞摩擦系数 b。假设磁场是均匀的，B 等于 0.5 T，绕线有 20 匝，直径 2 cm。写出该器件的运动方程。

解： 由于电流与磁场成直角，要求解的力与 i 和 B 形成的平面成直角，这样可以应用式（2.43）。在本例中，磁通密度是 $B = 0.5\,\text{T}$，导线长度是

$$l = 20 \times \frac{2\pi}{100}m = 1.26\,m$$

---

① 在计算机硬盘数据存储器的读写磁头中，常常使用类似的音圈电动机作为执行器。

因此，力的大小为

$$F = 0.5 \times 1.26 \times i = 0.63i \ \text{N}$$

机械力学方程服从牛顿定律，对于质量 M 和摩擦系数 b，系统方程为

$$M\ddot{x} + b\dot{x} = 0.63i \tag{2.44}$$

上述二阶微分方程描述了扬声器锥面的运动，输入电流 i 驱动整个系统。用 s 代替式(2.44)中的 $\mathrm{d}/\mathrm{d}t$，很容易地得出系统的传递函数

$$\frac{X(s)}{I(s)} = \frac{0.63/M}{s(s + b/M)} \tag{2.45}$$

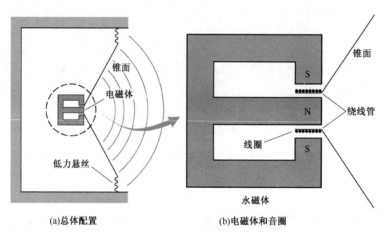

图 2.29　扬声器的几何构造

　　第二个重要的机电关系是机械运动对电动势的影响。如果长为 l 米的导线在磁通密度为 B 特斯拉的磁场中移动，速度大小为 v m/s，方向与磁场成直角，则在导线中会产生一定的电动势，其大小为

$$e(t) = Blv \ \text{V} \tag{2.46}$$

这个表达式被称为发电机定律(law of generator)。

例 2.12　扬声器电路

　　对于如图 2.29 所示的扬声器，用如图 2.30 所示的电路驱动扬声器，求出锥面输出位移 x 关于输入电压 v_a 的微分方程。假设电路有效电阻为 R，电感为 L。

　　解：扬声器的运动方程满足式(2.44)。由式(2.46)可知，扬声器的运动在线圈中产生电动势，运动速度为 $\dot{x}$。产生的电动势为

$$e_{\text{coil}} = Bl\dot{x} = 0.63\dot{x} \tag{2.47}$$

在分析电路时，必须加上这个感应电动势。电路的运动方程是

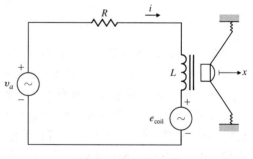

图 2.30　扬声器电路

$$L\frac{\mathrm{d}i}{\mathrm{d}t} + Ri = v_a - 0.63\dot{x} \tag{2.48}$$

式(2.44)和式(2.48)这两个耦合方程，构成了扬声器的动态模型。

再用 s 代替这些方程中的 d/dt，得到关于施加电压和扬声器位移之间的传递函数为

$$\frac{X(s)}{V_a(s)} = \frac{0.63}{s\left[(Ms+b)(Ls+R)+(0.63)^2\right]} \tag{2.49}$$

基于以上这些原理，在控制系统中常常使用的一种执行器就是直流电机，用于产生旋转运动。直流电动机的基本组件示意图，如图 2.31 所示。除了外壳和支座，不旋转的部分（定子）含有磁体，给转子提供磁场。磁体可以是电磁体，在小型电动机中也可以是永磁体。电刷连接旋转着的电流换向器，使电流一直在导线线圈中适合于产生最大的力矩。如果电流的方向反向，则力矩的方向也反向。

电动机方程给出了作用在转子上的转矩 T，与电枢电流 i_a 有关。另外，电枢产生的反电动势，与转轴的转动速度 $\dot\theta_m$ 有关[①]，即

$$T = K_t\, i_a \tag{2.50}$$

$$e = K_e\, \dot\theta_m \tag{2.51}$$

在一般的单位制中，转矩常数 K_t 与电动势常数 K_e 相等，但在有些情况下转矩常数采用其他单位，例如盎司·英寸/安培，电动势的单位也可能 V/1000 r/m。这时候，工程师必须进行必要的单位转换，以保证上述方程的正确性。

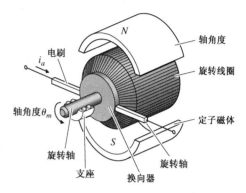

图 2.31 直流电动机简图

例 2.13 直流电机建模

电路如图 2.32(a) 所示，求出图中直流电动机的方程。假设转子的转动惯量为 J_m，黏滞摩擦系数为 b。

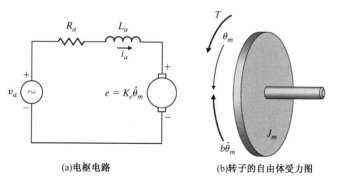

(a)电枢电路　　　(b)转子的自由体受力图

图 2.32 直流电机

解: 转子的自由体受力图如图 2.32(b) 所示，图中定义了转子转动的正方向，并画出了作用在转子上的两个转矩——T 和 $b\dot\theta_m$。根据牛顿定律，得到

$$J_m\ddot\theta_m + b\dot\theta_m = K_t i_a \tag{2.52}$$

分析整个电路，包括反电动势，得到电方程为

$$L_a\frac{\mathrm{d}i_a}{\mathrm{d}t} + R_a i_a = v_a - K_e\dot\theta_m \tag{2.53}$$

[①] 因为产生的电动势与施加在电枢上的电压是相反的，所以称之为反电动势(back emf)。

用 s 代替式(2.52)和式(2.53)中的 $\mathrm{d}/\mathrm{d}t$,得到电动机的传递函数为

$$\frac{\Theta_m(s)}{V_a(s)} = \frac{K_t}{s[(J_m s + b)(L_a s + R_a) + K_t K_e]} \tag{2.54}$$

在大多数情况下,对于机械运动而言,电枢电感的影响可以忽略不计,于是在式(2.53)中的相关项可以忽略。因此,联立式(2.52)和式(2.53),得到

$$J_m \ddot{\theta}_m + \left(b + \frac{K_t K_e}{R_a}\right) \dot{\theta}_m = \frac{K_t}{R_a} v_a \tag{2.55}$$

由式(2.55)可知,在本例中,反电动势的影响和摩擦力的影响是没有差别的,因此系统传递函数是

$$\frac{\Theta_m(s)}{V_a(s)} = \frac{\dfrac{K_t}{R_a}}{J_m s^2 + \left(b + \dfrac{K_t K_e}{R_a}\right) s} \tag{2.56}$$

$$= \frac{K}{s(\tau s + 1)} \tag{2.57}$$

其中

$$K = \frac{K_t}{b R_a + K_t K_e} \tag{2.58}$$

$$\tau = \frac{R_a J_m}{b R_a + K_t K_e} \tag{2.59}$$

在许多情况下,设计要求的可能是从电动机输入到输出速度($\omega = \dot{\theta}_m$)之间的传递函数。这时候,传递函数就变为

$$\frac{\Omega(s)}{V_a(s)} = s\frac{\Theta_m(s)}{V_a(s)} = \frac{K}{\tau s + 1} \tag{2.60}$$

另一个用于电能和机械能相互转化的器件是 N. Tesla 发明的交流感应电动机。对交流电动机的基本分析,比直流电动机要复杂得多。图2.33给出了在频率固定、幅值变化的正弦电压作用下,电动机转速对转矩的一组实验曲线图。虽然图中的数据都是针对某个恒定的电动机速度,但是可以利用这些数据求出一些电动机常数,给出电动机的模型。在分析一个含有交流电动机的控制问题(如图2.33所示)时,我们对中间电压和速度接近0速度处的曲线作线性化近似,得到以下的表达式

$$T = K_1 v_a - K_2 \dot{\theta}_m \tag{2.61}$$

常数 K_1 表示在0速度时转矩变化量与电压变化量的比率,它和0速度时曲线的间距成正比。常数 K_2 表示在0速度时,中间电压处转矩变化量与速度变化量的比率。因此,它是曲线在0速度附近的斜率,如图中 V_2 上的直线。对于电路部分,电枢电阻 R_a 和电枢电感 L_a 的值,同样可以通过实验确定。只要我们获得了 K_1、K_2、R_a 和 L_a 的值,分析过程就类似于例2.13中直流电动机的分析。如果电感也可以忽略,那么可以用 K_1 和 K_2 分别代替式(2.55)中的 K_t/R_a 和 $K_t K_e/R_a$。

除了这里提到的直流电动机和交流电动机,控制系统中还可能用到无刷直流电动机(Reliance Motion Control 公司,1980)和步进电动机(Kuo,1980)。这些电动机的模型在上面提到的文章中有具体的推导过程,在原理上和本节所讨论的电动机并没什么区别。一般来说,在实验

基础上的分析, 给出的是转矩关于电压和速度的函数, 类似于图 2.33 给出的交流电动机转矩-速度曲线。根据这些曲线, 我们可以求出如式(2.61)所示的线性公式, 应用于系统的机械分析部分, 并求出包括电阻和电感的等效电路, 应用于电路分析。

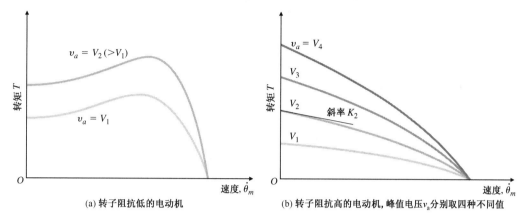

(a) 转子阻抗低的电动机   (b) 转子阻抗高的电动机, 峰值电压 v_a 分别取四种不同值

图 2.33 电枢电压分别为四种幅值的伺服电动机转矩-速度曲线

△2.4 热和液体流动模型

热力学、热传递和流体动力学, 每一个都可以作为一本书的课题。为了得出事物的动态模型并用于指导控制系统的实际, 物理学的一个重要工作就是表示出变量之间的相互作用。实验可以帮助我们确定参数的实际值, 为控制系统的设计完善动态模型。

2.4.1 热流动

在实际应用中, 有些控制系统会涉及调节系统某部分的温度。温度控制系统的动态模型包括热能的流动和储存。热能流过物体, 其速度正比于物体两端的温差, 即

$$q = \frac{1}{R}(T_1 - T_2) \tag{2.62}$$

式中, q 为热能流速, 单位为焦耳/秒(J/s), 或英制热量单位/秒(BTU/s), R 为热阻, 单位为℃/J·s 或℉/BTU·s, T 为温度, 单位为℃和℉。

热能流入一个物体, 对物体温度产生的影响有如下关系:

$$\dot{T} = \frac{1}{C}q \tag{2.63}$$

其中, C 是热容量。特别地, 热能可能有几条路径流入或流出物体。这时, 式(2.63)中的 q 表示遵循式(2.62)的热流总量。

例 2.14 *热流动方程*

如图 2.34 所示的一个房间, 所有的面(除两个面外)是热绝缘的($1/R = 0$)。试求出确定房间温度的微分方程。

解: 根据式(2.62)和式(2.63), 得到

$$\dot{T}_I = \frac{1}{C_I}\left(\frac{1}{R_1} + \frac{1}{R_2}\right)(T_O - T_I)$$

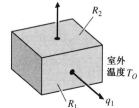

图 2.34 室内温度的动态模型

式中，C_1 为房内空气的热容量，T_0 为室外温度，T_1 为室内温度，R_2 为房间顶篷的热阻，R_1 为房间墙壁的热阻。

一般地，材料的有关特性会以表格的形式给出如下的几项。

1. 一定量 c_v 的热量，应用下式可以转化为热容量

$$C = mc_v \tag{2.64}$$

式中 m 表示物体的质量。

2. 热传导率[①] k，与热阻 R 的关系，可表示为

$$\frac{1}{R} = \frac{kA}{l}$$

其中 A 是物体的横截面积，l 是热流路径的长度。

除了热传递引起的热流动，热能的流动还可能出现在：从温度较高的物体流入温度较低的物体的情况下，反之亦然，如同式(2.62)描述的一样。此时

$$q = wc_v(T_1 - T_2) \tag{2.65}$$

式中，w 表示温度为 T_1 的液体流入温度为 T_2 的储液槽的质量流速。如果需要关于温度控制系统的动态模型的更全面探讨，请参阅 Cannon(1967)或有关热传递的教科书。

例 2.15　换热器建模方程

换热器如图 2.35 所示。热蒸气通过顶部的可控阀门进入换热室，冷却的蒸气从底部流出。冷水以恒定的流速通过管道流入换热室，并在室内环绕以便从蒸气中获取能量。试用微分方程表示流出水温的测量值关于蒸气入口控制阀打开面积 A_s 的动态特性。测量流出水温的传感器被安装在管道出口的下游，测量的温度滞后于出口温度 t_d 秒。

解： 管道中水的温度将沿着管道连续地变化，这是因为热量一直由蒸气流向水。蒸气的温度也随着蒸气流过换热室中的管道网络而降低。因为由蒸气到水的实际热流量正比于两种液体各自温度的差值，所以由以上的分析可得到关于这一过程的一个精确模型。对于很多控制系统而言，没有必要把模型建立得特别的精确，因为反馈可以校正模型中相当大部分的误差。所以，我们可以用流出蒸气和水的温度 T_s 和 T_w 分别代替换热室中随空间变化的分布温度。我们还假设，由蒸气流向水的热能流速正比于这些温度的差，如式(2.62)给出的关系。根据式(2.65)，热能由气流入口处流入换热室，其流速大小取决于蒸气流速和蒸气的温度

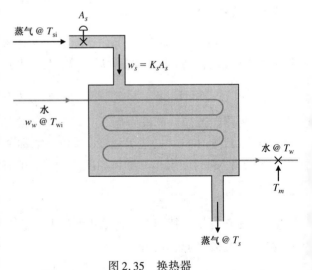

图 2.35　换热器

$$q_{\text{in}} = w_s c_{\text{vs}}(T_{\text{si}} - T_s)$$

式中，$w_s = K_s A_s$，为蒸气的质量流速，A_s 为蒸气入口阀门的打开面积，K_s 为入口阀门的流速参数，c_{vs} 为蒸气比热容，T_{si} 为流入蒸气的温度，T_s 为流出蒸气的温度。

流入换热室的净热流量，就是由热蒸气流入换热室的热流量与流出水获得的热能流量之差。由式(2.63)可知，该净流量决定了蒸气的温度变化

$$C_s \dot{T}_s = A_s K_s c_{\text{vs}}(T_{\text{si}} - T_s) - \frac{1}{R}(T_s - T_w) \tag{2.66}$$

式中，$C_s = m_s c_{\text{vs}}$，表示在换热室中质量为 m_s 的蒸气热容量，R 为在整个换热器中热流动的平均热阻。

同样地，描述水温变化的微分方程为

$$C_w \dot{T}_w = w_w c_{\text{cw}}(T_{\text{wi}} - T_w) + \frac{1}{R}(T_s - T_w) \tag{2.67}$$

式中，w_w 为水的质量流量，c_{cw} 为水的比热容，T_{wi} 为流入水的温度，T_w 为流出水的温度。

为完善整个动态模型，温度测量值与输出温度值之间的时间延迟可表示为

$$T_m(t) = T_w(t - t_d)$$

式中，T_m 是下游水温的测量值，t_d 为时间延迟。同样，测量蒸气的温度 T_s 时可能也有延迟，这也可以按同样的方法进行建模。

式(2.66)是非线性的，因为量 T_s 乘了一个控制输入量 A_s。其方程可以在 T_{so}（T_s 的某个特定值）附近进行线性化。这样，为了近似非线性项，可以把 $T_{\text{si}} - T_s$ 看做是常量，并定义为 ΔT_s。为了消去式(2.67)中的 T_{wi} 项，可以测量各温度偏离 T_{wi} 的度数，并用偏移量来表示这个温度值。这样，得到以下方程

$$C_s \dot{T}_s = -\frac{1}{R} T_s + \frac{1}{R} T_w + K_s c_{\text{vs}} \Delta T_s A_s$$

$$C_w \dot{T}_w = -\left(\frac{1}{R} + w_w c_{\text{vw}}\right) T_w + \frac{1}{R} T_s$$

$$T_m = T_w(t - t_d)$$

虽然时间延迟项也是非线性的，但我们将在第 3 章学习到 $T_m = e^{-t_d s} T_w$。因此，换热器的传递函数为

$$\frac{T_m(s)}{A_s(s)} = \frac{K e^{-t_d s}}{(\tau_1 s + 1)(\tau_2 s + 1)} \tag{2.68}$$

2.4.2 不可压缩液体的流动

液体流动在控制系统组件中是很常见的。例如液压执行器在控制系统中得到广泛应用，因为它能够在低惯性和低质量的情况下提供比较大的作用力。它们常常被用于移动飞行器的空气动力操纵面、调节火箭喷嘴方向、移动各种设备的连接组件，如推土设备、农用拖拉机、扫雪机等，还用于移动机械手。

支配液体流动的物理关系有连续性关系、力平衡关系和阻力关系。连续性关系，简单地说就是质量守恒，即

$$\dot{m} = w_{\text{in}} - w_{\text{out}} \tag{2.69}$$

式中，m 为系统指定部分的液体质量，w_{in} 为流入系统指定部分的液体质量流速，w_{out} 为流出系统指定部分的液体质量流速。

例2.16 描述水箱液位的方程

确定描述如图2.36所示的水箱水位的微分方程。

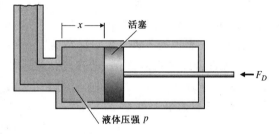

解：应用式(2.69)得到

$$\dot{h} = \frac{1}{A\rho}(w_{in} - w_{out}) \qquad (2.70)$$

式中，A为水箱的横截面积，ρ为水的密度，$h = m/A\rho$为水位高度，m为水箱中水的质量。

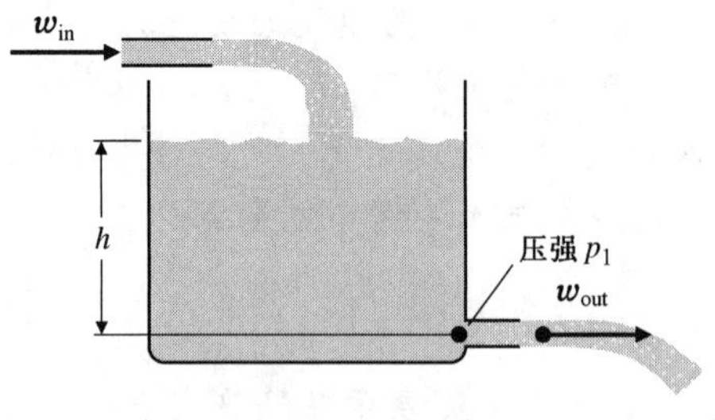

图2.36 水箱示意图

在机械系统中，力平衡就如式(2.1)所描述的。有时候系统含有流体的作用，某些力是因为流体作用在活塞上产生的。在这种情况下，流体产生的力为

$$f = pA \qquad (2.71)$$

式中，f为力，p为流体压强，A为流体作用面积。

例2.17 液压活塞建模

如图2.37所示的活塞执行机构，试用微分方程描述其运动。已知力F_D作用在活塞上，腔内压强为p。

解：直接应用式(2.1)和式(2.71)，其中作用力包括流体压力和外部施加的压力。所得方程为

$$M\ddot{x} = Ap - F_D$$

式中，A为活塞面积，p为腔内压强，M为活塞质量，x为活塞位移。

图2.37 液压活塞执行器

在很多关于液体流动的问题中，液体运动会因过程中的窄通道或摩擦力而受到阻碍。液体所受到的阻力影响，一般可表示为

$$w = \frac{1}{R}(p_1 - p_2)^{1/\alpha} \qquad (2.72)$$

式中，w为质量流速，p_1,p_2为正在流动的液体两端受到的压强，R,α为常数，其值取决于限流器的类型。或者，在液压系统中更常用到下式

$$Q = \frac{1}{\rho R}(p_1 - p_2)^{1/\alpha} \qquad (2.73)$$

式中，Q为体积流速，$Q = \dfrac{w}{\rho}$，ρ为流体密度。

常数α取值在$1 \sim 2$之间。在以高流速(雷诺数$Re > 10^5$)流过管子或短的窄通道或喷嘴时，α值通常为接近2的数。对于以相当低的速度流过长管道或流过多孔塞，其中液体流动保持层片状($Re \leqslant 1000$)，则$\alpha = 1$。如果流速处于上面两个极端值的中间，则α可以取中间值。雷诺数表明了在液体流动中惯性力和黏滞力之间的相对重要性。它和材料的运动速度、密度和限流器大小成正比，和黏性成反比。如果雷诺数小，则黏滞力占主导地位，液体的流动是分层的；如果雷诺数大，则惯性力占主导地位，液体流动是湍流的。

请注意，$\alpha = 2$表示流速正比于压强差的平方根，这就导致了非线性的微分方程。在控制

系统分析设计的初始阶段，我们先把这些方程进行线性化，以便应用本书介绍的各种设计方法。线性化包括选择一个工作点，然后在该工作点把非线性项展开成微小扰动的形式。

例 2.18 对水箱水位和流出量的线性化

求出描述如图 2.36 所示的水箱水位的非线性微分方程。假设出口处的限流器相对较短，因此 $\alpha = 2$。在工作点 h_o 附近，对得到的方程进行线性化。

解： 根据式 (2.72)，得到液体流出水箱的流速关于水箱水位高度的方程为

$$w_{\text{out}} = \frac{1}{R}(p_1 - p_a)^{1/2} \tag{2.74}$$

其中

$$p_1 = \rho g h + p_a \quad \text{为流体静压强}$$
$$p_a \quad \text{为限流器周围环境压强}$$

将式 (2.74) 代入式 (2.70)，得到水位高度的非线性微分方程

$$\dot{h} = \frac{1}{A\rho}\left(w_{\text{in}} - \frac{1}{R}\sqrt{p_1 - p_a}\right) \tag{2.75}$$

对上式进行线性化，首先选择工作点 $p_o = \rho g h_o + p_a$，把 $p_1 = p_o + \Delta p$ 代入到式 (2.74) 中。然后，展开其中的非线性项，根据以下关系式

$$(1 + \varepsilon)^{\beta} \approx 1 + \beta\varepsilon \tag{2.76}$$

其中 $\varepsilon \ll 1$。这样，式 (2.74) 可以写成

$$
\begin{aligned}
w_{\text{out}} &= \frac{\sqrt{p_o - p_a}}{R}\left(1 + \frac{\Delta p}{p_o - p_a}\right)^{1/2} \\
&\approx \frac{\sqrt{p_o - p_a}}{R}\left(1 + \frac{1}{2}\frac{\Delta p}{p_o - p_a}\right)
\end{aligned} \tag{2.77}
$$

只要满足 $\Delta p \ll p_o - p_a$，也就是说，只要系统压强偏离所选择的工作点足够小，这样式 (2.77) 中的线性化近似就是合理的。

联立式 (2.70) 和式 (2.77)，得到水箱水位运动的线性方程为

$$\Delta\dot{h} = \frac{1}{A\rho}\left[w_{\text{in}} - \frac{\sqrt{p_o - p_a}}{R}\left(1 + \frac{1}{2}\frac{\Delta p}{p_o - p_a}\right)\right]$$

因为 $\Delta p = \rho g \Delta h$，所以上述方程可简化为

$$\Delta\dot{h} = -\frac{g}{2AR\sqrt{p_o - p_a}}\Delta h + \frac{w_{\text{in}}}{A\rho} - \frac{\sqrt{p_o - p_a}}{\rho A R} \tag{2.78}$$

这是对 $\Delta\dot{h}$ 的线性微分方程。工作点并不是平衡点，因为工作点需要控制某个输入来维持。换句话说，如果系统在工作点（$\Delta h = 0$）但没有输入（$w_{\text{in}} = 0$），那么系统将会离开原工作点，因为 $\Delta\dot{h} \neq 0$。如果没有水流入水箱，则水箱将会流干，离开其参考点。为了定义一个工作点刚好是平衡点，我们需要有一个标称流速

$$\frac{w_{\text{in}_o}}{A\rho} = \frac{\sqrt{p_o - p_a}}{\rho A R}$$

然后，定义线性的输入流速为偏离该标称值的偏移量。

液压执行器同样遵从我们在水箱分析中用到的基本关系：连续性 [参见式 (2.69)]、力平衡 [参见式 (2.71)] 和流动阻力 [参见式 (2.72)]。虽然这里的推导过程假设了流体是完全

不可压缩的，事实上，液压机液体具有一定的可压缩性，这主要是由于混入了空气。这个特点导致液压执行器有一定的谐振，因为流体的可压缩性产生像刚性弹簧一样的效果。这种谐振特性限制了执行器的响应速度。

例2.19　液压执行器建模

1. 如图2.38所示的液压执行器，求出操纵面的移动角度 θ 和阀门的输入位移 x 之间的非线性微分方程。

2. 设 $\dot{y}$ 为常数，在有和没有施加负载——即当 $F \neq 0$ 和当 $F = 0$ 时，分别求出系统运动方程的线性化近似。假设 θ 的移动很小。

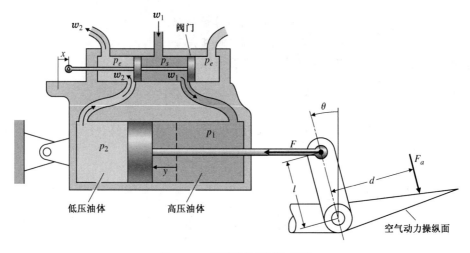

图2.38　带阀门的液压执行器

解：

1. 运动方程：当阀门在 $x = 0$ 处，两个通道都关闭，没有引发任何运动。当 $x > 0$ 时，如图2.38所示，油沿着顺时针方向流动，活塞受力向左运动。当 $x < 0$ 时，流体沿着逆时针方向流动。以高压强 p_s 提供油从左边进入大活塞阀室，迫使活塞向右运动。这也引起油从最右边的通道流出阀室，而不是左边的通道。

　　假设液体流过阀门上的孔的速度正比于 x，即

$$Q_1 = \frac{1}{\rho R_1}(p_s - p_1)^{1/2}x \tag{2.79}$$

相似地

$$Q_2 = \frac{1}{\rho R_2}(p_2 - p_e)^{1/2}x \tag{2.80}$$

由连续性关系，得到

$$A\dot{y} = Q_1 = Q_2 \tag{2.81}$$

其中 A 为活塞面积。

　　根据作用于活塞上的力平衡，得到

$$A(p_1 - p_2) - F = m\ddot{y} \tag{2.82}$$

式中，m 为活塞和连接杆的质量，F 为作用在活塞杆操纵面连接点的力。

　　另外，根据操纵面的力矩平衡，应用式(2.14)得到

$$I\ddot{\theta} = Fl\cos\theta - F_a d \tag{2.83}$$

式中，I 为操纵面和连接铰链的转动惯量，F_a 为施加的空气动力载荷。

要求解这上述 5 个方程组成的方程组，我们还需要下面关于 θ 和 y 的运动学关系

$$y = l\sin\theta \tag{2.84}$$

液压执行器的构造，通常要使阀门的两个通道的作用等效，因此，$R_1 = R_2$，这样由式（2.79）、式（2.80）和式（2.81），得到

$$p_s - p_1 = p_2 - p_e \tag{2.85}$$

以上关系式就是描述系统运动的完整的非线性微分方程，这是很难求解的。

2. 线性化以及化简：在 $\dot{y} = $ 常数（$\ddot{y} = 0$）的情况下，如果没有施加负载（$F = 0$），则式（2.82）和式（2.85）可化简为

$$p_1 = p_2 = \frac{p_s + p_e}{2} \tag{2.86}$$

因此，应用式（2.81）并令 $\sin\theta = \theta$（因为 θ 假设为很小），可得到

$$\dot{\theta} = \frac{\sqrt{p_s - p_e}}{\sqrt{2}A\rho Rl}x \tag{2.87}$$

式（2.87）表示输入 x 和输出 θ 之间的关系只是简单的积分关系，其比例系数是关于供给压力和执行器固有参数的函数。在 $\dot{y}$ 为常数而 $F \neq 0$ 的情况下，式（2.82）和式（2.85）表明

$$p_1 = \frac{p_s + p_e + F/A}{2}$$

和

$$\dot{\theta} = \frac{\sqrt{p_s - p_e - F/A}}{\sqrt{2}A\rho Rl}x \tag{2.88}$$

这个结果同样表明，输入 x 和输出 θ 之间的关系只是简单的积分关系，但其比例系数现在还取决于所施加的负载 F。

只要控制量 x 产生的移动 θ 有足够小的 $\ddot{\theta}$ 值，则式（2.87）和式（2.88）给出的近似是有效的，而且不再需要其他的线性动态关系。然而，只要控制量 x 产生的加速度使得惯性力（$m\ddot{y}$ 及对 $I\ddot{\theta}$ 的反作用）相对于 $p_s - p_e$ 而言是相当大的，则上述近似就不再有效。这时候，我们必须把这些力合并到方程当中，这样得到的关于 x 和 θ 的关系比式（2.87）和式（2.88）描述的积分关系要复杂得多。一般地，在控制系统设计初期，通常假设液压执行器服从式（2.87）和式（2.88）的简单关系。液压执行器用于反馈控制系统时会产生谐振，不能使用如式（2.87）或式（2.88）中简单积分器来近似地解释。谐振源可以是前面讨论过的被忽略了的加速环节，也可以是由于少量的空气注入液体而变得可轻微压缩的其他特性。这个现象被称为"油质共振"。

2.5　历史回顾

如式（2.1）所示，牛顿第二运动定律最早于 1686 年连同他的其他两个动力学定律一起发表于他的 *Philosophiae Naturalis Principia Mathematica* 一书中。第一运动定律，是指一个物体将一直维持原有的状态直至受到外力的作用。而第三运动定律，是指任何运动都有大小相等、

方向相反的作用力和反作用力。在同一本书中，牛顿还发表了他的万有引力定律，即任何物体之间都具有吸引力，并且与两个物体之间的距离的平方成反比，而与两个物体的质量的乘积成正比。他得出这些定律的基础，不仅来自在他之前科学家的研究成果，还得益于他自己为吻合实际观察而创立的微积分学。令人惊奇的是，除了在 20 世纪早期爱因斯坦发表的相对论，这些定律作为几乎所有动力学分析的基础，在今天仍然是成立的。同样令人惊奇的是，牛顿的微积分学成为了我们开展动力学建模的数学基础。牛顿不仅才华横溢，还是一个古怪之人。正如 Brennan 在 *Heisenberg Probably Slept Here* 一书中写到："他在校园中穿着凌乱、假发歪斜、鞋子破旧、围巾脏兮兮，他似乎不在意除了工作之外的任何事情，他非常专注于自己的研究以至于忘记吃饭。"牛顿另一个有趣的方面是，尽管牛顿早就发明了微积分学和这些著名的定律，但是在 20 年后才将它们发表出来。他发表它们的动机是源于在 1684 年在一个酒吧吃午餐时，Edmond Halley、Christopher Wren 和 Robert Hooke 打赌：他们都认为开普勒对于行星运动的椭圆描述能够用平方反比定律来解释，但是没人能够证明它，因此，他们打赌谁能第一个证明这个猜想①。因为牛顿是一个著名的数学家，所以 Halley 去向牛顿求助，而牛顿告诉 Halley，在很多年前他就已经证明了，并且答应将把论文转寄给他。他不仅很快兑现了承诺，而且在两年之后，他把有关《数学原理》的所有细节都发表了出来。

在《数学原理》发表的一百多年之前，天文学家哥白尼开启的研究工作就是后来牛顿研究成果的基础。他第一个推测行星围绕太阳转动，而不是天空上所有物体都围绕地球转动。但是，哥白尼的见解在当时很大程度上被忽略，他发表的文章也被教会禁止出版。然而，有两位科学家注意到了哥白尼的研究工作，一位是意大利的伽利略，一位是奥地利的开普勒。开普勒参考丹麦天文学家 Tycho Brahe 的大量天文数据资料，总结出行星运行轨迹是椭圆形而不是圆形，正如哥白尼所假定的一样。伽利略是一名望远镜专家，他能够清晰地认定地球并不是所有运动的中心，因为他能够看到月亮围绕其他行星在转动。他还用斜面滚球实验有力地证明了 $F = ma$(他还创造了在比萨斜塔进行抛落物体实验的传奇故事)。伽利略在 1632 年发表了他的研究成果，更进一步激怒了教会，随后教会将他软禁直至死亡②。直到 1985 年，教会才认识到伽利略的伟大贡献。这些伟人为牛顿用自己发现的定律以及平方反比引力定律与前伟人的研究结合在一起提供了深厚的基础。使用这两个物理法则，所有观察结果都与当今动态系统建模的理论框架相吻合。

一系列的研究发现最终形成了我们现在的动力学定理。当我们停下来细想一下，这是在当时完全没有计算机、计算器甚至是没有计算尺辅助的情况下计算出来的结果，这该是多么的非同凡响啊。在计算的时候，牛顿还必须创造出微积分来整合那些数据。

在发表《数学原理》之后，牛顿入选议会，被授予很多更高的荣誉，包括成为第一个被女王授予爵位的科学家。他经常与其他科学家进行争辩，并利用自己强大的地位获得想要的。例如，他想要得到皇家天文台的数据却迟迟不能如愿。因此，他凭借自己的权力建立了一个凌驾于皇家天文台的组织并取消了皇家学会的皇家天文学家称号。牛顿有一些兴趣是不科学的。在他去世多年后，John Maynard Keynes 发现，牛顿花费了与科学研究同样多的时间在玄学、点金术以及圣经的研究上。

---

① 关于牛顿的大多数背景资料都摘自 *Heisenberg Probably Slept Here*(Richard P. Brennan, 1997)。该书讨论了牛顿的研究工作以及为牛顿奠定研究基础的其他几位科学家。

② 关于伽利略的生活、成就和软禁在 Dava Sobel 的书籍 *Galileo's Daughter* 中有充分的描述。

在牛顿的《数学原理》发表一百多年之后，法拉第通过大量的实验，猜想了自由空间下的电磁场。他同样发现了感应现象(法拉第电磁感应定律)，随后发现了电动机以及电解定律。法拉第出生在一个贫穷家庭，几乎没上过学，在 14 岁时给图书装订工当学徒。在那里，他读了很多书，并被科学文章强烈吸引。因此，他努力获得为一位著名科学家洗瓶子的杂工，最后通过学习成了这名科学家的竞争对手，并最终在伦敦成为英国科学研究所的一名教授。但是由于缺少正规的教育，他不具备数学技能，也缺乏为自己的发现建立理论框架的能力。即使卑微出身，法拉第仍然成为了一名著名科学家。在他被授予英国皇家科学院院士称号之后，英国首相问他，他的发明能有多大的贡献[1]。法拉第的回答是"将来有一天，首相大人您将要为之赋税"。在那时候，科学家几乎都是贵族出身，所以法拉第被其他一些科学家以二等公民的身份对待。因此，他拒绝了骑士身份，并拒绝死后埋葬在 Westminster Abbey。麦克斯韦通过整合法拉第、库仑以及安培的发现，提出了"麦克斯韦方程"。麦克斯韦发明了电场与波的概念，可用来解释电磁力和静电力现象，这对于创造统一理论至关重要，但这与当时大多数著名科学家的看法是相悖的(除了法拉第)。尽管牛顿发现了光谱，可是麦克斯韦才是第一个意识到光是一种电磁波的人，光的特性也能用麦克斯韦方程进行解释。实际上，麦克斯韦方程中仅有的常量是 μ 和 ε。光的定常速度是 $c = 1/\sqrt{\mu\varepsilon}$。

麦克斯韦是苏格兰数学家和理论物理学家。他的研究被誉为物理界的第二个伟大的统一理论，而第一个则属于牛顿。麦克斯韦出身贵族，接受了最优质的教育并表现出色。他是一个极其有天赋的理论以及实验科学家，对待朋友也十分慷慨及友善，略有一点小虚荣。除了将电磁学的观察结果统一为今天用于工程分析的电磁理论外，他还是解释光是如何传播、基本颜色、气体分子运动论、土星环的稳定性以及反馈控制系统的稳定性的第一人。他关于三原色(红、黄、蓝)的发现，形成了我们现在彩色电视机的基础。他的理论表明光速是一个恒量，这与牛顿定律相悖，却引导爱因斯坦在 20 世纪早期创造了相对论。爱因斯坦因此说："麦克斯韦是一个科学时代的结束和另一个科学时代的开始[2]。"

本章小结

分析和设计控制系统的第一步，是对被控系统进行数学建模。本章推导了一些典型系统的模型。每一类动态系统的重要方程，如表 2.1 所示。

表 2.1 动态模型的主要方程

系 统	重要定律或关系	相关方程	公式编号
机械	平移运动(牛顿定律)	$F = ma$	(2.1)
	旋转运动	$M = I\alpha$	(2.14)
电路	运算放大器		(2.36), (2.37)
机电	电动机定律	$F = Bli$	(2.43)
	发电机定律	$e(t) = Blv$	(2.46)
	转子转矩	$T = K_t i_a$	(2.50)
反电动势	转子旋转产生电动势	$e = K_e \dot{\theta}_m$	(2.51)

---

[1] $E = MC^2$，参阅 *A Biography of the World's Most Famous Equation*, by David Bodanis, Walker and Co., New York, 2000.

[2] *The Man Who Changed Everything*: *The Life of James Clerk Maxwell*, Basil Mahon, Wiley, 2003.

（续表）

系　　统	重要定律或关系	相关方程	公式编号
热流动	热能流动	$q = \dfrac{1}{R}(T_1 - T_2)$	(2.62)
	温度关于热能流动的函数	$\dot{T} = \dfrac{1}{C}q$	(2.63)
	比热	$C = mc_v$	(2.64)
液体流动	连续性关系(质量守恒)	$\dot{m} = w_{\text{in}} - w_{\text{out}}$	(2.69)
	流体对活塞的作用力	$f = pA$	(2.71)
	阻力对流体流动的影响	$w = \dfrac{1}{R}(p_1 - p_2)^{1/\alpha}$	(2.72)

复习题

1. "自由体受力图"是什么?
2. 牛顿定律的两种形式是什么?
3. 对于需要控制的结构化过程(如机械臂)，"并置控制"和"非并置控制"的概念是什么?
4. 描述基尔霍夫电流定律。
5. 描述基尔霍夫电压定律。
6. "运算放大器"的命名时间、原因和作者?
7. 运算放大器的零输入电流的主要优势是什么?
8. 为什么说电动机的电枢电阻 R_a 要具有小的电阻值?
9. 电动机电气常数的定义和单位是什么?
10. 电动机转矩常数的定义和单位是什么?
11. 为什么将受控对象的物理模型(通常为非线性)近似为线性模型?
△12. 给出下列过程的关系：(a)热能流过一个物体;(b)物质中的热量存储。
△13. 给出支配液体流动的三个物理关系的名称和方程。

习题

2.1 节习题：机械系统动力学

2.1　写出如图 2.39 所示的机械系统的微分方程。对于图 2.39(a)和图 2.39(b)，你是否认为该系统会最终衰减至停止。假设两个物体的初始状态都是非零的。请解释你的答案。

2.2　写出如图 2.40 所示的动力系统的微分方程。你是否认为该系统将最终衰减至停止。假设两个物体的初始状态是非零的。请解释你的答案。

2.3　写出如图 2.41 所示的双摆系统的运动方程。假设摆偏移的角度足够小，保证弹簧总是处于水平。摆杆的质量可以忽略，长度为 l，弹簧连接在轻杆上从上往下 3/4 的位置处。

2.4　一细杆的质量为 4 kg，长为 l，悬挂在支点上构成一个单摆，试写出单摆的运动方程。要使单摆的运动周期为 2 s，则细杆必须为多长(细杆对某一端的转动惯量 I 为 $\dfrac{1}{3}ml^2$。假设 θ 足够小，$\sin\theta \approx \theta$)?

2.5　对于例 2.2 讨论的汽车悬挂系统，请用 MATLAB 画出：当汽车撞上一个"单位凸橡"(即 r 为阶跃信号)后汽车和轮子的位置。假设 $m_1 = 10$ kg，$m_2 = 350$ kg，$K_w = 500\,000$ N/m，$K_s = 10\,000$ N/m。如果你是车上的乘客，求出合适的 b 值，使你对乘坐这样的汽车感到满意。

2.6　一个质量为 M 的物体通过弹簧悬挂在一固定点上，弹簧的倔强系数为 k，试写出物体的运动方程。请仔细定义物体的零位移点。

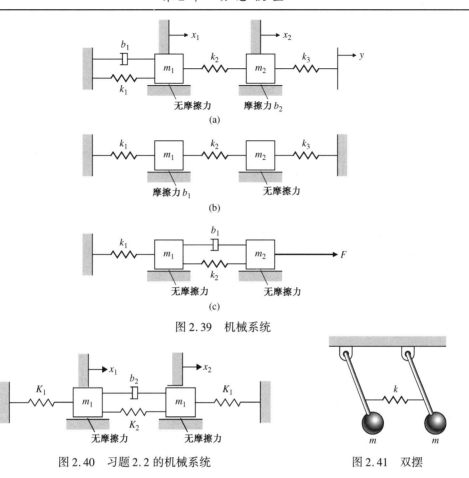

图 2.39　机械系统

图 2.40　习题 2.2 的机械系统　　　　　图 2.41　双摆

2.7　汽车制造商希望制造一些更有效的悬挂系统。最简单的改变是使得减震器具有可变的阻尼系数 $b(u_1)$。还可以做一个器件，与各个弹簧平行地安装在汽车上，该器件能够提供与所有弹簧的合力相等的力 u_2，方向与轮轴和车身的相对运动方向相反。

（a）修正例 2.2 的运动方程，以包含这些控制输入。

（b）得到的系统是线性的？

（c）可以用产生力 u_2 的器件完全代替弹簧和减震器吗？这是一个好方法吗？

2.8　修改例 2.1 中巡航控制系统的运动方程式(2.4)，使系统含有以下控制规律，即令

$$u = K(v_r - v) \tag{2.89}$$

其中

$$v_r \text{ 为参考速度} \tag{2.90}$$

$$K \text{ 为常数} \tag{2.91}$$

这是一个比例控制规律，把参考速度 v_r 和实际速度 v 的差值作为控制信号，用来控制发动机加速或减速。修改系统运动方程，以 v_r 为输入，v 为输出，并求出传递函数。假设 $m = 1000\,\mathrm{kg}$，$b = 50\,\mathrm{N \cdot s/m}$，用 MATLAB 求出当 v_r 发生阶跃变化时系统的响应。请用尝试的方法，找出一个你认为会使系统尽快而且令人满意地收敛到参考速度的 K 值。

2.9　在很多机械定位系统中，系统各部分之间的连接会有一定柔性。例如，图 2.7 的太阳能电池板之间是有一定柔性的。图 2.42 描述的就是这种情形，外力 u 作用在质量为 M 的物体上，另外还有质量为 m 的物体连接到该物体。两者之间的连接处通常建模为弹簧系数 k 和阻尼系数 b，虽然实际系统要比这种情形复杂得多。

（a）写出这个系统的运动方程。

(b)求出输入 u 到输出 y 之间的传递函数。

2.2 节习题：电路模型

2.10 对运算放大器实际模型的一阶描述由以下方程给出(如图 2.43 所示)：

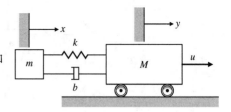

$$V_{\mathrm{out}} = \frac{10^7}{s+1}[V_+ - V_-]$$

$$i_+ = i_- = 0$$

图 2.42 柔性系统的原理图

应用上述模型，求出如图所示的简单放大电路的传递函数。

2.11 运算放大器的连接如图 2.44 所示。如果运算放大器是理想的，请证明 $V_{\mathrm{out}} = V_{\mathrm{in}}$。如果运算放大器具有如习题 2.10 所示的非理想传递函数，请求出该传递函数。

2.12 请证明如图 2.45 所示的运算放大器的连接方式是不稳定的，其中运算放大器具有如习题 2.10 的非理想传递函数。

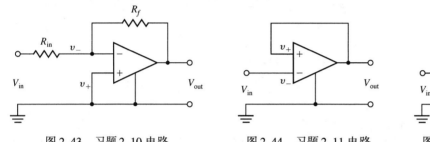

图 2.43 习题 2.10 电路   图 2.44 习题 2.11 电路   图 2.45 习题 2.12 电路

2.13 电动机功率放大器的一种常用连接方式，如图 2.46 所示，其目的是使电动机电流跟随输入电压，这个电路称为电流放大器。假设传感器电阻 R_s 与反馈电阻 R 相比非常小，求出从 V_{in} 到 I_a 的传递函数。若 $R_f = \infty$，再写出其传递函数。

2.14 如图 2.47 所示的运算放大器连接方法，输出分别反馈到放大器的正输入端和负输入端。如果图中的运算放大器是习题 2.10 中的非理想运算放大器，请用负反馈率 $N = \dfrac{R_{\mathrm{in}}}{R_{\mathrm{in}} + R_f}$ 表示出正反馈率 $P = \dfrac{r}{r+R}$ 所能取的最大值，注意使电路保持稳定。

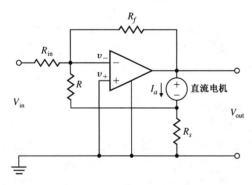

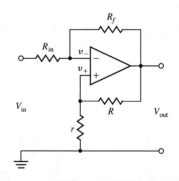

图 2.46 习题 2.13 运算放大器电路   图 2.47 习题 2.14 运算放大器电路

2.15 写出如图 2.48 所示的各电路动态方程以及传递函数。

(a)无源超前电路

(b)有源超前电路

(c)有源滞后电路

(d)无源陷波电路

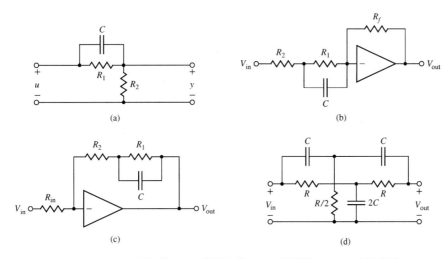

图 2.48　（a）无源超前；（b）有源超前；（c）有源滞后；（d）无源陷波

2.16　图 2.49 描述了一种非常灵活的电路结构，我们称之为双二阶电路，因为它的传递函数可以转化为两个二阶或一个四阶多项式的倒数。通过选择 R_a、R_b、R_c 和 R_d 的不同值，电路可以实现低通、带通、高通或带阻（陷波）滤波器的功能。

（a）证明如果 $R_a = R$，$R_b = R_c = R_d = \infty$，则从 V_{in} 到 V_{out} 的传递函数可以写成以下低通滤波器的形式

$$\frac{V_{out}}{V_{in}} = \frac{A}{\dfrac{s^2}{\omega_n^2} + 2\zeta\dfrac{s}{\omega_n} + 1} \tag{2.92}$$

其中

$$A = \frac{R}{R_1}$$

$$\omega_n = \frac{1}{RC}$$

$$\zeta = \frac{R}{2R_2}$$

（b）若 $A = 1$，$\omega_n = 1$，$\zeta = 0.1, 0.5$ 和 1.0，用 MATLAB 的 step 命令计算如图 2.49 所示的双二阶电路的阶跃响应，并在同一张图上把响应曲线画出来。

2.17　若 $R_a = R$，$R_d = R_1$，$R_b = R_c = \infty$，求出如图 2.49 所示的双二阶电路的描述方程和传递函数。

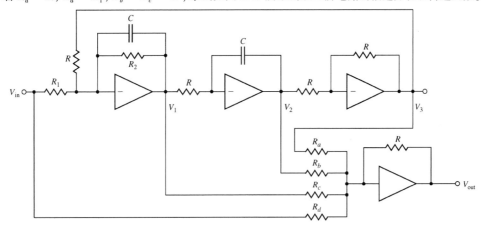

图 2.49　双二阶运算放大器电路

2.3 节习题：机电系统模型

2.18　电动机转矩常数就是转矩对电流的比值，单位通常为盎司·英寸/安培(盎司英寸的量纲是力×距离，1 盎司等于 1/16 英镑)。电动机电动势常数就是反电动势对转速的比值，单位通常是伏特/1000 r/m(转每分钟)。在国际单位制中，对于一个电动机，这两个常数相同。

　　(a)证明转化为千克米秒单位制(国际单位制)后，盎司英寸/安培与伏特/1000 r/m 成正比。

　　(b)某个电动机在转速为 1000 r/m 时反电动势为 25 V。其转矩常数是多少(单位取盎司英寸每安培)？

　　(c)如果单位是牛顿·米/安培，则(b)小题的转矩常数是多少？

2.19　如图 2.50 所示的机电系统表示的是一个电容传声器的简化模型。系统由连接在电路中的平行板极电容器构成。电容极板 a 严格地固定在传声器外框。声波经过话筒时对极板 b 施加力 $f_s(t)$，极板 b 的质量为 M，通过一组弹簧和阻尼器连接在外框上。这样，电容 C 为两极板距离 x 的函数为

$$C(x) = \frac{\varepsilon A}{x}$$

其中，ε 为极板间介质的介电常数，A 为极板表面面积。

极板电荷 q 和两极板电压 e 有如下的关系

$$q = C(x)e$$

电场在可移动极板上产生与极板运动方向相反的力 f_e，即

$$f_e = \frac{q^2}{2\varepsilon A}$$

　　(a)写出描述系统工作的微分方程(保留非线性的形式即可)。

　　(b)可以得到线性模型吗？

　　(c)系统的输出是什么？

2.20　在机电位置控制中一个非常经典的问题是电动机驱动带有一种主要震动方式的负载。这个问题出现在计算机硬盘读写头控制、轴到轴磁带驱动，以及很多其他的实际应用中。图 2.51 画出了原理图。电动机有电动势常数 K_e、转矩常数 K_t、电枢电感 L_a 以及电枢电阻 R_a。转子有转动惯量 J_1 和黏滞摩擦系数 B。负载有转动惯量 J_2。转子和负载通过一个转轴连接，其弹簧系数为 k，等效阻尼系数为 b。试写出系统的运动方程。

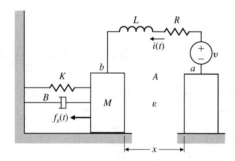

图 2.50　电容传声器的简化模型

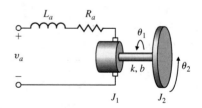

2.51　带柔性负载的电动机原理图

△2.4 节习题：热和液体流动模型

2.21　如图 2.52 所示的是精确调节桌面水平的方法，通过两个执行机构的热膨胀来调节两个角落的高低，使得桌面保持水平。各参数如下：

T_{act} 为执行机构的温度

T_{amb} 为周围空气温度

R_f 为执行机构和空气之间的热流参数

C 为执行机构的热容

R 为发热器热阻

假设(1)执行机构的作用效果为纯电阻；(2)流入执行机构的热量与输入电功率成正比；(3)由热膨胀引起的位移 d 与 T_{act} 和 T_{amb} 之差成正比。试求出关于执行机构高度 d 和施加电压 v_i 的微分方程。

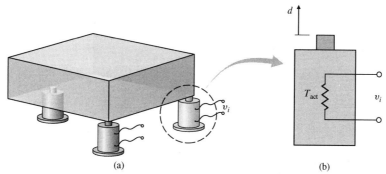

图 2.52　(a)由执行机构精确保持桌面水平；(b)执行机构的侧视图

2.22　在一个高层的楼房里，由一个空调在第四层给每个房间提供冷气，如图 2.53(a)所示。楼层的平面图如图 2.53(b)所示。冷空气的流入使每间房间的热能以流速 q 散失，请写出一组描述每间房间温度变化的微分方程，其中

T_o 为楼外温度

R_o 为热能流过外墙的热阻

R_i 为热能流过房内墙壁的热阻

假设(1)所有的房间都是正方形；(2)没有热能通过天花板或地板流动；(3)每间房的温度在整间房内都是均匀的。利用对称性使系统方程的数量减少到 3。

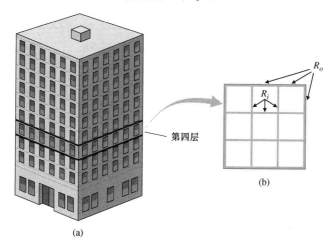

图 2.53　楼房空调设施。(a)高层楼房；(b)第四层的楼层平面图

2.23　图 2.54 的两箱液流系统，求出关于流入第一个水箱的液体流量和流出第二个水箱的流量的微分方程。

2.24　一个实验室用于实验的两箱水流系统如图 2.55 所示。假设点 A、B、C 的孔大小相等，水流过这些孔时满足式(2.74)。

(a)写出包括点 A 和点 C 的孔(不包括点 B)的系统运动方程，用 h_1 和 h_2 表示。假设 $h_3 = 20 \text{ cm}$，$h_1 > 20 \text{ cm}$，$h_2 < 20 \text{ cm}$。当 $h_2 = 10 \text{ cm}$ 时，水流流出的速度是 200 g/min。

(b)当 $h_1 = 30 \text{ cm}$，$h_2 = 10 \text{ cm}$ 时，计算系统的线性模型以及从水泵流速(单位取立方厘米每分钟)到 h_2 的传递函数。

(c)假设孔 A 关闭而孔 B 打开，重做(a)和(b)。

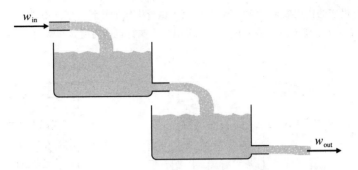

图 2.54　习题 2.23 两箱液流系统

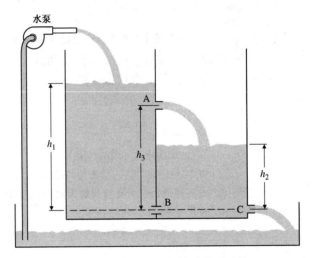

图 2.55　习题 2.24 两箱的水流系统

2.25　加热一个房间的方程由式(2.62)和式(2.63)给出,在特殊情况下可以写成关于时间(单位为小时)的形式

$$C\frac{\mathrm{d}T_h}{\mathrm{d}t} = Ku - \frac{T_h - T_o}{R}$$

其中:

(a) C 为房子的热容量 BTU/℉。

(b) T_h 为房子温度℉。

(c) T_o 为房子外面的温度℉。

(d) K 为炉子的加热速率,为 90 000 BTU/h。

(e) R 为热阻,℉/BTU/h。

(f) u 表示炉子开关,如果炉子开则等于 1,关则等于 0。

经过测量得到,当室外温度为 32℉,室内温度为 60℉时,炉子使室温在 6 min(0.1 小时)内升高 2℉。当炉子关闭后,房间温度在 40 min 内下降 2℉。请问这间房的 C 值和 R 值各是多少?

第3章 动态响应

系统响应简介

在第2章中，我们已经学习了如何获得系统的动态模型。在设计控制系统时，有必要对设计结果是否很好地满足设计要求进行评价。而这可以通过求解系统模型的特征方程来实现。

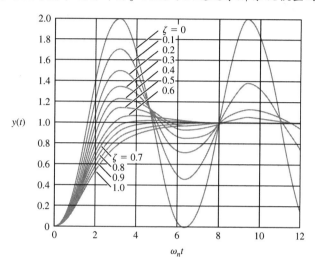

通常，有两种方法可用来求解动态方程，其中比较快速的一种方法是运用线性分析技术的近似分析法。根据得到的近似结果，我们能更深刻地理解系统为何表现出某些特性，以及如何修正系统以使得系统性能逼近期望的要求。与之相对应的是，要得到系统精确的动态响应，则需要使用计算机辅助的求解非线性运动方程的数值分析法。在本章中，我们主要关注线性分析法，以及如何运用计算机工具来获得线性系统的时间响应。

可以在三个领域中研究系统的动态响应：s平面(s-plane)、频率响应(frequency response)和状态空间(state space)(由状态变量描述来分析)。一个训练有素的工程师应当对这些方法都相当熟悉。我们将在第5章至第7章分别深入学习这些内容。但是，在具体学习这些方法之前，在本章中要学习这些分析方法所必需的数学基础。

全章概述

在3.1节以及附录A中介绍的拉普拉斯变换，可以把微分方程转化为易于运算的代数形式。除此之外，作为对数学工具的补充，我们还可使用图形的方法来使系统形象化，同时表现出系统各部分之间的数学相关性。这些图形中就有方框图(这已经在第1章中介绍过)，其有关计算将在3.2节中涉及，由方框图可以得到系统的传递函数。

在确定系统的传递函数之后，也就可以确定系统的零点和极点，这可以告诉我们系统的很多特性，比如3.1节中的频率响应。3.3节到3.5节将讨论零点与极点，以及运用它们来使系统性能达到期望要求的方法。在引入反馈之后，系统可能变得不稳定。为了研究反馈对系统的影响，我们将在3.6节研究稳定性的定义以及劳斯判据。劳斯判据通过检验系统特征方法的系数可以确定系统的稳定性。3.7节将介绍由实验得到的系统动态响应的数据来建立系统模型的方法。3.8 节将介绍幅值与时间变换。最后，3.9 节将介绍与本章有关的历史发展资料。另一种用于系统的可视化图形表示，即信号流图，也将在网上的附录 W3 中介绍，通过它就可以确定复杂系统的传递函数。

3.1　拉普拉斯变换回顾

线性时不变系统(LTI)有以下的两个性质，这是分析大多数系统的基础。

1. 线性系统响应满足叠加原理(principle of superposition)。
2. 线性时不变系统的响应可以表示为输入与系统单位脉冲响应的卷积。

下面，我们将对叠加原理、卷积和脉冲响应做出定义。

由第 2 条性质(如将要介绍的)，很快就可以推导出线性时不变系统对指数形式输入的响应也是指数形式的。这一结论也就是我们可以使用傅里叶变换和拉普拉斯变换来分析线性时不变系统的理论基础。

3.1.1　卷积响应

叠加原理指出，如果系统的输入可以表示为一系列信号之和，那么其响应也可以表示为各个信号单独作用于系统的响应之和。叠加原理的数学表达为：考虑一个系统的输入为 u，输出为 y。更进一步地，在系统处于原始状态下，加上输入 $u_1(t)$ 得到输出 $y_1(t)$，等系统消除输入影响后，加上第二个输入 $u_2(t)$，观察输出为 $y_2(t)$。同样，如果使输入为 $u(t) = \alpha_1 u_1(t) + \alpha_2 u_2(t)$，运用叠加原理就可以得出输出为 $y(t) = \alpha_1 y_1(t) + \alpha_2 y_2(t)$。当然，要注意的是，叠加原理仅仅适用于线性系统。

例 3.1　*叠加原理*
对使用下面的一阶线性微分方程描述的系统，证明叠加原理。

$$\dot{y} + ky = u$$

解：令 $u = \alpha_1 u_1 + \alpha_2 u_2$，并假设输出 $y = \alpha_1 y_1 + \alpha_2 y_2$，则 $\dot{y} = \alpha_1 \dot{y}_1 + \alpha_2 \dot{y}_2$。将它们代入到系统方程中，可以得到

$$\alpha_1 \dot{y}_1 + \alpha_2 \dot{y}_2 + k(\alpha_1 y_1 + \alpha_2 y_2) = \alpha_1 u_1 + \alpha_2 u_2$$

再变形为

$$\alpha_1(\dot{y}_1 + ky_1 - u_1) + \alpha_2(\dot{y}_2 + ky_2 - u_2) = 0 \tag{3.1}$$

如果 y_1 是输入为 u_1 时的解，而且 y_2 是输入为 u_2 时的解，那么式(3.1)就是成立的，其响应恰好就是各输入的单独响应之和，叠加原理也就成立。

注意，当 k 为时间的函数时，式(3.1)的叠加结果也成立。当 k 为常数时，我们称系统为时不变系统。在这种情况下，如果输入有一定的时延，输出也会有相同的时延。用数学语言可描述为：如果 $y_1(t)$ 是输入为 $u_1(t)$ 时的响应，那么 $y_1(t - \tau)$ 是输入为 $u_1(t - \tau)$ 时的响应。

例 3.2　*时不变系统*
已知微分方程

$$\dot{y}_1(t) + k(t)y_1(t) = u_1(t) \tag{3.2}$$

和

$$\dot{y}_2(t) + k(t)y_2(t) = u_1(t - \tau)$$

其中，τ 是常量。假设 $y_2(t) = y_1(t - \tau)$，那么有

$$\frac{dy_1(t - \tau)}{dt} + k(t)y_1(t - \tau) = u_1(t - \tau)$$

使用 $t - \tau = \eta$，执行变量替换 $t - \tau = \eta$ 后，得到

$$\frac{dy_1(\eta)}{d\eta} + k(\eta + \tau)y_1(\eta) = u_1(\eta)$$

如果 $k(\eta + \tau) = k = $ 常数，那么

$$\frac{dy_1(\eta)}{d\eta} + ky_1(\eta) = u(\eta)$$

这就是式 (3.1)。因此，可以得出结论：如果一个系统是时不变的，那么 $y(t - \tau)$ 就是输入为 $u(t - \tau)$ 时的响应。也就是说，如果输入延迟了 τ 秒，那么输出也会延迟 τ 秒。

我们可以求出系统在一般输入信号下的响应，首先把一般的输入信号分解为简单的基本信号，然后由叠加原理得到一般输入信号的响应，也就是分解得到的各基本信号的响应之和。为了让这一过程得以进行，其基本信号就必须充分"丰富"，使得比较合理的信号都得以分解为基本信号，同时基本信号的响应也应该是比较容易得到的。在通常情况下，分析线性系统所用的基本信号是脉冲信号和指数函数信号。

假设一个 LTI 系统的输入信号是 $u_1(t) = p(t)$，相应的输出信号是 $y_1(t) = h(t)$，如图 3.1(a) 所示。如果输入信号被放大为 $u_1(t) = u(0)p(t)$，根据叠加的比例性质，输出信号也将变为 $y_1(t) = u(0)h(t)$。我们证明了 LTI 系统的时不变性质。如果使输入脉冲信号延迟时间 τ，即输入信号为 $u_2(t) = p(t - \tau)$，那么，输出响应将是 $y_2(t) = h(t - \tau)$，也会有相同时间的延迟，如图 3.1(b) 所示。如果输入是由两个短脉冲信号叠加而成的，那么输出响应也就是系统对每个单独输入信号的响应之和，如图 3.1(c) 所示。如果输入是由四个短脉冲组成的话，那么输出响应就是系统对四个单独输入信号的响应之和，如图 3.1(d) 所示。如图 3.2 所示，一个任意的输入信号 $u(t)$ 可以近似地使用序列化的冲激脉冲来表示。我们把一个短脉冲 $p_\Delta(t)$ 定义为单位面积的矩形脉冲

$$p_\Delta(t) = \begin{cases} \frac{1}{\Delta}, & 0 \leqslant t \leqslant \Delta \\ 0, & \text{其他} \end{cases} \tag{3.3}$$

如图 3.1(a) 所示。假设系统对 $p_\Delta(t)$ 的响应是 $h_\Delta(t)$，在时间为 $n\Delta$ 时，系统对 $\Delta u(k\Delta)p_\Delta(k\Delta)$ 的响应是

$$\Delta u(k\Delta)h_\Delta(\Delta n - \Delta k)$$

通过叠加，冲激脉冲序列在 t 时刻的响应是

$$y(t) = \sum_{k=0}^{k=\infty} \Delta u(k\Delta)h_\Delta(t - \Delta k) \tag{3.4}$$

当我们使 Δ 逐渐趋于 0 时，即 $\Delta \to 0$，每个基本脉冲将会变得越来越窄、越来越高，但面积仍为常数。这样，就得到了连续脉冲信号（impulse signal）$\delta(t)$ 的概念，这使得我们能够更好地处理连续信号。在这里，有

$$\lim_{\Delta \to 0} p_\Delta(t) = \delta(t) \tag{3.5}$$

$$\lim_{\Delta \to 0} h_\Delta(t) = h(t) = \text{脉冲响应} \tag{3.6}$$

而且,当 $\Delta \to 0$ 时,对式(3.4)求和,可使用一个积分式来代替,即

$$y(t) = \int_0^\infty u(\tau)h(t-\tau)\,\mathrm{d}\tau \tag{3.7}$$

这就是卷积积分。

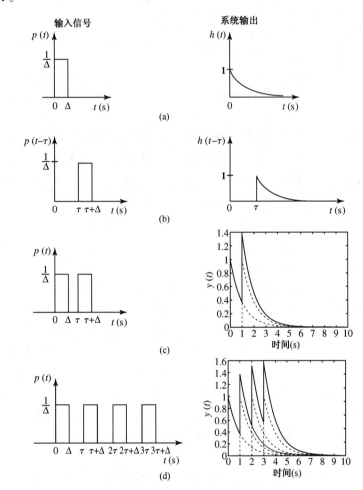

图 3.1　对冲激脉冲输入信号的系统响应的卷积图示

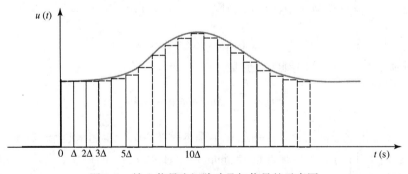

图 3.2　输入信号为短脉冲叠加信号的示意图

冲激脉冲这一概念来自于动力学。假设我们要研究一个棒球被球棒敲击后的运动情况。由于棒球会变形,而球棒会变弯,所以这一碰撞过程会变得相当复杂。尽管如此,为了计算棒

球碰撞后的运动轨迹, 可以将碰撞过程理想化为球速在极短时间内发生变化的过程。假定球受到一个冲激脉冲(impulse)的作用, 即一个持续时间很短的强烈作用过程。物理学家 Paul Dirac 认为, 这个作用力可以用数学意义上的脉冲函数 $\delta(t)$ 来描述。该函数具有下面的性质:

$$\delta(t) = 0 \quad t \neq 0 \tag{3.8}$$

$$\int_{-\infty}^{\infty} \delta(t)\mathrm{d}t = 1 \tag{3.9}$$

如果函数 $f(t)$ 在 $t = \tau$ 点连续, 那么它有"筛选性质"。

$$\int_{-\infty}^{\infty} f(\tau)\delta(t - \tau)\mathrm{d}\tau = f(t) \tag{3.10}$$

换而言之, 冲激脉冲持续时间非常短, 但强度非常大, 因此 f 在 δ 发生的区域以外就没有值存在。由于积分是一个求和过程的极限, 所以式(3.10)也就表示可以将函数 f 描述为一系列脉冲之和。如果用 u 代表函数 f, 那么式(3.10)就可以将输入 $u(t)$ 表示为一系列强度为 $u(t - \tau)$ 的脉冲之和。为了得到任意输入信号的响应, 叠加原理告诉我们, 只需求得系统单位脉冲响应即可。

如果这个系统不仅是线性的, 还是时不变的, 那么其脉冲响应可表示为 $h(t - \tau)$。因为在 τ 时刻施加输入信号, 在 t 时刻所获得的响应只取决于输入和我们观察响应时刻之间的间隔时间, 即经过时间。基于这个原因, 时不变系统也称为移位不变系统。对于时不变系统, 由输入引起的输出, 可由积分形式给出, 即

$$y(t) = \int_{-\infty}^{\infty} u(\tau)h(t - \tau)\mathrm{d}\tau \tag{3.11}$$

或者, 令 $\tau_1 = t - \tau$, 可以变换为

$$y(t) = \int_{\infty}^{-\infty} u(t - \tau_1)h(\tau_1)(-\mathrm{d}\tau_1) = \int_{-\infty}^{\infty} h(\tau)u(t - \tau)\mathrm{d}\tau \tag{3.12}$$

这就是卷积积分(convolution integral)。

例 3.3 卷积

用一个简单的例子来说明卷积。考虑下面的微分方程所描述系统的脉冲响应。

$$\dot{y} + ky = u = \delta(t)$$

已知脉冲信号输入之前, 系统的初始条件为 $y(0) = 0$。

解: 由于 $\delta(t)$ 只在 $t = 0$ 附近才有影响, 所以可以对该方程在 0^- 到 0^+ 之间进行积分, 得到

$$\int_{0^-}^{0^+} \dot{y}\mathrm{d}t + k\int_{0^-}^{0^+} y\mathrm{d}t = \int_{0^-}^{0^+} \delta(t)\mathrm{d}t$$

我们知道, $\dot{y}$ 的积分为 y, 但 y 在很小区域内的积分为零, 而脉冲在该范围内的积分为 1。因此, 可以得到

$$y(0^+) - y(0^-) = 1$$

由于系统在输入脉冲之前处于原始状态, 有 $y(0^-) = 0$, 所以脉冲输入的结果是 $y(0^+) = 1$。而在 $t > 0$ 时, 可以得到微分方程

$$\dot{y} + ky = 0, \qquad y(0^+) = 1$$

若设方程解为 $y = Ae^{st}$, 那么 $\dot{y} = Ase^{st}$, 则前面的微分方程变为

$$Ase^{st} + kAe^{st} = 0$$
$$s + k = 0$$
$$s = -k$$

由于 $y(0^+) = 1$,也就有 $A = 1$,因此,在 $t > 0$ 时该脉冲响应的解为 $y(t) = h(t) = e^{-kt}$。考虑到 $t < 0$ 时有 $h(t) = 0$,于是,定义单位阶跃函数(unit step function)为

$$1(t) = \begin{cases} 0, & t < 0 \\ 1, & t \geq 0 \end{cases}$$

由此定义可得,一阶系统的脉冲响应可以写为

$$h(t) = e^{-kt}1(t)$$

对于一般输入信号的响应,可以用脉冲响应与输入的卷积来表示,即

$$y(t) = \int_{-\infty}^{\infty} h(\tau)u(t - \tau)\,d\tau$$
$$= \int_{-\infty}^{\infty} e^{-k\tau}1(\tau)u(t - \tau)\,d\tau$$
$$= \int_{0}^{\infty} e^{-k\tau}u(t - \tau)\,d\tau$$

3.1.2　传递函数与频率响应

直接应用卷积,可以得到 e^{st} 形式的输入对应的输出为 $H(s)e^{st}$。注意,输入和输出都是指数形式的时间函数,其区别仅在于输出的幅值 $H(s)$。$H(s)$ 就是系统的传递函数。常数 s 可以是复数,表示为 $s = \sigma + j\omega$,这时输入与输出都是复数。若令式(3.12)中的 $u(t) = e^{st}$,那么

$$y(t) = \int_{-\infty}^{\infty} h(\tau)u(t - \tau)\,d\tau$$
$$= \int_{-\infty}^{\infty} h(\tau)e^{s(t-\tau)}\,d\tau$$
$$= \int_{-\infty}^{\infty} h(\tau)e^{st}e^{-s\tau}\,d\tau \qquad\qquad (3.13)$$
$$= \int_{-\infty}^{\infty} h(\tau)e^{-s\tau}\,d\tau e^{st}$$
$$= H(s)e^{st}$$

其中[1]

$$H(s) = \int_{-\infty}^{\infty} h(\tau)e^{-s\tau}\,d\tau \qquad\qquad (3.14)$$

要求系统的传递函数,我们并不需要计算式(3.14)中的积分。相反,可先假设一个与式(3.13)形式相同的解,然后将其代入到系统微分方程,可求得系统传递函数 $H(s)$。

系统的传递函数可以正式定义为:系统从输入 $U(s)$ 到输出 $Y(s)$(即从输入到输出)之间的传输增益 $H(s)$,定义为系统的传递函数(transfer function),它是输出的拉普拉斯变换与输入

---

[1]　注意,在全部时间内,输入指数形式的信号,而式(3.14)表示其输出。若系统是因果关系,那么 $t < 0$ 时 $h(t) = 0$,则该积分可转化为 $H(s) = \int_{0}^{\infty} h(\tau)e^{-s\tau}\,d\tau$。

的拉普拉斯变换之间的比值，即

$$\frac{Y(s)}{U(s)} = H(s) \tag{3.15}$$

其关键假设条件是系统的所有初始条件都为零。如果系统的输入 $u(t)$ 为单位脉冲 $\delta(t)$，那么输出 $y(t)$ 就是单位脉冲响应。如果输入 $u(t)$ 的拉普拉斯变换为 1，那么输出 $y(t)$ 的拉普拉斯变换就是 $H(s)$，这是由于

$$Y(s) = H(s) \tag{3.16}$$

也就是说：

系统的传递函数 $H(s)$，就是系统单位脉冲响应 $h(t)$ 的拉普拉斯变换。

这样，如果想确定一个线性时不变系统，只需要加上单位脉冲，那么所得的响应也是系统传递函数的一种表现形式（反拉普拉斯变换形式）。

例 3.4 传递函数

计算例 3.1 中系统的传递函数，并求输入 $u = \mathrm{e}^{st}$ 时的输出 y。

解：例 3.3 中系统的特征方程为

$$\dot{y}(t) + ky(t) = u(t) = \mathrm{e}^{st} \tag{3.17}$$

假设可以将 $y(t)$ 记为 $H(s)\mathrm{e}^{st}$，这样就有 $\dot{y} = sH(s)\mathrm{e}^{st}$，则式（3.17）可简化为

$$sH(s)\mathrm{e}^{st} + kH(s)\mathrm{e}^{st} = \mathrm{e}^{st} \tag{3.18}$$

求解传递函数 $H(s)$，得到

$$H(s) = \frac{1}{s+k}$$

将上式代入到式（3.13）中，得到输出为

$$y = \frac{\mathrm{e}^{st}}{s+k}$$

线性时不变（LTI）系统的指数信号响应，常常用于求取系统的频率响应（frequency response）或正弦信号响应。首先，将正弦信号表示为两个指数表达式之和（欧拉公式）：

$$A\cos(\omega t) = \frac{A}{2}(\mathrm{e}^{\mathrm{j}\omega t} + \mathrm{e}^{-\mathrm{j}\omega t})$$

如果令基本的响应［即式（3.13）］中 $s = \mathrm{j}\omega$，那么在输入 $u(t) = \mathrm{e}^{\mathrm{j}\omega t}$ 时的响应为 $y(t) = H(\mathrm{j}\omega)\mathrm{e}^{\mathrm{j}\omega t}$。同样，输入 $u(t) = \mathrm{e}^{-\mathrm{j}\omega t}$ 时的响应为 $H(-\mathrm{j}\omega)\mathrm{e}^{-\mathrm{j}\omega t}$。根据叠加原理，该余弦信号的响应为这两个指数信号的独立响应之和

$$y(t) = \frac{A}{2}[H(\mathrm{j}\omega)\mathrm{e}^{\mathrm{j}\omega t} + H(-\mathrm{j}\omega)\mathrm{e}^{-\mathrm{j}\omega t}] \tag{3.19}$$

传递函数 $H(\mathrm{j}\omega)$ 为复数时，可表示成极坐标形式或振幅 – 相位形式，$H(\mathrm{j}\omega) = M(\omega)\mathrm{e}^{\mathrm{j}\varphi(\omega)}$，或者简单地表示为 $H = M\mathrm{e}^{\mathrm{j}\varphi}$。在进行这样的替换后，式（3.19）变为

$$\begin{aligned} y(t) &= \frac{A}{2}M\left(\mathrm{e}^{\mathrm{j}(\omega t+\varphi)} + \mathrm{e}^{-\mathrm{j}(\omega t+\varphi)}\right) \\ &= AM\cos(\omega t + \varphi) \end{aligned} \tag{3.20}$$

其中

$$M = |H(\mathrm{j}\omega)|,\ \varphi = \angle H(\mathrm{j}\omega)$$

这意味着,如果系统的传递函数为 $H(s)$,输入是幅值为 A 的正弦信号,那么其输出是相同频率而幅值为 AM 的正弦信号,且存在 φ 的角度偏差。

例 3.5 *频率响应*

对于例 3.1 中的系统,求在正弦信号输入 $u = A\cos(\omega t)$ 时的系统响应。

(a)求系统的频率响应,并画出 $k=1$ 时的系统响应图。

(b)确定系统在 $k=1$ 时对正弦信号输入 $u(t) = \sin(10t)$ 的全响应。

解:在例 3.4 中,已求得系统的传递函数。为求取频率响应,令 $s = j\omega$,这样就有

$$H(s) = \frac{1}{s+k} \Longrightarrow H(j\omega) = \frac{1}{j\omega + k}$$

由此可得

$$M = \frac{1}{\sqrt{\omega^2 + k^2}} \quad \text{和} \quad \varphi = -\arctan\left(\frac{\omega}{k}\right)$$

因此,正弦输入信号的系统响应为

$$y(t) = AM\cos(\omega t + \varphi) \tag{3.21}$$

M 通常被称为振幅比(amplitude ratio),而 φ 是相位(phase),它们都是输入频率 ω 的函数。以下是用于计算 $k=1$ 时的振幅比和相位的 MATLAB 程序,如图 3.3 所示。logspace 命令可用来设置频率范围(对数刻度),bode 命令用来计算频率响应,这种描述频率响应的方法(在对数坐标上)是由 H. W. Bode(伯德)提出的,因此该频率法被称为"伯德图"[1](参见 6.1 节)。

```
k = 1;
numH = 1;                          % form numerator
denH = [1 k];                      % form denominator
sysH = tf(numH,denH);             % define system by its numerator
                                      and denominator
w = logspace(−2,2);               % set frequency w to 50 values from
                                      10⁻² to 10⁺²
[mag,phase] = bode(sysH,w);       % compute frequency response
loglog(w,squeeze(mag));           % log−log plot of magnitude
semilogx(w,squeeze(phase));       % semi log plot of phase
```

为了确定 $t = 0$ 时刻输入 $u(t) = \sin(10t)1(t)$ 的系统响应,由拉普拉斯变换表(参见附录 A 和表 A.2)可得

$$\mathcal{L}\{u(t)\} = \mathcal{L}\{\sin(10t)\} = \frac{10}{s^2 + 100}$$

其中 $\mathcal{L}$ 表示拉普拉斯变换,系统的输出用部分分式展开(参见 3.1.5 节)为

$$\begin{aligned}
Y(s) &= H(s)U(s) \\
&= \frac{1}{s+1}\frac{10}{s^2+100} \\
&= \frac{\alpha_1}{s+1} + \frac{\alpha_0}{s+j10} + \frac{\alpha_0^*}{s-j10} \\
&= \frac{\frac{10}{101}}{s+1} + \frac{\frac{j}{2(1-j10)}}{s+j10} + \frac{\frac{-j}{2(1+j10)}}{s-j10}
\end{aligned}$$

---

[1] 注意,在 MATLAB 中,% 用来表示注释。

系统输出的反拉普拉斯变换(参见附录 A)为

$$y(t) = \frac{10}{101}\mathrm{e}^{-t} + \frac{1}{\sqrt{101}}\sin(10t + \varphi)$$
$$= y_1(t) + y_2(t)$$

其中

$$\varphi = \arctan(-10) = -84.2°$$

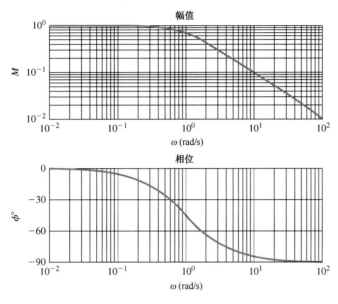

图 3.3 $k = 1$ 时的频率响应

$y_1(t)$ 分量会随时间衰减到零, 因此被称为瞬态分量(transient response), 而 $y_2(t)$ 分量被称为稳态(steady state)分量, 它与式(3.21)给出的响应相等。图 3.4(a)给出了输出的时间关系图, 它说明不同分量 (y_1, y_2) 和复合分量(y)的输出响应。当输出频率为 10 rad/s 时, 由图 3.4(b)测得稳态相位差约为 $10 \times \delta t = 1.47$ rad $= 84.2°$[①], 图 3.4(b)说明输出滞后输入84.2°, 且输出的稳态振幅比 $\frac{1}{\sqrt{101}} = 0.0995$, 即输入信号振幅乘以传递函数在 $\omega = 10$ rad/s 处的幅值。

本例说明了对于线性时不变系统, 若输入是频率为 ω 的正弦形式信号, 那么输出响应也为同频率的正弦信号, 其振幅比为该频率处传递函数幅值, 而且输出与输入之间的相位差由传递函数在输入频率处的相位决定。因此, 振幅比和相位差可以通过计算传递函数得到。当然, 我们可以通过实验的方法很容易地测得这些参数, 即用已知正弦形式的输入信号驱动系统, 然后测量系统输出的稳态振幅和相位, 输入信号的频率要取得足够多以便能得到如图 3.3 所示的曲线。

可以通过定义信号 $f(t)$ 的拉普拉斯变换(Laplace transform), 来归纳频率响应

$$F(s) = \int_{-\infty}^{\infty} f(t)\mathrm{e}^{-s\tau}\mathrm{d}t \tag{3.22}$$

① 相位差也可以用 Lissajous 模式来确定。

若将该定义式应用于 $u(t)$ 和 $y(t)$，并应用卷积式(3.12)，可得

$$Y(s) = H(s)U(s) \tag{3.23}$$

式中，$Y(s)$ 和 $U(s)$ 分别是 $y(t)$ 和 $u(t)$ 的拉普拉斯变换。附录 A 对该结果进行了证明。

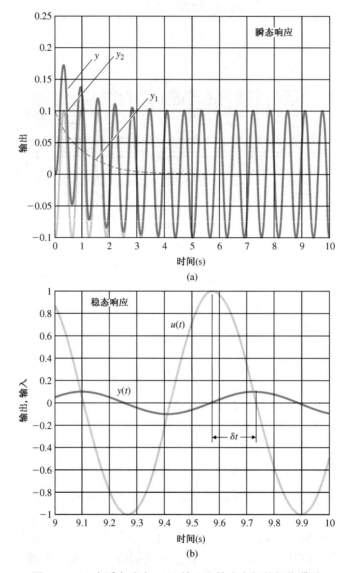

图3.4　(a)全瞬态响应；(b)输入和输出之间的相位滞后

如式(3.22)的拉普拉斯变换，常用于研究反馈系统的全响应，包括瞬态响应(transient response)：即系统对初始条件或突然施加信号的时间响应，这与傅里叶变换刚好相反。傅里叶变换主要关注系统的稳态响应。在控制领域，我们通常遇到求系统对输入 $u(t)$ 的响应 $y(t)$ 以及系统模型，运用式(3.22)，我们就有了计算一般输入信号的线性时不变系统响应的方法。对于任意给定的系统输入，可计算出输入的拉普拉斯变换和系统传递函数的拉普拉斯变换。而由式(3.23)可知输出的拉普拉斯变换为两者之积。当然，要想得到输出的时间函数，就要对 $Y(s)$ 进行变换，以得到拉普拉斯逆变换(inverse transform)。这一步通常没有明确要求，然而了解 $y(t)$ 如何由 $Y(s)$ 得到的过程很重要，因为它能使我们比较深入地了解线性系统的性能。

因此，对于给定的线性系统，其传递函数为 $H(s)$，输入信号为 $u(t)$，应用拉普拉斯变换来确定 $y(t)$ 可以分为以下几步。

步骤 1 确定系统的传递函数：$H(s) = \mathcal{L}\{$系统脉冲响应$\}$。$H(s)$ 由以下步骤得到：

(a)对运动方程进行拉普拉斯变换。在这过程中可以参考拉普拉斯变换表。

(b)求解拉普拉斯变换后所得的代数方程。在这一步往往要借助于前面相关的方框图法，并可以通过方框图计算或用 MATLAB 求解该方程。

步骤 2 确定输入信号的拉普拉斯变换：$U(s) = \mathcal{L}\{u(t)\}$。

步骤 3 确定输出信号的拉普拉斯变换 $Y(s) = H(s)U(s)$。

步骤 4 用部分分式展开，将 $Y(s)$ 分解。

步骤 5 对步骤 4 中所得的 $Y(s)$ 进行反拉普拉斯变换，得到系统输出：$y(t) = \mathcal{L}^{-1}\{Y(s)\}$ [即将 $Y(s)$ 变换为 $y(t)$]。

(a)在时域变换表中，求出 $y(t)$ 各个部分的拉普拉斯变换。

(b)将这些部分结合起来，即可得到要求形式的解。

如前所述，步骤 4、步骤 5 在实际中很少进行。在控制系统设计中只是做些定性分析就可以了，而不需要定量分析，整个处理过程从前三步开始。然而，除了对 $Y(s)$ 进行拉普拉斯变换外，还应该知道 $Y(s)$ 在零极点分布对响应 $y(t)$ 的影响，以估计 $y(t)$ 的关键参数。这也是本章其他部分所要讨论的。

虽然通过式(3.22)可确定系统的瞬态响应，但那些基于零时刻开始输入的拉普拉斯变换的简单形式通常更为有用。

3.1.3 拉普拉斯变换

在许多应用场合中，我们用单边(或单侧)拉普拉斯变换[one side(or unilateral)Laplace transform]，即用 0^-(刚好在 $t = 0$ 之前的值)作为式(3.22)的积分下限，$f(t)$ 的 $\mathcal{L}_-$ 拉普拉斯变换表示为 $\mathcal{L}_-\{f(t)\} = F(s)$，它是复变量 $s = \sigma + j\omega$ 的函数，其中

$$F(s) \triangleq \int_{0^-}^{\infty} f(t)\mathrm{e}^{-st}\,\mathrm{d}t \tag{3.24}$$

被积函数中的指数衰减项在 $\sigma > 0$ 时，实际上是个内在的收敛因子。也就是说，即使 $f(t)$ 在 $t \to \infty$ 时不为零，当 f 的增长速度低于指数项的增长速度且 σ 足够大时，被积函数也将趋于零。积分下限 0^-，则可以用例 3.3 中 $t = 0$ 时刻的脉冲函数代替。由于在实际应用中，$t = 0^-$ 和 $t = 0^+$ 之间的差别往往并不会表现出来，因此在大部分应用中将 $t = 0$ 时刻的负上标去掉。但是，对于在 $t = 0$ 时刻有脉冲输入的情况，我们依然要用到符号 $t = 0^-$。

如果将式(3.24)称为单边拉普拉斯变换，那么式(3.22)就是双边拉普拉斯变换(two side Laplace transform)[①]。从此，本书将用符号 $\mathcal{L}$ 来表示 $\mathcal{L}_-$。

由式(3.24)中拉普拉斯变换的正式定义，可确定拉普拉斯变换的性质，并计算常用的时间函数的拉普拉斯变换。使用拉普拉斯变换表来分析线性系统，往往要用到一般性质表和时间函数表，因此我们在附录 A 给出了相关内容。有了时间函数表及拉普拉斯变换表和性质表，我们就可以由一些简单信号来求取复杂信号的拉普拉斯变换。对于拉普拉斯变换的深入研究

---

① 另外的一种单边拉普拉斯变换为 $\mathcal{L}_+$，其积分下限为 0^+。有时会在某些场合中用到。

和更为详尽的表格,请参阅 Churchill(1972)、Campbell 和 Foster(1948)的研究。而对双边拉普拉斯变换的更多探讨,请参阅 Van der Pol 和 Bremmer(1955)。这些作者都是从下面的转换关系形式中获得时间函数

$$f(t) = \frac{1}{2\pi j} \int_{\sigma_c - j\infty}^{\sigma_c + j\infty} F(s) e^{st} \, ds \qquad (3.25)$$

式中,σ_c 值应选在 s 平面中 $F(s)$ 所有零极点的右边。当然,在实际应用中,该关系式很少被用到。相反,人们会将一些复杂的拉普拉斯变换式分解成较为简单的式子之和,然后分别查表来求得它们相应的时间响应。

下面我们就来计算几个典型时间函数的拉普拉斯变换。

例3.6　阶跃和斜坡函数的拉普拉斯变换

求取阶跃函数 $a_1(t)$ 和斜坡函数 $b_{t1}(t)$ 的拉普拉斯变换。

解:对于 $f(t) = a_1(t)$,由式(3.24)可得

$$F(s) = \int_0^\infty a e^{-st} \, dt = \frac{-a e^{-st}}{s} \Big|_0^\infty = 0 - \frac{-a}{s} = \frac{a}{s}, \qquad \mathrm{Re}(s) > 0$$

对于斜坡信号 $f(t) = b_{t1}(t)$,同样,由式(3.24)可得

$$F(s) = \int_0^\infty b t e^{-st} \, dt = \left[-\frac{b t e^{-st}}{s} - \frac{b e^{-st}}{s^2} \right]_0^\infty = \frac{b}{s^2}, \qquad \mathrm{Re}(s) > 0$$

这里,我们用到了分部积分法

$$\int u \, dv = uv - \int v \, du$$

式中,$u = bt$,$dv = e^{-st} dt$。然后,可以将 $F(s)$ 的有效域扩展至除极点位置(原点)以外的整个 s 平面(参阅附录 A)。

更为微妙的例子是脉冲函数的拉普拉斯变换。

例3.7　脉冲函数的拉普拉斯变换

求取单位脉冲函数的拉普拉斯变换。

解:由式(3.24)可得

$$F(s) = \int_{0^-}^\infty \delta(t) e^{-st} \, dt = \int_{0^-}^{0^+} \delta(t) \, dt = 1 \qquad (3.26)$$

正是单位脉冲函数的拉普拉斯变换,促使我们使用了 $\mathcal{L}_-$ 变换而不是 $\mathcal{L}_+$ 变换。

例3.8　正弦函数的拉普拉斯变换

求取正弦函数的拉普拉斯变换。

解:我们再次使用式(3.24),得到

$$\mathcal{L}\{\sin \omega t\} = \int_0^\infty (\sin \omega t) e^{-st} \, dt \qquad (3.27)$$

使用网上的附录 WD 中的关系式(D.34),可得到

$$\sin \omega t = \frac{e^{j\omega t} - e^{-j\omega t}}{2j}$$

将它代入到式(3.27)中,得到

$$\mathcal{L}\{\sin \omega t\} = \int_0^\infty \left(\frac{e^{j\omega t} - e^{-j\omega t}}{2j} \right) e^{-st}\, dt$$

$$= \frac{1}{2j} \int_0^\infty \left(e^{(j\omega-s)t} - e^{-(j\omega+s)t} \right) dt$$

$$= \frac{1}{2j} \left[\frac{1}{j\omega - s} e^{(j\omega-s)t} - \frac{1}{j\omega + s} e^{-(j\omega+s)t} \right]_0^\infty$$

$$= \frac{\omega}{s^2 + \omega^2}, \qquad \mathrm{Re}(s) > 0$$

我们可以扩展计算得到的拉普拉斯有效域至除极点位置($s = \pm j\omega$)以外的整个 s 平面(参阅附录 A)。

在附录 A 中，表 A.2 列出了基本的时间函数的拉普拉斯变换。表中的每一项都是如例 3.6 至例 3.8 中所示的那样，直接应用拉普拉斯变换定义式(3.24)得到的。

3.1.4　拉普拉斯变换的性质

在这一节，将详细介绍表 A.1 中拉普拉斯变换的重要性质。关于这些性质和相关的例子以及初值定理的证明，可参阅附录 A。

1. 可加性

拉普拉斯变换的一个非常重要的性质是：它是线性的，即

$$\mathcal{L}\{\alpha f_1(t) + \beta f_2(t)\} = \alpha F_1(s) + \beta F_2(s) \tag{3.28}$$

而比例性，则是可加性的一个特例，即

$$\mathcal{L}\{\alpha f(t)\} = \alpha F(s) \tag{3.29}$$

2. 时延性

假设函数 $f(t)$ 延时 $\lambda > 0$ 个时间单位，那么其拉普拉斯变换为

$$F_1(s) = \int_0^\infty f(t - \lambda) e^{-st}\, dt = e^{-s\lambda} F(s) \tag{3.30}$$

由上可知，λ 个时间单位延时的效果相当于将变换式乘以 $e^{-s\lambda}$。

3. 时间变换性质

时间变换运动方程有时很有用，例如在带传动控制系统中测量毫秒级的时间时，该性质的作用就很明显(参见第 10 章)。若将 t 放大 a 倍，则该时间变换信号的拉普拉斯变换为

$$F_1(s) = \int_0^\infty f(at) e^{-st}\, dt = \frac{1}{|a|} F\left(\frac{s}{a} \right) \tag{3.31}$$

4. 频率变换性质

函数 $f(t)$ 在时域乘以一个指数表达式(调制)，对应于频率域的漂移作用，即

$$F_1(s) = \int_0^\infty e^{-at} f(t) e^{-st}\, dt = F(s + a) \tag{3.32}$$

5. 微分性质

信号导数的拉普拉斯变换，与原信号的拉普拉斯变换和初始条件有关。

$$\mathcal{L}\left\{\frac{\mathrm{d}f}{\mathrm{d}t}\right\} = \int_{0^-}^{\infty} \left(\frac{\mathrm{d}f}{\mathrm{d}t}\right) \mathrm{e}^{-st} \mathrm{d}t = -f(0^-) + sF(s) \qquad (3.33)$$

再应用式(3.33), 得到

$$\mathcal{L}\{\ddot{f}\} = s^2 F(s) - sf(0^-) - \dot{f}(0^-) \qquad (3.34)$$

重复应用式(3.33), 可得

$$\mathcal{L}\{f^m(t)\} = s^m F(s) - s^{m-1} f(0^-) - s^{m-2} \dot{f}(0^-) - \cdots - f^{(m-1)}(0^-) \qquad (3.35)$$

式中, $f^m(t)$ 表示 $f(t)$ 对时间的 m 阶导数。

6. 积分性质

假设要求时间函数 $f(t)$ 的积分的拉普拉斯变换, 那么就有

$$F_1(s) = \mathcal{L}\left\{\int_0^t f(\xi)\,\mathrm{d}\xi\right\} = \frac{1}{s}F(s) \qquad (3.36)$$

这意味着, 我们只需要简单地将 $f(t)$ 的拉普拉斯变换乘以 $\frac{1}{s}$。

7. 卷积性质

前面我们已经知道系统响应可由输入信号与系统脉冲响应的卷积来确定, 也可由系统传递函数和输入拉普拉斯变换的乘积得到。下面讨论如何将其推广到不同的时间函数。

时域的卷积运算与频域的乘积运算相对应。假设 $\mathcal{L}\{f_1(t)\} = F_1(s)$ 和 $\mathcal{L}\{f_2(t)\} = F_2(s)$, 那么

$$\mathcal{L}\{f_1(t) * f_2(t)\} = \int_0^{\infty} f_1(t) * f_2(t) \mathrm{e}^{-st}\,\mathrm{d}t = F_1(s)F_2(s) \qquad (3.37)$$

这就意味着

$$\mathcal{L}^{-1}\{F_1(s)F_2(s)\} = f_1(t) * f_2(t) \qquad (3.38)$$

相似地或者对偶地, 可以得出下面的性质。

8. 时间域乘积性质

时域中的乘积运算, 对应于频域中的卷积运算。

$$\mathcal{L}\{f_1(t)f_2(t)\} = \frac{1}{2\pi\mathrm{j}} F_1(s) * F_2(s) \qquad (3.39)$$

9. 时间乘法性质

对于乘以时间的乘法, 对应于频域中的微分运算。

$$\mathcal{L}\{tf(t)\} = -\frac{\mathrm{d}}{\mathrm{d}s}F(s) \qquad (3.40)$$

3.1.5　部分分式法求拉普拉斯逆变换

若拉普拉斯变换式 $F(s)$ 为有理式, 那么求 $f(t)$ 的最容易的方法就是将 $F(s)$ 展开为可以在表中查到的许多简单项之和, 完成该处理过程的基本方法称为部分分式展开法(partial-fraction expansion)。考虑到有理函数 $F(s)$ 的一般形式是两个多项式之比

$$F(s) = \frac{b_1 s^m + b_2 s^{m-1} + \cdots + b_{m+1}}{s^n + a_1 s^{n-1} + \cdots + a_n} \qquad (3.41)$$

将多项式进行因式分解,这个相同的有理函数还可以表示为因式乘积的形式

$$F(s) = K \frac{\Pi_{i=1}^{m}(s - z_i)}{\Pi_{i=1}^{n}(s - p_i)} \tag{3.42}$$

这里,我们将讨论具有不同极点的简单例子。拉普拉斯变换式可表示任意实际系统的响应,其中 $m \leqslant n$, $s = z_i$ 是函数的零点(zero),而 $s = p_i$ 是函数的极点(pole)。现在假设极点 $\{p_i\}$ 为实数或复数且各不相同,那么 $F(s)$ 可写成部分分式的形式

$$F(s) = \frac{C_1}{s - p_1} + \frac{C_2}{s - p_2} + \cdots + \frac{C_n}{s - p_n} \tag{3.43}$$

下一步,要得到定常系数的集合 $\{C_i\}$,将式(3.43)两边同时乘以因子 $s - p_1$,得到

$$(s - p_1)F(s) = C_1 + \frac{s - p_1}{s - p_2}C_2 + \cdots + \frac{(s - p_1)C_n}{s - p_n} \tag{3.44}$$

如果令式(3.44)两边的 $s = p_1$,那么所有的 C_i 中除了第一项之外都将为零,而第一项则为

$$C_1 = (s - p_1)F(s)|_{s=p_1} \tag{3.45}$$

其他项的系数,也可以用类似的形式来表示

$$C_i = (s - p_i)F(s)|_{s=p_i}$$

这个过程被称为消去法(cover-up method)。因为在 $F(s)$ 的因式分解形式[参见式(3.42)]中,可以消去某个分母项,然后用 $s = p_i$ 来计算表达式剩余部分的值,从而确定 C_i。在完成这些操作之后,时间函数 $f(t)$ 可变为

$$f(t) = \sum_{i=1}^{n} C_i \mathrm{e}^{p_i t} 1(t)$$

因为如表 A.2 中的第 7 条所示,若

$$F(s) = \frac{1}{s - p_i}$$

那么

$$f(t) = \mathrm{e}^{p_i t} 1(t)$$

关于分母中存在二次因子或重根的情形,参阅附录 A。

例 3.9 部分分式展开法:不同实根

假设已计算得到 $Y(s)$ 为

$$Y(s) = \frac{(s + 2)(s + 4)}{s(s + 1)(s + 3)}$$

求 $y(t)$。

解:根据部分分式展开法,$Y(s)$ 可写为

$$Y(s) = \frac{C_1}{s} + \frac{C_2}{s + 1} + \frac{C_3}{s + 3}$$

利用消去法,可得

$$C_1 = \frac{(s + 2)(s + 4)}{(s + 1)(s + 3)}\bigg|_{s=0} = \frac{8}{3}$$

类似地,得到

$$C_2 = \frac{(s + 2)(s + 4)}{s(s + 3)}\bigg|_{s=-1} = -\frac{3}{2}$$

以及

$$C_3 = \frac{(s+2)(s+4)}{s(s+1)}\bigg|_{s=-3} = -\frac{1}{6}$$

我们可以通过证明将各部分分式相加后还能还原为原函数,来检验所得结果的正确性。对各部分分式查表之后,可得解为

$$y(t) = \frac{8}{3}1(t) - \frac{3}{2}e^{-t}1(t) - \frac{1}{6}e^{-3t}1(t)$$

部分分式展开法,也可以使用 MATLAB 中的 residue 函数来计算。

```
num = conv([1 2],[1 4]);        % form numerator polynomial
den = conv([1 1 0],[1 3]);      % form denominator polynomial
[r,p,k] = residue(num,den);     % compute the residues
```

由此,可得以下的结果:

　　r = [−0.1667 −1.5000 2.6667]';　　　p = [−3 −1 0]';　　　k = [ ];

该结果与手工计算的结果相一致。注意,MATLAB 中的 conv 函数,常用于计算两个多项式的相乘(函数的参数为多项式的系数)。

3.1.6　终值定理

在控制领域,拉普拉斯变换有一个特别有用的性质,被称为终值定理(Final value theorem)。通过这一定理,能够计算出已知拉普拉斯变换的时间函数的稳态值。该定理是随着部分分式展开方法的发展而发展起来的。假设一个信号 $y(t)$ 的拉普拉斯变换式 $Y(s)$ 有一对极点(参见 3.1.5 节),希望由 $Y(s)$ 求得其终值 $y(t)$。该终值有三种可能的情况:常值、不确定或无穷。若 $Y(s)$ 有一对极点在 s 平面的右半部分,即该极点的实部大于零,那么 $y(t)$ 将增大且其极限值为无穷。若 $Y(s)$ 有一对极点在 s 平面的虚轴上,即 $p_i = \pm j\omega$,那么 $y(t)$ 将包含一条稳定正弦曲线,而其终值也将无法确定,只有在一种情况下可得到非零的不变终值。若 $Y(s)$ 的所有极点除 $s=0$ 外均在 s 平面的左半部分,那么 $y(t)$ 的各项除了对应于极点 $s=0$ 的那项外都将衰减为零,而使 $s=0$ 对应的这项在时间域为一常数。因此,终值定理表述如下:

若 $sY(s)$ 的所有极点都位于 s 平面的左半部分,那么

$$\lim_{t \to \infty} y(t) = \lim_{s \to 0} sY(s) \tag{3.46}$$

附录 A 对该关系式进行了证明。

例 3.10　终值定理

求式 $Y(s) = \dfrac{3(s+2)}{s(s^2 + 2s + 10)}$ 所对应的系统的终值。

解:应用终值定理,可得

$$y(\infty) = sY(s)|_{s=0} = \frac{3 \times 2}{10} = 0.6$$

因此,当瞬态响应分量衰减到零时,$y(t)$ 将趋于常数值 0.6。

注意,终值定理仅适用于稳定系统(参见 3.6 节)。若将式(3.46)用于任意 $Y(s)$,将可能导致错误的结果,如下例所示。

例 3.11　终值定理的错误应用

求式 $Y(s) = \dfrac{3}{s(s-2)}$ 所对应的信号的终值。

解：如果盲目地应用式 (3.46)，计算得到

$$y(\infty) = sY(s)|_{s=0} = -\frac{3}{2}$$

然而

$$y(t) = \left(-\frac{3}{2} + \frac{3}{2}\mathrm{e}^{2t} \right) 1(t)$$

式 (3.46) 仅仅求得了常数式项。显然，真正的终值应为无穷。

终值定理也可用于求取系统的 DC 增益 (DC gain)。DC 增益是指在系统瞬态响应分量衰减为零之后，其输出与输入 (设为常值) 之比。为了求取 DC 增益，假设有一个单位阶跃输入 $[U(s) = 1/s]$，利用终值定理来计算其稳态输出值。因此，对于传递函数为 $G(s)$ 的系统，有

$$\mathrm{DC\ gain} = \lim_{s \to 0} sG(s)\frac{1}{s} = \lim_{s \to 0} G(s) \tag{3.47}$$

例 3.12　DC 增益

求传递函数为 $G(s) = \dfrac{3(s+2)}{(s^2 + 2s + 10)}$ 的系统的 DC 增益。

解：应用式 (3.47)，可得

$$\mathrm{DC\ gain} = G(s)|_{s=0} = \frac{3 \times 2}{10} = 0.6$$

3.1.7　应用拉普拉斯变换解决问题

可以利用附录 A 中所描述的性质来求解微分方程。首先，利用附录 A 中式 (A.12) 和式 (A.13) 的微分性质来求取微分方程的拉普拉斯变换。然后，求取输出的拉普拉斯变换，并利用部分分式展开法和表 A.2 将输出转换为时间函数。我们将用三个例子来说明这个求解过程。

例 3.13　齐次微分方程的解

求微分方程 $\ddot{y}(t) + y(t) = 0$ 的解，其中 $y(0) = \alpha, \dot{y}(0) = \beta$。

解：利用式 (3.34)，求得微分方程的拉普拉斯变换为

$$s^2 Y(s) - \alpha s - \beta + Y(s) = 0$$
$$(s^2 + 1)Y(s) = \alpha s + \beta$$
$$Y(s) = \frac{\alpha s}{s^2 + 1} + \frac{\beta}{s^2 + 1}$$

对上式右边的两项，查拉普拉斯变换表 (参见附录 A 中的表 A.2)，可得

$$y(t) = [\alpha \cos t + \beta \sin t]1(t)$$

其中 $1(t)$ 表示单位阶跃函数。将这个解代入到原微分方程，可以验证该解的正确性。

另一个例子将说明方程为非齐次时的解，也就是系统受到激励时的情况。

例 3.14　受激励微分方程的解

求微分方程 $\ddot{x}(t) + 5\dot{y}(t) + 4y(t) = 3$ 的解，其中 $y(0) = \alpha, \dot{y}(0) = \beta$。

解：

利用式(3.33)和式(3.34)，对该微分方程的两边进行拉普拉斯变换，得

$$s^2 Y(s) - s\alpha - \beta + 5[sY(s) - \alpha] + 4Y(s) = \frac{3}{s}$$

求解 $Y(s)$，得

$$Y(s) = \frac{s(s\alpha + \beta + 5\alpha) + 3}{s(s+1)(s+4)}$$

运用消去法，进行部分分式展开，有

$$Y(s) = \frac{\frac{3}{4}}{s} - \frac{\frac{3 - \beta - 4\alpha}{3}}{s+1} + \frac{\frac{3 - 4\alpha - 4\beta}{12}}{s+4}$$

因此，可得时间函数为

$$y(t) = \left(\frac{3}{4} + \frac{-3 + \beta + 4\alpha}{3} e^{-t} + \frac{3 - 4\alpha - 4\beta}{12} e^{-4t} \right) 1(t)$$

将得到的解进行二次微分，并代入到原微分方程，可证明该解满足微分方程。

当初始条件为零时，方程的解将会变得非常简洁。

例 3.15　零初始条件下受激励微分方程的解

求解微分方程 $\ddot{y}(t) + 5\dot{y}(t) + 4y(t) = u(t)$，$y(0) = 0$，$\dot{y}(0) = 0$，$u(t) = 2e^{-2t}1(t)$。

1. 使用部分分式展开法
2. 使用 MATLAB

解：

1. 对微分方程两边进行拉普拉斯变换，得

$$s^2 Y(s) + 5sY(s) + 4Y(s) = \frac{2}{s+2}$$

求解 $Y(s)$，得

$$Y(s) = \frac{2}{(s+2)(s+1)(s+4)}$$

使用部分分式展开和消去法，有

$$Y(s) = -\frac{1}{s+2} + \frac{\frac{2}{3}}{s+1} + \frac{\frac{1}{3}}{s+4}$$

因此，可得时间函数为

$$y(t) = \left(-1e^{-2t} + \frac{2}{3} e^{-t} + \frac{1}{3} e^{-4t} \right) 1(t)$$

2. 部分分式展开，也可以用 MATLAB 中的 residue 命令来计算。

```
num = 2;                      % form numerator
den = poly([-2;-1;-4]);       % form denominator polynomial from its roots
[r,p,k] = residue(num,den);   % compute the residues
```

由此可得以下的结果：

r = [0.3333 −1 0.6667]′;　　　p = [−4 −2 −1]′;　　　k = [ ];

这个结果与我们手工得到的结果相一致。

使用拉普拉斯变换法求解微分方程的主要优点是：它能够定性地提供一些关于响应的信息。一旦 $Y(s)$ 的极点值已知，就可以知道哪些特征将出现在其响应中。例 3.15 中极点 $s = -1$ 在响应中产生衰减项 $y = Ce^{-t}$。同样，极点 $s = -4$ 产生 $y = Ce^{-4t}$ 项，使其衰减速度更快。如果存在极点 $s = +1$，那么在响应中也将有增长项 $y = Ce^{+t}$。通过极点分布，从本质上来理解系统响应的方法非常有效。这在 3.3 节中也将有更进一步的阐述。控制系统设计者往往通过调整设计参数来使极点值能够给出可接受的系统响应。他们往往跳过将极点转化为实际时间响应的步骤，而是直接进入到设计的最后阶段。他们采用不断尝试的方法(参见第 5 章的介绍)来观察参数对实际系统极点位置的影响。当所设计系统的极点位置预期能够给出可接受的系统响应时，设计者可以用时间响应来验证所设计系统是否满足要求。当然，整个的设计过程通常都由计算机来完成，因为计算机能直接使用数值计算方法求解微分方程。

3.1.8 极点和零点

一个有理传递函数，可以描述为两个关于 s 的多项式之比

$$H(s) = \frac{b_1 s^m + b_2 s^{m-1} + \cdots + b_{m+1}}{s^n + a_1 s^{n-1} + \cdots + a_n} = \frac{N(s)}{D(s)} \tag{3.48}$$

或者通过因式分解成零极点的形式

$$H(s) = K \frac{\prod_{i=1}^{m}(s - z_i)}{\prod_{i=1}^{n}(s - p_i)} \tag{3.49}$$

参数 K 被称为传递函数的增益。分子中 $z_1, z_2, \cdots, z_m$ 为系统的有限零点。零点在 s 平面中位于使传递函数的值为零处，即若 $s = z_i$，则

$$H(s)|_{s=z_i} = 0$$

零点还和系统的信号传输性质相关，因此也称为系统的传输零点。系统本身具有阻滞零点频率的能力。若系统受到非零输入 $u = u_0 e^{s_0 t}$ 的激励，如果 s_0 不是系统极点，那么其输出在 $s_0 = z_i$ 处频率的值也将恒为零[①]，即 $y \equiv 0$。零点对系统的瞬态属性也具有重要影响(参见 3.5 节)。

而分母的根 $p_1, p_2, \cdots, p_n$，则被称为系统的极点[②]。极点位于 s 平面中传递函数幅值为无穷大处，即若 $s = p_i$，则

$$|H(s)|_{s=p_i} = \infty$$

在 3.6 节将看到，系统的极点决定了系统稳定性，也决定了系统的自然属性或非强迫属性，即系统的模式(mode)。零点和极点可能为复数量，可将它们的位置标识在复平面中。我们将这样的复平面称为 s 平面。零极点分布是反馈控制系统设计的关键，对控制系统设计具有重要的意义。若 $m < n$，由于当 s 接近无穷时，传递函数趋于零，所以系统有 $n - m$ 个零点位于无穷远处。若将位于无穷远处的零点也计算在内，那么系统将具有相同的零极点数。实际的物理系统不可能有 $n < m$，否则系统将在 $\omega = \infty$ 处有无穷大响应。若 $z_i = p_j$，那么传递函数的分子、分母将会抵消，这将导致一些不可预知的属性(将在第 7 章中讨论)。

---

① 恒为零，即意味着输出及其各阶导数在 $t > 0$ 时都为零。

② 极点的含义可以理解为将函数可视化为三维图形。将 s 的实部和虚部画在 x 轴和 y 轴方向，而传递函数的幅值画在 z 轴方向。对于单个极点，所得的三维图看起来像一顶帐篷，而帐篷的支撑点就是传递函数的极点。

3.1.9 用 MATLAB 分析线性系统

要分析一个系统,首先应写出(建立)描述该物理系统动态性能的时域微分方程组,如第 2 章中所描述的。这些方程式可以由支配这些系统的物理定律来描述,例如:刚体动力学、热力学和机械电子学等。下一步则要决定系统的输入和输出,然后计算描述动态系统输入输出属性的传递函数。本章开始部分说明了线性动态系统可用其微分方程的拉普拉斯变换来描述,即传递函数。传递函数也可表示成式(3.48)中两个多项式之比的形式,或表示为式(3.49)中因式分解的零极点形式。通过分析传递函数,就能定性和定量地确定系统的动态特性。一种提取系统有用信息的方法是求取零极点分布,并推导出系统动态特性的本质特征。另一种方法是求得系统对典型激励信号(如脉冲信号、阶跃信号、斜坡信号和正弦信号)的响应,从而确定该系统的时域特性。还有一种方法是应用部分分式展开法和附录 A 中的表 A.1 及表 A.2,来解析地计算拉普拉斯逆变换,以此来确定系统的时间响应。当然,这也可以用来求取任意输入下的系统响应。

现在,将对第 2 章例子中的物理系统执行上述运算,来说明这些分析方法的使用。这些物理系统,按难度递增的顺序排列。将在不同的系统描述方法之间切换,包括:传递函数、零极点等。以 MATLAB 作为我们的计算工具,是因为它能接受以不同形式描述的系统,如传递函数和零极点,并在 MATLAB 中记为 tf 和 zp。不仅如此,它还能将系统的一种描述形式转换为另外以一种描述形式。

例 3.16 用 MATLAB 求巡航控制系统的传递函数

求例 2.1 中巡航控制系统的输入 u 和汽车位置 x 之间的传递函数。

解:由例 2.1 得到系统的传递函数为

$$H(s) = \frac{0s^2 + 0s + 0.001}{s^2 + 0.05s + 0} = \frac{0.001}{s(s + 0.05)}$$

在 MATLAB 中,分子多项式的系数表示行向量为 num,而分母多项式的系数表示为 den,则这个例子的结果为

num = [0 0 0.001] and den = [1 0.05 0].

我们也可用 MATLAB 的命令 printsys(num,den) 来得到系统的传递函数,而系统的零极点表示,可以用下面的命令得到。

[z, p, k] = tf2zp(num, den)

这样,可以得到传递函数的因式分解形式,从而得到 $z = [\ ]$,$p = \begin{bmatrix} 0 & -0.05 \end{bmatrix}'$ 和 $k = 0.001$。

例 3.17 用 MATLAB 求直流电动机的传递函数

在例 2.13 中,设 $J_m = 0.01 \text{ kg} \cdot \text{m}^2$,$b = 0.001 \text{ N} \cdot \text{m} \cdot \text{s}$,$K_t = K_e = 1$,$R_a = 10\ \Omega$ 和 $L_a = 1 \text{ H}$,求输入 v_a 和如下所述两点之间的传递函数:

1. 输出 θ_m

2. 输出 $\omega = \dot{\theta}_m$

解:

1. 将上述参数代入例 2.13 中,则可以得到系统的传递函数为

$$H(s) = \frac{100}{s^3 + 10.1s^2 + 101s}$$

在 MATLAB 中，分别用行向量 numa 和 dena 来表示传递函数的分子与分母的系数。在这里，得到

$$numa = [\ 0 \quad 0 \quad 0 \quad 100\ ] \quad and \quad dena = [\ 1 \quad 10.1 \quad 101 \quad 0\ ]$$

可以用下面的 MATLAB 命令，得到系统的零极点表示为

$$[z, p, k] = tf2zp(numa, dena)$$

从而得到

$$z = [\ ], \quad p = \begin{bmatrix} 0 & -5.0500 & +j8.6889 & -5.0500 & -j8.6889 \end{bmatrix}', \quad k = 100$$

可得传递函数的因式分解形式为

$$H(s) = \frac{100}{s(s + 5.05 + j8.6889)(s + 5.05 - j8.6889)}$$

2. 将角速度 $\dot{\theta}_m$ 作为输出，那么得到 numb = [0 0 100]，denb = [1 10.1 101]。这样，得到传递函数为

$$G(s) = \frac{100s}{s^3 + 10.1s^2 + 101s} = \frac{100}{s^2 + 10.1s + 101}$$

因为 $\dot{\theta}_m$ 是 θ_m 的导数，则 $\mathcal{L}\{\dot{\theta}_m\} = s\mathcal{L}\{\theta_m\}$。对于单位阶跃输入 v_a，可以用 MATLAB 来计算阶跃响应（回顾例 2.1）。

```
numb=[0 0 100];          % form numerator
denb=[1 10.1 101];       % form denominator
sysb=tf(numb,denb);      % define system by its numerator and denominator
t=0:0.01:5;              % form time vector
y=step(sysb,t)           % compute step response;
plot(t,y)                % plot step response
```

该系统得到稳态不变的角速度，如图 3.5 所示。由于系统并不具有单位 DC 增益，故曲线存在轻微的偏移。

当动态系统使用单个多阶的微分方程进行描述时，由微分方程求取传递函数多项式往往比较简单。因此，在下面的例子中，将会看到最好能直接根据传递函数来确定系统。

例 3.18 MATLAB 变换

求微分方程如下所示的系统的传递函。

$$\ddot{y} + 6\dot{y} + 25y = 9u + 3\dot{u}$$

解：利用式（3.33）和式（3.34）给出的微分定理，可得

$$\frac{Y(s)}{U(s)} = \frac{3s + 9}{s^2 + 6s + 25}$$

使用的 MATLAB 命令为

```
numG = [3 9];           % form numerator
denG = [1 6 25];        % form denominator
```

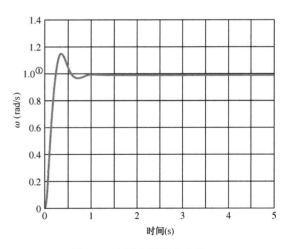

图 3.5 直流电机瞬态响应

---

① 原书此处为"0"，疑有误——译者注。

如果想得到系统的因式分解形式,那么也可以通过将这个传递函数进行形式变换得到。因此,MATLAB 命令为

```
% convert from numerator-denominator polynomials to pole–zero form
[z,p,k] = tf2zp(numG,denG)
```

于是,得到 $z = -3$, $p = [-3 + j4 \quad -3 - j4]'$, $k = 3$。也就是说,系统的传递函数可以写成下面的形式

$$\frac{Y(s)}{U(s)} = \frac{3(s + 3)}{(s + 3 - j4)(s + 3 + j4)}$$

当然,也可以使用 MATLAB 命令 zp2tf,将系统的零极点表达形式转化为传递函数形式。

```
% convert from pole–zero form to numerator-denominator polynomials
[numG,denG]=zp2tf(z,p,k)
```

在这个例子中,z = [-3], p = [-3 + i* 4; -3 - i* 4]', k = [3]。由此,可以得到传递函数的分子分母多项式形式。

例 3.19　利用 MATLAB 求卫星系统的传递函数

1. 求例 2.3 中输入 F_c 与卫星姿态角 θ 之间的传递函数。

2. 确定系统受到从 $t = 5$ s 开始、持续 0.1 s 强度为 25 N 的脉冲激励下的响应。假定 $d = 1$ m,$I = 5000$ kg · m^2。

解:

1. 由例 2.3 可得 $\dfrac{d}{I} = \dfrac{1}{5000} = 0.0002 \left[\dfrac{m}{\text{kg} \cdot \text{m}^2} \right]$,这意味着系统的传递函数为

$$H(s) = \frac{0.0002}{s^2}$$

这个结果,也可以从例子中观察到。可以将传递函数的分子分母的系数分别用行向量表示为 num 和 den,则在这个例子中可以得到

$$\text{numG} = [0 \quad 0 \quad 0.0002] \quad 和 \quad \text{denG} = [1 \quad 0 \quad 0]$$

2. 使用下面的语句,就可以计算出系统对强度为 25 N、持续时间为 0.1 s 的脉冲激励的响应。

```
numG=[0  0  0.0002];           % form the transfer function
denG=[1  0  0];
sysG=tf(numG,denG);            % define system by its transfer function
t=0:0.01:10;                   % set up time vector with dt = 0.01 sec
% pulse of 25N, at 5 sec, for 0.1 sec
duration
u1=[zeros(1,500) 25*ones(1,10)
zeros(1,491)];                 % pulse input
[y1]=lsim(sysG,u1,t);          % linear simulation
ff=180/pi;                     % conversion factor from radians to degrees
y1=ff*y1;                      % output in degrees
plot(t,u1);                    % plot input signal
plot(t,y1);                    % plot output response
```

在 $t = 5$ s 时,系统受到一个短脉冲(冲激输入)的激励,其作用相当于在 $t = 5$ s 时给系统加上一个非零角 θ_0。由于系统无阻尼,故在不受任何约束情况下,该系统将以在 $t = 5$ s 时所给出的恒定角速度漂移。输入的时间响应如图 3.6(a)所示,角漂移 θ 如图 3.6(b)所示。

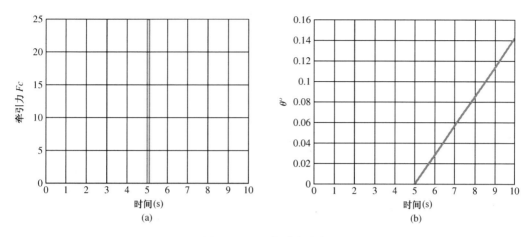

图3.6 卫星的瞬态响应

我们给系统在 $t=5$ s 时加上与前面相同的正脉冲激励，而在 $t=6.1$ s 时加上幅值相同和持续时间相同的负脉冲激励[参阅图3.7(a)中的冲激输入]，那么系统的姿态响应就如图3.7(b)所示。这说明了在实际应用中卫星姿态是如何控制的。相关的其他MAT-LAB语句为

```
% double pulse input
u2=[zeros(1,500) 25*ones(1,10) zeros(1,100) −25*ones(1,10) zeros(1,381)];
[y2]=lsim(sysG,u2,t);      % linear simulation
plot(t,u2);                % plot input signal
ff=180/pi;                 % conversion factor from radians to degrees
y2=ff*y2;                  % output in degrees
plot(t,y2);                % plot output response
```

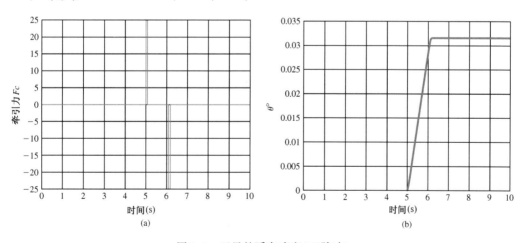

图3.7 卫星的瞬态响应(双脉冲)

3.2 系统建模图

3.2.1 方框图

要获得系统的传递函数，需要得到系统的运动方程的拉普拉斯变换形式，并求解输入与输出之间的关系式。在许多控制系统中给出的系统方程要求，除了一个单元的输入是另一个单

元的输出外,各组件没有其他的相互作用。在这种情况下,类似于图1.2中用来描述数学关系的方框图就显得比较容易了。将系统的每个组件的传递函数置于方框内,各组件之间的输入输出关系则用直线和箭头表示,然后通过方框图化简来求解方程,这往往比代数处理方式来得要简单,且能提供更多信息。尽管这两种方法在许多方面可能相当,如图3.8所示为三种基本的方框图画法,我们很容易地想到将各个方框做成单个电子放大器,而其传递函数印在方框内,方框之间的相连点包括相加点。在相加点处,任意信号都可加到一起,相加点使用一个内含符号Σ的圆来表示。图3.8(a)中传递函数为$G_1(s)$的方框与传递函数为$G_2(s)$的方框相串联,总的传递函数为乘积项G_1G_2。图3.8(b)中两个系统相并联,它们的输出在相加后得到总的输出,总的传递函数为$G_1 + G_2$。这些图都是由描述它们的方程推导得出的。

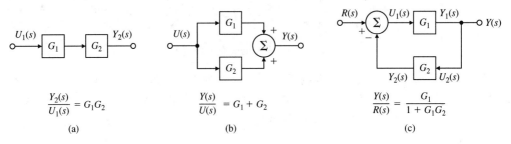

图3.8 三个基本的方框图

图3.8(c)所示为较复杂的情况,这两个方框以反馈形式相连以便互为输入。若反馈$Y_2(s)$被减去,如图所示,那么该反馈被称为负反馈(negative feedback)。在后面,将会看到负反馈往往是系统稳定所要求的。现在,将简单地求解方程,并将结果显示在方框图中。这些方程为

$$U_1(s) = R(s) - Y_2(s)$$
$$Y_2(s) = G_2(s)G_1(s)U_1(s)$$
$$Y_1(s) = G_1(s)U_1(s)$$

而它们的解为

$$Y_1(s) = \frac{G_1(s)}{1 + G_1(s)G_2(s)}R(s) \tag{3.50}$$

我们可以使用下面的规则来表示解:

单闭环负反馈系统的增益,可由前向增益除以1与回路增益之和的商给出。

当反馈为加而不是减时,我们称之为正反馈(positive feedback)。在这种情况下,系统增益为前向增益除以1与回路增益之差。

将如图3.8所示的三个基本框图结合起来,经过多次化简,可求解方框图所定义的任意传递函数。然而,当拓扑结构很复杂时,操作起来就非常枯燥,而且容易出错。如图3.9所示的方框图代数关系的例子,就是对图3.8的补充。图3.9(a)和图3.9(b)说明了在不改变数学关系的情况下是如何对方框图的结构进行变换的,而图3.9(c)描述了如何将一般系统(左侧)变换成反馈路径上没有系统组件的系统,即我们常指的单位反馈系统(unity feedback system)。

无论在何种情况下,化简拓扑图的基本原则是必须正确地保持方框图剩余变量之间的关系与化简之前相同。相对于基本线性方程的代数运算来说,方框图化简是一种通过消去变量求解方程的图示法。

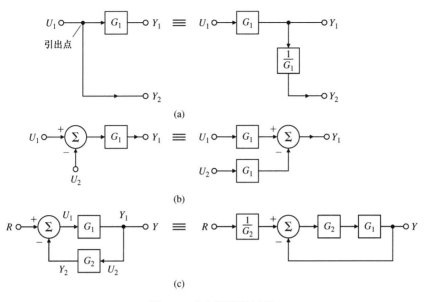

图 3.9　方框图代数运算

例 3.20　简单方框图的传递函数

求如图 3.10(a)所示系统的传递函数。

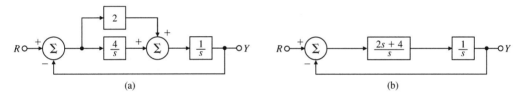

图 3.10　二阶系统方框图

解： 首先化简方框图，将控制器并联的路径合并，所得的结果如图 3.10(b)所示。然后，再用反馈规则，得到闭环传递函数为

$$T(s) = \frac{Y(s)}{R(s)} = \frac{\frac{2s+4}{s^2}}{1 + \frac{2s+4}{s^2}} = \frac{2s+4}{s^2+2s+4}$$

例 3.21　方框图的传递函数

求如图 3.11(a)所示系统的传递函数。

解： 首先化简方框图，应用式(3.50)的规则。对于包含 G_1 和 G_3 的反馈环，使用与它们等效的传递函数来代替。注意，这是一个正反馈环，其结果如图 3.11(b)所示。下一步，将 G_2 前的引出点移动到 G_2 的输出处[参见图 3.11(a)]。如图 3.11(c)所示，左边的负反馈与右边的子系统相串联，而右边系统由两个并联的方框 G_5 和 G_6/G_2 组成。应用如图 3.8 所示的三个化简法则，求得总的传递函数为

$$T(s) = \frac{Y(s)}{R(s)} = \frac{\frac{G_1 G_2}{1 - G_1 G_3}}{1 + \frac{G_1 G_2 G_4}{1 - G_1 G_3}} \left(G_5 + \frac{G_6}{G_2} \right)$$

$$= \frac{G_1 G_2 G_5 + G_1 G_6}{1 - G_1 G_3 + G_1 G_2 G_4}$$

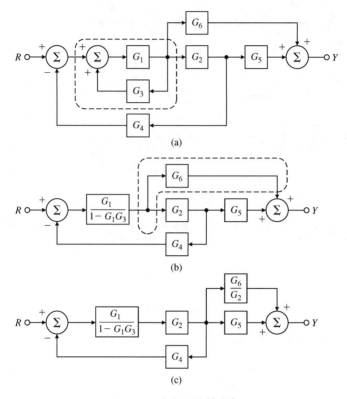

图 3.11　方框图化简举例

　　正如我们所看到的,一个给定代数方程的系统可以用方框图来描述。方框图可以用方框来表示各个传递函数,并且具有与系统方程相对应的相互连接关系。方框图能够方便地将系统表示为相互关联的子系统的集合,而这些相互关联的子系统强调了系统变量之间的关系。

3.2.2　利用 MATLAB 进行方框图化简

　　若控制系统中各个组件的传递函数独立存在,就可以使用 MATLAB 命令: series、parallel 和 feedback 来计算整个系统的传递函数。它们可以分别用来计算有两个组件的方框的传递函数。这两个方框可分别配置为串联、并联和反馈。下面通过一个简单的例子来说明它们的用法。

　　例 3.22　　使用 MATLAB 求简单系统的传递函数

　　用 MATLAB 再求一次如图 3.10(a)所示方框图的传递函数。

　　解:将图 3.10(a)中各个方块的传递函数表示为如图 3.12 所示的形式,然后用以下语句将并联的模块 G1 和 G2 合并。

```
num1=[2];                    % form G1
den1=[1];
sysG1=tf(num1,den1);         % define subsystem G1
num2=[4];                    % form G2
den2=[1 0];
sysG2=tf(num2,den2);         % define subsystem G2
```

```
% parallel combination of G1 and G2 to form subsystem G3
sysG3=parallel(sysG1,sysG2);
```

然后，再将新得到的 G3 和 G4 进行串联合并。

```
num4=[1];                    % form G4
den4=[1 0];
sysG4=tf(num4,den4);         % define subsystem G4
sysG5=series(sysG3,sysG4);   % series combination of G3 and G4
```

最后，使用下面的语句，完成整个反馈系统的化简。

```
num6=[1];                    % form G6
den6=[1];
sysG6=tf(num6,den6)          % define subsystem G6
[sysCL]=feedback(sysG5,sysG6,-1)  % feedback combination of G5 and G6
```

在 MATLAB 中，得到的结果 sysCL 为

$$\frac{Y(s)}{R(s)} = \frac{2s+4}{s^2+2s+4}$$

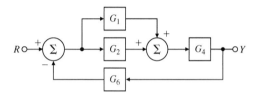

这个结果，与使用方框图化简得到的结果相同。

图 3.12　方框图化简

3.3　极点配置的影响

在使用现有的任意一种方法确定传递函数后，就可以开始分析系统的响应了。当系统方程是联立常微分方程组(Ordinary Differential Equation, ODE)时，系统的传递函数可以转化为多项式之比的形式，即

$$H(s) = b(s)/a(s)$$

假设 b 和 a 没有公因子(通常也是这样)，那么在 $a(s)=0$ 处有 s 值就是表示 $H(s)$ 为无穷大时的点，如在 3.1.5 节看到的那样，这些 s 值被称为 $H(s)$ 的极点。在 $b(s)=0$ 处的 s 值表示为 $H(s)=0$ 时的点，所对应的 s 点被称为零点。零点对瞬态响应的影响，将在 3.5 节中讨论。除了常数乘法器之外，这些零点和极点完全可以描述系统的传递函数 $H(s)$。由于系统的脉冲响应由其传递函数所对应的时间函数给定，因此也称系统脉冲响应为自然响应(natural response)。我们可以用零极点来计算相应的时间响应，然后将 s 平面中的极点分布与时间响应联系起来。例如，对 $H(s)$ 进行部分分式展开，就能根据极点确定系统的脉冲响应中所包含的信号类型。对于一阶系统的极点

$$H(s) = \frac{1}{s+\sigma}$$

由表 A.2 的第 7 条可知，其脉冲响应为指数函数，即

$$h(t) = e^{-\sigma t}1(t)$$

当 $\sigma>0$ 时，极点处于 $s<0$ 区域，上式中的指数表达式是衰减的，我们可以认为该脉冲响应是稳定的(stable)。当 $\sigma<0$ 时，极点位于原点右边，此时指数表达式的值随时间增大，该脉冲响应是不稳定的(unstable)(参见 3.6 节)。图 3.13(a)所示为一个典型的稳态响应，其时间常数(time constant)

$$\tau = 1/\sigma \tag{3.51}$$

被定义为脉冲响应为初始值的 1/e 倍所需的时间。因此，它可用来度量系统响应的衰减率。

在图 3.13 中,直线所对应的是,在 $t=0$ 时刻指数曲线上的切线,与时间轴交汇于 $t=\tau$ 处。指数函数的这一特性,在绘制时间响应图或检验计算结果方面非常有用。

图 3.13(b)给出了使用 MATLAB 得到的一阶系统的脉冲响应和阶跃响应。

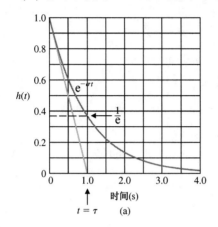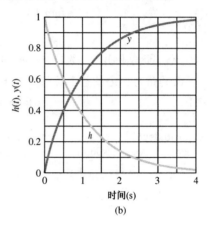

图 3.13   一阶系统响应

例 3.23   极点为实数的响应

求取如下系统的时间响应和极点分布,并进行比较。

$$H(s) = \frac{2s+1}{s^2+3s+2} \tag{3.52}$$

解:

$$b(s) = 2\left(s + \frac{1}{2}\right)$$

而分母为

$$a(s) = s^2 + 3s + 2 = (s+1)(s+2)$$

因此,$H(s)$ 的极点位于 $s=-1$ 和 $s=-2$ 处,有一个(有限的)零点位于 $s=-\frac{1}{2}$ 处。应用 MATLAB 命令 pzmap(num,den),可在 s 平面上画出该系统的零极点分布图,从而得到该系统传递函数的完整描述(如图 3.14 所示)。

num=[2 1];
den=[1 3 2];

$H(s)$ 的部分分式展开为

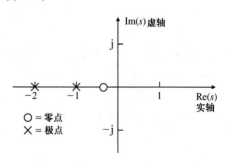

图 3.14 s 平面图(极点用叉表示,零点用圆圈表示)

$$H(s) = -\frac{1}{s+1} + \frac{3}{s+2}$$

由表 A.2 可查得 $H(s)$ 中各项的拉普拉斯逆变换,从而可求得系统输入为一个脉冲时的时间函数 $h(t)$。在这个例子中

$$h(t) = \begin{cases} -e^{-t} + 3e^{-2t}, & t \geqslant 0 \\ 0, & t < 0 \end{cases} \tag{3.53}$$

可以看到 $h(t)$ 中各分量的波形,其中 e^{-t} 和 e^{-2t} 来源于极点 $s=-1$ 和 $s=-2$。对于更复杂的系

统也是如此。总而言之,系统固有响应的各分量波形取决于传递函数的极点分布。

极点分布和对应的固有响应图,如图 3.15 所示。图中还有其他的极点分布,包括很快将要讨论的复数极点。在部分分式展开过程中,分子的作用是,它可以影响各部分分式项的系数大小。由于 e^{-2t} 比 e^{-t} 衰减得快,因此极点 $s = -2$ 对应的信号比极点 $s = -1$ 对应的信号衰减得快。简而言之,极点 $s = -2$ 比极点 $s = -1$ 衰减得快。通常,在 s 平面的左半部分,离虚轴较远的极点对应的自然信号要比离虚轴较近的极点所对应的信号衰减得快。若极点位于 s 平面右半部分,即 s 值是正值,其响应为增长的指数函数,因而系统是不稳定的。如图 3.16 所示的快速项 $3e^{-2t}$,在刚开始的一段时间里起主导作用,而 $-e^{-t}$ 项在后面一段时间里才起主导作用。

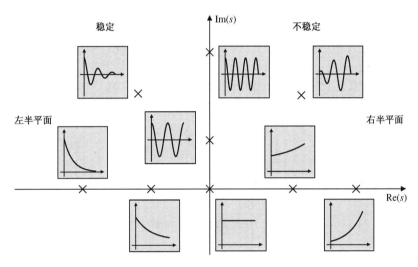

图 3.15 与 s 平面上各点对应的时间函数

举这个例子的目的,是为了说明极点分布与响应特性之间的联系。通过求 $H(s)$ 各项的拉普拉斯逆变换,并对之检查,便可得到二者之间的关系。然而,若只想简单地画出这个例子的脉冲响应,比较快的方法就是使用 MATLAB 指令:

```
numH = [2 1];          % form numerator
denH = [1 3 2];        % form denominator

sysH=tf(numH,denH);    % define system from its numerator and denominator
impulse(sysH);         % compute impulse response
```

得到的脉冲响应结果如图 3.16 所示。

复数极点一般可由其实部和虚部来定义,即

$$s = -\sigma \pm j\omega_d$$

这意味着,若 σ 为正值,则该极点具有负实部。由于复数极点往往以复数共轭对的形式出现,所以对应的分母为

$$a(s) = (s + \sigma - j\omega_d)(s + \sigma + j\omega_d) = (s + \sigma)^2 + \omega_d^2 \quad (3.54)$$

由微分方程所求得的传递函数,通常可以写成多项式的形式

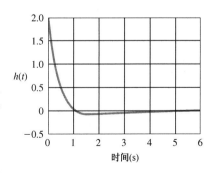

图 3.16 例 3.23[参见式(3.52)]的脉冲响应

$$H(s) = \frac{\omega_n^2}{s^2 + 2\zeta\omega_n s + \omega_n^2} \tag{3.55}$$

将式(3.54)展开后,与式(3.55)中的 $H(s)$ 的分母系数进行比较,可找到参数之间的对应关系为

$$\sigma = \zeta\omega_n \quad 和 \quad \omega_d = \omega_n\sqrt{1-\zeta^2} \tag{3.56}$$

其中参数 ζ 被称为阻尼比(damping ratio)[①], ω_n 为无阻尼固有频率(undamped natural frequency)。在 s 平面中,该传递函数的极点位于半径为 ω_n、角速度 $\theta = \arcsin\zeta$ 处,如图 3.17 所示。因此,阻尼比可以将阻尼水平表示成在极点为实数时的临界阻尼分量。在直角坐标中,极点位于 $s = -\sigma \pm \mathrm{j}\omega_d$ 处。当 $\zeta = 0$ 时,系统为无阻尼状态,此时 $\theta = 0$,阻尼固有频率与无阻尼固有频率相等,即 $\omega_d = \omega_n$。

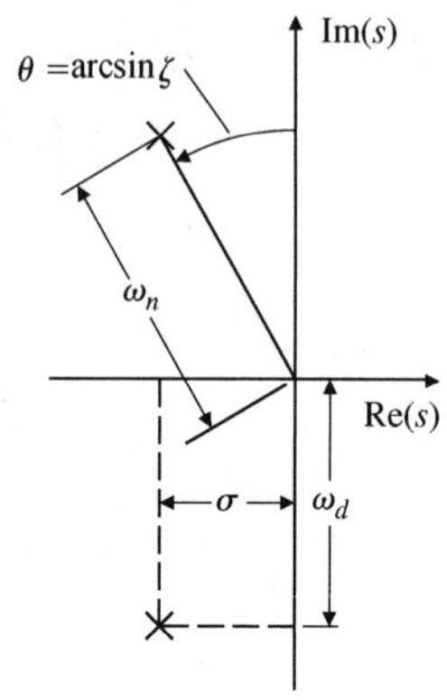

若要用表 A.2 求取复杂传递函数的时间响应,最简单的方法是将 $H(s)$ 写成式(3.54)的复数极点形式,于是其时间响应也能直接由表 A.2 得到。而式(3.55)又可写为

$$H(s) = \frac{\omega_n^2}{(s+\zeta\omega_n)^2 + \omega_n^2(1-\zeta^2)} \tag{3.57}$$

图 3.17　有一对复数极点的 s 平面图

因此,由表 A.2 中第 20 条和式(3.56)的定义,可得系统的脉冲响应为

$$h(t) = \frac{\omega_n}{\sqrt{1-\zeta^2}} \mathrm{e}^{-\sigma t}(\sin\omega_d t)1(t) \tag{3.58}$$

图 3.18(a)绘制了对应于不同 ζ 值的 $h(t)$ 图,其中时间已与非阻尼固有频率 ω_n 进行了归一化。注意,实际的频率 ω_d 随阻尼比增大会有轻微的下降,还要注意过低的阻尼率会使系统产生振荡,而大阻尼(ζ 接近于 1)系统的响应没有振荡。图 3.15 中所绘制的这些响应,定性地说明了在 s 平面中极点位置变化对脉冲响应的影响。你也很快就会发现,对一个控制系统设计者而言,记住图 3.15 中的内容就能很快地理解极点位置的变化是如何影响时间响应的。

图 3.19 所示为三个极点的分布,相应的脉冲响应如图 3.18(a)所示,极点的负实部 σ 决定了图 3.20 中与正弦曲线相乘的指数包络线衰减率。注意,若 $\sigma < 0$(极点位于右半平面,RHP),那么固有响应将随时间增长,因此,如前面定义的那样,系统是不稳定的;若 $\sigma = 0$,自然响应既不增长也不衰减,因此其稳定性有待讨论;若 $\sigma > 0$,自然响应衰减,因此系统是稳定的。

观察 $H(s)$ 的阶跃响应也很有意义,那就是在单位阶跃输入 $u = 1(t)$ 时的系统 $H(s)$ 的响应,其中 $U(s) = 1/s$。阶跃响应的拉普拉斯变换为 $Y(s) = H(s)U(s)$,由表 A.2 第 21 条便可得到该式。图 3.18(b)画出了对于不同的 ζ 值的 $y(t)$,该图说明了脉冲响应的基本瞬态响应特性可以很好地延续到阶跃响应中,二者不同之处在于阶跃响应的终值是给定的单位阶跃。

---

① 在通信和滤波工程中,标准的二阶函数可写成 $H = 1/[1 + Q(s/\omega_n + \omega_n/s)]$ 的形式,这里 ω_n 被称为带中心,而 Q 被称为质量因子。与式(3.55)相比较,可得 $Q = 1/2\zeta$。

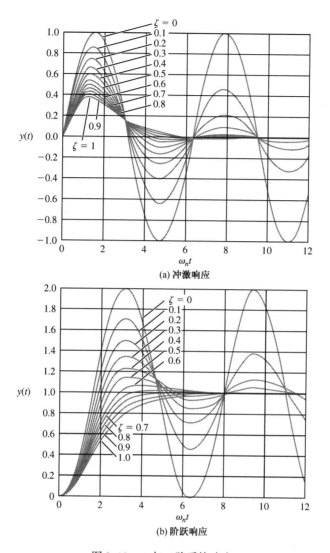

(a) 冲激响应

(b) 阶跃响应

图 3.18　ζ 与二阶系统响应

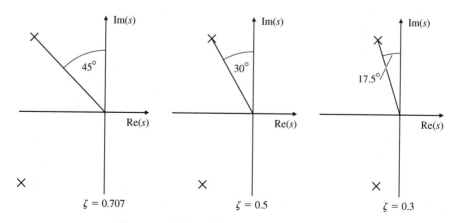

图 3.19　对应于 ζ 的三个取值的极点分布图

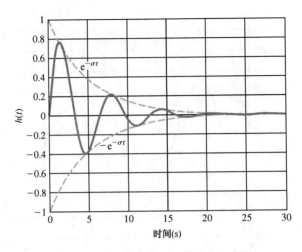

图 3.20 指数函数包络的二阶系统响应图

例 3.24 **振荡时间响应**

对于系统

$$H(s) = \frac{2s + 1}{s^2 + 2s + 5} \tag{3.59}$$

讨论其极点和系统脉冲响应之间的关系,并准确地求其脉冲响应。

解: 由式(3.55)给出的 $H(s)$,可得

$$\omega_n^2 = 5 \Rightarrow \omega_n = \sqrt{5} = 2.24 \text{ rad/s}$$

和

$$2\zeta\omega_n = 2 \Rightarrow \zeta = \frac{1}{\sqrt{5}} = 0.447$$

这就意味着,在 2 rad/s 的频率处具有非常小的振荡。为了得到精确的响应,调整 $H(s)$ 使其分母符合式(3.54)的形式:

$$H(s) = \frac{2s + 1}{s^2 + 2s + 5} = \frac{2s + 1}{(s+1)^2 + 2^2}$$

由上式可知,传递函数的极点为复数,其实部为 -1,虚部为 $\pm j2$。表 A.2 中第 19 条和第 20 条与该分母相符。将上式的右边拆成两部分,以使它们能与表中的这两条的分母相匹配,即

$$H(s) = \frac{2s + 1}{(s+1)^2 + 2^2}$$
$$= 2\frac{s+1}{(s+1)^2 + 2^2} - \frac{1}{2}\frac{2}{(s+1)^2 + 2^2}$$

因此,脉冲响应为

$$h(t) = \left(2e^{-t}\cos 2t - \frac{1}{2}e^{-t}\sin 2t\right)1(t)$$

图 3.21 给出了系统的脉冲响应图。该图说明了包络线如何削弱正弦曲线 $2\cos 2t$,以及由 $\frac{1}{2}\sin 2t$ 项所引起的小相移。与前面的例子一

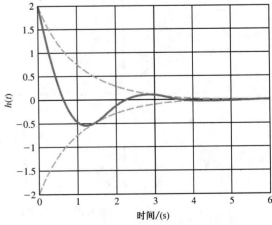

图 3.21 例 3.24 的系统脉冲响应图

样，快速求取脉冲响应的方式，可以使用 MATLAB 指令，其结果如图 3.21 所示。本例的 MAT-LAB 指令如下：

```
numH = [2 1];              % form numerator
denH = [1 2 5];            % form denominator
sysH=tf(numH,denH);        % define system by its numerator and denominator
t=0:0.1:6;                 % form time vector
y=impulse(sysH,t);         % compute impulse response
plot(t,y);                 % plot impulse response
```

3.4 时域特性

对于控制系统设计的指标，往往涉及与系统时间响应相关的某些要求。对阶跃响应的要求，可用如图 3.22 所示的标量来表示。

1. 上升时间（rise time）t_r 为系统响应首次到达新设定点附近的时间。

2. 调节时间（settling time）t_s 为系统瞬态衰减的时间。

3. 超调量（overshoot）M_p 为系统响应超过终值的最大值除以系统响应的终值（通常表示为百分数）。

4. 峰值时间（peak time）t_p 为系统到达最大超调点的时间。

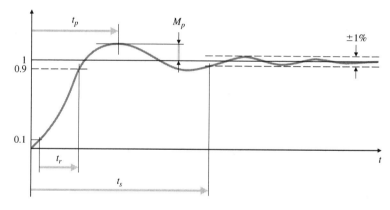

图 3.22　上升时间 t_r、调节时间 t_s 和超调量 M_p 的定义

3.4.1 上升时间

对于一个二阶系统来说，在如图 3.18(b) 所示的时间响应中，有关指标的信息太复杂而且很难记住，除非将其转化为一种较为简单的形式。根据图 3.22 给出的定义，仔细观察这些曲线，我们可以将这些曲线与极点分布参数 ζ 和 ω_n 联系起来。例如，几乎所有的曲线都在同一时间上升，若考虑 $\zeta = 0.5$ 的曲线作为平均水平，则由 $y = 0.1$ 到 $y = 0.9$ 的上升时间大约是 $\omega_n t_r = 1.8$。因此，可以说

$$t_r \approx \frac{1.8}{\omega_n} \qquad\qquad (3.60)$$

虽然可以将阻尼比的影响考虑在内，使得该关系式更加精确、完整，然而记得如何应用式(3.60)是非常重要的。对于无零点的二阶系统来说，这个公式是准确的；而对于其他系统而言，它只

是对 t_r 和 ω_n 关系的粗略估计。从控制系统设计来说，我们所分析的大部分系统都要比纯二阶系统更为复杂，因此设计者使用式(3.60)只能进行粗略的估算。

3.4.2　超调量和峰值时间

我们对超调量 M_p 可以做更多的分析。通过计算可知，超调量发生在系统响应的导数为零时。图 3.18(b) 中曲线的时间函数，可由 $H(s)/s$ 的拉普拉斯逆变换求得

$$y(t) = 1 - \mathrm{e}^{-\sigma t}\left(\cos \omega_d t + \frac{\sigma}{\omega_d}\sin \omega_d t\right) \tag{3.61}$$

式中，$\omega_d = \omega_n\sqrt{1-\zeta^2}$ 和 $\sigma = \zeta\omega_n$。使用三角变换式重写上面的式子，得到

$$A\sin(\alpha) + B\cos(\alpha) = C\cos(\alpha - \beta)$$

或者

$$C = \sqrt{A^2 + B^2} = \frac{1}{\sqrt{1-\zeta^2}}$$

$$\beta = \arctan\left(\frac{A}{B}\right) = \arctan\left(\frac{\zeta}{\sqrt{1-\zeta^2}}\right)$$

其中，$A = \dfrac{\sigma}{\omega_d}$、$B = 1$ 和 $\alpha = \omega_d t$。更简洁的形式为

$$y(t) = 1 - \frac{\mathrm{e}^{-\sigma t}}{\sqrt{1-\zeta^2}}\cos(\omega_d t - \beta) \tag{3.62}$$

当 $y(t)$ 到达最大值时，其导数为零。

$$\dot{y}(t) = \sigma\mathrm{e}^{-\sigma t}\left(\cos \omega_d t + \frac{\sigma}{\omega_d}\sin \omega_d t\right) - \mathrm{e}^{-\sigma t}(-\omega_d \sin \omega_d t + \sigma \cos \omega_d t) = 0$$

$$= \mathrm{e}^{-\sigma t}\left(\frac{\sigma^2}{\omega_d} + \omega_d\right)\sin \omega_d t = 0$$

只有当 $\sin\omega_d t = 0$ 时，上式才成立，因此有

$$\omega_d t_p = \pi$$

并且

$$t_p = \frac{\pi}{\omega_d} \tag{3.63}$$

将式(3.63)代入 $y(t)$ 的表达式，可计算得到

$$y(t_p) \overset{\triangle}{=} 1 + M_p = 1 - \mathrm{e}^{-\sigma\pi/\omega_d}\left(\cos \pi + \frac{\sigma}{\omega_d}\sin \pi\right)$$

$$= 1 + \mathrm{e}^{-\sigma\pi/\omega_d}$$

这样，就能得到

$$M_p = \mathrm{e}^{-\pi\zeta/\sqrt{1-\zeta^2}}, \quad 0 \leqslant \zeta < 1 \tag{3.64}$$

该式的曲线如图 3.23 所示。图中使用到的两组值为当 $\zeta = 0.5$ 时的 $M_p = 0.16$ 和当 $\zeta = 0.7$ 时的 $M_p = 0.05$。

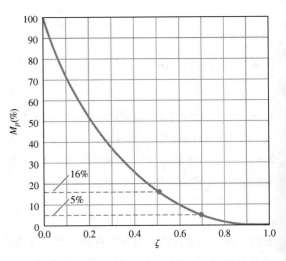

图 3.23　二阶系统超调量 M_p 与阻尼比 ζ 间的关系图

3.4.3 调节时间

对于瞬态响应,我们关注的最终参数是调节时间 t_s,它是系统响应衰减到较小值使 $y(t)$ 几乎处于稳态所需的时间。我们可以采用各种微量测度(measure of smallness)。为说明这点,在这里,使用 1% 是比较合理的测度。当然,在其他情况下,2% 或 5% 也是常用到的。通过计算分析可知,y 相对于 1 的偏离量是衰减指数项 $e^{-\sigma t}$ 与周期性正弦函数共同作用的结果,误差存在的时间与瞬态响应是紧密相关的。因此,我们可以将衰减指数项衰减到 1% 的时间定义为调节时间 t_s,即满足

$$e^{-\zeta \omega_n t_s} = 0.01$$

因此

$$\zeta \omega_n t_s = 4.6$$

或者

$$t_s = \frac{4.6}{\zeta \omega_n} = \frac{4.6}{\sigma} \tag{3.65}$$

式中,σ 为极点的负实部,如图 3.17 所示。

对于具有两个复数极点而无有限零点的系统,可用式(3.60)、式(3.64)和式(3.65)来描述系统的瞬态响应,包括无阻尼固有频率 ω_n、阻尼比 ζ 和负实部 σ。在分析和设计中,这三个式子通常可以分别用来估计系统的上升时间、超调量和调节时间。在设计综合过程中,也希望能指定 t_r、M_p 和 t_s 来确定极点的位置,以便实际的响应能小于或等于这些指标。对于指定的值 t_r、M_p 和 t_s,方程的合成形式为

$$\omega_n \geqslant \frac{1.8}{t_r} \tag{3.66}$$

$$\zeta \geqslant \zeta(M_p)(来自图 3.23) \tag{3.67}$$

$$\sigma \geqslant \frac{4.6}{t_s} \tag{3.68}$$

这些方程可以绘制在 s 平面,如图 3.24(a~c)所示。在后面的章节中,可以使用它们来指导零极点位置的选择,以满足控制系统的动态响应指标。

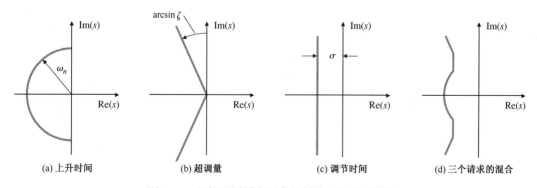

图 3.24 根据不同瞬态要求绘制的 s 平面区域图

要记住,式(3.66)、式(3.67)和式(3.68)只是定性的指导原则,而不是精确的设计公式,理解这点非常重要。我们只是在设计过程中不断地利用它们来尝试设计。在完成控制系统设

计后，系统的时间响应要通过精确的计算才能得到。通常，用数值计算来检验时间指标是否确实得到满足。当时间指标未满足时，需要进行重新设计。

对于一阶系统

$$H(s) = \frac{\sigma}{s + \sigma}$$

其阶跃响应的拉普拉斯变换为

$$Y(s) = \frac{\sigma}{s(s + \sigma)}$$

由表 A.2 第 11 条可知，$Y(s)$ 对应的时间函数为

$$y(t) = (1 - e^{-\sigma t})1(t) \tag{3.69}$$

与式(3.65)比较，得到一阶系统的 t_s 值是

$$t_s = \frac{4.6}{\sigma}$$

因为没有超调量，所以 $M_p = 0$。由图 3.13 可知，从 $y = 0.1$ 到 $y = 0.9$ 的上升时间为

$$t_r = \frac{\ln 0.9 - \ln 0.1}{\sigma} = \frac{2.2}{\sigma}$$

然而，更普遍的做法是，使用时间常数来描述一阶系统，如图 3.13 所示的系统时间常数为 $\tau = 1/\sigma$。

例 3.25 s 平面指标变换

求系统传递函数的极点在 s 平面中的允许区域，使得系统的响应满足 $t_r \leqslant 0.6$ s、$M_p \leqslant 10\%$ 和 $t_s \leqslant 3$ s。

解： 由于不清楚系统是否为无零点的二阶系统，所以不可能精确地求得其允许的区域。若不考虑系统的具体情况，那么可以使用二阶系统的关系式来得到近似的估计值。由式(3.66)得到

$$\omega_n \geqslant \frac{1.8}{t_r} = 3.0 \text{ rad/s}$$

由式(3.67)和图 3.23，得到

$$\zeta \geqslant 0.6$$

再由式(3.68)得到

$$\sigma \geqslant \frac{4.6}{3} = 1.5 \text{ s}$$

在图 3.25 中，实线的左侧区域是允许的区域。注意，任何满足 ζ 和 ω_n 约束条件的极点，也能满足 σ 的约束条件。

3.5 零点和附加极点的影响

图 3.24 所给出的关系，对于简单的二阶系统来说是正确的，但对于复杂系统来说，它们只能作为设计的指南。如果某个设计好的系统上升时间不合适(太慢)，那么可以提高其固有频率；如果

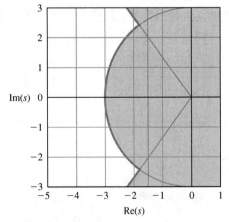

图 3.25 例 3.25 中 s 平面上的允许区域

其瞬态响应超调量过大, 则可以增加其阻尼; 而如果其瞬态维持时间过长, 那么要在 s 平面中将其极点向左移。

到目前为止, 我们仅仅讨论了 $H(s)$ 的极点, 接下来将讨论 $H(s)$ 的零点[①]。就瞬态分析层面来看, 零点通过改变指数项的系数来施加其影响。当然, 这些指数的形式取决于极点, 如例 3.23 中所看到的。为了做进一步说明, 考虑以下的两个传递函数, 它们具有相同的极点和不同的零点。

$$H_1(s) = \frac{2}{(s+1)(s+2)}$$
$$= \frac{2}{s+1} - \frac{2}{s+2} \tag{3.70}$$

和

$$H_2(s) = \frac{2(s+1.1)}{1.1(s+1)(s+2)}$$
$$= \frac{2}{1.1}\left(\frac{0.1}{s+1} + \frac{0.9}{s+2}\right) \tag{3.71}$$
$$= \frac{0.18}{s+1} + \frac{1.64}{s+2}$$

将上式归一化, 可得相同的 DC 增益(即 $s=0$ 时的增益)。我们注意到, $(s+1)$ 项的系数, 在 $H_1(s)$ 中为 2, 而在 $H_2(s)$ 中为 0.18, $H_2(s)$ 中零点 $s=-1.1$ 几乎可以抵消极点 $s=-1$, 因此可以对系统进行比较大的简化。若零点恰好位于 $s=-1$ 处, 那么 $(s+1)$ 项将完全消失。总之, 靠近极点的零点可以抵消极点对应项在总的响应中的分量。由部分展开式(3.43)中的系数关系可得

$$C_1 = (s-p_1)F(s)|_{s=p_1}$$

若 $F(s)$ 的零点位于极点 $s=p_1$ 附近, 那么 $F(s)$ 的值将由于 s 值在零点附近而变得非常小, 因此在响应中可反映该项分量大小的系数 C_1 也将会很小。

在设计控制系统过程中, 为了将零点对瞬态响应的影响考虑进去, 我们考虑具有两个复数极点和一个零点的传递函数。为了能够符合更多的情况, 这里将传递函数写成归一化的时间和零点分布的形式:

$$H(s) = \frac{(s/\alpha\zeta\omega_n) + 1}{(s/\omega_n)^2 + 2\zeta(s/\omega_n) + 1} \tag{3.72}$$

零点位于 $s = -\alpha\zeta\omega_n = -\alpha\sigma$ 处。若 α 很大, 那么零点距离极点较远, 对系统响应的影响也较小。若 $\alpha \approx 1$, 那么零点值与极点实部很接近, 因此对系统响应具有相当大的影响。图 3.26 为 $\zeta = 0.5$ 和不同 α 值的阶跃响应曲线。由图 3.26 可看出, 零点的主要影响是增加了超调量 M_p, 而对调节时间几乎没什么影响。M_p 和 α 的关系如图 3.27 所示, 该图表明当 $\alpha > 3$ 时零点对 M_p 的影响很小, 但当 $\alpha > 3$ 并递减时, 零点的影响也将增加, 特别是当 $\alpha = 1$ 或者更小时。

我们可以利用拉普拉斯变换来解释图 3.26。首先使用 s 代替 s/ω_n, 得到

$$H(s) = \frac{s/\alpha\zeta + 1}{s^2 + 2\zeta s + 1}$$

由于传递函数中存在归一化频率的影响, 而阶跃响应中也存在归一化时间的影响, 因此, 令

---

① 这里假定 $b(s)$ 和 $a(s)$ 没有公因子。若存在公因子, 那么 $b(s)$ 和 $a(s)$ 在相同位置上都趋于零, 而 $H(s)$ 在该处不为零。我们将在第 7 章介绍状态空间描述时讨论这种情况。

$\tau = \omega_n t$,然后将传递函数写成两项之和的形式:

$$H(s) = \frac{1}{s^2 + 2\zeta s + 1} + \frac{1}{\alpha\zeta}\frac{s}{s^2 + 2\zeta s + 1} \qquad (3.73)$$

第一项称为 $H_0(s)$,它是初始项(无有限零点);第二项 $H_d(s)$ 由零点引入,是原始项乘以一个常数($1/\alpha\zeta$)再乘以 s 的积。已知 $\mathrm{d}f/\mathrm{d}t$ 的拉普拉斯变换为 $sF(s)$,因此, $H_d(s)$ 等于初始项导数与常数的乘积,即

$$y(t) = y_0(t) + y_d(t) = y_0(t) + \frac{1}{\alpha\zeta}\dot{y}_0(t)$$

$H_0(s)$ 和 $H_d(s)$ 的阶跃响应如图 3.28 所示。通过观察曲线,就会理解为什么零点能增加系统的超调量。初始项 $H_0(s)$ 的导数在曲线开始部分有较大的突起,将其加到 $H_0(s)$ 响应上,这将抬高了 $H(s)$ 的响应,从而产生超调。对于 $\alpha < 0$ 且零点位于 $s > 0$ 的 RHP 的情况,这个分析也是有效的[通常称之为 RHP 零点(RHP zero),有时也指非最小相位零点(nonminimum-phase zero)。关于这方面内容,将在 6.1.1 节中做更具体的讨论]。在这种情况下,上述导数项将被减去,而不是增加到 $H_0(s)$ 响应中。图 3.29 所示为一个典型的例子。

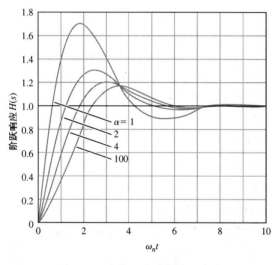

图 3.26　含有一个零点的二阶系统阶跃响应图($\zeta = 0.5$)

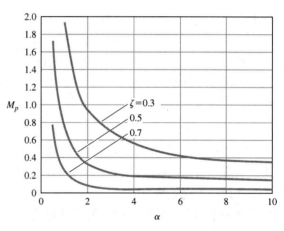

图 3.27　作为归一化零点 α 的函数的超调量 M_p 曲线图(当 $\alpha = 1$ 时,零点的实部等于极点的实部)

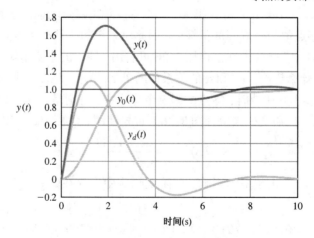

图 3.28　传递函数 $H(s)$、$H_0(s)$ 和 $H_d(s)$ 的二阶系统阶跃响应 $y(t)$

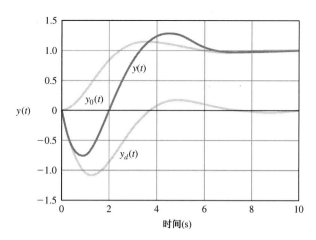

图 3.29　有一个零点在 RHP 中的二阶系统的阶跃响应 $y(t)$（非最小相位系统）

例 3.26　相近的零极点对瞬态响应的影响

考虑一个具有有限零点和单位直流增益的二阶系统：

$$H(s) = \frac{24}{z} \frac{(s+z)}{(s+4)(s+6)}$$

当 $z = \{1, 2, 3, 4, 5, 6\}$ 时，分析零点位置（$s = -z$）对单位阶跃响应的影响。

解：阶跃响应 $H_1(s)$ 就是 $H(s)$ 的拉普拉斯逆变换，即

$$H_1(s) = H(s)\frac{1}{s} = \frac{24}{z} \frac{(s+z)}{s(s+4)(s+6)} = \frac{24}{z} \frac{s}{s(s+4)(s+6)} + \frac{24}{s(s+4)(s+6)}$$

并且等于两个分量的代数和

$$y(t) = y_1(t) + y_2(t)$$

其中

$$y_1(t) = \frac{12}{z}\mathrm{e}^{-4t} - \frac{12}{z}\mathrm{e}^{-6t}$$

$$y_2(t) = z\int_0^t y_1(\tau)\mathrm{d}\tau = -3\mathrm{e}^{-4t} + 2\mathrm{e}^{-6t} + 1$$

进而得到

$$y(t) = 1 + \left(\frac{12}{z} - 3\right)\mathrm{e}^{-4t} + \left(2 - \frac{12}{z}\right)\mathrm{e}^{-6t}$$

可以看出，当 $z = 4$ 或 $z = 6$ 时，在单位阶跃响应公式中，有一项变为 0。由于零极点相抵消，所以该系统变为一阶系统，其阶跃响应如图 3.30 所示（$z = 4$ 为虚线，$z = 6$ 为点画线）。还可以看出，当 $z = 1$ 时（最接近原点的零点），零点对超调量的影响最为明显。当 $z = 2$ 和 $z = 3$ 时，系统响应也有超调。当 $z = 4$ 或 $z = 6$ 时，该系统变为一阶系统，这和我们预期的一样。当 $z = 5$ 时，零点位于两极点之间，系统响应没有超调量。

例 3.27　复数零点靠近小阻尼极点的影响

考虑一个三阶反馈系统，有一对小的阻尼极点和一对复数零点，其传递函数为

$$H(s) = \frac{(s+\alpha)^2 + \beta^2}{(s+1)\left[(s+0.1)^2 + 1\right]}$$

分析复数零点的位置$(s = -\alpha \pm j\beta)$对系统单位阶跃响应的影响。如图 3.31 所示,三个零点的位置分别为$(\alpha,\beta) = (0.1,1.0)$、$(\alpha,\beta) = (0.25,1.0)$和$(\alpha,\beta) = (0.5,1.0)$。

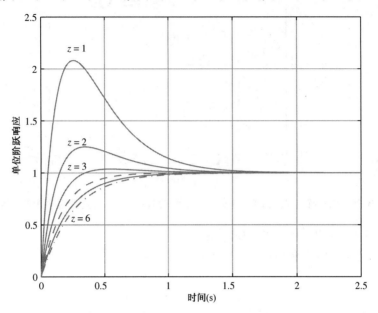

图 3.30 零点对瞬态响应的影响

解:使用 MATLAB 绘制在三种情况下的单位阶跃响应曲线,如图 3.32 所示。当$(\alpha,\beta) = (0.25,1.0)$或$(\alpha,\beta) = (0.5,1.0)$时,也就是说,此时复数零点并不靠近极点(如图 3.31 所示),通过阶跃响应的振荡情况可以观察小阻尼模式的影响。另一方面,如果复数零点抵消了极点,就如$(\alpha,\beta) = (0.1,1.0)$的情况,阶跃响应的振荡就完全被削减了。在实际中,由于我们不能知道极点的精确位置,所以零极点完全抵消的情况不太可能存在。然而,把复数零点放在靠近极点的位置,可以有效地改善阶跃响应的性能。我们将在第 5 章、第 7 章和第 10 章中介绍动态补偿器设计时再次讨论这种方法。

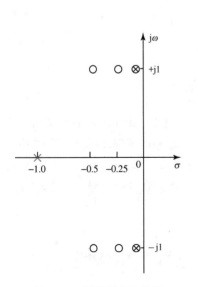

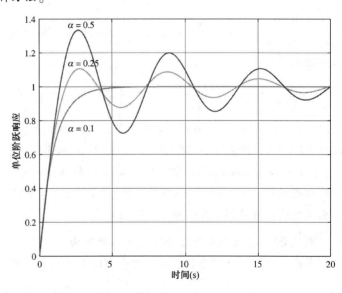

图 3.31 复数零点的位置   图 3.32 复数零点对瞬态响应的影响

例 3.28 用 MATLAB 求取飞机响应

在 10.3.2 节所描述的波音 747 飞机中，其升降舵与高度之间的传递函数近似为

$$\frac{h(s)}{\delta_e(s)} = \frac{30(s-6)}{s(s^2+4s+13)}$$

1. 用 MATLAB 绘制出飞机高度对升降舵 1° 的脉冲输入的时间响应曲线，并说明该非最小相位响应特征的物理原因。

2. 检验估计 t_r、t_s 和 M_p 的准确程度[参见式(3.60)、式(3.65)和图3.23]。

解:

1. 求得脉冲响应的 MATLAB 命令为:

```
u = −1;                    % u = delta e
numG = u*30*[1 −6];        % form numerator
denG = [1 4 13 0];         % form denominator
sysG=tf(numG,denG)         % define system by its numerator and denominator
y=impulse(sysG);           % compute impulse response; y = h
plot(y);                   % plot impulse response
```

运行程序所得的结果，如图 3.33 所示。注意，高度在刚开始时是下降的，而后才上升到一个新的稳定值。利用终值定理来计算其终值为

$$h(\infty) = s \left. \frac{30(s-6)(-1)}{s(s^2+4s+13)} \right|_{s=0} = \frac{30(-6)(-1)}{13} = +13.8$$

该响应对脉冲输入具有有限的终值，这主要是由于传递函数分母中存在 s 项。这表明存在纯积分，而脉冲函数的积分为有限值。若输入为阶跃响应，那么其高度随时间而不断增加，换句话说，就是阶跃响应的积分为斜坡函数。

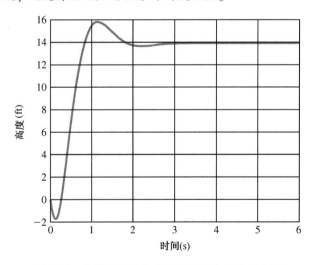

图 3.33 升降舵脉冲输入时的飞机高度响应曲线

最初的高度下降，可由传递函数中的 RHP 零点预测得到，习惯上将升降舵负偏转解释为向上的意思(如图10.30所示)。升降舵向上偏转，可以驱动飞机尾部下偏，从而使飞机头部向上抬起。此时，飞机开始爬升。在飞机开始转动之前的初始瞬间，升降舵的偏转会引起一股向下的力，而在飞机转动之后，由机翼增加的迎角所产生的提升力才使得飞机开始爬升。

2. 由式(3.60)得到上升时间为

$$t_r = \frac{1.8}{\omega_n} = \frac{1.8}{\sqrt{13}} = 0.5 \text{ s}$$

系统的阻尼比 ζ，由下面的关系式得到

$$2\zeta\omega_n = 4 \Rightarrow \zeta = \frac{2}{\sqrt{13}} = 0.55$$

由图 3.23 可求得超调量 M_p 为 0.14。由 $2\zeta\omega_n = 2\sigma = 4$ [参见式(3.65)]，得到

$$t_s = \frac{4.6}{\sigma} = \frac{4.6}{2} = 2.3 \text{ s}$$

细致观察通过 MATLAB 得到的时间响应 $h(t)$，得到 $t_r \approx 0.43$ s, $M_p \approx 0.14$ 和 $t_s \approx 2.6$ s，这与前面的估计值相当接近。非最小相位零点的标志性影响，就是它可能导致最初的系统响应向着"错误方向"发展，从而导致整个响应有些迟缓。

除了研究零点的作用外，考虑额外的极点对于标准二阶系统阶跃响应的影响也是很有用的。这里，假设传递函数为

$$H(s) = \frac{1}{(s/\alpha\zeta\omega_n + 1)[(s/\omega_n)^2 + 2\zeta(s/\omega_n) + 1]} \tag{3.74}$$

图 3.34 所示为 $\zeta = 0.5$ 时 α 取各种值的阶跃响应曲线。在这种情况下，额外极点的主要影响是增加系统响应的上升时间。ζ 取不同值时的上升时间与 α 的关系，如图 3.35 所示。

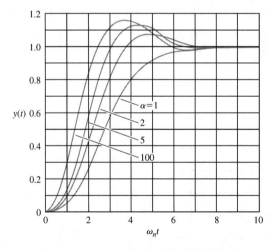

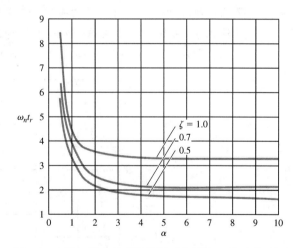

图 3.34　$\zeta = 0.5$ 时三阶系统的阶跃响应　　　　图 3.35　附加极点的不同位置对应的归一化上升时间

通过以上的讨论，我们可以得出有关简单系统动态响应的几个结论。这些结论将以系统零极点的形式予以说明。

零极点模式对动态响应的影响

1. 对于不存在有限零点的二阶系统，其瞬态响应参数近似为

$$上升时间: t_r \approx \frac{1.8}{\omega_n}$$

$$超调量: M_p \approx \begin{cases} 5\%, & \zeta = 0.7 \\ 16\%, & \zeta = 0.5 (参见图 3.23) \\ 35\%, & \zeta = 0.3 \end{cases}$$

$$调节时间：t_s \approx \frac{4.6}{\sigma}$$

2. 若左半平面(LHP)零点位于复极点实部的4倍范围以内时，那么将增加系统超调量，如图3.27所示。

3. 右半平面(RHP)的零点对超调量有削减作用(且有可能使阶跃响应在开始阶段就朝着错误方向运动)。

4. 左半平面的附加极点能较大地增加上升时间，只要该附加极点位于复数极点实部的4倍范围内，如图3.35所示。

3.6　稳定性

关于非线性时变系统稳定性的研究比较复杂，是一个较难的课题。本节只考虑线性时不变系统。对于线性时不变系统，有下列的稳定性条件：

对于线性时不变系统，若其传递函数分母多项式的所有根都具有负实部(即它们都位于 s 平面左半部分)，那么该系统是稳定的，否则该系统是不稳定的。

如果系统初始条件衰减到零，那么系统是稳定的；反之，如果初始条件发散，那么系统是不稳定的。如前面所述，如果系统的所有极点都严格地位于 s 平面左半平面[也就是说，系统所有极点必须都具有负实部($s = -\sigma + j\omega$, $\sigma > 0$)]，那么该线性时不变(定常)系统是稳定的(stable)。若系统存在极点位于 s 平面的右半部分[即有正实部 $s = -\sigma + j\omega$, $\sigma < 0$)]，那么系统是不稳定的(unstable)，如图3.15所示。对于有单极点在 $j\omega$ 轴($\sigma = 0$)的系统，小的初始条件将会始终存在。对于其他 $\sigma = 0$ 的极点，输出将恒定为振荡运动。因此，如果系统的瞬态响应衰减，那么系统为稳定的，反之为不稳定的。图3.15所示的系统时间响应，就是由其极点配置引起的。

在后面的章节中，将更深入地介绍稳定性的概念，如奈奎斯特频率响应稳定性判据(参见第6章)和李雅普诺夫稳定性(参见第9章)。

3.6.1　有界输入和有界输出稳定性

对于一个系统，如果每一个有界的输入都能产生一个有界的输出(不管系统内部如何)，那么这个系统就具有有界输入有界输出稳定性(BIBO)。当系统的响应是卷积时，可以对这个性质进行有效的测试。如果系统的输入为 $u(t)$，输出为 $y(t)$，其脉冲响应为 $h(t)$，那么

$$y(t) = \int_{-\infty}^{\infty} h(\tau) u(t - \tau) \mathrm{d}\tau \tag{3.75}$$

如果 $u(t)$ 是有界的，则存在一个常数 M，满足 $|u| \leqslant M < \infty$，并且输出也是有界的，即

$$|y| = \left| \int hu \, \mathrm{d}\tau \right|$$

$$\leqslant \int |h||u| \, \mathrm{d}\tau$$

$$\leqslant M \int_{-\infty}^{\infty} |h(\tau)| \, \mathrm{d}\tau$$

因此，当 $\int_{-\infty}^{\infty} |h| \, \mathrm{d}\tau$ 有界时，输出也是有界的。

另一方面，假设积分是无界的，输入是有界的，并且当 $h(\tau) > 0$ 时有 $u(t-\tau) = +1$；当 $h(\tau) < 0$ 时有 $u(t-\tau) = -1$。这里有

$$y(t) = \int_{-\infty}^{\infty} |h(\tau)| \mathrm{d}\tau \qquad (3.76)$$

并且输出是无界的。我们可以得出如下的结论：

一个脉冲响应为 $h(t)$ 的系统是 BIBO 稳定的，当且仅当积分满足下列条件：

$$\int_{-\infty}^{\infty} |h(\tau)| \mathrm{d}\tau < \infty$$

例 3.29　电容的 BIBO 稳定性

请确定如图 3.36 所示的一个由电流源驱动的电容器。电容器电压作为输出，而电流作为输入。

解：该装置的脉冲响应是 $h(t) = 1(t)$，即单位阶跃信号。对于这个响应，有

$$\int_{-\infty}^{\infty} |h(\tau)| \mathrm{d}\tau = \int_{0}^{\infty} \mathrm{d}\tau \qquad (3.77)$$

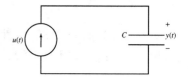

图 3.36　由电流源驱动的电容器

显然该响应是无界的。该电容器装置不是 BIBO 稳定的。注意到，系统的传递函数是 $1/s$，在虚轴上有一个极点。我们可以看出，恒定的输入电流将引起电压的增加，因此系统的响应既不是有界的也不是稳定的。一般来说，如果一个 LTI 系统在虚轴上或 RHP 上有一个或者若干个极点，那么响应将不是 BIBO 稳定的；如果所有极点都在 LHP 里面，那么响应将是 BIBO 稳定的。因此，对于这些系统来说，可以利用传递函数极点的位置来评估稳定性。

在 3.6.3 节中，我们将讨论利用劳斯稳定性判据来计算脉冲响应的积分，或者来确定特征方程根的位置。

3.6.2　线性时不变系统的稳定性

考虑下面的线性时不变系统，由其传递函数的分母多项式可得系统特征方程为

$$s^n + a_1 s^{n-1} + a_2 s^{n-2} + \cdots + a_n = 0 \qquad (3.78)$$

假设该特征方程的根 $\{p_i\}$ 为实数或复数，且各不相同。注意，式(3.78)可作为下面系统的传递函数零极点抵消之前的分母：

$$\begin{aligned} T(s) = \frac{Y(s)}{R(s)} &= \frac{b_0 s^m + b_1 s^{m-1} + \cdots + b_m}{s^n + a_1 s^{n-1} + \cdots + a_n} \\ &= \frac{K \prod_{i=1}^{m}(s - z_i)}{\prod_{i=1}^{n}(s - p_i)}, \quad m \leqslant n \end{aligned} \qquad (3.79)$$

以式(3.78)为特征方程的微分方程的解，可以用部分分式展开为

$$y(t) = \sum_{i=1}^{n} K_i \mathrm{e}^{p_i t} \qquad (3.80)$$

式中，$\{p_i\}$ 为式(3.78)的根，$\{K_i\}$ 取决于初始条件和零点分布。若传递函数在 RHP 上存在零极点抵消，那么在系统输出响应中相应的 K_i 将为零，而其内部变量中将出现不稳定的瞬态响应。

当且仅当(充分必要条件)式(3.80)中的各项随 $t \to \infty$ 趋于零时，系统才是稳定的

$$\text{对于所有 } p_i, \ e^{p_i t} \to 0$$

当系统的所有极点都严格地位于 LHP 上时，上式才会成立，即

$$\mathrm{Re}\{p_i\} < 0 \tag{3.81}$$

若存在重极点，那么式(3.80)将包含多项式，其中 K_i 被 t 代替，而整个结论未变，这就是内部稳定性(internal stability)。由此可见，系统的稳定性由特征方程根的位置来确定。若系统在 RHP 上存在极点，那么该系统是不稳定的(unstable)，因此 jω 轴为渐近稳定和不稳定响应的稳定性界限。若系统有不重复的极点位于 jω 轴，那么系统是中性稳定的(neutrally stable)。例如，原点处的极点(积分器)将导致非衰减的瞬态响应，而 jω 轴上的复极点对将导致振荡响应(等幅)。若系统在 jω 轴存在重极点，那么该系统是不稳定的[因为它导致式(3.80)中存在 $te^{\pm j\omega t}$ 项]。而原点处的一对极点(双积分器)将导致无穷响应。MATLAB 可用于计算极点，从而使确定系统稳定性的工作变得相对容易。

用于确定特征方程根位置的另一种方法是劳斯判据，下面将对其进行讨论。

3.6.3　劳斯稳定性判据

我们有很多方法可以不直接求解多项式就能得到有关多项式根的位置信息。这些方法都是在 19 世纪发展起来的，在 MATLAB 出现之前有着非常广泛的应用。在稳定性问题中，利用它们来确定多项式系数还是很有用的，特别是对于多项式系统为符号(非数值)形式的情况。设 n 阶系统的特征方程为①

$$a(s) = s^n + a_1 s^{n-1} + a_2 s^{n-2} + \cdots + a_{n-1} s + a_n \tag{3.82}$$

可以在无须准确求出多项式根的情况下就得出系统稳定性的结论。这个问题非常经典。我们就有好几种方法可以解决这一问题。

系统稳定性的必要条件是式(3.82)中的所有根都具有负实部，这反过来要求所有的 $\{a_i\}$ 为正②。

系统稳定性的一个必要(非充分)条件是特征多项式的所有系数都为正。

如果方程中有些项的系数不存在(为零)或为负，那么该系统在 LHP 外存在极点。一旦基本的必要条件得到满足，便可以做些测试以验证判别式正确与否。劳斯(Routh)和赫尔维茨(Hurwitz)分别于 1874 年和 1895 年独立完成了类似的试验，在这里将讨论前者。劳斯公式要求对一个三角阵列进行计算，该三角阵列为 $\{a_i\}$ 的函数。劳斯指出，稳定性的充分必要条件为该三角阵列的第一列元素全部为正。

当且仅当劳斯阵列第一列所有元素都为正时，系统才是稳定的。

要确定劳斯阵列，首先将特征多项式的系数分为两行，分别以多项式第一、二个系数作为开头，紧随其后分别为偶数项和奇数项的系数：

$$
\begin{array}{cccccc}
s^n & : & 1 & a_2 & a_4 & \cdots \\
s^{n-1} & : & a_1 & a_3 & a_5 & \cdots
\end{array}
$$

然后再增加下面的几行，即可完成劳斯阵列(Routh array)：

---

① 不失一般性，我们可以假定这个多项式为首一多项式(也就是多项式的最高项系数 s 为 1)。
② 如果将多项式构造为一系列的一阶和二阶的因式之积，那么就很容易理解了。

行数 n	s^n:	1	a_2	a_4	$\cdots$
行数 $n-1$	s^{n-1}:	a_1	a_3	a_5	$\cdots$
行数 $n-2$	s^{n-2}:	b_1	b_2	b_3	$\cdots$
行数 $n-3$	s^{n-3}:	c_1	c_2	c_3	$\cdots$
$\vdots$	$\vdots$	$\vdots$	$\vdots$	$\vdots$	$\vdots$
行数 2	s^2:	*	*		
行数 1	s:	*			
行数 0	s^0:	*			

第 $(n-2)$ 行和第 $(n-3)$ 行的元素分别为:

$$b_1 = -\frac{\det\begin{bmatrix} 1 & a_2 \\ a_1 & a_3 \end{bmatrix}}{a_1} = \frac{a_1 a_2 - a_3}{a_1}$$

$$b_2 = -\frac{\det\begin{bmatrix} 1 & a_4 \\ a_1 & a_5 \end{bmatrix}}{a_1} = \frac{a_1 a_4 - a_5}{a_1}$$

$$b_3 = -\frac{\det\begin{bmatrix} 1 & a_6 \\ a_1 & a_7 \end{bmatrix}}{a_1} = \frac{a_1 a_6 - a_7}{a_1}$$

$$c_1 = -\frac{\det\begin{bmatrix} a_1 & a_3 \\ b_1 & b_2 \end{bmatrix}}{b_1} = \frac{b_1 a_3 - a_1 b_2}{b_1}$$

$$c_2 = -\frac{\det\begin{bmatrix} a_1 & a_5 \\ b_1 & b_3 \end{bmatrix}}{b_1} = \frac{b_1 a_5 - a_1 b_3}{b_1}$$

$$c_3 = -\frac{\det\begin{bmatrix} a_1 & a_7 \\ b_1 & b_4 \end{bmatrix}}{b_1} = \frac{b_1 a_7 - a_1 b_4}{b_1}$$

注意,第 $(n-2)$ 行和下面几行的元素都可由行列式前面的两行中第一列以及同一列元素组成的行列式来求得。在正常情况下,当该阵列完成时,其第一列中有 $n+1$ 个元素。若第一列元素全为正,那么特征多项式所得根位于 LHP;若第一列元素不全为正,那么在 RHP 中根的个数与第一列元素符号变化的次数相等。 +、-、+ 方式可计为两次符号变化,一次由 + 到 -,而另一次由 - 到 +。关于劳斯判据的简单证明,读者可以参阅 Ho 等人(1998)的著作。

例 3.30 劳斯判据

设多项式

$$a(s) = s^6 + 4s^5 + 3s^4 + 2s^3 + s^2 + 4s + 4$$

满足稳定性的必要条件,其所有系数 $\{a_i\}$ 均为正且不存在零项。确定该多项式是否有根在 RHP 中。

解:该多项式的劳斯阵列为

s^6:	1	3	1	4
s^5:	4	2	4	0
s^4:	$\dfrac{5}{2} = \dfrac{4\times3 - 1\times2}{4}$	$0 = \dfrac{4\times1 - 4\times1}{4}$	$4 = \dfrac{4\times4 - 1\times0}{4}$	

$$s^3: \quad 2 = \frac{\dfrac{5}{2}\times 2 - 4\times 0}{\dfrac{5}{2}} \qquad -\frac{12}{5} = \frac{\dfrac{5}{2}\times 4 - 4\times 4}{\dfrac{5}{2}} \qquad 0$$

$$s^2: \quad 3 = \frac{2\times 0 - \dfrac{5}{2}\left(-\dfrac{12}{5}\right)}{2} \qquad 4 = \frac{2\times 4 - \left(\dfrac{5}{2}\times 0\right)}{2}$$

$$s: \quad -\frac{76}{15} = \frac{3\left(-\dfrac{12}{5}\right) - 8}{3} \qquad 0$$

$$s^0: \quad 4 = \frac{-\dfrac{76}{15}\times 4 - 0}{-\dfrac{76}{15}}$$

第一列的元素不全为零，因此，多项式在 RHP 中存在根，而且由于第一列中有两次符号变化[1]，故 RHP 中有两个极点。

注意，在计算劳斯阵列中，通过将某一行乘以或者除以一个正数可使计算得以简化。还要注意的是，最后两行中的每行都有一个非零元素。

利用劳斯判据来确定参数的变化范围以使反馈系统保持稳定也是很有用的。

例 3.31　稳定性与参数范围

考虑如图 3.37 所示的系统，该系统的稳定性与比例反馈增益 K 有关。确定 K 的范围以使系统稳定。

解：该系统的特征方程为

$$1 + K\frac{s+1}{s(s-1)(s+6)} = 0$$

或者

$$s^3 + 5s^2 + (K-6)s + K = 0$$

那么，其相应的劳斯阵列为

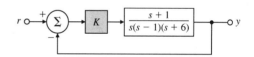

图 3.37　用于检验稳定性的反馈系统

$$
\begin{array}{ll}
s^3: & 1 \qquad\qquad K-6 \\
s^2: & 5 \qquad\qquad K \\
s: & (4K-30)/5 \\
s^0: & K
\end{array}
$$

若要使系统稳定，则必满足

$$\frac{4K-30}{5} > 0, \qquad K > 0$$

也就是

$$K > 7.5, \qquad K > 0$$

因此，劳斯判据为稳定性问题提供了一个解析解。尽管任何满足该式的增益 K 都可使系统稳定，但不同的 K 值对应的动态响应各不相同。只要给定具体的增益 K，就可以通过求特征多项式的根来计算闭环极点。特征多项式的系数可用行向量来描述(按 s 降幂排列)

---

① 使用 MATLAB 的 roots 命令可求得系统的实际根为 -3.2644，$0.7797 \pm j0.7488$，$-0.6046 \pm j0.9935$ 和 -0.8858，这与我们得出的结论相一致。

denT = [1 5 K–6 K]

我们可以用 MATLAB 命令来可计算特征多项式的根

　　roots(denT)

当 $K = 7.5$ 时，根为 -5 和 $\pm j1.22$，系统是中性稳定的。注意到，使用劳斯判据预测当 $K = 7.5$ 时在 $j\omega$ 轴上存在极点。如果令 $K = 13$ 得到闭环极点为 -4.06 和 $-0.47 \pm j1.7$；而当 $K = 25$ 时闭环极点为 -1.90 和 $-1.54 \pm j3.27$。在这两种情况下，系统如劳斯判据预测的那样是稳定的。图 3.38 所示为对应于三个不同增益值时的瞬态响应。可以通过计算闭环传递函数

$$T(s) = \frac{Y(s)}{R(s)} = \frac{K(s + 1)}{s^3 + 5s^2 + (K - 6)s + K}$$

来得到这些瞬态响应，因此，分子多项式可表示为

　　numT = [K K];　　　% form numerator

而 denT 与前面的表示相同。使用 MATLAB 命令

　　sysT=tf(numT,denT);　　　% define system by its numerator and denominator
　　step(sysT);　　　　　　　% compute step response

可以得到系统的(单位)阶跃响应曲线图。

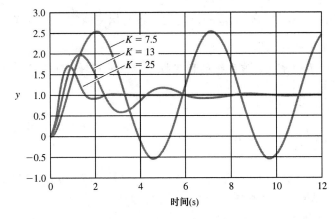

图 3.38　图 3.37 中系统的瞬态响应

例 3.32　稳定性与两个参数范围

求控制器增益 (K, K_I) 的变化范围，以使如图 3.39 所示的 PI(比例-积分，参阅第 4 章)反馈系统是稳定的。

解：该闭环系统的特征方程为

$$1 + \left(K + \frac{K_I}{s}\right)\frac{1}{(s + 1)(s + 2)} = 0$$

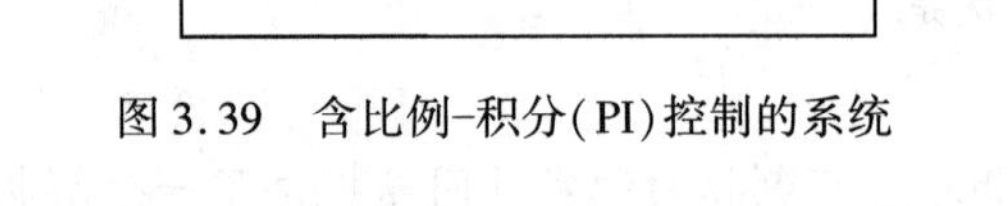

又可以写为

$$s^3 + 3s^2 + (2 + K)s + K_I = 0$$

图 3.39　含比例-积分(PI)控制的系统

那么其相应的劳斯阵列为

$$
\begin{array}{ccc}
s^3 : & 1 & 2 + K \\
s^2 : & 3 & K_I \\
s : & (6 + 3K - K_I)/3 & \\
s^0 : & K_I &
\end{array}
$$

由内部稳定性条件，可以得出

$$K_I > 0 \quad 和 \quad K > \frac{1}{3}K_I - 2$$

要在 MATLAB 中绘制出允许的区域，可以使用命令

```
fh=@(ki,k) 6+3*k−ki;
ezplot(fh)
hold on;
f=@(ki,k) ki;
ezplot(f);
```

如图 3.40 所示，(K_I, K) 平面中阴影部分为允许区域，它描述了该稳定性问题的解。这个例子说明了劳斯判据真正的重要性，以及它比数字计算方法优越的原因，而使用数学研究方法来求解增益的边界将困难得多。该闭环系统的传递函数为

$$T(s) = \frac{Y(s)}{R(s)} = \frac{Ks + K_I}{s^3 + 3s^2 + (2+K)s + K_I}$$

与例 3.31 一样，可以使用 MATLAB 中 roots 命令来计算分母多项式，以求得不同动态补偿器增益值的闭环极点。

```
denT = [1 3 2+K KI].        % form denominator
```

同样地，通过计算分子多项式的根，求得零点为

```
numT = [K KI].        % form numerator
```

闭环零点位于 $-K_I/K$，如图 3.41 所示为三组反馈增益的瞬态响应。当 $K = 1$ 和 $K_I = 0$ 时，闭环极点为 0 和 $-1.5 \pm j0.86$，还有一个零点在原点处。当 $K = K_I = 1$ 时，零极点均位于 -1 处。而当 $K = 10$ 和 $K_I = 5$ 时，闭环极点位于 -0.46 和 $-1.26 \pm j3.3$，其零点位于 -0.5 处。使用 MATLAB 命令可得系统的阶跃响应

```
sysT=tf(numT,denT)        % define system by its numerator and denominator
step(sysT).                % compute step response
```

但是，当 $K_I = 0$ 时，系统存在较大的稳态误差(参阅第 4 章)。

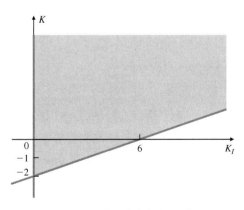

图 3.40　满足稳定性的区域

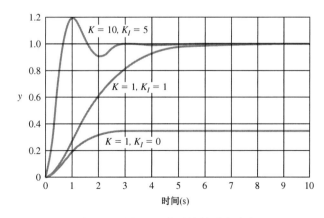

图 3.41　图 3.39 中系统的瞬态响应

若劳斯阵列中某一行的第一个元素为零或者某一行全为零，那么标准的劳斯阵列就无法建立，这时就要用到下面将要介绍的特殊方法。

△特殊情况

若只是某一行的第一个元素为零(特殊情况 I),那么可以用一个非常小的正的常数 $\epsilon > 0$ 来代替,执行和以前一样的操作,然后通过求极限 $\epsilon \to 0$ 来应用稳定性判据。

例 3.33　用于特殊情况 I 的劳斯检验

考虑多项式

$$a(s) = s^5 + 3s^4 + 2s^3 + 6s^2 + 6s + 9$$

确定其是否有根在 RHP 中。

解:该系统方程的劳斯阵列为

$$
\begin{array}{llll}
s^5: & 1 & 2 & 6 \\
s^4: & 3 & 6 & 9 \\
s^3: & 0 & 3 & 0 \\
\text{New } s^3: & \epsilon & 3 & 0 \quad \leftarrow 使用 \epsilon 替换 0 \\
s^2: & \dfrac{6\epsilon-9}{\epsilon} & 3 & 0 \\
s: & 3 - \dfrac{3\epsilon^2}{2\epsilon-3} & 0 & 0 \\
s^0: & 9 & 0 &
\end{array}
$$

在该阵列的第一列中,有两次符号变化,这就是说有两个极点不在 LHP 中[①]。

另一种特殊情况是劳斯阵列的某一行全为零(特殊情况 II)。这种情况说明存在关于虚轴镜像对称的共轭复根。若第 i 行为零,那么可由其前面一(非零)行建立下面的辅助方程:

$$a_1(s) = \beta_1 s^{i+1} + \beta_2 s^{i-1} + \beta_3 s^{i-3} + \cdots \tag{3.83}$$

其中,$\{\beta_i\}$ 为阵列中第 $(i+1)$ 行的系数,然后用辅助方程求导之后得到的系数来代替第 i 行,从而完成整个阵列。不过,辅助多项式(3.83)的根也是特征方程的根,因此对这些根必须分别进行检验。

例 3.34　用于特殊情况 II 的劳斯检验

对于多项式

$$a(s) = s^5 + 5s^4 + 11s^3 + 23s^2 + 28s + 12$$

试确定其是否有根在 $j\omega$ 轴上或 RHP 中。

解:该系统方程的劳斯阵列为

$$
\begin{array}{llll}
s^5: & 1 & 11 & 28 \\
s^4: & 5 & 23 & 12 \\
s^3: & 6.4 & 25.6 & 0 \\
s^2: & 3 & 12 & \\
s: & 0 & 0 & \quad \leftarrow a_1(s) = 3s^2 + 12 \\
\text{New } s: & 6 & 0 & \quad \dfrac{da_1(s)}{ds} = 6s \\
s^0: & 12 & &
\end{array}
$$

第一列中没有发生符号变化,因此除了在虚轴上有一对根之外,其他所有的根都有负实部。我们可以对该问题进行简化:若将第一列中的零用 $\epsilon > 0$ 代替,则没有发生符号变化;若令 $\epsilon < 0$,则存在两次符号变化。因此,若 $\epsilon = 0$,则在虚轴上存在两个极点,它们是下式:

$$a_1(s) = s^2 + 4 = 0$$

的根,或者是

---

① 用 MATLAB 求得实际的根为 -2.9043、$0.6567 \pm j1.2881$ 和 $-0.7046 \pm j0.9929$。

$$s = \pm j2$$

该结果与我们用 MATLAB 命令 roots 计算得到的根 -3、$\pm j2$、-1 和 -1 是一致的。

劳斯－赫尔维茨判据假设了特征多项式的系数都是精确已知的。众所周知，特征方程的根对于多项式系数的变化相当敏感，即使这些变化是轻微的。如果每个多项式系数的变化范围是已知的，根据著名的 Kharitonov 定理(1978)，可以使用劳斯检验来验证四个所谓的 Kharitonov 多项式，也可验证多项式系数的变化范围是否会导致系统不稳定。

△3.7　由实验数据建立模型

我们有很多理由要用实验数据来获得所控制动态系统的模型。首先，即使是由运动方程建立的最好的理论模型也只是对实际情况的近似。虽然有时候，比如说非常坚固的空间飞船，其理论模型非常出色，但在其他时候，如伴随着许多化学变化的造纸或金属加工过程，其理论模型只是粗略地近似。在任何情况下，在最终的控制系统设计完成之前，都要谨慎地用实验数据来检验理论模型。其次，在理论模型特别复杂或对物理过程理解不多的情况下，进行控制系统设计所能信赖的唯一可靠信息就只有实验数据。最后，当系统环境发生改变时，系统也会跟着变化。例如飞机的高度和速度发生变化、造纸机送入的不同纤维混合物或者将一个非线性系统移到新的工作点。在这些情况下，就需要通过改变控制参数来"重新调节"控制器。这就需要一个在新的条件下的模型，而实验数据往往能够为新模型的建立提供数据。这种方法即使不是唯一的，也是很有效的。

可用于建立模型的实验数据有四种。

1. 瞬态响应(transient response)，如由脉冲或阶跃输入产生的。
2. 频域响应数据(frequency-response data)，可由不同频率的正弦输入激励产生。
3. 随机稳态信息(stochastic steady-state information)，可能来自于飞机飞越暴风雨天气或者其他一些随机自然源。
4. 伪随机噪声数据(pseudorandom-noise data)，可能由数字计算机产生。

每种实验数据都有其特性、优点和缺点。

瞬态响应数据能够快速且相对较容易获得，它们往往代表了系统接收到的自然信号，因此由这样的数据所获得模型对于控制系统设计来说是可靠的。但另一方面，为了得到足够高的信噪比，系统瞬态响应必须显而易见，因此该方法不太适合进行正常操作(normal operation)，所采集的数据也只能来自特殊的测试。第二个缺点是该数据形式不适合标准控制系统设计，但系统模型的某些部分，如极点和零点却又必须由这些形式的数据来计算得到[1]。在特殊情况下可能会比较简单，但在通常情况下却是很复杂的。

频率响应数据(参阅第 6 章)是很容易得到的，但与瞬态响应信息相比较，它需要耗费相当多的时间，尤其在生产过程时间常数比较大时更为明显，如在化学处理工业中所常见的。和瞬态响应的数据一样，它也需要一个较好的信噪比，因此要获得频率响应数据所花费的代价也较大。另一方面，在第 6 章将看到，频率响应数据的形式正好是频率响应设计方法所用的形式。因此，一旦获得了频率响应数据，也就可以立刻进行控制系统的设计了。

---

[1]　Ziegler 和 Nichols(1943)在 Callender(1936)等人早期的研究成果基础上，直接使用阶跃响应来设计一些生产过程控制系统。更多的详细情况，请参阅第 4 章。

　　只要自然界随机环境中的正常操作记录较为连贯且获得这些记录的代价较低，它们就可以用做系统建模的基础。但不巧的是，这些数据质量很不一致。当控制最好、扰动最小且信号圆滑的时候，数据质量又趋于最差。有时，一些甚至大部分系统的动态过程难以得到。由于它们对系统输出作用较小，所以在所构建的模型中看不到它们的身影，结果所得的模型只代表了系统的一部分，而且有时还不适于控制。在某些情况下，例如要对熟睡或麻醉的人的脑电图（脑波）进行动态建模，以获得 α 波的频率和强度，正常记录是唯一的手段。但在通常的控制设计中，这只能是最后的选择。

　　最后，由数字逻辑构成的伪随机信号也很具有吸引力，建模中特别有意思的是伪随机二进制信号（PRBS）。伪随机二进制随机信号的值，根据反馈偏移寄存器输出(1 或 0)取值为 $+A$ 或 $-A$，寄存器的反馈量为寄存器各种状态的二进制和，而这些寄存器状态已被选来尽可能地形成输出周期（即在有限时间内不断重本本身）。例如，20 位寄存器在一次重复之前，可产生 $2^{20} - 1$（超过100 万）步。对此进行分析表明，所得的结果就像一个宽带随机信号，且该信号完全由设计者控制，设计者可以设置信号大小 A 和长度（寄存器位数）。用 PRBS 测试所得的数据必须用计算机来分析，现有的特殊用途硬件和一般通用计算机通用程序都能完成该分析工作。

3.7.1　由瞬态响应数据建立模型

　　为了从瞬态数据中建立模型，可以使用阶跃响应。如果瞬态响应等于基本暂态分量的简单合成，则可以通过手工计算建立一个低阶的模型。例如，考虑如图 3.42 所示的阶跃响应。响应曲线是单调而且平滑的。假设它等于一系列指数函数的和，可以写成

$$y(t) = y(\infty) + Ae^{-\alpha t} + Be^{-\beta t} + Ce^{-\gamma t} + \cdots \tag{3.84}$$

减去终值，并假设 $-\alpha$ 是使响应衰减最慢的极点，即

$$y - y(\infty) \approx Ae^{-\alpha t}$$

$$\lg[y - y(\infty)] \approx \lg A - \alpha t \lg e \tag{3.85}$$

$$\approx \lg A - 0.4343\alpha t$$

这是一个线性方程，其斜率决定了 α，截距决定了 A。如果使用一条直线来拟合 $\lg[y - y(\infty)]$｛当 A 为负值时，使用 $\lg[y(\infty) - y]$｝，就可以估算出 A 和 α。经过估算，可以画出 $y - [y(\infty) + Ae^{-\alpha t}]$ 所表示的曲线图，该曲线图近似地等于 $Be^{-\beta t}$，并且在取对数时等价于 $\lg B - 0.4345\beta t$。重复这一过程，每次去掉响应中最慢的一项，直至得到精确的数据为止。然后，画出最终模型的阶跃响应曲线，通过比较曲线和

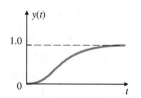

图 3.42　许多化学过程的阶跃响应特性

数据，可以评价所建立模型的质量。我们有可能得到一个很好的拟合，但也许与实际的响应相差较大。然而，对于如图 3.42 所示的阶跃响应的控制系统，这是一个很好的近似法。

　　例 3.35　时域响应数据建模

　　一个系统的阶跃响应数据如表 3.1 所示，曲线如图 3.43 所示，计算其传递函数。

　　解： 由表 3.1 和图 3.43 可以看出，数据的终值为 $y(\infty) = 1$。因为 $y(\infty)$ 大于 $y(t)$，所以 A 为负数。因此，首先画出 $\lg[y(\infty) - y]$ 的曲线，如图 3.44 所示。从曲线（通过肉眼观察拟合）可以得到

$$\lg|A| = 0.125$$

$$0.4343\alpha = \frac{1.602 - 1.167}{\Delta t} = \frac{0.435}{1} \Rightarrow \alpha \approx 1$$

表3.1 阶跃响应数据

t	$y(t)$	t	$y(t)$
0.1	0.000	1.0	0.510
0.1	0.005	1.5	0.700
0.2	0.034	2.0	0.817
0.3	0.085	2.5	0.890
0.4	0.140	3.0	0.932
0.5	0.215	4.0	0.975
		∞	1.000

Sinha and Kuszta(1983).

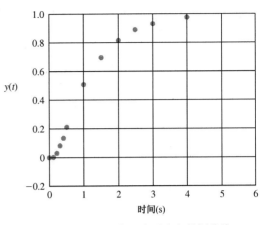

图3.43 表3.1中的阶跃响应数据曲线

因此,有

$$A = -1.33$$

$$\alpha = 1.0$$

如果从数据中减去 $1 + Ae^{\alpha t}$,并画出所得结果的对数曲线,如图3.45所示。在这里,可以根据图进行估算得到

$$\lg B = -0.48$$

$$0.4343\beta = \frac{-0.48 - (-1.7)}{0.5} = 2.5$$

$$\beta \approx 5.8$$

$$B = 0.33$$

合并这些结果,我们得到 y 的估计值为

$$\hat{y}(t) \approx 1 - 1.33e^{-t} + 0.33e^{-5.8t} \tag{3.86}$$

式(3.86)可以绘制成如图3.46所示的曲线。可以看出,曲线尽管在 $t = 0$ 附近有一些明显的误差,但在总体上曲线对原始数据呈现出一个较好的拟合。

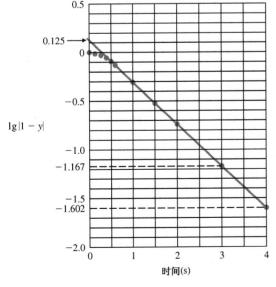

图3.44 $\lg[y(\infty) - y]$ 与 t 的关系曲线

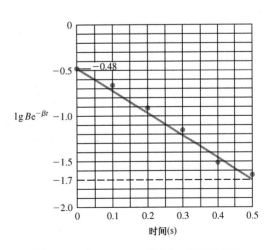

图3.45 $\lg[y - (1 + Ae^{-\alpha t})]$ 与 t 的关系曲线

由 $\hat{y}(t)$ 可以计算得到

$$\hat{Y}(s) = \frac{1}{s} - \frac{1.33}{s+1} + \frac{0.33}{s+5.8}$$

$$= \frac{(s+1)(s+5.8) - 1.33s(s+5.8) + 0.33s(s+1)}{s(s+1)(s+5.8)}$$

$$= \frac{-0.58s + 5.8}{s(s+1)(s+5.8)}$$

因而,得到其传递函数为

$$G(s) = \frac{-0.58(s-10)}{(s+1)(s+5.8)}$$

注意,虽然原始数据表明 y 没有负值,但是得到的系统在 RHP 上有一个零点。对于所有近似拟合数据的 A 的估计值,很小的变化也会导致 β 的值在 $4 \sim 6$ 之间变动。这表明了极点位置对数据的敏感性,强调了良好信噪比的重要性。

使用计算机绘制曲线,可以更好地反复迭代四个参量,以得到最好的拟合。如图 3.44 和图 3.45 所示的数据,可以由半对数坐标图直接得到。这避免了执行 lg 运算和指数运算,就可得到参数值。拟合数据的方程是 $y(t) = Ae^{\alpha t}$ 和 $y(t) = Be^{\beta t}$,在半对数平面上呈现为直线。通过迭代可以得到变量 A 和 α,

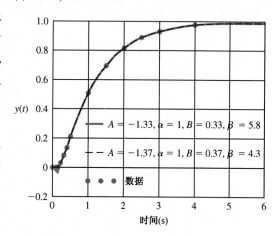

图 3.46　实验数据的拟合模型

或者 B 和 β,因此使得直线能够尽可能精确地穿越数据。这个过程得到了更好的拟合结果,如图 3.46 中的虚线所示。经过校正后的参数为 $A = -1.37$,$B = 0.37$,$\beta = 4.3$,由此确定传递函数为

$$G(s) = \frac{-0.22s + 4.3}{(s+1)(s+4.3)}$$

在 RPH 中仍然存在零点,但是,这是出现在 $s \approx +20$ 附近,对于时域响应没有明显的影响。

使用二阶模型,可以很好地拟合这些数据点。在很多情况下,需要使用更高阶的模型,这说明了数据和模型是不容易分离的。

如果瞬态响应存在振荡的幅值,那么可以通过与如图 3.18 所示的标准曲线相比较来估计它们。给出频率 ω_d 和两个周期之间的衰减量,可以估算出阻尼比。如果响应为许多不易分离的分量之和,那么需要使用更复杂的办法。例如最小二乘系统辨识(least-squares system identification)法,它利用数值优化程序选择最佳的参量组合,减少拟合误差。拟合误差被定义为标量化的代价函数(cost function)

$$J = \sum_i (y_{\text{data}} - y_{\text{model}})^2, i = 1, 2, 3, \cdots, \text{及每一个数据点}$$

因此,在计算系统参量的最优值过程中,必须考虑拟合误差。

3.7.2 由其他数据建立模型

在 3.1.2 节中提到过，还可以利用频域响应数据来建立模型。用一系列的正弦函数作为激励，画出 $H(j\omega)$，就可以得到频域数据。在第 6 章中，将讨论如何在系统设计中直接使用这些图。另外，还可以利用频域响应通过对数坐标平面的渐近直线来估计传递函数的极点和零点位置。

对通过正常的随机操作记录或者是 RPBS 响应来建立的动态模型，可以采用互相关的概念，或者离散等效模型的最小二乘法拟合法，这两者都是系统辨识(system identification)的方法。这就涉及许多超出本书范围的背景知识。第 8 章将讲述富兰克林(1998)关于系统辨识的介绍和 Ljüng(1999)做出的更全面阐述。基于 Ljüng 教授的大量研究，MATLAB 工具箱提供了许多辨识工具箱，用于进行系统辨识和验证模型的性能。

△3.8 幅值变换与时间变换

通常，一个问题中所包含变量的数值总是具有不同的数量级，这总会增大计算的难度。尤其是在以前使用模拟计算机来解决问题的时候，这更是一个严重的问题。那个时候，我们只能通过尺度变换来使所有的变量值在相近的数量级上。现在数字电子计算机大量地用于求解微分方程，从而大大地减少了对问题的变换要求。除非是含有大量变量的问题，计算机都可以有足够的能力来精确处理不同数量级的变量。但是，理解这种变换的原理还是很有必要的，特别是对一些很少见到的情况，如不同数量级的幅值差异很大，这需要进行尺度变换，或者计算机的字长受到限制。

3.8.1 幅值变换

一般地，可能存在两种变换：幅值变换和时间变换。正如在 3.1.4 节中所看过的。幅值变换(amplitude scaling)总是在不经意中被用到的，如选择适当的单位来使问题更容易手工计算。例如在飞球模型中，我们使用单位毫米来描述位移，而使用毫安来描述电流，从而使变量保持在容易计算的数量级上。通常，运动方程都是以 SI 制单位来衡量的，如：千克、米和安培等，但是如果要描述火箭在轨道上的运动，那么使用千米来衡量将会更好一些。运动方程的求解，通常由计算机上的软件来实现，这些工具可以在很多单位制下进行运算。为了更好地变换复杂系统，首先要估计系统所有变量中的最大值，然后将各变量都进行变换，以使所有的值都限制在 $-1\sim 1$ 之间。

总之，可以对系统每个状态要素定义一个变换变量来进行幅值变换，如令

$$x' = S_x x \tag{3.87}$$

那么

$$\dot{x}' = S_x \dot{x} \quad \text{和} \quad \ddot{x}' = S_x \ddot{x} \tag{3.88}$$

这里用 S_x 来做合适的尺度变换，将式(3.87)和式(3.88)代回到系统的运动方程，然后再重新计算系统的系数。

例 3.36 飞球模型缩放

某个飞球模型的线性方程为(参见例 9.2)

$$\delta\ddot{x} = 1667\delta x + 47.6\delta i \tag{3.89}$$

其中 δx 的单位为米, 而 δi 的单位为安培。变换飞球模型的变量, 使变量的单位分别用毫米和毫安来代替米和安培。

解: 由式(3.87), 可以定义

$$\delta x' = S_x \delta x \quad \text{和} \quad \delta i' = S_i \delta i$$

变换为单位为毫米的 S_x, 将单位为安培的 δi 变换为单位为毫安的 $\delta i'$。注意式(3.88)中的关系, 将上述结果代入到式(3.89)中, 得到

$$\delta \ddot{x}' = 1667 \delta x' + 47.6 \frac{S_x}{S_i} \delta i'$$

$S_x = S_i$, 因此式(3.89)仍然没有改变。当然, 如果对这两个量进行不同的变换, 那么最终得到方程的系数也就会有所不同。

3.8.2 时间变换

我们使用的 SI 制或英制中, 时间的单位都是秒。一般地, 无论手工计算下多么繁杂、多么慢的问题, 通常在计算机的软件上都可以得到很精确的结果。但是, 如果系统的响应是在微秒级, 或者系统的固有频率在数兆赫兹, 那么问题将会是病态条件的, 数值方法的计算将会产生错误。特别对高阶系统的影响将会更大。当然, 对响应十分缓慢的系统也会出现问题。因此, 就很必要了解如何变换时间单位来解决病态条件问题。

我们将变换得到的时间定义为

$$\tau = \omega_o t \tag{3.90}$$

这样, 如果 t 以秒为单位, 而 $\omega_o = 1000$, 那么 τ 的单位就为毫秒了。时间变换(time scaling)的作用可以改变微分, 这样就可以得到

$$\dot{x} = \frac{\mathrm{d}x}{\mathrm{d}t} = \frac{\mathrm{d}x}{\mathrm{d}(\tau/\omega_o)} = \omega_o \frac{\mathrm{d}x}{\mathrm{d}\tau} \tag{3.91}$$

以及

$$\ddot{x} = \frac{\mathrm{d}^2 x}{\mathrm{d}t^2} = \omega_o^2 \frac{\mathrm{d}^2 x}{\mathrm{d}\tau^2} \tag{3.92}$$

例 3.37 振荡器的时间变换

一个振荡器的方程描述, 可以由例 2.5 推导出。对于系统固有频率很快的情况, 若 $\omega_n = 15\,000$ rad/s (接近 2 kHz), 式(2.23)可以重新写为

$$\ddot{\theta} + 15\,000^2 \cdot \theta = 10^6 \cdot T_c$$

确定时间变换方程, 使得方程中的时间单位为毫秒。

解: 因为式(3.90)中 ω_o 的值为 1000, 所以式(3.92)可以写为

$$\frac{\mathrm{d}^2 \theta}{\mathrm{d}\tau^2} = 10^{-6} \cdot \ddot{\theta}$$

则经过时间变换后的方程为

$$\frac{\mathrm{d}^2 \theta}{\mathrm{d}\tau^2} + 15^2 \cdot \theta = T_c$$

在实际操作中, 可以求解这个方程

$$\ddot{\theta} + 15^2 \cdot \theta = T_c \tag{3.93}$$

当然, 也要在图示中以毫秒代替秒作为单位。

3.9 历史回顾

奥利弗·赫维赛德(1850 – 1925)是一位令人惊奇的电气工程师、数学家和物理学家。他自学成才, 在 16 岁时就离开学校成为一名电报员。因为科学界敌视他, 他的工作领域主要是科学界以外。赫维赛德改写了麦克斯韦方程的形式, 并且一直沿用至今。他奠定了无线电通信的基础, 并且假定了电离层的存在。他还发明了用来求解微分方程的符号方法, 被称为赫维赛德运算微积分学。20 世纪 20 年代到 30 年代, 赫维赛德微积分学在电气工程师中广受欢迎, 后来被证明与更严谨的以法国数学家皮埃尔·西蒙·拉普拉斯(1749 – 1827)命名的拉普拉斯变换是等效的。但是, 拉普拉斯对运算微积分学的研究要更早一些。

拉普拉斯也是一位天文学家和数学家, 有时被称为"法国的牛顿"。他研究了太阳系的起源及其动态稳定性, 在五卷《天体力学》中完善了牛顿的研究, 建立了在一个重力场和电场中势能的一般概念, 并用拉普拉斯方程进行描述。在拿破仑时期, 拉普拉斯有一段短暂时期担任内政部长的政治生涯。拿破仑曾问拉普拉斯, 为何在他的书中一句也不提上帝。拉普拉斯回答: "陛下, 我不需要那个假设"。因为政治风向不断变化, 他曾经被认为是一个投机分子、墙头草。拉普拉斯把微分方程转换为工程应用中更为简单的数学运算, 也适用于求解偏微分方程, 这是他研究拉普拉斯变换时最初思考的问题。他还把拉普拉斯方程应用于电磁场理论、流体力学和天文学中, 并对概率论作出了重要贡献。

拉普拉斯变换和傅里叶变换具有紧密的关联性(参阅附录 A)。傅里叶级数和傅里叶变换提供了用一系列指数函数来表示信号的方法, 其中傅里叶级数用一系列离散谱来表示周期信号, 而傅里叶变换用连续谱的积分来表示非周期信号。傅里叶变换是以法国数学家让·巴普蒂斯·约瑟夫·傅里叶(1768 – 1830)命名的变换法则。他用傅里叶级数解决了热传导方程。拉普拉斯和傅里叶是同时代的人, 并且彼此都很熟悉。实际上, 拉普拉斯是傅里叶的老师。1798 年, 傅里叶作为一名技术顾问陪同拿破仑远征埃及, 他还发现了温室效应。

变换方法提供了一个解决许多工程问题的统一方法。线性变换, 比如拉普拉斯变换和傅里叶变换, 对于研究线性系统很有用。傅里叶变换用于研究稳态行为, 而拉普拉斯变换用于研究动态系统的瞬态和闭环行为。1942 年, 由加德纳和巴恩斯撰写的一本著作对于在美国普及拉普拉斯变换产生了巨大的影响。

本章小结

- 拉普拉斯变换是确定线性系统性能的主要方法。时间函数 $f(t)$ 的拉普拉斯变换为

$$\mathcal{L}[f(t)] = F(s) = \int_{0^-}^{\infty} f(t)\mathrm{e}^{-st}\,\mathrm{d}t \tag{3.94}$$

- 引出拉普拉斯变换的重要性质的关系式是

$$\mathcal{L}[\dot{f}(t)] = sF(s) - f(0^-) \tag{3.95}$$

- 这个性质使得我们能够求解线性常微分方程的传递函数。若给定系统的传递函数 $G(s)$ 和输入 $u(t)$, 其拉普拉斯变换为 $U(s)$, 那么系统输出的拉普拉斯变换为 $Y(s) = G(s)U(s)$。

- 通常, 通过查表(如附录 A 中的表 A.2)或者用计算机来求取拉普拉斯逆变换。拉普拉斯变换和逆变换的性质, 都已归纳在附录 A 中的表 A.1 中。

- 终值定理在求取稳定系统的稳态误差时非常重要。如果 $sY(s)$ 的所有极点位于 LHP，那么

$$\lim_{t \to \infty} y(t) = \lim_{s \to 0} s Y(s) \qquad (3.96)$$

- 方框图是一种用来说明系统各组件之间关系的简便方法，可应用图 3.9 和式(3.50)对方框图进行化简。下面的方框图的传递函数为

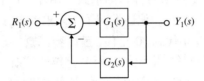

等效于

$$Y_1(s) = \frac{G_1(s)}{1 + G_1(s)G_2(s)} R_1(s) \qquad (3.97)$$

- s 平面中极点的分布决定了系统响应特性，如图 3.15 所示。
- s 平面中极点的分布可用如图 3.22 所示的参数来定义。这些参数又与以下的时域量有关：上升时间 t_r、调节时间 t_s 和超调量 M_p，它们已经在图 3.22 中做出定义。对于一个二阶无零点系统来说，它们之间的对应关系为

$$t_r \approx \frac{1.8}{\omega_n} \qquad (3.98)$$

$$M_p = \mathrm{e}^{-\pi \zeta / \sqrt{1 - \zeta^2}} \qquad (3.99)$$

$$t_s = \frac{4.6}{\zeta \omega_n} \qquad (3.100)$$

- 当 s 左半平面中有零点时，系统响应超调量将增加。图 3.26 和图 3.27 对此做了总结。
- 当有附加的稳定极点时，系统响应将变慢。图 3.34 和图 3.35 对此做了总结。
- 一个稳定的系统，所有的闭环极点都必须位于 LHP。
- 当且仅当劳斯阵列的第一列元素全为正时，系统才是稳定的。要确定劳斯阵列，可参阅 3.6.3 节。
- 对于确定复杂连接系统的传递函数，梅森公式是一种很有用的方法。
- 由实验数据来确定一个模型，或者通过实验来检验定理分析所得的模型，在系统设计中这是十分重要的一步。
- 幅值与时间变换(参见 3.8 节)是将微分方程中变量的值限定在合理的范围内，以使所得的结果易于计算，并减小计算误差的重要方法。在数值上对变量进行缩放，使其限定在一个足够小的范围，这有助于减小误差和方便计算。

复习题

1. "传递函数"的定义是什么？
2. 可用传递函数来描述其响应的系统具有什么特征？
3. 若 $f(t)$ 的拉普拉斯变换为 $F(s)$，那么 $f(t - \lambda)1(t - \lambda)$ 的拉普拉斯变换结果是什么？
4. 描述终值定理(FVT)的内容。

5. 在控制中，终值定理最常见的应用是什么？

6. 给定一个二阶传递函数，阻尼比为 ζ，自然振荡响应频率为 ω_n，估计其阶跃响应的上升时间、超调量和调节时间。

7. 左半平面的附加零点对二阶系统阶跃响应的主要影响是什么？

8. 右半平面的零点对二阶系统阶跃响应最明显的影响是什么？

9. 附加的实数极点对二阶系统阶跃响应的主要影响是什么？

10. 为什么稳定性是控制系统设计中一个需要重视的问题？

11. 劳斯判据的主要用途是什么？

12. 在哪些情况下根据实验数据估算传递函数非常重要？

习题

3.1 节习题：拉普拉斯变换回顾

3.1　试说明在部分分式展开过程中，复共轭极点的系数也为复系数（由这一关系可知，每当有复共轭极点对存在时，只需计算其中的一个系数即可）。

3.2　求下列时间函数的拉普拉斯变换。

(a) $f(t) = 1 + 3t$

(b) $f(t) = 3 + 7t + t^2 + \delta(t)$

(c) $f(t) = e^{-t} + 2e^{-2t} + te^{-3t}$

(d) $f(t) = (t + 1)^2$

(e) $f(t) = \sinh t$

3.3　求下列时间函数的拉普拉斯变换。

(a) $f(t) = 2\cos 6t$

(b) $f(t) = \sin 2t + 2\cos 2t + e^{-t}\sin 2t$

(c) $f(t) = t^2 + e^{-2t}\sin 3t$

3.4　求下列时间函数的拉普拉斯变换。

(a) $f(t) = t\sin t$

(b) $f(t) = t\cos 3t$

(c) $f(t) = te^{-t} + 2t\cos t$

(d) $f(t) = t\sin 3t - 2t\cos t$

(e) $f(t) = 1(t) + 2t\cos 2t$

3.5　求下列时间函数的拉普拉斯变换（ $*$ 表示卷积）。

(a) $f(t) = \sin t\sin 3t$

(b) $f(t) = \sin^2 t + 3\cos^2 t$

(c) $f(t) = (\sin t)/t$

(d) $f(t) = \sin t * \sin t$

(e) $f(t) = \int_0^t \cos(t - \tau)\sin\tau\,d\tau$

3.6　已知 $f(t)$ 的拉普拉斯变换为 $F(s)$，求下列函数的拉普拉斯变换。

(a) $g(t) = f(t)\cos t$

(b) $g(t) = \int_0^t \int_0^{t_1} f(\tau)\,d\tau\,dt_1$

3.7　运用部分分式展开法，求下列时间函数的拉普拉斯变换。

(a) $F(s) = \dfrac{2}{s(s+2)}$

(b) $F(s) = \dfrac{10}{s(s+1)(s+10)}$

(c) $F(s) = \frac{3s+2}{s^2+4s+20}$

(d) $F(s) = \frac{3s^2+9s+12}{(s+2)(s^2+5s+11)}$

(e) $F(s) = \frac{1}{s^2+4}$

(f) $F(s) = \frac{2(s+2)}{(s+1)(s^2+4)}$

(g) $F(s) = \frac{s+1}{s^2}$

(h) $F(s) = \frac{1}{s^6}$

(i) $F(s) = \frac{4}{s^4+4}$

(j) $F(s) = \frac{e^{-s}}{s^2}$

3.8 求下列各拉普拉斯变换式所对应的时间函数。

(a) $F(s) = \frac{1}{s(s+2)^2}$

(b) $F(s) = \frac{2s^2+s+1}{s^3-1}$

(c) $F(s) = \frac{2(s^2+s+1)}{s(s+1)^2}$

(d) $F(s) = \frac{s^3+2s+4}{s^4-16}$

(e) $F(s) = \frac{2(s+2)(s+5)^2}{(s+1)(s^2+4)^2}$

(f) $F(s) = \frac{(s^2-1)}{(s^2+1)^2}$

(g) $F(s) = \arctan(\frac{1}{s})$

3.9 用拉普拉斯变换求解下面的常微分方程。

(a) $\ddot{y}(t) + \dot{y}(t) + 3y(t) = 0; y(0) = 1, \dot{y}(0) = 2$

(b) $\ddot{y}(t) - 2\dot{y}(t) + 4y(t) = 0; y(0) = 1, \dot{y}(0) = 2$

(c) $\ddot{y}(t) + \dot{y}(t) = \sin t; y(0) = 1, \dot{y}(0) = 2$

(d) $\ddot{y}(t) + 3y(t) = \sin t; y(0) = 1, \dot{y}(0) = 2$

(e) $\ddot{y}(t) + 2\dot{y}(t) = e^t; y(0) = 1, \dot{y}(0) = 2$

(f) $\ddot{y}(t) + y(t) = t; y(0) = 1, \dot{y}(0) = -1$

3.10 系统的单位脉冲响应曲线，如图 3.47 所示，其公式如下：

$$h(t) = \begin{cases} te^{-t}, & t \geqslant 0 \\ 0, & t < 0 \end{cases}$$

运用卷积积分公式，计算系统的单位阶跃响应。

3.11 系统的单位脉冲响应曲线，如图 3.48 所示，其公式如下：

$$h(t) = \begin{cases} 1, & 0 \leqslant t \leqslant 2 \\ 0, & t < 0, \quad t > 2 \end{cases}$$

运用卷积积分公式，计算系统的单位阶跃响应。

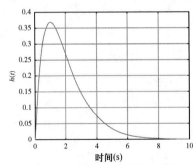

图 3.47 习题 3.10 的脉冲响应

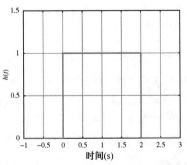

图 3.48 习题 3.11 的脉冲响应

3.12　设有标准的二阶系统

$$G(s) = \frac{\omega_n^2}{s^2 + 2\zeta\omega_n s + \omega_n^2}$$

（a）写出图 3.49 中信号的拉普拉斯变换。

（b）若将该信号应用于系统 $G(s)$，求其输出的拉普拉斯变换。

（c）求系统在图 3.49 所示信号输入下的输出。

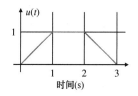

3.13　将一转动负载与一场控直流电动机相连，其中电动机电感可忽略
　　　不计。当对该电动机施加 100 V 的恒定输入时，其输出负载在
　　　1/2 s内达到速度 1 rad/s，同时可测得其输出稳态速度为 2 rad/s。
　　　确定电动机的传递函数 $\theta(s)/V_f(s)$。

图 3.49　习题 3.12 的输入曲线

3.14　一个计算机磁带驱动器的简略示意图，如图 3.50 所示。

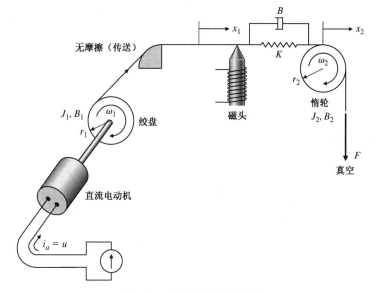

图 3.50　磁带驱动器原理图

（a）根据下面列出的参数写出系统的运动方程。其中 K 和 B 分别表示弹簧常数和磁带的伸缩率，ω_1 和
　　　ω_2 是角速度。当正向电流施加到直流电动机上时会产生顺时针方向的转矩，如图中箭头所示。求
　　　出能恰好与作用力 F 相平衡时的电流。然后再从求得的方程中将电流和与之平衡的作用力撤去。
　　　假定两个转轮的转动方向如图中箭头所示。

$$J_1 = 5 \times 10^{-5} \text{ kg} \cdot \text{m}^2，\text{电动机与绞盘转动惯量}$$
$$B_1 = 1 \times 10^{-2} \text{ N} \cdot \text{m} \cdot \text{s}，\text{电动机阻尼系数}$$
$$r_1 = 2 \times 10^{-2} \text{ m}$$
$$K_t = 3 \times 10^{-2} \text{ N} \cdot \text{m/A}，\text{电动机转矩常数}$$
$$K = 2 \times 10^4 \text{ N/m}$$
$$B = 20 \text{ N/m} \cdot \text{s}$$
$$r_2 = 2 \times 10^{-2} \text{ m}$$
$$J_2 = 2 \times 10^{-5} \text{ kg} \cdot \text{m}^2$$
$$B_2 = 2 \times 10^{-2} \text{ N} \cdot \text{m} \cdot \text{s}，\text{惰轮黏滞系数}$$
$$F = 6 \text{ N}，\text{固定作用力}$$
$$\dot{x}_1 = \text{磁带速度 m/s（控制变量）}$$

　(b)求出电动机电流与磁带位置之间的传递函数。

　(c)求出(b)中所得的传递函数的零点和极点。

　(d)利用 MATLAB 求取磁带速度 x_1 在 i_a 为阶跃输入下的响应。

3.15　计算如图 2.51 所示系统的电动机电压与角位置 θ_2 之间的传递函数。

3.16　计算如图 2.55 所示的带孔 A 和 C 的双水箱系统的传递函数。

3.17　已知一个二阶系统的传递函数

$$G(s) = \frac{3}{s^2 + 2s - 3}$$

　求：

　(a)DC 增益。

　(b)阶跃输入时的稳态输出。

3.18　设有如图 3.51 所示的连续滚动打磨机，其可调滚轴运动阻尼系数为 b，作用于可调滚轴的滚轧材料的作用力与滚轧材料的厚度变化成正比 $F_s = c(T-x)$，再令直流电机转矩常数为 K_t，反电动势常数为 K_e，齿轮上的有效半径为 R。

　(a)系统输入是什么？输出呢？

　(b)不忽略可调滚轴的重力影响，画出系统的框图并详细指明以下量：$V_s(s)$、$I_0(s)$、$F(s)$（电动机施加在可调滚轴上的作用力）和 $X(s)$。

　(c)将方框图尽可能简化，但仍然要分别标明输出和各个输入。

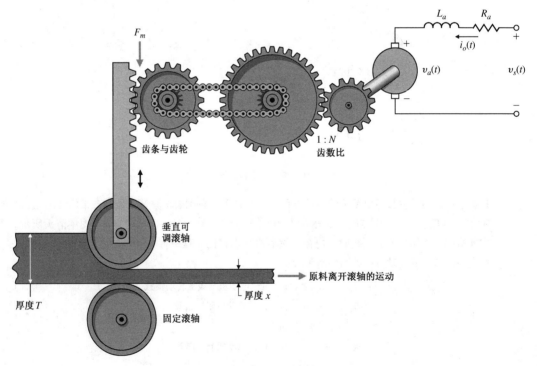

图 3.51　连续滚动打磨机

3.2 节习题：系统建模图

3.19　计算如图 3.52 所示的方框图的传递函数。注意 a_i 与 b_i 为常数。图中所示的这种特殊形式，被称为"能控标准型"。在第 7 章中我们将对之做进一步的讨论。

3.20　求如图 3.53 所示的方框图的传递函数。

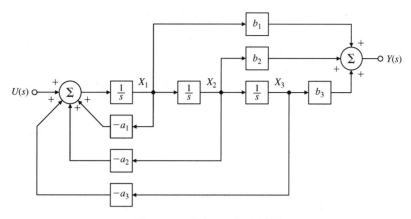

图 3.52   习题 3.19 的方框图

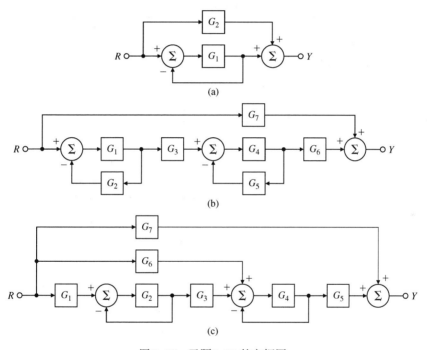

图 3.53   习题 3.20 的方框图

3.21   求如图 3.54 所示的方框图的传递函数，可以使用方框图化简的方法。图 3.54(b)中所示的形式，被称为"能观标准型"。这也将在第 7 章中进行讨论。

3.22   用方框图代数法求取图 3.55 中 $R(s)$ 与 $Y(s)$ 之间的传递函数。

3.3 节习题：极点配置的影响

3.23   对于如图 3.56 所示的电路图，求：

(a)关于 $i(t)$ 和 $v_1(t)$ 的时域方程。

(b)关于 $i(t)$ 和 $v_2(t)$ 的时域方程。

(c)假设所有初始条件为零，求传递函数 $V_2(s)/V_1(s)$、系统的阻尼比 ζ 和无阻尼固有频率 ω_n。

(d)设 $v_1(t)$ 为单位阶跃函数，$L = 10$ mH，$C = 4$ μF。求使 $v_2(t)$ 的超调量不超过 25% 的 R 值。

3.24   对于如图 3.57 所示的单位反馈系统，确定比例控制器增益 K，使输出 $y(t)$ 对单位阶跃输入的超调量不超过 10%。

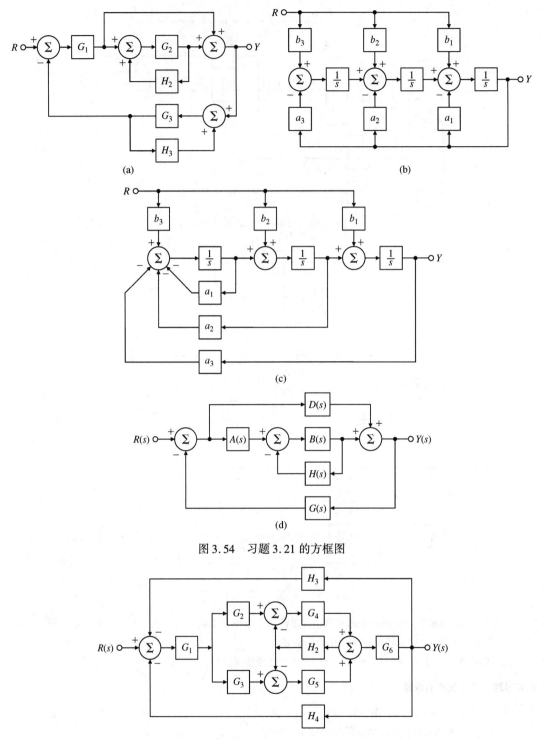

(a)

(b)

(c)

(d)

图 3.54　习题 3.21 的方框图

图 3.55　习题 3.22 的方框图

3.25　对于如图 3.58 所示的单位反馈系统,确定补偿器的增益和极点分布,使整个闭环响应对单位阶跃输入的超调量不超过 25%, 而超调量为 1% 时的调节时间不超过 0.1 s, 并用 MATLAB 验证设计结果。

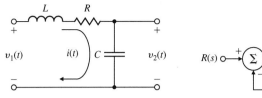

图 3.56 习题 3.23 的电路

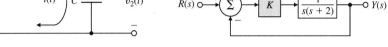

图 3.57 习题 3.24 的单位反馈系统

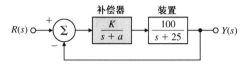

图 3.58 习题 3.25 的单位反馈系统

3.4 节习题：时域特性

3.26 假设给定的二阶系统的期望峰值时间小于 t'_p，画出满足 $t_p < t'_p$ 的极点值所对应的 s 平面区域。

3.27 某个伺服机械系统，有一对共轭主导极点，无有限零点。其上升时间 t_r、超调量 M_p 和调节时间 t_s，分别如下：

$$t_r \leqslant 0.6\,\text{s}$$

$$M_p \leqslant 17\%$$

$$t_s \leqslant 9.2\,\text{s}$$

（a）在 s 平面中画出能满足这三个指标的极点所在的区域。

（b）在图中标出能使上升时间最小并且满足调节时间要求的点的位置（用 × 表示）。

3.28 假设要设计如图 3.59 所示的一阶系统的单位反馈控制器（在第 4 章将学到的，图中所示为比例-积分控制器），使系统的闭环极点位于如图 3.60 所示的阴影区之内。

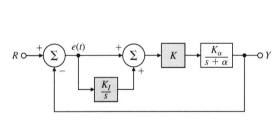

图 3.59 习题 3.28 的单位反馈系统

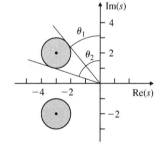

图 3.60 习题 3.28 中所期望的闭环极点分布

（a）对应于图 3.59 中阴影区域的 ζ、ω_n 值各为多少（从图中进行简单估计）。

（b）令 $K_\alpha = \alpha = 2$，求使闭环系统的极点位于阴影区域内的 K 和 K_I 值。

（c）证明无论 K_α 与 α 为何值，控制器都能很方便地将极点置于复平面（左半平面）内的任意位置。

3.29 单位反馈系统的闭环传递函数为

$$G(s) = \frac{K}{s(s+2)}$$

所期望的系统阶跃响应可由峰值时间 $t_p = 1\,\text{s}$ 和超调量 $M_p = 5\%$ 来确定。

（a）确定能否通过选择合适的 K 值使这两个指标能够同时得到满足。

（b）在 s 平面中画出这两个指标都能得到满足的区域，并说明对于一些可能的 K 值，其根的分布是什么。

（c）选择一个合适的 K 值，满足（a）中的条件，并运用 MATLAB 来验证这些指标是否得到满足。

3.30 如图 2.32 所示的直流电动机的运动方程, 可由式(2.52)至式(2.53)给出, 即

$$J_m\ddot{\theta}_m + \left(b + \frac{K_t K_e}{R_a}\right)\dot{\theta}_m = \frac{K_t}{R_a}v_a$$

假设:

$$J_m = 0.01 \ \text{kg} \cdot \text{m}^2$$
$$b = 0.001 \ \text{N} \cdot \text{m} \cdot \text{s}$$
$$K_e = 0.02 \ \text{V} \cdot \text{s}$$
$$K_t = 0.02 \ \text{N} \cdot \text{m/A}$$
$$R_a = 10 \ \Omega$$

(a)求输入电压 v_a 和电动机角速度 $\dot{\theta}_m$ 之间的传递函数。

(b)当输入电压 $v_a = 10$ V 时, 电动机的稳态速度是多少?

(c)求输入电压 v_a 和转轴角 θ_m 之间的传递函数。

(d)假设在(c)的系统中加入反馈, 使其变为一个位置伺服装置, 且输入电压为

$$v_a = K(\theta_r - \theta_m)$$

其中 K 为反馈增益。求 θ_r 和 θ_m 之间的传递函数。

(e)若期望的超调量 $M_p < 20\%$, 那么 K 的最大值为多少?

(f)当 K 取何值时, 上升时间小于 4 s(忽略 M_p 的约束)?

(g)当增益 $K = 0.5$, 1 和 2 时, 用 MATLAB 画出该位置伺服系统的阶跃响应。通过观察所画的曲线, 求这三个阶跃响应的超调量和上升时间, 并比较这些图与(e)和(f)中的计算结果是否一致?

3.31 若要控制如图 3.61 和图 3.62 所示的卫星跟踪天线的仰角。天线和驱动部分的转动惯量为 J, 阻尼为 B, 从某种程度上说这是轴承和空气摩擦引起的, 但主要还是直流驱动电动机的反电动势引起的。运动方程为

$$J\ddot{\theta} + B\dot{\theta} = T_c$$

其中 T_c 为该驱动电动机的转矩, 假设

$$J = 600\,000 \ \text{kg} \cdot \text{m}^2 \quad B = 20\,000 \ \text{N} \cdot \text{m} \cdot \text{s}$$

图 3.61 卫星跟踪天线(来源: Courtesy Space Systems/Loral)

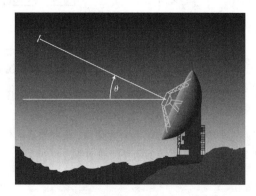

图 3.62 习题 3.31 的天线示意图

(a)求所施加的转矩 T_c 和天线的仰角 θ 之间的传递函数。

(b)设已计算出所施加的转矩, 根据反馈原理, θ 跟踪参考角 θ_r 为

$$T_c = K(\theta_r - \theta)$$

其中 K 为反馈增益。求 θ_r 和 θ 之间的传递函数。

(c) 如果要使得超调量 $M_p < 10\%$，那么 K 的最大取值是多少？

(d) 当 K 为何值时，使得上升时间小于 80 s（忽略 M_p 的约束）？

(e) 用 MATLAB 画出天线系统中当 $K = 200$、400、1000 和 2000 时的阶跃响应。由所画的图求出四个响应的超调量与上升时间，并检验所画的图是否与 (c) 的 (d) 中的计算结果相一致？

3.32 说明二阶系统

$$\ddot{y} + 2\zeta\omega_n\dot{y} + \omega_n^2 y = 0, \quad y(0) = y_o, \quad \dot{y}(0) = 0$$

的响应为

$$y(t) = y_o \frac{e^{-\sigma t}}{\sqrt{1 - \zeta^2}} \sin(\omega_d t + \arccos\zeta)$$

证明在欠阻尼情况（$\zeta < 1$）下，输出的振荡响应按照预期（参见图 3.63）的对数衰减率（logarithmic decrement）衰减，即

$$\delta = \ln\frac{y_o}{y_1} = \ln e^{\sigma\tau_d} = \sigma\tau_d = \frac{2\pi\zeta}{\sqrt{1 - \zeta^2}}$$

$$= \ln\frac{\Delta y_1}{y_1} \approx \ln\frac{\Delta y_i}{y_i}$$

其中

$$\tau_d = \frac{2\pi}{\omega_d} = \frac{2\pi}{\omega_n\sqrt{1 - \zeta^2}}$$

是阻尼自振荡周期。对数衰减项的阻尼系数为

$$\zeta = \frac{\delta}{\sqrt{4\pi^2 + \delta^2}}$$

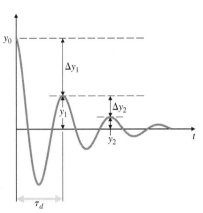

图 3.63 对数衰减率的定义

3.5 节习题：零点和附加极点的影响

3.33 在飞机控制系统中，对于俯仰控制信号（q_c）的理想俯仰响应（q_o），可以用下面的传递函数来描述：

$$\frac{Q_o(s)}{Q_c(s)} = \frac{\tau\omega_n^2(s + 1/\tau)}{s^2 + 2\zeta\omega_n s + \omega_n^2}$$

虽然实际的飞机响应要比该理想传递函数复杂得多，但是该理想模型可用于自动驾驶仪的设计。设 t_r 为期望上升时间，那么

$$\omega_n = \frac{1.789}{t_r}$$

$$\frac{1}{\tau} = \frac{1.6}{t_r}$$

$$\zeta = 0.89$$

请画出当 $t_r = 0.8$ s、1.0 s、1.2 s 和 1.5 s 时的阶跃响应，并说明该理想响应具有较快的调节时间和最小超调量。

3.34 考虑如图 3.64 所示的系统，其中

$$G(s) = \frac{1}{s(s + 3)} \quad \text{和} \quad D(s) = \frac{K(s + z)}{s + p} \tag{3.101}$$

求 K，z 和 p 的值，使闭环系统的阶跃响应具有 10% 超调量和 1.5 s 的调节时间（1% 判断标准）。

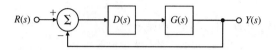

图 3.64　习题 3.34 的单位反馈系统

△3.35　设系统的传递函数为

$$G(s) = \frac{s/2 + 1}{(s/40 + 1)[(s/4)^2 + s/4 + 1]}$$

画出该系统的阶跃响应。基于零极点分布，验证所得的结果（不需要进行反拉普拉斯变换），然后将其与用 MATLAB 得到的阶跃响应进行比较。

3.36　考虑以下的两个非最小相位系统

$$G_1(s) = -\frac{2(s-1)}{(s+1)(s+2)} \tag{3.102}$$

$$G_2(s) = \frac{3(s-1)(s-2)}{(s+1)(s+2)(s+3)} \tag{3.103}$$

(a) 画出 $G_1(s)$ 和 $G_2(s)$ 的单位阶跃响应，特别注意响应的瞬态分量。

(b) 说明这两个与零点分布相关的响应的性能差异。

(c) 考虑一个稳定且合理的系统（即 m 个零点和 n 个极点，其中 $m < n$），用 $y(t)$ 表示系统的阶跃响应。若该响应在刚开始时朝错误方程运动，即该阶跃响应存在负超调，证明当且仅当系统的传递函数在 RHP 中有奇数个实数零点时，稳定且合理的系统才具有负超调。

3.37　求在下列情况下，式(3.57)对应的单位脉冲响应和单位阶跃响应之间的关系。

(a) 重根。

(b) 两个根都是实数。用双曲函数表示你的答案（sinh, cosh），更好地说明系统响应的特点。

(c) 阻尼系数 ζ 是负数。

3.38　考虑下面的带有一个附加极点的二阶系统

$$H(s) = \frac{\omega_n^2 p}{(s+p)(s^2 + 2\zeta\omega_n s + \omega_n^2)}$$

其单位阶跃响应为

$$y(t) = 1 + Ae^{-pt} + Be^{-\sigma t}\sin(\omega_d t - \theta)$$

其中

$$A = \frac{-\omega_n^2}{\omega_n^2 - 2\zeta\omega_n p + p^2}$$

$$B = \frac{p}{\sqrt{(p^2 - 2\zeta\omega_n p + \omega_n^2)(1 - \zeta^2)}}$$

$$\theta = \arctan\frac{\sqrt{1-\zeta^2}}{-\zeta} + \arctan\frac{\omega_n\sqrt{1-\zeta^2}}{p - \zeta\omega_n}$$

(a) 随着 p 增大，在 $y(t)$ 中哪一项将起主导作用？

(b) 当 p 值较小时，给出 A 和 B 的估计值。

(c) 随着 p 值变小，在 $y(t)$ 中哪一项将起主导作用（变小是相对什么而言的）？

(d) 运用上述 $y(t)$ 的详细表达式，或使用 MATLAB 命令 step，令 $\omega_n = 1$，$\zeta = 0.7$，画出当 p 的值从非常小到非常大时，上述系统的阶跃响应曲线，在哪个点上附加极点对系统响应的影响将消失？

3.39　考虑下面的带有一个附加零点的二阶单位直流增益系统

$$H(s) = \frac{\omega_n^2(s+z)}{z(s^2 + 2\zeta\omega_n s + \omega_n^2)}$$

（a）证明系统的单位阶跃响应为

$$y(t) = 1 - \frac{\sqrt{1 + \frac{\omega_n^2}{z^2} - \frac{2\zeta\omega_n}{z}}}{\sqrt{1 - \zeta^2}} e^{-\sigma t} \cos(\omega_d t + \beta_1)$$

其中

$$\beta_1 = \arctan \frac{-\zeta + \frac{\omega_n}{z}}{\sqrt{1 - \zeta^2}}$$

（b）推导出超调量 M_p 的表达式。

（c）如果 M_p 已知，怎样求出 ζ 和 ω_n？

3.40 设计用来保持飞机俯仰姿态角 θ 的自动驾驶仪的方框图，如图 3.65 所示，升降角 δ_e 和俯仰姿态角 θ 之间的传递函数为

$$\frac{\theta(s)}{\delta_e(s)} = G(s) = \frac{50(s+1)(s+2)}{(s^2 + 5s + 40)(s^2 + 0.03s + 0.06)}$$

其中 θ 为俯仰姿态角（单位为度），δ_e 为升降角（单位也为度）。自动驾驶仪控制者根据以下的传递函数用俯仰姿态角误差 e 来调整飞机的升降。

$$\frac{\delta_e(s)}{E(s)} = D(s) = \frac{K(s+3)}{s+10}$$

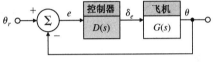

图 3.65 自动驾驶仪的方框图

请运用 MATLAB 求出 θ_r 处有单位阶跃变化时的 K 值，满足系统超调量小于 10%，上升时间少于 0.5 s。对不同的 K 值，观察其阶跃响应，评价一下测量复杂系统的上升时间与超调量的难度。

3.6 节习题：稳定性

3.41 对于不稳定的飞机响应，其不稳定程度的测量指标是：在初始条件不为零时，该飞机时间响应振幅达到稳定时的双倍所需的时间（参见图 3.66）。

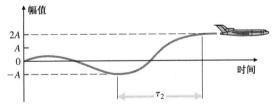

图 3.66 双倍时间

（a）对于一阶系统，说明其双倍时间（time to double）为

$$\tau_2 = \frac{\ln 2}{p}$$

其中 p 为 RHP 中的极点位置。

（b）对于二阶系统（在 RHP 有两个复极点），证明

$$\tau_2 = \frac{\ln 2}{-\zeta\omega_n}$$

3.42 在下列的开环系统中引入单位反馈，试用劳斯判据确定所得的闭环系统是否稳定。

（a）$KG(s) = \frac{4(s+2)}{s(s^3 + 2s^2 + 3s + 4)}$

（b）$KG(s) = \frac{2(s+4)}{s^2(s+1)}$

（c）$KG(s) = \frac{4(s^3 + 2s^2 + s + 1)}{s^2(s^3 + 2s^2 - s - 1)}$

3.43　试用劳斯判据确定下列方程有多少个根具有正实部。

(a) $s^4 + 8s^3 + 32s^2 + 80s + 100 = 0$

(b) $s^5 + 10s^4 + 30s^3 + 80s^2 + 344s + 480 = 0$

(c) $s^4 + 2s^3 + 7s^2 - 2s + 8 = 0$

(d) $s^3 + s^2 + 20s + 78 = 0$

(e) $s^4 + 6s^2 + 25 = 0$

3.44　求 K 的取值范围,以使得下面的多项式的所有根都位于 LHP。

$$s^5 + 5s^4 + 10s^3 + 10s^2 + 5s + K = 0$$

用 MATLAB 在 s 平面内画出该多项式在不同 K 值下的根,并以此来验证上面的结果。

3.45　一个典型的磁带驱动系统的传递函数为

$$G(s) = \frac{K(s+4)}{s[(s+0.5)(s+1)(s^2+0.4s+4)]}$$

其中,时间以毫秒为单位。试用劳斯判据确定 K 的取值范围,以使特征方程为 $1 + G(s) = 0$ 的系统是稳定的。

3.46　考虑如图 3.67 所示的闭环磁悬浮系统,确定使闭环系统稳定的参数范围 (a, K, z, p, K_o)。

3.47　考虑如图 3.68 所示的系统。

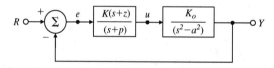

图 3.67　磁悬浮系统

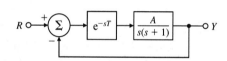

图 3.68　习题 3.47 的控制系统

(a)计算闭环特征方程。

(b)当 (T, A) 为何值时系统稳定? 提示:对于纯时滞,可使用

$$e^{-Ts} \approx 1 - Ts$$

或者

$$e^{-Ts} \approx \frac{1 - \frac{T}{2}s}{1 + \frac{T}{2}s}$$

来求得近似的结果。也可使用 MATLAB(Simulink)软件来对系统进行仿真,以求得对应于不同的 T 和 A 取值时的特征方程根。

3.48　对劳斯判据进行修正,使其能应用于所有极点位于 $-\alpha (\alpha > 0)$ 左边的情况。将该修正后的判据应用于下述多项式

$$s^3 + (6+K)s^2 + (5+6K)s + 5K = 0$$

求出 K 值,使该多项式所有极点的实部均小于 -1。

3.49　设给定的闭环系统的特征多项式为

$$s^4 + (11+K_2)s^3 + (121+K_1)s^2 + (K_1+K_1K_2+110K_2+210)s + 11K_1+100 = 0$$

求出关于增益 K_1 和 K_2 的约束条件,以保证闭环系统稳定,并画出在 (K_1, K_2) 平面上的允许区域。最好用计算机来求解该问题。

3.50　冬天暴风雪天气里,空中的电力线上覆盖冰雪之后,有时会有低频大振幅的垂直振荡。有风时,线上的冰受到空气升力和拉力作用,从而使电力线有多达上下几米的振荡,这快速、大振幅的波动能引起导体间碰撞,而且其对电力线支架巨大的运动负荷将会对支架造成结构性破坏,这些影响都会导致电力供应中断。设导线为刚性的电缆,只能垂直运动,且用弹簧减震悬挂着,如图 3.69 所示。该导体振动的简单模型为

$$m\ddot{y} + \frac{D(\alpha)\dot{y} - L(\alpha)v}{(\dot{y}^2 + v^2)^{1/2}} + T\left(\frac{n\pi}{\ell}\right)y = 0$$

其中：

m 为导体质量

y 为导体垂直位移

D 为空气拉力

L 为空气升力

v 为风速

α 为空气动力迎角 $= \arctan(\dot{y}/v)$

T 为导体张力

n 为谐波频率数

ℓ 为导体长度

设 $L(0) = 0$ 和 $D(0) = D_0$（常数），将该方程在 $y = \dot{y} = 0$ 附近进行线性化，用劳斯稳定判据说明当 $\frac{\partial L}{\partial \alpha} + D_0 < 0$ 时，电缆存在振动。

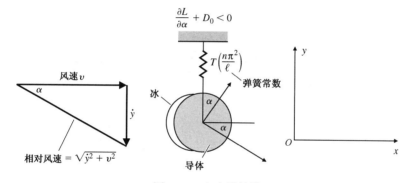

图 3.69　电力线导线

第4章　反馈分析的基本概念

反馈分析简介

　　在接下来的三章中，我们将介绍用于控制器设计的三种方法。在学习这些设计方法之前，开发一些将来会用到的假设和推导一些适合于三种设计方法将要用到的公用方程，是非常有用的。一般来说，对于一个施加了控制信号的系统，其动态特性是非线性的，并且是很复杂的。然而，在最初的分析中，会假设受控对象和控制器可以表示成线性时不变的动态系统。我们还假设它们是单输入单输出的，因此，在大多数情况下，它们可以被表示成一个简单的标量传递函数。正如第1章已提到的，对于控制系统，主要研究其稳定性

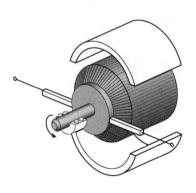

（stability）、跟踪性（tracking）、校正性（regulation）和灵敏度（sensitivity）。在本章中，分析的目的是回顾线性动态系统中的这些需求，推导出揭示控制约束条件、满足控制系统基本目标的方程。

　　用于实现控制的两种基本结构是：开环控制结构（如图4.1所示）和闭环控制结构（如图4.2所示），闭环控制也被称为反馈控制。开环控制的定义，是指没有使得输出影响控制的闭合回路。在如图4.1所示的结构中，在参考输入信号施加给受控对象之前，控制器传递函数对其进行了修改校正。控制器可以抵消受控对象不需要的动态特性，并用控制器的更为理想的动态特性取而代之。随着环境的变化，在对受控对象采用开环控制的其他情况下，可以通过校准来获得好的响应，但这个操作与实际响应的测量无关。例如，飞机自动驾驶仪的参数会随着高度或者速度的变化而变化，但与飞机的运动状态反馈无关。另一方面，反馈控制使用传感器来测量系统输出，并通过反馈直接改变系统的动态特性。尽管反馈也可能使稳定系统变得不稳定（恶性循环），但它赋予了设计者在设计过程中更多的灵活性，并且和开环控制相比，反馈控制具有更好的响应。

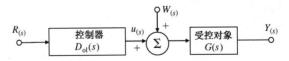

图4.1　开环控制系统（显示参考输入 R、控制 U、扰动 W 和输出 Y）

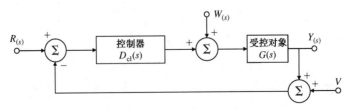

图4.2　闭环控制系统（参考输入 R、控制 U、扰动 W、输出 Y 和传感器噪声 V）

全章概述

本章首先介绍简单的开环结构和基本的反馈结构的基础方程。4.1 节介绍了两种结构的一般形式方程,并在稳定性、跟踪性、校正性和灵敏度方面依次对它们做了比较。4.2 节更详细地分析了对于多项式输入响应的稳态误差。作为稳态性能的一种表达方式,控制系统通常根据系统所能跟随的输入多项式的最高阶数来分型(type)。这里的跟随,是指系统在该输入作用下的稳态误差是一个有限的常数。对于每种类型的系统,需要定义合适的误差常量,这有助于设计者方便地计算误差值。

尽管麦克斯韦和劳斯(Routh)发展了确定反馈系统稳定性的数学基础,但是早期控制器的设计还是基于经验的试错法。基于这个传统,于是出现了几乎通用的控制器,即在 4.3 节中要介绍的 PID(proportional-integral-derivative)结构。这种装置由三部分组成:用于形成闭环反馈回路的比例项、用于保证对定常参考输入和扰动输入的误差为零的积分项、用于改善(或者实现)系统稳定性和良好动态响应的微分项。4.3 节将介绍这几项,并分析它们各自的作用。作为 PID 控制器设计的演变部分,一个主要的步骤就是通过一个简单的方法来选择三个合适的参数,这个过程被称为控制器的参数整定。齐格勒和尼科尔斯开发和发布了一组实验,测量所得的特征值,以及最终得到的参数值。这些方法将在 4.3 节进行讨论。最后,在选读的 4.4 节中,简要地介绍了越来越普遍使用的数字控制器的实现方法。关于时域响应对参数变化的灵敏度,将在网上的附录 W4 中进行讨论。

4.1 控制系统的基本方程

首先介绍一些基本的方程和传递函数,它们在本书的后面章节中将会用到。对于如图 4.1 所示的开环控制系统,如果扰动是在受控对象的输入端引入的,那么输出为

$$Y_{ol} = GD_{ol}R + GW \tag{4.1}$$

并且,系统输出和参考输入之间的偏差为

$$E_{ol} = R - Y_{ol} \tag{4.2}$$

$$= R - [GD_{ol}R + GW] \tag{4.3}$$

$$= [1 - GD_{ol}]R - GW \tag{4.4}$$

在这个例子中,开环传递函数是 $T_{ol}(s) = G(s)D_{ol}(s)$。

对于反馈控制,图 4.2 给出了我们感兴趣的基本的单位反馈结构。它有三个外部输入:参考输入 R,这是需要输出跟踪的;受控对象扰动信号 W,这是需要控制来消除的,从而避免对输出产生干扰;传感器噪声 V,我们可以假设其可以忽略不计。

对于如图 4.2 所示的反馈方框图,输出方程和控制方程分别为三个输入单独作用的响应的叠加和,即

$$Y_{cl} = \frac{GD_{cl}}{1 + GD_{cl}}R + \frac{G}{1 + GD_{cl}}W - \frac{GD_{cl}}{1 + GD_{cl}}V \tag{4.5}$$

$$U = \frac{D_{cl}}{1 + GD_{cl}}R - \frac{GD_{cl}}{1 + GD_{cl}}W - \frac{D_{cl}}{1 + GD_{cl}}V \tag{4.6}$$

更为重要的是系统的误差方程,$E_{cl} = R - Y_{cl}$。

$$E_{cl} = R - \left[\frac{GD_{cl}}{1 + GD_{cl}}R + \frac{G}{1 + GD_{cl}}W - \frac{GD_{cl}}{1 + GD_{cl}}V \right] \tag{4.7}$$

$$= \frac{1}{1 + GD_{\mathrm{cl}}} R - \frac{G}{1 + GD_{\mathrm{cl}}} W + \frac{GD_{\mathrm{cl}}}{1 + GD_{\mathrm{cl}}} V \tag{4.8}$$

在本例中,闭环传递函数为 $T_{\mathrm{cl}} = \dfrac{GD_{\mathrm{cl}}}{1 + GD_{\mathrm{cl}}}$。

通过这些方程,可以得到适用于开环控制和闭环控制的四个基本的目标:稳定性、跟踪性、校正性和灵敏度。

4.1.1　稳定性

正如在第 3 章看到的,系统的稳定条件可以简要地表述为:传递函数的所有极点必须位于 s 平面的左半平面(LHP)。在如式(4.1)所示的开环情况下,这些就是 GD_{ol} 的极点。为了找出对控制器有关要求的限制条件,我们定义多项式 $a(s)$、$b(s)$、$c(s)$ 和 $d(s)$,于是有 $G(s) = \dfrac{b(s)}{a(s)}$ 和 $D_{\mathrm{ol}}(s) = \dfrac{c(s)}{d(s)}$。因此,$GD_{\mathrm{ol}} = \dfrac{bc}{ad}$。根据这些定义,稳定性条件是 $a(s)$ 和 $d(s)$ 在右半平面(RHP)都没有根。天真的工程师可能会认为,如果一个系统由于 $a(s)$ 在右半平面有一个根而不稳定,那么系统可以使用 $c(s)$ 的一个零点来抵消该极点,使系统变得稳定。但是这个不稳定的根依然存在,并且轻微的噪声或扰动都将引起输出不断增大,直到饱和或者系统崩溃。类似地,如果由于 $b(s)$ 在 RHP 有一个零点,而使系统响应很差,则使用 $d(s)$ 的一个根来抵消这个零点的办法也将会导致系统的不稳定。我们得出结论,开环结构不能用来使一个不稳定的受控对象变得稳定。因此,如果受控对象已经是不稳定的,那么开环结构是不能使用的。

对于反馈系统,从式(4.8)可以知道,系统的极点是 $1 + GD_{\mathrm{cl}} = 0$ 的根。再次使用上面定义的多项式,可以得到系统的特征方程为

$$1 + GD_{\mathrm{cl}} = 0 \tag{4.9}$$

$$1 + \frac{b(s)c(s)}{a(s)d(s)} = 0 \tag{4.10}$$

$$a(s)d(s) + b(s)c(s) = 0 \tag{4.11}$$

从这个方程中可以清楚地看到,相对于开环结构,采用反馈结构允许控制器的设计更加自由。但是必须避免由于零极点抵消而产生不稳定系统的情况。比如,如果 $a(s)$ 在 RHP 有一个根,使系统不稳定,我们可以通过把 $c(s)$ 的一个零点放在同样的位置来抵消这个极点。然而,式(4.11)表明,造成系统不稳定的极点仍然存在,这种方法是无效的。但是,不同于开环结构的情况,$a(s)$ 在右半平面存在一个根并不影响我们设计一个使系统稳定的反馈控制器。例如在第 2 章中,我们得到了倒立摆的传递函数,令 $b(s) = 1$,$a(s) = s^2 - 1 = (s+1)(s-1)$,则 $G(s) = \dfrac{1}{s^2 - 1}$。假设令 $D(s) = \dfrac{K(s+\gamma)}{s+\delta}$,那么,得到系统的特征方程为

$$(s+1)(s-1)(s+\delta) + K(s+\gamma) = 0 \tag{4.12}$$

这就是麦克斯韦在研究调速器时所面临的问题,即在参数满足什么情况时,方程的所有根都在 LHP 上。劳斯解决了这个问题。在这里,一个简单的解是 $\gamma = 1$,这样就抵消了稳定的极点,得到了一个二阶的方程。通过求解该方程,可以把剩下的两个极点置于任何位置。

练习:如果希望使特征方程为 $s^2 + 2\zeta\omega s + \omega^2 = 0$,求出 K 和 δ 关于 ζ 和 ω 的表达式。

4.1.2　跟踪性

跟踪问题，就是使输出尽可能地跟随参考输入。在开环的情形下，如果受控对象稳定，并且在 RHP 上没有极点和零点，在理论上可以选择一个能抵消受控对象传递函数的控制器，并且能够代替所希望的所有传递函数。但是，这里有三个约束条件。第一，为了能够在物理上实现，控制器的传递函数必须要合适，也就是说零点的个数不能比极点的个数多。第二，不能使响应速度快得不切实际。假设受控对象是线性的，快速响应要求受控对象有足够大的输入信号。如果要求响应过快，则系统肯定会饱和。因此，我们需要知道受控对象的限制，然后根据限制，使得设计的整个系统的传递函数的取值合理。第三，即使在理论上可以稳定地消去 LHP 上的任何极点，但是在下一节对灵敏度的介绍中可以看到，鉴于受控对象传递函数受变化的影响，消去 LHP 上的一个极点将会导致很严重的后果，因为极点的微小移动也会导致系统产生不可接受的瞬态响应。

练习：一个受控对象的传递函数是 $\dfrac{1}{s^2+3s+9}$，把一个控制器加入单位反馈系统中，控制器传递函数为 $\dfrac{c_2s^2+c_1s+c_0}{s(s+d_1)}$。确定该控制器的参数，使闭环回路的特征方程为 $(s+6)(s+3)(s^2+3s+9)=0$[①]。

{答案：$c_2=18$，$c_1=54$，$c_0=162$，$d_1=9$}

练习：在上个练习中，如果系统的参考输入是幅值为 A 的阶跃信号，则证明稳态误差为 0。

4.1.3　校正性

校正性问题，就是当参考输入为常数并且有干扰时使误差保持较小。首先观察开环结构方框图，可以看出，控制器完全不影响系统对扰动（w 或 v）的响应，因此校正对这个结构是完全没用的。然后再观察反馈的情形。从式（4.8）可看出，在寻找最优控制器方面，w 和 v 是矛盾的。例如，受控对象的干扰对系统误差有影响的一项是 $\dfrac{G}{1+GD_{\mathrm{cl}}}W$。为了使这一项尽量小，应该使 D_{cl} 尽可能大。另一方面，关于传感器噪声的误差项是 $\dfrac{GD_{\mathrm{cl}}}{1+GD_{\mathrm{cl}}}V$。在这种情况下，如果 D_{cl} 太大，这个传递函数将近似为 1，传感器噪声完全没有减弱。观察到这几项都是关于频率的函数，所以干扰可能在一些频率处很大，而在其他频率处很小。大部分的干扰出现在频率很小的位置。在一般的极端情况下，干扰将出现在零频率处。另一方面，一个理想的传感器，可以在所有小频率的范围内有极少的噪声。利用这个信息，可以使设计的控制器传递函数在低频处尽可能大，这将减小 w 的影响；使控制器传递函数在高频处尽可能小，这将减小高频传感器噪声的影响。必须考虑在每种情况下频率范围内的最好位置，使其能够跨越从大到小的范围。

练习：证明如果 w 是一个定值，并且 D_{cl} 在 $s=0$ 处有一个极点，那么关于 w 的误差就是 0。如果 G 在 $s=0$ 处有一个极点，干扰量对误差没有影响。

---

① 　这个过程被称为"极点配置"。在第 7 章将会讨论这种方法。

4.1.4 灵敏度

假设受控对象的增益在工作中偏离了它的初始设定值 G，变成了 $G + \delta G$，以分数的形式表示，即偏离了 $\delta G/G$。假设开环控制器的增益固定为 $D_{ol}(0)$。因此标称的总增益为 $T_{ol} = GD_{ol}$，而实际上系统的总增益为

$$T_{ol} + \delta T_{ol} = D_{ol}(G + \delta G) = D_{ol}G + D_{ol}\delta G = T_{ol} + D_{ol}\delta G$$

这样，增益变化量为 $\delta T_{ol} = D_{ol}\delta G$。传递函数 $\mathcal{S}_G^T$ 对于受控对象增益 G 的灵敏度 $\dfrac{\delta T_{ol}}{T_{ol}}$，可以定义为 T_{ol} 的变化率。对于假设的 G 的变化量，我们计算 $\delta T_{ol}/T_{ol}$。用公式表示为

$$\mathcal{S}_G^T = \frac{\dfrac{\delta T_{ol}}{T_{ol}}}{\dfrac{\delta G}{G}} \tag{4.13}$$

$$= \frac{G}{T_{ol}}\frac{\delta T_{ol}}{\delta G} \tag{4.14}$$

代入取值，得到

$$\frac{\delta T_{ol}}{T_{ol}} = \frac{D_{ol}\delta G}{D_{ol}G} = \frac{\delta G}{G} \tag{4.15}$$

上式表明，G 值 10% 的偏差将会导致 T_{ol} 有 10% 的偏差。因此，对于开环系统，我们可以计算 $\mathcal{S} = 1$。

从式(4.5)可知，在反馈系统中，考虑参数 G 具有同样的变化量，得到新的稳态反馈增益为

$$T_{cl} + \delta T_{cl} = \frac{(G + \delta G)D_{cl}}{1 + (G + \delta G)D_{cl}}$$

式中 T_{cl} 表示闭环增益。运用微积分学的微分知识，直接计算闭环增益的灵敏度。闭环稳态增益为

$$T_{cl} = \frac{GD_{cl}}{1 + GD_{cl}}$$

又因为变量的一阶微分和变量的一阶导数成正比，于是

$$\delta T_{cl} = \frac{\mathrm{d}T_{cl}}{\mathrm{d}G}\delta G$$

由式(4.13)得出灵敏度的通用表达式为

$$\mathcal{S}_G^{T_{cl}} \triangleq T_{cl} \text{ 的灵敏度随着 } G \text{ 的响应而变化}$$

$$\mathcal{S}_G^{T_{cl}} \triangleq \frac{G}{T_{cl}}\frac{\mathrm{d}T_{cl}}{\mathrm{d}G} \tag{4.16}$$

因此

$$\mathcal{S}_G^{T_{cl}} = \frac{G}{GD_{cl}/(1 + GD_{cl})}\frac{(1 + GD_{cl})D_{cl} - D_{cl}(GD_{cl})}{(1 + GD_{cl})^2}$$

$$= \frac{1}{1 + GD_{cl}} \tag{4.17}$$

这个结果，表明了反馈的一个主要优点[1]：

---

[1]　伯德提出了反馈的灵敏度理论和许多其他的性质，并定义灵敏度为 $S = 1 + GD$，是我们所使用公式的倒数。

在反馈控制中，总的传递函数增益的误差对于受控对象增益变化，没有开环控制增益的误差那么灵敏，只有开环控制增益的误差的 $\mathcal{S} = \dfrac{1}{1 + DG}$。

如果闭环增益满足 $1 + DG = 100$，那么受控对象增益 G 变化 10% 仅会引起闭环系统的稳态增益变化 0.1%。在闭环增益为 100 的情况下，开环控制器对受控对象增益变化的影响要比闭环系统敏感 100 倍。单位反馈情形的例子非常普遍，我们将把式（4.17）的结果看成灵敏度 $\mathcal{S}$，而无须加注上标或者下标。

迄今为止，不管是参考输入还是干扰输入，本节的结果都是在输入信号为常量的情况下计算得到的。事实上，如果参考输入或干扰输入的信号是正弦信号，那么也会得到类似的结果。这一点非常重要，因为有些时候这种信号会很自然产生，例如电子系统就很容易受到电力线 60 Hz 的工频干扰。而且，更为复杂的信号也可以看成由一定频带内的正弦信号叠加而成，这样就可以利用叠加原理一次一个频率地对系统进行分析。例如，我们知道人耳所能听到的声音大约在 60 ~ 15 000 Hz 范围内。因此，一个高保真的音频系统，其反馈放大器和扩音器必须能够精确地跟随在这一频带内的所有正弦信号。在如图 4.2 所示的反馈系统中，假设控制器的传递函数为 $D(s)$，被控过程的传递函数为 $G(s)$，那么对于频率为 ω_o 的正弦信号，系统的稳态开环增益为 $|D(j\omega_o)G(j\omega_o)|$，整个反馈系统的误差为

$$|E(j\omega_o)| = |R(j\omega_o)| \left| \frac{1}{1 + G(j\omega_o)D(j\omega_o)} \right| \tag{4.18}$$

这样，当输入信号是频率为 ω_o 的正弦信号时，要把误差减小到 1%，必须令 $|1 + DG| \geq 100$ 或近似为 $|D(j\omega_o)G(j\omega_o)| \geq 100$。因此，一个好的音频放大器，必须在 $2\pi 60 \leq \omega \leq 2\pi 15\,000$ 的范围内满足这个闭环增益。在第 6 章讲述基于频域响应的设计方法时，会再次涉及这个概念。

滤波应用

到目前为止，我们的分析是基于最简单的开环和闭环结构，而更一般的例子包括在输入端和传感器处的动态滤波器。滤波器开环结构，如图 4.3 所示，其传递函数为 $T_{ol} = GD_{ol}F$。在这种情况下，开环控制器的传递函数可以简单地用 DF 来代替，对于无滤波的开环情形的讨论，也适用这种变化。

图 4.3 滤波的开环系统

在如图 4.4 所示的带有滤波器的反馈情形下，这些变化显得更有意义。这种情况下，系统输出的变换为

$$Y = \frac{GD_{cl}F}{1 + GD_{cl}H}R + \frac{G}{1 + GD_{cl}H}W - \frac{HGD_{cl}}{1 + GD_{cl}H}V \tag{4.19}$$

从上式可以明显地知道，传感器的动态响应 H 是闭环传递函数的一部分，在稳定性问题中用 $D_{cl}H$ 代替单位反馈时的 D_{cl}。如果 $F = H$，相对于稳定、跟踪和校正，滤波的情况相当于单位反馈情形中用 $D_{cl}H$ 代替 D_{cl}。滤波器的传递函数 F 可以看成开环的控制器，除非 F 被用来改变

整个闭环的传递函数 $\dfrac{GD_{cl}}{1+GD_{cl}H}$，而不只是 GD_{ol}。因此，滤波的闭环结构综合了开环和单位反馈闭环情形的优良特点。控制器 D_{cl} 可以在有干扰 W 和传感器噪声 V 时有效地控制系统，滤波器 F 可用来提高跟踪精度。如果传感器的动态响应 H 比较好，这一项也可以用来改善对传感器噪声的响应。剩下的问题是灵敏度。

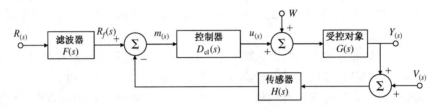

图 4.4　滤波的闭环系统(R 为参考输入、U 为控制、Y 为输出、V 为传感器噪声)

利用式(4.13)，可以计算我们感兴趣的参数变化

$$\mathcal{S}_F^{T_{cl}} = 1.0 \tag{4.20}$$

$$\mathcal{S}_G^{T_{cl}} = \frac{1}{1+GD_{cl}H} \tag{4.21}$$

$$\mathcal{S}_H^{T_{cl}} = -\frac{GD_{cl}H}{1+GD_{cl}H} \tag{4.22}$$

最后一个公式是最有趣的。注意，对于 H，当闭环的增益增大时，灵敏度趋近于1。尤为重要的是，对于传感器的传递函数，不仅噪声要小，而且增益要稳定。这样，传感器的费用是很值得的。

4.2　对于多项式输入的稳态误差控制：系统类型

在研究调节器问题中，假设参考输入是常数。大多数受控对象的干扰也是常量。在一般的跟踪问题中，参考输入通常保持一段时间不变，或者可以充分地近似为关于时间的多项式，通常是一个低阶多项式。例如，当一个天线装置正在跟踪一颗人造卫星发射升空时的仰角时，随着人造卫星逐渐接近顶部，天线运动的时域记录将是一条 S 形的曲线，如图 4.5 所示。相对于伺服机械系统的响应速度，大部分时间内，该信号可以近似为关于时间的线性函数(称为斜坡函数或速度输入)。又例如，在电梯的位置控制中，使用斜坡函数作为参考输入，用来控制电梯以恒定的速度移动到下一个楼层。而在很少的情况下，系统的输入还可以近似为具有恒定加速度的函数。本节研究的就是稳定系统在多项式输入作用下的稳态误差。

作为关于多项式输入的稳态误差的研究内容之一，需要选用一个术语来表示这些结果。例如，根据系统能够合理跟踪的多项式的阶数，将系统分成不同的类型(type)。比如，能够跟踪一次多项式且稳态误差为常数的系统，就被称为 1 型系统(Type 1)。此外，为了量化跟踪误差，定义了几个"误差常数"(error constant)。在接下来的所有分析中，假设系统都是稳定的，否则对系统的分析是没有意义的。

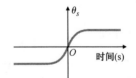

图 4.5　跟踪人造卫星的信号

4.2.1　对于跟踪的系统类型

在如图 4.2 所示的单位反馈的情形中，系统误差由式(4.8)给出。如果只考虑跟踪参考输入信号，并令 $W = V = 0$，那么，关于误差的方程可以简化为

$$E = \frac{1}{1 + GD_{\text{cl}}}R = \mathcal{S}R \tag{4.23}$$

为了研究多项式输入信号，设 $r(t) = \dfrac{t^k}{k!}1(t)$，其拉普拉斯变换为 $R = \dfrac{1}{s^{k+1}}$。我们将机械系统作为通用参考术语的基础，将阶跃输入(即 $k = 0$)称为"位置"输入；将斜坡输入(即 $k = 1$)称为"速度"输入；将 $k = 2$ 时的输入称为"加速度"输入，这些都不用考虑各种实际信号的单位。对误差方程应用终值定理，得到

$$\lim_{t \to \infty} e(t) = e_{\text{ss}} = \lim_{s \to 0} sE(s) \tag{4.24}$$

$$= \lim_{s \to 0} s\frac{1}{1 + GD_{\text{cl}}}R(s) \tag{4.25}$$

$$= \lim_{s \to 0} s\frac{1}{1 + GD_{\text{cl}}}\frac{1}{s^{k+1}} \tag{4.26}$$

首先考虑这样的一个系统，其闭环增益 GD_{cl} 在原点处没有极点，令输入信号为阶跃函数，即 $R(s) = \dfrac{1}{s}$。因而，$r(t)$ 是一个零阶的多项式，由式(4.26)可以推导出

$$e_{\text{ss}} = \lim_{s \to 0} s\frac{1}{1 + GD_{\text{cl}}}\frac{1}{s} \tag{4.27}$$

$$= \frac{1}{1 + GD_{\text{cl}}(0)} \tag{4.28}$$

因此，定义这个系统为 0 型系统，定义常数 $GD_{\text{cl}}(0) \triangleq K_p$ 为"位置误差常数"。注意，如果输入是高于一阶的多项式，那么误差将会无限制地增长。0 型系统能跟踪的最高阶数为 0 的多项式。如果 $GD_{\text{cl}}(s)$ 在原点处有一个极点，我们可以继续这个思路，考虑一阶多项式输入，但是最直接的方法是使用式(4.26)。对于这种情况，需要描述控制器和受控对象在 s 趋近于 0 时的行为。出于这个目的，可以将除原点处的极点 (s) 以外的所有因式集成为一个函数 $GD_{\text{clo}}(s)$，则该函数在 $s = 0$ 处是有限的。因此，可以定义常数 $GD_{\text{clo}}(0) = K_n$，将闭环传递函数写为

$$GD_{\text{cl}}(s) = \frac{GD_{\text{clo}}(s)}{s^n} \tag{4.29}$$

例如，如果 GD_{cl} 没有积分器，那么 $n = 0$。如果系统有一个积分器，那么 $n = 1$。以此类推。将式(4.29)代入式(4.26)，得到

$$e_{\text{ss}} = \lim_{s \to 0} s\frac{1}{1 + \dfrac{GD_{\text{clo}}(s)}{s^n}}\frac{1}{s^{k+1}} \tag{4.30}$$

$$= \lim_{s \to 0} \frac{s^n}{s^n + K_n}\frac{1}{s^k} \tag{4.31}$$

从这个方程中可以看出，如果 $n > k$，则 $e = 0$；如果 $n < k$，则 $e \to \infty$。如果 $n = k = 0$，则 $e_{\text{ss}} = \dfrac{1}{1 + K_0}$；如果 $n = k \neq 0$，则 $e_{\text{ss}} = \dfrac{1}{K_n}$。当 $n = k = 0$ 时，输入为零阶多项式，或者被称为阶跃输入或

位置输入，常数 K_0 被称为"位置误差常数"，写为 K_p，系统输入类型为 0 型。当 $n = k = 1$ 时，系统输入是一阶多项式，或者被称为斜坡输入或速度输入，常数 K_1 被称为"速度误差常数"，写为 K_v，系统输入类型为 1 型。同理，可以定义 2 型系统甚至更高类型的系统。为更清晰起见，1 型系统的输入为斜坡信号时的情况如图 4.6 所示。在图中，输入与输出之间的误差 $\dfrac{1}{K_v}$ 已明确标出。

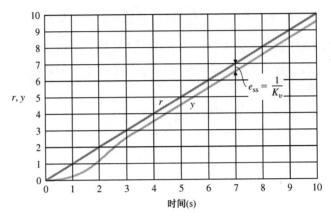

图 4.6　斜坡响应和 K_v 之间的关系

使用式(4.29)，可以将这些结果总结为以下的公式：

$$K_p = \lim_{s \to 0} GD_{\text{cl}}(s), \qquad n = 0 \tag{4.32}$$

$$K_v = \lim_{s \to 0} sGD_{\text{cl}}(s), \qquad n = 1 \tag{4.33}$$

$$K_a = \lim_{s \to 0} s^2 GD_{\text{cl}}(s), \qquad n = 2 \tag{4.34}$$

各型系统信息可以整理在一个误差表格中，这是关于输入多项式阶数和系统类型的函数，如表 4.1 所示。

表 4.1　关于类型系统函数的误差

类 型　输 入	阶跃(位置)	斜坡(速度)	抛物线(加速度)
0 型	$\dfrac{1}{1 + K_p}$	∞	∞
1 型	0	$\dfrac{1}{K_v}$	∞
2 型	0	0	$\dfrac{1}{K_a}$

例 4.1　用于速度控制的系统类型

对于使用比例反馈($D(s) = k_p$)的速度控制，确定系统的类型以及相关的误差常数。受控对象传递函数为 $G = \dfrac{A}{\tau s + 1}$。

解：根据题意，$GD_{\text{cl}} = \dfrac{k_p A}{\tau s + 1}$。应用式(4.32)，可得 $n = 0$，因为闭环传递函数在 $s = 0$ 处没有极点。因此，该系统为 0 型系统，误差常数属于位置误差常数，其值为 $K_p = k_p A$。

例 4.2　用于积分控制的系统类型

对于速度控制的例子，采用 PI 反馈，控制器传递函数为 $D_c = k_p + \dfrac{k_I}{s}$。受控对象的传递函数为 $G = \dfrac{A}{\tau s + 1}$。试确定系统的类型以及相关的误差常数。

解： 根据题意，闭环传递函数为 $GD_{cl}(s) = \dfrac{A(k_p s + k_I)}{s(\tau s + 1)}$。因为系统是单位反馈系统，并且在 $s = 0$ 处有一个极点，所以系统类型属于 1 型。由式（4.33）可得，系统的速度误差常数为 $K_v = \lim_{s \to 0} sGD_{cl}(s) = Ak_I$。

系统类型的定义有助于快速区分系统跟随各种多项式输入信号的能力。在单位反馈的结构中，如果一个 1 型系统的过程参数发生了变化，而在原点处的系统极点并没有消去，那么系统的速度误差常数会随之变化，但是对于恒定输入，系统响应的稳态误差将仍然是零，系统还属于 1 型系统。对于 2 型系统或更高型的系统也有相似的结论。这样，可以说，对于单位反馈结构的系统，系统类型是一种与参数变化有关的鲁棒特性（robust property）。鲁棒特性是我们更喜欢单位反馈而不是其他类型控制结构的主要原因。

另一种计算误差常数的方法是，直接运用闭环传递函数 $T(s)$。由图 4.4 得到包括传感器传递函数的传递函数为

$$\frac{Y(s)}{R(s)} = T(s) = \frac{GD}{1 + GDH} \tag{4.35}$$

其系统误差为

$$E(s) = R(s) - Y(s) = R(s) - T(s)R(s)$$

因而，得到参考输入到误差的传递函数为

$$\frac{E(s)}{R(s)} = 1 - T(s)$$

其系统误差的拉普拉斯变换为

$$E(s) = [1 - T(s)]R(s)$$

假设应用终值定理所需的条件是满足的，也就是说，$sE(s)$ 的极点均在左半 s 平面。于是，应用终值定理得到系统的稳态误差为

$$e_{ss} = \lim_{t \to \infty} e(t) = \lim_{s \to 0} sE(s) = \lim_{s \to 0} s[1 - T(s)]R(s) \tag{4.36}$$

如果以 k 阶多项式信号作为测试输入，那么误差的 s 域变换为

$$E(s) = \frac{1}{s^{k+1}}[1 - T(s)]$$

再次应用终值定理，得到系统的稳态误差为

$$e_{ss} = \lim_{s \to 0} s \frac{1 - T(s)}{s^{k+1}} = \lim_{s \to 0} \frac{1 - T(s)}{s^k} \tag{4.37}$$

在式（4.37）中，极限值的计算结果可能是 0、非零常数或者是无穷大。如果式（4.37）的解是非零常数，则系统被称为是 k 型的。注意，1 型或更高类型的闭环直流增益是 1.0，这意味着 $T(0) = 1$。

例 4.3　使用转速表反馈的伺服系统的系统类型

考虑一个电动机位置控制的问题。该系统在电动机的转动轴上安装了一个测速器，将测

速器的输出电压(与转动轴的转动速度成正比)作为控制的一部分反馈到控制器,因此系统反馈不是单位反馈。各参数如下:

$$G(s) = \frac{1}{s(\tau s + 1)}$$

$$D(s) = k_p$$

$$H(s) = 1 + k_t s$$

$$F(s) = 1$$

试确定在参考输入下系统的类型以及相关的误差常数。

解: 系统误差为

$$
\begin{aligned}
E(s) &= R(s) - Y(s) \\
&= R(s) - \mathcal{T}(s)R(s) \\
&= R(s) - \frac{DG(s)}{1 + HDG(s)}R(s) \\
&= \frac{1 + (H(s) - 1)DG(s)}{1 + HDG(s)}R(s)
\end{aligned}
$$

由式(4.37)得出系统稳态误差

$$e_{ss} = \lim_{s \to 0} sR(s)[1 - \mathcal{T}(s)]$$

当参考输入为多项式形式时,$R(s) = 1/s^{k+1}$,因此

$$
\begin{aligned}
e_{ss} &= \lim_{s \to 0} \frac{[1 - \mathcal{T}(s)]}{s^k} = \lim_{s \to 0} \frac{1}{s^k} \frac{s(\tau s + 1) + (1 + k_t s - 1)k_p}{s(\tau s + 1) + (1 + k_t s)k_p} \\
&= 0, \qquad k = 0 \\
&= \frac{1 + k_t k_p}{k_p}, \quad k = 1
\end{aligned}
$$

由上可得,系统属于1型系统,速度误差常数为 $K_v = \dfrac{k_p}{1 + k_t k_p}$。注意到如果 $k_t > 0$,速度误差常数将会比单位反馈时的误差常数 k_p 小。因此可以得出结论:如果应用速度反馈来改善系统的动态响应,则会增大系统的稳态误差。

4.2.2 用于校正和干扰抑制的系统类型

与参考输入作用的分类方法相类似,可以根据系统抑制干扰输入的能力对系统进行类型划分。从干扰输入 $W(s)$ 到误差 $E(s)$ 的传递函数是

$$\frac{E(s)}{W(s)} = \frac{-Y(s)}{W(s)} = T_w(s) \tag{4.38}$$

因为如果参考输入为零时,那么系统的输出就是误差,与参考输入作用相类似,如果阶跃干扰输入导致系统的稳态误差为非零常数,那么系统就属于0型系统。如果斜坡干扰输入导致系统误差的稳态值为非零常数,那么系统就属于1型系统。与推导式(4.31)的过程相似,假设定义常数 n 以及函数 $T_{o.w}(s)$,并令其满足 $T_{o.w}(0) = \dfrac{1}{K_{n.w}}$,则干扰到误差的传递函数可以写成

$$T_w(s) = s^n T_{o,w}(s) \tag{4.39}$$

于是，系统对 k 次多项式的干扰输入的稳态误差为

$$y_{ss} = \lim_{s \to 0} \left[s T_w(s) \frac{1}{s^{k+1}} \right]$$
$$= \lim_{s \to 0} \left[T_{o,w}(s) \frac{s^n}{s^k} \right]$$

(4.40)

根据式(4.40)，如果 $n > k$，那么误差为 0；如果 $n < k$，则误差将会发散；如果 $n = k$，则系统类型为 k，误差由 $\dfrac{1}{K_{n,w}}$ 给出。

例 4.4　用于直流电动机位置控制的系统类型

如图 4.7 所示，这是一个直流电动机的简化模型，使用单位反馈，其中干扰转矩记为 $W(s)$。这已在例 2.11 中讨论过。

(a) 采用比例控制器

$$D(s) = k_p \qquad (4.41)$$

确定在干扰输入作用下系统的类型以及稳态误差特性。

(b) 假设控制器的传递函数为

$$D(s) = k_p + \frac{k_I}{s} \qquad (4.42)$$

确定系统对干扰输入的类型以及稳态误差特性。

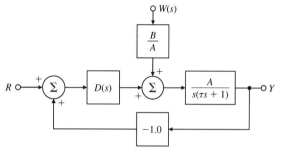

图 4.7　有单位反馈的直流电动机

解：(a) 从 W 到 E(其中 $R = 0$) 的闭环传递函数为

$$T_w(s) = \frac{-B}{s(\tau s + 1) + A k_p}$$
$$= s^0 T_{o,w}$$
$$n = 0$$
$$K_{o,w} = \frac{-A k_p}{B}$$

根据式(4.40)，可以知道系统属于 0 型系统，对单位阶跃的转矩输入的稳态误差是 $e_{ss} = \dfrac{-B}{A k_p}$。根据前面章节的知识，该系统对参考输入属于 1 型系统。这个例子说明，对于不同的输入(参考输入或干扰输入)，同一个系统的类型是不同的。

(b) 对于该控制器，干扰误差传递函数是

$$T_w(s) = \frac{-Bs}{s^2(\tau s + 1) + (k_p s + k_I) A} \qquad (4.43)$$

$$n = 1 \qquad (4.44)$$

$$K_{n,w} = \frac{A k_I}{-B} \qquad (4.45)$$

因此，系统是 1 型系统，对单位斜坡干扰输入的误差是

$$e_{ss} = \frac{-B}{A k_I} \qquad (4.46)$$

用于误差常数的 Truxal 公式

Truxal(1955)推导出一种根据闭环系统的零点和极点来计算 1 型系统的速度误差常数的公式。这个公式将系统的稳态误差和动态响应联系起来。因为控制系统的设计经常要在这两个特性中进行折中权衡,所以 Truxal 公式在这方面就显得非常有用。公式的推导比较简单。假设 1 型系统闭环传递函数 $T(s)$ 以如下的形式表示:

$$T(s) = K \frac{(s - z_1)(s - z_2) \cdots (s - z_m)}{(s - p_1)(s - p_2) \cdots (s - p_n)} \tag{4.47}$$

因为 1 型系统阶跃响应的稳态误差是 0,所以直流增益为 1,即

$$T(0) = 1 \tag{4.48}$$

系统误差为

$$E(s) \triangleq R(s) - Y(s) = R(s)\left[1 - \frac{Y(s)}{R(s)}\right] = R(s)[1 - T(s)] \tag{4.49}$$

对于单位斜坡输入,系统的误差为

$$E(s) = \frac{1 - T(s)}{s^2} \tag{4.50}$$

应用终值定理,得到

$$e_{ss} = \lim_{s \to 0} \frac{1 - T(s)}{s} \tag{4.51}$$

根据洛必达法则,式(4.51)可重写为

$$e_{ss} = -\lim_{s \to 0} \frac{dT}{ds} \tag{4.52}$$

或者

$$e_{ss} = -\lim_{s \to 0} \frac{dT}{ds} = \frac{1}{K_v} \tag{4.53}$$

式(4.53)表明,$1/K_v$ 与传递函数在原点的斜率有关,在 6.1.2 节,我们还会看到同样的结果。由式(4.48),可以把式(4.53)改写成

$$e_{ss} = -\lim_{s \to 0} \frac{dT}{ds} \frac{1}{T} \tag{4.54}$$

或者

$$e_{ss} = -\lim_{s \to 0} \frac{d}{ds}[\ln T(s)] \tag{4.55}$$

将式(4.47)代入式(4.55),可得到

$$e_{ss} = -\lim_{s \to 0} \frac{d}{ds}\left\{\ln\left[K \frac{\prod_{i=1}^{m}(s - z_i)}{\prod_{i=1}^{n}(s - p_i)}\right]\right\} \tag{4.56}$$

$$= -\lim_{s \to 0} \frac{d}{ds}\left[K + \sum_{i=1}^{m}\ln(s - z_i) - \sum_{i=1}^{m}\ln(s - p_i)\right] \tag{4.57}$$

或者

$$\frac{1}{K_v} = -\frac{d\ln T}{ds}\bigg|_{s=0} = \sum_{i=1}^{n} -\frac{1}{p_i} + \sum_{i=1}^{m}\frac{1}{z_i} \tag{4.58}$$

由式(4.58)观察可知,随着系统闭环极点远离原点,K_v 将不断增大。对于其他误差系数,同样会得到类似的关系,这些留在本章的习题中进行讨论。

例 4.5 Truxal 公式

一个三阶的 1 型系统有闭环极点 $-2 \pm j2$ 和 -0.1。系统只有一个闭环零点。如果要求 $K_v = 10$,请问零点应为多少?

解: 由 Truxal 公式,得到

$$\frac{1}{K_v} = -\frac{1}{-2+j2} - \frac{1}{-2-j2} - \frac{1}{-0.1} + \frac{1}{z}$$

或者

$$0.1 = 0.5 + 10 + \frac{1}{z}$$

$$\frac{1}{z} = 0.1 - 0.5 - 10$$

$$= -10.4$$

因此,闭环零点应为 $z = 1/-10.4 = -0.0962$。

4.3 PID 控制器

在下面的章节中,将学习三种基于方程的根轨迹、频域响应和状态空间的解析和图形化设计技术。在这里,介绍一种经过漫长的时期探索出来的控制方法。首先是简单的比例控制,然后是可以消除偏移误差的积分控制,最后是可以改善动态响应的"超前"微分控制。将这三项加起来,就称为三项或 PID 控制器,其传递函数为[①]

$$D(s) = k_p + \frac{k_I}{s} + k_D s \tag{4.59}$$

式中,k_p 是比例项,k_I 是积分项,k_D 是微分项。我们将会对它们逐一地进行讨论。

4.3.1 比例控制(P)

当反馈控制信号与系统误差成线性比例时,我们称之为比例反馈(proportional feedback)。这也是 4.1 节的速度控制系统中使用的反馈形式,其控制器的传递函数为

$$\frac{U(s)}{E(s)} = D_{cl}(s) = k_p \tag{4.60}$$

如果受控对象是 2 阶的,例如一个不能忽略线圈电感效应的直流电动机,那么传递函数可以写成

$$G(s) = \frac{A}{s^2 + a_1 s + a_2} \tag{4.61}$$

在这里,使用比例控制的特征方程为

$$1 + k_p G(s) = 0 \tag{4.62}$$

$$s^2 + a_1 s + a_2 + k_p A = 0 \tag{4.63}$$

---

① 单独使用微分项会使得传递函数不合理也不切实际。然而,增加一个高频的极点,可以使微分项变得合理,这只会引起系统性能的轻微变化。

设计者可以控制上式中的常数项,它决定了系统的固有频率,但不能控制方程的阻尼系数。对于 0 型系统,如果为了得到合适的稳态误差而选择较大的 k_p,那么在比例控制下,必须使用非常小的阻尼系数才能获得满意的瞬态响应。

4.3.2 比例积分控制(PI)

在上述控制器中再加入一个积分项,就构成了比例积分(Proportional plus Integral,PI)控制。该控制器的时域描述为

$$u(t) = k_p e + k_I \int_{t_0}^{t} e(\tau) \, d\tau \tag{4.64}$$

因此,图 4.2 中的 $D_{cl}(s)$ 就变成

$$\frac{U(s)}{E(s)} = D_{cl}(s) = k_p + \frac{k_I}{s} \tag{4.65}$$

积分项的引入是为了把系统提升为 1 型,因此系统可以完全抑制定常的偏差干扰。例如,考虑将 PI 控制应用于速度控制系统中,其中受控对象可以描述为

$$Y = \frac{A}{\tau s + 1}(U + W) \tag{4.66}$$

则经变换后的控制器方程为

$$U = k_p(R - Y) + k_I \frac{R - Y}{s} \tag{4.67}$$

加上控制器后的系统变换方程为

$$(\tau s + 1)Y = A \left(k_p + \frac{k_I}{s} \right)(R - Y) + AW \tag{4.68}$$

如果将两边乘以 s,然后合并同类项,得到

$$(\tau s^2 + (Ak_p + 1)s + Ak_I)Y = A(k_p s + k_I)R + sAW \tag{4.69}$$

由于 PI 控制器具有动态特性,所以使用这种控制器将改变系统的动态响应。这可以从系统的特征方程来理解:

$$\tau s^2 + (Ak_p + 1)s + Ak_I = 0 \tag{4.70}$$

上述方程的两个根可能都是复数。如果是这样,则系统的固有频率是 $\omega_n = \sqrt{\dfrac{Ak_I}{\tau}}$,阻尼系数是 $\zeta = \dfrac{Ak_p + 1}{2\tau\omega_n}$。这两个参数都取决于控制器的增益。另一方面,如果受控对象是二阶的,即

$$G(s) = \frac{A}{s^2 + a_1 s + a_2} \tag{4.71}$$

则系统的特征方程是

$$1 + \frac{k_p s + k_I}{s} \frac{A}{s^2 + a_1 s + a_2} = 0 \tag{4.72}$$

$$s^3 + a_1 s^2 + a_2 s + Ak_p s + Ak_I = 0 \tag{4.73}$$

根据上式可知,控制器的参数可以用来设定两个系数,但不能设定三个。如果要设定三个系数,还需要微分控制。

4.3.3 比例积分微分控制(PID)

在经典控制器中,最后一项是微分控制(D)。这一项的重要作用是,它对突变信号的响应非常强烈。正因为如此,"D"项有时候又放在反馈回路中,如图 4.8(a)所示。这可以是标准控制器的一部分,也可以作为描述速度传感器,例如在电动机的转动轴上安装的测速器。如果微分项位于前向通道,则系统的闭环特征方程仍然不变,如式(4.59)和图 4.8(b)所示。要特别注意的是,在这两种结构中,从参考输入到输出的传递函数的零点是不同的。因为在反馈通道中使用微分环节,所以参考输入没有参与微分过程。因此,当参考输入发生突变时,可以得到更为平稳的控制器输出。

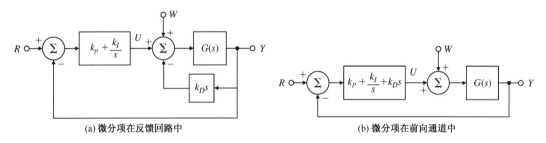

(a) 微分项在反馈回路中   (b) 微分项在前向通道中

图 4.8 PID 控制器的方框图

为了阐明在 PID 控制中微分环节的作用,以速度控制为例,假设受控对象为二阶。这样,系统的特征方程为

$$s^2 + a_1 s + a_2 + A(k_p + \frac{k_I}{s} + k_D s) = 0$$
$$s^3 + a_1 s^2 + a_2 s + A(k_p s + k_I + k_D s^2) = 0 \tag{4.74}$$

合并同类项后得到

$$s^3 + (a_1 + A k_D)s^2 + (a_2 + A k_p)s + A k_I = 0 \tag{4.75}$$

这里要指出的一点是,这个特征方程有三个自由的参数 k_p、k_I 和 k_D,它的三个根决定了系统动态响应的特性。通过选择这三个参数,在理论上可以唯一地而且任意地配置系统的特征根。如果没有微分项,则特征方程只有两个自由的参数,但却有三个根,这样就限制了我们选择特征方程的根。为了更好地阐述 PID 控制的作用,将列举一个以具体数据描述的例子。

例 4.6 电动机速度的 PID 控制

考虑一个直流电机的速度控制系统,使用如下的参数[①]

$$J_m = 1.13 \times 10^{-2} \text{ N·m·s}^2/\text{rad}, \quad b = 0.028 \text{ N·m·s/rad}, \quad L_a = 10^{-1} \text{ H}$$
$$R_a = 0.45 \ \Omega, \qquad\qquad K_t = 0.067 \text{ N·m/A}, \qquad K_e = 0.067 \text{ V·s/rad} \tag{4.76}$$

这些参数已经在例 2.11 中定义过。选择以下的控制器参数:

$$k_p = 3, \qquad k_I = 15 \text{ s}, \qquad k_D = 0.3 \text{ s} \tag{4.77}$$

当系统输入为阶跃的干扰转矩或阶跃的参考输入时,试讨论 P、PI 以及 PID 控制对系统响应的影响。如果控制器的某个参数没有使用,则令其为 0。

---

① 通过把 L_a 和 J_m 的真实值各乘以 1000,可以将以上的参数按比例地调整为以毫秒单位来测量时间。

解: 图4.9(a)画出了在阶跃干扰输入作用下P、PI和PID反馈对系统响应的影响。请注意,加入积分环节会加剧系统的振荡,但可以消除稳态误差;加入微分环节可以减小系统振荡,同时保持系统稳态误差为0。图4.9(b)画出了在阶跃参考输入作用下P、PI和PID反馈控制对系统响应的影响,其结果和干扰输入的情形相似。为了计算系统的阶跃响应,先按照s的幂的递减次序,把系统闭环传递函数的分子和分母的系数写成向量的形式,然后应用MATLAB的阶跃响应函数得到系统的响应曲线。

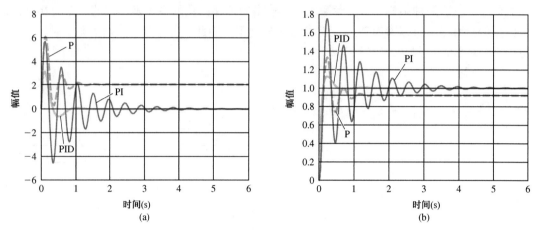

图4.9　P、PI和PID控制的响应曲线

例4.7 用于直流电动机位置控制的PI控制

如图4.7所示,这是一个直流电动机的简化模型,使用单位反馈,其中干扰转矩记为$W(s)$。

(a)采用比例控制器

$$D(s) = k_p \tag{4.78}$$

确定在干扰输入作用下系统的类型以及稳态误差特性。

(b)假设使用PI控制,其传递函数为

$$D(s) = k_p + \frac{k_I}{s} \tag{4.79}$$

确定在干扰输入作用下系统的类型以及稳态误差特性。

解:

(a)从W到E(其中$R=0$)的闭环传递函数为

$$T_w(s) = \frac{-B}{s(\tau s + 1) + Ak_p h}$$

$$= s^0 T_{o,w}$$

$$n = 0$$

$$K_{o,w} = \frac{-Ak_p h}{B}$$

根据式(4.40),可以知道系统属于0型系统,对单位阶跃的转矩输入的稳态误差是$e_{ss} = \frac{-B}{Ak_p h}$。根据前面章节的知识,该系统对参考输入属于1型系统。这个例子说明,对于不同的输入(参考输入或干扰输入),同一个系统的类型是不同的。然而,在这个例子中,对于参考输入,系统是0型的。

(b)如果控制器是PI控制器,则干扰误差传递函数是

$$T_w(s) = \frac{-Bs}{s^2(\tau s + 1) + (k_p s + k_I)Ah} \tag{4.80}$$

$$n = 1 \tag{4.81}$$

$$K_{n,w} = \frac{Ak_I h}{-B} \tag{4.82}$$

因此，系统是 1 型系统，对单位斜坡干扰输入的误差是

$$e_{ss} = \frac{-B}{Ak_I h} \tag{4.83}$$

例 4.8　人造卫星姿态控制

一个人造卫星姿态控制系统的模型，如图 4.10(a) 所示，其中：

J 为惯性力矩

W 为干扰转矩

K 为传感器增益

$D(s)$ 为补偿器

设输入滤波器和传感器的放大系数相等。若系统采用 PD 控制，则系统方框图可以重新画为使用单位反馈的形式，如图 4.10(b) 所示。若系统采用 PID 控制，则如图 4.10(c) 所示。假设采用以上控制后的系统是稳定的。

(a) 当使用如图 4.10(b) 所示的 PD 控制系统($D(s) = k_p + k_D s$) 时，确定在干扰作用下的系统类型以及误差响应。

(b) 当使用如图 4.10(c) 所示的 PID 控制系统($D = k_p + k_I/S + k_D s$) 时，确定在干扰作用下的系统类型以及误差响应[①]。

解：

(a) 观察如图 4.10(b) 所示的系统。受控对象在 s 域的原点处有两个极点，在参考输入的作用下系统是 2 型系统。从干扰到误差的传递函数是

$$T_w(s) = \frac{1}{Js^2 + k_D s + k_p} \tag{4.84}$$

$$= T_{o,w}(s) \tag{4.85}$$

式中 $n = 0$，$K_{o,w} = k_p$。系统类型为 0 型，系统对单位阶跃干扰输入的误差为 $\frac{1}{k_p}$。

(b) 采用 PID 控制时，系统的前向增益在原点处有 3 个极点，因此对于参考输入系统属于 3 型系统，但是干扰传递函数为

$$T_w(s) = \frac{s}{Js^3 + k_D s^2 + k_p s + k_I} \tag{4.86}$$

$$n = 1 \tag{4.87}$$

$$T_{o,w}(s) = \frac{1}{Js^3 + k_D s^2 + k_p s + k_I} \tag{4.88}$$

由此可得，系统为 1 型系统，误差常数是 k_I。因此，在单位斜坡干扰输入下，系统的误差为 $\frac{1}{k_I}$。

---

① 注意，这些控制器的传递函数的零点比极点多，因此是不符合实际的。实际上，微分项有一个高频的极点，只不过在这些例子中为了简化而省略了。

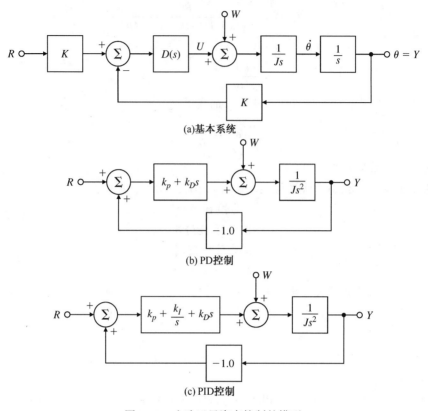

(a)基本系统

(b) PD 控制

(c) PID 控制

图 4.10   人造卫星姿态控制的模型

4.3.4   PID 控制器的 Z-N(Ziegler-Nichols)整定法

当开发 PID 控制器时,几个参数的选择(又称为整定控制器)经常是随意的。选择 PID 三项的系数很复杂(也称控制器参数整定),为了使控制状况有序和易于操作员作业,控制工程师研究了很多的方法,使得参数整定更加系统化。Callender 等人在 1936 年提出了一种设计 PID 控制器的方法。这种方法基于对受控对象的参数估计值,给出了用于适合控制器整定的参数值,而受控对象参数的估计可以由操作工程师在被控过程实验中得到。后来,J. G. Ziegler 和 N. B. Nichols(1942 年、1943 年)对这种方法进行了扩展。他们注意到,相当多的过程控制系统的阶跃响应都表现为一条过程反应曲线(process reaction curve),如图 4.11 所示,这些曲线可由实验的阶跃响应数据画出。S 形曲线是很多系统都具

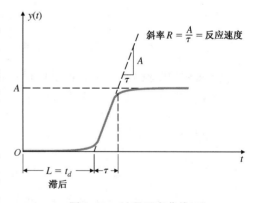

图 4.11   过程反应曲线

有的一种特征,这可以近似为以下传递函数表示的受控对象的阶跃响应曲线:

$$\frac{Y(s)}{U(s)} = \frac{Ae^{-st_d}}{\tau s + 1} \tag{4.89}$$

这是一个一阶系统，并且含有 t_d 秒的纯时间滞后环节。式(4.89)中的各个常数可由过程的阶跃响应确定。过曲线的拐点作一条曲线的切线，则切线的斜率 $R = A/\tau$，切线与时间轴的交点表示延迟时间 $L = t_d$，终值为 A[①]。

Ziegler 和 Nichols 给出了两种整定 PID 参数的方法。第一种方法选择的控制器参数要达到的目标是：闭环系统阶跃响应的瞬态分量的衰减比约为 4:1。也就是说，系统的振荡幅值在一个周期内衰减为原值的 1/4，如图 4.12 所示。4:1 的衰减比对应于大约 $\zeta = 0.21$，这时系统响应的快速性以及系统的稳定性都比较好，这是一种比较合理的折中。两位作者用模拟计算机仿真了系统的方程，并逐步调整控制器的参数，直到系统动态响应的幅值在一个周期内衰减到 25%。Ziegler 和 Nichols 整定的调节器参数，可由下式给出定义：

$$D_c(s) = k_p\left(1 + \frac{1}{T_I s} + T_D s\right) \tag{4.90}$$

参数的 Z-N(Ziegler-Nichols)整定方法如表 4.2 所示。

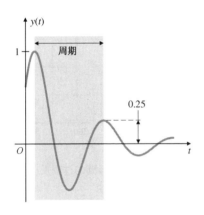

图 4.12　4:1 衰减比

表 4.2　调节器 $D(s) = k(1 + 1/T_I s + T_D s)$ 的 Z-N 整定法(衰减比为 4:1)

控制器类型	最佳增益
P	$k_p = 1/RL$
PI	$\begin{cases} k_p = 0.9/RL \\ T_I = L/0.3 \end{cases}$
PID	$\begin{cases} k_p = 1.2/RL \\ T_I = 2L \\ T_D = 0.5L \end{cases}$

在最大灵敏度法(ultimate sensitivity method)中，调整参数的标准是基于评估系统处于极限稳定状态时的振荡幅值和振荡周期，而不是基于阶跃响应法。为了使用这个方法，逐渐增大比例增益直到系统变得临界稳定，并且由于执行器的饱和作用开始出现受限的连续振荡。此时，对应的增益被定义为 K_u，又被称为极限增益(ultimate gain)；而振荡周期被定义为 P_u，又被称为极限周期(ultimate period)。这些参数的确定，如图 4.13 和图 4.14 所示。当振荡的幅值尽可能小的时候，测量 P_u。于是，整定参数的选择，如表 4.3 所示。

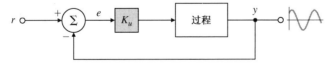

图 4.13　极限增益和极限周期的确定

经验证明，按照 Ziegler-Nichols 法则(简称 Z-N 法则)整定得到的控制器参数，对于很多的系统都可以提供可接受的闭环响应。通常，过程操作员会对实际过程重复地执行最终的控制器整定，以获得满意的控制。

① 奥斯特罗姆和其他人指出，时间常数 τ 也可以从曲线中估计得到，并声明包括这个参数的整定更有效。

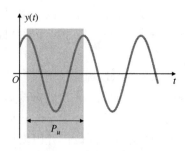

图 4.14　中性稳定系统

表 4.3　调节器 $D_c(s) = k_p(1 + 1/T_I s + T_D s)$ 的 Z-N 整定法(基于最大灵敏度法)

控制器类型	最佳增益
P	$k_p = 0.5 K_u$
PI	$\begin{cases} k_p = 0.45 K_u \\ T_I = \dfrac{P_u}{1.2} \end{cases}$
PID	$\begin{cases} k_p = 1.6 K_u \\ T_I = 0.5 P_u \\ T_D = 0.125 P_u \end{cases}$

例 4.9　热交换器的参数整定：4:1 衰减比

考虑第 2 章讨论过的热交换器。过程反应曲线如图 4.15 所示。用 Z-N 法则为系统设计比例调节器和 PI 调节器，使系统闭环阶跃响应满足 4:1 的衰减比。画出相应的阶跃响应曲线。

解：由过程反应曲线，可得到曲线斜率的最大值为 $R \approx \dfrac{1}{90}$，滞后时间为 $L \approx 13$ s。根据如表 4.2 所示的 Z-N 整定法，得到调节器的各参数如下：

比例调节器：$k_p = \dfrac{1}{RL} = \dfrac{90}{13} = 6.92$

PI 调节器：$k_p = \dfrac{0.9}{RL} = 6.22$　和　$T_I = \dfrac{L}{0.3} = \dfrac{13}{0.3} = 43.3$

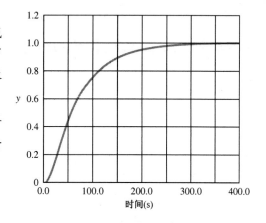

图 4.15　测量得到的过程反应曲线

图 4.16(a)是分别应用不同调节器的两个系统的阶跃响应曲线。请注意，采用比例调节器的系统在稳态时仍然有偏差，而 PI 调节器在稳态时能实现对输入信号的准确跟随。两个系统的振荡都比较激烈，而且超调量也比较大。如果将两个调节器的 k_p 都减小一半，则超调量和振荡都会大大减小，如图 4.16(b)所示。

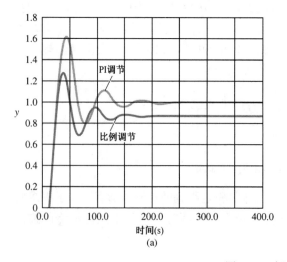

(a)

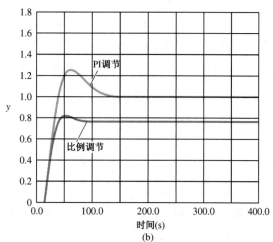

(b)

图 4.16　闭环阶跃响应

例 4.10 热交换器的整定：振荡行为

对上例的热交换器使用比例反馈控制，直到系统对一个短脉冲输入的响应呈现出不衰减的振荡，图 4.17 是此时系统的振荡曲线。测得的极限增益是 $K_u = 15.3$，测得的极限周期为 $P_u = 42$ s。使用 Z-N 法则的最大灵敏度法，设计比例调节器和 PI 调节器。画出相应的阶跃响应曲线。

解：根据表 4.3 可得

比例调节器：$k_p = 0.5 K_u$，$K_u = 7.65$

PI 调节器：$k_p = 0.45 K_u$，$K_u = 6.885$ 和

$$T_I = \frac{1}{1.2} P_u = 35$$

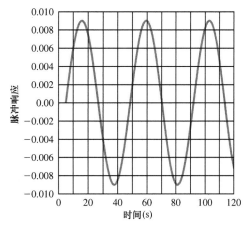

图 4.17　热交换器的极限周期

闭环系统的阶跃响应曲线如图 4.18(a) 所示。显然，系统的响应与例 4.9 所得的响应曲线非常接近。同样，如果把 k_p 缩小一半，则超调量也会大大减小，如图 4.18(b) 所示。

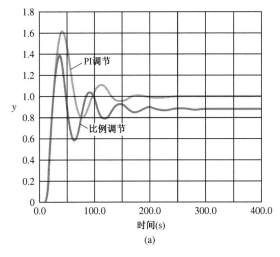

(a)

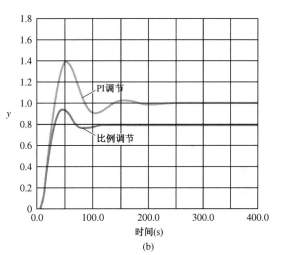

(b)

图 4.18　闭环阶跃响应曲线

4.4　数字控制简介

随着计算机的性能不断提高，而价格不断降低，在嵌入式应用中越来越多地使用数字逻辑，如反馈系统中的控制器。与采用硬件实现控制信号的计算相比，在硬件设计确定以后，采用软件实现可以使设计者在修改控制器的控制规则时有更大的灵活性。在大多数情况下，这也就意味着硬件和软件的设计几乎可以完全独立地进行，因此可以节省大量的时间。另外，采用了数字计算机后，在数字控制器的函数中实现二元逻辑以及非线性运算都是很容易的。用于实时信号处理和通常所说的数字信号处理器（DSP）的特殊处理器，特别适合用做实时控制器。第 8 章将在数学和概念方面对数字控制器和数字控制系统的分析和设计进行扩展性地介绍。然而，为了将后面三章中的模拟设计和相应的数字等效设计进行比较，这里只对数字设计中最简单的技术做个简介。

数字控制器和模拟控制器的不同之处在于,数字控制器的信号必须经过采样(sampled)和量化(quantized)[1]。用于数字逻辑的信号首先必须被采样,然后通过模数转换器,即 A/D 转换器,转化成相应的量化数值。在数字计算器计算出下一个控制信号的值后,为了应用于过程的执行器,该数字量又需要经过数模转换器(即 D/A)转化为相应的电压,并保持为恒定或者插值。数字控制器输出的控制信号在下一个采样周期到来之前都是保持不变的。因为多了采样环节,所以系统对数字控制器的速度及带宽有着严格的限制。在第 8 章,将介绍一些离散设计方法,可以用来将这些限制减至最小。选择采样周期的一个比较合理的规则是,在系统阶跃响应的上升时间内,应该对离散控制器的输入信号采样约 6 次。如果根据采样环节的影响对控制器进行相应的调整,那么在上升时间内的采样周期可以减小到 2 ~ 3 次。这对应于采样频率达到系统闭环带宽的 10 ~ 20 倍。对控制器信号的量化,同时也给系统引进了额外的噪声。为了使这种噪声的干扰保持在可以接受的范围内,A/D 转换器通常需要有 10 ~ 12 位的精度。在初步分析的时候,通常会忽略量化噪声的影响。图 4.19 所示的是一个含有数字控制器的系统的简化方框图。

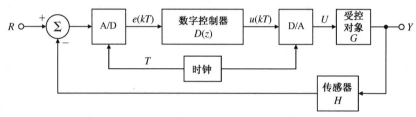

图 4.19　数字控制器的方框图

为了介绍数字控制,先介绍一个简单的方法,用来设计一个等效于给定的连续控制器等效的离散控制器(这里只考虑采样而不考虑量化)。这个方法要求采样周期必须足够小,以使得重构的控制信号接近于原始模拟控制器产生的控制信号。我们还假设用于数字逻辑中的数字都有足够精确的位数,因此在 A/D 和 D/A 过程中产生的量化噪声都可以忽略不计。虽然有很多优秀的分析工具可以用来证明这些要求可以得到很好满足,但是这里仅仅通过仿真方法来检测其结果,因为我们知道这么一句话:"证明布丁的方法就是吃掉它"。

建立与给定的模拟控制器等效的离散控制器,也就等价于为控制器输入的采样值建立递推方程,使之近似于模拟控制器的微分方程。也就是说,假设已知模拟控制器的传递函数,我们要设计一个离散控制器来代替该模拟控制器。这个离散控制器接收来自采样器的控制器输入采样值 $e(kT_s)$,利用过去的控制信号值 $u(kT_s)$,也利用当前的和过去的输入采样值 $e(kT_s)$,将计算出下一个控制信号,然后送给执行器。举个例子,考虑一个 PID 控制器,其传递函数为

$$U(s) = (k_p + \frac{k_I}{s} + k_D s)E(s) \tag{4.91}$$

上式等价于下面的时域表达式

$$u(t) = k_p e(t) + k_I \int_0^t e(\tau) d\tau + k_D \dot{e}(t) \tag{4.92}$$

$$= u_P + u_I + u_D \tag{4.93}$$

---

[1]　如果一个控制器的工作信号是经过采样的但是没有经过量化的,则称它是离散的;如果它的工作信号是经过了采样和量化的,则称它是数字的。

根据这些项, 又因为系统是线性的, 所以下一个控制的采样值是可以逐项计算的。直接得到比例项是

$$u_P(kT_s + T_s) = k_p e(kT_s + T_s) \tag{4.94}$$

关于积分项的计算, 可以把积分拆成两个部分, 并且对第二部分进行近似化。这是在一个采样周期的积分

$$u_I(kT_s + T_s) = k_I \int_0^{kT_s+T_s} e(\tau)d\tau \tag{4.95}$$

$$= k_I \int_0^{kT_s} e(\tau)d\tau + k_I \int_{kT_s}^{kT_s+T_s} e(\tau)d\tau \tag{4.96}$$

$$= u_I(kT_s) + \{\text{一个周期内} e(\tau) \text{所包围的面积}\} \tag{4.97}$$

$$\approx u_I(kT_s) + k_I \frac{T_s}{2}\{e(kT_s + T_s) + e(kT_s)\} \tag{4.98}$$

式 (4.98) 中的面积, 可由以 T_s 为高、$e(kT_s + T_s)$ 和 $e(kT_s)$ 为底的梯形近似地得到, 如图4.20 的虚线所示。

式 (4.98) 中的面积, 也可由以 $e(kT_s)$ 为幅值、T_s 为宽构成的矩形近似地得到, 如图 4.20 所示的实线所包围的深色区域, 这里有 $u_I(kT_s + T_s) = u_I(kT_s) + k_I T_s e(kT_s)$。在第 8 章, 我们将详细介绍这两种方法以及其他的方法。

至于微分项, u 和 e 的角色恰好与积分项中的角色相反。根据式 (4.98) 和式 (4.92), 做同样的近似后, 可以立刻写出

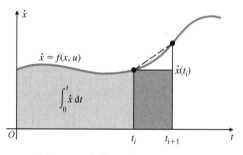

图 4.20　数值积分的图形化解释

$$\frac{T_s}{2}\{u_D(kT_s + T_s) + u_D(kT_s)\} = k_D\{e(kT_s + T_s) - e(kT_s)\} \tag{4.99}$$

就线性模拟传递函数而言, 通过使用拉普拉斯变换, 这些关系的描述都得到了大大简化和推广。此时, 离散系统的变换就只需要使用预测算子 z, 这就好像在连续系统的拉普拉斯变换中使用微分算子 s 一样。这里我们定义算符 z 为前移算子。这是基于以下的事实: 如果 $U(z)$ 是 $u(kT_s)$ 的 z 变换, 那么 $zU(z)$ 就是 $u(kT_s + T_s)$ 的 z 变换。根据这一定义, 积分项可以被写为

$$zU_I(z) = U_I(z) + k_I \frac{T_s}{2}[zE(z) + E(z)] \tag{4.100}$$

$$U_I(z) = k_I \frac{T_s}{2} \frac{z+1}{z-1} E(z) \tag{4.101}$$

又由式 (4.99) 可知, 微分项与积分项互为倒数关系, 即

$$U_D(z) = k_D \frac{2}{T_s} \frac{z-1}{z+1} E(z) \tag{4.102}$$

因此, 完整的离散 PID 控制器可描述为

$$U(z) = \left(k_p + k_I \frac{T_s}{2} \frac{z+1}{z-1} + k_D \frac{2}{T_s} \frac{z-1}{z+1}\right) E(z) \tag{4.103}$$

对模拟控制器和离散控制器中的积分项和微分项进行比较, 可容易发现: 只要对模拟传递函数

中出现的每一个算子 s 都使用 $\dfrac{2}{T_s}\dfrac{z-1}{z+1}$ 来代替,就得到相应的 z 域的近似离散值。这就是将模拟控制器离散化的梯形准则(trapezoid rule)[1],如下所述。

与 $D_a(s)$ 等价的离散表达式为

$$D_d(z) = D_a\left(\frac{2}{T_s}\frac{z-1}{z+1}\right) \tag{4.104}$$

例4.11　离散化等效

一个模拟控制器的传递函数为

$$D(s) = \frac{U(s)}{E(s)} = \frac{11s+1}{3s+1} \tag{4.105}$$

试求出与之等价的离散表达式。假设采样周期为 $T_s = 1$。

解:因为与 s 相对应的离散表达式是 $\dfrac{2(z-1)}{z+1}$,所以离散的传递函数为

$$D_d(z) = \frac{U(z)}{E(z)} = D(s)\Big|_{s=\frac{2}{T_s}\frac{z-1}{z+1}} \tag{4.106}$$

$$= \frac{11\left[\frac{2(z-1)}{z+1}\right]+1}{3\left[\frac{2(z-1)}{z+1}\right]+1} \tag{4.107}$$

经过化简,得到离散的传递函数为

$$D_d(z) = \frac{U(z)}{E(z)} = \frac{23z-21}{7z-5} \tag{4.108}$$

根据 z 为前移算子的定义,可以将式(4.108)转化为离散的差分方程,过程如下。首先进行通分,得到

$$(7z-5)U(z) = (23z-21)E(z) \tag{4.109}$$

把 z 看成是前移算子,可得到与之等效的差分方程[2]

$$7u(k+1) - 5u(k) = 23e(k+1) - 21e(k) \tag{4.110}$$

在这里,为了简化表述,用 $k+1$ 代替了式中的 $kT_s + T_s$。为了计算在 $kT_s + T_s$ 的下一个控制信号,因此可求出差分方程为

$$u(k+1) = \frac{5}{7}u(k) + \frac{23}{7}e(k+1) - \frac{21}{7}e(k) \tag{4.111}$$

现在应用这些结论来解决一个控制问题。可喜的是,MATLAB 为提供了 Simulink,用来仿真连续系统和离散系统,允许我们方便地比较连续控制器和离散控制器的系统响应。

例4.12　用于速度控制的等效离散控制器

一个电动机的速度控制系统,其受控对象的传递函数为

$$\frac{Y}{U} = \frac{45}{(s+9)(s+5)} \tag{4.112}$$

---

[1]　这个公式又被称为 Tustin 法。Tustin 是一名英国的工程师,他运用这种方法来研究非线性电路的响应。

[2]　这个过程完全类似于在第 3 章中求取有理式拉普拉斯变换对应的常微分方程的过程。

采用 PI 控制, 控制器的传递函数为

$$D(s) = \frac{U}{E} = 1.4\frac{s+6}{s} \tag{4.113}$$

闭环系统的上升时间大约是 0.2 s, 超调量大约是 20%。请为该控制器设计一个等效的离散控制器, 并比较两个系统的阶跃响应和控制信号。(a) 若采样周期为 0.07 s(即在上升时间内采样约 3 次), 比较两个系统的响应。(b) 若采样周期 $T_s = 0.035$(对应于上升时间内采样约 6 次), 比较两个系统的响应。

解:

(a) 根据式(4.104), 采样周期 $T_s = 0.07$, 将 $\frac{2}{0.07}\frac{z-1}{z+1}$ 代替 $D(s)$ 中的 s, 得到等效的离散方程为

$$D_d(z) = 1.4\frac{\dfrac{2}{0.07}\dfrac{z-1}{z+1}+6}{\dfrac{2}{0.07}\dfrac{z-1}{z+1}} \tag{4.114}$$

$$= 1.4\frac{2(z-1)+6*0.07(z+1)}{2(z-1)} \tag{4.115}$$

$$= 1.4\frac{1.21z-0.79}{(z-1)} \tag{4.116}$$

根据上式, 可得到控制方程(其中采样周期 T_s 已经省略而没有出现在公式中)为

$$u(k+1) = u(k) + 1.4*[1.21e(k+1) - 0.79e(k)] \tag{4.117}$$

(b) 当 $T_s = 0.035$ 时, 离散的传递函数为

$$D_d = 1.4\frac{1.105z-0.895}{z-1} \tag{4.118}$$

因此, 相应的差分方程为

$$u(k+1) = u(k) + 1.4[1.105\,e(k+1) - 0.895\,e(k)]$$

为了对两个系统进行仿真, 可画出了 Simulink 的框图, 如图 4.21 所示, 系统的阶跃响应如图 4.22(a) 所示。控制器的各个控制信号如图 4.22(b) 所示。注意到, 当采样周期 T_s 为 0.07 s 时, 离散控制器引起的超调量是最大的; 而当 $T_s = 0.035$ s 时, 数字控制器和模拟控制器的结果比较接近。

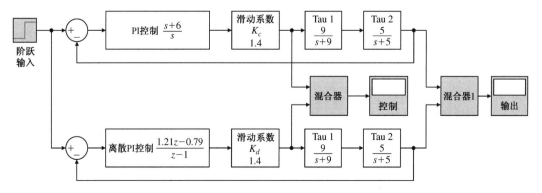

图 4.21　比较连续和离散控制器的 Simulink 方框图

对于含有许多零点和极点的控制器,如果仍然采用式(4.104)的代入法来对连续系统进行离散化,则计算过程可能会变得相当烦琐。幸运的是,MATLAB 提供了一条命令来完成这种工作。假设连续系统的传递函数由 $D_c(s) = \dfrac{\text{numD}}{\text{denD}}$ 给出,使用 MATLAB 表示,即 sysDa = tf (numD,denD)。若采样周期为 T_s,则相应的离散传递函数可由下式得到

$$\text{sysDd} = \text{c2d}(\text{sysDa}, T_s, \text{'t'}) \tag{4.119}$$

在上式中,多项式被表示为 MATLAB 格式。c2d 函数的最后一个参数 't',表示在离散化过程中采用梯形法。至于函数的其他选项,可以通过查看 MATLAB 帮助文件(help c2d)来获取相关信息。例如,对于例 4.12,当 $T_s = 0.07$ s 时,控制器的离散化过程的命令如下:

```
numDa = [1 6];
denDa = [1 - 0];
sysDa = tf(numD,denD)
sysDd = c2d( sysDa,0.07,'t')
```

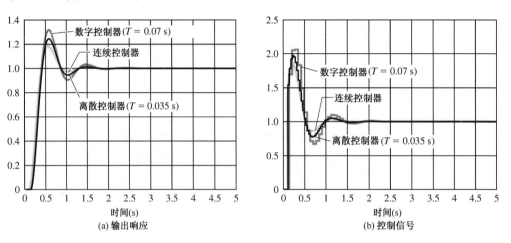

图 4.22　采用连续和离散控制器的速度控制系统的比较

4.5　历史回顾

控制领域的特征可由两个途径来体现:理论和实践。控制理论基本上是数学在求解控制问题中的应用,而这里所说的控制实践就是反馈在有用设备中的实际应用。从历史上看,实践应用都是通过反复试验开始出现的。尽管已经有了数学运算的基础,可是用于描述控制工作原理和提供改进方法的理论却是后来才得到应用的。例如,1788 年瓦特实验室开始制造使用飞球调速器的蒸汽机,但是直到 1840 年艾利发现了一个类似装置的不稳定性和直到 1868 年麦克斯韦发表了《调速器》一文,才对这个问题进行了理论上的描述。然后,直到 1877 年,在提出蒸汽机控制的 100 年以后,劳斯提出了稳定性的必要条件。这个必要条件促进了理论和实践的发展,被称为“理论与实践的差距”,并沿用至今。

校正是过程工业的核心。从制造啤酒到提炼汽油。这些工业中,许多变量都需要保持恒定,典型的如温度、压力、容积、流速、成分和化学性质(如 pH 值)。然而,在使用反馈控制之前,必须测量出相关的变量,因此在进行控制之前必须有传感器。1851 年,泰勒和肯德尔在罗切斯特创立了生产用于预测天气的温度计和气压计的公司,后来改名为泰勒器械公司。1855 年

他们为很多工业制造温度计，包括原来使用人工控制的酿造工业。另外，早期进入器械领域的是 1889 年由威廉建立的布里斯托尔公司和 1908 年威廉的父亲及其两个兄弟建立的福克斯波罗公司。例如，亨利·福特在底特律爱迪生公司工作时，曾用布里斯托尔的一种仪器来测量（并大致地控制）蒸汽压力。布里斯托尔公司率先采用遥感技术，就是允许仪器放置在远离工序的地方，这样设备管理者就可以一次监视多个变量。随着仪器变得越来越复杂，发动机驱动阀门等装置的问世，它们相继被用到反馈控制系统中，尽管它们通常只有简单的开-关两种状态，如第 1 章中提及的家用火炉的例子。一个重要的事实是，几个仪器公司同意在变量的使用标准上达成一致，这样一个设备就能混合和匹配来自不同供应商的仪器和控制器。1920 年福克斯波罗推出了一种基于压缩空气的控制器，包括复位和积分功能。最终，这些公司都引入了可以完全实现 PID 控制的仪器和控制器。1942 年齐格勒和尼科尔斯在泰勒仪器工作时，发表了基于实验数据的整定方法，使 PID 控制器的整定方法向前推进了一大步。

　　跟踪问题源于海上或陆上的高射炮。其主要思想是，使用雷达跟踪目标，以及使用控制器来预测飞机的航线和使子弹瞄准并击中目标。麻省理工学院在第二次世界大战期间建立的放射实验室发明了这种雷达，其中一种就是 SCR-584。有趣的是，这项工程的控制方法的主要贡献者是早期研究 PID 控制器整定的尼科尔斯。当撰写放射实验室的记录时，尼科尔斯被选为第 25 卷关于控制的编辑之一。

　　1921 年布莱克加入了贝尔实验室，他被要求设计一种合适的电子放大器作为转发器，用于电话公司的长距离电话通信。其中一个基本的问题是，他使用的真空管部件的增益会随着时间而发生偏离，他要设计的放大器必须能够在音频范围内有参数发生偏离的情况下保持一个相当精确的增益。在往后的几年里他尝试了许多办法，包括用来消除真空管失真的前馈技术，虽然这在实验室是可行的，但在实践中却很敏感。最后，在 1927 年 8 月[①]，在从史泰登岛到曼哈顿的渡船上，他想到了负反馈，于是把方程式发表在了《纽约时报》上。他在 1928 年申请了专利，但直到 1937 年 12 月才发表[②]。反馈的灵敏度理论和其他许多与反馈相关的理论，是由伯德研究出来的。

本章小结

* 控制系统性能的最重要的度量方法是对所有输入的系统误差。
* 和开环系统相比，反馈可以用来使另外的不稳定系统获得稳定，减小系统对干扰的误差，提高参考输入的跟踪精度，降低系统传递函数对参数变化的敏感度。
* 传感器噪声的存在，会导致在减小由设备干扰引起的误差和减小由传感器噪声引起的误差之间存在冲突。
* 给系统划分的类型（k 型）表明在低于 k 次的多项式信号输入的作用下，系统能够达到零稳态误差的能力。我们称一个稳定的单位反馈系统对于参考输入的作用是 k 型系统，如果系统的闭环增益 $G(s)D(s)$ 在原点处有 k 个极点，即可以写成如下的形式：

$$G(s)D(s) = \frac{A(s+z_1)(s+z_2)\cdots}{s^k(s+p_1)(s+p_2)\cdots}$$

---

① 布莱克在那时只有 29 岁。
② 根据这个故事，布莱克在贝尔实验室的许多同事不相信反馈回的信号在达到输入信号的 100 倍时，系统仍然是稳定的。这个难题是由这个实验室的奈奎斯特解决的，这将在第 6 章介绍。

并且，误差常数为

$$K_k = \lim_{s \to 0} s^k G(s)D(s) \tag{4.120}$$

- 0 型、1 型和 2 型单位反馈系统对参考输入的稳态误差，由表 4.1 给出。

- 通过计算系统对多项式干扰输入的误差，可以划分系统在抑制干扰方面的类型。如果系统对所有低于 k 次的多项式干扰输入的稳态误差都是 0，而对 k 次多项式输入的稳态误差不为 0，我们称系统对干扰输入是 k 型系统。

- 增大比例反馈增益可以减小系统稳态误差，但太高的增益几乎都会引起系统不稳定。积分控制提高了系统降低稳态误差的鲁棒性，但通常会降低系统的稳定性。微分控制通常可以增大系统的阻尼并提高系统稳定性。这三种控制联合起来构成了典型的 PID 控制器。

- 标准的 PID 控制器的描述方程如下：

$$U(s) = \left(k_p + \frac{k_I}{s} + k_D s\right) E(s)$$

$$U(s) = k_p \left(1 + \frac{1}{T_I s} + T_D s\right) E(s) = D(s)E(s)$$

后一种形式是在过程控制工业中普遍应用的形式，同时也是很多系统的基本控制器形式。

- 整定 PID 控制器参数的有用方法由表 4.2 和表 4.3 列出。

- 描述数字控制器的差分方程，可以由给定模拟控制器的传递函数得到：首先用 $\dfrac{2}{T_s}\dfrac{z-1}{z+1}$ 代替模拟控制器的传递函数中的 s，然后将 z 看成前移算子进行相关运算，这是因为如果 $U(z)$ 对应于 $u(kT_s)$，则 $zU(z)$ 对应于 $u(kT_s + T_s)$。

- 应用 c2d 指令，通过 MATLAB 可以计算出系统的离散化方程。

复习题

1. 指出在控制中应用反馈的三个优点。
2. 指出在控制中应用反馈的两个缺点。
3. 一个温度控制系统在恒定输入的作用下的误差为 0，在随时间线性变化的输入作用下有 0.5 ℃ 的误差，上升速率为 40 ℃/s。请问该控制系统属于什么系统类型以及相关的误差常数是什么（K_p 或 K_v 或其他）？
4. K_p、K_v 和 K_a 的单位是什么？
5. 关于参考输入的系统类型如何定义？
6. 关于干扰输入的系统类型如何定义？
7. 为什么系统类型与外部信号进入系统的位置相关？
8. 引进积分控制的主要目的是什么？
9. 加入微分控制的主要目的是什么？
10. 为什么设计者可能希望将微分项置于反馈回路而不是误差回路中？
11. 用于 PID 控制器的"整定法则"的优点是什么？
12. 给出两个使用数字控制器而不使用模拟控制器的原因。
13. 指出两个使用数字控制器的缺点。
14. 在式（4.98）中，如果对积分项的近似可以用高为 $e(kT_s)$、底为 T_s 的矩形面积来代替，那么请用离散算子 z 来代替拉普拉斯算子 s。

习题

4.1 节习题：控制系统的基本方程

4.1　如果 S 表示单位反馈系统对于受控对象传递函数变化的灵敏度，T 是从输入到输出的传递函数，证明 $S+T=1$。

4.2　伯德定义传递函数 G 对其参数 k 的灵敏度函数为：k 变化的百分数与在 k 变化的作用下 G 变化的百分数之比。我们定义伯德函数的倒数为

$$S_k^G = \frac{\mathrm{d}G/G}{\mathrm{d}k/k} = \frac{\mathrm{d}\ln G}{\mathrm{d}\ln k} = \frac{k}{G}\frac{\mathrm{d}G}{\mathrm{d}k}$$

本习题的目的是检验反馈对灵敏度的影响。比较图 4.23 所示的三种拓扑结构，每个图都表示由三级增益为 $-K$ 的放大器组成一个增益为 -10 的信号放大器。

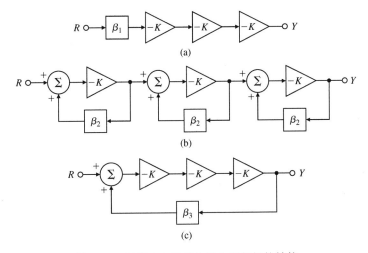

图 4.23　习题 4.2 的三个放大器的拓扑结构

(a) 对于图 4.23 中的每个结构，如果 $K=10$，计算 β_i 使系统满足 $Y=-10R$。

(b) 对于每个结构，计算 S_k^G，其中 $G=Y/R$［利用 (a) 计算出的 β_i 值］。请问哪种情况下的灵敏度最小？

(c) 计算图 4.23(b) 和图 4.23(c) 的系统对 β_2 和 β_3 的灵敏度。运用你得到的结果，讨论对传感器和执行器的精度要求。

4.3　比较如图 4.24 所示的两个系统结构的灵敏度，计算当放大器增益改变时系统总增益的变化量。应用以下的关系：

$$S = \frac{\mathrm{d}\ln F}{\mathrm{d}\ln K} = \frac{K}{F}\frac{\mathrm{d}F}{\mathrm{d}K}$$

作为标准。选择 H_1 和 H_2 以使系统的标称值输出满足 $F_1=F_2$，并假设 $KH_1>0$。

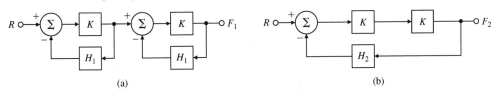

图 4.24　习题 4.3 的方框图

4.4　单位反馈控制系统的开环传递函数为

$$G(s) = \frac{A}{s(s+a)}$$

（a）计算系统闭环传递函数对参数 A 变化的灵敏度。

（b）计算系统闭环传递函数对参数 a 变化的灵敏度。

（c）如果反馈回路的单位增益变成另一个值 $\beta \neq 1$，计算系统闭环传递函数关于 β 的灵敏度函数。

4.5　对于如图 4.4 所示的滤波反馈系统，推导其系统误差的方程。

4.6　如果 S 是滤波反馈系统对于受控对象传递函数变化的灵敏度，T 是从参考输入到输出的传递函数，请计算 $S + T$。证明：当 $F = H$ 时，$S + T = 1$。

（a）计算如图 4.4 所示的滤波反馈系统关于受控对象传递函数 G 的灵敏度。

（b）计算如图 4.4 所示的滤波反馈系统关于控制器传递函数 D_{cl} 的灵敏度。

（c）计算如图 4.4 所示的滤波反馈系统关于滤波器传递函数 F 的灵敏度。

（d）计算如图 4.4 所示的滤波反馈系统关于传感器传递函数 H 的灵敏度。

4.2 节习题：对于多项式输入的稳态误差的控制系统类型

4.7　含有速度反馈的直流电机控制系统，如图 4.25(a) 所示。

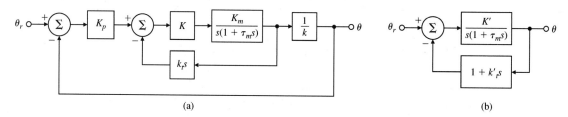

（a）

（b）

图 4.25　习题 4.7 的控制系统

（a）求出 K' 和 k'_t，使得图 4.25(b) 的系统和图 4.25(a) 的系统的传递函数相同。

（b）确定系统关于 θ_r 的系统类型并计算系统误差常数 K_v，用参数 K' 和 k'_t 表示。

（c）加入带正参数 k_t 的速度反馈后，系统误差常数 K_v 是增大了还是减小了？

4.8　考虑如图 4.26 所示的系统，其中

$$D(s) = K\frac{(s+\alpha)^2}{s^2+\omega_o^2}$$

（a）证明如果系统是稳定的，则系统可以跟随正弦参考输入 $r = \sin\omega_o t$，稳态误差为 0（观察由 R 到 E 的传递函数，并考虑当频率为 ω_o 时的增益）。

（b）如果 $\omega_o = 1$，$\alpha = 0.25$，应用劳斯判据求出 K 的取值范围，以使闭环系统保持稳定。

4.9　考虑如图 4.27 所示的系统，控制对象为一个无阻尼的摆的角度。

（a）要使系统在斜坡参考输入的作用下产生恒定的稳态误差，请问 $D(s)$ 必须要满足什么条件？

（b）假设传递函数 $D(s)$ 满足系统的稳定性以及（a）的条件，请问系统能够抑制什么类型的干扰 $w(t)$ 并实现稳态误差为 0？

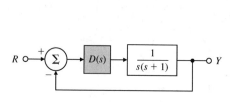

图 4.26　习题 4.8 的控制系统

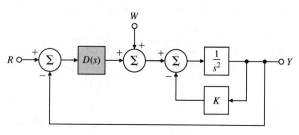

图 4.27　习题 4.9 的控制系统

4.10　单位反馈系统的输入输出传递函数为

$$\frac{Y(s)}{R(s)} = \mathcal{T}(s) = \frac{\omega_n^2}{s^2 + 2\zeta\omega_n s + \omega_n^2}$$

请给出系统对多项式参考输入的系统类型以及相关的误差常数，用 ζ 和 ω_n 表示。

4.11　考虑一个二阶系统

$$G(s) = \frac{1}{s^2 + 2\zeta s + 1}$$

我们要将传递函数 $D(s) = K(s + a)/(s + b)$ 与 $G(s)$ 级联起来，构成单位反馈的结构。

（a）不考虑稳定性，为使系统为 1 型系统，K、a 和 b 要满足的约束条件是什么？

（b）如果考虑系统稳定性，为使系统为 1 型系统，K、a 和 b 要满足的约束条件是什么？

（c）为使系统成为 1 型系统，并且对所有正的 K 值都稳定，则 K、a 和 b 要满足的约束条件又是什么？

4.12　考虑如图 4.28（a）所示的系统。

（a）系统属于什么类型？当输入为斜坡信号 $r(t) = r_o t_1(t)$，计算系统的稳态跟随误差。

（b）更改后的系统如图 4.28（b）所示，求使系统对参考输入为 2 型系统的 H_f 值，并计算误差常数 K_a。

（c）系统属于 2 型系统的性质对 H_f 的变化是否具有鲁棒性（例如，如果 H_f 发生轻微变化，系统是否仍然是 2 型的）？

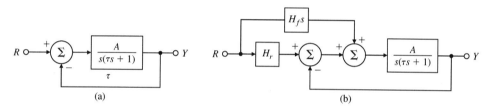

图 4.28　习题 4.12 的控制系统

4.13　一个人造卫星运行姿态的控制系统，已知被控对象的传递函数为 $G = 1/s^2$，采用单位反馈控制结构，控制器传递函数为 $D(s) = \dfrac{10(s + 2)}{s + 5}$。

（a）求出系统对参考输入的系统类型以及相应的误差常数。

（b）如果有一个干扰转矩加在控制信号中，因此进入被控过程的信号为 $u + w$，求系统对干扰的系统类型以及相应的误差常数。

4.14　电动机位置补偿控制系统如图 4.29 所示。假设传感器的动态特性为 $H(s) = 1$。

（a）系统能够跟随阶跃参考输入 r 并使稳态误差为 0 吗？如果可以，给出速度误差常数的值。

（b）系统能够抑制阶跃干扰信号 w 并使稳态误差为 0 吗？如果可以，给出速度误差常数的值。

（c）如果受控对象的极点 -2 发生变化，计算系统闭环传递函数的灵敏度。

（d）在一些情况下，传感器有具体的动态特性。取 $H(s) = 20/(s + 20)$，重新计算（a）、（b）和（c），并比较相应的速度误差常数。

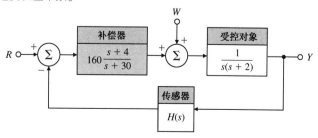

图 4.29　习题 4.14 的控制系统

4.15 通用的单位反馈系统(如图 4.30 所示)有干扰输入 w_1、w_2 和 w_3,并且是渐进稳定的。传递函数如下:

$$G_1(s) = \frac{K_1 \prod_{i=1}^{m_1}(s+z_{1i})}{s^{l_1} \prod_{i=1}^{m_1}(s+p_{1i})}, \quad G_2(s) = \frac{K_2 \prod_{i=1}^{m_1}(s+z_{2i})}{s^{l_2} \prod_{i=1}^{m_1}(s+p_{2i})}$$

请证明系统对干扰输入 w_1、w_2 和 w_3 分别是 0 型、l_1 型和 (l_1+l_2) 型系统。

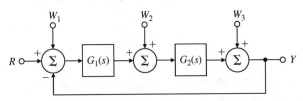

图 4.30　有干扰输入的单输入单输出单位反馈系统

4.16 某个采用积分控制的汽车速度控制系统,如图 4.31 所示。

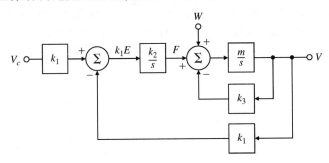

图 4.31　采用积分控制的系统

(a)假设参考速度输入为 0($v_c = 0$),求输出速度 v 对气流干扰 w 的传递函数。

(b)若 w 为单位斜坡函数,求系统输出 v 的稳态响应。

(c)指出系统对参考输入的系统类型,并求出相应的误差常数值。

(d)指出系统对干扰 w 的系统类型,并求出相应的误差常数值。

4.17 如图 4.32 所示的反馈系统,当 $K=5$ 时,求 α 的值使系统类型为 1 型。求出相应的速度误差常数值。证明采用这个 α 值的系统类型鲁棒性不好。计算当 $K=4$ 和 $K=6$ 时系统阶跃响应的误差 $e=r-y$。

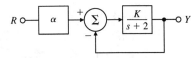

图 4.32　习题 4.17 的控制系统

4.18 给定如图 4.33(a)所示的系统,其中受控对象参数 a 经常受到扰动。

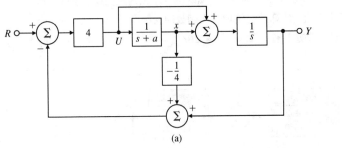

(a)

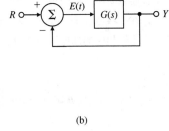

(b)

图 4.33　习题 4.18 的控制系统

(a)计算 $G(s)$,使图 4.33(b)所示的系统和图 4.33(a)所示的系统有相同的输入输出传递函数(从 r 至 y)。

(b)假设 $a=1$ 是受控对象参数的标称值。求出系统的类型以及误差常数。

(c)假设 $a = 1 + \delta a$，式中 δa 表示受控对象参数的微小变化。求出摄动系统的系统类型以及误差常数。

4.19　有两个反馈系统，如图 4.34 所示。

(a)确定 K_1、K_2 和 K_3 的值，使系统满足：

　　(i)对阶跃输入的稳态误差都为 0(即两个系统都是 1 型系统)。

　　(ii)当 $K_0 = 1$ 时，系统速度误差常数为 $K_v = 1$。

(b)假设 K_0 产生微小摄动：$K_0 \to K_0 + \delta K_0$。这对系统的类型有什么影响？哪个系统的类型具有鲁棒性？你认为哪个系统比较好？

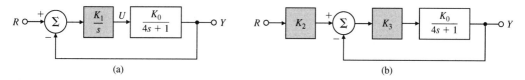

图 4.34　习题 4.19 的两个反馈系统

4.20　给定如图 4.35 所示的系统，其中反馈增益 β 经常受到扰动。试给系统设计一个控制器，使系统输出 $y(t)$ 精确地跟随参考输入 $r(t)$。

(a)令 $\beta = 1$，给定以下的三种控制器 $D_i(s)$：

$$D_1(s) = k_p, \quad D_2(s) = \frac{k_p s + k_I}{s}, \quad D_3(s) = \frac{k_p s^2 + k_I s + k_2}{s^2}$$

选择控制器(以及控制器参数)以使系统为 1 型系统，单位斜坡参考输入的稳态误差小于 $\frac{1}{10}$。

(b)又假设在系统的反馈回路出现衰减，用图中的模型表示得到 $\beta = 0.9$，对于你在(a)选择的 $D_i(s)$ 求出系统对斜坡输入的稳态误差。

(c)如果 $\beta = 0.9$，(b)中系统的系统类型是什么？相应的误差常数是多少？

4.21　考虑如图 4.36 所示的系统。

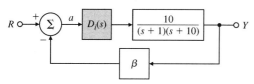

图 4.35　习题 4.20 的控制系统

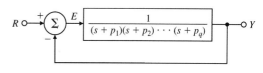

图 4.36　习题 4.21 的控制系统

(a)求出由参考输入到跟踪误差的传递函数。

(b)要使系统对输入 $r(t) = t^n 1(t)$（其中 $n < q$）的稳态误差为 0，则需要对闭环极点 $p_1, p_2, \cdots, p_q$ 如何配置？

4.22　在本章的前面部分，介绍了一个直流电动机的线性 ODE 模型，电动机的电枢电感可以忽略不计（$L_a = 0$），干扰输入为 w。这里，以稍微不同的形式重新介绍这个模型：

$$\frac{JR_a}{K_t}\ddot{\theta}_m + K_e\dot{\theta}_m = v_a + \frac{R_a}{K_t}w$$

其中 θ_m 的单位为弧度。将上式两边同时除以 $\ddot{\theta}_m$ 的系数，得到

$$\ddot{\theta}_m + a_1\dot{\theta}_m = b_0 v_a + c_0 w$$

式中

$$a_1 = \frac{K_t K_e}{JR_a}, \quad b_0 = \frac{K_t}{JR_a}, \quad c_0 = \frac{1}{J}$$

应用旋转电位计，可以测量角度 θ 和参考角度 θ_r 的偏差，即 $e = \theta_{\text{ref}} - \theta_m$。用测速器可以测量电动机速

度 $\dot{\theta}_m$。对偏差 e 和电动机速度 $\dot{\theta}_m$ 给系统加入反馈,形式如下:

$$v_a = K(e - T_D\dot{\theta}_m)$$

式中,K 和 T_D 是需要确定的控制器参数。

(a)画出上述系统的方框图,在图中用变量 θ_m 和 $\dot{\theta}_m$ 表示电动机。

(b)假设 $a_1 = 65, b_0 = 200, c_0 = 10$。如果没有负载转矩($w = 0$),$v_a = 100$ V 能够产生多大的速度(单位为 r/m)?

(c)使用(b)中的参数值,设控制为 $D = k_p + K_D s$,求 k_p 和 k_D (使用第 3 章中的结果),使系统在负载转矩为 0 时,对 θ_{ref} 的阶跃变化的瞬时响应有大约 17% 的超调量,调节到小于稳态值 5% 以内的时间小于 0.05 s。

(d)推导系统对参考输入角度的稳态误差的表达式。假设 $\theta_{\text{ref}} = 1$ rad,计算(c)设计的系统的稳态误差。

(e)当 $\theta_{\text{ref}} = 0$ 时,推导系统对恒定干扰转矩的稳态误差表达式。假设 $w = 1.0$,计算(c)设计的系统的稳态误差。

4.23　为汽车设计一个自动速度控制系统。假设(1)车的质量 m 为 1000 kg,(2)加速器给出控制 U,加速器每运动 1° 就给汽车提供 10 N 的压力,(3)空气阻力引起的摩擦力正比于速度,比例系数为 10 N·s/m。

(a)求由控制输入 U 到汽车速度的传递函数。

(b)假设速度的改变由下式给出

$$V(s) = \frac{1}{s + 0.02}U(s) + \frac{0.05}{s + 0.02}W(s)$$

式中 V 的单位是米每秒,U 的单位是度,W 是路面的坡度。设计一个比例控制器 $U = -k_p V$,在坡度为恒定值 2% 的时候,使速度误差小于 1 m/s。

(c)讨论对这个问题采用积分控制的优点(如果有的话)。

(d)假设纯比例控制(即没有比例项)对系统控制是有利的,选择反馈增益使特征方程的根具有临界阻尼($\zeta = 1$)。

4.24　一个汽车速度控制系统,如图 4.37 所示。

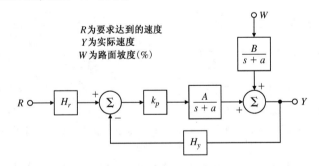

图 4.37　汽车速度控制系统

(a)求由 $W(s)$ 到 $Y(s)$ 和由 $R(s)$ 到 $Y(s)$ 的传递函数。

(b)假设要求达到的速度是恒定参考值 r,因此 $R(s) = r_o/s$。又假设路面是水平的,因此 $w(t) = 0$。计算各增益 k_p、H_r 和 H_y 的值,满足

$$\lim_{t \to \infty} y(t) = r_o$$

分别考虑开环($H_y = 0$)和反馈($H_y \neq 0$)的情况。

(c)假设系统除参考输入以外,还有坡度干扰 $W(s) = w_o/s$,重新计算(b)题。特别地,求出在坡度改变的情况下,前馈和反馈情形下的速度变化量。运用你得到的结果来解释:(1)为什么反馈是必须的;(2)如何选择 k_p 以减小稳态误差。

(d)假设 $w(t) = 0$，增益 A 产生微小变动成为 $A + \delta A$。求出在增益改变后前馈和反馈情形下的速度误差。系统的各个增益参数又该如何选择，以减小 δA 的影响？

4.25 如图 4.38 所示的多变量系统。假设系统是稳定的。求出由各个干扰输入到各个输出的传递函数，并确定对恒定的干扰 y_1 和 y_2 的稳态值。定义一个多变量系统对 w_i 的多项式输入是 k 型系统：如果对低于 k 次的多项式信号的任意组合输入，系统的每个输出的稳态值都为 0，对 k 次的多项式信号输入，系统至少有一个输出的稳态值是非零常数。这样，该系统对干扰输入 w_1 和 w_2 的系统类型分别是什么？

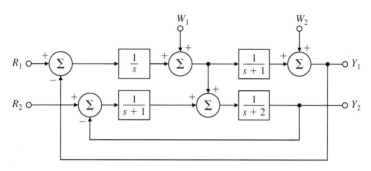

图 4.38 多变量系统

4.3 节习题：PID 控制器

4.26 一个磁带驱动的速度控制系统，其传递函数如图 4.39 所示。其中，速度传感器的响应速度足够快，可以忽略其动态过程，图中显示的是等效的单位反馈系统。

(a)假设 $\Omega_r = 0$，求系统对阶跃干扰转矩 1 N·m 的稳态误差。为使稳态误差 $e_{ss} \leq 0.01\text{ rad/s}$，放大器的增益 K 必须是多少？

(b)在复平面上画出闭环系统的根，并用(a)中得出的 K 值，精确地画出系统对阶跃输入的时间响应。

(c)若要求 1% 的调节时间 $t_s \leq 0.1\text{ s}$，超调量 $M_p \leq 5\%$，在复平面画出系统闭环极点应在的区域。

(d)给出 PD 控制器的参数 k_p 和 k_D，以满足上述系统要求。

(e)应用(d)的控制器后，系统对干扰的稳态误差如何变化？怎样能够将干扰转矩引起的稳态误差完全抑制？

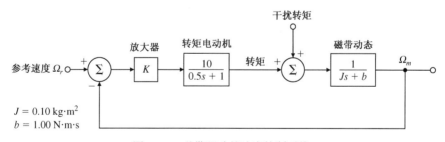

图 4.39 磁带驱动的速度控制系统

4.27 一个 PI 控制系统，如图 4.40 所示。

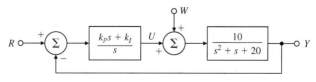

图 4.40 习题 4.27 的控制系统

(a)确定由 R 到 Y 的传递函数。

(b)确定由 W 到 Y 的传递函数。

(c)求出系统对参考跟踪输入的系统类型以及相应的误差常数。

(d)求出系统对干扰抑制信号的系统类型以及相应的误差常数。

4.28 考虑一个二阶的受控对象,其传递函数为

$$G(s) = \frac{1}{(s+1)(5s+1)}$$

并且采用单位反馈结构。

(a)当系统采用 P$[D = k_p]$,PD$[D = k_p + k_D s]$ 和 PID$[D = k_p + k_I/s + k_D s]$ 控制器时,确定系统关于多项式参考输入的系统类型及误差常数。其中 $k_p = 19$,$k_I = 0.5$ 和 $k_D = \dfrac{4}{19}$。

(b)采用与(a)相同的控制器,确定系统关于干扰输入的系统类型及误差常数。其中,多项式干扰 $w(t)$ 在受控对象的输入端进入系统。

(c)该系统跟随参考信号的能力更好还是抑制干扰的能力更好?简单地给出理由。

(d)用 MATLAB 分别画出系统跟随参考输入和抑制干扰信号的阶跃响应和斜坡响应,验证(a)和(b)的结论。

4.29 某直流电动机速度控制系统(如图 4.41 所示),可描述为以下的微分方程:

$$\dot{y} + 60y = 600v_a - 1500w$$

式中,y 为电动机速度,v_a 是电枢电压,w 是负载转矩。假设用 PI 控制规则计算电枢电压,得到

$$v_a = -\left(k_p e + k_I \int_0^t e\, dt\right)$$

其中,$e = r - y$。

(a)计算由 W 到 Y 的传递函数,用 k_p 和 k_I 表示。

(b)计算 k_p 和 k_I 的值,使闭环系统的特征方程的根为 $-60 \pm j60$。

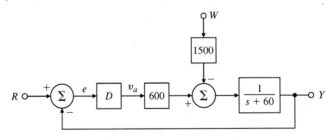

图 4.41　习题 4.29 和习题 4.30 的直流电动机速度控制方框图

4.30 考虑习题 4.29 的系统,计算下面情形的稳态误差。

(a)对单位阶跃参考输入。

(b)对单位斜坡参考输入。

(c)对单位阶跃干扰输入。

(d)对单位斜坡干扰输入。

(e)用 MATLAB 验证(a)~(d)的结果。请注意系统的斜坡响应可以由一个辅助系统的阶跃响应获得,该辅助系统即在原系统的参考输入端加入一个积分器。

4.31 人造卫星飞行姿态的控制问题如图 4.42 所示,各参数的标称值如下:

$$J = 10 \text{ 为航天器惯量}(\text{N} \cdot \text{m} \cdot \text{s}^2/\text{rad})$$

$$\theta_r \text{ 为参考人造卫星飞行姿态}(\text{rad})$$

$$\theta \text{ 为实际人造卫星飞行姿态}(\text{rad})$$

$H_y = 1$ 为传感器比例因子(V/rad)

$H_r = 1$ 为参考传感器比例因子(V/rad)

w 为干扰转矩(N·m)

(a)采用比例控制 P,$D(s) = k_p$,求出使系统稳定的 k_p 的取值范围。

(b)采用 PD 控制,令 $D(s) = (k_p + k_D s)$,确定系统对参考输入的系统类型和误差常数。

(c)采用 PD 控制,令 $D(s) = (k_p + k_D s)$,确定系统对干扰输入的系统类型和误差常数。

(d)采用 PI 控制,令 $D(s) = (k_p + k_I/s)$,确定系统对参考输入的系统类型和误差常数。

(e)采用 PI 控制,令 $D(s) = (k_p + k_I/s)$,确定系统对干扰输入的系统类型和误差常数。

(f)采用 PID 控制,令 $D(s) = (k_p + k_I/s + k_D s)$,确定系统对参考输入的系统类型和误差常数。

(g)采用 PID 控制,令 $D(s) = (k_p + k_I/s + k_D s)$,确定系统对干扰输入的系统类型和误差常数。

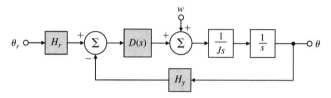

图 4.42　人造卫星飞行姿态控制

4.32　一台造纸机的单位阶跃响应如图 4.43(a)所示,其中系统的输入是流到造纸网上的原材料,输出是基本质量(厚度)。延迟时间和瞬时响应的斜率可由图中确定。

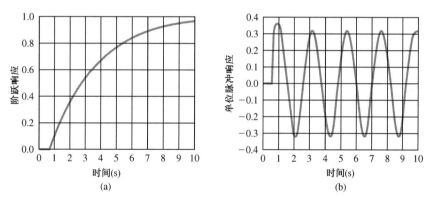

图 4.43　习题 4.32 的造纸机响应数据

(a)使用 Z-N 动态响应法求出比例、PI 和 PID 控制器的参数。

(b)采用比例反馈控制,控制设计者已经得到闭环系统的单位脉冲响应,如图 4.43(b)所示。此时增益 $K_u = 8.556$,系统处于稳定边缘。使用 Z-N 的稳定边界法确定比例、PI 和 PID 控制器的参数。

4.33　已知造纸机的传递函数

$$G(s) = \frac{e^{-2s}}{3s + 1}$$

其中,输入是流到造纸网上的原材料,输出是基本质量或厚度。

(a)使用 Z-N 整定法确定 PID 控制器的参数。

(b)当 $K_u = 3.044$ 时,系统刚好处于临界稳定状态,单位脉冲响应如图 4.44 所示。使用 Z-N 整定法求出 PID 控制器的最佳参数。

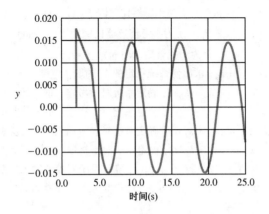

图 4.44　习题 4.33 的造纸机的单位阶跃响应

△4.4 节习题：数字控制简介

4.34　应用式(4.104)的梯形准则，计算以下控制器的等效离散控制器。假设在每个例子中 $T_s = 0.05$。

(a)　$D_1(s) = (s + 2)/2$

(b)　$D_2(s) = 2\dfrac{s + 2}{s + 4}$

(c)　$D_3(s) = 5\dfrac{(s + 2)}{s + 10}$

(d)　$D_4(s) = 5\dfrac{(s + 2)(s + 0.1)}{(s + 10)(s + 0.01)}$

4.35　分别求出与习题 4.34 中的各个离散控制器相对应的差分方程。

(a)第 1 部分。

(b)第 2 部分。

(c)第 3 部分。

(d)第 4 部分。

第5章 根轨迹设计法

根轨迹设计法简介

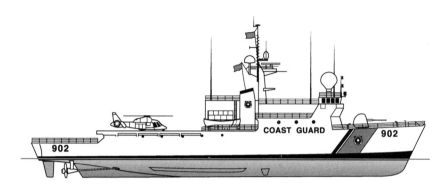

在第3章中叙述了阶跃响应的特征,如上升时间、超调量和调节时间。由于二阶系统传递函数的极点配置取决于系统的固有频率(ω_n)、阻尼比(ζ)和特征根的实部(σ),这三者之间的关系如图3.15所示。我们也考察了为特征方程增加极点或零点时的系统的暂态响应变化。在第4章中已经看到,通过反馈可以改善系统的稳态误差,还可以通过改变系统极点配置来影响动态响应。在本章,将会介绍一种特殊的技术,通过修改系统的参数来改变闭环系统的特征根,进而影响系统的动态响应。这就是所谓的根轨迹法,由伊凡思(W. R. Evans)发展起来。他给出了绘制根轨迹(Root Locus)的方法,并首先为它做了命名。随着相关仿真软件以及MATLAB的发展,这些手工描绘根轨迹的详细规则已经不那么重要了,但是我们认为对于一个控制系统设计者来说,当他想要去理解所提出的动态补偿法是如何影响根轨迹或者要草绘一条根轨迹来指导设计过程的时候,这些规则还是很必要的。同时,理解如何生成根轨迹从而检查计算机生成的结果,也是很有必要的。基于这样的考虑,学习伊凡思的根轨迹法还是很重要的。

根轨迹法通常用于研究环路增益变化时所带来的影响。事实上,这种方法经常会用到,而且可以用于描述引入线性实参数的多项式的根。例如用于绘制参数变化的特征方程的特征根,而这个参数可能是速度反馈传感器的增益,或者其他的实际物理参数,如电动机转动惯量、电枢电感等。总之,根轨迹法可以刻画用 z 变换描述的数字控制系统的特征方程,在第4章中已经介绍过 z 变换这一内容,在第8章中将有更深入的讨论。

全章概述

在5.1节中,将通过列举一些简单的反馈系统的根轨迹,来开始我们的介绍。而在5.2节中,将看到怎样一步一步地把一个方程变换为适合于绘制根轨迹的适当形式和一些有助于画图的重要规则。在5.3节中,将应用这些步骤粗略地描绘一些典型的控制系统的根轨迹,以观察影响最终轨迹的因素。MATLAB 可以用于细致地描绘特殊的根轨迹。但是当单独调整选定的参数不能满足设计要求时,可以考虑研究其他的参数或者使用5.4节介绍的其他组件(比如超前补偿、滞后补偿或陷波补偿)来达到设计要求。在接下来的5.5节中,将通过一个小型飞机姿态控制的例子来阐述如何使用根轨迹法。在5.6节中,根轨迹法将进一步被推广到负参数系统、多参数系统和简单时滞系统的设计中。最后,5.7节给出了根轨迹法的历史发展。

5.1　基本反馈系统的根轨迹

通过如图5.1所示的基本反馈系统来开始介绍根轨迹法。对于这个系统,其闭环传递函数为

$$\frac{Y(s)}{R(s)} = \mathcal{T}(s) = \frac{D(s)G(s)}{1 + D(s)G(s)H(s)} \tag{5.1}$$

其特征方程为

$$1 + D(s)G(s)H(s) = 0 \tag{5.2}$$

上式的特征根也就是传递函数的极点。

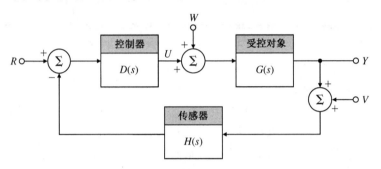

图 5.1　基本的闭环系统的方框图

把这个方程转换成适合于以方程的根作为参数的形式来进行研究。首先把方程转化为多项式的形式,然后选择一个我们感兴趣的参数并称之为 K。假定可以找到多项式 $a(s)$ 和 $b(s)$,将特征多项式化为 $a(s) + Kb(s)$ 的形式,再定义传输函数为 $L(s) = \dfrac{b(s)}{a(s)}$,这样,上面的特征方程可以写为[①]

$$1 + KL(s) = 0 \tag{5.3}$$

假设这个参数是控制器的增益(通常是这样),而 $L(s)$ 是 $D(s)G(s)H(s)$ 的最简分数,伊凡思建议绘制出式(5.3)的所有根随 K 从 0 变化到无穷过程中的轨迹,然后使用所得的结果来帮助我们选择最好的 K 值。除此之外,通过研究根轨迹中增加零极点的作用,就可以确定对回路中 $D(s)$ 动态补偿的效果。这样就有了一个工具,不仅可以选择特殊的参数值,还可以调整动态补偿效果。式(5.3)中所有由 K 值决定的根的分布轨迹被称为根轨迹,而那些用于构造这些根轨迹的规则,则被称为伊凡思根轨迹法。我们从绘制一条根轨迹来开始对根轨迹法的讨论。这里要用式(5.3)形式的方程并以 K 为自变量。

为了设置研究过程中所使用的符号,假定所研究的传输函数 $L(s)$ 是一个有理函数,分子

[①]　在通常情况下,$L(s)$ 是闭环系统的回路传递函数,K 是控制器增益。而根轨迹法很适合于能够转化为形如式(5.3)的任何多项式和任何参数。

为 m 次的首一多项式①$b(s)$，分母为 n 次的首一多项式 $a(s)$，则有 $n \geqslant m$②，我们将这两个多项式进行因式分解为

$$
\begin{aligned}
b(s) &= s^m + b_1 s^{m-1} + \cdots + b_m \\
&= (s - z_1)(s - z_2) \cdots (s - z_m) \\
&= \prod_{i=1}^{m} (s - z_i) \\
a(s) &= s^n + a_1 s^{n-1} + \cdots + a_n \\
&= \prod_{i=1}^{n} (s - p_i)
\end{aligned} \tag{5.4}
$$

分子 $b(s) = 0$ 的根是传输函数 $L(s)$ 的零点（zero），记为 z_i；分母 $a(s) = 0$ 的根为 $L(s)$ 的极点（pole），记为 p_i，特征方程的根依因式分解形式，记为 $r_i (n > m)$，则

$$
a(s) + Kb(s) = (s - r_1)(s - r_2) \cdots (s - r_n) \tag{5.5}
$$

这样就可以把式（5.3）转化为更常见、更易于使用的等价形式。注意，下面的多项式均具有相同的根：

$$
1 + KL(s) = 0 \tag{5.6}
$$

$$
1 + K \frac{b(s)}{a(s)} = 0 \tag{5.7}
$$

$$
a(s) + Kb(s) = 0 \tag{5.8}
$$

$$
L(s) = -\frac{1}{K} \tag{5.9}
$$

上面的式（5.6）至式（5.9）通常被称为特征方程的根轨迹形式（root-locus form）或者伊凡思形式（Evans form）。所谓的根轨迹是指式（5.6）至式（5.9）中由正实数 K③ 决定的所有 s 值的集合。由于式（5.6）~式（5.9）的根就是闭环系统特征方程的根，也是系统的闭环极点，因此根轨迹法也可作为通过参数 K 变化来推断闭环系统动态性能的方法。

例 5.1　电动机位置控制系统的根轨迹

在第 2 章中，学习到一个标准的直流电动机电压 - 位置传递函数为

$$
\frac{\Theta_m(s)}{V_a(s)} = \frac{Y(s)}{U(s)} = G(s) = \frac{A}{s(s + c)}
$$

要求解系统闭环极点的根轨迹，如图 5.1 所示。将输出 Θ_m 反馈至输入端来构造闭环系统，令与 A 相关的 $D(s) = H(s) = 1$，也就是 $c = 1$。

解：按照我们的符号表达法，求得

$$
\begin{aligned}
&L(s) = \frac{1}{s(s + 1)}, \quad b(s) = 1, \quad m = 0, \quad z_i = \{空\} \\
&K = A, \quad a(s) = s^2 + s, \quad n = 2, \quad p_i = 0, -1
\end{aligned} \tag{5.10}
$$

---

① 首一多项式（monic polynomial）意味着式中 s 的最高阶项的系数为 1。

② 如果 $L(s)$ 是一个实际系统的传递方程，就必然有 $n \geqslant m$；否则，系统会对一个有限大的输入做出无限大的响应。如果选择参数使 $n < m$，那么可考虑等价的方程：$1 + K^{-1}L(s)^{-1} = 0$。

③ 如果 K 为正值，那么轨迹被称为"正轨迹"。稍后将考虑其微小的变化。如果 K 为负值，则会生成"负轨迹"。

由式(5.6)可知，根轨迹是下面的二次方程的根的图像：

$$a(s) + Kb(s) = s^2 + s + K = 0 \tag{5.11}$$

使用二次方程的求根法则，可以很快地求出式(5.11)的根为

$$r_1, r_2 = -\frac{1}{2} \pm \frac{\sqrt{1-4K}}{2} \tag{5.12}$$

对应的根轨迹如图5.2所示。当 $0 \leqslant K \leqslant 1/4$ 时，根为 $-1 \sim 0$ 之间的实数；当 $K = 1/4$ 时，有重根 $-1/2$；当 $K > 1/4$ 时，根为复数，实部恒等于 $-1/2$，虚部则显著地与 K 的平方根成正比。图5.2中的虚线对应于衰减率 ζ 为0.5的根，$L(s)$ 在 $s = 0$ 和 $s = -1$ 的极点用符号"×"标出，根轨迹与衰减率为0.5的曲线的交点用"·"标出。这样，就可以计算出那些根轨迹与衰减率 $\zeta = 0.5$ 的曲线的交点。已知 $\zeta = 0.5$，则 $\theta = 30°$，那么根的虚部大小为实部大小的 $\sqrt{3}$ 倍。已知实部的绝对值为 $1/2$，根据式(5.12)，可以得到

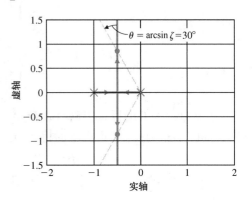

图5.2　$L(s) = 1/[s(s+1)]$ 的根轨迹

$$\frac{\sqrt{4K-1}}{2} = \frac{\sqrt{3}}{2}$$

从而得到 $K = 1$。

联系式(5.11)、式(5.12)与根轨迹图5.2来考察这一简单曲线的性质。首先，方程有两个特征根，因此根轨迹也就有两个分支。当 $K = 0$ 时，两个分支分别从 $L(s)$ 的极点出发(也就是0和 -1 点)。正如所需要的，当 $K = 0$ 时，这是个开环系统，特征方程为 $a(s) = 0$。两个分支随着 K 值增大而相互靠近，终于在 $s = -1/2$ 处相交，然后再从实轴上的交点分开，在这个分离点(breakaway point)之后，两个根以相同的实部对称地向无穷远处延伸，这样，这两个根的和就恒等于 -1。从设计的角度来看，我们发现可以通过改变参数 K 的值，使系统得到在图5.2中根轨迹上的闭环极点。如果根轨迹上的点恰好使系统的暂态响应符合要求，就可以通过求得相应的 K 值来完成我们的设计，否则就只能使用更复杂的控制器了。但要注意的是，正如在前面所指出的，根轨迹法不仅仅局限于研究系统增益(例5.1中的 $K = A$)，同样的思想也可以应用到系统特征方程中的线性变化的任何参数上。

例5.2　根轨迹与开环极点

对于例5.1中所列出的特征方程，令 $D(s) = H(s) = 1$，$A = 1$，然后在方程中选择 c 作为参数，于是得到

$$1 + G(s) = 1 + \frac{1}{s(s+c)} \tag{5.13}$$

求出关于 c 的特征方程的根轨迹。

解： 相应的闭环特征方程的多项式形式为

$$s^2 + cs + 1 = 0 \tag{5.14}$$

根据式(5.6)关于零极点的定义，令

$$L = \frac{s}{s^2 + 1}, \qquad b(s) = s, \qquad m = 1, \qquad z_i = 0$$

$$K = c, \qquad a(s) = s^2 + 1, \qquad n = 2, \qquad p_i = +j, -j \tag{5.15}$$

这样，特征方程的根轨迹形式就转换为

$$1 + c \frac{s}{s^2 + 1} = 0$$

可以很容易地计算出式(5.14)的解

$$r_1, r_2 = -\frac{c}{2} \pm \frac{\sqrt{c^2 - 4}}{2} \tag{5.16}$$

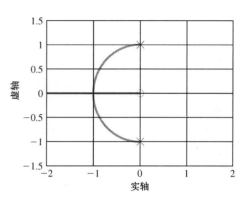

图 5.3　根轨迹与阻尼系统 c(对于
$$1 + G(s) = 1 + \frac{1}{s(s+c)} = 0)$$

这些解的轨迹在图 5.3 中绘出，同样地，在其中"×"标示极点(也就是 $b(s)$ 的根)，符号"○"标示零点(即 $b(s) = 0$ 的根)。我们注意到，当 $c = 0$ 时，有两个"×"标示的根在虚轴上，相应的系统响应是振荡的。此后，阻尼比 ζ 随着 c 值从零开始增加，当 $c = 2$ 时，有重根 $s = -1$，根轨迹的两个分支在这里分离，然后沿着实轴上向相反的方向延伸。多条根轨迹汇合进入实轴的重根点，这称为会合点(break-in point)。

　　当然，绘制二次方程的根轨迹，这很容易做到。因为我们可以很方便地求解特征方程，得到式(5.12)和式(5.16)中所列出的根，然后将根轨迹视为参数 K 的函数而直接绘制出图像。其实，更有用的是，根轨迹法更适合于分析那些很难得到清晰解的高阶系统。伊凡思发展了这些粗略绘制根轨迹的规则。随着 MATLAB 软件的更易于使用，这些原则在绘制特殊的根轨迹时已经变得不再重要，在软件中输入 rlocus(sys)就可以得到想要的根轨迹。但是尽管如此，在控制系统设计中我们所关注的不仅仅只是描绘细致的根轨迹。除此之外，还要改变系统的动力性质，通过修正系统以更好地满足动态响应性能要求，达到更好的控制。为了实现这个目标，粗略地绘制出根轨迹以便能够评价可选择的补偿方法的结果，将会非常有用。而且，通过绘制粗略的根轨迹，可以很快地判断出计算机所绘出的结果与我们想要 MATLAB 给出的结果是否一致。实际上，这里总会出现一些常规的错误或者可能忽略了一些软件的使用规则，当然还有令人防不胜防的 GIGO 法则①。

5.2　绘制根轨迹的原则

　　我们从根轨迹的准确定义来开始本节的学习。根据式(5.6)的形式，这样来定义根轨迹：

　　定义 I：所谓的根轨迹是指，当参数 K 从 0 变化到 $+\infty$ 过程中，满足方程 $1 + KL(s) = 0$ 的 s 值的集合，这里 $1 + KL(s) = 0$ 一般是某个系统的特征方程。在这种情况下，这些在根轨迹上的根，也就是该系统的闭环极点。

---

①　GIGO(Garbage in, Garbage out)，无用输入，无用输出。

现在考察式(5.9),如果 K 是一个正实数,那么 $L(s)$ 就是一个负实数。换句话说,如果把 $L(s)$ 写成用幅值和相位来表示的极坐标形式,那么 $L(s)$ 的相位就等于 180° 以满足式(5.9)。这样,就可以确定根轨迹的相位条件(phase condition)为

定义Ⅱ: $L(s)$ 的根轨迹是 s 平面上 $L(s)$ 的相位等于 180° 的所有点的集合。如果定义从测试点到某一零点的角度为 ψ_i,从某个极点到测试点的角度为 ϕ_i,那么也可以得到根轨迹的第二定义为:对于整数 l,s 平面上满足下面条件的所有点,即

$$\sum \psi_i - \sum \phi_i = 180° + 360°(l-1) \tag{5.17}$$

根轨迹的第二定义的巨大优点在于,当手工计算一个高阶多项式的根非常困难时,计算传递函数的相位则要相对简单一些。通常情况下,K 值为正实数,被称为正轨迹或者 180° 轨迹;而当 K 为负实数,$L(s)$ 就只能是正实数,相位为 0°,被称为负轨迹或 0° 轨迹。

依据根轨迹的第二定义,原则上可以通过计算传递函数确定相位值为 180° 的点,来粗略地绘制复杂高阶系统的根轨迹。我们将通过下面的例子来说明计算步骤:

$$L(s) = \frac{s+1}{s(s+5)[(s+2)^2+4]} \tag{5.18}$$

在图 5.4 中,$L(s)$ 的极点用"×"来标示,零点用符号"○"来标示。假定选择检测点 $s_0 = -1 + j2$,要检验 s_0 是否在根轨迹上并有相应 K 值。可以考虑:如果这个点在根轨迹上,那么对于整数 l,有 $\angle L(s_0) = 180° + 360°(l-1)$,或者等价地,根据式(5.18),得到

$$\angle(s_0+1) - \angle s_0 - \angle(s_0+5) - \angle[(s_0+2)^2+4] = 180° + 360°(l-1) \tag{5.19}$$

零项 s_0+1 的角度可以通过从 −1 处的零点到测试点 s_0 画一条直线来求取[①]。在图 5.4 中,这条线是垂直于坐标轴的,相位角记为 $\psi_1 = 90°$。以同样的方式,可以求得极点 $s = 0$ 到测试点 s_0 的向量的相位角为 ϕ_1,复数极点 $-2 \pm j2$ 到 s_0 的向量的相位角为 ϕ_2 和 ϕ_3,s_0+5 的向量的相位角为 ϕ_4,根据式(5.19),可以得到,$L(s)$ 在 $s = s_0$ 点的总相位角为分子上所有零点的相位角值之和减去分母上所有极点的相位角之和,即

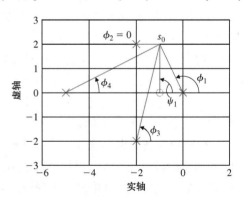

图 5.4　式(5.18)的相位测量

$$\begin{aligned}
\angle L &= \psi_1 - \phi_1 - \phi_2 - \phi_3 - \phi_4 \\
&= 90° - 116.6° - 0° - 76° - 26.6° \\
&= -129.2°
\end{aligned}$$

由于 $L(s)$ 的总相位角不等于 180°,所以可以断定 s_0 点不在根轨迹上,因此,只能选择另外的点再来测试。当然,计算某一点的相位值并不是很难,但是要计算整个 s 平面每个点的相位值却是比较困难的。为了让这一方法更好地执行,绘制根轨迹就需要更综合的规则,伊凡思提出了一整套的规则来达到这一目标。我们将会通过下面求根轨迹的例子来说明这些规则。

$$L(s) = \frac{1}{s[(s+4)^2+16]} \tag{5.20}$$

---

① 复数模与相位的图像求解,可参阅网上的附录 WD。

首先从正的根轨迹开始，这也是最普遍的情况①。伊凡思规则的前三条相对比较容易记忆，但也是要粗略地画出根轨迹所必须要掌握的，最后的两条虽然不是很常用但也会在一些场合用到。另外，通常假定可以使用 MATLAB 或者其他同类的软件来绘制所求根轨迹的精确图像。

5.2.1　绘制正（180°）根轨迹的规则

规则 1：根轨迹的 n 条分支从 $L(s)$ 的极点出发，其中有 m 条分支结束于 $L(s)$ 的零点。

在方程 $a(s) + Kb(s) = 0$ 中，当 $K = 0$ 时，这个方程简化为 $a(s) = 0$，其根也就是极点；当 K 趋向于无穷大时，s 的取值为 $b(s) = 0$ 或者 $s \to \infty$，因为在 m 个零点上有 $b(s) = 0$。因此，将有 m 条根轨迹结束于这些零点，而其他 $s \to \infty$ 的情况将在规则 3 中讨论。

规则 2：实轴上的根轨迹位于奇数个零极点的左侧。

在实轴上取一个测试点 s_0，如图 5.5 所示，可以求得 s_0 与两个共轭复数极点的向量的两个相位角 ϕ_1 与 ϕ_2 相抵消，这样，s_0 与共轭复数之间的相位角就变为零。由于实数零点或极点与右侧测试点的向量的相位角为 0°，而与左侧测试点的向量的相位角为 180°，所以，要使所有的角度之和为 $180° + 360°(l - 1)$，实轴上的测试点就只能处在奇数个的零点与极点的左侧，如图 5.5 所示。

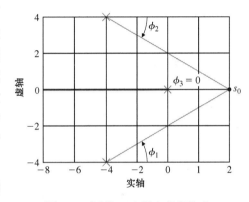

图 5.5　规则 2：实轴上的根轨迹位于奇数个零极点的左侧

规则 3：对于极大的 s 与 K 值，$n - m$ 条根轨迹将以从实轴上的 $s = \alpha$ 点出发、倾斜角为 ϕ_l 的直线作为渐近线向无穷远处发散，在这里有

$$\phi_l = \frac{180° + 360°(l - 1)}{n - m}, \qquad l = 1, 2, \cdots, n - m$$

$$\alpha = \frac{\sum p_i - \sum z_i}{n - m}$$

(5.21)

当 $K \to \infty$ 时，仅当 $L(s) = 0$ 时，下列方程才成立

$$L(s) = -\frac{1}{K}$$

这将分为两种完全不同的情况：在第一种情况下，如在规则 1 中所述，有 m 个根可以使 $L(s)$ 的值为零；在第二种情况下，当 $s \to \infty$ 时，$L(s)$ 的值也将为零。假定 n 的值大于 m，渐近线则反映了当 $s \to \infty$ 时的 $n - m$ 个根的位置。对于极大的 s 值，下面的等式

$$1 + K \frac{s^m + b_1 s^{m-1} + \cdots + b_m}{s^n + a_1 s^{n-1} + \cdots + a_n} = 0$$

(5.22)

可以近似为②

---

① 负轨迹将在 5.6 节中进行讨论。

② 这个近似结果，可通过将 $a(s)$ 除以 $b(s)$ 并与 $(s - \alpha)^{n-m}$ 的展开式的主导项（s 的高次项）进行匹配得到。

$$1 + K\frac{1}{(s-\alpha)^{n-m}} = 0 \tag{5.23}$$

这是$(n-m)$个极点重合在$s = \alpha$点的特征方程。另外，为了更形象化地理解这一结果，可以想象有这么一幅画面：假设在s非常大的点上来看极点与零点，我们将看到的是它们已经与s平面的原点叠合在一起，这样m个零点将会抵消m个极点的作用，而剩余的$(n-m)$个极点看起来也已经重合到一起。于是，就可以认为，对于极大的K与s值，式(5.22)的根轨迹与式(5.23)根轨迹是渐近相同的，我们可以求出这个α值和渐近系统的最终轨迹。为了确定这条轨迹，选择目标点s_0为$s_0 = \mathrm{Re}^{\mathrm{j}\phi}$，其中设定$R$为充分大的值，而$\phi$是可变的参数。由于所有的极点可以视为与坐标原点叠合，所以只要这$(n-m)$个相同的相位角之和等于$180°$，那么传递函数的相位角也是$180°$。因此，每个ϕ_l可以由下式确定：

$$(n-m)\phi_l = 180° + 360°(l-1)$$

其中l的取值为整数。因此，这些根轨迹的渐近线就由$(n-m)$条不同的射线组成，其偏角由下式决定：

$$\phi_l = \frac{180° + 360°(l-1)}{n-m}, \quad l = 1, 2, \cdots, n-m \tag{5.24}$$

对于如式(5.20)描述的系统，$n-m = 3$，$\phi_{1,2,3} = 60°$、$180°$和$300°$或$\pm 60°$、$180°$。

这些渐近线从实轴上的$s_0 = \alpha$点出发，要确定α值，将用到多项式的一些简单性质：假设首一多项式$a(s)$的系数为a_i，根为p_i，如式(5.4)所示，对多项式进行因式分解，得到

$$s^n + a_1 s^{n-1} + a_2 s^{n-2} + \cdots + a_n = (s-p_1)(s-p_2)\cdots(s-p_n)$$

如果把等式右边的因式相乘展开，可以得到s^{n-1}项的系数为$-p_1 - p_2 - \cdots - p_n$，而在方程左边同幂次项的系数为$a_1$，因此有$a_1 = -\sum p_i$。也就是说，首一多项式中次高项的系数等于其根之和的相反数，而这些根也就是$L(s)$的极点。我们把这一结论应用于多项式$b(s)$，求得系统零点之和的相反数等于b_1，把结果记录为

$$\begin{aligned} -b_1 &= \sum z_i \\ -a_1 &= \sum p_i \end{aligned} \tag{5.25}$$

最后，再把这一结论应用到从式(5.22)得到的闭环系统的特征多项式上，可以得到

$$\begin{aligned} s^n + a_1 s^{n-1} + \cdots + a_n &+ K(s^m + b_1 s^{m-1} + \cdots + b_m) \\ &= (s-r_1)(s-r_2)\cdots(s-r_n) = 0 \end{aligned} \tag{5.26}$$

注意：多项式的所有根之和是s^{n-1}项的系数的相反数。如果$m < n-1$，那么这一结果将与K值无关。因此，假定$L(s)$的极点比零点至少多两个，那么就有$a_1 = -\sum r_i$。这样，就确定：如果$m < n-1$，那么多项式所有根的中心并不随K值而变化，而且开环系统与闭环系统的和都为$-a_1$。这可以表示为

$$-\sum r_i = -\sum p_i \tag{5.27}$$

当K趋向于无穷大时，可以看到有m个根r_i趋向于零点，而另外的(z_i)个根趋近于渐近系统$\frac{1}{(s-\alpha)^{n-m}}$的$(n-m)$个分支，该系统的极点之和为$(n-m)\alpha$。总结这些结果，可以得出结论：特征多项式的所有根之和等于趋向于无穷的根之和加上趋向于$L(s)$的零点的根之和，即

$$-\sum r_i = -(n-m)\alpha - \sum z_i = -\sum p_i$$

求解 α，可以得到

$$\alpha = \frac{\sum p_i - \sum z_i}{n - m} \qquad (5.28)$$

注意：在 $\sum p_i$ 与 $\sum z_i$ 中，它们的虚部总是为零，这是因为复数极点与复数零点都是共轭复数对。这样，就只需要考虑式(5.28)的实部。对于式(5.20)，得到

$$\alpha = \frac{-4 - 4 + 0}{3 - 0}$$

$$= -\frac{8}{3} = -2.67$$

偏角为 $\pm 60°$ 的渐近线，在图 5.6 中以虚线标出。注意，渐近线与虚轴交于点 $\pm \mathrm{j}(2.67)\sqrt{3} = \pm \mathrm{j}4.62$。而 180° 渐近线已经根据规则 2 绘出。

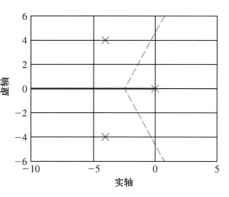

图 5.6　从 α 点等间隔向外辐射的 $(n-m)$ 条渐近线

规则 4：根轨迹的分支从 q 重极点离开的出射角为

$$q\phi_{l,\mathrm{dep}} = \sum \psi_i - \sum_{i \neq l} \phi_i - 180° - 360°(l-1) \qquad (5.29)$$

而进入 q 重极点的入射角为

$$q\psi_{l,\mathrm{arr}} = \sum \phi_i - \sum_{i \neq l} \psi_i + 180° + 360°(l-1) \qquad (5.30)$$

设想系统有一个靠近虚轴的极点，那么就很有必要知道从极点出发的根轨迹是向稳定的左半轴(LHP)延伸还是向不稳定的右半轴(RHP)延伸。

如果要计算根轨迹从极点离开的出射角，就要先设想有一个非常靠近极点的 s_0 点，并把从极点到 s_0 的向量的相位角定义为 $\phi_{l,\mathrm{dep}}$，然后把式(5.17)中的其他项移到方程的右边。通过靠近极点 $-4 + \mathrm{j}4$ 的 s_0 点作为例子来说明这一过程，并计算 $L(s_0)$ 相位角。图 5.7 简单地表示了这一过程。然后，定义从极点 $-4 + \mathrm{j}4$ 到点 s_0 向量的相位值为 ϕ_1。使所选择的 s_0 点充分接近这个极点，这样到 s_0 点与到极点的 ϕ_2、ϕ_3 就可以看做是相同的，因此 $\phi_2 = 90°$、$\phi_3 = 135°$。这样，就可以由幅值条件来求出 ϕ_1。根据幅值条件，无论 ϕ_1 取何值都必须要使相位角总和为 180°。其计

图 5.7　极点出射角与零点入射角

算方法如下 ($l = 1$)：

$$\phi_1 = -90° - 135° - 180° \qquad (5.31)$$

$$= -405° \qquad (5.32)$$

$$= -45° \qquad (5.33)$$

由共轭复数图像的对称性可知，从极点 $-4 - \mathrm{j}4$ 出发的轨迹离开极点的出射角为 $+45°$。

如果 $L(s)$ 有零点，从极点到零点的向量的相位角就要加到式(5.31)的左边。在通常情况下，从式(5.31)可以看到，单极点的出射角为

$$\phi_{1,\text{dep}} = \sum \psi_i - \sum_{i \neq 1} \phi_i - 180° \tag{5.34}$$

这里，$\sum \phi_i$ 是到其余极点的相位角之和，$\sum \psi_i$ 是到所有零点的相位角之和。对于 q 重极点，我们要计算到这个极点的相位角 q 次。这样，式(5.34)就化为

$$q\phi_{l,\text{dep}} = \sum \psi_i - \sum_{i \neq l} \phi_i - 180° - 360°(l-1) \tag{5.35}$$

这里，l 可取 q 个值。这是因为在这样的 q 重极点上共有 q 条根轨迹的分支从极点离开。

在图 5.7 中可以知道，当 K 值较小时计算出射角的过程。显然，这一过程对于 $L(s)$ 中 K 值极大、根轨迹接近零点时也是有效的。这个结论可以归纳为

$$q\psi_{l,\text{arr}} = \sum \phi_i - \sum_{i \neq l} \psi_i + 180° + 360°(l-1) \tag{5.36}$$

式中，$\sum \phi_i$ 是到所有极点向量的角度之和，$\sum \psi_i$ 是到其余零点向量的角度之和，l 取值仍为整数。

规则 5：根轨迹上的点可以存在重根，并且根轨迹上每个分支将以下面的角度间隔射入该 q 重根的点，也会以相同的角度间隔射出这个重根点：

$$\frac{180° + 360°(l-1)}{q} \tag{5.37}$$

对于任意多项式，高于一阶的特征多项式很可能会具有重根。如图 5.2 所示的二阶系统，当 $K = \dfrac{1}{4}$ 时，其根轨迹有两个相同的根位于点 $s = -\dfrac{1}{2}$，两条水平的分支在这个点处汇合在一起，而两条垂直的分支则在这个点处从实轴离开，在 $K > \dfrac{1}{4}$ 时取得复数值。这些分支分别以 $0°$ 和 $180°$ 入射，而以 $+90°$ 和 $-90°$ 出射。

要计算根轨迹在多重根处的出射角与入射角，我们将使用一个很有用的技巧，称为沿续轨迹(continuation locus)。设想我们先根据 K 的初始值画一条根轨迹，比如 $0 \leqslant K \leqslant K_1$，然后再令 $K = K_1 + K_2$，这样就能够以 K_2 为参数画新的根轨迹，将这条轨迹作为原轨迹的沿续并从原系统 $K = K_1$ 时的根出发。为了更加清楚地了解这个过程，以式(5.11)中的二阶系统为例，令 K_1 取与分离点相对应的值，即 $K_1 = \dfrac{1}{4}$，然后再令 $K = \dfrac{1}{4} + K_2$，就可以得到轨迹方程 $s^2 + s + \dfrac{1}{4} + K_2 = 0$，或者写为

$$\left(s + \frac{1}{2}\right)^2 + K_2 = 0 \tag{5.38}$$

以上绘制轨迹的步骤与一般绘制根轨迹的步骤相同，不同的是式(5.38)的根轨迹从极点出发的过程与式(5.11)的根轨迹从分离点分开的过程是一致的。应用式(5.35)的规则去求出轨迹在 $s = \dfrac{1}{2}$ 重极点分离的出射角，可以得到

$$2\phi_{\text{dep}} = -180° - 360°(l-1) \tag{5.39}$$

$$\phi_{\text{dep}} = -90° - 180°(l-1) \tag{5.40}$$

$$\phi_{\text{dep}} = \pm 90° \quad (\text{分离点的出射角}) \tag{5.41}$$

在这个例子中，系统的根轨迹沿着实轴射入 $s = -\dfrac{1}{2}$ 点，角度为 $0°$ 和 $180°$。

图 5.8 中绘出了前文中提到的三阶系统的完整根轨迹。这一结果综合了目前得到的所有结论,包括渐近线与实轴的交点(也即渐近线簇的中心)、渐近的倾斜角、根轨迹从极点出发的出射角。事实上,要粗略画出根轨迹,只需要规则 1 到规则 3 就足够了,这几条需要我们记住;而规则 4 在理解根轨迹是怎样分离的时候对我们会有帮助,特别是当有根靠近虚轴时。规则 5 有时候可以帮助我们去理解从计算机得到的轨迹,也可以定性地描述系统中除去零点或极点时的影响,将在下一章做进一步解释。实际上,图 5.8 中的根轨迹是用以下的 MAT-LAB 命令得到的:

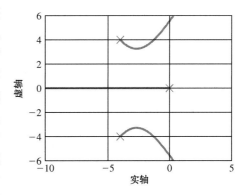

图 5.8　$L(s) = \dfrac{1}{s(s^2 + 8s + 32)}$ 的根轨迹图

```
numL = [1];
denL = [1 8 32 0];
sysL = tf(numL,denL);
rlocus(sysL)
```

接下来,将总结绘制根轨迹的规则。

5.2.2　绘制根轨迹规则小结

规则 1:根轨迹的 n 条分支从 $L(s)$ 的极点出发,其中有 m 条分支结束于 $L(s)$ 的零点。

规则 2:根轨迹位于奇数个零极点左侧的实轴上。

规则 3:对于极大的 s 与 K 值,$(n - m)$ 条根轨迹将以从实轴上的 ϕ_l 点出发、倾斜角为 $s = \alpha$ 的直线为渐近线向无穷远处发散,在这里有

$$\phi_l = \frac{180° + 360°(l - 1)}{n - m}, \quad l = 1, 2, \cdots, n - m \tag{5.42}$$

$$\alpha = \frac{\sum p_i - \sum z_i}{n - m} \tag{5.43}$$

规则 4:根轨迹的分支从 q 重极点离开的出射角为

$$q\phi_{l,\text{dep}} = \sum \psi_i - \sum \phi_i - 180° - 360°(l - 1) \tag{5.44}$$

而进入 q 重零点的角度为

$$q\psi_{l,\text{arr}} = \sum \phi_i - \sum \psi_i + 180° + 360°(l - 1) \tag{5.45}$$

规则 5:轨迹上的点可以存在 q 重根,根轨迹上每条分支将以不同的角度进入该 q 重根点,其角度分别为

$$\frac{180° + 360°(l - 1)}{q} \tag{5.46}$$

然后再以相同的角度间隔从这个点射出,构成一组 $2q$ 条的间隔相同的发射线。这个重根如果在实轴上,那么这组发射线的方向就由实轴规则决定;而如果是在复平面上,则就要使用分离规则了。

5.2.3　参数值的选取

正根轨迹表示的是,当 K 为正实数值时,方程 $1 + KL(s) = 0$ 根的所有可能位置的轨迹。

系统设计的目的是,要找出适当的 K 值,以满足动态和静态的性能指标。我们要分析的问题是,从特定的根轨迹中选择适当的 K 值,以使方程的根在特定的位置上。虽然将学习使用手工计算的方法来选择根轨迹上增益值的方法,但这种方法在实际中却用得并不多,这是因为使用 MATLAB 可以简单处理。虽然 MATLAB 很有效,但是也要具备使用手工计算的方法来检查由计算机得到的结果。

由根轨迹的第二定义,我们改进规则,单独应用 $L(s)$ 的相位条件来绘制根轨迹。若平面上某一点满足相角方程,使 $L(s) = 180°$,那么它必然满足幅值条件(magnitude condition)。式(5.9)给出了这一条件,重新整理可得

$$K = -\frac{1}{L(s)}$$

由于根轨迹上的点 s,满足 $L(s)$ 的相位为 $180°$,所以我们可以将幅值条件写为

$$K = \frac{1}{|L|} \tag{5.47}$$

对于式(5.47),有代数上和几何上的不同解释。为了分析其几何意义,考虑 $1 + KL(s)$ 的根轨迹,其中

$$L(s) = \frac{1}{s[(s+4)^2 + 16]} \tag{5.48}$$

这个传递函数的根轨迹如图 5.9 所示。在图 5.9 中,画出了一条对应于阻尼比 $\zeta = 0.5$ 的线,根轨迹与这条线的交点用(·)标出。假设希望设定增益值来使得方程的根在这些点上,这就相当于选择适当的增益,以使系统的两个闭环极点的阻尼比为 $\zeta = 0.5$(我们很快就可以找到第三个极点),那么,当根位于这些点上时的 K 值是多少呢? 由式(5.47),K 值为 1 除以 $L(s_0)$ 的模,其中 s_0 与标示出的点相对应。在图中,还标出了三个向量 $(s_0 - s_1)$、$(s_0 - s_2)$、$(s_0 - s_3)$,这些都是从 $L(s)$ 的极点到点 s_0 的向量(由于 $s_1 = 0$,所以第一个向量也等于 s_0)。在代数意义上,可以得到

$$L(s_0) = \frac{1}{s_0(s_0 - s_2)(s_0 - s_3)} \tag{5.49}$$

应用式(5.47),可得

$$K = \frac{1}{|L(s_0)|} = |s_0||s_0 - s_2||s_0 - s_3| \tag{5.50}$$

式(5.50)的图形解释表明,这三个因式的模也就是如图 5.9 所示的三个向量的长度(参阅网上的附录 WD)。因此,如果虚轴与实轴的刻度比例是相同的,那么可以通过测量这三个向量的长度并将它们相乘来求得点 $s = s_0$ 上的根所对应的增益值。使用该图的比例尺,可以估计得到

$$|s_0| \approx 4.0$$
$$|s_0 - s_2| \approx 2.1$$
$$|s_0 - s_3| \approx 7.7$$

这样,就可以估计出增益值为

$$K = 4.0(2.1)(7.7) \approx 65$$

可以断定,如果 K 值设为 65,可以认为 $1 + KL$ 有一个根在点 s_0 上,其阻尼比为 0.5。另一个根在 s_0 的共轭点上,那么第三个点在哪呢? 根轨迹的第三条分支就在负实轴上。如果是用手工

计算，通常可以选择一个测试点，然后计算其增益，重复这一过程，直到找到 $K = 65$ 的点为止。然而，仅仅使用以上的步骤，就足够用来检验用 MATLAB 绘制出来的该增益下的根轨迹。

在使用 MATLAB 时，用命令 rlocus (sysL) 来绘制根轨迹，然后用命令 [K,p] = rlocfind(sysL) 在图上画"×"。当在根轨迹上标示出想要的根，并点击鼠标选择后，不仅可以得到增益值 K，还可以在变量 p 中得到增益值 K 所对应的特征根。使用命令 rltool 将会使得求解更加简单，我们将在例5.7中再进行深入讨论。

最后，在选定参数的值后，还可以计算控制系统的误差常数。式(5.48)给出了含有一个积

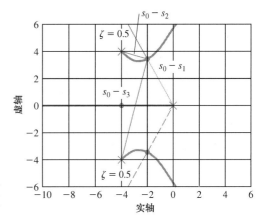

图 5.9 用于说明计算增益 K 的 $L(s) = \dfrac{1}{s\left[(s+4)^2 + 16\right]}$ 的根轨迹

分器的 1 型单位反馈系统的传递函数。此时，斜坡响应的稳态误差由速度常数得出，即

$$K_v = \lim_{s \to 0} sKL(s) \tag{5.51}$$

$$= \lim_{s \to 0} s\frac{K}{s[(s+4)^2 + 16]} \tag{5.52}$$

$$= \frac{K}{32} \tag{5.53}$$

当复数根的阻尼比为 $\zeta = 0.5$ 时，根轨迹增益 $K = 65$，因此由式(5.53)可得 $K_v = 65/32 \approx 2$。现在，如果由根轨迹位置决定的闭环动态响应可以满足要求，并且用 K_v 衡量的稳态误差也足够好，那么选择合适的增益值就可以完成设计。当然，如果没有 K 值可以满足所有要求，那么为了满足系统的性能要求，就必须对控制系统进行额外的改进。

5.3 根轨迹图解举例

许多的重要控制问题，可以使用由简单的"双积分器"传递函数描述的过程来表征，如

$$G(s) = \frac{1}{s^2} \tag{5.54}$$

比如，卫星姿态控制过程，就是用这个方程来描述的；另外，我们知道，在计算机磁盘驱动器中，装配的读写头通常安装在摩擦很小的空气轴承上，这样就可以忽略所有的摩擦，而只考虑读写头的微小位移。里面的电动机由直流电源驱动，因此电枢的反向电动势也不会影响转矩。这样，该装置也同样可以用式(5.54)来描述。如果用这个装置来构造一个带比例控制器的单位反馈系统，那么与控制器增益相关的根轨迹就是

$$1 + k_p \frac{1}{s^2} = 0 \tag{5.55}$$

如果把那些规则应用于这个系统，可以得出下面的结论：

规则 1：根轨迹有两个分支，都从 $s = 0$ 点出发。

规则2：在实轴上没有根轨迹。

规则3：两条渐近线从 $s = 0$ 点出发，偏角为 $\pm 90°$。

规则4：根轨迹的两条分支从 $s = 0$ 射出，角度为 $\pm 90°$。

结论：系统的根轨迹由虚轴构成，因此无论 k_p 取任何值，系统瞬态响应都会振荡。若要更好的控制结果，就必须采用比例微分控制。

例5.3　使用 PD 控制的卫星姿态控制的根轨迹

使用 PD 控制的系统特征方程为

$$1 + [k_p + k_D s]\frac{1}{s^2} = 0 \tag{5.56}$$

为了将该方程转化为根轨迹形式，可定义 $K = k_D$，然后直接地选择增益比[①]为 $k_p / k_D = 1$。于是，得到根轨迹形式为

$$1 + K\frac{s+1}{s^2} = 0 \tag{5.57}$$

解：根据各条规则，得到计算结果。

规则1：根轨迹有两条分支，都从 $s = 0$ 点出发，其中一条结束于零点 $s = -1$，而另一条将趋向无穷远处。

规则2：在 $s = -1$ 点左侧的实轴是根轨迹。

规则3：由于 $n - m = 1$，所以有一条渐近线沿着负实轴方向。

规则4：在重极点 $s = 0$，根轨迹的出射角度为 $\pm 90°$。

规则5：由规则1至规则4可知，根轨迹在零点处圆形地卷绕起来，然后在零点左侧的实轴上又重新结合，最后如规则1所述那样终止。根轨迹的分支在 $s = -2$ 上重新结合，于是产生了重根。计算出在该点的入射角为 $\pm 90°$。根据规则2，$s = -2$ 也是根轨迹上的点，因此它也是一个重根点，而且也是入射点。我们断定，根轨迹的两条分支离开原点后，不进入右半平面，而是分别向上和向下沿着圆形曲线[②]汇聚到实轴的 $s = -2$ 点，然后在这个点处，一条分支向左延伸趋向无穷，另一条则向右收敛于零点 $s = -1$。图 5.10 中的根轨迹，由下面的命令得到。

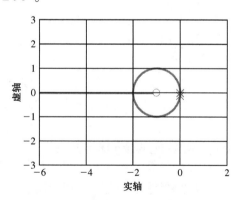

图5.10　$L(s) = G(s) = \dfrac{(s+1)}{s^2}$ 的根轨迹

```
numS = [1 1];
denS = [1 0 0];
sysS = tf(numS,denS);
rlocus( sysS)
```

对该例和简单的 $1/s^2$ 的根轨迹进行比较，可以得出：

---

① 对于一个给定的物理系统，这个数值的选定，应该考虑设计的给定上升时间或者执行器的最大控制信号(控制权)。

② 假设 $s + 1 = e^{j\theta}$，并且表明在 K 为正数，θ 为实数的某一取值范围内方程有解，则可以证明根轨迹是圆形的(参见习题5.18)。

增加零点可以将根轨迹拉向左半平面(LHP)，这在进行补偿设计时非常重要。

在前面的例子中，考虑的是纯 PD 控制。然而，正如在前面所提到的，微分运算的物理运算是不切实际的。在实际中，PD 控制可以近似地表示为

$$D(s) = k_p + \frac{k_D s}{s/p + 1} \tag{5.58}$$

定义 $K = k_p + pk_D$ 和 $z = pk_p/K$，可以将上式转化为根轨迹的形式。因此[①]

$$D(s) = K\frac{s+z}{s+p} \tag{5.59}$$

鉴于当我们应用频率响应进行设计时的诸多原因，这种控制器传递函数被称为"超前补偿器"(lead compensator)。相应地，由电子器件实现频率补偿的装置被称为"超前网络"(lead network)。对于使用这个控制的受控对象 $1/s^2$，其系统传递函数为

$$1 + D(s)G(s) = 1 + KL(s) = 0$$

$$1 + K\frac{s+z}{s^2(s+p)} = 0$$

例 5.4　使用修正 PD 控制或者超前补偿的卫星控制系统的根轨迹

为了评估增加极点的影响，我们仍然设零点 $z = 1$，然后考虑 p 取不同的三个值时的情况。先从一个比较大的 p 值开始，取 $p = 12$，再来考察下面系统的根轨迹。

$$1 + K\frac{s+1}{s^2(s+12)} \tag{5.60}$$

解：同样地，可以应用绘制根轨迹的规则。

规则 1：现在，根轨迹上将有 3 条分支，两条从 $s = 0$ 点出发，而一条从 $s = -12$ 点出发。

规则 2：在实轴上的 $-12 \leqslant s \leqslant -1$ 线段，是根轨迹的一部分。

规则 3：有 $n - m = 3 - 1 = 2$ 条根轨迹，中心点在 $\alpha = \dfrac{-12 - (-1)}{2} = -11/2$，角度为 $\pm 90°$。

规则 4：根轨迹的两条分支在 $s = 0$ 处的出射角为 $\pm 90°$，在极点 $s = -12$ 处的出射角为 $0°$。

由以上的讨论可知，根轨迹的分支走向有好几种可能。用 MATLAB 求解根轨迹的路径是最方便的方法。可使用的 MATLAB 命令如下：

```
numL = [1 1];
denL = [1 12 0 0];
sysL = tf(numL,denL);
rlocus(sysL)
```

这表明，根轨迹的两条分支从 $s = 0$ 点垂直地分开后，并未进入右半平面，而是沿着圆弧向左半平面延伸，最后交汇在 $s = -2.3$ 点。在这个点上，有一条分支向右延伸到零点 $s = -1$，而另一条分支则向左与从极点 $s = -12$ 出发的根轨迹相遇。这两条根轨迹在 $s = -5.2$ 处形成重根，在该点分离并趋向于在点 $s = -5.5$ 处与实轴垂直的渐近线。根轨迹图如图 5.11 所示。

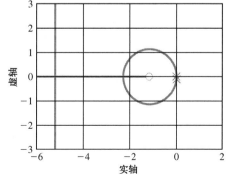

图 5.11　$L(s) = \dfrac{(s+1)}{s^2(s+12)}$ 的根轨迹

---

① 不要将这里表示零点的 z 与用于描述数字控制器的离散传递函数中的符号 z 相混淆。

研究这条根轨迹,可以发现,增加极点使 PD 控制的简单的圆形轨迹发生变形,但是在靠近原点的地方,根轨迹的形状与先前的情况还是非常相似的。当增加的极点向右移动时,则情况又会有所不同。

例5.5 使用具有较小极点的超前补偿的卫星控制系统的根轨迹

现在令 $p = 4$,要求绘制如下系统的根轨迹。

$$1 + K\frac{s+1}{s^2(s+4)} = 0 \tag{5.61}$$

解: 同样地,使用规则,可以得到:

规则 1:根轨迹同样有 3 条分支,两条从 $s = 0$ 点出发,而一条从 $s = -4$ 点出发。

规则 2:在实轴上的 $-4 \leqslant s \leqslant -1$ 线段,是根轨迹的一部分。

规则 3:有 2 条根轨迹,中心点在 $\alpha = -3/2$,角度为 $\pm 90°$。

规则 4:根轨迹的两条分支在 $s = 0$ 处的射出,角度为 $\pm 90°$。

规则 5:使用 MATLAB 命令如下:

```
numL=[1 1];
denL=[1 4 0 0];
sysL=tf(numL,denL)
rlocus(sysL)
```

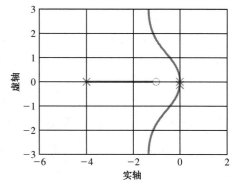

图 5.12 $L(s) = \dfrac{(s+1)}{s^2(s+4)}$ 的根轨迹

这表明,根轨迹的两条分支从 $s = 0$ 点垂直地分开后,沿着圆弧向左半平面弯曲,最后和渐近线一起向南北方向延伸。其中一条根轨迹分支从 $s = -4$ 出发向东延伸至零点结束。在这个例子中的根轨迹与 $p = -12$ 时的根轨迹不同,因为它在实轴的根轨迹上没有汇合点和分离点。应用 MATLAB 所绘制的根轨迹如图 5.12 所示。

在以上的两个例子中,我们得到了非常相似的系统。但是当 $p = -12$ 时,在实轴上分布着分离点和汇合点。而当 $p = -4$ 时的根轨迹就不具有这样的性质。那么,何时这一性质会消失呢?事实证明,这一变化发生在 $p = 9$ 时。在下面的例子中,将看到此时的根轨迹。

例5.6 极点为过渡值的卫星控制系统的根轨迹

绘制出下面系统的根轨迹。

$$1 + K\frac{s+1}{s^2(s+9)} = 0 \tag{5.62}$$

解:

规则 1:根轨迹有三条分支,分别从 $s = 0$ 和 $s = -9$ 点出发。

规则 2:在实轴上的 $-9 \leqslant s \leqslant -1$ 线段,是根轨迹的一部分。

规则 3:有 2 条根轨迹,中心点在 $\alpha = -8/2 = -4$。

规则 4:与前面的例子相同,根轨迹的两条分支在 $s = 0$ 处射出,角度为 $\pm 90°$。

规则 5:使用的 MATLAB 命令如下:

```
numL=[1 1];
denL=[1 9 0 0]
sysL=tf(numL,denL);
rlocus(sysL)
```

这样，生成的根轨迹图如图 5.13 所示。根轨迹的两条分支在 $s=0$ 点垂直地分离后，沿着圆弧向左半平面延伸，以入射角 ±60° 在 $s=-3$ 点交汇。另一条分支从 $s=-9$ 的点处开始向东延伸，以入射角 0° 与其他两条分支在 $s=-3$ 点交汇。这三条根轨迹在 $s=-3$ 点相交后，分别以出射角 0° 和 ±120° 分离，经分离后其中一条分支向零点延伸，而另外两条沿着渐近线向西北方向延伸。利用规则 5，可以得出这些入射角和出射角[①]。

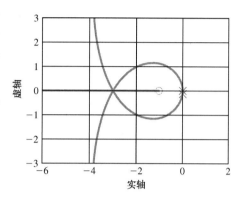

图 5.13　$L(s)=\dfrac{(s+1)}{s^2(s+9)}$ 的根轨迹

从图 5.11 到图 5.13 表明，当第三个极点接近于零点（p 接近于 1）时，只能使 $D(s)G(s) \approx K\dfrac{1}{s^2}$ 的

根轨迹产生很小的形变，该轨迹包括了两条以 ±90°、从 $s=0$ 处分离的直线分支。然后，随着增大 p 的值，根轨迹的形状将产生连续变化。当 $p=9$ 时，根轨迹在 −3 处汇合成三重根。随着极点 p 左移直到超过 −9，就会出现不同的分离点和汇合点。当 p 的值非常大时，就会出现一个零点和两个极点间的圆形轨迹。如图 5.13 所示，当 $p=9$ 时，这恰好是两种极端的二阶根轨迹的临界过渡状态，其中一种出现在 $p=1$ 时（此时零极点相抵消）；而另一种是 $p \to \infty$（此时增加的极点不会起作用）。

例 5.7　使用 RLTOOL 重复前面的例题

使用 MATLAB 的 RLTOOL 特性，重复从例 5.3 到例 5.6 的例子。

解： RLTOOL 是 MATLAB 中的一个交互式的根轨迹设计工具，它提供图形化的用户界面（GUI）进行根轨迹的分析与设计。RLTOOL 为设计反馈控制提供了一个方便、快捷的方法，因为它能够实现快速地迭代并迅速地显示反馈对根轨迹的影响。为了说明其用法，使用如下 MATLAB 命令：

```
numL=[1  1];
denL=[1  0  0];
sysL=tf(numL,denL)
rltool(sysL)
```

执行这些命令，将会启动 GUI 以及生成根轨迹，如图 5.10 所示。这与例 5.4 至例 5.6 所得的结果是类似的，但是在前三个例题中，为了图解设计目的，我们在负实轴上并没有考虑极点的移动。通过点击"控制和估算工具管理器"（Control and Estimate Tools Manager）窗口上的"补偿器编辑器"（Compensator Editor），右击"动态"（Dynamics）对话窗口并且选择"增加极点/零点"（add pole/zero），可以增加一个极点在 $s=-12$ 的位置。这样就生成了如图 5.11 和图 5.14 所示的根轨迹。现在，将鼠标放置在 $s=-12$ 处，按住鼠标键，并且将它从 $s=-12$ 缓慢地滑动到 $s=-4$ 处，你将会观察到在这个过程中根轨迹的形状变化。当滑动到 $s=-9$ 的时候要特别注意缓慢地滑

---

① 　这个特殊根轨迹的形状是一个麦克劳林三分角，这是一条用来对角进行三等分的平面曲线。

动,因为在这个区域根轨迹的形状将变化得非常快。你还可以将鼠标放在其中的一个闭环极点上,并且沿着根轨迹滑动,这时会显示出其他对应于增益 K 的根的位置。当根为复数时,还会显示出频率以及闭环根的阻尼比。关于 RLTOOL 的更多详细说明,可以参阅网上的 RLTOOL 教程。

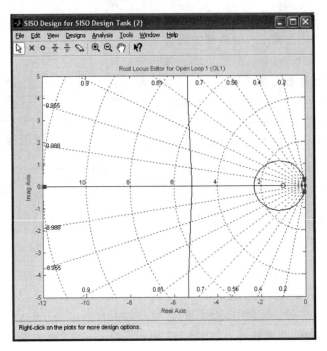

图 5.14 RLTOOL 的图形化用户界面

从以上的例子,可以得出下面的有用结论:

增加的极点从左侧无穷远处逐渐向给定的根轨迹移动时,将会把根轨迹的分支推向右方。

二重积分器是这些例子的最简单的模型,这里假定受控对象为刚体且无摩擦。而考虑受控对象柔韧性的影响才更符合实际的模型,比如前面所述的卫星姿态控制系统,就至少要考虑太阳能电池板的柔韧性影响。另外在磁盘读写机构中,也需要考虑读写头和支撑臂的柔韧性,它们的运动过程具有许多的轻阻尼模式,通常可以用一个单一的主导模式来近似。在 2.1 节中,当考虑对象的柔韧性,则在原来的模型 $1/s^2$ 的基础上增加了不少的复数极点,这通常有两种可能的形式:一是当传感器与执行机构在一个刚体上时,称为合体(collocated case)[1];二是若传感器在另一个实体上,这时称为单体(noncollocated case)[2]。先考虑类似于式(2.20)所示合体的例子。正如在第 2 章中所学到的,合体的传递函数并非仅有一对复数极点,而且还有一对距离极点很近而固有频率略低于极点的零点。在下面的例子中,所选择的零极点数量更侧重于反映根轨迹的特性,而不是描述实际的物理模型。

例 5.8 具有合体柔韧性的卫星控制系统的根轨迹
绘制特征方程 $1 + G(s)D(s) = 0$ 的根轨迹,其中

---

① 这是典型的卫星姿态控制系统,其中柔韧性来自太阳能板以及作用于卫星本身的执行期和传感器。

② 这是典型的卫星系统,其中柔韧性来自科研设备,它的姿态受到与柔性设备关联的指挥主体的控制。这个例子也是典型的计算机硬盘读写头控制系统,其中电动机位于支撑臂的一头,而读写头则在另一头。

$$G(s) = \frac{(s+0.1)^2 + 6^2}{s^2[(s+0.1)^2 + 6.6^2]} \tag{5.63}$$

这是一个单位反馈结构, 其控制器传递函数为

$$D(s) = K\frac{s+1}{s+12} \tag{5.64}$$

解: 在本例中, 可得到

$$L(s) = \frac{s+1}{s+12}\frac{(s+0.1)^2 + 6^2}{s^2[(s+0.1)^2 + 6.6^2]}$$

其极点和零点都接近于虚轴。因此, 我们需要求出对应的出射角

规则 1: 根轨迹有五条分支, 其中三条最终到达零点, 而其余两条则趋向于渐近线。

规则 2: 在实轴上的 $-12 \leqslant s \leqslant -1$ 线段, 是根轨迹的一部分。

规则 3: 两条渐近线的中心在

$$\alpha = \frac{-12 - 0.1 - 0.1 - (-0.1 - 0.1 - 1)}{5 - 3} = -\frac{11}{2}$$

而渐近线偏角为 $\pm 90°$。

规则 4: 计算极点 $s = -0.1 + j6.6$ 的出射角。将该极点处的相角定义为 ϕ_1, 其他角度如图 5.15 所示, 则根轨迹条件为

$$\begin{aligned}
\phi_1 &= \psi_1 + \psi_2 + \psi_3 - (\phi_2 + \phi_3 + \phi_4 + \phi_5) - 180° \\
\phi_1 &= 90° + 90° + \arctan(6.6) - \left[90° + 90° + 90° + \arctan\left(\frac{6.6}{12}\right)\right] - 180° \\
\phi_1 &= 81.4° - 90° - 28.8° - 180° \\
&= -217.4° = 142.6°
\end{aligned} \tag{5.65}$$

因此, 根轨迹离开极点向左上方进入复平面的稳定区域。如果读者有兴趣的话, 可以计算一下零点 $s = -0.1 + j6$ 的入射角。

由 MATLAB 所得的根轨迹, 如图 5.16 所示。请注意, 由简单规则确定的所有特性如图所示, 因而部分地验证了数据的输入是正确的。

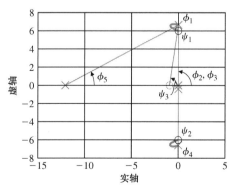

图 5.15　计算 $L(s) = \dfrac{s+1}{s+12}\dfrac{(s+0.1)^2+6^2}{s^2[(s+0.1)^2+6.6^2]}$ 出射角的图形

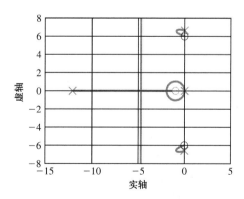

图 5.16　$L(s) = \dfrac{s+1}{s+12}\dfrac{(s+0.1)^2+6^2}{s^2[(s+0.1)^2+6.6^2]}$

前面的这个例子表明:

在合体条件下, 虽然考虑受控对象的柔韧性会给特征方程引入轻阻尼的根, 但这不会引起系统不稳定。

出射角的计算过程表明,根轨迹离开因柔韧性而引入的极点后,向左半平面延伸。下面考虑单体时的情况。设受控对象的传递函数为

$$G(s) = \frac{1}{s^2[(s+0.1)^2 + 6.6^2]} \tag{5.66}$$

使用的超前补偿环节为

$$D(s) = K\frac{s+1}{s+12} \tag{5.67}$$

上面的这些方程表明,单体时的传递函数有复数极点,但不会有复数的零点,正如前面的例子和式(2.20)所示。在例5.9中,可以看到这将会产生很大的实质影响。

例5.9 单体情形的根轨迹

使用规则,绘制下式的根轨迹。

$$KL(s) = DG = K\frac{s+1}{s+12}\frac{1}{s^2[(s+0.1)^2 + 6.6^2]} \tag{5.68}$$

请特别注意根轨迹离开复数极点时的角度。

解:

规则1:根轨迹有五条分支,其中一条最终到达零点,而其余四条则趋向于渐近线。

规则2:在实轴上的 $-12 \leqslant s \leqslant -1$ 线段,是根轨迹的一部分。

规则3:四条渐近线的中心在

$$\alpha = \frac{-12 - 0.2 - (-1)}{5 - 1} = \frac{-11.2}{4}$$

其渐近线的偏角分别为 $\pm 45°$ 和 $\pm 135°$。

规则4:再来计算极点 $s = -0.1 + j6.6$ 的发射角。将该极点处的相角定义为 ϕ_1,其他角度如图5.17所示。那么,根轨迹条件为

$$\begin{aligned}
\phi_1 &= \psi_1 - (\phi_2 + \phi_3 + \phi_4 + \phi_5) - 180° \\
\phi_1 &= \arctan(6.6) - \left[90° + 90° + 90° + \arctan\left(\frac{6.6}{12}\right)\right] - 180° \\
\phi_1 &= 81.4° - 90° - 90° - 90° - 28.8° - 180° \\
\phi_1 &= 81.4° - 90° - 28.8° - 360° \\
\phi_1 &= -37.4°
\end{aligned} \tag{5.69}$$

在这里,根轨迹由右下方进入非稳定区域。也就是说,当增益变大时,系统将会变得不稳定。

规则5:使用如下的MATLAB命令,可得根轨迹图如图5.18所示。

```
numG = 1;
denG = [1.0  0.20  43.57  0  0];
sysG = tf(numG,denG);
numD = [1  1];
denD = [1  12];
sysD = tf(numD,denD);
sysL = sysD*sysG;
rlocfind(sysL)
```

由图可知,这与前面的计算结果是一致的。通过RLTOOL命令,可以看到,随着增益的增大,根轨迹快速地从复数极点进入右半平面。此外,选择在虚轴左边的根,可以看到在原点附近缓

慢下降的主导根有很小的阻尼。因此，系统将有一个非常小的阻尼振荡响应。在这个例子中增加超前补偿器，仍然不能实现可接受的控制效果。

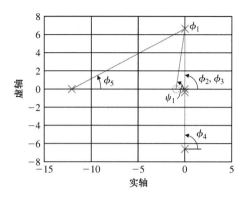 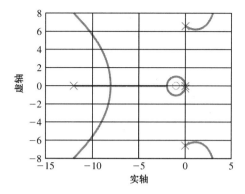

图 5.17　计算 $L(s) = \dfrac{1}{s^2[(s+0.1)^2 + 6.6^2]}$ 出射角的图形　　图 5.18　$L(s) = \dfrac{1}{s^2[(s+0.1)^2 + 6.6^2]}$ 的根轨迹

含多重复数根的根轨迹

前面已经看到。许多的根轨迹在实轴上有分离点和汇合点。当然，方程为四阶或四阶以上时，就可能会有多个复数根。尽管这种情况并不多见，但我们仍然要用下面的例子来看看这种不常见的情况。

例 5.10　多重复数根的根轨迹

绘制 $1 + KL(s) = 0$ 的根轨迹，其中

$$L(s) = \frac{1}{s(s+2)[(s+1)^2 + 4]}$$

解：

规则 1：根轨迹有四条分支，并且最后全都趋向于渐近线。

规则 2：在实轴上的 $-2 \leqslant s \leqslant 0$ 线段，是根轨迹的一部分。

规则 3：四条渐近线的中心在

$$\alpha = \frac{-2 - 1 - 1 - 0 + 0}{4 - 0} = -1$$

其渐近线的偏角为 $\phi_l = 45°, 135°, -45°, -135°$。

规则 4：由图 5.19，计算根轨迹在极点 $s = -1 + j2$ 的出射角 ϕ_{dep} 为

$$
\begin{aligned}
\phi_{\text{dep}} = \phi_3 &= -\phi_1 - \phi_2 - \phi_4 + 180° \\
&= -\arctan\left(\frac{2}{-1}\right) - \arctan\left(\frac{2}{1}\right) - 90° + 180° \\
&\quad - 116.6° - 63.4° - 90° + 180° \\
&= -90°
\end{aligned}
$$

很快就会发现，沿着直线 $s = -0.1 + j\omega$，有 $\phi_1 + \phi_2 = 180°$。因此，在这个特殊的例子中，两个复数极点之间的整个线段都是根轨迹的一部分。

规则 5：使用 MATLAB，可以看出，根轨迹的重根在 $s = -1 \pm j1.22$ 处，并且根轨迹在 $s = -1 \pm j1.22$ 处相交。运用规则 5，可以得出根轨迹分支以 0° 和 180° 分离。

本例中的根轨迹为两种极限根轨迹的过渡类型：一种是复数极点在左侧根轨迹上，且以 $\pm 135°$ 趋向于渐近线；而另一种是复数极点在右侧根轨迹上，且以 $\pm 45°$ 趋向于渐近线。

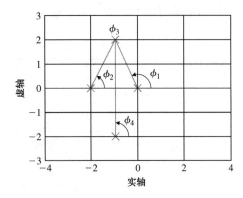
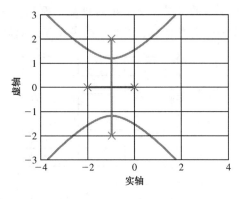

图 5.19   计算 $L(s) = \dfrac{1}{s(s+2)[(s+1)^2+4]}$ 出射角的图形   图 5.20 $L(s) = \dfrac{1}{s(s+2)[(s+1)^2+4]}$ 的根轨迹

5.4   使用动态补偿的设计

    控制系统的设计应当从过程本身的设计开始。在控制系统的设计过程中,潜在的控制问题以及传感器、执行机构的选择问题,不应当成为我们首先重点考虑的对象。但是从设计控制器就开始考虑如何设计控制器,比如在结构中增加阻尼、刚度来改变控制系统的柔韧性,使系统更易于控制,却是十分必要的。而一旦考虑了这些因素,控制器的设计也就开始了。如果仅通过调整比例增益不能获得满足动态响应的设计要求,那么就必须对动态过程进行修正或补偿。当然可以实施的补偿方法也很多,但有三类补偿方法被认为是非常简单和有效的。它们分别是①超前(lead)、滞后(lag)和陷波(notch)补偿。超前补偿(Lead compensation)近似于 PD 控制的传递函数,主要是通过降低上升时间和减少超调来加速系统的响应。滞后补偿(Lag compensation)近似于 PI 控制的传递函数,主要用来改善系统的稳态误差。陷波补偿(Notch compensation)主要用来提高系统为低阻尼模型时的稳定性,如前面所论述的卫星姿态控制系统,包括单体的传感器和测量元件,在这一节,将学习如何确定上述三种方法中的参数。在此之前,通常用模拟元件组成的网络来实现超前、滞后和陷波作用,而现在最新的控制系统中引入了数字计算机技术,可以用软件实现补偿,这时我们需要求出与模拟传递函数等价的离散形式,正如在第 4 章中所描述的。在第 8 章中将对此做更进一步的讨论[Franklin et al. (1998)]。

    一个用做动态补偿的传递函数形式为

$$D(s) = K\frac{s+z}{s+p} \tag{5.70}$$

如果 $z < p$,称为超前补偿;如果 $z > p$,则称为滞后补偿。补偿装置通常与受控对象串联地安装在前向回路中,如图 5.21 所示。当然,也可以安装在反馈回路中。虽然这样对整个系统的极点没有影响,但是

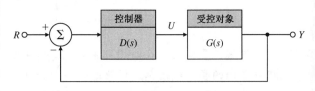

图 5.21   使用动态补偿的反馈系统

---

① 这三种补偿方式的名称来源于其(正弦信号)频率响应。如果输出的相位超前于输入,那么就是第一种超前补偿。若输出的相位滞后于输入,那么就是另一种滞后补偿的情况。而陷波补偿的频率响应则像阶梯一样,除了陡变的部分外,还有很平滑的部分。具体内容可参阅第 6 章。

对系统的参考输入会有不同的瞬态响应。图 5.21 中的系统的特征方程为

$$1 + D(s)G(s) = 0$$

$$1 + KL(s) = 0$$

其中,选择合适的 K 和 $L(s)$,可以使方程转化为前面所提及的根轨迹形式。

5.4.1　使用超前补偿的设计

为了说明超前补偿对系统稳定性的影响,首先考虑比例控制器 $D(s) = K$。将该补偿用于二阶的位置控制系统,其标准传递函数为

$$G(s) = \frac{1}{s(s+1)}$$

它对应于参数 K 的根轨迹如图 5.22 所示的实线。此外,在图 5.22 中还有比例微分控制的根轨迹,其中 $D(s) = K(s+2)$。改进后的根轨迹为用虚线标注的环形轨迹,正如我们在例子中所观察到的,零点的影响是使根轨迹向左移动,趋向于 s 平面的稳定区域。这里,如果响应速度的指标要求为 $\omega_n \approx 2$,此时,就要把根的位置设定到对应的 ω_n 点上,但是若仅使用比例控制($D = K$),则只能产生很小的阻尼比 ζ。于是,只使用比例控制的瞬态超调就很大,但是,若增加包含零点的 PD 控制,就可以使根轨迹移动到一个在 $\omega_n = 2$ 处有闭环根、且使阻尼比满足 $\zeta \geqslant 0.5$ 的位置。因此,使用 $D(s) = K(s+2)$ 的形式来"补偿"给定的动态系统。

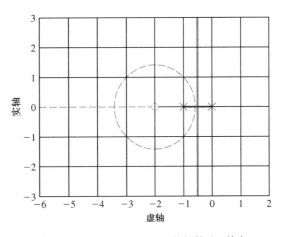

图 5.22　$1 + D(s)G(s) = 0$ 的根轨迹{其中 $G(s) = 1/[s(s+1)]$,$D(s) = K$(实线)或者 $D(s) = K(s+2)$(虚线)}

如前面所观察到的,纯粹的微分控制并不具有现实性,这是因为微分环节会放大传感器的噪声,因此必须做近似处理。如果超前网络的极点远在 ω_n 的设计范围之外,那么该极点就不会严重影响设计系统的动态响应。例如,考虑超前补偿

$$D(s) = K\frac{s+2}{s+p}$$

关于 $p = 10$ 和 $p = 20$ 这两种情况下的根轨迹,以及 PD 控制的根轨迹,如图 5.23 所示。对于这些根轨迹,更重要的事实是,当增益值很小时,即对应的极点从 $-p$ 到 -2 之间,应用超前控制的根轨迹近似于应用理想微分 $D(s) = K(s+2)$ 的根轨迹。注意,极点的作用是降低阻尼,但是如果 $p > 10$,极点的影响就不大了。

在实际情况下,可以通过试错法来选择式(5.70)中准确的 p、z 值。通过实验,可以将误差控制到很小。在通常情况下,根据对上升时间和调节时间的要求,零点设在闭环根 ω_n 附近,极点则设在距离零点 5~20 倍的位置上。关于极点位置的选择,是对噪声抑制的矛盾进行折中的结果。对于噪声抑制,为了减少噪声需要较小的 p 值;而为了实现更好的补偿效果又需要较大的 p 值。一般地,如果极点与零点太接近,如图 5.23 所示,根轨迹与补偿之前的形状太接近,零点就没有实现有效的补偿。另一方面,从频率响应也可以很容易看出,如果极点太靠

近左侧，出现在 $D(s)$ 输出上的传感器噪声的放大率就会非常大，系统的电动机或者其他执行装置就会因为控制信号中的噪声能量 $u(t)$ 而过热。对 p 值很大的系统，超前补偿的效果与理想微分控制很相近。下面的例子就说明了这一点。

例 5.11 使用超前补偿的设计

试对系统 $G(s) = 1/[s(s+1)]$ 进行补偿，使超调量不超过 20%，上升时间不超过 0.3 s。

解： 根据第 3 章的内容，估计阻尼比为 $\zeta \geqslant 0.5$，固有频率为 $\omega_n \approx \dfrac{1.8}{0.3} \approx 6$，这可以满足要求。为了提供一定的裕度，将设置 $\zeta \geqslant 0.5$、$\omega_n \geqslant 7$ rad/s。考察如图 5.23 所示的根轨迹，先尝试

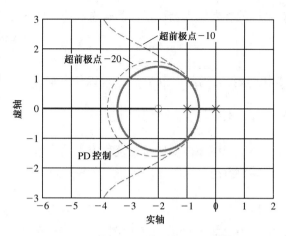

图 5.23　$G(s) = 1/[s(s+1)]$ 的三种根轨迹。(a)$D(s) = (s+2)/(s+20)$；(b)$D(s) = (s+2)/(s+10)$；(c)$D(s) = s+2$(实线)

$$D(s) = K\frac{s+2}{s+10}$$

图 5.24 表明，当 $K = 70$ 时，可以使 $\zeta = 0.56$，$\omega_n = 7.7$ rad/s，满足这些基于初始估计值的要求。因为当 $K = 70$ 时，第三个极点位于 $s = -2.4$ 处。由于第三个极点与 -2 处的超前零点非常接近，所以对二阶系统的超调量不会增加很多。然而，图 5.25 描述的系统阶跃响应已经稍微超过了系统要求的超调量。通常，前向通道中的超前补偿会增加阶跃响应的超调量，这是因为补偿环节的零点会有微分作用，就如在第 3 章中所讨论的。因为响应幅度从 0.1 上升到 0.9 所用的时间小于 0.3 s，所以上升时间可以满足系统要求。

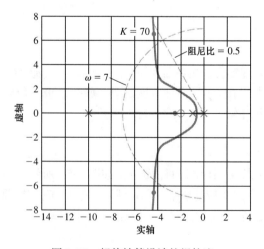

图 5.24　超前补偿设计的根轨迹

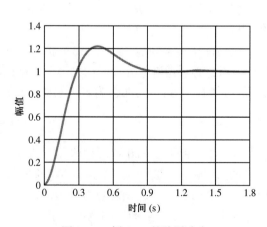

图 5.25　例 5.11 的阶跃响应

为了降低瞬时响应的超调量，我们希望调整补偿器实现更好的阻尼比。实现这个目的最方便的办法，就是使用 RLTOOL 命令：

```
sysG=tf(1,[1 1 0]);
sysD=tf([1 2],[1 10]);
rltool(sysG,sysD)
```

为了将根轨迹向左推，将超前补偿器的极点向左移动，并且令 $K=91$，于是得到

$$D(s) = 91\frac{(s+2)}{(s+13)}$$

这个传递函数比之前的迭代设计能提供更大的阻尼。图 5.26 给出了从 RLTOOL 得到的叠放在同一张图的 s 平面区域根轨迹。从 RLTOOL 得到的瞬态响应，如图 5.27 所示，这显示了超调量现在满足（实际上是超过了）系统的要求（$M_p=17\%$）。虽然前面的迭代使得上升时间有所降低，但是仍然能够满足 0.3 s 的要求。

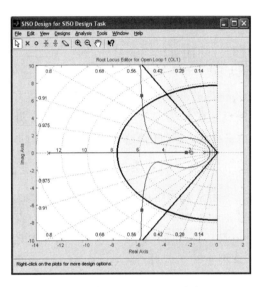

图 5.26　使用 RLTOOL 的动态超
　　　　前补偿的调整曲线

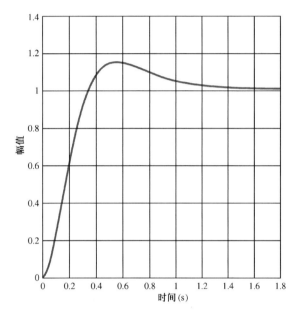

图 5.27　$K=91$ 和 $L(s) = \dfrac{(s+2)}{(s+13)}$

$\dfrac{1}{s(s+1)}$ 时的阶跃响应

如前所述，超前补偿的名字反映了这样的事实：相对于输入的正弦信号，这些传递函数的虚部相位是超前的。例如，在式（5.70）中 $s=\mathrm{j}\omega$ 处的相位，可由下式给出：

$$\phi = \arctan\left(\frac{\omega}{z}\right) - \arctan\left(\frac{\omega}{p}\right) \tag{5.71}$$

如果 $z<p$，那么 ϕ 为正，这被定义为相位超前。关于利用相位角度来进行超前补偿设计的具体内容，将在第 6 章中介绍。

5.4.2　使用滞后补偿的设计

或许使用一个或多个超前补偿可以获得令人满意的动态响应，我们发现低频增益（有意义的稳态误差系数，如速度误差 K_v）仍然太小。如在第 4 章中所看到的，决定系统跟随能力的系统类型，取决于传递函数 $D(s)G(s)$ 在 $s=0$ 时的极点阶数。如果系统为 1 型，决定在斜坡输入下的误差值的速度误差常数由 $\lim_{s\to0}sD(s)G(s)$ 求得。为了增大这个常数，必须使用一种特殊方法，使其不会扰乱已经符合要求的动态响应。这样，我们希望得到 $D(s)$ 的一种表达式在 $s=0$ 处有很大的增益，以增大 K_v（或者其他的稳态误差系数），而在决定动态响应的高频段

ω_n 则接近单位值(即无影响)。得到的设计结果为

$$D(s) = \frac{s+z}{s+p}, \quad z > p \tag{5.72}$$

式中，z 和 p 的值相对于 ω_n 很小，而且 $D(0) = z/p = 3 \sim 10$ 之间的值(该值取决于稳态增益需要放大的程度)。因为 $z > p$，由式(5.71)得到的相位角 ϕ 为负值，这对应于相位滞后。因此，使用这样的传递函数的装置，就被称为滞后补偿。

　　关于滞后补偿对动态响应的影响，可以通过分析相应的根轨迹来研究。我们仍然使用 $G(s) = 1/[s(s+1)]$、超前补偿 $KD_1(s) = \dfrac{K(s+2)}{(s+13)}$，得到的系统根轨迹如图 5.26 所示。从过去将增益值调整为 $K = 91$ 的例子，我们得到速度常数为

$$K_v = \lim_{s \to 0} sKD_1G = \lim_{s \to 0} s(91)\frac{s+2}{s+13}\frac{1}{s(s+1)} = \frac{91*2}{13} = 14$$

　　假设要求 $K_v = 70$。为了满足它的要求，需要加入 $z/p = 5$ 的滞后补偿，以使速度常数增大 5 倍。可以这样来实现，通过在 $p = -0.01$ 处增加一个极点和在 $z = -0.05$ 处增加一个零点，并且使 z 和 p 的值都非常小，因此 $D_2(s)$ 对 $\omega_n = 7$ 附近表示主导动态特性的根轨迹影响甚小。所得的结果为传递函数 $D_2(s) = \dfrac{(s+0.05)}{(s+0.01)}$ 的滞后补偿。包括超前和滞后补偿在内的系统根轨迹，如图 5.28 所示。我们可以看到，放大后的左边根轨迹，与图 5.26 中的根轨迹没有特别明显的不同。这是我们选择了很小值的极点和零点的结果。当 $K = 91$ 时，主导根为 $-5.8 \pm j6.5$。在原点附近的根轨迹经放大后(如图 5.28 所示)，可以看出滞后补偿的影响。在这里，当零点和极点都很小的时候，可以看到一个圆形轨迹。注意，闭环极点与滞后补偿零点 $-0.05 + 0j$ 很接近，因此，该极点对应的瞬态响应将是一个缓慢的衰减项，但由于零极点的相互相消作用，其幅度很小。然而，这个衰减过程仍然很慢，这将会对系统的调节时间产生严重影响。更进一步地，零点的影响不会出现在干扰转矩的阶跃响应中，缓慢的瞬态过程就更加明显。由于这种影响的存在，我们就很有必要在系统的高频段加入滞后的零极点补偿，以避免系统主导极点发生太大的偏移。

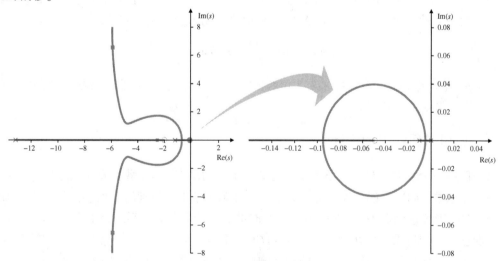

图 5.28　使用超前和滞后补偿的根轨迹

5.4.3　使用陷波补偿的设计

假设已经完成的补偿设计由如下的超前和滞后环节组成:

$$KD(s) = 91\frac{s+2}{s+13}\frac{s+0.05}{s+0.01} \tag{5.73}$$

但是, 在测试中发现 50 rad/s 时发生大幅振荡, 因为在固有频率 $\omega_n = 50$ 处单体存在未知的柔韧性。在重新计算中, 考虑这种柔韧性效应, 受控对象的传递函数估计为

$$G(s) = \frac{2500}{s(s+1)(s^2+s+2500)} \tag{5.74}$$

一位机械工程师表示, 这是由于许多"控制能量"(control energy)溢出到轻阻尼的柔韧模式下, 导致系统被激励而引起振荡。换句话说, 正如我们看到的类似系统(其根轨迹如图 5.18 所示), 轻阻尼的根在 50 rad/s 时几乎没有阻尼或者由于反馈变得不稳定。解决这个问题的最好方法是改进系统的结构, 从而增加其机械阻尼。遗憾的是, 这个问题往往是在设计周期的后期才被人发现, 而在此时要修改系统的结构往往是不可能的。如果不修改系统的结构, 那么还有什么别的方法可以校正这种振荡呢? 这至少有两种可能的办法: 其一是增加一个滞后补偿, 使回路增益足够小, 从而可以大幅地减小溢出, 消除振荡。这种减小高频增益的方法被称为增益稳定法(gain stabilization)。如果减小高频增益使响应时间变长, 那么另外的方法是在接近共振点处增加一个零点, 以使出射角偏离谐振极点, 进而使闭环系统移向 LHP, 而消除相关的瞬态振荡, 这种方法则被称为相位稳定法(phase stability)。这种操作与前面提到过的合体柔韧性控制相类似。增益稳定法和相位稳定法, 可通过它们对频率响应的影响能够得到更加详细的解释, 这些方法将在第 6 章中做进一步的讨论。对于相位稳定法, 结果又被称为陷波补偿。举个例子, 其传递函数为

$$D_{\text{notch}}(s) = \frac{s^2 + 2\zeta\omega_o s + \omega_o^2}{(s+\omega_o)^2} \tag{5.75}$$

为了获得需要的相位, 在设计时需要选择是将补偿频率设置为高于固有振荡频率还是低于固有振荡频率。让我们回顾根轨迹中出射角的知识就会发现, 使用式(5.73)补偿过的受控对象和给定的陷波补偿, 必须将陷波补偿的频率设为高于振荡频率, 以使得出射角指向 LHP。因此, 所加入补偿的传递函数形式为

$$D_{\text{notch}}(s) = \frac{s^2 + 0.8s + 3600}{(s+60)^2} \tag{5.76}$$

陷波补偿的增益在 $s = 0$ 处恒为 1, 以使 K_v 不会改变。经补偿后的新的根轨迹, 如图 5.29 所示, 其阶跃响应如图 5.30 所示。注意, 从阶跃响应可以知道, 阻尼振荡减小, 上升时间满足设计指标要求, 但是超调量指标变差了。为了校正增加的超调量、严格满足所有的指标, 应采取更进一步的迭代, 以使在 $\omega_n = 7$ rad/s 附近的根具有更大的阻尼。

在考虑使用陷波补偿或相位稳定法时, 最重要的是, 要知道补偿的成功取决于在谐振频率处保持正确的相位。如果频率受到显著的变化(在许多情况中都存在), 那么需要在远离标称频率的地方去掉陷波补偿, 以使系统可以工作在所有的情况下。结果会导致陷波补偿后系统的动态性能显著下降。一般的规律是, 对于受控对象的变化, 增益稳定法要比相位稳定法具有更好的鲁棒性。

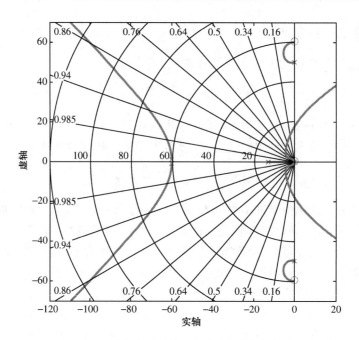

图 5.29   使用超前、滞后和陷波补偿的根轨迹

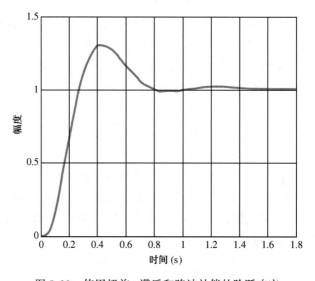

图 5.30   使用超前、滞后和陷波补偿的阶跃响应

5.4.4   模拟和数字补偿的实现

超前补偿在物理上可以有多种方式来实现。在模拟电子学中，通常的方法是使用运算放大器，一个示例如图 5.31 所示。关于图 5.31 中电路的传递函数，可使用第 2 章介绍的方法容易地得到

$$D_{\text{lead}}(s) = -a\frac{s+z}{s+p} \tag{5.77}$$

其中

$$a = \frac{p}{z}, \qquad R_f = R_1 + R_2$$

$$z = \frac{1}{R_1 C}$$

$$p = \frac{R_1 + R_2}{R_2} \cdot \frac{1}{R_1 C}$$

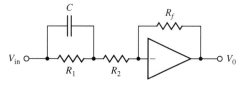

图 5.31　一种超前补偿电路

如果已经完成 $D(s)$ 的设计, 并且数字实现是

所期望的, 那么就可以使用第 4 章中的方法, 即首先选择采样周期 T_s, 然后使用 $\dfrac{2}{T_s}\dfrac{z-1}{z+1}$ 代替 s。

例如, 考虑超前补偿 $D(s) = \dfrac{s+2}{s+13}$。由于上升时间约为 0.3 s, 选择采样周期 $T_s = 0.05$ s, 获得

每个上升时间对应于 6 个采样值。在传递函数中使用 $\dfrac{2}{0.05}\dfrac{z-1}{z+1}$ 代替 s, 得到离散传递函数为

$$\frac{U(z)}{E(z)} = \frac{40\dfrac{z-1}{z+1} + 2}{40\dfrac{z-1}{z+1} + 13} \tag{5.78}$$

$$= \frac{1.55z - 1.4}{1.96z - 1}$$

经过化简分式和使用时域函数运算 $zu(kT_s) = u(kT_s + T_s)$, 我们得到, 式 (5.78) 可以等价于控制器方程

$$u(kT_s + T_s) = \frac{1}{1.96}u(kT_s) + \frac{1.55}{1.96}e(kT_s + T_s) - \frac{1.4}{1.96}e(kT_s) \tag{5.79}$$

获得等效的离散控制器的 MATLAB 命令如下:

```
sysC=tf([1 2],[1 13]);
sysD=c2D(sysC,0.05)
```

实现数字控制器的 Simulink 仿真图, 如图 5.32 所示。仿真结果如图 5.33 所示, 这里对模拟控制和数字控制输出进行了比较。图 5.34 给出了模拟控制和数字控制的时间输出。

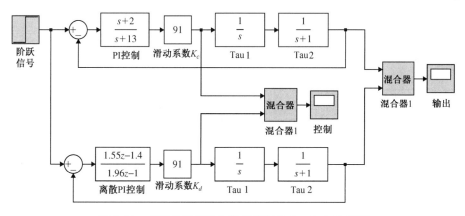

图 5.32　用于比较模拟和数字控制的 Simulink 仿真图

与超前补偿一样, 滞后补偿或者陷波补偿可以按相同的步骤由数字计算机来实现。然而, 它们也可由模拟电子实现, 图 5.35 给出的是一个滞后网络的电路图。该电路的传递函数可表示为

$$D(s) = -a\frac{s+z}{s+p}$$

其中

$$a = \frac{R_2}{R_i}$$

$$z = \frac{R_1 + R_2}{R_1 R_2 C}$$

$$p = \frac{1}{R_1 C}$$

通常 $R_i = R_2$，因此，高频段增益是单位值或 $a = 1$，而在低频段增大增益以提高 K_v 或者由 $k = a\frac{z}{p} = \frac{R_1 + R_2}{R_2}$ 确定其他的误差常数。

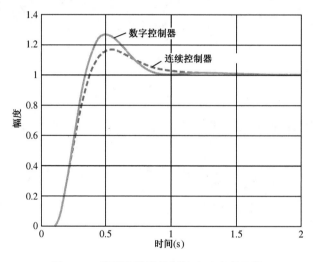

图 5.33　模拟和数字控制输出响应的比较

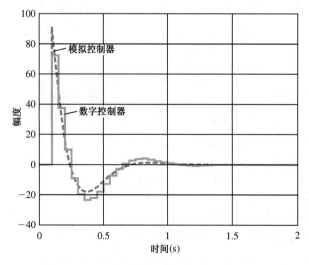

图 5.34　模拟和数字控制的时间曲线比较

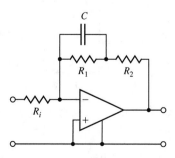

图 5.35　一种滞后补偿电路

5.5 使用根轨迹法的设计实例

例 5.12 小型飞机的控制

对于如图 5.36 所示的 Piper Dakota 小型飞机，其升降舵输入和倾斜姿态之间的传递函数为

$$G(s) = \frac{\theta(s)}{\delta_e(s)} = \frac{160(s+2.5)(s+0.7)}{(s^2+5s+40)(s^2+0.03s+0.06)} \tag{5.80}$$

其中

θ 为倾斜姿态，单位为度（如图 10.30 所示）

δ_e 为升降舵角度，单位为度

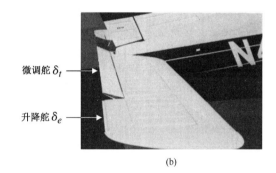

微调舵 δ_t

升降舵 δ_e

(a)　　　　　　　　　　　　　　(b)

图 5.36　Piper Dakota 小型飞机的自动导航设计（升降舵和调整舵）（照片由 Denise Freeman 提供）

（关于飞机纵向运动的详细讨论，可参阅 10.3 节）。

1. 设计自动驾驶仪，要求对于升降舵阶跃输入时，上升时间不超过 1 s，超调量小于 10%。

2. 当有一个定常的扰动力矩作用于飞机时，驾驶仪必须提供一个恒定的控制力，用于控制飞机的稳定飞行。这就是所谓的重心偏移的情况。扰动力矩和姿态角度之间的传递函数与由升降舵得到的函数相同，即

$$\frac{\theta(s)}{M_d(s)} = \frac{160(s+2.5)(s+0.7)}{(s^2+5s+40)(s^2+0.03s+0.06)} \tag{5.81}$$

式中，M_d 为作用在机上的力矩。在飞机尾翼上有一个独立的微调舵 δ_t，它可以改变施加在飞机上的力矩。尾翼的特写镜头，如图 5.36 所示。其作用可以用如图 5.37(a) 所示的方框图来描述。无论是人工驾驶还是自动驾驶，都希望可以通过调节微调舵来使得升降舵无须进行稳态控制（即 $\delta_e = 0$）。在手动驾驶时，这意味着飞行员无须用力就可以使飞机保持恒定的姿态，而在自动驾驶时，则这意味着可以减少电能的需要量，以及可以减少因需要操纵升降舵而造成的伺服电动机的磨损。试设计自动驾驶仪来控制微调舵 δ_t，使 δ_e 的稳态值在任意恒定的力矩 M_d 作用下保持为零，并且能满足第 (1) 部分中要求的性能指标。

解:

1. 为了满足上升时间 $t_r \leqslant 1$ s 的要求，式 (3.60) 表明，对于理想的二阶系统，ω_n 必须大于 1.8 rad/s。为了提供小于 10% 的超调量，图 3.23 表明，对于理想的二阶系统，ζ 应当大于 0.6。在设计过程中，可以考察备选的反馈补偿的根轨迹。如果根轨迹显示可以满足

设计指南,那么可以测试系统的时间响应。然而,由于本例是一个四阶系统,这些设计要求可能不够充分,或者它们的要求可能过于严格了。

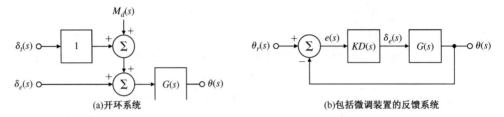

图 5.37　用于自动驾驶仪设计的方框图

在刚开始设计的时候,研究使用比例反馈的系统特征通常都是很有意义的,这里的比例反馈为 $D(s) = 1$,如图 5.37(b) 中所示。应用下面的 MATLAB 指令,生成对应参数 K 的根轨迹以及获得当 $K = 0.3$ 时使用比例反馈的系统时间响应。

```
numG = 160*conv ([1  2.5],[1  0.7]);
denG = conv([1  5  40],[1  0.03  0.06]);
sysG = tf(numG,denG);
rlocus(sysG)
K = 0.3
sysL = K*sysG
sysH = tf(1,1);
[sysT] = feedback (sysL,sysH)
step(sysT)
```

得到的根轨迹和时间响应,分别如图 5.38 和图 5.39 所示的虚线。注意,在图 5.38 中,两个比较快的根的阻尼比 ζ 都是小于 0.4 的。因此,比例反馈是不能令人满意的。还有,慢速的根对系统的时间响应是有影响的,如图 5.39 所示的虚线($K = 0.3$),因为它们导致了很长的调节时间。然而,决定设计的补偿器是否满足指标要求的主导响应特征,是系统响应前几秒钟的行为,这就是快速根的作用。而快速根的低阻尼使系统响应出现振荡,这将导致过大的超调量和比期望长得多的调节时间。

在 5.4.1 节中,我们已经知道了超前补偿可以使根轨迹向左移动,而这里要求增大系统阻尼比。只有反复试验才能得到合适的极点和零点位置。式(5.70) 中的 $z = 3$ 和 $p = 20$ 可以显著地使得根轨迹的分支快速地向左移动,因此有

$$D(s) = \frac{s + 3}{s + 20}$$

同样,在反复的试验后才能得到可以满足性能指标的 K 值。用于引入上述补偿器的 MATLAB 命令为

```
numD = [1  3];
denD = [1  20];
sysD = tf(numD,denD);
sysDG = sysD*sysG
rlocus(sysDG)
K = 1.5;

sysKDG = K*sysDG;
sysH = tf(1,1)
sysT = feedback(sysKDG,sysH)
step(sysT)
```

在此例中得到的根轨迹和对应的时间响应,如图 5.38 和图 5.39 所示的实线。注意,当 $K = 1.5$ 时对应的快速根阻尼比为 $\zeta = 0.52$,这比我们的期望值稍微偏小,而且,固有频率为 $\omega_n = 15$ rad/s,却比我们期望的要快很多。然而,这些值已经非常接近要求,可以来研究它的时间响应了。实际上,时间响应的上升时间为 $t_r \approx 0.9$,超调量为 $M_p \approx 8\%$,两者都已满足性能指标要求,尽管这些值的裕量较小。

总之,主要的设计步骤包括调整补偿以影响快速根、考察调整补偿对时间响应的影响和反复进行以上的设计过程直到满足性能指标为止。

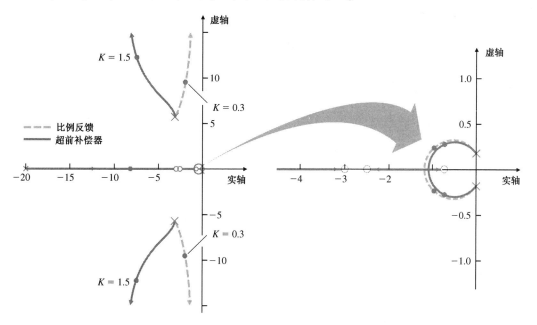

图 5.38　用于自动驾驶仪设计的根轨迹

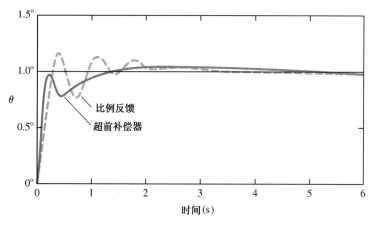

图 5.39　用于自动驾驶仪设计的时域响应

2. 调整舵的目的是通过提供一个力矩来消除升降舵在稳态时的非零值。因此,若对升降舵输出 δ_e 积分,并将积分反馈到调整装置,那么调整舵最终能够为飞机提供保持在任意姿态的力矩,进而消除稳态 δ_e,这种思想如图 5.40(a)所示。若积分器的增益 K_I 足够小,那么引入的积分环节对系统稳定性的影响应该非常很小,并且系统响应

也与原来相似,这是因为反馈回路没有改变。出于分析需要,通过定义包括 PI 控制形式的补偿器

$$D_I(s) = KD(s)\left(1 + \frac{K_I}{s}\right)$$

可以将如图 5.40(a)所示的方框图简化为如图 5.40(b)所示的方框图。然而,要明白,实际的补偿器有两个输出,即 δ_e(用于升降舵伺服电动机)和 δ_t(用于调整舵伺服电动机)。

加入积分项后,系统的特征方程为

$$1 + KDG + \frac{K_I}{s}KDG = 0$$

为了有助于设计过程,很有必要绘制出系统随 K_I 变化的根轨迹,但是上面的特征方程并不符合式(5.6)至式(5.9)给出的标准形式。因此,将上式除以 $1 + KDG$,得到

$$1 + \frac{(K_I/s)KDG}{1 + KDG} = 0$$

为使上式变为根轨迹形式,令

$$L(s) = \frac{1}{s}\frac{KDG}{1 + KDG} \tag{5.82}$$

在 MATLAB 中,使用 sysT 来计算 $\dfrac{KDG}{1 + KGD}$,我们构造积分器 sysIn = tf(1,[1 0])、关于 K_I 的系统回路增益 sysL = sysIn * sysT,使用命令 rltool(sysL)绘制关于 K_I 的根轨迹。

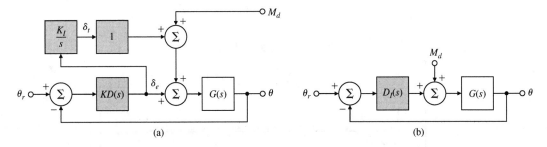

图 5.40　显示调整舵控制回路的方框图

从如图 5.41 所示的根轨迹可以发现,随着 K_I 值的增加,快速根的阻尼率将减小,这是一个增加积分项的典型例子。这也表明,很有必要保持 K_I 的值尽可能小。在经过多次反复试验后,选取 $K_I = 0.15$。这个值对根的影响很小(注意,这里得到的根,其实就在未加入积分补偿时的根的上方),对阶跃响应的短期行为的影响也很小,如图 5.42(a)所示。因此,仍然可以满足性能指标。$K_I = 0.15$ 可以使系统的长期姿态行为没有误差地逼近控制量,这与我们期望的积分控制相同。同时,它也能使 δ_e 在稳态时为零[图 5.42(b)表明其调节时间为 30 s],这就是我们优先选择积分控制的主要原因。积分环节达到正确值的时间,可以由引入积分项而新增加的慢实根 $s = -0.14$ 来预测。与这个根有关的时间常数为 $\tau = 1/0.14 \approx 7$ s。由式(3.65)可以推导出,使用 $\sigma = 0.14$ 的根对应于阈值为 1% 时的调节时间为 $t_s = 33$ s,这与如图 5.42(b)所示的相一致。

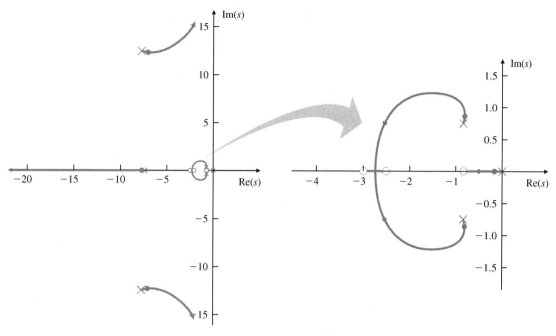

图 5.41　关于 K_I 的根轨迹(假设增加的积分项和超前补偿
使用增益 $K = 1.5$,当 $K_I = 0.15$ 时的根用 ● 标注)

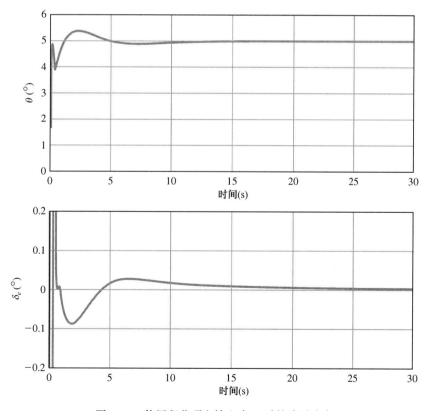

图 5.42　使用积分项和输入为 5° 时的阶跃响应

5.6　根轨迹法的扩展

正如本章所看到的,根轨迹法就是通过绘制图形来描述随着某一实参数变化时方程的根所可能出现的位置。这种方法可以扩展到参数取负值,或者多个参数的情况,甚至系统存在时间延迟的情况。在本节中,将考察这些可能性。对非线性系统,也将在第9章进行扩展讨论。

5.6.1　绘制负(0°)根轨迹的规则

现在,考虑修改根轨迹的绘制步骤,以允许我们可以对参数赋予负值。在许多重要的情形下,受控对象的传递函数有零点在右半平面,这被称为非最小相位。结果通常是根轨迹,形如 $1 + A(z_i - s)G'(s) = 1 + (-A)(s - z_i)G'(s) = 0$,在这样的标准形式下,参数 $K = -A$ 必须为负值。在建立控制系统中,存在另外一个重要的问题是需要我们理解负的根轨迹。在控制系统的任何物理实现中,不可避免地会遇到一些放大器或其他组件需要我们去选择其增益的符号。由墨菲定律(Murphy's Law)[①]可知,如果系统刚开始就是闭环的,那么增益的符号将是错误的,系统行为也是不可预料的,除非工程师已经理解将系统增益由正数变为负数的系统响应变化。因此,我们要问绘制负根轨迹的规则是什么呢(对于负参数的根轨迹)?首先,对于 K 的负数值,式(5.6)至式(5.9)必须满足,这意味着 $L(s)$ 为正的实数。换而言之,对于负根轨迹,相位条件为

在根轨迹上,对于点 s 的相位角 $L(s)$ 为 $0° + 360(l - 1)$。

绘制负根轨迹的步骤,与正根轨迹在本质上是相同的,不同的只是我们寻找使 $L(s)$ 相角为 $0° + 360°(l - 1)$ 点来取代了相角为 $180° + 360°(l - 1)$ 的点。基于这个原因,根轨迹也被称为 0° 根轨迹,这样,我们发现根轨迹在偶数个实极点与零点(零点的个数为偶数)的左侧。和前面正根轨迹的计算相似,计算极大的 s 值时根轨迹的渐近线为

$$\alpha = \frac{\sum p_i - \sum z_i}{n - m} \tag{5.83}$$

但是,若将角度的计算公式修改为

$$\phi_l = \frac{360°(l - 1)}{n - m}, l = 1, 2, 3, \cdots, n - m$$

[从 180° 根轨迹移相 $\dfrac{180°}{(n - m)}$ 得到]。下面就是绘制 0° 根轨迹的步骤。

规则1:(与180° 根轨迹相同)根轨迹有 n 条分支从极点出发,其中 m 条结束于零点,剩余 $(n - m)$ 条趋向于渐近线,向无穷远延伸。

规则2:实轴上的根轨迹线段位于偶数个零极点的左侧。

规则3:根轨迹的渐近线由下面的公式来描述。

$$\alpha = \frac{\sum p_i - \sum z_i}{n - m} = \frac{-a_1 + b_1}{n - m}$$

$$\phi_l = \frac{360°(l - 1)}{n - m}, \quad l = 1, 2, 3, \cdots, n - m$$

---

① 墨菲定律:如果什么事可能会变得糟糕的话,那么它将变得更糟糕。

注意，这里的相位条件从 0° 开始，而不是正根轨迹中的 180°。

规则 4：根轨迹的分支从极点离开的出射角与进入零点的入射角，可以从接近零极点的根轨迹上的点求得，如

$$q\phi_{\text{dep}} = \sum \psi_i - \sum \phi_i - 360°(l-1)$$

$$q\psi_{\text{arr}} = \sum \phi_i - \sum \psi_i + 360°(l-1)$$

其中，q 是零极点的重数，而 l 可以取 q 个整数值，使角度在 $\pm 180°$ 的范围内。

规则 5：根轨迹上的点可以是特征方程的重根，分支将以 $\dfrac{180° + 360°(l-1)}{q}$ 的入射角到达一个 q 重根，然后以相同的出射角分离。

这里，将构造根轨迹的方法扩展到包含负参数的情况。因此，我们可以形象地看到根轨迹是显示特征方程 $1 + KL(s) = 0$ 的特征根的所有可能取值的连续曲线的集合。这里的 K 对应于一切实数的取值，既可以是正数，也可以是负数。对应于正 K 值的任一条根轨迹的分支以一定角度从极点射出，也就有另一条分支对应于负 K 值以另一个角度从同一个极点射出。相似地，所有的零点上也都有两条根轨迹射入，一条对应于正的 K 值，而另一条则是负的。至于其他多余的 $(n-m)$ 个极点，也将有 $2(n-m)$ 条分支在 K 值趋向于正无穷大或负无穷大时，分别向渐近线无穷地接近。另外，对于单个极点或单个零点，两条进入和离开的分支恰好相隔 180°。对于二重零点或极点，两条正根轨迹分支相隔 180°，而两条负根轨迹则与正根轨迹相隔 90°。

负根轨迹通常用于研究非最小相位系统。一个最为熟知的例子，就是火力发电厂中锅炉的液位控制。如果液位过低，那么执行器阀门就会将相对低温的水加入到容器的沸水中。最初的效果是降低了锅炉中水的沸腾率，从而降低气泡的数量和体积，使得液位再次升高之前有一个短暂的下降。这个最初的下溢现象，就是非最小相位系统的典型特征。另一个典型的非最小相位系统是飞机的姿态控制。为了让飞机爬升，升降舵向上的偏差会使飞机在旋转和爬升之前有一个下坠的阶段。在这个模式下，一架波音 747 可以用下面标准化的传递函数来描述：

$$G(s) = \frac{6-s}{s(s^2+4s+13)} \tag{5.84}$$

为了将 $1 + KG(s)$ 转化为根轨迹的形式，我们需要乘以 (-1)，得到

$$G(s) = -\frac{s-6}{s(s^2+4s+13)} \tag{5.85}$$

例 5.13 飞机系统的负根轨迹

绘制下面方程的根轨迹：

$$1 + K \frac{s-6}{s(s^2+4s+13)} = 0 \tag{5.86}$$

解：

规则 1：根轨迹有三条分支和两条渐近线。

规则 2：在实轴上，一段根轨迹位于 $s=6$ 的右侧，而另一段位于 $s=0$ 的左侧。

规则 3：渐近线的偏角为 $\phi_l = \dfrac{(l-1)360°}{2} = 0°$，180°，而渐近线的中心为 $\alpha = \dfrac{-2-2-(6)}{3-1} = -5$。

规则 4：根轨迹的分支从极点 $s = -2 + j3$ 离开的出射角为

$$\phi = \arctan\left(\frac{3}{-8}\right) - \arctan\left(\frac{3}{-2}\right) - 90° + 360°(l-1)$$

$$\phi = 159.4 - 123.7 - 90 + 360°(l-1)$$

$$\phi = -54.3°$$

由 MATLAB 得到的根轨迹，如图 5.43 所示。可以看出，图中的结果与这些计算值是一致的。

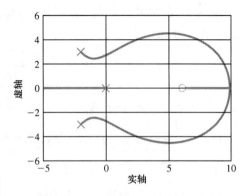

图 5.43　对应于 $L(s) = (s-6)/$ $s(s^2+4s+13)$ 的负根轨迹

5.6.2　考虑两个参数的情况

对于实际的控制，有一项重要的方法是考虑包含两个闭环的结构。内环包围着执行机构或过程动态的部分组件，而外环包围着整个受控对象和内部控制器，这种过程被称为双回路(successive loop closure)。选择控制器时，要求内环的鲁棒性好，并且能独立地提供好的响应，而外环可以在不考虑内环时设计得更简单、更有效。下面的简单例子，将用来说明包含两个参数的系统根轨迹的绘制方法。

例 5.14　在双回路中使用两个参数的根轨迹

如图 5.44 所示，这是一个比较常见的伺服机构的方框图。这里的测速装置(转速计)是可用的，而我们的问题是利用根轨迹来指导选择转速计的增益 K_T 和放大器增益 K_A。在图 5.44 中，系统的特征方程为

$$1 + \frac{K_A}{s(s+1)} + \frac{K_T}{s+1} = 0$$

但这并不是 $1 + KL(s)$ 的标准形式。对分式进行化简，得到特征方程为

$$s^2 + s + K_A + K_T s = 0 \qquad (5.87)$$

这是一个有两个参数的函数，但根轨迹法一次只能考虑一个参数。这里，将增益 K_A 设为标称值 4，首先考虑关于参数 K_T 的根轨迹。由 $K_A = 4$，式(5.87)可以转化为关于 K_T 的根轨迹标准形式，其中

$$L(s) = \frac{s}{s^2 + s + 4}$$

或

$$1 + K_T \frac{s}{s^2 + s + 4} = 0 \qquad (5.88)$$

对于这个根轨迹，零点为 $s = 0$，极点为 $s^2 + s + 4 = 0$ 的根或者 $s = -1/2 \pm j1.94$ 处。应用前面的规则，得到绘制的根轨迹如图 5.45 所示。

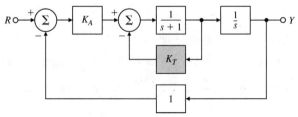

图 5.44　带转速计反馈的伺服机构的方框图

　　根据根轨迹图，可以选择 K_T 值，以使复数根具有特定的阻尼比或者可以使特征方程具有令人满意的根。考虑 $K_T = 1$，选定 K_T 的测试值之后，可以引入新的参数来改变方程的形式，使 $K_T = 4$ 变为 $K_A = 4 + K_1$。关于变量 K_1 的根轨迹由式(5.50)给出，这里使用 $L(s) = \dfrac{1}{s^2 + 2s + 4}$，于是得到根轨迹对应的方程为

$$1 + K_1 \frac{1}{s^2 + 2s + 4} = 0 \tag{5.89}$$

注意，对应于方程式(5.89)的新的根轨迹的极点，也在过去的对应参变量 K_T 的根轨迹上，而且此时 $K_T = 1$。根轨迹的绘制，如图 5.46 所示，其中的虚线是此前对应 K_T 的根轨迹。我们可以先绘制关于参数 K_1 的根轨迹，然后将方程变形，再绘制关于参数 K_T 的根轨迹。根据一定的原则，在参数 K_A 和 K_T 之间变化，并应用根轨迹法研究两个参数对特征方程根的影响。当然，也可以绘制当 K_1 取负值、$K_A < 4$ 时的根轨迹。

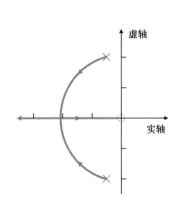

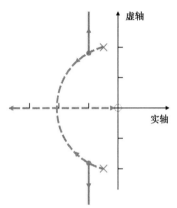

图 5.45　图 5.44 中的系统闭环极　　　　　图 5.46　当 $K_T = 1$ 时关于 $K_1 = K_A + 4$ 的根轨迹
点关于参数 K_T 的根轨迹

△5.6.3　时间延迟

　　时间延迟经常出现在控制系统中，它既有可能来自过程本身的延迟，也有可能来自测量信号过程的延迟。化学系统通常都会包含时间延迟过程，它表示物质通过导管或其他传输装置的传送时间。在测量火星探测器的姿态时，由于光速的原因，测量信号返回地球的过程中会有明显的时间延迟。而计算机的周期时间以及数据是以一定的离散间隔来处理的，因此在数字控制系统中也经常存在小的延迟。时间延迟总是降低系统的稳定性，因此分析它对系统的影响就很重要，在本节中，将讨论如何应用根轨迹来分析这些问题。虽然第 6 章的频率响应法将会介绍一种分析时间延迟的精确方法，但了解不同的分析设计方法可以为设计者提供更大的灵活性和提高检查候选解决方案的能力。

　　考虑第 2 章中讲述的热交换器温度控制系统设计的例子。控制量 A_s 和被测量的输出温度 T_m 之间的传递函数，可由两个一阶项和一个 5 s 的时滞 T_d 来描述。由于在实际中的温度传感器被安装在系统的下游，所以读数将会有一个延迟，从而产生时间延迟。其传递函数为

$$G(s) = \frac{e^{-5s}}{(10s + 1)(60s + 1)} \tag{5.90}$$

式中, e^{-5s} 表示所产生的时间延迟[1]。

以比例增益 K 为参数的根轨迹方程为

$$1 + KG(s) = 0$$

$$1 + K\frac{e^{-5s}}{(10s+1)(60s+1)} = 0 \qquad (5.91)$$

$$600s^2 + 70s + 1 + Ke^{-5s} = 0$$

我们将如何绘制式(5.91)的根轨迹呢? 由于这不是一个多项式,因此就不能使用以前例子中的方法。因此,通过把无理函数 e^{-5s} 近似为有理函数,使这个给定的问题转化为已经解决的问题。因为我们对控制系统,特别是低频段感兴趣,所以希望近似在 s 很小时能产生很好的效果[2]。最常用的近似方法是由 H. Padé 提出来的,这种方法使一个有理函数的级数展开和超越函数 e^{-5s} 的级数展开相一致,其中有理函数的分子为 p 阶多项式,分母为 q 阶多项式。这个结果被称为关于 e^{-5s} 的 (p,q) Padé 近似[3] (Padé approximant)。我们首先计算 e^{-s} 的近似表达式,然后在最后的结论中用 $T_d s$ 代替 s,这样就可以适用于任何的延迟情形。

因此,得到的 $(1,1)$ Padé 近似 $(p = q = 1)$ (更多细节,可参阅网上的附录 W5)为

$$e^{-T_d s} \approx \frac{1 - (T_d s/2)}{1 + (T_d s/2)} \qquad (5.92)$$

如果假设 $p = q = 2$,则有 5 个参数,得到更好的近似是可能的。这里,使用 $(2,2)$ Padé 近似,得到传递函数为

$$e^{-T_d s} \approx \frac{1 - T_d s/2 + (T_d s)^2/12}{1 + T_d s/2 + (T_d s)^2/12} \qquad (5.93)$$

从如图 5.47 所示的极点 – 零点配置中,可以很容易地看出这两种近似的区别。极点的位置在左半平面,而零点在右半平面的位置与极点相对称。

在某些情况下,很不精确的近似也是可以接受的。对于很小的延迟,$(0,1)$ 近似也是可以接受的,它仅仅是一个形如下式的一阶滞后:

$$e^{-T_d s} \approx \frac{1}{1 + T_d s} \qquad (5.94)$$

为了说明延迟环节和近似精度的影响,在四种不同精度近似下,绘制热交换器的根轨迹如图 5.48 所示。值得注意的是,从低增益点到根轨迹和虚轴交点之间的根轨迹,在近似后此非常接近于精确值。不过,很显然,$(2,2)$ Padé 曲线远比一阶延迟更接近于实际曲线。当延迟很大时,就需要用 $(2,2)$ Padé 近似进行分析了。通过对延迟环节的分析,将会阐明延迟环节是如何降低系统稳定性以及如何限制系统的响应时间的。

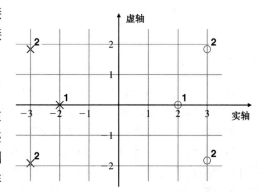

图 5.47 关于 e^{-s} 的 Padé 近似的零极点图 [在图中,使用上标识别对应的近似。例如,x^1 表示 $(1,1)$ 近似]

---

[1] 时间延迟在工业过程中通常指"传输滞后"。

[2] 对于所有的有限的 s 值,无理函数 e^{-5s} 都是解析的,因此可以用一个有理式来近似。如果涉及非解析函数,如 $\sqrt{s}$,那么在 $s = 0$ 附近进行近似的时候就要格外小心。

[3] 对于 T 秒的时间延迟,通常使用 (p,p) Padé 近似法,并且可以用 MATLAB 命令 [num,den] =pade(T,P) 来计算。

虽然 Padé 近似可以推导出有理函数，不过从理论上来说，却未必一定要用这种方法来绘制根轨迹。相反地，直接应用相角条件也可以绘制含有时间延迟的系统的精确根轨迹。因为即使过程的传递函数是无理函数的，相角条件也并不会改变，所以我们仍然需要确定使相角满足 $180° + 360°l$ 的 s 值来绘制根轨迹。如果将传递函数重写为

$$G(s) = e^{-T_d s}\bar{G}(s)$$

那么 $G(s)$ 的相角为 $\bar{G}(s)$ 的相角减去 $\lambda\omega$，其中 $s = \sigma + j\omega$。这样，就可以把根轨迹问题归结为：找到那些使 $\bar{G}(s)$ 的相角满足 $180° + T_d\omega + 360°(l-1)$ 的点的过程。要绘制这样的根轨迹，可以先固定 ω 的值，沿着 s 平面上的水平线搜索，直到找到根轨迹上的点为止，然后增加 ω 的值，改变目标角度，重复以上过程。相似地，出射角度也要根据 $T_d\omega$ 进行修改，其中 ω 是所讨论极点的虚部。MATLAB 中并没有提供绘制含有延迟环节系统的根轨迹的命令，因此，我们就只能应用 Padé 近似。但当设计人员认为 Padé 近似不能令人满意时，我们还可以选用第 6 章中介绍的十分有效的频率响应法，能够很容易地绘制出精确的频率响应(或者伯德图)。

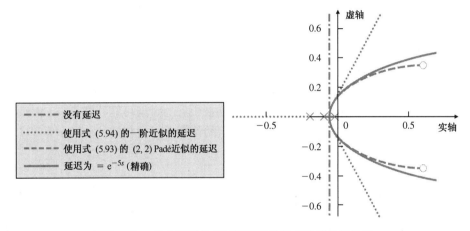

图 5.48　考虑和不考虑时间延迟的热交换器的根轨迹

5.7　历史回顾

在第 1 章，我们介绍了包括频率响应和根轨迹设计的反馈控制分析与设计的早期发展历程。根轨迹设计是 1948 年由 Walter R. Evans(伊凡思)提出的，当时他在北美航空(现在是波音公司的一部分)的自动导航部门从事飞机和导弹的指导和控制工作。他遇到的很多问题都涉及不稳定或者临界稳定的动态系统，这些很难用频率方法来解决，因此他建议回归到大约 70 年前麦克斯韦和劳斯关于特征方程的研究上。然而，与代数问题的处理方法不同，伊凡思提出将它视为一个在 s 复平面上的图形化问题。此外，伊凡思对航天飞行控制器的动态响应特性也感兴趣。为了了解系统的动态行为，他希望能够求出闭环特征方程的根。为了促进这种认识，伊凡思提出了一些方法和规则，允许根轨迹随着特征方程参数的改变而改变。他的方法适合设计和分析稳定性，时至今日仍然是一个重要的方法。在初期，20 世纪 40 年代设计工程师仍不具备计算机，伊凡思的方法提供了手工求解的途径。然而，伊凡思方法在今日仍然作为一个重要的工具来协助完成设计过程。正如在本章中我们了解到，伊凡思的方法还涉及找出点的轨迹，使该点对于其他极点和零点的角度加起来之和是一个定值。为了协助测量，伊凡思发明了如图 5.49 所示的根轨迹仪。该装置可以用于测量角度和快速执行加法和减法运算。

在一个相当复杂的设计问题中,一个熟练的控制工程师只用几秒钟就可以评估角度是否达到了设计标准。此外,装置中的矩形部分上的螺旋曲线允许设计者乘以距离,从而以类似于计算尺的方法来确定根轨迹上选定点的增益。

伊凡思提出的方法为那些在设计和分析控制系统中没有计算机协助的工程师提供了帮助。在 20 世纪 40 年代,计算机几乎是不存在的。直到 20 世纪 50 年代,大型计算机开始被公司应用于大型数据的处理,但是在 20 世纪 60 年代以前,工程师课程中仍然没有讲授如何用计算机进行分析和设计的课程。计算机在工程中的应用在 20 世纪 60 年代得到普及,但是由于提交任务到一台计算机主机时,要通过一大堆的打孔卡片,以及数小时甚至整夜的等待结果的过程,这种情况不利于任何类型的迭代设计。在那个时代,计算机主机只是从真空管过渡到晶体管的时期,随机存取记忆体只有大概 32 KB,而长期的数据存储是通过一个磁盘驱动器的。在之后的十年里出现了随机存储器和磁盘,从而大大加快了检索数据的进程。当基于打孔卡片的批处理被 20 世纪 60 年代后期和 20 世纪 70 年代初期的用户在远程终端的分时共用取代时,工程计算取得了巨大的进步。可用于计算加减乘除的 1960 年价格为 2000 美元的机械式计算器在 20 世纪 40 年代、50 年代和 60 年代也是可用的。非常高端的设备也可以计算平方根。第二次世界大战期间,在 Los Alamos,这些机器是执行复杂计算的基础。它们大概有一台打字机的大小,计算的时候有一个大滑动架来回运动,在滑动架尽头击打的时候还会偶尔发出铃声(如图 5.50 所示)。它们精确到八位或八位以上的小数点,并且在计算机用于绘制根轨迹后经常用于检查计算机的结果是否准确,但是计算平方根所需的时间可能要几十秒,而且机器噪声很大,过程十分烦琐。进取的工程师们了解到特定的计算会发出特定的曲调,听到喜欢的曲调譬如铃儿响叮当并非罕见。

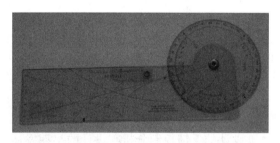

图 5.49　根轨迹仪:在计算机之前用来绘制
根轨迹(照片由 David Powell 提供)

图 5.50　Frieden 机械式计算器(照片
由计算机历史博物馆提供)

20 世纪 70 年代末,个人计算机出现了,那时候的计算机是利用音频盒式磁带数据存储和非常有限的随机访问内存,通常小于 16 KB。但是,这些台式机在接下来的十年内迅速发展,用于工程设计的计算机时代到来了。首先是 20 世纪 80 年代中期和后期,出现了用于长期数据存储的软盘,然后是硬盘驱动器。最初,BASIC 和 APL 语言是编程的主要语言。MATLAB是 20 世纪 70 年代 Cleve Moler 引进的。1984 年发生了两件事:苹果公司推出了 Macintosh,Mathworks 推出了 PC-MATLAB,Mathworks 使 MATLAB 实现了在个人计算机中商品化。一开始,Mathworks 最初引进 MATLAB 主要是用于控制系统的分析,但是现在其应用已经扩大到很多领域。在这点演变上,工程师们能够真正在实验过程中利用很少时间甚至是瞬间执行完所设计的迭代。在这之前,其他类似的程序也可在计算机主机上执行,其中两个是 CTRL-C 和MATRIXx。然而,这些程序并不适应于个人计算机革命,并且已经从一般应用中逐渐消失。

本章小结

- 根轨迹是方程 $1 + KL(s) = 0$ 的根随参数 K 变化的轨迹图像。

  1. 当 $K > 0$ 时，如果 $\angle L(s) = 180°$ 成立，则相应的 s 点在根轨迹上，绘制得到 $180°$ 根轨迹或者正的根轨迹。

  2. 当 $K < 0$ 时，如果 $\angle L(s) = 0°$ 成立，则相应的 s 点在根轨迹上，绘制得到 $0°$ 根轨迹或者负的根轨迹。

- 如果 $KL(s)$ 是负反馈系统的开环传递函数，那么闭环系统的特征方程为 $1 + KL(s) = 0$，且根轨迹方法显示了改变增益对闭环系统根的影响。

- 在 MATLAB 中可由命令 `rlocus(sysL)` 和 `rltool(sysL)` 来绘制系统 `sysL` 的根轨迹。

- 掌握如何绘制根轨迹的知识，对于检验计算机的结果和修改设计是很有用的。

- 绘制 $180°$ 根轨迹的原则如下：

  1. 在实轴上的根轨迹，位于奇数个零极点的左侧。

  2. 在根轨迹的 n 条分支中，有 m 条趋向于 $L(s)$ 的零点，而其余 $n - m$ 条则趋向于中心在 α、偏角为 ϕ_l 的渐近线：

  $$n \text{ 为极点个数}$$
  $$m \text{ 为零点个数}$$
  $$(n - m) \text{ 为渐近线条数}$$
  $$\alpha = \frac{\sum p_i - \sum z_i}{n - m}$$
  $$\phi_l = \frac{180° + 360°(l - 1)}{n - m}, \quad l = 1, 2, \cdots, n - m$$

  3. 根轨迹分支从 q 重极点射出的出射角以及到达 q 重零点的入射角分别为

  $$\phi_{l,\text{dep}} = \frac{1}{q}\left(\sum \psi_i - \sum_{i \neq l} \phi_i - 180° - 360°(l - 1) \right)$$
  $$\psi_{l,\text{arr}} = \frac{1}{q}\left(\sum \phi_i - \sum_{i \neq l} \psi_i + 180° + 360°(l - 1) \right)$$

  其中

  $$q \text{ 为极点或零点的重数}$$
  $$\psi_i \text{ 为零点的偏角}$$
  $$\phi_i \text{ 为极点的偏角}$$

- 对应于根轨迹上任意指定点 s_0 值的参数 K，可以由式

  $$K = \frac{1}{|L(s_0)|}$$

  求出，其中 $|L(s_0)|$ 通过在图中测量从 s_0 到每个极点和零点的距离来计算。

- 由命令 `rlocus(sysL)` 绘制的根轨迹，参数和对应的根可由 `[K,p]=rlocfind`

(sysL)或者 rltool 得到。

- 由下式给出的超前补偿

$$D(s) = \frac{s + z}{s + p}, \quad z < p$$

近似于比例微分控制(PD)。在恒定的误差常数下,通常可以使根轨迹向左移动,从而提高系统的阻尼比。

- 由下式给出的滞后补偿

$$D(s) = \frac{s + z}{s + p}, \quad z > p$$

近似于比例积分控制器(PI)。在恒定的响应速度下,通过增加低频增益和降低稳定性,可减少稳态误差。

△● 通过依次研究两个(或者更多的)参数,可以使用根轨迹来分析双闭环回路。

△● 根轨迹可用来近似时间延迟的影响。

复习题

1. 给出根轨迹的两种定义。
2. 定义负根轨迹。
3. 实轴上的哪些部分是(正的)根轨迹的一部分?
4. 实轴上 $s = -a$ 点上有两个重极点,则根轨迹在该点的出射角是多少?假定该点右侧无其他零极点。
5. 实轴上 $s = -a$ 点上有 3 个重极点,则根轨迹在该点的出射角是多少?假定该点右侧无其他零极点。
6. 超前补偿对根轨迹会产生什么影响?
7. 滞后补偿对接近闭环主导极点的根轨迹有何影响?
8. 滞后补偿对多项式参考输入的稳态误差有何影响?
9. 为什么靠近虚轴的极点的出射角很重要?
10. 定义条件稳定系统。
11. 用根轨迹法来证明有 3 个极点在原点的系统一定是条件稳定系统。

习题

5.1 节习题:基本反馈系统的根轨迹

5.1 将以下特征方程转化为适合伊凡思的根轨迹形式,并由每个式子中最初的参数,写出 $L(s)$、$a(s)$、$b(s)$ 和参数 K,选择合适的 K 值保证 $a(s)$、$b(s)$ 的第一项的系数为 1,且 $b(s)$ 的阶次不大于 $a(s)$。

(a) $s + (1/\tau) = 0$,参数为 τ

(b) $s^2 + cs + c + 1 = 0$,参数为 c

(c) $(s + c)^3 + A(Ts + 1) = 0$

(i) 参数为 A

(ii) 参数为 T

(iii) 如果可能,选择参数 c 作为变量。说明可以或不可以的理由。若设定 A 或 T 为常数,是否可以绘制关于 c 的根轨迹?

(d) $1 + \left[k_p + \dfrac{k_I}{s} + \dfrac{k_D s}{\tau s + 1}\right] G(s) = 0$。假设 $G(s) = A\dfrac{c(s)}{d(s)}$,其中 $c(s)$ 和 $d(s)$ 都是首一多项式,且 $d(s)$

的阶次大于 $c(s)$ 的阶次。

(i)参数为 k_p

(ii)参数为 k_I

(iii)参数为 K_D

(iv)参数为 τ

5.2 节习题：绘制根轨迹的原则

5.2 粗略绘制如图 5.51 所示的极点 – 零点图的根轨迹，估计渐近线的中心和角度，以及复数极点和零点的入射角与出射角的大概值，并画出参数 K 为正值时的根轨迹。每个极点 – 零点图都由下面的特征方程得到

$$1 + K\frac{b(s)}{a(s)} = 0$$

其中，分子 $b(s)$ 的根 s 平面由小圆圈" ○ "表示，分母 $a(s)$ 的根则由" × "表示。注意，在图 5.51(c)中，有两个极点在原点处。

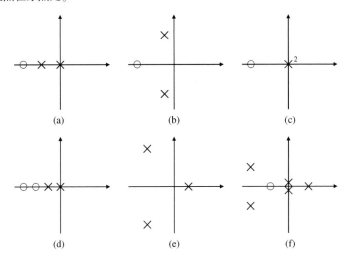

图 5.51　零极点图

5.3 已知特征方程为

$$1 + \frac{K}{s(s+1)(s+5)} = 0$$

(a)绘制出根轨迹在实轴上的部分。

(b)绘制出根轨迹 $K \to \infty$ 时的渐近线。

(c)绘制出根轨迹。

(d)用 MATLAB 作图验证你的绘图结果。

5.4 实数极点和零点。以 K 为参数绘制出方程的根轨迹图，其中 $1 + KL(s) = 0$ 其中 $L(s)$ 如下。求出渐近线、所有复数零极点处的入射角和出射角。在绘图完成后，用 MATLAB 验证结果。把你所手工绘制的图形和 MATLAB 结果绘制在相同比例的坐标上。

(a) $L(s) = \dfrac{(s+2)}{s(s+1)(s+5)(s+10)}$

(b) $L(s) = \dfrac{1}{s(s+1)(s+5)(s+10)}$

(c) $L(s) = \dfrac{(s+2)(s+6)}{s(s+1)(s+5)(s+10)}$

(d) $L(s) = \dfrac{(s+2)(s+4)}{s(s+1)(s+5)(s+10)}$

5.5　复数极点和零点。以 K 为参数绘制出方程 $1 + KL(s) = 0$ 的根轨迹图,其中 $L(s)$ 如下。求出渐近线、所有复数零极点处的入射角和出射角。在绘图完成后,用 MATLAB 验证结果。把你所手工绘制的图形与 MATLAB 结果绘制在相同比例的坐标上。

(a) $L(s) = \dfrac{1}{s^2 + 3s + 10}$

(b) $L(s) = \dfrac{1}{s(s^2 + 3s + 10)}$

(c) $L(s) = \dfrac{(s^2 + 2s + 8)}{s(s^2 + 2s + 10)}$

(d) $L(s) = \dfrac{(s^2 + 2s + 12)}{s(s^2 + 2s + 10)}$

(e) $L(s) = \dfrac{(s^2 + 1)}{s(s^2 + 4)}$

(f) $L(s) = \dfrac{(s^2 + 4)}{s(s^2 + 1)}$

5.6　原点处的多重极点。以 K 为参数绘制出方程 $1 + KL(s) = 0$ 的根轨迹图,其中 $L(s)$ 如下。求出渐近线、所有复数极点或零点处的入射角和出射角。在绘图完成后,用 MATLAB 验证结果。把你所手工绘制的图形与 MATLAB 结果绘制在相同比例的坐标上。

(a) $L(s) = \dfrac{1}{s^2(s + 8)}$

(b) $L(s) = \dfrac{1}{s^3(s + 8)}$

(c) $L(s) = \dfrac{1}{s^4(s + 8)}$

(d) $L(s) = \dfrac{(s + 3)}{s^2(s + 8)}$

(e) $L(s) = \dfrac{(s + 3)}{s^3(s + 4)}$

(f) $L(s) = \dfrac{(s + 1)^2}{s^3(s + 4)}$

(g) $L(s) = \dfrac{(s + 1)^2}{s^3(s + 10)^2}$

5.7　混合的实极点和复数极点。以 K 为参数绘出方程 $1 + KL(s) = 0$ 的根轨迹图,其中 $L(s)$ 如下。求出渐近线、所有复数极点或零点处的入射角和出射角。在绘图完成后,用 MATLAB 验证结果。把你所手工绘制的图形与 MATLAB 结果绘制在相同比例的坐标上。

(a) $L(s) = \dfrac{(s + 2)}{s(s + 10)(s^2 + 2s + 2)}$

(b) $L(s) = \dfrac{(s + 2)}{s^2(s + 10)(s^2 + 6s + 25)}$

(c) $L(s) = \dfrac{(s + 2)^2}{s^2(s + 10)(s^2 + 6s + 25)}$

(d) $L(s) = \dfrac{(s + 2)(s^2 + 4s + 68)}{s^2(s + 10)(s^2 + 4s + 85)}$

(e) $L(s) = \dfrac{[(s + 1)^2 + 1]}{s^2(s + 2)(s + 3)}$

5.8　右半平面和零点。以 K 为参数绘制出方程 $1 + KL(s) = 0$ 的根轨迹图,其中 $L(s)$ 如下。求出渐近线、所有复数极点或零点处的入射角和出射角。在绘图完成后,用 MATLAB 验证结果。把手工绘制的图形与 MATLAB 结果绘制在相同比例的坐标上。

（a）$L(s) = \dfrac{s+2}{s+10}\dfrac{1}{s^2-1}$；使用超前补偿的磁悬浮系统模型

（b）$L(s) = \dfrac{s+2}{s(s+10)}\dfrac{1}{(s^2-1)}$；使用积分控制和超前补偿的磁悬浮系统

（c）$L(s) = \dfrac{s-1}{s^2}$

（d）$L(s) = \dfrac{s^2+2s+1}{s(s+20)^2(s^2-2s+2)}$；根轨迹上稳定复数根的最大阻尼比为多少？

（e）$L(s) = \dfrac{(s+2)}{s(s-1)(s+6)^2}$

（f）$L(s) = \dfrac{1}{(s-1)\left[(s+2)^2+3\right]}$

5.9　把如图 5.52 所示的系统特征方程转化为以 α 参数的根轨迹标准方程形式，并说明对应的 $L(s)$、$a(s)$ 和 $b(s)$。绘制以 α 为参数的根轨迹，估计闭环极点的位置，并分别绘制出 $\alpha = 0$、0.5、2 时的阶跃响应。用 MATLAB 检验你的近似阶跃响应的精度。

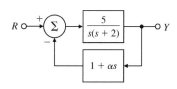

图 5.52　习题 5.9 的控制系统

5.10　应用 MATLAB 中的函数 rltool，研究参数 a 从 0 变化到 10 时 $1+KL(s)$ 的根轨迹的变化情况，其中，$L(s) = \dfrac{(s+a)}{s(s+1)(s^2+8s+52)}$。

特别注意 a 在 2.5～3.5 之间的情况。证明当 a 在什么范围内取 s 值时，特征方程会出现重根。

5.11　应用劳斯判据，求出使得如图 5.53 所示的系统不稳定的增益 K 的取值范围，并用根轨迹证实计算结果。

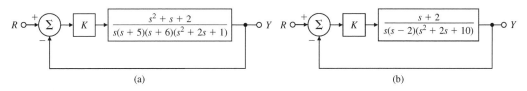

（a）　　　　　　　　　　　　　　　　　　（b）

图 5.53　习题 5.11 的反馈系统

5.12　绘制如下系统的根轨迹。

$$L(s) = \dfrac{(s+2)}{s(s+1)(s+5)}$$

计算出特征根的阻尼比为 0.5 时的根轨迹所对应的增益值。

5.13　已知如图 5.54 所示的系统：

（a）画出以 K 为参数时的闭环根轨迹。

（b）是否存在这样的 K 值使得所有根的阻尼比都大于 0.7？

（c）求使得闭环极点的阻尼比 $\zeta = 0.707$ 的 K 值。

（d）用 MATLAB 绘出最终设计结果的阶跃响应。

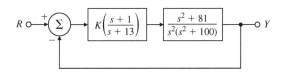

图 5.54　习题 5.13 的反馈系统

5.14　对于如图 5.55 所示的反馈系统，求出使得主导闭环极点阻尼比为 $\zeta = 0.5$ 时的增益 K 值。

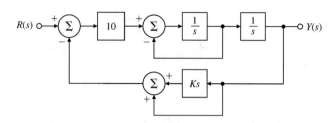

图 5.55　习题 5.14 的反馈系统

5.3 节习题：根轨迹图解举例

5.15　某种直升机在接近盘旋状态下纵向移动的简化模型可用传递函数表示为

$$G(s) = \frac{9.8(s^2 - 0.5s + 6.3)}{(s + 0.66)(s^2 - 0.24s + 0.15)}$$

其特征方程为 $1 + D(s)G(s) = 0$。首先令 $D(s) = k_p$。

(a)计算复数零极点处的出射角与入射角。

(b)以 $K = 9.8k_p$ 为参数绘制根轨迹，要求绘制出 $-4 \leqslant x \leqslant 4$，$-3 \leqslant y \leqslant 3$ 范围内的图形。

(c)用 MATLAB 验证结果，由命令 axis([-4 4 -3 3])获得所求的区域。

(d)提出一种可行的(至少零点与极点的数量要一样)补偿环节 $D(s)$，使系统至少符合是一个稳定的系统。

5.16　(a)对于如图 5.56 所示的系统，令 $\lambda = 2$，绘制参数 K_1 从 0 变化到 ∞ 时特征方程的根轨迹，并写出相应的 $L(s)$、$a(s)$ 和 $b(s)$。

(b)令 $\lambda = 5$，重做(a)，观察是否有特别的情况发生。

(c)固定 $K_1 = 2$，令参数 $K = \lambda$ 从 0 变化到 ∞，重做(a)。

5.17　对于如图 5.57 所示的系统，确定特征方程并绘制参数 c 为正值时的根轨迹，写出 $L(s)$、$a(s)$ 和 $b(s)$，并在根轨迹上用箭头标出 c 的增大方向。

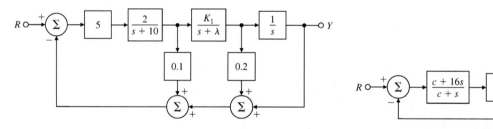

图 5.56　习题 5.16 的控制系统　　　　图 5.57　习题 5.17 的控制系统

5.18　假设一个给定的系统的传递函数为

$$L(s) = \frac{(s + z)}{(s + p)^2}$$

其中，z 和 p 都是实数，且 $z > p$。证明 $1 + KL(s) = 0$ 以 K 为参数的根轨迹是中心在 z 处、半径为 $r = (z - p)$ 的圆。

提示：假设 $s + z = re^{j\phi}$，证明在这种假设条件下，当 $L(s)$ 为实数时，ϕ 为负实数。

5.19　系统的闭环传递函数有两个极点在 $s = -1$、一个零点在 $s = -2$。第三个实轴极点 p 在零点左侧的某个位置。第三个极点的不同位置会导致几种不同的根轨迹。极端情况出现于极点在无穷远处或极点位于 $s = -2$ 处时。写出相应的 p 值，并绘制三种不同的根轨迹。

5.20　如图 5.58 所示的反馈系统，利用渐近线、渐近线的中心、出射角、入射角和劳斯列阵，绘制以 K 为参数的根轨迹，并用 MATLAB 验证结果。

$(a) G(s) = \dfrac{1}{s(s+1+j3)(s+1-j3)}, \qquad H(s) = \dfrac{s+2}{s+8}$

$(b) G(s) = \dfrac{1}{s^2}, \qquad H(s) = \dfrac{s+1}{s+3}$

$(c) G(s) = \dfrac{(s+5)}{(s+1)}, \qquad H(s) = \dfrac{s+7}{s+3}$

$(d) G(s) = \dfrac{(s+3+j4)(s+3-j4)}{s(s+1+j2)(s+1-j2)}, \qquad H(s) = 1+3s$

5.21 考虑如图 5.59 所示的系统。

(a) 应用劳斯稳定判据,求出使得系统稳定的 K 值范围。

(b) 用 MATLAB 绘制出特征方程以 K 为参数的根轨迹,并求出与虚轴交点相对应的 K 值。

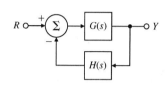
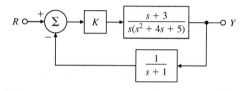

图 5.58 习题 5.20 的反馈系统   图 5.59 习题 5.21 的反馈系统

5.4 节习题:使用动态补偿的设计

5.22 令

$$G(s) = \dfrac{1}{(s+2)(s+3)} \quad 和 \quad D(s) = K\dfrac{s+a}{s+b}$$

应用根轨迹法确定补偿环节 $D(s)$ 的参数 a、b 和 K 的值,使如图 5.60 所示的系统的闭环极点在 $s = -1 \pm j$ 处。

5.23 假设对于如图 5.60 所示的系统,有

$$G(s) = \dfrac{1}{s(s^2+2s+2)} \quad 和 \quad D(s) = \dfrac{K}{s+2}$$

绘制以 K 为参数的闭环系统的根轨迹,特别注意当 $KL(s) = D(s)G(s)$ 成立时存在的重根点。

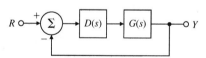

图 5.60 习题 5.22 至习题 5.28 以及习题 5.33 的单位反馈系统

5.24 假设如图 5.60 所示的单位反馈系统,有一个开环受控对象为 $G(s) = \dfrac{1}{s^2}$。试设计超前补偿环节 $D(s) = K\dfrac{s+z}{s+p}$ 与该受控对象串联,使闭环系统的主导极点在 $s = -2 \pm j2$ 处。

5.25 假设如图 5.60 所示的单位反馈系统,有一个受控对象为

$$G(s) = \dfrac{1}{s(s+3)(s+6)}$$

设计滞后补偿使得系统满足以下的性能要求:

● 阶跃响应调节时间小于 5 s。

● 阶跃响应超调量小于 17%。

● 单位斜坡响应的稳态误差不超过 10%。

5.26 一种数控机械工具的位置伺服机构,经归一化和比例化后的传递函数为

$$G(s) = \frac{1}{s(s+1)}$$

当如图 5.60 所示的单位反馈系统的闭环极点位于 $s = -1 \pm j\sqrt{3}$ 时,系统性能指标能够满足要求。

(a)证明选用比例控制器 $D(s) = k_p$ 时,这些性能要求不能得到满足。

(b)试设计超前补偿 $D(s) = K\frac{s+z}{s+p}$ 来满足性能要求。

5.27 在某位置伺服控制系统中,受控对象的传递函数为

$$G(s) = \frac{10}{s(s+1)(s+10)}$$

在单位反馈结构中设计传递函数为 $D(s)$ 的串联补偿,以满足下面的闭环性能指标:

- 阶跃响应的超调量不大于 16%。
- 阶跃响应的上升时间不超过 0.4 s。
- 单位斜坡输入的稳态误差小于 0.02。

(a)设计超前补偿环节以使系统满足动态性能要求。

(b)如果 $D(s)$ 为比例控制器,有 $D(s) = k_p$,请问速度常数 K_v 为多少?

(c)设计一个滞后补偿,与设计好的超前补偿串联使用,使系统满足稳态误差指标。

(d)用 MATLAB 绘制出最终设计结果的根轨迹图。

(e)用 MATLAB 绘制出最终设计结果的阶跃响应。

5.28 假设如图 5.60 所示的闭环系统的前向传递函数 $G(s)$ 为

$$G(s) = \frac{1}{s(s+2)}$$

设计滞后补偿,使闭环系统的主导极点在 $s = -1 \pm j$ 处,并且使系统在单位斜坡输入下稳态误差小于 0.2。

5.29 图 5.61 描述的是一种基本的磁悬浮系统。如果在参考位置附近有很小的位移时,影像探测器上的电压 e 由球位移 x(米)决定,$e = 100x$。作用在球上的向上的力(牛顿)由电流 i(安培)决定,近似地有 $f = 0.5i + 20x$。已知球的质量为 20 g,地球引力为 9.8 N/kg。功率放大器为电压电流转换装置,其输出(安培)为 $i = u + V_0$。

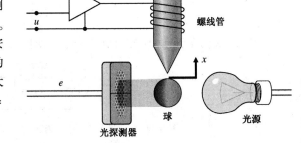

图 5.61 基本的磁悬浮系统

(a)写出这个装置的运动方程。

(b)求使得球位于平衡位置 $x = 0$ 的偏移值 V_0。

(c)试求出从 u 到 e 的传递函数。

(d)假设控制输入 $u = -Ke$,绘制闭环系统以 K 为参数的根轨迹。

(e)假设形如 $\frac{U}{E} = D(s) = K\frac{s+z}{s+p}$ 的超前补偿是有效的,计算 K、z 和 p 的值,使得性能指标优于(d)中的控制系统。

5.30 某非最小相位系统中的受控对象传递函数为

$$G(s) = \frac{4 - 2s}{s^2 + s + 9}$$

使用单位正反馈系统,并且控制器传递函数为 $D(s)$。

(a)使用 MATLAB 求 $D(s) = K$ 的值(负值),使得负反馈闭环系统的阻尼比为 $\zeta = 0.707$。

(b)使用 MATLAB 绘制系统的阶跃响应。

5.31　考虑如图 5.62 所示的火箭定位系统。

（a）证明若测量输出 x 的传感器有一个单位传递函数，则超前补偿器

$$H(s) = K\frac{s+2}{s+4}$$

　　可以使得系统稳定。

（b）假设传感器的传递函数是时间常数为 0.1 s 的单位直流增益的单极点模型，应用根轨迹法，求使得阻尼比最大的增益值 K。

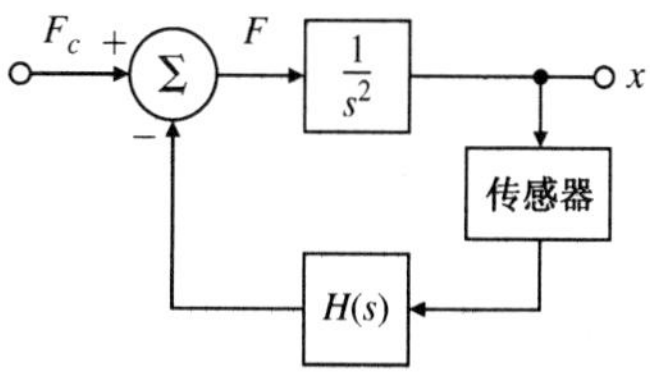

图 5.62　火箭定位控制系统框图

5.32　对于如图 5.63 所示的系统：

（a）绘制以 K 为参数的闭环系统的根轨迹。

（b）求出保持系统稳定的最大 K 值，在本习题的其他小题中，设 $K = 2$。

（c）对于 r 的阶跃变化，稳态误差 $(e = r - y)$ 为多少？

（d）在 w_1 定值干扰下 y 中的稳态误差为多少？

（e）在 w_2 定值干扰下 y 中的稳态误差为多少？

（f）如果要提高系统的阻尼比，应对系统进行怎样的改进？

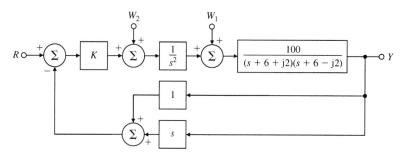

图 5.63　习题 5.32 的控制系统

5.33　考虑如图 5.60 所示的单位反馈环中的系统，其传递函数为

$$G(s) = \frac{bs+k}{s^2[mMs^2 + (M+m)bs + (M+m)k]}$$

该传递函数是从质量为 m 的实体的输入力 $u(t)$ 到质量 M 的实体上位置 $y(t)$ 的传递函数。在本题中，要求应用根轨法设计控制器 $D(s)$，使闭环系统的阶跃响应上升时间小于 0.1 s，超调量小于 10%。使用 MATLAB 完成以下问题：

（a）通过设 $m \approx 0$ 来近似 $G(s)$ 并令 $M = 1$、$k = 1$、$b = 0.1$ 和 $D(s) = K$，请问是否可以通过选择适当的 K 值来使性能指标得到满足，为什么？

（b）假设 $D(s) = K(s + z)$，重做（a），说明选择适当的 K 和 z 可以满足要求。

（c）应用以下的传递函数描述控制器，重做（b）

$$D(s) = K\frac{p(s+z)}{s+p}$$

　　选择 p，使（b）中计算的 K 和 z 值保持基本有效。

（d）假设小质量 m 是不可忽略的，可由 $m = M/10$ 确定。检查（c）中设计的控制器是否仍然满足要求。如果不能，调整控制器参数以满足性能指标。

5.34　考虑如图 5.64 所示的 1 型系统，要求设计补偿环节 $D(s)$，满足以下的要求：

（1）在单位恒定扰动 w 下，y 的稳态值小于 0.8。

（2）阻尼比为 $\zeta = 0.7$。

应用根轨迹法：

(a)证明单独使用比例控制器是不能满足要求的。

(b)证明比例微分控制可以达到要求。

(c)求 $D(s) = k_p + k_Ds$ 中增益 k_p 和 k_D 的值,以满足性能要求。

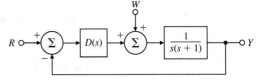

图 5.64 习题 5.34 的控制系统

5.5 节习题:使用根轨迹法的设计实例

5.35 如图 5.65 所示的位置伺服系统,其中

$$e_i = K_{pot}\theta_i, \quad e_o = K_{pot}\theta_o, \quad K_{pot} = 10 \text{ V/rad}$$

$$T = K_t i_a, \text{ 为电动机扭矩}$$

$$k_m = K_t = 0.1 \text{ N} \cdot \text{m/A}, \text{ 为扭矩常数}$$

$$R_a = 10 \ \Omega, \text{ 为电枢阻抗}$$

减速比 $= 1:1$

$$J_L + J_m = 10^{-3} \text{ kg} \cdot \text{m}^2, \text{ 为总的转动惯量}$$

$$C = 200 \ \mu\text{F}$$

$$v_a = K_A(e_i - e_f)$$

(a)放大器增益 K_A 在什么范围内时系统是稳定的?应用根轨迹法从图形上估计上限值。

(b)确定使得根在 K_A 处的增益 $\zeta = 0.7$ 值。当 K_A 为该值时,系统的三个闭环极点在什么位置?

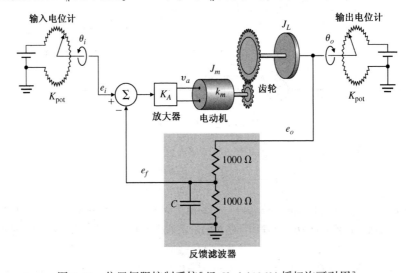

图 5.65 位置伺服控制系统[经 Clark(1962)授权许可引用]

5.36 设计一种用于磁带驱动器的速度伺服控制系统。从电流 $I(s)$ 到磁带速度 $\Omega(s)$ 的传递函数(单位:毫米/毫秒·安培)为

$$\frac{\Omega(s)}{I(s)} = \frac{15(s^2 + 0.9s + 0.8)}{(s+1)(s^2 + 1.1s + 1)}$$

设计一种 1 型反馈系统,使得系统的阶跃响应满足

$$t_r \leqslant 4 \text{ ms}, \quad t_S \leqslant 15 \text{ ms}, \quad M_p \leqslant 0.05$$

(a)应用积分补偿器 k_I/s 以获得 1 型系统特性,并绘制以 k_I 为参数的根轨迹。在图中指明可以满足以上指标的极点的取值范围。

(b)考虑形如 $k_p(s + \alpha)/s$ 的比例积分补偿器,找出最佳的 k_p 和 α 值。绘制出设计结果的根轨迹图,给出 k_p 和 α 值以及设计结果的速度时间常数 K_v。在图中用点● 标出闭环极点的位置,并标出特征根可取值范围的边界。

5.37　如图 5.66 所示，在质量为 m_c 的小车上，连接有一个倒立摆。摆的质量为 m_p，长度为 l，不计摩擦，则归一化和比例化后的方程为

$$\ddot{\theta} - \theta = -v$$
$$\ddot{y} + \beta\theta = v \tag{5.95}$$

式中，$\beta = \dfrac{3m_p}{4(m_c + m_p)}$ 为质量比，满足 $0 < \beta < 0.75$。时间由式 $\tau = \omega_o t$ 测得，其中 $\omega_o^2 = \dfrac{3g(m_c + m_p)}{\ell(4m_c + m_p)}$。

小车的位移 y 与摆长的单位相同，由 $y = \dfrac{3x}{4\ell}$ 得，输入由系统权重 $v = \dfrac{u}{g(m_c + m_p)}$ 归一化。这些公式可用来计算传递函数

$$\frac{\Theta}{V} = -\frac{1}{s^2 - 1} \tag{5.96}$$

$$\frac{Y}{V} = \frac{s^2 - 1 + \beta}{s^2(s^2 - 1)} \tag{5.97}$$

在本题中，要求设计摆为控制对象的第一层闭环系统，其中 $G(s)$ 如式 (5.96)，然后在第一个闭环的基础上，设计以摆和小车为受控对象的第二层闭环，其传递函数为式 (5.97)。这里令质量比为 $m_c = 5m_p$。

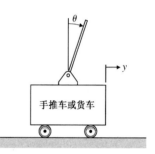

图 5.66　习题 5.37 的倒立摆

(a) 画出系统以 V 为输入、Y 与 Θ 为输出的方框图。

(b) 在 Θ 环中设计超前补偿环节 $D(s) = K_p\dfrac{s + z}{s + p}$，消去 $s = -1$ 处的极点，并把其余两个极点配置在 $-4 \pm j4$ 处。新的控制量为 $U(s)$，其中力矩为 $V(s) = U(s) + D(s)\Theta(s)$。绘制相角环的根轨迹。

(c) 计算加入 $D(s)$ 后，受控对象从 U 到 Y 的传递函数。

(d) 设计在摆闭环中的小车位置控制器 $D_c(s)$，并绘制出以 $D_c(s)$ 的增益为参数的根轨迹。

(e) 用 MATLAB 绘制出控制系统中的控制器输出、小车位置和摆位置相对小车位移的阶跃响应。

5.38　考虑如图 5.67 所示的 270 英尺 (USCG) 美国海岸警卫队巡逻艇 Tampa (902)。由海上实验数据 (Trankle, 1987) 确定的参数，可用来估计运动方程中的流体系数，则可得出舵角 δ 与航向 ψ 间的传递函数和风力变化 w 与航向 ψ 间的传递函数，分别如下：

$$G_\delta(s) = \frac{\psi(s)}{\delta(s)} = \frac{-0.0184(s + 0.0068)}{s(s + 0.2647)(s + 0.0063)}$$

$$G_w(s) = \frac{\psi(s)}{w(s)} = \frac{0.000\ 006\ 4}{s(s + 0.2647)(s + 0.0063)}$$

其中，ψ 为航向，单位为 rad；r 为参考航向，单位为 rad；$r = \dot{\psi}$，为偏航率，单位为 rad/s；δ 为舵角，单位为 rad；w 为风速，单位为 m/s。

(a) 计算在 r 阶跃输入下，δ 的调节时间。

(b) 为了调整航向 ψ，利用 $\dot{\psi}$ 和偏航率陀螺仪提供的测量值（即 $\dot{\psi} = r$）设计补偿时，要求在 ψ_r 阶跃输入下，ψ 的调节时间小于 50 s，且在航向变化 5° 时，要求允许的舵角变化小于 10°。

(c) 在 10 m/s 的阵风扰动下（扰动模型为阶跃输入），测试 (b) 中闭环系统的响应。在阵风的作用下，如果航向的稳态值大于 0.5°，试修改设计使之满足要求。

5.39　出于吸引顾客的目的，Golden Hugget 航空公司在飞机的尾部开设了免费酒吧。为了自动调整刚开业时乘客移动而出现的质量偏移，航空公司制造了一种控制倾斜角度的自动驾驶仪。如图 5.68 所示为设计的方框图，我们把实际的乘客力矩模型视为阶跃扰动 $M_p(s) = M_0/s$，其中 M_0 的最大期望值为 0.6。

(a) 当 K 为何值时，θ 的稳态误差小于 0.02 rad（约为 1°）（假设系统是稳定的）。

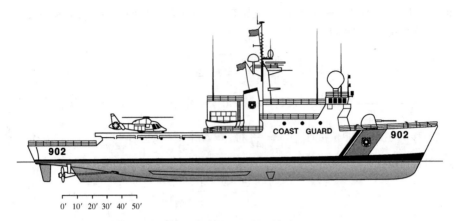

图 5.67 习题 5.38 的 USCG 巡逻艇 Tampa(902)

(b)以 K 为参数绘制根轨迹。

(c)在你的根轨迹图中,观察当 K 为何值时系统将开始变得不稳定?

(d)假设满足稳态性能要求的 K 值为 600。说明这个值将使系统不稳定,此时特征方程的根为

$$s = -2.9, -13.5, +1.2 \pm j6.6$$

(e)给你一个速度陀螺仪,如在图中标注,该模块安装后可以提供 $\dot{\theta}$ 的准确测量值并输出 $K_T\dot{\theta}$。假设 $K = 600$ 与(d)中相同,画出方框图说明如何将速度陀螺仪组合到自动驾驶仪中(包括模块的传递函数)。

(f)对于(e)的陀螺仪系统,绘制以 K_T 为参数的根轨迹。

(g)如(e)中的结构,可以得到复数根的最大阻尼比是多少?

(h)对于(g),K_T 值为多少?

(i)假如你对(e)到(h)中使用陀螺仪的系统的稳态误差和阻尼比不满意。讨论增加积分项和超前补偿网络的优点和缺点。用 MATLAB 或粗略绘制的根轨迹图来证明你的结论。

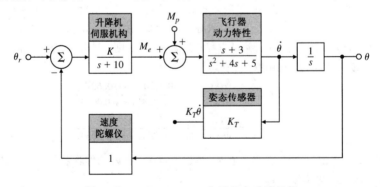

图 5.68 Golden Nugget 公司的自动导航仪

5.40 如图 5.69 所示的伺服系统,所需参数如图中所示。在以下的条件下,绘出以 K 为参数的根轨迹,并绘制出最终设计结果的根的位置。

(a)超前网络。令

$$H(s) = 1, \quad D(s) = K\frac{s+z}{s+p}, \quad \frac{p}{z} = 6$$

选择 z 和 K,使最靠近原点的根(主导根)满足

$$\zeta \geqslant 0.4, \quad -\sigma \leqslant -7, \quad K_v \geqslant 16\frac{2}{3} \text{ s}^{-1}$$

（b）速度输出（测速计）反馈。令

$$H(s) = 1 + K_T s \quad 和 \quad D(s) = K$$

选择 K_T 和 K，使主导根满足（a）中的要求，并计算 K_v。如果可能，试说明使用微分反馈将使 K_v 值减小的物理原因。

（c）滞后网络。令

$$H(s) = 1 \quad 和 \quad D(s) = K\frac{s+1}{s+p}$$

应用比例控制，有可能得到 $\zeta = 0.4$ 时使 $K_v = 12$ 的设计。选择适当的 K 和 p，以得到与比例反馈相同的主导极点，同时实现 $K_v = 100$，而不是 $K_v = 12$。

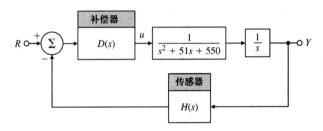

图 5.69　习题 5.40 的控制系统

5.6 节习题：根轨迹法的扩展

5.41　绘制以下系统的 $0°$ 根轨迹或负 K 值根轨迹。

（a）习题 5.3 中给出的例子。

（b）习题 5.4 中给出的例子。

（c）习题 5.5 中给出的例子。

（d）习题 5.6 中给出的例子。

（e）习题 5.7 中给出的例子。

（f）习题 5.8 中给出的例子。

5.42　假设给定的受控对象为

$$L(s) = \frac{1}{s^2 + (1+\alpha)s + (1+\alpha)}$$

其中，α 为变化的系统参数。当 α 取何值时，系统是不稳定的。

5.43　考虑如图 5.70 所示的系统。

（a）应用劳斯判据，确定 (K_1, K_2) 平面上使得系统稳定的区域。

（b）应用 RLTOOL 命令，验证（a）中的结果。

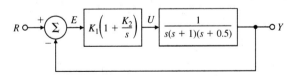

图 5.70　习题 5.43 的反馈系统

△5.44　某位置伺服系统的方框图如图 5.71 所示。

（a）绘出系统无转速反馈（$K_T = 0$）时，以 K 为参数的根轨迹图。

（b）如（a）中的条件，求出闭环系统在 $K = 16$ 时的根。对于这些根的位置，估计能够反映系统动态性能的 t_r、M_p 和 t_s。将你的估计值与在 MATLAB 中使用阶跃输入获得测量值进行比较。

（c）令 $K = 16$，绘制出系统以 K_T 为参数的根轨迹。

(d)令 $K=16$，求使得 $M_p = 0.05(\zeta = 0.707)$ 的 K_T，估计此时的 t_r 和 t_s。用 MATLAB 得到的实际的 t_r 和 t_s 来检验你的估计值。

(e)由(d)中的 K 和 K_T，求出系统的速度误差 K_v。

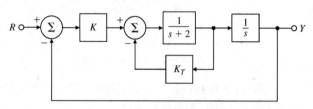

图 5.71　习题 5.44 的控制系统

△5.45　如图 5.72 所示的机械系统，其中 g 和 a_0 为增益。反馈环包含 gs 环节，可以控制速率反馈。对于固定的 a_0 值，调节 g，可以使 s 平面的零点发生改变。

(a)若 $g=0$，$\tau = 1$，试求 a_0 的值，使得极点为复数。

(b)将 a_0 固定为所求得的值，试以 g 为参数绘制出系统的根轨迹图。

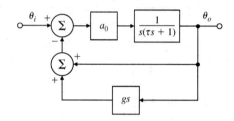

图 5.72　习题 5.45 的控制系统

△5.46　以 K 为参数，利用 Padé(1,1) 近似和一阶滞后近似，绘制出如图 5.73 所示的系统的根轨迹。对于两者近似，求出使得系统不稳定的 K 值范围。

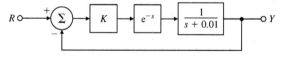

图 5.73　习题 5.46 的控制系统

△5.47　试证明若不能用零点抵消极点，则受控对象传递函数为 $G(s) = 1/s^3$ 的系统不是无条件稳定的。

△5.48　对于方程 $1 + KG(s)$，其中

$$G(s) = \frac{1}{s(s+p)[(s+1)^2 + 4]}$$

使用 MATLAB 来分析以 K 为参数，而 p 从 1 变化到 10 时的根轨迹。特别注意 $p=2$ 时的情况。

第6章 频率响应设计法

频率响应设计法简介

在工业领域，更多时候是使用频率响应方法来实现反馈控制系统的设计。频率响应设计法之所以备受欢迎，主要是因为当受控对象模型存在不确定性时，它能提供良好的设计效果。例如，对于包含认识不多或者经常变化的高频谐振的系统，我们可以调整系统的反馈补偿来减小这些不确定性带来的影响。目前，与其他方法相比，使用频率响应设计法可以更容易地实现这种调整。

使用频率响应设计法的另一个优点是，更容易地将实验信息用于设计目的。在正弦输入激励下，

照片由 Cirrus Design 公司提供

粗略地测量受控对象的输出幅值和相位，对于设计一个合适的反馈控制是足够的，而不需要对数据进行中间处理(例如求取极点和零点，或者确定系统矩阵)来获得系统的模型。计算机的广泛应用，使得频率响应设计法的优势不再像以前那么重要；然而，对于一些相对简单的系统，频率响应设计法通常仍然是具有最高性价比的设计方法。对于开环稳定的系统，频率响应设计法也是非常有效的。

频率响应设计法还有另外一个优点，那就是它是设计补偿环节最容易的方法。运用一个简单的规则就可以在进行最少次试验的情况下得到满意的结果。

对我们来说，虽然学好频率响应的理论基础有一点困难，而且需要掌握相当广泛的复变量的知识，但是学习频率响应设计的方法却很容易，而且学习频率响应理论而得到的收获也是值得为之付出努力的。

本章概述

在本章开始，首先讨论通过分析系统的零点和极点来获得系统的频率响应，进而讨论使用伯德图来图形化地显示频率响应。在 6.2 节和 6.3 节，将简单地讨论稳定性，然后深入讨论奈奎斯特稳定判据的应用。从 6.4 节到 6.6 节，将介绍稳定裕度的概念，讨论伯德图的增益－相位关系，并研究动态系统的闭环频率响应。增益－相位关系为补偿设计提供了一个非常简单的规则：绘制频率响应的幅值曲线，使它以斜率值 −1 通过幅值 1 处。正如应用根轨迹法一样，我们将介绍如何增加动态补偿来调整频率响应(参见 6.7 节)、改善系统的稳定性和/或误差特性。我们也会使用一个例子来说明如何数字化地实现补偿。

在选读的 6.7.7 节和 6.7.8 节，将讨论有关频率响应的灵敏度问题，包括关于灵敏度函数和稳定鲁棒性的内容。在接下来的两个小节中，将分析系统时延和尼科尔斯图，这些都可作为选读内容。在最后的 6.10 节，对频率响应设计方法做了简单的历史回顾。

6.1　频率响应

我们已经在 3.1.2 节中讨论过频率响应的基本概念。本节将继续回顾和扩展这些概念, 以用于控制系统的设计。

一个线性系统对于正弦输入的响应, 被称为系统的频率响应(frequency response)。这可以从系统的零点、极点的分布情况来获得。

为回顾这些概念, 考虑这样的一个系统

$$\frac{Y(s)}{U(s)} = G(s)$$

其中, 输入 $u(t)$ 是幅值为 A 的正弦波

$$u(t) = A\sin(\omega_o t)1(t)$$

该正弦波的拉普拉斯变换为

$$U(s) = \frac{A\omega_o}{s^2 + \omega_o^2}$$

当初始状态为零时, 输出的拉普拉斯变换为

$$Y(s) = G(s)\frac{A\omega_o}{s^2 + \omega_o^2} \tag{6.1}$$

对式(6.1)进行部分分式展开[假定 $G(s)$ 的极点是不同的], 得到如下形式的方程

$$Y(s) = \frac{\alpha_1}{s - p_1} + \frac{\alpha_2}{s - p_2} + \cdots + \frac{\alpha_n}{s - p_n} + \frac{\alpha_o}{s + j\omega_o} + \frac{\alpha_o^*}{s - j\omega_o} \tag{6.2}$$

式中, $p_1, p_2, \cdots, p_n$ 是 $G(s)$ 的极点, α_o 可以在求取部分分式展开式时得到, α_o^* 是 α_o 的共轭复数。对应于 $Y(s)$ 的时间响应是

$$y(t) = \alpha_1 e^{p_1 t} + \alpha_2 e^{p_2 t} + \cdots + \alpha_n e^{p_n t} + 2|\alpha_o|\cos(\omega_o t + \phi), \qquad t \geq 0 \tag{6.3}$$

式中

$$\phi = \arctan\left[\frac{\text{Im}(\alpha_o)}{\text{Re}(\alpha_o)}\right]$$

如果系统的所有极点都表示稳定特性($p_1, p_2, \cdots, p_n$ 的实部均小于零), 那么自由响应最终会消失, 因此系统的稳态响应是由式(6.3)的正弦项单独引起的, 这是正弦激励作用的结果。在例 3.5 中, 计算了系统 $G(s) = 1/(s+1)$ 对于输入 $u = \sin 10t$ 的响应, 并将响应曲线绘制在图 3.4 中, 现在, 将它重新绘制在图 6.1 中。图 6.1 表明, 作为与 $G(s)$ 有关的自由响应分量, e^{-t} 在经过几个时间常数后就消失了, 而纯的正弦响应实质上始终保持不变。例 3.5 表明, 式(6.3)中其余的正弦项可以写成

$$y(t) = AM\cos(\omega_o t + \phi) \tag{6.4}$$

式中

$$M = |G(j\omega_o)| = |G(s)|_{s=j\omega_o} = \sqrt{\{\text{Re}[G(j\omega_o)]\}^2 + \{\text{Im}[G(j\omega_o)]\}^2} \tag{6.5}$$

$$\phi = \arctan\left[\frac{\text{Im}[G(j\omega_o)]}{\text{Re}[G(j\omega_o)]}\right] = \angle G(j\omega_o) \tag{6.6}$$

写成极坐标的形式, 有

$$G(j\omega_o)Me^{j\phi} \tag{6.7}$$

式(6.4)表明, 对于一个传递函数为 $G(s)$ 的稳定系统, 在幅值为 1、频率为 ω_o 的正弦波激励下, 当响应达到稳态后, 其输出是幅值为 $M(\omega_o)$、相位为 $\phi(\omega_o)$、频率为 ω_o 的正弦波。输出 y 是与输入 u 同频率的正弦波, 而且输入输出的幅值比率 M 和相位 ϕ 都与输入的幅值 A 无关, 这表明了 $G(s)$ 是一个线性的定常系统。如果被激励的是非线性或时变系统, 那么输出可能包含不同于输入频率的频率分量, 输出输入的比值也可能与输入幅值有关。

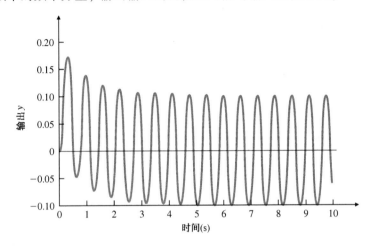

图 6.1 对于输入 $\sin 10t$, $G(s) = \dfrac{1}{(s+1)}$ 的响应

在通常情况下, 幅值(magnitude) M 由 $|G(j\omega)|$ 给出, 相位(phase) ϕ 由相位角 $\angle[G(j\omega)]$ 给出。也就是说, 在变量 s 沿着虚轴($s = j\omega$)取值时, 可以估算复数 $G(s)$ 的幅值和相位。系统的频率响应由关于频率的这些函数组成, 这样就知道对于任何频率的正弦波输入的系统响应。分析频率响应, 不仅仅能够帮助我们理解系统对正弦输入的响应, 而且当变量 s 沿着虚轴取值时, 计算 $G(s)$ 对于判定闭环系统的稳定性非常有用。就像在第 3 章提到的, $j\omega$ 轴是稳定和不稳定的分界线。我们也会在 6.4 节看到, 计算 $G(j\omega)$ 所提供的信息, 使我们能够根据系统的开环函数 $G(s)$ 来判定闭环的稳定性。

例 6.1 电容器的频率响应特性

假设一个电容器, 其数学方程可描述为

$$i = C\frac{dv}{dt}$$

其中, v 是输入, i 是输出。试确定该电容器的正弦稳态响应。

解: 该电路的传递函数为

$$\frac{I(s)}{V(s)} = G(s) = Cs$$

因此有

$$G(j\omega) = Cj\omega$$

通过计算幅值和相位, 可得到

$$M = |Cj\omega| = C\omega \quad \text{和} \quad \phi = \angle(Cj\omega) = 90°$$

对于单位幅值的正弦输入 v, 输出 i 是幅值为 $C\omega$、相位超前输入 90° 的正弦波。注意, 在这个例子中, 幅值是正比例于输入频率的, 而相位则与频率无关。

例 6.2 超前补偿器的频率响应特性

回顾式(5.70),超前补偿器的传递函数是

$$D(s) = K\frac{Ts + 1}{\alpha Ts + 1}, \quad \alpha < 1 \tag{6.8}$$

1. 用解析法确定它的频率响应特性,讨论由结果可得出什么。

2. 用 MATLAB 软件绘制出当 $K = 1$、$T = 1$、$\alpha = 0.1$ 时在 $0.1 \leqslant \omega \leqslant 100$ 范围的 $D(j\omega)$ 曲线图,验证在题 1 中通过分析得到的特性。

解:

1. 用解析法求解(Analytical evaluation):将 $s = j\omega$ 代入式(6.8),得到

$$D(j\omega) = K\frac{Tj\omega + 1}{\alpha Tj\omega + 1}$$

从式(6.5)和式(6.6),求得幅值为

$$M = |D| = |K|\frac{\sqrt{1 + (\omega T)^2}}{\sqrt{1 + (\alpha\omega T)^2}}$$

和相位为

$$\phi = \angle(1 + j\omega T) - \angle(1 + j\alpha\omega T)$$
$$= \arctan(\omega T) - \arctan(\alpha\omega T)$$

在低频段,幅值为 $|K|$,在高频段为 $|K/\alpha|$。因此,幅值随频率的增大而增大。相位在低频段约为零,在高频段又返回到零。在中频段,求解函数 $\arctan(\cdot)$,表明 ϕ 是正值。这些就是超前补偿器的普遍特性。

2. 用计算机求解(Computer evaluation):使用 MATLAB 计算频率响应的代码已经在例 3.5 中给出。对于超前补偿,给出一段相似的代码如下:

```
num = [1 1];
den = [0.1 1];
sysD = tf(num,den);
w=logspace(−1,2);        % determines frequencies over range of interest
[mag,phase] = bode(sysD,w);   % computes magnitude and phase over
                              frequency range of interest

loglog(w,squeeze(mag)),grid;
semilogx(w,squeeze(phase)),grid;
```

运行上述的程序代码,得到频率响应的幅值和相位曲线图,如图 6.2 所示。

分析表明,幅值在低频段为 $K(=1)$,在高频段为 $K/\alpha(=10)$,这都可以从幅值曲线中得到验证。同样地,相位曲线也验证了相位在低频段和高频段分别趋向于零,而在中频段大于零。

在没有一个较好的系统模型、而想用实验方法确定频率响应的幅值和相位的情况下,这时我们可以用频率变化的正弦波来激励系统。在每个频率下,幅值 $M(\omega)$ 可以通过计

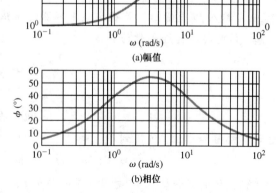

图 6.2 例 6.2 的超前补偿器

算稳态的正弦输出和正弦输入的比值得到, 而相位 $\phi(\omega)$ 通过测量输入输出信号的相位差得到[①]。

我们能从系统传递函数的幅值 $M(\omega)$ 和相位 $\phi(\omega)$ 分析中了解到很多动态响应特性。举一个明显的例子, 如果信号是正弦波, 那么 M 和 ϕ 完全描述了系统的响应。此外, 如果输入是周期性的, 那么能建立傅里叶级数把输入分解成各种正弦波的总和, 然后分别求出各个分量响应的 $M(\omega)$ 和 $\phi(\omega)$, 再求解总的响应。对于瞬态输入, 理解 M 和 ϕ 含义的最好途径是, 把频率响应 $G(j\omega)$ 与瞬态响应联系起来, 而后者可以使用拉普拉斯变换计算得到。例如, 在图 3.18(b) 中, 把一个传递函数

$$G(s) = \frac{1}{(s/\omega_n)^2 + 2\zeta(s/\omega_n) + 1} \tag{6.9}$$

的系统随 ζ 变化的阶跃响应曲线绘制出来。将这些瞬态曲线做关于时间的归一化为 $\omega_n t$。在图 6.3 中, 我们在相同的 ζ 下绘制出 $M(\omega)$ 和 $\phi(\omega)$, 借此来讨论对应于图 3.18(b) 中瞬态响应的频率响应特性应有什么样的特点。具体来说, 图 3.18(b) 和图 6.3 描述了系统阻尼对系统的时间响应和对应的频率响应的影响。可见, 从瞬态响应的超调量或者频率响应幅值的峰值能够计算得到系统阻尼[如图 6.3(a) 所示]。此外, 从频率响应可以看到, ω_n 大约等于带宽（即幅值从此开始下降的那个值）（在下一节中我们会更正式地定义带宽）。因此, 能从带宽估计出上升时间。也可以看到, 当 $\zeta < 0.5$ 时, 频域中的超调峰值约等于 $1/2\zeta$, 因此, 阶跃响应的超调峰值可以由频率响应的超调峰值估计出来。因此, 我们看到, 在瞬态响应曲线中得到的信息, 也包含在频率响应曲线中。

从频率响应的角度来说, 对于系统性能, 一个固有的技术指标是带宽（bandwidth）, 它的定义是系统输出能令人满意地追踪输入正弦波的最大频率。通常, 对于如图 6.4 所示的正弦输入为 r 的系统, 带宽是指输出 y 减弱为输入的 0.707 倍时 r 的频率[②]。图 6.5 是闭环传递函数为

$$\frac{Y(s)}{R(s)} \triangleq \mathcal{T}(s) = \frac{KG(s)}{1 + KG(s)}$$

的系统的频率响应图, 形象地描述了带宽的定义。对于大多数的闭环系统来说, 这是典型的曲线图:（1）在低频率激励时, 输出跟随输入（$|\mathcal{T}| \approx 1$）;（2）在高频率激励时, 输出停止跟随输入 $|\mathcal{T}| < 1$。频率响应的最大值, 被称为谐振峰值（resonant peak） M_r。

带宽是衡量响应速度的指标, 因此它与时域的一些指标相似, 如上升时间和峰值时间或者 s 平面主导极点的固有频率。事实上, 如果图 6.4 中的 $KG(s)$ 的闭环响应与图 6.3 给出的相同, 那么我们将会看到带宽等于闭环根的固有频率, 即当闭环阻尼率 $\zeta = 0.7$ 时 $\omega_{BW} = \omega_n$。至于具有其他阻尼比的闭环系统, 其带宽大约等于闭环根的固有频率, 二者的比值最大不会超过 2。

对于那些具有低通滤波特性的系统来说, 这里描述的带宽的定义是很有意义的。实际上, 任何实际的控制系统都具有低通特性。在其他应用领域, 带宽的定义可能有所不同。同样, 如果系统的理想模型在高频段不衰减（例如它的零点、极点数相等）, 那么带宽无穷大; 但是, 这种情况不会在自然界发生, 因为没有系统在无穷大的频率时也能有很好的响应。

---

① Agilent Technologies 公司生产的一种频谱分析仪设备, 能够自动地实现这个实验步骤, 并能大幅度地加快分析过程。

② 如果输出是一个 1 Ω 电阻两端的电压, 那么电阻的功率就是 v^2。当 $|v| = 0.707$ 时, 功率将下降为原来的 1/2。一般地, 这被称为半功率点。

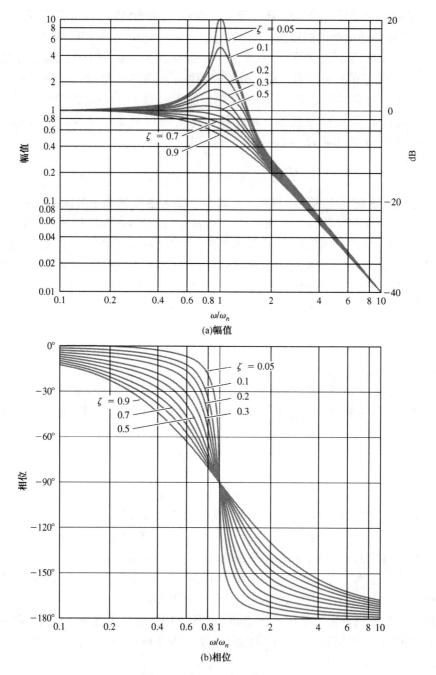

(a)幅值

(b)相位

图6.3 式(6.9)的频率响应

在许多情况下,设计者首先关注的是在有干扰时的系统误差,而不是追踪输入的能力。对于误差分析,与 $\mathcal{T}(s)$ 相比,在4.1节中定义的灵敏度函数 $\mathcal{S}(s)$ 更有意义。对于在低频段具有高增益的大多数开环系统,$\mathcal{S}(s)$ 对于扰动输入时的输出在低频段上是很小的,同时它随着输入频率或者干扰频率接近带宽而增大。为了分析 $\mathcal{T}(s)$ 和 $\mathcal{S}(s)$,一般画出它们关于输入频率的响应图

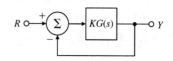

图6.4 一个简化的系统定义

（参见图 6.5）。用于控制系统设计的频率响应图可以使用计算机进行绘制，而对于简单的系统则可以使用在 6.1.1 节中介绍的方法进行绘制。下面介绍的方法对于加速设计过程以及对计算机的输出进行合理性检查同样有用。

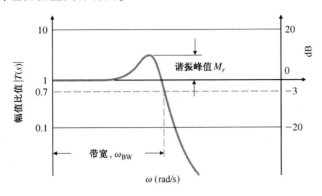

图 6.5　带宽和谐振的定义

6.1.1　伯德图法

关于如何表示频率响应，人们已经研究了很长时间。在发明计算机以前，一切都是靠手工完成的，因此如何快速地绘制曲线显得十分重要。H. W. Bode 在 1932 年至 1942 年之间在贝尔实验室发明的手工绘图技术是最有效的。这种技术可以实现快速绘图，并且对控制系统来说有足够的精度。现在，大多数控制系统设计者都可以通过计算机编程来完成这项工作，从而不再依赖于手工绘图了。但是，这个方法还是必不可少的。因为有时你可能凭直觉就会发现计算机绘图结果的错误，所以这时需要进行合理性检查，并且在某些情况下可以手工计算近似的结果。

伯德图法的思想是，用对数尺度绘制幅值曲线和用线性尺度绘制相位曲线。就像在附录 B 所讨论的，这种策略允许我们只需要简单地通过在图上增加独立的项就能画出高阶的 $G(j\omega)$。这种增加是可能的，因为一个带有零点、极点因子的复数表达式可以写成如下的极坐标（向量）形式：

$$G(j\omega) = \frac{\boldsymbol{s}_1\boldsymbol{s}_2}{\boldsymbol{s}_3\boldsymbol{s}_4\boldsymbol{s}_5} = \frac{r_1 e^{j\theta_1} r_2 e^{j\theta_2}}{r_3 e^{j\theta_3} r_4 e^{j\theta_4} r_5 e^{j\theta_5}} = \left(\frac{r_1 r_2}{r_3 r_4 r_5}\right) e^{j(\theta_1 + \theta_2 - \theta_3 - \theta_4 - \theta_5)} \tag{6.10}$$

注意，式（6.10）把各个项的相位直接相加，得到复合（composite）表达式的相位。因为

$$|G(j\omega)| = \frac{r_1 r_2}{r_3 r_4 r_5}$$

所以有

$$\lg|G(j\omega)| = \lg r_1 + \lg r_2 - \lg r_3 - \lg r_4 - \lg r_5 \tag{6.11}$$

我们可以看到，各个项的对数相加就得到了复合表达式幅值的对数。频率响应一般用两条曲线来表示：即横坐标为 $\lg\omega$ 的幅值对数曲线和横坐标为 $\lg\omega$ 的相位曲线。这两条曲线图一起构成了系统的伯德图（Bode plot）。因为

$$\lg M e^{j\phi} = \lg M + j\phi \lg e \tag{6.12}$$

所以，我们看到伯德图显示了 $G(j\omega)$ 的对数的实部和虚部。在通信领域，功率增益的标准单位是分贝（dB）

$$|G|_{dB} = 10 \lg \frac{P_2}{P_1} \tag{6.13}$$

这里，P_1 和 P_2 分别是输入功率和输出功率。因为功率与电压的平方成正比，所以功率增益也由下式给出：

$$|G|_{dB} = 20 \lg \frac{V_2}{V_1} \tag{6.14}$$

因此，我们可以这样表示伯德图：单位为分贝的幅值曲线和单位为度的相位曲线。在本书中，我们给出的伯德图是 $\lg |G|$ 的形式，并且我们在幅值曲线图的右边画出了以分贝为单位的纵坐标轴，读者可以选择自己喜欢的一种。但是，对于频率响应图来说，我们实际上不把功率画出来，并且使用式(6.14)也容易引起一定的误解。如果幅值数据是以 $\lg(G)$ 的形式得到的，用对数尺度把它们画出来是最方便的，但仍把刻度标记为 $|G|$（没有"对数"符号）。如果幅值数据是以分贝为单位的，则纵坐标是线性的，而且 $|G|$ 的每 10 倍程代表 20 dB。

使用伯德图研究频率响应的优点

1. 动态补偿器的设计可以完全以伯德图为依据。
2. 伯德图可由实验的方法来获得。
3. 级(串)联系统的伯德图可进行简单相加而得到，这是非常方便的。
4. 对数尺度允许伯德图表示相当大的频率范围，而线性尺度是很难做到的。

对于控制系统工程师而言，能够使用手工方法绘制频率响应图是非常重要的，因为这种方法不仅允许工程师可以处理简单的问题，还可以在复杂情况下对计算机结果进行良好的检查。通常，运用近似化方法可以快速地得到频率响应的草图，从而推断系统的稳定性，还可以计算需要什么形式的动态补偿器。掌握手工绘图方法对实验产生的频率响应数据进行分析也是很有用的。

在第 5 章，我们把开环传递函数写成如下形式：

$$KG(s) = K \frac{(s - z_1)(s - z_2) \cdots}{(s - p_1)(s - p_2) \cdots} \tag{6.15}$$

这是因为，它是根据增益为 K 的根轨迹计算稳定程度的最方便的形式。在计算频率响应时，更便利的方法是用 $j\omega$ 代替 s，将传递函数写成伯德形式(Bode form)：

$$KG(j\omega) = K_o \frac{(j\omega\tau_1 + 1)(j\omega\tau_2 + 1) \cdots}{(j\omega\tau_a + 1)(j\omega\tau_b + 1) \cdots} \tag{6.16}$$

因为这种形式的增益 K_o 在低频段直接与传递函数的幅值相关。实际上，对 0 型系统来说，K_o 是式(6.16)中当 $\omega = 0$ 时的增益，也等于系统的直流增益。虽然使用一个简单的计算就可以把传递函数从式(6.15)变为式(6.16)的形式，但要注意在以上两式中的 K 和 K_o 一般是不等值的。

根据式(6.10)和式(6.11)，我们也可以重写传递函数。例如，假设

$$KG(j\omega) = K_o \frac{j\omega\tau_1 + 1}{(j\omega)^2(j\omega\tau_a + 1)} \tag{6.17}$$

那么得到

$$\angle KG(j\omega) = \angle K_o + \angle(j\omega\tau_1 + 1) - \angle(j\omega)^2 - \angle(j\omega\tau_a + 1) \tag{6.18}$$

和

$$\lg |KG(j\omega)| = \lg |K_o| + \lg |j\omega\tau_1 + 1| - \lg |(j\omega)^2| - \lg |j\omega\tau_a + 1| \tag{6.19}$$

若以分贝为单位,则式(6.19)变成

$$|KG(j\omega)|_{dB} = 20\lg |K_o| + 20\lg |j\omega\tau_1 + 1| - 20\lg |(j\omega)^2| \\ - 20\lg |j\omega\tau_a + 1| \tag{6.20}$$

到目前为止,我们讨论的各种系统的传递函数都由以下三种函数项组成:

1. $K_o (j\omega)^n$。

2. $(j\omega \tau + 1)^{\pm 1}$。

3. $\left[\left(\dfrac{j\omega}{\omega_n} \right)^2 + 2\zeta \dfrac{j\omega}{\omega_n} + 1 \right]^{\pm 1}$。

首先讨论每个函数项的伯德图的画法,以及它们是如何影响最终的合成曲线图的,然后讨论如何绘制合成的曲线图。

1. $K_o (j\omega)^n$。因为

$$\lg K_o|(j\omega)^n| = \lg K_o + n\lg |j\omega|$$

所以这项的幅值曲线是一条斜率为 $n \times$(20 dB/10 倍频程)的直线。图 6.6 给出了当不同 n 值时的曲线。因为其他项在最低频率段都是常数,所以 $K_o (j\omega)^n$ 是在这个频率段影响曲线斜率的唯一项。最简单的画法是:找到 $\omega = 1$,然后在该频率处画 $\lg K_0$ 这个点。接着,过这个点画一条斜率为 n 的直线[1]。$(j\omega)^n$ 的相位是 $\phi = n \times 90°$;它与频率无关,因此这是一条水平线:当 $n = -1$ 时,ϕ 为 $-90°$;当 $n = -2$ 时,ϕ 为 $-180°$;当 $n = 1$ 时,为 $90°$。以此类推。

2. $j\omega \tau + 1$。该项的幅值曲线在低频段趋近一条渐近线,在高频段趋近于另一条渐近线。

(a)若 $\omega \tau \ll 1$,则 $j\omega \tau + 1 \approx 1$。

(b)若 $\omega \tau \gg 1$,则 $j\omega \tau + 1 \approx j\omega\tau$。

如果把 $\omega = 1/\tau$ 称为转折频率(break point),那么将看到在小于转折频率的频段,幅值曲线趋近于常数(等于1),而在大于转折频率的频段,幅值曲线与第一类项 $K_o (j\omega)$ 相似。图 6.7 已经给出了一个例子,$G(s) = 10s + 1$,它表示了两条渐近线如何在转折频率处相交。实际的幅值曲线在转折频率处以渐近线的 1.4 倍(或高于渐近线 +3 dB)经过(如果该项出现在分母中,则它会在转折频率处以 0.707 倍或低于渐近线 3 dB 经过)。注意,在低于转折频率的频段,因为在这个区域它的值等于 1(=0 dB),所以这个项对合成曲线只有很微小的影响。在高频段,它的斜率是 +1(或 +20 dB/10 倍频程)。相位曲线也能很容易地运用下面的低频和高频渐近线而得到:

(a)若 $\omega \tau \ll 1$,则 $\angle 1 = 0°$。

(b)若 $\omega \tau \gg 1$,则 $\angle j\omega \tau = 90°$。

(c)若 $\omega \tau \approx 1$,则 $\angle (j\omega\tau + 1) \approx 45°$。

当 $\omega\tau \approx 1$ 时,$\angle (j\omega + 1)$ 的曲线正切于一条渐近线。这条渐近线在 $\omega\tau = 0.2$ 时为 $0°$,而

---

[1] 以分贝为单位,斜率为 $n \times 20$ dB/10 倍频程或 $n \times 6$ dB/2 倍频程(若两个频率的比值为2,则称这两个频率相差一个 2 倍频程)。

在 $\omega\tau = 5$ 时为 $90°$，如图 6.8 所示。图中还画出了该项相位图的三条渐近线（短画线），实际的曲线偏离渐近线的交点 $11°$。在至少低于 $1/10$ 转折频率的频段，这类项对合成的相位和幅值曲线都没有影响，因为此时这类项的幅值是 1（或 0 dB），相位小于 $5°$。

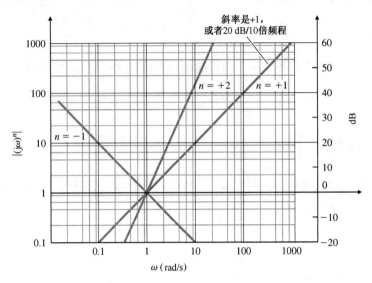

图 6.6　　$(j\omega)^n$ 的幅值

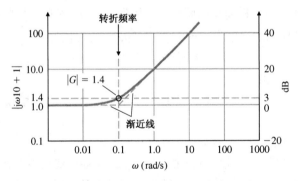

图 6.7　　对于 $j\omega\tau + 1$，$\tau = 10$ 的幅值曲线图

3. $[(j\omega/\omega_n)^2 + 2\zeta(j\omega/\omega_n) + 1]^{\pm 1}$。这个项的性质跟第 2 类项相似，只是在细节上略有不同，转折频率变为 $\omega = \omega_n$，幅值在转折频率处斜率变为 $+2$（或 $+40$ dB/10 倍频程）（如果该项出现在分母中，则为 -2 或 -40 dB/10 倍频程），相位变为 $\pm 180°$，在转折频率区，曲线的过渡段随阻尼比 ζ 变化而变化。图 6.3 显示了几条具有不同阻尼比的幅值和相位曲线，它们对应的项出现在分母中。注意，在高于转折频率的频段，幅值曲线的斜率为 -2（或 -40 dB/10 倍频程），在转折频率处曲线过渡段的形状很大程度上依赖于阻尼比。对于出现在分母中的这类二阶项，当 $\omega = \omega_n$ 时，得到

$$|G(j\omega)| = \frac{1}{2\zeta} \qquad (6.21)$$

运用此式可以画出过渡段曲线的大概形状。如果该项出现在分子中，那么幅值曲线就变为如图 6.3(a) 所示的曲线的倒数。

　　对于相位来说，就没有像式 (6.21) 这样简单的规则来画草图了。因此我们只好回

到图 6.3(b)来获得精确绘制相位曲线图的手段。不管怎样，总有一个非常粗略的方法：当 $\zeta = 0$ 时，它是一个阶跃函数，而当 $\zeta = 1$ 时，它相当于两个转折频率同为 ω_n 的一阶(第 2 类)项。对于所有其他的中间值，它们的曲线图都落在这两种极限情况的中间。二阶项的相位通常在 $\omega = \omega_n$ 时等于 $\pm 90°$。

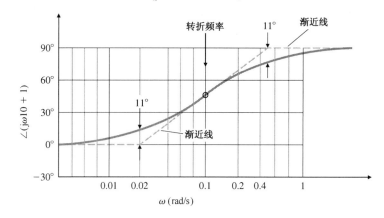

图 6.8　对于 $j\omega \tau + 1$，$\tau = 10$ 的相位曲线图

当系统有几个极点和零点的时候，需要将各个分量合成才能绘制出频率响应曲线。绘制合成幅值曲线时，要注意渐近线的斜率等于各个分量渐近线斜率之和，这一点是非常重要的。因此，合成的渐近线在每个转折频率处的斜率都有整数改变。一阶项在分子中出现时为 +1，在分母中出现时为 –1，而二阶项则为 ± 2。还有，在最低频段，渐近线的斜率由 $(j\omega)^n$ 的 n 值确定，而且由 $\omega = 1$ 处的 $K_o\omega^n$ 进行定位。因此，整个过程包括以下的步骤：先画出渐近线的最低频部分，然后随着频率的增大，在各个转折频率处依次改变渐近线的斜率，最后根据之前讨论过的第 2 类和第 3 类项的误差，把实际的曲线绘制出来。

相位的合成曲线也是各单个曲线的总合。通过确定各单个曲线来完成各相位曲线图的相加，结果得到的合成曲线能最大限度地逼近各个曲线。一种可快速、粗略的合成相位曲线的画法如下：在低于最小转折频率的频段，相位的值为 $n \times 90°$。随着频率的增大，相位依次在各个转折频率处跳跃变化。相位变化的幅度分不同情况而定：如果是一阶项，则为 $\pm 90°$；如果是二阶项，则为 $\pm 180°$。转折频率属于分子因子的，为正的跳跃变化；如果是属于分母因子的，则为负跳跃变化[①]。到目前为止，我们讨论的绘图规则是针对零、极点都在左平面(LHP)这种情况的。至于在右平面(RHP)有奇点的情况，将在本节末尾进行讨论。

绘制伯德图的规则小结

1. 将传递函数转变为伯德形式，如式(6.16)所示。

2. 对 $K_o(j\omega)^n$(第 1 类)项，确定 n 的值。在 $\omega = 1$ 处通过 K_o 画幅值曲线的斜率为 n(或 $n \times 20$ dB/10 倍频程)的低频段渐近线。

3. 完成幅值的合成渐近线：延长低频段的渐近线直至遇到第一个转折频率，然后将斜率改变 ± 1 或 ± 2，这取决于转折频率是属于一阶项还是二阶项，是在分子中出现还是在分母中出现。重复这一步骤，直到通过所有的转折频率。

4. 画近似的幅值曲线：在一阶分子因子的转折频率处，把渐近线的值增加到 1.4 倍(或增

---

① 这个近似法是由巴黎的同事向我们提供的。

加 3 dB)，在一阶分母因子的转折频率处，则把渐近线的值减小到 0.707 倍(或减小 3 dB)。在二阶转折频率处，根据图6.3(a)，对分母因子用 $|G(j\omega)| = 1/2\zeta$ (对分子因子则用 $|G(j\omega)| = 2\zeta$)画谐振峰值(或谷值)。

5. 画相位曲线在低频段的渐近线，$\phi = n \times 90°$。

6. 作为指南，画近似的相位曲线，在每个转折频率处改变相位 $\pm 90°$ 或 $\pm 180°$。对于在分子中出现的一阶项，相位改变 $+90°$，而对于那些在分母中出现的，相位改变 $-90°$。对于二阶项，相位改变 $\pm 180°$。

7. 确定各单个相位曲线的渐近线，使得相位的改变与步骤6所说的一致，就如图6.8或者图6.3(b)所示，画各单个相位曲线的草图。

8. 在图上将每个相位曲线相加。如果要求 $\pm 5°$ 的精确度，可借助于带有网格的坐标纸来计算。如果精确度要求没那么高，可用肉眼估算。注意，曲线从最低频段的渐近线开始，在最高频段的渐近线结束，而与中间段渐近线的相近程度取决于转折频率之间有多接近。

例6.3 具有实数零、极点的系统伯德图

绘制具有下面的传递函数的系统伯德图。

$$KG(s) = \frac{2000(s+0.5)}{s(s+10)(s+50)}$$

解：

1. 把函数转换为如式(6.16)所示的伯德形式

$$KG(j\omega) = \frac{2[(j\omega/0.5)+1]}{j\omega[(j\omega/10)+1][(j\omega/50)+1]}$$

2. 我们注意到 $j\omega$ 项是一阶的，而且在分母中出现，因此 $n = -1$。于是，在低频段的渐近线由第一项决定，即

$$KG(j\omega) = \frac{2}{j\omega}$$

因为最小的转折频率是 $\omega = 0.5$，所以这条渐近线在 $\omega < 0.1$ 时有效，其斜率为 -1(或 -20 dB/10 倍频程)。通过点 $(1,2)$ 画出这条渐近线。实际上，因为在 $\omega = 0.5$ 处有转折频率，所以合成曲线是不经过这个点的。这已经在图6.9(a)中表示出来。

3. 如图6.9(a)所示，继续把其余的渐近线绘制完成。第一个转折频率为 $\omega = 0.5$，是一阶项且出现在分子中，因此渐近线的斜率需要加上1。在这里，画一条斜率为0的直线，与原来斜率为 -1 的直线相交。然后，在 $\omega = 10$ 处画一条斜率为 -1 的直线，与之前的直线相交。最后，在 $\omega = 50$ 处画一条斜率为 -2 的直线，与之前的直线相交。

4. 在远离转折频率的频段，实际曲线逐渐与渐近线相切。在转折频率 $\omega = 0.5$ 处，实际曲线的值是渐近线的1.4倍(或比渐近线大3 dB)。在转折频率 $\omega = 10$ 和 $\omega = 50$ 处，实际曲线是渐近线的0.7倍(或比渐近线小3 dB)。

5. 因为 $\frac{2}{j\omega}$ 的相位是 $-90°$，所以如图6.9(b)所示的相位曲线在低频段以 $-90°$ 为起点。

6. 将结果显示在图6.9(c)中。

7. 在图 6.9(b) 中用短画线表示的各单个相位曲线都正确地表示了各个单项的相位变化，而且在垂直方向上经过调整与如图 6.9(c) 所示的近似曲线保持一致。我们注意到，合成曲线都趋近每条单项的曲线。

8. 在图中，将各个短画线相加就得到了实线的合成曲线，如图 6.9(b) 所示。从图中可以看到，因为合成曲线依次趋近于每一条单项曲线，所以各单个曲线在垂直方向的位移使得在图上将它们相加非常容易。

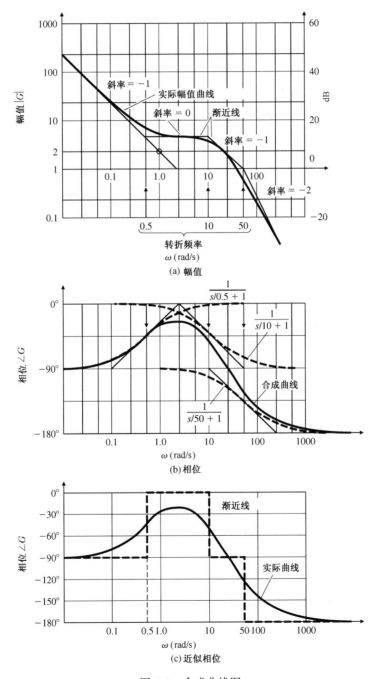

图 6.9　合成曲线图

例6.4　具有复数极点的系统伯德图

举第二个例子,画出下面的系统的频率响应。

$$KG(s) = \frac{10}{s[s^2 + 0.4s + 4]} \tag{6.22}$$

解：因为渐近线之间的过渡段与阻尼比有关,所以像这样系统的伯德图绘制要比上一个例子困难得多。但是,仍可按照例6.3中的基本步骤来绘图。

该系统包括一个二阶项,它出现在分母中。首先把式(6.22)转变为形如式(6.16)的伯德形式：

$$KG(s) = \frac{10}{4} \frac{1}{s(s^2/4 + 2(0.1)s/2 + 1)}$$

从低频段的渐近线开始,我们知道 $n = -1$ 和 $|G(j\omega)| \approx 2.5/\omega$,这个项的幅值曲线的斜率为 -1(-20 dB/10 倍频程),而且经过点 $(1, 2.5)$,如图6.10(a)所示。对于二阶极点,注意到 $\omega_n = 2$ 和 $\zeta = 0.1$。在极点的转折频率 $\omega = 2$ 处,斜率变为 -3(-60 dB/10 倍频程)。在极点的转折处,实际幅值是渐近线的 $1/2\zeta = 1/0.2 = 5$ 倍。至于本例中的相位曲线,根据 $1/s$ 这个项,开始是 $\phi = -90°$,然后因为存在极点的关系,在 $\omega = 2$ 处跌落到 $\phi = -180°$,如图6.10(b)所示。接着,随着频率增大,趋向于 $\phi = -270°$。因为阻尼比较小,短画线所示的阶梯曲线和实际曲线的吻合情况较为理想。实际的合成相位曲线,如图6.10(b)所示。

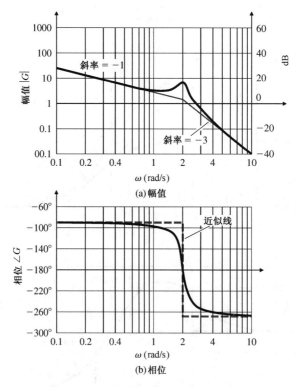

图6.10　具有复数极点的传递函数的伯德图

例6.5　具有复数零、极点的系统伯德图：带柔性附件的卫星

举第三个例子,画出一个具有二阶项系统的伯德图。该系统的传递函数描述了一个用弱阻尼弹簧联结两个等质量体的机械系统。施加的外力和位置测量都作用于同一个质量体上。

对于传递函数,因时间尺度已选定,所以复数零点的谐振频率等于1。该传递函数是

$$KG(s) = \frac{0.01(s^2 + 0.01s + 1)}{s^2[(s^2/4) + 0.02(s/2) + 1]}$$

解: 从低频段的渐近线 $0.01/\omega^2$ 开始,它的斜率是 -2(-40 dB/10 倍频程),而且通过点 $(1, 0.01)$,如图 6.11(a)所示。在零点的转折频率 $\omega = 1$ 处,斜率变为 0,直至遇到极点的转折频率 $\omega = 2$,此时斜率变回到 -2。现在画出实际曲线:在零点的转折点 $\omega = 1$ 处,真实的幅值低于渐近线 $2\zeta = 0.01$,而在极点的转折点,真实的幅值高于渐近线 $1/2\zeta = 1/0.02 = 50$。幅值曲线先经历一个负脉冲,再经历一个正脉冲,就犹如一对"偶极"一样。图 6.11(b)显示了系统的相位曲线,它开始是 $-180°$(与 $1/s^2$ 项对应),然后遇到零点跳高 $180°$,即当 $\omega = 1$ 时 $\phi = 0°$,后来又遇到极点跌落 $180°$,即当 $\omega = 2$ 时 $\phi = -180°$。对于如此小的阻尼比,这种分步近似得到的曲线是很理想的[我们没有在图 6.11(b)中画出来,因为它很容易与图中的实际曲线混淆]。因此,实际的合成相位曲线在 $\omega = 1$ 和 $\omega = 2$ 之间几乎是一个方波脉冲。

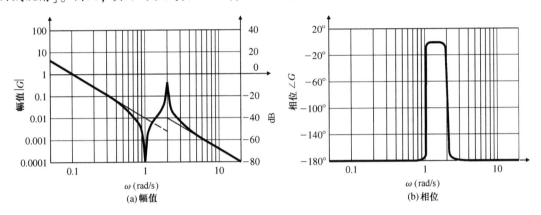

图 6.11　具有复数极点和零点的传递函数的伯德图

在实际设计中,许多伯德图都是由计算机制作出来的。但是,为了能让设计者深刻理解补偿参数的变化是如何影响频率响应的,掌握手工绘制伯德图的技巧仍然十分重要。这样,设计者在运用迭代方法设计时就能快速地找到最好的设计。

例 6.6 利用计算机绘制具有复数零点和极点的系统伯德图

使用 MATLAB 重新绘制例 6.5 的伯德图。

解: 在 MATLAB 中调用如下的 bode 函数,可以得到伯德图。

```
numG = 0.01*[1 0.01 1];
denG = [0.25 0.01 1 0 0];
sysG = tf(numG,denG);
[mag, phase, w] = bode(sysG);
loglog(w,squeeze(mag))
semilogx(w,squeeze(phase))
```

执行上述这些命令得到的伯德图,与图 6.11 非常相近。若要得到以分贝为单位的伯德图,最后三行可以用语句 bode(sysG) 来代替。

非最小相位系统

对于有一个零点在右半平面的系统,当输入频率从零变化到无穷大时,与幅值曲线对照,它的相位曲线的净变化量比所有零极点都在左半平面的系统的相位变化量都要大。这样的系

统,称之为非最小相位(nonminimum phase)系统。就像在网上的附录 WD 的图 WD.3 中所看到的,如果零点在右半平面,相位在零点的转折频率处会减小,而不是像通常情况下零点在左半平面时的系统那样增大。考虑如下的传递函数:

$$G_1(s) = 10\frac{s+1}{s+10}$$

$$G_2(s) = 10\frac{s-1}{s+10}$$

两个传递函数都有相同的幅值曲线,即

$$|G_1(j\omega)| = |G_2(j\omega)|$$

如图 6.12(a)所示。但是,它们的相位有很大的区别[如图 6.12(b)所示]。一个最小相位系统(所有零点都在 LHP 上),当幅值确定时它的相位的净改变量最小,如 G_1 所示,这是与非最小相位系统(如 G_2 所示)相比较而言。因此,G_2 是非最小相位。如果两个或者两个以上的零点在 RHP 上,则 G_1 和 G_2 的这种差异会更加显著。

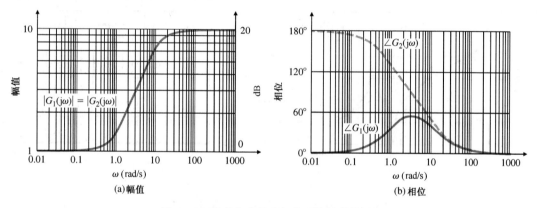

图 6.12　最小和非最小相位系统的伯德图

6.1.2　稳态误差

从 4.2 节可知道,反馈系统的稳态误差随着开环传递函数增益的增大而减小,而在 6.1.1 节绘制合成幅值曲线时发现,在非常低的频段,开环传递函数约等于下式

$$KG(j\omega) \approx K_o(j\omega)^n \qquad (6.23)$$

因此,我们推断,幅值在低频段的渐近线的值越大,闭环系统的稳态误差越小。这个关系对于补偿设计非常有用。通常,想计算几种可替换的方案来改进稳定性,而上述关系可以使得我们能快速地知道补偿环节的变化会怎样影响系统的稳态误差。

对于如式(6.16)所示的系统,即在式(6.23)中有 $n = 0$(0 型系统)时,低频段的渐近线是一个常数,而且开环系统增益 K_o 与位置常数 K_p 相等。对于单位反馈系统,若输入为单位阶跃信号,我们在 4.2.1 节运用终值定理得到的稳态误差是

$$e_{ss} = \frac{1}{1 + K_p}$$

对于在式(6.23)中当 $n = -1$ 时的单位反馈系统,我们在 4.2.1 节定义为 1 型系统,在低频段的渐近线的斜率为 -1。根据式(6.23),低频渐近线的斜率值与增益有关,因此,能直接从伯德图的幅值曲线读出增益 K_o/ω。式(4.33)告诉我们,速度误差常数为

$$K_v = K_o$$

这里，当单位反馈系统的输入是单位斜坡函数时，稳态误差是

$$e_{ss} = \frac{1}{K_v}$$

因为这条渐近线是 $A(\omega) = K_v/\omega$，所以当 $\omega = 1$ rad/s 时读出低频段渐近线的幅值就是 K_v 的值。这是求解 1 型系统的 K_v 值的简单的方法。在某些情况下，最小转折频率会小于 $\omega = 1$ rad/s，因此需要把渐近线延长到 $\omega = 1$ rad/s 处以能直接读出 K_v 值。或者，在低频段渐近线上读出它在任意频率上的值，然后计算 $K_v = \omega A(\omega)$。

例 6.7　计算 K_v

举一个计算稳态误差的例子。图 6.13 是一个开环系统的伯德图的幅值曲线图。假定系统是如图 6.4 所示的单位反馈系统，求出速度误差常数 K_v。

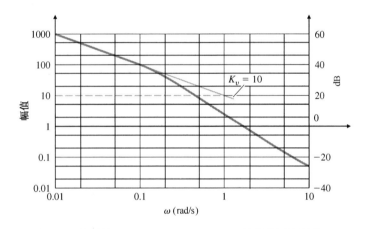

图 6.13　从系统 $KG(s) = 10/[s(s+1)]$ 的伯德图上计算 K_v

解：因为在低频段，斜率为 -1，于是我们知道系统是 1 型系统，低频段渐近线的延长线在 $\omega = 1$ rad/s 时的幅值为 10。因此，$K_v = 10$，而且输入为单位斜坡函数的单位反馈系统的稳态误差是 0.1。或者，在 $\omega = 0.01$ rad/s 处，我们读出 $|A(\omega)| = 1000$；因此，从式(6.23)可得到

$$K_o = K_v \approx \omega |A(\omega)| = 0.01(1000) = 10$$

6.2　临界稳定

在电子通信的早期，许多仪器的性能都是由它们的频率响应来衡量的。因此，当引入反馈放大器的时候，计算带反馈器件的系统稳定性的方法就很自然地是基于它的频率响应。

假定已经知道系统的闭环传递函数，我们可以简单地通过检查因子相乘形式的分母(因为各个因数可直接给出系统的根)来观察实部是正还是负。实际上，闭环传递函数通常是不知道的。事实上，使用根轨迹法的目的是，在只给定开环传递函数的情况下能够找出闭环传递函数分母的因子。另一个判定闭环稳定性的方法是计算开环传递函数 $KG(j\omega)$ 的频率响应，然后在响应上进行测试。注意，这种方法并不需要把闭环传递函数的分母变为因子形式。在这一节，将会解释使用这种方法的规则。

假定一个系统由图 6.14(a)所定义，它的根轨迹如图 6.14(b)所示，那就是如果 K 大于 2，

则系统是不稳定的。临界稳定点落在虚轴上,即当 $K=2$ 时,$s=\mathrm{j}1.0$。另外,我们在 5.1 节知道,根轨迹上的所有点都满足

$$|KG(s)| = 1 \quad 和 \quad \angle G(s) = 180°$$

在临界稳定点,我们知道这些根轨迹条件符合 $s=\mathrm{j}\omega$,因此

$$|KG(\mathrm{j}\omega)| = 1 \quad 和 \quad \angle G(\mathrm{j}\omega) = 180° \tag{6.24}$$

因此,一个临界稳定系统(即它的 K 值使得一个闭环根落在虚轴上)的伯德图,需要满足式(6.24)的条件。图 6.15 描述了如图 6.14 所示的系统在不同 K 值下的频率响应曲线。当 $K=2$ 时幅值响应在 $\omega = 1$ rad/s 时经过 1,而在相同的频率处,相位经过 $180°$,就如式(6.24)所示的那样。

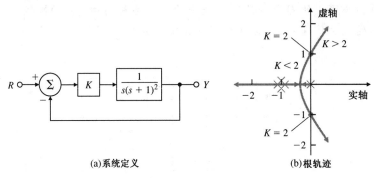

(a)系统定义　　　　　　　　　　(b)根轨迹

图 6.14　稳定性例子

既然已经找出临界稳定点,那么我们想知道:提高增益,将是增强还是降低系统的稳定性呢?可以从图 6.14(b)中看到,当 K 小于临界稳定值时系统都是稳定的。在相位 $\angle G(\mathrm{j}\omega) = -180°$ 的频率处($\omega = 1$ rad/s),当 K 是稳定值时,幅值 $|KG(\mathrm{j}\omega)| < 1.0$,而当 K 是不稳定值时,$|KG(\mathrm{j}\omega)| > 1$。因此,基于开环频率特性,我们得到下面的试验性稳定条件:

当 $\angle G(\mathrm{j}\omega) = -180°$ 时,$|KG(\mathrm{j}\omega)| < 1$　　(6.25)

这个稳定性判据对于所有那些提高增益会导致不稳定而且 $|KG(\mathrm{j}\omega)|$ 只经过一次幅值 1 的系统成立,这是大多数情况。但是,也存在提高增益会从不稳定变为稳定的系统。在这种情况下,稳定条件是

当 $\angle G(\mathrm{j}\omega) = -180°$ 时,$|KG(\mathrm{j}\omega)| > 1$　　(6.26)

同样,也存在 $|KG(\mathrm{j}\omega)|$ 经过幅值 1 多于一次的系统。一种通常能充分解决这种模糊情况的方法是画一个粗略的根轨迹图。另一种更严密的方法是应用奈奎斯特稳定性判据,这是下一节将要讨论的内容。不管怎样,因为奈奎斯特判据相当复

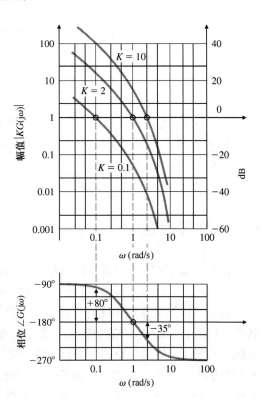

图 6.15　图 6.14 系统的频率响应幅值和相位

杂，在学习它时，要时刻记住对于大多数的系统闭环稳定性与开环频率响应之间存在某种简单的关系。

6.3 奈奎斯特稳定性判据

就像我们在上一节所看到的，对于大多数的系统，提高增益最终会导致不稳定。在反馈控制设计学科的早期，增益和稳定裕度的这种关系被认为是普遍成立的。但是，设计人员在偶然情况下在实验室里发现这个关系是自相矛盾的，即当增益减小时，放大器反而变得不稳定。这些互相抵触的情况带来的困惑，促使贝尔电话实验室的 Harry Nyquist 在 1932 年深入研究了这个问题。他解释了这种偶然反常的情况并且缜密而没有漏洞地进行了分析。毫无疑问，他的研究成果被称为奈奎斯特稳定性判据(Nyquist stability criterion)。这个理论是基于复数变量理论的幅角原理(argument principle)[①]，我们将在本节做简要的解释。更详细的介绍，请参阅网上的附录 WD。

奈奎斯特稳定性判据将开环频率响应和系统在右半平面的闭环根数量联系起来。学习奈奎斯特判据，能让你从频率响应角度来判定复杂系统的稳定性。例如，可能有一个或多个谐振频率，即幅值曲线多次经过 1 和/或相位多次经过 $180°$。它对处理开环且不稳定系统、非最小相位系统以及带有纯时滞(传输滞后)的系统都是非常有用的。

6.3.1 幅角原理

考虑传递函数 $H_1(s)$，它的极点和零点已标示在图 6.16(a)的 s 平面上。当变量 s 沿着等值线 C_1 顺时针取值时，我们计算 H_1。因此，这被称为等值线计算(contour evaluation)。我们选择测试点 s_o，所得的结果是复数量，并有如下的形式 $H_1(s_o) = v = |v| e^{j\alpha}$。$H_1(s_o)$ 的幅角大小是

$$\alpha = \theta_1 + \theta_2 - (\phi_1 + \phi_2)$$

当 s 从 s_o 开始沿着 C_1 顺时针旋转时，在图 6.16(b)中 $H_1(s)$ 的相角 α 随之变化(减小或者增大)，但是，只要没有极点和零点在 C_1 里面，相角的净改变量就不会达到 $360°$。这是因为构成 α 的各相角中没有一个相角转了一个圈。当 s 沿着 C_1 旋转时，相角 θ_1、θ_2、ϕ_1 和 ϕ_2 增大或减小，但它们都没有变化超过 $360°$ 就又回到了初始值。这表明，$H_1(s)$ 的轨迹图将不会包围原点[如图 6.16(b)所示]。得出这个结论的依据是，α 是如图 6.16(a)所示的各个角的总和，所以使得 α 在 s 旋转 C_1 一周后改变 $360°$ 的唯一方法是，C_1 包含一个极点或零点。

现在考虑函数 $H_2(s)$，它的零极点分布如图 6.16(c)所示。注意，它有一个奇点(极点)在 C_1 里面。同样地，从测试点 s_o 开始。当变量 s 沿着顺时针方向旋转时，θ_1、θ_2 和 ϕ_1 发生改变，但是在 s 旋转一周回到 s_o 后它们也都回到初始值。相比之下，当 s 旋转一周 C_1 后，C_1 里面的极点的相角 ϕ_2 的净改变量是 $-360°$。因此，$H_2(s)$ 的相角也有相同的改变，使得 H_2 逆时针地包围原点，如图 6.16(d)所示。如果 C_1 包含一个零点而不是一个极点，那么也有类似的情况发生。C_1 在 $H_2(s)$ 平面的映射会包围原点一次，只不过这次包围是顺时针的。

因此，我们定义幅角原理的本质内容为：

一个复函数的等值线图将包围原点 $Z - P$ 次，这里的 Z 和 P 分别是函数在等值线里面的零点数量和极点数量。

例如，如果在 C_1 里面的极点数和零点数相等，那么各个角会相互抵消，因而不会包围原点。

---

① 有时候被称为"柯西幅角定理"。

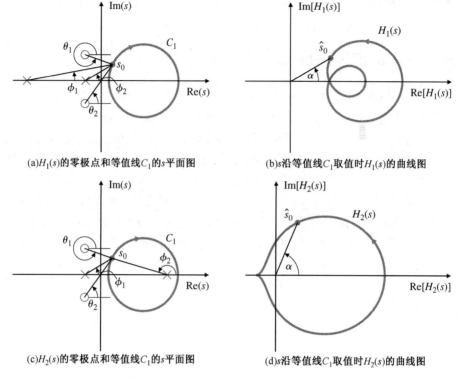

(a)$H_1(s)$的零极点和等值线C_1的s平面图　　　　(b)s沿等值线C_1取值时$H_1(s)$的曲线图

(c)$H_2(s)$的零极点和等值线C_1的s平面图　　　　(d)s沿等值线C_1取值时$H_2(s)$的曲线图

图 6.16　等值线计算

6.3.2　在控制设计中的应用

　　为了将幅角原理应用于控制系统设计,我们让s平面的等值线C_1包围整个的右半平面,如果有极点在这个区域,那么系统是不稳定的(参见图 6.17)。只要$H(s)$在右半平面有一个极点或零点,它的曲线都会包围原点。

　　就像之前所说的,这种方法的有用之处在于:由开环$KG(s)$的等值线计算可以判定闭环系统的稳定性。具体来讲,对于如图 6.18 所示的系统,它的闭环传递函数是

$$\frac{Y(s)}{R(s)} = \mathcal{T}(s) = \frac{KG(s)}{1 + KG(s)}$$

因此,闭环根就是下面方程的解:

$$1 + KG(s) = 0$$

我们把幅角原理应用于函数$1 + KG(s)$。如果该函数$1 + KG(s)$在右半平面有一个零点或极点,那么$1 + KG(s)$的计算等值线将包围原点。注意,$1 + KG(s)$只不过是由$KG(s)$右移一个单位得到的,如图 6.19 所示。因此,如果$1 + KG(s)$的曲线包围原点,那么$KG(s)$的曲线就包围实轴上的-1这个点。因此,我们可以绘制开环$KG(s)$的等值线,只要检查它包围-1的情况,即可知道闭环函数$1 + KG(s)$包围原点的情况。$KG(s)$的这种曲线,通常被称为奈奎斯特曲线图(Nyquist plot),或极坐标图(polar plot),因为我们绘制的是$KG(s)$的幅值与$KG(s)$的相角之间的关系图。

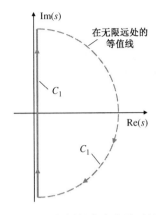

图 6.17 包围整个右半平面的
等值线 C_1 的 s 平面图

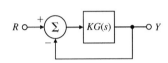

图 6.18 传递函数 $Y(s)/R(s) = KG(s)/[1 + KG(s)]$ 的方框图

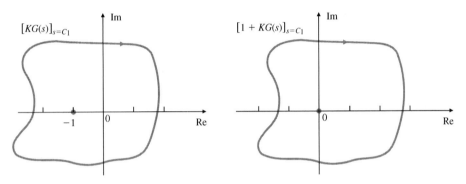

图 6.19 $KG(s)$ 和 $1 + KG(s)$ 的奈奎斯特曲线图

为了确定包围原点到底是由极点还是零点引起的，我们把 $1 + KG(s)$ 写成 $KG(s)$ 的零极点形式

$$1 + KG(s) = 1 + K\frac{b(s)}{a(s)} = \frac{a(s) + Kb(s)}{a(s)} \tag{6.27}$$

式(6.27)表明，$1 + KG(s)$ 的极点，也是 $G(s)$ 的极点。因为假定 $G(s)$ 的极点[或者 $a(s)$ 的因子]是已知的，这种假设通常没有什么影响，所以我们可以先向读者交代极点在右半平面的分布情况。现在，假定 $G(s)$ 没有极点在右半平面，那么 $KG(s)$ 包围 -1 一圈意味着 $1 + KG(s)$ 有一个零点在右半平面，因此闭环系统有一个不稳定的根。

我们可以把这个基本思想做更一般化的推广。注意到，顺时针等值线 C_1 包含 $1 + KG(s)$ 的一个零点，即一个闭环系统的根，导致 $KG(s)$ 顺时针包围 -1。同样，如果 C_1 包含 $1 + KG(s)$ 的一个极点，即如果有一个不稳定的开环极点，那么 $KG(s)$ 会逆时针包围 -1。更进一步地，如果有两个极点或两个零点在右半平面，$KG(s)$ 会包围 -1 两次。以此类推。顺时针包围次数 N，等于在右半平面的零点(闭环系统的根)的个数 Z 减去在右半平面的开环极点的个数 P 的差，即

$$N = Z - P$$

这就是奈奎斯特稳定性判据的基本思想。

表征一个物理系统的任意 $KG(s)$，对于无限大频率的响应为零(即极点多于零点)，这个事实可以用来简化 $KG(s)$ 曲线的绘制步骤。它表明，C_1 对应于 s 无限大的弧段(如图 6.17 所示)，导致 $KG(s)$ 在原点附近的值无限小。因此，只要计算当 s 沿着虚轴从 $-j\infty$ 到 $+j\infty$ 取值

时 $KG(s)$ 的值就可以了[事实上是从 $-j\omega_h$ 到 $+j\omega_h$，这里的 ω_h 足够大使得当 $\omega > \omega_h$ 时 $|KG(j\omega)|$ 远小于1]。当从 $s=0$ 到 $s=j\infty$ 时，关于 $KG(s)$ 的计算，已经在 6.1 节中求取 $KG(s)$ 的频率响应时讨论过了。因为 $G(-j\omega)$ 是 $G(j\omega)$ 的共轭复数，所以 $KG(s)$ 在 $0 \le s \le +j\infty$ 部分的曲线，与 $KG(s)$ 在 $-j\infty \le s < 0$ 部分的曲线是关于实轴对称的。这样，就很容易地绘制 $KG(s)$ 的整个曲线了。因此，可以看到，对于所有情况，都可以通过检验开环传递函数频率响应的极坐标图来判定闭环系统的稳定性。在某些应用场合，将一些物理系统的模型进行简化，可以消除一些高频动态特性。这些降阶的传递函数可能有相同的极点和零点数。在这种情况下，C_1 在无限远处的大弧段就要重新考虑了。

在实际中，许多系统都有如 6.2 节所讨论的特性，因此你不需要把 $KG(s)$ 整个的曲线都画出来然后再检查它包围了 -1 多少圈。简单地观察频率响应，可足够地判定其稳定性。但是，对于那些复杂系统，6.2 节所给出的简单规则就变得很模糊了，这时你需要进行全面的分析，其概括如下。

判定奈奎斯特稳定性的步骤

1. 画 $KG(s)$ 的 $-j\infty \le s \le +j\infty$ 部分。首先从 $\omega=0$ 到 ω_h 计算 $KG(j\omega)$，这里的 ω_h 足够大使得当 $\omega > \omega_h$ 时 $KG(j\omega)$ 非常小，以至于可以忽略不计。然后画出与这一部分曲线关于实轴对称的曲线，再将这两部分曲线相连。对于所有的物理系统，在高频段，$KG(j\omega)$ 的幅值都很小。奈奎斯特曲线总是关于实轴对称的。奈奎斯特曲线通常是由 NYQUIST MATLAB 的 m 文件产生的。

2. 计算曲线顺时针包围 -1 的次数，令其为 N。可以画一条任意方向的从 -1 指向 ∞ 的直线，然后计算 $KG(s)$ 从左到右穿越直线的次数。如果是逆时针方向包围，那么 N 是负的。

3. 计算不稳定极点 $G(s)$（在右半平面）的个数，令其为 P。

4. 计算不稳定闭环根的个数 Z

$$Z = N + P \tag{6.28}$$

为了获得稳定性，希望 $Z=0$，也就是说没有特征方程的根位于右半平面。

现在，来讨论几个严格应用奈奎斯特曲线判断系统稳定性的例子。

例6.8   二阶系统的奈奎斯特曲线图
确定如图 6.20 所示的系统的稳定特性。

解： 如图 6.20 所示的系统的根轨迹图，如图 6.21 所示。它表明，对于所有的 K 值，系统都是稳定的。当 $K=1$ 时，$KG(s)$ 频率响应的幅值曲线如图 6.22(a)所示，相位曲线如图 6.22(b)所示。这是典型的表示频率响应的伯德图方法，在我们感兴趣的频率范围内把 $G(s)$ 表示出来。包含同样信息的奈奎斯特(极坐标)曲线如图 6.23[①] 所示。注意，A、B、C、D 和 E 点是如何从伯德图映射到如图 6.23 所示的奈奎斯特曲线的。在实轴的下方，从 $G(s) = +1(\omega=0)$ 到 $G(s) = 0(\omega=\infty)$ 的弧段是从图 6.22 中得到的。对于在图 6.17 中的 C_1 点无限远处的弧段，在图 6.23 中变换为 $G(s) = 0$。因此，将实轴下方的曲线部分做关于实轴的对称，就得到了 s 沿着 C_1 运动时 $G(s)$ 的连续曲线。通过这一步骤，得到了实轴上方的等值线，于是奈奎斯特曲线也完成了。因为曲线并没有包围 -1，所以 $N=0$。而且因为 $G(s)$ 也没有极点在右半平面，所

---

① 奈奎斯特曲线的形状是一个心形线，这意味着它像一个心形平面曲线。这个名字的首次使用，是在 1741 年英国皇家学会发行的哲学会刊上。心形线在光学中也有使用。

以 $P = 0$。根据式(6.28)，我们得到 $Z = 0$，这表明，当 $K = 1$ 时闭环系统没有不稳定的根。还有，不同的 K 值只是改变极坐标图的幅值，因为极坐标曲线总是在 $KG(s) = 0$ 时才穿越负实轴，所以并没有大于零的 K 值使曲线包围 -1。因此，奈奎斯特稳定性判据验证了根轨迹所表明的结论：对于所有的 $K > 0$，闭环系统都是稳定的。

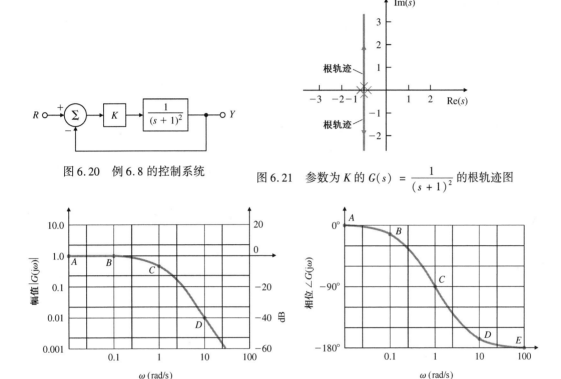

图 6.20　例 6.8 的控制系统　　　　　图 6.21　参数为 K 的 $G(s) = \dfrac{1}{(s+1)^2}$ 的根轨迹图

图 6.22　$G(s) = \dfrac{1}{(s+1)^2}$ 的开环伯德图

用于绘制奈奎斯特曲线的 MATLAB 指令是：

```
numG = 1;
denG = [1  2  1];
sysG = tf(numG,denG);
w=logspace(−2,2);
nyquist(sysG,w);
```

通常，控制系统工程师更感兴趣的是找出当系统稳定时增益 K 的范围，而不是对于一个具体的 K 值测定其稳定性。为满足这个要求，但又要避免画许多条对应于不同增益的奈奎斯特曲线。因为 $KG(s)$ 包围 -1 等价于 $G(s)$ 包围 $-1/K$，所以我们可以 K 为因子缩小 $KG(s)$，检验一定范围内 K 的值确定 $G(s)$ 的稳定性。因此，我们只需考虑 $G(s)$ 而不用处理 $KG(s)$，然后计算包围点 $-1/K$ 的次数。

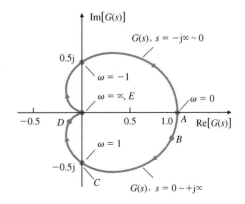

图 6.23　当 $s = C_1$ 和 $K = 1$ 时，$KG(s)$ 的奈奎斯特曲线图

将这个思想应用于例6.8，可以看到，奈奎斯特曲线并不能包围点 $-1/K$。对于 K 大于零时，点 $-1/K$ 沿着负实轴移动。因此，对于任意 $K > 0$ 都不能包围这个点。

(当 $K < 0$ 时，奈奎斯特曲线也表明系统是稳定的，尤其是当 $-1 < K < 0$ 时。这个结果可以通过画 $0°$ 根轨迹来得到验证)。

例6.9 三阶系统的奈奎斯特曲线图

再举一个例子，若系统传递函数为 $G(s) = 1/s(s+1)^2$，它的闭环系统方框图如图6.24所示。用奈奎斯特判据确定它的稳定特性。

解：这与6.2节讨论过的系统相同。图6.14(b)的根轨迹图表明，对于小的 K 值，系统是稳定的。但是，对于大一点的 K 值就不稳定了。图6.25系统的幅值和相位图已经转换成如图6.26所示的奈奎斯特曲线图。注意在图6.25所示伯德图中的 A、B、C、D 和 E 点是

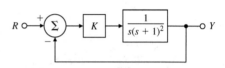

图6.24 例6.9的控制系统

如何映射到图6.26中奈奎斯特曲线上的点。同样地，注意无限大的弧段是从开环极点 $s=0$ 转换过来的。这个极点导致 $G(s)$ 的幅值在 $\omega = 0$ 处无限大。实际上，任意在虚轴上的极点都会产生无限大的弧段。为了正确判定包围点 $-1/K$ 的次数，必须把这一弧段在合适的半平面上画出来，它应该如图6.26所示地穿越正实轴，还是穿越负实轴？同样，也有必要确定弧段旋转 $180°$(就像图6.26一样)、$360°$ 还是 $540°$。

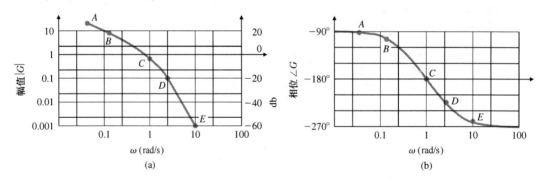

图6.25 $G(s) = 1/(s+1)^2$ 的伯德图

只要简单变通一下就能解决这些问题。我们对闭合曲线略做修改，使它在右边(如图6.27所示)或左边轻轻绕过极点。尽管走哪一边对最终要解决的稳定性问题其实没有区别，但是走右边就比较方便，因为这样，闭合曲线 C_1 就不会引入极点了，使得 P 等于 0。因为 $G(s)$ 的相位是各极点相角之和的负数，所以我们看到在奈奎斯特曲线上，当 s 刚刚小于极点 $s=0$ 时为 $+90°$，然后穿过正实轴，在 s 刚刚大于极点 $s=0$ 时为 $-90°$。如果在 $s=0$ 处有两个极点，那么奈奎斯特曲线无限大的弧段会旋转 $360°$，三个或更多个极点的情形也以此类推。还有，如果极点在虚轴的其他地方，那么对应的弧段仍顺时针旋转 $180°$，但其指向可能与如图6.26所示的例子是不同的。

奈奎斯特曲线在 $\omega = 1$ 处以 $|G| = 0.5$ 穿过实轴，这从伯德图也可以看出来。当 $K > 0$ 时，$-1/K$ 的位置可能在奈奎斯特曲线的两个环里面，也可能完全在封闭的奈奎斯特曲线外面。对于比较大的 K 值(例如图6.26中的 K_l)，$-0.5 < -1/K_l < 0$ 就会落在环的里面，因此 $N=2$。$Z=2$ 表明有两个不稳定的根。这是 $K > 2$ 时的情况。对于较小的 K 值(例如图6.26中的 K_s)落在环的外面，因此 $N=0$。此时，所有的根都是稳定的。所有的这些结论都与如图6.14(b)所示的

根轨迹图相一致(当 $K < 0$ 时, $-1/K$ 落在正实轴上, 那么 $N=1$, 从而得到 $Z=1$, 这时系统有一个不稳定根。$0°$ 根轨迹将会验证这个结果)。

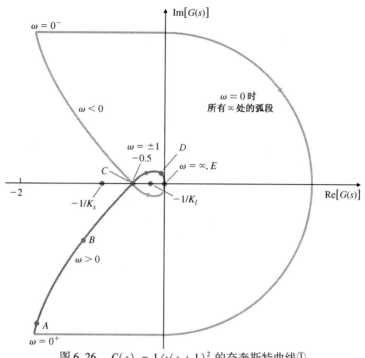

图 6.26 $G(s) = 1/s(s+1)^2$ 的奈奎斯特曲线①

对于这样的情况, 还有很多类似的系统, 我们可以看到包围判据可以简化为非常简单的以开环频率响应为基础的稳定性检验: 当 $G(j\omega)$ 的相位为 $180°$ 时, 若 $|KG(j\omega)| < 1$, 那么系统是稳定的。注意, 这个结论与式 (6.25) 给出的稳定性判据是相同的。但是, 运用奈奎斯特判据并不需要画根轨迹图来确定 $|KG(j\omega)| < 1$ 还是 $|KG(j\omega)| > 1$。

我们用下面的 MATLAB 语句来绘制奈奎斯特曲线。

```
numG = 1 ;
denG = [1  2  1  0];
sysG = tf(numG,denG);
nyquist(sysG)
axis([−3  3  −3  3]);
```

使用坐标轴命令来调整图像, 使其只包含在实轴和虚轴上从 $+3$ 到 -3 这个区间的点。如果不进行手工调整, 那么图像的绘制

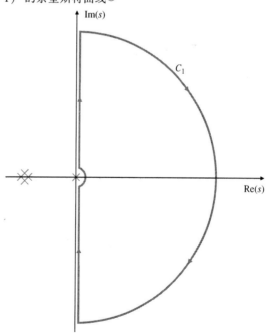

图 6.27   对于例 6.9 中的系统包含整个右半平面的闭合曲线 C_1

---

① 该奈奎斯特曲线的形状是一条镜像的环索平面曲线, 即扭曲的带。1670 年, 巴罗首次研究了这种曲线。

范围是基于 MATLAB 计算出来的最大值的，以至于图像在 -1 附近区域的最重要特征就会丢失。

必须要注意开环不稳定系统，因为此时在式(6.28)中有 $P \neq 0$。我们会看到，在这种情况下，6.2 节的那条简单规则需要做进一步的改进。

例6.10　开环不稳定系统的奈奎斯特曲线

第三个例子如图 6.28 所示。运用奈奎斯特判据确定它的稳定特性。

解:该系统的根轨迹图如图 6.29 所示。因为开环系统有一个极点在右半平面，所以它是不稳定的。开环的伯德图如图 6.30 所示。注意，在伯德图里，$|KG(\mathrm{j}\omega)|$ 表现出来的特性很像是极点都在左半平面。但是，$\angle G(\mathrm{j}\omega)$ 在极点处增加了 90°而不是像通常的那样减小。只要有极点在右半平面，任何系统都

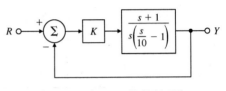

图6.28　例6.10的控制系统

是不稳定的，因为对于正弦输入，系统永远不会达到正弦响应的稳态，所以不可能用实验方法来确定频率响应。但是，我们可以根据 6.1 节的规则来计算传递函数的幅值和相位。因为在式(6.28)中 P 值为 1，所以右半平面的极点将影响奈奎斯特曲线包围次数的判定。

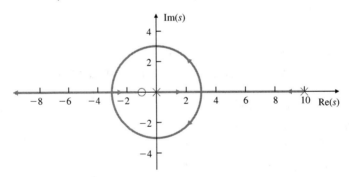

图6.29　$G(s) = \dfrac{(s+1)}{s(s/10-1)}$ 的根轨迹图

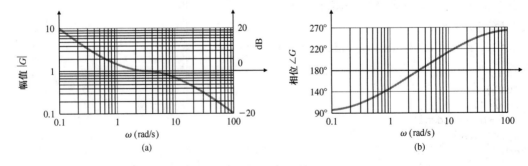

图6.30　$G(s) = \dfrac{(s+1)}{s(s/10-1)}$ 的伯德图

和例 6.9 一样，我们把如图 6.30 所示的频率响应信息转换成奈奎斯特曲线(如图 6.31 所示)。也像之前见到的，在图 6.32 中稍稍绕过极点 $s=0$ 的闭合曲线 C_1，在图 6.31 中产生了一个无限远的大圆弧。因为在右半平面的极点"贡献"了 180°的相位，所以这个圆弧穿越负实轴。

因为在伯德图中当 $\angle G(s) = 180°$ 时有 $|G(s)| = 1$，所以曲线在 $G(s) = 1$ 穿越实轴，而这时 $\omega \approx 3 \ \mathrm{rad/s}$。

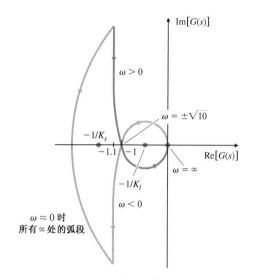

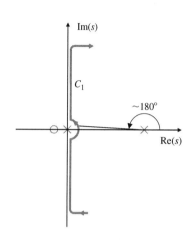

图 6.31　$G(s) = \dfrac{(s+1)}{s(s/10-1)}$ 的奈奎斯特曲线①

图 6.32　例 6.10 的闭合曲线 C_1

对于 K 值（大于 0）的情况，奈奎斯特曲线表现出两种不同的特性。对于比较大的 K 值（如图 6.31 所示的 K_l），曲线逆时针包围一次，因此 $N = -1$。但是，因为有一个极点在右半平面，$P = 1$，即 $Z = N + P = 0$，所以系统没有不稳定的根，当 $K > 1$ 时系统是稳定的。对于比较小的 K 值（例如图 6.31 的 K_s），$N = +1$，因为曲线顺时针包围一次，$Z = 2$，这表明系统有两个不稳定的根。这时，有 $K < 1$。这些结果都可以在图 6.29 的根轨迹图上定性地进行验证（如果 $K < 0$，那么 $-1/K$ 在实轴上，所以 $N = 0$，$Z = 1$，这表明系统有一个不稳定的闭环根。这可以由 0°根轨迹来验证）。

对于所有的系统，稳定的分界好像都是当相位为 $\angle G(j\omega) = 180°$ 时，$|KG(j\omega)| = 1$。但是，在这种情况下，$|KG(j\omega)|$ 必须大于 1 才能得到包围 -1 的正确次数，以达到稳定。

可以使用下面的 MATLAB 命令来绘制奈奎斯特曲线。

```
numG = [1 1];
denG = [0.1 −1 0];
sysG = tf(numG,denG);
nyquist(sysG)
axis([−3 3 −3 3])
```

在例 6.10 中，因为在式（6.28）中有 $P = 1$，所以，右半平面极点的存在对伯德图相位曲线的画图规则和包围次数与不稳定闭环根的关系有影响。但是，我们仍然可以不做任何修改地应用奈奎斯特稳定性判据。对于右半平面存在零点的系统，也有相同的结论。那就是，非最小相位系统对奈奎斯特稳定性判据没有影响，但对伯德图的画图规则有影响。

例 6.11　奈奎斯特曲线的特性

绘制一个三阶系统

---

① 该奈奎斯特曲线的形状是一条环索线。

$$G(s) = K \frac{s^2 + 3}{(s + 1)^2}$$

的奈奎斯特曲线,使其与 $G(s)$ 的特性相一致。如果 $G(s)$ 被包含在如图 6.18 所示的反馈系统中,试判断该系统是否对于所有正值 K 都是稳定的?

解: 使用下面的 MATLAB 命令绘制奈奎斯特曲线:

```
numG = [1  0  3];
denG = [1  2  1];
sysG = tf(numG,denG);
nyquist(sysG)
axis([−2 3 −3 3])
```

得到如图 6.33 所示的奈奎斯特曲线。我们注意到,在该图中,因为在原点或者 $j\omega$ 轴上没有极点,所以在无穷远处没有弧线。同样地,注意到与伯德图($s = + j\omega$)有关的奈奎斯特曲线始于点$(3,0)$,终于点$(1,0)$,因此,始点和终点的相角为 $0°$。这是因为 $G(s)$ 的分子和分母有相同的阶数,并且在原点不存在奇异点,伯德图上的始点和终点都是零相位。同样地,注意到,因为当 s 的大小为零点时,幅值为 0,所以当 s 穿越 $s = + j\sqrt{3}$ 时,奈奎斯特曲线穿过点$(0,0)$。此外,随着 s 逼近$(0,0)$ 到离开$(0,0)$,相位从 $-120°$ 向 $+60°$ 变化。这种变化一直持续到 s 穿过在 $j\omega$ 轴上的零点时,伯德图的相位会立即跳跃 $+180°$。因为极点 $s = -1$ 是最小频率的奇异点,所以当曲线离开始点$(3,0)$ 时,相位开始减少。

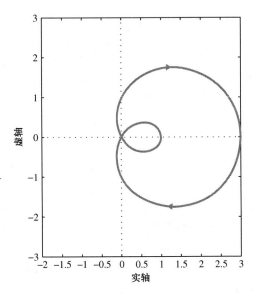

图 6.33　例 6.11 的奈奎斯特曲线

改变增益 K 会增加或者减少奈奎斯特曲线的幅值,但奈奎斯特曲线不会穿过负实轴。因此,闭环系统对于正值 K 始终是稳定的。练习:手工绘制一个粗糙的根轨迹来检验这个结果。

6.4　稳定裕度

在控制系统设计中,有相当一部分是类似于 6.2 节的系统或 6.3 节例 6.9 所描绘的系统,其特点是:对于小的增益,系统是稳定的;如果增益增大超过某一临界点,系统就会变得不稳定。用来衡量这样的系统的稳定裕度的两个普遍指标是:增益裕度和相位裕度,这与式(6.25)的稳定性判据有直接联系。在这一节,我们会定义和使用这两个概念来学习系统设计。另一个衡量稳定性的指标,最初是由 O. J. M. Smith(1958)定义的,他把上面两个裕度指标合并成一个新的指标,而且对于复杂的情况给出了一个更好的手段。

增益裕度(Gain Margin, GM)就是增益在稳定系统达到临界稳定之前所能放大的倍数。举一个典型的例子,我们可以直接从伯德图上读取数据(如图 6.15 所示),这样增益裕度就可以通过在 $\angle G(j\omega) = 180°$ 的频率处测量 $|KG(j\omega)|$ 曲线与水平线 $|KG(j\omega)| = 1$ 的垂直距离来得到。我们从图中可以看到,当 $K = 0.1$ 时,系统是稳定的,而且 $GM = 20$(或 26 dB)。

当 $K=2$ 时，系统是临界稳定的，GM $=1(0\,\text{dB})$。而 $K=10$ 时，系统是不稳定的，此时 GM $=0.2(-14\,\text{dB})$。注意，GM 就是增益在导致系统不稳定之前能增大到的倍数。因此，$|\,\text{GM}\,|<1$（或 $|\,\text{GM}\,|<0\,\text{dB}$）表明系统不稳定。GM 也可以在参数为 K 的根轨迹图上测量得到，只要找出两个地方的 K 值：(1)根轨迹穿过 $j\omega$ 轴时的 K 值；(2)标称的闭环极点对应的 K 值。GM 就是这两个值的比值。

另一个衡量系统稳定裕度的指标是相位裕度（phase margin，PM）。它是当 $|\,KG(j\omega)\,|=1$ 时相位超过 $-180°$ 的度数。这是另一种在式(6.25)的稳定条件下测量稳定程度的方法。在图 6.15 的例子中，可以看到，当 $K=0.1$ 时，有 PM $\approx 80°$；当 $K=2$ 时，有 PM $=0°$；而当 $K=10$ 时，有 PM $=-35°$。要保证系统的稳定性，PM 必须是正的。

我们注意到，PM 和 GM 这两个稳定指标一起确定了复变量 $G(j\omega)$ 到点 -1 的距离。这个点也是式(6.24)所描述的临界稳定点。

稳定裕度也可以在奈奎斯特曲线上进行定义。图 6.34 表明，GM 和 PM 衡量了奈奎斯特曲线离包围点 -1 有多近。同样地，我们可以看到，GM 描述了增益在导致系统不稳定之前能增大多少，如例 6.9 所述。PM 是在 $KG(j\omega)$ 穿过圆 $|\,KG(s)\,|=1$ 时 $G(j\omega)$ 的相位与 $180°$ 之差，PM 的正值对应于稳定状态（即没有奈奎斯特包围）。

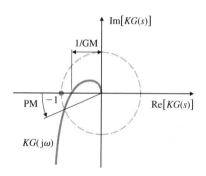

图 6.34　用于定义 GM 和 PM 的奈奎斯特图

和奈奎斯特曲线相比，直接从伯德图上更容易测量这些裕度。穿越频率（crossover frequency），ω_s 通常被定义为增益为 1 或者 0 dB 时的频率。图 6.35 包含了在 $K=1$ 附近与图 6.25 相同的数据，PM $=22°$ 和 GM $=2$。这些相同的数据也可以从图 6.26 的奈奎斯特曲线上得到。与实轴的交点 -0.5 对应的 GM 等于 $1/0.5$ 或 2，而 PM 则可以通过在图上测量 $G(j\omega)$ 穿过圆 $|\,G(j\omega)\,|=1$ 时的相位来计算得到。

通过频率响应设计可以很容易地评估改变增益所带来的影响。事实上，在图 6.35 上确定任意 K 值的 PM 而不需要重画幅值和相位曲线。我们只需要从图中找出，对于选定的 K 值，$|\,KG(j\omega)\,|=1$ 对应的水平线，如图 6.36 所示的短画线。现在我们看到，$K=5$ 产生了不稳定的 $-22°$ PM，而 $K=0.5$ 则产生 $+45°$ PM。还有，如果想要得到一定的 PM（例如 $70°$），那么可以简单地在产生期望 PM 的频率处，找出对应的 $|\,G(j\omega)\,|$ 值（这里，$\omega=0.2\,\text{rad/s}$ 产生 $70°$，而此时 $|\,G(j\omega)\,|=5$）。注意到，在这个频率处幅值是 $1/K$，因此 $K=0.2$ 可以得到 $70°$ 的 PM。

因为 PM 与系统的阻尼比有着非常紧密的关系，所以 PM 更普遍地用来描述控制系统的性能。这可以从开环二阶系统很容易地看出来。假设开环二阶系统为

$$G(s)=\frac{\omega_n^2}{s(s+2\zeta\omega_n)} \tag{6.29}$$

使用单位反馈，则闭环系统为

$$T(s)=\frac{\omega_n^2}{s^2+2\zeta\omega_n s+\omega_n^2} \tag{6.30}$$

该系统的 PM 和 ζ 的函数关系如下：

$$PM = \arctan\left[\frac{2\zeta}{\sqrt{\sqrt{1+4\zeta^4}-2\zeta^2}}\right] \tag{6.31}$$

该函数的曲线图,如图6.37所示。我们注意到,直到 PM = 60°,这个函数近似一条直线。短画线表示为一条与这个函数近似的直线,这里是

$$\zeta \approx \frac{PM}{100} \tag{6.32}$$

从图中可知,当低于70°的相位裕度时,这条直线还是近似的。此外,式(6.31)只有对于式(6.30)的二阶系统才是准确的。尽管有这些限制,式(6.32)还是经常作为 PM 与闭环阻尼比之间关系的简易描述。这对于系统的设计是非常有效的。但是,像其他方面的性能指标一样,在宣布完成设计之前,检查设计的实际阻尼比也是很重要的。

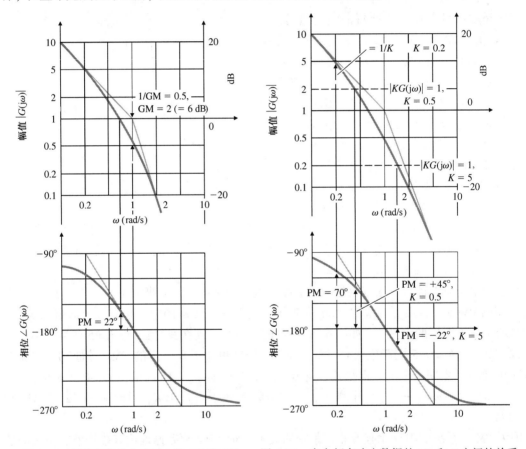

图 6.35　幅值和相位曲线图上的 GM 和 PM　　图 6.36　来自频率响应数据的 PM 和 K 之间的关系

　　因为即使频率增大,相位曲线都不会穿过 −180°,所以二阶系统[由式(6.29)给出]的增益裕度是无限大的(GM = ∞)。这个结论对于任何的一阶或二阶系统都是成立的。

　　从图6.3可以看出,谐振峰值 M_r 和 ζ 存在函数关系。据此,可以得到额外的数据来帮助评估基于 PM 的控制系统,注意,图6.3的系统[参见式(6.9)]与式(6.30)系统是相同的。可以把图6.37转换成 M_r 与 PM 的关系。这可以从图6.38观察到这一点。图6.38还描绘了阶跃响应的超调量 M_p。因此,可以看到,给出 PM,就可以推断闭环阶跃响应的超调量。

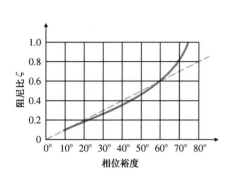

图 6.37　阻尼比和相位裕度（PM）的关系

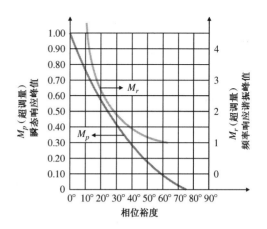

图 6.38　对于系统 $T(s) = \dfrac{\omega_n^2}{(s^2 + 2\zeta\omega_n s + \omega_n^2)}$，瞬态响应超调量（$M_p$）和频率响应谐振峰值（$M_r$）与相位裕度 PM 之间的关系

许多工程师直接用 PM 来判断控制系统是否足够稳定。从这个角度来说，通常认为 PM = 30 是最小充分值。除了用 PM 来测试系统的稳定性，设计人员一般还会关心系统的响应速度，例如在 6.1 节讨论过的带宽。到目前为止，在所讨论过的频率响应参数中，穿越频率是描述系统的响应速度的一个最佳指标。这将在 6.6 节和 6.7 节中做进一步的讨论。

在某些情况下，PM 和 GM 并不是稳定的有效指标。对于一阶和二阶系统，相位曲线永远不会穿过 180°，因此 GM 总是 ∞，因而并不是一个有效的设计参数。对于高阶系统来说，它可能在 | $KG(j\omega)$ | = 1 或 ∠$KG(j\omega)$ = 180° 时有多个频率，这时就需要澄清在前面定义的裕度。这种情况的例子可以在图 10.12 中看到，它的幅值曲线穿过 1 三次。我们决定用第一次穿越来定义 PM，因为在这次穿越时 PM 是三个值中最小的，得到的是最保守的稳定性估计。根据图 10.12 的数据绘制的奈奎斯特曲线表明，曲线最接近点 –1 的那部分才是具有决定性的稳定指标，因此使用产生最小值的穿越频率是合乎逻辑的选择。在应用如图 6.34 所描述的裕度定义时，设计人员需要注意这一点。事实上，系统的实际稳定裕度只能由计算奈奎斯特曲线最近点到点 –1 的距离来严格地评定。

为了帮助分析，O. J. M. Smith（1958）引进了向量裕度（vector margin）这个概念，它被定义为奈奎斯特曲线上点到 –1 的最近距离[1]。图 6.39 解释了这个概念。因为向量裕度是一个单独的裕度参数，所以它消除了因同时使用 GM 和 PM 评价稳定性带来的多义性。在过去，它因为难以计算而得不到广泛应用。但是，随着计算机辅助的广泛应用，运用向量裕度来描述稳定性变得越来越可行。

在实际中，存在加大增益会使系统稳定的情况。就像在第 5 章所说的，这些系统被称为条件稳定（conditionally stable）。图 6.40 给出了这类系统的一个典型的根轨迹图。对于一些根轨迹上的点，例如 A 点，加大增益会把不稳定根拉回到左半平面从而使系统变得稳定。但对于 B 点，不管是加大还是减小增益，都会使系统变得不稳定。因此，增益的减小或增大都会对应着几个增益裕度，显然，图 6.34 中关于 GM 的定义也变得不可用。

---

① 这个值与设计的灵敏度函数用途和系统稳定的鲁棒性概念密切相关。这些都将在选读的 6.7.7 节中讨论。

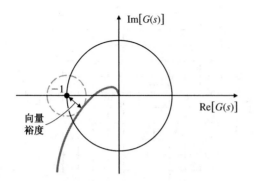

图6.39   奈奎斯特曲线上向量裕度的定义

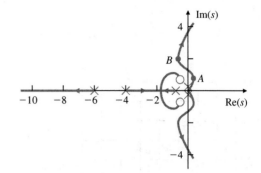

图6.40   一个条件稳定系统的根轨迹图

例6.12   条件稳定系统的稳定特性

一个系统的开环传递函数为

$$KG(s) = \frac{K(s + 10)^2}{s^3}$$

确定关于增益 K 变化的稳定特性。

解:这是一个通过加大增益可以从不稳定过渡到稳定的系统。图6.41(a)[①]所示的根轨迹表明,当 $K < 5$ 时,系统是不稳定的。图6.41(b)给出了取稳定值 $K = 7$ 时的奈奎斯特曲线。根据图6.34计算出稳定裕度 PM = +10°(稳定)和 GM = 0.7(不稳定)。根据前面讨论的稳定性规则,这两个裕度对系统的稳定性做出了矛盾的结论。

为解决这个矛盾,我们在图6.41(b)中数一下奈奎斯特包围的圈数。曲线顺时针和逆时针各包围点 -1 一次,因此总的包围次数为零,这说明系统在 $K = 7$ 时是稳定的。对于这样的系统,最好是借助根轨迹图和/或奈奎斯特曲线图(而不是伯德图)来判定其稳定性。

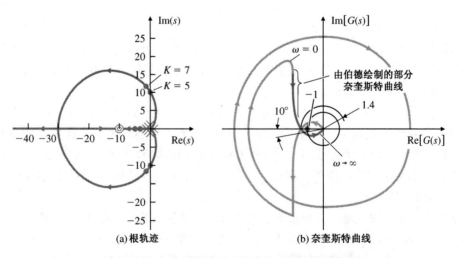

(a)根轨迹   (b)奈奎斯特曲线

图6.41   加大增益会从不稳定变为稳定的系统

---

① 这个根轨迹的形状是蜗牛状平面曲线。

例 6.13　具有多个穿越频率的系统奈奎斯特曲线

绘制下面的系统

$$G(s) = \frac{85(s+1)(s^2+2s+43.25)}{s^2(s^2+2s+82)(s^2+2s+101)}$$

$$= \frac{85(s+1)(s+1\pm j6.5)}{s^2(s+1\pm j9)(s+1\pm j10)}$$

的奈奎斯特曲线，并计算它的稳定裕度。

解： 该系统的奈奎斯特曲线如图 6.42 所示，可以看出，系统有三个穿越频率（ω = 0.75 rad/s、9.0 rad/s 和 10.1 rad/s），分别对应的相位裕度是 37°、80° 和 40°。但是，系统稳定的关键指标是奈奎斯特曲线穿过实轴时与点 −1 的距离有多近。在这个例子中，仅 GM 就表明了系统具有很少的一点稳定裕度。系统的伯德图（参见图 6.43）同样显示，幅值曲线在 0.75 rad/s、9.0 rad/s、10.1 rad/s 穿过幅值 =1。从伯德图中可读得，在频率 ω = 10.4 rad/s 处，对应的 GM 值为 12.6，与从奈奎斯特曲线上读到的 GM 值相一致。在这个例子中，GM 是没有歧义的、且是最有用的稳定性指标。

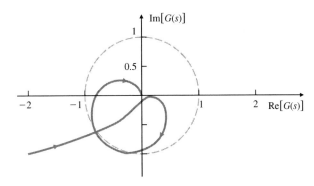

图 6.42　例 6.13 中复杂系统的奈奎斯特曲线图

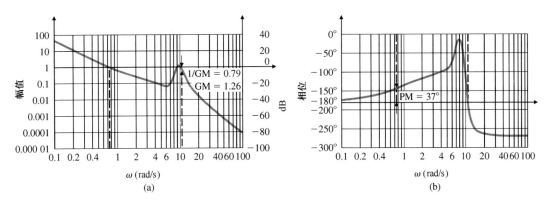

(a)　　　　　　　　　　　　　　　　　(b)

图 6.43　例 6.13 中系统的伯德图

　　总体来说，许多系统的性质如例 6.9 所示，对于它们来讲，GM 和 PM 的定义是合适的，也是有用的。但也经常遇到一些复杂的系统在多个频率点上的幅值为 1，或者是一些不稳定的开环系统。此时，图 6.34 所定义的稳定性判据标准就是模棱两可的或者是不正确的。因此，我们需要验证之前定义的 GM 和 PM，和/或回到奈奎斯特稳定性判据来修改它们。

6.5 伯德增益-相位关系

伯德的一个重要贡献就是下面的定理：

对于任意的稳定的最小相位系统(就是没有零点和极点在右半平面)，$G(j\omega)$ 的相位和 $G(j\omega)$ 的幅值之间的对应关系是唯一的。

在 log-log 标度的坐标图中，随着 ω 的变化，$|G(j\omega)|$ 的斜率在频率的大约 10 倍频程内都保持一个常数值，那么它们的关系比较简单，可由下式给出：

$$\angle G(j\omega) \approx n \times 90° \qquad (6.33)$$

式中，n 是 $|G(j\omega)|$ 曲线的斜率，表示每 10 倍频程内幅值变化了多少个十倍量。例如，单独考虑如图 6.44 所示的幅值曲线，我们看到式(6.33)对于两个频率 $\omega_1 = 0.1$（这里 $n = -2$）和 $\omega_2 = 10$（这里 $n = -1$）都成立，它们刚好离斜率转折点一个 10 倍频程，产生近似的相位值为 $-180°$ 和 $-90°$。在图中，真实的相位曲线验证了这种近似是相当好的。但是，也表明这种近似在接近斜率转折点的地方会变差。

伯德增益-相位定理的准确叙述如下：

$$\angle G(j\omega_o) = \frac{1}{\pi} \int_{-\infty}^{+\infty} \left(\frac{dM}{du}\right) W(u) du \quad \text{（单位是弧度）}$$

$$(6.34)$$

式中，M = 幅值对数 = $\ln|G(j\omega)|$，u = 归一化频率 = $\ln(\omega/\omega_o)$，$dM/du \approx$ 斜率 n，如式(6.33)所定义，$W(u)$ = 加权函数 = $\ln(\coth|u|/2)$。

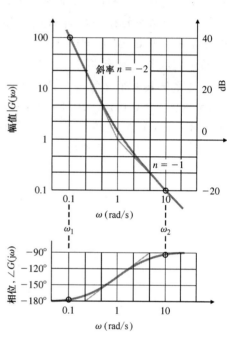

图 6.44　近似的增益-相位关系示意图

图 6.45 是加权函数 $W(u)$ 的曲线图，它表明了相位在 ω_o 处与斜率的相关程度很大。当然，在附近的频率也相关，但是相关程度会小一些。曲线图也表明，加权函数可以用中心在 ω_o 的脉冲函数来近似，我们把加权函数近似成

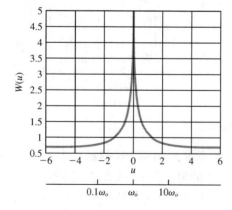

图 6.45　伯德的增益-相位定理中的加权函数

$$W(u) \approx \frac{\pi^2}{2}\delta(u)$$

通过脉冲函数的"筛选"性质（和将弧度转换为度数），这个公式能精确地近似为式(6.33)。

在实际中，人们从来不用式(6.34)，而单独地用式(6.33)，根据 $|G(\omega)|$ 来推断其稳定性。当 $|KG(j\omega)| = 1$ 时

$$\angle G(j\omega) \approx -90°, \quad n = -1$$
$$\angle G(j\omega) \approx -180°, \quad n = -2$$

对于系统的稳定性，我们希望 $\angle G(j\omega) > -180°$，从而 PM > 0。因此，我们调整 $|KG(j\omega)|$ 曲线使它在穿越频率 ω_c（即在这里，$|KG(j\omega)=1|$）处的斜率为

−1。如果在穿越频率点的一个 10 倍频程内，斜率都保持为 −1，那么 PM≈90°。但是，为保证存在合适的 PM，通常必须要求以穿越频率为中心，斜率在一个 10 倍频程内保持为 −1(−20 dB/10 倍频程)。因此，可以得出下面的一个非常简单的设计准则：

调整幅值曲线 $|KG(j\omega)|$，使它在 ω_c 的一个 10 倍频程内以斜率 −1 穿过幅值 1。

一般地，这条准则能够提供满意的相位裕度 PM，因而也提供了足够的系统阻尼。为了得到期望的响应速度，我们调整系统增益使得穿越频率产生期望的带宽或响应速度，如式(3.60)所示。回忆一下，固有频率 ω_n、带宽和穿越频率都是近似相等的，我们将在 6.6 节做进一步的讨论。

例6.14 在航天器姿态控制中运用简单的设计准则

对于如图 6.46 定义的航天器姿态控制问题，找出 $KD(s)$ 的合适表达式，使得系统具有良好的阻尼和大约 0.2 rad/s 的带宽。另外，确定在 $\omega = 0.05$ rad/s 时的灵敏度函数 $\mathcal{S}$ 的值，以评估在这个频率上对于参考输入的跟踪误差的大小。

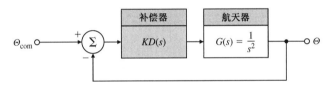

图 6.46　航天器姿态控制系统

解：很明显，图 6.47 所示航天器频率响应的幅值曲线需要重新调整，因为它的整个曲线的斜率都是 −2(或 −40 dB/10 倍频程)。能够完成这项工作的最简单的补偿装置是采用比例和微分环节(PD 补偿器)，它们的关系式是

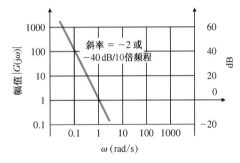

图 6.47　航天器频率响应的幅值曲线

$$KD(s) = K(T_Ds + 1) \tag{6.35}$$

我们的任务就是调整增益 K 来产生期望的带宽，调整转折频率 $\omega_1 = 1/T_D$，使幅值曲线在穿越频率处的斜率为 −1。现在的设计过程就变得简单了。选取一个 K 值，使穿越频率为 0.2 rad/s，然后选择一个 ω_1 值，它大概是穿越频率的 1/4 倍，这样，在穿越频率附近斜率保持为 −1。图 6.48 显示了我们求得最终的补偿环节的步骤：

1. 画出 $|G(j\omega)|$ 的幅值曲线。

2. 修正曲线以包括 $|D(j\omega)|$，令 $\omega_1 = 0.05$ rad/s($T_D = 20$)，使得在 $\omega = 0.2$ rad/s 处斜率 ≈ −1。

3. 当 $|DG|$ 穿过频率 $\omega = 0.2$ rad/s 时，即在期望的幅值 1 穿越处，令 $|DG| = 100$。

4. 为得到期望的穿越频率为 $\omega = 0.2$ rad/s，计算出

$$K = \frac{1}{[|DG|]_{\omega=0.2}} = \frac{1}{100} = 0.01$$

因此

$$KD(s) = 0.01(20s + 1)$$

我们满足了各项性能要求,因此设计宣告完成。

如果绘制了 KDG 的相位曲线,我们会发现相位裕度 PM = 75°,这对于满足期望的性能指标已相当足够了。闭环频率响应的幅值曲线(如图 6.49 所示)表明,在这个例子里,穿越频率和带宽确实是几乎相等的。灵敏度函数由式(4.17)定义,而这个问题中的灵敏度函数为

$$S = \frac{1}{1 + KDG}$$

顺着 $T(s)$ 曲线图,可以看出输出响应与输入命令之间的关系。T 的频率响应证实这个设计达到了预期的带宽 0.2 rad/s,也能看到在 $\omega = 0.05$ rad/s 时灵敏度函数 S 的值为 0.2。闭环系统的阶跃响应已经在图 6.50 中显示出来,它的超调量只有 14%,这表明了有足够的系统阻尼。

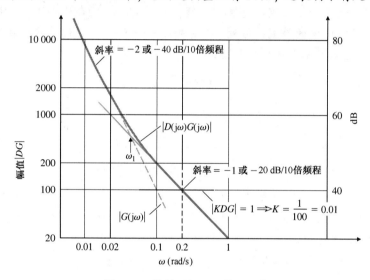

图 6.48   补偿后的开环传递函数

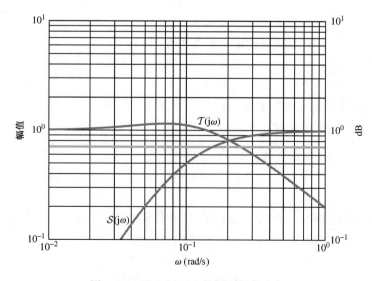

图 6.49 $T(s)$ 和 $S(s)$ 的闭环频率响应

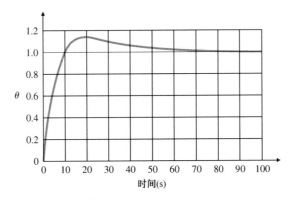

图 6.50 PD 补偿器的阶跃响应

6.6 闭环频率响应

闭环带宽的定义已经在 6.1 节和图 6.5 中给出过。图 6.3 表明，对于二阶系统，带宽总是在两倍的固有频率的范围内。在例 6.14 中，我们设计补偿环节使得穿越频率在期望的带宽上，然后通过计算验证带宽等于穿越频率。通常，穿越频率和带宽并不如例 6.14 匹配得那么理想。通过观测，可以在两者之间建立起更加准确的关系。考虑一个系统，其 $|KG(j\omega)|$ 具有这样的典型性质：

$$|KG(j\omega)| \gg 1, \qquad \omega \ll \omega_c$$
$$|KG(j\omega)| \ll 1, \qquad \omega \gg \omega_c$$

其中，ω_c 为该系统的穿越频率。该系统的闭环频率响应的幅值近似地表示为

$$|\mathcal{T}(j\omega)| = \left| \frac{KG(j\omega)}{1+KG(j\omega)} \right| \approx \begin{cases} 1, & \omega \ll \omega_c \\ |KG|, & \omega \gg \omega_c \end{cases} \qquad (6.36)$$

在穿越点 $|KG(j\omega)| = 1$ 附近，$|\mathcal{T}(j\omega)|$ 与相位裕度 PM 有很大的关系。PM $= 90°$ 意味着 $\angle G(j\omega_c) = -90°$。因此，则有 $|\mathcal{T}(j\omega_c)| = 0.707$。另外，如果 PM $= 45°$，则有 $|\mathcal{T}(j\omega_c)| = 1.31$。

根据式(6.36)的近似关系，绘制出 $|\mathcal{T}(j\omega)|$ 的曲线，如图 6.51 所示。由图可以看出，对于较小的 PM 值，闭环带宽一般会大于穿越频率 ω_c。因此，有

$$\omega_c \leqslant \omega_{BW} \leqslant 2\omega_c$$

另一个与闭环频率响应有关的性能指标是谐振峰值 M_r，具体定义如图 6.5 所示。由图 6.3 和图 6.38 可以看出，对于线性系统而言，M_r 通常与系统的阻尼系数有关。在实际中，M_r 是很少用到的。这是因为系统的非线性或者时延对于系统相位特性的影响，要比对于幅值特性的影响更为严重，所以大部分设计人员选择相位裕度 PM 来评价系统的阻尼。

正如最后一个例子中的论证，在设计中获取一定的误差特性也是很重要的，而这些特性通常被认为是输入扰动频率的函数。在某些情况下，控制系统的主要功能是校准在有扰动下的确定的常量输入到系统输出。在这些情况下，闭环频率响应关于扰动输入的误差是设计的关键。

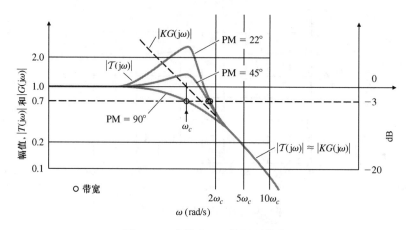

图 6.51   参数为 PM 的闭环带宽

6.7   补偿

正如在第 4 章和第 5 章所讨论过的,在仅有的比例反馈控制无法得到满意的系统性能时,需要在反馈控制系统中加入动态元件(补偿器),以提高系统的稳定性和误差特性。

4.3 节曾经讨论了三种基本的反馈类型:比例反馈、微分反馈和积分反馈。同时,5.4 节还讨论了三种动态补偿环节:超前补偿,其控制规律类似于比例-微分(PD)控制;滞后补偿,其控制规律类似于比例-积分(PI)控制;还有一种是超前滞后补偿,多用于处理存在谐振特性的系统。在这一节,会根据频率响应特性,讨论这些补偿和其他类型补偿的特点。在多数情况下,由微处理器来实现补偿环节。这时就需要把连续的补偿环节 $D(s)$ 转换成计算机可处理的形式。这个问题已在 4.4 节中简略地讨论过,在本节还会进一步讨论,并将在第 8 章中有更加详细的讨论。

到目前为止,频率响应稳定性分析所考虑的闭环系统的特征方程,是指 $1 + KG(s) = 0$ 的情况。在引入了补偿环节后,闭环特征方程变为 $1 + KD(s)G(s) = 0$,并且在本章之前关于 $KG(s)$ 的频率响应的所有讨论,都可直接应用于 $KD(s)G(s)$。通常,把变量 $L(s)$ 称为"回路增益",或者系统的开环传递增益,并记为 $L(s) = KD(s)G(s)$。

6.7.1   PD 补偿

在学习补偿设计开始,让我们来看看 PD 控制的频率响应特性。PD 补偿器的传递函数由下式给出:

$$D(s) = (T_D s + 1) \tag{6.37}$$

从图 5.22 可以看出,PD 补偿对于二阶系统的根轨迹具有稳定作用。式(6.37)的频率响应特征,如图 6.52 所示。因为可以增加系统的相位,同时在转折频率点 $1/T_D$ 的右侧有 +1 的斜率,所以 PD 补偿对于改善系统稳定性是有明显效果的。只要使 $1/T_D$ 位于穿越频率附近,也就是处于满足 $|KD(s)G(s)| = 1$ 的频率附近,就可以明显地增加系统的相位裕度。

注意,随着频率的增大,该补偿环节的幅值也在增大。这种特征并不是我们期望的,因为这种特征会对在真实系统存在的高频噪声起到放大作用。同时,这样的控制规律不可能用真实的连续系统实现。这也正是采用纯微分补偿所面临的困扰,这已在 5.4 节中讨论过。

6.7.2 超前补偿

为了减小 PD 补偿的高频放大效应，在分母中增加一个一阶极点，使之远大于 PD 补偿器的转折频率，这样仍然会发生相位增加（超前），但高频放大效应却得到了抑制。这就是超前补偿（lead compensation），其传递函数是

$$D(s) = \frac{Ts+1}{\alpha Ts + 1}, \qquad \alpha < 1 \quad (6.38)$$

式中，$1/\alpha$ 是极点/零点转折频率的比值。图 6.53 是超前补偿的频率响应。注意，超前补偿仍可提供超前的相位，但在高频段，放大作用比原来要小得多。通常，无论何时系统的阻尼需要多大的改善，超前补偿都是常用的补偿形式。

式（6.38）的超前补偿提供的相位，由下式给出：

$$\phi = \arctan(T\omega) - \arctan(\alpha T\omega)$$

它表明（参见习题 6.44）其最大相位的频率是

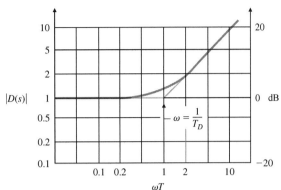

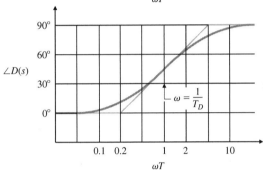

图 6.52 PD 控制的频率响应

$$\omega_{\max} = \frac{1}{T\sqrt{\alpha}} \tag{6.39}$$

最大相位，就是如图 6.53 所示的 $\angle D(s)$ 曲线的峰值，有下面的关系：

$$\sin\phi_{\max} = \frac{1-\alpha}{1+\alpha} \tag{6.40}$$

或

$$\alpha = \frac{1-\sin\phi_{\max}}{1+\sin\phi_{\max}}$$

也可以这样观察：在对数刻度坐标上，最大相位 $\omega_{\max}$ 恰好发生在两个转折频率的几何中心（有时称为拐点频率）处，如图 6.53 所示，它满足如下关系：

$$\begin{aligned}
\lg\omega_{\max} &= \lg\frac{1/\sqrt{T}}{\sqrt{\alpha T}} \\
&= \lg\frac{1}{\sqrt{T}} + \lg\frac{1}{\sqrt{\alpha T}} \\
&= \frac{1}{2}\left[\lg\left(\frac{1}{T}\right) + \lg\left(\frac{1}{\alpha T}\right)\right]
\end{aligned} \tag{6.41}$$

此外，也可以把这些结果写成零极点的形式。以根轨迹分析的形式重写 $D(s)$，可得到

$$D(s) = \frac{s+z}{s+p} \tag{6.42}$$

在习题6.44中，将会看到

$$\omega_{\max} = \sqrt{|z|\,|p|} \tag{6.43}$$

$$\lg \omega_{\max} = \frac{1}{2}(\lg|z| + \lg|p|) \tag{6.44}$$

如果在式(6.39)和式(6.41)中令 $z = -1/T$ 和 $p = -1/\alpha T$，那么所得的结果与之前的结果将是一致的。

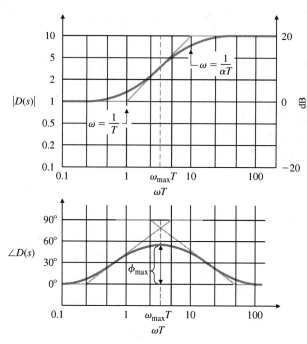

图6.53　当 $1/\alpha = 10$ 时超前补偿的频率响应

例如，某超前补偿器有一个零点为 $s = -2(T = 0.5)$ 和一个极点为 $s = -10(\alpha T = 0.1)$ (因此 $\alpha = 1/5$)，在下面的频率处产生最大的超前相位：

$$\omega_{\max} = \sqrt{2 \cdot 10} = 4.47 \text{ rad/s}$$

在中点的相位超前大小只决定于式(6.40)的 α，它们的关系如图6.54所示。对于 $\alpha = 1/5$，从图6.54得到 $\phi_{\max} = 40°$。注意，我们能通过增加超前比率(lead ratio) $1/\alpha$ 的值，把相位超前提高到接近 $90°$。但是，从图6.53看出，增大 $1/\alpha$ 的值也会在高频段产生较大的放大作用。因此，我们的任务是选择一个合适的 $1/\alpha$ 值，使得在理想的相位裕度和理想的高频噪声灵敏性之间有一个良好的折中。在通常情况下，选择的办法是超前补偿器要提供最大 $70°$ 的相位。如果需要更大的相位超前，那么可以采用双重超前补偿，即

$$D(s) = \left(\frac{Ts+1}{\alpha Ts+1}\right)^2$$

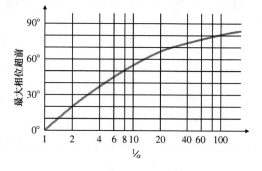

图6.54　超前补偿的最大相位增长曲线

即使系统的噪声干扰可以忽略，并且式(6.37)所描述的纯微分补偿也可以接受，但是因为无法实现纯微分器，所以当采用连续控制时，还是倾向于利用式(6.38)而不是式(6.37)所描述的补偿形式。

无论是机械的或是电气的任何实际的系统，都不可能在无穷大的频率处有无穷大的增益，因此能够提供微分作用(或相位超前)的频率范围是相当有限的。对于采用数字形式实现的补偿设计，会遇到同样的问题。这里，有限的采样频率限制了高频放大作用，因此也需在 PD 补偿器的传递函数中增加极点。

例 6.15 直流电动机的超前补偿

作为超前补偿设计的例子，我们重新考虑 5.4.1 节涉及的直流电动机的补偿设计问题。系统的传递函数是

$$G(s) = \frac{1}{s(s+1)}$$

它同时也代表了卫星追踪天线的模型(参见图 3.61)。这一次我们想要达到的目标是：系统对于单位斜坡输入的稳态误差要小于 0.1，并且超调量 $M_p < 25\%$。

1. 确定超前补偿器，使它满足各项性能指标。

2. 当 $T_s = 0.05$ s 时，确定超前补偿器的数字控制形式。

3. 比较两种实现形式对于阶跃和斜坡输入的响应。

解：

1. 系统的稳态误差由下式给出：

$$e_{\text{ss}} = \lim_{s \to 0} s \left[\frac{1}{1 + KD(s)G(s)} \right] R(s) \tag{6.45}$$

式中，对于单位斜坡 $R(s) = 1/s^2$，因此式(6.45)可以简化为

$$e_{\text{ss}} = \lim_{s \to 0} \left\{ \frac{1}{s + KD(s)[1/(s+1)]} \right\} = \frac{1}{KD(0)}$$

因此，为满足稳态误差精度的要求，补偿器的稳态增益 $KD(0)$ 不能小于 10($K_v \geq 10$)，所以取 $K = 10$。把超调量要求与相位裕度联系起来，从图 6.38 看出，系统应有相位裕度 PM $> 45°$。从图 6.55 看出，在没有超前补偿的情况下，系统的相位裕度只有 PM = 20°。如果能够不影响幅值的话，那么只需简单地在 $KG(s)$ 的穿越频率 $\omega = 3$ rad/s 处加上 25° 的相位。但是，保持低频增益不变，增加一个补偿零点会增大穿越频率，因此我们需要超前补偿器提供大于 25° 的相位。为留有余量，超前补偿器取最大超前相位 40°。图 6.54 表明，当 $1/\alpha = 5$ 时，就能达到期望的目标。如果补偿器的最大相位发生在穿越频率处，那么就能从补偿器上得到最大的效益。经过试验，将补偿环节的零点设置在 $\omega = 2$ rad/s 和将其极点设置在 $\omega = 10$ rad/s 处，系统会在穿越频率处得到最大的相位超前。因此，补偿环节的表达式是

$$KD(s) = 10 \frac{s/2 + 1}{s/10 + 1}$$

图 6.55 是 $L(s) = KD(s)G(s)$ 的频率响应特性曲线，可以看到，现在系统有 53° 的相位裕度，已经满足了期望的设计目标。

在图 5.24 中，已经绘制过该系统设计的根轨迹，为便于观察，现在将其重画在图 6.56 中，图中标出了 $K = 10$ 时的对应根的位置。绘制根轨迹并非本例的要求，在此只是想同第 5 章基于根轨迹的设计法做个比较。整个过程可以通过使用 MATLAB 中的 SISO-TOOL 子程序来实现。这个子程序通过一个交互式 GUI 界面同时提供根轨迹和伯德图。

在这个例子中,使用的 MATLAB 命令如下:

```
G=tf(1,[1 1 0]);
D=tf(10*[1/2 1],[1/10 1]);
sisotool(G,D)
```

使用上述命令,就能得到如图 6.57 所示的曲线。它也可以用来生成离散的奈奎斯特曲线和时间响应曲线。

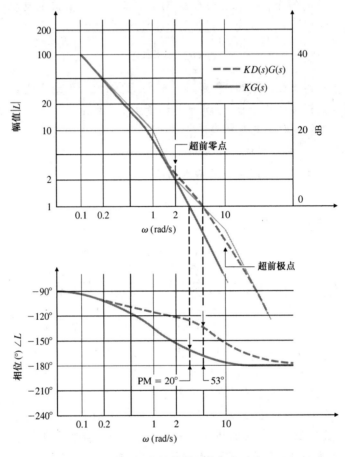

图 6.55　超前补偿设计的频率响应

2. 运用式(4.104)的梯形规则来求取 $D(s)$ 的离散形式,那就是

$$D_d(z) = \frac{\frac{2}{T_s}\frac{z-1}{z+1}/2 + 1}{\frac{2}{T_s}\frac{z-1}{z+1}/10 + 1} \qquad (6.46)$$

取 $T_s = 0.05$ s 后,上式可以被简化为

$$D_d(z) = \frac{4.2z - 3.8}{z - 0.6} \qquad (6.47)$$

用以下的 MATLAB 语句可得到相同的结果:

```
sysD = tf([0.5 1],[0.1 1]);
sysDd = c2d(sysD, 0.05, 'tustin').
```

因为

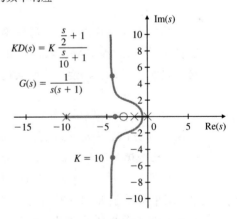

图 6.56　超前补偿设计的根轨迹

$$\frac{U(z)}{E(z)} = KD_d(z) \tag{6.48}$$

所以得到的离散控制方程是

$$u(k+1) = 0.6u(k) + 10(4.2e(k+1) - 3.8e(k)) \tag{6.49}$$

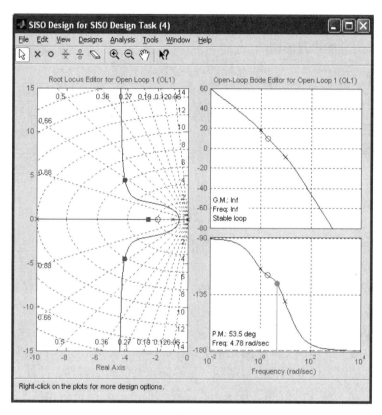

图 6.57 例 6.15 中 SISOTOOL 图形用户界面

3. 直流电动机采用 $D(s)$ 连续控制器和离散控制器的 Simulink 方框图如图 6.58 所示。两种控制器的阶跃响应曲线已绘制在图 6.59(a) 中，可以看出，二者的曲线相当接近，只是相比于连续控制器，离散控制器的超调量略大一些，这是符合常理的。二者的超调量都小于 25%，因而满足系统的性能要求。两种控制器的斜坡输入对应的响应曲线绘制在图 6.59(b) 中，可以看到，两条曲线几乎完全重合，而且都满足稳态误差小于 0.1 的性能指标。

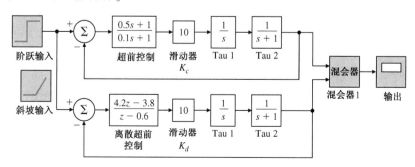

图 6.58 用于超前补偿设计瞬态响应的 Simulink 方框图

例 6.15 的设计步骤可概括如下：

1. 确定低频增益，使得稳态误差满足性能要求。

2. 选择超前比值 $1/\alpha$ 和零点($1/T$)值的组合，使得在穿越点有满意的相位裕度。

3. 将极点配置在($1/\alpha T$)。

该设计步骤可以应用到许多场合。但是，要记住，为适应独特的性能要求就要有独特的设计，因此具体的设计步骤也是不同的。

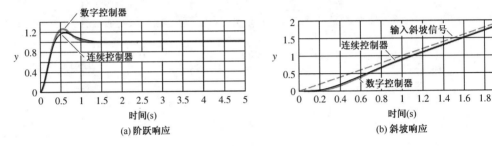

图 6.59　超前补偿设计

例 6.15 有超调峰值和稳态误差两项性能指标。我们把超调量指标转换成相位裕度 PM，而稳态误差则可直接运用。本例子并没有给出关于响应速度类型的性能指标，但是它对于设计的要求和稳态误差对于设计的要求是一致的。系统的响应速度或带宽与穿越频率直接相关，这在 6.6 节已经指出。从图 6.55 可知，穿越频率大约是 5 rad/s。为了增大穿越频率，可以通过加大增益 K 的值和提高超前补偿器极点和零点的频率，以保持在穿越频率处的斜率为 -1。提高系统增益，也会使稳态误差减小到比指定的性能指标要更好一些。在本例中，一直没有提及到增益裕度，这是因为仅考虑相位裕度就已足够保证系统的稳定性。此外，因为在本例中相位曲线永远不会穿过 180°，并且幅值裕度 GM 总是无穷大，所以增益裕度对该系统是没有用处的。

在超前补偿设计中，有下面的三个主要的设计参数需要选定：

1. 穿越频率 ω_c，它直接决定带宽 ω_{BW}、上升时间 t_r、调节时间 t_s。

2. 相位裕度(PM)，它确定了阻尼系数 ζ 和超调 M_p。

3. 低频增益，它决定了系统的稳态误差特性。

设计的问题，就是对于给定的要求，找出上述参数的最优值。在本质上，超前补偿会增大 $\omega_c/L(0)$($=\omega_c/K_v$，对于 1 型系统)的值。也就是说，如果低频增益保持不变，那么穿越频率会增大。或者说，如果保持穿越频率不变，那么低频增益会减小。有了这种认识后，设计人员就可以假定这三个参数的其中一个是确定的，然后反复调整另外两个参数直到满足性能指标的要求。其中一种方法是，首先设置低频增益，使之满足误差要求并保持不变，然后增加一个超前补偿器，使得在穿越频率处的相位裕度 PM 增大。另一种方法是，首先确定穿越频率，使之满足时间响应性能指标的要求，然后调整增益和超前补偿器的参数，最终使其满足相位裕度 PM 的要求。以下将把这两个例子的设计过程加以归纳。它只适用于采用单一的超前补偿器即可获得满意性能的系统设计。对于所有的设计过程，这都只是一个起点，设计人员会发现，必须反复进行几次设计才能最终满足所有的性能要求。

超前补偿设计步骤

1. 确定开环增益 K，使其满足误差或带宽的要求。

   (a) 要满足误差要求，令 K 满足误差常数（K_p、K_v 或 K_a），使得 e_{ss} 误差要求得到满足。

   (b) 要满足带宽要求，取 K 值使得开环穿越频率小于要求的闭环带宽的 1/2。

2. 根据步骤 1 得到的 K，计算未施加补偿器时系统的相位裕度（PM）。

3. 考虑到额外的裕度（大约 $10°$），计算所需的相位超前 ϕ_{max}。

4. 根据式（6.40）或者图 6.54，确定 α 的值。

5. 选取 ω_{max} 为穿越频率，于是超前补偿器的零点在 $1/T = \omega_{max}\sqrt{\alpha}$，其极点在 $1/\alpha T = \omega_{max}/\sqrt{\alpha}$。

6. 画出带补偿器的系统频率响应，检验相位裕度 PM 是否满足要求。

7. 重复上面的设计过程。调整补偿参数（极点、零点和增益），直到所有的性能指标都得到满足。如果需要，再增加一个额外的超前补偿器（就是双重补偿）。

这些指导性的准则，只是最终成功地设计补偿器的系统性的试探方法，未必适用于设计人员在实际中遇到的所有系统。

例 6.16 温度控制系统的超前补偿

一个三阶系统的传递函数为

$$KG(s) = \frac{K}{(s/0.5 + 1)(s + 1)(s/2 + 1)}$$

它代表了一个典型的温度控制系统。试设计一个超前补偿器，使 $K_p = 9$，相位裕度至少为 $25°$。

解：让我们按照下面的步骤来进行设计：

1. 根据对于给定的 K_p 指标，可计算出 K

$$K_p = \lim_{s \to 0} KG(s) = K = 9$$

2. 使用下面的 MATLAB 语句绘制出当 $K = 9$，未带补偿时的系统 $KG(s)$ 的伯德图，如图 6.60 所示（还绘制有两个带补偿器的系统伯德图）。

```
numG = 9;
den2 = conv([2 1],[1 1]);
denG = conv(den2,[0.5 1]);
sysG = tf(numG,denG);
w=logspace(-1,1);
[mag,phase] = bode(sysG,w);
loglog(w,squeeze(mag)),grid;
semilogx(w,squeeze(phase)),grid;
```

我们很难直接从伯德图上精确地读出系统的相位裕度 PM 和穿越频率，因此可调用下面的 MATLAB 命令：

```
[GM,PM,Wcg,Wcp] = margin(mag,phas,w)
```

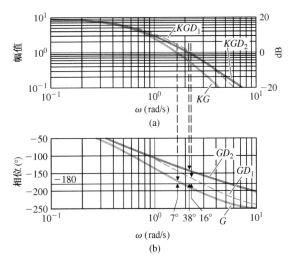

图 6.60 例 6.16 的超前补偿设计的伯德图

其中，PM 是相位裕度，Wcp 是增益穿过幅值 1 时的频率（GM 是开环增益裕度，Wcg 是相位穿过 180 时的频率）。对于这个例子，输出结果是

GM =1.25, PM = 7.12, Wcg = 1.87, Wcp = 1.68,

也就是说,未带补偿时系统的 PM 是7°且穿越频率是 1.7 rad/s。

3. 考虑到留有10°的额外余量,超前补偿器在穿越频率处需提供25° + 10° - 7° = 28°的最大超前相位。因为相位超前会抬高开环的穿越频率,而在这个点上需要更大的相位,所以额外的裕度一般是需要的。

4. 从图 6.54 可知,取 $\alpha = 1/3$,可以在零极点中间提供约30°的相位增加值。

5. 不妨先设置零点为 1 rad/s($T = 1$),极点为 3 rad/s($\alpha T = 1/3$),因而确定了开环穿越频率的范围和零点与极点之间的 3 倍关系,正如 $\alpha = 1/3$ 所表明的那样。超前补偿器的传递函数是

$$D_1(s) = \frac{s+1}{s/3+1} = \frac{1}{0.333}\left(\frac{s+1}{s+3}\right)$$

6. 加上补偿环节 $D_1(s)$ 后,系统的伯德图(如图 6.60 中的中间曲线)的相位裕度 PM 为30°。因为超前补偿环节的引入,把穿越频率从1.7 rad/s 改变为2.3 rad/s,从而增大了从相位超前环节得到的期望相位增加值,所以我们并没有得到期望的相位裕度 PM = 30°。带 $D_1(s)$ 的系统的阶跃响应(如图 6.61 所示)振荡得很厉害,就像我们所预料的那样,这是因为过小的相位裕度(PM =16°)导致的。

7. 我们进行重新设计,提供额外的相位增加值。为了使穿越频率不至于增加过大,还需要将零点稍微地向右移动。这里,选择 $\alpha = \frac{1}{10}$,零点为 $s = -1.5$,因此,有

$$D_2(s) = \frac{s/1.5+1}{s/15+1} = \frac{1}{0.1}\left(\frac{s+1.5}{s+15}\right)$$

该补偿器能提供相位裕度为 PM = 38°,穿越频率降低到2.2 rad/s。图 6.60(上方的曲线)给出了改进后的频率响应。图 6.61 表明,系统的振荡明显地减弱了,这是因为 PM 值提高了。

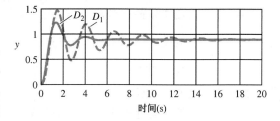

图 6.61　超前补偿设计的阶跃响应

例 6.17　1 型伺服系统的超前补偿设计

考虑下面的三阶系统

$$KG(s) = K\frac{10}{s(s/2.5+1)(s/6+1)}$$

该系统对应于直流电动机轴的位置传感器存在滞后的情况。设计超前补偿器,使得 PM =45° 和 K_v =10。

解:同样地,按如下的设计步骤进行。

1. 根据给定的指标要求,如果 $K = 1$,那么 $KG(s)$ 会使得 $K_v = 10$。因此,$K = 1$ 能满足对 K_v 的要求,补偿环节的低频增益为 1。

2. 图 6.62 给出了系统的伯德图。在未带补偿环节时,系统(下方的曲线)的相位裕度约为 -4°,穿越频率为 $\omega_c \approx 4$ rad/s。

3. 允许5°的额外相位裕度,需要超前补偿器能提供的相位裕度为 PM =45° + 5° - (-4°) =54°。

4. 从图 6.54 可知,要满足最大超前相位为 54°,α 应取值为 0.1。

5. 新的增益穿越频率将比开环值 $\omega_c = 4$ rad/s 要高一些,因此我们选择超前补偿器的极点和零点分别为 20 rad/s 和 2 rad/s。于是,候选的补偿器为

$$D_1(s) = \frac{s/2 + 1}{s/20 + 1} = \frac{1}{0.1}\frac{s + 2}{s + 20}$$

6. 使用补偿器后,系统的伯德图(如图 6.62 所示的中间曲线)表明,系统的相位裕度为 PM $= 23°$。进一步的反复试验表明,因为高频段的斜率为 -3,所以单个超前补偿器是无法满足这项性能要求的。

7. 在这个系统中,需要一个双重超前补偿器。我们尝试改用下面的补偿器

$$D_2(s) = \frac{1}{(0.1)^2}\frac{(s+2)(s+4)}{(s+20)(s+40)} = \frac{(s/2+1)(s/4+1)}{(s/20+1)(s/40+1)}$$

经过计算,最终得到的相位裕度为 PM $=46°$。在图 6.62 中,上方的曲线就是本例的伯德图。

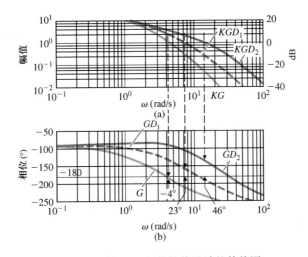

图 6.62　例 6.17 超前补偿设计的伯德图

例 6.16 和例 6.17 中的系统都是三阶的。对例 6.17 设计补偿是很难的,因为需要满足误差要求 K_v,穿越频率 ω_c 必须足够大,而单一的超前补偿器显然无法提供足够的相位补偿,也就无法得到满意的相位裕度 PM。

6.7.3　PI 补偿

对于许多设计问题,保持低带宽和减小稳态误差是很重要的。为了达到这个目标,比例 - 积分(PI)补偿或滞后补偿器就显得很有用。在式(4.65)中,令 $K_D = 0$,即可得到 PI 控制的传递函数为

$$D(s) = \frac{K}{s}\left(s + \frac{1}{T_I}\right) \tag{6.50}$$

图 6.63 描绘了它的频率响应特性。这种补偿器的优点在于,在零频率处具有无限大的增益,这对减小系统的稳态误差是非常有益的。但是其代价是,在小于转折频率 $\omega = 1/T_I$ 的频段处,存在明显的相位减小。因此,$1/T_I$ 通常配置在远小于穿越频率的地方,这样系统的相位裕度就不会受到太大的影响。

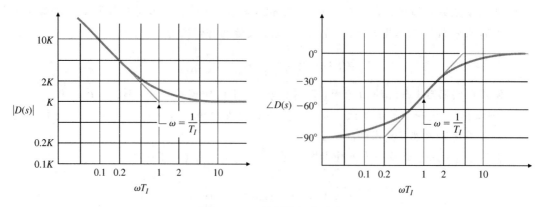

图 6.63   PI 控制的频率响应

6.7.4   滞后补偿

正如我们在 5.4 节所讨论的,滞后补偿(lag compensation)与 PI 控制很近似。滞后补偿的传递函数在根轨迹设计时曾由式(5.72)给出过,但是将单个的滞后补偿的传递函数写成伯德形式更为方便些,即

$$D(s) = \alpha \frac{Ts + 1}{\alpha Ts + 1}, \qquad \alpha > 1 \tag{6.51}$$

式中,α 是零点和极点的转折频率的比值。除了滞后补偿之外,一个完整的控制器还包括总增益 K,可能还有其他的动态元件。虽然式(6.51)看上去同式(6.38)的超前补偿环节很相似,但事实上因 $\alpha > 1$,这样极点的转折频率比零点的要低。这个关系式表明,在低频段的幅值增大,而相位减小,如图 6.64 所示。同时还表明,这种补偿具有积分控制的基本特征,在低频处增益变大。滞后补偿设计的典型目标是,在低频范围内提供额外的增益,并保持系统有足够的相位裕度(PM)。当然,相位滞后是不希望看到的,因此在选取参数时,应使零极点的转折频率尽量小于未加滞后补偿时系统的穿越频率,从而使得相位滞后对相位裕度的影响降低到最小。因此,滞后补偿的作用在于提高了系统的开环 DC 增益,从而在不需要明显改变系统原有瞬态响应特性的前提下,就能改善系统的稳态响应特性。如果极点和零点相对靠近,而且在原点附近(就是 T 的值比较大),那么可以通过增大 α 的取值来提高低频增益(K_p、K_v 或 K_a),而不必改变闭环极点的分布,从而在保证系统原有瞬态响应特性的同时,也改善了系统的稳态性能。

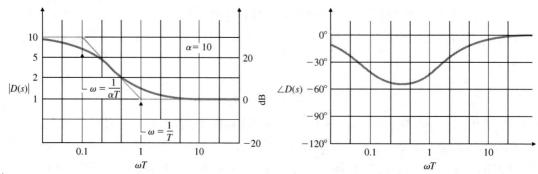

图 6.64 $\alpha = 10$ 时滞后补偿的频率响应

现在，我们来归纳滞后补偿的设计步骤：

1. 确定开环增益 K，使得系统在不带补偿环节时也能满足相位裕度的要求。

2. 根据步骤 1 绘制出未带补偿环节时的系统伯德图，找出穿越频率，并计算低频增益。

3. 确定 α 的取值，以满足低频增益误差的指标要求。

4. 选择拐点频率 $\omega = 1/T$（滞后补偿器的零点）为穿越频率 ω_c 的 $1/8$ 到 $1/10$。

5. 确定另一个拐点频率（滞后补偿器的极点）为 $\omega = 1/\alpha T$。

6. 重复上述的设计过程。调整补偿器的参数（极点、零点、增益）以满足所有的性能指标。

例 6.18 温度控制系统的滞后补偿设计

我们再次考虑例 6.16 中的三阶系统

$$KG(s) = \frac{K}{\left(\frac{1}{0.5}s + 1\right)(s + 1)\left(\frac{1}{2}s + 1\right)}$$

设计滞后补偿器，使得相位裕度至少为 $40°$ 和 $K_p = 9$。

解：按前面列举的步骤进行设计。

1. 图 6.60 是当 $K = 9$ 时的 $KG(s)$ 系统的伯德图，可以看出，如果调整穿越频率为 $\omega_c \leqslant 1$ rad/s，那么就可以达到 PM $> 40°$ 的目标。如果 $K = 3$，则这种情况就可能发生。所以，取 $K = 3$，就可以满足相位裕度 PM 的性能指标。

2. 图 6.65 是 $K = 3$ 时 $KG(s)$ 的伯德图，可以看到，PM $\approx 50°$，现在的低频增益为 3。应用 MATLAB 的 margin 语句，计算出准确结果是 PM $= 53°$。

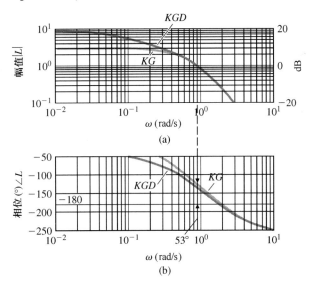

图 6.65 例 6.18 的滞后补偿设计的频率响应

3. 需要将低频增益放大 3 倍，这意味着滞后补偿环节的 $\alpha = 3$。

4. 选择零点的拐点频率近似为期望的穿越频率的 $1/5$，即 0.2 rad/s，因此 $1/T = 0.2$，或者 $T = 5$。

5. 我们得到另一个拐点频率的值，$\omega = 1/\alpha T = 1/15$ rad/s。因此，补偿器为

$$D(s) = 3\frac{5s + 1}{15s + 1}$$

加入补偿后的频率响应,也绘制在图6.65中。低频增益为 $KD(0)G(0) = 3K = 9$,因此有 $K_p = 9$,PM 稍微降低到44°,但仍然可以满足要求。图6.66 给出了系统的阶跃响应,表明系统的阻尼是合理的,这也是我们期望看到的,即 PM = 44°。

6. 至此,已不需要重复试验了。

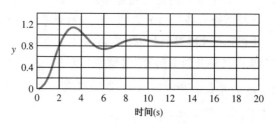

图 6.66　例 6.18 的滞后补偿设计的阶跃响应

　　注意,例6.16 和例6.18 都是针对相同的受控对象进行补偿设计的,都具有相同的稳态误差要求。一个采用超前补偿,而另一个采用滞后补偿。比较两种补偿后系统的穿越频率,可以得出这样的结果:应用超前补偿设计后系统的带宽,是应用滞后补偿设计后系统带宽的 3 倍。

　　例6.18 演示了一个有效的滞后补偿设计,提高低频增益以得到更好的误差特性。但是,在本质上,滞后补偿减小了 $\dfrac{\omega_c}{L(0)}$ ($= \omega_c/K_v$,针对 1 型系统)的值。这意味着,如果保持穿越频率不变,低频增益就会提高。同样地,如果保持低频增益不变,穿越频率就会减小。因此,滞后补偿可以被解释成:通过减小穿越频率,从而得到更理想的相位裕度。在这种情况下,需要部分地修改设计过程。首先,求出满足误差要求的低频增益,然后配置滞后补偿的极点和零点,以使得到的穿越频率有足够的相位裕度 PM。下一个例子将采用这种方法。不管采用何种设计方法,设计的结果应该总是相同的。

　　例6.19　直流电动机的滞后补偿
　　重新设计例6.15 的直流电动机控制。这一次采用滞后补偿设计。确定满足误差要求 $K_v = 10$ 的低频增益,然后设计滞后补偿环节,使其满足45°的 PM 要求。

　　解: 系统的频率响应曲线如图6.67 所示,其中增益是我们所希望的 $K = 10$。未加补偿时的系统的穿越频率大约是 3 rad/s,而 PM = 20°。设计人员的任务是选择滞后补偿的转折频率,以使穿越频率降低和得到更好的 PM。为抑制补偿的相位滞后的影响,补偿环节的极点和零点必须比新的穿越频率低很多。图6.67 显示了这样一种选择,滞后零点是 0.1 rad/s,滞后极点是 0.01 rad/s。这一次参数的选择,得到了 50°的相位裕度 PM,因此满足了系统的性能要求。这里,通过把穿越频率保持在 $G(s)$ 具有较好相位特性的区域,从而完成了系统稳定性目标。选择极点和零点位置 $1/T$ 的准则是,使它们足够小,以使得补偿的相位滞后对穿越频率的影响降低到最低程度。但是,因为由滞后环节带来的额外的系统根[与图5.28 相似的系统的根轨迹比较]与补偿环节的零点在相同的频率范围内,也对输出响应有相同的影响,尤其是对干扰输入的响应,所以通常极点和零点的配置不能小于期望值。

　　图6.68 给出了系统对阶跃参考输入的响应。它表明系统对阶跃输入没有稳态误差,因为这是 1 型系统。但是,由滞后补偿引进的慢速特征根使响应需要25 s 才能达到零稳态值。根据图6.38 可知,相对于 PM = 50°,本例的超调 M_p 略大一些,但是,系统的性能已足够达到了。

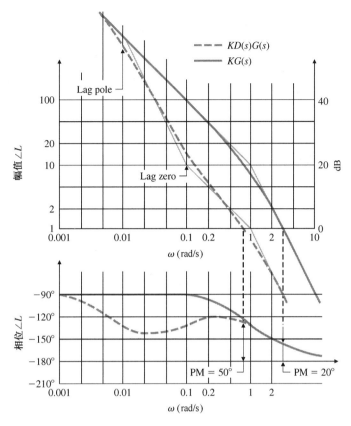

图 6.67　例 6.19 滞后补偿设计的频率响应

正如之前看到的相似情况，例 6.15 和例 6.19 分别对相同的系统采用完全不同的补偿形式，满足的是相同的性能指标。在第一个例子中，采用的是超前补偿满足各项性能要求，穿越频率是 $\omega_c = 5$ rad/s（$\omega_{BW} \approx 6$ rad/s）。在第二个例子中，采用的是滞后补偿满足同样的性能要求，得到的穿越频率是 $\omega_c \approx 0.8$ rad/s（$\omega_{BW} \approx 1$ rad/s）。很明显，如果有上升时间或带宽的

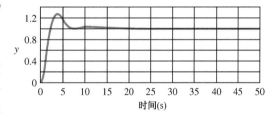

图 6.68　例 6.19 滞后补偿设计的阶跃响应

要求，它们就会影响到补偿环节的选择（超前或者滞后）。同样地，如果需要解决系统很慢才能达到稳态值的问题，我们建议采用超前补偿而不是滞后补偿。

在实际系统中，正如过程本身，动态元件通常表示执行机构或传感器，因此一般不可能使穿越频率提高到比它们的响应频率还要高。虽然线性理论的分析表明，几乎所有的系统都可以加上补偿，但是在事实上，如果我们使元件工作在比它们的固有频率高很多的频率处，系统就会进入饱和状态。这样，关于线性系统的假设就不再成立，那么线性设计也只是我们的空想。据此，可看到，简单地增大系统的增益然后加上补偿器来取得足够的相位裕度 PM，这一做法有可能是不成功的。更可取的做法可能是，加入滞后网络来满足误差要求，这样闭环带宽就能保持在一个合理的频率上。

6.7.5 PID 补偿

对于那些同时需要在 ω_c 处改善相位裕度和在低频处改善增益的问题, 行之有效的方法是同时采用微分控制和积分控制。通过合并式(6.37)和式(6.50), 我们得到了 PID 控制规律。它的传递函数是

$$D(s) = \frac{K}{s}\left[(T_D s + 1)\left(s + \frac{1}{T_I}\right)\right] \tag{6.52}$$

图 6.69 给出了它的频率响应特性。尽管这种形式与式(4.59)略有不同; 但是这种差异带来的影响却是无关紧要的。这种补偿形式, 大概相当于在同一个设计中同时采用超前和滞后补偿器, 所以经常被称为超前-滞后补偿器(lead-lag compensation)。因此, 它能同时改善瞬态响应和稳态响应。

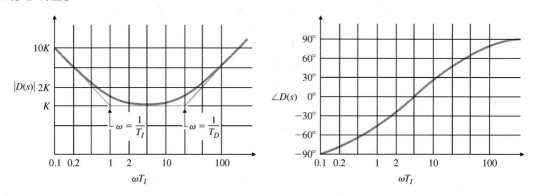

图 6.69　$T_I / T_D = 20$ 时 PID 补偿的频率响应

例 6.20　*航天器姿态控制的 PID 补偿设计*

一个简化的航天器姿态控制设计问题已在 6.5 节描述过, 但是, 更真实的系统是包括传感器滞后和干扰转矩。图 6.70 定义了这个系统。设计一个 PID 控制器, 使得对于常量的干扰转矩的稳态误差为零, 要求系统的相位裕度 PM 为 65°。同时, 在合理范围内带宽尽可能高。评估姿态指向误差与频率的关系, 并与在开环条件下得到的误差进行比较。对于在轨道速率($\omega = 0.001$ rad/s)时表现为正弦曲线的来自太阳压力的干扰转矩, 确定通过反馈系统获得的改善。

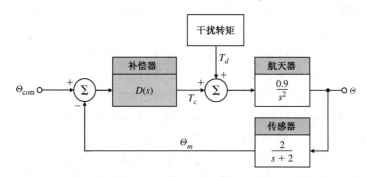

图 6.70　例 6.20 中应用 PID 设计的航天器控制的方框图

解: 首先, 考虑系统的稳态误差。若要航天器达到一个稳定的终值, 总的输入转矩 $T_d + T_c$ 必须为零。因此, 如果 $T_d \neq 0$, 那么 $T_c = -T_d$。若要此式成立, 并且没有误差($e = 0$), 则 $D(s)$

必须包含一个积分项。因此在补偿环节中包含积分控制可以满足系统的稳态要求。这个设计，也可以在数学上运用终值定理来验证(参见习题 6.47)。

图 6.71 给出了航天器和传感器

$$G(s) = \frac{0.9}{s^2}\left(\frac{2}{s+2}\right) \tag{6.53}$$

的频率响应。可以看到，曲线斜率为 -2(就是 -40 dB/10 倍频程)和 -3(-60 dB/10 倍频程)。如果没有微分反馈，对于任何的 K 值，系统都是不稳定的。这可以明显地从伯德图的增益－相位关系看出来，因为对于 -2 的斜率，相位为 $-180°$；而对于 -3 的斜率，相位为 $-270°$。相应地，相位裕度 PM 分别为 $0°$ 或 $-90°$。因此，为使系统稳定，需要一个微分环节将幅值曲线在穿越频率处的斜率变为 -1，因此就必须要有微分控制的参与。现在的任务就是，确定式(6.52)中的三个参数 K、T_D 和 T_I，以满足系统的各项性能要求。

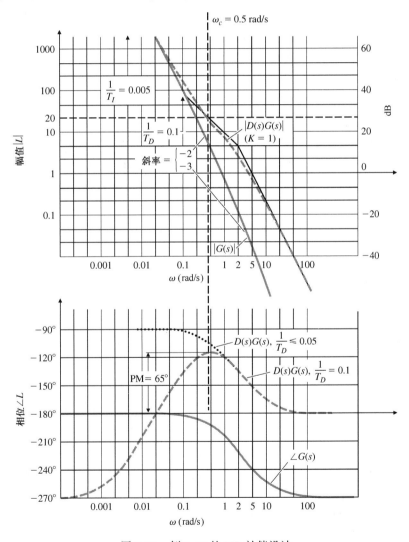

图 6.71 例 6.20 的 PID 补偿设计

最简单的方法就是，从考虑相位裕度着手，在一个较高的频率点，使系统的相位裕度为 PM $=65°$。注意，如果 T_I 比 T_D 大很多，T_I 的影响是次要的，因此，主要通过调节 T_D 就可以达到这个目标。当相位调节好以后，也就确定了穿越频率，这样，就可以很容易地确定增益K。

根据图6.69中PID控制器的相位曲线，判定一下随着T_D取值的变化，带补偿的航天器系统$D(s)G(s)$会有怎样的变化。如果$1/T_D \geq 2$ rad/s，则PID控制所能提供的相位超前刚好与传感器的相位滞后相抵消，得到的合成相位永远不会超过$-180°$。如果$1/T_D \leq 0.01$，那么合成相位将在某些频率范围内接近$-90°$，即使在更广的频率范围内，其相位也不会超过$-115°$。这就是说，系统能提供的相位裕度不会小于$65°$。图6.71中的短画线显示了$1/T_D = 0.1$时的特性曲线。可以看出，要保证系统能提供相位裕度为PM$=65°$，$1/T_D$的取值不能大于0.1。对于任意的$1/T_D > 0.1$，相位在任意频率处永远不会穿过$-115°$。对于$1/T_D = 0.1$，为得到相位裕度PM$=65°$，穿越频率ω_c应是0.5 rad/s。对于$1/T_D << 0.05$的值，相位曲线基本上跟随如图6.71所示的点线。若$1/T_D = 0.05$，则穿越频率ω_c最大可取值为1 rad/s。因此，$0.05 < 1/T_D < 0.1$是$1/T_D$的较合理的取值范围。对于任意小于0.05的取值，系统的带宽不会再有明显的增大，而对于任意大于0.1的取值，就不可能满足相位裕度PM的要求。虽然最终的选择都是有点随意的，我们还是选择$1/T_D = 0.1$来完成最终的系统设计。

选择$1/T_I$为$1/T_D$的1/20，就是$1/T_I = 0.005$。小于1/20的取值，就会影响到穿越频率处的相位，从而降低相位裕度PM。还有，一般希望在低于穿越频率ω_c的频段，系统有较大的增益，这样可以保证系统有较快的瞬态响应速度和更小的误差。在设计中，把$1/T_D$和$1/T_I$的取值尽量大一些，就是基于这样的考量。

剩下的唯一任务就是，确定PID控制器的比例部分，即K。不像例6.18，那时我们选择K需要满足稳态误差要求，而在这里选择K，以得到与期望的PM$=65°$对应的穿越频率。在6.6节中讨论的求K的基本过程包括：画$K=1$时带补偿系统的幅值，求出幅值在穿越点的值，然后令$1/K$等于那个值。图6.71表明，当$K=1$时，在我们期望的穿越频率$\omega_c = 0.5$ rad/s处，$|D(s)G(s)| = 20$。因此，有

$$\frac{1}{K} = 20, \text{ 所以 } K = \frac{1}{20} = 0.05$$

现在，我们得到了满足所有性能要求的补偿方程

$$D(s) = \frac{0.05}{s}[(10s+1)(s+0.005)]$$

值得注意的是，如果降低系统增益，以至于$\omega_c \leq 0.02$ rad/s，那么图6.71中带补偿的系统对应的相位就小于$-180°$，因此，系统就会变得不稳定。就像在6.4节提到过的，这种情况就是条件稳定系统。该系统和所有其他条件稳定系统的参数为K的根轨迹图将表明，对于非常小的增益K，其根轨迹曲线会分布在右半平面。图6.72(a)描述了系统对单位阶跃θ_{com}的响应，可以看到，系统表现出良好的阻尼特性，其相位裕度PM$=65°$。

图6.72(b)描述了系统对阶跃干扰转矩$T_d = 0.1$ N的响应曲线。我们注意到，积分控制项最终逼使误差趋向于零。但是，因为在零点附近存在一个闭环极点$s = -0.005$，所以这个过程是很缓慢的。不管怎样，这个零点是为了使积分项不过分地影响相位裕度PM而设置的。因此，如果这个缓慢的干扰响应是不可接受的，则可以加大极点来减小相位裕度PM和系统的阻尼。在控制系统设计中，经常采用的是折中方案！

图6.73给出了误差特性的频率响应曲线。上方的曲线是开环系统的误差特性曲线，而下方的曲线是闭环系统的误差特性曲线。对于轨道速率的扰动，通过反馈使误差几乎以10^6的速度衰减。如期望的一样，随着干扰频率的增加，误差衰减减少，而在系统带宽约等于0.5 rad/s

时，几乎没有误差衰减。在设计过程中，注意到，传感器的响应特性带宽被限制为 2 rad/s。因此，增加传感器的带宽是提高误差特性的唯一途径。而另一方面，增加传感器的带宽，会在高频传感器噪声上引进抖动。因此，这里我们可以看到经典的权衡方法：设计者必须决定哪一个特性(由于干扰或者传感器噪声引起的小误差)对整体系统性能是更为重要的。

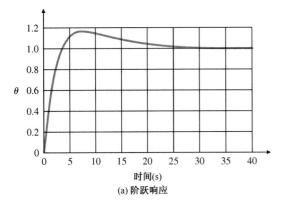

(a) 阶跃响应

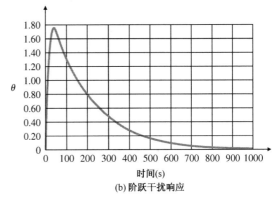

(b) 阶跃干扰响应

图 6.72　PID 控制系统的瞬时响应

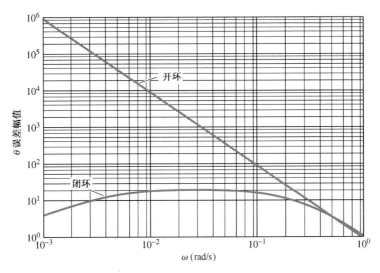

图 6.73　关于扰动输入的误差频率响应(开环和闭环)

1. PD 控制会在大于转折点的频率段增加超前相位。如果增益在低频段的渐近线不变，PD 补偿将增大穿越频率和响应速度。频率响应高频段的幅值增大会提高系统对噪声的灵敏性。

2. 超前补偿会在两个转折点之间的频带增加超前相位。如果增益的低频段渐近线不变，超前补偿会同时增大原系统的穿越频率和响应速度。

3. PI 控制会在小于转折点的频率段增大频率响应的幅值，从而减小稳态误差。它也在小于转折点的频率段带来相位滞后，所以我们需要把它保持在足够小的频率上以避免过分降低系统的稳定性。

4. 滞后补偿会在低于两个转折点的频率段增大频率响应的幅值，从而减小稳态误差。另一方面，通过合理调整 K 值，滞后补偿可以用来减小频率响应在高于两个转折点的频率段的幅值，使得 ω_c 产生可接受的相位裕度。滞后补偿也在两个转折点之间提供相位滞后,所以我们要把它们保持在足够小的频率上避免相位减小使相位裕度 PM 降低过多。采用滞后补偿的系统响应速度一般比采用超前补偿的要低。

6.7.6　设计的考虑因素

在前面的设计例子中,我们已看到回路增益 $L(s)$ ($=KDG$)的开环伯德图的特性,它确定了系统的稳态误差、低频率误差和动态响应方面的性能。在第 4 章,我们阐述了反馈的其他性质,包括减小传感器噪声和参数改变对系统性能的影响。

在现有的各种不同的设计方法中,控制输入和干扰输入是设计的重要组成部分,因此有必要对系统的稳态误差或者低频率误差进行认真的研究。要满足特定的控制输入和干扰输出的稳态误差指标,就需要保证在较低的频率段上开环系统增益高于某个下限。而系统的高频段的增益是系统灵敏度问题需要考虑的另一个方面。到目前为止,第 4 章、5.4 节和 6.7 节都简洁地讨论了这样一种思想:为减小传感器噪声的影响,系统在高频段的增益必须很小。事实上,在介绍超前补偿的时候,我们特别在纯微分控制环节加上一个极点来减少传感器噪声在高频段的影响。设计人员在补偿环节中加上额外的极点并不少见,即运用下面的关系式

$$D(s) = \frac{Ts+1}{(\alpha Ts+1)^2}$$

来引入更多的衰减以减少噪声的影响。

在设计中,考虑高频增益的第二个原因是,许多系统都存在高频动态现象,例如机械谐振,它可以影响到系统的稳定性。在系统性能要求极高的设计中,这些高频动态特性也应被包括在系统模型中,并且在对这些动态特性有充分认识的基础上设计补偿器。其标准的处理方法是,尽量保持高频段的低增益,就像我们为减小传感器噪声所做的那样。观察如图 6.74 所示的典型系统的增益–频率关系图,对此会有更清楚的理解。可以看到,高频动态特性导致系统不稳定的唯一可能性就是,未知的高频谐振会引起幅值升高至 1 以上。相反,如果保证未知的高频动态不会导致系统幅值超过 1,那么系统的稳定性也就得到保证了。如果在 $D(s)$ 中增加

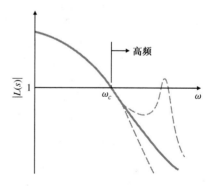

图 6.74　受控对象不确定性的高频影响

额外的极点,能够在高频段降低标称的回路增益(L),那么也就减小了 G 中未知谐振导致系统不稳定的可能性。对于具有谐振现象的系统,通过调整系统高频段的幅值,使其不超过 1,以保证系统的稳定性,这个过程通常被称为幅值镇定(amplitude stabilization)或者增益镇定(gain stabilization)。当然,如果能准确知道谐振的特性,就可以通过精心设计的补偿环节来改变某个特定频率点上的相位,以避免奈奎斯特图包围 -1 点,从而保证即使幅值超过 1,也仍能把系统稳定下来。这种使系统稳定的方法,常常被称为相位镇定(phase stabilization)。采用相位镇定要面对一个难题就是,很难对高频动态特性有足够的认识,况且它可能还是不断变化的。因此,在设计中很难有一个精确的系统模型。于是,只有一种选择,那就是采用幅值镇定,将高频段的标称回路增益降低到足够低。这样,可以同时降低系统对模型不确定性和传感器噪声的灵敏度。

　　灵敏度的两个方面(高频特性和低频特性)可以用图形来形象地描述,如图6.75所示。可以看到,系统的增益值在某些低频范围内应有下限,该频率段上的最小增益不得小于该下限值,这样可以保证系统有满意的稳态误差和低频率误差。而系统在高频段的增益也应有上限,该频率段上的最大增益不得大于此上限值。这对抑制噪声有较好的效果,同时可降低因受控对象模型中存在的误差而可能导致系统不稳定。为方便起见,从频率响应角度,将低频率处的下限和高频率处的上限分别定义为 W_1 和 W_2^{-1},并在系统的幅值曲线上描述出来,如图6.72所示。在这两个频率范围之间的频率段上,控制工程师应使增益曲线在期望的带宽附近穿越横轴,且穿越处的渐近线斜率为 –1 或者稍微变陡。于是,系统获得了理想的相位裕度,同时也有满意的系统阻尼。

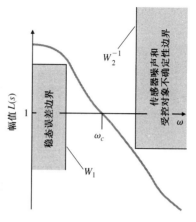

图6.75　低灵敏度的设计准则

　　举个例子,如果要求一个控制系统从频率0到 ω_1 跟随一个正弦参考输入,误差不大于1%,那么函数 W_1 从 $\omega = 0$ 到 ω_1 的值为100。也可以用同样的方法来定义函数 W_2^{-1} 在频率 ω_2 之上的取值。这些方法,将在接下来的小节中进一步讨论。

△6.7.7　灵敏度函数性能指标

　　我们已经看到,增益裕度和相位裕度不但包含了关于系统的相对稳定性的有用信息,而且还可以作为超前补偿和滞后补偿设计的指南。但是,在实际的控制系统设计中,仅有 GM 和 PM 两个性能指标是不够的。如果以频率响应的观点将一些外部信号(例如参考输入和干扰输入)给出频率描述,然后考虑在4.1节定义的灵敏度函数,那么就可以在频率域上表达更完整的设计要求。例如,到目前为止,我们还只是通过系统对简单的阶跃输入和斜坡输入的瞬态响应来描述系统的动态性能。对于实际的复杂输入信号,更为精确的描述是将它们看成是有一定功率谱密度的随机过程。为简化分析但又不失准确性,可以认为这些信号是由某特定频率范围内的正弦信号合成的。例如,我们可以在频域上描述参考输入信号,它是一组具有不同频率的正弦信号的和,而各种频率的正弦信号的幅值是由如图6.76描述的幅值方程 $|R|$ 所决定的。换言之,由正弦信号分量组成的信号,一直到某个频率 ω_1,各分量都有相同的幅值。而在大于 ω_1 的频率范围内,幅值极小,可以忽略不计。于是可以这样来描述系统响应的指标,对于任何频率为 ω_o,ω_o 满足 $0 \leq \omega_o \leq \omega_1$,幅值为 $|R(\mathrm{j}\omega_o)|$ 的正弦信号,系统误差的幅值应小于边界值 e_b(如0.01)。为了提出在设计中便于应用的性能指标,再次考虑如图6.77所示的单位反馈系统。对于这个系统,其误差由下式给出:

$$E(\mathrm{j}\omega) = \frac{1}{1+DG}R \triangleq \mathcal{S}(\mathrm{j}\omega)R \tag{6.54}$$

这里,使用如下形式的灵敏度函数(sensitivity function):

$$\mathcal{S} \triangleq \frac{1}{1+DG} \tag{6.55}$$

除了用做与系统误差相乘的因子以外,灵敏度函数也是 DG 的奈奎斯特曲线到关键点 –1 的距离值的倒数。因此,$\mathcal{S}$ 的取值越大,表明奈奎斯特曲线距离临界点越近。根据式(6.54),频域内的误差指标可表示成 $|E| = |\mathcal{S}||R| \leq e_b$。为了使问题规范化,而且不必每次都定义频谱 R 和误差

边界 e_b，我们定义了关于频率 ω 的实数函数 $W_1(\omega) = |R|/e_b$。这样，性能要求就可以写成

$$\boxed{|\mathcal{S}|W_1 \leqslant 1} \tag{6.56}$$

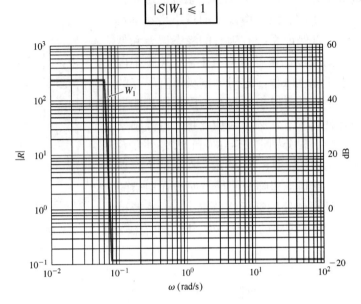

图 6.76   典型参考输入信号的频谱图

例 6.21   *性能边界函数*

一个单位反馈系统，对于频率低于 100 Hz、幅值为单位值的正弦输入信号，要求其误差小于 0.005。画出该设计的性能频率函数 $W_1(\omega)$。

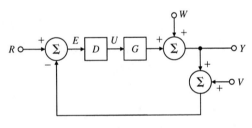

图 6.77   闭环系统方框图

解：从问题的描述知道，频谱在 $0 \leqslant \omega \leqslant 200\pi$ rad/s 是一个单位值。因为 $e_b = 0.005$，所以要求的函数是在给定的范围内幅值是 $1/0.005 = 200$ 的矩形。如图 6.78 所示，这是性能边界函数 $W_1(\omega)$ 的函数曲线。

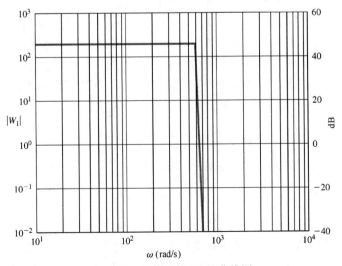

图 6.78   性能函数 W_1 的曲线图

回到熟悉的伯德图坐标来考虑式(6.56)，我们发现它实际上描述了对回路增益的要求。在要求系统误差很小的频率范围内，回路增益很大。在这种情况下，$|\mathcal{S}| \approx 1/|DG|$，于是系统的性能要求可以近似于

$$\frac{W_1}{|DG|} \le 1$$

$$\boxed{|DG| \ge W_1}$$

(6.57)

该性能要求可以看做是稳态误差指标的扩展，只不过频率由 $\omega = 0$ 这样一个点变成了 $0 \le \omega_o \le \omega_1$ 的范围。

除了保证系统的动态性能要求外，设计人员通常还应考虑系统的稳定鲁棒性(stability robustness)。也就是说，在可预期的不确定性因素(如温度、年代和其他操作上的或环境因素)的影响下，在受控对象的传递函数发生变化时，针对标称传递函数所做的设计仍是稳定的。为了描述这种不确定性，比较现实的做法是利用一个描述不确定性的乘数因子，来描述受控对象的传递函数

$$G(\mathrm{j}\omega) = G_o(\mathrm{j}\omega)[1 + W_2(\omega)\triangle(\mathrm{j}\omega)]$$

(6.58)

在式(6.58)中，实数函数 W_2 表示的是不同频率处传递函数幅值变化的大小。使用 G 和 G_o，可表示为

$$W_2 = \left|\frac{G - G_o}{G_o}\right|$$

(6.59)

W_2 在低频处的形状几乎总是非常小(在这里，我们对模型非常了解)，而在高频段，寄生参数作用明显，通常存在非模型化的结构变化，这时 W_2 实际上会变大。图6.79是 W_2 的典型函数曲线。复函数 $\Delta(\mathrm{j}\omega)$ 表示相位的不确定性，它只有一个约束条件

$$0 \le |\triangle| \le 1$$

(6.60)

假定标称设计已经完成，而且 DG_o 的奈奎斯特曲线满足奈奎斯特稳定性判据，即系统是稳定的。在这种情况下，标称的特征方程 $1 + DG_o = 0$ 对于任何实频率都不会成立。要使系统具有鲁棒性，采用式(6.58)所描述的不确定对象的特征方程，对于任何频率、任何取值的 $\triangle$ 都不应等于0。具体而言，应满足以下的条件：

$$1 + DG \ne 0$$
$$1 + DG_o[1 + W_2\triangle] \ne 0$$
$$(1 + DG_o)(1 + \mathcal{T}W_2\triangle) \ne 0$$

(6.61)

这里，我们定义灵敏度余函数(complementary sensitivity function)为

$$\mathcal{T}(\mathrm{j}\omega) \triangleq DG_o/(1 + DG_o) = 1 - \mathcal{S}$$

(6.62)

因为标称系统是稳定的，所以式(6.61)的第一项 $(1 + DG_o)$ 从来不等于零。因此，如果式(6.61)对于任意的频率和 Δ 都不等于零，那么其成立的充分和必要条件是

$$|\mathcal{T}W_2\triangle| < 1$$

利用式(6.60)，可将上式化简成

$$|\mathcal{T}|W_2 < 1$$

(6.63)

对于单输入单输出的单位反馈系统，该性能指标还可以近似为一种更简便的形式。我们知道，在高频段，W_2 是不可忽略的，因为受控对象在高频段的不确定性非常明显，但此处的 DG_o 很小。因此，$\mathcal{T}$ 可以近似为 $\mathcal{T} \approx DG_o$，从而，约束条件可简化为

$$|DG_o| W_2 < 1$$

$$\boxed{|DG_o| < \frac{1}{W_2}} \tag{6.64}$$

如上面所述，鲁棒性问题是设计中很重要的，它会影响到高频率开环系统的频率响应。然而，正如之前讨论的，限制高频幅值的大小可以降低噪声影响，这也是非常重要的。

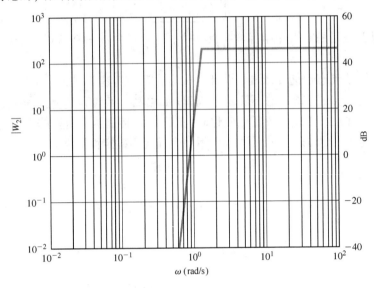

图 6.79　典型对象不确定性 W_2 的曲线图

例 6.22　典型的对象不确定性

受控对象的不确定性由一个函数 W_2 来描述。W_2 取值为零直到 $\omega = 3000$。从 $\omega = 3000$ 开始到 $\omega = 10\,000$，又线性地增大到 100。在更高的频段，则保持为 100。试确定 DG_o 应满足的约束条件。

解：当 $W_2 = 0$ 时，对于回路增益的幅值，没有约束条件。从 $\omega = 3000$ 到 $\omega = 10\,000$，$1/W_2 = DG_o$ 是从 ∞ 变化到 0.01 的双曲线，而对于 $\omega > 10\,000$，DG_o 保持为 0.01。图 6.80 给出了 DG_o 的边界曲线。

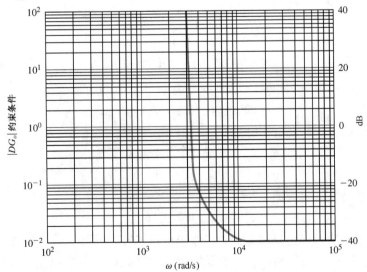

图 6.80　关于 $|DG_o|\,(=|W_2^{-1}|)$ 的约束条件的曲线图

在实际中，回路增益的幅值采用对数－对数坐标，因此式(6.57)和式(6.64)的约束条件也可以图像的形式描述在同样的坐标系中。一种典型的曲线图，如图6.75所示。设计人员希望构造的开环增益曲线，应在低于 ω_1 的频段保持大于 W_1，然后在 $\omega_1 \le \omega \le \omega_2$ 的范围穿过幅值为1的直线($|DG|=0$)，最后在大于 ω_2 的频段内小于 $1/W_2$。

△6.7.8 灵敏度函数的设计限制

伯德的主要贡献之一就是，推导了用于约束可获得设计指标的传递函数的重要限制条件。例如，我们期望系统的误差在尽可能广的频率范围内保持为一个较小的值，又期望系统对非常不确定的对象具有鲁棒性。对于如图6.81所示的曲线，希望 W_1 和 W_2 在各自的频率范围内尽可能大，并且 ω_1 要尽可能地接近 ω_2。因此，回路增益就能在一个非常小的范围内以很大的负斜率从大于 W_1 急降到小于 $1/W_2$，同时又保持理想的相位裕度，以保证系统的稳定性和良好的动态性能。但是，根据前面给出的伯德增益－相位关系方程可知，因为相位是由幅值曲线斜率的积分来决定的，利用线性控制器是无法实现上面所期望的。如果这个斜率在 ω_o 附近相当宽的频率范围内保持为一个常数，那么式(6.34)可近似为

$$\phi(\omega_o) \approx \frac{\pi}{2} \left. \frac{\mathrm{d}M}{\mathrm{d}u} \right|_{u=0} \tag{6.65}$$

式中，M 是幅值的对数值，$u = \lg \dfrac{\omega}{\omega_o}$。如果要求相位保持在 $-150°$以上，以得到30°的相位裕度，那么幅值曲线在 ω_o 附近的斜率可由下式估算：

$$\frac{\mathrm{d}M}{\mathrm{d}u} \approx \frac{2}{\pi} \left(-150 \frac{\pi}{180} \right)$$
$$\approx -1.667$$

如果要使曲线变化得更快(更大的负值)，那么就需要牺牲相位裕度。于是，可得到这样的一个设计规则，那就是，伯德图上的幅值曲线应以斜率为 -1 穿越幅值为1的水平线，并在穿越频率 ω_c 附近约10倍频程的范围内保持该斜率。这个结论已在6.5节中讨论过。在特殊的情况下，这一规则需要做些调整，但无论在什么情况下式(6.65)都是成立的。因此，可以很清楚地看到，图6.81给出的系统是不可能稳定的。

例6.23 鲁棒性约束条件

如果 $W_1 = W_2 = 100$，并且我们期望得到 PM $=30°$，那么 ω_2/ω_1 的最小比值是多少?

解：计算斜率为

$$\frac{\lg W_1 - \lg \frac{1}{W_2}}{\lg \omega_1 - \lg \omega_2} = \frac{2+2}{\lg \frac{\omega_1}{\omega_2}} = -1.667$$

因此，这个比值的对数是 $\omega_1/\omega_2 = -2.40$，即 $\omega_2 = 251\omega_1$。

犹如标准伯德图可作为系统设计的指南一样，以频率为变量的灵敏度函数，其函数曲线同样可用于指导设计工作。根据式(6.56)可知，要得到满意的系统性能，在 $0 \le \omega \le \omega_1$ 的范围内，应满足 $|\mathcal{S}| < \dfrac{1}{W_1}$，而根据式(6.64)可知，要使系统具有鲁棒性，要求在 $\omega_2 \le \omega$ 的范围内，应满足 $|\mathcal{S}| \approx 1$。那么上述条件是否预期能得到满足呢? 无须惊讶的是，伯德又发现了要使这些条件成立所面临的限制。由 Freudenberg 和 Looze 推广的约束条件表明，灵敏度函数的积分

是由分布在右半平面的极点所决定的。假设 DG_o 有 n_p 个极点 p_i 位于右半平面,而且在高频段以大于1的斜率"骤降"。对于有理函数来说,这表明有穷极点的数量至少比零点的数量多两个。在这种假设下,积分式可以表示成

$$\int_0^\infty \ln(|\mathcal{S}|)\,\mathrm{d}\omega = \pi \sum_{i=1}^{n_p} \mathrm{Re}\{p_i\} \tag{6.66}$$

如果没有极点分布在右半平面,则积分项为零。这表明,如果在某个频率范围内使 $\ln|\mathcal{S}|$ 取绝对值很大的负值,以使该频率范围内的系统误差很小,那么在另一个频率范围内,$\ln|\mathcal{S}|$ 必然会取绝对值很大的正值,从而使该范围内的系统误差变大。如果有不稳定的极点,则情况会更糟糕,因为积分面积为正的区域将比积分面积为负的区域大,也就是说,对系统误差的放大作用要比对误差的抑制作用大。如果系统是最小相位系统,那么在原则上认为,只要灵敏度在所有正的频率内是一直增加的,就可以保证灵敏度函数的幅值保持为一个较小的值。但是,这样的设计要求系统有足够的带宽,这在工程上是无法实现的。如果要求系统带宽为一个具体值,那么在带宽范围内的某个频率点上,灵敏度函数必须有一个有限的、可能很大的正值。就像在 6.4 节(如图 6.39 所示)中定义的向量裕度(VM),我们可以知道,一个较大的 $\mathcal{S}_{max}$ 对应着奈奎斯特曲线靠近临界点 -1,并且系统有一个较小的向量裕度,这是因为

$$\mathrm{VM} = \frac{1}{\mathcal{S}_{\max}} \tag{6.67}$$

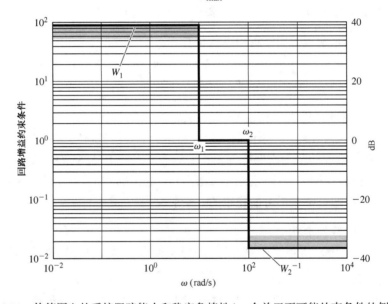

图 6.81 伯德图上的系统跟踪能力和稳定鲁棒性(一个关于不可能约束条件的例子)

如果系统是非最小相位系统,则情况会更糟糕。如果 DG_o 有一个非最小相位零点,并且是分布在右半平面的零点,那么就需要重新修正式(6.66)。假定该零点为 $z_o = \sigma_o + \mathrm{j}\omega_o$,这里,$\sigma_o > 0$。同样地,还假设 DG_o 有 n_p 个极点 p_i (共轭极点为 $\overline{p_i}$)。现在,这种情况可以表示为双边加权积分

$$\int_{-\infty}^\infty \ln(|\mathcal{S}|)\frac{\sigma_o}{\sigma_o^2 + (\omega - \omega_o)^2}\,\mathrm{d}\omega = \pi \sum_{i=1}^{n_p} \ln\left|\frac{\overline{p_i} + z_o}{p_i - z_o}\right| \tag{6.68}$$

在这种情况下,我们不再需要假设系统在高频段存在"骤降"约束,因为上式中加权函数随着

频率的增大迅速趋于零，所以在高频段不会出现正的积分面积。关于这个积分项，很重要一点是，如果非最小相位零点靠近右半平面的某个极点，那么积分项的右边会是一个非常大的值。相应地，要求在积分区间上，积分面积为正的区域要远大于积分面积为负的区域。基于这个结论，如果系统在右半平面有非常接近的极点和零点，那么要同时满足系统的跟踪特性和鲁棒性指标是非常困难的。

例 6.24　天线的灵敏度函数

计算和绘制用于天线设计的灵敏度函数，其中 $G(s) = 1/s(s+1)$ 和 $D(s) = 10(0.5s+1)/(0.1s+1)$。

解：这个例子的灵敏度函数是

$$\mathcal{S} = \frac{s(s+1)(s+10)}{s^3 + 11s^2 + 60s + 100} \tag{6.69}$$

其曲线图如图 6.82 所示，这可由下列的 MATLAB 命令得到：

```
numS = [1 11 10 0];
denS = [1 11 60 100];
sysS = tf(numS,denS);
[mag,ph,w] = bode(sysS);
loglog(w,squeeze(mag)),grid
```

由 $M = \text{max(mag)}$ 求得 $\mathcal{S}$ 的最大值是 1.366，从而得到系统的向量裕度为 VM = 3.73。

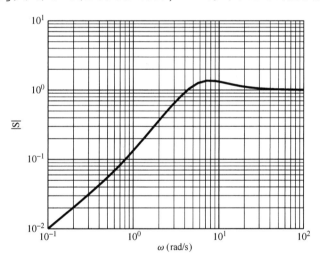

图 6.82　例 6.24 的灵敏度函数

△6.8　时滞

纯时滞环节的拉普拉斯变换是 $G_D(s) = e^{-sT_d}$。在第 5 章的根轨迹分析中，我们曾将它近似为一个有理函数（Padé 近似）。虽然这种近似仍可用于频率响应的分析，但通过伯德图和奈奎斯特稳定判据，可以进行更为准确的分析。

时滞环节的频率响应特性可由 $e^{-sT_d} |_{s=j\omega}$ 的幅值和相位来描述。其幅值为

$$|G_D(j\omega)| = |e^{-j\omega T_d}| = 1, \text{ 对于所有的}\omega \tag{6.70}$$

因为时滞环节只是在时间上对信号起延迟作用，而对它的幅值是没有影响的，所以这个结果是

我们所预料的。它的相位以弧度度量为

$$\angle G_D(j\omega) = -\omega T_d \qquad (6.71)$$

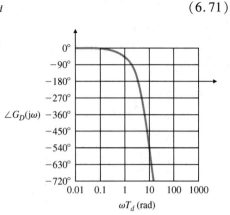

图 6.83 纯时滞环节的相位滞后

并且与频率成负比例关系。这也是我们期望的，随着频率的增加，周期的衰减，固定时滞 T_d 占据了正弦波的更大分量。相位 $\angle G_D(j\omega)$ 的曲线，如图 6.83 所示。从图中看出，当 ωT_d 大于 5 rad 时，相位滞后大于 270°。这种趋势表明，若穿越频率大于 $\omega = 5/T_d$，那么要保持系统稳定(或得到一个正的相位裕度)实际上是不可能的。同样，对于穿越频率大于 $\omega \approx 3/T_d$ 时，保持系统稳定也是很困难的。这些特性实质上对所有带时滞环节系统的可实现带宽设置了约束条件。(关于这种约束的图解，可参见题 6.69。)

频率域的一些概念，例如奈奎斯特判据，在分析带纯时滞的系统时是可以直接应用的，并且不再需要对时滞环节做近似处理(Padé 近似或其他形式的近似)。关于具体的方法，请看下面的例子。

例 6.25 采样对稳定性的影响

在例 6.15 的数字采样中增加一个额外的相位滞后，使得连续实现和离散实现的观测性能误差一致。如果需要限制 PM 的下降小于 20°，应该要以多慢的速率进行采样？

解: 例 6.15 中的采样频率选择为 $T_s = 0.05$ s。我们从图 4.22 可以看到，采样的目的是一个采样周期内保持控制应用，因此实际的延迟是在 0 到一个采样周期的范围内变化。因此，一般来说，采样的作用是为了引入一个时延 $T_s/2 = 0.05/2 = 0.025 = T_d$ s。从式(6.71)可以看到，在穿越频率 5 rad/s 时的采样引起了相位滞后。此时，可以测出 PM 的大小为 $\angle G_D = -\omega T_d = -(5)(0.025) = -0.125$ rad $= -7°$。因此，PM 的大小会从连续实现的 45° 减小到离散实现时的 38°。图 6.59(a) 表明，超调量 M_p 从连续情况下的 1.2 增加到离散情况下的 1.27，这是可以通过式(6.32)和图 6.38 来预测的。

为了在 $\omega = 5$ rad/s 时限制相位滞后为 20°，从式(6.71)可以知道最大的可允许值为 $T_d = 20/(5 \times 57.3) = 0.07$ s，因此可接受的最慢采样速率为 $T_s = 0.14$ s。然而，注意到，PM 的大幅度减小会导致超调量增加约 20% ~ 40%。

这个例子说明，无论是在数字采样还是其他资料中介绍的时间延迟，对可实现的带宽有着严重的影响。使用式(6.71)或者图 6.83 来评估这种影响是简单而且直观的，这给人们提供了一种快速分析系统的任何延迟的限制性的分析方法。另外，也可以使用奈奎斯特图来评估延迟的影响，更多详情请参阅网上的附录 W6。

△6.9 数据的其他表示

在计算机得到广泛应用之前，人们还发明了其他方法来表示频率响应数据，以帮助理解设计和减轻设计人员的工作负担。计算机的广泛应用使人们几乎淘汰了这些方法。在这一节，我们将介绍其中的一种技术——尼科尔斯图，它的历史地位非常重要。如果你有兴趣，可以参阅网上的附录 W6 来学习逆奈奎斯特曲线。

6.9.1 尼科尔斯图

在尼科尔斯图上,纵坐标表示的是 $|G(j\omega)|$,而横坐标则为 $\angle G(j\omega)$。由伯德图的幅值曲线和相位曲线,可直接地绘制出相应的尼科尔斯图。像伯德图一样,幅值采用对数刻度的坐标,而相位则采用线性刻度的坐标。新的曲线是以频率 ω 为参变量的,曲线上的每一个点都对应着一个频率值。该模型是由 N. Nichols 提出的,因此通常被称为尼科尔斯图(Nichols chart)。尼科尔斯图和奈奎斯特图的基本思想是相似的,一个是 $G(j\omega)$ 的幅值关于其相位的图形,另一个则是描述 $G(j\omega)$ 的实部和虚部,这已在 6.3 节和 6.4 节中讨论过。但是,在以线性刻度描述的奈奎斯特曲线中很难表示出有关 $G(j\omega)$ 的所有特性,而在尼科尔斯图中的幅值轴是采用对数刻度的,正好弥补了这个不足,从而在系统设计中得到了广泛的应用。

对于复数传递函数 $G(j\omega)$ 的任意取值,正如 6.6 节所表明的,都存在唯一的单位反馈闭环传递函数

$$\mathcal{T}(j\omega) = \frac{G(j\omega)}{1 + G(j\omega)} \tag{6.72}$$

或者采用极坐标的形式

$$\mathcal{T}(j\omega) = M(\omega)e^{j\alpha(\omega)} \tag{6.73}$$

式中,$M(\omega)$ 是闭环传递函数的幅值,$\alpha(\omega)$ 是闭环传递函数的相位。特别地,有

$$M = \left| \frac{G}{1+G} \right| \tag{6.74}$$

$$\alpha = \arctan(N) = \angle \frac{G}{1+G} \tag{6.75}$$

可以证明,当 $G(j\omega)$ 用线性的奈奎斯特图表示时,闭环幅值和相位的"等值线"是圆。这些圆分别被称为等 M 圆和等 N 圆。

尼科尔斯图同样存在闭环系统的幅值和相位的"等值线",如图 6.84 所示。但是,因为尼科尔斯图是幅值相对于相位的半对数曲线图,所以它们不再是圆形的。因此,设计人员可以通过图解的方法,在尼科尔斯图上找出开环曲线与闭环幅值为 0.70 的"等值线"的相交位置,然后确定对应数据点的频率来确定闭环系统的带宽。同样,设计人员可以通过找出与尼科尔斯曲线相切的闭环幅值的最大"等值线"的值,来确定谐振的幅值 M_r。与幅值和相位关联的频率,在相切点有时被称为谐振频率(resonant frequency)ω_r。相似地,设计人员可以通过观察在尼科尔斯曲线穿过直线 $-180°$ 处对应的增益值来确定增益裕度(GM),通过观察在曲线穿过幅值 1 的直线处对应的相位大小来确定相位裕度(PM)[①]。通过使用 MATLAB 中的 nichols m 文件可以很容易地画出尼科尔斯图。

例 6.26 PID 控制的尼科尔斯图

某系统的频率响应曲线如图 6.71 所示,试确定引入补偿后系统的的带宽和谐振幅值。

解:根据图 6.71 中系统的幅值曲线和相位曲线,绘制出尼科尔斯图,如图 6.85 所示。在比较两幅图时,将图 6.71 的幅值除以 20,以得到 $|D(s)G(s)|$ 而不是图 6.71 的标称值。因

---

① James, H. M., N. B. Nichols 和 R. S. Phillips(1947)。

为曲线在 $\omega = 0.8$ rad/s 处与闭环幅值为 0.70 的"等值线"相交,所以系统的带宽是0.8 rad/s。因为与曲线相切的幅值的最大"等值线"是 1.20,所以谐振幅值 $M_r = 1.2$。

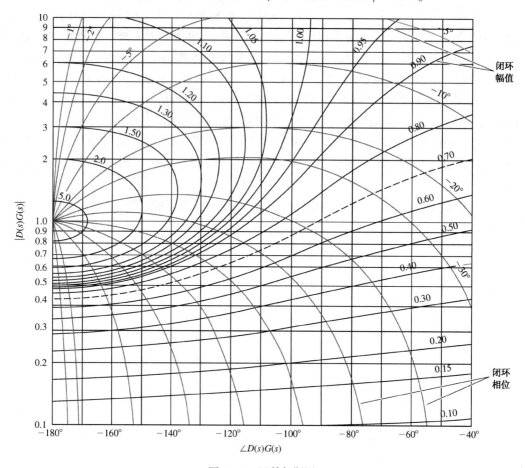

图 6.84　尼科尔斯图

当设计人员要手工画图和计算的时候,这种采用图形方式的数据表示方法是特别有用的。例如,如图 6.84 所示,可以通过在覆盖标准的尼科尔斯图的透明纸上垂直移动曲线来计算增益的改变。这样 GM、PM 和带宽都很容易从图上读出来,因此可以花最小的功夫完成几个增益值的计算。但是,有了计算机辅助设计方法后,现在只需敲几个键就能完成带宽和增益的许多重复计算或其他参数的计算。今天,尼科尔斯图主要是作为奈奎斯特曲线法的一种替补方法来表示信息的。对于那些需要计算包围 −1 次数的复杂系统,尼科尔斯图由于采用的是对数刻度,可以考察更大的频率范围,而奈奎斯特曲线图可表现的范围则小得多。此外,尼科尔斯图还允许我们直接从图上读取到增益裕度和相位裕度。尽管 MATLAB 可以直接计算出 PM 和 GM 的值,但是,在十分复杂的情况下,这个算法可能会得到可疑的结果。因此分析者可能想通过使用 MATLAB 中的 nichols m 文件来核查这些结果。这样,整个实际的包围圈都能够被测试,并且能使我们更好地理解 PM 和 GM 的基础。在网上的附录 W6 中,介绍了一个使用尼科尔斯图来解决复杂问题的例子。

另外一种数据表示方法是逆奈奎斯特图。这种方法简化了 GM 的确定过程。详细的描述请参阅网上的附录 W6。

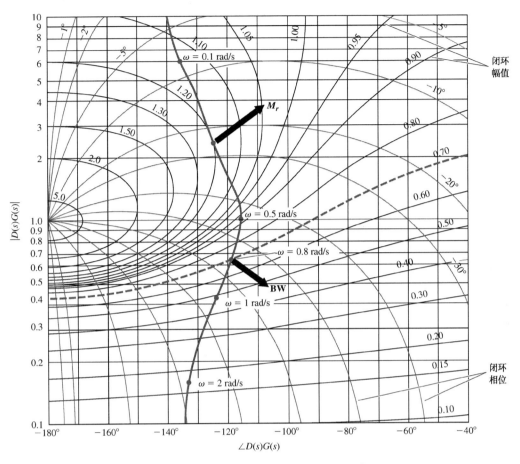

图 6.85　由尼科尔斯图确定带宽和 M_r 的示例图

6.10　历史回顾

　　正如第 5 章所述，在 20 世纪 60 年代以前，工程师们不能利用计算机来辅助他们的分析。因此，能够用来判断系统稳定性或者确定响应特性，而又不需要将特征方程分解的方法是十分有用的。1927 年，贝尔电话实验室的 H. S. Black 发明了电子反馈放大器，极大地激励了新方法的开发。频率响应方法的提出，使得迭代设计首次在反馈控制设计中得以应用。

　　反馈放大器的发展历史在 Hendrik W. Bode(1960) 撰写的一篇有趣的文章中有简短的描述。这篇文章是基于 Bellman 与 Kalaba(1964) 的一次谈话的重现。电子放大器的引入，使得远距离打电话在第一次世界大战后的数十年内变为可能。随着距离的增加，电子能量损失越多。尽管使用更大直径的电缆，但是仍需要增加电子放大器的数量以减少电子能量的损失。遗憾的是，因为在使用电子放大器时，其真空电子管会使信号被非线性地放大许多倍，这样使用大量的放大器会导致严重的失真。为了解决这个难题，Black 建议使用反馈放大器。在第 4 章讲到，我们期望的误差(或失真)越小，需要的反馈就越高。从激励到系统，到传感器，再到激励的回路增益必须设计得十分大。但设计者发现，增益太高会产生高频噪声，反馈回路将变得不稳定。在这项技术上，动态系统是十分复杂的(它的微分方程的阶数一般是 50)。因此，在当时，劳斯判据是解决系统稳定性的唯一方法，但是并不是很实用。于是，贝尔电话实验室中那些熟悉频率响应概念和复杂数学变量的通信工程师都转到复杂分析上。1932 年，H. Nyquist 发布了一篇描述如何根据开环系统的频率响应曲线判断系统稳定性的文章。Bode 紧接着发展了他的绘图方法，使得人们能更容易地画出频率响应曲线，而不用进行大量的计算或者借助于计算机。1945 年，伯德从绘图方法和奈奎斯特的稳定性理论中发展出关于反馈放大器设计的扩展方法论。这些方法至今仍广泛应用于反馈控制系统设计中。使用该方法的主要原因是，对于未建模的动态系统，通过它都能得到一个好的设计，并且能够加快设计过程，即使在计算机完全有能力解决特征方程的求解并完成设计时，这方法也还是有用的。在提出频率响应设计方法后一直到第二次世界大战期间，伯德继续研究在战争中使用的电子控制炮火的设备。通过努力，他证明了自己提出的设计反馈放大器的方法在自动控制设备中有很好的适用性。伯德将控制系统设计的这种交叉方法的特点形容为"某种程度的联姻"。

本章小结

- 频率响应的伯德图(Bode plot)是传递函数的图像，其中幅值用对数刻度表示，相位用线性刻度表示，而频率用对数刻度表示。对于一个传递函数 $G(s)$，其幅值和相位分别为

$$A = |G(j\omega)| = |G(s)|_{s=j\omega}$$

$$= \sqrt{\{\mathrm{Re}[G(j\omega)]\}^2 + \{\mathrm{Im}[G(j\omega)]\}^2}$$

$$\phi = \arctan\left[\frac{\mathrm{Im}[G(j\omega)]}{\mathrm{Re}[G(j\omega)]}\right] = \angle G(j\omega)$$

- 对于一个传递函数的伯德形式

$$KG(\omega) = K_0 \frac{(j\omega\tau_1 + 1)(j\omega\tau_2 + 1)\cdots}{(j\omega\tau_a + 1)(j\omega\tau_b + 1)\cdots}$$

运用 6.1.1 节描述的规则，可以容易地用手工画出伯德频率响应。

- 伯德图可借助于计算机算法(在 MATLAB 使用 bode 函数)得到，但手工画图的技巧仍极其有用。

- 对于二阶系统，在伯德图上，幅值的最大值与阻尼系数的关系是

$$|G(j\omega)| = \frac{1}{2\zeta}, \qquad \omega = \omega_n$$

- 奈奎斯特稳定性判据(Nyquist stability criterion)是根据系统的开环频率响应特性来判定闭环系统稳定性的方法。奈奎斯特曲线(Nyquist plot)的绘制规则已在 6.3 节中描述。系统在右半平面上的闭环根的数量 Z，可由下式给出：

$$Z = N + P$$

其中，N 为奈奎斯特曲线顺时针包围点 -1 的次数，P 为在右半平面上开环极点的个数。

- 奈奎斯特曲线可通过计算机算法(在 MATLAB 中使用 nyquist 函数)得到。

- 增益裕度(Gain Margin, GM)和相位裕度(Phase Margin, PM)，可通过查看开环伯德图或奈奎斯特曲线图直接确定。使用 MATLAB 的 margin 函数也可以直接得到它们的值。

- 对于一个标准的二阶系统，相位裕度 PM 与闭环阻尼 ζ 的关系由式(6.32)给出，即

$$\zeta \approx \frac{\mathrm{PM}}{100}$$

- 带宽(bandwidth)是衡量系统的响应速度的一个性能指标。在控制系统中,带宽被定义为:在闭环系统的伯德幅值曲线上,对应于幅值为 0.707(−3 dB)的频率值。它可由系统的穿越频率 ω_c 近似地表示。穿越频率,是对应于开环增益曲线穿过幅值为 1(0 dB)的水平线时的频率。

- 向量裕度(vector margin)是表征系统稳定裕度的单参数性能指标。它由奈奎斯特曲线上距离临界点 $-1/K$ 最近的点决定。

- 对于一个稳定的最小相位系统,伯德增益−相位关系方程描述了系统的相位与增益之间的唯一对应关系,可近似为式(6.33),即

$$\angle G(j\omega) \approx n \times 90°$$

其中, n 是 $|G(j\omega)|$ 的斜率,它表示每 10 倍频程上幅值变化多少个 10 倍量。这个关系表明,在大多数情况下,如果增益曲线以斜率 −1 穿过幅值为 1 的水平线,那么系统的稳定性就能得到保证。

- 开环系统的频率响应实验数据,可以直接用来分析和设计闭环控制系统,而不需要系统的解析数学模型。

- 对于如图 6.86 所示的系统,其开环传递函数的伯德图可由 GD 的频率响应得到,而闭环频率响应特性可从 $T(s) = GD/(1+GD)$ 得到。

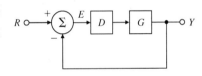

图 6.86　典型系统

- 本章讨论了几种类型的补偿环节的频率响应特性,并给出了使用这些特性进行设计的例子。在 6.7 节给出了超前和滞后补偿器的设计过程。这些例子表明,使用频率响应的设计法,可以很方便地确定设计参数,得到设计结果。在 6.7.5 节结尾,我们对各种补偿环节进行了小结。

- 超前补偿环节(Lead compensation)的传递函数由式(6.38)给出,即

$$D(s) = \frac{Ts+1}{\alpha Ts+1}, \quad \alpha < 1$$

它可以看做是一个高通滤波器,其控制规律近似于 PD 控制。无论什么时候,只要是提高系统的阻尼系数,都可以使用超前补偿。若系统的低频增益一定,则它会增大系统的响应速度。

- 滞后补偿环节(Lag compensation)的传递函数式(6.51)给出,即

$$D(s) = \alpha \frac{Ts+1}{\alpha Ts+1}, \quad \alpha > 1 \tag{6.76}$$

它可看做是一个低通滤波器,其控制规律近似于 PI 控制。通常用来提高低频增益,在带宽一定的情况下可改善系统的稳态响应。若系统的低频增益一定,则它会降低系统的响应速度。

- 降低跟踪误差和减小干扰影响的性能指标,由伯德图上低频段的增益确定。抑制传感器噪声的性能指标,由伯德图上高频段的增益确定(具体可参阅图 6.75)。

△• 尼科尔斯曲线(Nichols plot)是另一种表示频率响应的方法。它是增益对相位的关系曲线图,以频率为参变量。

△• 时滞可通过绘制粗略的伯德图或奈奎斯特曲线图来准确分析。

复习题

1. 为什么伯德建议将频率响应的幅值绘制在对数－对数坐标上？

2. 如何定义分贝。

3. 如果传递函数的增益是 14 dB，那么传递函数的幅值是多少？

4. 如何定义增益穿越。

5. 如何定义相位穿越。

6. 如何定义相位裕度 PM。

7. 如何定义增益裕度 GM。

8. 在伯德图上，什么特性最能体现闭环系统阶跃响应的超调量？

9. 在伯德图上，什么特性最能体现闭环系统阶跃响应的上升时间？

10. 在伯德图的性能度量上，超前补偿的主要作用是什么？

11. 在伯德图的性能度量上，滞后补偿的主要作用是什么？

12. 怎样从伯德图上找出 1 型系统的 K_v？

13. 为什么我们在从奈奎斯特曲线上确定系统稳定性时，要事先知道开环不稳定极点的数量？

14. 在控制设计中，我们要查看 $D(j\omega)G(j\omega)$ 的包围点 $-1/K$ 的次数，而不是查看 $KD(j\omega)G(j\omega)$ 的包围点 -1 的次数，其优点是什么？

15. 定义一个条件稳定的反馈系统。怎样从伯德图上辨认它？

△16. 要求某控制系统能跟踪正弦波，它的频率范围是 $0 \leq \omega_l \leq 450$ rad/s 并且幅值是 5 个单位，要求(正弦的)稳态误差不超过 0.01。画出(或描述)对应的性能函数 $W_1(\omega)$。

习题

6.1 节习题：频率响应

6.1　(a)证明式(6.2)中 α_0 (其中，$A = U_o$，$\omega_o = \omega$)满足下式：

$$\alpha_0 = \left[G(s)\frac{U_0\omega}{s - j\omega} \right]\bigg|_{s=-j\omega} = -U_0 G(-j\omega)\frac{1}{j2}$$

和

$$\alpha_0^* = \left[G(s)\frac{U_0\omega}{s + j\omega} \right]\bigg|_{s=+j\omega} = U_0 G(j\omega)\frac{1}{j2}$$

(b)假定系统的输出可以写成：

$$y(t) = \alpha_0 e^{-j\omega t} + \alpha_0^* e^{j\omega t}$$

试推导式(6.4)至式(6.6)的具体表达式。

6.2　(a)对于 $\omega = 1$、2、5、10、20、50 和 100 rad/s，手工计算

$$G(s) = \frac{1}{s + 10}$$

的幅值和相位。

(b)根据伯德图的绘制规则，画出 $G(s)$ 的渐近线，并与(a)中计算的结果进行比较。

6.3　对于下面的每一个开环传递函数，画出它们的伯德图的幅值和相位的渐近线。完成手工画图后，用 MATLAB 验证你的结果。用相同的刻度完成你的手工图和 MATLAB 结果。

（a）$L(s) = \dfrac{2000}{s(s + 200)}$

（b）$L(s) = \dfrac{100}{s(0.1s + 1)(0.5s + 1)}$

（c）$L(s) = \dfrac{1}{s(s + 1)(0.02s + 1)}$

（d）$L(s) = \dfrac{1}{(s + 1)^2(s^2 + 2s + 4)}$

（e）$L(s) = \dfrac{10(s + 4)}{s(s + 1)(s^2 + 2s + 5)}$

（f）$L(s) = \dfrac{1000(s + 0.1)}{s(s + 1)(s^2 + 8s + 64)}$

（g）$L(s) = \dfrac{(s + 5)(s + 3)}{s(s + 1)(s^2 + s + 4)}$

（h）$L(s) = \dfrac{4s(s + 10)}{(s + 100)(4s^2 + 5s + 4)}$

（i）$L(s) = \dfrac{s}{(s + 1)(s + 10)(s^2 + 2s + 2500)}$

6.4 实数极点和零点。对于下面列出的每一个开环传递函数，画出它们的伯德图的幅值和相位的渐近线。完成手工画图后，用 MATLAB 验证你的结果。用相同的刻度完成你的手工图和 MATLAB 结果。

（a）$L(s) = \dfrac{1}{s(s + 1)(s + 5)(s + 10)}$

（b）$L(s) = \dfrac{(s + 2)}{s(s + 1)(s + 5)(s + 10)}$

（c）$L(s) = \dfrac{(s + 2)(s + 4)}{s(s + 1)(s + 5)(s + 10)}$

（d）$L(s) = \dfrac{(s + 2)(s + 6)}{s(s + 1)(s + 5)(s + 10)}$

6.5 复数极点和零点。对于下面列出的每一个开环传递函数，画出它们的伯德图的幅值和相位的渐近线，根据阻尼比的值在二阶转折点近似地画出过渡曲线。完成手工画图后，用 MATLAB 验证你的结果。用相同的刻度完成你的手工图和 MATLAB 结果。

（a）$L(s) = \dfrac{1}{s^2 + 3s + 10}$

（b）$L(s) = \dfrac{1}{s(s^2 + 3s + 10)}$

（c）$L(s) = \dfrac{(s^2 + 2s + 8)}{s(s^2 + 2s + 10)}$

（d）$L(s) = \dfrac{(s^2 + 2s + 12)}{s(s^2 + 2s + 10)}$

（e）$L(s) = \dfrac{(s^2 + 1)}{s(s^2 + 4)}$

（f）$L(s) = \dfrac{(s^2 + 4)}{s(s^2 + 1)}$

6.6 在原点处有多个极点。对于下面列出的每一个开环传递函数，画出它们的伯德图的幅值和相位的渐近线。完成手工画图后，用 MATLAB 验证你的结果。用相同的刻度完成你的手工图和 MATLAB 结果。

（a）$L(s) = \dfrac{1}{s^2(s + 8)}$

（b）$L(s) = \dfrac{1}{s^3(s + 8)}$

（c）$L(s) = \dfrac{1}{s^4(s + 8)}$

(d) $L(s) = \dfrac{(s+3)}{s^2(s+8)}$

(e) $L(s) = \dfrac{(s+3)}{s^3(s+4)}$

(f) $L(s) = \dfrac{(s+1)^2}{s^3(s+4)}$

(g) $L(s) = \dfrac{(s+1)^2}{s^3(s+10)^2}$

6.7　混合的实数和复数极点。对于下面列出的每一个开环传递函数，画出它们的伯德图的幅值和相位的渐近线。在每一个转折点大概估计过渡曲线，并调整渐近线。完成手工画图后，用 MATLAB 验证你的结果。用相同的刻度完成你的手工图和 MATLAB 结果。

(a) $L(s) = \dfrac{(s+2)}{s(s+10)(s^2+2s+2)}$

(b) $L(s) = \dfrac{(s+2)}{s^2(s+10)(s^2+6s+25)}$

(c) $L(s) = \dfrac{(s+2)^2}{s^2(s+10)(s^2+6s+25)}$

(d) $L(s) = \dfrac{(s+2)(s^2+4s+68)}{s^2(s+10)(s^2+4s+85)}$

(e) $L(s) = \dfrac{[(s+1)^2+1]}{s^2(s+2)(s+3)}$

6.8　在右半平面有极点和零点。对于下面列出的每一个开环传递函数，画出它们的伯德图的幅值和相位的渐近线。由复数平面中 $\angle L(s)$ 随 s 从 0 变化到 $+j\infty$ 的变化情况，以确定相位渐近线是否正确地考虑右半平面的奇点。完成手工画图后，用 MATLAB 验证你的结果。用相同的刻度完成你的手工图和 MATLAB 结果。

(a) $L(s) = \dfrac{s+2}{s+10}\dfrac{1}{s^2-1}$（带超前补偿的磁悬浮模型）

(b) $L(s) = \dfrac{s+2}{s(s+10)}\dfrac{1}{(s^2-1)}$（带积分控制和超前补偿的磁悬浮系统）

(c) $L(s) = \dfrac{s-1}{s^2}$

(d) $L(s) = \dfrac{s^2+2s+1}{s(s+20)^2(s^2-2s+2)}$

(e) $L(s) = \dfrac{(s+2)}{s(s-1)(s+6)^2}$

(f) $L(s) = \dfrac{1}{(s-1)[(s+2)^2+3]}$

6.9　某系统用伯德图的渐近线表示，如图 6.87 所示。试确定并绘制系统对单位阶跃输入的响应(假定初始条件为零)。

6.10　证明在伯德图上幅值曲线斜率为 -1 等价于 -20 dB/10 倍频程或 -6 dB/倍程。

6.11　一个标称的二阶系统的阻尼比是 $\zeta = 0.5$，由下式给出一个额外的零点：

$$G(s) = \dfrac{s/a+1}{s^2+s+1}$$

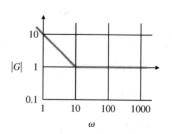

图 6.87　习题 6.9 的伯德图幅值曲线

使用 MATLAB 计算系统阶跃响应的 M_p 和频率响应的 M_r。试问 M_p 和 M_r 之间有关联吗？a 分别取值为 0.01、0.1、1、10 和 100。

6.12　一个标称的二阶系统的阻尼比是 $\zeta = 0.5$，由下式给出一个额外的极点：

$$G(s) = \frac{1}{[(s/p)+1](s^2+s+1)}$$

画出 $p = 0.01$、0.1、1、10、100 时的伯德图。与不含额外极点的二阶系统进行比较，关于额外极点对带宽的影响你能得出什么结论？

6.13　对于闭环传递函数

$$T(s) = \frac{\omega_n^2}{s^2 + 2\zeta\omega_n s + \omega_n^2}$$

推导下面关于 ω_n 和 ζ 的 $T(s)$ 的带宽表达式：

$$\omega_{\mathrm{BW}} = \omega_n\sqrt{1 - 2\zeta^2 + \sqrt{2 + 4\zeta^4 - 4\zeta^2}}$$

假定 $\omega_n = 1$，画出当 $0 \leq \zeta \leq 1$ 时的 ω_{BW}。

6.14　考虑具有下面传递函数的系统：

$$G(s) = \frac{A_0\omega_0 s}{Qs^2 + \omega_0 s + \omega_0^2 Q}$$

这是一个品质因数为 Q 的调谐电路的模型。

（a）用解析法计算传递函数的幅值和相位，画出 $Q = 0.5$、1、2 和 5 时它们作为标称频率 ω/ω_0 的函数曲线。

（b）定义带宽为在 ω_0 两边幅值降低 3 dB 时对应频率之间的距离，证明带宽可以由下式给出：

$$\mathrm{BW} = \frac{1}{2\pi}\left(\frac{\omega_0}{Q}\right)$$

（c）Q 和 ζ 之间有什么关系？

6.15　图 6.88 是一个直流电压表的示意图。受阻尼影响，指针对阶跃输入的最大超调量是 10%。

（a）系统的无阻尼固有频率是多少？

（b）系统的阻尼固有频率是多少？

（c）使用 MATLAB 画出频率响应曲线，确定什么样的输入频率能产生最大幅值的输出呢？

（d）假定这个电压表现在用来测量频率为 2 rad/s 的 1 V AC 输入。在初始的瞬态响应消失后，电压表指示的幅度是多少？相对于输入，输出的相位滞后是多少？使用 MATLAB 的 lsim 命令，验证你的(d)的答案。

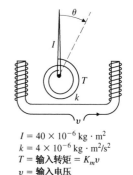

$I = 40 \times 10^{-6}\ \mathrm{kg \cdot m^2}$
$k = 4 \times 10^{-6}\ \mathrm{kg \cdot m^2/s^2}$
$T = 输入转矩 = K_m v$
$v = 输入电压$
$K_m = 1\ \mathrm{N \cdot m/V}$

图 6.88　电压表的示意图

6.2 节习题：临界稳定

6.16　要保持下列闭环系统（参见图 6.18）是稳定的，试确定 K 的取值范围。

先画出 $K = 1$ 的幅值曲线，然后上下移动幅值曲线直到系统变为不稳定。最后可通过画一个非常简略的系统根轨迹草图来验证你的答案。

（a）$KG(s) = \dfrac{K(s+2)}{s+20}$

（b）$KG(s) = \dfrac{K}{(s+10)(s+1)^2}$

（c）$KG(s) = \dfrac{K(s+10)(s+1)}{(s+100)(s+5)^3}$

6.17　要保持下列系统是稳定的,试确定 K 的取值范围。先画出 $K=1$ 的幅值曲线,然后上下移动幅值曲线直到系统变为不稳定。最后可通过画一个非常简略的系统根轨迹草图来验证你的答案。

(a) $KG(s) = \dfrac{K(s+1)}{s(s+5)}$

(b) $KG(s) = \dfrac{K(s+1)}{s^2(s+10)}$

(c) $KG(s) = \dfrac{K}{(s+2)(s^2+9)}$

(d) $KG(s) = \dfrac{K(s+1)^2}{s^3(s+10)}$

6.3 节习题:奈奎斯特稳定性判据

6.18　(a)画出传递函数为 $1/s^2$ 的开环系统的奈奎斯特曲线,即绘制

$$\left.\frac{1}{s^2}\right|_{s=C_1}$$

其中,C_1 是包含整个右半平面的闭合曲线,如图 6.17 所示(提示:假定 C_1 以很小的半径包围极点 $s=0$,如图 6.27 所示)。

(b)对于传递函数为 $G(s) = 1/(s^2+\omega_0^2)$ 的开环系统,重做(a)。

6.19　根据下面的各系统的伯德图,画出它们的奈奎斯特曲线,将你的结果与使用 MATLAB 的 nyquist 命令得到的结果进行比较。

(a) $KG(s) = \dfrac{K(s+2)}{s+10}$

(b) $KG(s) = \dfrac{K}{(s+10)(s+2)^2}$

(c) $KG(s) = \dfrac{K(s+10)(s+1)}{(s+100)(s+2)^3}$

(d)对于每一个系统,在你绘制的曲线图上确定使系统稳定的 K 的取值范围,然后通过使用一个简略的系统根轨迹图来定性地验证你的结果。

6.20　画出下面传递函数的奈奎斯特曲线:

$$KG(s) = \frac{K(s+1)}{s(s+3)} \tag{6.77}$$

选择闭合曲线在虚轴奇点的右边绕过。接着,使用奈奎斯特判据,确定使系统不稳定的 K 的取值范围。然后重画奈奎斯特曲线,这一次选择闭合曲线在虚轴奇点的左边绕过。再一次使用奈奎斯特判据确定使系统不稳定的 K 的取值范围。这两个答案相同吗?它们应该是这样吗?

6.21　画出如图 6.89 所示系统的奈奎斯特曲线。使用奈奎斯特稳定性判据,确定使系统稳定的 K 的取值范围。考虑 K 取正值和负值的情况。

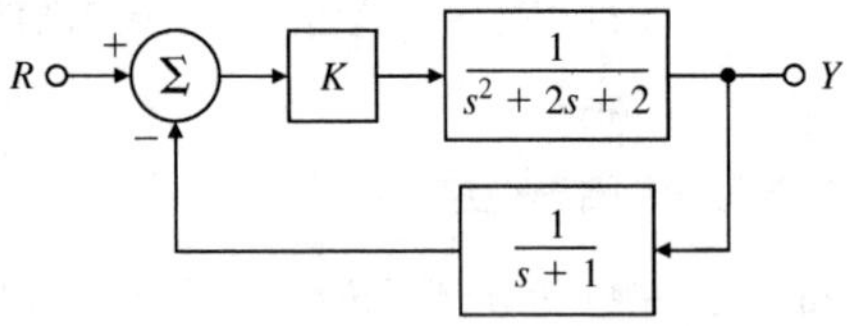

6.22　(a)对于 $\omega = 0.1$ 到 100 rad/s,画出最小相位系统

$$G(s) = \left.\frac{s+1}{s+10}\right|_{s=\mathrm{j}\omega}$$

和非最小相位系统

$$G(s) = \left.-\frac{s-1}{s+10}\right|_{s=\mathrm{j}\omega}$$

图 6.89　习题 6.21 的控制系统

的相位曲线。注意,$\angle(\mathrm{j}\omega - 1)$ 随 ω 增大是减小的,而不是增大的。

(b)一个分布在右半平面的零点,会影响到式(6.28)中的极坐标图上 -1 包围次数和不稳定闭环根的数量两者之间的关系吗?

(c)画出下面不稳定系统的从 $\omega = 0.1 \sim 100$ rad/s 的相位曲线:

$$G(s) = \frac{s+1}{s-10}\Big|_{s=j\omega}$$

(d)使用关于 $KG(s)$ 的奈奎斯特判据,来检查(a)和(c)中系统的稳定性。确定使闭环系统稳定的 K 的取值范围,然后使用简略的根轨迹图来定性地检验你的结果。

6.23 奈奎斯特图和经典的平面曲线。对于下列给出的增益 $K=1$ 的系统,使用 MATLAB 画出相应的奈奎斯特图,并且检验在 $j\omega > 0$ 部分的始点和终点上是否有正确的幅值和相角。

(a)1718 年,麦克劳林发现了一种经典的曲线,即凯莱六次线

$$KG(s) = K\frac{1}{(s+1)^3}$$

(b)蔓叶类曲线是一种常春藤形状的经典曲线

$$KG(s) = K\frac{1}{s(s+1)}$$

(c)1609 年,开普勒研究的一种经典曲线被称为开普勒叶形线

$$KG(s) = K\frac{1}{(s-1)(s+1)^2}$$

(d)叶形线(并非开普勒叶形线)是一种经典曲线

$$KG(s) = K\frac{1}{(s-1)(s+2)}$$

(e)肾脏线是一种形如肾脏的经典曲线

$$KG(s) = K\frac{2(s+1)(s^2-4s+1)}{(s-1)^3}$$

(f)Freeth 肾脏线是一种经典曲线,它以英国数学家 T. J. Freeth 的名字命名

$$KG(s) = K\frac{(s+1)(s^2+3)}{4(s-1)^3}$$

(g)肾脏转移曲线

$$KG(s) = K\frac{(s^2+1)}{(s-1)^3}$$

6.4 节习题:稳定裕度

6.24 对于一些实际控制系统,奈奎斯特曲线都很相似,如图 6.90 所示。对于如图 6.90 所示的系统,给定 $\alpha = 0.4$、$\beta = 1.3$ 和 $\phi = 40°$ 时,系统的增益裕度和相位裕度是多少?如果增益从 0 变化到一个非常大的值,描述系统的稳定性将会发生什么样的变化?画出该系统对应的根轨迹图和对应的伯德图。

6.25 下面传递函数的伯德图如图 6.91 所示:

$$G(s) = \frac{100[(s/10)+1]}{s[(s/1)-1][(s/100)+1]}$$

(a)为什么相位在低频段以 $-270°$ 开始?

(b)画出 $G(s)$ 的奈奎斯特曲线。

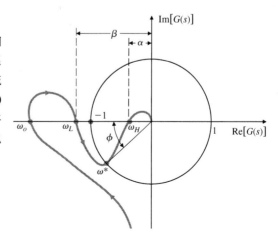

图 6.90 习题 6.24 的奈奎斯特图

(c)如图 6.91 所示的闭环系统稳定吗?

(d)如果增益降低到原来的 1/100,系统会变稳定吗?画出系统简略的根轨迹图,定性地证明你的答案。

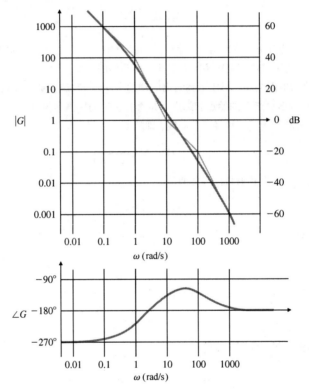

图 6.91　习题 6.25 的伯德图

6.26　假设在图 6.92 中的传递函数为

$$G(s) = \frac{25(s+1)}{s(s+2)(s^2+2s+16)}$$

使用 MATLAB 的 margin 命令,计算 $G(s)$ 的 PM 和 GM。根据伯德图,指出哪个裕度对控制设计者更加有用。

6.27　考虑如图 6.93 所示的系统。

(a)使用 MATLAB 画出 $K=1$ 时的伯德图,然后根据伯德图估计使得系统稳定的 K 的取值范围。

(b)对于选定的 K,使用 margin 命令计算出相位裕度 PM,以验证 K 的稳定范围。

(c)使用 rlocus 命令找出系统临界稳定的 K 值。

(d)画出系统的奈奎斯特曲线图,并利用该图来检验因 K 的取值而使系统不稳定时,不稳定的特征根的个数。

(e)使用劳斯判据,计算该系统的闭环稳定的 K 的取值范围。

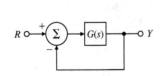

图 6.92　习题 6.26 的控制系统

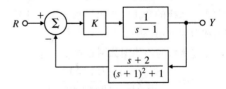

图 6.93　习题 6.27 的控制系统

6.28 假设在图 6.92 中的 $G(s)$，有如下的形式：

$$G(s) = \frac{3.2(s+1)}{s(s+2)(s^2 + 0.2s + 16)}$$

使用 MATLAB 的 margin 命令，计算 $G(s)$ 的 PM 和 GM，然后评价该系统是否具有合适阻尼的闭环根。

6.29 对于给定的系统，Zeigler-Nichols 方法中的极限周期 P_u 和对应的极限增益 K_u，如何由下列图示法确定。

(a) 奈奎斯特图

(b) 伯德图

(c) 根轨迹图

6.30 某单位反馈系统，其开环传递函数为

$$G(s) = \frac{\omega_n^2}{s(s + 2\zeta\omega_n)}$$

那么，其闭环传递函数由下式给出：

$$T(s) = \frac{\omega_n^2}{s^2 + 2\zeta\omega_n s + \omega_n^2}$$

对于 $\zeta = 0.1$、0.4 和 0.7，验证如图 6.37 所示的 PM 值。

6.31 考虑一个单位反馈系统，它的开环传递函数为

$$G(s) = \frac{K}{s(s+1)[(s^2/25) + 0.4(s/5) + 1]}$$

(a) 使用 MATLAB 画出 $G(j\omega)$ 的伯德图，假定 $K = 1$。

(b) 对于 45° 的 PM，要求增益是多少？这个 K 值对应的 GM 是多少？

(c) 当 K 满足 PM = 45° 时，K_v 是多少？

(d) 画出以 K 为参数的根轨迹图，试指出当 PM 为 45° 时对应的闭环极点的根。

6.32 对于如图 6.94(a) 所示的系统，它的传递函数方框图由下面的式子定义：

$$G(s) = \frac{1}{(s+2)^2(s+4)} \quad \text{和} \quad H(s) = \frac{1}{s+1}$$

(a) 使用 rlocus 和 rlocfind 命令，计算系统临界稳定的 K 值。

(b) 使用 rlocus 和 rlocfind 命令，计算 K 值，使得闭环极点的阻尼系数是 $\zeta = 0.707$。

(c) 如果增益是 (b) 中计算的值，那么系统的增益裕度是多少？不使用频率响应方法回答这个问题。

(d) 画出系统的伯德图，计算相位裕度 PM = 65° 时对应的增益裕度。对于这个 PM，你估计系统的阻尼比是多少？

(e) 画出如图 6.94(b) 所示系统的根轨迹图。它与图 6.94(a) 中的系统有什么区别？

(f) 对于如图 6.94(a) 和 (b) 所示的两个系统，传递函数 $Y_2(s)/R(s)$ 和 $Y_1(s)/R(s)$ 有什么区别？这两种情况对 $r(t)$ 的阶跃响应会不同吗？

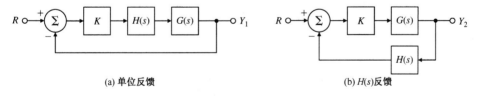

图 6.94　习题 6.32 的方框图

6.33 如图 6.95 所示的系统，使用伯德图和根轨迹图，计算系统刚进入不稳定状态时的增益和频率。当增益是多少（可能多个）时，对应的 PM 为 20°？当 PM = 20° 时增益裕度是多少？

6.34 一个磁带驱动速度控制系统，如图 6.96 所示。由于速度传感器的时间常数大，所以其动态特性不应被忽略。速度测量的时间常数是 $\tau_m = 0.5\ \text{s}$，卷筒的时间常数是 $\tau_r = J/b = 4\ \text{s}$，其中，$b =$ 输出轴阻尼常数 $= 1\ \text{N} \cdot \text{m} \cdot \text{s}$，电动机的时间常数 $\tau_1 = 1\ \text{s}$。

(a)计算增益 K,使系统跟踪参考输入的稳态误差小于7%。

(b)计算系统的增益裕度和相位裕度。这是一个良好的系统设计吗?

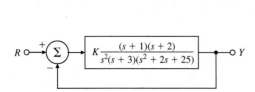

图 6.95 习题 6.33 的控制系统

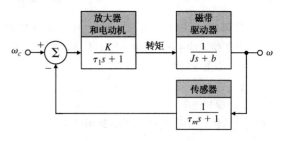

图 6.96 磁带驱动速度控制系统

6.35 如图 6.97 所示的系统,画出它的奈奎斯特曲线,并且应用奈奎斯特据完成下列问题。

(a)计算使得系统稳定的 K 值(正的或负的)。

(b)对于使系统不稳定的 K 值,计算在右半平面的根的个数。用一个简略的根轨迹图来检查你的答案。

6.36 对于如图 6.98 所示的系统,画出它的奈奎斯特曲线,并且应用奈奎斯特判据完成下列问题。

(a)计算使系统稳定的 K 值(正的或负的)。

(b)对于使系统不稳定的 K 值,计算在右半平面的根的个数。用一个简略的根轨迹图来检查你的答案。

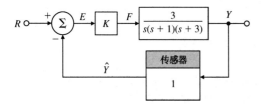

图 6.97 习题 6.35、习题 6.62 和习题 6.63 的控制系统

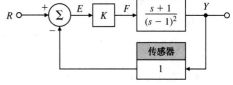

图 6.98 习题 6.36 的控制系统

6.37 对于如图 6.99 所示的系统,画出它的奈奎斯特曲线,并且应用奈奎斯特判据完成下列问题。

(a)计算使系统稳定的 K 值(正的或负的)。

(b)对使系统不稳定的 K 值,计算在右半平面的根的个数。用一个简略的根轨迹图来检查你的答案。

6.38 图 6.100 给出了两个稳定的开环系统的奈奎斯特图。图中 K_0 是系统开环增益,箭头表示频率增加的方向。请对两个闭环系统(单位反馈)的下列指标进行估计。

(a)相位裕度

(b)阻尼比

(c)系统稳定时的增益取值范围

(d)系统类型(0、1 或 2)

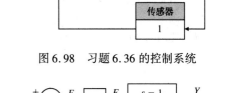

图 6.99 习题 6.37 的控制系统

6.39 某轮船驾驶系统的动力学模型可表示为下面的传递函数:

$$\frac{V(s)}{\delta_r(s)} = G(s) = \frac{K[-(s/0.142) + 1]}{s(s/0.325 + 1)(s/0.0362 + 1)}$$

其中,V 是轮船的侧向速度,单位是米/秒;δ_r 是方向舵偏角,单位是弧度。

(a)使用 MATLAB 命令 bode,画出当 $K = 0.2$ 时,$G(j\omega)$ 的对数幅值曲线和相位曲线。

(b)在你的图上,标出穿越频率、PM 和 GM。

(c)当 $K = 0.2$ 时,轮船的驾驶系统稳定吗?

(d)当取多大的 K 值会产生30°的 PM,这时的穿越频率是多少?

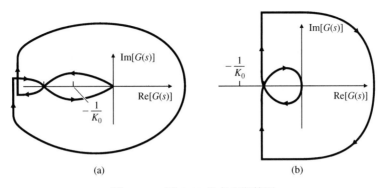

图 6.100　图 6.38 的奈奎斯特图

6.40　对于一个开环系统

$$KG(s) = \frac{K(s+1)}{s^2(s+10)^2}$$

计算在系统临界稳定时的 K 值，以及相位裕度 PM = 30° 时对应的 K 值。

6.5 节习题：伯德增益 – 相位关系

6.41　图 6.101 是一个带单位反馈结构的受控对象的频率响应曲线。假设系统是开环稳定的最小相位系统。

(a) 图中所示系统的静态速度常数 K_v 是多少？

(b) 在 $\omega = 100$ 时复数极点的阻尼比是多少？

(c) 系统对于 $\omega = 3$ rad/s 的正弦输入的跟踪（跟随）误差大约是多少？

(d) 图中所示系统的 PM 是多少？（估计到 ±10° 以内）

6.42　某系统的传递函数为

$$G(s) = \frac{100(s/a + 1)}{s(s+1)(s/b + 1)}$$

其中，$b = 10a$，通过绘制不同 a 取值下的幅值曲线，大致确定 a 的取值，使系统具有最理想的相位裕度 PM。

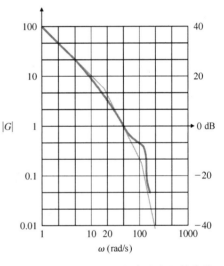

图 6.101　习题 6.41 的频率响应幅值曲线

6.6 节习题：闭环频率响应

6.43　对于一个开环系统

$$KG(s) = \frac{K(s+1)}{s^2(s+10)^2}$$

计算 K 值，使得系统的相位裕度 PM ≥ 30°，并且具有尽可能大的闭环带宽。可使用 MATLAB 来求取带宽。

6.7 节习题：补偿

6.44　对于超前补偿器

$$D(s) = \frac{Ts + 1}{\alpha Ts + 1}$$

这里，有 $\alpha < 1$。

(a) 证明超前补偿的相位由下式给出：

$$\phi = \arctan(T\omega) - \arctan(\alpha T\omega)$$

(b) 证明最大相位对应的频率为

$$\omega_{\max} = \frac{1}{T\sqrt{\alpha}}$$

并且最大相位满足下面的等式

$$\sin\phi_{\max} = \frac{1-\alpha}{1+\alpha}$$

(c)重写 $\omega_{\max}$ 的表达式,证明最大相位频率发生在两个拐点频率的几何平均值上,用对数表示为

$$\lg\omega_{\max} = \frac{1}{2}\left(\lg\frac{1}{T} + \lg\frac{1}{\alpha T}\right)$$

(d)为了根据极点 – 零点位置推导出相同的结果,重写 $D(s)$ 为

$$D(s) = \frac{s+z}{s+p}$$

然后证明相位满足下式:

$$\phi = \arctan\left(\frac{\omega}{|z|}\right) - \arctan\left(\frac{\omega}{|p|}\right)$$

从而有

$$\omega_{\max} = \sqrt{|z||p|}$$

因此,最大相位频率是极点和零点乘积的平方根。

6.45　对于一个三阶伺服系统

$$G(s) = \frac{50\,000}{s(s+10)(s+50)}$$

使用伯德图设计一个超前补偿器使得 PM≥50°和 $\omega_{\mathrm{BW}} \geq 20\ \mathrm{rad/s}$。然后使用 MATLAB 验证和修改你的设计。

6.46　如图 6.102 所示的系统,假定

$$G(s) = \frac{5}{s(s+1)(s/5+1)}$$

使用伯德图设计一个单位直流增益的超前补偿 $D(s)$,使得 PM≥40°。然后使用 MATLAB 验证和修改你的设计。系统的带宽大约是多少?

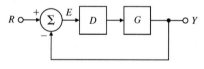

图 6.102　习题 6.46 的控制系统

6.47　对于如图 6.70 所示的系统,推导从 T_d 到 θ 的传递函数。然后应用终值定理(假定 T_d = 常数),确定对下面两种情况 $\theta(\infty)$ 是否不为零:

(a)当 $D(s)$ 没有积分项时: $\lim_{s\to 0} D(s)$ = 常数。

(b)当 $D(s)$ 有一个积分项时,即

$$D(s) = \frac{D'(s)}{s}$$

在这种情况下, $\lim_{s\to 0} D'(s)$ = 常数。

6.48　式(2.31)给出了倒立摆的传递函数,它可近似为

$$G(s) = \frac{1}{s^2 - 1}$$

(a)使用伯德图设计一个超前补偿器以得到30°的 PM。然后使用 MATLAB 验证和修改你的设计。

(b)画出系统的根轨迹图,并根据系统的伯德图做简单的验证。

(c)你能用实验的方法确定系统的频率响应吗?

6.49　一个单位反馈系统的开环传递函数如下:

$$G(s) = \frac{K}{s(s/5+1)(s/50+1)}$$

(a)使用伯德图为 $G(s)$ 设计一个滞后补偿器，使得闭环系统满足以下性能要求：

    (i)对单位斜坡参考输入的稳态误差小于 0.01。

    (ii)PM≥40°

(b)使用 MATLAB 验证和修改你的设计。

6.50   一个单位反馈系统的开环传递函数如下：

$$G(s) = \frac{K}{s(s/5 + 1)(s/200 + 1)}$$

(a)使用伯德图为 $G(s)$ 设计一个超前补偿器，使得闭环系统满足以下性能要求：

    (i)对单位斜坡参考输入的稳态误差小于 0.01。

    (ii)对于闭环主导极点，阻尼比 $\zeta \geq 0.4$。

(b)使用 MATLAB 验证和修改你的设计，包括直接计算出主导闭环极点的阻尼系数。

6.51   一个可忽略电枢电容的直流电动机，被应用于一个位置控制系统中。它的开环传递函数如下：

$$G(s) = \frac{50}{s(s/5 + 1)}$$

(a)使用伯德图为电动机设计一个补偿器，使得闭环系统满足以下性能要求：

    (i)对单位斜坡输入的稳态误差小于 1/200。

    (ii)单位阶跃响应的超调量小于 20%。

    (iii)带补偿系统的带宽不得小于未带补偿系统的带宽。

(b)使用 MATLAB 验证和修改你的设计，包括直接计算出阶跃响应的超调量。

6.52   一个单位反馈系统的开环传递函数如下：

$$G(s) = \frac{K}{s(1 + s/5)(1 + s/20)}$$

(a)画出系统的方框图，包括参考输入和传感器噪声。

(b)使用伯德图为 $G(s)$ 设计一个补偿器，使得闭环系统满足以下性能要求：

    (i)对单位斜坡输入的稳态误差小于 0.01。

    (ii)PM≥45°

    (iii)对于频率 $\omega < 2$ rad/s 的正弦输入，稳态误差小于 1/250。

    (iv)对于频率大于 200 rad/s 的噪声信号，输出至少要衰减到 1/100。

(c)使用 MATLAB 验证和/或修改你的设计，包括计算出闭环频率响应来验证设计是否满足(iv)。

6.53   考虑一个 1 型单位反馈系统，它的传递函数如下：

$$G(s) = \frac{K}{s(s + 1)}$$

使用伯德图设计一个超前补偿器，使得 $K_v = 20 \text{ s}^{-1}$ 和 PM > 40°。使用 MATLAB 验证和修改你的设计以满足性能要求。

6.54   考虑一个卫星姿态控制系统，它的传递函数是

$$G(s) = \frac{0.05(s + 25)}{s^2(s^2 + 0.1s + 4)}$$

使用超前补偿对系统进行幅值稳定，使得 GM≥2(6 dB)和 PM≥45°，并在使用单一超前补偿环节的前提下，保证系统有可能高的带宽。

6.55   某喷气式运输机的自动驾驶仪，有一种操纵模式是高度控制。为达到设计自动驾驶仪回路的目标，只考虑长周期的动态特性是重要的。对于长周期动态特性，高度和升降舵偏转角的线性化关系为

$$G(s) = \frac{h(s)}{\delta(s)} = \frac{20(s + 0.01)}{s(s^2 + 0.01s + 0.0025)} \frac{\text{ft/s}}{\text{deg}}$$

自动驾驶仪从高度测量仪接收到正比于飞机高度的电信号。将这个信号与输入信号(正比于驾驶仪选

定的高度)进行比较,根据两者的差异给出一个误差信号。误差信号经过补偿环节处理后,用来控制升降舵的偏转角。图 6.103 给出了这个系统的方框图。给你的任务就是设计补偿部分 $D(s)$。首先考虑采用比例控制规律 $D(s) = K$。

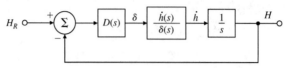

图 6.103 习题 6.55 的控制系统

(a)使用 MATLAB,画出 $D(s) = K = 1$ 时的开环系统的伯德图。

(b)要满足 0.16 rad/s 的穿越频率(就是 $|G| = 1$ 的地方),K 值是多少?

(c)对于这个 K 值,如果回路是闭合的,那么系统会稳定吗?

(d)这个 K 值对应的 PM 是多少?

(e)画出系统的奈奎斯特曲线,仔细标出相位角是 180° 和幅值是 1 的点。

(f)使用 MATLAB 画出参数为 K 的根轨迹图,标出你在(b)中得到的 K 值。

(g)如果输入指令是一个阶跃变化的高度 1000 ft,那么系统阶跃响应的稳态误差是多少?

对于(h)和(i),假定补偿器有以下形式:

$$D(s) = K\frac{Ts + 1}{\alpha Ts + 1}$$

(h)选择参数 K、T 和 α,使穿越频率是 0.16 rad/s,并且 PM 大于 50°。将 $D(s)G(s)/K$ 的伯德图叠加在你在(a)中得到的伯德图上,来验证和修改你的设计,并且直接测出 PM。

(i)使用 MATLAB 画出包括你在(h)中所设计的补偿器在内的,参数为 K 的系统的根轨迹图。在图中标出你从(h)中得到的 K 值的根。

(j)高度驾驶仪还有一种操纵模式,那就是对于飞机的爬升速度,也可由飞行员直接控制。

   (i)画出在这种模式下的方框图。

   (ii)确定有关的 $G(s)$。

   (iii)设计 $D(s)$,使系统具有与高度控制模式相同的穿越频率,并且 PM 大于 50°。

6.56 对于一个传递函数为

$$G(s) = \frac{10}{s[(s/1.4) + 1][(s/3) + 1]}$$

的系统,设计一个单位直流增益的滞后补偿器,使得 PM≥40°。系统的带宽大约是多少?

6.57 对于习题 6.39 的轮船操纵系统。

(a)设计一个补偿器以满足下面的性能要求:

   (i)速度常数 $K_v = 2$

   (ii)PM≥50°

   (iii)无条件稳定(对于所有的 $\omega \le$ 穿越频率 ω_c,PM > 0)。

(b)对于你的最终设计,画出参数为 K 的根轨迹图,标出闭环极点的位置。

6.58 考虑一个单位反馈系统,其传递函数为

$$G(s) = \frac{1}{s\,(s/20 + 1)\,(s^2/100^2 + 0.5s/100 + 1)} \tag{6.78}$$

(a)引进的超前补偿器是 $\alpha = 1/5$,并且一个零点在 $1/T = 20$。必须怎样改变增益才能得到穿越频率是 $\omega_c = 31.6$ rad/s?此时的静态速度误差系统 K_v 是多少?

(b)保留超前补偿器,再增加一个滞后补偿器,为使 K_v 等于 100,那么要求多大的 K 值呢?

(c)把滞后补偿器的极点配置在 3.16 rad/s,试确定其零点的位置,使系统的穿越频率保持在 $\omega_c = 31.6$ rad/s 处。在同一张图上画出系统补偿后的频率响应曲线。

(d)确定补偿后系统的相位裕度 PM。

6.59　Golden Nugget 航空公司因在飞机尾部设有免费的吧台，获得了巨大的成功(参见习题5.39)。为满足客源需要，该公司又买进了更大的飞机。但是，他们很快发现，飞机处于大气强对流天气时，飞机尾部会有令人不愉快的偏航运动，乘客酒杯中的酒会因此而洒出来。如果设 r 为飞机的偏航速度，δ_r 是方向舵的偏角，那么有近似的传递函数(参见 10.3.1 节)

$$\frac{r(s)}{\delta_r(s)} = \frac{8.75(4s^2 + 0.4s + 1)}{(s/0.01 + 1)(s^2 + 0.24s + 1)}$$

技术人员通过对机身结果的有限元分析发现，为正确反映来自方向舵和气流的激励作用对机身横向偏转的影响，上述传递函数需要再额外增加一项。改进后的传递函数为

$$\frac{r(s)}{\delta_r(s)} = \frac{8.75(4s^2 + 0.4s + 1)}{(s/0.01 + 1)(s^2 + 0.24s + 1)} \cdot \frac{1}{(s^2/\omega_b^2 + 2\zeta s/\omega_b + 1)}$$

其中，ω_b 是横向偏转的频率(= 10 rad/s)，ζ 是横向偏转的阻尼比(= 0.02)。大部分飞机都有一个"偏航阻尼器"，即本质上采用简单的比例控制规律，把由速度陀螺仪测得的偏航速度反馈给方向舵。对于 Golden Nugget 航空公司的新飞机也采用同样的反馈控制，比例反馈增益 $K = 1$，其中

$$\delta_r(s) = -Kr(s) \tag{6.79}$$

(a)画出开环系统的伯德图，对标称设计确定系统的 PM 和 GM，画出闭环系统的阶跃响应和伯德图幅值。请确定导致麻烦的系统振荡的频率。

(b)为消除振荡，下面列出了 4 种纠正措施，请比较各方案的优劣。

(i) 将飞机横向偏转的阻尼系数从 $\zeta = 0.02$ 增加到 $\zeta = 0.04$(会要求在机身结构上增加吸能材料)。

(ii)将飞机横向偏转的频率 ω_b 从 10 rad/s 增大到 $\omega_b = 20$ rad/s(会要求更坚固更重的结构元件)。

(iii)在反馈回路中，增加一个低通滤波器，即用 $KD(s)$ 代替式(6.79)中的 K，其中

$$D(s) = \frac{1}{s/\tau_p + 1} \tag{6.80}$$

选取 τ_p，消除横向偏转中有害的特征，同时保证 PM≥60°。

(iv)增加一个在 5.4.3 节描述的陷波滤波器。将滤波器零点的频率选为 ω_b，阻尼系数选为 $\zeta = 0.04$。同时，选取滤波器的分母极点为 $(s/100 + 1)^2$，保持滤波器的 DC 增益等于 1。

(c)将飞机横向偏转的频率减少 10%，考察上述两种补偿设计(iii 和 iv)的灵敏度。具体来说，将两种设计的 GM、PM、横向偏转的闭环阻尼系统和谐振峰值进行列表对比，并定性地描述两种设计的阶跃响应有何差异？

(d)请给 Golden Nugget 航空公司一些建议，使乘客酒杯中的酒不再洒出来(当然，让乘客老老实实地坐在自己的位置上不是本问题期望的答案，请从改善飞机"偏航阻尼器"的角度出发，给出你的建议)。

△6.60　一个系统的开环传递函数(回路增益)如下：

$$G(s) = \frac{1}{s(s + 1)(s/10 + 1)}$$

(a)画出系统的伯德图，求出 GM 和 PM。

(b)计算灵敏度函数，并且画出它的幅值频率响应。

(c)计算向量裕度(VM)。

△6.61　证明灵敏度函数 $\mathcal{S}(s)$ 的幅值在以实轴上点 -1 为圆心，半径为 1 的圆内大于 1。如果闭环控制对于所有的频率都比开环控制有更好的效果，那么上述的结论对于系统的奈奎斯特曲线图的形状意味着什么？

△6.62　考虑如图 6.102 所示的系统，假设传递函数是

$$G(s) = \frac{10}{s(s/10 + 1)}$$

(a)设计一个补偿器,使系统满足下面的设计要求:

    (i)$K_v = 100$

    (ii)PM$\geqslant 45°$

    (iii)对于频率小于 1 rad/s 的正弦输入信号,系统都能以小于等于 2% 的误差跟踪再现。

    (iv)能够将频率大于 100 rad/s 的正弦输入信号,在输出时衰减到初值的 5% 以下。

(b)画出 $G(s)$ 的伯德图,选择开环增益,使得 $K_v = 100$。

(c)证明对正弦输入满足指标要求的充分条件是:系统的幅值曲线位于如图 6.104 所示的阴影区域的外面。假设以下关系已知,即

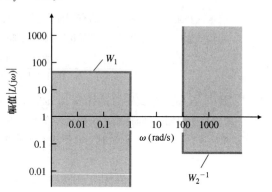

$$\frac{Y}{R} = \frac{KG}{1+KG} \quad \text{和} \quad \frac{E}{R} = \frac{1}{1+KG}$$

(d)为什么单独引入一个超前网络不能满足设计指标?

(e)为什么单独加入一个滞后网络不能满足设计指标?

(f)为设计完整,使用超前-滞后补偿器,以满足所有的设计要求,不要改变前面选择的低频开环增益。

图 6.104　习题 6.62 的控制系统约束

△6.8 节习题:时滞

6.63　假定一个系统

$$G(s) = \frac{e^{-T_d s}}{s+10}$$

具有 0.2 s 的时滞环节($T_d = 0.2$ s)。在保持相位裕度$\geqslant 40°$的同时,使用下面的补偿器求出最大的可能带宽:

(a)一个超前补偿环节

$$D(s) = K\frac{s+a}{s+b}$$

    其中,$b/a = 100$。

(b)两个超前补偿环节

$$D(s) = K\left(\frac{s+a}{s+b}\right)^2$$

    这里,$b/a = 10$。

(c)评论教材中关于时滞对带宽的影响的叙述。

6.64　确定使得下面的系统稳定的 K 的取值范围。

(a)$G(s) = K\dfrac{e^{-4s}}{s}$

(b)$G(s) = K\dfrac{e^{-s}}{s(s+2)}$

6.65　在第 5 章,我们曾对时滞环节使用几种不同的近似方法,其中一种就是如下的一阶 Padé 形式:

$$e^{-T_d s} \approx H_1(s) = \frac{1-T_d s/2}{1+T_d s/2}$$

使用频率响应分析法,我们可以得到准确的时滞环节表达式

$$H_2(s) = e^{-T_d s}$$

画出 $H_1(s)$ 和 $H_2(s)$ 的相位曲线,讨论其中的含义。

6.66 考虑例2.15的热交换器,它的传递函数是

$$G(s) = \frac{e^{-5s}}{(10s + 1)(60s + 1)}$$

(a)设计一个超前补偿器,使得 PM≥45°和系统具有最大可能的闭环带宽。

(b)设计一个 PI 补偿器,使得 PM≥45°和系统具有最大可能的闭环带宽。

△6.9 节习题:数据的其他表示

6.67 某反馈控制系统如图 6.105 所示。要求闭环系统的阶跃响应超调量小于 30% 。

(a)为满足要求,相位裕度 PM 和闭环谐振峰值 M_r 应满足怎样的
条件(参见图 6.38)?

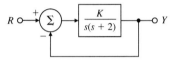

(b)根据系统的伯德图,确定满足相位裕度 PM 要求的 K 的最
大值。

(c)把伯德图[通过在(b)中得到的 K 来调整]的数据画在如图 6.84
所示的奈奎斯特图上,试确定谐振幅值 M_r,并与在(a)中得到
的近似值相比较。

图 6.105 习题 6.67 的控制系统

(d)使用尼科尔斯图,确定谐振频率 ω_r 和闭环带宽。

6.68 图 6.106 是两个系统的尼科尔斯图,一个系统是未加补偿环节的,而另一个是加入了补偿环节的。

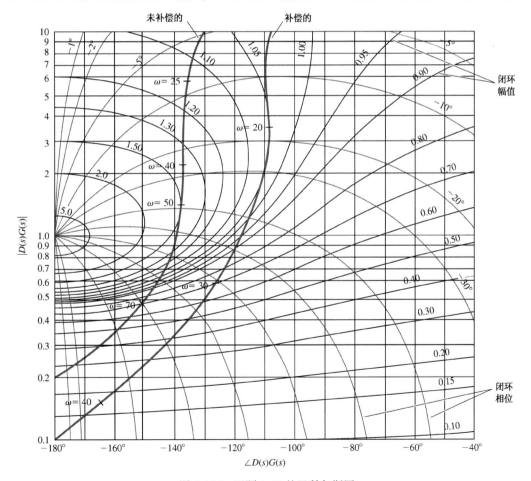

图 6.106 习题 6.68 的尼科尔斯图

(a)确定两个系统各自的谐振峰值是多少?

(b)确定两个系统各自的 PM 和 GM 分别是多少?

(c)确定两个系统各自的带宽是多少?

(d)加入补偿环节的系统,采用了什么类型的补偿环节?

6.69 考虑如图 6.97 所示的系统。

(a)构造 $[Y(j\omega)/E(j\omega)]^{-1}$ 的逆奈奎斯特曲线图(参见网上的附录 W6)。

(b)如何从逆奈奎斯特曲线上直接确定系统临界稳定的 K 值?

(c)对于 $K=4$、2 和 1,确定对应的增益裕度和相位裕度。

(d)构造系统的根轨迹图,注意两幅图上的对应点。对于(c)中确定的 GM 和 PM,对应的阻尼比 ζ 是多少?

6.70 一个不稳定的受控系统传递函数如下:

$$\frac{Y(s)}{F(s)} = \frac{s+1}{(s-1)^2}$$

为它施加简单的控制回路,组成闭环系统,使其方框图如图 6.97 所示。

(a)绘制 Y/F 的逆奈奎斯特曲线(参见网上的附录 W6)。

(b)选取 K 值,使得系统提供 45° 的 PM,对应的 GM 是多少?

(c)当 $K<0$ 时,关于系统的稳定性,从系统的逆奈奎斯特曲线上你可以得出什么结论?

(d)绘制系统的根轨迹图,注意两幅图上的对应点。在这种情况下,当 PM = 45° 时,对应的 ζ 值是多少?

6.71 考虑如图 6.107(a)所示的系统。

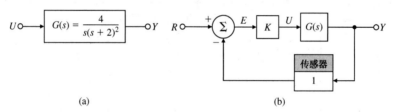

(a)   (b)

图 6.107   习题 6.71 的控制系统

(a)绘制系统的伯德图。

(b)根据伯德图,绘制系统的逆奈奎斯特曲线图(参见网上的附录 W6)。

(c)加入控制回路 $G(s)$,使系统闭合,如图 6.107(b)所示。使用逆奈奎斯特曲线作为指导,当 $K=$ 0.7、1.0、1.4 和 2 时,从伯德图上读出 GM 和 PM 的值。为满足 PM = 30°,K 应该取何值?

(d)绘制系统的根轨迹图,在图上标出根轨迹上相同的 K 值对应的点。确定(c)中每一个 PM/GM 值所对应的 ζ 值是多少?比较 ζ 和 PM 之间是否符合如图 6.37 所示的近似关系?

第7章 状态空间设计法

状态空间设计简介

除了根轨迹和频率响应这样的变换方法以外，用于反馈控制系统设计的第三种主要方法是：状态空间法。我们将介绍用状态变量法描述微分方程。在状态空间设计中，控制工程师设计一个动态补偿器直接作用于描述系统特性的状态变量上。和前面介绍的变换方法一样，状态空间法的目标是找到一个补偿器 $D(s)$ 以满足设计要求，如图 7.1 所示。因为状态空间法在描述受控对象和计算补偿器时与变换方法有所不同，所以可能初看上去像是在解决一

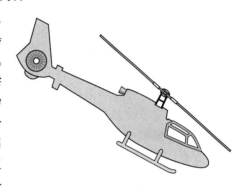

个完全不同的问题。在本章中，我们选择的例题和分析，实际上是为了让你知道采用状态空间法设计出来的以传递函数 $D(s)$ 表示的补偿器，与采用其他两种方法设计出来的补偿器 $D(s)$ 是等效的。

很明显，由于状态空间法与计算机技术的应用能很好地结合，所以目前控制工程师对其研究和使用日益增多。

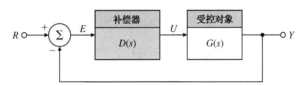

图 7.1　控制系统设计定义

全章概述

这一章首先介绍使用状态空间法的目的和优点。通过 7.2 节的几个例子，我们讨论状态变量的选择和各种动态系统的状态空间模型。状态变量形式的模型增强了我们应用计算机辅助设计工具加强(如 MATLAB) 以提高计算效率的能力。在 7.3 节中，将阐述从模拟计算机仿真模块的角度来观察状态变量是有帮助的。在 7.4 节中，从方框图回顾状态变量方程的发展。然后，分别从手工计算和计算机分析两个方面，利用状态方程解决动态响应的问题。在完成这些初步的基础理论之后，接下来研究通过状态空间法来实现控制系统设计的方法。其设计步骤如下：

1. 选择闭环系统极点(在前面几章中提到的根)位置，并确定闭环系统的控制规律，使之满足动态响应特性(7.5 节和 7.6 节)。
2. 设计一个估计器(7.7 节)。
3. 联合控制规律和估计器(7.8 节)。
4. 引入参考输入(7.5.2 节和 7.9 节)。

在介绍了主要的设计步骤后,我们简要地探究一下状态空间中积分控制的应用(7.10 节)。本章接下来的三节将简要地介绍一些与状态空间设计法有关的相对前沿的其他概念。这些概念,对于某些课程或读者来说,它们可以是选修或选读的内容。最后,7.14 节将回顾关于状态空间设计的发展历史。

7.1　状态空间的优点

状态空间(state space)的思想来源于描述微分方程的状态变量法。在状态变量法中,描述一个动态系统的微分方程组是一组关于系统状态向量的一阶微分方程,而方程组的解则可以形象地看做状态向量在空间中的一条轨迹。状态空间控制设计(statespace control design)是指控制工程师通过直接分析系统的状态变量描述来设计动态补偿器的方法。迄今为止,我们已经看到,描述物理动态系统的常微分方程(ODE)能够被转化为状态变量的形式。在研究常微分方程的数学领域中,方程的状态变量形式被称为标准形式(normal form)。用这种形式研究微分方程有许多好处,其中的三点如下所述。

- 研究更一般的模型。常微分方程不一定是线性或者时不变的。因而,通过研究方程组本身,能够得到更一般的方法。用状态变量的形式来表示常微分方程,为我们提供了一种简洁的、标准的形式以供研究。此外,状态空间的分析和设计的方法很容易扩展到多输入和/或多输出系统中。当然,在本书中,我们主要研究单输入单输出的线性时不变模型(前面已交代过原因)。

- 把几何学的思想引进到微分方程中。在物理学中,把粒子或刚体的位移和速度为横纵轴组成的平面称为相平面(phase plane),而且其运动轨迹能够被描绘为平面上的一条曲线。状态就是该思想在二维以上的空间内的一种推广。尽管我们无法直接描绘三维以上的空间,但是有关距离、直交线、平行线和其他的几何概念将有助于我们把常微分方程的解形象地理解为状态空间中的一条轨迹。

- 把内部描述和外部描述联系起来。动态系统的状态往往直接描述了系统内部能量的分布。例如,我们常常会选择以下变量作为状态变量:位移(势能)、速率(动能)、电容电压(电能)以及电感电流(磁场能)。内部能量可以通过状态变量计算得到。为了简单地描述要分析的系统,可以把系统的输入输出和系统的状态联系起来,进而把内部变量和外部的输入以及测量输出之间建立起联系。相反地,传递函数只能描述输入与输出之间的相互关系而不能描述系统的内部行为。而状态空间的形式则保持了后者的信息,这在某些情况下是很重要的。

对状态空间法的应用,常被称为现代控制设计(modern control design),而对基于传递函数的方法,如根轨迹和频率响应法的应用,则被称为经典控制设计(classical control design)。尽管如此,因为状态空间法用于描述常微分方程已经有超过一百年的历史,并且于 20 世纪 50 年代末被引进到控制设计中,所以把它称之为现代似乎有点误导读者。我们更愿意称这两种设计方法为状态空间法和变换法(transform method)。

当被控系统是多输入或者多输出系统时,状态空间设计法的优点尤为突出。但是,在本书中,我们还是用简单的单输入单输出(SISO)系统来介绍状态空间设计的思想。用状态空间描述系统的设计方法是"分步骤解决的"(divide and conquer)。首先设计相应的控制,假设所有的状态是可量测的, 并且在控制规律中是可用的。这为我们给系统分配任意动态特性提供了可能性。在满足基于全状态反馈的控制规律的前提下, 引入观测器的概念并构造基于输出的状态估计。然后证明这些估计能够来代替实际的状态变量。最后, 引入外部参考控制(reference-command)输入, 至此整个设计结束。只有到了这一步, 才能看出, 所得到的补偿器与用变换法设计出来的补偿器在本质结构上是相同的。

在我们能够用状态描述法进行设计之前, 有必要借用矩阵线性代数中的一些解析结论和工具, 以备本章使用。在此, 假设读者已经熟悉一些基本的矩阵概念(如单位矩阵、三角阵和对角阵, 还有转置矩阵), 并对矩阵代数的运算技巧也有一定的了解(包括加法、乘法和逆矩阵)。更多复杂的结果, 将会在 7.4 节中关于线性系统的动态响应中得到推导。本章中用到的所有线性代数的结论均归纳在网上的附录 WE 中, 以便读者参考和复习。

7.2　状态空间中的系统描述

任何有界动态系统的运动都可以用一阶常微分方程组来表示, 这常被称为状态变量表示法。例如, 牛顿定律的应用和 2.1 节中自由体(free-body)是典型的二阶微分方程(也就是方程中含有二阶导数), 如式(2.3)中的 $\ddot{x}$ 或者式(2.15)中的 $\ddot{\theta}$ 后面的一个方程式可以表示为

$$\dot{x}_1 = x_2 \tag{7.1}$$

$$\dot{x}_2 = \frac{u}{I} \tag{7.2}$$

式中

$$u = F_c d + M_D$$
$$x_1 = \theta$$
$$x_2 = \dot{\theta}$$
$$\dot{x}_2 = \ddot{\theta}$$

该系统的输出是 θ, 即人造卫星的飞行姿态。

这些相似的方程式, 可以用状态变量形式(state-variable form)表示为以下的向量方程:

$$\dot{x} = Fx + Gu \tag{7.3}$$

式中, 输入为 u, 而输出为

$$y = Hx + Ju \tag{7.4}$$

列向量 x, 被称为系统的状态(state of the system), 且对于 n 阶系统, 它包含有 n 个元素。对于机械系统, 状态向量元素通常由各分离物体的位移和速率组成, 就像式(7.1)和式(7.2)所给出的例子一样。变量 F 是一个 $n \times n$ 维的系统矩阵(system matrix), G 是一个 $n \times 1$ 维的输入矩阵(input matrix), H 是一个 $1 \times n$ 维的行矩阵, 表示输出矩阵(output matrix), 还有 J 是标量, 被称为直接传动项(direct transmission term)[①]。为了节省空间, 我们有时候会用状态向量的转置(transpose)来表示该向量, 即

$$x = [\ x_1 \quad x_2 \dots \ ]^T$$

这等效于

[①]　在空间中常用 A、B、C 和 D 来代替 F、G、H 和 J。我们将使用 F、G 表示受控对象动态, 而使用 A、B 表示一般的线性系统。

$$\boldsymbol{x} = \begin{bmatrix} x_1 \\ x_2 \\ \vdots \end{bmatrix}$$

关于更复杂系统的微分方程模型,如第 2 章介绍的机械系统、电力系统和机电系统等,可以通过选择位移、速率、电容电压和电感电流等作为合适的状态变量而将其表示为状态变量的形式。

本章中将考虑如何利用状态变量形式进行控制系统的设计。对于非线性关系[如式(2.22)、式(2.75)和式(2.79)所示的情况],线性形式是不能直接应用的。因此,必须将方程组按第 2 章所介绍的方法进行线性化,以符合线性形式(也可参阅第 9 章)。

表征微分方程的状态变量法,已在计算机辅助控制系统设计软件包中得到应用(如MATLAB)。因此,为了将线性微分方程组录入到计算机中,必须知道矩阵 $\boldsymbol{F}$、$\boldsymbol{G}$、$\boldsymbol{H}$ 和常数 J 的值。

例 7.1 状态变量形式的卫星姿态控制模型

当 $M_D = 0$ 时,用状态变量形式表示例 2.3 中的卫星姿态控制模型,确定矩阵 $\boldsymbol{F}$、$\boldsymbol{G}$、$\boldsymbol{H}$ 和 J 的值。

解:

确定用状态变量 $\boldsymbol{x} \triangleq [\theta \ \omega]^{\mathrm{T}}$ 表示的人造卫星的姿态和角速度[1]。一个形如式(2.15)的二阶方程可以等价地表示为以下的两个一阶方程式:

$$\dot{\theta} = \omega$$

$$\dot{\omega} = \frac{d}{I} F_c$$

利用式(7.3),$\dot{\boldsymbol{x}} = \boldsymbol{F}\boldsymbol{x} + \boldsymbol{G}u$,可将这些方程式表示为

$$\begin{bmatrix} \dot{\theta} \\ \dot{\omega} \end{bmatrix} = \begin{bmatrix} 0 & 1 \\ 0 & 0 \end{bmatrix} \begin{bmatrix} \theta \\ \omega \end{bmatrix} + \begin{bmatrix} 0 \\ d/I \end{bmatrix} F_c$$

系统的输出是人造卫星的姿态,$y = \theta$。利用式(7.4),$y = \boldsymbol{H}\boldsymbol{x} + \boldsymbol{J}u$,可将该关系式表示为

$$y = \begin{bmatrix} 1 & 0 \end{bmatrix} \begin{bmatrix} \theta \\ \omega \end{bmatrix}$$

因此,以状态变量形式表示的矩阵为

$$\boldsymbol{F} = \begin{bmatrix} 0 & 1 \\ 0 & 0 \end{bmatrix}, \quad \boldsymbol{G} = \begin{bmatrix} 0 \\ d/I \end{bmatrix}, \quad \boldsymbol{H} = \begin{bmatrix} 1 & 0 \end{bmatrix}, \quad J = 0$$

且输入为 $u \triangleq F_c$。

在这个非常简单的例子中,用状态变量形式表示微分方程,比起式(2.15)的二阶方程来说更加麻烦。尽管如此,对于大多数系统来说,状态变量法并不会显得更加麻烦,而且在计算机辅助设计的应用中,标准形的优势使得状态变量形式得到广泛的应用。

下面以更加复杂的例子来说明如何使用 MATLAB 求解线性微分方程。

例 7.2 巡航控制阶跃响应

(a)将例 2.1 中的运动方程重写为状态变量的形式,其中输出为汽车的位移 x。

---

① 符号 $\triangleq$ 表示"定义为"。

（b）当输入从 $t=0$ 时刻的 $u=0$，随后跳变到 $u=500$ N 时，利用 MATLAB 计算汽车速度的阶跃响应，假设汽车质量 m 为 1000 kg 且 $b=50$ N·s/m。

解：

（a）运动方程。首先，需要把描述系统特性的微分方程[即式（2.3）]表示为一组联立的一阶方程组。为此，把汽车的位移和速度定义为状态变量 x 和 v，即 $\boldsymbol{x}=[x\ v]^{\mathrm{T}}$。可以将二阶方程式（2.3）重新写为以下的两个一阶方程的组合：

$$\dot{x}=v$$
$$\dot{v}=-\frac{b}{m}v+\frac{1}{m}u$$

接下来，利用式（7.3）的标准形，$\dot{\boldsymbol{x}}=\boldsymbol{Fx}+\boldsymbol{Gu}$，将这些方程式表示为

$$\begin{bmatrix}\dot{x}\\\dot{v}\end{bmatrix}=\begin{bmatrix}0&1\\0&-b/m\end{bmatrix}\begin{bmatrix}x\\v\end{bmatrix}+\begin{bmatrix}0\\1/m\end{bmatrix}u \tag{7.5}$$

系统的输出是汽车的位移 $y=x_1=x$，于是可用矩阵形式表示为

$$y=\begin{bmatrix}1&0\end{bmatrix}\begin{bmatrix}x\\v\end{bmatrix}$$

或者

$$y=\boldsymbol{Hx}$$

因此，这个系统的状态变量形式的矩阵可定义为

$$\boldsymbol{F}=\begin{bmatrix}0&1\\0&-b/m\end{bmatrix},\quad \boldsymbol{G}=\begin{bmatrix}0\\1/m\end{bmatrix},\quad \boldsymbol{H}=\begin{bmatrix}1&0\end{bmatrix},\quad J=0$$

（b）时间响应。运动方程已在（a）中给出。现假设输出是 $v=x_2$。于是，输出矩阵为

$$\boldsymbol{H}=\begin{bmatrix}0&1\end{bmatrix}$$

所需的系数为 $b/m=0.05$ 和 $1/m=0.001$。那么，用于描述系统的矩阵为

$$\boldsymbol{F}=\begin{bmatrix}0&1\\0&-0.05\end{bmatrix},\quad \boldsymbol{G}=\begin{bmatrix}0\\0.001\end{bmatrix},\quad \boldsymbol{H}=\begin{bmatrix}0&1\end{bmatrix},\quad J=0$$

使用 MATLAB 中的 step 函数，可计算线性系统的单位阶跃响应。因为系统是线性的，在这种情况下，将输出乘以阶跃输入的幅值，可以得到任意幅值的阶跃响应。等效地，矩阵 $\boldsymbol{G}$ 也可以乘上阶跃输入的幅值。

```
F = [0  1;0  −0.05];
G = [0;0.001];
H = [0  1];
J = 0;
sys = ss(F, 500*G,H,J); % step gives
    unit step response, so 500*G
    gives u = 500 N.
step(sys); % plots the step response
```

利用以下的代码，计算和绘制幅值为 500 N 的阶跃输入的时间响应。其阶跃响应曲线如图 7.2 所示。

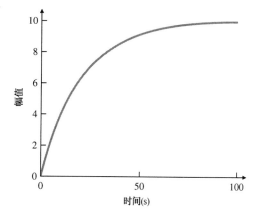

图 7.2　阶跃跳变时汽车的速度响应

例7.3 状态变量形式的 T 形桥电路

确定如图 2.25 所示电路的状态空间方程。

解：为了写出状态变量形式的方程式(如一组联立的一阶微分方程组)，我们选择电容电压作为状态元素(即 $\boldsymbol{x} = [\, v_1 \ v_2 \,]^{\mathrm{T}}$)，且将 v_i 作为输入(即 $u = v_i$)。这里 $v_1 = v_2$，$v_2 = v_1 - v_3$，且 $v_1 = v_i$。所以，$v_1 = v_i$，$v_2 = v_1$，$v_3 = v_i - v_2$，根据式(2.34)可表示为

$$\frac{v_1 - v_i}{R_1} + \frac{v_1 - (v_i - v_2)}{R_2} + C_1 \frac{\mathrm{d}v_1}{\mathrm{d}t} = 0$$

将上式重新列写为标准形，可得到

$$\frac{\mathrm{d}v_1}{\mathrm{d}t} = -\frac{1}{C_1}\left(\frac{1}{R_1} + \frac{1}{R_2}\right)v_1 - \frac{1}{C_1}\left(\frac{1}{R_2}\right)v_2 + \frac{1}{C_1}\left(\frac{1}{R_1} + \frac{1}{R_2}\right)v_i \tag{7.6}$$

根据，式(2.35)可表示为

$$\frac{v_i - v_2 - v_1}{R_2} + C_2 \frac{d}{\mathrm{d}t}(v_i - v_2 - v_i) = 0$$

在标准形下，方程可表示为

$$\frac{\mathrm{d}v_2}{\mathrm{d}t} = -\frac{v_1}{C_2 R_2} - \frac{v_2}{C_2 R_2} + \frac{v_i}{C_2 R_2} \tag{7.7}$$

式(2.34)至式(2.35)与状态变量形式的式(7.6)和式(7.7)在描述电路特性上是完全等价的。这里，标准的矩阵定义为

$$\boldsymbol{F} = \begin{bmatrix} -\dfrac{1}{C_1}\left(\dfrac{1}{R_1} + \dfrac{1}{R_2}\right) & -\dfrac{1}{C_1}\left(\dfrac{1}{R_2}\right) \\ -\dfrac{1}{C_2 R_2} & -\dfrac{1}{C_2 R_2} \end{bmatrix}$$

$$\boldsymbol{G} = \begin{bmatrix} \dfrac{1}{C_1}\left(\dfrac{1}{R_1} + \dfrac{1}{R_2}\right) \\ \dfrac{1}{C_2 R_2} \end{bmatrix}$$

$$\boldsymbol{H} = \begin{bmatrix} 0 & -1 \end{bmatrix}, \ J = 1$$

例7.4 状态变量形式的扬声器电路

对于如图 2.29 所示的扬声器和对应的如图 2.30 所示的电路，找出表示输入电压 v_a 和输出锥形位移 x 之间关系的状态空间方程。假设电路有效电阻为 R，且电感为 L。

解：根据上述的两个联合方程，即式(2.44)和式(2.48)，建立扬声器的动态模型

$$M\ddot{x} + b\dot{x} = 0.63 i$$

$$L\frac{\mathrm{d}i}{\mathrm{d}t} + Ri = v_a - 0.63\dot{x}$$

对于该三阶系统，选择一个合理的状态向量 $\boldsymbol{x} \triangleq [\, x \ \dot{x} \ i \,]^{\mathrm{T}}$，可推导出其标准矩阵为

$$\boldsymbol{F} = \begin{bmatrix} 0 & 1 & 0 \\ 0 & -b/M & 0.63/M \\ 0 & -0.63/L & -R/L \end{bmatrix}, \quad \boldsymbol{G} = \begin{bmatrix} 0 \\ 0 \\ 1/L \end{bmatrix}, \quad \boldsymbol{H} = \begin{bmatrix} 1 & 0 & 0 \end{bmatrix}, \quad J = 0$$

此处，输入为 $u \triangleq v_a$。

例7.5 状态变量形式的直流电动机建模

根据如图 2.32(a)所示的等效电路，确定直流电动机的状态空间方程。

解：根据第 2 章的运动方程式，即式(2.52)和式(2.53)，得到

$$J_m\ddot{\theta}_m + b\dot{\theta}_m = K_t i_a$$

$$L_a\frac{\mathrm{d}i_a}{\mathrm{d}t} + R_a i_a = v_a - K_e\dot{\theta}_m$$

该三阶系统的一个状态向量是 $\boldsymbol{x} \triangleq \begin{bmatrix} \theta_m & \dot{\theta}_m & i_a \end{bmatrix}^{\mathrm{T}}$，可推导出其标准矩阵为

$$\boldsymbol{F} = \begin{bmatrix} 0 & 1 & 0 \\ 0 & -\dfrac{b}{J_m} & \dfrac{K_t}{J_m} \\ 0 & -\dfrac{K_e}{L_a} & -\dfrac{R_a}{L_a} \end{bmatrix} \quad \boldsymbol{G} = \begin{bmatrix} 0 \\ 0 \\ \dfrac{1}{L_a} \end{bmatrix}, \quad \boldsymbol{H} = \begin{bmatrix} 1 & 0 & 0 \end{bmatrix}, \quad J = 0$$

其中，输入 $u \triangleq v_a$。

状态变量形式可应用于任意阶系统。例 7.6 将说明该方法在四阶系统中的应用。

例 7.6　状态变量形式的柔性磁盘驱动器

确定例 2.4 中的微分方程的状态变量形式，其中输出为 θ_2。

解： 我们定义状态向量为

$$\boldsymbol{x} = \begin{bmatrix} \theta_1 & \dot{\theta}_1 & \theta_2 & \dot{\theta}_2 \end{bmatrix}^{\mathrm{T}}$$

然后，从式 (2.17) 和式 (2.18) 中求解出 $\ddot{\theta}_1$ 和 $\ddot{\theta}_2$，状态变量形式更为明显。于是，得到的矩阵为

$$\boldsymbol{F} = \begin{bmatrix} 0 & 1 & 0 & 0 \\ -\dfrac{k}{I_1} & -\dfrac{b}{I_1} & \dfrac{k}{I_1} & \dfrac{b}{I_1} \\ 0 & 0 & 0 & 1 \\ \dfrac{k}{I_2} & \dfrac{b}{I_2} & -\dfrac{k}{I_2} & -\dfrac{b}{I_2} \end{bmatrix}, \quad \boldsymbol{G} = \begin{bmatrix} 0 \\ \dfrac{1}{I_1} \\ 0 \\ 0 \end{bmatrix}$$

$$\boldsymbol{H} = \begin{bmatrix} 0 & 0 & 1 & 0 \end{bmatrix}, \quad J = 0$$

如果微分方程中含有输入 u 的函数，则难度会增加。求解这类问题的技巧，将在 7.4 节中加以介绍。

7.3　方框图和状态空间

也许，理解状态变量方程最有效的方法是通过模拟计算机方框图表示法。该表示法在结构上以积分器为主要元件，这适用于一阶系统和用状态变量表示系统的运动方程。虽然模拟计算机已经不再使用，但对于模拟计算机的电路设计和状态变量的设计而言，模拟计算机仍然是一个很有用的概念[①]。

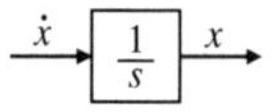

模拟计算机是一个由模拟常微分方程的电子元件组成的设备。模拟计算机的基础动态元件是积分器（integrator），由如图 2.28 所示的含有电容反馈和电阻前馈的运算放大电路组成。如图 7.3 所示，因为积分器的输入信号是输出信号的微分，在模拟计算机仿真中，如果把积分器的输出定

图 7.3　积分器

为系统的状态，将自动地得到状态变量形式的方程式。反之，如果一个系统是用状态变量描述的，我们可以对每一个状态变量构造一个积分器，并且根据给定的方程连接它们的输入端，以此构成模拟计算机仿真器，这样，每个状态变量就像状态变量方程所描述的那样。模拟计算机方框图就是一幅状态方程图。

---

① 也归因于它的历史作用。

　　一个能够完成这些功能的典型模拟计算机的各个组成部件,如图7.4所示。注意,如果运算放大器的增益为负数,那么输出将反相。

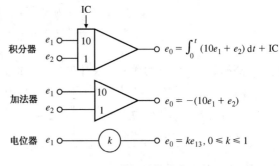

图7.4　模拟计算机的组件

例7.7　模拟计算机实现

用状态变量形式描述如图7.5所示的三阶系统的传递函数,其微分方程为

$$\dddot{y} + 6\ddot{y} + 11\dot{y} + 6y = 6u$$

解:求解该常微分方程的最高阶微分项,得到

$$\dddot{y} = -6\ddot{y} - 11\dot{y} - 6y + 6u \tag{7.8}$$

现在,假设已经求得最高阶微分项,并且注意到低阶项可以由如图7.6(a)所示的积分器得到。最后,应用式(7.8)完成对如图7.6(b)所示的系统实现。为了得到状态描述,简单地将状态变量定义为各个积分器的输出,即 $x_1 = \ddot{y}$, $x_2 = \dot{y}$, $x_3 = y$,于是得到

$$\dot{x}_1 = -6x_1 - 11x_2 - 6x_3 + 6u$$
$$\dot{x}_2 = x_1$$
$$\dot{x}_3 = x_2$$

由此,得到下面的状态变量描述:

$$\boldsymbol{F} = \begin{bmatrix} -6 & -11 & -6 \\ 1 & 0 & 0 \\ 0 & 1 & 0 \end{bmatrix}, \quad \boldsymbol{G} = \begin{bmatrix} 6 \\ 0 \\ 0 \end{bmatrix}, \quad \boldsymbol{H} = \begin{bmatrix} 0 & 0 & 1 \end{bmatrix}, \quad J = 0$$

使用 MATLAB 语句

    [num,den] = ss2tf(F,G,H,J);

将得到传递函数为

$$\frac{Y(s)}{U(s)} = \frac{6}{s^3 + 6s^2 + 11s + 6}$$

如果要求将传递函数表示为系数的形式,可以通过变换得到 ss 或者 tf 描述。因此,采用下面的任意一个 MATLAB 语句

    % convert state-variable realization to pole–zero form
    [z,p,k] = ss2zp(F,G,H,J)

和

    % convert numerator-denominator to pole–zero form
    [z,p,k] = tf2zp(num,den)

都将得到结果:

$$z = [], \quad p = \begin{bmatrix} -3 & -2 & -1 \end{bmatrix}', \quad k = 6$$

这里,将传递函数用系数形式表示为

$$\frac{Y(s)}{U(s)} = \frac{6}{(s+1)(s+2)(s+3)}$$

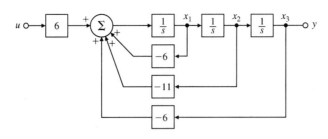

图 7.5　三阶系统

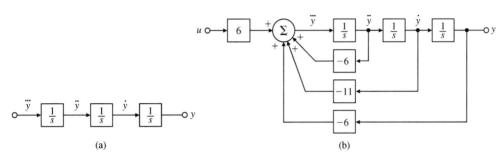

図 7.6　只用积分器作为动态元件求解方程 $\dddot{y} + 6\ddot{y} + 11\dot{y} + 6y = 6u$
的系统方框图。(a) 中间的方框图;(b) 最终的方框图

状态空间的时间和幅值换算

我们已经在第 3 章中讨论了时间和幅值换算,现在把这一思想推广到状态变量形式。应用 $\tau = \omega_o t$,时间换算使用

$$\frac{\mathrm{d}\boldsymbol{x}}{\mathrm{d}\tau} = \frac{1}{\omega_o}\boldsymbol{F}\boldsymbol{x} + \frac{1}{\omega_o}\boldsymbol{G}u = \boldsymbol{F}'\boldsymbol{x} + \boldsymbol{G}'u \tag{7.9}$$

来代替式(7.3)。对应地,幅值换算使用 $\boldsymbol{z} = \boldsymbol{D}_x^{-1}\boldsymbol{x}$ 代替 $\boldsymbol{x}$,其中 $\boldsymbol{D}_x$ 是一个由换算系数组成的对角阵。输入换算对应于使用 $v = \boldsymbol{D}_u^{-1}u$ 代替 u。利用这些代换

$$\boldsymbol{D}_x\dot{\boldsymbol{z}} = \frac{1}{\omega_o}\boldsymbol{F}\boldsymbol{D}_x\boldsymbol{z} + \frac{1}{\omega_o}\boldsymbol{G}\boldsymbol{D}_u v \tag{7.10}$$

得到

$$\dot{\boldsymbol{z}} = \frac{1}{\omega_o}\boldsymbol{D}_x^{-1}\boldsymbol{F}\boldsymbol{D}_x\boldsymbol{z} + \frac{1}{\omega_o}\boldsymbol{D}_x^{-1}\boldsymbol{G}\boldsymbol{D}_u v = \boldsymbol{F}'\boldsymbol{z} + \boldsymbol{G}'v \tag{7.11}$$

式(7.11)简洁地表示了时间和幅值换算的运算式。可是这并没有减轻工程师的实际任务,工程师依然要考虑合适的换算系数,以使换算后的方程有一个好的形式。

例 7.8　振荡器的时间换算

振荡器的方程由例 2.5 推导而来。在具有非常快的固有频率 $\omega_n = 15\,000$ rad/s 的情况下,可以将式(2.23)改写为

$$\ddot{\theta} + 15\,000^2 \cdot \theta = 10^6 \cdot T_c$$

确定时间换算后的方程,使得时间的单位为微秒。

解:在状态向量为 $\boldsymbol{x} = \begin{bmatrix} \theta & \dot{\theta} \end{bmatrix}^{\mathrm{T}}$ 的状态变量形式下,未换算的矩阵为

$$\boldsymbol{F} = \begin{bmatrix} 0 & 1 \\ -15\,000^2 & 0 \end{bmatrix} \quad \text{和} \quad \boldsymbol{G} = \begin{bmatrix} 0 \\ 10^6 \end{bmatrix}$$

利用式(7.9),可得

$$\boldsymbol{F}' = \begin{bmatrix} 0 & \dfrac{1}{1000} \\ -\dfrac{15\,000^2}{1000} & 0 \end{bmatrix} \quad 和 \quad \boldsymbol{G}' = \begin{bmatrix} 0 \\ 10^3 \end{bmatrix}$$

由此,可得到换算后的状态变量方程。

7.4　状态方程的分析

在前面的章节中,已经介绍和阐述了如何选择状态以及利用状态形式组织方程的过程。在本节中,将回顾这些过程,并且说明如何用状态描述来分析动态响应。在7.4.1节中,我们从状态描述与方框图及拉普拉斯变换之间的关系开始,并考虑这样的事实:对于一个给定的系统,状态的选择并不是唯一的。我们将演示如何利用不唯一性从几个标准形式中选择能够帮助你徒手解决精确问题的形式。一个控制标准型,可以使得状态的反馈增益容易地设计。在学习了7.4.2节中关于状态方程的结构后,考虑动态响应,并说明在零极点形式的传递函数与状态描述矩阵之间到底有怎样的联系。为了用手工计算阐明结果,我们提供了一个热力学系统模型的简单例子。对于更为实际的例子,计算机辅助控制系统设计的软件包(如MATLAB)显得特别有用,相关的MATLAB命令将会在适当的时候被提及。

7.4.1　方框图与标准型

我们从具有简单传递函数的热力学系统开始,假设

$$G = \frac{b(s)}{a(s)} = \frac{s+2}{s^2+7s+12} = \frac{2}{s+4} + \frac{-1}{s+3} \tag{7.12}$$

式中,分子多项式$b(s)$的根是传递函数的零点,而分母多项式$a(s)$的根是极点。注意,在上式中,我们用了两种形式来表示传递函数,一种是多项式商的形式,而另一种是分式展开式之和的形式。为了得到系统的状态描述(这通常是比较有用的方法),我们只使用独立积分器作为动态元件,来构造对应于传递函数(和微分方程)的方框图。图7.7给出了一个利用控制标准型(control canonical form)构造的方框图。这种构造的本质特征是,每一个状态变量都通过反馈连接到控制输入端。

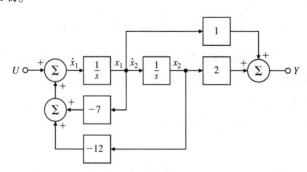

图7.7　控制形式下式(7.12)的方框图

一旦画出了这种形式的方框图,就能通过直接观察,确定系统的状态描述矩阵。这是因为当积分器的输出是状态变量时,它的输入就是这个变量的微分。例如,在图7.7中,第一个状态变量的方程是

$$\dot{x}_1 = -7x_1 - 12x_2 + u$$

同理，还可得到

$$\dot{x}_2 = x_1$$

$$y = x_1 + 2x_2$$

将这三个方程改写为矩阵的形式

$$\dot{\boldsymbol{x}} = \boldsymbol{A}_c\boldsymbol{x} + \boldsymbol{B}_c u \tag{7.13}$$

$$y = \boldsymbol{C}_c\boldsymbol{x} \tag{7.14}$$

式中

$$\boldsymbol{A}_c = \begin{bmatrix} -7 & -12 \\ 1 & 0 \end{bmatrix}, \qquad \boldsymbol{B}_c = \begin{bmatrix} 1 \\ 0 \end{bmatrix} \tag{7.15a}$$

$$\boldsymbol{C}_c = \begin{bmatrix} 1 & 2 \end{bmatrix}, \qquad D_c = 0 \tag{7.15b}$$

式中，下标 c 代表控制标准型。

　　这种矩阵形式有两个重要的特点：分子多项式 $b(s)$ 中的系数 1 和 2 出现在矩阵 $\boldsymbol{C}_c$ 中，并且分母多项式 $a(s)$ 的系数（除了首项）7 和 12（取正号）出现在矩阵 $\boldsymbol{A}_c$ 的首行。有了这一结论，只要任何系统的传递函数是用分子和分母多项式的商的形式表示的，就可以通过观察写出该系统的控制标准型状态矩阵。如果 $b(s) = b_1 s^{n-1} + b_2 s^{n-2} + \cdots + b_n$ 且 $a(s) = s^n + a_1 s^{n-1} + a_2 s^{n-2} + \cdots + a_n$，则用 MATLAB 实现的命令是

```
num = b = [b₁  b₂  ⋯  bₙ]
den = a = [1  a₁  a₂  ⋯  aₙ]
[A_c,  B_c,  C_c,  D_c] = tf2ss(num,den)
```

我们将 `tf2ss` 读为"传递函数到状态空间"。于是，可得到如下的运行结果：

$$\boldsymbol{A}_c = \begin{bmatrix} -a_1 & -a_2 & \cdots & \cdots & -a_n \\ 1 & 0 & \cdots & \cdots & 0 \\ 0 & 1 & 0 & \cdots & 0 \\ \vdots & & \ddots & 0 & \vdots \\ 0 & 0\cdots & \cdots & 1 & 0 \end{bmatrix}, \qquad \boldsymbol{B}_c = \begin{bmatrix} 1 \\ 0 \\ 0 \\ \vdots \\ 0 \end{bmatrix} \tag{7.16a}$$

$$\boldsymbol{C}_c = \begin{bmatrix} b_1 & b_2 & \cdots & \cdots & b_n \end{bmatrix}, \qquad D_c = 0 \tag{7.16b}$$

　　如图 7.7 所示的方框图和如式（7.15）所示的对应矩阵并不是表示传递函数 $G(s)$ 的唯一方法。对应于部分分式展开式，$G(s)$ 的另一种方框图如图 7.8 所示。利用前面所介绍的技术，对于如图所示的状态变量，可以直接从方框图中得到矩阵为

$$\dot{\boldsymbol{z}} = \boldsymbol{A}_m\boldsymbol{z} + \boldsymbol{B}_m u$$

$$y = \boldsymbol{C}_m\boldsymbol{z} + D_m u$$

式中

$$\boldsymbol{A}_m = \begin{bmatrix} -4 & 0 \\ 0 & -3 \end{bmatrix}, \qquad \boldsymbol{B}_m = \begin{bmatrix} 1 \\ 1 \end{bmatrix} \tag{7.17a}$$

$$\boldsymbol{C}_m = \begin{bmatrix} 2 & -1 \end{bmatrix}, \qquad D_m = 0 \tag{7.17b}$$

在这里，下标 m 表示模态标准型（modal canonical form）。该名字源于系统传递函数的极点有时被称为系统的标准模态（normal mode）。这种形式的矩阵的重要特点是，系统的极点（-4 和 -3）作为矩阵的元素出现在 $\boldsymbol{A}_m$ 的对角线上，而部分分式展开式的分子项（2 和 -1）出现在矩阵 $\boldsymbol{C}_m$ 中。

用模态标准型表示一个系统可能会变得复杂，这是因为：(1)如果系统极点是复数形式，则矩阵的元素将是复数形式；(2)如果部分分式展开式有重根，则系统矩阵将不会是对角阵。为了解决第一个问题，我们把部分分式展开式的复数极点用二次项表示为共轭复数对，这样，所有元素都为实数。相应地，矩阵 A_m 沿着主对角线将有 2×2 的方阵，这表示复数极点变量之间存在局部耦合。为了解决第二个问题，将相应的状态变量也进行耦合配对，这样极点就出现在对角线上，从而利用非对角线上的元素表示这些耦合。关于后一种情况，一个简单的例子就是例7.1中的人造卫星系统，其传递函数为 $G(s) = 1/s^2$。这个传递函数的系统矩阵，可以用模态形式表示为

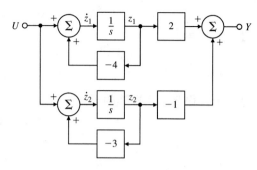

图7.8　在模态标准型下式(7.12)的方框图

$$F = \begin{bmatrix} 0 & 1 \\ 0 & 0 \end{bmatrix}, \qquad G = \begin{bmatrix} 0 \\ 1 \end{bmatrix}, \qquad H = [\, 1 \quad 0 \,], \qquad J = 0 \tag{7.18}$$

例7.9　模态标准型状态方程

带有一个共振状态的"四分之一车模型"[参见式(2.12)]的传递函数，由下式给出：

$$G(s) = \frac{2s+4}{s^2(s^2+2s+4)} = \frac{1}{s^2} - \frac{1}{s^2+2s+4} \tag{7.19}$$

确定系统用模态形式描述的状态矩阵。

解：将传递函数已经以部分分式的形式给出。为了得到状态描述矩阵，我们只用积分器画出相应的方框图，分配状态变量，然后写出相应的矩阵。这个过程并不是唯一的，所以对于给定的问题有多种可行解，但它们仅有一些细微的差别。其中一个变量分配比较令人满意的方框图，如图7.9所示。

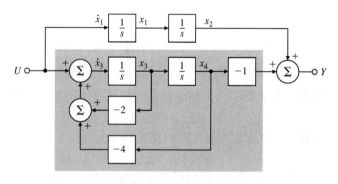

图7.9　模态标准型下四阶系统的方框图(阴影部分是控制标准型)

值得注意的是，用二次项表示复数极点，已经以控制标准型得到实现。很多其他的可行方案，也可以代替这一部分。这种特殊的形式让我们通过观察就可写出系统矩阵

$$F = \begin{bmatrix} 0 & 0 & 0 & 0 \\ 1 & 0 & 0 & 0 \\ 0 & 0 & -2 & -4 \\ 0 & 0 & 1 & 0 \end{bmatrix}, \qquad G = \begin{bmatrix} 1 \\ 0 \\ 1 \\ 0 \end{bmatrix} \tag{7.20}$$

$$H = [\, 0 \quad 1 \quad 0 \quad -1 \,], \qquad J = 0$$

到目前为止，我们已经知道：不管是控制形式还是模态形式都可以从传递函数中得到状态描述。因为这些矩阵描述的是同一个动态系统，那么这两种形式的矩阵之间有什么关系（以及它们对应的状态变量又有什么关系）呢？更一般地，假设有一系列利用非特殊形式描述的一些物理系统的状态方程，要求我们用控制标准型来解决问题（在 7.5 节中，将遇到这样的问题）。在事先没有得到传递函数的情况下，能否计算出所要求的标准型呢？要回答这些问题，先来了解状态转换的概念。

考虑由以下的状态方程描述的系统

$$\dot{\boldsymbol{x}} = \boldsymbol{Fx} + \boldsymbol{Gu} \tag{7.21a}$$

$$y = \boldsymbol{Hx} + Ju \tag{7.21b}$$

从前面的分析可知，这并不是该系统的唯一描述。考虑 $\boldsymbol{x}$ 的一个线性变换，将 $\boldsymbol{x}$ 转换为一个新的状态 $\boldsymbol{z}$。设有一个非奇异矩阵 $\boldsymbol{T}$，令

$$\boldsymbol{x} = \boldsymbol{Tz} \tag{7.22}$$

将式(7.22)代入式(7.21a)中，可得到用新的状态 $\boldsymbol{z}$ 表示的运动方程

$$\dot{\boldsymbol{x}} = \boldsymbol{T\dot{z}} = \boldsymbol{FTz} + \boldsymbol{Gu} \tag{7.23a}$$

$$\dot{\boldsymbol{z}} = \boldsymbol{T}^{-1}\boldsymbol{FTz} + \boldsymbol{T}^{-1}\boldsymbol{Gu} \tag{7.23b}$$

$$\dot{\boldsymbol{z}} = \boldsymbol{Az} + \boldsymbol{Bu} \tag{7.23c}$$

在式(7.23c)中

$$\boldsymbol{A} = \boldsymbol{T}^{-1}\boldsymbol{FT} \tag{7.24a}$$

$$\boldsymbol{B} = \boldsymbol{T}^{-1}\boldsymbol{G} \tag{7.24b}$$

然后，把式(7.22)代入式(7.21b)中，得到以新状态 $\boldsymbol{z}$ 表示的输出方程

$$y = \boldsymbol{HTz} + Ju$$

$$= \boldsymbol{Cz} + Du$$

式中

$$\boldsymbol{C} = \boldsymbol{HT}, \quad D = J \tag{7.25}$$

给定一般形式的矩阵 $\boldsymbol{F}$、$\boldsymbol{G}$、$\boldsymbol{H}$ 和标量 J，我们希望找到变换矩阵 $\boldsymbol{T}$ 使得 $\boldsymbol{A}$、$\boldsymbol{B}$、$\boldsymbol{C}$ 和 D 成为特殊形式的矩阵，如控制标准型。为了得到这样的 $\boldsymbol{T}$，先假设 $\boldsymbol{A}$、$\boldsymbol{B}$、$\boldsymbol{C}$ 和 D 已经具有我们所要求的形式，$\boldsymbol{T}$ 是一般形式的变换矩阵，然后将对应的项进行匹配，即可求出矩阵 $\boldsymbol{T}$。这里，将以三阶的情况为例，将分析过程推广至更一般的情形。其步骤如下所述。

首先，把式(7.24a)改写为

$$\boldsymbol{AT}^{-1} = \boldsymbol{T}^{-1}\boldsymbol{F}$$

如果 $\boldsymbol{A}$ 是控制标准型，把 $\boldsymbol{T}^{-1}$ 描述成由行向量 $\boldsymbol{t}_1$、$\boldsymbol{t}_2$ 和 $\boldsymbol{t}_3$ 组成的矩阵，则有

$$\begin{bmatrix} -a_1 & -a_2 & -a_3 \\ 1 & 0 & 0 \\ 0 & 1 & 0 \end{bmatrix} \begin{bmatrix} \boldsymbol{t}_1 \\ \boldsymbol{t}_2 \\ \boldsymbol{t}_3 \end{bmatrix} = \begin{bmatrix} \boldsymbol{t}_1\boldsymbol{F} \\ \boldsymbol{t}_2\boldsymbol{F} \\ \boldsymbol{t}_3\boldsymbol{F} \end{bmatrix} \tag{7.26}$$

将第三行和第二行展开，得到如下的矩阵方程：

$$\boldsymbol{t}_2 = \boldsymbol{t}_3\boldsymbol{F} \tag{7.27a}$$

$$\boldsymbol{t}_1 = \boldsymbol{t}_2\boldsymbol{F} = \boldsymbol{t}_3\boldsymbol{F}^2 \tag{7.27b}$$

由式(7.24b)，假设 $\boldsymbol{B}$ 也是控制标准型，得到关系式

$$\boldsymbol{T}^{-1}\boldsymbol{G} = \boldsymbol{B}$$

或

$$\begin{bmatrix} t_1 G \\ t_2 G \\ t_3 G \end{bmatrix} = \begin{bmatrix} 1 \\ 0 \\ 0 \end{bmatrix} \qquad (7.28)$$

联立式(7.27)和式(7.28)，可得到

$$t_3 G = 0$$
$$t_2 G = t_3 F G = 0$$
$$t_1 G = t_3 F^2 G = 1$$

将这些方程写为矩阵形式如下：

$$t_3 [\ G \quad FG \quad F^2 G\ ] = [\ 0 \quad 0 \quad 1\ ]$$

或者

$$t_3 = [\ 0 \quad 0 \quad 1\ ] \mathcal{C}^{-1} \qquad (7.29)$$

式中，能控性矩阵(controllability matrix) $\mathcal{C} = \begin{bmatrix} G & FG & F^2 G \end{bmatrix}$。在得到 t_3 后，现在我们可以回到式(7.27)，并构造 T^{-1} 的所有行向量。

综上所述，对于把 n 维的一般状态描述转化为控制标准型的方法，可以归纳如下：

- 由 F 和 G 构造能控性矩阵

$$\mathcal{C} = [\ G \quad FG \quad \cdots \quad F^{n-1} G\ ] \qquad (7.30)$$

- 计算变换矩阵的逆矩阵的最后一行

$$t_n = [\ 0 \quad 0 \quad \cdots \quad 1\ ] \mathcal{C}^{-1} \qquad (7.31)$$

- 构造完整的变换矩阵

$$T^{-1} = \begin{bmatrix} t_n F^{n-1} \\ t_n F^{n-2} \\ \vdots \\ t_n \end{bmatrix} \qquad (7.32)$$

- 利用式(7.24a)、式(7.24b)和式(7.25)，从 T^{-1} 中计算新的矩阵。

当能控性矩阵 $\mathcal{C}$ 是非奇异阵时，相应的 F 和 G 矩阵被称为能控的(controllable)。这是任何物理系统通常具有的技术特性，在7.5节中将介绍的状态反馈也是很重要的。到时候，我们也会介绍一些缺乏能控性的物理实例。

因为从数值上精确计算式(7.32)给出的变换是很困难的，所以我们几乎不采用数值计算的方法来求解 T 矩阵。我们详细地逐步推导这种变换过程，是为了从理论上说明这种状态变化是怎么实现的，同时也说明如下的重要结论：

当且仅当能控性矩阵 $\mathcal{C}$ 是非奇异的，我们总可以将给定的状态描述转换为控制标准型的形式。

当需要从数值上验证实际例子的能控性时，可以使用一种数值上稳定的方法将系统矩阵转换为"阶梯状"，而不是尝试计算能控性矩阵。本章的习题7.29将考虑用这种方法来判断系统的能控性。

到目前为止，我们在讨论能控性时存在一个重要问题，即状态变换对能控性有什么影响。可以通过式(7.30)、式(7.24a)和式(7.24b)得到答案。系统 (F,G) 的能控性矩阵为

$$\mathcal{C}_x = [\ \boldsymbol{G}\quad \boldsymbol{FG}\quad \cdots\quad \boldsymbol{F}^{n-1}\boldsymbol{G}\ ] \tag{7.33}$$

经过状态变换后，新的描述矩阵由式(7.24a)和式(7.24b)给出，且能控性矩阵变为

$$\mathcal{C}_z = [\ \boldsymbol{B}\quad \boldsymbol{AB}\quad \cdots\quad \boldsymbol{A}^{n-1}\boldsymbol{B}\ ] \tag{7.34a}$$

$$= [\ \boldsymbol{T}^{-1}\boldsymbol{G}\quad \boldsymbol{T}^{-1}\boldsymbol{F}\boldsymbol{T}\boldsymbol{T}^{-1}\boldsymbol{G}\quad \cdots\quad \boldsymbol{T}^{-1}\boldsymbol{F}^{n-1}\boldsymbol{T}\boldsymbol{T}^{-1}\boldsymbol{G}\ ] \tag{7.34b}$$

$$= \boldsymbol{T}^{-1}\mathcal{C}_x \tag{7.34c}$$

由此可见，当且仅当 $\mathcal{C}_z$ 是非奇异的，$\mathcal{C}_x$ 才是非奇异的，从而得到以下的结论：

对系统的状态进行非奇异线性变换，并不会改变其能控性。

让我们再回到式(7.12)的传递函数，这次用
观测标准型(observer canonical form)结构的方框图
来表示它(如图 7.10 所示)。在这种标准型形式
下，对应的矩阵为

$$\boldsymbol{A}_o = \begin{bmatrix} -7 & 1 \\ -12 & 0 \end{bmatrix},\quad \boldsymbol{B}_o = \begin{bmatrix} 1 \\ 2 \end{bmatrix} \tag{7.35a}$$

$$\boldsymbol{C}_o = [\ 1\quad 0\ ],\quad D_o = 0 \tag{7.35b}$$

这种标准型的重要特征就是，所有反馈都是从输出
反馈到状态变量。

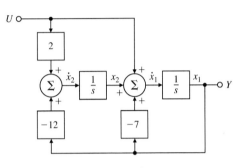

图 7.10　观测标准型

现在让我们考虑当在 -2 处的零点被改变时，系统的能控性将如何变化。为了实现这个目
的，我们用可变的零点 $\boldsymbol{B}_o$ 代替 $-z_o$ 的第二个元素2，并构造能控性矩阵

$$\mathcal{C}_x = [\ \boldsymbol{B}_o\quad \boldsymbol{A}_o\boldsymbol{B}_o\ ] \tag{7.36a}$$

$$= \begin{bmatrix} 1 & -7-z_o \\ -z_o & -12 \end{bmatrix} \tag{7.36b}$$

该矩阵的行列式是 z_o 的函数

$$\det(\mathcal{C}_x) = -12 + (z_o)(-7-z_o)$$
$$= -(z_o^2 + 7z_o + 12)$$

当 $z_o = -3$ 或 -4 时，该多项式的值为零，这表示当 z_o 取这两个值时将失去能控性。这意味着
什么呢？从参数 z_o 的角度来说，传递函数是

$$G(s) = \frac{s - z_o}{(s+3)(s+4)}$$

如果 $z_o = -3$ 或者 -4，将出现零极点相互抵消，该传递函数从二阶系统降为一阶系统。例如，
当 $z_o = -3$ 时，-3 这个状态从输入中被断开，那么该状态的控制作用也就失去了。

注意，我们已经以式(7.12)的传递函数为例，得到了它的两种方式实现：一种是控制标准
型，另一种是观测标准型。对于任意的零点，控制标准型总是能控的，但当零点与任一极点相
抵消时，观测标准型将失去能控性。因此，虽然这两种形式实现都可以代表同一传递函数，但
可能无法从一种标准型的状态变换到另一种标准型的状态(在这里，无法从观测标准型转换到
控制标准型)。虽然状态变换不能影响能控性，但根据传递函数选取的特殊状态是可以改变能
控性的：

能控性是系统状态的函数，不能由传递函数来决定。

在这里，我们不对能控性做更多的讨论。有关能观性与观测标准型的密切联系，将在7.7.1 节中讨论。关于动态系统的这些性质的更详细讨论，将在网上的附录 WF 中给出，需要进一步学习的读者可以自行参阅。

现在我们回到方程的模态形式，由式(7.17a)和式(7.17b)给出了传递函数的例子。正如前面提到的，对于具有重极点的传递函数，并不总能找到模态形式，因此假设系统只有单一极点。另外，假设一般形式的状态方程由式(7.21a)和式(7.21b)表示。我们希望找到由式(7.22)定义的变换矩阵 $\boldsymbol{T}$，使得变换后的式(7.24a)和式(7.25)是模态形式的。在这种情况下，假设矩阵 $\boldsymbol{A}$ 是对角阵，且 $\boldsymbol{T}$ 由列向量 $\boldsymbol{t}_1$、$\boldsymbol{t}_2$ 和 $\boldsymbol{t}_3$ 组成。根据这个假设，对式(7.24a)进行状态变换为

$$\boldsymbol{TA} = \boldsymbol{FT}$$

$$\begin{bmatrix} \boldsymbol{t}_1 & \boldsymbol{t}_2 & \boldsymbol{t}_3 \end{bmatrix} \begin{bmatrix} p_1 & 0 & 0 \\ 0 & p_2 & 0 \\ 0 & 0 & p_3 \end{bmatrix} = \boldsymbol{F} \begin{bmatrix} \boldsymbol{t}_1 & \boldsymbol{t}_2 & \boldsymbol{t}_3 \end{bmatrix} \tag{7.37}$$

式(7.37)等价于三个向量矩阵方程

$$p_i \boldsymbol{t}_i = \boldsymbol{F} \boldsymbol{t}_i, \quad i = 1, 2, 3 \tag{7.38}$$

在矩阵代数中，式(7.38)是著名的方程式，它的解就是所谓的特征向量/特征值问题(eigenvector/eigenvalue problem)。我们知道，$\boldsymbol{t}_i$ 是一个向量，$\boldsymbol{F}$ 是一个矩阵，而 p_i 是一个标量。向量 $\boldsymbol{t}_i$ 被称为 $\boldsymbol{F}$ 的特征向量，而 p_i 被称为相应的特征值(eigenvalue)。因为先前我们看到模态形式与部分分式展开式是等价的，系统的极点分布在状态矩阵的对角线上，所以应该清楚这些"特征值"正是系统的极点。把状态描述矩阵变换为模态形式的变换矩阵，是以 $\boldsymbol{F}$ 的特征向量作为列向量的，如式(7.37)所描述的三阶系统。这时，可以用 QR 算法[①]这一健壮的、可靠的计算机算法去计算较大系统的特征值和特征向量。在 MATLAB 中，使用命令 p = eig(F) 来计算以状态形式表示的系统极点。

同时注意到，式(7.38)是齐次式。如果 $\boldsymbol{t}_i$ 是一个特征向量，对于任意标量 α，则 $\alpha\boldsymbol{t}_i$ 也是特征向量。在大多数情况下，选择标量参数以使矩阵长度(元素值的平方和的平方根)为单位长度。MATLAB 可以胜任这种运算。另外，也可以选择标量参数，使得输入矩阵 $\boldsymbol{B}$ 由全 1 组成。后一种选择的前提是，部分分式展开式的每一部分都是用控制标准型实现的。如果系统是实数系统，则 $\boldsymbol{F}$ 的每一个元素都是实数，并且如果 $p = \sigma + j\omega$ 是其中的一个极点，则其共轭复数 $p^* = \sigma - j\omega$ 也是极点。对于这样的特征值，对应的特征向量也是复数向量并且共轭的。分别利用特征向量的实部和虚部构造变换矩阵是可能的。这样，模态形式就是实数形式了，但是，对于每一个复数极点有 2×2 方阵。后面，将看到实现这个运算的 MATLAB 函数的执行结果。首先让我们看一下简单的实数极点的情况。

例7.10 **热力学系统从控制型到模态型的变换**
确定变换矩阵，将式(7.15)的控制型矩阵变换为式(7.17)的模态型。

解：根据式(7.37)和式(7.28)，首先要找到矩阵 $\boldsymbol{A}_c$ 的特征向量和特征值。假设特征向量为

---

① 这个算法是 MATLAB 及其他著名的计算辅助设计工具包的组成部分。它收藏在软件包 LAPACK(Anderson. et al., 1999)中。也可参阅 Strang(1988)。

$$\begin{bmatrix} t_{11} \\ t_{21} \end{bmatrix} \quad 和 \quad \begin{bmatrix} t_{12} \\ t_{22} \end{bmatrix}$$

利用左边的特征向量, 列出下面的方程:

$$\begin{bmatrix} -7 & -12 \\ 1 & 0 \end{bmatrix} \begin{bmatrix} t_{11} \\ t_{21} \end{bmatrix} = p \begin{bmatrix} t_{11} \\ t_{21} \end{bmatrix} \tag{7.39a}$$

$$-7t_{11} - 12t_{21} = pt_{11} \tag{7.39b}$$

$$t_{11} = pt_{21} \tag{7.39c}$$

将式(7.39c)代入式(7.39b), 得到

$$-7pt_{21} - 12t_{21} = p^2 t_{21} \tag{7.40a}$$

$$p^2 t_{21} + 7pt_{21} + 12t_{21} = 0 \tag{7.40b}$$

$$p^2 + 7p + 12 = 0 \tag{7.40c}$$

$$p = -3, -4 \tag{7.40d}$$

我们求得特征值(极点)为 -3 和 -4。进一步地, 式(7.39c)告诉我们, 两个特征向量为

$$\begin{bmatrix} -4t_{21} \\ t_{21} \end{bmatrix} \quad 和 \quad \begin{bmatrix} -3t_{22} \\ t_{22} \end{bmatrix}$$

式中, t_{21} 和 t_{22} 为任意非零的标量参数。我们希望找到两个标量参数, 使得式(7.17a)的 $\boldsymbol{B}_m$ 的所有元素为单位值。用 $\boldsymbol{B}_c$ 表示 $\boldsymbol{B}_m$ 的方程式为 $\boldsymbol{T}\boldsymbol{B}_m = \boldsymbol{B}_c$, 且其解为 $t_{21} = -1$ 和 $t_{22} = 1$。因此, 变换矩阵及其逆矩阵[1]为

$$\boldsymbol{T} = \begin{bmatrix} 4 & -3 \\ -1 & 1 \end{bmatrix}, \quad \boldsymbol{T}^{-1} = \begin{bmatrix} 1 & 3 \\ 1 & 4 \end{bmatrix} \tag{7.41}$$

由基本的矩阵乘法可知, 利用式(7.41)所定义的矩阵 $\boldsymbol{T}$, 得到式(7.15)式(7.17)的矩阵有以下的关系:

$$\begin{aligned} \boldsymbol{A}_m &= \boldsymbol{T}^{-1}\boldsymbol{A}_c\boldsymbol{T}, & \boldsymbol{B}_m &= \boldsymbol{T}^{-1}\boldsymbol{B}_c \\ \boldsymbol{C}_m &= \boldsymbol{C}_c\boldsymbol{T}, & D_m &= D_c \end{aligned} \tag{7.42}$$

关于这些计算, 可以由下面的 MATLAB 语句得到结果:

```
T = [4 −3; −1 1];
Am = inv(T)*Ac*T;
Bm = inv(T)*Bc;
Cm = Cc*T;
Dm = Dc;
```

下面的例子为状态变量形式, 且有 5 个状态变量, 若使用手工计算就太复杂了。尽管如此, 它很好地说明了计算机软件设计的应用。我们要使用的模型是幅值和时间刻度都规定好了的物理状态。

例 7.11 利用 MATLAB 求解磁带驱动系统的极点和零点

找出以下的磁带驱动器控制系统(如图 3.50 所示)矩阵的特征值。同时, 计算变换矩阵, 将给定形式的磁带驱动器方程转换为模态标准型。该系统矩阵为

---

[1] 要计算 2×2 方阵的逆矩阵, 只需要交换下标为"11"和"22"元素的位置, 改变下标为"12"和"21"元素的符号, 并除以行列式[在式(7.41)中等于1]。

$$\boldsymbol{F} = \begin{bmatrix} 0 & 2 & 0 & 0 & 0 \\ -0.1 & -0.35 & 0.1 & 0.1 & 0.75 \\ 0 & 0 & 0 & 2 & 0 \\ 0.4 & 0.4 & -0.4 & -1.4 & 0 \\ 0 & -0.03 & 0 & 0 & -1 \end{bmatrix}, \quad \boldsymbol{G} = \begin{bmatrix} 0 \\ 0 \\ 0 \\ 0 \\ 1 \end{bmatrix},$$

$$\boldsymbol{H}_2 = \begin{bmatrix} 0.0 & 0.0 & 1.0 & 0.0 & 0.0 \end{bmatrix} \quad \text{伺服电动机的位置输出} \tag{7.43}$$

$$\boldsymbol{H}_3 = \begin{bmatrix} 0.5 & 0.0 & 0.5 & 0.0 & 0.0 \end{bmatrix} \quad \text{读/写磁头的位置输出}$$

$$\boldsymbol{H}_T = \begin{bmatrix} -0.2 & -0.2 & 0.2 & 0.2 & 0.0 \end{bmatrix} \quad \text{张力输出}$$

$$J = 0.0$$

状态矩阵可以定义为

$$\boldsymbol{x} = \begin{bmatrix} x_1 \text{ 磁带主动轮位置} \\ \omega_1 \text{ 驱动轮子的速度} \\ x_3 \text{ 磁头处磁带位置} \\ \omega_2 \text{ 输出的速度} \\ i \text{ 主动轮电动机电流} \end{bmatrix}$$

矩阵 $\boldsymbol{H}_3$ 对应于 x_3(在读/写磁头上方的磁带位置)为输出,而矩阵 $\boldsymbol{H}_T$ 对应于将张力作为输出。

解: 为了利用 MATLAB 计算特征值,使用语句P=eig(F),其结果为

$$P = \begin{bmatrix} -0.6371 + 0.6669i \\ -0.6371 - 0.6669i \\ 0.0000 \\ -0.5075 \\ -0.9683 \end{bmatrix}$$

注意,除了有一个极点在原点外,系统的其他极点均在左半平面(LHP)。这意味着,阶跃输入将会产生斜坡输出,因此我们推断出,系统具有1型系统的响应。

为了将其变换为模态形式,利用 MATLAB 中的 canon 函数

```
sysG = ss(F,G,H3,J)
[sysGm, TI] =canon(sysG, 'modal')
[Am,Bm,Cm,Dm]=ssdata(sysGm)
```

执行运算,得到结果为

$$Am = \boldsymbol{A}_m = \begin{bmatrix} -0.6371 & 0.6669 & 0.0000 & 0.0000 & 0.0000 \\ -0.6669 & -0.6371 & 0.0000 & 0.0000 & 0.0000 \\ 0.0000 & 0.0000 & 0.0000 & 0.0000 & 0.0000 \\ 0.0000 & 0.0000 & 0.0000 & -0.5075 & 0.0000 \\ 0.0000 & 0.0000 & 0.0000 & 0.0000 & -0.9683 \end{bmatrix}$$

注意,复数极点出现在 $\boldsymbol{A}_m$ 左上角的 2×2 方阵中,且实数极点出现在矩阵的主对角线上。使用 cannon 函数,计算出其他的结果为

$$Bm = \boldsymbol{B}_m = \begin{bmatrix} 0.4785 \\ -0.6274 \\ -1.0150 \\ -3.5980 \\ 4.9133 \end{bmatrix}$$

$$Cm = \boldsymbol{C}_m = \begin{bmatrix} 1.2569 & -1.0817 & -2.8284 & 1.8233 & 0.4903 \end{bmatrix}$$

$$Dm = D_m = 0$$

$$
\mathsf{TI} = \boldsymbol{T}^{-1} = \begin{bmatrix}
-0.3439 & -0.3264 & 0.3439 & 0.7741 & 0.4785 \\
0.1847 & -0.7291 & -0.1847 & 0.0969 & -0.6247 \\
-0.1844 & -1.3533 & -0.1692 & -0.3383 & -1.0150 \\
0.3353 & -2.3627 & -0.3353 & -1.0161 & -3.5980 \\
-0.0017 & 0.2077 & 0.0017 & 0.0561 & 4.9133
\end{bmatrix}
$$

使用 cannon 函数求得的结果, 恰好是我们需要求取的变换矩阵的逆矩阵(正如在上面方程式中看到的 TI 一样), 因此, 需要对 MATLAB 的运算结果进行转换。求逆运算来自语句命令

$$
\mathsf{T} = \mathrm{inv}(\mathsf{TI})
$$

我们得到结果为

$$
\mathsf{T} = \boldsymbol{T} = \begin{bmatrix}
0.3805 & 0.8697 & -2.8284 & 1.3406 & 0.4714 \\
-0.4112 & -0.1502 & 0.0000 & -0.3402 & -0.2282 \\
2.1334 & -3.0330 & -2.8284 & 2.3060 & 0.5093 \\
0.3317 & 1.6776 & 0.0000 & -0.5851 & -0.2466 \\
0.0130 & -0.0114 & -0.0000 & 0.0207 & 0.2160
\end{bmatrix}
$$

使用 [V,P] = eig(F), 计算出特征矩阵为

$$
\begin{aligned}
\mathsf{V} &= \boldsymbol{V} \\
&= \begin{bmatrix}
-0.1168+0.1925i & -0.1168-0.1925i & -0.7071 & 0.4871 & 0.5887 \\
-0.0270-0.1003i & -0.0270+0.1003i & -0.0000 & -0.1236 & -0.2850 \\
0.8797 & 0.8797 & -0.7071 & 0.8379 & 0.6360 \\
-0.2802+0.2933i & -0.2802-0.2933i & -0.0000 & -0.2126 & -0.3079 \\
0.0040+0.0010i & 0.0040-0.0010i & 0.0000 & 0.0075 & 0.2697
\end{bmatrix}
\end{aligned}
$$

注意, 实数变换矩阵 $\boldsymbol{T}$ 的前两列, 分别是由 $\boldsymbol{V}$ 的第一列的第一个特征向量的实部和虚部组成的。正是由于这一步, 才使得复数根出现在矩阵 $\boldsymbol{A}_m$ 的左上角的 2×2 方阵中。$\boldsymbol{V}$ 中的向量被标准化为单位长度, 这样导致了 $\boldsymbol{B}_m$ 和 $\boldsymbol{C}_m$ 中的元素为非标准化值。如果要求把它标准化, 可以容易地找到变换矩阵, 更进一步地使得 $\boldsymbol{B}_m$ 中的每一个元素等于 1 或者交换极点出现的次序。

7.4.2　从状态方程求解动态响应

在研究了状态变量方程的结构后, 现在把注意力转向求解状态描述下的动态响应, 并找出状态描述与我们在第 6 章中所讨论的频率响应、极点和零点之间的关系。让我们从式(7.21a)和式(7.21b)给出的一般状态方程开始, 并且从频率域上考虑问题。对下式进行拉普拉斯变换:

$$
\dot{\boldsymbol{x}} = \boldsymbol{F}\boldsymbol{x} + \boldsymbol{G}u \tag{7.44}
$$

可得到

$$
s\boldsymbol{X}(s) - \boldsymbol{x}(0) = \boldsymbol{F}\boldsymbol{X}(s) + \boldsymbol{G}U(s) \tag{7.45}
$$

上式是一个代数方程。如果把包含 $\boldsymbol{X}(s)$ 的项移到式(7.45)的左边, 同时注意在矩阵乘法中次序是非常重要的, 那么可得到①

$$
(s\boldsymbol{I} - \boldsymbol{F})\boldsymbol{X}(s) = \boldsymbol{G}U(s) + \boldsymbol{x}(0)
$$

将等式的两边同时乘以 $(s\boldsymbol{I} - \boldsymbol{F})$ 的逆矩阵, 得到

$$
\boldsymbol{X}(s) = (s\boldsymbol{I} - \boldsymbol{F})^{-1}\boldsymbol{G}U(s) + (s\boldsymbol{I} - \boldsymbol{F})^{-1}\boldsymbol{x}(0) \tag{7.46}
$$

---

①　单位阵 $\boldsymbol{I}$ 是指主对角线元素为 1 而其他元素为 0 的矩阵, 因此 $\boldsymbol{Ix} = \boldsymbol{x}$。

那么，系统的输出为

$$Y(s) = \boldsymbol{H}\boldsymbol{X}(s) + JU(s) \tag{7.47a}$$

$$= \boldsymbol{H}(s\boldsymbol{I} - \boldsymbol{F})^{-1}\boldsymbol{G}U(s) + \boldsymbol{H}(s\boldsymbol{I} - \boldsymbol{F})^{-1}\boldsymbol{x}(0) + JU(s) \tag{7.47b}$$

该方程式表示在所有初始状态和外部强迫输入作用下的输出响应。在这种情况下，外部输入的系数是系统的传递函数，可表示为

$$G(s) = \frac{Y(s)}{U(s)} = \boldsymbol{H}(s\boldsymbol{I} - \boldsymbol{F})^{-1}\boldsymbol{G} + J \tag{7.48}$$

例 7.12 从状态描述求解热力学系统传递函数

利用式(7.48)求解式(7.15a)和式(7.15b)描述的热力学系统的传递函数。

解： 系统的状态变量描述矩阵为

$$\boldsymbol{F} = \begin{bmatrix} -7 & -12 \\ 1 & 0 \end{bmatrix}$$

$$\boldsymbol{G} = \begin{bmatrix} 1 \\ 0 \end{bmatrix}$$

$$\boldsymbol{H} = \begin{bmatrix} 1 & 2 \end{bmatrix}, \quad J = 0$$

根据式(7.48)计算传递函数，有

$$s\boldsymbol{I} - \boldsymbol{F} = \begin{bmatrix} s+7 & 12 \\ -1 & s \end{bmatrix}$$

计算出

$$(s\boldsymbol{I} - \boldsymbol{F})^{-1} = \frac{\begin{bmatrix} s & -12 \\ 1 & s+7 \end{bmatrix}}{s(s+7) + 12} \tag{7.49}$$

然后，将式(7.49)代入式(7.48)，得到

$$G(s) = \frac{\begin{bmatrix} 1 & 2 \end{bmatrix}\begin{bmatrix} s & -12 \\ 1 & s+7 \end{bmatrix}\begin{bmatrix} 1 \\ 0 \end{bmatrix}}{s(s+7) + 12} \tag{7.50}$$

$$= \frac{\begin{bmatrix} 1 & 2 \end{bmatrix}\begin{bmatrix} s \\ 1 \end{bmatrix}}{s(s+7) + 12} \tag{7.51}$$

$$= \frac{(s+2)}{(s+3)(s+4)} \tag{7.52}$$

其运算结果也可以通过以下的 MATLAB 语句得到。

```
[num,den] = ss2tf(F,G,H,J)
```

执行上述命令，得到 num = [0 1 2] 且 den = [1 7 12]，这与手工计算的结果是一致的。

因为式(7.48)使用一般状态空间描述矩阵 $\boldsymbol{F}$、$\boldsymbol{G}$、$\boldsymbol{H}$ 和 J 来表示传递函数，所以我们可以用这些矩阵表示极点和零点。之前，我们看到将状态矩阵变换为对角阵形式，极点作为特征值出现在矩阵 $\boldsymbol{F}$ 的主对角线上。现在，用系统论的观点把极点和零点看做包含在系统的瞬态响应中。

正如在第 3 章所看到的，传递函数 $G(s)$ 的极点就是一般频率 s 的值，因此，如果 $s = p_i$，则系统在没有强迫函数的作用下对于初始条件的响应为 $K_i e^{p_i t}$。在本书中，p_i 被称为系统的固有频率或者固

有模态。如果使用状态空间方程[参见式(7.21a)至式(7.21b)]，并令强迫函数 u 为零，则有

$$\dot{\boldsymbol{x}} = \boldsymbol{F}\boldsymbol{x} \tag{7.53}$$

如果假设初始条件为

$$\boldsymbol{x}(0) = \boldsymbol{x}_0 \tag{7.54}$$

则整个状态运动将按照相同的固有频率进行，于是状态可以写为 $\boldsymbol{x}(t) = \mathrm{e}^{pt}\boldsymbol{x}_0$。根据式(7.53)，得到

$$\dot{\boldsymbol{x}}(t) = p_i\mathrm{e}^{p_it}\boldsymbol{x}_0 = \boldsymbol{F}\boldsymbol{x} = \boldsymbol{F}\mathrm{e}^{p_it}\boldsymbol{x}_0 \tag{7.55}$$

或者

$$\boldsymbol{F}\boldsymbol{x}_0 = p_i\boldsymbol{x}_0 \tag{7.56}$$

我们可以将式(7.56)改写为

$$(p_i\boldsymbol{I} - \boldsymbol{F})\boldsymbol{x}_0 = 0 \tag{7.57}$$

在式(7.56)和式(7.57)中，矩阵 $\boldsymbol{F}$ 的特征值 p_i 构成了我们在式(7.38)中看到的特征向量 $\boldsymbol{x}_0$ 和特征值问题。如果只对特征值感兴趣，那么可以利用以下的公式求解出特征值。对于任意的非零 $\boldsymbol{x}_0$，要使式(7.57)有解，当且仅当

$$\det(p_i\boldsymbol{I} - \boldsymbol{F}) = 0 \tag{7.58}$$

这些方程式再次表明，传递函数的极点就是系统矩阵 $\boldsymbol{F}$ 的特征值。行列式(7.58)是特征值 p_i 的多项式，被称为特征方程(characteristic equation)。在例7.10中，计算用控制标准型表示的一个特殊矩阵的特征值和特征向量。作为系统极点的另一种求法，可以求解特征方程式(7.58)。对于式(7.15a)和式(7.15b)所描述的系统，通过求解以下的方程

$$\det(s\boldsymbol{I} - \boldsymbol{F}) = 0 \tag{7.59a}$$

$$\det \begin{bmatrix} s+7 & 12 \\ -1 & s \end{bmatrix} = 0 \tag{7.59b}$$

$$s(s+7) + 12 = (s+3)(s+4) = 0 \tag{7.59c}$$

可以从式(7.58)求得极点。这再次证实，系统的极点就是 $\boldsymbol{F}$ 的特征值。

我们也可以从系统论的观点出发，通过状态变量描述矩阵 $\boldsymbol{F}$、$\boldsymbol{G}$、$\boldsymbol{H}$ 和 J，确定系统的零点。从这个角度来看，零是广义频率 s 的一个值，这样，系统可以在非零输入和非零状态的情况下得到零输出。如果输入是零频率 z_i 的指数形式，即

$$u(t) = u_0\mathrm{e}^{z_it} \tag{7.60}$$

则输出恒等于零，即

$$y(t) \equiv 0 \tag{7.61}$$

式(7.60)和式(7.61)的状态空间描述为

$$u = u_0\mathrm{e}^{z_it}, \quad \boldsymbol{x}(t) = \boldsymbol{x}_0\mathrm{e}^{z_it}, \quad y(t) \equiv 0 \tag{7.62}$$

因此，有

$$\dot{\boldsymbol{x}} = z_i\mathrm{e}^{z_it}\boldsymbol{x}_0 = \boldsymbol{F}\mathrm{e}^{z_it}\boldsymbol{x}_0 + \boldsymbol{G}u_0\mathrm{e}^{z_it} \tag{7.63}$$

或者

$$[z_i\boldsymbol{I} - \boldsymbol{F} \quad -\boldsymbol{G}] \begin{bmatrix} \boldsymbol{x}_0 \\ u_0 \end{bmatrix} = \boldsymbol{0} \tag{7.64}$$

并且

$$y = \boldsymbol{H}\boldsymbol{x} + Ju = \boldsymbol{H}e^{z_i t}\boldsymbol{x}_0 + Ju_0 e^{z_i t} \equiv 0 \tag{7.65}$$

联立式(7.64)和式(7.65),可得到

$$\begin{bmatrix} z_i\boldsymbol{I} - \boldsymbol{F} & -\boldsymbol{G} \\ \boldsymbol{H} & J \end{bmatrix} \begin{bmatrix} \boldsymbol{x}_0 \\ u_0 \end{bmatrix} = \begin{bmatrix} \boldsymbol{0} \\ 0 \end{bmatrix} \tag{7.66}$$

可以从式(7.66)得出结论:状态空间的零点就是满足式(7.66)具有非平凡解的 z_i 的一个值。对于一个输入和一个输出的情况,矩阵是方阵,式(7.66)的解等效于以下的行列式的解:

$$\det \begin{bmatrix} z_i\boldsymbol{I} - \boldsymbol{F} & -\boldsymbol{G} \\ \boldsymbol{H} & J \end{bmatrix} = 0 \tag{7.67}$$

例7.13 从状态描述求解热力学系统零点

计算式(7.15)所描述的热力学系统的零点。

解: 使用式(7.67)计算系统的零点为

$$\det \begin{bmatrix} s+7 & 12 & -1 \\ -1 & s & 0 \\ 1 & 2 & 0 \end{bmatrix} = 0$$

$$-2 - s = 0$$

$$s = -2$$

注意,这里所得的结果与由式(7.12)给出的传递函数的零点一致。该结果也可以由下面的 MATLAB 语句得到:

```
sysG = ss(Ac,Bc,Cc,Dc);
z = tzero(sysG)
```

得到 z = -2.0.

可以将式(7.58)的特征方程和式(7.67)的零点多项式结合起来,以更为简洁的状态描述矩阵来表示传递函数

$$G(s) = \frac{\det \begin{bmatrix} s\boldsymbol{I} - \boldsymbol{F} & -\boldsymbol{G} \\ \boldsymbol{H} & J \end{bmatrix}}{\det(s\boldsymbol{I} - \boldsymbol{F})} \tag{7.68}$$

(更多技术细节,请参阅网上的附录 WE)虽然式(7.68)对于理论学习是一个简洁的公式,但是它对数值误差非常敏感。Emami-Naeini 和 Van Dooren(1982)描述了计算传递函数的一种数值上稳定的算法。给定一个传递函数,可以计算频率响应 $G(j\omega)$,并且正如前面所讨论的,也可以利用式(7.57)和式(7.66)得到极点和零点。这些决定了系统的瞬态响应,就如我们在第3章看到的。

例7.14 磁带驱动器的状态方程分析

计算例7.11给出的磁带驱动器伺服系统方程的极点、零点和传递函数。

解: 有两种不同的方法可以用来求解这个问题。最直接的方法就是,用 MATLAB 函数 ss2tf(状态空间到传递函数)直接得到分子和分母多项式。该函数允许多输入多输出。函数的第5个参数表明将使用哪一个输入。虽然在这里只有一个输入,但是我们仍然必须设置该参数。电动机电流输入与伺服电动机位置输出之间的传递函数的计算式为

```
[N2, D2] = ss2tf(F, G, H2, J, 1)
```

所得结果为

N2 = [0　0　0.0000　0　0.6000　1.2000]

D2 = [1.0000　2.7500　3.2225　1.8815　0.4180　−0.0000]

类似地，对于读/写磁头的位置，其传递函数多项式可由下式计算

[N3, D3] = ss2tf(F, G, H3, J, 1),

得到结果为

N3 = [0　−0.0000　−0.0000　0.7500　1.3500　1.2000]

D3 = [1.0000　2.7500　3.2225　1.8815　0.4180　−0.0000]

最后，计算张力传递函数为

[NT, DT] = ss2tf(F, G, HT, J, 1)

得到结果为

NT = [0　−0.0000　−0.1500　−0.4500　−0.3000　0.0000]

DT = [1.0000　2.7500　3.2225　1.8815　0.4180　−0.0000]

现在来检验一下用这种方法得到的极点和零点，与其他方法得到的结果是否一致。对于一个多项式，利用 roots 函数

$$\text{roots(D3)} = \begin{bmatrix} -0.6371 + 0.6669i \\ -0.6371 - 0.6669i \\ -0.9683 \\ -0.5075 \\ 0.0000 \end{bmatrix}$$

与例 7.11 对比，可以知道，所得的结果是一致的。

可以通过求分子多项式的根来得到零点。我们计算多项式 N3 的根

$$\text{roots(N3)} = \begin{bmatrix} -1.6777 \times 10^7 \\ 1.6777 \times 10^7 \\ -0.9000 + 0.8888i \\ -0.9000 - 0.8888i \end{bmatrix}$$

这里，注意到根的数量级为 10^7，与多项式给出的值不一致，这是因为 MATLAB 使用了多项式的很小的主要项作为实际值。因此，我们得到了实际上表示无穷大的无关根。真正的零点可以通过以下的语句截短多项式，得到有意义的值。

N3R = N3(4 : 6)

于是，得到

N3R = [0.7499　1.3499　1.200]

$$\text{roots(N3R)} = \begin{bmatrix} -0.9000 + 0.8888i \\ -0.9000 - 0.8888i \end{bmatrix}$$

另一种方法是分别计算极点和零点。如果有需要，联合它们得到传递函数。极点可以由例 7.11 中的 eig 函数计算得到

$$P = \begin{bmatrix} -0.6371 + 0.6669i \\ -0.6371 - 0.6669i \\ 0.0000 \\ -0.5075 \\ -0.9683 \end{bmatrix}$$

零点可以用函数 tzero（传输零点），通过式(7.66)的等效式计算得到。零点由所使用的输

出决定,下面就分情况给出结果。如果把磁带在伺服电动机的位置作为输出,那么利用以下的语句

$$sysG2 = ss(F, G, H2, J)$$
$$ZER2 = tzero(sysG2)$$

得到

$$ZER2 = -2.0000$$

若把磁带在读/写磁头上方的位置作为输出,那么利用以下的语句

$$sysG3 = ss(F, G, H3, J)$$
$$ZER3 = tzero(sysG3)$$

得到

$$ZER3 = \begin{bmatrix} -0.9000 + 0.8888i \\ -0.9000 - 0.8888i \end{bmatrix}$$

我们发现这些结果与先前用分子多项式 N3 计算出来的值是一致的。最后,如果把张力作为输出,那么可利用语句

$$sysGT = ss(F, G, HT, J)$$
$$ZERT = tzero(sysGT)$$

得到

$$ZERT = \begin{bmatrix} 0 \\ -1.9999 \\ -1.0000 \end{bmatrix}$$

根据这些结果,可以写出传递函数,如位置 x_3 的传递函数为

$$\begin{aligned} G(s) &= \frac{X_3(s)}{E_1(s)} \\ &= \frac{0.75s^2 + 1.35s + 1.2}{s^5 + 2.75s^4 + 3.22s^3 + 1.88s^2 + 0.418s} \\ &= \frac{0.75(s + 0.9 \pm j0.8888)}{s(s + 0.507)(s + 0.968)(s + 0.637 \pm j0.667)} \end{aligned} \tag{7.69}$$

7.5　全状态反馈的控制规律设计

正如在全章概述中所提到的,状态空间设计法的其中一个显著特点就是,它由一系列独立的设计步骤构成。

第一步已经在 7.5.1 节中讨论过,就是确定控制规律。控制规律的作用就是,允许我们为闭环系统分配一组极点,使之得到满意的动态响应,即符合上升时间和其他瞬态响应的指标。在 7.5.2 节中将说明如何用全状态反馈引入参考输入。在 7.6 节,将描述如何确定极点,使设计具有好的控制品质。

第二步,如果全状态不可用,这一步是必需的,就是设计估计器(estimator)[有时也被称为观测器(observer)],即根据式(7.21b)表示的系统所提供的测量值,计算整个状态向量的一个估计。我们将在 7.7 节中检查估计器的设计。

第三步,就是综合控制规律和估计器。图 7.11 表明了控制规律和估计器是如何结合在一

起的, 也说明了综合设计是如何代替我们前面所讲的补偿(compensation)的。在此, 控制规律的计算是基于估计状态而不是真实状态。在7.8节中, 我们将说明这种代替是合理的, 也将说明利用综合控制规律和估计器所得到的闭环极点的位置, 与分别设计控制器和估计器所得到的结果是一样的。

第四步, 也是状态空间设计的最后一步, 就是引入参考输入, 使得受控对象的输出在上升时间、超调量和调节时间的可接受范围内跟随外部命令。在这种设计中, 所有的闭环极点已经被选定, 而需要设计者考虑的是整个传递函数的零点。图7.11表明, 命令输入 r 与变换设计法中所引入的相对位置是相同的。尽管如此, 在7.9节中, 将说明如何在其他位置引入参考输入, 这将导致系统有不同的零点且(通常)会得到较好的控制效果。

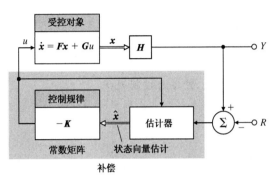

图 7.11　状态空间设计组成元素的示意图

7.5.1　寻找控制规律

正如前面所提到的, 状态空间设计法的第一步就是确定控制规律, 也就是由状态变量的线性组合所构成的反馈, 即

$$u = -\boldsymbol{K}\boldsymbol{x} = -[\begin{array}{cccc} K_1 & K_2 & \cdots & K_n \end{array}]\begin{bmatrix} x_1 \\ x_2 \\ \vdots \\ x_n \end{bmatrix} \tag{7.70}$$

为了实现反馈, 假设状态向量的所有元素都可以由我们任意配置。当然, 在实际应用中, 这往往是不可能的。另外, 如果应用其他的设计方法, 就并不需要这么多的传感器。假设所有的状态变量均可用, 以保证第一步设计能继续。

式(7.70)表明, 在系统的状态向量反馈通道中有一个常数矩阵, 如图7.12所示。对于一个 n 阶系统, 将有 n 个反馈增益, 即 $K_1, \cdots, K_n$, 并且由于系统有 n 个根, 就有足够的自由度使得我们可以通过选择合适的 K_i 值而得到任意期望的根的位置。这种自由与根轨迹设计形成了鲜明的对比。在根轨迹设计中, 只有一个参数且闭环极点被严格限制在轨迹上。

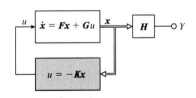

图 7.12　用于控制规律设计的假设系统

将式(7.70)给出的反馈规律代入式(7.21a)所描述的系统中, 得到

$$\dot{\boldsymbol{x}} = \boldsymbol{F}\boldsymbol{x} - \boldsymbol{G}\boldsymbol{K}\boldsymbol{x} \tag{7.71}$$

该闭环系统的特征方程为

$$\det[s\boldsymbol{I} - (\boldsymbol{F} - \boldsymbol{G}\boldsymbol{K})] = 0 \tag{7.72}$$

经过计算, 得到包含 $K_1, \cdots, K_n$ 的关于 s 的 n 阶多项式。控制规律设计包括确定增益 $\boldsymbol{K}$ 使得式(7.22)的根在所期望的位置上。选择符合期望的根的位置是不精确的, 这可能要求设计

者反复计算, 逐步逼近。关于这个问题, 在例7.15和例7.17以及7.6节中都有讨论。现在, 我们假设期望的根的位置已经知道, 即

$$s = s_1, s_2, \cdots, s_n$$

则对应的满足期望的(控制系统)特征方程为

$$\alpha_c(s) = (s - s_1)(s - s_2)\cdots(s - s_n) = 0 \tag{7.73}$$

因此, 通过匹配式(7.72)和式(7.73)的对应系数, 可得到所期望的 $\boldsymbol{K}$ 的元素。这就使得系统的特征方程与所期望的特征方程完全一样, 因此, 闭环极点就在所期望的位置上了。

例7.15 *钟摆的控制规律*

假设有一个钟摆, 其频率为 ω_0, 且状态空间描述为

$$\begin{bmatrix} \dot{x}_1 \\ \dot{x}_2 \end{bmatrix} = \begin{bmatrix} 0 & 1 \\ -\omega_0^2 & 0 \end{bmatrix} \begin{bmatrix} x_1 \\ x_2 \end{bmatrix} + \begin{bmatrix} 0 \\ 1 \end{bmatrix} u \tag{7.74}$$

确定控制规律以使系统的闭环极点设置为 $-2\omega_0$。换而言之, 需要将固有频率加倍, 并把阻尼系数 ζ 从0增加到1。

解: 由式(7.73), 得到

$$\alpha_c(s) = (s + 2\omega_0)^2 \tag{7.75a}$$

$$= s^2 + 4\omega_0 s + 4\omega_0^2 \tag{7.75b}$$

式(7.72)告诉我们

$$\det[s\boldsymbol{I} - (\boldsymbol{F} - \boldsymbol{GK})] = \det\left\{ \begin{bmatrix} s & 0 \\ 0 & s \end{bmatrix} - \left(\begin{bmatrix} 0 & 1 \\ -\omega_0^2 & 0 \end{bmatrix} - \begin{bmatrix} 0 \\ 1 \end{bmatrix} \begin{bmatrix} K_1 & K_2 \end{bmatrix} \right) \right\}$$

或

$$s^2 + K_2 s + \omega_0^2 + K_1 = 0 \tag{7.76}$$

让式(7.75b)和式(7.76)相同阶数的 s 系数相等, 得到式

$$K_2 = 4\omega_0$$
$$\omega_0^2 + K_1 = 4\omega_0^2$$

故有

$$K_1 = 3\omega_0^2$$
$$K_2 = 4\omega_0$$

更简明地, 控制规律为

$$\boldsymbol{K} = \begin{bmatrix} K_1 & K_2 \end{bmatrix} = \begin{bmatrix} 3\omega_0^2 & 4\omega_0 \end{bmatrix}$$

图7.13给出了闭环系统对于初始条件 $x_1 = 1.0$, $x_2 = 0.0$ 和 $\omega_0 = 1$ 的响应。这是一个非常理想的阻尼响应, 当系统有两个 $s = -2$ 的根时, 可得到该响应曲线。MATLAB命令 impulse 就是用来描绘该曲线的。

当系统的阶数高于三阶时, 用例7.15给出的方法来计算增益将显得非常烦琐。但是, 状态变量方程有一些特殊的"标准"形式使得求解增益的计算过程特别简单。在控制规律设计中, 非常有用的一种这类"标准"型就是控制标准型。考虑以下的三阶系统[①]

$$\dddot{y} + a_1 \ddot{y} + a_2 \dot{y} + a_3 y = b_1 \ddot{u} + b_2 \dot{u} + b_3 u \tag{7.77}$$

---

① 这种方法同样适用于更高阶的系统。

则对应的传递函数为

$$G(s) = \frac{Y(s)}{U(s)} = \frac{b_1 s^2 + b_2 s + b_3}{s^3 + a_1 s^2 + a_2 s + a_3} = \frac{b(s)}{a(s)} \tag{7.78}$$

假设引入一个辅助变量(被称为部分状态)ξ,如图 7.14(a)所示,将 $a(s)$ 和 $b(s)$ 联系在一起。则从 U 到 ξ 的传递函数为

$$\frac{\xi(s)}{U(s)} = \frac{1}{a(s)} \tag{7.79}$$

或

$$\dddot{\xi} + a_1 \ddot{\xi} + a_2 \dot{\xi} + a_3 \xi = u \tag{7.80}$$

如果重新整理式(7.80)为如下的形式,则可以容易地画出与之对应的方框图。

$$\dddot{\xi} = -a_1 \ddot{\xi} - a_2 \dot{\xi} - a_3 \xi + u \tag{7.81}$$

图 7.14(b)表明了求和过程,其中右边的每一个 ξ 都是通过 $\dddot{\xi}$ 的顺序积分得到的。为了求解输出,我们回到图 7.14(a),并记

$$Y(s) = b(s)\xi(s) \tag{7.82}$$

这意味着

$$y = b_1 \ddot{\xi} + b_2 \dot{\xi} + b_3 \xi \tag{7.83}$$

再求出积分器的输出,将它们分别乘以 $\{b_i\}$ 的相应元素,并通过加法器得到式(7.77)等号右边的输出,如图 7.14(c)所示。在这种情况下,所有反馈回路都回到输入(或控制变量)的施加点,因此,这种形式被称为控制标准型。利用梅森公式或者基本的方框图法对该结构进行化简,结果表明该结构的传递函数即为 $G(s)$。

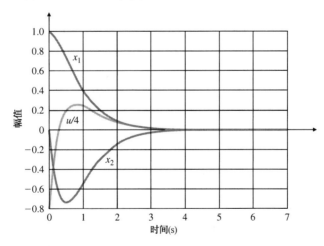

图 7.13 带全状态反馈的无阻尼振荡器脉冲响应($\omega_0 = 1$)

通常,从左到右把三个积分器的输出作为系统状态,记为

$$x_1 = \ddot{\xi}_1, x_2 = \dot{\xi}, x_3 = \xi \tag{7.84}$$

得到

$$\begin{aligned}
\dot{x}_1 &= \dddot{\xi} = -a_1 x_1 - a_2 x_2 - a_3 x_3 + u \\
\dot{x}_2 &= x_1 \\
\dot{x}_3 &= x_2
\end{aligned} \tag{7.85}$$

现在，可以写出描述控制标准型的一般矩阵

$$
\boldsymbol{F}_c = \begin{bmatrix} -a_1 & -a_2 & \cdots & \cdots & -a_n \\ 1 & 0 & \cdots & \cdots & 0 \\ 0 & 1 & 0 & \cdots & 0 \\ \vdots & & \ddots & & 0 \\ 0 & 0 & \cdots & 1 & 0 \end{bmatrix}, \qquad \boldsymbol{G}_c = \begin{bmatrix} 1 \\ 0 \\ 0 \\ \vdots \\ 0 \end{bmatrix} \tag{7.86a}
$$

$$
\boldsymbol{H}_c = \begin{bmatrix} b_1 & b_2 & \cdots & \cdots & b_n \end{bmatrix}, \qquad J_c = 0 \tag{7.86b}
$$

系统矩阵的这种特殊结构，被称为上相伴型(upper companion form)，这是因为特征方程为 $a(s) = s^n + a_1 s^{n-1} + a_2 s^{n-2} + \cdots + a_n$，该首项系数为 1 的"相伴型"多项式的系数是矩阵 $\boldsymbol{F}_c$ 的第一行的元素。如果现在计算闭环系统矩阵 $\boldsymbol{F}_c - \boldsymbol{G}_c \boldsymbol{K}_c$，可得到

$$
\boldsymbol{F}_c - \boldsymbol{G}_c \boldsymbol{K}_c = \begin{bmatrix} -a_1 - K_1 & -a_2 - K_2 & \cdots & \cdots & -a_n - K_n \\ 1 & 0 & \cdots & \cdots & 0 \\ 0 & 1 & 0 & \cdots & 0 \\ \vdots & & \ddots & & \vdots \\ 0 & 0 & \cdots & 1 & 0 \end{bmatrix} \tag{7.87}
$$

比较式(7.86a)和式(7.87)，可知闭环特征方程为

$$
s^n + (a_1 + K_1)s^{n-1} + (a_2 + K_2)s^{n-2} + \cdots + (a_n + K_n) = 0 \tag{7.88}
$$

因此，如果由所期望的极点得到的特征方程为

$$
\alpha_c(s) = s^n + \alpha_1 s^{n-1} + \alpha_2 s^{n-2} + \cdots + \alpha_n = 0 \tag{7.89}
$$

则所需的反馈增益可以通过式(7.88)和式(7.89)的对应系数相等而得到

$$
K_1 = -a_1 + \alpha_1, \ K_2 = -a_2 + \alpha_2, \cdots, \ K_n = -a_n + \alpha_n \tag{7.90}
$$

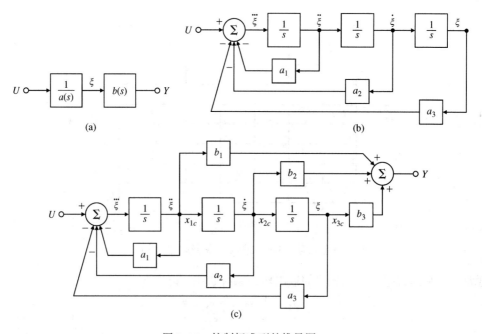

图 7.14　控制标准型的推导图

至此，我们已经学习了控制设计过程的基础。给定一个由任意 $(\boldsymbol{F}, \boldsymbol{G})$ 描述的 n 阶系统，并给定一个首项系数为 1 的 n 阶特征多项式 $\alpha_c(s)$，则设计步骤为：(1)取状态变换式 $\boldsymbol{x} = \boldsymbol{Tz}$，

将$(\boldsymbol{F}, \boldsymbol{G})$变换为控制标准型$(\boldsymbol{F}_c, \boldsymbol{G}_c)$；（2）利用式（7.90），通过观察求解出控制增益，并给出控制规律$u = -\boldsymbol{K}_c\boldsymbol{z}$；（3）因为这样求出的增益是相对于控制型状态的，还必须将增益变换为相对于初始状态的，得到$\boldsymbol{K} = \boldsymbol{K}_c\boldsymbol{T}^{-1}$。

这种变换法的另一种实现途径是 Ackermann 公式（1972），它由三步组成：将矩阵变换为$(\boldsymbol{F}_c, \boldsymbol{G}_c)$，求解增益，再变换为下面的这种非常简洁的形式：

$$\boldsymbol{K} = [\begin{array}{cccc} 0 & \cdots & 0 & 1 \end{array}]\mathcal{C}^{-1}\alpha_c(\boldsymbol{F}) \tag{7.91}$$

其中

$$\mathcal{C} = [\begin{array}{ccccc} \boldsymbol{G} & \boldsymbol{FG} & \boldsymbol{F}^2\boldsymbol{G} & \cdots & \boldsymbol{F}^{n-1}\boldsymbol{G} \end{array}] \tag{7.92}$$

上式中，$\mathcal{C}$ 是我们在 7.4 节中看到的能控性矩阵，n 代表系统的阶数和状态变量的个数，且$\alpha_c(\boldsymbol{F})$ 是一个由下式定义的矩阵：

$$\alpha_c(\boldsymbol{F}) = \boldsymbol{F}^n + \alpha_1\boldsymbol{F}^{n-1} + \alpha_2\boldsymbol{F}^{n-2} + \cdots + \alpha_n\boldsymbol{I} \tag{7.93}$$

其中，α_i 是所期望的特征多项式（7.89）的系数。注意到，式（7.93）是一个矩阵方程。请参见网上的附录 WG 有关 Ackermann 公式的推导过程。

例 7.16　无阻尼振荡器的 Ackermann 公式

（a）利用 Ackermann 公式，求解例 7.15 中无阻尼振荡器的增益。

（b）设$\omega_0 = 1$，用 MATLAB 验证计算结果。

解：

（a）因为所期望的特征方程为$\alpha_c(s) = (s + 2\omega_0)^2$，所以期望的特征多项式的系数为

$$\alpha_1 = 4\omega_0, \qquad \alpha_2 = 4\omega_0^2$$

将它代入式（7.93），得到

$$\alpha_c(\boldsymbol{F}) = \left[\begin{array}{cc} -\omega_0^2 & 0 \\ 0 & -\omega_0^2 \end{array}\right] + 4\omega_0\left[\begin{array}{cc} 0 & 1 \\ -\omega_0^2 & 0 \end{array}\right] + 4\omega_0^2\left[\begin{array}{cc} 1 & 0 \\ 0 & 1 \end{array}\right] \tag{7.94a}$$

$$= \left[\begin{array}{cc} 3\omega_0^2 & 4\omega_0 \\ -4\omega_0^3 & 3\omega_0^2 \end{array}\right] \tag{7.94b}$$

因此，能控性矩阵为

$$\mathcal{C} = [\begin{array}{cc} \boldsymbol{G} & \boldsymbol{FG} \end{array}] = \left[\begin{array}{cc} 0 & 1 \\ 1 & 0 \end{array}\right]$$

由此得到

$$\mathcal{C}^{-1} = \left[\begin{array}{cc} 0 & 1 \\ 1 & 0 \end{array}\right] \tag{7.95}$$

最后，将式（7.95）式（7.94b）代入式（7.91），得到

$$\boldsymbol{K} = [\begin{array}{cc} K_1 & K_2 \end{array}]$$

$$= [\begin{array}{cc} 0 & 1 \end{array}]\left[\begin{array}{cc} 0 & 1 \\ 1 & 0 \end{array}\right]\left[\begin{array}{cc} 3\omega_0^2 & 4\omega_0 \\ -4\omega_0^3 & 3\omega_0^2 \end{array}\right]$$

故有

$$\boldsymbol{K} = [\begin{array}{cc} 3\omega_0^2 & 4\omega_0 \end{array}]$$

这与我们之前得到的结果是一样的。

（b）相应的 MATLAB 语句为

```
wo = 1;
F = [0 1;−wo*wo 0];
G = [0;1];
pc = [−2*wo;−2*wo];
K = acker(F,G,pc)
```

执行这些语句, 得到 $K = [3\ 4]$, 与手工计算结果一致。

正如我们在上面所提到的, 能控性矩阵的计算在数值精度方面非常差, 这也会影响到 Ackermann 公式的应用。式(7.91)可用 MATLAB 函数 acker 来实现, 该式可用于状态变量数量较小(小于等于10)的单输入单输出(SISO)系统的设计。对于更复杂的情况, 可以使用更可靠的公式, 如用 MATLAB 函数 place 实现。关于 place 函数的使用, 有一个小小的限制条件: 因为它是建立在分配闭环特征向量基础上的, 所以期望的闭环极点不能重复, 也就是说, 极点必须是单根[①], 而 acker 函数则没有这样的限制条件。

我们可以通过状态反馈, 将系统极点分配到任意期望的位置, 这是一个非常重要的结论。这一节的讨论表明: 如果能够将(F,G)变换为控制标准型(F_c, G_c), 那么这种极点分配就是可能的。如果系统是能控的, 则反过来配置也是可能的。在某些极少的情况下, 系统可能是不能控的, 这时, 不可能找到控制规律来任意配置极点位置。不能控系统(uncontrollable system)存在某些状态或子系统是不受控制影响的。这通常意味着, 系统的这些部分在物理上与输入是不相连的。例如, 有一个全是单根的用模态标准型表示的系统, 如果 B_m 矩阵有一个零元素输入, 则其中一个模态变量与输入是不相连的。对于受控系统理想的物理理解, 可以避免对不能控系统设计控制器的任何尝试。如前所述, 存在能控性的代数判据, 然而, 没有任何数学判据可以取代控制工程师对物理系统的理解。实际情况是, 每一个状态在一定程度上都是能控的, 而当数学判据表明系统是能控时, 某些状态的能控性可能很差, 以至于对这些状态进行的控制设计实际上是毫无疑义的。

飞机的控制就是某些状态为弱能控性的一个很好的例子。飞机俯仰角运动 x_p 主要受升降舵 δ_e 的影响, 而同时受倾侧运动 x_r 影响较小。倾侧运动实质上只受副翼 δ_a 的影响。这些变量之间关系的状态空间描述为

$$\begin{bmatrix} \dot{x}_p \\ \dot{x}_r \end{bmatrix} = \begin{bmatrix} F_p & \varepsilon \\ 0 & F_r \end{bmatrix} \begin{bmatrix} x_p \\ x_r \end{bmatrix} + \begin{bmatrix} G_p & 0 \\ 0 & G_r \end{bmatrix} \begin{bmatrix} \delta_e \\ \delta_a \end{bmatrix} \tag{7.96}$$

式中, 含有小数值 ε 的矩阵表示倾侧运动与俯仰角运动之间的弱耦合。用数学判据方法验证系统的能控性, 将得到以下结论: 副翼和升降舵是能控制飞机的俯仰角运动(也就是高度)的。然而, 试图通过副翼倾侧飞机来控制飞机的高度是不现实的。

下面再举一个例子来说明用状态反馈进行极点配置的一些特性, 以及能控性丧失对该过程的影响。

例7.17 *零点位置如何影响控制规律*

式(7.35a)是用控制标准型描述的特殊热力学系统, 有一个零点在 $s = z_0$。(a)找出使得系统的极点为 $s^2 + 2\zeta\omega_n s + \omega_n^2$ 的根(如 $-\zeta\omega_n \pm j\omega_n \sqrt{1 - \zeta^2}$)所需的状态反馈增益。(b)当参数取值为 $z_0 = 2$, $\zeta = 0.5$ 和 $\omega_n = 2$ rad/s 时, 用 MATLAB 重新计算结果。

---

① 为了克服这一限制, 可以将重极点移动一个很小的偏移数值将它们化为单极点。

解：

（a）状态描述矩阵为

$$\boldsymbol{A}_o = \begin{bmatrix} -7 & 1 \\ -12 & 0 \end{bmatrix}, \quad \boldsymbol{B}_o = \begin{bmatrix} 1 \\ -z_0 \end{bmatrix}$$

$$\boldsymbol{C}_o = [1 \quad 0], \qquad D_o = 0$$

首先，把这些矩阵代入式（7.72），得到含有未知增益和零点位置的特征方程

$$s^2 + (7 + K_1 - z_0 K_2)s + 12 - K_2(7z_0 + 12) - K_1 z_0 = 0$$

然后，令该方程与所期望的特征方程相等，得到如下的等式：

$$K_1 - z_0 K_2 = 2\zeta\omega_n - 7$$

$$-z_0 K_1 - (7z_0 + 12)K_2 = \omega_n^2 - 12$$

这些方程组的解为

$$K_1 = \frac{z_0(14\zeta\omega_n - 37 - \omega_n^2) + 12(2\zeta\omega_n - 7)}{(z_0 + 3)(z_0 + 4)}$$

$$K_2 = \frac{z_0(7 - 2\zeta\omega_n) + 12 - \omega_n^2}{(z_0 + 3)(z_0 + 4)}$$

（b）通过以下的 MATLAB 语句来求解：

```
Ao = [−7 1;−12 0];
zo = 2;
Bo = [1;−zo];
pc = roots([1 2 4]);
K = place(Ao,Bo,pc)
```

使用这些语句求解，得到 K = [−3.80　0.60]，与手工计算得到的结果一致。如果零点的位置与其中一个开环极点很接近，如 $z_0 = -2.99$，则可得到 K = [2052.5　−688.1]。

从这个例子我们得到两个重要结论。第一个是，增益随着零点 z_0 靠近 −3 和 −4 而增大，当达到此二值时，系统失去能控性。换而言之，当能控性几乎失去时，控制增益将变得非常大。

随着能控性的逐渐丧失，系统必须加倍努力工作来实现控制。

该例子给出的第二个重要结论是，当所期望的闭环带宽（由 ω_n 表示）增加时，K_1 和 K_2 的值都随着增加。由此，我们可以推断出：

若要将极点移动一段长距离，则要求有较大的增益。

有了这些结论，我们进一步讨论应该如何选择期望极点的位置。在开始讨论之前，首先通过说明如何将参考输入施加到这样的系统上，以及得到的响应特性有何特点，来完成全状态反馈设计。

7.5.2　引入全状态反馈的参考输入

在此之前，控制规律已经由式（7.70）给出，即 $u = -\boldsymbol{Kx}$。为了研究配置极点设计的系统对输入命令的瞬态响应，有必要将参考输入引入到系统中，一个简单的方法是将控制输入改为

$u = -Kx + r$。但是，这种系统对阶跃输入必然产生一个非零的稳态误差。修正这个问题的方法是，令系统的输出误差为零，计算对应的状态和控制输入的稳态值，然后强迫它们取这些值。如果所期望的状态和控制输入的终值分别为 x_{ss} 和 u_{ss}，则新的控制公式应为

$$u = u_{ss} - K(x - x_{ss}) \tag{7.97}$$

这样，当 $x = x_{ss}$(无误差)时，$u = u_{ss}$。为了得到正确的终值，必须求解相关方程，使得系统对任意常数输入的稳态误差为零。系统的微分方程为如下的标准形式：

$$\dot{x} = Fx + Gu \tag{7.98a}$$

$$y = Hx + Ju \tag{7.98b}$$

在恒定的稳态系统中，式(7.98a)和式(7.98b)可以简化为

$$0 = Fx_{ss} + Gu_{ss} \tag{7.99a}$$

$$y_{ss} = Hx_{ss} + Ju_{ss} \tag{7.99b}$$

现在，我们希望求解出对于任意的 r_{ss} 都有 $y_{ss} = r_{ss}$ 成立的方程的解。为此，令 $x_{ss} = N_x r_{ss}$ 和 $u_{ss} = N_u r_{ss}$。利用这些代换，可以把式(7.99)写为矩阵方程，消去共同项 r_{ss}，得到如下的增益方程：

$$\begin{bmatrix} F & G \\ H & J \end{bmatrix} \begin{bmatrix} N_x \\ N_u \end{bmatrix} = \begin{bmatrix} 0 \\ 1 \end{bmatrix} \tag{7.100}$$

从方程中可求解出 N_x 和 N_u 为

$$\begin{bmatrix} N_x \\ N_u \end{bmatrix} = \begin{bmatrix} F & G \\ H & J \end{bmatrix}^{-1} \begin{bmatrix} 0 \\ 1 \end{bmatrix}$$

利用这些值，我们得到了引入参考输入的前提条件，使得系统对于阶跃输入的稳态误差为零

$$u = N_u r - K(x - N_x r) \tag{7.101a}$$

$$= -Kx + (N_u + KN_x)r \tag{7.101b}$$

在上式中，括号内的 r 的系数是常数，是可以预先计算出来的。我们用符号 $\bar{N}$ 表示，则

$$u = -Kx + \bar{N}r \tag{7.102}$$

系统的方框图如图 7.15 所示。

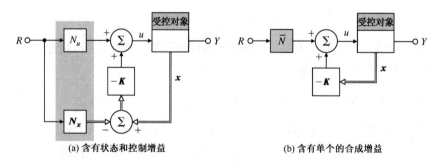

(a) 含有状态和控制增益　　　　　　　(b) 含有单个的合成增益

图 7.15　使用全状态反馈的参考输入的方框图

例 7.18　引入参考输入

对于在 x_1 处引入的阶跃指令信号，计算使稳态误差为零所需的增益，并且画出例 7.15 中振荡器在 $\omega_0 = 1$ 时的单位阶跃响应。

解：将式(7.74)的矩阵(因为 $y = x_1$，令 $\omega_0 = 1$ 和 $H = [1 \quad 0]$)代入式(7.100)，得到

$$\begin{bmatrix} 0 & 1 & 0 \\ -1 & 0 & 1 \\ 1 & 0 & 0 \end{bmatrix} \begin{bmatrix} \boldsymbol{N_x} \\ N_u \end{bmatrix} = \begin{bmatrix} 0 \\ 0 \\ 1 \end{bmatrix} \tag{7.103}$$

其解(用 MATLAB 表示为 x = a\b,其中 a 和 b 分别为矩阵的左边和右边)为

$$\boldsymbol{N_x} = \begin{bmatrix} 1 \\ 0 \end{bmatrix}$$

$$N_u = 1$$

并且,对于给定的控制规律,$\boldsymbol{K} = \begin{bmatrix} 3\omega_0^2 & 4\omega_0 \end{bmatrix} = \begin{bmatrix} 3 & 4 \end{bmatrix}$

$$\bar{N} = N_u + \boldsymbol{K}\boldsymbol{N_x} = 4 \tag{7.104}$$

对应的阶跃响应(用 MATLAB 的 step 命令),如图 7.16 所示。

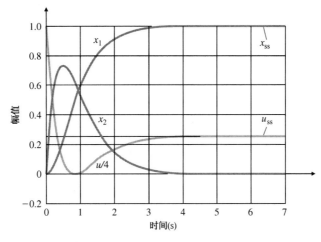

图 7.16　振荡器对参考输入的阶跃响应

值得注意的是,控制规律有两个方程,即式(7.101b)和式(7.102)。虽然在理论上它们的表示是等价的,但是实际上它们的实现却有不同。式(7.101b)对于参数误差比式(7.102)具有更好的鲁棒性,特别是当受控对象有一个极点在原点并且是 1 型系统时。以下的例子将更清楚地阐明它们之间的这种不同。

例 7.19　1 型系统的参考输入:直流电动机

对于例 5.1 的直流电动机,计算引入参考输入所需的输入增益,使得对阶跃输入有零稳态误差,其中状态变量形式可由以下的矩阵描述:

$$\boldsymbol{F} = \begin{bmatrix} 0 & 1 \\ 0 & -1 \end{bmatrix}, \quad \boldsymbol{G} = \begin{bmatrix} 0 \\ 1 \end{bmatrix}$$

$$\boldsymbol{H} = \begin{bmatrix} 1 & 0 \end{bmatrix}, \quad \boldsymbol{J} = 0$$

假设状态反馈增益为 $\begin{bmatrix} K_1 & K_2 \end{bmatrix}$。

解:将本例的系统矩阵代入式(7.100),求取输入增益,得到解为

$$\boldsymbol{N_x} = \begin{bmatrix} 1 \\ 0 \end{bmatrix}$$

$$N_u = 0$$

$$\bar{N} = K_1$$

利用这些值,含 $\boldsymbol{N_x}$ 和 N_u [参见式(7.101b)]的控制表达式可简化为

$$u = -K_1(x_1 - r) - K_2 x_2$$

同时,用 $\bar{N}$[参见式(7.102)]表示的式子变为

$$u = -K_1 x_1 - K_2 x_2 + K_1 r$$

两个方程所对应的系统方框图,如图7.17所示。式(7.102)对应的系统,如图7.17(b)所示,必须将输入乘以增益 K_1($= N$),使得 K_1 恰好等于反馈通路中的增益。如果两个增益不能完全匹配,则将产生稳态误差。另外,式(7.101b)对应的系统,如图7.17(a)所示,在参考输入与第一个状态的差值处只使用一个增益,即使这个增益稍微存在偏差,也会得到零稳态误差。如图7.17(a)所示的系统比如图7.17(b)所示的系统具有更好的鲁棒性。

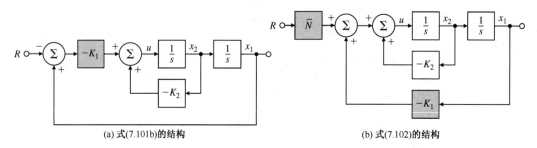

　　　　　　(a) 式(7.101b)的结构　　　　　　　　　　　　　(b) 式(7.102)的结构

图7.17　引入参考输入的两种可替换结构

　　在设置了参考输入后,闭环系统就有了输入 r 和输出 y。从状态描述中我们知道,系统极点就是闭环系统矩阵 $F - GK$ 的特征值。为了计算闭环瞬态响应,必须知道从 r 到 y 的传递函数的闭环零点所在的位置。可通过将式(7.67)应用于闭环描述求得零点,其中我们假设从输入 u 与输出 y 之间没有直接通道,所以 $J = 0$。零点即为满足下式的 s 值:

$$\det \begin{bmatrix} sI - (F - GK) & -\bar{N}G \\ H & 0 \end{bmatrix} = 0 \qquad (7.105)$$

我们可以用有关行列式的两个基本性质来化简式(7.105)。首先,如果将最后一列除以标量 $\bar{N}$,则使行列式为零的点保持不变。然后,如果将最后一列乘上 K 再加到第一列上,结果消去 GK 项,行列式的值也保持不变。因此,求解零点的矩阵方程可化简为

$$\det \begin{bmatrix} sI - F & -G \\ H & 0 \end{bmatrix} = 0 \qquad (7.106)$$

　　在加入反馈之前,由式(7.106)和式(7.67)所求得的受控对象的零点是一样的。由此,得到如下的重要结论:

　　当全状态反馈用于式(7.101b)或式(7.102)时,零点通过反馈保持不变。

7.6　优良设计的极点位置选择

　　极点配置设计法的第一步是确定闭环极点的位置。在选择极点位置的时候,记住以下的内容总是有益的:所期望的控制的大小与开环极点被反馈作用移开的距离密切相关。此外,当零点接近极点时,系统可能接近于不能控,正如我们在7.5节中所看到的,要移动这样的极点,期望有较大的控制增益,即较大的控制量。但是,设计者可以在考虑控制量的基础上进行调节选择。因此,在极点配置的基本原则中,有一种原则是只调整开环响应中不满足期望的部分,避免大幅度增加带宽或尝试移动靠近零点的极点。另一种原则是不考虑

原来的开环极点和零点位置而任意地设置极点,允许有更小的增益,因而允许使用更小的控制执行机构。

在本节中,我们将介绍在极点选择过程中用到的两种方法。第一种方法也称主导二阶极点法。选择极点而不考虑它们对控制量的影响,但是设计者可以在考虑控制的基础上调节选择。第二种方法(称为最优控制法,或者对称根轨迹法)特别注重在良好的系统响应与控制量之间寻找平衡。

7.6.1 主导二阶极点

复数极点的角速度为 ω_n 和阻尼比为 ζ 的传递函数所对应的阶跃响应,已在第 3 章中讨论过。上升时间、超调量和调节时间,可通过极点位置直接得到改善。我们可以为高阶系统选择闭环极点作为期望的主导二阶极点对,并选择其余极点使其实部对应于充分阻尼状态,这样系统将能够模拟二阶系统的响应。同时,我们必须保证零点在左半平面(LHP)足够远的地方,以避免对二阶系统的性能产生任何显著的影响。一个含有若干低阻尼高频振荡状态和两个刚体低频状态的系统就适用于这一基本原则。这里,我们让低频状态达到期望的 ω_n 值和 ζ 值,并选择其余极点的位置以增加高频状态的阻尼,同时保持它们的频率为常数以使得控制量最小。为了说明这一设计方法,需要一个比二阶更高阶的系统,我们将以例 7.11 描述的磁带驱动器伺服电动机为说明对象。

例 7.20　主导二阶系统的极点配置

用主导二阶极点方法设计磁带伺服电动机,以满足超调量不大于 5%,且上升时间不大于 4 s,使其峰值强度尽可能小。

解: 由图 3.18 的二阶系统的瞬态响应图可知,当阻尼比 $\zeta = 0.7$ 时,可满足超调要求,且在该阻尼比下,若使上升时间为 4 s,则要求固有频率大约为 $1/1.5$。因为系统总共有 5 个极点,所以其余三个极点必须配置在主导极点对的左边足够远的位置。对我们来说,"远"意味着远极点的瞬态响应过程在主导极点的瞬态响应发生之前就已经结束,并且我们假设每一个无阻尼固有频率的参数 4 是合适的。出于这方面的考虑,期望极点由下式给出:

$$\text{pc} = [-0.707 + 0.707 * j; -0.707 - 0.707 * j; -4; -4; -4]/1.5 \qquad (7.107)$$

利用这些期望极点,可以对例 7.11 的式(7.70)的 $\boldsymbol{F}$ 和 $\boldsymbol{G}$ 应用 acker 函数,得到控制增益:

$$\boldsymbol{K_2} = [\ 8.5123\quad 20.3457\quad -1.4911\quad -7.8821\quad 6.1927\ ] \qquad (7.108)$$

可用的 MATLAB 语句如下:

```
F=[0 2 0 0 0;-.1 -.35 .1 .1.75;0 0 0 2 0;.4 .4 -.4 -1.4 0;0 -.03 0 0 -1];
G=[0;0;0;0;1];
pc=[-.707+.707*j;-.707-.707*j;-4;-4;-4]/1.5;
K2=acker(F,G,pc)
```

该系统的阶跃响应和对应的张力曲线,以及在 7.6.2 节中讨论的设计,由图 7.18 和图 7.19 给出。从图中可以看到,上升时间大约为 4 s 且超调量约为 5%,与期望的指标相符。

因为设计过程是循环反复的,我们选择的极点应该被视为第一步,接下来是进一步地修正,以尽可能精确地满足要求。

对于以上例子,我们恰好只通过一次尝试就找到了合适的极点位置。

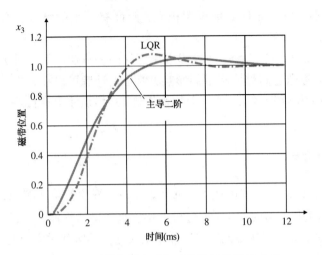

图 7.18 磁带伺服电动机系统设计的阶跃响应

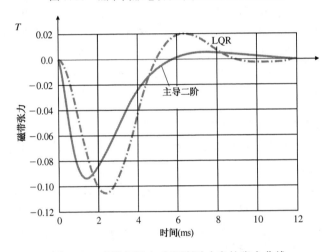

图 7.19 磁带伺服电动机阶跃响应的张力曲线

7.6.2 对称根轨迹(SRL)

线性控制系统设计的一个更有效和应用更广泛的技术是最优线性二次调节器(Linear Quadratic Regulator, LQR)。线性二次调节器的简化描述就是,寻找控制规律使得以下的性能指标:

$$\mathcal{J} = \int_0^\infty [\rho z^2(t) + u^2(t)]\,\mathrm{d}t \tag{7.109}$$

对于如下的系统能够最小化

$$\dot{\boldsymbol{x}} = \boldsymbol{F}\boldsymbol{x} + \boldsymbol{G}u \tag{7.110a}$$

$$z = \boldsymbol{H}_1\boldsymbol{x} \tag{7.110b}$$

式中,式(7.109)中的 ρ 是设计者选择的权重系数。值得注意的是,使得 $\mathcal{J}$ 最小的控制规律由线性状态反馈给出,即

$$u = -\boldsymbol{K}\boldsymbol{x} \tag{7.111}$$

在这里, $\boldsymbol{K}$ 的最佳值使得闭环极点设置在对称根轨迹(SRL)方程(Kailath, 1980)

$$1 + \rho G_0(-s)G_0(s) = 0 \tag{7.112}$$

的稳定根(即左半平面)的位置上。其中, G_0 是从 u 到 z 的开环传递函数

$$G_0(s) = \frac{Z(s)}{U(s)} = \boldsymbol{H}_1(s\boldsymbol{I} - \boldsymbol{F})^{-1}\boldsymbol{G} = \frac{N(s)}{D(s)} \tag{7.113}$$

注意, 这是在第 5 章中讨论过的根轨迹问题。这里考虑了参数 ρ, 即在式(7.109)中, 当考虑控制作用 u^2 时, 衡量 z^2(跟踪误差)的相对损耗的性能指标。同时也注意到, s 和 $-s$ 对式(7.112)的影响是相同的。因此, 对于式(7.112)的任何根 s_0, $-s_0$ 也是它的根。我们把得到的根轨迹称为对称根轨迹(Symmetric Root Locus, SRL), 因为右半平面(RHP)将存在左半平面(LHP)轨迹的镜像, 即关于虚轴对称。我们可以通过以下的步骤选择最优的闭环极点。首先选择矩阵 $\boldsymbol{H}_1$, 它定义了跟踪误差, 并且设计者希望它比较小; 然后选择 ρ, 它平衡了跟踪误差的重要性与控制量之间的关系。注意, 我们将选取跟踪误差作为输出而不需要选取受控对象的传感作为输出。这也是我们把式(7.110)的输出称为 z 而不是 y 的原因。

从式(7.112)的解中, 选取一组稳定的极点, 就是所得到期望的闭环极点。之后, 可以通过极点配置的计算方法, 如 Ackermann 公式[参见式(7.91)], 得到 $\boldsymbol{K}$。对于实数传递函数 G_0 的所有根轨迹簇, 其中的每条轨迹也关于实轴对称, 因此每条轨迹关于实轴和虚轴都对称。我们可以把 SRL 方程写成标准的根轨迹形式

$$1 + \rho\frac{N(-s)N(s)}{D(-s)D(s)} = 0 \tag{7.114}$$

将从 U 到 Z 的传递函数的开环极点和零点沿着虚轴对折(这将使得零点和极点的数量加倍), 并描绘轨迹, 从而得到根轨迹的极点和零点。注意, 根轨迹可以是 0° 或 180°, 这取决于式(7.112)中的 $G_0(-s)G_0(s)$ 的符号。我们通过选取不在虚轴上的根轨迹来决定到底用哪种类型的根轨迹(0° 或 180°)。用根轨迹描绘的实轴规则将说明该方法是正确的。对于我们在这里已经做出的能控性假设, 以及关于所有的系统状态都在选定的输出 z 中的假设前提下, 最优闭环系统肯定是稳定的, 因此根轨迹不可能在虚轴上。

例 7.21　伺服电动机速度控制的对称根轨迹

设 $z = y$, 描绘以下的伺服电动机速度控制系统的对称根轨迹

$$\dot{y} = -ay + u \tag{7.115a}$$

$$G_0(s) = \frac{1}{s+a} \tag{7.115b}$$

解: 本例的 SRL 方程[参见式(7.112)]为

$$1 + \rho\frac{1}{(-s+a)(s+a)} = 0 \tag{7.116}$$

由图 7.20 给出的对称根轨迹是 0° 根轨迹。其最优(稳定)极点在这种情况下可以被直接确定为

$$s = -\sqrt{a^2 + \rho} \tag{7.117}$$

因此, 使得式(7.109)的性能指标最小的闭环根在实轴上, 它距原点的距离由式(7.117)给出, 并且总是位于开环根的左边。

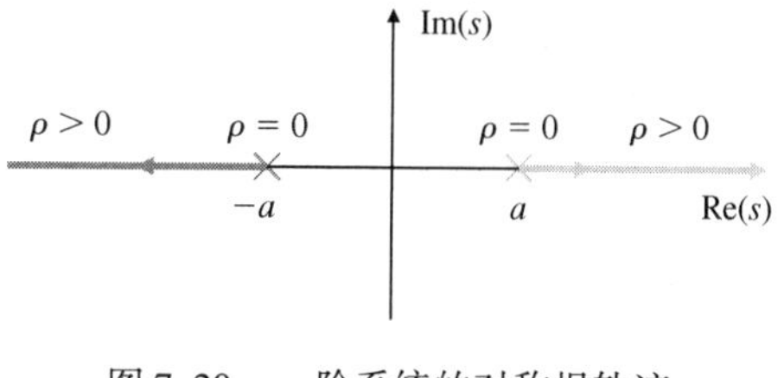

图 7.20　一阶系统的对称根轨迹

例 7.22　卫星姿态控制的 SRL 设计

设 $z = y$, 绘制人造卫星系统的对称根轨迹(SRL)。

解：该系统的运动方程为

$$\dot{x} = \begin{bmatrix} 0 & 1 \\ 0 & 0 \end{bmatrix} x + \begin{bmatrix} 0 \\ 1 \end{bmatrix} u \tag{7.118}$$

$$y = \begin{bmatrix} 1 & 0 \end{bmatrix} x \tag{7.119}$$

我们可以从式(7.118)和式(7.119)，计算得到

$$G_0(s) = \frac{1}{s^2} \tag{7.120}$$

180°的对称根轨迹簇，如图 7.21 所示。绘制对称根轨迹的 MATLAB 语句为

```
numGG = [1];
denGG = conv([1 0 0],[1 0 0]);
sysGG = tf(numGG,denGG);
rlocus(sysGG);
```

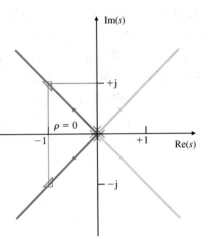

有趣的是，稳定闭环极点的阻尼比为 $\zeta = 0.707$。对于给定的 ρ 值，我们选择两个稳定的根，如对于 $\rho = 4.07$，选择 $s = -1 \pm j1$，然后将它们用于极点配置和控制规律设计。

在极点配置中选择不同的 ρ 值，对于快速响应(要求 $\int z^2 dt$ 较小)和低控制量(要求 $\int u^2 dt$ 较小)之间的平衡作用也是不同的。

图 7.21　卫星的对称根轨迹

图 7.22 给出了当 ρ 从 $0.01 \sim 100$ 变化时，人造卫星(双积分器)[参见式(7.18)]的设计曲线。该曲线对应于控制作用的低值(ρ 值大)和高值(ρ 值小)具有两条渐近线(虚线)。实际上，为了在使用控制与响应速度之间取得一个合理的折中，通常选取曲线拐点处附近的点作为 ρ 值。对于人造卫星系统，$\rho = 1$ 时对应于曲线的拐点。在这种情况下，闭环极点的阻尼比为 $\zeta = 0.707$。图 7.23 为相应的奈奎斯特曲线，其中相位裕度 PM = 65°而幅值裕度为无穷大。这些优良的稳定特性是 LQR 设计的一般特征。

利用 SRL 和 LQR 方法，也可以为开环不稳定系统设计配置最佳的极点。

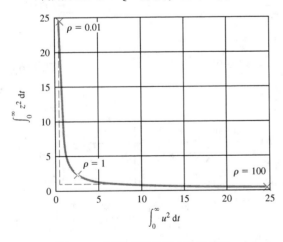

图 7.22　卫星对象的折中曲线设计

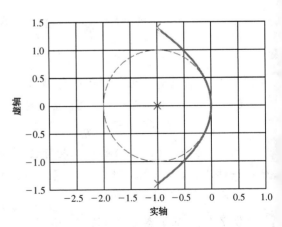

图 7.23　LQR 设计的奈奎斯特图

例 7.23 倒立摆的 SRL 设计

设 $\omega_o = 1$，绘制经过线性化的简单倒立摆方程的对称根轨迹(SRL)。取位置的两倍加上速度的和，作为输出 z(使得位置和速度同时加强或者削弱)。

解：该系统的运动方程为

$$\dot{\boldsymbol{x}} = \begin{bmatrix} 0 & 1 \\ \omega_0^2 & 0 \end{bmatrix} \boldsymbol{x} + \begin{bmatrix} 0 \\ -1 \end{bmatrix} u \tag{7.121}$$

为了得到指定的输出：$2 \times$ 位置 + 速度，令跟踪误差为

$$z = \begin{bmatrix} 2 & 1 \end{bmatrix} \boldsymbol{x} \tag{7.122}$$

然后计算式(7.121)和式(7.122)，得到

$$G_0(s) = -\frac{s+2}{s^2 - \omega_0^2} \tag{7.123}$$

得到的 0° 对称根轨迹簇，如图 7.24 的示。通过以下的 MATLAB 语句，可以得到系统的 SRL(设 $\omega_o = 1$)：

```
numGG=conv(−[1 2],−[−1 2]);
denGG=conv([1 0 −1],[1 0 −1]);
sysGG=tf(numGG,denGG);
rlocus(sysGG);
```

对于 $\rho = 1$，选择闭环极点为 $-1.36 \pm j0.606$，对应的 $\boldsymbol{K} = \begin{bmatrix} -2.23 & -2.73 \end{bmatrix}$。如果把该例的系统矩阵代入式(7.100)的输入增益方程中，得到的解为

$$\boldsymbol{N}_x = \begin{bmatrix} 1 \\ 0 \end{bmatrix}$$
$$N_u = 1$$
$$\bar{N} = -1.23$$

得到了这些值后，含有 $\boldsymbol{N}_x$ 和 N_u [参见式(7.101b)]的控制表达式可简化为

$$u = -\boldsymbol{K}\boldsymbol{x} + \bar{N}r$$

相应的位置阶跃响应，如图 7.25 所示。

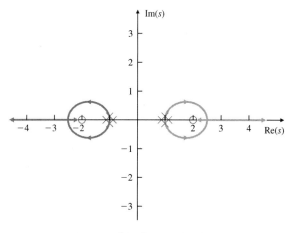

图 7.24　倒立摆的对称根轨迹

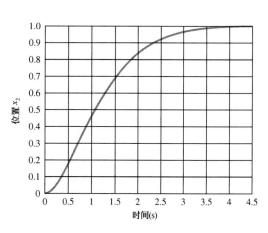

图 7.25　倒立摆的阶跃响应

在本节的最后一个例子中，再次考虑磁带伺服电动机系统，并且引入 LQR 设计，利用计算机直接求解出最优控制规律。从式(7.109)和式(7.111)可以知道，系统矩阵 $\boldsymbol{F}$ 和 $\boldsymbol{G}$ 以及输

出矩阵 $\boldsymbol{H}_1$,给出了寻找最佳控制所需要的信息。大多数的计算机辅助软件包,包括 MATLAB,都使用形如式(7.109)的更一般的形式

$$\mathcal{J} = \int_0^\infty (\boldsymbol{x}^\mathrm{T} \boldsymbol{Q} \boldsymbol{x} + \boldsymbol{u}^\mathrm{T} \boldsymbol{R} \boldsymbol{u})\, \mathrm{d}t \tag{7.124}$$

如果令 $\boldsymbol{Q} = \rho \boldsymbol{H}_1^\mathrm{T} \boldsymbol{H}_1$,且 $\boldsymbol{R} = 1$,则使用式(7.124)可以把式(7.109)化简为更简单的形式。通过以下的 MATLAB 语句,可以直接获得最优的控制增益

$$K = \mathrm{lqr}(F, G, Q, R) \tag{7.125}$$

LQR 迭代设计的一个合理方法可以由 Bryson 规则推导出(Bryson and Ho, 1969)。实际上,为了得到可接受的 $\boldsymbol{x}$ 和 $\boldsymbol{u}$ 的值,首先要选择对角阵 $\boldsymbol{Q}$ 和 $\boldsymbol{R}$,并满足

$$Q_{ii} = 1/[x_i^2]\ \text{的最大可接受值}$$
$$R_{ii} = 1/[u_i^2]\ \text{的最大可接受值}$$

然后在逐步逼近的过程中,修改权重矩阵的值,以期在性能指标与控制量之间取得合理的折中。

例 7.24　磁带驱动器的 LQR 设计

(a)为例 7.11 的磁带驱动器寻找最优控制,选择位置 x_3 作为输出以满足性能指标。令 $\rho = 1$ 。将结果与先前用主导二阶方法得到的结果进行比较。

(b)比较当 $\rho = 0.1$ 、1 和 10 时,LQR 设计的结果。

解:

(a)在这一步中,我们所要做的是将矩阵代入式(7.125)中,形成反馈系统,并描绘响应曲线。性能指标矩阵为标量 $R = 1$ 。在本题中,最困难的是确定状态损耗矩阵 $\boldsymbol{Q}$ 。已知输出损耗值为 $z = x_3$,从例 7.11 可得到输出矩阵为

$$\boldsymbol{H}_3 = [\ 0.5 \quad 0 \quad 0.5 \quad 0 \quad 0\ ]$$

若 $\rho = 1$,所求的矩阵为

$$\boldsymbol{Q} = \boldsymbol{H}_3^\mathrm{T} \boldsymbol{H}_3$$
$$= \begin{bmatrix} 0.25 & 0 & 0.25 & 0 & 0 \\ 0 & 0 & 0 & 0 & 0 \\ 0.25 & 0 & 0.25 & 0 & 0 \\ 0 & 0 & 0 & 0 & 0 \end{bmatrix}$$

利用以下的 MATLAB 语句,可以求的增益。

```
F=[0 2 0 0 0; −.1 −.35 .1 .1.75;0 0 0 2 0;.4 .4 −.4 −1.4;0 −.03 0 0 −1];
G=[0; 0; 0; 0; 1];
H3=[.5 0 .5 0 0];
R=1;
rho=1;
Q=rho*H3'*H3;
K=lqr(F,G,Q,R)
```

MATLAB 计算得到的增益为

$$\boldsymbol{K} = [\ 0.6526 \quad 2.1667 \quad 0.3474 \quad 0.5976 \quad 1.0616\ ] \tag{7.126}$$

位置阶跃和对应的张力曲线,如图 7.18 和图 7.19 所示(用 step 函数)。与主导二阶方法得到的响应曲线进行比较,很明显, $\boldsymbol{Q}$ 和 $\boldsymbol{R}$ 的元素的可选择范围比较广。因此,有效地应用 LQR 方法是需要丰富经验的。

（b）使用与（a）中相同的 $\boldsymbol{Q}$ 和 $\boldsymbol{R}$，重复 LQR 设计，但 $\rho = 0.1$、10。图 7.26 给出了针对三种参数设计的位置阶跃和相应的张力之间的比较曲线。由结果可以看出，ρ 值较小时，控制量损耗较大，响应速度较慢；ρ 值较大时，则控制量损耗较小，响应相对较快。

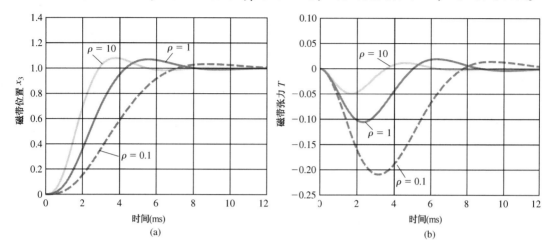

图 7.26　（a）用 LQR 设计的磁带伺服电动机的阶跃响应；（b）磁带伺服电动机阶跃响应的对应张力曲线

LQR 调节器极点的限制

将最优闭环极点的受限特性看成的根轨迹参数（即 ρ）的函数是非常有趣的，尽管在实际中这并不会被用到。

"高代价控制"（Expensive control）情形（$\rho \to 0$）：式（7.109）主要限制了控制能量的使用。如果控制是高代价的，则最优控制除了移动位于右半平面的点以外，其他任何开环极点都保持不变。在右半平面的极点只是简单地被移到它们在左半平面的镜像处。经移动后，最优控制只用最小的控制量就能使得系统稳定，但并不移动任何位于左半平面的系统极点。闭环极点的位置还是对称根轨迹原来在左半平面的那些点。在这种情况下，最优控制并没有加快系统的响应速度。对于人造卫星系统，如图 7.22 所示的垂直虚线对应于"高代价控制"的情形，说明了非常低的控制量将导致 z 具有非常大的误差。

"廉价控制"（cheap control）情形（$\rho \to \infty$）：在这种情况下，控制能量不是研究受控对象，最优控制规律可以应用任意大小的控制量。控制规律将移动那些靠近左半平面零点的闭环极点的位置。其余的极点将沿着对称根轨迹的渐近线被移到无穷远的地方。如果系统是非最小相位系统，那么某些极点将被移到左半平面零点的镜像位置，如例 7.23 所示。其余极点将沿着巴特沃思滤波器极点模式被移到无穷远处，如例 7.22 所示。最优控制提供了与线性二次调节器能耗函数相协调的尽可能快的响应时间。在这种情况下，反馈增益矩阵 $\boldsymbol{K}$ 是不受限制的。对于双积分器对象，如图 7.22 所示的水平虚线对应于"廉价控制"的情形。

LQR 调节器的鲁棒特性

Anderson 和 Moore 在 1990 年已经证明，LQR 设计的奈奎斯特曲线可以避免如图 7.23 所示的圆心位于 −1 处的单位圆。这导致了特别的相位裕度和幅值裕度特性。可以证明（如习题 7.32 所示），返回的差值必须满足

$$|1 + \boldsymbol{K}(\mathrm{j}\omega\boldsymbol{I} - \boldsymbol{F})^{-1}\boldsymbol{G}| \geqslant 1 \tag{7.127}$$

我们把开环增益写成实部和虚部之和的形式

$$L(j\omega) = \boldsymbol{K}(j\omega\boldsymbol{I} - \boldsymbol{F})^{-1}\boldsymbol{G} = \mathrm{Re}(L(j\omega)) + j\mathrm{Im}(L(j\omega)) \qquad (7.128)$$

式(7.127)意味着

$$([\mathrm{Re}(L(j\omega)] + 1)^2 + [\mathrm{Im}(L(j\omega))]^2 \geqslant 1 \qquad (7.129)$$

这表示,奈奎斯特图实际上一定能避免圆心在 −1 处单位圆。这也表明了 $\frac{1}{2} < \mathrm{GM} < \infty$,即幅值裕度的上限为 GM = ∞,且其下限为 GM = $\frac{1}{2}$(也可参阅习题6.24)。因此,LQR 增益矩阵 $\boldsymbol{K}$ 可以乘上一个很大的标量,也可以减半,这都能保证闭环系统仍然是稳定的。相位裕度 PM 至少是 ±60°。尽管这些裕度非常大,但由于建模误差的存在以及缺乏相应的传感器,在实际上是达不到的。

7.6.3　两种方法的评论

对于设计者来说,7.6.1 节和 7.6.2 节所描述的两种选择极点的方法都可选用来进行极点配置的初步设计。第一种方法(主导二阶极点法)在选择闭环极点时并不考虑满足响应指标所需的控制量的影响。因此,在某些情况下,控制量会相当高。第二种方法(对称根轨迹法 SRL)选择极点的结果,可以在系统误差和控制力度之间取得一定的平衡。设计者可以简单地找出平衡的改变(通过改变 ρ 值)与系统根的分布、时间响应以及反馈增益之间的关系。不管我们用哪种极点选择的方法,要在带宽、超调量、灵敏度、控制量和其他实际设计要求之间达到期望的平衡,几乎总是需要做一些必要的修正。在 7.8 节中用于阐明补偿的例子以及在第 10 章中研究的情况,都可以帮助我们进一步了解极点选择的方法。

7.7　估计器设计

7.5 节中讨论的控制规律设计假设反馈中用到的所有状态变量都是可测的。然而,在大多数情况下,并不是所有的状态变量都可量测的。在现实中测量这些值所需的传感器的代价可能太高而不允许,也不可能在物理上测量所有的状态变量,比如说,在核反应系统中就不可能测出所有的状态。在这一节中,将证明如何用部分可测量值来重构系统的所有状态变量。设状态的估计为 $\hat{\boldsymbol{x}}$,如果可以用估计值来代替式(7.102)给出的控制规律的真实状态,使得控制规律变为 $u = -\boldsymbol{K}\hat{\boldsymbol{x}} + \bar{N}r$,这将给我们的设计带来方便。在 7.8 节中将看到这是可能实现的。状态估计的构造是状态空间控制设计的一个关键内容。

7.7.1　全阶估计器

状态估计的一个方法是,为动态对象构造一个全阶模型

$$\dot{\hat{\boldsymbol{x}}} = \boldsymbol{F}\hat{\boldsymbol{x}} + \boldsymbol{G}u \qquad (7.130)$$

式中,$\hat{\boldsymbol{x}}$ 是真实状态 $\boldsymbol{x}$ 的估计,$\boldsymbol{F}$、$\boldsymbol{G}$ 和 $u(t)$ 是已知的。如果可以找到正确的初始条件 $\boldsymbol{x}(0)$ 并令 $\hat{\boldsymbol{x}}(0)$ 与之相等,则估计器是满足要求的。图7.27 描绘了这个开环估计器。但是,正是因为缺乏 $\boldsymbol{x}(0)$ 的信息才要求构造估计器。另外,估计的状态将准确地跟踪真实状态。因此,如果为初值条件构造了一个很差的估计,则估计状态将可能产生不断增加的误差或者误差趋于零的速度很慢以至于使估计器失去作用。另外,在已知系统($\boldsymbol{F}$, $\boldsymbol{G}$)中,微小的误差将会导致估计状态偏离真实的状态。

为了研究该估计器的动态特性,我们定义状态估计的误差为

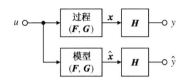

$$\tilde{\boldsymbol{x}} \triangleq \boldsymbol{x} - \hat{\boldsymbol{x}} \qquad (7.131)$$

则该误差系统的动态方程为

$$\dot{\tilde{\boldsymbol{x}}} = \boldsymbol{F}\tilde{\boldsymbol{x}}, \quad \tilde{\boldsymbol{x}}(0) = \boldsymbol{x}(0) - \hat{\boldsymbol{x}}(0) \qquad (7.132)$$

图 7.27　开环估计器

对于一个稳定系统(即 $\boldsymbol{F}$ 是稳定的),该误差收敛到零,但我们无法改变估计状态收敛到真实状态的速度。另外,误差收敛到零的速度与 $\boldsymbol{F}$ 的自然动态过程收敛速度相同。如果这个收敛速度是满足要求的,则不再需要控制作用和估计器。

现在,我们引用黄金定律:如果有麻烦,就用反馈。将测量输出与估计输出之间的误差信号反馈到输入端,并用该误差信号连续不断地纠正模型。如图 7.28 所示,此方案的方程为

$$\dot{\hat{\boldsymbol{x}}} = \boldsymbol{F}\hat{\boldsymbol{x}} + \boldsymbol{G}u + \boldsymbol{L}(y - \boldsymbol{H}\hat{\boldsymbol{x}}) \qquad (7.133)$$

这里,$\boldsymbol{L}$ 是比例增益,其定义为

$$\boldsymbol{L} = [l_1, l_2, \cdots, l_n]^{\mathrm{T}} \qquad (7.134)$$

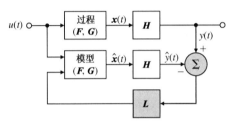

图 7.28　闭环估计器

用以满足误差特性。误差的动态方程,可通过用真实状态[参见式(7.44)]减去估计状态[参见式(7.133)]来得到,即误差方程为

$$\dot{\tilde{\boldsymbol{x}}} = (\boldsymbol{F} - \boldsymbol{L}\boldsymbol{H})\tilde{\boldsymbol{x}} \qquad (7.135)$$

则误差的特征方程为

$$\det[s\boldsymbol{I} - (\boldsymbol{F} - \boldsymbol{L}\boldsymbol{H})] = 0 \qquad (7.136)$$

如果选择 $\boldsymbol{L}$ 使得 $\boldsymbol{F} - \boldsymbol{L}\boldsymbol{H}$ 有稳定且足够快速的特征值,则 $\tilde{\boldsymbol{x}}$ 将衰减到零并保持为零,这与已知的强迫函数 $u(t)$ 和它对状态 $\boldsymbol{x}(t)$ 的作用无关,与初始条件 $\tilde{\boldsymbol{x}}(0)$ 也无关。这就意味着,不管 $\hat{\boldsymbol{x}}(0)$ 是什么值,$\hat{\boldsymbol{x}}(t)$ 都将收敛到 $\boldsymbol{x}(t)$。另外,可以选择误差的动态特性使得其稳定,并比由 $\boldsymbol{F}$ 决定的开环动态特性收敛速度更快。

注意,在得到式(7.135)的过程中,假设 $\boldsymbol{F}$、$\boldsymbol{G}$ 和 $\boldsymbol{H}$ 在物理对象上和估计器的计算机实现上是一样的。如果对象$(\boldsymbol{F},\boldsymbol{G},\boldsymbol{H})$ 没有精确的模型,误差的动态特性不再由式(7.135)决定。但是,我们可以通过选取的适当 $\boldsymbol{L}$ 使得误差系统至少保持稳定并且误差保持在一个可接受的小范围内,甚至在模型有较小误差并且输入有扰动的情况下也能保持这种性质。必须强调的是,受控对象和估计器的固有特性是不同的。受控对象是物理系统,如化学过程或伺服系统,而估计器通常是根据式(7.133)计算估计状态的数字处理器。

$\boldsymbol{L}$ 的选择跟在控制规律设计中 $\boldsymbol{K}$ 的选择有相同的方式。如果我们将估计器误差极点的期望位置确定为

$$s_i = \beta_1, \beta_2, \cdots, \beta_n$$

则期望的估计器状态方程为

$$\alpha_e(s) \triangleq (s - \beta_1)(s - \beta_2)\cdots(s - \beta_n) \qquad (7.137)$$

通过比较式(7.136)和式(7.137)的系数,可以求解出 $\boldsymbol{L}$。

例 7.25　单摆的估计器设计

为单摆设计一个估计器,计算估计器的增益矩阵,使得所有的估计器误差极点为 $-10\omega_0$

(其收敛速度是例 7.15 中选择的控制极点的 5 倍)。设 $\omega_0 = 1$，利用 MATLAB 验证结果。评价估计器的性能。

解：运动方程为

$$\dot{\boldsymbol{x}} = \begin{bmatrix} 0 & 1 \\ -\omega_0^2 & 0 \end{bmatrix} \boldsymbol{x} + \begin{bmatrix} 0 \\ 1 \end{bmatrix} u \tag{7.138a}$$

$$y = \begin{bmatrix} 1 & 0 \end{bmatrix} \boldsymbol{x} \tag{7.138b}$$

现在要求把估计误差极点配置在 $-10\omega_0$，则对应的特征方程为

$$\alpha_e(s) = (s + 10\omega_0)^2 = s^2 + 20\omega_0 s + 100\omega_0^2 \tag{7.139}$$

由式(7.136)，可得到

$$\det[s\boldsymbol{I} - (\boldsymbol{F} - \boldsymbol{LH})] = s^2 + l_1 s + l_2 + \omega_0^2 \tag{7.140}$$

比较式(7.139)和式(7.140)的系数，可得到

$$\boldsymbol{L} = \begin{bmatrix} l_1 \\ l_2 \end{bmatrix} = \begin{bmatrix} 20\omega_0 \\ 99\omega_0^2 \end{bmatrix} \tag{7.141}$$

对于 $\omega_0 = 1$，也可用 MATLAB 求得结果。MATLAB 语句如下：

```
wo=1;
F=[0 1;-wo*wo 0];
H=[1 0];
pe=[-10*wo;-10*wo];
Lt=acker(F',H',pe);
L=Lt'
```

于是，得到 $\boldsymbol{L} = \begin{bmatrix} 20 & 99 \end{bmatrix}^{\mathrm{T}}$，这与先前手工计算的结果一致。

通过加入真实状态反馈到受控对象中并描绘估计误差曲线，可测试估计器的性能。注意，这并不是系统最终被建立的方法，但这种方法为校验估计器的性能提供了途径。将式(7.71)含有状态反馈的受控对象和式(7.133)含有输出反馈的估计器联立，得到以下的完整系统的方程：

$$\begin{bmatrix} \dot{\boldsymbol{x}} \\ \dot{\hat{\boldsymbol{x}}} \end{bmatrix} = \begin{bmatrix} \boldsymbol{F} - \boldsymbol{GK} & \boldsymbol{0} \\ \boldsymbol{LH} - \boldsymbol{GK} & \boldsymbol{F} - \boldsymbol{LH} \end{bmatrix} \begin{bmatrix} \boldsymbol{x} \\ \hat{\boldsymbol{x}} \end{bmatrix} \tag{7.142}$$

$$y = \begin{bmatrix} \boldsymbol{H} & \boldsymbol{0} \end{bmatrix} \begin{bmatrix} \boldsymbol{x} \\ \hat{\boldsymbol{x}} \end{bmatrix} \tag{7.143}$$

$$\tilde{y} = \begin{bmatrix} \boldsymbol{H} & -\boldsymbol{H} \end{bmatrix} \begin{bmatrix} \boldsymbol{x} \\ \hat{\boldsymbol{x}} \end{bmatrix} \tag{7.144}$$

系统的方框图如图 7.29 所示。

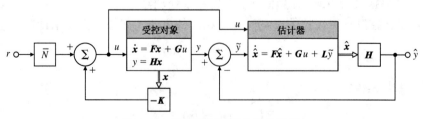

图 7.29　连接到受控对象的估计器

当 $\omega_0 = 1$，且初始条件为 $\boldsymbol{x}_0 = \begin{bmatrix} 1.0, 0.1 \end{bmatrix}^{\mathrm{T}}$ 和 $\hat{\boldsymbol{x}}_0 = \begin{bmatrix} 0, 0 \end{bmatrix}^{\mathrm{T}}$ 时，闭环系统的响应如图 7.30 所示，其中 $\boldsymbol{K}$ 由例 7.15 得到，而 $\boldsymbol{L}$ 由式(7.141)得到。该响应可用 MATLAB 的 impulse 函数或者 initial 函数计算得到。注意，即使 $\hat{\boldsymbol{x}}$ 的初始条件的值有很大的误差，在经过一个初始

的瞬态过渡后，估计状态也将收敛到真实状态。在我们的设计中，估计误差衰减的速度比状态本身衰减的速度要快约 5 倍。

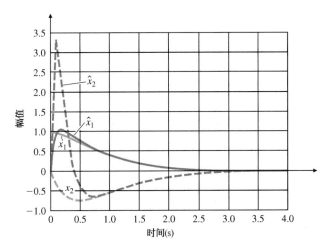

图 7.30　振荡器的初始条件响应(显示 x 和 $\hat{x}$)

观测标准型

就如控制规律设计一样，也存在标准型使得估计器增益的设计方程显得简单，并且可通过观察直观地获知方程解的存在性。我们在 7.4.1 节中介绍了这种形式。观测标准型的方程具有以下的结构：

$$\dot{x}_o = F_o x_o + G_o u \tag{7.145a}$$

$$y = H_o x_o \tag{7.145b}$$

其中

$$
F_o = \begin{bmatrix} -a_1 & 1 & 0 & 0 & \cdots & 0 \\ -a_2 & 0 & 1 & 0 & \cdots & \vdots \\ \vdots & \vdots & & \ddots & & 1 \\ -a_n & 0 & & 0 & & 0 \end{bmatrix}, \quad
G_o = \begin{bmatrix} b_1 \\ b_2 \\ \vdots \\ b_n \end{bmatrix}
$$

$$H_o = \begin{bmatrix} 1 & 0 & 0 & \cdots & 0 \end{bmatrix}$$

三阶系统的方框图如图 7.31 所示。在观测标准型中，所有的反馈回路源于输出或者观测信号。和控制标准型一样，因为矩阵中有意义的元素的值是直接从相应的传递函数 $G(s)$ 的分子和分母多项式的系数得到的，所以观测标准型是一种"直接"形式。因为方程的系数出现在矩阵的左边，所以矩阵 F_o 被称为特征方程的左相伴矩阵(left companion matrix)。

观测标准型的一个优点是，可以通过直接观察得到估计器增益。三阶系统的估计器误差闭环矩阵是

$$
F_o - L H_o = \begin{bmatrix} -a_1 - l_1 & 1 & 0 \\ -a_2 - l_2 & 0 & 1 \\ -a_3 - l_3 & 0 & 0 \end{bmatrix} \tag{7.146}
$$

相应的特征方程为

$$s^3 + (a_1 + l_1)s^2 + (a_2 + l_2)s + (a_3 + l_3) = 0 \tag{7.147}$$

通过比较式(7.147)和式(7.137)，由 $\alpha_e(s)$ 的系数可以得到估计器的增益。

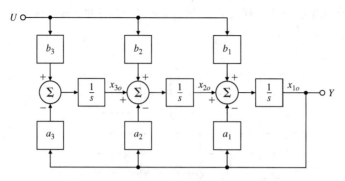

图 7.31　三阶系统观测标准型的方框图

关于控制规律设计的步骤,我们可以找到一种变换,当且仅当该系统有一种结构特性,我们称为能观性(observability),就能将给定的系统转换为观测标准型。粗略地说,能观性是指我们可以仅通过监控传感器的输出就能推断出系统所有状态信息的能力。当某些状态或子系统在物理上与输出断开而不再出现时,就产生了不能观测性。例如,如果只测量主要状态变量的导数,且这些状态变量并不影响动态特性,则积分常数将无法体现在测量值中。这种情况发生在,当一个受控对象具有传递函数 $1/s^2$ 而只量测其速度时,不可能从测量值中推导出位置的初始值。另一方面,对于振荡器,由于加速度是受位置影响的,从而观察到的速度也受位置的影响,所以一个速度测量器已经足以估计振荡器的位置了。用于判断能观性的数学判据是能观性矩阵(observability matrix),即

$$\mathcal{O} = \begin{bmatrix} \boldsymbol{H} \\ \boldsymbol{HF} \\ \vdots \\ \boldsymbol{HF}^{n-1} \end{bmatrix} \tag{7.148}$$

该矩阵必须是列满秩的,即各列是不相关的。对于我们所研究的单输出系统,$\mathcal{O}$ 是方阵,因此,要求 $\mathcal{O}$ 是非奇异的或者其行列式值不为零。一般地,当且仅当能观性矩阵是非奇异的,我们才可以找到变换,使之成为观测标准型。注意,这与我们之前将系统矩阵转换为控制标准型的结论是相似的。

如同控制规律设计一样,我们可以找到转换为观测标准型的变换阵,然后通过与式(7.147)进行等价,计算出增益,再进行反变换,从而完成设计。计算 $\boldsymbol{L}$ 的另一种方法是在估计器形式中应用 Ackermann 公式,即

$$\boldsymbol{L} = \alpha_e(\boldsymbol{F})\mathcal{O}^{-1} \begin{bmatrix} 0 \\ 0 \\ \vdots \\ 1 \end{bmatrix} \tag{7.149}$$

式中,$\mathcal{O}$ 就是式(7.148)给出的能观性矩阵。

对偶性

从这些讨论中我们已经发现,在估计问题和控制问题之间有很大的相似之处。实际上,这两个问题在数学上是等价的,这种性质被称为对偶性(duality)。表 7.1 给出了估计问题和控制问题之间的对偶关系。例如,如果我们利用表 7.1 所提供的替换关系,Ackermann 的控制公式[参见式(7.91)]就成了估计器公式[参见式(7.149)]。这可以用矩阵代数直接得到证明。

控制问题就是选择行矩阵 K，以满足系统矩阵 $F-GK$ 的极点配置，而估计器问题就是选择列矩阵 L，以满足 $F-LH$ 的极点配置。但是，$F-LH$ 的极点与 $(F-LH)^T = F^T - H^T L^T$ 的极点相等，并且在这种形式中，对 L^T 进行设计的代数式与对 K 进行设计的代数式是一样的。因此，如果对控制问题使用以下形式的 Ackermann 公式和 place 算法：

表 7.1	对偶性
控制	估计
F	F^T
G	H^T
H	G^T

$$K=\text{acker}(F, G, p_c)$$
$$K=\text{place}(F, G, p_c)$$

则对估计器问题使用以下的形式：

$$Lt=\text{acker}(F', H', p_e)$$
$$Lt=\text{place}(F', H', p_e)$$
$$L=Lt'$$

其中，p_e 是含有期望估计器误差极点的向量。

因此，对偶性允许我们通过合适的代换，对估计器问题和控制问题应用相同的设计工具。正如通过比较 (F_c, G_c, H_c) 和 (F_o, G_o, H_o) 所看到的，两种标准型也是对偶的。

7.7.2　降阶估计器

7.7.1 节描述的估计器设计方法使用某些状态变量重构了整个状态向量。如果传感器不存在噪声，则全阶估计器包含冗余信息，因此需要知道有没有必要对可直接测量的状态变量进行估计。我们能否用可直接且精确测量的状态变量来化简估计器？答案是肯定的。但是，如果测量机构有大的噪声，则最好使用全阶估计器实现，因为全阶估计器除了可以估计不可量测的状态变量以外，还可以对测量结果进行滤波。

降阶估计器（reduced-order estimator）通过系统的测量输出的数量（在本书中为 1）来简化估计器的阶数。为了推导出该估计器，首先假设输出等于第一个状态，如 $y = x_a$。如果这个假设不成立，则需要采取预先处理措施。这可以转换为观测形式，但范围太广，只要是把 H 作为第一行元素的非奇异变换都可以实现这一要求。现在我们把状态向量分为两部分：可直接测量得到的 x_a 和剩余的必须通过估计得到的状态变量 x_b。如果相应地把系统矩阵也分为两部分，则系统的完整描述为

$$\begin{bmatrix} \dot{x}_a \\ \dot{\boldsymbol{x}}_b \end{bmatrix} = \begin{bmatrix} \boldsymbol{F}_{aa} & \boldsymbol{F}_{ab} \\ \boldsymbol{F}_{ba} & \boldsymbol{F}_{bb} \end{bmatrix} \begin{bmatrix} x_a \\ \boldsymbol{x}_b \end{bmatrix} + \begin{bmatrix} G_a \\ \boldsymbol{G}_b \end{bmatrix} u \tag{7.150a}$$

$$y = \begin{bmatrix} 1 & \boldsymbol{0} \end{bmatrix} \begin{bmatrix} x_a \\ \boldsymbol{x}_b \end{bmatrix} \tag{7.150b}$$

不可量测的状态变量的动态方程为

$$\dot{\boldsymbol{x}}_b = \boldsymbol{F}_{bb}\boldsymbol{x}_b + \underbrace{\boldsymbol{F}_{ba}x_a + \boldsymbol{G}_b u}_{\text{已知输入}}, \tag{7.151}$$

式中，最靠右的两项是已知的，且可看成是 x_b 动态方程的输入。因为 $x_a = y$，所以可测量变量的动态方程可由以下的标量方程给出：

$$\dot{x}_a = \dot{y} = F_{aa}y + \boldsymbol{F}_{bb}\boldsymbol{x}_b + G_a u \tag{7.152}$$

如果把式（7.152）中的已知项移到左边，则得到

$$\underbrace{\dot{y} - F_{aa}y - G_a u}_{\text{已知测量值}} = F_{ab}x_b, \tag{7.153}$$

这样，我们得到了方程左边的已知量(即测量值)与方程右边的未知状态变量之间的关系式。因此，式(7.152)和式(7.153)对状态 x_b 的关系，与原来的方程[参见式(7.150b)]对整个状态 x 的关系是相同的。根据这个推断，我们在原来的估计器方程中应用以下的代换式，可以得到 x_b 的一个(降阶)估计器

$$x \leftarrow x_b \tag{7.154a}$$

$$F \leftarrow F_{bb} \tag{7.154b}$$

$$Gu \leftarrow F_{ba}y + G_b u \tag{7.154c}$$

$$y \leftarrow \dot{y} - F_{aa}y - G_a u \tag{7.154d}$$

$$H \leftarrow F_{ab} \tag{7.154e}$$

因此，通过将式(7.154)代入到全阶估计器[参见式(7.133)]，可得到降阶估计器方程为

$$\dot{\hat{x}}_b = F_{bb}\hat{x}_b + \underbrace{F_{ba}y + G_b u}_{\text{输入}} + L\underbrace{(\dot{y} - F_{aa}y - G_a u}_{\text{测量值}} - F_{ab}\hat{x}_b) \tag{7.155}$$

如果定义估计器误差为

$$\tilde{x}_b \triangleq x_b - \hat{x}_b \tag{7.156}$$

则将式(7.151)减去式(7.155)，可得到误差的动态方程为

$$\dot{\tilde{x}}_b = (F_{bb} - LF_{ab})\tilde{x}_b \tag{7.157}$$

且其特征方程为

$$\det[sI - (F_{bb} - LF_{ab})] = 0 \tag{7.158}$$

选择 L，设计该估计器的动态特性，使得式(7.158)与降阶表达式 $\alpha_e(s)$ 相匹配。现在可将式(7.155)改写为

$$\dot{\hat{x}}_b = (F_{bb} - LF_{ab})\hat{x}_b + (F_{ba} - LF_{aa})y + (G_b - LG_a)u + L\dot{y} \tag{7.159}$$

在式(7.159)中，要得到测量值的微分方程好像有一定的困难。大家知道，微分运算会放大噪声干扰，因此，如果 y 是噪声，则使用 $\dot{y}$ 是不可取的。为了解决这个问题，我们定义一个新的控制器状态为

$$x_c \triangleq \hat{x}_b - Ly \tag{7.160}$$

根据这个新状态，降阶估计器的实现如下：

$$\dot{x}_c = (F_{bb} - LF_{ab})\hat{x}_b + (F_{ba} - LF_{aa})y + (G_b - LG_a)u \tag{7.161}$$

且 $\dot{y}$ 不再直接出现。图7.32给出了降阶估计器的方框图。

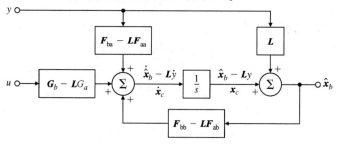

图7.32　降阶估计器的方框图

例 7.26 单摆的降阶估计器设计

为单摆设计一个降阶估计器,使其误差极点为 $-10\omega_0$。

解:给定的系统方程为

$$\begin{bmatrix} \dot{x}_1 \\ \dot{x}_2 \end{bmatrix} = \begin{bmatrix} 0 & 1 \\ -\omega_0^2 & 0 \end{bmatrix} \begin{bmatrix} x_1 \\ x_2 \end{bmatrix} + \begin{bmatrix} 0 \\ 1 \end{bmatrix} u$$

$$y = \begin{bmatrix} 1 & 0 \end{bmatrix} \begin{bmatrix} x_1 \\ x_2 \end{bmatrix}$$

分块后的矩阵为

$$\begin{bmatrix} \boldsymbol{F}_{aa} & \boldsymbol{F}_{ab} \\ \boldsymbol{F}_{ba} & \boldsymbol{F}_{bb} \end{bmatrix} = \begin{bmatrix} 0 & 1 \\ -\omega_0^2 & 0 \end{bmatrix}$$

$$\begin{bmatrix} \boldsymbol{G}_a \\ \boldsymbol{G}_b \end{bmatrix} = \begin{bmatrix} 0 \\ 1 \end{bmatrix}$$

从式(7.158),我们得到含 L 的特征方程如下:

$$s - (0 - L) = 0$$

期望方程为

$$\alpha_e(s) = s + 10\omega_0 = 0$$

比较两式,得到

$$L = 10\omega_0$$

由式(7.161)可得,估计器方程为

$$\dot{x}_c = -10\omega_0\hat{x}_2 - \omega_0^2 y + u$$

且从式(7.160),得到状态估计为

$$\hat{x}_2 = x_c + 10\omega_0 y$$

我们使用前面例题中给出的控制规律。图 7.33 给出了当 $\omega_0 = 1$ 时的估计器的响应曲线,其中受控对象的初始条件为 $\boldsymbol{x}_0 = [1.0, 0.0]^{\mathrm{T}}$,估计器的初始条件为 $x_{c0} = 0$。该响应曲线可用 MATLAB 的 impulse 或 initial 函数得到。注意观察,该初始条件响应曲线与图 7.30 描绘的全阶估计器的响应曲线的相似之处。

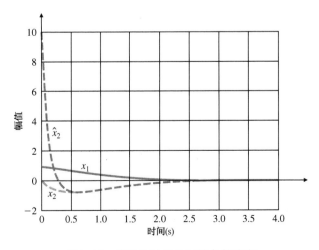

图 7.33 降阶估计器的初始条件响应

降阶估计器的增益也可通过以下的 MATLAB 语句得到。

$Lt = acker(F_{bb}', F_{ab}', p_e)$

$Lt = place(F_{bb}', F_{ab}', p_e)$

$L = Lt'$

降阶估计器的存在条件,与全阶估计器的存在条件是相同的——即(F, H)的能观测性。

7.7.3 估计器极点选择

我们可以用7.6节中介绍的选择控制器极点的方法,来进行估计器极点位置的选择。作为一个经验法则,可以选择估计器极点比控制器极点远 $2 \sim 6$ 倍。这就保证了估计器误差衰减的速度,比所期望的动态特性的衰减速度要快,也就使得控制器的极点能够主导整个响应过程。如果传感器的噪声足够大且成为主要考虑的对象,我们可能选择估计器极点比控制器极点的两倍要慢一些,这样得到的系统将有较窄的带宽以及更好地抑制噪声。但是我们希望在这种情况下,估计器极点位置对整个系统的响应有强烈的影响。如果估计器的极点比控制器的极点要慢,我们将希望由估计器的动态特性来主导系统对扰动的响应,而不是由控制规律选择出来的极点来主导。

与控制器极点的选择相比,估计器极点的选择要求我们考虑一个与控制量截然不同的关系式。正如在控制器中一样,在估计器中也有一个反馈项。随着所要求的响应速度的提高,该反馈项的幅值也在增加。但是,这个反馈在计算机中是以电信号或数字信号的形式存在的,所以其值的增加不会有特别的影响。在控制器中,若要加大响应的速度,就要加大控制量,这就要使用一个更大的执行机构,也即执行机构的尺寸、质量和价格都要增加。增加估计器的响应速度将导致估计器的带宽会增大,这就使得更多的传感噪声会传递到控制执行机构中。如果(F, H)是不能观测的,则估计器增益无论取何值都得不到合理的状态估计。因此,正如控制器的设计一样,最佳的估计器设计是在理想的瞬态响应和足够低的带宽中取得一个平衡,这样传感器噪声就不会明显地削弱执行机构的性能。采用主导二阶极点和原型特征方程的思想,都可以用来满足这些要求。

基于 SRL 方法的估计器增益设计也有一个重要结论。根据最优估计理论,估计器增益的最佳选择取决于传感器噪声强度 v 和过程(扰动)噪声强度[参见式(7.163)中的 w]之比。为更好地理解这一点,再次研究估计方程

$$\dot{\hat{x}} = F\hat{x} + Gu + L(y - H\hat{x}) \tag{7.162}$$

观察当过程噪声 w 存在时,它与系统是如何相互作用的。含有过程噪声的对象描述为

$$\dot{x} = Fx + Gu + G_1 w \tag{7.163}$$

且含有传感噪声 v 的测量方程描述为

$$y = Hx + v \tag{7.164}$$

将式(7.163)减去式(7.162),并代入式(7.164)中,消去 y,可以直接得到含有附加输入的估计器误差方程为

$$\dot{\tilde{x}} = (F - LH)\tilde{x} + G_1 w - Lv \tag{7.165}$$

在式(7.165)中,传感误差乘以了一个系数 L,而过程误差却没有。如果 L 非常小,则传感误差的作用可以忽略不计,但是估计器的动态响应将会很"慢",所以误差将不能很好地抑制 ω 的影响。低增益估计器的状态将不能很好地跟踪不确定受控对象的输入。这些结论在某种程度上也可成功地用于模型误差中,如 F 或 G。这样,模型误差将作为附加过程噪声,添加

到式(7.165)中。另一方面,如果 L 很大,则估计器响应将会很"快"且扰动或过程噪声将被消除,但传感噪声由于乘以了系数 L ,将产生很大误差。明显地,必须折中这两种影响,使其达到平衡。在进行非常合理的假设前提下,通过求解与最优控制公式[参见式(7.112)]类似的估计器的 SRL 方程就可得到这种平衡的最佳解。该估计器的 SRL 方程为

$$1 + qG_e(-s)G_e(s) = 0 \qquad (7.166)$$

式中, q 是输入扰动噪声强度与传感噪声强度的比值,而 G_e 是过程噪声与传感输出之间的传递函数,可由下式给出:

$$G_e(s) = \boldsymbol{H}(s\boldsymbol{I} - \boldsymbol{F})^{-1}\boldsymbol{G}_1 \qquad (7.167)$$

从式(7.112)和式(7.166)中可以注意到, $G_e(s)$ 和 $G_0(s)$ 是相似的。但是,通过比较式(7.113)和式(7.167)可知,在 $G_e(s)$ 中的输入矩阵 $\boldsymbol{G}_1$ 代替了 $\boldsymbol{G}$,并且 G_0 是控制输入 u 与代价输出 z 之间的传递函数,且由输出矩阵 $\boldsymbol{H}_1$ 代替 $\boldsymbol{H}$ 。

估计器 SRL[参见式(7.166)]的应用,与控制器 SRL 的应用是相同的。先描绘出关于 q 的根轨迹,由此可得到几组最优估计器极点,这些极点或多或少地都和过程噪声强度与传感噪声强度的比值有关系。然后设计者从各个角度考虑,选出一组最好的(稳定)极点。在选择了过程噪声输入矩阵 $\boldsymbol{G}_1$ 之后,自由度降低为1(即只选择 q),取代了直接在高阶系统中选择极点的多个自由度,这是采用 SRL 技术的一个显著的优点。

最后我们要讨论一下降阶估计器。由于从 y 通过 L 到 $\boldsymbol{x}_b$ 存在一个直接的传输项(如图 7.32 所示),与全阶估计器相比,降阶估计器在传感器与控制器之间具有更高的带宽。因此,如果传感噪声是一个影响较大的因素,那么潜在的复杂性比提高对噪声的敏感度引起的偏移要多,因而降阶估计器的优势就不那么明显了。

例 7.27　简单倒立摆的 SRL 估计器设计

设 $\omega_o = 1$,画出简单倒立摆线性化方程的对称根轨迹。把位置的噪声测量值作为输出,噪声强度比为 q 。

解:给定的系统方程为

$$\begin{bmatrix} \dot{x}_1 \\ \dot{x}_2 \end{bmatrix} = \begin{bmatrix} 0 & 1 \\ -\omega_0^2 & 0 \end{bmatrix} \begin{bmatrix} x_1 \\ x_2 \end{bmatrix} + \begin{bmatrix} 0 \\ 1 \end{bmatrix} w$$

$$y = \begin{bmatrix} 1 & 0 \end{bmatrix} \begin{bmatrix} x_1 \\ x_2 \end{bmatrix} + v$$

然后从式(7.167)计算出

$$G_e(s) = \frac{1}{s^2 + \omega_0^2}$$

图 7.34 给出了对称 180° 的根轨迹。用于产生对称根轨迹的 MATLAB 语句为(设 $\omega_o = 1$)

```
numGG=1;
denGG=conv([1 0 1],[1 0 1]);
sysGG=tf(numGG,denGG);
rlocus(sysGG);
```

对于给定的 q 值,我们选择两个稳定的根,如当 $q = 365$ 时,选择 $s = -3 \pm \text{j}3.18$,并用它们进行估计器的极点配置。

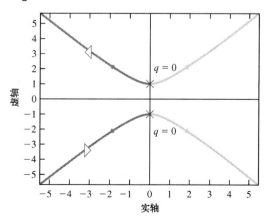

图 7.34　倒立摆估计器设计的对称根轨迹

7.8 补偿器设计：结合控制规律和估计器

如果我们把7.5节介绍的控制规律设计和7.7节介绍的估计器设计结合起来，并应用估计状态变量来实现控制规律，那么能抑制扰动却不带跟踪参考输入的调节器(regulator)设计就完成了。但是，由于控制规律是为真实状态(而不是估计状态)而设计的，用 $\hat{x}$ 代替 x 对系统动态特性到底造成了什么样的影响呢？在本节中，将研究这个问题。在研究这个问题的过程中，将计算闭环特征方程和开环补偿器的传递函数。同时，将用这些结果来比较状态空间设计方法和根轨迹、频率响应设计的差异。

设带反馈的受控对象方程为

$$\dot{x} = Fx - GK\hat{x} \tag{7.168}$$

改写成状态误差 $\tilde{x}$ 的形式

$$\dot{x} = Fx - GK(x - \tilde{x}) \tag{7.169}$$

结合式(7.169)和估计器误差[参见式(7.135)]，可得到状态形式的整个系统的动态方程为

$$\begin{bmatrix} \dot{x} \\ \dot{\tilde{x}} \end{bmatrix} = \begin{bmatrix} F-GK & GK \\ 0 & F-LH \end{bmatrix} \begin{bmatrix} x \\ \tilde{x} \end{bmatrix} \tag{7.170}$$

该闭环系统的特征方程为

$$\det \begin{bmatrix} sI-F+GK & -GK \\ 0 & sI-F+LH \end{bmatrix} = 0 \tag{7.171}$$

由于该矩阵是分块三角形(参阅网上的附录WE)，我们可以将式(7.171)等效为

$$\det(sI-F+GK) \cdot \det(sI-F+LH) = \alpha_c(s)\alpha_e(s) = 0 \tag{7.172}$$

换而言之，复合系统的极点由控制极点和估计器极点组成。这意味着，控制规律设计和估计器设计可以独立地进行，而将两者以这种方式结合使用时，极点保持不变[①]。

为了比较状态变量设计法和第5章、第6章介绍的变换法，注意图7.35中的阴影部分对应于补偿器。将反馈规律 $u = -K\hat{x}$ 代入到估计器式(7.133)中(因为它是补偿器的一部分)，可得到该补偿器的状态方程：

$$\dot{\hat{x}} = (F-GK-LH)\hat{x} + Ly \tag{7.173a}$$

$$u = -K\hat{x} \tag{7.173b}$$

注意，式(7.173a)与式(7.21a)有相同的结构，我们把式(7.21a)再次写在下面：

$$\dot{x} = Fx + Gu \tag{7.174}$$

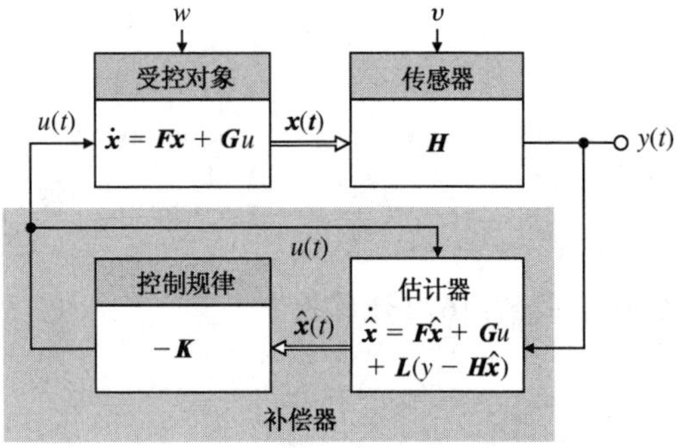

因为式(7.21a)的特征方程为

图 7.35 估计器和控制器结构

$$\det(sI-F) = 0 \tag{7.175}$$

所以对比式(7.173a)和式(7.174)，并将等效矩阵代入式(7.175)，可以得到补偿器的特征方程为

---

① 这是分离原理(Gunckel and Franklin,1963)的一个特例。该原理的应用范围十分广泛，而且在某些随机场合，应用它将控制规律和估计器的分离设计结合起来，可得到整体的最佳设计。

$$\det(s\boldsymbol{I} - \boldsymbol{F} + \boldsymbol{GK} + \boldsymbol{LH}) = 0 \tag{7.176}$$

注意，我们既没有确定式(7.176)的根，也没有在状态空间设计法的讨论中用到这些根。同时还要注意的是，补偿器不一定是稳定的，式(7.176)的根有可能位于右半平面上。从 y 到 u 的传递函数代表了动态补偿器，观察式(7.48)并将它代入式(7.173)的相应矩阵中，得到传递函数为

$$D_c(s) = \frac{U(s)}{Y(s)} = -\boldsymbol{K}(s\boldsymbol{I} - \boldsymbol{F} + \boldsymbol{GK} + \boldsymbol{LH})^{-1}\boldsymbol{L} \tag{7.177}$$

同样，我们可以将这些方法应用到降阶估计器的研究中。这里，控制规律为

$$u = -[\begin{array}{cc} K_a & \boldsymbol{K}_b \end{array}]\left[\begin{array}{c} x_a \\ \hat{\boldsymbol{x}}_b \end{array}\right] = -K_a y - \boldsymbol{K}_b \hat{\boldsymbol{x}}_b \tag{7.178}$$

将式(7.178)代入式(7.174)，并应用式(7.161)和一些代数运算，可得到

$$\dot{\boldsymbol{x}}_c = \boldsymbol{A}_r \boldsymbol{x}_c + \boldsymbol{B}_r y \tag{7.179a}$$

$$u = \boldsymbol{C}_r \boldsymbol{x}_c + D_r y \tag{7.179b}$$

其中

$$\boldsymbol{A}_r = \boldsymbol{F}_{\text{bb}} - \boldsymbol{L}\boldsymbol{F}_{\text{ab}} - (\boldsymbol{G}_b - \boldsymbol{L}G_a)\boldsymbol{K}_b \tag{7.180a}$$

$$\boldsymbol{B}_r = \boldsymbol{A}_r \boldsymbol{L} + \boldsymbol{F}_{\text{ba}} - \boldsymbol{L}\boldsymbol{F}_{\text{aa}} - (\boldsymbol{G}_b - \boldsymbol{L}G_a)K_a \tag{7.180b}$$

$$\boldsymbol{C}_r = -\boldsymbol{K}_b \tag{7.180c}$$

$$D_r = -K_a - \boldsymbol{K}_b \boldsymbol{L} \tag{7.180d}$$

现在动态补偿器具有如下的传递函数：

$$D_{\text{cr}}(s) = \frac{U(s)}{Y(s)} = \boldsymbol{C}_r(s\boldsymbol{I} - \boldsymbol{A}_r)^{-1}\boldsymbol{B}_r + D_r \tag{7.181}$$

当要求明确计算 $D_c(s)$ 和 $D_{\text{cr}}(s)$ 时，虽然它们是用完全不同的方法获得的，但是它们跟第 5 章和第 6 章给出的经典补偿器非常相似。

例 7.28　卫星姿态控制的全阶补偿器设计

利用极点配置法为传递函数为 $1/s^2$ 的人造卫星对象设计一个补偿器。将控制极点配置在 $s = -0.707 \pm j0.707(\omega_n = 1 \text{ rad/s}, \zeta = 0.707)$，并将估计器的极点配置在 $\omega_n = 5 \text{ rad/s}$，$\zeta = 0.5$。

解：对于给定的传递函数 $G(s) = 1/s^2$，它的一种状态变量描述为

$$\dot{\boldsymbol{x}} = \left[\begin{array}{cc} 0 & 1 \\ 0 & 0 \end{array}\right]\boldsymbol{x} + \left[\begin{array}{c} 0 \\ 1 \end{array}\right]u$$

$$y = [\begin{array}{cc} 1 & 0 \end{array}]\boldsymbol{x}$$

如果我们将控制系统的极点配置在 $s = -0.707 \pm j0.707(\omega_n = 1 \text{ rad/s}, \zeta = 0.7)$，则

$$\alpha_c(s) = s^2 + s\sqrt{2} + 1 \tag{7.182}$$

利用 MATLAB 语句 K = place(F, G, pc)，可以得到状态反馈增益为

$$\boldsymbol{K} = [\begin{array}{cc} 1 & \sqrt{2} \end{array}]$$

如果估计器误差的根为 $\omega_n = 5 \text{ rad/s}$，$\zeta = 0.5$，则期望的估计器特征多项式为

$$\alpha_e(s) = s^2 + 5s + 25 = s + 2.5 \pm j4.3 \tag{7.183}$$

并且由 MATLAB 语句 Lt = place(F', H', pe)，可得到估计器的反馈增益矩阵为

$$\boldsymbol{L} = \left[\begin{array}{c} 5 \\ 25 \end{array}\right]$$

由式(7.177)得到的补偿器的传递函数为

$$D_c(s) = -40.4\frac{(s+0.619)}{s+3.21\pm j4.77} \tag{7.184}$$

这看起来很像一个超前补偿器,是因为有一个在实轴上的零点位于极点的右边。但是,式(7.184)有两个复数极点,而不是一个实数极点。零点提供了带有超前相位的微分反馈,而两个极点则在一定程度上消除了传感器噪声。

在第 5 章和第 6 章中,我们用根轨迹或频率响应工具来评价补偿器的性能,在此,可以用完全相同的方法来评价补偿器对该系统闭环极点的影响。式(7.184)的增益为40.4,是在式(7.182)和式(7.183)中进行极点选择得到的。如果我们用变量增益 K 代替补偿增益的特定值,则受控对象加上补偿器组成的闭环系统的特征方程为

$$1 + K\frac{(s+0.619)}{(s+3.21\pm j4.77)s^2} = 0 \tag{7.185}$$

用根轨迹法可以计算出该方程的根。图 7.36 给出了上式关于参数 K 的根轨迹。从图中可知,根轨迹包含了式(7.182)和式(7.183)所选择的那些根,并且当 $K=40.4$ 时,闭环系统的 4 个根与期望的根相等。

图 7.37 给出的频率响应曲线说明了,用状态空间设计法设计的补偿器与用频率响应设计法得到的结果是相同的。特别地,相位裕度由未补偿时的 0°增加到补偿后的 53°,而增益 $K=40.4$ 产生了 $\omega_c = 1.35$ rad/s 的穿越频率。当 $\omega_n = 1$ rad/s、$\zeta = 0.7$ 时,这两个值与控制器的闭环根大致相符。这也正是我们所期望的,因为这些慢速的控制器极点相对于快速的估计器极点而言,在系统响应中占据了主导地位。

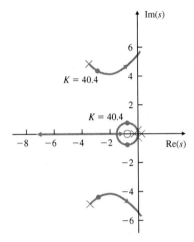

图 7.36 综合控制器和估计器的根轨迹(以过程增益为参数)

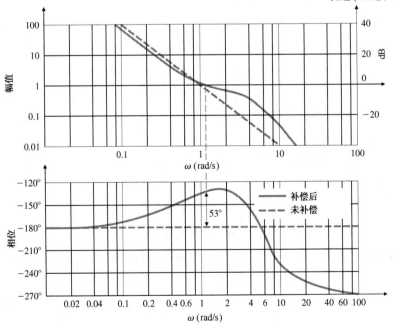

图 7.37 　$G(s) = 1/s^2$ 的频率响应

现在我们对同样的系统设计一个降阶估计器。

例7.29　卫星姿态控制的降阶补偿器设计

使用降阶估计器，对 $1/s^2$ 的人造卫星对象重新进行设计。将一个估计器几点配置在 -5 rad/s。

解： 由式(7.158)，我们知道估计器的增益为
$$L = 5$$
且由式(7.179a, b)，可得补偿器的标量方程为
$$\dot{x}_c = -6.41x_c - 33.1y$$
$$u = -1.41x_c - 8.07y$$
其中，由式(7.160)可知
$$x_c = \hat{x}_2 - 5y$$
由式(7.181)，计算得到补偿器的传递函数为
$$D_{cr}(s) = -\frac{8.07(s + 0.619)}{s + 6.41}$$

图7.38 给出了该补偿器的结构图。

该降阶补偿器恰好是一个超前网络，它表明，用变换法和状态变量法可以得到类型完全相同的补偿器。图7.39 的根轨迹说明，闭环极点恰好出现在选定的位置。如图7.40 所示的补偿后的系统的频率响应的相位裕度约为 $55°$。正如全阶估计器一样，用其他的分析方法证实了这些被选择的极点位置是正确的。

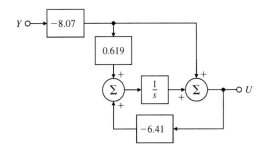

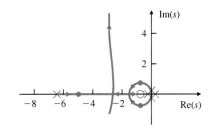

图7.38　相位超前的降阶控制器的简化方框图　　　图7.39　降阶控制器和 $1/s^2$ 过程的根轨迹（当 $K = 8.07$ 时，根的位置在图中以圆点表示）

下面通过一个三阶系统来说明极点配置法的更深入的性质。

例7.30　直流伺服电动机的全阶补偿器设计

利用状态空间极点配置法为直流伺服电动机设计补偿器，该系统的传递函数为
$$G(s) = \frac{10}{s(s + 2)(s + 8)}$$
采用观测标准型的状态描述，将控制极点配置为 pc = [-1.42; -1.04±j2.14]，且全阶估计器的极点配置为 pe = [-4.25; -3.13±j6.41]。

解： 该系统的观测标准型的方框图如图7.41 所示。相应的状态空间矩阵为
$$\boldsymbol{F} = \begin{bmatrix} -10 & 1 & 0 \\ -16 & 0 & 1 \\ 0 & 0 & 0 \end{bmatrix}, \quad \boldsymbol{G} = \begin{bmatrix} 0 \\ 0 \\ 10 \end{bmatrix}$$
$$\boldsymbol{H} = \begin{bmatrix} 1 & 0 & 0 \end{bmatrix}, \qquad J = 0$$

而期望极点为

$$pc = [-1.42; -1.04 + 2.14 * j; -1.04 - 2.14 * j]$$

我们用 K = (F,G,pc)，计算状态反馈增益为

$$\boldsymbol{K} = [\begin{array}{ccc} -46.4 & 5.76 & -0.65 \end{array}]$$

估计器的误差极点为

$$pe = [-4.25; -3.13 + 6.41 * j; -3.13 - 6.41 * j];$$

我们用 MATLAB 语句 Lt = place(F',H',pe) 和 L = Lt'，计算估计器的增益为

$$\boldsymbol{L} = \begin{bmatrix} 0.5 \\ 61.4 \\ 216 \end{bmatrix}$$

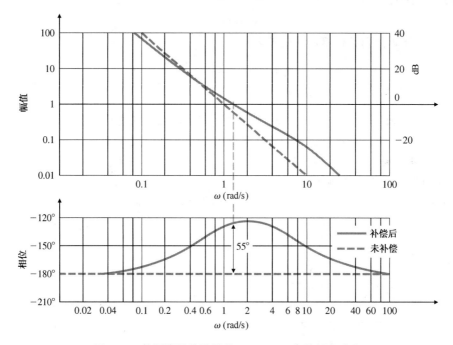

图 7.40　使用降阶估计器的 $G(s) = 1/s^2$ 的频率响应

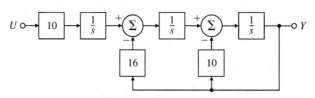

图 7.41　观测标准型直流伺服电动机

将这些数值代入式(7.177)，得到补偿器的传递函数为

$$D_c(s) = -190 \frac{(s + 0.432)(s + 2.10)}{(s - 1.88)(s + 2.94 \pm j8.32)}$$

图 7.42 给出了以补偿器增益作为参数的含补偿器和受控对象的系统根轨迹图。该图表明，当增益 $K = 190$ 时，尽管得到的是一个特殊(不稳定)的补偿，但是根都位于所期望的位置上。虽然该补偿器有一个不稳定极点在 $s = 1.88$ 处，但系统的所有闭环极点(包括控制器和估计器)是稳定的。

在测试过程中，因为很难分清是补偿器自身的问题还是开环系统的问题，所以不稳定的补偿器一般是不可取的。但是，在某些情况下，不稳定补偿器可得到更好的控制效果。这时候，它在测试中存在的不利因素可能就很有价值了[①]。

图 7.33 表明，使用不稳定的补偿器的直接结果是，随着增益从标称值开始减小，系统也变得不稳定。这样的系统被称为条件稳定(conditionally stable)系统，应该尽可能加以避免。我们将在第 9 章中看到，在响应大信号时，执行机构饱和现象可以降低系统的有效增益，这在条件稳定系统中，将导致系统的不稳定。同样地，如果电子装置也产生这种饱和，使得控制放大器的增益在开始工作时就从零连续地上升到标称值，那么这样的系统在初始时就是不稳定的。考虑到这些因素，我们需要为这类条件稳定系统寻找其他的设计方法。

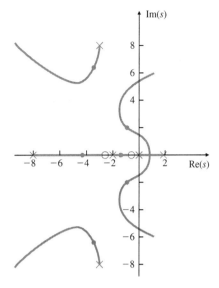

图 7.42　直流伺服系统极点配置的根轨迹

例 7.31　利用降阶估计器重新设计直流伺服系统

在不改变控制极点的情况下，用降阶估计器对例 7.30 的直流伺服电动机系统设计一个补偿器。要求将估计器的极点配置在 $-4.24 \pm j4.24$，且 $\omega_n = 6$，$\zeta = 0.707$。

解：该降阶估计器的对应极点为

$$pe = \begin{bmatrix} -4.24 + 4.24 * j; & -4.24 - 4.24 * j \end{bmatrix}$$

对系统矩阵分块后，得到

$$\begin{bmatrix} F_{aa} & \boldsymbol{F}_{ab} \\ \boldsymbol{F}_{ba} & \boldsymbol{F}_{bb} \end{bmatrix} = \begin{bmatrix} -10 & 1 & 0 \\ -16 & 0 & 1 \\ 0 & 0 & 0 \end{bmatrix}, \quad \begin{bmatrix} G_a \\ \boldsymbol{G}_b \end{bmatrix} = \begin{bmatrix} 0 \\ 0 \\ 10 \end{bmatrix}$$

求解以下的估计器的误差特征多项式

$$\det(s\boldsymbol{I} - \boldsymbol{F}_{bb} + \boldsymbol{L}\boldsymbol{F}_{ab}) = \alpha_e(s)$$

得到(使用 `place` 命令)

$$\boldsymbol{L} = \begin{bmatrix} 8.5 \\ 36 \end{bmatrix}$$

由式(7.181)计算得到的补偿器的传递函数为

$$D_{cr}(s) = 20.93 \frac{(s - 0.735)(s + 1.871)}{(s + 0.990 \pm j6.120)}$$

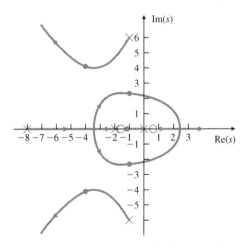

图 7.43　直流伺服系统降阶控制器的根轨迹

图 7.43 给出了该系统对应的根轨迹。注意到，这一次我们得到了一个稳定的但非最小相位的补偿器和一个零度的根轨迹。因为所选择的增益必须使所有闭环极点都在左半平面内，所以根轨迹的右半平面部分将不会带来问题。

---

① 对于有些系统，即使配置稳定的补偿器也不能使其稳定。

下面我们尝试用 SRL 设计法对该系统进行控制设计。

例7.32 利用 SRL 法重新设计直流伺服补偿器

利用基于 SRL 法的极点配置,对例 7.30 的直流伺服电动机系统设计一个补偿器。对于控制规律设计,让代价输出 z 对象输出相同。对于估计器的设计,假设过程噪声和系统控制信号在同一位置进入系统。根据控制带宽约为 2.5 rad/s 来选择极点,并且选择估计器的极点使得其带宽为控制带宽的 2.5 倍(约为 6.3 rad/s)。假设采样周期为 $T_s = 0.1$ s(是最快极点的 10 倍),由此推导出等效的离散控制器,并分别比较连续系统和离散系统的控制输出和控制量。

解: 由于该问题已经指定了 $G_1 = G$,$H_1 = H$,则控制器和估计器的对称根轨迹是一样的,所以我们只需得到一条基于受控对象的传递函数的轨迹。系统的对称根轨迹如图 7.44 所示。从该轨迹中,选择 $-2 \pm j1.56$ 和 -8.04 作为期望的控制极点(pc = [-2 +1.56* j; -2 -1.56* j; -8.04]),且选择 $-4 \pm j4.9$ 和 -9.169(pe = [-4 +4.9* j; -4 -4.9* j; -9.169])作为期望的估计器极点。状态反馈增益为 K = (F,G,pc),即

$$\boldsymbol{K} = [\ -0.285 \quad 0.219 \quad 0.204\ ]$$

并且利用 MATLAB 语句 Lt = place(F',H',pe) 和 L = Lt',计算出估计器增益为:

$$\boldsymbol{L} = \begin{bmatrix} 7.17 \\ 97.4 \\ 367 \end{bmatrix}$$

注意,反馈增益比之前小了很多。由式(7.177),可计算得到相应的补偿器传递函数

$$D_c(s) = -\frac{94.5(s+7.98)(s+2.52)}{(s+4.28 \pm j6.42)(s+10.6)}$$

现在,把这个补偿器和受控对象串接在一起,并将补偿器增益作为参数,得到的闭环系统的一般根轨迹如图 7.45 所示。当根轨迹增益等于标称增益 94.5 时,根恰好就在从对称根轨迹中选定的闭环位置上。

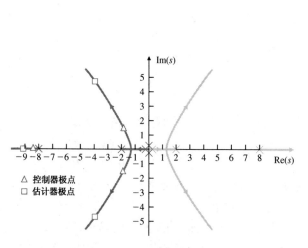

图 7.44 对称根轨迹图

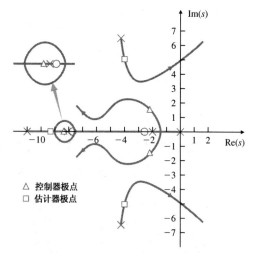

图 7.45 使用 SRL 的极点配置的根轨迹图

注意,现在的补偿器是稳定的,并且是最小相位系统。之所以能得到这种改进的设计,在很大程度上是因为受控对象极点 $s = -8$ 既没有被控制器改变,也没有被估计器改变。要得到理想的性能,不需要改变这个极点。实际上,在原 $G(s)$ 中,唯一需要修正的是在极点 $s = 0$ 处

的性能。利用对称根轨迹法，我们发现，改变位于 $s=0$ 和 $s=-2$ 的两个低频极点的位置并保持极点 $s=-8$ 不变，就能够充分利用控制的影响。这样，控制器增益变得很小，而估计器的设计就显得不太重要了。这个例子说明了对称根轨迹法一般会优于极点配置法的原因。

等效的离散控制器可由 MATLAB 的 c2d 命令得到，使用以下的代码：

```
nc=94.5*conv([1 7.98],[1 2.52]); % form controller numerator
dc=conv([1 8.56 59.5348],[1 10.6]); % form controller denominator
sysDc=tf(nc,dc); % form controller system description
ts=0.1;% sampling time of 0.1 sec
sysDd=c2d(sysDc,ts,'zoh'); % convert controller to discrete time
```

该离散控制器的传递函数为

$$D_d(z) = \frac{5.9157(z+0.766)(z+0.4586)}{(z-0.522 \pm \text{j}0.3903)(z+0.3465)}$$

其控制规律方程为

$$u(k+1) = 1.3905u(k) - 0.7866u(k-1) + 0.1472u(k-2)$$
$$+ e(k) - 7.2445e(k-2) + 2.0782e(k-2)$$

图 7.46 给出了对连续系统和离散系统进行仿真的 Simulink 方框图。图 7.47 给出了连续系统和离散系统的阶跃响应及控制信号的比较。如果降低采样周期，那么两个响应的曲线将更趋于一致。

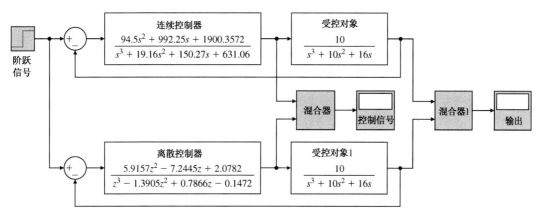

图 7.46　用于比较连续系统和离散系统的 Simulink 方框图

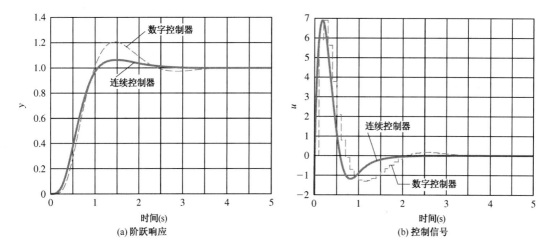

图 7.47　连续控制器和离散控制器的阶跃响应和控制信号的比较

结合例 7.32 得到的结果,再来研究该例的极点配置法的应用,这次选择更合适的极点。刚开始时,我们使用了三阶极点,产生了三个固有频率约为 2 rad/s 的极点。该设计将位于 $s = -8$ 的极点移动到 $s = -1.4$ 处,但是开环系统的极点不应该被移动,除非它们是问题的所在。现在,我们利用主导二阶极点代替那些慢速极点,而保持快速极点在 $s = -8$ 不变。

例 7.33　利用改进的主导二阶极点重新设计直流伺服系统

利用极点配置对例 7.30 的直流电动机伺服系统设计一个补偿器,其中控制器极点为

$$pc = [-1.41 \pm j1.41; -8]$$

而估计器的极点为

$$pe = [-4.24 \pm j4.24; -8]$$

解:根据这些极点位置,用 $K = place(F, G, pc)$ 可得到期望的反馈增益为

$$\boldsymbol{K} = [\quad -0.469 \quad 0.234 \quad 0.0828 \quad]$$

与移动极点 $s = -8$ 的情况相比,所得增益的幅值比较小。

利用 $Lt = place(F', H', pe)$ 和 $L = Lt'$,我们得到估计器增益为

$$\boldsymbol{L} = \begin{bmatrix} 6.48 \\ 87.8 \\ 288 \end{bmatrix}$$

补偿器的传递函数为

$$D_c(s) = -\frac{414(s + 2.78)(s + 8)}{(s + 4.13 \pm j5.29)(s + 9.05)}$$

这是一个稳定的最小相位的系统。这个例子说明了实用的极点选择和对称根轨迹法的价值。

在初次使用极点配置法时,极点选择的不合适将会导致控制量较大,而且会产生一个不稳定的补偿器。我们可通过利用 SRL(或 LQR) 或改进极点选择,来避免这些不希望出现的性质。但是,需要用 SRL 法来指导我们选择合适的极点,因此,要首先考虑 SRL(或 LQR) 方法。

正如在前面的某些例子中,我们介绍了通过 SRL 进行最佳设计的应用。但是,在实际中,一般更倾向于跳过这一步骤而直接应用 LQR 法。

7.9　带有估计器的参考输入

将 7.5 节研究的控制规律设计和 7.8 节讨论的估计器设计结合起来设计控制器的这个过程,在本质上就是调节器设计(regulator design)。这意味着,控制器和估计器的特征方程的选取是为了可靠地抑制干扰信号,例如 $w(t)$,从而得到令人满意的瞬态响应。但是,这种设计方法并没有考虑参考输入,也不能提供指令跟随(command following)。指令跟随就是使得复合系统对指令信号的变化能可靠地进行瞬态响应。一般来说,在设计控制系统时,良好的干扰抑制能力和良好的指令跟随能力都需要考虑。在系统方程组中,正确地引入参考输入就可获得良好的指令跟随能力。

让我们在系统存在全阶估计器的情况下,重新写出受控对象和控制器的方程组,从概念上来说,降阶情况和全阶的情况是一样的,只是在细节方面有些不同而已。

$$\text{对象:} \quad \dot{\boldsymbol{x}} = \boldsymbol{F}\boldsymbol{x} + \boldsymbol{G}u \tag{7.186a}$$

$$y = \boldsymbol{H}\boldsymbol{x} \tag{7.186b}$$

$$\text{控制器:}\quad \dot{\hat{x}} = (F - GK - LH)\hat{x} + Ly \tag{7.187a}$$

$$u = -K\hat{x} \tag{7.187b}$$

图 7.48 给出了引入指令输入 r 到系统的两种可能情况。该图表明一个普遍存在的问题，即把补偿器放置于反馈通道，还是反馈－前向通道中。因为传递函数的零点不同，系统对指令输入的响应也是不同的，这主要取决于系统的结构，但闭环极点是一致的，可以简单地令 $r = 0$，注意到，此时这两个系统是相同的，这就很容易证明这一点。

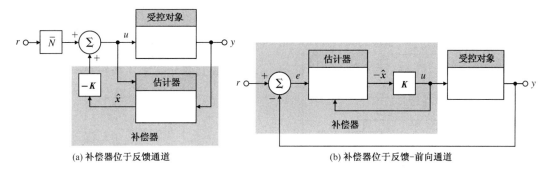

(a) 补偿器位于反馈通道　　　　　　　　　　(b) 补偿器位于反馈-前向通道

图 7.48　引入指令输入的可能位置

这两种结构在响应上的差别可以很容易看出来。现在考虑阶跃输入 r 的影响。在图 7.48(a) 中，阶跃信号对估计器和受控对象的激励影响是一样的，因此估计器误差在阶跃信号作用期间及作用后将保持为零。这说明了估计器的动态特性没有受到指令输入的影响，因此从 r 到 y 的传递函数的零点与估计器的极点位置相同，以至于产生零极相消的现象。因此，阶跃指令信号只通过控制极点影响系统行为，即 $\det(sI - F + GK) = 0$ 的根。

在图 7.48(b) 中，阶跃指令信号 r 直接进入估计器，由此产生估计器误差。该误差随着估计器的动态特性和对应于控制极点的响应而衰减。因此，阶跃输入通过控制极点和估计器极点来影响系统的行为，也就是

$$\det(sI - F + GK) \cdot \det(sI - F + LH) = 0$$

的根。由于这一原因，图 7.48(a) 给出的结构，就是控制系统的一种典型的优选实现，其中 $\bar{N}$ 可以通过式 (7.100) 至式 (7.102) 求得。

在 7.9.1 节中，我们将根据实现反馈－前向通道或者反馈通道的三种参数选择来介绍参考输入的一般结构。我们将从系统零点的角度来分析这三种选择方案，同时还研究零点与系统瞬态响应之间的关系。最后，在 7.9.2 节我们将介绍如何选择其余的参数以消除常值误差。

7.9.1　参考输入的一般结构

给定一个参考输入 $r(t)$，在控制器方程组中加入与 r 成正比例的一些项，这是引入 r 的一般线性方法。我们可以在式 (7.187b) 中加入 $\bar{N}r$，以及在式 (7.187a) 中加入 Mr 来实现。注意，这里的 $\bar{N}$ 是标量，而 M 是 $n \times 1$ 向量。加入这些项以后，控制器方程 (controller equation) 就变为

$$\dot{\hat{x}} = (F - GK - LH)\hat{x} + Ly + Mr \tag{7.188a}$$

$$u = -K\hat{x} + \bar{N}r \tag{7.188b}$$

图 7.49(a)给出了上式对应的方框图。图 7.48 给出的其他结构,对应于 M 和 $\bar{N}$ 的不同选择。因为 $r(t)$ 是外部信号,所以 M 和 $\bar{N}$ 都不会影响到控制器 – 估计器联合系统的特征方程。从传递函数的角度来看, M 和 $\bar{N}$ 的选择只影响从 r 到 y 的传递函数的零点,也就只影响系统的瞬态响应,但不影响其稳定性。我们怎样选择 M 和 $\bar{N}$ 以得到满意的瞬态响应呢?应当指出,我们已经能通过反馈增益 K 和 L 来配置系统极点。现在,将通过反馈 – 前向增益 M 和 $\bar{N}$ 来配置系统零点。

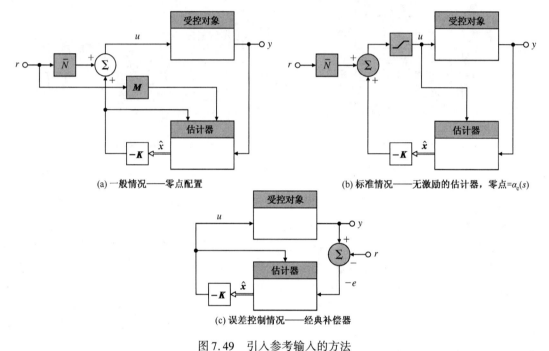

(a) 一般情况——零点配置

(b) 标准情况——无激励的估计器,零点=$\alpha_e(s)$

(c) 误差控制情况——经典补偿器

图 7.49   引入参考输入的方法

如何选择 M 和 $\bar{N}$,有三种方法:

1. 自激估计器:选择 M 和 $\bar{N}$,使得状态估计器的误差方程与 r 无关[如图 7.49(b)所示]。

2. 跟踪误差估计器:选择 M 和 $\bar{N}$,使得在控制中只使用跟踪误差 $e = (r - y)$[如图 7.49(c)所示]。

3. 零点配置估计器:选择 M 和 $\bar{N}$,使得传递函数中的 n 个零点配置在设计者指定的位置上[如图 7.49(a)所示]。

情况 1. 从估计器性能的角度来说,第一种方法是最具有吸引力的,也是最广泛应用的选择方案。如果 $\hat{x}$ 是 x 的良好状态估计,则 $\tilde{x}$ 对外部激励应该尽可能自由,即 $\tilde{x}$ 应该不受 r 的控制。为此,计算 M 和 $\bar{N}$ 将十分简单。将式(7.188a)和式(7.186a)相减,将对象输出[式(7.186b)]代入到估计器[参见式(7.187a)],并将控制[参见式(7.187b)]代入到对象[参见式(7.186a)],可得估计器的误差方程为

$$\dot{x} - \dot{\hat{x}} = Fx + G(-K\hat{x} + \bar{N}r) - [(F - GK - LH)\hat{x} + Ly + Mr] \tag{7.189a}$$

$$\dot{\tilde{x}} = (F - LH)\tilde{x} + G\bar{N}r - Mr \tag{7.189b}$$

如果式(7.189a)中没有 r,则我们应该选择

$$M = G\bar{N} \tag{7.190}$$

因为 $\bar{N}$ 是标量,所以 M 被限定在一个常数范围内了。注意,利用选择得到的 M,可以将控制器方程写为

$$u = -K\hat{x} + \bar{N}r \tag{7.191a}$$

$$\dot{\hat{x}} = (F - LH)\hat{x} + Gu + Ly \tag{7.191b}$$

这与如图7.49(b)所示的结构相对应。这种选择的影响就是,在控制量加入之前就可以通过反馈增益和参考输入将它计算出来,然后把该控制量输入到受控对象和估计器中。在这种形式中,如果受控对象的控制饱和[如图7.49(b)所示的含有饱和非线性的系统,将在第9章中讨论],那么在式(7.191)中可将该控制约束应用到估计状态 $\hat{x}$ 方程的控制量中,并且 $\hat{x}$ 方程的非线性也消去了。这个性质对于获得良好的估计器性能是必需的。图7.49(b)给出了与这种方法相对应的方框图。在讨论完选择 M 的其他两种方法之后,我们将在7.9.2节中再来讨论参考输入增益因数 $\bar{N}$ 的选择。

　　情况2. 第二种方法是采用跟踪误差。当传感器只能测量输出误差时,控制系统设计者不得不采用这种方法。比如说,在很多自动调温装置中,输出是被控温度与设定温度的差值。对于控制器而言,参考温度没有绝对的指标。还有,在某些雷达跟踪系统中,有一个用来指示误差的读表,该误差信号必须单独为反馈控制所用。在这些场合,我们必须选择 M 和 $\bar{N}$,使得式(7.188)只受误差信号的驱动。为了满足这样的要求,我们选择以下的关系:

$$\bar{N} = 0 \quad \text{和} \quad M = -L \tag{7.192}$$

则估计器方程为

$$\dot{\hat{x}} = (F - GK - LH)\hat{x} + L(y - r) \tag{7.193}$$

在这种情况下,对于低阶系统设计,前馈通道上的补偿器是一个标准的超前补偿器。正如我们在前几章中所看到的,由于补偿器零点的存在,这种设计将可能会带来较大的超调量。这种设计与第5章和第6章给出的用变换法设计出来的补偿器是完全一致的。

　　情况3. 选择 M 和 $\bar{N}$ 的第三种方法是,选择适当的值,使得系统零点分配在设计者所期望的任意位置上。这一方法为设计者提供了最大的方便,以满足瞬态响应和稳态误差的限制条件。其余的两种方法是第三种方法的特殊情况。这三种方法都取决于系统的零点。正如我们在7.5.2节中看到的,当没有估计器且参考输入施加在控制器上时,闭环系统的零点与开环对象的零点保持一致,是固定不变的。现在我们来考察一下当加入估计器以后,零点将发生什么变化。为此,我们重新考虑式(7.188)的控制器。如果从 r 到 u 的传递函数中有一个零点,则从 r 到 y 的传递函数中也必有一个零点,除非在该零点的位置有一个极点。因此,我们只需单独考虑控制器,以确定 M 和 $\bar{N}$ 的不同取值会对系统零点产生什么样的影响。由式(7.188)得到,从 r 到 u 的传递函数的零点方程为

$$\det\begin{bmatrix} sI - F + GK + LH & -M \\ -K & \bar{N} \end{bmatrix} = 0 \tag{7.194}$$

(令 $y = 0$,因为我们只关心 r 的影响)。如果把最后一列除以(非零)标量 $\bar{N}$,并乘以 K 倍后再加到其他列上,那么将发现反馈-前向通道零点是以下方程中 s 的值:

$$\det \begin{bmatrix} s\boldsymbol{I} - \boldsymbol{F} + \boldsymbol{GK} + \boldsymbol{LH} - \dfrac{\boldsymbol{M}}{N}\boldsymbol{K} & -\dfrac{\boldsymbol{M}}{N} \\ \boldsymbol{0} & 1 \end{bmatrix} = 0$$

或

$$\det \left(s\boldsymbol{I} - \boldsymbol{F} + \boldsymbol{GK} + \boldsymbol{LH} - \dfrac{\boldsymbol{M}}{N}\boldsymbol{K} \right) = \gamma(s) = 0 \tag{7.195}$$

现在,式(7.195)的形式与式(7.136)是一样的,选择 $\boldsymbol{L}$ 可得到估计器极点的期望位置。这里,必须为参考输入与控制器之间的传递函数的期望零点多项式 $\gamma(s)$ 选择 $\boldsymbol{M}/\bar{N}$。所以,$\boldsymbol{M}$ 的选择为瞬态响应的影响提供了相当大的自由度。我们可以对从 r 到 u 的传递函数添加一个任意的 n 阶多项式,这也适用于从 r 到 y 的传递函数。也就是说,除了之前所配置的极点以外,还可以配置 n 个零点。如果 $\gamma(s)$ 的根没有与系统的极点相消,则它们将包含在从 r 到 y 的传递函数的零点中。

以下的两点将有助于我们选择 $\boldsymbol{M}/\bar{N}$,即零点的位置。第一点是动态响应。我们已经在第 3 章中看到,零点可以对瞬态响应产生明显的影响,这有助于我们为零点选择有效的位置。第二点是将状态空间设计法和变换法的另一个结论结合起来,那就是稳态误差或者速度恒速控制。在第 4 章中,我们推导出了 1 型系统稳态误差的精确度与闭环零极点之间的关系。如果系统是 1 型的,则对于阶跃输入,稳态误差将为零,而对于单位斜坡输入,稳态误差为

$$e_\infty = \frac{1}{K_v} \tag{7.196}$$

式中,K_v 是速度常数。另外,如果闭环极点为 $\{p_i\}$ 且闭环零点为 $\{z_i\}$,则(对于 1 型系统)Truxal 公式(Truxal's formula)为

$$\frac{1}{K_v} = \sum \frac{1}{z_i} - \sum \frac{1}{p_i} \tag{7.197}$$

式(7.197)为 $\gamma(s)$ 的选择,也就是为 $\boldsymbol{M}$ 和 $\bar{N}$ 的选择提供了基础。该选择方案是基于以下的两个结论:

1. 如果 $|z_i - p_i| \ll 1$,则极点和零点的作用几乎相互抵消,因此这对零极点对动态响应的影响将很小,并且对于任意瞬态响应,极点 p_i 残余的作用将很小。

2. 虽然 $z_i - p_i$ 很小,但 $1/z_i - 1/p_i$ 可能会足够大,根据式(7.197)可知,这会对 K_v 产生显著的影响。

应用这两点准则来选择 $\gamma(s)$,进而选择 $\boldsymbol{M}$ 和 $\bar{N}$,得到一个滞后网络设计。我们用一个例子来说明这种情况。

例 7.34　伺服机构:通过零点配置增大速度常数
考虑一个二阶控制系统

$$G(s) = \frac{1}{s(s+1)}$$

其状态描述为

$$\dot{x}_1 = x_2$$
$$\dot{x}_2 = -x_2 + u$$

利用极点配置设计一个控制器,使得所有极点为 $s = -2$,并且系统的速度常数为 $K_v = 10$。假

设采样周期为 $T_s = 0.1\,\mathrm{s}\,(\,20 \times \omega_n = 20 \times 0.05 = 0.1\,\mathrm{s}\,)$，推导出等效的离散控制器，并分别比较连续的和离散的控制输出和控制量。

解：对于这个问题，让状态反馈增益为

$$\boldsymbol{K} = [\,8\quad 3\,]$$

可得到期望的控制极点。但是，由这个增益可以推导出 $K_v = 2$，而期望的 $K_v = 10$。应用前面所述的选择 $\boldsymbol{M}$ 和 $\overline{N}$ 的第一个方法（自激估计器），我们发现 K_v 的值并没有改变。如果用第二种方法（误差控制），在未知的位置上引入零点，则它对 K_v 的影响将无法直接设计控制。但是，如果用第三个方法（零点配置）结合 Truxal 公式 [参见式(7.197)]，那么可以同时满足系统的动态特性和稳态误差的要求。

为使 $K_v = 10$，首先必须选择满足式(7.197)的估计器的极点 p_3 和零点 z_3。我们希望保持 $z_3 - p_3$ 足够小，这样它对动态响应的影响也比较小，并且使得 $1/z_3 - 1/p_3$ 足够大，以增大 K_v 的值。为此，我们设置 p_3，使其与控制系统的动态特性相比任意小。例如，可以令

$$p_3 = -0.1$$

注意，这种方法与通常要求快速响应的估计器设计原则是相反的。现在，用式(7.197)得到

$$\frac{1}{K_v} = \frac{1}{z_3} - \frac{1}{p_1} - \frac{1}{p_2} - \frac{1}{p_3}$$

其中 $p_1 = -2 + \mathrm{j}2$，$p_2 = -2 - \mathrm{j}2$，$p_3 = -0.1$。令 $K_v = 10$，则有

$$\frac{1}{K_v} = \frac{4}{8} + \frac{1}{0.1} + \frac{1}{z_3} = \frac{1}{10}$$

经求解，得到

$$z_3 = -\frac{1}{10.4} = -0.096$$

由此，我们设计一个降阶估计器，使其极点为 -0.1，并选择 $\boldsymbol{M}/\overline{N}$ 使得 $\gamma(s)$ 有一个零点为 -0.096，得到系统的方框图如图 7.50(a)所示。该系统的传递函数为

$$\frac{Y(s)}{R(s)} = \frac{8.32(s + 0.096)}{(s^2 + 4s + 8)(s + 0.1)} \tag{7.198}$$

式中，$K_v = 10$，这是满足要求的。

如图 7.50(a)所示的补偿器有两个输入（e 和 y）和一个输出，从这个意义上说它是非经典补偿。通过求出从 e 到 u 的传递函数，重新来求解方程式(7.198)，以提供纯误差补偿，得到如图 7.50(b)所示的系统。这个过程如下：相关的控制器方程为

$$\dot{x}_c = 0.8\,e - 3.1\,u$$
$$u = 8.32\,e + 3.02\,y + x_c$$

式中，x_c 是控制器状态。对该方程式进行拉普拉斯变换，消去 $X_c(s)$，并将输出用 $[\,Y(s) = G(s)U(s)\,]$ 代替，求出的补偿器由下式描述为

$$\frac{U(s)}{E(s)} = D_c(s) = \frac{(s + 1)(8.32s + 0.8)}{(s + 4.08)(s + 0.0196)}$$

这种补偿是一个典型的滞后-超前网络。图 7.50(b)给出的系统的根轨迹，如图 7.51 所示。注意，在原点附近有极点-零点对，这是滞后网络的特点。从图 7.52 的伯德图可知，系统在低频段相位滞后，而在高频段相位超前。系统的阶跃响应如图 7.53 所示，可以看到响应曲线中的"尾巴"取决于慢速极点 -0.1。当然，前提是该系统为 1 型，并且系统的跟踪误差为零。

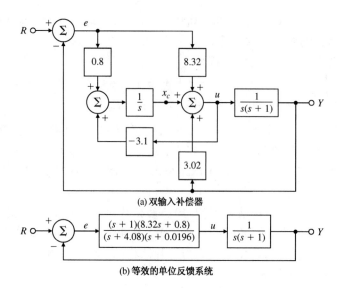

(a) 双输入补偿器

(b)等效的单位反馈系统

图 7.50 零点分配后的伺服机构(滞后网络)

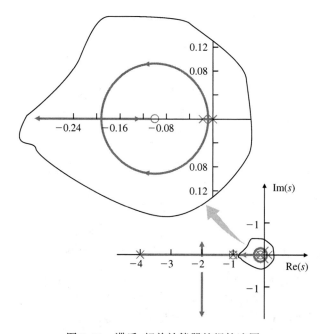

图 7.51 滞后-超前补偿器的根轨迹图

等效的离散控制器, 可通过 MATLAB 的 c2d 命令得到, 代码如下:

```
nc=conv([1 1],[8.32 0.8]); % controller numerator
dc=conv([1 4.08],[1 0.0196]); % controller denominator
sysDc=tf(nc,dc); % form controller system description
ts=0.1; % sampling time of 0.1 sec
sysDd=c2d(sysDc,ts,'zoh'); % convert to discrete time controller
```

该离散控制器的离散传递函数为

$$D_d(z) = \frac{8.32z^2 - 15.8855z + 7.5721}{z^2 - 1.6630z + 0.6637} = \frac{8.32(z - 0.9903)(z - 0.9191)}{(z - 0.998)(z - 0.6665)}$$

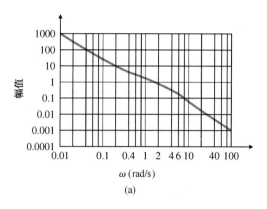

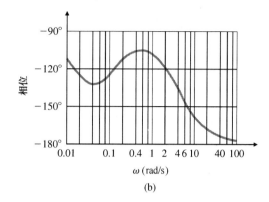

图 7.52   滞后-超前补偿器的频率响应

描述控制规律的方程(略去采样周期)为

$$u(k + 1) = 1.6630u(k) + 0.6637u(k - 1) + 8.32e(k + 1)$$
$$- 15.8855e(k) + 7.5721e(k - 1)$$

模拟连续系统和离散系统的 Simulink 方框图,如图 7.54 所示。连续系统和离散系统的阶跃响应和控制信号的比较,如图 7.55 所示。若降低系统的采样周期,两者的响应将是一致的。

现在重新考虑选择 M 和 $\bar{N}$ 的前面的两种方法,这次我们从零点的角度来验证它们的实现。对于第一个方法(自激估计器),令 $M = G\bar{N}$。代入式(7.195),得到控制器的反馈-前馈零点表达式为

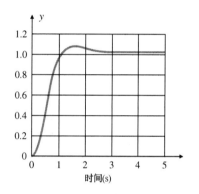

图 7.53   带滞后补偿的系统的阶跃响应

$$\det(sI - F + LH) = 0 \tag{7.199}$$

在这里,需要选择 L,使得估计器的特征多项式与 $\alpha_e(s)$ 相等。于是就得到了与估计器的 n 个极点位置相同的 n 个零点。由于这些零极点的相互抵消(这将造成估计器状态不能控),所以整个传递函数的极点只由状态反馈控制器的极点组成。

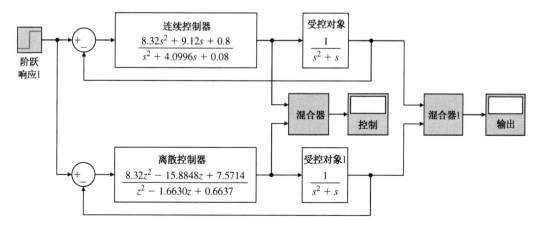

图 7.54   比较连续控制器和离散控制器的 Simulink 方框图

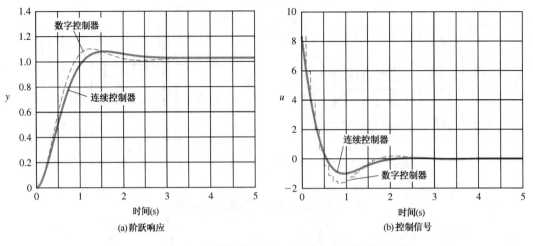

图 7.55　连续和离散控制器的阶跃响应和控制信号的比较

对于第二个方法(跟踪误差估计器),我们选择 $M = -L$ 且 $\bar{N} = 0$。如果把它们代入到式(7.194),则反馈-前馈零点为

$$\det \begin{bmatrix} sI - F + GK + LH & L \\ -K & 0 \end{bmatrix} = 0 \qquad (7.200)$$

如果将前面 n 列减去最后一列右乘以 H 的结果,然后将前 n 行加上最后一行左乘以 G 的结果,则式(7.200)可化简为

$$\det \begin{bmatrix} sI - F & L \\ -K & 0 \end{bmatrix} = 0 \qquad (7.201)$$

如果把式(7.201)与状态描述系统的零点方程式(7.66)相比较,我们会看到,所增加的零点是通过将 L 代替输入矩阵以及将 K 代替输出矩阵而得到的。因此,如果想用误差控制,那么必须接受这些由 K 和 L 决定的补偿器的零点,并且我们不能直接控制它们。正如前面所说的,对于低阶情形,超前补偿器的这些结果将作为单位反馈拓扑结构的一部分。

现在让我们来总结一下引入参考输入后所产生的影响。当参考输入信号包含在控制器中时,整个闭环系统的传递函数为

$$T(s) = \frac{Y(s)}{R(s)} = \frac{K_s \gamma(s) b(s)}{\alpha_e(s) \alpha_c(s)} \qquad (7.202)$$

式中,K_s 是系统的总增益,且 $\gamma(s)$ 和 $b(s)$ 是首项为 1 的多项式。令 $\det[sI - F + GK] = \alpha_c(s)$,可从多项式 $\alpha_c(s)$ 得到控制增益 K。而令 $\det[sI - F + LH] = \alpha_e(s)$,可从多项式 $\alpha_e(s)$ 得到估计器增益 L。作为一个设计者,我们可以选择 $\alpha_c(s)$ 和 $\alpha_e(s)$,因此可以任意地分配闭环系统的极点。求解多项式 $\gamma(s)$ 有三种方法:一是可以通过图 7.49(b),令 $\gamma(s) = \alpha_e(s)$,其中 $M/\bar{N}$ 由式(7.190)给出;二是可以认为 $\gamma(s)$ 由式(7.201)给出,这样就可应用误差控制;三是可以通过从式(7.195)中选择 $M/\bar{N}$,任意给定 $\gamma(s)$ 的系数。需要重点指出的是,由 $b(s)$ 表示的对象零点在应用该方法过程中并没有被移动,并且除非我们使它消去某些零点的 $\alpha_c(s)$ 和 $\alpha_e(s)$,否则它也是闭环传递函数的一部分。

7.9.2　选择增益

现在,让我们通过选择 M 的三种方法,来确定增益 $\bar{N}$ 的值。如果选择方法一,让控制由

式(7.191a)给出且 $\hat{x}_{ss} = x_{ss}$。那么，可以用 $\bar{N} = N_u + KN_x$，如式(7.102)所示，也可以用 $u = N_u r - K(\hat{x} - N_x r)$。这是最普遍的选择方法。如果用第二种方法，那么结果就是 0，回忆一下在误差控制中 $\bar{N} = 0$。如果用第三种方法，选择 $\bar{N}$ 使得整个闭环直流增益为单位增益[①]。

整个系统方程为

$$\begin{bmatrix} \dot{x} \\ \dot{\tilde{x}} \end{bmatrix} = \begin{bmatrix} F - GK & GK \\ 0 & F - LH \end{bmatrix} \begin{bmatrix} x \\ \tilde{x} \end{bmatrix} + \begin{bmatrix} G \\ G - \bar{M} \end{bmatrix} \bar{N}r \tag{7.203a}$$

$$y = \begin{bmatrix} H & 0 \end{bmatrix} \begin{bmatrix} x \\ \tilde{x} \end{bmatrix} \tag{7.203b}$$

式中，$\bar{M}$ 是用式(7.195)或式(7.190)选择零点位置得到的。要使闭环系统具有单位直流增益，那么有

$$-\begin{bmatrix} H & 0 \end{bmatrix} \begin{bmatrix} F - GK & GK \\ 0 & F - LH \end{bmatrix}^{-1} \begin{bmatrix} G \\ G - \bar{M} \end{bmatrix} \bar{N} = 1 \tag{7.204}$$

通过上式，可得到[②]

$$\bar{N} = -\frac{1}{H(F - GK)^{-1}G[1 - K(F - LH)^{-1}(G - \bar{M})]} \tag{7.205}$$

本节所介绍的方法，可推广到降阶估计器的设计。

7.10　积分控制和鲁棒跟踪

在 7.9 节中，选择的增益 $\bar{N}$ 对阶跃输入的稳态误差为零，但是因为对象参数的任何改变都将使得误差不为零，所以这个结果不具有鲁棒性。我们必须用积分控制来达到鲁棒跟踪。

在我们目前所讨论的状态空间设计法中，还没有提到积分控制，也没有例子表明设计出来的补偿器含有积分项。在 7.10.1 节中，将介绍如何用直接方法引入积分控制，也就是将系统误差的积分引入到运动方程中。积分控制是当跟踪一个信号的稳态没有达到零时的特殊情况。我们将在 7.10.2 节介绍有关鲁棒跟踪的一种通用方法，它符合内部模型原则，用来解决一类跟踪问题和扰动抑制问题。最后，在 7.10.3 节已阐明了，如果系统含有估计器并且需要消除已知结构的扰动，那么可以把扰动的模型加入到估计器方程中，计算扰动的估计值，并用它消除真实对象中扰动对输出的影响。

7.10.1　积分控制

首先，介绍积分控制的一种特殊方法，在动态变量中加入所期望的动态特性。对于以下的系统：

$$\dot{x} = Fx + Gu + G_1 w \tag{7.206a}$$

[①] 另一种合理的方法是，选择 $\bar{N}$ 使得当 r 和 y 都不变时，从 r 到 u 的直流增益是从 y 和 u 的直流增益的相反数。这样，就可以把我们的控制器构造成误差控制和一般微分控制的结合，而且如果是 1 型系统，则其性能可以得到实现。

[②] 我们已经使用这样的事实

$$\begin{bmatrix} A & C \\ 0 & B \end{bmatrix}^{-1} = \begin{bmatrix} A^{-1} & -A^{-1}CB^{-1} \\ 0 & B^{-1} \end{bmatrix}$$

$$y = \boldsymbol{H}\boldsymbol{x} \tag{7.206b}$$

我们将附加(积分)状态 x_I 加入到对象状态,而将误差[①]$e = y - r$ 的积分和受控对象的状态反馈回去。其中,附件(积分)状态满足以下的微分方程:

$$\dot{x}_I = \boldsymbol{H}\boldsymbol{x} - r(= e)$$

因此,有

$$x_I = \int^t e \, \mathrm{d}t$$

于是,增加的状态方程变为

$$\begin{bmatrix} \dot{x}_I \\ \dot{\boldsymbol{x}} \end{bmatrix} = \begin{bmatrix} 0 & \boldsymbol{H} \\ \boldsymbol{0} & \boldsymbol{F} \end{bmatrix} \begin{bmatrix} x_I \\ \boldsymbol{x} \end{bmatrix} + \begin{bmatrix} 0 \\ \boldsymbol{G} \end{bmatrix} u - \begin{bmatrix} 1 \\ \boldsymbol{0} \end{bmatrix} r + \begin{bmatrix} 0 \\ \boldsymbol{G}_1 \end{bmatrix} w \tag{7.207}$$

并且使用反馈规律为

$$u = -\begin{bmatrix} K_1 & \boldsymbol{K}_0 \end{bmatrix} \begin{bmatrix} x_I \\ \boldsymbol{x} \end{bmatrix}$$

或者简单地表示为

$$u = -\boldsymbol{K} \begin{bmatrix} x_I \\ \boldsymbol{x} \end{bmatrix}$$

使用系统的修正定义,可以类似地应用 7.5 节所介绍的设计方法,得到控制系统结构,如图 7.56 所示。

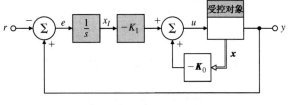

图 7.56 积分控制结构

例 7.35 电动机速度系统的积分控制

考虑一个电动机速度控制系统,其传递函数可描述为

$$\frac{Y(s)}{U(s)} = \frac{1}{s+3}$$

也就是说,$F = -3$,$G = 1$,且 $H = 1$。设计这个系统,使得系统含有积分控制,并在 $s = -5$ 处有两个极点。设计一个估计器,其极点为 $s = -10$。扰动进入系统的位置与控制指令相同。计算跟踪和扰动抑制响应。

解:根据极点配置的要求,有

$$\mathrm{pc} = [-5; -5]$$

含有扰动 w 的系统描述为

$$\begin{bmatrix} \dot{x}_I \\ \dot{x} \end{bmatrix} = \begin{bmatrix} 0 & 1 \\ 0 & -3 \end{bmatrix} \begin{bmatrix} x_I \\ x \end{bmatrix} + \begin{bmatrix} 0 \\ 1 \end{bmatrix} (u+w) - \begin{bmatrix} 1 \\ 0 \end{bmatrix} r$$

因此,通过下式

$$\det \left(s\boldsymbol{I} - \begin{bmatrix} 0 & 1 \\ 0 & -3 \end{bmatrix} + \begin{bmatrix} 0 \\ 1 \end{bmatrix} \boldsymbol{K} \right) = s^2 + 10s + 25$$

或者

$$s^2 + (3 + K_0)s + K_1 = s^2 + 10s + 25$$

[①] 请注意,我们这里所用的符号,与通常使用的表示法是相反的。

求得 K 为

$$K = [\ K_1 \quad K_0\ ] = [\ 25 \quad 7\ ]$$

我们可以使用 acker 函数来校验这个结果。含反馈和扰动输入 w 的系统，如图 7.57 所示。

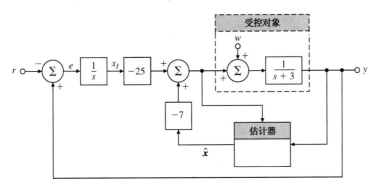

图 7.57　积分控制实例

根据

$$\alpha_e(s) = s + 10 = s + 3 + L$$

我们可求得估计器增益为 $L = 7$。

估计器方程的形式为

$$\dot{\hat{x}} = (F - LH)\hat{x} + Gu + Ly$$
$$= -10\hat{x} + u + 7y$$

并且有

$$u = -K_0\hat{x} = -7\hat{x}$$

对于阶跃参考输入 r 的阶跃响应为 y_1，对于阶跃扰动输入 w 的输出扰动响应为 y_2，如图 7.58(a) 所示，并且相关的控制量 u_1 和 u_2 如图 7.58(b) 所示。该系统是 1 型系统，能跟踪参考输入，还能渐近地抑制阶跃扰动。

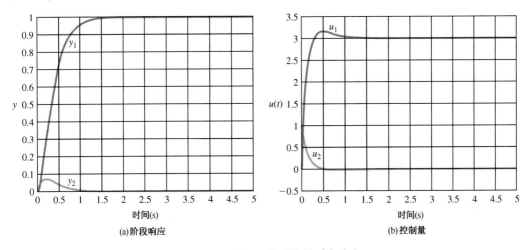

图 7.58　电动机速度系统的瞬态响应

△7.10.2　鲁棒跟踪控制：误差空间法

在 7.10.1 节中，引入了积分控制，并选择实现的结构，以从参考输入和扰动输入两方面实现积分效果。现在我们介绍一种更具解析性的方法,使得控制系统具有跟踪非衰减输入(零稳态误差)并抑制非衰减扰动(零稳态误差)的能力,如阶跃、斜坡和正弦输入。这种方法是,将满足这些外部信号的方程包含到控制问题的表达式中,并且用误差空间(error space)法求解这一控制问题。即使输出所跟随的信号是非衰减的,或者是上升的(如斜坡信号),甚至某些参数是变动的(鲁棒性质),我们都能确保误差趋于零。通过满足二阶微分方程的信号来说明这种方法,也很容易地推广到更复杂信号的情况。

假设有以下的系统状态方程:

$$\dot{\boldsymbol{x}} = \boldsymbol{F}\boldsymbol{x} + \boldsymbol{G}u + \boldsymbol{G}_1 w \tag{7.208a}$$

$$y = \boldsymbol{H}\boldsymbol{x} \tag{7.208b}$$

并且已知参考输入满足某一特定的微分方程。方程的初始条件所产生的输入是未知的。例如,输入可能是斜坡函数,其斜率和初始条件未知。同类型的对象扰动也可能存在。我们希望对为系统设计一个控制器,使得闭环系统具有指定的极点,并能跟踪输入指令信号,能在无稳态误差的要求下抑制扰动。我们将用二阶微分方程来推导出结果。于是,可定义参考输入满足以下的关系:

$$\ddot{r} + \alpha_1 \dot{r} + \alpha_2 r = 0 \tag{7.209}$$

并且扰动满足以下的完全相同的方程式:

$$\ddot{w} + \alpha_1 \dot{w} + \alpha_2 w = 0 \tag{7.210}$$

(跟踪)误差被定义为

$$e = y - r \tag{7.211}$$

跟踪 r 和抑制 w,可以看成是一个提供了误差调节功能的控制规律设计问题,也就是说,误差随着时间推移而趋于零。控制系统必须是结构稳定(structurally stable)的,或者是鲁棒(robust)的,即 e 的调节使得稳态误差为零。这一性质即使在原系统的参数出现细微的变动情况下也能成立。在实际情况中,我们并没有受控对象的精确模型,并且参数值从本质上讲总是处于变动之中,所以鲁棒性是非常重要的。

我们知道,指令输入满足式(7.209),并且希望从该式中消去参考输入以便求解误差。首先,用式(7.211)中的误差代替式(7.209)中的 r,得到含有状态的误差表达式

$$\ddot{e} + \alpha_1 \dot{e} + \alpha_2 e = \ddot{y} + \alpha_1 \dot{y} + \alpha_2 y \tag{7.212a}$$

$$= \boldsymbol{H}\ddot{\boldsymbol{x}} + \alpha_1 \boldsymbol{H}\dot{\boldsymbol{x}} + \alpha_2 \boldsymbol{H}\boldsymbol{x} \tag{7.212b}$$

现在,我们用误差空间状态代替对象的状态向量,定义为

$$\boldsymbol{\xi} \triangleq \ddot{\boldsymbol{x}} + \alpha_1 \dot{\boldsymbol{x}} + \alpha_2 \boldsymbol{x} \tag{7.213}$$

类似地,我们用误差空间的控制代替原来的控制,定义为

$$\mu \triangleq \ddot{u} + \alpha_1 \dot{u} + \alpha_2 u \tag{7.214}$$

利用这些定义,我们将式(7.212b)重写为

$$\ddot{e} + \alpha_1 \dot{e} + \alpha_2 e = \boldsymbol{H}\boldsymbol{\xi} \tag{7.215}$$

$\boldsymbol{\xi}$ 的状态方程,可由下式给出[①]:

$$\dot{\boldsymbol{\xi}} = \dddot{\boldsymbol{x}} + \alpha_1 \ddot{\boldsymbol{x}} + \alpha_2 \dot{\boldsymbol{x}} = \boldsymbol{F}\boldsymbol{\xi} + \boldsymbol{G}\mu \tag{7.216}$$

注意,在式(7.216)中,已经消去了扰动和参考输入。得到的式(7.215)和式(7.216)在误差空间中描述了整个系统。采用标准的状态变量形式,方程可写为

---

① 注意,这个概念可以推广到 r 中更复杂的输入方程和多变量系统中去。

$$\dot{z} = Az + B\mu \tag{7.217}$$

式中，$z = [e \quad \dot{e} \quad \xi^{\mathrm{T}}]^{\mathrm{T}}$，且

$$A = \begin{bmatrix} 0 & 1 & 0 \\ -\alpha_2 & -\alpha_1 & H \\ 0 & 0 & F \end{bmatrix}, \quad B = \begin{bmatrix} 0 \\ 0 \\ G \end{bmatrix} \tag{7.218}$$

如果误差系统(A, B)是能控的，则可以通过反馈给定任意的动态特性。如果对象(F, G)是能控的，并且在参考信号特征方程

$$\alpha_r(s) = s^2 + \alpha_1 s + \alpha_2$$

的根处不存在零点，则误差系统(A, B)是能控的[①]。我们假设这些条件均成立，因此，存在以下形式的控制规律：

$$\mu = -[K_2 \quad K_1 \quad K_0] \begin{bmatrix} e \\ \dot{e} \\ \xi \end{bmatrix} = -Kz \tag{7.219}$$

使得通过极点配置，误差系统具有任意的动态特性。现在，我们需要将这一控制规律表示为真实过程状态x和真实控制的形式。联立式(7.219)、式(7.213)、式(7.214)，得到用u和x表示的控制规律(用$u^{(2)}$表示$\dfrac{\mathrm{d}^2 u}{\mathrm{d}t^2}$)

$$(u + K_0 x)^{(2)} + \sum_{i=1}^{2} \alpha_i (u + K_0 x)^{(2-i)} = -\sum_{i=1}^{2} K_i e^{(2-i)} \tag{7.220}$$

式(7.220)的实现结构非常简单，能跟踪常数输入信号。在这种情况下，参考输入的方程为$\dot{r} = 0$。根据u和x，控制规律[参见式(7.220)]可简化为

$$\dot{u} + K_0 \dot{x} = -K_1 e \tag{7.221}$$

在这里，只需对上式求积分，就可得到控制规律和积分控制的形式为

$$u = -K_1 \int^{t} e \, \mathrm{d}\tau - K_0 x \tag{7.222}$$

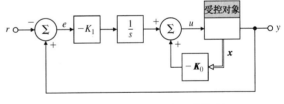

图 7.59　用内部模型法的积分控制

如图 7.59 所示的方框图表明，控制器中存在一个纯积分器。在这种情况下，如图 7.59 所示的内部模型法和如图 7.57 所示的特殊方法的唯一区别在于：积分器的相对位置和增益。

　　如何零稳态误差地跟踪正弦信号，是误差空间法在鲁棒跟踪上的一个更复杂的问题。例如，在大存储容量磁头装配控制中就会遇到这样的问题。

例 7.36　**磁盘驱动器伺服系统：跟随正弦信号的鲁棒控制**
　　计算机磁盘驱动器伺服系统的一个简单的标准模型，可由以下的方程给出：

$$F = \begin{bmatrix} 0 & 1 \\ 0 & -1 \end{bmatrix}, \quad G = \begin{bmatrix} 0 \\ 1 \end{bmatrix}$$

$$G_1 = \begin{bmatrix} 0 \\ 1 \end{bmatrix}, \quad\quad H = [1 \quad 0], \quad J = 0$$

---

① 例如，对在原点处存在零点的受控对象加入积分控制，这是不可能的。

因为磁盘上的数据并不是精确地位于中心圆上,伺服电动机必须跟踪由转轴速度决定的角频率为 ω_0 的正弦信号。

(a)给出该系统的控制器结构,要求零稳态误差地跟踪给定的参考输入。

(b)假设 $\omega_0 = 1$ 且期望的闭环极点为 $-1 \pm \mathrm{j}\sqrt{3}$。

(c)用 MATLAB 或 Simulink 证明系统的跟踪特性和扰动抑制特性。

解:

(a)由参考输入满足差分方程 $\ddot{r} = -\omega_0^2 r$,使得 $\alpha_1 = 0$,$\alpha_2 = \omega_0^2$。因此,根据式(7.218),得到误差状态矩阵

$$A = \begin{bmatrix} 0 & 1 & 0 & 0 \\ -\omega_0^2 & 0 & 1 & 0 \\ 0 & 0 & 0 & 1 \\ 0 & 0 & 0 & -1 \end{bmatrix}, \quad B = \begin{bmatrix} 0 \\ 0 \\ 0 \\ 1 \end{bmatrix}$$

$A - BK$ 的特征方程为

$$s^4 + (1 + K_{02})s^3 + (\omega_0^2 + K_{01})s^2 + [K_1 + \omega_0^2(1 + K_{02})]s + K_{01}\omega_0^2 K_2 = 0$$

其增益可通过极点配置进行选择。由式(7.220)实现的补偿器如图 7.60 所示,它表明,在控制器中存在频率为 ω_0 的振荡器[也就是输入发生器的内部模型(internal model of the input generator)][1]。

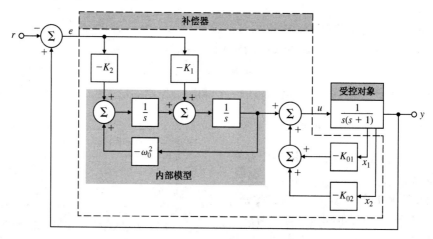

图 7.60 用于精确跟踪正弦信号(频率为 ω_0)的伺服机构的补偿器结构

(b)现在,假设 $\omega_0 = 1$ rad/s,并且期望的极点为

$$\mathrm{pc} = [-1 + \mathrm{j} * \sqrt{3}; -1 - \mathrm{j} * \sqrt{3}; -\sqrt{3} + \mathrm{j}; -\sqrt{3} - \mathrm{j}]$$

反馈增益为

$$K = [K_2 \, K_1 : K_0] = [2.0718 \ 16.3923 \ : \ 13.9282 \ 4.4641]$$

于是,得到控制器为

$$\dot{x}_c = A_c x_c + B_c e$$
$$u = C_c x_c$$

其中

---

[1] 这是内部模型原则的特殊情况,要求对控制器的外部信号模型进行鲁棒跟踪以及扰动抑制。

$$\boldsymbol{A}_c = \begin{bmatrix} 0 & 1 \\ -1 & 0 \end{bmatrix}, \qquad \boldsymbol{B}_c = \begin{bmatrix} -16.3923 \\ -2.0718 \end{bmatrix}, \qquad \boldsymbol{C}_c = \begin{bmatrix} 1 & 0 \end{bmatrix}$$

使用的相关 MATLAB 语句如下:

```
% plant matrices
F=[0 1;0 −1];
G=[0;1];
H=[1 0];
J=[0];
% form error space matrices
omega=1;
A=[0 1 0 0;−omega*omega 0 1 0;0 0 0 1;0 0 0 −1];
B=[0;0;G];
% desired closed-loop poles
pc=[−1+sqrt(3)*j ;−1−sqrt(3)*j;−sqrt(3)+j;−sqrt(3)−j];
K=place(A,B,pc);
% form controller matrices
K1=K(:,1:2);
Ko=K(:,3:4);
Ac=[0 1;−omega*omega 0];
Bc=−[K(2);K(1)];;
Cc=[1 0];
Dc=[0];
```

控制器的频率响应如图 7.61 所示, 它表明, 在 $\omega_0 = 1$ rad/s 处增益为无穷大。从 r 到 e 的频率响应[如灵敏度函数 $\mathcal{S}(s)$]如图 7.62 所示, 可以看出, 在 $\omega_0 = 1$ rad/s 处有 "尖峰"出现。同样的"尖峰"也出现在从 w 到 y 传递函数的频率响应中。

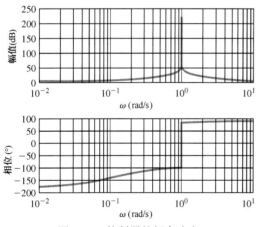

图 7.61　控制器的频率响应

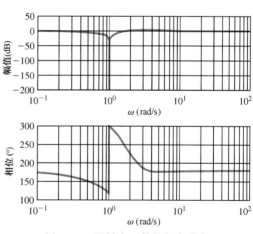

图 7.62　灵敏度函数的频率响应

(c) 图 7.63 给出了系统的 Simulink 仿真方框图。虽然使用 MATLAB 也可以仿真, 但使用 Simulink 的交互图形环境更具结构性。Simulink 也能够增加非线性(参阅第 9 章)和高效地进行鲁棒性研究[①]。系统的跟踪特性如图 7.64(a)所示, 它显示了系统的渐近跟踪特性。相关的控制量和跟踪误差信号, 分别如图 7.64(b)和图 7.64(c)所示。系统的扰动抑制特性如图 7.65(a)所示, 它表明, 对于正弦扰动输入能渐近地抑制, 相关的

---

① 一般地, 该设计可以由 MATLAB 完成, 并且(非线性)模拟可以由 Simulink 得到。

控制量如图7.65(b)所示。鲁棒伺服系统的闭环频率响应[即补充传递函数 $T(s)$]如图7.66所示。从图中可看出，从 r 到 y 的频率响应在 $\omega_0 = 1 \text{ rad/s}$ 处为单位值，这正是我们所期望的。

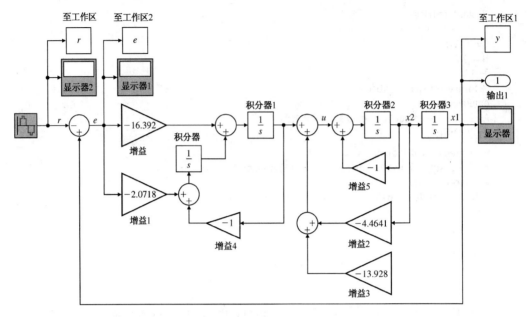

图 7.63　鲁棒伺服系统的 Simulink 方框图

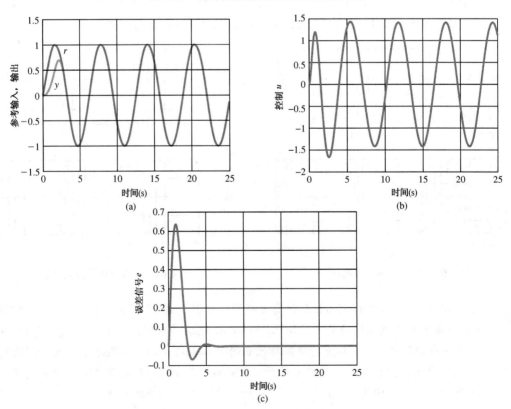

图 7.64　(a)鲁棒伺服系统的跟踪特性；(b)控制量；(c)跟踪误差信号

　　从 r 到 e 的系统的零点为 $\pm j$，$-2.7321 \pm j2.5425$。鲁棒跟踪特性取决于在 $\pm j$ 处的零点。从 w 到 y 的零点全在 $\pm j$ 处，鲁棒的扰动抑制特性就由这些零点决定。

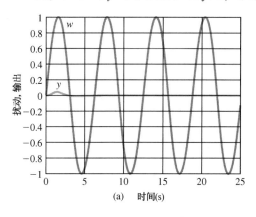
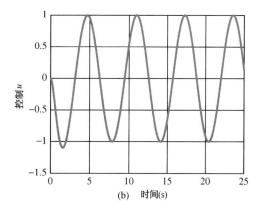

图 7.65　（a）鲁棒伺服系统的扰动抑制特性；（b）控制作用

　　由极点配置的性质可知，只要 $A - BK$ 保持稳定，式（7.217）的状态 z 对系统参数的任何扰动都将趋于零。注意，被抑制的信号是指满足这些方程的值 α_i，这些值实际上是在外部信号模型中实现的。极点配置法假设这些都是已知的，并且可精确地实现。如果实现的值有误差，那么将导致稳态误差的产生。

例 7.37　使用误差空间设计的积分控制
对于这样的系统

$$H(s) = \frac{1}{s + 3}$$

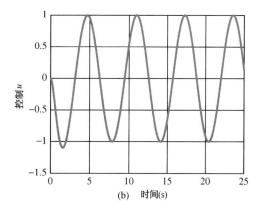

图 7.66　鲁棒伺服系统的闭环频率响应

其状态变量描述为

$$F = -3, \quad G = 1, \quad H = 1$$

请构造一个控制器，使其零点为 $s = -5$，能跟踪满足 $\ddot{r} = 0$ 的输入。

　　解：该误差系统为

$$\begin{bmatrix} \dot{e} \\ \dot{z} \end{bmatrix} = \begin{bmatrix} 0 & 1 \\ 0 & -3 \end{bmatrix} \begin{bmatrix} e \\ z \end{bmatrix} + \begin{bmatrix} 0 \\ 1 \end{bmatrix} \mu$$

如果令期望的方程为

$$\alpha_c(s) = s^2 + 10s + 25$$

则极点配置方程为

$$\det[s\boldsymbol{I} - \boldsymbol{A} + \boldsymbol{BK}] = \alpha_c(s) \tag{7.223}$$

具体地，式（7.223）可写为

$$s^2 + (3 + K_0)s + K_1 = s^2 + 10s + 25$$

求解得

$$\boldsymbol{K} = \begin{bmatrix} 25 & 7 \end{bmatrix} = \begin{bmatrix} K_1 & K_0 \end{bmatrix}$$

该系统的实现如图 7.67 所示。该系统从 r 到 e 的传递函数，即灵敏度函数为

$$\frac{E(s)}{R(s)} = \mathcal{S}(s) = -\frac{s(s+10)}{s^2+10s+25}$$

它有一个零点在 $s = 0$，这就避免了恒定输入带来的误差。闭环传递函数(即补充灵敏度函数)为

$$\frac{Y(s)}{R(s)} = \mathcal{T}(s) = \frac{25}{s^2+10s+25}$$

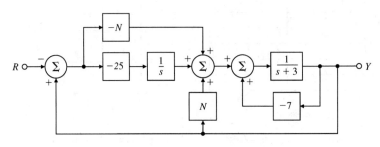

图 7.67　带反馈的内部模型实例

图 7.68 的结构允许增加一个参考输入的反馈，这将为零点配置提供一个额外的自由度。如果对式(7.222)增加一个合适的 r 项，则得到

$$u = -K_1 \int^t e(\tau)\,\mathrm{d}\tau - \boldsymbol{K}_0\boldsymbol{x} + Nr \qquad\qquad (7.224)$$

这个关系式的作用是，在 $-K_1/N$ 处产生了一个零点。这个零点的位置可以用来改善系统的瞬态响应。为了精确地实现，可以将式(7.224)改写为含有误差 e 的形式

$$u = -K_1 \int^t e(\tau)\,\mathrm{d}\tau - \boldsymbol{K}_0\boldsymbol{x} + N(y-e) \qquad\qquad (7.225)$$

该系统的方框图如图 7.68 所示。对于这个例子，现在完整的传递函数变为

$$\frac{Y(s)}{R(s)} = \frac{Ns+25}{s^2+10s+25}$$

注意，对于任何 N 值，直流增益都是单位增益，并且通过对 N 的选择，可以将零点配置为任意实数值以改善动态响应。配置零点的一个自然法则就是，让它消去系统的某些极点。在本例中，就是要消去 $s = -5$。当 $N = 0$、5、8 时，对应的系统响应如图 7.69 所示。我们知道，极点可以通过积分控制消去，这样就可以选定某一个实数控制极点，通过选取适当的 N 来消去该极点。

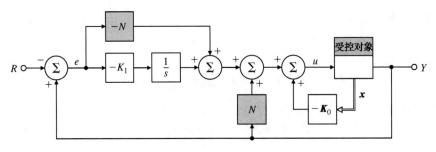

图 7.68　用做含反馈 – 前馈的积分控制的内部模型

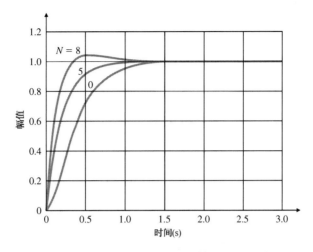

图 7.69 含积分控制和反馈-前馈的阶跃响应

△7.10.3 扩展估计器

到目前为止，我们所讨论的鲁棒控制是基于全状态反馈的。如果状态不可用，同一般的情况相似，全状态反馈 Kx 可以用估计状态 $K\hat{x}$ 来代替，估计器的构造与以前的方法一样。作为对外部输入设计控制方法的最终说明，在这一节中，我们介绍一个跟踪参考输入和抑制扰动的方法。该方法增加估计器以从外部信号中加入估计，使得可以消除它们对系统误差产生的影响。

假设对象由以下的方程描述：

$$\dot{x} = Fx + Gu + Gw \tag{7.226a}$$

$$y = Hx \tag{7.226b}$$

$$e = Hx - r \tag{7.226c}$$

另外，假设所有的参考输入 r 和扰动 w 都是已知的，且满足下面的方程[①]

$$\alpha_w(s)w = \alpha_\rho(s)w = 0 \tag{7.227}$$

$$\alpha_r(s)r = \alpha_\rho(s)r = 0 \tag{7.228}$$

式中

$$\alpha_\rho(s) = s^2 + \alpha_1 s + \alpha_2$$

它们对应于图 7.70(a)中的多项式 $\alpha_w(s)$ 和 $\alpha_r(s)$。一般地，我们选择图 7.70(b)中的等效扰动多项式 $\alpha_\rho(s)$ 作为 $\alpha_w(s)$ 和 $\alpha_r(s)$ 的最小公共乘积因子。由于要考虑输出的稳态响应，所以第一步要认识到有一个输入等效信号 ρ，满足与 r 和 w 相同的方程，并且进入系统的位置与控制信号相同，如图 7.70(b)所示。同过去一样，我们必须假设对象没有零点与式(7.227)的任何根相同。在这里，式(7.226)可以用下式来替换

$$\dot{x} = Fx + G(u + \rho) \tag{7.229a}$$

$$e = Hx \tag{7.229b}$$

如果我们能够估计等效的输入，那么可以在控制中加入一项 $-\hat{\rho}$，它将消去实际扰动和参考输入的影响，并使得输出稳态时能跟踪 r。为此，联立式(7.226)和式(7.227)及状态描述，得到

---

① 我们再次以二阶方程为例推导在外部信号中的结果，然后讨论推广到更高阶的方程。

$$\dot{z} = Az + Bu \tag{7.230a}$$

$$e = Cz \tag{7.230b}$$

式中, $z = \begin{bmatrix} \rho & \dot{\rho} & x^T \end{bmatrix}^T$。矩阵为

$$A = \begin{bmatrix} 0 & 1 & 0 \\ -\alpha_2 & -\alpha_1 & 0 \\ G & 0 & F \end{bmatrix}, \quad B = \begin{bmatrix} 0 \\ 0 \\ G \end{bmatrix} \tag{7.231a}$$

$$C = [0 \quad 0 \quad H] \tag{7.231b}$$

因为我们不能由 u 来影响 ρ，所以由式(7.231)给出的系统是不能控的。但是，如果 F 和 H 是能观测的，并且如果系统 (F, G, H) 没有零点与式(7.227)的根相同，则式(7.231)的系统将是能观测的。我们可以构造一个观测器，来计算对象和 ρ 的所有状态的估计量。估计器方程是标准的，而控制的方程则不是标准的，即

$$\dot{\hat{z}} = A\hat{z} + Bu + L(e - C\hat{z}) \tag{7.232a}$$

$$u = -K\hat{x} - \hat{\rho} \tag{7.232b}$$

根据原始变量，估计器方程为

$$\begin{bmatrix} \dot{\hat{\rho}} \\ \ddot{\hat{\rho}} \\ \dot{\hat{x}} \end{bmatrix} = \begin{bmatrix} 0 & 1 & 0 \\ -\alpha_2 & -\alpha_1 & 0 \\ G & 0 & F \end{bmatrix} \begin{bmatrix} \hat{\rho} \\ \dot{\hat{\rho}} \\ \hat{x} \end{bmatrix} + \begin{bmatrix} 0 \\ 0 \\ G \end{bmatrix} u + \begin{bmatrix} l_1 \\ l_2 \\ L_3 \end{bmatrix} [e - H\hat{x}] \tag{7.233}$$

设计出来的系统方框图，如图 7.70(b) 所示。如果写出式(7.233)中 $\hat{x}$ 的最后方程，并代入式(7.232b)中，由于 $\hat{\rho}$ 的消去作用，可以简化结果为

$$\dot{\hat{x}} = G\hat{\rho} + F\hat{x} + G(-K\hat{x} - \hat{\rho}) + L_3(e - H\hat{x})$$
$$= F\hat{x} + G(-K\hat{x}) + L_3(e - H\hat{x})$$
$$= F\hat{x} + G\bar{u} + L_3(e - H\hat{x})$$

利用式(7.233)的估计器和式(7.232b)的控制，得到状态方程为

$$\dot{x} = Fx + G(-K\hat{x} - \hat{\rho}) + G\rho \tag{7.234}$$

根据估计误差，式(7.234)可改写为

$$\dot{x} = (F - GK)x + GK\tilde{x} + G\tilde{\rho} \tag{7.235}$$

因为我们所设计的估计器是稳定的，在稳态时 $\tilde{\rho}$ 和 $\tilde{x}$ 的值趋于零，并且状态的最终值不受外部输入的影响。最终实现的系统方框图如图 7.70(c) 所示。下面以一个很简单的例子来说明该过程的步骤。

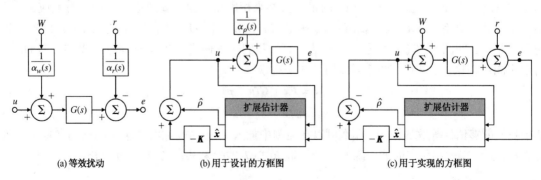

(a) 等效扰动　　　　　(b) 用于设计的方框图　　　　　(c) 用于实现的方框图

图 7.70　含扩展估计器的跟踪及扰动抑制的系统方框图

例 7.38　使用扩展估计器的电动机速度系统的稳态跟踪和扰动抑制

对于以下描述的电动机速度系统构造一个估计器,以控制状态和消除在输出端的定常偏差,并跟踪定常参考输入。

$$\dot{x} = -3x + u \tag{7.236a}$$

$$y = x + w \tag{7.236b}$$

$$\dot{w} = 0 \tag{7.236c}$$

$$\dot{r} = 0 \tag{7.236d}$$

将控制极点配置为 $s = -5$,且扩展估计器的两个极点配置为 $s = -15$。

解: 首先,忽略等效扰动设计的控制规律。通过观察可以知道,增益 -2 可将单极点从 -3 移到期望的 -5。因此,$K = 2$。这样,增加了等效外部输入 ρ 的系统如下,ρ 代替了真实的扰动 w 和参考输入 r,即

$$\dot{\rho} = 0$$

$$\dot{x} = -3x + u + \rho$$

$$e = x$$

扩展估计器方程为

$$\dot{\hat{\rho}} = l_1(e - \hat{x})$$

$$\dot{\hat{x}} = -3\hat{x} + u + \hat{\rho} + l_2(e - \hat{x})$$

通过下列的特征方程

$$\det \begin{bmatrix} s & l_1 \\ 1 & s + 3 + l_2 \end{bmatrix} = s^2 + 30s + 225$$

得到估计器误差增益为 $\boldsymbol{L} = \begin{bmatrix} 225 & 27 \end{bmatrix}^{\mathrm{T}}$。

图 7.71(a)给出了系统的方框图。对于输入 r(在 $t = 0$ 时刻引入)和扰动 w(在 $t = 0.5$ s 时刻引入)的阶跃响应,如图 7.71(b)所示。

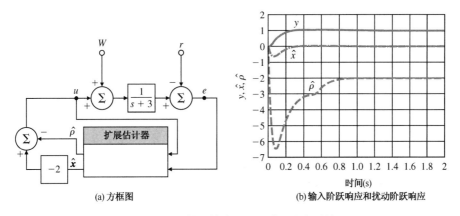

(a) 方框图　　　　　　　(b) 输入阶跃响应和扰动阶跃响应

图 7.71　含扩展估计器的电动机速度系统

△7.11　回路传递恢复(LTR)

在状态反馈控制器回路中引入估计器,可能影响到系统的稳定性鲁棒性质[如相位裕度 (PM)和幅值裕度(GM)特性可能变得相当差,正如 Doyle 的著名例子(Doyle, 1978)所示]。

但是，我们可以修正估计器的设计，尝试在某种程度上"恢复"线性二次回归(LQR)稳定性的鲁棒性质。这个过程，被称为回路传递恢复(LTR)，尤其适用于最小相位系统。为了实现恢复，估计器的某些极点需要配置在对象的零点上(或附近)，而剩下的极点需要移到左半平面(足够远处)。LTR 的思想是，重新设计估计器，使得回路增益接近于 LQR 的结果。

回路传递恢复意味着，反馈控制器可以设计成：在反馈系统(对象的输入或输出)的临界点上满足期望的灵敏度函数 $\mathcal{S}(s)$ 和补充灵敏度 $\mathcal{T}(s)$ 函数。当然，改善稳定的鲁棒性也是要付出代价的。新设计的系统可能具有较差的传感噪声灵敏性。直观地说，我们可以令估计器的部分极点任意远，使得回路增益逼近 LQR 结果。另外，也可以从本质上想，"反转"对象传递函数，使得对象在左半平面上的所有极点都被补偿器消去而得到期望的回路形式。很明显，它们之间需要有一个平衡。对于给定的问题，设计者必须谨慎地做出正确的选择，这取决于具体的控制系统。

现在，LTR 是设计者都很熟悉的方法，其设计过程也已确定(Athans, 1986；Stein and Athans, 1987；Saberi et al., 1993)。同样的步骤也可应用于非最小相位系统，但并不能保证可能恢复的程度。LTR 法可以看成是基于线性二次回归的补偿器(Doyle and Stein, 1981)设计中进行平衡研究的系统过程。现在我们来说明 LTR 问题。

考虑以下的线性系统

$$\dot{\boldsymbol{x}} = \boldsymbol{F}\boldsymbol{x} + \boldsymbol{G}u + w \tag{7.237a}$$

$$y = \boldsymbol{H}\boldsymbol{x} + v \tag{7.237b}$$

式中，w 和 v 是不相关的零均值白高斯噪声，协方差矩阵 $\boldsymbol{R}_w \geq 0$，$\boldsymbol{R}_v \geq 0$。经估计器设计，得到

$$\dot{\hat{\boldsymbol{x}}} = \boldsymbol{F}\hat{\boldsymbol{x}} + \boldsymbol{G}u + \boldsymbol{L}(y - \hat{y}) \tag{7.238a}$$

$$\hat{y} = \boldsymbol{H}\hat{\boldsymbol{x}} \tag{7.238b}$$

于是，得到一般的动态补偿器

$$D_c(s) = -\boldsymbol{K}(s\boldsymbol{I} - \boldsymbol{F} + \boldsymbol{G}\boldsymbol{K} + \boldsymbol{L}\boldsymbol{H})^{-1}\boldsymbol{L} \tag{7.239}$$

现在，我们将噪声参数 $\boldsymbol{R}_w$ 和 $\boldsymbol{R}_v$ 看成动态补偿器设计的"把手"。为了不失一般性，选择 $\boldsymbol{R}_w = \boldsymbol{\Gamma}\boldsymbol{\Gamma}^{\mathrm{T}}$ 和 $\boldsymbol{R}_v = 1$。对于回路传递恢复，假设 $\boldsymbol{\Gamma} = q\boldsymbol{G}$，其中 q 是标量设计参数。估计器设计就是基于特定的设计参数 $\boldsymbol{R}_w$ 和 $\boldsymbol{R}_v$ 的。可以证明，对于最小相位系统，随着 q 增大(Doyle and Stein, 1979)，有

$$\lim_{q \to \infty} D_c(s)G(s) = \boldsymbol{K}(s\boldsymbol{I} - \boldsymbol{F})^{-1}\boldsymbol{G} \tag{7.240}$$

这对于 s 的每一点都是收敛的，并且恢复的程度可以任意好。这个设计过程在极限 $q \to \infty$ 时，有效地"反转"了对象传递函数

$$\lim_{q \to \infty} D_c(s) = \boldsymbol{K}(s\boldsymbol{I} - \boldsymbol{F})^{-1}\boldsymbol{G}G^{-1}(s) \tag{7.241}$$

这也是全回路传递恢复方法不适用于非最小相位系统的原因。对于这个限制，也可用对称根轨迹法来解释。随着 $q \to \infty$，估计器的某些极点趋近于以下方程的零点：

$$G_e(s) = \boldsymbol{H}(s\boldsymbol{I} - \boldsymbol{F})^{-1}\boldsymbol{\Gamma} \tag{7.242}$$

并且其余的极点趋于无穷大[①][参见式(7.166)和式(7.167)]。在实际中，LTR 设计过程还是可以用于非最小相位系统的。恢复的程度将取决于非最小相位零点的位置。如果右半平面的零点设置在确定的闭环带宽之外，则在很多频率下还是可能足够恢复的。Freudenberg 和 Looze 在 1985 年讨论过，反馈系统实现的限制在于右半平面零点。下面，将通过一个简单例子来说明 LTR 过程。

例 7.39　卫星姿态控制的 LTR 设计

考虑以状态空间描述的人造卫星系统

$$\boldsymbol{F} = \begin{bmatrix} 0 & 1 \\ 0 & 0 \end{bmatrix}, \quad \boldsymbol{G} = \begin{bmatrix} 0 \\ 1 \end{bmatrix}$$
$$\boldsymbol{H} = \begin{bmatrix} 1 & 0 \end{bmatrix}, \quad J = 0$$

(a) 设计一个 LQR 控制器，其中 $\boldsymbol{Q} = \rho \boldsymbol{H}^{\mathrm{T}} \boldsymbol{H}$，且 $R = 1$，$\rho = 1$，并确定其环路增益。

(b) 对于 $q = 1$、10、100，用回路传递恢复法(LTR)分别设计补偿器，以恢复(a)中的 LQR 环路增益。

(c) 考虑附加高斯白噪声后的执行器行为，比较(b)中不同参数的结果。

解： 利用 lqr 函数，由选定的 LQR 权重，得到反馈增益 $\boldsymbol{K} = \begin{bmatrix} 1 & 1.414 \end{bmatrix}$。开环传递函数为

$$\boldsymbol{K}(s\boldsymbol{I} - \boldsymbol{F})^{-1}\boldsymbol{G} = \frac{1.414(s + 0.707)}{s^2}$$

该 LQR 在开环增益下的幅值频率响应如图 7.72 所示。用 lqe 函数设计估计器，令 $\boldsymbol{\Gamma} = q\boldsymbol{G}$，$\boldsymbol{R}_w = \boldsymbol{\Gamma}\boldsymbol{\Gamma}^{\mathrm{T}}$，$\boldsymbol{R}_v = 1$，并选择 $q = 10$，得到估计器增益为

$$\boldsymbol{L} = \begin{bmatrix} 14.142 \\ 100 \end{bmatrix}$$

补偿器传递函数为

$$\begin{aligned} D_c(s) &= \boldsymbol{K}(s\boldsymbol{I} - \boldsymbol{F} + \boldsymbol{GK} + \boldsymbol{LH})^{-1}\boldsymbol{L} \\ &= \frac{155.56(s + 0.6428)}{(s^2 + 15.556s + 121)} = \frac{155.56(s + 0.6428)}{(s + 7.77 + \mathrm{j}7.77)(s + 7.77 - \mathrm{j}7.77)} \end{aligned}$$

并且开环传递函数为

$$D_c(s)G(s) = \frac{155.56(s + 0.6428)}{s^2(s + 7.77 + \mathrm{j}7.77)(s + 7.77 - \mathrm{j}7.77)}$$

图 7.72 给出了对于不同的 q 值($q = 1$、10 和 100)的开环传递函数的频率响应和理想 LQR 开环传递函数的频率响应。从图中可看出，随着 q 值的增加，开环增益趋于接近 LQR。如图 7.72 所示，对于 $q = 10$，"恢复"幅值裕度为 GM $= 11.1 = 20.9$ dB，而相位裕度 PM $= 55.06°$。要实现以上的 LTR 设计过程，可以使用简单的 MATLAB 语句：

```
F=[0 1;0 0];
G=[0;1];
H=[1 0];
J=[0];
sys0=ss(F,G,H,J);
H1=[1 0];
sys=ss(F,G,H1,J);
```

---

① 在巴特沃思结构中。

```
w=logspace(−1,3,1000);
rho=1.0;
Q=rho*H1'*H1;
r=1;
[K]=lqr(F,G,Q,r)
sys1=ss(F,G,K,0);
[maggk1,phasgk1,w]=bode(sys1,w);

q=10;
gam=q*G;
Q1=gam'*gam;
rv=1;
[L]=lqe(F,gam,H,Q1,rv)

aa=F−G*K−L*H;
bb=L;
cc=K;
dd=0;
sysk=ss(aa,bb,cc,dd);
sysgk=series(sys0,sysk);
[maggk,phsgk,w]=bode(sysgk,w);
[gm,phm,wcg,wcp]=margin(maggk,phsgk,w)
loglog(w,[maggk1(:) maggk(:)]);
semilogx(w,[phasgk1(:) phsgk(:)]);
```

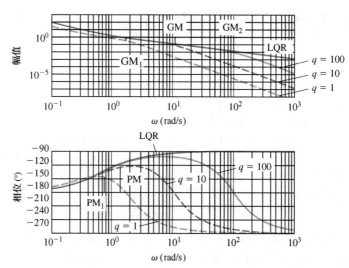

图 7.72　LTR 设计的频率响应曲线

为了确定噪声 v 对执行器行为的影响，我们确定如图 7.73 所示的从 v 到 u 的传递函数。对于选定的 LTR 设计参数值，$q = 10$，可得到

$$\frac{U(s)}{V(s)} = H(s) = \frac{-D_c(s)}{1 + D_c(s)G(s)} = \frac{-155.56s^2(s + 0.6428)}{s^4 + 15.556s^3 + 121s^2 + 155.56s + 99.994}$$

控制 u 在附加噪声 v 影响下的均方根(RMS)值，可以合理地衡量有关噪声对执行器行为的影响。控制的均方根值，可用下式计算：

$$\|u\|_{\mathrm{RMS}} = \left(\frac{1}{T_0}\int_0^{T_0} u(t)^2\mathrm{d}t\right)^{1/2} \tag{7.243}$$

式中 T_0 是信号持续时间。假设高斯白噪声 v，也可以解析地确定控制的均方根值（Boyd and Barratt, 1991）。含外部限带宽白噪声的闭环 Simulink 方框图如图 7.74 所示。利用 Simulink 仿真，对应于 LTR 设计参数 q 的不同取值，控制的均方根值计算结果如表 7.2 所示。随着 q 值增加，均方根值结果增大。为了得出 LTR 的结果，请参阅 MATLAB 命令 ltry 和 ltru。

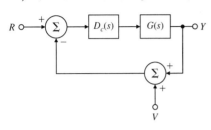

图 7.73　用于 LTR 的闭环系统

表 7.2　对于 LTR 调整参数 q 的不同取值，计算 RMS 控制量

q	$\|u\|_{\mathrm{RMS}}$
1	0.1454
10	2.8054
100	70.5216

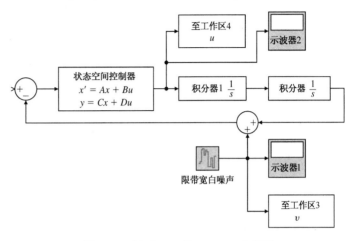

图 7.74　用于 LTR 的 Simulink 方框图

△7.12　使用有理传递函数的直接设计

到目前为止，在所讨论的状态空间设计中，一个可选择的方法是假定一个二输入（r 和 y）单输出（u）的一般结构动态控制器，并且求解控制器的传递函数，以得到明确地从 r 到 y 的传递函数。该方法的方框图如图 7.75 所示。我们把受控对象写成以下的传递函数而不是状态方程的形式，即

$$\frac{Y(s)}{U(s)} = \frac{b(s)}{a(s)} \tag{7.244}$$

将控制器也用它的传递函数来表示，在这种情况下，双输入单输出的传递函数为

$$U(s) = -\frac{c_y(s)}{d(s)} Y(s) + \frac{c_r(s)}{d(s)} R(s) \tag{7.245}$$

这里，$d(s)$，$c_y(s)$，$c_r(s)$ 是多项式。为了实现如图 7.75 和式（7.245）所示的控制器，分子多项式 $c_y(s)$ 和 $c_r(s)$ 的阶数必须不能高于分母多项式 $d(s)$ 的阶数。

为了实现设计，我们要求式（7.244）和式（7.245）定义的闭环传递函数与期望的传递函数相匹配，即

$$\frac{Y(s)}{R(s)} = \frac{c_r(s)b(s)}{\alpha_c(s)\alpha_e(s)} \tag{7.246}$$

从式（7.246）可知，受控对象的极点一定是整个系统的极点。改变该极点的唯一方法是，让 $b(s)$ 的参数出现在 α_c 或 α_e 中。联立式（7.244）和式（7.245），得到

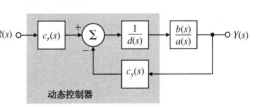

图 7.75　直接传递函数的公式表达

$$a(s)Y(s) = b(s)\left[-\frac{c_y(s)}{d(s)}Y(s) + \frac{c_r(s)}{d(s)}R(s)\right] \tag{7.247}$$

上式可改写成

$$[a(s)d(s) + b(s)c_y(s)]Y(s) = b(s)c_r(s)R(s) \tag{7.248}$$

通过比较式（7.246）和式（7.247），可以马上看出，如果能求解以下的任意给定 a，b，α_c 和 α_e 的丢番图方程（Diophantine equation）：

$$a(s)d(s) + b(s)c_y(s) = \alpha_c(s)\alpha_e(s) \tag{7.249}$$

我们就可以完成设计了。因为每个传递函数都是一个多项式的分式形式，所以可以假设 $a(s)$ 和 $d(s)$ 是首一多项式（monic polynomial）。也就是说，在每个多项式中，最高次项的 s 的系数为 1。问题在于，如果令式（7.249）中同阶数的 s 的系数相等，那么共有多少个方程呢？这当中会有多少个未知数呢？如果 $a(s)$ 是 n 阶的（给定），而 $d(s)$ 是 m 阶的（可选），则直接可数出 $d(s)$ 和 $c_y(s)$ 中有 $2m+1$ 个未知数，且从 s 各阶的系数中可得 $m+n$ 个方程，则要求满足

$$2m+1 \geqslant n+m$$

或

$$m \geqslant n-1$$

为了求解，一个可能的方法是选择 $d(s)$ 为 n 阶，而 $c_y(s)$ 为 $n-1$ 阶。对于全阶估计器的状态空间设计，有 $2n$ 个方程；且对于 $2n$ 阶的 $\alpha_c\alpha_e$，有 $2n$ 个未知数。因此，当且仅当 $a(s)$ 和 $b(s)$ 没有公共因子时，方程对于任意的 α_i 有解[1]。

例 7.40　多项式传递函数的极点配置。

使用多项式方法，为例 7.30 中的三阶受控对象设计一个 n 阶控制器。注意，如果将例 7.30 的多项式 $\alpha_c(s)$ 和 $\alpha_e(s)$ 相乘，则得到期望的闭环特征方程：

$$\alpha_c(s)\alpha_e(s) = s^6 + 14s^5 + 122.75s^4 + 585.2s^3 + 1505.64s^2 + 2476.8s + 1728 \tag{7.250}$$

解：令 $b(s) = 10$，利用式（7.249），可得到

$$(d_0s^3 + d_1s^2 + d_2s + d_3)(s^3 + 10s^2 + 16s) + 10(c_0s^2 + c_1s + c_2) \equiv \alpha_c(s)\alpha_e(s) \tag{7.251}$$

展开多项式 $d(s)$ 和 $c_y(s)$，它们的系数分别为 d_i 和 c_i。

现在，令式（7.251）中相同阶数的 s 系数相等，得出的参数必须满足[2]

$$\begin{bmatrix} 1 & 0 & 0 & 0 & 0 & 0 & 0 \\ 10 & 1 & 0 & 0 & 0 & 0 & 0 \\ 16 & 10 & 1 & 0 & 0 & 0 & 0 \\ 0 & 16 & 10 & 1 & 0 & 0 & 0 \\ 0 & 0 & 16 & 10 & 10 & 0 & 0 \\ 0 & 0 & 0 & 16 & 0 & 10 & 0 \\ 0 & 0 & 0 & 0 & 0 & 0 & 10 \end{bmatrix} \begin{bmatrix} d_0 \\ d_1 \\ d_2 \\ d_3 \\ c_0 \\ c_1 \\ c_2 \end{bmatrix} = \begin{bmatrix} 1 \\ 14 \\ 122.75 \\ 585.2 \\ 1505.64 \\ 2476.8 \\ 1728 \end{bmatrix} \tag{7.252}$$

式（7.252）的解为

$$d_0 = 1, \qquad c_0 = 190.1$$
$$d_1 = 4, \qquad c_1 = 481.8$$
$$d_2 = 66.75, \qquad c_2 = 172.8$$
$$d_3 = -146.3$$

---

[1]　如果它们确实存在公共因子，则将出现在式（7.249）的左边；因为方程有解，所以它也必定出现在式（7.249）的右边，也就是 α_c 或 α_e 的因子。

[2]　式（7.252）左边的矩阵被称为西尔维斯特矩阵，并且当且仅当 $a(s)$ 和 $b(s)$ 没有公共因子时，它是非奇异的。

[该解可通过 MATLAB 中的 x = a \b 命令得到，其中，a 是西尔维斯特矩阵，而 b 是式(7.252)的右边部分]。因此，控制器传递函数为

$$\frac{c_y(s)}{d(s)} = \frac{190.1s^2 + 481.8s + 172.8}{s^3 + 4s^2 + 66.75s - 146.3} \tag{7.253}$$

注意，只要将控制器 $D_c(s)$（通过状态变量法得到）的系数展开，就会发现式(7.253)的系数与 $D_c(s)$ 的系数是相同的。

使用多项式法，也可以推导出降阶补偿器。

例 7.41 多项式传递函数模型的降阶设计

为例 7.30 中的三阶系统设计一个降阶控制器。期望的特征方程为

$$\alpha_c(s)\alpha_e(s) = s^5 + 12s^4 + 74s^3 + 207s^2 + 378s + 288$$

解：求解此问题所需的方程式，与求解式(7.251)的过程相同，但是，这里令 $d(s)$ 和 $c_y(s)$ 的阶数为 $n - 1$。我们需要求解下式：

$$(d_0s^2 + d_1s + d_2)(s^3 + 10s^2 + 16s) + 10(c_0s^2 + c_1s + c_2) \equiv \alpha_c(s)\alpha_e(s) \tag{7.254}$$

令式(7.254)中相同阶数的 s 的系数相等，可得到

$$\begin{bmatrix} 1 & 0 & 0 & 0 & 0 & 0 \\ 10 & 1 & 0 & 0 & 0 & 0 \\ 16 & 10 & 1 & 0 & 0 & 0 \\ 0 & 16 & 10 & 10 & 0 & 0 \\ 0 & 0 & 16 & 0 & 10 & 0 \\ 0 & 0 & 0 & 0 & 0 & 10 \end{bmatrix} \begin{bmatrix} d_0 \\ d_1 \\ d_2 \\ c_0 \\ c_1 \\ c_2 \end{bmatrix} = \begin{bmatrix} 1 \\ 12 \\ 74 \\ 207 \\ 378 \\ 288 \end{bmatrix} \tag{7.255}$$

于是，求解得(再次使用 MATLAB 中的 x = a \b 命令)

$$d_0 = 1, \quad c_0 = -20.8$$
$$d_1 = 2.0, \quad c_1 = -23.6$$
$$d_2 = 38, \quad c_2 = 28.8$$

结果得到控制器为

$$\frac{c_y(s)}{d(s)} = \frac{-20.8s^2 - 23.6s + 28.8}{s^2 + 2.0s + 38} \tag{7.256}$$

同样地，将例 7.31 中用状态变量法得到的 $D_{cr}(s)$ 展开，并且不考虑它们之间在数值上的微小差别，则式(7.256)与 $D_{cr}(s)$ 是完全相同的。

注意，在例 7.40 和例 7.41 中并没有分析参考输入多项式 $c_r(s)$。我们可以选择 $c_r(s)$ 用它配置从 $R(s)$ 到 $Y(s)$ 的传递函数的零点。这与 7.9 节中 $\gamma(s)$ 的作用相同。选择 $c_r(s)$ 的一个方法是，让它消去 $\alpha_e(s)$，使得总的传递函数为

$$\frac{Y(s)}{R(s)} = \frac{K_s b(s)}{\alpha_c(s)}$$

这对应于 7.9 节中介绍的引入参考输入的选择 **M** 和 $\overline{N}$ 的第一个方法，这也是最普遍的方法。

除此以外，还可以在多项式设计法中引入积分控制和基于内部模型的鲁棒跟踪控制。这要求我们使用误差控制，并且控制器在内部模型极点处有极点。对于如图 7.75 所示的结构使用误差控制，我们只需令 $c_r = c_y$。对于控制器配置期望的极点，必须要求 $d(s)$ 有一个明确的

因子。而对于最普遍的积分控制,这是微不足道的。如果我们让最后一项 d_m 等于零,则多项式 $d(s)$ 有一个根为零。如果 $m = n$,那么方程可解。对于更一般的内部模型,我们定义 $d(s)$ 为降阶多项式与某个已知多项式[参见式(7.227)]的乘积,并且匹配丢番图方程。这个过程是简单易懂的,但非常冗长。再一次请大家注意,虽然多项式设计法是有效的,但是该方法的数值问题往往比应用状态方程法更差。对于高阶系统,状态空间设计法更优一些。

△7.13　含纯时滞的系统设计

在由集总元件组成的任何线性系统中,系统在激励下会立即响应。在某些反馈系统(如过程控制系统,不管是操作指导系统还是计算机控制系统)中,存在纯时滞(也称为传输滞后)环节。这些特性使得系统的响应保持为零,直到延迟 λ 秒之后。典型的阶跃响应如图 7.76(a)所示。纯滞后环节的传递函数为 $e^{-\lambda s}$。我们可以把含时滞的单输入单输出(SISO)系统的传递函数表示为

$$G_l(s) = G(s)e^{-\lambda s} \tag{7.257}$$

式中, $G(s)$ 不含有纯时滞。因为 $G_l(s)$ 不存在有限的状态描述,所以不可能使用状态变量法的标准用法。但是,史密斯(1985)证明了如何构造有效地消除回路中时滞的反馈结构,并且允许反馈的设计只依赖于 $G(s)$,这样就可以用标准方法来完成设计。这个方法使含滞后 λ 的闭环传递函数的设计与不含时滞的闭环设计具有相同的响应。我们通过如图 7.76(b)所示的反馈结构来说明这种方法。整个系统的传递函数为

$$\frac{Y(s)}{R(s)} = \mathcal{T}(s) = \frac{D'(s)G(s)e^{-\lambda s}}{1 + D'(s)G(s)e^{-\lambda s}} \tag{7.258}$$

史密斯建议用以下的方法求解补偿器 $D'(s)$ 建立一个虚拟的总传递函数,其控制器传递函数 $D(s)$ 与 $G(s)$ 在同一回路中,而与滞后环节不在同一个回路中,但使用总的时滞 λ,即

$$\frac{Y(s)}{R(s)} = \mathcal{T}(s) = \frac{D(s)G(s)}{1 + D(s)G(s)}e^{-\lambda s} \tag{7.259}$$

令式(7.258)和式(7.259)相等,得到 $D'(s)$

$$D'(s) = \frac{D(s)}{1 + D(s)[G(s) - G(s)e^{-\lambda s}]} \tag{7.260}$$

如果受控对象的传递函数和时滞是已知的,那么 $D'(s)$ 可通过如图 7.76(c)所示的含实数元件的方框图来实现。基于式(7.259),我们可以用一般方法来设计补偿器 $D(s)$,把它看成不含有时滞环节,如图 7.76(c)所示。得到的闭环系统将与不含有时滞环节的有限闭环系统相同。当纯时滞 λ 比过程时间常数大时,如在纸浆和纸张生产过程的应用中,这一设计方法显得更为合适。

注意,从概念上讲,史密斯补偿器,是指反馈回一个模拟对象输出以消去真实对象输出,然后加入一个不含时滞的模拟对象输出。可以证明,如图 7.76(c)所示的 $D'(s)$ 等效于满足相位超前补偿器要求的一般调节器。为了在模拟系统中实现这一补偿器,必须使用 Padé 逼近来代替 $D'(s)$ 中的时滞。而对于数字补偿器,时滞可以精确地实现(参见第 8 章)。另外,补偿器 $D'(s)$ 是 $G(s)$ 的一个强函数,控制器的对象状态中的一个小误差都可能导致闭环系统的大误差,甚至是不稳定的。该设计非常敏感。如果把 $D(s)$ 实现为 PI 控制器,

则必须(如减小增益)想办法保证稳定性和合理的性能。关于史密斯调节器的自动调节和 Stanford 的静液压精度车床流体温度控制的现代应用,请读者自行参阅 Huang 和 DeBra 的著作(2000)。

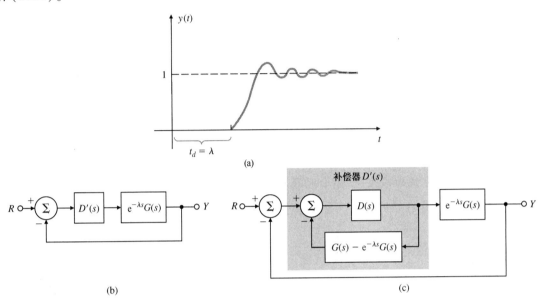

图 7.76 含时滞的系统的史密斯调节器

例 7.42 热交换器:含纯时滞的设计

图 7.77 给出了例 2.15 的热交换器。产品的温度是通过控制交换器绝缘套的蒸气流动速度来实现控制的。温度传感器设置在蒸气控制阀下游几米的地方,因而在状态中引入了传输滞后。一个合理的模型可由下式给出:

$$G(s) = \frac{e^{-5s}}{(10s+1)(60s+1)}$$

用史密斯补偿器和极点配置对热交换器设计一个控制器。使其控制极点设置为

$$p_c = -0.05 \pm j0.087$$

而估计器极点设置为控制极点固有频率的 3 倍:

$$p_e = -0.15 \pm j0.26$$

并用 Simulink 来模拟系统的响应。

解: 一组合适的状态空间方程为

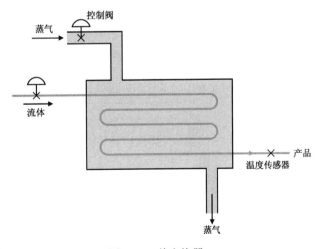

图 7.77 热交换器

$$\dot{\boldsymbol{x}}(t) = \begin{bmatrix} -0.017 & 0.017 \\ 0 & -0.1 \end{bmatrix} \boldsymbol{x}(t) + \begin{bmatrix} 0 \\ 0.1 \end{bmatrix} u(t-5)$$

$$y = \begin{bmatrix} 1 & 0 \end{bmatrix} \boldsymbol{x}$$

$$\lambda = 5$$

对于给定的控制极点位置和暂时忽略时滞, 我们得到状态反馈增益为

$$K = [5.2 \ -0.17]$$

对于给定的估计器极点, 全阶估计器的增益矩阵为

$$L = \begin{bmatrix} 0.18 \\ 4.2 \end{bmatrix}$$

由此得到的控制器传递函数为

$$D(s) = \frac{U(s)}{Y(s)} = \frac{-0.25(s + 1.8)}{s + 0.14 \pm j0.27}$$

如果选择为单位闭环直流增益进行调节, 则

$$\bar{N} = 1.2055$$

　　系统的 Simulink 方框图如图 7.78 所示。系统的开环和闭环阶跃响应和控制量如图 7.79 和图 7.80 所示, 而系统的根轨迹(不含时滞)如图 7.81 所示。注意, 在图 7.79 和图 7.80 中, 时滞 5 s 相对于系统响应来说是很小的, 在这种情况下几乎可以忽略不计。

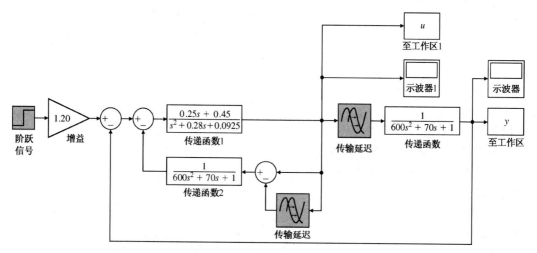

图 7.78　热交换器的闭环 Simulink 方框图

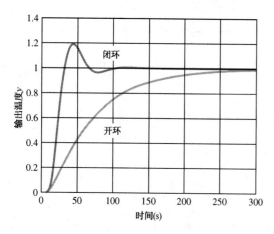

图 7.79　热交换器的阶跃响应

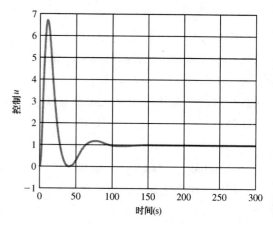

图 7.80　热交换器的控制量

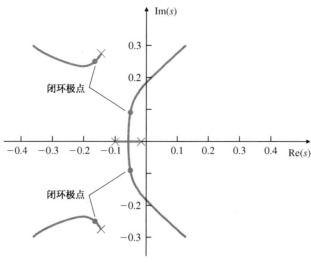

图 7.81　热交换器的根轨迹

7.14　历史回顾

卡尔曼(R. E. Kalman)在麻省理工学院(MIT)读书时就提出了用状态变量来解决在工程问题中遇到的微分方程的理论问题。在当时,这一革命性的、新颖的理论引起了轩然大波。卡尔曼的老师是一位精通频域技术的学者,他坚定地支持卡尔曼的这一理论。从 20 世纪 50 年代末到 20 世纪 60 年代初,卡尔曼撰写了一系列论文来介绍状态变量、能控性、能观性、线性二次方程式(LQ)以及卡尔曼滤波器的相关理论。Gunkel 和 Franklin 在 1963 年,以及 Joseph 和 Tou 在 1961 年,分别独立地给出了分离定理。分离定理的提出,使得用 H_2 定理来解决线性二次高斯型(LQG)问题成为可能。分离定理是西蒙(Simon)在 1956 年提出的确定性等价定理的一种特殊形式。线性二次型问题和线性二次高斯型问题的解都可以表示成如黎卡提微分方程的解一样整齐的形式。曾经和卡尔曼在斯坦福大学修读同一门课程的 D. G. Luenberger 在听到卡尔曼在一次演讲中推荐这个方法后,经过一个周末的时间,他研究出了观测器以及降阶观测器的推导方法。卡尔曼、Bryson、Athans 以及其他人在最优控制领域做出了巨大的贡献,他们提出的理论被广泛应用在航空问题中,包括阿波罗计划。1962 年,Zadeh 和 Desoer 出版的一本书,促进了状态空间方法的发展。20 世纪 70 年代,人们对线性二次型和线性二次高斯型方法的鲁棒性进行研究,终于在 1981 年由 Doyle 和 Stein 发表了一篇著名的、影响深远的文章。Doyle 和 Safonov 的最重要贡献之一就是,他们利用奇异值分解法把频率法扩展到了多输入多输出系统中。对这些研究作出贡献的还有 G. Zames,他曾经介绍过 H_∞ 方法,这种方法后来被扩展到了 H_2 算法中。以 H_∞ 和 μ 合成步骤著称的设计方法也由此产生。在 20 世纪 80 年代,为解决状态变量设计问题而采用的数值计算方法已经非常可靠,同时相关的用于控制设计的计算机辅助软件也日趋成熟。Cleve Moler 的 MATLAB 发明以及 Mathworks 公司的广泛推广,对于不仅是控制设计领域,还是所有的交互式科学计算领域都产生了巨大的影响。

当状态变量法在美国获得迅猛发展的同时,在欧洲尤其是英国的一些由 Rosenbrock、Mac-Farlane 以及 Munro 等人领导的研究小组,把经典技术推广到了多输入多输出系统中。从此,根轨迹法和频域法,如(逆)奈奎斯特方法,开始应用到多输入多输出系统中。最终,在 20 世纪 80 年代，频域法和状态变量法的结合，产生了一种强大的控制设计方法，这种方法拥有了两者的优点。

在第 7 章中可以看到，与伯德(Bode)和奈奎斯特(Nyquist)的频率响应法相比，状态变量法不仅适用于处理系统的输入和输出变量，而且还能用来处理内部变量。状态变量法可以用来研究线性与非线性系统，例如时变系统。此外，状态变量法使得对多输入多输出、高阶系统的掌握变得容易。从计算的角度来看，状态变量法远远要优于需要进行多项式运算的频域法。

本章小结

- 对于零点数不多于极点数的任何传递函数，状态空间形式与微分方程是对应的。
- 状态空间描述有多种标准型。它们是控制标准型、观测标准型和模态标准型。
- 开环极点和零点可通过状态描述矩阵($\boldsymbol{F}, \boldsymbol{G}, \boldsymbol{H}, J$)来计算

$$极点: p = \mathrm{eig}(\boldsymbol{F}), \quad \det(p\boldsymbol{I} - \boldsymbol{F}) = 0$$

$$零点: \det \begin{bmatrix} z\boldsymbol{I} - \boldsymbol{F} & -\boldsymbol{G} \\ \boldsymbol{H} & J \end{bmatrix} = 0$$

- 对于任意的 n 阶能控系统，存在状态反馈规律，使得可以将闭环极点配置在任意 n 阶控制特征方程的根上。
- 引入参考输入可以使得对阶跃响应具有零稳态误差。这一性质对于参数变化不具备鲁棒性。
- 理想的闭环极点配置取决于期望的瞬态响应、对参数变化的鲁棒性，以及动态特性与控制量之间的平衡。
- 选择闭环极点，可以得到主导的二阶响应，与原型的动态响应相匹配，或者使得二次性能指标的值最小。
- 对于任意的 n 阶能观测系统，估计器(或观测器)可以只由传感器输入和对象的估计状态构成。估计器误差系统的 n 个极点可以任意配置。
- 每个传递函数都可以表示为最小实现形式，例如一个既可控又可观的状态空间模型。
- 当且仅当一个单输入单输出系统的输入能影响系统所有的固有频率时，例如传递函数中不存在极点相消的情况，它是能控的。
- 控制规律和估计器可以联合起来构成控制器，闭环系统的极点就由控制规律极点和估计器极点两部分组成。
- 基于估计器的控制器，引入参考输入就像允许配置 n 个任意零点一样。配置零点最普遍的选择是，配置零点使得它消去估计器极点，这样就不会引起估计器误差。
- 可以引入积分控制增加对象状态，从而得到对阶跃信号的鲁棒稳态跟踪。该设计对于抑制常数扰动也是鲁棒的。
- 一般地，可以结合对象方程和参考模型得到误差空间，并为扩展系统设计控制规律实现鲁棒控制。鲁棒设计的实现证明了内部模型原则。当要保持鲁棒性时，可以加入对象状态的估计器。
- 可以扩展估计器，使得它包含等效控制扰动的估计，这样就可得到鲁棒跟踪和扰动抑制。
- 极点配置设计，包括积分控制，除了用状态描述以外，还可以用对象传递函数的多项式来进行计算。频繁使用多项式进行设计，会导致数值精度问题。

- 含有纯时滞的对象控制器在设计时可视为没有时滞，而含时滞的对象的控制器在实际中也是可以实现的。我们期望设计对参数变化是灵敏的。
- 表 7.3 列出了本章的重要方程。其中标有三角形的表示该方程是从本书中选读章节中筛选出来的。
- 通过经验数据确定模型，或者用经验修改理论模型，是采用状态空间分析设计系统的一个重要环节。这在采用频率响应设计法设计补偿器中是不必要的。

表7.3　第7章中的重要方程

名　　称	方　　程	原书页码
控制标准型	$$\boldsymbol{A}_c = \begin{bmatrix} -a_1 & -a_2 & \cdots & \cdots & -a_n \\ 1 & 0 & \cdots & \cdots & 0 \\ 0 & 1 & 0 & \cdots & 0 \\ \vdots & & \ddots & 0 & \vdots \\ 0 & 0 & \cdots & 1 & 0 \end{bmatrix}$$	426
	$$\boldsymbol{B}_c = \begin{bmatrix} 1 \\ 0 \\ 0 \\ \vdots \\ 0 \end{bmatrix}, \quad \boldsymbol{C}_c = [b_1 \quad b_2 \quad \cdots \quad b_n], \quad D_c = 0$$	
状态描述	$\dot{\boldsymbol{x}} = \boldsymbol{Fx} + \boldsymbol{Gu}$	428
输出方程	$y = \boldsymbol{Hx} + Ju$	428
状态转换	$\boldsymbol{A} = \boldsymbol{T}^{-1}\boldsymbol{FT}$	429
	$\boldsymbol{B} = \boldsymbol{T}^{-1}\boldsymbol{G}$	
	$y = \boldsymbol{HT}z + Ju = \boldsymbol{Cz} + Du$，其中 $\boldsymbol{C} = \boldsymbol{HT}, D = J$	
能控性矩阵	$\mathcal{C} = [\boldsymbol{G} \quad \boldsymbol{FG} \quad \cdots \quad \boldsymbol{F}^{n-1}\boldsymbol{G}]$	430
来自状态方程的传递函数	$G(s) = \dfrac{Y(s)}{U(s)} = \boldsymbol{H}(s\boldsymbol{I} - \boldsymbol{F})^{-1}\boldsymbol{G} + J$	437
传递函数极点	$\text{dep}(p_i\boldsymbol{I} - \boldsymbol{F}) = 0$	438
传递函数零点	$\alpha_z(s) = \det\begin{bmatrix} z_i\boldsymbol{I} - \boldsymbol{F} & -\boldsymbol{G} \\ \boldsymbol{H} & J \end{bmatrix} = 0$	439
控制特征方程	$\det[s\boldsymbol{I} - (\boldsymbol{F} - \boldsymbol{GK})] = 0$	444
用于极点配置的 Ackermann 控制公式	$\boldsymbol{K} = [0 \quad \cdots \quad 0 \quad 1]\mathcal{C}^{-1}\alpha_c(\boldsymbol{F})$	448
参考输入增益	$\begin{bmatrix} \boldsymbol{F} & \boldsymbol{G} \\ \boldsymbol{H} & J \end{bmatrix}\begin{bmatrix} \boldsymbol{N_x} \\ \boldsymbol{N_u} \end{bmatrix} = \begin{bmatrix} \boldsymbol{0} \\ 1 \end{bmatrix}$	452
含参考输入的控制方程	$u = N_u r - \boldsymbol{K}(\boldsymbol{x} - \boldsymbol{N_X}r) = -\boldsymbol{Kx} + (N_u + \boldsymbol{KN_X})r = -\boldsymbol{Kx} + \overline{N}r$	452
对称根轨迹	$1 + \rho G_0(-s)G_0(s) = 0$	458
估计器误差特征方程	$\alpha_e(s) = \det[s\boldsymbol{I} - (\boldsymbol{F} - \boldsymbol{LH})] = 0$	467
观测标准型	$\dot{\boldsymbol{x}}_o = \boldsymbol{F}_o\boldsymbol{x}_o + \boldsymbol{G}_o u,\ y = \boldsymbol{H}_o\boldsymbol{x}_o$，其中	
	$$\boldsymbol{F}_o = \begin{bmatrix} -a_1 & 1 & 0 & 0 & \dots & 0 \\ -a_2 & 0 & 1 & 0 & \cdots & \vdots \\ \vdots & \vdots & \ddots & & & 1 \\ -a_n & 0 & & 0 & & 0 \end{bmatrix}$$	470

（续表）

名　　称	方　　程	原书页码
	$$\boldsymbol{G}_o = \begin{bmatrix} b_1 \\ b_2 \\ \vdots \\ b_n \end{bmatrix}, \quad \boldsymbol{H}_o = \begin{bmatrix} 1 & 0 & 0 & \cdots & 0 \end{bmatrix}$$	
能观性矩阵	$$\mathcal{O} = \begin{bmatrix} \boldsymbol{H} \\ \boldsymbol{HF} \\ \vdots \\ \boldsymbol{HF}^{n-1} \end{bmatrix}$$	471
Ackermann 估计器公式	$$\boldsymbol{L} = \alpha_e(\boldsymbol{F})\mathcal{O}^{-1} \begin{bmatrix} 0 \\ 0 \\ \vdots \\ 1 \end{bmatrix}$$	471
补偿器传递函数	$$D_c(s) = \frac{U(s)}{Y(s)} = -\boldsymbol{K}(s\boldsymbol{I} - \boldsymbol{F} + \boldsymbol{GK} + \boldsymbol{LH})^{-1}\boldsymbol{L}$$	480
降阶补偿器传递函数	$$D_{\mathrm{cr}}(s) = \frac{U(s)}{Y(s)} = \boldsymbol{C}_r(s\boldsymbol{I} - \boldsymbol{A}_r)^{-1}\boldsymbol{B}_r + \boldsymbol{D}_r$$	480
控制器方程	$$\dot{\hat{\boldsymbol{x}}} = (\boldsymbol{F} - \boldsymbol{GK} - \boldsymbol{LH})\hat{\boldsymbol{x}} + \boldsymbol{L}y + \boldsymbol{M}r$$ $$u = -\boldsymbol{K}\hat{\boldsymbol{x}} + \bar{N}r$$	492
含积分控制的扩展状态方程	$$\begin{bmatrix} \dot{x}_I \\ \dot{\boldsymbol{x}} \end{bmatrix} = \begin{bmatrix} 0 & \boldsymbol{H} \\ 0 & \boldsymbol{F} \end{bmatrix} \begin{bmatrix} x_I \\ \boldsymbol{x} \end{bmatrix} + \begin{bmatrix} 0 \\ \boldsymbol{G} \end{bmatrix} u - \begin{bmatrix} 1 \\ 0 \end{bmatrix} r + \begin{bmatrix} 0 \\ \boldsymbol{G}_1 \end{bmatrix} w$$	503
△多项式形式的一般控制器	$$U(s) = -\frac{c_y(s)}{d(s)}Y(s) + \frac{c_r(s)}{d(s)}R(s)$$	524
△用于闭环特征方程的丢番图方程	$$a(s)d(s) + b(s)c_y(s) = \alpha_c(s)\alpha_e(s)$$	524

复习题

下面的方程是基于状态变量形式的系统, 矩阵为 $\boldsymbol{F}$、$\boldsymbol{G}$、$\boldsymbol{H}$ 和 $\boldsymbol{J}$, 输入为 u, 输出为 y, 状态为 $\boldsymbol{x}$。

1. 为什么把运动方程写成状态变量形式更为方便?

2. 写出该系统的传递函数表达式。

3. 写出该系统传递函数极点的两种表达。

4. 写出该系统传递函数零点表达式。

5. 在什么情况下, 该系统的状态是能控的?

6. 在什么情况下, 该系统对输出 y 是能观测的?

7. 假设状态反馈为 $u = -\boldsymbol{K}\boldsymbol{x}$, 给出闭环极点的表达式。

8. 在什么情况下, 可以选择反馈矩阵 $\boldsymbol{K}$ 使得 $\alpha_c(s)$ 具有任意根?

9. 用 LQR 或者 SRL 设计反馈矩阵 $\boldsymbol{K}$ 的优点是什么?

10. 在反馈控制中, 应用估计器的主要原因是什么?

11. 设估计器增益为 $\boldsymbol{L}$, 写出基于估计器的闭环极点表达式。

12. 在什么情况下, 可以选择估计器增益 $\boldsymbol{L}$ 使得 $\alpha_e(s) = 0$ 的根是任意的?

13. 如果安排参考输入使得估计器的输入与被控过程的输入一样, 则最终闭环传递函数如何?

14. 如果引入参考输入使得允许零点配置为 $\gamma(s)$ 的根, 则最终闭环传递函数如何?

15. 在状态反馈设计法中, 引入积分控制的三种标准方法是什么?

习题

7.3 节习题：方框图和状态空间

7.1　写出如图 7.82 所示电路的动态方程，并把该方程写成二阶微分方程形式的 $y(t)$。假设在零输入下，按图中所示的参数值和初始条件，用拉普拉斯变换求解微分方程 $y(t)$。用 MATLAB 验证你的答案。

7.2　2004 年 4 月 30 日发射的地心引力探测-B（GP-B）实验装置的人造卫星和科学探测器的示意图如图 7.83 所示。假设宇宙飞船加上氦舱的质量 m_1 等于 2000 kg 而探测器的质量 m_2 为 1000 kg。一个转子悬浮在探测器里，并由电容性强迫装置强迫其跟随探测器运动。耦合弹簧系数 k 为 3.2×10^6。黏滞阻尼系数 b 为 4.6×10^3。

(a) 利用内部位置变量 y_1, y_2 写出含有质量 m_1 和 m_2 的系统运动方程。

(b) 实际扰动 u 是微米数量级的，引起的运动将非常小。因此，用以下的变量改写你的方程：$z_1 = 10^6 y_1$，$z_2 = 10^6 y_2$，$v = 1000u$。

(c) 用状态 $\boldsymbol{x} = \begin{bmatrix} z_1 & \dot{z}_1 & z_2 & \dot{z}_2 \end{bmatrix}^{\mathrm{T}}$ 将方程写成状态变量形式，输出为 $y = z_2$，且对质量 m_1 有一个脉冲输入 $u = 10^{-3}\delta(t)\mathrm{N} \cdot \mathrm{s}$。

(d) 利用以上的数值，将以下形式的运动方程写入 MATLAB。

$$\dot{\boldsymbol{x}} = \boldsymbol{F}\boldsymbol{x} + \boldsymbol{G}v \tag{7.261}$$

$$y = \boldsymbol{H}\boldsymbol{x} + Jv \tag{7.262}$$

并且，定义 MATLAB 系统：sysGPB = ss(F,G,H,J)。用 MATLAB 命令 impuls(sysGPB) 描绘由脉冲引起的响应 y。这就是转子必须跟随的信号。

(e) 利用 MATLAB 命令 p = eig(F) 找出系统极点（根），并且用命令 z = tzero(F,G,H,J) 找出系统的零点。

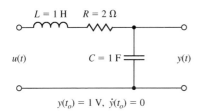

图 7.82　习题 7.1 的电路图

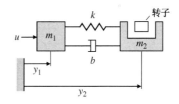

图 7.83　GP-B 卫星和探测器的示意图

7.4 节习题：状态方程的分析

7.3　对于下面的传递函数，给出控制标准型的状态描述矩阵。

(a) $\dfrac{1}{4s+1}$

(b) $\dfrac{5(s/2+1)}{(s/10+1)}$

(c) $\dfrac{2s+1}{s^2+3s+2}$

(d) $\dfrac{s+3}{s(s^2+2s+2)}$

(e) $\dfrac{(s+10)(s^2+s+25)}{s^2(s+3)(s^2+s+36)}$

7.4　利用 MATLAB 函数 tf2ss，求解习题 7.3 的状态矩阵。

7.5　以正常模态形式，写出习题 7.3 的传递函数的状态描述矩阵。保持每一对复数共轭极点在一起，以保证状态矩阵的每个状态为实值，并将它们视为控制标准型的独立子模块。

7.6　某个含状态 x 的系统由以下的状态矩阵描述:

$$\boldsymbol{F}=\begin{bmatrix} -2 & 1 \\ -2 & 0 \end{bmatrix}, \quad \boldsymbol{G}=\begin{bmatrix} 1 \\ 3 \end{bmatrix}$$

$$\boldsymbol{H}=\begin{bmatrix} 1 & 0 \end{bmatrix}, \quad \boldsymbol{J}=0$$

　　　找出转换矩阵 $\boldsymbol{T}$,使得如果 $x=\boldsymbol{T}z$,则描述 z 的动态特性的状态矩阵为控制标准型。计算新矩阵 $\boldsymbol{A},\boldsymbol{B},\boldsymbol{C}$ 和 D。

7.7　证明使用状态的线性变换,不会改变传递函数。

7.8　使用方框图化简法或者梅森公式,确定由图 7.31 以观测标准型描述的系统传递函数。

7.9　假设给定一个系统,其状态矩阵为 $\boldsymbol{F},\boldsymbol{G},\boldsymbol{H}$(在这里 $J=0$)。找出变换矩阵 $\boldsymbol{T}$,使得在式(7.24)和式(7.25)下,新的状态描述矩阵为观测标准型。

7.10　利用式(7.41)的变换矩阵,精确地展开例 7.10 中最后的方程式。

7.11　确定状态变换,使得式(7.35)的观测标准型转化为模态标准型。

7.12　(a)找出转换矩阵 $\boldsymbol{T}$,使得保持例 7.11 的磁带驱动系统为模态标准型,但将输入矩阵 $\boldsymbol{B}_m$ 的每一个元素转化为单位值。

　　　(b)利用 MATLAB 验证你的转换工作。

7.13　(a)找出状态转换,使得保持例 7.11 的磁带驱动系统为模态标准型,但使得极点出现在 $\boldsymbol{A}_m$ 中以增加幅值。

　　　(b)用 MATLAB 验证(a)中的结果,并给出状态矩阵的全新矩阵 $\boldsymbol{A},\boldsymbol{B},\boldsymbol{C}$ 和 D。

7.14　使用式(7.58),找出式(7.17a)的模态形式矩阵 $\boldsymbol{A}_m$ 的特征方程。

7.15　给定以下的系统

$$\dot{\boldsymbol{x}}=\begin{bmatrix} -4 & 1 \\ -2 & -1 \end{bmatrix}\boldsymbol{x}+\begin{bmatrix} 0 \\ 1 \end{bmatrix}u$$

　　　初始条件为零。对于阶跃输入 u,确定 $\boldsymbol{x}$ 的稳态值。

7.16　考虑如图 7.84 所示的系统:

　　　(a)确定从 U 到 Y 的传递函数。

　　　(b)利用图示的状态变量,写出系统的状态方程。

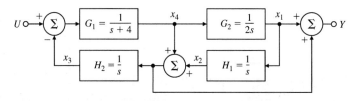

图 7.84　习题 7.16 的方框图

7.17　利用给定的状态变量,写出图 7.85 中各系统的状态方程。利用方框图操作和矩阵代数法[如式(7.48)所示],写出每个系统的传递函数。

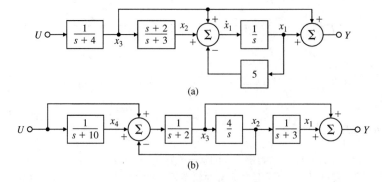

图 7.85　习题 7.17 的方框图

7.18 对于以下给出的每个传递函数，分别给出控制标准型和观测标准型的状态方程。对于每一种情况，画出方框图并给出 $\boldsymbol{F}, \boldsymbol{G}$ 和 $\boldsymbol{H}$ 的近似表达。

(a) $\dfrac{s^2 - 2}{s^2(s^2 - 1)}$（在外部推力作用下，对倒立摆进行控制）

(b) $\dfrac{3s + 4}{s^2 + 2s + 2}$

7.19 考虑一个传递函数如下：

$$G(s) = \frac{Y(s)}{U(s)} = \frac{s + 1}{s^2 + 5s + 6} \tag{7.263}$$

(a) 通过将上式改写为

$$G(s) = \frac{1}{s + 3}\left(\frac{s + 1}{s + 2}\right)$$

把 $G(s)$ 看成是两个一阶系统的串联，确定它的串联实现。

(b) 利用 $G(s)$ 的部分分式展开式，确定 $G(s)$ 的并联实现。

(c) 使用控制标准型实现 $G(s)$。

7.5 节习题：全状态反馈的控制规律设计

7.20 考虑以下描述的受控对象：

$$\dot{\boldsymbol{x}} = \begin{bmatrix} 0 & 1 \\ 7 & -4 \end{bmatrix}\boldsymbol{x} + \begin{bmatrix} 1 \\ 2 \end{bmatrix}u$$

$$y = \begin{bmatrix} 1 & 3 \end{bmatrix}\boldsymbol{x}$$

(a) 对于每个状态变量使用一个积分器，画出系统的方框图。

(b) 使用矩阵代数法，确定系统的传递函数。

(c) 假设反馈为以下的形式，分别确定闭环特征方程。

(i) $u = -\begin{bmatrix} K_1 & K_2 \end{bmatrix}\boldsymbol{x}$

(ii) $u = -Ky$

7.21 对于以下的系统：

$$\dot{\boldsymbol{x}} = \begin{bmatrix} 0 & 1 \\ -6 & -5 \end{bmatrix}\boldsymbol{x} + \begin{bmatrix} 0 \\ 1 \end{bmatrix}u$$

设计一个状态反馈控制器，满足以下的要求：

(a) 闭环极点的阻尼系数为 $\zeta = 0.707$。

(b) 阶跃响应的峰值时间小于 3.14 s。

7.22 (a) 对于以下的系统，设计一个状态反馈控制器，使得闭环阶跃响应的超调量小于 25%，且在稳态值 1% 范围内的调节时间小于 0.115 s。

$$\dot{\boldsymbol{x}} = \begin{bmatrix} 0 & 1 \\ 0 & -10 \end{bmatrix}\boldsymbol{x} + \begin{bmatrix} 0 \\ 1 \end{bmatrix}u$$

(b) 用 MATLAB 中的 step 命令验证你的设计是否满足要求。如果没有达到要求，根据需要调整反馈增益。

7.23 考虑以下的系统：

$$\dot{\boldsymbol{x}} = \begin{bmatrix} -1 & -2 & -2 \\ 0 & -1 & 1 \\ 1 & 0 & -1 \end{bmatrix}\boldsymbol{x} + \begin{bmatrix} 2 \\ 0 \\ 1 \end{bmatrix}u$$

(a) 为系统设计一个状态反馈控制器，使得闭环阶跃响应的超调量小于 5%，且在稳态值 1% 范围内的调节时间小于 4.6 s。

(b) 用 MATLAB 中的 step 命令验证你的设计是否满足要求。如果没有达到要求，根据需要调整反馈增益。

7.24 对于如图 7.86 所示的系统。

(a)用形如 $\dot{x} = Fx + Gu$, $y = Hx$ 的控制标准型，写出描述系统的方程组。

(b)设计以下形式的控制规律

$$u = -[\ K_1 \quad K_2\ ]\begin{bmatrix} x_1 \\ x_2 \end{bmatrix}$$

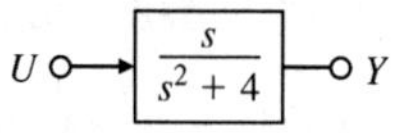

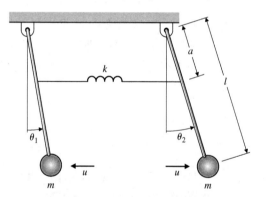

图 7.86　习题 7.24 的系统

将闭环极点配置为 $s = -2 \pm j2$。

7.25 输出能控性。在很多情况下，一个控制工程可能对控制输出 y 比控制状态 x 更有兴趣。如果在任意时刻，可以通过适当的控制信号 u^* 在有限的时间内将输出从零转移到任意期望输出 y^*，这样的系统被称为输出能控(output controllable)。对于连续系统 (F, G, H)，推导输出能控的必要条件和充分条件。输出与状态能控性有关系吗？如果有，那是怎样的关系？

7.26 考虑以下的系统：

$$\dot{x} = \begin{bmatrix} 0 & 4 & 0 & 0 \\ -1 & -4 & 0 & 0 \\ 5 & 7 & 1 & 15 \\ 0 & 0 & 3 & -3 \end{bmatrix} x + \begin{bmatrix} 0 \\ 0 \\ 1 \\ 0 \end{bmatrix} u$$

(a)确定该系统的特征值(提示：注意块三角结构)。

(b)确定该系统的能控状态和不能控状态。

(c)对于每一个不能控状态，确定向量 v，使得

$$v^{\mathrm{T}} G = 0, \quad v^{\mathrm{T}} F = \lambda v^{\mathrm{T}}$$

(d)证明存在无穷多个反馈增益 K，使得可以将系统的状态重新分配为 -5、-3、-2 和 -2。

(e)从以上的极点配置中找出一个唯一的矩阵 K，使得系统不能控部分的初始条件不会影响到能控部分。

7.27 有两个单摆，由弹簧耦合，用如图 7.87 所示的作用于单摆球上的大小相等、方向相反的力 u 进行控制。其运动方程为

$$ml^2 \ddot{\theta}_1 = -ka^2(\theta_1 - \theta_2) - mgl\theta_1 - lu$$
$$ml^2 \ddot{\theta}_2 = -ka^2(\theta_2 - \theta_1) - mgl\theta_2 + lu$$

(a)证明该系统是不能控的。你能否将物理意义和能控性或不能控性联系起来？

(b)有什么方法可以使得该系统能控呢？

图 7.87　习题 7.27 的耦合单摆

7.28 某确定应用的状态空间模型，已经由以下的状态描述矩阵给出：

$$F = \begin{bmatrix} 0.174 & 0 & 0 & 0 & 0 \\ 0.157 & 0.645 & 0 & 0 & 0 \\ 0 & 1 & 0 & 0 & 0 \\ 0 & 0 & 1 & 0 & 0 \\ 0 & 0 & 0 & 1 & 0 \end{bmatrix}, \quad G = \begin{bmatrix} -0.207 \\ -0.005 \\ 0 \\ 0 \\ 0 \end{bmatrix}, \quad H = [\ 1 \quad 0 \quad 0 \quad 0 \quad 0\ ]$$

(a)对于每个状态变量设置一个积分器，画出系统的方框图。

(b)有一个学生计算得到 $\det \mathcal{C} = 2.3 \times 10^{-7}$，并断定系统是不能控的。这个学生的观点是正确的还是错误的？为什么？

(c)该实现是能观测的吗？

7.29 梯形算法(Van Dooren et al., 1978)：任何实现 (F, G, H) 都可以通过正交相似变换(orthogonal similarity transformation)转换为 $\bar{F}$、$\bar{G}$、$\bar{H}$，其中 $\bar{F}$ 是 Hessenberg 上三角矩阵(upper Hessenberg matrix)(在主对角线上方有一个非零的对角线)，由以下的式子给出。

$$\bar{F} = T^{\mathrm{T}}FT = \begin{bmatrix} * & \alpha_1 & \mathbf{0} & 0 \\ * & * & \ddots & 0 \\ * & * & \ddots & \alpha_{n-1} \\ * & * & \cdots & * \end{bmatrix}, \quad \bar{G} = T^{\mathrm{T}}G = \begin{bmatrix} 0 \\ \vdots \\ 0 \\ g_1 \end{bmatrix}$$

其中 $g_1 \neq 0$，且

$$\bar{H} = HT = \begin{bmatrix} h_1 & h_2 & \cdots & h_n \end{bmatrix}, \quad T^{-1} = T^{\mathrm{T}}$$

正交变换对应于在长度上没有变化的转换向量（由矩阵的列表示）的一个旋转（rotation）。

(a) 证明对于某些 i，如果 $\alpha_i = 0$ 且 $\alpha_{i+1}, \cdots, \alpha_{n-1} \neq 0$，则经过变换之后，系统的能控和不能控状态是可以区别的。

(b) 怎样用这种方法来验证 (F, G, H) 的能观状态和不能观状态？

(c) 与其他方法相比，这种方法用来确定能控状态和不能控状态有哪些优点？

(d) 怎样用这种方法确定如习题 7.43 所示的能控和不能控子空间的基本组成？

这个算法可用来设计极点配置的数值稳定算法[参见 Minimis and Paige(1982)]。该算法的名字来源于多输入，在那里将 α_i 描述为使得 $\bar{F}$ 成为梯形形状的块。利用 MATLAB 中的 ctrbf 和 obsvf 命令，验证你的结果。

7.6 节习题：优良设计的极点位置选择

7.30　用小车的角度 θ 表示的倒立摆运动的一般方程为

$$\ddot{\theta} = \theta + u, \quad \ddot{x} = -\beta\theta - u$$

其中 x 是小车的位置，而控制输入 u 是作用在小车上的力。

(a) 将状态定义为 $x = \begin{bmatrix} \theta & \dot{\theta} & x & \dot{x} \end{bmatrix}^{\mathrm{T}}$，确定状态反馈增益 K，使得闭环极点配置在 $s = -1, -1, -1 \pm j1$。对于 (b) 到 (d)，假设 $\beta = 0.5$。

(b) 利用对称根轨迹法选择极点，使带宽与 (a) 中的尽量接近，并确定控制规律，使得闭环极点配置在你所选的极点位置上。

(c) 假设初始条件为 $\theta = 10°$，比较 (a) 和 (b) 中的系统响应。你可能需要用到 MATLAB 中的 initial 命令。

(d) 对于小车位置的定常指令输入，计算稳态误差为零时的 N_x 和 N_u，并比较两个闭环系统的阶跃响应。

7.31　考虑如图 7.88 所示的反馈系统。确定 K、T 和 ξ 之间的关系，使得对于阶跃输入，闭环传递函数时间乘以误差的绝对值的积分（ITAE）最小。

$$\mathcal{J} = \int_0^\infty t|e|\,\mathrm{d}t$$

7.32　证明 LQR 设计的奈奎斯特图能避免半径为 1、圆心在 -1 点的圆，如图 7.89 所示。并证明：$\dfrac{1}{2} < \mathrm{GM} < \infty$，即幅值裕度的"上限"为 $\mathrm{GM} = \infty$，且"下限"为 $\mathrm{GM} = 1/2$，而相位裕度最小为 $\mathrm{PM} = \pm60°$。因此，在保证闭环系统稳定的情况下，LQR 增益矩阵 K 可以乘以一个很大的标量，也可以对其减半。

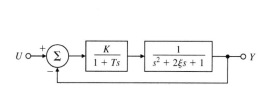

图 7.88　习题 7.31 的控制系统

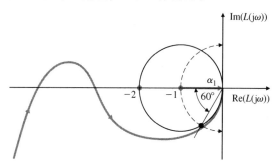

图 7.89　最优调节器的奈奎斯特图

7.7 节习题：估计器设计

7.33 考虑这样的系统

$$F = \begin{bmatrix} -2 & 1 \\ 1 & 0 \end{bmatrix}, G = \begin{bmatrix} 1 \\ 0 \end{bmatrix}, H = \begin{bmatrix} 1 & 2 \end{bmatrix}$$

假设使用 $u = -Kx + r$ 形式的反馈，其中 r 是参考输入信号。

(a)证明 (F, H) 是能观测的。

(b)证明存在 K，使得 $(F - GK, H)$ 是不能观测的。

(c)计算使得(b)中系统不能观测的 $K = [1, K_2]$ 形式的 K 值；也就是确定 K_2，使得闭环系统不能观测。

(d)比较(c)中的闭环系统的传递函数与开环系统的传递函数。分析导致不能观测的原因。

7.34 考虑以下传递函数的系统

$$G(s) = \frac{9}{s^2 - 9}$$

(a)确定系统的观测标准型的 (F_o, G_o, H_o)。

(b) (F_o, G_o) 能控吗？

(c)计算 K，使得闭环极点配置在 $s = -3 \pm j3$。

(d)试问(c)中的闭环系统是能观测的吗？

(e)设计一个全阶估计器，使估计器误差极点为 $s = -12 \pm j12$。

(f)如果修改系统，使得它具有零点，即

$$G_1(s) = \frac{9(s + 1)}{s^2 - 9}$$

证明如果 $u = -Kx + r$，则存在反馈增益 K，使得闭环系统不能观测[再次假设用观测标准型实现 $G_1(s)$]。

7.35 解释线性系统的能控性、能观性与稳定性之间的关系。

7.36 考虑如图 7.90 所示的电路。

(a)写出电路的内部(状态)方程。输入 $u(t)$ 为电流，输出 y 为电压。令 $x_1 = i_L$，$x_2 = v_c$。

(b) R、L 和 C 需要满足什么条件才能保证系统是能控的？

(c) R、L 和 C 需要满足什么条件才能保证系统是能观的？

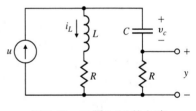

图 7.90　习题 7.36 的电路

7.37 某反馈系统的方框图如图 7.91 所示。系统状态为

$$x = \begin{bmatrix} x_p \\ x_f \end{bmatrix}$$

且矩阵的维数如下：

$$F = n \times n, \quad L = n \times 1$$
$$G = n \times 1, \quad x = 2n \times 1$$
$$H = 1 \times n, \quad r = 1 \times 1$$
$$K = 1 \times n, \quad y = 1 \times 1$$

(a)写出系统的状态方程。

(b)令 $x = Tz$，其中

$$T = \begin{bmatrix} I & 0 \\ I & -I \end{bmatrix}$$

证明系统是不能控的。

(c)确定从 r 到 y 的系统传递函数。

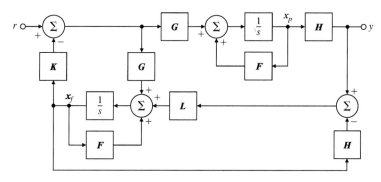

图 7.91 习题 7.37 的方框图

7.38 下面的问题有助于你更深入了解能控性和能观性。考虑如图 7.92 所示的电路，以电压源 $u(t)$ 为输入，以电流 $y(t)$ 为输出。

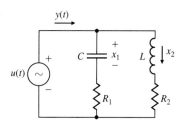

图 7.92 习题 7.38 的电路

（a）用电容电压和电感电流作为状态变量，写出系统的状态方程和输出方程。

（b）分别找出使得系统不能控和不能观的 R_1，R_2，C，L 之间的关系。

（c）根据系统的时间常数，从物理上解释（b）中得到的关系。

（d）确定系统的传递函数。证明在（b）中推导得到的关系下存在零极点相互抵消（即当系统不能控和不能观时）。

7.39 人造卫星运动的线性方程为

$$\dot{x} = Fx + Gu$$

$$y = Hx$$

其中

$$F = \begin{bmatrix} 0 & 1 & 0 & 0 \\ 3\omega^2 & 0 & 0 & 2\omega \\ 0 & 0 & 0 & 1 \\ 0 & -2\omega & 0 & 0 \end{bmatrix}, \quad G = \begin{bmatrix} 0 & 0 \\ 1 & 0 \\ 0 & 0 \\ 0 & 1 \end{bmatrix}, \quad H = \begin{bmatrix} 1 & 0 & 0 & 0 \\ 0 & 0 & 1 & 0 \end{bmatrix}.$$

$$u = \begin{bmatrix} u_1 \\ u_2 \end{bmatrix}, \quad y = \begin{bmatrix} y_1 \\ y_2 \end{bmatrix}$$

输入 u_1 和 u_2 是径向推力和切向推力，状态变量 x_1 和 x_3 是半径和背离参考（圆形）轨道的角度，输出 y_1 和 y_2 分别是测量的半径和角度。

（a）证明用全部控制输入时，系统是能控的。

（b）证明只用一个单独输入时，系统是能控的，这个输入是什么？

（c）证明用全部测量变量时，系统是能观测的。

（d）证明只用一个测量变量时，系统是能观测的，这个测量变量是什么？

7.40 考虑如图 7.93 所示的系统。

（a）写出系统的状态变量方程，利用 $[\theta_1 \ \theta_2 \ \dot{\theta}_1 \ \dot{\theta}_2]^T$ 作为状态向量，且用 F 作为单输入。

（b）证明只用 θ_1 测量值时，所有的状态变量都是能观测的。

（c）证明系统特征多项式是两个振荡器的乘积。为此，可以先写出含有状态变量的系统方程的新集合

$$\begin{bmatrix} y_1 \\ y_2 \\ \dot{y}_1 \\ \dot{y}_2 \end{bmatrix} = \begin{bmatrix} \theta_1 + \theta_2 \\ \theta_1 - \theta_2 \\ \dot{\theta}_1 + \dot{\theta}_2 \\ \dot{\theta}_1 - \dot{\theta}_2 \end{bmatrix}$$

提示：如果 A 和 D 是可逆矩阵，则有

$$\begin{bmatrix} A & 0 \\ 0 & D \end{bmatrix}^{-1} = \begin{bmatrix} A^{-1} & 0 \\ 0 & D^{-1} \end{bmatrix}$$

(d)推导出以下的结论：弹簧状态对 F 是能控的，但单摆状态是不能控的。

7.41 一个确定的五阶系统的特征方程的根为 0、−1、−5 和 −1 ± j1。将它分解为能控和不能控两部分，我们发现，能控部分有特征方程的根为 0 和 −1 ± j1。将它分解为能观和不能观两部分，我们发现，能观状态在 0、−1 和 −2。

(a)对于该系统，$b(s) = H\mathrm{adj}(sI - F)G$ 的零点是什么？

(b)只含能控和能观状态的降阶传递函数的极点是什么？

7.42 考虑图 7.94 中分别用串联、并联和反馈结构的系统。

(a)假设对于每个子系统，都有能控 − 能观实现形式

$$\dot{x}_i = F_i x_i + G_i u_i$$
$$y_i = H_i x_i, \quad i = 1, 2$$

其中 $i = 1, 2$。确定如图 7.94 所示的联合系统的状态方程。

(b)对于每一种情况，为了使得系统能控和能观，确定多项式 N_i 和 D_i 的根应满足什么条件。从零极相消的角度对你的结果做一个简单的解释。

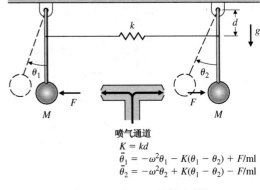

图 7.93　习题 7.40 的耦合单摆

$K = kd$

$\ddot{\theta}_1 = -\omega^2 \theta_1 - K(\theta_1 - \theta_2) + F/ml$

$\ddot{\theta}_2 = -\omega^2 \theta_2 + K(\theta_1 - \theta_2) - F/ml$

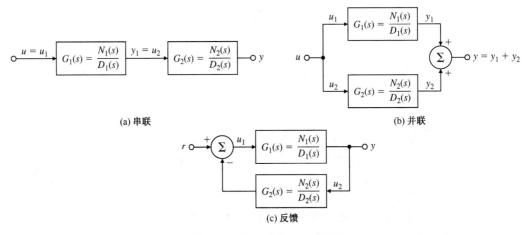

图 7.94　习题 7.42 的方框图

7.43 考虑一个系统 $\ddot{y} + 3\dot{y} + 2y = \dot{u} + u$。

(a)确定给定微分方程的控制标准型的状态矩阵 F_c、G_c 和 H_c。

(b)在 (x_1, x_2) 平面上画出特征向量 F_c 的草图，并画出对应于完全能观(x_0)和完全不能观($x_{\bar{0}}$)的状态变量的向量。

(c)用能观性矩阵 $\mathcal{O}$ 表示 x_0 和 $x_{\bar{0}}$。

(d)给出观测标准型的状态矩阵，并从能控性的角度重做(b)和(c)。

7.44 如图 7.95 所示，一颗位置保持卫星(如气象卫星)的运动方程为

$$\ddot{x} - 2\omega\dot{y} - 3\omega^2 x = 0, \quad \ddot{y} + 2\omega\dot{x} = u$$

其中, x 为径向摄动, y 为纵向摄动, $u = y$ 为方向上的引擎推力。

如果轨道与地球的旋转同步, 则 $\omega = 2\pi/(3600 \times 24)\,\mathrm{rad/s}$。

(a)试问状态 $\boldsymbol{x} = \begin{bmatrix} x & \dot{x} & y & \dot{y} \end{bmatrix}^{\mathrm{T}}$ 能观测吗?

(b)选择 $\boldsymbol{x} = \begin{bmatrix} x & \dot{x} & y & \dot{y} \end{bmatrix}^{\mathrm{T}}$ 作为状态向量且 y 作为测量值, 设计一个全阶观测器, 使其极点为 $s = -2\omega,\ -3\omega,\ -3\omega \pm \mathrm{j}3\omega$。

7.45 如图7.96所示的简单的单摆, 其线性化运动方程为

$$\ddot{\theta} + \omega^2\theta = u$$

(a)写出状态空间形式的运动方程。

(b)设计一个估计器(观测器)重构给定测量值 $\dot{\theta}$ 的单摆的状态。假设 $\omega = 5\,\mathrm{rad/s}$, 并令估计器极点为 $s = -10 \pm \mathrm{j}10$。

(c)写出测量值 $\dot{\theta}$ 与估计值 θ 之间估计器的传递函数。

(d)设计一个控制器(即确定状态反馈增益 $\boldsymbol{K}$), 使得闭环特征方程的根为 $s = -6 \pm \mathrm{j}6$。

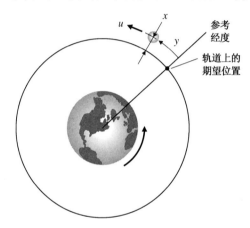

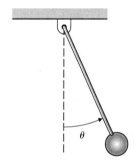

图7.95　习题7.44 在轨的位置保持卫星的示意图　　　　图7.96　习题7.45 的单摆示意图

7.46 对于惯性导航系统的误差分析, 可以得到一般的状态方程为

$$\begin{bmatrix} \dot{x}_1 \\ \dot{x}_2 \\ \dot{x}_3 \end{bmatrix} = \begin{bmatrix} 0 & -1 & 0 \\ 1 & 0 & 1 \\ 0 & 0 & 0 \end{bmatrix} \begin{bmatrix} x_1 \\ x_2 \\ x_3 \end{bmatrix} + \begin{bmatrix} 0 \\ 0 \\ 1 \end{bmatrix} u$$

其中, x_1 为东边速度误差, x_2 为向北轴方向的平台倾斜, x_3 为北轴回转仪的偏离, u 为回转仪偏离的变化率。

将 $y = x_1$ 作为测量值, 设计一个降阶估计器, 将观测误差极点配置在 -0.1 和 -0.1。确保提供所有相关的估计器方程。

7.8 节习题: 补偿器设计: 结合控制规律和估计器

7.47 某过程的传递函数为 $G(s) = \dfrac{4}{(s^2 - 4)}$。

(a)确定观测标准型的系统的 $\boldsymbol{F}$、$\boldsymbol{G}$ 和 $\boldsymbol{H}$ 矩阵。

(b)如果 $u = -\boldsymbol{Kx}$, 计算 $\boldsymbol{K}$ 使得闭环控制极点配置在 $s = -2 \pm \mathrm{j}2$。

(c)计算 $\boldsymbol{L}$, 使得估计器误差极点配置在 $s = -10 \pm \mathrm{j}10$。

(d)给出所得控制器的传递函数[如式(7.177)]。

(e)控制器和给定开环系统的幅值裕度和相位裕度分别是多少?

7.48 近似盘旋的直升机线性化纵向运动(如图7.97所示), 可用一般的三阶系统来模拟

$$\begin{bmatrix} \dot{q} \\ \dot{\theta} \\ \dot{u} \end{bmatrix} = \begin{bmatrix} -0.4 & 0 & -0.01 \\ 1 & 0 & 0 \\ -1.4 & 9.8 & -0.02 \end{bmatrix} \begin{bmatrix} q \\ \theta \\ u \end{bmatrix} + \begin{bmatrix} 6.3 \\ 0 \\ 9.8 \end{bmatrix} \delta$$

q 为倾斜率

θ 为机身倾斜角

u 为水平速度(标准航行器表示)

δ 为旋翼倾斜角(控制变量)

假设我们的传感器用于测量水平速度 u,并作为输出:即 $y = u$。

(a)确定开环极点的位置。

(b)试问系统能控吗?

(c)确定反馈增益,将系统极点配置在 $s = -1 \pm j1$ 和 $s = -2$。

(d)为系统设计一个全阶估计器,使估计器的极点为 -8 和 $-4 \pm 4j\sqrt{3}$。

(e)设计一个所有极点在 -4 的降阶估计器。与全阶相比较,降阶估计器的优缺点是什么?

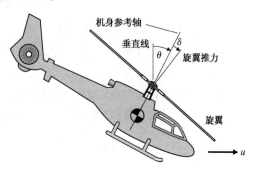

图 7.97 习题 7.48 的直升飞机

(f)利用(d)中设计的全阶估计器和控制增益,计算补偿器传递函数,并用 MATLAB 画出频率响应。对于闭环设计,画出伯德图,并标出相应的幅值裕度和相位裕度。

(g)使用降阶估计器,重复(f)。

(h)画出对称根轨迹(SRL),并为控制规律选择根,使得控制带宽符合(c)的设计,并为全阶估计器选择根,使得到的估计器误差带宽与(d)的设计相容。画出相应的伯德图,并在考虑带宽、稳定裕度、阶跃响应和对单位阶跃旋翼角输入的控制量各方面,比较极点配置和 SRL 设计法。用 MATLAB 进行相关的计算。

7.49 假设电动机电流为 u 的直流驱动电动机连接在小车的轮子上,以控制装在小车上的倒立摆的运动。对应于该系统的线性标准方程,可用以下的式子表示:

$$\ddot{\theta} = \theta + v + u$$
$$\dot{v} = \theta - v - u$$

其中,θ 为摆角,v 为小车速度。

(a)我们希望通过以下形式的反馈 u,实现控制 θ:

$$u = -K_1\theta - K_2\dot{\theta} - K_3v$$

确定反馈增益,使得闭环极点配置在 -1 和 $-1 \pm j\sqrt{3}$。

(b)假设 θ 和 v 是测量值。对于 θ 和 $\dot{\theta}$,构造以下形式的估计器

$$\dot{\hat{x}} = F\hat{x} + L(y - \hat{y})$$

其中,$x = \begin{bmatrix} \theta & \dot{\theta} \end{bmatrix}^T$,且 $y = \theta$。把 u 和 v 视为已知。选择 L,使得估计器极点为 -2 和 -2。

(c)给出控制器的传递函数,并画出闭环系统的伯德图,标明相应的幅值裕度和相位裕度。

(d)用 MATLAB 画出给定初始条件 θ 的系统响应,并对小车的初始运动给出物理解释。

7.50 考虑对 $G(s) = \dfrac{Y(s)}{U(s)} = \dfrac{10}{s(s+1)}$ 的控制。

(a)令 $y = x_1$ 和 $\dot{x}_1 = x_2$,写出系统的状态方程。

(b)确定 K_1,K_2,使得 $u = -K_1 x_1 - K_2 x_2$,得到的闭环极点的固有频率为 $\omega_n = 3$,且阻尼比为 $\zeta = 0.5$。

(c)设计系统的一个状态估计器,使状态误差极点的固有频率和阻尼比为 $\omega_{n1} = 15$, $\zeta_1 = 0.5$。

(d)联合(a)~(c),得到的控制器的传递函数是什么?

(e)当对象增益(一般为10)变化时,画出所得闭环系统的根轨迹。

7.51　假设有一个不稳定运动方程

$$\ddot{x} = x + u$$

出现在倒立摆(如火箭)的运动控制中。

(a)令 $u = -Kx$(只含反馈位置),画出对应于标量增益 K 的根轨迹。

(b)考虑以下形式的超前补偿器:

$$U(s) = K \frac{s+a}{s+10} X(s)$$

选择 a 和 K,使得系统的上升时间约为 2 s,且超调量不少于 25%。画出对应于 K 的根轨迹。

(c)画出未补偿的对象的伯德图(包括幅值和相位)。

(d)画出补偿设计的伯德图,并估计相位裕度。

(e)设计状态反馈,使得闭环极点与(b)中设计的相同。

(f)用测量值 $x = y$ 设计 x 和 $\dot{x}$ 的估计器,并选择观测器增益 L,使得 $\tilde{x}$ 的方程的特征根的阻尼比为 $\zeta = 0.5$,且固有频率为 $\omega_n = 8$。

(g)联立你所设计的估计器和控制规律,画出方框图,并标明 $\hat{x}$ 和 $\dot{x}$。画出闭环系统的伯德图,并与(b)中设计得到的带宽和稳定裕度进行比较。

7.52　一个柔性机械臂的简化控制模型,如图 7.98 所示,其中,$k/M = 900 \text{ rad/s}^2$;$y$ 为输出,质量位置;u 为输入,弹簧尽头的位置。

(a)写出状态空间形式的运动方程。

(b)设计一个估计器,使得根在 $s = -100 \pm j100$。

(c)如果只能测量 $\dot{y}$,系统的所有状态变量是否都可以估计?

(d)设计一个全状态反馈控制器,使其根为 $s = -20 \pm j20$。

(e)为使根为 $s = -200 \pm j200$ 而设计的控制规律是否合理? 说明其理由。

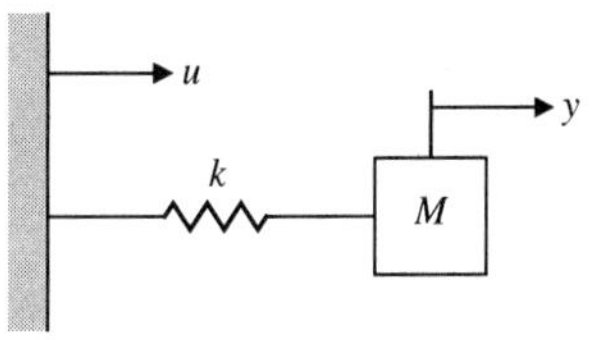

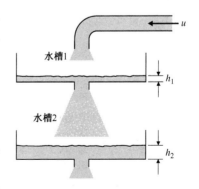

图 7.98　习题 7.52 的简化机械臂

(f)写出包含指令输入 y 的补偿器方程。画出闭环系统的伯德图,并给出设计的幅值和相位裕度。

7.53　如图 7.99 所示的两层水槽,其流体动力学线性微分方程为

$$\delta \dot{h}_1 + \sigma \delta h_1 = \delta u$$
$$\delta \dot{h}_2 + \sigma \delta h_2 = \sigma \delta h_1$$

其中,δh_1 为水槽 1 中水的深度与正常水位的差值,δh_2 为水槽 2 中水的深度与正常水位的差值,δu 为水槽 1 中水的流入变化量(控制)。

(a)双层水槽的水位控制器:用以下形式的状态反馈

$$\delta u = -K_1 \delta h_1 - K_2 \delta h_2$$

选择 K_1, K_2 的值,使得闭环特征值为

$$s = -2\sigma(1 \pm j)$$

(b)双层水槽的水位估计器:假设只测量水槽 2 的水位变化量(也就是 $y = \delta h_2$)。利用这些测量值,设计一个估计器,以得到水槽 1 和水槽 2 水位变化量的连续的、平滑的估计,使估计器误差极点为 $-8\sigma(1 \pm j)$。

图 7.99　习题 7.53 的双层水槽

(c)双层水槽的估计器/控制器:画出联合(b)中的估计器和(a)中的控制器的闭环系统的方框图(标明各自的积分器)。

(d)用 MATLAB 计算并描绘初始偏移 δh_1 时的 y 的响应。假设 $\sigma = 1$。

7.54 船身长为 100 m 的船只，以定常的速率 10 m/s 做横向运动，可描述为

$$\begin{bmatrix} \dot{\beta} \\ \dot{r} \\ \dot{\psi} \end{bmatrix} = \begin{bmatrix} -0.0895 & -0.286 & 0 \\ -0.0439 & -0.272 & 0 \\ 0 & 1 & 0 \end{bmatrix} \begin{bmatrix} \beta \\ r \\ \psi \end{bmatrix} + \begin{bmatrix} 0.0145 \\ -0.0122 \\ 0 \end{bmatrix} \delta$$

其中，β 为侧滑角（角度），ψ 为航向角（角度），δ 为方向舵转角（角度），r 为偏航速度（如图 7.100 所示）。

(a)确定 δ 到 ψ 的传递函数和不能控船的特征根。

(b)用以下形式的全状态反馈

$$\delta = -K_1\beta - K_2 r - K_3(\psi - \psi_d)$$

其中 ψ_d 是期望航向角。确定 K_1，K_2，K_3 的值，使得闭环极点为 $s = -0.2$，$-0.2 \pm j0.2$。

(c)设计基于 ψ 的测量值（如用旋转罗盘）的状态估计器。将估计器误差方程的根配置为 $s = -0.8$ 和 $-0.8 \pm j0.8$。

(d)给出如图 7.101 所示的补偿器 $D_c(s)$ 的状态方程和传递函数，并描绘它的频率响应。

(e)画出闭环系统的伯德图，并计算相应的幅值和相位增益。

(f)计算对于参考输入的反馈-前馈增益，并绘出航向角改变 5°时的系统的阶跃响应。

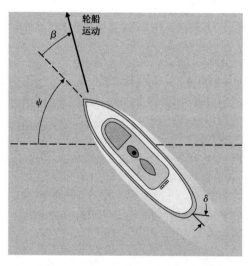

图 7.100　习题 7.54 的轮船俯视图

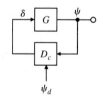

图 7.101　习题 7.54 的轮船控制方框图

7.9 节习题：带有估计器的参考输入

△7.55 正如在 7.9.2 节的脚注中提到的，选择式(7.205)的反馈-前馈增益的一个合理方法是，选择 $\bar{N}$，使得当 r 和 y 都不变时，r 到 u 的直流增益是 y 和 u 的直流增益的相反数。推导出基于此规则的 $\bar{N}$ 的公式。证明如果系统对象是 1 型的，这种选择的结果与式(7.205)给出的结果是相同的。

7.10 节习题：积分控制和鲁棒跟踪

7.56 假设滚珠轴承悬浮装置的线性化和时标运动方程为 $\ddot{x} - x = u + w$。这里 w 是经过功率放大器后的常数偏移。引入积分误差控制，并选择三个控制增益 $\boldsymbol{K} = \begin{bmatrix} K_1 & K_2 & K_3 \end{bmatrix}$ 使得闭环极点为 -1 和 $-1 \pm j$ 且对于 w 和（阶跃）位置指令的稳态误差为零。令 $y = x$ 且参考输入 $r \triangleq y_{\text{ref}}$ 为常数。画出你设计的系统的方框图并标明反馈增益 K_i 的位置。假设所有的 $\dot{x}$ 和 x 都是可量测的，画出闭环系统对阶跃指令输入的响应以及对斜度阶跃变化的输入的响应。验证系统是 1 型的。利用 MATLAB(Simulink) 软件模拟系统的响应。

7.57 考虑以下状态矩阵描述的系统

$$\boldsymbol{F} = \begin{bmatrix} -2 & 1 \\ 0 & -3 \end{bmatrix}, \quad \boldsymbol{G} = \begin{bmatrix} 1 \\ 1 \end{bmatrix}, \quad \boldsymbol{H} = \begin{bmatrix} 1 & 3 \end{bmatrix}$$

(a) 使用 $u(t) = -\boldsymbol{K}x(t) + \bar{N}r(t)$ 形式的反馈, 其中 $\bar{N}$ 是非零标量, 把极点移到 $-3 \pm j3$。

(b) 选择 $\bar{N}$, 使得如果 r 是一个常数, 则系统有零稳态误差, 即 $y(\infty) = r$。

(c) 证明如果 $\boldsymbol{F}$ 变化为 $\boldsymbol{F} + \delta \boldsymbol{F}$, 其中 $\delta \boldsymbol{F}$ 是任意 2×2 矩阵, 则 (b) 中选择的 $\bar{N}$ 不再有 $y(\infty) = r$。因此, 系统对于系统参数 $\boldsymbol{F}$ 的变化不具有鲁棒性。

(d) 系统的稳态误差的鲁棒性, 可通过在系统中加入积分控制和使用单位反馈得到。也就是说, 通过令 $\dot{x}_I = r - y$, 其中 x_I 是积分器的状态。为了达到这一点, 首先用 $u = -\boldsymbol{K}x - K_1 x_I$ 形式的状态反馈, 使得增加后系统的极点为 $-3, -2 \pm j\sqrt{3}$。

(e) 证明只要系统保持稳定, 不管矩阵 $\boldsymbol{F}$ 和 $\boldsymbol{G}$ 如何变化, 所得的系统仍具有 $y(\infty) = r$。

(f) 对于 (d), 用 MATLAB(Simulink) 软件画出系统对常数输入的时间响应。画出控制器、灵敏度函数 ($\mathcal{S}$) 和补充灵敏度函数 ($\mathcal{T}$) 的伯德图。

△7.58　考虑一个跟随计算机磁盘存储系统数据轨迹的伺服系统。由于各种不可避免的机械性缺陷的存在, 数据轨迹不可能精确地在中心圆上, 所以径向伺服电机必须跟随角频率为 ω_0 (硬盘的旋转速度) 的正弦输入。这样系统的线性化模型的状态矩阵为

$$\boldsymbol{F} = \begin{bmatrix} 0 & 1 \\ 0 & -1 \end{bmatrix}, \quad \boldsymbol{G} = \begin{bmatrix} 0 \\ 1 \end{bmatrix}, \quad \boldsymbol{H} = \begin{bmatrix} 1 & 3 \end{bmatrix}$$

正弦参考输入满足 $\ddot{r} = -\omega_0^2 r$。

(a) 令 $\omega_0 = 1$, 将内部模型设计的误差系统的极点配置为

$$\alpha_c(s) = (s + 2 \pm j2)(s + 1 \pm j1)$$

并且配置降阶估计器的极点为

$$\alpha_e(s) = (s + 6)$$

(b) 画出系统的方框图, 并标明在控制器中存在频率为 ω_0 的振荡器 (内部模型)。同时证明存在零点 $\pm j\omega_0$。

(c) 用 MATLAB(Simulink) 软件画出系统对频率 $\omega_0 = 1$ 的正弦信号的响应。

(d) 画出伯德图, 以表明系统对频率不等于 ω_0 但接近于 ω_0 的正弦信号是如何响应的。

△7.59　计算例 7.38 中的控制器的从 $Y(s)$ 到 $U(s)$ 的传递函数。允许跟踪和扰动抑制的控制器的显著特征是什么?

△7.60　考虑控制转矩 $\boldsymbol{T}_c$ 和扰动转矩 $\boldsymbol{T}_d$ 的单摆问题

$$\ddot{\theta} + 4\theta = \boldsymbol{T}_c + \boldsymbol{T}_d$$

(这里 $g/l = 4$) 假设在销钉处有一个电位计测量输出角度 θ, 但包含有未知偏移 b。因此, 测量方程为 $y = \theta + b$。

(a) 假设 "附加" 状态向量为

$$\begin{bmatrix} \theta \\ \dot{\theta} \\ w \end{bmatrix}$$

其中 w 是输入等效偏移。写出状态空间形式的系统方程。给出矩阵 $\boldsymbol{F}$、$\boldsymbol{G}$ 和 $\boldsymbol{H}$ 的值。

(b) 利用状态变量法, 证明模型的特征方程为 $s(s^2 + 4) = 0$。

(c) 如果假设 $y = \theta$, 证明 w 是能观的, 并写出以下估计的估计器方程

$$\begin{bmatrix} \hat{\theta} \\ \dot{\hat{\theta}} \\ \hat{w} \end{bmatrix}$$

求估计器增益 $\begin{bmatrix} l_1 & l_2 & l_3 \end{bmatrix}^T$, 使得估计器误差特征方程的根为 -10。

(d)利用估计(能控)状态变量的全状态反馈,推导出将闭环极点配置在 $-2\pm j2$ 的控制规律。

(e)用积分器模块画出全闭环系统(估计器、受控对象和控制器)的方框图。

(f)将估计偏移引入控制,使得对输出偏移 b 具有零稳态误差。通过描绘系统对 b 的阶跃变化(即 b 从零跳变到某一常数值)的响应,证明你所设计系统的性能。

7.13 节习题:含纯时滞的系统设计

△7.61 考虑传递函数为 $e^{-Ts}G(s)$ 的系统,其中

$$G(s) = \frac{1}{s(s+1)(s+2)}$$

该系统的史密斯补偿器为

$$D_c'(s) = \frac{D_c}{1+(1-e^{-sT})G(s)D_c}$$

画出 $T=5$,$D_c=1$ 时的补偿器频率响应,并画出标明系统幅值裕度和相位裕度的伯德图[1]。

---

[1] 该问题由 Åström(1977)提出。

第8章 数字控制

数字控制简介

到目前为止，我们所研究的大多数控制器都是用拉普拉斯变换或者微分方程描述的。严格地讲，这两种描述法都是建立在模拟电子电路基础之上的，分别如图5.31和图5.35所示。但正如4.4节所讨论的那样，如今大部分控制系统都是用数字计算机(即通常所说的微处理器)来实现控制器的。本章旨在讲解如何在数字计算机中实现控制系统的设计。这种实现导致了一个平均为半个采样周期的时延和一个在控制器设计需要提及的混叠现象。

采用模拟电子电路可以对信号进行积分和微分运算。为了用数字计算机完成这些任务，用于描述补偿的微分方程必须通过近似，将它们简化成由加法、减法和乘法组成的代数方程，正如在4.4节中所介绍的那样。本章将介绍实现这些近似的各种方法。如果需要，最终得到的设计可以用直接数字分析和设计法来调整。

学完本章后，你要能够设计、分析并实现数字控制系统。然而，我们在这里对有关数字控制这个复杂问题的介绍是有限的，更详细的技术细节，请参阅 Franklin 等人编著的 *Digital Control of Dynamic Systems* 一书(1998年，第三版)。

全章概述

在8.1节中，我们描述了数字控制系统的基本结构，并介绍了采样引起的各种问题。在4.4节中描述的数字实现，对于在数字控制系统中实现反馈控制规律是足够的，你可以通过Simulink 来评估数字系统，以了解其与连续系统相比所存在的不足。然而，学习离散线性分析工具对于全面理解采样对数字系统的影响是很有帮助的。因此，读者需要掌握在8.2节中讨论的 z 变换。建立在理解这些内容的基础上，8.3节将为4.4节使用的仿真法提供更好的理论根据。在8.4节和8.5节中将讨论硬件特征和采样速率。这两节都是实现数字控制器需要掌握的内容。

与离散的等效设计(即一种近似法)相比，作为选读内容的8.6节探讨了直接数字设计(也称为离散设计)方法。该方法是一种不依赖采样速率的精确方法。

8.1 数字化

图8.1(a)给出了我们在前几章介绍的典型连续系统的拓扑结构。误差信号 e 和动态补偿 $D(s)$ 的计算，都可由如图8.1(b)所示的数字计算机完成。这两种实现的本质区别在于，数字系统处理可测量受控对象输出的采样(sample)信号，而不是连续信号，并且由 $D(s)$ 提供的控制必须用代数递归方程产生。

我们首先考虑模数转换器(analog-to-digital converter, A/D)对信号的作用。这个器件对一个物理量进行采样,比如最常见的电压,并将电压转换成一个通常 10~16 位的二进制数。模拟信号 $y(t)$ 至采样值 $y(kT)$ 的转换,每隔 T 秒的时间间隔重复进行一次。T 即为采样周期(sample period),$1/T$ 为采样速率(sample rate),单位是赫兹(Hz)。采样信号为 $y(kT)$,其中 k 可取任意整数值。$y(kT)$ 通常被简写为 $y(k)$。我们把这种信号称为离散信号(discrete signal),以区别于在时间域内连续变化的连续信号,如 $y(t)$。既有离散信号又有连续信号的系统,被称为数据采样系统(sampled data system)。

我们假定采样周期是固定的。在实际中,数字控制系统有时具有变化的采样周期,在不同的反馈路径中采样周期也不同。通常,计算机逻辑包含一个时钟(clock),它每隔 T 秒提供一个脉冲或中断(interrupt),且每次中断到达时 A/D 转换器就给计算机发送一个数。另一种实现的方法,也就是通常提到的自激(free running),每一个代码执行周期结束后,存取一遍 A/D 转换器。在前一种情况中,采样周期是预先规定的;而在后一种情况中,若不存在可以改变被执行代码数量的逻辑分支,采样周期在本质上是由代码的长度决定的。

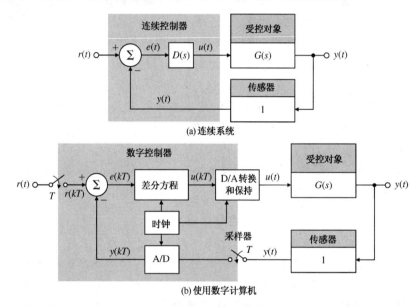

图 8.1　基本控制系统的方框图

对于输入指令信号 $r(t)$,可用采样器和 A/D 转换器产生离散的 $r(kT)$,然后用 $r(kT)$ 减去可测量输出 $y(kT)$,就得到离散的误差信号 $e(kT)$。如我们在 4.4 节、5.4.4 节和例 6.15 中看到的,连续补偿是用差分方程逼近的,而差分方程是微分方程的离散形式。若采样周期足够短,则差分方程可以用来模拟 $D(s)$ 的动态特性。差分方程的结果为每个采样瞬间的离散 $u(kT)$。这个信号被数模(D/A)转换器(digital-to-analog converter)转换为一个连续的 $u(t)$ 并被保存下来。D/A 转换器将二进制数转变为模拟电压,且零阶保持器(Zero-Order Hold, ZOH)在整个采样周期内维持这个电压。所得的结果 $u(t)$ 则以与连续实现相同的方式施加到激励上。求解数字控制器的差分方程有两种基本的方法。第一种方法,被称为离散等效法(discrete equivalent),使用包括前面章节讨论的方法设计连续补偿 $D(s)$,然后用 4.4 节的方法("Tustin 法")或用 8.3 节描述的其他方法来逼近 $D(s)$。另一种方法是在 8.6 节中描述的离散设计(discrete design)法。该方法可以不用先设计 $D(s)$,而是直接求出差分方程。

要求的采样速率取决于系统的闭环带宽。一般来说,采样速率应大约为 20 倍的带宽或更高,以保证数字控制器与连续控制器的性能相匹配。若需要对数字控制器做一些调整或者降低某些性能指标,则采用慢一些的采样速率也是可以接受的。如希望硬件成本最小化,则 8.6 节描述的离散设计法允许使用一个较慢的采样速率。然而,数字控制器最佳性能是,当采样速率大于 25 倍带宽时才能达到。

值得注意的是,对实现控制系统数字化影响最大的就是保持相关的延迟。在图 8.1(b)中,$u(kT)$ 的每个值都被保持,直到从计算机得到下一个值为止;而 $u(t)$ 的连续值由一些阶梯信号组成(参见图 8.2),可见这些阶梯信号都是从 $u(kT)$ 开始,平均延迟了 $T/2$。若将这 $T/2$ 的延迟简单地纳入到系统的连续分析中,就能很好地预测当采样速率远低于 20 倍带宽时采样对系统的影响。我们将在 8.3.3 节中进一步讨论这个话题。

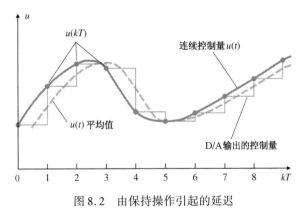

图 8.2　由保持操作引起的延迟

8.2　离散系统的动态分析

z 变换是分析线性离散系统的数学工具。它在离散系统分析中所起的作用和拉普拉斯变换在连续系统分析中所起的作用是一样的。本节将简要地介绍 z 变换、它在分析离散系统中的应用以及与拉普拉斯变换的联系。

8.2.1　z 变换

在连续系统的分析中,我们利用拉普拉斯变换,定义如下:

$$\mathcal{L}\{f(t)\} = F(s) = \int_0^\infty f(t)\mathrm{e}^{-st}\,\mathrm{d}t$$

根据以上的定义,可直接导出拉普拉斯变换的重要性质(初始条件为零):

$$\mathcal{L}\{\dot{f}(t)\} = sF(s) \tag{8.1}$$

对于给定系统的微分方程,式(8.1)使得我们很容易确定一个线性连续系统的传递函数。

对于离散系统,利用 z 变换可得到与上述相似的过程。z 变换(z-transform)被定义为

$$\mathcal{Z}\{f(k)\} = F(z) = \sum_{k=0}^\infty f(k)z^{-k} \tag{8.2}$$

式中,$f(k)$ 是 $f(t)$ 的采样值,如图 8.3 所示,且 $k = 0, 1, 2, 3, \cdots$,这对应于离散采样时刻 t_0,t_1,t_2,t_3,$\cdots$。以上的定义直接导出了与式(8.1)类似的性质,即

$$\mathcal{Z}\{f(k-1)\} = z^{-1}F(z) \tag{8.3}$$

对于给定系统的微分方程，利用上述关系式，我们很容易找出离散系统的传递函数。例如，一般二阶差分方程

$$y(k) = -a_1 y(k-1) - a_2 y(k-2) + b_0 u(k) + b_1 u(k-1) + b_2 u(k-2)$$

重复使用式（8.3），可将上式转换成 $y(k)$，$u(k)\cdots$的形式

$$Y(z) = (-a_1 z^{-1} - a_2 z^{-2})Y(z) + (b_0 + b_1 z^{-1} + b_2 z^{-2})U(z) \tag{8.4}$$

由式（8.4），得到离散的传递函数为

$$\frac{Y(z)}{U(z)} = \frac{b_0 + b_1 z^{-1} + b_2 z^{-2}}{1 + a_1 z^{-1} + a_2 z^{-2}}$$

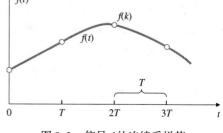

图 8.3　信号 f 的连续采样值

8.2.2　z 逆变换

表 8.1 给出了简单的离散时间函数及其对应的 z 变换，并给出了同一时间函数的拉普拉斯变换。

表 8.1　简单离散时间函数的拉普拉斯变换和 z 变换

No.	$F(s)$	$f(kT)$	$F(z)$
1		$1, k = 0; 0, k \neq 0$	1
2		$1, k = k_o; 0, k \neq k_o$	z^{-k_o}
3	$\frac{1}{s}$	$1(kT)$	$\frac{z}{z-1}$
4	$\frac{1}{s^2}$	kT	$\frac{Tz}{(z-1)^2}$
5	$\frac{1}{s^3}$	$\frac{1}{2!}(kT)^2$	$\frac{T^2}{2}\left[\frac{z(z+1)}{(z-1)^3}\right]$
6	$\frac{1}{s^4}$	$\frac{1}{3!}(kT)^3$	$\frac{T^3}{6}\left[\frac{z(z^2+4z+1)}{(z-1)^4}\right]$
7	$\frac{1}{s^m}$	$\lim_{a \to 0} \frac{(-1)^{m-1}}{(m-1)!}\left(\frac{\partial^{m-1}}{\partial a^{m-1}} e^{-akT}\right)$	$\lim_{a \to 0} \frac{(-1)^{m-1}}{(m-1)!}\left(\frac{\partial^{m-1}}{\partial a^{m-1}} \frac{z}{z-e^{-aT}}\right)$
8	$\frac{1}{s+a}$	e^{-akT}	$\frac{z}{z-e^{-aT}}$
9	$\frac{1}{(s+a)^2}$	kTe^{-akT}	$\frac{Tze^{-aT}}{(z-e^{-aT})^2}$
10	$\frac{1}{(s+a)^3}$	$\frac{1}{2}(kT)^2 e^{-akT}$	$\frac{T^2}{2}e^{-aT}z\frac{(z+e^{-aT})}{(z-e^{-aT})^3}$
11	$\frac{1}{(s+a)^m}$	$\frac{(-1)^{m-1}}{(m-1)!}\left(\frac{\partial^{m-1}}{\partial a^{m-1}} e^{-akT}\right)$	$\frac{(-1)^{m-1}}{(m-1)!}\left(\frac{\partial^{m-1}}{\partial a^{m-1}} \frac{z}{z-e^{-aT}}\right)$
12	$\frac{a}{s(s+a)}$	$1 - e^{-akT}$	$\frac{z(1-e^{-aT})}{(z-1)(z-e^{-aT})}$
13	$\frac{a}{s^2(s+a)}$	$\frac{1}{a}(akT - 1 + e^{-akT})$	$\frac{z[(aT-1+e^{-aT})z+(1-e^{-aT}-aTe^{-aT})]}{a(z-1)^2(z-e^{-aT})}$
14	$\frac{b-a}{(s+a)(s+b)}$	$e^{-akT} - e^{-bkT}$	$\frac{(e^{-aT}-e^{-bT})z}{(z-e^{-aT})(z-e^{-bT})}$
15	$\frac{s}{(s+a)^2}$	$(1 - akT)e^{-akT}$	$\frac{z[z-e^{-aT}(1+aT)]}{(z-e^{-aT})^2}$
16	$\frac{a^2}{s(s+a)^2}$	$1 - e^{-akT}(1 + akT)$	$\frac{z[z(1-e^{-aT}-aTe^{-aT})+e^{-2aT}-e^{-aT}+aTe^{-aT}]}{(z-1)(z-e^{-aT})^2}$

（续表）

17	$\dfrac{(b-a)s}{(s+a)(s+b)}$	$be^{-bkT} - ae^{-akT}$	$\dfrac{z[z(b-a)-(be^{-aT}-ae^{-bT})]}{(z-e^{-aT})(z-e^{-bT})}$
18	$\dfrac{a}{s^2+a^2}$	$\sin akT$	$\dfrac{z\sin aT}{z^2-(2\cos aT)z+1}$
19	$\dfrac{s}{s^2+a^2}$	$\cos akT$	$\dfrac{z(z-\cos aT)}{z^2-(2\cos aT)z+1}$
20	$\dfrac{s+a}{(s+a)^2+b^2}$	$e^{-akT}\cos bkT$	$\dfrac{z(z-e^{-aT}\cos bT)}{z^2-2e^{-aT}(\cos bT)z+e^{-2aT}}$
21	$\dfrac{b}{(s+a)^2+b^2}$	$e^{-akT}\sin bkT$	$\dfrac{ze^{-aT}\sin bT}{z^2-2e^{-aT}(\cos bT)z+e^{-2aT}}$
22	$\dfrac{a^2+b^2}{s[(s+a)^2+b^2]}$	$1-e^{-akT}(\cos bkT + \frac{a}{b}\sin bkT)$	$\dfrac{z(Az+B)}{(z-1)[z^2-2e^{-aT}(\cos bT)z+e^{-2aT}]}$

$$A = 1 - e^{-aT}\cos bT - \frac{a}{b}e^{-aT}\sin bT$$

$$B = e^{-2aT} + \frac{a}{b}e^{-aT}\sin bT - e^{-aT}\cos bT$$

$F(s)$ 是 $f(t)$ 的拉普拉斯变换，$F(z)$ 是 $f(kT)$ 的 z 变换。注意，当 $t=0$ 时，$f(t)=0$。

给定一个一般的 z 变换，可以用部分分式展开法（参阅附录 A），将其展开成初等项和的形式，并从表中找出相应的时域响应。这些步骤与连续系统中的步骤完全相同。与连续系统一样，大多数设计者用离散方程的数值计算来获得时域响应，而不是用 z 逆变换。

不具有连续对应项的 z 逆变换法，被称为长除法（long division）。给定 z 变换

$$Y(z) = \frac{N(z)}{D(z)} \tag{8.5}$$

利用长除法，我们只需用分母多项式去除以分子多项式。这样，得到一个 z^{-1} 的幂序列（可能有无限多的项），然后利用式（8.2）可得到相应的时域值序列。

例如，对于一个用差分方程描述的一阶系统

$$y(k) = \alpha y(k-1) + u(k)$$

得到其离散传递函数为

$$\frac{Y(z)}{U(z)} = \frac{1}{1-\alpha z^{-1}}$$

对于下列定义的单位脉冲输入：

$$u(0) = 1$$
$$u(k) = 0, \ k \neq 0$$

其 z 变换为

$$U(z) = 1 \tag{8.6}$$

故有

$$Y(z) = \frac{1}{1-\alpha z^{-1}} \tag{8.7}$$

因此，为了找出 y 的时域序列，我们用长除法将式（8.7）的分子多项式除以分母多项式

$$
\begin{array}{r}
1 + \alpha z^{-1} + \alpha^2 z^{-2} + \alpha^3 z^{-3} + \cdots \\
\hline
1 - \alpha z^{-1} \overline{)\,1} \\
1 - \alpha z^{-1} \\
\hline
\alpha z^{-1} + 0 \\
\alpha z^{-1} - \alpha^2 z^{-2} \\
\hline
\alpha^2 z^{-2} + 0 \\
\alpha^2 z^{-2} - \alpha 3 z^{-3} \\
\hline
\alpha^3 z^{-3} \\
\ddots
\end{array}
$$

得到一个无穷序列为

$$
Y(z) = 1 + \alpha z^{-1} + \alpha^2 z^{-2} + \alpha^3 z^{-3} + \cdots \tag{8.8}
$$

根据式(8.8)和式(8.2),可以得到 y 的采样时间序列为

$$
\begin{aligned}
y(0) &= 1 \\
y(1) &= \alpha \\
y(2) &= \alpha^2 \\
&\vdots \quad \vdots \\
y(k) &= \alpha^k
\end{aligned}
$$

8.2.3　s 与 z 的关系

从第 3 章可知,连续系统的某些行为与 s 平面上的极点位置有关:位于虚轴附近的极点使系统产生振荡;位于负实轴上的极点使响应按指数规律衰减;具有正实部的极点使系统产生不稳定。在设计离散系统时,也有类似的关系。考虑连续信号:

$$
f(t) = e^{-at}, \quad t > 0
$$

其拉普拉斯变换为

$$
F(s) = \frac{1}{s + a}
$$

对应的极点为 $s = -a$。$f(kT)$ 的 z 变换为

$$
F(z) = \mathcal{Z}\{e^{-akT}\} \tag{8.9}
$$

从表 8.1 中可看出,式(8.9)等价于

$$
F(z) = \frac{z}{z - e^{-aT}}
$$

对应的极点为 $z = e^{-aT}$。这意味着,s 平面的极点 $s = -a$ 对应于离散域内的极点 $z = e^{-aT}$。将其推广到一般情况。

　　z 平面与 s 平面之间的等效性,由下面的表达式给出

$$
z = e^{sT} \tag{8.10}
$$

式中,T 是采样周期。

　　表 8.1 还包含了拉普拉斯变换,这证明了表中的项 $F(s)$ 与 $F(z)$ 的分母多项式的根之间存在关系 $z = e^{sT}$。

图 8.4 给出了常阻尼系数 ζ 与固有频率 ω_n 曲线从 s 平面到 z 平面的上半平面的映射曲线,映射关系符合式(8.10)。这种映射有几个重要特征(参见习题 8.4)。

1. 稳定边界为单位圆 $|z| = 1$。
2. z 平面内在 $z = +1$ 周围的小领域必须与 s 平面上 $s = 0$ 附近的小领域保持一致。
3. z 平面的位置给出了规范化为采样速率的响应信息,而 s 平面上则是规范化为时间。
4. z 负实轴总是代表频率 $\omega_s/2$,其中 $\omega_s = 2\pi/T$ 为采样频率,单位为弧度/秒。
5. s 左半平面的垂直线(实部为常数或者时间为常数)映射到 z 平面,就是在单位圆内的一些圆。
6. s 平面内的水平线(频率虚部为常数)映射到 z 平面内为放射线。
7. 频率 $\omega_s/2$ 被称为奈奎斯特频率(Nyquist frequency),由于式(8.10)隐含的三角函数的周期特性,在 z 平面上高于 $\omega_s/2$ 的频率叠加在与其对应的低频之上。这种重叠被称为混叠现象(aliasing or folding)。因此,有必要使采样频率保持至少为信号最高频率分量的两倍,这样才能用采样值来表示信号(将在 8.4.3 节中进一步讨论混叠现象)。

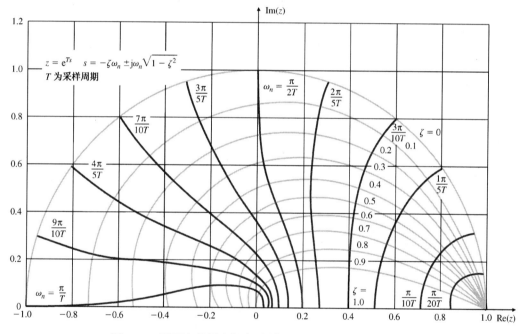

图 8.4 z 平面上的固有频率(黑色)和阻尼系数(灰色)轨迹;
在 Re(z) 轴下的部分与图中给出的上半部是对称的

为了理解 z 平面内的位置与相应的时域序列的对应关系,图 8.5 画出了由指定位置处的极点产生的时域响应曲线。该图是图 3.15 的离散形式。

8.2.4 终值定理

我们在 3.1.6 节中讨论的连续系统的终值定理指出:只要 $sX(s)$ 的所有极点都在左半平面(LHP)上,则

$$\lim_{t \to \infty} x(t) = x_{ss} = \lim_{s \to 0} sX(s) \tag{8.11}$$

这个定理常用来求解系统的稳态误差或者控制系统各部分的稳态增益。注意,定常连续系统

的稳态响应可由 $X(s) = A/s$ 表示，且在式(8.11)中再乘以 s；我们可以在离散系统中获得相似的关系。因为离散系统的定常稳态响应为

$$X(z) = \frac{A}{1 - z^{-1}}$$

如果 $(1 - z^{-1})X(z)$ 的所有极点都在单位圆内，则离散系统的终值定理为

$$\lim_{k \to \infty} x(k) = x_{ss} = \lim_{z \to 1}(1 - z^{-1})X(z) \tag{8.12}$$

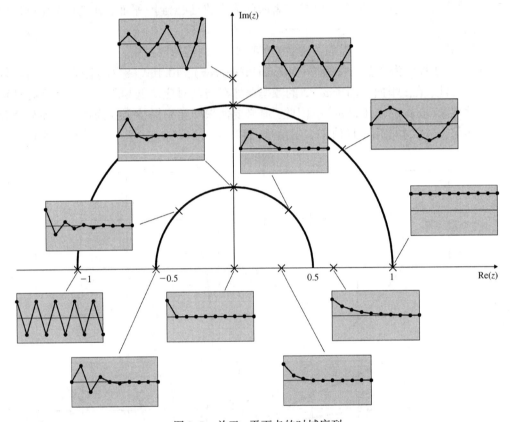

图 8.5 关于 z 平面点的时域序列

例如，为了确定下列传递函数的直流(DC)增益

$$G(z) = \frac{X(z)}{U(z)} = \frac{0.58(1 + z)}{z + 0.16}$$

令 $u(k) = 1$，当 $k \geq 0$ 时，则有

$$U(z) = \frac{1}{1 - z^{-1}}$$

和

$$X(z) = \frac{0.58(1 + z)}{(1 - z^{-1})(z + 0.16)}$$

应用终值定理得到

$$x_{ss} = \lim_{z \to 1}\left[\frac{0.58(1 + z)}{z + 0.16}\right] = 1$$

因此，$G(z)$ 的直流增益为单位 1。为了确定任意稳定传递函数的直流增益，只需将 $z = 1$ 代入，

计算出相应的增益。无论是连续系统还是离散系统，其直流增益都应是不变的，因此，这种计算对于等效离散控制器与连续控制器是否匹配的验证是非常有帮助的。该计算也能很好地检验确定系统的离散模型的计算结果。

8.3　离散等效设计

离散等效设计（design by discrete equivalent），有时也被称为仿真（emulation），这在 4.4 节中已做了部分的介绍，本节将继续介绍。其步骤如下：

1. 利用前 7 章介绍的方法，设计一个连续补偿器。
2. 对该连续补偿器进行数字化。
3. 用离散分析、仿真或者实验来验证该设计的可行性。

在 4.4 节中我们讨论了实现数字化的 Tustin 法。在理解了 8.2 节介绍的 z 变换的基础上，我们现在可以进一步研究实现数字化的过程，并分析数字控制系统的性能。

给定一个连续补偿 $D(z)$，如图 8.6(a) 所示，我们希望为如图 8.1(b) 所示的补偿数字实现找到一组差分方程或者 $D(z)$，即在如图 8.6(a) 所示的数字实现中找出一个最佳的 $D(z)$ 来匹配如图 8.6(b) 所示的由 $D(s)$ 表示的连续系统。在本节中，我们将检验和比较用来解决上述问题的三种方法。

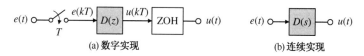

图 8.6　数字实现与连续实现的比较

如前所述，必须记住这些方法都是逼近的。我们不能精确地求解所有可能的输入，这是因为 $D(s)$ 对应于 $e(t)$ 的所有时间序列，而 $D(z)$ 只对应于 $e(kT)$ 的采样值。从某种意义上说，各种数字化方法只是对采样点之间的 $e(t)$ 做了不同的假设。

Tustin 法

正如在 4.4 节中讨论的那样，数字化的方法是把问题看成一个数值积分。假设有

$$\frac{U(s)}{E(s)} = D(s) = \frac{1}{s}$$

这是一个积分。因此，有

$$u(kT) = \int_0^{kT-T} e(t)\,\mathrm{d}t + \int_{kT-T}^{kT} e(t)\,\mathrm{d}t \tag{8.13}$$

将上式改写为

$$u(kT) = u(kT-T) + \text{最后一个周期}T\text{内}e(t)\text{所包围的面积} \tag{8.14}$$

式中，T 是采样周期。

在 Tustin 法中，每一步的任务就是用梯形积分法，即用两个采样点之间的一条直线（如图 8.7 所示）来逼近 $e(t)$。将 $u(kT)$ 简写为 $u(k)$，将 $u(kT-T)$ 简写为 $u(k-1)$，我们可以将式 (8.14) 转化为

$$u(k) = u(k-1) + \frac{T}{2}[e(k-1) + e(k)] \tag{8.15}$$

对上式进行 z 变换, 得到

$$\frac{U(z)}{E(z)} = \frac{T}{2}\left(\frac{1+z^{-1}}{1-z^{-1}}\right) = \frac{1}{\frac{2}{T}\left(\frac{1-z^{-1}}{1+z^{-1}}\right)} \tag{8.16}$$

对于 $D(s) = a/(s+a)$, 应用相同的积分法, 得到

$$D(z) = \frac{a}{\frac{2}{T}\left(\frac{1-z^{-1}}{1+z^{-1}}\right)+a}$$

实际上, 可以对任意 $D(s)$ 的每一处 s 进行替换

$$s = \frac{2}{T}\left(\frac{1-z^{-1}}{1+z^{-1}}\right)$$

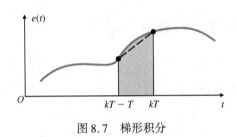

图 8.7　梯形积分

得到一个基于梯形积分公式的 $D(z)$。这就是 Tustin 法(Tustin's method)或者双线性逼近(bilinear approximation)。为一个简单的传递函数用手工方式确定其 Tustin 逼近, 也是需要大量代数运算的。MATLAB 中的 c2d 函数, 可以快速实现这一过程。我们通过下一个例题来说明。

例 8.1　用 Tustin 法逼近, 为例 6.15 设计数字控制器

用 Tustin 法确定差分方程来实现例 6.15 中的补偿

$$D(s) = 10\frac{s/2+1}{s/10+1}$$

采用 25 倍带宽的采样速率。将得到的性能与连续系统进行比较, 并同在例 6.15 中以较低的采样频率的离散化实现进行比较。

解: 例 6.15 的带宽(ω_{BW})大约为 10 rad/s。通过观察可知, 穿越频率 ω_c 约为 5 rad/s, 并通过观察在图 6.51 中 ω_{BW} 与 ω_c 的关系, 可推导出 ω_{BW}。因此, 采样频率应为

$$\omega_s = 25 \times \omega_{BW} = (25)(10) = 250 \text{ rad/s}$$

通常, 当频率用周期数/秒或者 Hz 表示时, 它可用符号 f 来表示, 因此使用这种替代, 我们有

$$f_s = \omega_s/(2\pi) \approx 40 \text{ Hz} \tag{8.17}$$

并且采样周期为

$$T = 1/f_s = 1/40 = 0.025 \text{ s}$$

这个离散补偿可通过下列的 MATLAB 语句来实现:

```
sysDs = tf(10*[0.5 1],[0.1 1]);
sysDd = c2d(sysDs,0.025,'tustin');
```

执行上述语句, 得到

$$D(z) = 10\frac{4.556 - 4.333\,z^{-1}}{1 - 0.7778\,z^{-1}} \tag{8.18}$$

观察式(8.18), 可写出差分方程为

$$u(k) = 0.7778u(k-1) + 45.56e(k) - 43.33e(k-1)$$

或者将上式中所有的时间变量都加 1, 得出其等效表达式为

$$u(k+1) = 0.7778u(k) + 45.56[e(k+1) - 0.9510e(k)] \tag{8.19}$$

给出控制信号的前一时刻值 $u(k)$, 误差信号的当前值 $e(k+1)$ 及误差信号的前一时刻值 $e(k)$, 我们可以用式(8.19)计算出控制信号的当前值 $u(k+1)$。

原则上，差分方程的计算最初是从初始值 $k=0$ 开始的，然后才计算 $k=1$, 2, 3, …各时刻的值。然而，通常不要求把所有时刻的值都保留在内存中。因此，计算机只需要当前时刻和前一时刻定义的变量值。用如式(8.19)的差分方程来实现图 8.1(b)的反馈回路的计算机指令，需要调用下面的代码实现一个连续的循环：

READ y, r

$\qquad e = r - y$

$\qquad u = 0.7778u_p + 45.56\big[e - 0.9510e_p\big]$

OUTPUT u

$\qquad u_p = u\,(\text{where } u_p \text{will be the past value for the next loop through})$

$\qquad e_p = e$

自上一个 READ 语句起，经过 T 秒后，再返回到 READ 语句。

与例 6.15 的方法相似，用 Simulink 比较两种实现，从而得到如图 8.8 所示的阶跃响应。注意到，用 25 倍带宽的采样速率得到的数字实现与连续控制器匹配得非常好。同样注意到，对于如图 6.59 所示的阶跃响应的系统，当采样频率减半时，与连续系统比较，它的超调量(或阻尼)明显变小。一般来说，如果想将一个连续系统与一个数字逼近的连续补偿匹配，通常的做法是以接近 25 倍的带宽或者更高的频率进行采样。

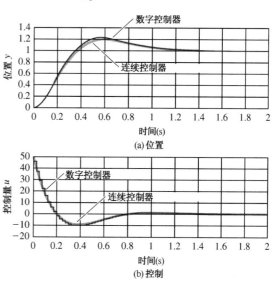

图 8.8 采样速率为 25 倍带宽时数字控制器与连续控制器的阶跃响应对比

8.3.1 零极点匹配法(MPZ)

通过推导式(8.10)中所描述的 s 平面和 z 平面之间的关系，可以得出另一种被称为零极点匹配(matched pole-zero)的方法。如果对采样函数 $x(k)$ 进行 z 变换，则 $X(z)$

的极点与 $X(s)$ 的极点之间的关系为 $z = e^{sT}$。零极点匹配法就是将 $z = e^{sT}$ 应用到传递函数的零极点上，严格说来，尽管这种关系既不能用于传递函数也不能用于时间序列的零点。和所有的传递函数数字化方法一样，MPZ 法只是一种逼近。这里的逼近，一部分原因是 $z = e^{sT}$ 实现了时间序列变换的极点从 s 到 z 的正确变换；还有一部分原因是用手工求取数字化传递函数时要求代数计算量最小，使得对计算机运算所得的结果进行验证更为容易。

由于物理系统的极点数通常多于零点数，所以任意增加 $z = -1$ 处的零点可在 $D(z)$ 中得到一个 $1 + z^{-1}$ 项，这是很有用的。正如 Tustin 法所表述的，这样就得到了当前输入和过去输入的平均值。我们选取 $D(z)$ 的低频增益，以实现与 $D(s)$ 的低频增益等价。

MPZ 法小结

1. 用关系式 $z = e^{sT}$，映射零极点。

2. 如果分子的阶数小于分母的阶数，则在分子中加入 $(z+1)$ 的幂项，直到分子和分母的阶数相等。

3.令 $D(z)$ 的直流增益或者低频增益与 $D(s)$ 的相等。

我们可以得到

$$D(s) = K_c \frac{s+a}{s+b} \tag{8.20}$$

的 MPZ 逼近为

$$D(z) = K_d \frac{z - e^{-aT}}{z - e^{-bT}} \tag{8.21}$$

在这里,用连续系统和离散系统的终值定理,求出 $D(s)$ 和 $D(z)$ 的直流增益。令二者相等就可得到 K_d。所得的结果为

$$K_c \frac{a}{b} = K_d \frac{1 - e^{-aT}}{1 - e^{-bT}}$$

或者

$$K_d = K_c \frac{a}{b} \left(\frac{1 - e^{-bT}}{1 - e^{-aT}} \right) \tag{8.22}$$

对于 $D(s)$ 的分母阶数较高的情形,步骤 2 必须添加 $(z+1)$ 项。例如

$$D(s) = K_c \frac{s+a}{s(s+b)} \Rightarrow D(z) = K_d \frac{(z+1)(z - e^{-aT})}{(z-1)(z - e^{-bT})} \tag{8.23}$$

在去掉极点 $s = 0$ 和 $z = 1$ 后,得到

$$K_d = K_c \frac{a}{2b} \left(\frac{1 - e^{-bT}}{1 - e^{-aT}} \right) \tag{8.24}$$

在目前所讨论的数字化方法中,$D(z)$ 的分子和分母多项式中的 z 的幂次相等。这意味着,在 k 时刻的差分方程需要在 k 时刻的输入采样。例如,式(8.21)中的 $D(z)$ 可以写成

$$\frac{U(z)}{E(z)} = D(z) = K_d \frac{1 - \alpha z^{-1}}{1 - \beta z^{-1}} \tag{8.25}$$

式中,$\alpha = e^{-aT}$,$\beta = e^{-bT}$。通过观察,我们可得到如下的差分方程

$$u(k) = \beta u(k-1) + K_d[e(k) - \alpha e(k-1)] \tag{8.26}$$

例8.2 使用离散等效法的空间站姿态数字控制器的设计

空间站姿态控制动态系统的一个简化模型,具有如下的受控对象传递函数:

$$G(s) = \frac{1}{s^2}$$

设计一个数字控制器,使其闭环固有频率为 $\omega_n \approx 0.3$ rad/s,阻尼比为 $\zeta = 0.7$。

解:首先确定如图 8.9 所定义的系统的合适的 $D(s)$。经过一些尝试,我们发现下面的超前补偿可以满足指标要求,即

$$D(s) = 0.81 \frac{s + 0.2}{s + 2} \tag{8.27}$$

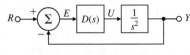

图 8.9　例 8.2 的连续设计定义

图 8.10 给出的根轨迹证实,用式(8.27)给出的 $D(s)$ 是满足要求的。

为了对 $D(s)$ 进行数字化,我们需要选择一个采样速率。对于一个 $\omega_n = 0.3$ rad/s 的系统,带宽约等于 0.3 rad/s,合适的采样速率约为 ω_n 的 20 倍。因此,有

$$\omega_s = 0.3 \times 20 = 6 \text{ rad/s}$$

因为 6 rad/s 的采样速率约为 1 Hz，所以采用周期应为 $T = 1$ s。根据式(8.21)和式(8.22)，可以求出式(8.27)的 MPZ 数字化，得到

$$
\begin{aligned}
D(z) &= 0.389 \frac{z - 0.82}{z - 0.135} \\
&= \frac{0.389 - 0.319 z^{-1}}{1 - 0.135 z^{-1}}
\end{aligned}
\tag{8.28}
$$

观察式(8.28)，可得到差分方程：

$$u(k) = 0.135 u(k-1) + 0.389 e(k) - 0.319 e(k-1) \tag{8.29}$$

其中

$$e(k) = r(k) - y(k)$$

这样，数字算法设计就完成了。完整的数字系统，如图 8.11 所示。

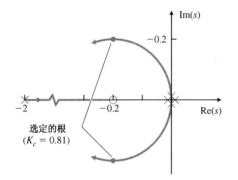

图 8.10　关于 K 的 s 平面根轨迹

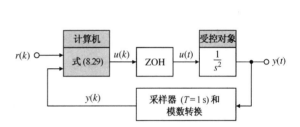

图 8.11　等效于图 8.9 的数字控制系统

设计过程的最后一步是，在计算机上实现该设计，并验证其是否合理。图 8.12 将数字系统的阶跃响应与连续补偿的阶跃响应进行了比较。从图中可知，数字系统的超调量更大、调节时间更长，这说明阻尼需要下降。如图 8.2 所示的 $T/2$ 的平均时延是引起阻尼下降的原因。为了更好地与连续系统相匹配，我们要谨慎地增加采样速率。图 8.12 也显示了当采样速率快一倍时的响应，可以看出，这个响应与连续系统更接近。注意，根据式(8.21)和式(8.22)，需要对这个更快的采样速率重新计算离散补偿。

关于 $e(k)$ 的采样、$u(k)$ 的计算和输出，要在零延迟时间内完成是不可能的，因此，

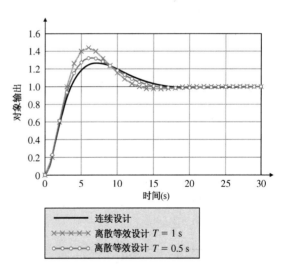

图 8.12　连续与数字实现的阶跃响应

式(8.26)和式(8.29)不可能精确地实现。然而，如果方程足够简单或计算机的速度足够快，则 $e(k)$ 采样和 $u(k)$ 输出之间的微小计算时延对于系统实际响应的影响，与初始设计的期望响应相比可以忽略不计。在粗略计算中，取计算时延为 T 的 1/10 次幂。通过确保读 A/D 和写

D/A 之间的计算量最小,同时将计算出的 $u(k)$ 立即送入零阶保持器中,这样可将这一延迟降低到最小。因此,这可以通过修改实时程序代码和硬件结构来实现。

8.3.2　改进的零极点匹配法(MMPZ)

从式(8.23)中的 $D(z)$ 可以得到 $u(k)$,而 $u(k)$ 取决于在同一时间点上的输入 $e(k)$ 。如果计算机硬件的结构不能实现这种关系或是这种计算非常冗长,则最好能推导出一个 $D(z)$,使其分子 z 的幂次比分母的 z 的幂次少 1。因此,计算机输出 $u(k)$,只需要前一时刻的输入 $e(k-1)$ 。为此,我们仅仅修改零极点匹配法中的第二步,使分子的阶数比分母的阶数少 1。例如,如果

$$D(s) = K_c \frac{s+a}{s(s+b)}$$

跳过第二步,直接得到

$$D(z) = K_d \frac{z - \mathrm{e}^{-aT}}{(z-1)(z-\mathrm{e}^{-bT})}$$

$$K_d = K_c \frac{a}{b} \left(\frac{1 - \mathrm{e}^{-bT}}{1 - \mathrm{e}^{-aT}} \right) \qquad (8.30)$$

为了求出差分方程,我们将式(8.30)的分子和分母同时乘以 z^{-2} ,得到

$$D(z) = K_d \frac{z^{-1}(1 - \mathrm{e}^{-aT} z^{-1})}{1 - z^{-1}(1 + \mathrm{e}^{-bT}) + z^{-2} \mathrm{e}^{-bT}} \qquad (8.31)$$

通过观察式(8.31),可以看出差分方程为

$$u(k) = (1 + \mathrm{e}^{-bT}) u(k-1) - \mathrm{e}^{-bT} u(k-2) + K_d [e(k-1) - \mathrm{e}^{-aT} e(k-2)]$$

在这个方程中,因为 $u(k)$ 仅取决于 $e(k-1)$,所以在一个完整的采样周期内可以执行完计算并输出 $u(k)$ 。因此,这个控制器的离散分析将更精确地诠释实际系统的特性。然而,由于该控制器使用的是持续时间为一个周期的数据,所以就当出现随机扰动时期望系统输出的微分而言,修正的零极点匹配法(MMPZ)控制器的性能通常不如 MPZ 控制器好。

8.3.3　比较三种数字逼近方法

对于一阶时滞系统:

$$D(s) = \frac{5}{s+5}$$

在两个不同的采样速率下,比较用三种数字逼近方法得到的频率响应的幅值,结果如图 8.13 所示。在图 8.13 中使用到的 $D(z)$ 的计算值,如表 8.2 所示。

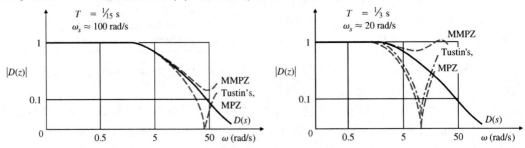

图 8.13　三种离散逼近法的频率响应的比较

表 8.2　比较 $D(z)$ 的几种数字逼近法，其中 $D(s) = \dfrac{5}{s+5}$

零　极　点	ω_s	
	100 rad/s	20 rad/s
零极点匹配法	$0.143\,\dfrac{z+1}{z-0.715}$	$0.405\,\dfrac{z+1}{z-0.189}$
改进的零极点匹配法	$0.285\,\dfrac{1}{z-0.715}$	$0.811\,\dfrac{1}{z-0.189}$
Tustin 方法	$0.143\,\dfrac{z+1}{z-0.713}$	$0.454\,\dfrac{z+1}{z-0.0914}$

图 8.13 表明，这三种逼近方法在频率小于 1/4 采样速率或者 $\omega_s/4$ 时都很理想。如果 $\omega_s/4$ 远大于滤波器的截止频率，即采样足够快，则可以精确地得到滞后环节的截止特性。因为使用 Tustin 法和 MPZ 法都可以从 $(z+1)$ 项得到零点 $z = -1$，所以曲线在 $\omega_s/2$ 处有凹口。除了在 $\omega_s/2$ 处有较大的差异以外，三种方法具有相似的精度，而 $\omega_s/2$ 一般不在我们感兴趣的范围之内。

8.3.4　离散等效设计法的应用限制

如果我们做了精确的离散分析或系统仿真，并且决定了一个大范围的采样速率的数字化实现，则当采样速率低于 $5\omega_n$ 时系统通常是不稳定的，当采样速率低于 $10\omega_n$ 时阻尼将明显降低。当采样速率大于或约等于 $20\omega_n$，或者对于更复杂的系统，采样速率大于或约等于 20 倍带宽时，离散等效设计将得到比较合理的结果，并且当采样速率等于或大于 30 倍带宽时，可以放心地使用离散等效设计。

如图 8.2 所示，由于该方法忽略了零阶保持器(ZOH)的滞后效应(通常为 $T/2$)，所以产生了误差。一种解决方法是，用式(5.94)来逼近 $T/2$ 延迟，再将其代入到 ZOH 传递函数逼近表达式中[①]

$$G_{\text{ZOH}}(s) = \frac{2/T}{s + 2/T} \tag{8.32}$$

一旦执行了初步设计并且选择了采样速率，就可以通过式(8.32)插入到受控对象初始模型中，并调整 $D(s)$ 使得出现采样延迟时能有理想的响应。因此，可以看到使用式(8.32)部分地缓解了离散等效设计法逼近特性的不足之处。

当采样速率小于约 $10\omega_n$ 时，建议用一种严密的离散分析法来分析整个系统。如果离散分析表明采样使得系统性能严重恶化，则应采用更精确的离散法来改进设计。我们将在 8.6 节中对此进行介绍。

8.4　硬件特性

一个数字控制系统包括一些在连续控制系统中不存在的专有组件：模数转换器(analog-to-digital converter)，采样传感器连续电压信号并将其转换成数字值；数模转换器(digital-to-analog converter)，将计算机输出的数字值转换成一个模拟电压量；抗混叠预滤波器(anti-alias prefilter)，这是一个模拟器件，用来减小混叠的影响；计算机(computer)，这是用来设计补偿 $D(z)$ 并执行计算的设备。本节将分别简要地介绍这些组件。

---

① 或者在 5.6.3 节中讨论的其他 Padé 近似。

8.4.1 模数(A/D)转换器

正如在 8.1 节中讨论的那样，A/D 转换器是将传感器输出的电压转换成计算机能使用的数字值的器件。最基本的标准规定，所有数字值都是由许多位组成的二进制数，这些位被设置成 1 或 0。因此，在每一采样时刻 A/D 转换的任务就是，将电压转换成一个正确的位形式，并将其保持到下一个采样时刻。

在现有的众多 A/D 转换方法中，最常用的转换法包括：计数法和逐次逼近法。在计数法中，输入电压可能被转换成一系列频率与电压量成正比的脉冲。然后用一个二进制计数器在一个固定的时间段内对这些脉冲进行计数，由此得到该电压的二进制表达式。该方法的一种改进是，与一个时域线性电压同时开始计数，当电压到达待转换输入电压幅值时停止计算。

逐次逼近法一般要比计数法快得多。该方法基于将输入电压与代表数字值中各位的参考电平逐次地进行比较。输入电压首先与参考电平的最大峰值的一半进行比较。如果输入电压较大，则设定一个最高的位，然后将信号与一个 3/4 峰值的参考电平进行比较以确定下一个位，以此类推。要求一个时钟周期设定一个位，因此一个 n 位转换器需要 n 个周期。在同样的时钟频率条件下，基于计数器的转换器需要多达 2^n 个周期，因此这种计数器的转换速度通常慢得多。

不管采用哪种方法，位数越多，转换时间越长。A/D 转换器的价格通常随着速度和位数的增加而上涨。在 2009 年，一个 14 位(0.006% 的分辨率)且具有 10 ns 转换时间(每秒一亿次采样)的高性能转换器的售价约为 25 美元，一个 12 位(0.025% 的分辨率)且具有 1 μs 转换时间(每秒 100 万次采样)的高性能转换器的售价约为 4 美元，而一个 8 位(0.4% 的分辨率)且具有 1 μs 转换时间的转换器的售价约为 1 美元。每年，转换器的性能都有很大程度的提高。

若有多于一路的数据需要采样并转换成数字值，则通常不用多个 A/D 转换器而用多路转换器来完成。多路转换器可以依次将转换器接入正在进行采样的通路中。

8.4.2 数模(D/A)转换器

正如在 8.1 节中提到的，D/A 转换器用于将计算机输出的数字值转换成电压量，有时被称为采样保持(sample and hold)器件。D/A 转换器提供计算机模拟输出来驱动执行器或是记录设备(如示波器或条形记录仪)。实现这种操作的基本思想是，用二进制位使开关(电子门)打开或关闭，从而将电流引入到一个适当的电阻网络来产生正确的电压量。由于这种转换器不需要计算或迭代，所以通常比 A/D 转换器要快得多。事实上，采用逐次逼近法的 A/D 转换器元件中包括 D/A 转换器。

8.4.3 抗混叠预滤波器

模拟的抗混叠预滤波器(anti-alias prefilter)，通常放置在传感器与 A/D 转换器之间。其功能是减小模拟信号中的高频的噪声成分来抑制混叠，即通过采样过程将噪声调制为低频信号。

图 8.14 给出了一个混叠的例子，其中 60 Hz 的振荡信号正以 50 Hz 的频率进行采样。该图表明采样得到了一个 10 Hz 的信号，并说明了信号频率从 10 ~ 60 Hz 的混叠原理。当采样速率低于被采样信号任何频率成分的两倍时，混叠就会发生。因此，为了保护 60 Hz 的信号，采样速率必须高于 120 Hz，显然高于图中所示的 50 Hz。

混叠是奈奎斯特 - 香农采样定理(sampling theorem of Nyquist and Shannon)的结论之一。

该定理的基本表述为：要想根据采样准确地再现信号，信号中必须不含高于 1/2 采样速率（ $\omega_s/2$ ）的频率成分。该定理的另一个结论是，能用离散采样值明确表示的最高频率为奈奎斯特频率（ $\omega_s/2$ ），这一点我们已在 8.2.3 节中讨论过了。

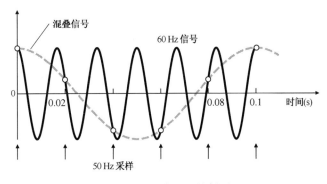

图 8.14　一个混叠的例子

混叠对一个数字控制系统产生的影响是很大的。在连续系统中，频率远大于控制系统带宽的噪声成分，通常对系统的影响很小，这是因为系统不需要高频信号。然而，在数字系统中，噪声的频率可能会潜在地混叠在系统带宽附近的频率中，以至于闭环系统会对噪声产生响应。因此，在一个设计得很差的数字控制系统中，噪声的影响可能比在用模拟电子器件实现的控制系统中要大得多。

在采样器前串联一个模拟的预测器，可以解决这个问题。在许多情况下，使用一个简单的一阶低通滤波器就可以满足要求了，如

$$H_p(s) = \frac{a}{s+a}$$

其中，拐点 a 应低于 $\omega_s/2$ ，这样任何高于 $\omega_s/2$ 频率的噪声都能被预滤波器衰减。拐点的频率选得越低，就会有越多的高于 $\omega_s/2$ 的噪声被衰减。然而，拐点频率太低可能迫使设计者降低控制系统的带宽。预滤波器并不能完全消除混叠，但合理选择预滤波器的拐点和采样速率，将使设计者有能力将混叠噪声的幅值减小到可以接受的水平。

8.4.4　计算机

计算机是处理所有计算的单元。今天所使用的大多数数字控制器，包括 A/D 和 D/A 转换器，都是围绕着一个微控制器构造的。该微控制器包括一个微处理器和大部分所需的其他功能。为了满足实验室发展的要求，数字控制器可以做成台式工作站或 PC 机。微处理器的成本相对较低，以至于被广泛用于数字控制系统中，这一现象始于 20 世纪 80 年代，并一直持续到 21 世纪。

计算机包括一个用来进行计算并提供系统逻辑的中央处理器（CPU）、用于使系统同步的时钟、负责存储数据和指令的存储单元、提供各种要求电压的电源。存储单元有三种基本类型：

1. 只读存储器（ROM）是最便宜的，但一经生产，它的内容就不能更改了。在批量生产的产品中，大部分的内存都是 ROM。去掉电源时，其存储的内容仍被保留下来。

2. 随机存储器（RAM）是最贵的，但它的值可以通过 CPU 进行改动。它仅用来存储在控制过程中将被改变的值，且通常它在开发产品的整个内存中仅占一小部分。当去掉电源时，它会失去内存中的所有值。

3. 可编程只读存储器(EPROM)是 ROM 的一种,技术人员使用一种特殊的设备对它的值进行改动。它通常是在产品开发阶段使用,以使设计者能够尝试不同的算法和参数值。当去掉电源时,它保留其所存储的数值。在一些产品中,有一定存储空间的 EPROM 是有帮助的,它们使得每一个单元可以独立地进行校准。

用于控制的微处理器的数字值长度(字长)通常为 8 位、16 位或 32 位,有时还有 12 位的。字长越大,精度越高,但成本也相应地增加。最经济的解决办法通常是用一个 8 位的微处理器,但在控制器领域中用两个数字值[双精度(double precision)]来存储一个值对系统来说是很重要的。许多数字控制系统是最初设计用来处理数字信号的,即所谓的 DSP 芯片。

8.5　采样速率的选择

为数字控制系统选择最佳的采样速率,需要考虑许多的因素,以获得折中的结果。采样太快会导致精度的损失,而降低采样速率 ω_s 的根本目的是为了降低成本。采样速率的降低意味着,控制的计算将花费更多的时间。因此,稍慢的计算机可用于处理给定的控制任务,或者可以从给定的计算机那里得到更多的控制能力。无论哪一方面,每项任务的成本都降低了。对于含有 A/D 转换器的系统,转换速度的要求越低,成本就越低。这些经济上的考虑说明,最好的设计方案是以尽可能小的采样速率来满足所有的性能指标。

一般地,有几个因素限制了系统可以接受的最低采样速率:

1. 跟踪速率,它以闭环带宽或上升时间和调节时间等时域响应指标来度量。
2. 控制效率,它以对随机对象扰动的误差响应来度量。
3. 误差,它是由测量噪声和相关的预滤波器设计法引起的。

运用离散等效设计法时,会出现一个不真实的限定范围。当采样速率降低时,该方法中内在固有的逼近会恶化已下降的性能,甚至导致系统的不稳定。这将让设计者得出系统需要更快的采样速率的结论。然而,有两种解决方法:

1. 使用更快的采样。
2. 认识到这些逼近是无效的,用直接数字设计方法(将在后续章节中介绍)重新设计。

用较高的采样速率和低成本的计算机设计数字控制系统带来的便利,通常驱使设计者选择 $40 \times \omega_{BW}$ 或更高的采样速率。对于采用定点运算的计算机来说,较高的采样速率会导致乘法误差,这些误差能在控制系统中产生明显的偏移和极限环(参见 Franklin et al., 1998)。

8.5.1　跟踪有效性

采样速率的绝对下限是根据一个指标设定的,目的是跟踪某一频率(系统带宽)的指令输入。采样定理(参见 8.4.3 节和 Franklin et al., 1998)指出,为了从一个未知的、限带宽的且连续信号的采样值中重构该信号,我们必须使采样速率至少为信号所包含的最高频率的两倍。因此,为了使闭环系统在某一频率能跟踪其输入,系统的采样速率必须为两倍快,也就是说,ω_s 至少须为系统带宽($\omega_s \Rightarrow 2 \times \omega_{BW}$)的两倍快。我们也能从 s 平面到 z 平面($z = e^{sT}$)的映射结果中看出,离散系统所能表示的最高频率为 $\omega_s/2$,这也证明了该定理的结论。

值得注意的是,闭环带宽 ω_{BW} 与开环对象动态特性的最高频率是截然不同的,这是因为这两个频率有很大的差别。例如,在某些控制问题中,闭环带宽可能比开环谐振模要低一个数量级。为了进行控制,有关受控对象谐振状态的信息,可以在不满足采样定理的条件下从输出的采样中提取出来,因为有关这些动态的信息(尽管不精确)是可以事先得到的,而且系统不必跟踪这些频率。因此,可以将预先了解到的受控对象动态模型的信息包含在陷波滤波器形式的补偿中。

闭环带宽限制为采样速率提供了一个基本的下限。但在实际中,考虑到期望时域响应的质量,采样速率的理论下限,即两倍于参考输入信号带宽,就不充分了。对于一个上升时间为 1 s(由此得到闭环带宽为 0.5 Hz)的系统,采样速率的合理选择范围为 10 ~ 20 Hz,即 20 ~ 40 倍的 ω_{BW}。选择一个比带宽大得多的采样速率的目的是,减小控制信号与系统对控制信号的响应之间的延迟,同时使来自 ZOH 的阶跃控制信号的系统输出变得平滑。

8.5.2　扰动抑制

对于任何控制系统,抑制扰动是一个很重要(如果不是最重要)的方面。扰动带着各种各样的频率特性进入系统,变化范围从阶跃到白噪声。高频随机扰动对采样速率的选择的影响最大。

带有理想连续控制器的控制系统对扰动的抑制能力代表了对误差响应的下限,这正是我们实现控制器数字化时所期望的。事实上,相对于连续系统设计而言,必然会出现一些退化,因为除了恰好在采样时刻以外,其他所有时间上的采样都是不准确的。然而,如果与噪声扰动中所包含的频率相比,采样速率快很多的话,我们应认为与连续控制器相比数字系统没有可评估的损失。在另一个极端,如果采样速率与噪声的特征频率相比非常慢,则噪声所引起的系统响应与我们在系统根本不存在控制的情况下获得的响应是一样的。采样速率的选取应把系统响应置于这两个极端情况之间。因此,当选择采样速率时,其对于系统抑制扰动的能力的影响,可能是需要考虑的一个非常重要的因素。

尽管以 ω_{BW} 倍数形式的采样速率的最佳选择取决于噪声的频率特性和随机扰动对控制器质量的重要程度,但通常采样速率都选为约 25 倍 ω_{BW} 或更高。

8.5.3　抗混叠预滤波器的作用

正如在 8.4.3 节中讨论的那样,带有模拟传感器的数字控制系统一般包含一个位于传感器和采样器之间的抗混叠预滤波器。这个抗混叠预滤波器是低通的,其最简的传递函数为

$$H_p(s) = \frac{a}{s + a}$$

所以在预滤波器拐点 a 之上的噪声就被衰减掉了。设计目标是,在采样速率的一半($\omega_s/2$)处提供足够的衰减。这样,当高于 $\omega_s/2$ 的噪声被采样器混叠进低频中时,不会损害到控制的性能。

保守的设计步骤是将 ω_s 和拐点选得高于系统带宽,使得由预滤波器引起的相位滞后不会严重地改变系统的稳定性。这使得我们在基本控制系统设计中允许忽略预滤波器。此外,为了在 $\omega_s/2$ 处有效地削减高频噪声,选择一个高于混叠预滤波器拐点约 5 ~ 10 倍的采样速率。这种预滤波器的设计方案,需要比系统带宽快约 30 ~ 100 倍的采样速率。采用这种保守的设计方案,预滤波器的影响很可能会给采样速率的选取提供一个下限。

另一种可供选择的方法是,允许在系统的带宽处有一个由预滤波器引起的大相位滞后。这就要求我们在进行控制设计时,把模拟预滤波器特性包含在受控对象模型中。这就允许使用较低的采样速率,但可能的代价是增加了补偿的复杂性,因为此时必须提供一个额外的超前

相位来抵消预滤波器的滞后相位。如果采用这一方法且允许降低预滤波器的拐点,则采样速率对传感器噪声的影响就会很小,而且预滤波器对采样速率也基本上没有什么影响。

将滞后环节(模拟预滤波器)放置在控制器的某一部分中,将起抵消作用的超前环节[$D(z)$ 中的附加超前]放置在控制器的另一部分中,这将为整个系统提供积极的影响,因此看起来似乎有悖于直觉。净增益的产生,是因为滞后位于存在高频的模拟系统中。起抵消作用的超前位于数字系统中,这里不存在高于奈奎斯特速率的频率。结果是,在采样之前高频信号就衰减了,这些高频信号没有被起抵消作用的数字超前环节再放大,因此产生了高频信号的纯衰减。此外,由采样引起的混叠,会使这些高频信号潜伏在数字控制器中。

8.5.4　异步采样

正如在前面章节中所提到的那样,将预滤波器设计从控制规律设计中分离出来,可能要求采样速率比其他情况快一些。同样的结论在其他类型的结构中也可能出现。例如,一个使用计算机的智能传感器与主控计算机异步运行,因为整个系统的传递函数取决于智能传感器与主控数字控制器之间的相位,所以这对于直接数字设计来说是不合适的。这种情况类似于8.6 节中讨论的数字化误差的情况。因此,若存在异步数字子系统,在任何模型中采用约为 $20 \times \omega_{BW}$ 或更低的采样速率时应该谨慎一些,还要通过仿真或实验来检验系统的性能。

△8.6　离散设计

将连续受控对象的采样值 $y(k)$ 与输入控制序列 $u(k)$ 联系在一起,获得一个精确的离散模型是可能的。这个受控对象模型可以被当做带补偿 $D(z)$ 的反馈系统离散模型的一部分。用这个离散模型来分析和设计,被称为离散设计(discrete design)或者直接数字设计(direct digital design)。下面的章节将描述怎样求解离散模型(参见 8.6.1 节)、用离散模型设计的反馈补偿是什么样的(参见 8.6.2 节和 8.6.3 节)以及设计过程是如何进行的(参见 8.6.4 节)。

8.6.1　分析工具

对带离散元件的系统进行离散分析的第一步是,确定连续部分的离散传递函数。对于一个类似于如图 8.1(b)所示的系统,我们希望找出 $u(kT)$ 与 $y(kT)$ 之间的传递函数。与在前面几节中所讨论过的情况不同,这里存在一个精确的离散等效模型,因为 ZOH 确切地给出了 $u(kT)$ 的采样之间的情况,且输出 $y(kT)$ 仅取决于采样时刻上的输入 $u(kT)$。

在前面串联一个 ZOH 的受控对象由 $G(s)$ 描述,其离散传递函数为

$$G(z) = (1 - z^{-1}) \mathcal{Z} \left\{ \frac{G(s)}{s} \right\} \tag{8.33}$$

表中,$\mathcal{Z}\{F(s)\}$ 为采样时间序列的 z 变换,该时间序列对应的拉普拉斯变换式为 $F(s)$ 已在表 8.1 中同一行给出。式(8.33)中有 $G(s)/s$ 项,是因为控制信号在每个采样周期内以阶跃输入的形式来自 ZOH。$1 - z^{-1}$ 项说明,可以将一个采样持续的间距看成是一个无穷持续间距再加上一个延迟了一个周期的负间距。要想了解更全面的推导过程,请参阅 Franklin 等人的相关著作(1998 年)。式(8.33)允许我们用如图 8.15(b)所示的等效纯离散系统代替如图 8.15(a)所示的混合(连续的和离散的)系统。

离散系统的分析和设计与连续系统的分析和设计很类似,所有相同的规则都可以使用。

如图 8.15(b)所示的闭环传递函数, 可用同样的方框图简化得到, 即

$$\frac{Y(z)}{R(z)} = \frac{D(z)G(z)}{1 + D(z)G(z)} \tag{8.34}$$

为了求出闭环系统的特性, 我们需要求出式(8.34)的分母的因式, 即离散特征方程的根

$$1 + D(z)G(z) = 0$$

根轨迹在连续系统中用来求出一个 s 多项式的根, 它同样也可以应用到含 z 的多项式中, 且不做任何改动。然而, 所得结果的意义可能会大相径庭, 正如我们在图 8.4 中看到的。其主要的差别在于, 稳定范围现在是单位圆而不是虚轴了。

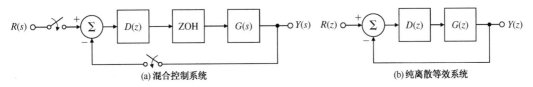

(a) 混合控制系统　　　　　　　　　　　(b) 纯离散等效系统

图 8.15　混合控制系统与对应的纯离散等效系统的比较

例 8.3　离散根轨迹

对于如图 8.15(a)所示的 $G(s)$

$$G(s) = \frac{a}{s + a}$$

且 $D(z) = K$, 绘制关于 K 的根轨迹, 并将你的结果与连续系统形式的根轨迹进行比较。讨论离散根轨迹的含义。

解: 由式(8.33)可得

$$\begin{aligned}
G(z) &= (1 - z^{-1})\mathcal{Z}\left[\frac{a}{s(s+a)}\right] \\
&= (1 - z^{-1})\left[\frac{(1 - \mathrm{e}^{-aT})z^{-1}}{(1 - z^{-1})(1 - \mathrm{e}^{-aT}z^{-1})}\right] \\
&= \frac{1 - \alpha}{z - \alpha}
\end{aligned}$$

其中

$$\alpha = \mathrm{e}^{-aT}$$

为了分析闭环系统的性能, 我们应用标准的根轨迹规则。离散情况的结果如图 8.16(a)所示, 连续情况的结果如图 8.16(b)所示。与系统对所有的 K 值均保持稳定的连续情况相比, 在离散情况下当 z 从 0 变到 -1 时, 随着阻尼比的下降, 系统产生振荡并最终变得不稳定。这种不稳定是由 ZOH 的滞后效应引起的, 在离散分析中已正确地解释了这一种情况。

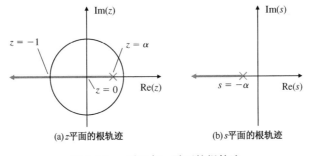

(a) z 平面的根轨迹　　　　　　(b) s 平面的根轨迹

图 8.16　z 平面与 s 平面的根轨迹

8.6.2　反馈特性

在连续系统中,我们一般用以下的基本设计元素来开始设计过程:比例、微分或积分控制规律,或者是它们的某种组合,有时还带有一个滞后。同样的思想可用于离散设计。换言之,源于连续设计中 $D(s)$ 的数字化的 $D(z)$ 将产生这些基本的设计元素,这将作为我们离散设计的起点。离散控制规律如下所述。

比例控制

$$u(k) = Ke(k) \Rightarrow D(z) = K \tag{8.35}$$

微分控制

$$u(k) = KT_D[e(k) - e(k-1)] \tag{8.36}$$

其传递函数为

$$D(z) = KT_D(1 - z^{-1}) = KT_D\frac{z-1}{z} = k_D\frac{z-1}{z} \tag{8.37}$$

积分控制

$$u(k) = u(k-1) + \frac{K_p}{T_I}e(k) \tag{8.38}$$

其传递函数为

$$D(z) = \frac{K}{T_I}\left(\frac{1}{1-z^{-1}}\right) = \frac{K}{T_I}\left(\frac{z}{z-1}\right) = k_I\left(\frac{z}{z-1}\right) \tag{8.39}$$

超前补偿

8.3 节中的例子表明,一个连续系统的超前补偿可得到如下形式的微分方程:

$$u(k+1) = \beta u(k) + K[e(k+1) - \alpha e(k)] \tag{8.40}$$

其传递函数为

$$D(z) = K\frac{1 - \alpha z^{-1}}{1 - \beta z^{-1}} \tag{8.41}$$

8.6.3　离散设计举例

数字控制设计包括用式(8.35)至式(8.41)的基本反馈元素进行设计,并对设计参数进行反复迭代,直到所有的性能指标都满足要求。

例 8.4　空间站数字控制器的直接离散设计

用离散设计法设计一个数字控制器,使该控制器满足与例 8.2 相同的性能指标。

解: 设受控对象 $1/s^2$ 前置一个零阶保持器(ZOH),其离散模型可用式(8.33)求得

$$G(z) = \frac{T^2}{2}\left[\frac{z+1}{(z-1)^2}\right]$$

若取 $T = 1$ s,则上式为

$$G(z) = \frac{1}{2}\left[\frac{z+1}{(z-1)^2}\right]$$

在连续情况中,比例反馈会产生纯振荡运动,故在离散情况中所得结果的振荡会更严重些。如图 8.17 所示的根轨迹验证了这一点。当 K 值很小(对应的轨迹表示根的频率与采样速率

相比很低)时,对应的轨迹为单位圆的切线($\zeta \approx 0$,表示纯振荡运动),因此与连续的比例设计相匹配。

对于较大的 K 值,图 8.17 表明,由于 ZOH 和采样的影响,轨迹线发散到不稳定的区域内。为了对此进行补偿,给比例项加上一个微分项,得到如下的控制规律:

$$U(z) = K[1 + T_D(1 - z^{-1})]E(z) \qquad (8.42)$$

得到如下形式的补偿:

$$D(z) = K\frac{z - \alpha}{z} \qquad (8.43)$$

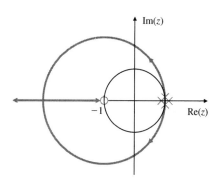

图 8.17　带比例反馈对象 $1/s^2$ 的 z 平面根轨迹

式中, K 和 α 的新值代替了式(8.42)的 K 和 T_D 。现在的任务是,求出 K 和 α 的值以获得理想的性能。设计的性能指标为 $\omega_n = 0.3$ rad/s、 $\zeta = 0.7$ 。图 8.4 表明,该 s 平面上的根映射到 z 平面上的期望位置 $z = 0.78 \pm j0.18$ 处。

图 8.18 为当 α 取 0.85 时关于 K 的根轨迹。零点的位置 $z = 0.85$ 是通过反复尝试,直到根轨迹穿越 z 平面上的期望位置确定的。当根轨迹穿越 $z = 0.78 \pm j0.18$ 时,增益值为 $K = 0.374$ 。式(8.43)现在变为

$$D(z) = 0.374\frac{z - 0.85}{z} \qquad (8.44)$$

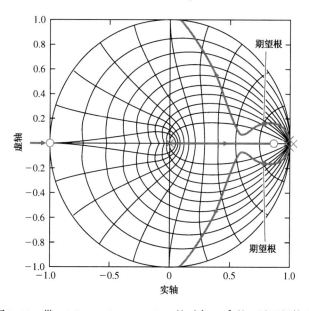

图 8.18　带 $D(z) = K(z - 0.85)/z$ 的对象 $1/s^2$ 的 z 平面根轨迹

通常,匹配特定的 z 平面根位置不是十分有优势。相反,仅需选取 K 和 α (或 T_D)以获得满意的 z 平面的根,这就容易得多了。在本例中,想匹配一个特定的位置,使我们能将所得的结果与例 8.2 中的设计进行比较。

所得的控制规律为

$$U(z) = 0.374(1 - 0.85z^{-1})E(z)$$

或者

$$u(k) = 0.374e(k) - 0.318e(k-1) \tag{8.45}$$

这与控制方程式(8.29)是相似的。

　　式(8.45)中的控制器与连续设计的控制器[参见式(8.29)]的根本差别仅在于:缺少 $u(k-1)$ 项。式(8.29)中的 $u(k-1)$ 项源于补偿式(8.27)的滞后项 $(s+b)$。因为该滞后项提供了噪声衰减,而且纯模拟微分器很难构建,所以它一般包含在模拟控制器中。在离散设计中,一些等效滞后一般作为极点 $z=0$ 出现(参见图8.18),且它在用一阶差分计算微分中代表一个采样延迟。为了使噪声衰减得更多,我们可将极点移到 $z=0$ 的右侧,这样可产生更少的微分作用和更多的过滤特性。在连续控制系统设计中,存在同样的折中。

8.6.4　设计的离散分析

　　任何数字控制器,不论是用离散等效法设计的还是直接在 z 平面内设计的,都可用离散分析法进行分析,包括以下几个步骤:

　　1. 用式(8.33)求出对象和 ZOH 的离散模型。
　　2. 构建包含 $D(z)$ 的反馈系统。
　　3. 分析所得的离散系统。

　　如在8.6.3节中描述的,我们能用一条根轨迹决定系统的根,或者能决定离散系统在采样时刻上的时间序列。

　　例8.5　**数字和连续设计的阻尼和阶跃响应**
　　用离散分析法求例8.2和例8.4中数字设计的等效 s 平面阻尼和阶跃响应,并把你所得的结果与例8.2中连续设计的阻尼和阶跃响应进行比较。
　　解:计算例8.2中连续情况的阻尼和阶跃响应的 MATLAB 语句为

```
sysGs = tf(1,[1 0 0]);
sysDs = tf(0.81 * [1 0.2],[1 2]);
sysGDs = series(sysGs,sysDs);
sysCLs = feedback(sysGDs,1,1);
step(sysCLs)
damp(sysCLs)
```

　　为了分析数字控制情况,在前边串联 ZOH 的受控对象的模型可用下述的语句求得:

```
T = 1;
sysGz = c2d(sysGs,T,'zoh')
```

　　对例8.2中用离散等效法设计的数字控制系统[参见式(8.29)]的分析,是用下述的语句执行的:

```
sysDz = tf( [.389 −.319],[1 −.135])
sysDGz = series(sysGz,sysDz)
sysCLz = feedback(sysDGz,1)
step(sysCLz,T)
damp(sysCLz,T)
```

　　同样,式(8.44)的离散设计 $D(z)$,可以用相同的指令序列进行分析。得到的阶跃响应如图8.19所示。计算出闭环系统的阻尼系数 ζ 和复根的固有频率 ω_n 如下:

$$连续情况: \zeta = 0.705, \omega_n = 0.324$$

离散等效：$\zeta = 0.645, \omega_n = 0.441$
离散设计：$\zeta = 0.733, \omega_n = 0.306$

该图显示了离散等效法得到的增大超调量，超调量的增大是由于阻尼比减小引起的。在离散设计中超调量几乎没有增大，因为在离散设计中要特别地调整补偿，使得离散系统的等效 s 平面阻尼系数近似地等于期望的阻尼系数值 $\zeta = 0.7$。

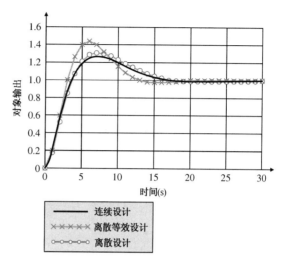

图 8.19　例 8.2 和例 8.4 的连续与
数 字 系 统 的 阶 越 响 应

尽管分析表明用两种方法设计的数字控制器在性能上存在一些差别，但性能和控制方程[参见式(8.29)和式(8.45)]的差别都不是很大，这是因为与 ω_n 相比采样速率太快了，即 $\omega_s \approx 20 \times \omega_n$。若降低采样速率，则补偿中的数字值的差别将变得越来越大，尤其对于离散等效设计，性能将严重恶化。

总之，若采样频率低于 $10 \times \omega_n$，应采用离散设计。最起码地，对于采样速率较慢（$\omega_s < 10 \times \omega_n$）的离散等效设计，应该用离散分析或 4.4 节中介绍的仿真对其进行验证，并且如果需要，应该适当地调整补偿。在任何情况下都最好对数字控制系统进行仿真。如果仿真结果正确地解释了所有的延迟和不同模型可能存在的不同步行为，系统就可能暴露出不稳定性。这些不稳定性是不可能通过连续或离散线性分析检测得到的。8.5 节已经更加全面地讨论了采样速率对于设计的影响。

8.7　历史回顾

作为最早的实际控制系统例子之一，数据采样系统是随着第二次世界大战中雷达探测的使用而出现的。在雷达中，每一次天线的旋转都能够有效地得到目标的位置。数据采样系统是由数学家 W. Hurewicz[①]提出来的，并且发表在 H. M. James, N. B. Nichols 和 R. S. Phillips 编著的 *Theory of Servomechanisms*（第 25 卷, Rad Lab Series, New York, McGraw Hill, 1947）一书中。在第 5 章的历史回顾中，已经介绍了用于工程师执行设计任务的计算机。在 20 世纪 50 年代，使用计算机直接进行数字控制的可能性，促进了工程师们在采样数据系统方面的工作交流，尤其是以哥伦布大学的 J. R. Ragazzini 教授为代表。他的研究成果于 1958 年发表在由 J. R. Ragazzini 和 G. F. Franklin 编著的 *Sampled-Data Control Systems*（New York, McGraw Hill, 1958）一书中。数据系统早期应用在过程控制工业上，这个产业相当大。同时，虽然当时的计算机很昂贵，但还是可以接受的。在 20 世纪 60 年代早期，Karl Astrom 教授为瑞典造纸厂引入了直接数字控制。

1961 年，肯尼迪总统宣布把人送上月球的目标，那时候航天器里还没有数字自动驾驶仪。

---

① Hurewicz 于 1956 年在墨西哥参加一次国际代数拓扑研讨会的新闻发布会期间从一座塔庙上摔倒，不幸逝世。有人认为他是"意识恍惚造成导致他死亡的坠落。"

事实上，适用于控制系统的小型数字计算机是不存在的。麻省理工学院（MIT）德雷珀实验室（Draper Lab）（在那时候，也叫做仪表实验室，Instrumentation Lab）的研究团队负责设计和建立阿波罗控制系统，他们最先使用模拟电子技术设计登月舱和驾驶舱上的部件的控制系统。然而，他们发现这些任务对于系统来说太过于沉重和复杂。因此，他们下定决心设计并建造第一个宇宙航天数字控制系统。Bill Widnall、Dick Battin 和 Don Fraser 都是 20 世纪 60 年代在阿波罗号系列飞行器系统设计和执行中发挥关键作用的人物。这个团队还在 20 世纪 70 年代成功地为 NASN F-8 设计了数字自动驾驶仪。数字自动驾驶仪随之主导了 20 世纪 80 年代及以后的一个时期。事实上，到本世纪之交，利用这种廉价的数字信号处理器可以使绝大部分控制系统实现数字化，到今天，几乎没有控制系统在使用模拟电子技术。这一技术变革影响了控制工程师的培训。在以前，对于设计和构造专业电路图的模拟电子控制工程师，他们需要有电机工程的背景知识。现在，在现成的可编程数字计算机帮助下，控制工程师们往往更倾向于那些最熟悉的控制系统。

本章小结

- 最简单、最有效的设计方法是将一个连续控制器设计转换成其离散形式，也就是说，用离散等效法（discrete equivalent）。
- 使用离散等效法进行设计（design using discrete equivalents）的具体步骤为：
  （a）用第 1 章至第 7 章介绍的思想，确定一个连续的补偿 $D(s)$。
  （b）基于欧拉法、Tustin 法或零极点匹配法，用差分方程逼近 $D(s)$。
- 为了分析离散控制器设计或任何离散系统，z 变换（z-transform）被用来确定系统特性。时域序列 $f(k)$ 的 z 变换为

$$\mathcal{Z}\{f(k)\} = F(z) = \sum_{k=0}^{\infty} f(k) z^{-k}$$

其主要性质为

$$\mathcal{Z}\{f(k-1)\} = z^{-1} F(z)$$

这个性质，使我们可以求出差分方程（difference equation）的离散传递函数。差分方程是连续系统微分方程的数字等效形式。用 z 变换进行分析与用拉普拉斯变换进行分析很相似。

- 通常，z 变换都是用查表 8.1 或计算机（MATLAB）求得的。
- 离散函数的终值定理为

$$\lim_{k \to \infty} x(k) = \lim_{z \to 1} (1 - z^{-1}) X(z)$$

其使用条件为 $(1 - z^{-1}) X(z)$ 的所有极点都在单位圆内。

- 对于一个采样值为 $f(k)$ 的连续信号 $f(t)$，$F(s)$ 的极点与 $F(z)$ 的极点之间的关系为

$$z = e^{sT}$$

- 下面是最常用的离散等效法：

  1. Tustin 逼近

$$D(z) = D(s)\big|_{s = \frac{2}{T}\left(\frac{z-1}{z+1}\right)}$$

2. 零极点匹配法

- 使用 $z = e^{sT}$，映射零极点。
- 给分子加上 $(z+1)$ 的幂项，直到分子与分母的阶数相等或分子的阶数比分母的小 1。
- 令 $D(z)$ 的低频增益等于 $D(s)$ 的低频增益。

- 若用离散等效法进行设计，则采样速率（sample rate）的最小值取 20 倍的带宽。显然，更快的采样对于获取理想的系统性能很有用。

- 模拟预滤波器（prefilter）通常放在采样器（sampler）的前边，以减小高频测量噪声的影响。采样器将信号中所有高于采样频率一半的频率都混叠（alias）到低频中。因此，预滤波器拐点的选取，应使得不重要的频率成分不高于采样速率的一半。

- 在前面串联 ZOH 的连续对象的离散模型为

$$G(z) = (1 - z^{-1})\mathcal{Z}\left\{\frac{G(s)}{s}\right\}$$

这个离散受控对象模型加上其离散控制器，可用 z 变换进行分析或用 Simulink 进行模拟。

- 离散设计（discrete design）是一种精确的设计方法，能克服离散等效法固有的近似。其设计过程包括：(a) 确定受控对象 $G(s)$ 的离散模型；(b) 应用离散模型，直接以离散形式设计补偿器。该设计过程较离散等效设计更为烦琐，在设计开始前需要选定采样速率。一个实用的方法是，在设计开始时使用离散等效，然后用离散设计对设计结果进行精调。

- 用 $G(z)$ 进行离散设计与连续设计十分相似，但稳定域及 z 平面根的位置的含义不同。图 8.5 对响应特性做了总结。

- 若用离散设计法，采样（sampling）速率为 2 倍的带宽时就可在理论上保证系统稳定。然而，为了获得良好的瞬时性能和抑制随机扰动，采样速率为 10 倍的闭环带宽或更快时可获得最理想的结果。在一些复杂的振荡模型情况下，有时采样速率比振荡模型快两倍。

复习题

1. 什么是奈奎斯特速率？它有什么特点？
2. 描述离散等效设计过程。
3. 若采样速率为 $30 \times \omega_{\text{BW}}$，试说明如何得到 $D(z)$？
4. 若系统带宽为 1 rad/s，试说明采用不同的采样速率有何影响？
5. 给出选用数字处理器代替模拟电路实现控制器的两个优势。
6. 给出选用数字处理器代替模拟电路实现控制器的两个不利之处。
△7. 若采样速率为 $5 \times \omega_{\text{BW}}$，试说明如何得到 $D(z)$？

习题

8.2 节习题：离散系统的动态分析

8.1　采样速率为 1 Hz 时，离散时间滤波器 $h(k)$ 的 z 变换为

$$H(z) = \frac{1 + (2/5)z^{-1}}{[1 - (2/5)z^{-1}][1 + (1/3)z^{-1}]}$$

(a)令 $u(k)$ 与 $y(k)$ 分别为该滤波器的离散输入和输出,求与 $u(k)$ 和 $y(k)$ 相关的差分方程。

(b)求滤波器极点的固有频率和阻尼系数。

(c)该滤波器稳定吗?

8.2　用 z 变换求解下面的差分方程

$$y(k) - 3y(k-1) + 2y(k-2) = 2u(k-1) - 2u(k-2)$$

其中

$$u(k) = \begin{cases} k, & k \geqslant 0 \\ 0, & k < 0 \end{cases}$$

$$y(k) = 0, \qquad k < 0$$

8.3　单边 z 变换的定义为

$$F(z) = \sum_{0}^{\infty} f(k) z^{-k}$$

(a)证明:$f(k+1)$ 的单边 z 变换为 $\mathcal{Z}\{f(k+1)\} = zF(z) - zf(0)$。

(b)用单边 z 变换求解由差分方程 $u(k+2) = u(k+1) + u(k)$ 得到的斐波那契数(Fibonacci number)的变换式。令 $u(0) = u(1) = 1$[提示:需求出用 $f(k)$ 的变换表示的 $f(k+2)$ 的变换的一般表达式]。

(c)求出斐波那契数的变换的极点位置。

(d)求出斐波那契数的逆变换。

(e)若用 $u(k)$ 表示第 k 个斐波那契数,证明:$u(k+1)/u(k)$ 将接近 $(1 + \sqrt{5})/2$。这就是希腊人高度评价的黄金比。

8.4　证明在 8.2.3 节中列出的 s 平面到 z 平面映射的第 7 条特性。

8.3 节习题:离散等效设计

8.5　某单位反馈系统的开环传递函数为

$$G(s) = \frac{250}{s[(s/10) + 1]}$$

将下面的滞后补偿器与受控对象串联,得到50°的相对裕度

$$D(s) = \frac{s/1.25 + 1}{50s + 1}$$

用零极点匹配逼近法,求该补偿器的一个等效数字实现。

8.6　下面的传递函数为一个超前网络,它满足在 $\omega_1 = 3$ rad/s 处的相位增加约为60°。

$$H(s) = \frac{s + 1}{0.1s + 1}$$

(a)假定采样周期为 $T = 0.25$ s,用(1)Tustin 法和(2)零极点映射法,求出 $H(s)$ 的数字实现,计算并绘制该实现的 z 平面零极点的位置。对于每种情况,计算出网络在 $z_1 = e^{j\omega_1 T}$ 处提供的超前相位的数值。

(b)对于从 $\omega = 0.1$ 到 $\omega = 100$ rad/s 的频率范围,用 log-log 坐标为(a)中求出的每个等效数字系统绘制其幅值伯德图,并与 $H(s)$ 进行比较[提示:伯德图由 $|H(z)| = |H(e^{j\omega T})|$ 给出]。

8.7　下面的传递函数是一个滞后网络。它要求在 $\omega = 3$ rad/s 处引入一个大小为 10(−20 dB)的增益衰减。

$$H(s) = \frac{10s + 1}{100s + 1}$$

(a)假定采样周期为 $T = 0.25$ s,用(1)Tustin 法和(2)零极点映射法,求出 $H(s)$ 的数字实现,计算并绘制该实现的 z 平面零极点的位置。对于每种情况,计算出网络在 $z_1 = e^{j\omega_1 T}$ 处提供的增益衰减值。

(b)对(a)中求出的每个等效数字系统,绘制幅值伯德图曲线,从 $\omega = 0.01$ rad/s 到 $\omega = 10$ rad/s 的频率范围。

8.5 节习题：采样速率的选择

8.8 如图 8.20 所示的系统，求 K、T_D 和 T_I，使得闭环极点满足 $\zeta > 0.5$，$\omega_n > 1$ rad/s。用下列方法将 PID 控制器离散化：

(a) Tustin 法

(b) 零极点匹配法

采样时间取 $T = 1$、0.1、0.01 s，用 MATLAB 对每一种数字实现的阶跃响应进行仿真。

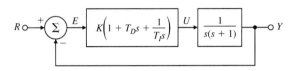

图 8.20 习题 8.8 的控制系统

△8.6 节习题：离散设计

8.9 考虑一个如图 8.21 所示的系统结构

$$G(s) = \frac{40(s+2)}{(s+10)(s^2 - 1.4)}$$

(a) 假设系统在前边串联零阶保持器(ZOH)，当 $T = 1$ 时求传递函数 $G(z)$。

(b) 用 MATLAB 绘制系统关于 K 的根轨迹。

(c) 求使闭环系统稳定的 K 的取值范围。

(d) 将 (c) 中的结论与使用模拟控制器的情况进行比较(也即采样开关总处于闭合状态的情况)，哪个系统的 K 的允许值更大?

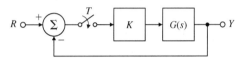

图 8.21 习题 8.9 的控制系统

(e) 用 MATLAB 计算连续系统和离散系统的阶跃响应，对连续系统选取 K，使阻尼系数为 $\zeta = 0.5$。

8.10 单轴卫星姿态控制：卫星常常需要进行姿态控制，以使天线和传感器相对于地球有正确的方位。图 2.7 为一个通信卫星的三轴姿态控制系统。为了研究三轴问题，通常一次只考虑一个轴。图 8.22 描述了这种情况，在图中，运动只允许围绕着一个垂直于纸面的轴进行。系统的运动方程为

$$I\ddot{\theta} = M_C + M_D$$

其中，I 为卫星相对于质心的转动惯量，M_C 为助推器产生的控制力矩，M_D 为扰动力矩，θ 为卫星轴相对于一个没有角加速度的惯性参考面的角度。

我们定义

$$u = \frac{M_C}{I}, \quad w_d = \frac{M_D}{I}$$

将运动方程归一化后，得到

$$\ddot{\theta} = u + w_d$$

采用拉普拉斯变换，得到

$$\theta(s) = \frac{1}{s^2}[u(s) + w_d(s)]$$

若上式不存在扰动，则有

$$\frac{\theta(s)}{u(s)} = \frac{1}{s^2} = G_1(s)$$

在离散的情况下，输入 u 作用于零阶保持(ZOH)，用本章介绍的方法可得到离散传递函数

图 8.22 习题 8.10 的卫星控制系统

$$G_1(z) = \frac{\theta(z)}{u(z)} = \frac{T^2}{2}\left[\frac{z+1}{(z-1)^2}\right]$$

(a)假设用比例控制,试手工绘制该系统的根轨迹。

(b)用 MATLAB 绘制根轨迹,验证手工绘制的图形。

(c)给你的控制器加一个超前网络,使得主导极点的 $\zeta = 0.5, \omega_n = 3\pi/(10T)$。

(d)当 $T = 1\ \mathrm{s}$ 时,反馈增益是多少? $T = 2\ \mathrm{s}$ 呢?

(e)当 $T = 1\ \mathrm{s}$ 时,绘制闭环阶跃响应及相关的时域控制序列。

8.11 可以用电磁铁将一个磁性材料的质体悬挂起来,电磁铁的电流靠质体的位置控制(由 Woodson 和 Melcher 于 1968 年提出)。一种可能的结构如图 8.23 所示。在斯坦福大学使用的该工作系统的照片,如图 9.2 所示。运动方程为

$$m\ddot{x} = -mg + f(x,I)$$

其中电磁铁施加在球上的力由 $f(x,I)$ 给出。处于平衡时,磁铁力与重力平衡。假设令 I_0 表示平衡点的电流。若 $I = I_0 + i$,将 f 在 $x=0$ 和 $I = I_0$ 处展开并忽略高阶项,就可得到线性化方程

$$m\ddot{x} = k_1 x + k_2 i \tag{8.46}$$

式(8.46)中,常数的合理数值为 $m = 0.02\ \mathrm{kg}$,$k_1 = 20\ \mathrm{N/m}$,$k_2 = 0.4\ \mathrm{N/A}$。

(a)计算从 I 到 x 的传递函数,对于简单的反馈 $i = -Kx$,绘制(连续的)根轨迹。

(b)假设输入作用在零阶保持(ZOH)上,令采样周期为 0.02 s。计算等效 d 的离散时间受控对象的传递函数。

(c)为磁铁悬浮设备设计一个数字控制系统,使闭环系统满足如下的性能指标: $t_r \leqslant 0.1\ \mathrm{s}$ 、$t_s \leqslant 0.4\ \mathrm{s}$ 、超调量 $\leqslant 20\%$ 。

(d)为你设计的系统绘制关于 k_1 的根轨迹,并讨论能否用你设计的闭环系统平衡各种质量的球。

(e)假定一个初始扰动位移作用于小球,为你设计的系统绘制阶跃响应,并标出 x 和控制电流 i。如果传感器仅能测量 ±1/4 cm 范围内的 x,放大器仅能提供 1 A 的电能且忽略 $f(x,I)$ 中的非线性项,那么可能控制的最大位移是多少?

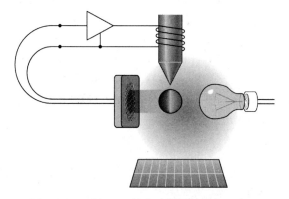

图 8.23　习题 8.11 的电磁铁悬浮设备示意图

8.12 对于习题 5.27,画出其离散根轨迹,直接在 z 平面内进行设计。假设对输出 y 采样,输入 u 作用于一零阶保持器(ZOH)后,施加于受控对象,采样速率为 15 Hz。

8.13 为如图 3.61、图 3.62 所示的,以及在习题 3.31 中讨论过的天线伺服系统,设计一个数字控制器。该设计的阶跃响应要求满足:超调量低于 10% ,上升时间小于 80 s。

(a)采样速率应取多少?

(b)使用匹配零极点法进行离散等效设计。

(c)使用离散设计和 z 平面根轨迹法进行设计。

8.14 用一个数字控制器来控制系统

$$G(s) = \frac{1}{(s + 0.1)(s + 3)}$$

数字控制器的采样周期为 $T = 0.1$ s。用 z 平面根轨迹设计一个补偿，其阶跃响应应满足上升时间 $t_r \leqslant 1$ s、超调量 $M_p \leqslant 5\%$。欲减小稳态误差，应采取什么措施？

8.15 纯微分控制的传递函数为

$$D(z) = KT_D \frac{z - 1}{Tz}$$

其中，位于 $z = 0$ 的极点产生了一些不稳定的相位滞后。对于这一滞后相位，能用下述形式的微分控制消除吗？

$$D(z) = KT_D \frac{(z - 1)}{T}?$$

要求用差分方程证明你的结论，并讨论实现该微分控制的必要条件。

第9章 非线性系统

非线性系统简介

所有的系统都是非线性的，当将大信号考虑进来时，更是如此。另一方面，如果是小信号，几乎所有的物理系统都能很好地用线性模型来逼近。比如说，如果 θ 很小，那么 $\sin(\theta) \approx \theta$，且 $\cos(\theta) \approx 1$。同样地，在模拟电子电路设备中，如放大器，如果信号相对于输入电压来说很小，则这个运算操作几乎可以看成是线性的。最后，正如我们将在本章稍后的选读章节中考虑的问题，李雅普诺夫指出：如果一个系统的线性逼近在一个平衡点附近稳定，那么实际的非线性系统将在该平衡点的某个邻域内稳定。到目前为止，本书中所讨论的分析和设计方法，

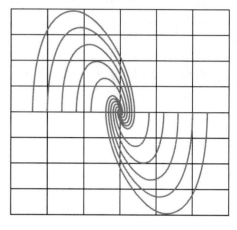

都只是用于线性模型的方法。尽管如此，如果信号使设备饱和，或者系统含有对小信号很敏感的非线性部分，比如有些类型的摩擦力，那么当对系统进行分析时，必须将非线性影响因素考虑进来。在本章中，将会介绍非线性系统设计的工具。

全章概述

由于每一个非线性系统在许多方面都具有特殊性，所以有相当数量的方法可用于非线性控制设计。我们在此描述的分析和设计非线性系统的方法可以分为四类。第一类是在9.2节中将讨论的如何把非线性问题转化成线性模型的方法。在大多数情况下，考虑小信号的逼近是适当的。在某些情况下，存在可求出其反向的非线性，且在物理非线性环节前放置该反向非线性，可使整个系统的响应呈现线性特性。但在其他情况下，通过巧妙地运用反馈，有些非线性模型可以被转化成精确的线性形式，这种技巧在机器人研究领域被称为"计算力矩法"。

第二类是一种启发式的方法，它的出发点是把非线性看成一个可变的增益。9.3节将讨论那些没有记忆性的非线性情形，比如说，系统带有一个放大器，当信号增大时，放大器的输出达到饱和。这种思路认为，随着信号增大，放大器的增益是逐渐减小的。因为根轨迹是建立在当增益变化时估计系统特征根的基础上的，所以这就启发我们：当输入信号的大小改变时，用根轨迹来预测系统的响应。在9.4节将讨论非线性的动态性和记忆性，这时根轨迹法就不适用了。1950年，由 Kochenburger 引入的描述方程可以用来处理上述的情况。为了应用这种方法，对系统的非线性部分施加正弦信号，并计算周期响应的一次谐波。于是，可以计算输入-输出比率，就好像它就是线性的而非可变的频率响应。因此，奈奎斯特图就成了研究系统行为的自然领域。

尽管这种启发式的方法对于我们深入认识系统性能或许是非常有帮助的，但它并不能用来判断系统的稳定性。因此，正如在控制理论中所学习到的，我们必须转到对系统稳定性的分析上。这其中最著名的理论是由李雅普诺夫提出的内部稳定性。作为将系统响应看成一条空

间轨迹这一思想的介绍，9.5 节描述了相平面分析，然后提出了稳定性理论。一些实例用来说明如何应用稳定性理论来指导控制器设计。在这些例子中，如果不改变对系统所做的初始假设，系统将保持稳定。应用这些方法，控制工程师就可以有效地理解和设计实际控制系统。最后，9.6 节将介绍与本章内容相关的发展历史。

9.1　引言和动机：为什么学习非线性系统

很显然，当信号强度达到某个等级时任何物理系统都将是非线性的，而有些系统在任何信号等级上都是非线性的。另一方面，通过建立线性逼近模型开始我们的学习。目前，我们的设计方法都是建立在"设备可以用线性传递函数来表示"这一假设之上的。在本章中，将会给出一些理由来说明学习和掌握线性方法是很有必要的。我们也将说明，考虑非线性因素的影响对于控制系统设计的重要性。

首先要展示的是，如何将根轨迹法（即把特征方程看成是可变增益的函数，画出特征方程的根的方法）和许多非线性元件可以被看成是一个随信号等级变化而变化的增益这一观察结论结合起来。尽管，在这一点上，这种方法完全是探索性的，但仿真结果表明它还是非常有前景的。许多含有这种零记忆非线性元件系统的特性，都可以通过在非线性点画一条随增益变化的根轨迹预测出来。然而，这种方法缺乏坚实的基础，设计者需要自己考虑在实际空间或信号空间中是否有未研究过的区域。毕竟模型是一种近似。无论仿真的范围多么广泛，也不可能涵盖每一种情况。

继根轨迹法之后，我们转向学习基于频率响应的一些方法。频率响应的主要优点之一是，在很多情况下，能用实验方法获得实际系统的传递函数。最基本的方法之一是给系统施加一个正弦信号，然后测量输出正弦信号的幅值和相位。然而，噪声和不可避免的非线性干扰，使得输出信号比一个正弦信号要复杂得多，所以设计者提取基本的组件，把它当做一个整体。如果用频谱分析法来计算传递函数，那么也将得到同样的结果。这里所得的函数被 Kochenburger 称为描述函数（describing function）。从这种观点出发，一个描述函数可以被用来定义含有记忆功能的非线性元件。同样，这种仿真方法也是很有前景的，很多实用的设计正是应用了这一方法。但是，正如应用根轨迹法设计非线性系统一样，描述函数也缺乏坚实的理论基础[①]。

因此，针对这种情况我们能做什么呢？唯一的可能就是直面事实，接受非线性。幸运的是，当李雅普诺夫在 1892 年出版他的关于动态稳定性的著作时，一个坚实的数学基础已被建立起来。这部著作于 1907 年被翻译成法文，于 1960 年被 Kalman 和 Bertram 在一篇有关控制的文章中重新论述。李雅普诺夫给出了研究系统稳定性的两种方法。第一种方法是，他考虑稳定性是基于线性逼近的。线性逼近在本书中是验证我们聚焦某种方法的合适方式。他证明了一个显著的结论：如果线性逼近是严格稳定的，即所有的根都在左半平面，那么非线性系统将在应用线性逼近的平衡点的某个邻域内稳定。此外，他还证明了另一个结论：如果线性逼近至少有一个根在右半平面，那么该非线性系统不可能在平衡点的任何邻域内稳定。状态空间中稳定区域的大小，不是来自于线性项，而是包含在用于验证的结构中。这种结构确立了他的第二种方法。李雅普诺夫的第二种方法，旨在寻找一个描述系统内能量的标量函数的数学等

---

① 比如，当我们居住在加利福尼亚时，就知道在摇晃的地面上是多么危险的。

价形式。他证明了,如果这样一个函数被建立起来,且在运动方程轨迹上该函数的导数为负,那么该函数及它所决定的状态将最终消失,且这种状态将终止于平衡点。一个具有这些特征的函数被称为李雅普诺夫函数。当然,这种简单的描述省去了很多麻烦。比如说,稳定性的定义就有好多种。尽管如此,这个概念仍能说明,如果可以找出一个李雅普诺夫函数,那么基于该函数的系统就是稳定的。正如所描述的那样,这个理论给出了稳定性的一个充分条件。如果没找出一个李雅普诺夫函数,设计者将不知道是否存在李雅普诺夫函数,或者说这种研究方法是否恰当。大量的研究是直接针对寻找不同类别非线性系统的李雅普诺夫函数的。

李雅普诺夫方法是建立在一般微分方程或状态微分方程的形式上的,因此它专注于研究内部稳定性。另一方面,频率响应法是外部度量,已经有对系统外部响应引起的稳定性结果感兴趣的研究了。这其中的一种方法就是圆判据,我们也将在这一章中讨论。这种方法可以被描述为,考察在系统终端观察到的能量,并且注意能量是否总是流入终端的。如果是,那么可能最终所有的能量将被消耗,系统将达到稳定。为了得到这种方法的一个正式的证明,研究者们想到了用李雅普诺夫的第二种方法,但结果是以外部特征的形式来表达的,比如面对非线性元件系统的线性部分的奈奎斯特图。同样,这个工具为针对一类特殊非线性系统的设计方法建立了坚实的基础。

应该清楚的是,非线性控制理论是一个广泛复杂的课题,在这本书中,我们只能给出其中一小部分的简短介绍。然而,控制系统设计的基础都建立在这些理论之上,设计者对这个理论理解越多,对问题的局限性和机遇就理解越好。我们希望通过思考这些学习材料,将激发学生们的兴趣,以促进他们对于这一迷人课题的有价值的学习。

9.2　线性化分析

在这一节中,将介绍把非线性系统转化成合适的线性模型的三种方法。几乎所有的被选作控制过程的动态微分方程都是非线性的。另一方面,目前我们所讨论过的分析和控制设计方法,对于线性模型来说,比非线性模型要简单得多。线性化(Linearization)是指找出一个用来逼近非线性模型的线性模型的过程。正如李雅普诺夫在100多年前所证明的那样,如果一个小信号的线性模型在平衡点附近有效且稳定,那么存在一个区域(当然可能很小)包含平衡点,使得非线性系统在这个区域内稳定。因此,我们可以放心地说,这样建立一个线性模型和设计一个线性控制系统,至少在平衡点附近我们的设计是稳定的。因此,反馈控制的一个非常重要的角色是维持过程在平衡点附近变化。这种小信号线性模型,通常是控制设计的起点。

用来获得一个线性模型作为控制系统设计基础的另一种可供选择的方法是,使用部分控制作用来消除非线性项,然后运用线性理论设计控制的其余部分。这种方法是通过反馈实现线性化的,在机器人领域应用很广泛,被称为计算力矩法(method of computed torque)。这也是飞行器设计的一个研究课题。9.2.2节将简单地介绍这种方法。最后,一些非线性函数是这种情况,即存在反向非线性同非线性的串联,以至于这种组合是线性的。这种方法经常被用于校正在使用中存在小变化的传感器(sensors)和执行器(actuators)的微小非线性特征,正如将在9.2.3节中讨论的。

9.2.1　使用小信号分析的线性化

对于一个有连续导数的平稳的非线性系统,我们可以计算出一个对小信号有效的线性模型。在很多情况下，这些模型可用以设计。一个非线性微分方程是这样一个方程，其状态的倒数和控制状态本身存在非线性关系。换句话说，微分方程不能写成如下的形式[①]：

$$\dot{x} = Fx + Gu$$

但必须写成这种形式

$$\dot{x} = f(x, u) \tag{9.1}$$

对于小信号线性化，我们首先决定 x_o 和 u_o 的平衡值，即 $\dot{x}_o = 0 = f(x_o, u_o)$，令 $x = x_o + \delta x$ 和 $u = u_o + \delta u$。然后根据这些平衡值展开成混合形式的非线性方程，得到

$$\dot{x}_o + \delta\dot{x} \approx f(x_o, u_o) + F\delta x + G\delta u$$

其中，F 和 G 是非线性方程 $f(x, u)$ 在 x_o 和 u_o 处的最优线性拟合，计算如下：

$$F = \left[\frac{\partial f}{\partial x}\right]_{x_o, u_o} \quad 和 \quad G = \left[\frac{\partial f}{\partial u}\right]_{x_o, u_o} \tag{9.2}$$

减去平衡解，方程简化为

$$\delta\dot{x} = F\delta x + G\delta u \tag{9.3}$$

这是一个关于平衡点的逼近运动动力学的线性微分方程。通常，符号 δ 被省略，且 x 和 u 是指距离平衡态的偏移值。

到目前为止，在本书所讨论过的模型建立过程中，我们已经好几次遇到非线性方程，如例 2.5 中的钟摆、例 2.7 中的悬挂起重机、2.3 节中的 AC 感应发电机、例 2.16 中的水槽流量以及例 2.17 中的水压泵。在每种情况下，要么假设运动很小，要么假设在某些工作点的运动很小，这样就可以用线性函数来逼近非线性函数了。这些例子中的步骤在本质上包括求出 F 和 G，这是为了将微分方程线性化以转换成式(9.3)的形式。在下面的一些例子中将说明这一过程。MATLAB 中的线性化函数，包括 linmod 和 linmod2。

例 9.1　非线性钟摆的线性化

考虑例 2.5 中的简单钟摆的运动非线性方程，求该系统的平衡点和相应的小信号线性模型。

解：钟摆的动态方程是

$$\ddot{\theta} + \frac{g}{\ell}\sin\theta = \frac{T_c}{m\ell^2} \tag{9.4}$$

我们用状态变量形式，重写运动方程，且 $x = \begin{bmatrix} x_1 & x_2 \end{bmatrix}^T = \begin{bmatrix} \theta & \dot{\theta} \end{bmatrix}^T$

$$\dot{x} = \begin{bmatrix} x_2 \\ -\omega_o^2 \sin x_1 + u \end{bmatrix} = \begin{bmatrix} f_1(x, u) \\ f_2(x, u) \end{bmatrix} = f(x, u)$$

其中 $\omega_o = \sqrt{\frac{g}{\ell}}$ 和 $u = \frac{T_c}{m\ell^2}$。为了计算平衡状态，假定(归一化)输入力矩有一个标称值 $u_o = 0$，则

$$\dot{x}_1 = \dot{\theta} = 0,$$

$$\dot{x}_2 = \ddot{\theta} = -\frac{g}{\ell}\sin\theta = 0$$

[①]　该方程假设系统为时不变的。更通用的表达式为 $\dot{x} = f(x, u, t)$。

因此，这些平衡情况对应于 $\theta_o = 1, \pi$(也就是说，在静止时的向下的和反向的钟摆)。平衡状态和输入分别为 $\boldsymbol{x}_o = \begin{bmatrix} \theta_o & 0 \end{bmatrix}^{\mathrm{T}}$, $u_o = 0$，且状态空间矩阵为

$$\boldsymbol{F} = \begin{bmatrix} \dfrac{\partial f_1}{\partial x_1} & \dfrac{\partial f_1}{\partial x_2} \\ \dfrac{\partial f_2}{\partial x_1} & \dfrac{\partial f_2}{\partial x_2} \end{bmatrix}_{x_o, u_o} = \begin{bmatrix} 0 & 1 \\ -\omega_o^2 \cos\theta_o & 0 \end{bmatrix}$$

$$\boldsymbol{G} = \begin{bmatrix} \dfrac{\partial f_1}{\partial u} \\ \dfrac{\partial f_2}{\partial u} \end{bmatrix}_{x_o, u_o} = \begin{bmatrix} 0 \\ 1 \end{bmatrix}$$

线性系统对应于 $\theta_o = 0$ 的特征值分别为 $\pm \mathrm{j}\omega_o$ 和 $\pm\omega_o$，且正如所期望的那样，后者的反例就是不稳定的。

例9.2 悬浮球运动的线性化

图9.1描绘了一个用于大型涡轮机中的磁性轴承。用反馈控制法来给这个磁体加电，以使得轮轴总在中心且决不会碰到磁体，因此可将摩擦力保持在一个几乎不存在的水平。一个可在实验室实现的磁性轴承的简化模型如图9.2所示，其中一个电磁体浮起一个金属球。浮体的物理布置如图9.3所示。根据牛顿定律，式(2.1)，悬浮球的运动方程为

$$m\ddot{x} = f_m(x, i) - mg \tag{9.5}$$

式中，力 $f_m(x, i)$ 是由电磁体的磁场引起的，在理论上，来自电磁体的力按照离磁体的距离的反平方关系下降，但由于磁场的复杂性，这个实验浮球的精确关系很难从物理学原理中得到。然而，力是可度量的。图9.4给出了直径为 1 cm、质量为 8.4×10^{-3} kg 的球的实验曲线。当电流 $i_2 = 600$ mA，图中所示的位移 x_1 时，磁力 f_m 仅抵消了重力 $mg = 82 \times 10^{-3}$ N(球的质量为 8.4×10^{-3} kg，且重力加速度为 9.8 m/s^2。)因此，点 (x_1, i_2) 代表一个平衡点。用这些数据，求出关于该平衡点的运动线性化方程。

图9.1 一个磁性轴承(照片由 Magnetic Bearings 公司提供)

图9.2 实验室的磁悬浮球(照片由Gene Franklin提供)

解：首先，将偏离平衡值 x_1 和 i_2 的力，写成展开式

$$f_m(x_1 + \delta x, i_2 + \delta i) \approx f_m(x_1, i_2) + K_x \delta x + K_i \delta i \tag{9.6}$$

求出的线性增益如下：K_x 是力对应于 x 沿着曲线 $i = i_2$ 的斜率，如图9.4所示，且其值大约为 14 N/m。K_i 是力的变化值，此时电流为当固定 $x = x_1$ 时的电流值。在 $x = x_1$ 处对于 $i = i_1 =$

700 mA, 我们求出的力大约为 122×10^{-3} N, 而对于 $i = i_3 = 500$ mA, 求出的力大约为 42×10^{-3} N。因此, 有

$$K_i \approx \frac{122 \times 10^{-3} - 42 \times 10^{-3}}{700 - 500} = \frac{80 \times 10^{-3} \text{ N}}{200 \text{ mA}}$$

$$\approx 400 \times 10^{-3} \text{ N/A}$$

$$\approx 0.4 \text{ N/A}$$

将这些值代入到式(9.6)中, 推导出在平衡点邻域中的力的线性近似如下:

$$f_m \approx 82 \times 10^{-3} + 14\delta x + 0.4\delta i$$

将上式代入式(9.5)中, 且用质量和重力的数值, 得到其线性化模型为

$$(8.4 \times 10^{-3})\ddot{x} = 82 \times 10^{-3} + 14\delta x + 0.4\delta i - 82 \times 10^{-3}$$

因为 $x = x_1 + \delta x$, 则 $\ddot{x} = \delta\ddot{x}$。方程以 δx 的形式表示为

$$(8.4 \times 10^{-3})\delta\ddot{x} = 14\delta x + 0.4\delta i$$

$$\delta\ddot{x} = 1667\delta x + 47.6\delta i \tag{9.7}$$

这就是关于平衡点的理想的运动线性化方程。若一个逻辑状态向量为 $\boldsymbol{x} = \begin{bmatrix} \delta x & \delta\dot{x} \end{bmatrix}^{\text{T}}$, 则推导出标准矩阵为

$$\boldsymbol{F} = \begin{bmatrix} 0 & 1 \\ 1667 & 0 \end{bmatrix} \quad \text{和} \quad \boldsymbol{G} = \begin{bmatrix} 0 \\ 47.6 \end{bmatrix}$$

且控制为 $u = \delta i$。

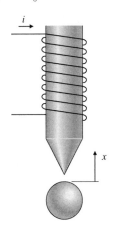

图9.3　悬浮球的模型

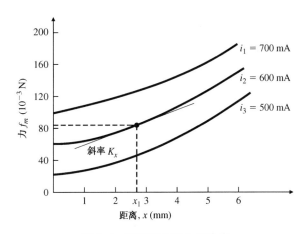

图9.4　实验确定的力的曲线

例9.3　水箱的线性化

用本节所阐述的概念, 将例2.16线性化。

解: 式(2.75)可以写为

$$\dot{x} = f(x, u) \tag{9.8}$$

其中, $x \triangleq h$, $u \triangleq w_{\text{in}}$, 且

$$f(x, u) = -\frac{1}{RA\rho}\sqrt{p_1 - p_a} + \frac{1}{A\rho}w_{\text{in}} = -\frac{1}{RA\rho}\sqrt{\rho g h - p_a} + \frac{1}{A\rho}w_{\text{in}}$$

其线性化方程为

$$\delta\dot{x} = F\delta x + G\delta u \tag{9.9}$$

其中

$$[F]_{x_o,u_o} = \frac{\partial f}{\partial x} = \left[\frac{\partial f}{\partial h}\right]_{h_o,u_o} = \frac{\partial}{\partial h}\left[-\frac{1}{RA\rho}\sqrt{\rho g h - p_a}\right]_{h_o,u_o} \qquad (9.10)$$

$$= -\frac{g}{2AR}\frac{1}{\sqrt{\rho g h_o - p_a}} = -\frac{g}{2AR}\frac{1}{\sqrt{p_o - p_a}} \qquad (9.11)$$

且

$$[G]_{x_o,u_o} = \frac{\partial f}{\partial u} = \frac{\partial f}{\partial w_{in}} = \frac{1}{A\rho} \qquad (9.12)$$

然而, 注意到, 为了维持系统的平衡, 要求有一定的流量, 所以式(9.9)是有效的。特别地, 我们可以从式(2.75)看出

$$u_o = w_{in_o} = \frac{1}{R}\sqrt{p_o - p_a}\,, \qquad \dot{h} = 0 \qquad (9.13)$$

且式(9.9)中的 δu 为 δw_{in}, 其中 $w_{in} = w_{in_o} + \delta w_{in}$。因此, 式(9.9)变成

$$\delta\dot{h} = F\delta h + G\delta w_{in} = F\delta h + Gw_{in} - G\frac{1}{R}\sqrt{p_o - p_a} \qquad (9.14)$$

这个结果与前面的式(2.78)是一致的。

9.2.2　使用非线性反馈的线性化

采用反馈的线性化, 是通过减去运动方程中的非线性项, 并将它们加到控制上而实现的。所得的结果是一个线性系统, 该系统证明了计算机实现的控制有足够的能力来快速地计算非线性项, 且其得到的控制不会引起执行器饱和。下面通过例子来更深入地理解这种方法。

例9.4　非线性单摆的线性化

考虑例2.5中式(2.21)的简单单摆的方程, 用非线性反馈进行系统的线性化。

解: 单摆的运动方程为

$$ml^2\ddot{\theta} + mgl\sin\theta = T_c \qquad (9.15)$$

若计算转矩

$$T_c = mgl\sin\theta + u \qquad (9.16)$$

则运动可描述为

$$ml^2\ddot{\theta} = u \qquad (9.17)$$

不论 θ 角如何变化, 式(9.17)都是一个线性方程。把它作为控制设计的模型, 这是因为它让我们可以运用线性分析的方法。得到的线性控制将在测量 θ 的基础上提供 u 的值。然而, 实际上我们通过式(9.16)来得到实现平衡的转矩值。对于有两个或三个刚体连接的机器人, 这个计算所得的近似转矩可产生有效控制。在航天器的控制中也有这种研究, 其中线性模型为适合飞行体制做了相当大的改变。

9.2.3　使用反向非线性的线性化

在控制设计中, 引入非线性的最简单的情况是反向非线性(inverse nonlinearity)的情况。有时, 将某些非线性的作用反过来是可能的。例如, 假定有一个系统, 输出是信号的平方

$$y = x^2 \qquad (9.18)$$

一个有效而且容易观察的方法是, 在物理非线性到来之前对非线性取平方根来消除系统的非

线性，即

$$x = \sqrt{(.)} \tag{9.19}$$

这将在下一个例子中得到演示。因此，整个级联系统将是线性的。

例 9.5 快速热处理系统的线性化

考虑用一个非线性电灯作为执行器的快速热处理系统（RTP），如图 9.5 所示。假定进入电灯的输入是电压 V，且输出为功率 P，它们的关系为

$$P = V^2$$

设计一个反向非线性来线性化系统。

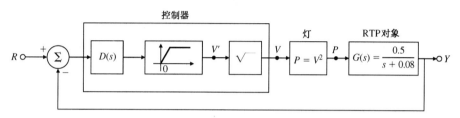

图 9.5 通过反向非线性实现线性化

解： 我们仅在电灯输入非线性前取一个非线性的平方根

$$V = \sqrt{V'}$$

现在，整个开环的级联系统对于电压的任何值都是线性的

$$Y = G(s)P = G(s)V^2 = G(s)V'$$

因此，我们可以用线性控制设计方法来设计动态补偿 $D(s)$。注意到，需要将一个非线性元素插入在平方根元件之前，以确保这个方框的输入总是非负的。控制器的实现如图 9.5 所示。关于这种控制设计方法的更具体的应用，读者可以参阅 10.6 节的 RTP 案例的学习。

9.3 使用根轨迹法的等效增益分析

正如我们努力要弄清楚的，每个实际控制系统都是非线性的；目前我们所讨论的线性分析和设计方法都是用线性逼近来取代实际模型。但有一类重要的非线性系统，对它进行线性化是不恰当的，但是对其做一些有意义的分析（和设计）还是可以的。这类系统包括不含有动态非线性项且其非线性可以用一个随输入信号大小变化而变化的增益来很好地逼近的系统。图 9.6 列出了一些这样的非线性系统元件以及它们通常的名称。

带有无记忆非线性项系统的稳定性，可以用根轨迹法进行启发式的学习。方法是用一个等效增益 K 来替换无记忆非线性项，且对于这个增益画出一条根轨迹。对于输入信号幅度的一个区间，等效增益也将在一个区间内取值，而且如果增益固定，则闭环系统的根也将在这个区间内。以下的一些例子将证明这一点。

例 9.6 改变超调量和饱和非线性

考虑如图 9.7 所示的带饱和特性的系统。用根轨迹法求系统的稳定特性。

解： 图 9.8 给出了带有饱和消除的系统相对于 K 的根轨迹。当 $K=1$ 时，阻尼率为 $\zeta = 0.5$。当增益减小时，根轨迹表明，这些根以越来越小的阻尼移向 s 平面的原点。系统阶跃响应曲线可用 Simulink 程序来获得。将一系列的阶跃输入 r 引入到系统，其幅值为 $r_0 = 2,4,6,8,10$ 和

12, 所得结果如图 9.9 所示。只要进入饱和的信号小于 0.4, 系统将是线性的, 且其行为与当阻尼比为 $\zeta = 0.5$ 时是一致的。然而, 注意到, 当输入增大时, 响应呈现出更大的超调量和更慢的恢复时间。这种现象可以说明, 越来越大的输入信号, 对应于越来越小的有效增益 K, 如图 9.10 所示。从图 9.8 中的根轨迹可看出, 当 K 下降时, 闭环极点移向离原点更近的地方, 且阻尼率 ζ 更小。这将导致上升时间和稳定时间增加、超调量增加和振荡响应更大。

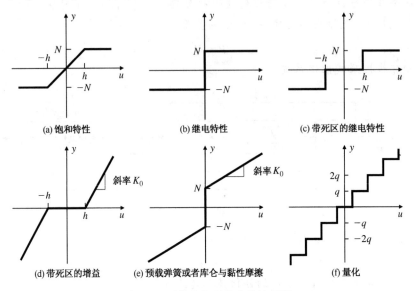

图 9.6　不带动态项的非线性元件

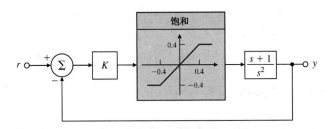

图 9.7　带饱和特性的动态系统

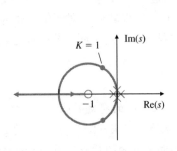

图 9.8　图 9.7 的带饱和消除的系统 $(s+1)/s^2$ 的根轨迹

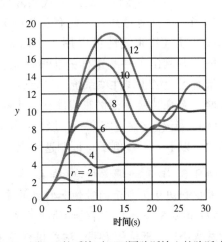

图 9.9　图 9.7 的系统对于不同阶跃输入的阶跃响应

例 9.7 用根轨迹法求条件稳定系统的稳定性

作为使用信号相关增益描述非线性响应的第二个例子，考虑如图 9.11 所示的带饱和非线性的系统。判断系统是否稳定。

解：除饱和特性外，系统的根轨迹如图 9.12 所示。从这个轨迹我们可以容易地计算出，当 $\omega_0 = 1$，$K = \dfrac{1}{2}$ 时与虚轴的交点。这样的系统，对于相对大

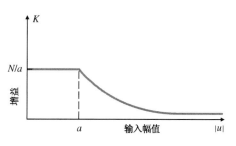

图 9.10 饱和特性的有效增益的一般形状

的增益是稳定的，但是对于更小的增益则是不稳定的，也被称为条件稳定系统(conditionally stable system)。若 $K = 2$，对应于轨迹上 $\zeta = 0.5$，系统的期望响应与 $\zeta = 0.5$ 时对参考输入小信号的响应是一致的。然而，当参考输入增大时，其等效增益将由于饱和特性而变得更小，且系统的阻尼将会更弱。最后，当输入大信号时，系统将在一些点变得不稳定。当输入阶跃 $r_0 = 1.0, 2.0, 3.0$ 和 3.4 时，$K = 2$ 的系统的非线性模拟的阶跃响应如图 9.13 所示。这些响应证实了我们的预言。此外，边际稳定的情况表明，振荡接近 1 rad/s，这是可以从根轨迹与 RHP 的交点的频率预得到的。

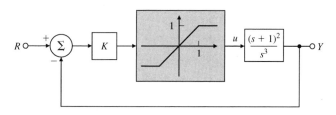

图 9.11 条件稳定系统的方框图

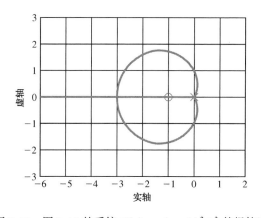

图 9.12 图 9.11 的系统 $G(s) = (s + 1)^2/s^3$ 的根轨迹

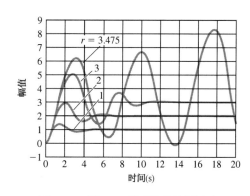

图 9.13 图 9.11 的系统的阶跃响应

例 9.8 用根轨迹法分析和设计带极限环的系统

基于如图 9.14 所示的方框图，使用根轨迹定性地描述非线性系统响应。判断系统是否稳定，且确定极限环的幅值和频率。修改控制器的设计，使得极限环振荡器的影响最小。

解：该系统是一个典型的电机控制问题。在这种问题中，分母项 $s^2 + 0.2s + 1$（$\omega = 1, \zeta = 0.1$）对应的共振模是未知的。除饱和外，系统关于 K 的根轨迹，如图 9.15 所示，虚轴的交点在 $\omega_0 = 1$，$K = 0.2$ 处。因此，$K = 0.5$ 的增益是足够迫使共振模的根保持在 RHP，在图中用点表示。如果系统增益设置为 $K = 0.5$，则我们的分析能够预测系统在初始阶段是不稳定的，但

是随着增益的下降,系统将变得稳定。因此,我们期望带饱和的系统的响应由于不稳定性而增大,直到幅值充分大从而使得有效增益降至 $K = 0.2$,然后停止增大。

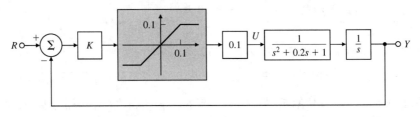

图 9.14　含有振荡状态的系统方框图

图 9.16 给出了 $K = 0.5$,阶跃为 $r_0 = 1,4$ 和 8 时的三个阶跃响应图。由图可知,当误差增长到一个固定的幅值时,开始在一个固定值处振荡。振荡的频率约为 1 rad/s,而且不管阶跃输入有多大,它都保持为一个恒定的幅值。在这种情况下,响应总是到达一个固定幅值的周期解——极限环(limit cycle)。之所以这样命名,是因为响应是环状的,且随着时间的增大,响应达到极限。

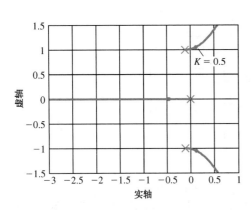

图 9.15　图 9.14 的系统根轨迹

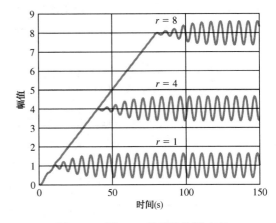

图 9.16　图 9.14 的系统阶跃响应

我们回到图 9.13,很容易看出,幅值为 3 的阶跃输入的一阶瞬态近似为一条正弦曲线。我们可以预测到,当根轨迹与右半平面相交时,系统处在稳定的边界,这时等效增益响应对应于 1/2 的根轨迹增益。为了防止极限环的出现,用补偿来修改根轨迹,以保证没有分支进入右半平面。针对轻阻尼振荡模式,一个通常的方法是,在某个频率处在极点附近设置补偿零点,以实现根轨迹分支偏离这些极点的角度朝向左半平面,即早期被称为相位稳定的过程。例 5.8 中的机械运动已经证明,以这种方式定位的一对零 - 极点将经常导致轨迹分支从极点出发到达零点,绕向为左向,并且因此远离 RHP。图 9.17 给出了系统 $1/[s(s^2 + 0.2s + 1.0)]$ 的根轨迹图,包含一个带有零点的陷波补偿(notch compensation),正如刚讨论过的一样。另外,该

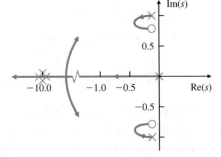

图 9.17　包含补偿的根轨迹

补偿还包括使得补偿能够物理实现的两个极点。在这种情况下,两个极点都位于 $s = -10$。它们既不会引起系统的稳定性问题,也不会将高频噪声放大太多。因此,用于根轨迹的补偿为

$$D(s) = 123 \frac{s^2 + 0.18s + 0.81}{(s + 10)^2}$$

其中，增益值 123 是用来使补偿的直流增益等于单位 1 的。这个陷波滤波器补偿能将输入减弱在 $\omega_n^2 = 0.81$，即 $\omega_n = 0.9$ rad/s 的领域内。于是，任何来自对象共振的输入都被削弱了，也因此防止了其对系统稳定性的减损。图 9.18 给出了一个包括陷波滤波器的系统，图 9.19 给出了这两个阶跃输入的时间响应。这两个输入（$r_0 = 2$ 和 4）都充分大，使得非线性在初始时刻就达到饱和。然而，因为系统是无条件稳定的，所以饱和仅仅会导致增益的降低，这正如我们通过分段线性分析法所预计的一样。在两种情况下，非线性最终变为不饱和，且系统稳定于其新的期望值 r。

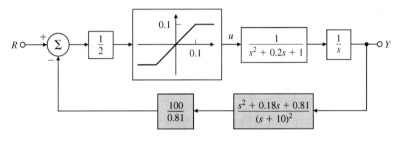

图 9.18　含陷波滤波器的系统方框图

9.3.1　积分器抗漂移

因为所有实际执行器的动态区间都是有限的，所以在任何控制系统中执行器的输出都可以达到饱和。例如，当一个阀门完全敞开或闭合时将达到饱和，航天器的操纵面偏离其标称位置不能超过特定的角度，电子放大器只能产生有限的电压输出等。不论什么时候执行器出现饱和，过程的控制信号就会停止变化，且反馈回路也有效地敞开了。在这些情况下，若误差信号继续被施加给积分输入，则积分输出将增加（漂移）直到误差信号变化，且积分作用回

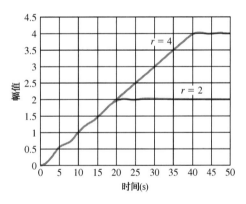

图 9.19　图 9.18 的系统阶跃响应

转。随着输出增加，以至于产生必要的回溯误差时，这一结果可能导致一个很大的超调量和很差的瞬态响应。在开环中，积分器实际上是一个不稳定的元件，且当饱和发生时，又必须使其稳定[①]。

考虑如图 9.20 所示的反馈系统，假定一个给定的参考阶跃信号比引起执行器达到饱和值 u_{max} 的输入还要大得多。积分器继续对误差 e 做积分运算，信号 u_c 持续增大。然而，受控对象的输入被锁定在其最大值，即 $u = u_{max}$，所以误差仍然很大，直到受控对象的输出超出参考值，误差值改变符号。而 u_c 的增加是不利的，因为进入受控对象的输入没有变化，但如果饱和持续很长一段时间，u_c 可能会变得非常大。这将导致一个相当大的负误差 e，而且产生的很差的瞬态响应将把积分器输出带回到控制不饱和的线性段。

---

① 在过程控制中，积分控制通常称为预置控制（reset control），因此积分漂移通常被称为预置漂移（reset windup）。若没有积分控制，则对于一个给定的设置点，比如 10，将产生一个更小的响应，比如 9.9。操作者必须重新设置 10.1 以实现输出期望的 10。若使用积分控制，对于给定值 10，控制器可以自动输出 10。因此，积分器是自动预置的。

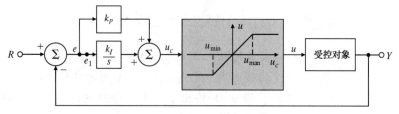

图 9.20　含执行器饱和的反馈系统

　　解决这个问题,可以通过一个积分器抗漂移(integrator antiwindup)电路。当执行器饱和时,它可以"关掉"积分作用(若控制器是用数字电路实现的,则用逻辑很容易实现这个功能,即通过包括一个像"if $|u| = u_{max}$, $k_I = 0$;"的语句,参见第 8 章)。图 9.21(a, b)给出了为一个 PI 控制器配置的两个等效的抗漂移方案。图 9.21(a)所示的方法更容易理解一些,而图 9.21(b)所示的方法更容易实现,因为它不需要一个独立的非线性项,而只是利用饱和本身[1]。在这些方案中,只要执行器饱和,积分器附近的反馈回路就开始激活,且保持在 e_1 处的积分器输入较小。这时,积分器本质上变成了一个快速的一阶滞后。为了看出这一点,注意到我们重画图 9.21(a)中从 e 到 u_c 这部分的方框图,如图 9.21(c)所示。于是,积分器变成了如图 9.21(d)所示的一阶滞后。抗漂移增益 K_a 应选得足够大,以使得抗漂移电路在所有误差情况下都能保持进入积分器的输入很小。

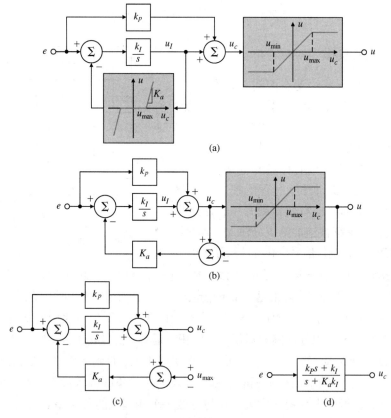

图 9.21　积分器抗漂移方法

---

[1]　在某些情况下,尤其是带机械执行器的,比如航天器操纵面或流量控制阀,是不令人满意的,可能会给物理设备的停止冲击造成损坏。在这样的情况下,通常的做法是包含一个比物理设备具有更低限制的电子饱和装置,于是系统就能在物理设备饱和前达到电气上的停止。

抗漂移的作用是在反馈系统中降低超调量和控制量。这种抗漂移方案的实现，在任何实际的积分控制应用中都是必需的，忽略这种方法可能导致系统响应的严重退化。从稳定性的角度来说，饱和的作用是打开反馈回路并将留下的常量输入的开环对象和控制器当做以系统误差为输入的开环系统。

抗漂移的目的是当主环被信号饱和打开时，提供一个局部的反馈来仅仅使得控制器稳定，且任何实现这个功能的电路都将具有与抗漂移相同的表现[①]。

例 9.9　PI 控制器的抗漂移补偿

考虑一个对象，其对小信号的传递函数为

$$G(s) = \frac{1}{s}$$

且在单位反馈结构中的 PI 控制器为

$$D_c(s) = k_p + \frac{k_I}{s} = 2 + \frac{4}{s}$$

受控对象的输入被限制在 ± 1.0。研究抗漂移对系统响应的影响。

解：假定我们用一个反馈增益为 $K_a = 10$ 的抗漂移电路，如图 9.22 所示的 Simulink 方框图。图 9.23(a) 给出了系统有抗漂移元件和没有抗漂移元件时的阶跃响应。图 9.23(b) 给出了相应的控制量。注意到，带抗漂移元件的系统，实质上有更小的超调量和更小的控制量。

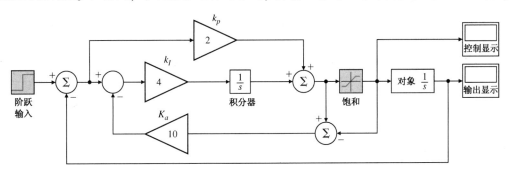

图 9.22　抗漂移电路的 Simulink 方框图

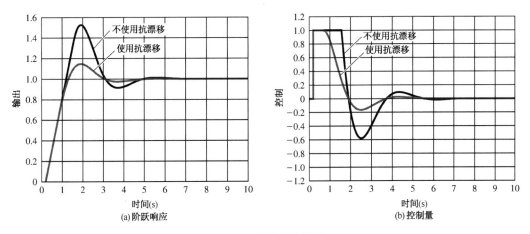

图 9.23　积分器抗漂移

① 一个更复杂的方案可能在比执行器强制饱和更低级别的饱和上使用抗漂移反馈，因此，PD 控制将在积分控制停止后仍继续一段时间。任何这样的方案都需要仔细的分析，以评估它的性能并保证其稳定性。

9.4 使用频率响应的等效增益分析：描述函数

如图 9.6 所示，包含任何非线性的系统行为，都可以通过把非线性元件看成一个可变信号相关增益来等效地描述。例如，带饱和元件的情况[如图 9.6(a)所示]，很显然，对于幅值小于 h 的输入信号，带有增益 N/h 的非线性可看成是线性的。然而，对于大于 h 的信号来说，输出的大小被 N 限制，而输入的大小可以比 h 大得多。因此，一旦输入超过 h，输出–输入之比就会下降。因此，饱和具有如图 9.10 所示的增益特性。所有执行器都会达到某种程度的饱和。若这些执行器没有达到饱和，则它们的输出将无限增长，这在物理上是不可能的。控制系统设计的一个重要方面是分级执行器(sizing the actuator)，这意味着选择执行器的大小、质量、所要求的功率、成本和设备的饱和程度。通常，越高的饱和程度，就要求越大、越重且更贵的执行器。从控制的角度来说，分级执行器的关键因素是，饱和对控制系统性能的影响。

描述函数法(describing function)是一种非线性分析方法，它建立在假设非线性部分的输入为正弦曲线的基础上，可以用于预测一类非线性系统的性能。非线性元件没有传递函数。然而，对于某一类非线性元件，为了分析方便，用一个频率相关等效增益来代替非线性部分是可能的。这样，就能研究回路的特性了，如其稳定性。描述函数法通常是一种启发式的方法，它旨在尝试着为非线性元件求出一个类似于传递函数的东西。这种思想是，作为对正弦激励的响应，大多数非线性元件会产生一个周期信号(不一定是正弦信号)，其频率是输入频率的谐波。因此，可以把描述函数看成是频率响应对非线性的扩展。我们假定在许多情况下可以仅用一阶谐波来逼近输出，其余部分可以被忽略。这个基本的假设意味着，对象的行为可逼近为一个低通滤波器，且幸运的是，在大多数实际情况中这是一个很好的假设。描述函数背后隐藏的其他假设是：非线性是时变的且在系统中存在一个单一的非线性元件。的确，描述函数是更复杂的谐波平衡分析的一个特殊情况。它可追溯至前苏联及其他的早期研究，该方法是 Kochenburger 于 1950 年在美国提出的。他建议用傅里叶级数定义一个等效增益 K_{eq} (Truxal, 1995, 第 566 页)。这种思想在实际中被证明是非常有用的。尽管这种方法是启发式的，但人们也做了一些试图创建这种方法的理论依据的尝试(Bergen 和 Franks, 1993; Khalil, 2002; Sastry, 1999)。事实上，这种方法比现存理论所证明的更有用。

考虑如图 9.24 所示的非线性元件 $f(u)$。若输入信号 $u(t)$ 为幅值为 a 的正弦信号，即

$$u(t) = a\sin(\omega t) \qquad (9.20)$$

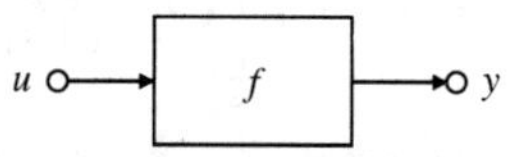

图 9.24 非线性元件

则输出信号 $y(t)$ 将是周期性的，其基本周期等于输入的基本周期，因此用傅里叶级数可描绘为

$$
\begin{aligned}
y(t) &= a_0 + \sum_{i=1}^{\infty} a_i \cos(j\omega t) + b_i \sin(j\omega t) \\
&= a_0 + \sum_{i=1}^{\infty} Y_i \sin(j\omega t + \theta_i)
\end{aligned}
\qquad (9.21)
$$

其中

$$a_i = \frac{2}{\pi} \int_0^{\pi} y(t) \cos(j\omega t)\, \mathrm{d}(\omega t) \qquad (9.22)$$

$$b_i = \frac{2}{\pi} \int_0^\pi y(t) \sin(j\omega t)\, \mathrm{d}(\omega t) \tag{9.23}$$

$$Y_i = \sqrt{a_i^2 + b_i^2} \tag{9.24}$$

$$\theta_i = \arctan\left(\frac{a_i}{b_i}\right) \tag{9.25}$$

Kochenburger 建议，非线性元件可以用这个级数的第一个基本分量来描述，就好像它是增益为 Y_1、相位为 θ_1 的线性系统。若幅值可变，那么因为元件的非线性特性，所以傅里叶系数和相应的相位将会作为输入信号幅值的函数而变化。他称这种逼近为一个描述函数（DF）。描述函数被定义为一个复杂的数量，即非线性元件输出的基本分量的幅值对正弦输入信号之比，其本质上是一个"等效频率响应"函数

$$\mathrm{DF} = K_{\mathrm{eq}}(a, \omega) = \frac{b_1 + j a_1}{a} = \frac{Y_1(a, \omega)}{a} e^{j\theta_1} = \frac{Y_1(a, \omega)}{a} \angle \theta_1 \tag{9.26}$$

因此，描述函数只定义在 $j\omega$ 轴上。在存在无记忆的非线性部分时，也即为一个奇函数[如 $f(-a) = -f(a)$]时，傅里叶级数余弦项的系数都为零，且其描述函数仅为

$$\mathrm{DF} = K_{\mathrm{eq}}(a) = \frac{b_1}{a} \tag{9.27}$$

其独立于频率 ω。这是控制中通常的情况，饱和、滞后和死区都会产生这种描述函数。如图 9.6 所示，描述函数的非线性特性的计算是简单而烦琐的。它要么可解析或数值实现，要么可能由一个实验决定。我们现在将重点放在一些很常用的非线性元件的描述函数的计算上。

例 9.10　饱和非线性的描述函数

一个饱和非线性如图 9.25(a)，这是控制系统最常见的非线性。该饱和函数被定义为

$$\mathrm{sat}(x) = \begin{cases} +1, & x > 1 \\ x, & |x| \leqslant 1 \\ -1, & x < -1 \end{cases}$$

如果线性区的斜率为 k，且饱和的最终值为 $\pm N$，则函数为

$$y = N\,\mathrm{sat}\left(\frac{k}{N}x\right)$$

求出这个非线性的描述函数。

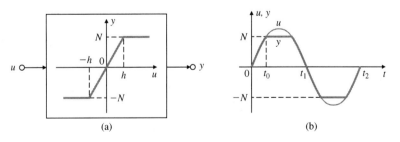

图 9.25　(a)饱和非线性；(b)输入和输出信号

解：考虑如图 9.25 所示的饱和元件的输入和输出信号。对于一个幅值为 $a \leqslant \dfrac{N}{k}$ 的正弦输入信号 $u = a\sin\omega t$，输出 DF 只是一个单位增益。当 $a \geqslant \dfrac{N}{k}$ 时，需要计算输出的基本分量

的幅值和相位。因为饱和是一个奇函数,式(9.21)中所有的余弦项都为零且 $a_1 = 0$。根据式(9.27),有

$$K_{\text{eq}}(a) = \frac{b_1}{a}$$

所以

$$b_1 = \frac{2}{\pi} \int_0^\pi N \, \text{sat}\left(\frac{k}{N}a\sin\omega t\right)\sin\omega t \, d(\omega t)$$

因为系数 b_1 在区间 $\omega t = [0, \pi]$ 内的积分是其在区间 $\omega t = [0, \pi/2]$ 内积分的两倍,所以有

$$b_1 = \frac{4N}{\pi} \int_0^{\frac{\pi}{2}} \text{sat}\left(\frac{k}{N}a\sin\omega t\right)\sin\omega t \, d(\omega t)$$

现在可以将积分分解成相应的线性部分和饱和部分。我们定义饱和时间 t_s 为当下面的式子成立的时间

$$t_s = \frac{1}{\omega}\arcsin\left(\frac{N}{ak}\right) \quad \text{或} \quad \omega t_s = \arcsin\left(\frac{N}{ak}\right) \tag{9.28}$$

则得到

$$
\begin{aligned}
b_1 &= \frac{4N\omega}{\pi a}\left(\int_0^{\omega t_s}\text{sat}\left(\frac{k}{N}a\sin\omega t\right)\sin\omega t \, dt + \int_{\omega t_s}^{\frac{\pi}{2}}\sin\omega t \, dt\right)\\
&= \frac{4N\omega}{\pi a}\left(\int_0^{\omega t_s}\frac{k}{N}a\sin^2\omega t \, dt + \int_{\omega t_s}^{\frac{\pi}{2}}\sin\omega t \, dt\right)\\
&= \frac{4N\omega}{\pi a}\left(\int_0^{\omega t_s}\frac{k}{2N}a(1-\cos 2\omega t)\,dt + \int_{\omega t_s}^{\frac{\pi}{2}}\sin\omega t \, dt\right)\\
&= \frac{4N\omega}{\pi a}\left(\frac{k}{2N}at\,\Big|_0^{t_s} - \frac{k}{2N}a\sin 2\omega t\,\Big|_0^{t_s} - \frac{1}{\omega}\left(\cos\frac{\pi}{2} - \cos t_s\right)\right)
\end{aligned}
$$

但是,利用式(9.28),我们有

$$\sin\omega t_s = \frac{N}{ka} \quad \text{和} \quad \cos\omega t_s = \sqrt{1 - \left(\frac{N}{ka}\right)^2}$$

最终得到

$$K_{\text{eq}}(a) = \begin{cases} \frac{2}{\pi}\left(k\arcsin\left(\frac{N}{ak}\right) + \frac{N}{a}\sqrt{1-\left(\frac{N}{ka}\right)^2}\right), & \frac{ka}{N} > 1\\[2mm] k, & \frac{ka}{N} \leqslant 1 \end{cases} \tag{9.29}$$

如图 9.26 所示的 $K_{\text{eq}}(a)$ 曲线图表明,它是一个独立于频率的实函数,并没有产生相移。可以看出,描述函数最初为一个常数,然后作为输入信号幅值 a 的倒数的一个函数而逐渐衰减。

例 9.11 继电器非线性的描述函数

求如图 9.6(b)所示的继电器或 sgn 函数的描述函数,且定义为

$$\begin{aligned}\text{sgn}(x) &= 0, & x = 0,\\ &= x\text{的符号}, & \text{其他}\end{aligned}$$

解:

对于每个规格的输入来讲,输出是关于幅值 N 的一个方波。因此,$Y_1 = \frac{4N}{\pi}$ 且 $K_{\text{eq}} = \frac{4N}{\pi a}$。

如果令 $k \to \infty$，则也可以从式（9.29）中得到
解。对于小的角度值，有

$$\arcsin\left(\frac{N}{ak}\right) \approx \frac{N}{ak}$$

于是从式（9.27），可得到

$$K_{\text{eq}}(a) = \frac{2}{\pi}\left(k\left(\frac{N}{ak}\right) + \frac{N}{a}\right) = \frac{4N}{\pi a} \qquad (9.30)$$

前面介绍的两个非线性都是无记忆的。
下面我们考虑一个带记忆的非线性。带记忆
电路的非线性存在于许多应用中，包括磁性
记录设备、机械系统的间隙和各种电子电路

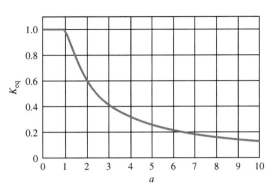

图 9.26　饱和非线性的描述函数（$k = N = 1$）

中。如图 9.27 所示的双稳态电子电路具有记忆功能，被称为施密特触发器（Sedra 和 Smith，1991）。参阅图 9.28，如果电路处在 $v_{\text{out}} = +N$ 的状态，则 v_{in} 的正值不会改变这种状态。为了"触发"电路至 $v_{\text{out}} = -N$ 的状态，必须使 v_{in} 达到足够的负值，才能使得 v 变为负值。其阈值为
$h = \dfrac{NR_1}{R_2}$。施密特触发电路通常应用于太空船的控制（Bryson，1994）。接下来，我们求解一个迟滞非线性的描述函数。

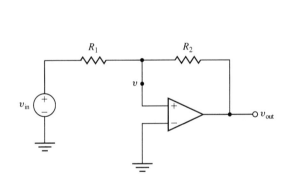

图 9.27　施密特触发电路

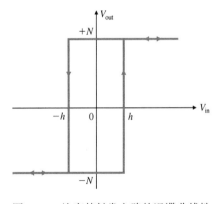

图 9.28　施密特触发电路的迟滞非线性

例 9.12　带迟滞非线性的继电器的描述函数
如图 9.29(a) 所示的带迟滞的继电器函数，求这个非线性的描述函数。

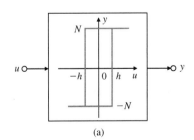

(a)

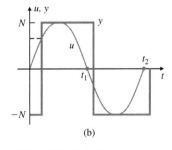

(b)

图 9.29　(a) 迟滞非线性；(b) 非线性的输入和输出

解：带迟滞的系统趋向于停留在当前的状态。要在不知道其历史的情况下确定输出的唯

一值是不可能的,除非符号函数的输入越过值 h。这意味着,我们有一个带记忆的非线性。只要输入的幅值 a 大于迟滞值 h,输出就是幅值 N 的一个方波。从图 9.29(b) 可以看出,方波在时间上滞后于输入。滞后时间可以由下式计算:

$$a\sin\omega t = h \quad \text{或} \quad \omega t = \arcsin\left(\frac{h}{a}\right) \tag{9.31}$$

因为所有频率的相位角都已知,所以有

$$K_{eq}(a) = \frac{4N}{\pi a}\angle - \arcsin\left(\frac{h}{a}\right) = \frac{4N}{\pi a}e^{-j\arcsin\left(\frac{h}{a}\right)} \tag{9.32}$$

$$= \frac{4N}{\pi a}\left(\sqrt{1-\left(\frac{h}{a}\right)^2} - j\frac{h}{a}\right) \tag{9.33}$$

因此,描述函数可以表示为

$$K_{eq}(a) = \begin{cases} \frac{4N}{\pi a}\left(\sqrt{1-\left(\frac{h}{a}\right)^2} - j\frac{h}{a}\right), & a \geqslant h \\ 0, & a < h \end{cases} \tag{9.34}$$

该描述函数的图形,如图 9.30 所示,其大小与输入信号幅值的倒数成正比,且其相位在 $-90°$ 和 $0°$ 间变化。

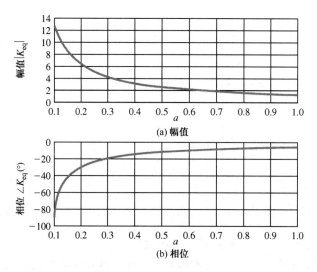

图 9.30　迟滞非线性的描述函数($h = 0.1$ 和 $N = 1$)

9.4.1　用描述函数的稳定性分析

奈奎斯特理论可以被扩展来处理那些非线性已由 DF 函数逼近过的非线性系统。在标准的线性系统分析中,特征方程为 $1 + KL = 0$,其中环增益为 $L = DG$,且

$$L = -\frac{1}{K} \tag{9.35}$$

正如在 6.3 节中描述过的,我们观察点 $-1/K$ 周围的环绕来确定稳定性。一个用描述函数 $K_{eq}(a)$ 代表的非线性,其特征方程是 $1 + K_{eq}(a)L = 0$ 的形式,且满足

$$L = -\frac{1}{K_{eq}(a)} \qquad (9.36)$$

现在我们必须观察 L 和 $-1/K_{eq}(a)$ 的交点。如果曲线 L 与 $-1/K_{eq}(a)$ 相交，则系统将在交点以幅值 a_l、频率 ω_l 振荡，记住描述函数的近似特性。然后观察这些环绕来判断对于增益的特殊值，系统是否会稳定，就好像这是一个线性系统。若是稳定的，则我们推断出的非线性系统是稳定的。否则，推断出的非线性系统是不稳定的。

图 9.31 给出了不同于单一非线性的另一个线性系统的例子。非线性元件可能对系统产生有利的作用，且可能限制振荡的幅度。DF 分析可用来决定极限环的幅值和频率。严格地讲，极限环的轨迹被限制在状态空间的一个有限区域内。如果这个区域在可允许

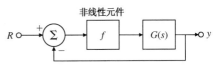

图 9.31　带非线性的闭环系统

的性能范围内，则响应是可以接受的。在某些情况下，极限环带来有利的影响(参见 10.4 节中的例子)。该系统不具有渐近稳定性，因此系统不会在状态空间的原点停留。DF 有利于确定不稳定性产生的条件，甚至提出修正建议来消除不稳定性，正如例 9.13 所介绍的那样。在例 9.13 中，线性回路增益 L 的奈奎斯特图和描述函数的负倒数 $-1/K_{eq}(a)$ 的奈奎斯特图相互重叠。它们穿过的点对应于极限环。为了确定极限环的幅值和频率，我们将式(9.36)重写为以下的形式：

$$\begin{aligned} \text{Re}\{L(j\omega)\}\text{Re}\{K_{eq}(a)\} - \text{Im}\{L(j\omega)\}\text{Im}\{K_{eq}(a)\} + 1 = 0 \\ \text{Re}\{L(j\omega)\}\text{Im}\{K_{eq}(a)\} + \text{Im}\{L(j\omega)\}\text{Re}\{K_{eq}(a)\} = 0 \end{aligned} \qquad (9.37)$$

然后我们求解这两个方程，得到极限环的频率 ω_l 和相应的幅值 a_l 的可能的未知值，正如后面的例子描述的那样。

例 9.13　条件稳定系统

对于如图 9.14 所示的反馈系统，用奈奎斯特图求解极限环的幅值和频率。

解：如图 9.32 所示，系统的奈奎斯特图在 $-1/K_{eq}(a)$ 处重叠。利用式(9.29)，注意到描述函数的负倒数为

$$\begin{aligned} -\frac{1}{K_{eq}(a)} &= -\frac{1}{\frac{2}{\pi}\left(k\arcsin\left(\frac{N}{ak}\right) + \frac{N}{a}\sqrt{1 - \left(\frac{N}{ka}\right)^2}\right)} \\ &= -\frac{1}{\frac{2}{\pi}\left(\arcsin\left(\frac{0.1}{a}\right) + \frac{0.1}{a}\sqrt{1 - \left(\frac{0.1}{a}\right)^2}\right)} \end{aligned}$$

这是一条与负实轴巧合的直线，这可以看成是输入信号幅值 a 的函数的参数。两条曲线在 -0.5 处的交点对应于极限环的频率 $\omega_l = 1$。$k = 1$，$N = 0.1$ 的描述函数如图 9.33 所示，模 $K_{eq} = 0.2$ 对应于输入幅值 $a_l = 0.63$。

另一个选择是，我们可以从图 9.15 的根轨迹中找到与虚轴相交处的增益为 0.2。因此，根据式(9.29)，我们有

$$K_{eq} = \frac{2}{\pi}\left(\arcsin\left(\frac{0.1}{a}\right) + \frac{0.1}{a}\sqrt{1 - \left(\frac{0.1}{a}\right)^2}\right) = 0.2$$

如果以其变量来逼近反正弦函数为

$$\arcsin\left(\frac{0.1}{a}\right) \approx \frac{0.1}{a}$$

则

$$\frac{2}{\pi}\left(\left(\frac{0.1}{a}\right) + \frac{0.1}{a}\sqrt{1 - \left(\frac{0.1}{a}\right)^2}\right) = 0.2$$

由此,导出多项式方程为

$$\pi^2 a^4 - 2\pi a^3 + (0.1)^2 = 0$$

我们求出其相关解为 $a = 0.63$。通过度量如图 9.16 所示的时间,振荡的幅值为 0.62,这与我们的预期是一致的。

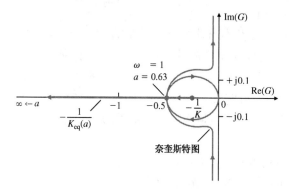
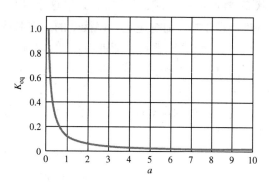

图 9.32　确定极限环的奈奎斯特图和描述函数　　图 9.33　饱和非线性的描述函数($N = 0.1$ 和 $k = 1$)

对于带记忆的含非线性的系统,也能用奈奎斯特法,如下例所示。

例 9.14　确定带迟滞非线性的稳定性

对于如图 9.34 所示的带迟滞非线性的反馈系统,判断系统是否稳定,并求出极限环的幅值和频率。

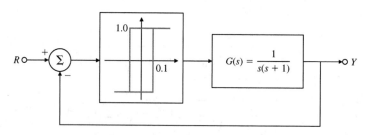

图 9.34　带迟滞非线性的反馈系统

解:系统的奈奎斯特图如图 9.35 所示。带迟滞非线性的描述函数的负倒数为

$$-\frac{1}{K_{eq}(a)} = -\frac{1}{\frac{4N}{\pi a}\left(\sqrt{1 - \left(\frac{h}{a}\right)^2} - \mathrm{j}\frac{h}{a}\right)} = -\frac{\pi}{4N}\left[\sqrt{a^2 - h^2} + \mathrm{j}h\right]$$

在这种情况下,$N = 1$ 且 $h = 0.1$,我们有

$$-\frac{1}{K_{eq}(a)} = -\frac{\pi}{4}\left[\sqrt{a^2 - 0.01} + \mathrm{j}0.1\right]$$

这是一条平行于实轴的直线，且可看成输入信号幅值 a 的函数的参数，如图 9.35 所示。从这条曲线和奈奎斯特图的相交，可得到稳定极限环的频率和相应的幅值。我们还可以解析地得到极限环的信息

$$-\frac{1}{K_{eq}(a)} = -\frac{\pi}{4}\left[\sqrt{a^2-0.01}+j0.1\right] = G(j\omega) = \frac{1}{j\omega(j\omega+1)}$$

消去上面方程中的分母，我们有

$$\frac{\pi}{4}\sqrt{a^2-0.01}\,\omega^2 + \frac{0.1\pi}{4}\omega - 1 + j\left[\frac{0.1\pi}{4}\omega^2 - \frac{\pi}{4}\sqrt{a^2-0.01}\,\omega\right] = 0$$

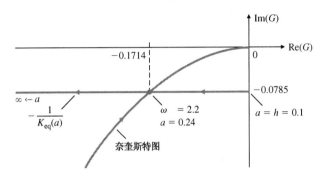

图 9.35　确定极限环特性的奈奎斯特图和 DF

将实部和虚部分别置零，得到两个方程和两个未知数。求解得 $\omega_l = 2.2$ rad/s，$a_l = 0.24$。闭环系统的 Simulink 实现如图 9.36 所示。系统的阶跃响应如图 9.37 所示，得到极限环的幅值为 $a_l = 0.24$，频率为 $\omega_l = 2.2$ rad/s 这跟我们预测的一样。

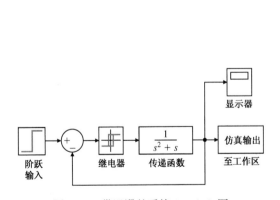

图 9.36　带迟滞的系统 Simulink 图

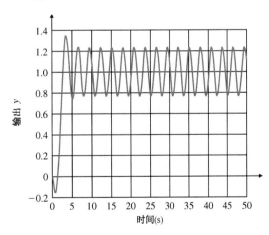

图 9.37　描述极限环振荡的阶跃响应

△9.5　基于稳定性的分析和设计

任何控制系统的核心要求都是稳定性，而且我们所研究过的设计方法都是基于这个事实的。根轨迹是闭环极点在 s 平面上的图，且设计者必须要知道，如果一个根进入右半平面，系统将不稳定。基于状态表示的设计包含极点配置，即极点的理想位置应选在稳定的区域内。同样，奈奎斯特证明了基于频率响应的稳定性条件，设计者必须要知道，奈奎斯特曲线的包围

需要或者等价于增益和伯德图中稳定裕度的相位裕度。在这两种方法之前,数学家们曾经研究一般微分方程的稳定性,这些方法以及其他高级方法都不可避免地要面对非线性系统的问题。我们从一般微分方程(ODE)相平面解的图形表示开始,并引入李雅普诺夫法和其他一些方法,来介绍这个领域的控制设计。

9.5.1 相平面

根轨迹法和频率响应法,要么通过传递函数的零极点,要么通过频率响应的增益和相位,来间接地考虑系统响应,而相平面法则通过绘制状态变量的轨迹来直接地考虑时间响应。尽管该方法限制在了只有两个状态变量的二阶系统,但它在处理非线性以及给予线性系统新理解方面的能力,非常值得我们尽快学习它。

为了说明相平面的思想,我们考虑如图 9.38 所示的一个虚构的电机系统,其开环传递函数为

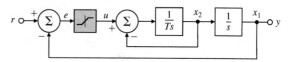

$$G(s) = \frac{1}{s(Ts+1)}$$

图 9.38   带非线性执行器的基本位置反馈系统

若假设 $T = 1/6$,放大器此刻未饱和且增益为 K,其中 $K = 5T$,则闭环系统的状态方程可写为

$$\dot{x}_1 = x_2 \tag{9.38}$$

$$\dot{x}_2 = -5x_1 - 6x_2 \tag{9.39}$$

$$y = x_1 \tag{9.40}$$

因为这些方程是时不变的,通过用式(9.39)除以式(9.38)来消去时间,得到结果为

$$\frac{\mathrm{d}x_2}{\mathrm{d}x_1} = \frac{-5x_1 - 6x_2}{x_2} \tag{9.41}$$

这个方程的解给出了 x_2 对 x_1 的一个关系图,或者说是相平面中坐标 (x_1, x_2) 的一条轨迹[①]。在绘制式(9.41)的图之前,首先将系统方程考虑成矩阵形式 $\dot{x} = Fx$ 是非常有用的,其中

$$F = \begin{bmatrix} 0 & 1 \\ -5 & -6 \end{bmatrix}$$

若在这个方程中假定 $x = x_o \mathrm{e}^{st}$,其中 s 和 x_o 都是常数,则 $\dot{x} = x_o s \mathrm{e}^{st}$,且方程可做如下化简:

$$\dot{x} = Fx \tag{9.42}$$

$$x_o s \mathrm{e}^{st} = Fx_o \mathrm{e}^{st} \tag{9.43}$$

$$[sI - F]x_o \mathrm{e}^{st} = 0 \tag{9.44}$$

$$[sI - F]x_o = 0 \tag{9.45}$$

这里需要指出的是,式(9.45)为矩阵 F 的特征向量方程,其分解形式为

$$\begin{bmatrix} s & -1 \\ 5 & s+6 \end{bmatrix} \begin{bmatrix} x_{01} \\ x_{02} \end{bmatrix} = \begin{bmatrix} 0 \\ 0 \end{bmatrix} \tag{9.46}$$

---

①   若设置斜率 $\mathrm{d}x_2 / \mathrm{d}x_1$ 为一个常量,则 x_2 和 x_1 之间的关系为一条直线。若沿着这些线标注斜率的已知值,则可容易地大致绘出其轨迹。例如,沿着 x_1 轴,这里 $x_2 = 0$,斜率是 ∞ 且轨迹是垂直的。这种方法被称为等倾线法。

正如网上的附录 WE 中所讨论的那样,式(9.46)当且仅当系数矩阵为零时有一个解,即

$$s(s+6)+5 = 0 \tag{9.47}$$

$$(s+1)(s+5) = 0 \tag{9.48}$$

使得方程有一个解的两个值是特征值 $s = -1$ 和 $s = -5$。若我们将 $s = -1$ 代入式(9.46)中,得到

$$\begin{bmatrix} -1 & -1 \\ 5 & -1+6 \end{bmatrix}\begin{bmatrix} x_{01} \\ x_{02} \end{bmatrix} = \begin{bmatrix} 0 \\ 0 \end{bmatrix} \tag{9.49}$$

从中可得初始状态向量的解为 $x_{02} = -x_{01}$。在状态空间中的这条直线,对应于特征值 $s = -1$ 的特征向量。若用 $s = -5$ 来重复这个过程,则结果为

$$\begin{bmatrix} -5 & -1 \\ 5 & -5+6 \end{bmatrix}\begin{bmatrix} x_{01} \\ x_{02} \end{bmatrix} = \begin{bmatrix} 0 \\ 0 \end{bmatrix} \tag{9.50}$$

并且,在这里特征向量的解为 $x_{02} = -5x_{01}$。

思考所有这些意味着什么? 我们开始假设这个状态的时间解是一个常量乘以时间指数。我们发现,只有当指数为 e^{-t} 或 e^{-5t} 时,假设才是可能的。第一种情况,状态必须位于 $x_{02} = -x_{01}$ 上;第二种情况时,状态必须位于 $x_{02} = -5x_{01}$ 上。有了这些已知的信息后,我们就可以计算式(9.38)和式(9.39)的解,来得到微分初始状态,并绘制如图 9.39 所示的 $x_1(t)$ 对 $x_2(t)$ 的关系图。在图中,可以分辨出两个特征向量。当我们观察这些曲线时,很显然,所有的轨迹都平行地开始朝向 $s = -5$ 对应的较快的特征向量,且快速移至 $s = -1$ 对应的较慢的特征向量。所有轨迹在状态空间的原点渐近于平衡点。

若放大器饱和,则这个图将完全改变。例如,若放大器在 $u = 0.5$ 处饱和,则速度 x_2 将快速地接近这个值,并将停留在这里,直到位置达到一个足以让放大器退出饱和状态的新值。新的曲线如图 9.40 所示。

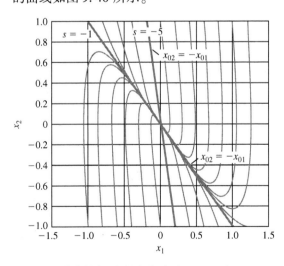

图 9.39　节点的相平面图(极点为 $s = -1$ 和 $s = -5$)

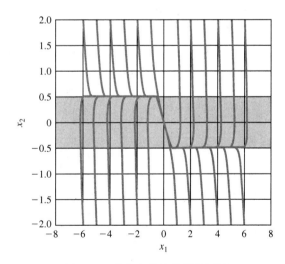

图 9.40　含饱和特性的相平面图

注意,在线性区内的运动几乎完全沿着慢的特征向量。最后,我们注意到,当极点为复数时,相平面的图像改变了。在这种情况下,状态变量的运动由阻尼正弦曲线组成,且 x_1 对 x_2 的关系图呈螺旋状。各种初始条件下的一系列曲线,如图 9.41 所示。

这几个例子只涉及了相平面分析的表面知识,但却给出了应用这种形式来帮助设计者直观化动态响应的思想。

Bang-Bang 控制

基于相平面设计非线性系统的一个例子, 就是面对控制饱和时的最优的最小时间控制问题。为了实现这个目的, 这种广泛使用的方法的最简单的形式为: 受控对象 $1/s^2$ 的形式。其方程为

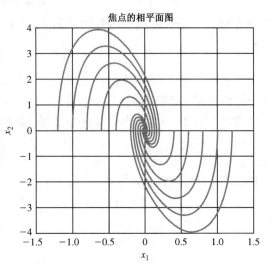

焦点的相平面图

$$\ddot{y} = u \qquad (9.51)$$

$$e = y - y_f \qquad (9.52)$$

式中, $y(0) = \dot{y}(0) = 0$, y_f 是常量, 且控制被限制于 $|u| \leqslant 1$。这个问题是, 使误差在最小的时间内等于零。若我们定义状态变量为 $x_1 = e$ 和 $x_2 = \dot{e} = \dot{y}$, 则方程化简为

$$\dot{x}_1 = x_2 \qquad (9.53)$$

$$\dot{x}_2 = u \qquad (9.54)$$

$$x_1(0) = -y_f \qquad (9.55)$$

$$x_1(t_f) = x_2(t_f) = 0 \qquad (9.56)$$

图 9.41   含复数极点的系统的相平面图

并且, 要求解的问题就是使 t_f 最小。直观地, 这是一个司机们急切地希望知道如何在最小时间内从一个停靠点加速到下一个停靠点的问题。司机将会踩一段时间的踏板, 然后换踩刹车使汽车恰好在正确的地方停下。最优控制理论的一个基本理论证明了这个直观的想法。该问题的解是, 若 $y_f > 0$, 用一段时间的完全正控制, 然后在恰当的时间换为完全的负控制, 使得误差达到原点并停在那里。为了研究这种情况, 在 $u = 1$ 和 $u = -1$ 两种情况下, 受控对象在相平面内的轨迹如图 9.42 所示。对于 $u = +1$, 其轨迹开始于第四象限, 然后移向第一象限。对于 $u = -1$, 其轨迹开始于第二象限, 然后移向第三象限。

这个曲线簇的两段特别有趣: 它们穿过原点。一旦路径到达它们中的一条, 则常量控制将把其状态代入最终的期望静止位置。因此, 对于任何的初始条件, 一旦轨迹到达这两条穿越原点的曲线之一, 正确的动作是开关控制(从 $u = +1$ 至 -1, 或者从 $u = -1$ 至 $+1$), 于是该轨迹就跟随那条曲线到达原点。"开关曲线"如图 9.43 所示。

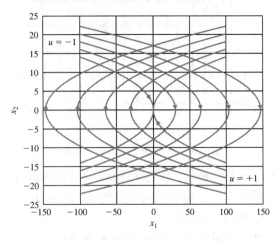

图 9.42   对象 $1/s^2$ 的相平面(± 1 控制)

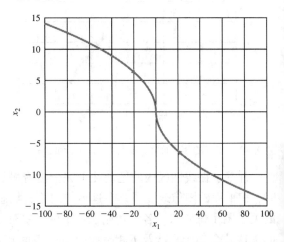

图 9.43   用于对象 $1/s^2$ 的开关曲线

对于一个二阶的受控对象，可通过在运动方程中的换向时间求出开关曲线，设初始状态为零并应用最大控制。这个过程可用最小控制反复进行，以清除曲线的其他分支。

对于曲线上方的任何初始条件，用 $u = -1$；而对于曲线下方的任何初始条件，用 $u = +1$。正如所讨论的，结果将是一个最小时间响应。注意到，曲线在原点具有垂直的斜率。因此，在这个邻域内的实现是相当敏感的。一个改进的形式，即用于计算机磁盘驱动器工业的近似时间最优系统(PTOS)，1987 年由 Workman 进行了研究。改进包括稍微移动曲线，并将线性控制区域原点处的无限斜率换为有限斜率。这个结论已广泛应用于硬盘驱动器及其相似的系统中。

时间最优系统的典型响应如图 9.44 所示，用 Simulink 得到的 PTOS 系统的典型响应如图 9.45 和图 9.46 所示。注意，响应时间几乎都一样，但时间最优系统控制在末端存在剧烈的抖动，这是因为末端的开关曲线的斜率无穷大，PTOS 系统的输出平滑地滑向终值。要更完整地研究，我们需要借助于非线性方程。

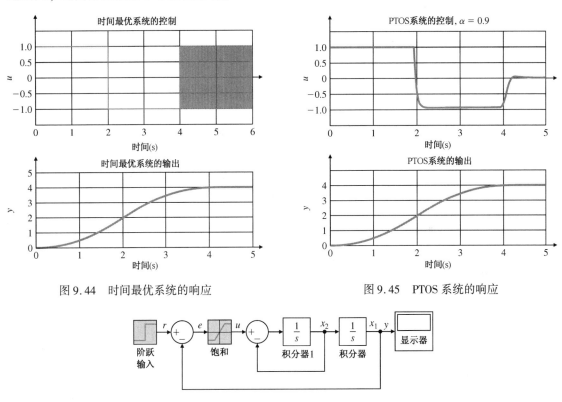

图 9.44　时间最优系统的响应　　　　　　　图 9.45　PTOS 系统的响应

图 9.46　位置反馈系统的 Simulink 方框图

9.5.2　李雅普诺夫稳定性分析

李雅普诺夫所研究的运动稳定性涉及的高级数学知识超出了本书范围。这里，我们将以探讨的方式给出这个理论的特点，并陈述一些最基本的结论。李雅普诺夫介绍了两种研究用一般微分方程描述系统的运动稳定性的方法。第一种方法(first method)是基于方程线性化的，通过考虑线性逼近的稳定性来得出非线性系统的稳定性，这也被称为间接法。第二种方法(second method)是直接考虑非线性方程的方法，证明了第一种方法得出的结论，这种方法也被称为直接法。在关于间接法的讨论中介绍了这两种方法。这个问题要求对向量矩阵方程的稳定性给予新的定义。直观地，如果中等尺寸的初始条件导致一个中等尺寸的响应，则我们说系

统是稳定的。为了用数学语言表示这个结论，首先需要一个"尺寸"的定义。这是一个向量的范数，其符号为 $\|\boldsymbol{x}\|$。在很多可能的定义中，我们在这里选择最熟悉的欧几里得度量，用其平方值定义为 $\|\boldsymbol{x}\|^2 = \boldsymbol{x}^T\boldsymbol{x} = \sum_{i=1}^{n} x_i^2$。在这种思想下，稳定性的定义为：若给定任意半径为 ϵ 的一个区域，存在半径为 δ 的一个更小的区域，以至于如果初始状态在 δ 内，则轨迹将一直在 ϵ 内。更正式的定义为：若对于任意给定的 $\epsilon > 0$，存在一个 $\delta > 0$ 使得若 $\|\boldsymbol{x}(0)\| < \delta$，对所有的 t 都有 $\|\boldsymbol{x}(t)\| < \epsilon$，则系统是稳定的(stable)。若这个状态不稳定，但当 $t \to \infty$ 时，$\|\boldsymbol{x}(t)\| \to 0$，则系统被称为是渐近稳定的(asymptotically stable)。若对于任意 ϵ，都可能找出任意大的 δ，则系统被称为在大范围是稳定的(stable in the large)。

从下面的时变 ODE 方程开始研究这些内容

$$\dot{\boldsymbol{x}} = \boldsymbol{f}(\boldsymbol{x}) \tag{9.57}$$

其线性逼近为

$$\dot{\boldsymbol{x}} = \boldsymbol{F}\boldsymbol{x} + \boldsymbol{g}(\boldsymbol{x}) \tag{9.58}$$

在这个方程中，假定所有的线性项在 $\boldsymbol{F}\boldsymbol{x}$ 中且高阶项在 $\boldsymbol{g}(\boldsymbol{x})$ 中。在这个意义上，当 $\boldsymbol{x}$ 越小，$\boldsymbol{g}(\boldsymbol{x})$ 越快地变小，如下：

$$\lim_{\|x\| \to 0} \frac{\|\boldsymbol{g}(\boldsymbol{x})\|}{\|\boldsymbol{x}\|} = 0 \tag{9.59}$$

李雅普诺夫的第二种方法开始于这个直观的概念，即物理系统状态尺寸的一种度量是在任何时刻系统所储存的所有能量，当储存的能量不再变化时，系统一定静止。例如，在电路中，电能与电容器电压的平方成比例，磁能与电感器电流的平方成比例。李雅普诺夫抽取了这个思想的深刻本质，定义了状态 $V(\boldsymbol{x})$ 的标量函数，称为李雅普诺夫函数，具有如下的特性：

1. $V(\boldsymbol{0}) = 0$。
2. $V(\boldsymbol{x}) > 0$, $\|\boldsymbol{x}\| \neq 0$。
3. V 是连续的且有关于 $\boldsymbol{x}$ 的所有组件的连续导数。
4. 沿着方程的轨迹，$\dot{V}(\boldsymbol{x}) = \frac{\partial V}{\partial \boldsymbol{x}}\dot{\boldsymbol{x}} = \frac{\partial V}{\partial \boldsymbol{x}}\boldsymbol{f}(\boldsymbol{x}) \leq 0$。

前面的三个条件确保：在原点的一个邻域内，函数像一个平滑的碗状置于状态空间的原点。第四个条件明显取决于运动方程，确保：若 δ 被选定使得初始条件比由 ϵ 定义的球的任何部分都更深入碗的内部，则曲线永远不会在这个碗上高于其开始的位置，且一直在 ϵ 内，因此系统将是稳定的。此外，若条件 4 被加强为 $\dot{V}(\boldsymbol{x}) < 0$，则函数的值必为零，由条件 1 可知系统状态也为零。作为李雅普诺夫第二方法的基础，稳定性理论被陈述为：

若系统存在一个李雅普诺夫函数，则其运动是稳定的，此外若 $\dot{V}(\boldsymbol{x}) < 0$，则运动是渐近稳定的。第二方法就是在寻找李雅普诺夫函数。

应用该理论的困难在于这句话："如果李雅普诺夫函数存在"这句话只有在线性情况下，该理论才是求出李雅普诺夫函数的一条规则。否则，它仅仅给工程师提供了找出这样一个函数的搜索许可。现在，我们能用间接法考虑式(9.58)的稳定性了。

可能是因为简单系统中的能量是变量的平方和，所以假定一个对称正定矩阵 $\boldsymbol{P}$ 存在，李雅普诺夫给出了 V 的一个二次候选式，并定义为 $V(\boldsymbol{x}) = \boldsymbol{x}^T\boldsymbol{P}\boldsymbol{x}$ 的函数。很显然，该函数满足最前面的三个条件；在我们得出存在一个李雅普诺夫函数的结论前，必须验证是否满足第四个条

件。$\dot{V}$ 的计算过程为

$$V(\boldsymbol{x}) = \boldsymbol{x}^{\mathrm{T}} \boldsymbol{P} \boldsymbol{x} \tag{9.60}$$

$$\dot{V}(\boldsymbol{x}) = \dot{\boldsymbol{x}}^{\mathrm{T}} \boldsymbol{P} \boldsymbol{x} + \boldsymbol{x}^{\mathrm{T}} \boldsymbol{P} \dot{\boldsymbol{x}} \tag{9.61}$$

$$= (\boldsymbol{F} \boldsymbol{x} + \boldsymbol{g}(\boldsymbol{x}))^{\mathrm{T}} \boldsymbol{P} \boldsymbol{x} + \boldsymbol{x}^{\mathrm{T}} \boldsymbol{P} (\boldsymbol{F} \boldsymbol{x} + \boldsymbol{g}(\boldsymbol{x})) \tag{9.62}$$

$$= \boldsymbol{x}^{\mathrm{T}} (\boldsymbol{F}^{\mathrm{T}} \boldsymbol{P} + \boldsymbol{P} \boldsymbol{F}) \boldsymbol{x} + 2 \boldsymbol{x}^{\mathrm{T}} \boldsymbol{P} \boldsymbol{g}(\boldsymbol{x}) \tag{9.63}$$

由此得到一个基本矩阵,被称为李雅普诺夫方程,即

$$\boldsymbol{F}^{\mathrm{T}} \boldsymbol{P} + \boldsymbol{P} \boldsymbol{F} = -\boldsymbol{Q} \tag{9.64}$$

而且,他指出,若 $\boldsymbol{F}$ 是一个所有特征值都位于左半平面内的稳定矩阵,则对于任何正定矩阵 $\boldsymbol{Q}$,这个方程的解 $\boldsymbol{P}$ 也将是正定的。这个论断是用来选取 $\boldsymbol{Q}$ 和求解 $\boldsymbol{P}$ 的。若 $\boldsymbol{F}$ 的特征值在左半平面,则 $\boldsymbol{P}$ 将是正定的,所以 $V(\boldsymbol{x})$ 是一个可能的李雅普诺夫函数,且

$$\dot{V}(\boldsymbol{x}) = -\boldsymbol{x}^{\mathrm{T}} \boldsymbol{Q} \boldsymbol{x} + 2 \boldsymbol{x}^{\mathrm{T}} \boldsymbol{P} \boldsymbol{g} \tag{9.65}$$

通过式(9.59)知道,若 $\boldsymbol{x}$ 足够小,则式(9.65)的第一项将起主导作用,第四个条件得到满足,V 是一个李雅普诺夫函数,且系统被证明是稳定的。注意到,对 $\boldsymbol{x}$ 足够小的要求,仅保证一个稳定的原点邻域是存在的。需要更进一步的条件来说明,当 $\| \boldsymbol{x} \|$ 趋向于 ∞ 时(而不是在这之前),由 V 定义的"碗"在各个方向都趋向于 ∞,以至于对于所有状态都保持稳定,而且是在"大范围内"稳定的。

同时,还存在一个不稳定理论:若 $\boldsymbol{F}$ 的任意一个特征值在右半平面,则原点将不稳定。若除了个别简单的极点在虚轴上外,$\boldsymbol{F}$ 的其他所有极点都在左半平面内,则系统的稳定性取决于非线性项 $\boldsymbol{g}(\boldsymbol{x})$ 的其他特性。基于有这个结论,李雅普诺夫第一方法或间接法可陈述为:

1. 求出其线性逼近,并计算出 $\boldsymbol{F}$ 的特征值。
2. 若所有的特征值都在左半平面内,则在原点周围存在一个稳定的区域。
3. 若至少有一个特征值在右半平面,则原点不稳定。
4. 若个别简单的极点在虚轴上,其他所有极点都在左半平面内,则稳定性不能由这种方法确定。

例 9.15 二阶系统的李雅普诺夫稳定性

用李雅普诺夫的方法来求二阶线性系统的稳定性条件,其状态矩阵为

$$\boldsymbol{F} = \begin{bmatrix} -\alpha & \beta \\ -\beta & -\alpha \end{bmatrix}$$

解: 对于该线性情况,可以任选我们喜欢的正定矩阵 $\boldsymbol{Q}$,取 $\boldsymbol{Q} = \boldsymbol{I}$。相应的李雅普诺夫方程为

$$\begin{bmatrix} -\alpha & -\beta \\ \beta & -\alpha \end{bmatrix} \begin{bmatrix} p & q \\ q & r \end{bmatrix} + \begin{bmatrix} p & q \\ q & r \end{bmatrix} \begin{bmatrix} -\alpha & \beta \\ -\beta & -\alpha \end{bmatrix} = \begin{bmatrix} -1 & 0 \\ 0 & -1 \end{bmatrix} \tag{9.66}$$

由方程(9.66),可得到

$$-\alpha p - \beta q - \alpha p - \beta q = -1 \tag{9.67}$$

$$-\alpha q - \beta r + \beta p - \alpha q = 0 \tag{9.68}$$

$$\beta q - \alpha r + \beta q - \alpha r = -1 \tag{9.69}$$

根据式(9.67)至式(9.69),很容易求解出 $p = r = 1/2\alpha$,$q = 0$,因此有

$$\boldsymbol{P} = \begin{bmatrix} \dfrac{1}{2\alpha} & 0 \\ 0 & \dfrac{1}{2\alpha} \end{bmatrix}$$

且 $1/2\alpha > 0$, $1/4\alpha^2 > 0$。于是, $\boldsymbol{P} > 0$, 因此如果 $\alpha > 0$, 那么系统是稳定的。

对于含有许多状态变量和非数值参数的系统, 李雅普诺夫方程的解可能是烦琐的, 但对于在带真实参数的系统中计算稳定性条件, 得到的结果是劳斯法的一个等效替代。

例9.16 位置反馈系统的李雅普诺夫直接法

对于如图9.38所示的位置反馈系统模型, 说明直接法在该非线性系统中的应用。假定 $T = 1$, 用 Simulink 来仿真该系统, 并求系统的阶跃响应。

解: 假定在本例中执行器可能只是一个放大器, 具有明显的非线性, 在图中表现为饱和, 但也许更复杂。我们只假定 $u = f(e)$, 该函数位于第一、三象限, 所以 $\int_0^e f(e)\,\mathrm{d}e > 0$。我们再假定 $f(e) = 0$, 意味着 $e = 0$, 并假定 $T > 0$, 则系统是开环稳定的。其运动方程为

$$\dot{e} = -x_2 \tag{9.70a}$$

$$\dot{x}_2 = -\frac{1}{T}x_2 + \frac{f(e)}{T} \tag{9.70b}$$

对于一个李雅普诺夫函数, 考虑用动能加势能之类的表示为

$$V = \frac{T}{2}x_2^2 + \int_0^e f(\sigma)\,\mathrm{d}\sigma \tag{9.71}$$

很显然, 若 $x_2 = e = 0$, 则 $V = 0$。由于关于 f 的假设, 若 $x_2^2 + e^2 \neq 0$, 则 $V > 0$。为了观察式(9.71)的 V 是否是一个李雅普诺夫函数。我们计算 $\dot{V}$ 如下:

$$\begin{aligned} \dot{V} &= Tx_2\dot{x}_2 + f(e)\dot{e} \\ &= Tx_2\left[-\frac{1}{T}x_2 + \frac{f(e)}{T}\right] + f(e)(-x_2) \\ &= -x_2^2 \end{aligned}$$

因此, $\dot{V} \leq 0$, 且在原点是李雅普诺夫稳定。此外, 若 $x_2 \neq 0$, 则 $\dot{V}$ 将总是降低的, 且式(9.70b)表明, 系统除了 $x_2 = 0$, 没有 $x^2 \equiv 0$ 的轨迹。因此我们可得出结论: 如果系统满足条件(1) $\int f\mathrm{d}\sigma > 0$ 和(2) $f(e) = 0$, 也就是 $e = 0$ 的 f 是渐近稳定的。对于 $T = 1$, 系统的 Simulink 方框图如图9.46所示。系统的阶跃响应如图9.47所示。

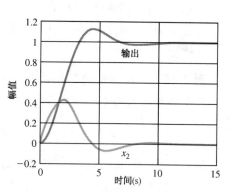

图9.47 位置控制系统的阶跃响应

正如我们前面提到的, 非线性系统稳定性的研究工作是广泛的, 因此, 在这里只是接触到了一些很重要的观点和方法。更多的研究资料, 可参阅 LaSaile 和 Lefschetz(1961)、Kalman 和 Bertram(1960)、Vidyasagar(1993)、Khalil(2002)和 Sastry(1999)。

自适应控制的李雅普诺夫重新设计

李雅普诺夫稳定性理论在控制中的经典应用之一是, 被称为李雅普诺夫重新设计的方法。这种思想是用一些未指明的关键控制参数来构建系统, 提出一个候选的李雅普诺夫函数, 然后

选择合适的要素使得该候选函数继续成为我们能得出稳定性结论的李雅普诺夫函数。在 Parks (1966) 发表的一篇早期论文中，将该方法应用于一个模型的参考自适应控制系统。最初考虑的简单系统的方框图如图 9.48 所示。

在这个系统中，模型和受控对象有相同的动态性但不同的增益，目标是调整控制增益 K_c，使得 $K_c K_p = K_m$，且受控对象输出 y_p 将等于模型输出 y_m。建立在这个思想上的一个启发式法则，被称为 MIT 法则，即：若我们定义代价为瞬时误差的平方，移动 K_c 使得代价更小，则结果会驱动 K_c 达

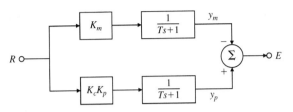

图 9.48　简单的模型参考自适应系统的方框图

到合适的值。若代价的梯度为正(点是上升的，因此这样说)，则应该减小增益；若梯度为负，则应该增加增益。因此，增益对时间的导数应与负梯度成正比。用方程的形式表示为

$$J = e^2 \tag{9.72}$$

$$\frac{\partial J}{\partial K_c} = 2e \frac{\partial e}{\partial K_c} \tag{9.73}$$

$$\frac{\mathrm{d}K_c}{\mathrm{d}t} = -Be \frac{\partial e}{\partial K_c} \tag{9.74}$$

式中，B 是选出的"自适应增益"。从方框图可得

$$E(s) = \frac{K_c K_p - K_m}{Ts + 1} R(s) \tag{9.75}$$

$$\frac{\partial E}{\partial K_c} = \frac{K_p}{Ts + 1} R \tag{9.76}$$

$$= \frac{K_p}{K_m} Y_m \tag{9.77}$$

如果将式(9.77)的结果代入式(9.74)中，得到的就是 MIT 法则

$$\frac{\mathrm{d}K_c}{\mathrm{d}t} = -B'e Y_m \tag{9.78}$$

其中有一个新的自适应增益 B'。遗憾的是，这个法则的稳定性还没有建立。一些分析表明，在合理情况下它可能不稳定，就好像存在未建模的动力学或扰动。Parks 建议，李雅普诺夫重设计将是一个更好的思想，还建议不用式(9.74)给出的 $\dot{K}_c$，这种选择旨在保证稳定性。他的思想始于 $r = r_o$ 为一个常量的微分方程

$$T\dot{e} + e = (K_c K_p - K_m) r_o \tag{9.79}$$

$$\dot{K}_c = -B'e Y_m \tag{9.80}$$

为简化起见，定义 $x = (K_c K_p - K_m)$ 求出 $\dot{x}$。Parks 选择 $V = e^2 + \lambda x^2$ 作为候选的李雅普诺夫函数，并计算

$$\dot{V} = 2e\dot{e} + 2\lambda x\dot{x} \tag{9.81}$$

$$= 2e\left(\frac{xr_o}{T} - \frac{e}{T}\right) + 2\lambda x\dot{x} \tag{9.82}$$

若在最后的方程中的 $\dot{x}$ 被选为 $\dot{x} = -\frac{er_o}{\lambda T}$，则 $\dot{V} = -2\frac{e^2}{T}$，满足李雅普诺夫函数的条件，且对于给

定的假设，稳定性是可以保证的。回过头来，我们发现新的算法为

$$\dot{K}_c = -B'' e r_o \tag{9.83}$$

显然，这个结果不能回答未建模的动力学或扰动的问题，但原理是非常清楚的：保留定义的关键控制方程，从而获得一个李雅普诺夫函数，可以将系统的稳定性置于一个坚实基础之上。

作为李雅普诺夫重新设计的第二个例子，选取如图 9.49 所示的一个电机自适应控制。定义模型的输出为 y_m，受控对象输出为 y_p，其方程为

$$\ddot{y}_m + 2\zeta\omega_n\dot{y}_m + \omega_n^2 y_m = \omega_n^2 r \tag{9.84}$$

$$\ddot{y}_p + 2\zeta\omega_n\dot{y}_p + \omega_n^2 y_p = K_c K_p \omega_n^2 (r - y_p) + \omega_n^2 y_p \tag{9.85}$$

在关于 y_p 的方程中，$\omega_n^2 y_p$ 被加到方程的两边，这样简化了误差方程。误差定义为 $e = y_m - y_p$，且误差方程可通过用 y_m 方程减去 y_p 方程得到。结果为

$$\ddot{e} + 2\zeta\omega_n\dot{e} + \omega_n^2 y e = \omega_n^2 (1 - K_c K_p)(r - y_p) \tag{9.86}$$

现在的思路是，要找出一个关于 K_c 的方程，进而得到误差方程的李雅普诺夫函数。为了简化计算，我们定义参数 $x = 1 - K_c K_p$，其中 $\dot{x} = -K_p\dot{K}_c$，且其误差方程为

$$\ddot{e}_p + 2\zeta\omega_n\dot{e} + \omega_n^2 e = \omega_n^2 x(r - y_p) \tag{9.87}$$

在这一点上，Parks 建议，将 $V = e^2 + \alpha\dot{e}^2 + \beta x^2$ 作为一个可能的函数。我们需要求出 $\dot{x}$，使这个 V 成为一个李雅普诺夫函数。其微分方程为

$$\dot{V} = 2e\dot{e} + 2\alpha\dot{e}\ddot{e} + 2\beta x\dot{x} \tag{9.88}$$

$$= 2e\dot{e} + 2\alpha\dot{e}\{-2\zeta\omega_n\dot{e} - \omega_n^2 e + \omega_n^2 x(r - y_p)\} + 2\beta x\dot{x} \tag{9.89}$$

$$= -4\alpha\zeta\omega_n\dot{e}^2 + 2e\dot{e}(1 - \alpha\omega_n^2) + x\{2\alpha\dot{e}\omega_n^2(r - y_p) + 2\beta\dot{x}\} \tag{9.90}$$

若我们令 $1 - \alpha\omega_n^2 = 0$ 和 $2\alpha\dot{e}\omega_n^2(r - y_p) + 2\beta\dot{x} = 0$，则关于 $\dot{V}$ 的方程可简化成总是为负的 $\dot{V} = -4\alpha\zeta\omega_n\dot{e}^2$，且 V 是一个李雅普诺夫函数，该系统也是稳定的。替换 x，我们得到自适应控制规律为

$$\dot{K}_c = -\beta'\dot{e}(r - y_p) \tag{9.91}$$

式中，β' 是一个等于 $\dfrac{\alpha\omega_n^2}{K_p\beta}$ 的新常量。

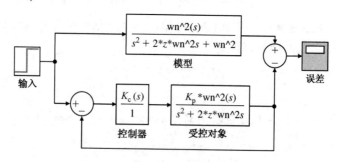

图 9.49　电机自适应控制的方框图

很显然，我们仅仅接触了李雅普诺夫稳定性理论，而且对 1966 年的古老例子进行了重新设计，很好地说明了李雅普诺夫稳定性原理，为进一步研究该重要领域提供了好的开端。

9.5.3 圆判据

通过从非线性的输入和输出点绘制方框图，仅带一个单输入单输出非线性的非线性系统如图 9.50 所示。在前苏联科学家首先研究过后，圆判据在文献中被称为 Lur'e 问题。

我们假定系统是非强迫的，因此 $r \equiv 0$。为这样的系统稳定性推导出图解的充分条件是可能的。即使这种方法是实用的，但在某些情况下它可能导致保守的结果，尽管存在产生不太保守结果的范围（参见 Safonov et al.，1987）。首先，我们为无记忆非线性定义扇区条件。

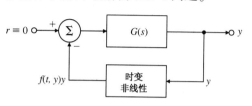

图 9.50 非线性系统方框图

扇区条件

若对于所有输入 x，有

$$k_1 x^2 \leqslant f(x)x \leqslant k_2 x^2 \tag{9.92}$$

则具有标量输入和标量输出的函数 $f(x)$ 是属于扇形区域 $[k_1, k_2]$ 的。这个关系式可以重新写为

$$k_1 \leqslant \frac{f(x)}{x} \leqslant k_2, \ x \neq 0 \tag{9.93}$$

基本上，定义表明，$f(x)$ 的图位于两条穿越原点的斜率分别为 k_1 和 k_2 的直线之间，如图 9.51 所示。在这个定义中，k_1 和 k_2 可从 $-\infty$ 至 $+\infty$ 之间变化。注意到，扇区条件对函数 $f(x)$ 的递增增益和斜率没有限制。后面的例子将说明怎样确定 k_1 和 k_2。

例 9.17 符号非线性的扇区计算

求一个包含如图 9.6(b)所示的符号函数 $y = f(u)$ 的扇区。

解：因为 $\mathrm{sgn}(0) = 0$，故我们知道唯一穿越原点，并从上方限制符号函数的直线就是 y 轴，其相应的斜率为 $k_2 = \infty$。同样，从下方限制符号函数，并穿越原点的直线的斜率为零，其对应于 x 轴，因此，$k_1 = 0$。因此，这个符号函数的扇区为 $[0, \infty]$。

例 9.18 饱和非线性的扇区

对于如图 9.52 所示的饱和非线性，求这个函数的扇区。

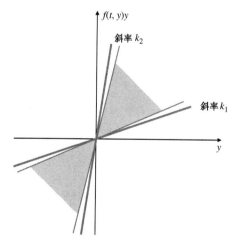

图 9.51 定义在一个扇区内的非线性输出

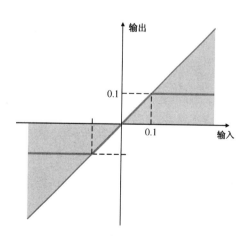

图 9.52 饱和特性的扇区

解：该函数向上被一条斜率为 1，即 $k_2 = 1$ 的直线限制；向下被 x 轴，即 $k_1 = 0$ 限制，如图 9.52 所示。因此，该函数的扇区为 $[0, 1]$。

圆判据

前苏联科学家 Aizermann 在 1949 年猜想：若一个 Lur'e 系统在 f 被任何一个限定在 $k_1 < k < k_2$ 范围内的线性增益所替代时是稳定的，则该系统在增益被一个限定在扇区 $[k_1, k_2]$ 内的非线性所替代时也是稳定的。这意味着，若一个如图 9.50 所示的带一条前向线性通道(F，G，H)的单回路(严格意义上的)连续时间反馈系统对所有满足 $k_1 < k < k_2$ 的线性固定反馈增益 k 是稳定的，由此得到的闭环系统矩阵 $F + kGH$ 是稳定的，则带一个在扇区 $[k_1, k_2]$ 内的无记忆非线性时变反馈项 $f(t,y)$ 的非线性系统也是稳定的，如图 9.50 所示。遗憾的是，这个猜想因反例的存在而不正确[1]。然而，Aizermann 猜想的一个变种是正确的，这被称为圆判据(circle criterion)。

我们描述一个能洞察问题并激发证明的启发式观点，而不是给出这个判据的一个严格证明。包含一个线性阻抗 $Z(j\omega) = R(\omega) + jX(\omega)$ 的电路，可由欧姆定律 $V = IZ(s)$ 描述。我们假定 Z 由有功分量组成，这意味着实部 R 为偶函数，虚部 X 为奇函数，即 $R(-\omega) = R(\omega)$，且 $X(-\omega) = -X(\omega)$。若对于所有的 ω 都有 $R(\omega) \geqslant \delta > 0$，则该阻抗被称为严格无源，它将消耗能量。电路的瞬态功率为 $p = v(t)i(t)$，且被电路吸收的总能量为 $e = \int_0^\infty v(t)i(t)\,dt$。欧姆定律等价于受控对象方程 $Y = UG(s)$，Y 为电压，U 为电流，且 $G(s) = R + jX$ 为阻抗。将能量表达式用于受控对象方程，并使用帕塞瓦尔理论[2]转换到频域，得到

$$\int_0^\infty y(t)u(t)\,dt = \frac{1}{2\pi}\int_{-\infty}^\infty U(j\omega)Y(-j\omega)\,d\omega \tag{9.94}$$

$$= \frac{1}{2\pi}\int_{-\infty}^\infty U(j\omega)U(-j\omega)G(-j\omega)\,d\omega \tag{9.95}$$

$$= \frac{1}{2\pi}\int_{-\infty}^\infty |U(j\omega)|^2 (R - jX)\,d\omega \tag{9.96}$$

$$= \frac{1}{2\pi}\int_{-\infty}^\infty |U(j\omega)|^2 R(\omega)\,d\omega \tag{9.97}$$

在最后一步中，使用了 X 为奇函数这一事实。在这一点上，常用符号的应用将或多或少地有效地简化了方程。我们定义内积和范数为

$$\int_0^\infty y(t)u(t)\,dt = <y, u> \tag{9.98}$$

$$\|u\|^2 = \int_0^\infty [u(t)]^2\,dt = <u, u> \tag{9.99}$$

有了这个符号，并假定 $R \geqslant \delta > 0$，式(9.97)可简化为

$$<y, u> \geqslant \delta \|u\|^2 \tag{9.100}$$

现在转向非线性部分，用同样的概念"能量"，并假定 f 在扇区 $[0, K]$ 内，我们有

---

[1]　Aizermann 的猜想激起了在该领域的大量研究，并推动了 Kalman-Yakubovich-Popov 引理的发展。该引理给出了一个无源系统的状态空间条件。该引理可用于圆判据的证明。

[2]　参阅附录 A。

$$\int_0^\infty y(t)f(y,t)\,\mathrm{d}t = \int_0^\infty \frac{[f(y,t)]^2}{\dfrac{f(y,t)}{y(t)}}\,\mathrm{d}t \tag{9.101}$$

$$\geqslant \frac{\|f(y,t)\|^2}{K} \tag{9.102}$$

$$\geqslant \frac{\|u(t)\|^2}{K} \tag{9.103}$$

现在的假设是：若由式(9.100)与式(9.102)的和式给出的总能量为正，则系统一定是稳定的，即能量被稳定地损耗。能量损耗的实际值将等于储存在系统各元件中的初始能量。从这之中，我们可以得出结论：若 $\delta \|u\|^2 + \dfrac{\|u(t)\|^2}{K} > 0$，则系统是稳定的。因此，判据为

$$\delta \|u\|^2 + \frac{\|u(t)\|^2}{K} > 0 \tag{9.104}$$

$$\left[\mathrm{Re}\{G(\mathrm{j}\omega)\} + \frac{1}{K}\right]\|u(t)\|^2 > 0 \tag{9.105}$$

$$\mathrm{Re}\{KG(\mathrm{j}\omega) + 1\} > 0 \tag{9.106}$$

在推导式(9.106)时，假定非线性在零扇区 $[0, K]$ 内。若函数真的在扇区 $[k_1, k_2]$ 内，则可通过加减方框图中的 k_1 值来简化为一个零扇区，如图9.53所示。在做了这些改变后，动态系统由 $H = \dfrac{G}{1 + k_1 G}$ 替代，函数由在扇区 $[k_2 - k_1, 0]$ 内的 $f' = f - k_1$ 替代。有了这些改变，稳定性判据就转化为

$$\mathrm{Re}\left\{1 + (k_2 - k_1)\frac{G}{1 + k_1 G}\right\} > 0 \tag{9.107}$$

$$\mathrm{Re}\left\{\frac{1 + k_1 G + (k_2 - k_1)G}{1 + k_1 G}\right\} > 0 \tag{9.108}$$

$$\mathrm{Re}\left\{\frac{1 + k_2 G(\mathrm{j}\omega)}{1 + k_1 G(\mathrm{j}\omega)}\right\} > 0 \tag{9.109}$$

一个如式(9.109)中的 $F = \dfrac{1 + k_2 G(\mathrm{j}\omega)}{1 + k_1 G(\mathrm{j}\omega)}$ 的双线性函数，将在 F 平面中的圆映射成在 G 平面的另一个圆(参见网上的附录WD)。在这种情况中，可接受的范围为 $\mathrm{Re}\{F\} > 0$，其边界为虚轴，因此，该映射是从无限大半径的虚轴到一个有限圆的。因为函数为实函数，所以该圆的圆心必在实轴上，我们只需找出实轴上的两个点。例如，当 $F = 0$ 时，我们有 $1 + k_2 G = 0$ 或 $G = -\dfrac{1}{k_2}$。实轴上的另一点是，当函数为无限时，即 $1 + k_1 G = 0$ 或 $G = -\dfrac{1}{k_1}$。因此，对于在 G 平面中的圆，其中心在实轴上且通过如图9.54所示的 $\left[-\dfrac{1}{k_2}, -\dfrac{1}{k_1}\right]$ 点。因为 F 必须要避免左半平面，若在禁止区域内设 $F = -1$ 并求解，我们求出 $G = \dfrac{-2}{k_2 + k_1}$，它在圆内，所以可得出结论：若 $G(\mathrm{j}\omega)$ 避免该圆，则系统将是稳定的。

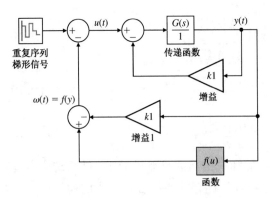
图 9.53　扇区操作的方框图

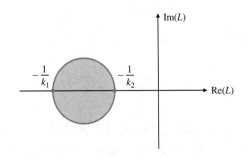
图 9.54　圆判据的演示图

实际的定理如下:

非线性系统是渐近稳定的,如果

1. $f(t,y)$ 位于扇区 $[k_1, k_2]$ 内,且 $0 \leqslant k_1 \leqslant k_2$。

2. 传递函数 $G(\mathrm{j}\omega) = H(\mathrm{j}\omega I - F)^{-1}G$ 的奈奎斯特图没有交于或环绕"临界圆"。该"临界圆"的圆心位于实轴上,且通过 $-1/k_1$ 和 $-1/k_2$ 两点,如图 9.54 所示。

实际上,通常的奈奎斯特"-1"点被临界盘所代替。这个结果被称为圆判据(circle criterion)或圆定理,应归功于 Sandberg(1964)和 Zames(1966)。注意,这些条件是充分的但非必要的,因为传递函数 $G(s)$ 与所定义的圆的交点并没有被证明是不稳定的。临界圆的圆心为

$$c = \frac{1}{2}\left[-\frac{1}{k_1} - \frac{1}{k_2}\right] = -\frac{k_1 + k_2}{2k_1 k_2}$$

其半径为

$$\frac{k_2 - k_1}{2k_1 k_2}$$

若 $k_1 = 0$,则临界圆退化成由 $\mathrm{Re}\{G\} \geqslant -1/k_2$ 定义的半平面。

圆判据和描述方程是密切相关的。事实上,对于在扇区内的时变奇异非线性,且其描述函数为实数的情况,其描述函数满足关系式

$$k_1 \leqslant K_{\mathrm{eq}}(a) \leqslant k_2 \quad \text{对于任意} a \text{ 值} \tag{9.110}$$

于是

$$-\frac{1}{k_1} \leqslant -\frac{1}{K_{\mathrm{eq}}(a)} \leqslant -\frac{1}{k_2} \tag{9.111}$$

并且描述函数的负倒数的图位于临界圆内。这可从如下的上下界限看出:

$$K_{\mathrm{eq}}(a) = \frac{2}{\pi a}\int_0^\pi f(a\sin(\omega t))\sin(\omega t)\,\mathrm{d}(\omega t) \geqslant \frac{2k_1}{\pi}\int_0^\pi \sin^2(\omega t)\,\mathrm{d}(\omega t) = k_1 \tag{9.112}$$

$$K_{\mathrm{eq}}(a) = \frac{2}{\pi a}\int_0^\pi f(a\sin(\omega t))\sin(\omega t)\,\mathrm{d}(\omega t) \leqslant \frac{2k_2}{\pi}\int_0^\pi \sin^2(\omega t)\,\mathrm{d}(\omega t) = k_2 \tag{9.113}$$

等效增益分析和描述函数得到了相同的结果。若我们用描述函数的增益,则极限环的幅值可用 DF 预测。两种等效增益法都可用于判断稳定性,但正如我们看到的,圆判据可用于时变非线性。

例9.19　用圆判据判断稳定性

对于例9.7中的系统,用圆判据判断系统的稳定性特性。

解:相关的扇区与例9.18中的相同。该临界圆退化到由 Re(G) ≤ 1 定义的半平面,如图9.55所示。因为奈奎斯特图完全位于临界圆的右侧,故系统是稳定的。

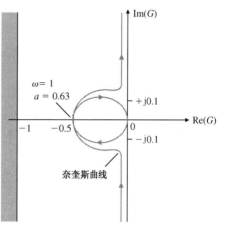

图9.55　奈奎斯特图和圆判据

9.6　历史回顾

几乎所有的物理系统都是非线性的。因此,对于非线性系统的研究有着悠久和丰富的历史是不足为奇的。非线性系统的研究,可追溯至天文学和太阳系的稳定性研究,也可追溯到 Torricelli(1608 - 1647)、Laplace 和 Lagrange。1892 年,俄罗斯 A. M. Lyapunov 的博士论文在该领域引起了一次轰动。他在试图解决由 Poincaré 提出的流体旋转器的稳定性时发现,如果他能够证明该系统所存储的能量总是下降的,那么系统就是稳定的,并且最终会停止。Lyapunov 的研究方法在1960 年被引入到 Kalman 和 Bertram 的控制领域中,并得到迅速的发展。

Maxwell 是第一个使用线性化研究平衡点附近稳定性的人。他以 Watt 的飞球调速器作为线性模型推导,说明了如果特征根具有负实部,那么系统将是稳定的。1950 年,Kochenberger 基于频域响应,推导出描述函数的方法,并试图解决非线性的问题。1944 年,Lur'e 提出了绝对稳定的问题,1961 年 Popov 对于非线性系统的稳定性分析提出了圆判据。Yakubovich(1962)和 Kalman(1963)后来在 Lur'e 和 Popov 的结果中建立了联系。

自适应控制的研究在20 世纪60 年代、70 年代和80 年代这30 年间获得了大量的关注。自适应控制器一般都是时变和非线性的。在20 世纪60 年代期间,Draper 和其他人都对自适应调整的灵敏度方法和 MIT 规则进行了研究。基于 Lyapunov 方法和被动研究自适应系统的方法在20 世纪70 年代得到发展。20 世纪80 年代,鲁棒自适应控制方法出现了。同时,也有很多关于系统的研究,如天气系统,即初始条件或者参数的一分钟变化都可以引起响应急剧变化的系统。这种系统被称为是混沌的。在最近所有对非线性系统的研究中,利用功能强大的计算机来解决方程和为求出的结果绘图起到了关键作用。开发对于非线性控制的一般性理论仍然是控制学家的目标,需要持续不地的探索。

本章小结

- 通过考虑一个在平衡点附近很精确的小信号线性模型,非线性运动方程可用线性方程来逼近。
- 在很多情况下,反向非线性可用来对系统进行线性化。
- 通过把非线性当做一个可变增益,不含动态环节(如饱和)的非线性可用根轨迹法进行分析。
- 根轨迹法可用来求解带无记忆非线性的极限环特性,且可得到与用描述函数法相同的结果。

- 描述函数法本质上是一种启发式的方法，其目的是为找出一个非线性元件的频率响应函数。
- 仅含单个非线性元件的系统的稳定性，可用描述函数法来研究。
- 描述函数可用来预测反馈系统的周期解。
- 奈奎斯特图和描述函数可一起用来求极限环的特性。
- 用状态空间描述的非线性系统的稳定性，可用李雅普诺夫法研究。
- 圆判据为稳定性判断提供了一个充分条件。

复习题

1. 为什么用线性模型来近似一个通常为非线性的受控对象的物理模型？
2. 怎样将辐射热传递的非线性系统方程 $\dot{T} = T^4 + T + u$ 进行线性化？
3. 作为热源的电灯具有非线性，其实验所得的输出功率与输入电压的关系为 $P = V^{1.6}$。在反馈控制系统的设计中，你将如何处理这个非线性？
4. 什么是积分漂移？
5. 为什么说抗漂移电路很重要？
6. 用增益为1、上下限为 ± 1 的非线性饱和函数，绘制一个有饱和效应的执行器方框图，其增益为7、上下限为 ± 20。
7. 什么是描述函数，它与传递函数有怎样的关系？
8. 应用描述函数法时，有哪些潜在的假设？
9. 非线性系统中的极限环是什么？
10. 怎样求出实验室中的非线性系统的描述函数？
11. 带有有界控制的卫星姿态控制的最小时间控制策略是什么？
12. 怎样使用两种李雅普诺夫方法？

习题

9.2 节习题：线性化分析

9.1 图 9.56 给出了一个简单的摆系统，其绳索缠在一个固定的圆筒上。系统的运动用微分方程描述为

$$(l + R\theta)\ddot{\theta} + g \sin \theta + R\dot{\theta}^2 = 0$$

其中，l 为绳索竖直部分的长度，R 为圆筒的半径。

(a) 写出该系统的状态变量方程。

(b) 在 $\theta = 0$ 点附近线性化其方程，并证明对于 θ 的小值，系统方程可简化为单摆方程，即

$$\ddot{\theta} + (g/l)\theta = 0$$

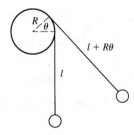

图 9.56 缠在固定圆筒上的绳索运动

9.2 如图 9.57 所示的电路，含有一个非线性 G，使得 $i_G = g(v_G) = v_G(v_G - 1)(v_G - 4)$。其状态微分方程组为

$$\frac{di}{dt} = -i + v$$

$$\frac{dv}{dt} = -i + g(u - v)$$

其中，i 和 v 是状态变量，u 是输入。

（a）当 $u = 1$ 时存在一个平衡状态，得到 $i_1 = v_1 = 0$。求其他两组产生平衡状态的 v 和 i。

（b）对于平衡点 $u = 1$，$i_1 = v_1 = 0$，求系统的线性化模型。

（c）求出另两组平衡点的线性化模型。

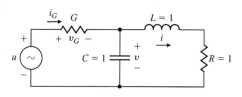

图 9.57　习题 9.2 的非线性电路

9.3　对于如图 9.58 所示的电路，u_1 是电压源，u_2 是电流源，R_1 和 R_2 是非线性电阻，其特性如下：

$$\text{电阻1：} \quad i_1 = G(v_1) = v_1^3$$
$$\text{电阻2：} \quad v_2 = r(i_2)$$

这里的函数 r 如图 9.59 所定义。

（a）证明电路的方程可写为

$$\dot{x}_1 = G(u_1 - x_1) + u_2 - x_3$$
$$\dot{x}_2 = x_3$$
$$\dot{x}_3 = x_1 - x_2 - r(x_3)$$

假定我们有 1 V 的恒定电压源 u_1 和 27 A 的恒定电流源 u_2（即 $u_1^\circ = 1$，$u_2^\circ = 27$）。求电路的平衡状态 $\boldsymbol{x}^\circ = [\,x_1^\circ,\ x_2^\circ,\ x_3^\circ\,]^{\mathrm{T}}$。对于一个特定的输入 u°，系统的平衡状态定义为任何满足关系式 $\dot{x}_1 = \dot{x}_2 = \dot{x}_3 = 0$ 的常状态变量。因此，开始于平衡状态之一的任何系统将始终保持，不确定地直到施加一个不同的输入。

（b）由于扰动，初始状态（电容、电压、电感电流）与平衡状态略有不同，且独立源也同样如此，也就是说

$$u(t) = u^\circ + \delta u(t)$$
$$x(t_0) = x^\circ(t_0) + \delta x(t_0)$$

对于在（a）中求出的平衡状态网络进行小信号分析，用如下形式的方程表示：

$$\delta \dot{x}_1 = f_{11}\delta x_1 + f_{12}\delta x_2 + f_{13}\delta x_3 + g_1\delta u_1 + g_2\delta u_2$$

（c）画出电路图及其相应的线性模型。给出元件的值。

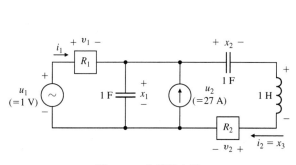

图 9.58　非线性电路

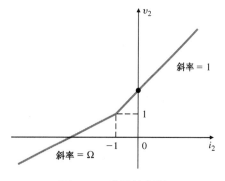

图 9.59　非线性电阻

9.4　考虑非线性系统

$$\dot{x} = -x^2 \mathrm{e}^{-\frac{1}{x}} + \sin u, \quad x(0) = 1$$

（a）假定 $u^\circ = 0$，求解 $x^\circ(t)$。

（b）求出关于（a）中标称解的线性化模型。

9.5　反馈的线性化作用。我们已经看到，反馈能减弱输入－输出传递函数相对于对象传递函数的敏感度，并能抑制扰动对对象的影响。在这个问题中，我们研究反馈的另外一个好处是，它能使输入－输出响应比单独的对象开环响应更线性化。为简便起见，我们忽略对象所有的动态因素，并假定对象可用如

下的静态非线性来描述：

$$y(t) = \begin{cases} u, & u \leqslant 1 \\ \frac{u+1}{2}, & u > 1 \end{cases}$$

(a)假定我们用比例反馈

$$u(t) = r(t) + \alpha(r(t) - y(t))$$

其中 $\alpha \geqslant 0$ 是反馈增益。求闭环系统的以 $r(t)$ 表示的 $y(t)$ 的表达式。这个函数被称为系统的非线性特性。分别画出 $\alpha = 0$ (实际上是开环系统) $\alpha = 1$ 和 $\alpha = 2$ 的非线性传递特性。

(b)假定我们用积分控制

$$u(t) = r(t) + \int_0^t (r(\tau) - y(\tau)) \, d\tau$$

因此，闭环系统为非线性的且动态的。证明若 $r(t)$ 为一个常数，也就是 r，则 $\lim\limits_{t \to \infty} y(t) = r$。因此，积分控制使得闭环系统的稳态传递特性是严格线性的。闭环系统能用从 r 到 y 的传递函数来描述吗？

9.6　下面这个问题表明线性化不总是奏效的。考虑一个系统

$$\dot{x} = \alpha x^3, \quad x(0) \neq 0$$

(a)求平衡点和 $x(t)$ 的解。
(b)假定 $\alpha = 1$。线性化模型是系统的有效表示吗？
(c)假定 $\alpha = -1$。线性化模型是系统的有效表示吗？

9.7　考虑图9.60中的沿一条直线匀速移动的物体。唯一知道的度量是物体的范围。系统方程组为

$$\begin{bmatrix} \dot{x} \\ \dot{v} \\ \dot{z} \end{bmatrix} = \begin{bmatrix} 0 & 1 & 0 \\ 0 & 0 & 0 \\ 0 & 0 & 0 \end{bmatrix} \begin{bmatrix} x \\ v \\ z \end{bmatrix}$$

其中

$$z \text{ 为常数}$$
$$\dot{x} \text{ 为常数} = v_0$$
$$r = \sqrt{x^2 + z^2}$$

试推导这个系统的线性模型。

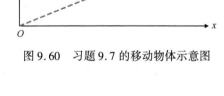

图 9.60　习题 9.7 的移动物体示意图

9.3 节习题：使用根轨迹法的等效增益分析

9.8　考虑如图9.61所示的三阶系统。

(a)绘制系统关于 K 的根轨迹，列出你求解渐近角、出射角等的计算过程。

(b)用绘图法，详细标出根轨迹和虚轴的交点。这个点的 K 值是多少？

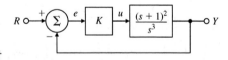

图 9.61　习题 9.8 的控制系统

(c)假定由于某些未知的机理，放大器的输出通过如下的饱和非线性给出(用一个比例增益 K 代替)：

$$u = \begin{cases} e, & |e| \leqslant 1 \\ 1, & e > 1 \\ -1, & e < -1 \end{cases}$$

请定性地描述你期望的系统对单位阶跃输入的响应将是怎样的。

9.4 节习题：使用频率响应的等效增益分析：描述函数

9.9　计算如图9.6(c)所示的带死区非线性的滞后环节的描述函数。

9.10　计算如图9.6(d)所示的带死区非线性的增益的描述函数。

9.11 计算如图 9.6(e)所示的预载弹簧或库仑加上黏性摩擦非线性的描述函数。

9.12 对于如图 9.62 所示的组成一个类似于"楼梯"的量化函数,求这个非线性的描述函数,并编写 MATLAB 的 m 函数来产生该描述函数。

9.13 推导如图 9.63 所示的理想接触点控制器的描述函数。它由频率决定吗?若它具有时间延迟或滞后,则它由频率决定吗?粗略地画出对于不同幅值的输入,其输出的时间曲线,并求出对于这些输入的描述函数值。

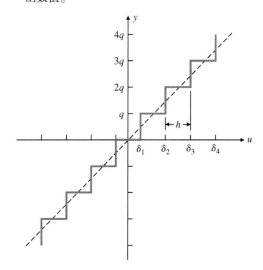

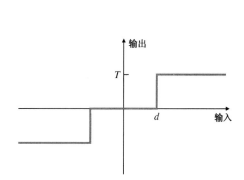

图 9.62 习题 9.12 的非线性量化函数 　　　　图 9.63 习题 9.13 的接触点控制器

9.14 有一个惯性平台的触点控制器,如图 9.64 所示,其中

$$I = 0.1 \text{ kg} \cdot \text{m}^2$$

$$\frac{I}{B} = 10 \text{ s}$$

$$\frac{h}{c} = 1$$

$$\frac{J}{c} = 0.01 \text{ s}$$

$$\tau_L = 0.1 \text{ s}$$

$$\tau_f = 0.01 \text{ s}$$

$$d = 10^{-5} \text{ rad}$$

$$T = 1 \text{ N} \cdot \text{m}$$

要求的稳定性分辨率大约为 10^{-6} rad

$$K\varphi_m > d, \qquad \varphi_m > 10^{-6} \text{ rad}$$

作为控制器的增益 K 和 DF 的函数,讨论可能的极限环的存在性、幅值和频率。对带迟滞的死区问题,重复上述过程。

9.15 非线性 Clegg 积分器。这里有一些工程师多年来试图改进的线性积分器。线性积分器有一个在所有频率中都相位滞后 90° 的缺点。1958 年,J. C. Clegg 建议,我们修改线性积分器的复位状态 x,使之每当积分器 e 的输入过 0(即改变符号)时,x 为 0。Clegg 积分器具有这样的特性:每当它的输入和输出是相同的符号时,它就像是一个线性积分器。否则,它将复位其输出为 0。Clegg 积分器可以表示为

$$x(t) = e(t), \qquad e(t) \neq 0$$
$$x(t+) = 0, \qquad e(t) = 0$$

第二个等式表明，当 e 的符号改变后，积分器的状态 x 马上复位为 0。它可以用运算放大器和二极管来实现。Clegg 积分器存在的一个潜在缺点是其可能诱发振荡。

(a) 当输入为 $e = a\sin(\omega t)$ 时，画出 Clegg 积分器的输出。

(b) 证明 Clegg 积分器的 DF 为

$$N(a,\omega) = \frac{4}{\pi\omega} - j\frac{1}{\omega}$$

以及这相当于一个只有 38° 的相位滞后。

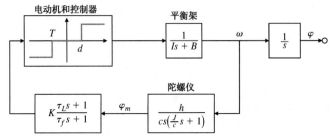

图 9.64　习题 9.14 的系统方框图

△9.5 节习题：基于稳定性的分析和设计

9.16　计算用于实现受控对象最小时间控制的最优换向曲线和最优控制，并绘图。受控对象为

$$\dot{x}_1 = x_2$$
$$\dot{x}_2 = -x_2 + u$$
$$|u| \leqslant 1$$

使用逆时法，并消去时间变量。

9.17　对于线性对象 $|u| \leqslant 1$ 时的最小时间控制，绘制最优换向曲线。受控对象为

$$\dot{x}_1 = x_2$$
$$\dot{x}_2 = -2x_1 - 3x_2 + u$$

9.18　绘制时间最优控制规律为

$$\dot{x}_1 = x_2$$
$$\dot{x}_2 = -x_1 + u$$
$$|u| \leqslant 1$$

并绘制 $x_1(0) = 3$ 和 $x_2(0) = 0$ 的轨迹。

9.19　考虑如图 9.65 所示的热力学控制系统，其物理对象可能是一个房间，一只烤箱，等等。

(a) 试问极限环的周期是多少？

(b) 若规定 T_r 是一个慢增长的函数，绘制系统 T 的输出。给出当 T_r "大" 时的解。

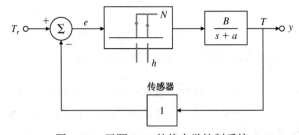

图 9.65　习题 9.19 的热力学控制系统

9.20　有一些系统，如太空船、共振频率远低于开关频率的弹簧质点系统、带很小摩擦的大电动机驱动负载等，都可建模成一个惯性系统。对于一条理想的开关曲线，绘制系统的相位图。开关函数为 $e = \theta + \tau\omega$。假定

$\tau = 10$ s，控制信号 $= 10^{-3}$ rad/s^2。现在根据以下的条件绘制出结果：

（a）死区。

（b）死区加迟滞。

（c）死区加时延 T。

（d）死区加一个常量扰动。

9.21 计算带延迟的卫星姿态控制的极限环的幅值，其延迟为

$$I \ddot{\theta} = N u(t - \Delta)$$

根据

$$u = -\text{sgn}(\tau \dot{\theta} + \theta)$$

绘制极限环的相平面轨迹和给出 θ 取最大值时的 θ 的时间曲线。

9.22 对于如图 9.66 所示的零摩擦的质点钟摆，用等倾线法进行指导，绘制运动的相平面图。特别注意邻近 $\theta = \pi$ 的地方。指出对应于振子旋转的轨迹，而不是来回振荡的轨迹。

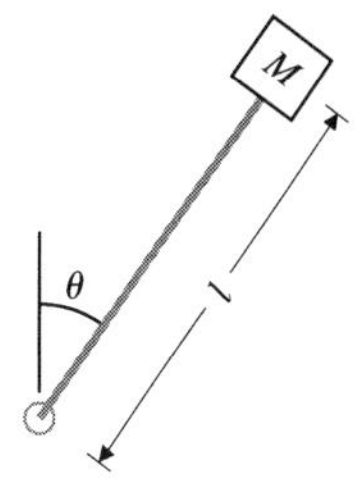

9.23 画出系统的相轨迹，系统为

$$\ddot{x} = 10^{-6} \text{ m/s}^2$$

要求在 $\dot{x}(0) = 0$，$x(0) = 0$ 与 $x(t) = 1$ mm 之间。通过比较你使用两个不同间隔值所得的解和精确的解，用图形法从抛物线上求过渡时间 t_f。

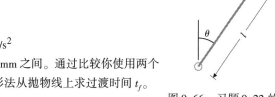

图 9.66 习题 9.22 的钟摆

9.24 考虑一个系统，其运动方程为

$$\ddot{\theta} + \dot{\theta} + \sin \theta = 0$$

（a）这个式子对应于什么样的物理系统？

（b）绘制这个系统的相位图。

（c）画出当 $\theta_0 = 0.5$ rad、$\dot{\theta} = 0$ 时的一条特定轨迹。

9.25 对于一个非线性竖直摆，其基座有一个电动机作为执行器。设计一个反馈控制器来稳定该系统。

9.26 考虑系统

$$\dot{x} = -\sin x$$

证明其原点是渐近稳定的平衡点。

9.27 某个一阶非线性系统被描述为 $\dot{x} = -f(x)$，其中 $f(x)$ 是一个满足如下条件的连续微分非线性函数

$$f(0) = 0$$
$$f(x) > 0, \qquad x > 0$$
$$f(x) < 0, \qquad x < 0$$

用李雅普诺夫函数 $V(x) = x^2/2$ 来证明系统在原点（$x = 0$）附近是稳定的。

9.28 使用李雅普诺夫方程

$$\boldsymbol{F}^T \boldsymbol{P} + \boldsymbol{P} \boldsymbol{F} = -\boldsymbol{Q} = -\boldsymbol{I}$$

求出如图 9.67 所示的系统稳定时 K 的范围。将你所得到的 K 的稳定值与用劳斯稳定判据所得的结果进行比较。

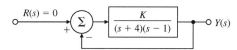

$R(s) = 0$ $\sum$ $\dfrac{K}{(s + 4)(s - 1)}$ $Y(s)$

图 9.67 习题 9.28 的控制系统

9.29 考虑一个系统

$$\frac{\mathrm{d}}{\mathrm{d}t} \begin{bmatrix} x_1 \\ x_2 \end{bmatrix} = \begin{bmatrix} x_1 + x_2 u \\ x_2(x_2 + u) \end{bmatrix}, \quad y = x_1$$

求出输入 $u(t) = \alpha y(t) + \beta$ 能将输出 $y(t)$ 保持在 1 附近的所有 α 和 β 值。

9.30 考虑非线性自治系统

$$\frac{\mathrm{d}}{\mathrm{d}t}\begin{bmatrix} x_1 \\ x_2 \\ x_3 \end{bmatrix} = \begin{bmatrix} x_2(x_3 - x_1) \\ x_1^2 - 4 \\ -x_1 x_3 \end{bmatrix}$$

(a)求出平衡点。

(b)求出关于每个平衡点的线性化的系统。

(c)对于(b)中的每种情况,关于非线性系统在平衡点附近的稳定性,李雅普诺夫理论告诉我们了什么?

9.31 范德波尔方程:对于由如下的非线性方程描述的系统:

$$\ddot{x} + \varepsilon(1 + x^2)\dot{x} + x = 0$$

并且,常量 $\varepsilon > 0$。

(a)证明该方程可用下列形式来表达[Liénard 或者 (x, y) 平面]:

$$\dot{x} = y + \varepsilon\left(\frac{x^3}{3} - x\right)$$

$$\dot{y} = -x$$

(b)用李雅普诺夫函数 $V = \frac{1}{2}(x^2 + \dot{x}^2)$,并在 Liénard 平面内绘制用 V 预测的稳定性区域。

(c)画出(b)中的轨迹,并指出趋于原点的初始条件。用不同的初始条件 $x(0)$ 和 $\dot{x}(0)$,在 Simulink 中仿真该系统。考虑两种情况,$\varepsilon = 0.5$ 和 $\varepsilon = 1.0$。

第10章　控制系统设计：原理与案例研究

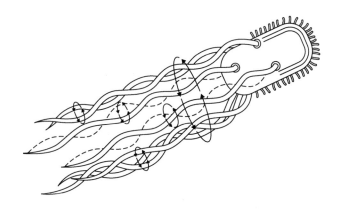

设计原理简介

在第5章至第7章里，我们介绍了基于根轨迹法、频率响应法和状态变量法的分析和设计反馈系统的方法。到目前为止，对于一个大型系统，还只能考虑其孤立的、理想化的方面，并且每次只能着眼于一种分析方法。而在这一章，将转向第4章的主题，借助反馈控制的优势，并使用在第5章至第7章、第9章中已经学过的先进工具，来重新考虑控制系统设计中的全部问题。我们将以案例研究的形式，使用这些工具来解决一些复杂的、现实的应用问题。

使用全面、分步的设计实现方法，服务于两种意图：一方面为实际的控制问题提供一个有效的出发点；另一方面在设计过程中提供有意义的检查点。本章仅仅介绍通用的方法，并体现于案例研究中。

全章概述

本章以10.1节中所描述的"逐步设计法"开篇。这种方法对于各种控制设计过程具有足够的通用性，但是也提供了一些有用的定义和指导方向。然后，我们将把设计过程应用于4个实际的复杂应用：卫星姿态控制系统的设计(10.2节)、波音747飞机的侧向与纵向控制(10.3节)、汽车引擎中燃料空气比例控制(10.4节)、磁盘驱动器控制(10.5节)和快速热处理(RTP)系统控制(10.6节)。卫星案例研究是地球同步通信卫星系统的代表。该研究解决已知物理参数在给定的范围内变化的鲁棒控制系统的设计问题。在该系统中，控制系统需要满足从"生命的开始"(beginning-of-life, BOL)到"生命的结束"(end-of-life, EOL)的要求，这个过程要跨越12~15年。为了进行姿态控制，通过部署和重定向卫星天线，燃料不断地被消耗，卫星的惯性和质量时刻都在发生变化。卫星案例研究说明了陷波补偿在轻微阻尼振荡系统中的使用。从这个案例研究我们可以看到，并置的执行器和传感器系统要比非并置系统更容易控制。波音747飞机案例研究解决商用客机熟悉的飞行控制系统问题。运动的非线性方程被给出，并在一定的飞行条件下被线性化。在刚体动力学中，纵向和侧向运动，每个都是4阶的。当然，对于更精确的模型，考虑灵活的模式也是需要的。波音747飞机的侧向稳定性案例研究，将说明如何使用反馈作为内回路，用以帮助飞行员，而飞行员主要提供外回路控制。高度控制将说明,如何将内回路反馈和外回路补偿结合起来,设计一个完整的控制系统。汽车的控制燃料比例控制案例研究是一个实际的例子,包括一个非线性传感器和一个纯时延。我们将使用第9章描述的函数方法来分析该系统的行为。对于每一个 PC 用户,另一个熟悉的问题就是磁盘驱动器上存储数据的控制。这个案例研究是关于位置控制的,带宽是一个关键的性能参数。来自半导体芯片制造的快速热处理(RTP)案例研究,与工业应用非常接近。对于高度非线性的热力学系统,所研究的问题是温度跟踪和干扰抑制。执行器(如灯)也是非线性的,我们将使用第9章介绍的方法来尝试消除这种非线性的影响。该系统的另一个重要方面是执行器饱和,以及控制信号不能为负的事实。在所有的这些案例中,设计者要能够使用多种在前面章节中介绍的方法,包括根轨迹、频率响应、使用状态反馈进行极点配置和时间响应的(非线性)仿真,来获得满意的设计。在10.7节中,我们将讨论系统生物学这一新兴领域中的一个案例研究,并描述趋化性或者大肠杆菌是如何顺利游动的。10.8节将介绍反馈控制应用的发展历史。

10.1　控制系统设计概要

控制工程是许多动态系统的设计过程的一个重要组成部分。正如第4章所述,反馈的精心使用,可以使一个本来不稳定的系统变得稳定,降低由扰动引起的误差,降低跟随指令输入时的跟踪误差,以及降低闭环传递函数对于内部系统参数微小变化的灵敏度。在那些需要使用反馈控制的情况下,为控制系统设计总结一个概要性的设计方法,以顺利地获得满意解,这是可能的。

在描述这个方法之前,我们希望强调,控制的目的是辅助产品或者过程,如机构、机器人、化工厂、飞行器或者其他设备来完成这项工作。设计过程其他领域的工程师们正在越来越多地在其计划中早早地重视控制的作用。于是,越来越多的系统被设计出来,以至于没有反馈它们便根本不能工作。这一点对高性能飞行器设计的影响非常大,控制与结构学以及空气动力学一道为飞行器的平稳飞行起到核心作用。在本书中,虽然不可能对这样一个整体的设计进行全面的描述,但是让读者认识到,这些案例的存在不仅是控制系统设计的特定任务,还在企业中扮演着至关重要的角色。

控制系统设计以满足动态性能的产品或者过程开始,而这些动态性能依赖于反馈实现稳定性、扰动调节、跟踪精度和减少参数变化的影响。我们将给出一个设计过程的纲要,对于产品无论是电子放大器还是位于地球轨道的大型装置,这都非常有用。显而易见,要具有如此广泛的适应性,我们的设计纲要对于物理细节必须是模糊的,而且只对反馈控制问题是明确的。为了展示结果,我们把控制设计问题分解为一系列的典型步骤。

步骤1　理解整个过程,将对动态性能要求转化为时域、频域或者零-极点指标。理解过程是非常重要的,即理解允许的系统误差、期望指令和干扰信号的描述,以及物理容量和限制。遗憾的是,在这样的一本书中,把整个过程看成线性时不变的、对任意形式的输入都适用的传递函数是很容易的,但是线性模型对于实际系统来说只是一个非常有局限的表述形式,它仅对小信号、短时间和特定的环境条件是有效的。不要混淆现实系统与近似系统。你必须能够首先使用满足特定目标的简化模型,然后产生一个精确的模型或者实际的物理系统来真实地验证设计性能。

这一步的典型结果是系统在约束边界内产生一个阶跃响应[如图10.1(a)所示]、满足某种约束的开环频率响应[如图 10.1(b)所示]或者在某个约束边界的左边的闭环极点[如图 10.1(c)所示]。

步骤 2 选择传感器。在传感器的选择中，要考虑哪些变量对控制系统来说是重要的，以及哪些变量是物理上可以测量的。例如，一架飞机的引擎内要求临界温度必须是受控的，但是不能在引擎运行过程中直接测量它。因此，必须选择能够对这些关键变量进行间接测量的传感器。对于扰动来说，选择传感器也是很重要的。有时，特别在化学过程中，直接测量负载的扰动量是有益的，因为若能将该信息反馈给控制器，就可以改善系统的性能。

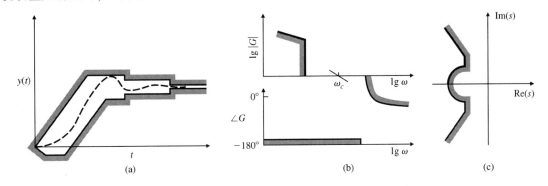

图 10.1 (a)时域响应；(b)频域响应；(c)零极点指标

下面是一些影响传感器选择的因素：

传感器的数量和位置	选择满足要求最少的传感器和最佳位置
工艺	电气的或者磁的、机械的、机电的、光电的、压电的
函数性能	线性度、偏差、精度、带宽、分辨率、动态范围、噪声
物理特性	质量、尺寸、强度
品质因素	可靠性、耐久性、可维护性
成本	费用、实用性、测试和维修的设备

步骤 3 选择执行器。为了控制一个动态系统，很明显，必须要能够控制系统的响应。执行器就是起这种作用的器件。在选择执行器之前，先考虑对哪些变量施加控制。例如，在一艘飞行器中，活动翼面可以有许多种结构，并且它们对于飞行器的运行以及可控性的影响是很大的。喷气口的位置或者其他转矩装置也是航天器控制设计的一个主要组成部分。

当控制变量已经选好后，还需要考虑其他的因素，包括：

执行器的数量和位置	选择期望的执行器和它们的最佳位置
工艺	电气的、液压的、气压的、热力的，等等
函数性能	最大允许的力矩、线性范围、最大允许速度、功率、效率
物理特性	质量、尺寸、强度
品质因素	可靠性、耐久性、可维护性
成本	费用、实用性、测试和维修的设备

步骤 4 构建线性模型。为过程、执行器和传感器做最佳的选择，确定感兴趣的平衡点，构建满足步骤 1 确定的频率范围的有效小信号模型。你还应该用可能的实验数据来验证该模型。为了能利用所有可能的工具，把模型用状态变量形式、零极点形式以及频率响应形式表

示。我们知道,MATLAB 以及其他计算机辅助控制系统设计软件包,能够在这些形式之间互相转化。如果需要,可简化和降低模型的阶次。还可以量化模型的不确定性。

步骤 5　尝试简单的比例 – 积分 – 微分控制(PID)或者超前滞后设计。为了获得设计问题复杂度的初始估计,绘制频率响应曲线(伯德图)草图和关于对象增益的根轨迹草图。如果对象 – 执行器 – 传感器模型是稳定的,并且有最小相位,则使用伯德图可能是最有用的;对于其他的情况,根轨迹能提供关于右半平面(RHP)特性非常重要的信息。在任何情况下,要尽力用简单的超前 – 滞后的控制器来满足指标要求,如果对稳态误差响应有要求的话,还可以包括积分控制。如果有可用的传感器信息,就给扰动加上前馈。考虑到传感器噪声的影响,可以把超前网络和直接的速度传感器进行对比,确定哪个设计更好。

步骤 6　评估、修正受控对象。基于简单的控制设计,评估系统性能不良特性的根源。如果有必要对系统进行改进设计,那么需要返回到步骤1,重新评估性能指标、过程的物理结构、预设计中的执行器和传感器选择。比如,在许多运动控制问题中,在测试第一次通过的设计后,将发现一些振动状态使得设计难以满足问题的初始指标要求。可以通过加入刚性部件或者无源阻尼器来改变受控对象的结构,这比只使用控制策略更容易满足系统指标。另一种方案是,移动传感器使之处于振动的状态,这样就不会对运动提供反馈。而且,相比其他的工艺(如电气的),有一些执行器工艺(如液压的)具有更多的低频振动,这意味着需要改变执行器工艺。在数字实现中,通过修正传感器 – 控制 – 执行器系统的结构,来减少延迟时间是可能的,因为延迟时间往往会导致系统稳定性的下降。在热力学系统中,常常会通过材料的替换来修正热容量或者导热性,以改进控制系统的设计。要考虑设计过程的每一个部分,而不仅仅是考虑控制逻辑,使系统以最低廉的代价满足各项指标。若修正了受控对象,那么要回到步骤1重新设计。如果设计是符合要求的,则转入到步骤8,否则尝试步骤7。

步骤 7　尝试最优设计。如果反复试验得到的补偿器不能给出令人满意的系统性能,那么就考虑基于最优控制的设计法。对称的根轨迹会给出可能的根的位置,由此可以选择出满足响应要求的控制极点,也可以选择出兼顾传感噪声和过程噪声的估计器极点。画出相应的开环频率响应和根轨迹图,估计该设计的稳定裕度以及对于参数改变的鲁棒性。不断修正极点位置,直到出现最佳的折中结果。这一步常常还包括,返回到采用不同的代价度量的对称根轨迹(SRL),或者直接用函数 lqr 和 lqe 来计算。最优控制的另一个方法是,给出一个带有未知参数的固定结构的控制器,将性能代价函数用公式表示,并用参数最优化方法来求解理想的参数值。

把实现的最佳频率响应的最优控制设计与在步骤 5 中用传递函数方法设计得到的结果进行比较。选择较好的一种结果,然后进入步骤8。

步骤 8　建立计算机模型,计算(仿真)设计性能。在过程改进、执行器和传感器选择以及控制器设计都达到了最佳的折中之后,就可以为系统建立计算机模型了。建立该模型需要考虑重要的非线性因素,如执行器饱和、实际噪声源,还有系统运行过程中期望的参数变化。仿真中的灵敏度有可能会导致设计重新回到步骤5,甚至是步骤2。除非仿真出现良好的稳定性和鲁棒性,否则设计还要反复地进行下去。参数优化是仿真的一部分,此时计算机会调节参数使之出现最好的效果。在设计的前期,仿真的模型相对简易。随着设计的进行,模型会更完善、更细致。这一步可以为模拟控制器建立数字等效,具体技术细节可参阅第 4 章和第 8 章。

为了满足数字化效果，对控制器参数进行修正是很有必要的。这将使得最终的设计通过数字处理器逻辑得以实现。

如果仿真证实设计结果令人满意，进入步骤 9，否则，返回步骤 1。

步骤 9　制作原型样机。作为投产前的最后检验，一般会制作原型样机并进行测试。此时可以检验模型的质量，排查未知的振动和其他状态，进而思考可以改善设计的方法。用嵌入式软硬件执行控制器的功能。必要的话，还要调整控制器。在测试完成后，如果时间、经费和思路允许，可以重新考虑传感器、执行器和执行过程等问题，并回到步骤 1。

这些步骤是良好实践的一种近似，不同工程师的实现方法可能会有所变化。在某些场合，也许会采取不同的顺序、忽略某个步骤或者增加步骤。受系统本身特性影响，仿真和样机制作会有很大不同。对于难以测试和重建的样机系统（如卫星）或者失败会导致重大危险的系统（如高速离心机的动态稳定或者人类登月），大多数设计的修正是可以通过仿真完成的。可能的形式包括采用数字化仿真、比例实验模型，或者在仿真环境下的真实尺寸实验模型。对于那些容易建立和修正的系统（如汽车燃料系统的反馈控制），仿真的步骤常常全部省略，通过样机测试完成对设计的验证和完善。

在第 6 章的讨论中提到的一个重要问题是，考虑改变受控对象自身(changing the plant it-self)。在许多情况下，适当地改变受控对象，能够加大阻尼或者增加刚度、改变模态形状、减少系统对扰动的响应、减少库仑摩擦力、改变热容量或者热导率，等等。根据作者的经验，通过专门的例子进行这方面的研究是非常值得的。例如半导体芯片制造过程，支撑芯片的边缘环被认为是闭环控制中的限制性因素。调整边缘环的厚度，使用不同的涂层材料以减少热损耗，同时重置一个更靠近边缘环的温度传感器，这些会给控制效果带来重大的改善。再以薄膜制作工程为例，简单地改变两个输入流的顺序，能大大加强中间生成物和氧化剂的混合，提高薄膜的均匀度。在用射频等离子体实现的物理蒸气沉积应用中，将目标的形状修正为弯曲形状，可以抵消腔室的几何影响，为蒸馏的均匀性带来实质性的改善。最后再以液压轴控制问题为例，加入陶瓷绝缘式的油温控制以及飞轮外壳的温度槽，使扰动的幅度降低了几阶，这是单靠反馈控制是不可能达到的[1]。至于宇宙航空应用中，该反馈控制问题变得非常复杂，从而导致闭环系统的性能不佳。讨论这一问题必须要考虑改变受控对象本身，使得控制问题简化，并提供最大的闭环系统性能。

通常的系统设计方法和"不按常理出牌"，对于控制系统来说，都被证明是低效率和不完善的。一个较有前景的更好方法是，让控制工程师从项目开始就参与，以对控制系统的难度提供早期的反馈。控制工程师可以对执行器和传感器的选择提供有价值的反馈，甚至对于控制对象提出改进意见。在图纸成型之前，即使改变受控对象的设计，对控制系统性能改善也是很有效的。针对简单的系统模型的闭环性能研究，可在设计初期进行。

在设计过程中，一个众所周知的事实是，在给定范围内设计要经常从早期模型中吸取经验。因此，好的设计是不断完善的，而不是在第一次通过后，就以最佳的形式出现。我们将用一些案例来说明这种方法（参见 10.2 节至 10.6 节）。为了便于参考，我们将对以上的几个步骤进行小结。

---

[1]　我的同事 Daniel DeBra 教授相信，考虑修改对象本身是改进控制的一种选择。他引用了一个特殊的应用来证明这一点。当然，我也同意他的观点。

控制设计步骤小结

1. 理解过程和性能要求。
2. 选择传感器的类型和数量,考虑安装位置、工艺和噪声因素。
3. 选择执行器的类型和数量,考虑安装位置、工艺、噪声和功率。
4. 为控制过程、执行器、传感器建立线性模型。
5. 基于超前滞后补偿或者 PID 控制建立简单的尝试性设计。如果满足要求,则转入步骤8。
6. 考虑修改受控对象自身以改善闭环控制。
7. 尝试基于最优控制或者其他判据的极点配置设计。
8. 对设计进行仿真,考虑非线性、噪声、参数变化的影响。如果效果不令人满意,则返回步骤 1 重新设计。为改善闭环控制,改进受控对象本身。
9. 制作样机并测试。若不能令人满意,则返回步骤 1 重做。

10.2　卫星姿态控制设计

我们的第一个例子源于太空计划,用来满足控制卫星在绕地轨道的飞行指向和飞行姿态的需要。图 10.2(a)给出了地球同步通信卫星图。我们将按照设计步骤一步一步地分析,并会涉及一些在该系统控制中应该考虑到的因素。

步骤 1　理解过程和性能指标。一个卫星的简化示意图,如图 10.2(b)所示。我们想象,这个飞行器有一项天文调查任务,要求传感器箱能够被精确定位。这个箱必须尽可能放置在最安静的环境中,即要求能够与主控设备的振动和电气噪声隔离开来,以及与电源、推进器和传动齿轮相隔离。我们假定,卫星的结构模型可以看成用活动吊杆连在一起的两大部件构成。在图 10.2(b)中,卫星姿态角 θ_2 是星体传感器和仪表箱的夹角,θ_1 是卫星主体结构与星体的夹角。图 10.2(b)是卫星的等效机械系统示意图,其中传感器放置于夹角为 θ_2 的圆盘上。经计算可知,由太阳压强、微小陨石以及轨道偏移引发的扰动转矩可以忽略不计。当需要指向另一个方向的星体时,定位的要求将提高。这可以通过采用瞬态调整时间为 20 s 和超调量不大于 15% 的动态性能来满足。卫星的动态性能应包括可变的参数。当方程给出以后,卫星控制系统就必须在预定范围内的任何参数值均能获得满意的性能。

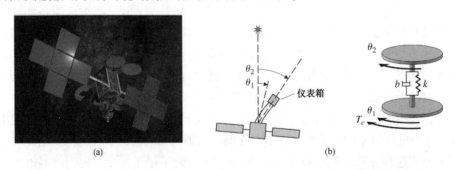

图 10.2　(a)地球同步通信卫星(IPSTAR)的图片;(b)卫星和双体模型示意图

步骤 2　选择执行器。为对科学仪表箱定向,有必要测量出它的姿态角。为此,建议使用星体追踪器(star tracker),该系统收集特定星体的图像,并使其处于望远镜视界的焦点上。该传感器提供的噪声相对较大但是平均数据很精准，该读数与 θ_2（即仪表箱和目标的夹角）成正比。由于星体追踪器上的超前网络会剧烈地放大噪声，所以为了稳定控制系统，使用一个速度陀螺仪来给出不含噪声的 $\dot\theta_2$ 的读数。此外，速度陀螺仪可以使得星体跟踪器在捕获目标星体图像之前的运动保持稳定。

步骤 3　选择执行器。在选择执行器中，主要着眼于精度、可靠性、质量、功率要求和仪器寿命。施加力矩的方法有冷气喷气发动机、反力式叶轮或反应式陀螺仪、磁性转矩仪和重力梯度仪。喷气发动机的功率最大但精度最低。反力式叶轮非常精确但只能传递冲量，所以要求喷气发动机或磁性转矩仪不时地提供冲量。磁性转矩仪提供相对较低能级的力矩，并只适用于那些低空运行的卫星。重力梯度仪也只能提供一个微小的转矩，这不仅限制了响应速度，还对卫星的外形有严格的要求。为了达到目标，我们选择响应快速、精度足够的冷气式喷气发动机。

步骤 4　构建线性模型。如图 10.2 所示，假设卫星是两大部件通过转矩常数为 k、黏滞阻尼系数为 b 的弹簧连接而成的装置。其运动方程为

$$J_1\ddot\theta_1 + b(\dot\theta_1 - \dot\theta_2) + k(\theta_1 - \theta_2) = T_c \tag{10.1a}$$

$$J_2\ddot\theta_2 + b(\dot\theta_2 - \dot\theta_1) + k(\theta_2 - \theta_1) = 0 \tag{10.1b}$$

式中，T_c 是作用在主体设备上的控制转矩。设惯量 $J_1 = 1$、$J_2 = 0.1$，则传递函数 $G(s)$ 为

$$G(s) = \frac{10bs + 10k}{s^2(s^2 + 11bs + 11k)} \tag{10.2}$$

若选择

$$\boldsymbol{x} = [\begin{array}{cccc} \theta_2 & \dot\theta_2 & \theta_1 & \dot\theta_1 \end{array}]^{\mathrm{T}}$$

作为状态向量，利用式(10.1a)，假设 $T_c \equiv u$，我们求得状态变量形式的动态方程为

$$\dot{\boldsymbol{x}} = \begin{bmatrix} 0 & 1 & 0 & 0 \\ -\dfrac{k}{J_2} & -\dfrac{b}{J_2} & \dfrac{k}{J_2} & \dfrac{b}{J_2} \\ 0 & 0 & 0 & 1 \\ \dfrac{k}{J_1} & \dfrac{b}{J_1} & -\dfrac{k}{J_1} & -\dfrac{b}{J_1} \end{bmatrix} \boldsymbol{x} + \begin{bmatrix} 0 \\ 0 \\ 0 \\ \dfrac{1}{J_1} \end{bmatrix} u \tag{10.3a}$$

$$y = [\begin{array}{cccc} 1 & 0 & 0 & 0 \end{array}] \boldsymbol{x} \tag{10.3b}$$

通过对支架的物理分析，可以假设参数 k 和 b 随温度的波动而变化，而且受到下述条件的限制：

$$0.09 \leqslant k \leqslant 0.4 \tag{10.4a}$$

$$0.038\sqrt{\frac{k}{10}} \leqslant b \leqslant 0.2\sqrt{\frac{k}{10}} \tag{10.4b}$$

因此，飞行器的固有谐振频率 ω_n 在 $1 \sim 2$ rad/s 之间变动，阻尼率 ζ 在 $0.02 \sim 0.1$ 之间变动。

对于参数易变化的系统，其中一种控制设计方法是，选择参数的标称值，对该模型进行设计，然后运用其他参数值来测试控制器的性能。此例选择标称值 $\omega_n = 1$，$\zeta = 0.02$。这种依赖于经验和启发式分析的选择有些主观臆断。但是，需要注意的是，这些变量在它们各自的范围内取了最小值，因此，要满足期望的性能指标，这些值对应的受控对象是最难控制的。假设对于其他参数值来说，这一模型的设计也能很好地满足要求（另一种方法是，为模

型的每个参数选择其平均值)。选择的参数值为 $k = 0.091, b = 0.0036$,同时 $J_1 = 1$ 和 $J_2 = 0.1$,则标称方程为

$$\dot{\boldsymbol{x}} = \begin{bmatrix} 0 & 1 & 0 & 0 \\ -0.91 & -0.036 & 0.91 & 0.036 \\ 0 & 0 & 0 & 1 \\ 0.091 & 0.0036 & -0.091 & -0.0036 \end{bmatrix} \boldsymbol{x} + \begin{bmatrix} 0 \\ 0 \\ 0 \\ 1 \end{bmatrix} u \tag{10.5a}$$

$$y = \begin{bmatrix} 1 & 0 & 0 & 0 \end{bmatrix} \boldsymbol{x} \tag{10.5b}$$

使用 MATLAB 的 ss2tf 函数,得到相应的传递函数为

$$G(s) = \frac{0.036(s + 25)}{s^2(s^2 + 0.04s + 1)} \tag{10.6}$$

　　当初步设计完成后,就可以在参数的可能范围内进行仿真,以保证设计的系统对参数的变化有足够的鲁棒性。式(3.66)至式(3.68)表明,如果在闭环极点处固有频率为 0.5 rad/s,阻尼率为 0.5,即对应于 $\omega_c = 0.5$ rad/s 的开环频率和 PM = 50° 的相位裕度,那就满足系统动态特性的要求。我们将尝试满足这些设计标准。

　　步骤 5　尝试超前-滞后或者 PID 控制设计器。标称对象的比例增益根轨迹如图 10.3 所示,伯德图如图 10.4 所示。由图 10.4 可知,由于欠阻尼谐振频率比转折频率的设计点大两倍,所以这可能是设计的一个难题。这种情况要求补偿,能够校正控制对象在谐振频率处的相位滞后。这

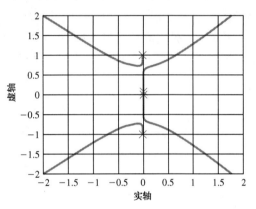

图 10.3　$KG(s)$ 的根轨迹

种校正需要已知的谐振频率,而在本例中谐振频率是易变的,这导致接下来的设计工作会有一定的困难。

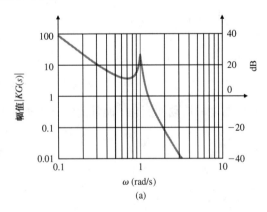

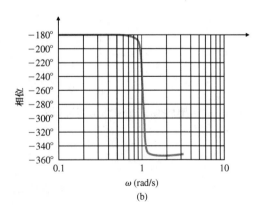

图 10.4　$KG(s)$ 的开环伯德图($K = 0.5$)

　　为了说明补偿设计的几个重要特点,我们首先忽略谐振,并讨论一个只适用于刚体的设计。假设过程传递函数为 $1/s^2$,反馈为位置加微分(星体追踪器加速度陀螺仪)或者 PD 控制,其传递函数为 $D(s) = K(sT_D + 1)$,响应目标值为 $\omega_n = 0.5$ rad/s, $\zeta = 0.5$。选择一个合适的控制器为

$$D_1(s) = 0.25(2s + 1) \qquad (10.7)$$

带有 D_1 的实际控制对象的根轨迹如图 10.5 所示，伯德图如图 10.6 所示。由图可见，虽然低频极点是合理的，但是由于谐振①，系统将是不稳定的。对此，我们采取降低期望带宽的做法，降低增益以放慢系统速度，直到系统稳定。对于如此小的阻尼，必须放慢响应速度。实验结果证实

$$D_2(s) = 0.001(30s + 1) \qquad (10.8)$$

其根轨迹如图 10.7 所示，伯德图如图 10.8 所示。伯德图显示，该系统有 50° 的相位裕度，而转折频率 ω_c 仅为 0.04 rad/s。该频率值过低，因此不能满足调节时间的要求，但是，如果期望在谐振频率上的增益小于单位值以使该系统的增益稳定，那么转折频率过低是必然的。

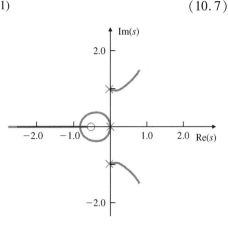

图 10.5　$KD_1(s)G(s)$ 的根轨迹

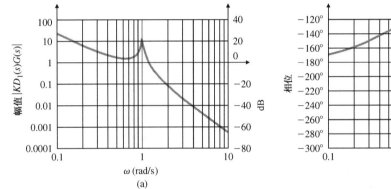
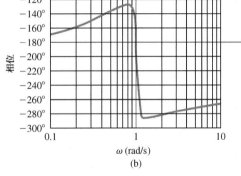

图 10.6　$KD_1(s)G(s)$ 的伯德图

解决该问题的另一种方法是，在欠阻尼极点附近设置零点，用零点将这些欠阻尼极点从右半平面拉回来。这种补偿在不良极点频率附近产生非常低增益的频率响应，在其余频段的增益是正常的。由于在频率响应图中看似有凹点，所以称为陷波滤波器（notch filter）。在电子网络理论中也称带阻滤波器（band reject filter）。带有陷波滤波器特性的 RC 电路如图 10.9 所示，零极点图如图 10.10 所示，频率响应如图 10.11 所示。陷波滤波器具有 +180° 的超前相位，可以用来补偿谐振的 180° 相位滞后。如果陷波滤波器频率低于受控对象的谐振频率，那么系统相位在谐振频率附近保持在 180° 以上。

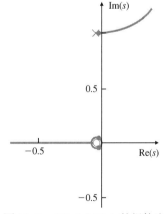

图 10.7　$KD_2(s)G(s)$ 的根轨迹

---

①　如果安装这个系统，执行喷气口将随着响应的增长而饱和。我们将采用 9.3 节用于非线性系统的方法来分析其响应。从分析得知，我们期望响应信号上升和执行期增益下降，直至特征根回到 ω_n 附近的虚轴。由此得到的极限环将消耗掉用于控制的气体。

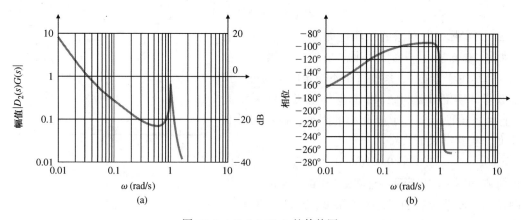

图 10.8　$D_2(s)G(s)$ 的伯德图

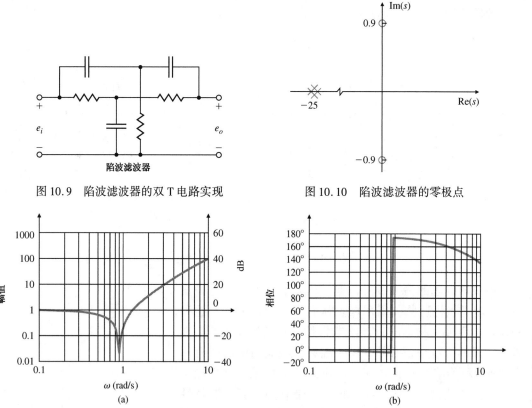

图 10.9　陷波滤波器的双 T 电路实现　　　　图 10.10　陷波滤波器的零极点

图 10.11　陷波滤波器的伯德图

根据这一思想，我们回到式(10.7)的补偿并加入陷波滤波器，得到修正的补偿器传递函数

$$D_3(s) = 0.25(2s + 1)\frac{(s/0.9)^2 + 1}{[(s/25) + 1]^2} \tag{10.9}$$

其伯德图如图 10.12 所示，根轨迹如图 10.13 所示，单位阶跃响应如图 10.14 所示。相对于期望的性能指标而言，该设计的稳定时间过长，超调过大，但是该设计方法是可行的。通过反复的试验，可以得到满意的补偿器。

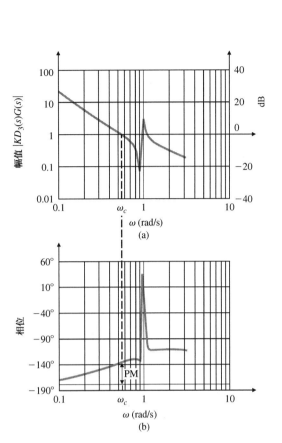

(a)

(b)

图 10.12　$KD_3(s)G(s)$ 的伯德图

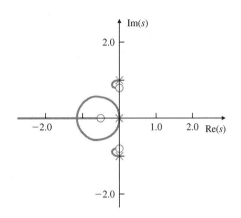

图 10.13　$KD_3(s)G(s)$ 的根轨迹

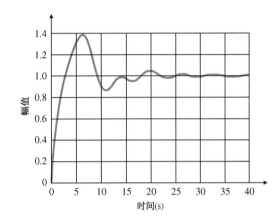

图 10.14　$\theta_2(0) = 0.2$ 的情况下 $D_3(s)G(s)$ 的闭环阶跃响应

现在回忆一下，当参数在式（10.3a）所规定的范围内变动时，系统希望补偿器产生满足要求的性能。通过观察根轨迹图 10.15，可以检验该设计的鲁棒性。该图采用式（10.9）的补偿器，受控对象 $\omega_n = 2$ 而不是 1，即

$$\hat{G}(s) = \frac{(s/50 + 1)}{s^2(s^2/4 + 0.02s + 1)} \qquad (10.10)$$

在这里，我们假定了支架有足够的刚性。注意，此时低频极点仅有 0.02 的阻尼率。组合使用多个参数值，得到如图 10.16 和图 10.17 的频率响应和暂态响应。我们可以用陷波滤波器和速度反馈进行更多次的反复试验迭代过程，但是系统已足够复杂，状态向量空间设计法似乎是可行的。接着转入步骤 7。

步骤 6　评估、修正对象。参照步骤 8 后面的关于并置控制的讨论。

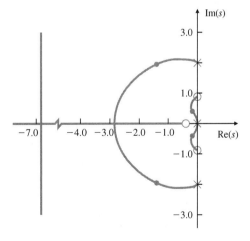

图 10.15　$KD_3(s)\hat{G}(s)$ 的根轨迹

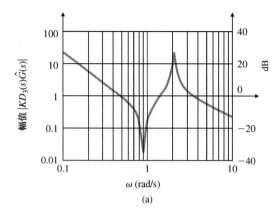 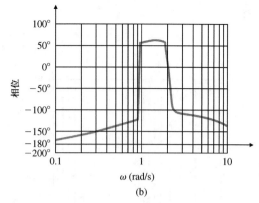

图 10.16 $KD_3(s)\hat{G}(s)$ 的伯德图

步骤7 用极点配置法尝试最优控制。采用式(10.4a)中动态方程的状态变量表达式,设计一个可以将闭环极点任意配置的控制器。当然,任意地应用极点配置法得到的设计,要求非常大的控制量或对受控对象传递函数的变化非常敏感。关于极点配置的更多信息,请参阅第7章。通常比较成功的方法是用对称根轨迹(SRL)得到最优的极点位置。图 10.18 给出了当前问题的对称根轨迹。为得到约0.5 rad/s的带宽,我们从中选择 − 0.45 ± j0.34 和 − 0.15 ± j1.05 的闭环控制极点。

正如前面讨论的,如果选择 $\alpha_c(s)$,从对称根轨迹中,用 MATLAB 的 place 函数得到的控制增益为

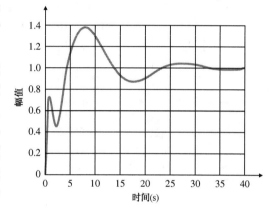

图 10.17 $D_3(s)\hat{G}(s)$ 的闭环阶跃响应

$$\boldsymbol{K} = \begin{bmatrix} -0.2788 & 0.0546 & 0.6814 & 1.1655 \end{bmatrix} \tag{10.11}$$

图 10.19 给出了标称受控对象参数和刚性弹簧对象模型的阶跃响应。用标称控制对象参量的 SRL 控制器设计的伯德图,可以通过回路传递函数(将回路在 u 处断开)进行计算

$$\frac{\boldsymbol{KX}(s)}{U(s)} = \boldsymbol{K}(s\boldsymbol{I} - \boldsymbol{F})^{-1}\boldsymbol{G}$$

于是得到约 60° 的相位裕度,如图 10.20 所示。虽然采用标称对象的设计方法满足对响应速度的要求,但是若受控对象有刚性弹簧时,稳定时间要比期望的指标略有延长。在对称根轨迹上,我们也许可以通过选择另外的点更好地兼顾标称值和刚性弹簧问题,而此时我们并不知道。设计者必须面对诸如此类的选择,并为当前问题选择最好的折中方案。

图 10.19 的设计是基于全状态反馈的。为完成最优设计,需要一个估计器。选择闭环估计器的误差极点,使之比控制极点快 8 倍以上。这是为了避免误差极点降低设计的鲁棒性。快速估计器与没有估计器对响应的影响几乎是相同的。从对称根轨迹中,我们选择误差极点 − 7.7 ± j3.12 和 − 3.32 ± j7.85。使用 MATLAB 的 place 函数,得到估计器(滤波器)的增益为

$$L = \begin{bmatrix} 22 \\ 242.3 \\ 1515.4 \\ 5503.9 \end{bmatrix} \tag{10.12}$$

如 7.8 节所述，在考虑了控制增益和估计器之后，从式（7.177）得到的补偿器传递函数为

$$D_4(s) = \frac{-745(s+0.3217)(s+0.0996\pm j0.9137)}{(s+3.1195\pm j8.3438)(s+8.4905\pm j3.6333)} \tag{10.13}$$

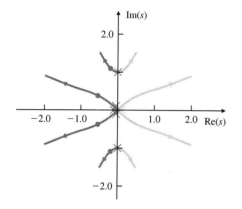

图 10.18　卫星的对称根轨迹

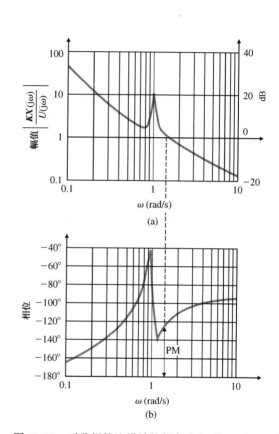

图 10.20　对称根轨迹设计的频率响应（从 u 到 Kx）

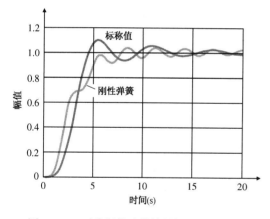

图 10.19　对称根轨迹设计的闭环阶跃响应

该补偿器的频率响应（如图 10.21 所示）表明，极点配置直接引入了一个陷波滤波器。复合系统 $D_4(s)G(s)$ 的频率响应和根轨迹，分别如图 10.22 和图 10.23 所示。图 10.24 给出了标称受控对象和刚性弹簧受控对象的阶跃响应。注意，该设计已基本符合要求。

　　步骤 8　设计仿真，比较各种选择方案。此时，我们有两种设计，分别具有不同的复杂度和鲁棒性。随着深层的迭代或者以不同的标称方案开始，陷波滤波器的设计会得到改进。虽然改变极点位置可能会得到更好的设计，但是对称根轨迹设计对于标称受控对象来说是满足要求的，只是对于刚性弹簧来说反应太慢。要探索鲁棒性和噪声响应特性，在任一设计中都要进行大量研究。我们将不按这些步骤操作，转而研究物理系统中的某些问题。

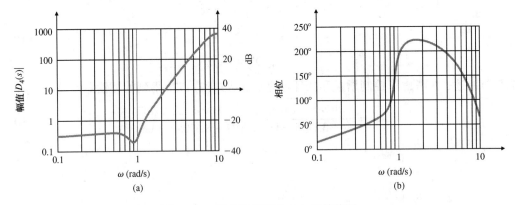

图 10.21　最优补偿器 $D_4(s)$ 的伯德图

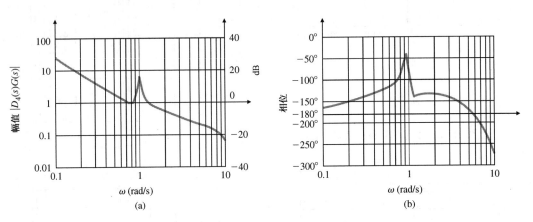

图 10.22　有补偿系统 $D_4(s)G(s)$ 的伯德图

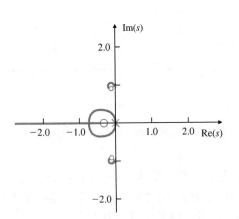

图 10.23　$D_4(s)G(s)$ 的根轨迹

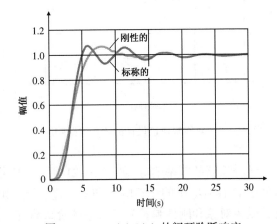

图 10.24　$D_4(s)G(s)$ 的闭环阶跃响应

　　由耦合质点引起的欠阻尼谐振对两种设计都有很大影响。然而,该系统的传递函数取决于这样一个事实:执行器在一处而传感器在另一处(即非并置的)。假设,考虑星体追踪器不是指向微小质点,而是指向大型质点,或许是为了通信而指向的地球空间站。为此,可以将传感器放置在支撑执行器的同一装置上,以实现对并置的执行器和传感器进行控制。由于物理环境的特性,系统传递函数具有接近可调模式的零点,所以仅用 PD 控制就可以达到控制目的，因为此时的受控对象已经有了陷波补偿器的作用。采用并置的执行器和传感器（用来测量 θ_1）的卫星传递函数的状态矩阵是

$$\boldsymbol{F} = \begin{bmatrix} 0 & 1 & 0 & 0 \\ -0.91 & -0.036 & 0.91 & 0.036 \\ 0 & 0 & 0 & 1 \\ 0.091 & 0.0036 & -0.091 & -0.0036 \end{bmatrix}, \quad \boldsymbol{G} = \begin{bmatrix} 0 \\ 0 \\ 0 \\ 1 \end{bmatrix}$$

$$\boldsymbol{H} = \begin{bmatrix} 0 & 0 & 1 & 0 \end{bmatrix}$$

使用 MATLAB 的 `ss2tf` 函数，得到系统的传递函数

$$G_{\mathrm{co}}(s) = \boldsymbol{H}(s\boldsymbol{I} - \boldsymbol{F})^{-1}\boldsymbol{G} = \frac{(s + 0.018 \pm \mathrm{j}0.954)}{s^2(s + 0.02 \pm \mathrm{j})} \tag{10.14}$$

注意，零点出现在共轭极点附近。如果使用与前面相同的 PD 反馈，即

$$D_5(s) = 0.25(2s + 1) \tag{10.15}$$

那么，因为谐振极点会被共轭零点抵消，所以系统不仅是稳定的，而且也有良好的响应（若以 θ_1 为输出）。

图 10.25 到图 10.27 分别表示了系统频率响应、根轨迹和阶跃响应。注意，图 10.27 的阶跃响应有过大的超调量，这与传递函数前向通路的补偿器零点相关。

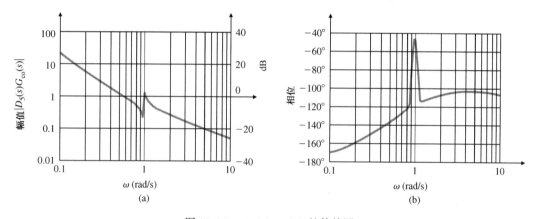

图 10.25　$D_5(s)G_{\mathrm{co}}(s)$ 的伯德图

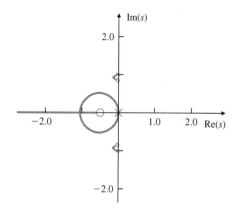

图 10.26　$D_5(s)G_{\mathrm{co}}(s)$ 的根轨迹

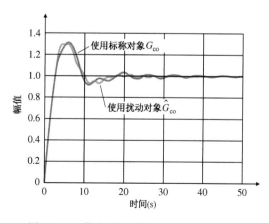

图 10.27　带有并置控制 $D_5(s)G_{\mathrm{co}}(s)$ 与 $D_5(s)\hat{G}_{\mathrm{co}}(s)$ 的系统闭环阶跃响应

将传感器从一个与执行器非并置的位置移至一个并置的位置,结果可得到一个非常简单的鲁棒设计。设计表明,为实现理想的反馈控制,考虑传感器的位置以及其他物理的问题是非常重要的。然而,这个最终的控制设计,并不是为了实现星体追踪器的定位。这一点从图 10.27 的良好阶跃响应对应的输出量 θ_2 的输出曲线可以明显得到,结果如图 10.28 所示。

由这些结论得到的结构是,把一个不太精确的星体追踪器安放于卫星上,用来进行搜索和初始设置,然后启动位于仪表箱上的星体追踪器,该追踪器具有更长的调节时间,可以获得理想的性能。

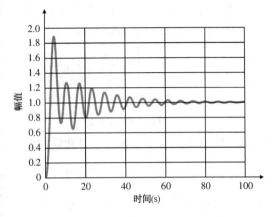

图 10.28　并置设计在 θ_2 处的响应

10.3　波音 747 飞机的侧向和纵向控制

如图 10.29 所示,波音 747 飞机是大型宽体喷气式运输机。图 10.30 给出了飞机运动时的相关坐标图。波音 747 飞机的刚体运动线性方程式[1]是 8 阶方程,但可分为两个 4 阶形式,分别代表纵向运动(U, W, θ 和 q)和侧向运动(ϕ, β, r 和 p),如图 10.30 所示。纵向运动包括轴向(X)、垂直方向(Z)和俯仰动作(θ 和 q),而侧向运动包括翻滚(ϕ, p)和偏移运动(r, β)。侧滑角 β 是前进速度方向与飞机前端方向之间的夹角。升降舵控制翼面,节流阀影响飞机的纵向运动,而侧翼和方向舵主要影响侧向运动。虽然这两种运动之间有少量的耦合作用,但通常可忽略不计,因此对飞机的控制系统设计或增稳(stability augmentation)而列写的运动方程为两个解耦的 4 阶形式。

图 10.29　波音 747 飞机(图片由波音商用飞机公司提供)

基于适当的假设[2],得到在机体轴坐标下的非线性刚体运动运动方程(Bryson,1994)为

$$m(\dot{U} + qW - rV) = X - mg\sin\theta + \kappa T\cos\theta$$
$$m(\dot{V} + rU - pW) = Y + mg\cos\theta\sin\phi \qquad (10.16)$$
$$m(\dot{W} + pV - qU) = Z + mg\cos\theta\cos\phi - \kappa T\sin\theta$$

---

① 对于飞机运动方程的推导,可参阅 Bryson(1994),Etkin 和 Reid(1996),McRuer(1973)等人的著作。

② x-z 是关于质心对称的机体轴平面。

$$I_x \dot{p} + I_{xz} \dot{r} + (I_z - I_y)qr + I_{xz}qp = L$$
$$I_y \dot{q} + (I_x - I_z)pr + I_{xz}(r^2 - p^2) = M \tag{10.17}$$
$$I_z \dot{r} + I_{xz} \dot{p} + (I_y - I_x)qp - I_{xz}qr = N$$

式中，m 为飞机质量；$[U, V, W]$ 为质心速度的机体轴组件。

$\beta = \arctan\left(\dfrac{V}{U}\right)$；$[U_o, V_o, W_o]$ 为参考速度；$[p, q, r]$ 为飞机角速度的机体轴组件（分别是翻滚、俯仰和偏移）；$[X, Y, Z]$ 为关于质心的机体轴气动力；$[L, M, N]$ 为关于质心的机体轴气动转矩；g_o 为单位质量的重力；I_i 为轴体的惯性；(θ, ϕ) 为水平方向上机体轴的欧拉俯仰和翻滚角；V_{ref} 为飞行速度参考方向；T 为合成推进力；κ 为推进力和 x 轴之间的夹角。

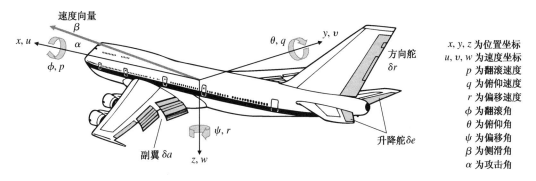

图 10.30　飞机坐标定义

这些方程的线性化可以这样进行：在稳定的方向和高度以及恒定的速度条件下，$\dot{U} = \dot{V} = \dot{W} = \dot{p} = \dot{q} = \dot{r} = 0$。而且，在轴向上没有转动，即 $p_o = q_o = r_o = 0$；机翼保持水平，即 $\phi = 0$。然而，需要有一个攻击角来通过机翼提供升力以抵消飞机质量，因此 θ_o 且 $W_o \neq 0$，并有

$$U = U_o + u$$
$$V = V_o + v \tag{10.18}$$
$$W = W_o + w$$

因此，稳态速度的机体轴元件为

$$U_o = V_{ref} \cos(\theta_o)$$
$$V_o = 0 \; (\beta_o = 0) \tag{10.19}$$
$$W_o = V_{ref} \sin(\theta_o)$$

如图 10.31 所示。在这些条件下，平衡方程（参见第 9 章）为

$$0 = X_0 - mg_o \sin\theta_0 + \kappa T \cos\theta_0$$
$$0 = Y_0$$
$$0 = Z_0 + mg_o \cos\theta_0 - \kappa T \sin\theta_0$$
$$0 = L_0 \tag{10.20}$$
$$0 = M_0$$
$$0 = N_0$$

根据假设（Bryson, 1994）

$$(v^2, w^2) \ll u^2$$
$$(\phi^2, \theta^2) \ll 1$$
$$(p^2, q^2, r^2) \ll \frac{u^2}{b^2}$$

(10.21)

式中,b 代表机翼的跨度,式(10.16)和式(10.17)中的许多非线性因素可以忽略。将式(10.20)代入到运动的非线性方程中,可以得到一组描述速度常数、垂直和水平飞行有微小扰动的线性扰动方程组。因此,动态方程分为两组非耦合的纵向运动和侧向运动方程。

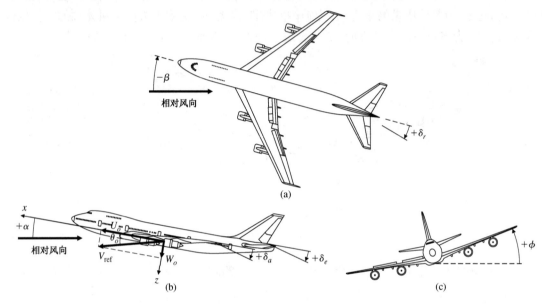

图 10.31 稳态飞行条件

对于线性化的纵向运动,结果是

$$\begin{bmatrix} \dot{u} \\ \dot{w} \\ \dot{q} \\ \dot{\theta} \end{bmatrix} = \begin{bmatrix} X_u & X_w & -W_o & -g_o\cos\theta_o \\ Z_u & Z_w & U_o & -g_o\sin\theta_o \\ M_u & M_w & M_q & 0 \\ 0 & 0 & 1 & 0 \end{bmatrix} \begin{bmatrix} u \\ w \\ q \\ \theta \end{bmatrix} + \begin{bmatrix} X_{\delta e} \\ Z_{\delta e} \\ M_{\delta e} \\ 0 \end{bmatrix} \delta e$$

(10.22)

式中,u 为飞机 x 轴方向的前向速度扰动(如图 10.30 所示);w 为 z 轴方向的速度扰动(也同攻击角方向的扰动成正比,$\alpha = \dfrac{w}{U_o}$);q 为关于 y 轴正向的角速度或翻滚速率;θ 为根据参考值 θ_o 的俯仰角;$X_{u,w,\delta e}$ = z 轴方向的空气动力关于 u,w 和 δe 扰动的偏导数[①];$Z_{u,w,\delta e}$ 为 z 轴方向的空气动力关于 u,w 和 δe 扰动的偏导数;$M_{u,w,q,\delta e}$ 为空气动力(翻滚)惯量关于 u,w,q 和 δe 扰动的偏导数;δe 为翻滚控制的活动尾部或升降舵角。

在方程中,$W_o q$,$U_o q$ 项是由机体固定(旋转)参考机座的角速度得到的,且可从式(10.16)左边直接提取出来。

为了确定高度的变化,我们需要在纵向方程中加入如下的方程:

$$\dot{h} = V_{\text{ref}}\sin\theta - w\cos\theta$$

(10.23)

① X, Z, M 是稳定性导数,可由风道试验和飞行试验模型得到。

该方程可得到一个线性化的高度方程

$$\dot{h} = V_{\text{ref}}\, \theta - w \tag{10.24}$$

该式可追加到式(10.22)中。

对于线性化的侧向运动，结果是

$$
\begin{bmatrix} \dot{\beta} \\ \dot{r} \\ \dot{p} \\ \dot{\phi} \end{bmatrix} =
\begin{bmatrix}
Y_v & -U_o & V_o & g_o\cos\theta_o \\
N_v & N_r & N_p & 0 \\
L_v & L_r & L_p & 0 \\
0 & \tan\theta_o & 1 & 0
\end{bmatrix}
\begin{bmatrix} \beta \\ r \\ p \\ \phi \end{bmatrix} +
\begin{bmatrix}
Y_{\delta r} & Y_{\delta a} \\
N_{\delta r} & N_{\delta a} \\
L_{\delta r} & L_{\delta a} \\
0 & 0
\end{bmatrix}
\begin{bmatrix} \delta r \\ \delta a \end{bmatrix} \tag{10.25}
$$

式中，β 为侧滑角，定义为 $\dfrac{v}{U_o}$；r 为偏移速率；p 为翻滚速率；ϕ 为翻滚角；$Y_{v,\delta r,\delta a}$ 为 y 方向上的空气动力相对于 β，δr，δa 扰动的偏导数；$N_{v,r,p,\delta r,\delta a}$ 为空气动力(偏移)惯量常微分；$L_{v,r,p,\delta r,\delta a}$ 为空气动力(翻滚)惯量常微分；δr 为方向舵偏差；δa 为副翼偏差。

接下来，我们讨论侧向动力学[又被称为偏移阻尼器(yaw damper)]上的动态增稳系统设计，以及影响纵向运动的自动驾驶仪。

10.3.1　偏移阻尼器

步骤 1　理解过程和性能指标。后掠翼飞机在侧向运动中有一种自然的倾向，在侧向运动状态下只受到轻度的阻尼。对于一般商用飞机，飞行速度和高度的状态是难以控制的，以至于每个后掠翼飞机都需要一个反馈系统来辅助飞行员。因此，控制系统设计的目标是，调整固有的动态性能，使飞机适于飞行员操控[1]。研究表明，飞行员希望飞机的固有频率 $\omega_n \leqslant 0.5$，阻尼率 $\zeta \geqslant 0.5$。若飞机的动态特性不符合这些要求，将被视为易使飞行员驾驶疲劳而不受欢迎。因此，系统的性能指标就是满足这些约束条件的侧向动态性能。

步骤 2　选择传感器。飞机最容易测量的运动变量是角速度。侧滑角可用一个风轮装置来测量，但噪声偏大并且稳定性不可靠。在侧向运动中包含两项角速度——翻滚角速度和偏移角速度。对欠阻尼的侧向运动研究表明，偏移角速度起主导作用，因此对偏移角速度的测量是设计的逻辑出发点。直到 20 世纪 80 年代前期，测量装置还是由陀螺仪(gyroscope)和高速旋转的小型转子组成，该转子输出一个与飞机偏移角速度成正比的电信号。从 20 世纪 80 年代前期开始，多数新的飞行系统已经依靠激光装置[有被称为环形激光陀螺仪(ring-laser gyroscope)]进行测量。这样，两道激光光束从反方向穿过一个闭合的路径，一般是三角形。随着三角形装置的旋转，测得的两道光束前后存在频率变化，在根据频率变化测量旋转角速度。与陀螺仪相比，这种装置具有使用移动组件更少、花费更少、可靠性更高的优点。

步骤 3　选择执行器。两个空气动力翼面装置——方向舵和副翼(如图 10.30 所示)，对飞机的侧向运动有很大的影响。欠阻尼的偏移会在偏移阻尼器的作用下稳定下来，但是会受到方向舵的严重影响。因此，设计的逻辑出发点就是使用单一控制输入。因此，方向舵是执行器的最佳选择。液压装置在大型飞机中得到广泛应用，可以提供力来使飞机翼面移动。目前还没有其他类型的装置能够提供高耐力、高速和小质量等特性，使其达到控制动力学翼面的驱动要求。另一方面，在飞机降落前慢慢伸展的低速副翼一般是由带有陀螺齿轮的电动机驱动的。

---

[1]　这种模式很难进行手动控制。如果偏移阻尼器在飞行中失效，则飞行员必须降落并减速到可控模式。

对于没有自动导航的小飞机，根本无须执行器。飞机操纵杆通过电缆直接控制飞机翼面，从而使所有飞机翼面运动的动力都由飞行员来控制。

步骤4   构建线性模型。波音747飞机在40 000英尺高度、额定速度U_0 =774英尺/秒（即0.8马赫）(Heffley与Jewell，1972)水平飞行，选择执行器为方向舵（步骤3），则运动的侧向扰动方程为

$$
\begin{bmatrix} \dot{\beta} \\ \dot{r} \\ \dot{p} \\ \dot{\phi} \end{bmatrix} = \begin{bmatrix} -0.0558 & -0.9968 & 0.0802 & 0.0415 \\ 0.598 & -0.115 & -0.0318 & 0 \\ -3.05 & 0.388 & -0.4650 & 0 \\ 0 & 0.0805 & 1 & 0 \end{bmatrix} \begin{bmatrix} \beta \\ r \\ p \\ \phi \end{bmatrix}
$$

$$
+ \begin{bmatrix} 0.007\ 29 \\ -0.475 \\ 0.153 \\ 0 \end{bmatrix} \delta r
$$

$$
y = \begin{bmatrix} 0 & 1 & 0 & 0 \end{bmatrix} \begin{bmatrix} \beta \\ r \\ p \\ \phi \end{bmatrix}
$$

其中，β与ϕ的单位为弧度，r与p的单位为弧度/秒。用MATLAB的 ss2tf 函数生成的传递函数为

$$
G(s) = \frac{r(s)}{\delta r(s)} = \frac{-0.475(s + 0.498)(s + 0.012 \pm j0.488)}{(s + 0.0073)(s + 0.563)(s + 0.033 \pm j0.947)} \tag{10.26}
$$

因此，系统有两个稳定的实数极点和一对稳定的复数极点。首先，注意低频增益是负的，这是由于正的或者顺时针的方向舵运动导致负的或者逆时针的偏移率，即方向舵左转（顺时针）导致飞机前端左旋（逆时针）。复数点的运动，被称为"荷兰翻转"，这个名称来源于在荷兰运河冰面上滑冰的运动。稳定实数极点的运动，被称为"螺旋运动"（s_1 = -0.0073 ）或"翻转运动"（s_2 = -0.563 ）。从系统极点可见，在扰动方式下需要修正的是荷兰翻转，以使得飞机易于操纵，对应的极点在s = -0.033 ± j0.95。尽管根轨迹有一个可接受的频率，但是它的阻尼比$\zeta \approx$ 0.03 比期望值$\zeta \approx$ 0.5 要少得多。

步骤5   尝试超前滞后或PID设计。作为设计的第一次尝试，先考虑偏移角速度对升降舵的比例反馈控制。反馈增益的相应根轨迹如图10.32所示，频率响应如图10.33所示。图像显示，$\zeta \approx$ 0.45 是可以实现的，且计算出响应的增益约为3.0。

但是，该反馈在偏移角速度为常量时，会在平稳调向期间产生一种不良的状况。由于反馈产生了一个与偏移角速度相反的稳定的升降舵输入，与开环情况相比，飞行员需要为相同的偏移角速度引入更大的稳态输入指令。这个矛盾可以通过削弱直流状态下的反馈来解决，如取消反馈。它的实现通过把 $H(s) = \frac{s}{s + 1/\tau}$ 插入到反馈中，其在频率超过 $1/\tau$ 时传递偏

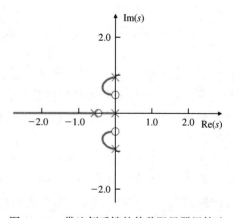

图10.32   带比例反馈的偏移阻尼器根轨迹

移角速度反馈，且在直流条件下无反馈。因此在稳定转向期间，阻尼器不会提供任何校正。图10.34给出了带有抵消作用的偏移阻尼器的方框图。

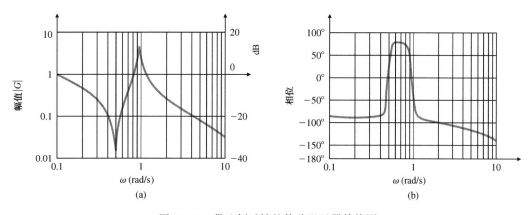

图 10.33　带比例反馈的偏移阻尼器伯德图

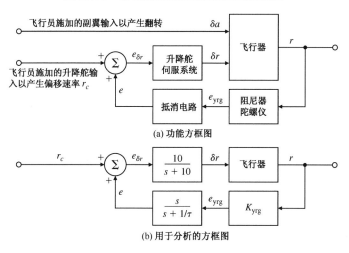

(a) 功能方框图

(b) 用于分析的方框图

图 10.34　偏移阻尼器

对于得到更完整的模型，还应该加入方向舵伺服系统。该伺服系统代表执行器的动态性能，有传递函数为

$$A(s) = \frac{\delta r(s)}{e_{\delta r}(s)} = \frac{10}{s + 10}$$

该函数的响应速度较系统的其他部分要快得多，因此不会对系统的动态性能有太大的影响。带有执行器和抵消电路的系统，在 $\tau = 3$ 时的根轨迹如图 10.35 所示。从根轨迹可见，带有抵消电路的偏移角速度使阻尼比从 0.03 增加到大约 0.35。相关的系统频率响应如图 10.36 所示。在根轨迹增益为 2.6 的条件下，对于初始状态为 $\beta_0 = 1°$ 的闭环系统响应如图 10.37 所示。为了便于参考，图中给出了无反馈时偏移角速度的响应曲线。虽然通过抵消电路的偏移角速度反馈对原来的飞行控制有了良好的改善，但是响应还是不如最初的指标好。更进一步的改进还以包含其他的增益值或者更复杂的补偿器，此处不在赘述。

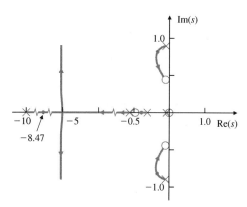

图 10.35　抵消电路的根轨迹（ $\tau = 3$ ）

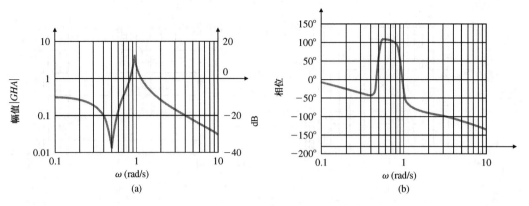

图 10.36　偏移阻尼器的伯德图(包括抵消电路和执行器)

步骤 6　评估、修正对象。解决方法是使用会产生阻力惩罚的非后掠型机翼。

步骤 7　尝试用极点配置的最优设计。如果通过加入执行器和抵消电路来扩充系统的动态模型,获得的状态变量模型为

$$
\begin{bmatrix} \dot{x}_A \\ \dot{\beta} \\ \dot{r} \\ \dot{p} \\ \dot{\phi} \\ \dot{x}_{wo} \end{bmatrix} = \begin{bmatrix} -10 & 0 & 0 & 0 & 0 & 0 \\ 0.0729 & -0.0558 & -0.997 & 0.0802 & 0.0415 & 0 \\ -4.75 & 0.598 & -0.1150 & -0.0318 & 0 & 0 \\ 1.53 & -3.05 & 0.388 & -0.465 & 0 & 0 \\ 0 & 0 & 0.0805 & 1 & 0 & 0 \\ 0 & 0 & 1 & 0 & 0 & -0.333 \end{bmatrix}
$$

$$
\times \begin{bmatrix} x_A \\ \beta \\ r \\ p \\ \phi \\ x_{wo} \end{bmatrix} + \begin{bmatrix} 10 \\ 0 \\ 0 \\ 0 \\ 0 \\ 0 \end{bmatrix} e_{\delta r}
$$

$$
e = \begin{bmatrix} 0 & 0 & 1 & 0 & 0 & -0.333 \end{bmatrix} \begin{bmatrix} x_A \\ \beta \\ r \\ p \\ \phi \\ x_{wo} \end{bmatrix}
$$

式中,$e_{\delta r}$ 是执行器的输入,e 是抵消电路的输出。扩充后系统的 SRL 如图 10.38 所示。若从 SRL 中选择状态反馈极点,使得复数根有最大的阻尼比($\zeta = 0.4$),我们发现

$$pc = [-0.0051; -0.468; 0.279 + 0.628 * j; 0.279 - 0.628 * j; -1.106; -9.89]$$

用 MATLAB 的 place 函数,可以计算得到状态反馈增益,即

$$\boldsymbol{K} = \begin{bmatrix} 1.059 & -0.191 & -2.32 & 0.0992 & 0.0370 & 0.486 \end{bmatrix}$$

注意,因为 $\boldsymbol{K}$ 中第三项的值大于其他项,所以所有 6 个状态变量的反馈本质上正比例于 r 的反馈。这从图 10.31 的根轨迹和图 10.38 的 SRL 的相似性也可明显地看出。如果选择估计器极点比控制器极点快 5 倍,那么

$$pe = [-0.0253; -2.34; -1.39 + 3.14 * j; -1.39 - 3.14 * j; -5.53; -49.5]$$

再用 MATLAB 的 place 函数,可得估计器的增益为

$$L = \begin{bmatrix} 25.0 \\ -2044 \\ -5158 \\ -24\,843 \\ -40\,113 \\ -15\,624 \end{bmatrix}$$

根据式(7.177)得到的补偿器传递函数为

$$D_c(s) = \frac{-844(s + 10.0)(s - 1.04)(s + 0.974 \pm j0.559)(s + 0.0230)}{(s + 0.0272)(s + 0.837 \pm j0.671)(s + 4.07 \pm j10.1)(s + 51.3)} \tag{10.27}$$

图10.37也给出了在$\beta_0 = 1°$初始条件下的偏移角速度的响应。从根轨迹可以明显看出，SRL方法能够改善阻尼情况，这通过系统瞬态响应的衰减振荡情况可以证明。然而，这种改进的代价巨大。注意，补偿器已经从初始设计时的1阶(参见图10.33)上升到6阶，且设计抵消电路使用了控制器-估计器-SRL方法。

现在使用的飞机偏移阻尼器一般通过抵消电路，或者对比例反馈做较小改进后将偏移角速度反馈给方向舵。利用全状态反馈和估计器，依靠最优设计法可实现的改进效果与增加的复杂度相比并不相称。也许更有效的改进设计法是在方向舵的基础上，增加副翼翼面作为控制变量。

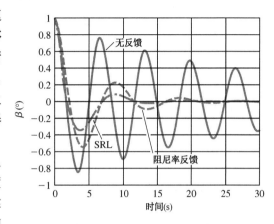

图 10.37　使用偏移阻尼器、抵消电路和 SRL设计的初始条件响应（$\beta_0 = 1°$）

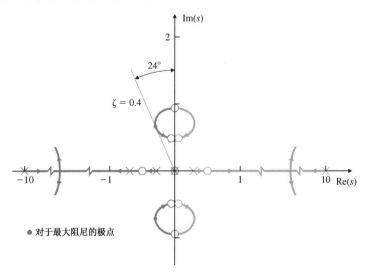

图 10.38　包括抵消电路和执行器的侧向运动 SRL

步骤8和步骤9　校验设计。只要飞机的运动小到执行器和飞机翼面不会达到饱和，飞机运动的线性模型就是合理而精确的，尽管这样的饱和情况是很少见的。因此，认为基于线性分析的设计是合理的，我们就没有必要再去实现非线性仿真或者做进一步的设计确认。但是，在得到FAA(Federal Aviation Administration)的载客资格证之前，飞行器制造商不得不在任何可能条件下进行广泛的非线性仿真和飞行测试。

10.3.2 姿态保持自动导航仪

步骤 1 理解过程和指标要求。飞行员的任务之一是保持特定的高度。为了防止飞机相撞，向东飞行的飞机要求处于 1000 英尺的奇数倍高度，而向西的要求偶数倍高度。因此，飞行员要使飞机保持上下误差不超过 1000 英尺的高度。一个训练有素、专心致志的飞行员可以在手动条件下轻松地完成 ±50 英尺的目标，且空中交通管理者也希望飞行员们保持这种范围。然而，由于这项任务要求飞行员们特别认真去对待，所以良好的飞机常常具有高度保持的自动导航仪以减轻他们的工作负荷。该系统与偏移阻尼器的根本不同在于，该系统在特定时间段具有代替飞行员的作用，而偏移阻尼器的作用是协助飞行员驾驶。因此，动态特性指标不要求飞行员像飞机的"触觉"(对操纵控制器的响应)，相反，设计应该提供给飞行员和乘客满意的飞行方式。阻尼比依然在 $\zeta \approx 0.5$ 附近，但是对于平稳飞行，固有频率要比 $\omega_n = 1$ rad/s 小得多。

步骤 2 选择传感器。很明显，测量高度的装置是必要的，这可以通过气压测量比较容易地实现。几乎从莱特兄弟的首次飞行开始，该基本思路就用在了被称为气压高度计(barometric altimeter)的装置上。在自动驾驶仪之前，这个装置由膜盒组成，膜盒的自由端与一个指示针相连，这个指示针直接在表盘上显示高度值。

由于从控制升降舵的输入到高度控制的传递函数包含 5 个极点，如式(10.30)所示，反馈回路的稳定性不能通过简单的比例反馈实现。因此，俯仰角 q 也作为稳定反馈使用。q 由陀螺仪或者环形激光陀螺仪测量得到，这与偏移角速度的测量方法相同。为了实现更好的稳定性，可以利用俯仰角反馈。该反馈可以通过基于环形激光陀螺仪的惯性参考系统或者从速率积分陀螺仪得到。后者与速度陀螺仪相似，但由于结构的不同，它的输出与飞行俯仰角 θ 以及滚动角 ϕ 成正比。

步骤 3 选择执行器。大多数飞机俯仰控制用到的唯一空气动力学翼面是升降舵的 δ_e。它位于水平尾翼上，远离飞机的重心，因此其推力产生的俯仰角速度就有一个仰角，这个作用会改变机翼的升降。许多高性能飞机在机翼或许小型鸭式翼面上直接安装升降控制装置，它们如同主翼的前伸小型翼，对飞机产生垂直动力的速度远大于尾部的升降舵产生垂直动力的速度。

对于升降舵来说，液压执行器是消除升降舵翼面阻力的首选，这点得益于其良好的推力 - 质量比。

步骤 4 设计线性模型。以额定速度 0.8 马赫(830 英尺/秒)、高度 20 000 英尺飞行的、质量 637 000 磅的波音 747 飞机的纵向扰动运动方程是

$$\dot{\boldsymbol{x}} = \boldsymbol{Fx} + \boldsymbol{G}\delta e$$

$$\begin{bmatrix} \dot{u} \\ \dot{w} \\ \dot{q} \\ \dot{\theta} \\ \dot{h} \end{bmatrix} = \begin{bmatrix} -0.006\,43 & 0.0263 & 0 & -32.2 & 0 \\ -0.0941 & -0.624 & 820 & 0 & 0 \\ -0.000\,222 & -0.001\,53 & -0.668 & 0 & 0 \\ 0 & 0 & 1 & 0 & 0 \\ 0 & -1 & 0 & 830 & 0 \end{bmatrix} \begin{bmatrix} u \\ w \\ q \\ \theta \\ h \end{bmatrix} \quad (10.28)$$

$$+ \begin{bmatrix} 0 \\ -32.7 \\ -2.08 \\ 0 \\ 0 \end{bmatrix} \delta e$$

对于用于高度保持的自动导航仪，期望的输出是

$$h = \boldsymbol{H}\boldsymbol{x}$$

$$h = \begin{bmatrix} 0 & 0 & 0 & 0 & 1 \end{bmatrix} \begin{bmatrix} u \\ w \\ q \\ \theta \\ h \end{bmatrix} \tag{10.29}$$

且

$$\frac{h(s)}{\delta e(s)} = \frac{32.7(s + 0.0045)(s + 5.645)(s - 5.61)}{s(s + 0.003 \pm j0.0098)(s + 0.6463 \pm j1.1211)} \tag{10.30}$$

该系统有两对稳定的复数极点，其中一个是 $s = 0$。复数对 $-0.003 \pm j0.0098$ 被称为长周期模式（phugoid mode）[①]，极点 $-0.6463 \pm j1.1211$ 被称为短周期模式（short-period mode），以上的结果用 MATLAB 的 eig 命令可以得到。

　　步骤 5　设计超前滞后或者 PID 控制器。作为设计中的第一步，使用内反馈将俯仰速度 q 反馈给 δ_e，来改进飞机在短周期模式下的阻尼比，这是很有用的，如图 10.39 所示。用 MAT-LAB 的 ss2tf 指令，可求得从 δ_e 到 q 的传递函数是

$$\frac{q(s)}{\delta e(s)} = -\frac{2.08s(s + 0.0105)(s + 0.596)}{(s + 0.003 \pm j0.0098)(s + 0.646 \pm j1.21)} \tag{10.31}$$

用式（10.31）表征的以 q 为参数的内回路根轨迹如图 10.40 所示。由于 k_q 是根轨迹参数，系统矩阵式（10.28）可改写为

$$\boldsymbol{F}_q = \boldsymbol{F} + k_q \boldsymbol{G}\boldsymbol{H}_q \tag{10.32}$$

式中，$\boldsymbol{F}$ 和 $\boldsymbol{G}$ 已在式（10.28）中被定义，$\boldsymbol{H}_q = \begin{bmatrix} 0 & 0 & 1 & 0 & 0 \end{bmatrix}$。选择适当的增益 k_q 是一个反复的过程。选择步骤在第 5 章已讨论过，如 5.6.2 节的转速计反馈例子。如果选择 $k_q = 1$，闭环极点将配置在根轨迹的 $-0.0039 \pm j0.0067$，$-1.683 \pm j0.277$ 点，且

$$\boldsymbol{F}_q = \begin{bmatrix} -0.006\,43 & 0.0263 & 0 & -32.2 & 0 \\ -0.0941 & -0.624 & 787.3 & 0 & 0 \\ -0.000\,222 & -0.001\,53 & -2.75 & 0 & 0 \\ 0 & 0 & 1 & 0 & 0 \\ 0 & -1 & 0 & 830 & 0 \end{bmatrix} \tag{10.33}$$

注意，$\boldsymbol{F}_q$ 只有第三列与 $\boldsymbol{F}$ 不同。为进一步改进阻尼过程，把飞机的俯仰角作为反馈是有用的。通过反复试验，选择

$$\boldsymbol{K}_{\theta q} = \begin{bmatrix} 0 & 0 & -0.8 & -6 & 0 \end{bmatrix}$$

来反馈 θ 和 q，于是系统矩阵变为

$$\boldsymbol{F}_{\theta q} = \boldsymbol{F}_q - \boldsymbol{G}\boldsymbol{K}_{\theta q}$$

$$= \begin{bmatrix} -0.0064 & 0.0263 & 0 & -32.2 & 0 \\ -0.0941 & -0.624 & 761 & -196.2 & 0 \\ -0.0002 & -0.0015 & -4.41 & -12.48 & 0 \\ 0 & 0 & 1 & 0 & 0 \\ 0 & -1 & 0 & 830 & 0 \end{bmatrix}$$

---

① 该名称是 F. W. Lanchester（1908）采用的，因为他最先用解析式研究飞机的动态稳定性问题。很明显，这个希腊词并不正确。

其极点为 $s = 0, -2.25 \pm \mathrm{j}2.99, -0.531, -0.0105$。

　　到目前为止，飞机的内回路稳定性已经有了很大的改进。不施加控制的飞机在水平飞行中有一种回归平衡的自然趋势，这在 LHP 中的开环根轨迹中已得到证明。内回路的稳定是使得 h 和 $\dot{h}$ 的外回路反馈稳定的必要条件。进一步讲，当飞行员希望直接通过输入命令来控制 θ 时，θ 和 q 的反馈可以应用在自动导航仪的高度稳定模式中。图 10.41 给出了内回路对 θ 幅度为 $2°(0.035\ \mathrm{rad})$ 时的阶跃响应。加上内回路后，从升降舵角度到高度的系统传递函数为

$$\frac{h(s)}{\delta e(s)} = \frac{32.7(s + 0.0045)(s + 5.645)(s - 5.61)}{s(s + 2.25 \pm \mathrm{j}2.99)(s + 0.0105)(s + 0.0531)} \tag{10.34}$$

如图 10.42 所示的系统根轨迹表明，高度自身的比例反馈不能产生满意的设计方案。为了稳定，也可以将 PD 控制器的高度变化率进行反馈。带 h 和 $\dot{h}$ 反馈的系统根轨迹如图 10.43 所示。经过反复试验，发现最优的 $\dot{h}:h$ 是 $10:1$，即

$$D_e(s) = K_h(s + 0.1)$$

最终的设计是在 q、θ、$\dot{h}$ 和反馈增益 h 之间反复迭代计算的结果，这明显是个冗长的过程。虽然这一试验设计方案是成功的，但使用 SRL 方法一定会加速该过程。

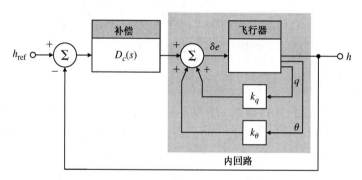

图 10.39　姿态保持反馈系统

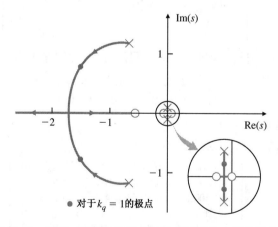

● 对于 $k_q = 1$ 的极点

图 10.40　带有 q 反馈的高度保持动态系统的内回路根轨迹

　　步骤 6　评估、修正对象。 在这里，这一步可以跳过。

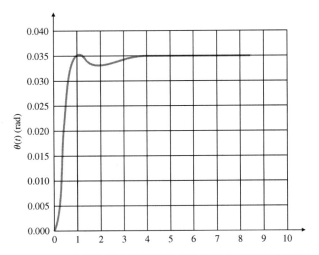

图 10.41　姿态保持自动导航仪对输入指令 θ 的阶跃响应

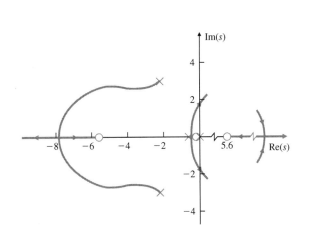

图 10.42　只带反馈 h 的 0° 根轨迹

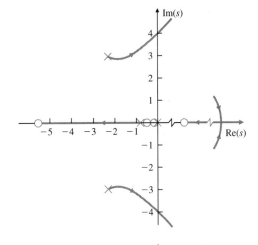

图 10.43　带反馈 h 和 $\dot{h}$ 的 0° 根轨迹

步骤 7　最优设计。系统的对称根轨迹如图 10.44 所示。如果选择闭环极点在

$$pc = [-0.0045; -0.145; -0.513; -2.25 - 2.98 * j; -2.25 + 2.98 * j]$$

那么，用 MATLAB 的 place 函数得到期望的闭环增益是

$$\boldsymbol{K} = [\ -0.0009\quad 0.0016\quad -1.883\quad -7.603\quad -0.001\ ]$$

系统对 h 为 100 英尺的阶跃命令的响应如图 10.45 所示。对应的控制效果如图 10.46 所示。

该设计是假定在考虑高度变化时线性模型合理的情况下进行设计的。我们应当通过仿真来验证或者确定对线性模型的可用范围。

步骤 8 和步骤 9　验证设计。在 10.3.1 节的步骤 7 和步骤 8 中有关评述，也适用于本设计。

正如第 5 章所述，对于目前生产的小飞机自动导航仪，很多生产商只用 θ 作为反馈而其余的用 q 作为反

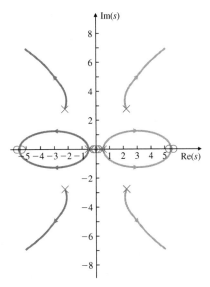

图 10.44　姿态保持设计的对称根轨迹

馈。使用 θ，使得响应加快，但是使用 q 比较廉价。当然，对于 h 反馈，二者都要用到高度计。

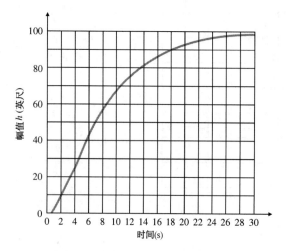

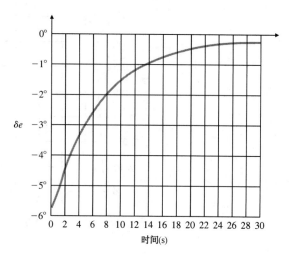

图 10.45　姿态保持自动导航仪对 100 英尺阶跃命令的阶跃响应

图 10.46　对于高度为 100 英尺的阶跃命令的控制效果

10.4　汽车引擎的油气比例控制

直到 20 世纪 80 年代，大多数汽车引擎还用化油器来计量燃料量，使得汽油流量与空气流量的比例，或者说燃料空气比例(F/A)保持在 1：15 附近。这种装置依靠由流过文丘里管(Venturi tube)的空气流引起的汽油压力下降而获得测量值。在保持引擎良好运行方面，该装置的效果已经足够好，但是它会允许有多达 20% 的 F/A 偏移。在(美国)联邦政府的废气污染法案实施后，由于该装置产生过量的碳氢化合物(HC)和过剩的氧气量是不被接受的，因此这样的 F/A 的不精确水平是不可接受的。在 20 世纪 70 年代，汽车公司改善了化油器设计和生产流程，使得测量装置更精确且 F/A 精度在 3% ~ 5% 附近[①]。通过多个因素的共同作用，这个修正的 F/A 精度有助于降低尾气污染水平。但是，因为系统没有包含测量进入发动机的混合气体的 F/A，并将它反馈给化油器，所以化油器依然是一个开环的系统。在 20 世纪 80 年代，几乎所有的制造商都采用反馈控制系统来提供更高水平的 F/A 精度，因此有必要采取措施降低尾气中污染物的数量。

现在我们转向发动机控制的典型反馈系统的设计，再次使用 10.1 节介绍的分布设计法。

步骤 1　理解过程和性能指标。为了达到尾气污染排放指标，通过使用一个能同时氧化过量的一氧化碳(CO)和未燃烧的碳氢化物(CH)的催化式排气净化器，来减少过量的氮氧化物(NO、NO_2 或 NO_x)。因为该装置能抑制三种污染物，其常被称为三元催化剂。当 F/A 与 1：14.7 化学计量相差甚大时，此催化剂失效。因此，反馈控制系统都要求 F/A 保持在理想的水平 ±1% 以内。系统的描述，如图 10.47 所示。

影响从尾气中测量 F/A 输出与进气管柱的燃料之间关系的动态因素有：油气混合物吸入

---

①　关于汽车引擎控制的综述，请参阅 Alexander Stotsky 的著作 *Automotive Engine：Control Estimation，Statistical Detection*。

量、引擎中活塞冲程引起的循环时滞以及尾气从引擎进入传感器的时间。这些因素都与发动机速度和负载有很大的关系。例如，发动机速度一般从 600～6000 r/m 变化。这些变化的结果是，影响反馈控制系统行为的系统时滞至少有 10：1 的变化，具体的数值取决于工作状态。当司机通过改变油门踏板来获得或多或少的功率时，系统在变化发生后的很短时间内出现暂态过程。在理想情况下，反馈控制系统应当跟随这些暂态过程。

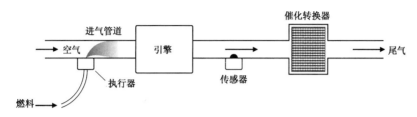

图 10.47　F/A 反馈控制系统

　　步骤 2　选择传感器。尾气传感器的发明和发展是使得通过反馈控制减少尾气排放可行的关键技术步骤。将设备中的活性元素锆氧化物置于尾气流中，会产生一个关于尾气含氧量的单调电压函数。F/A 与氧气水平存在一一对应的关系（参见图 10.48）。传感器电压与 F/A 是呈高度非线性关系的。几乎所有的电压变化都精确地发生在某 F/A 值，此时，为了获得有效的催化剂效果，反馈系统必须工作。因此，在 F/A 位于期望点（1：14.7）时，传感器的增益将会很高，而在偏移期望点（1：14.7）时，增益就会大幅地下降。

　　在 F/A 反馈控制中，虽然可用的其他传感器也在发展之中，但是到目前为止还没有找到其他成本低廉而又合适的传感器。现在，所有汽车生产商都在反馈控制系统中使用锆氧化物传感器。

　　步骤 3　选择执行器。燃油测量可以依靠化油器或者燃油喷射器来完成。一个完善的 F/A 反馈系统需要有电子调节燃油测量的能力，这是因为使用的传感器提供电子形式的输出。化油器原本的设计具有通过包含可调节孔来对电子误差信号做出响应以及调节主要燃油的流量。然而，现在的生产商通过使用了燃油喷射器实现测量。燃油喷射器系统自然是典型的电子装置，因而通过利用来自传感器的反馈信号，能够对 F/A 反馈实现燃料调节。过去是将大型喷射器置于所有汽缸的上游［又被称为单点（single point）或节流阀喷射（throttle body injection）］；但是现在，燃油喷射器置于汽缸的入口［又被称为多点射入（multipoint injection）］。然而，因为燃油的注入更接近引擎，在汽缸中分布得更好，所以多点喷射具有更好的效果。而且，距离靠近一点还能减少时间滞后，于是得到更好的引擎响应。多点喷射目前已被广泛采用。

　　步骤 4　建立线性模型。如图 10.48 所示的传感器非线性度足够大，以至于基于线性模型的任何设计都必须谨慎使用。图 10.49 给出了系统的方框图，传感器的增益为 K_s。对于入口管道动态系统，时间常数 τ_1 和 τ_2，分别代表蒸气或水滴形式的快速燃料流量和在管道壁上液体薄膜形式的慢速燃料流量。时滞是活塞从进气到排气过程的四冲程时间和尾气从引擎到传感器（约 1 英尺距离）的传输时间这两部分时间之和。时间常数为 τ 的传感器滞后也包括在该过程中，以解决发生在尾气支管内的混合。虽然时间常数和滞后时间会因发动机负载和速度的不同发生很大的变化，但是可以在一个确定的点对设计进行检验，这里的各参数取为

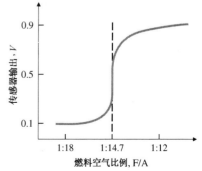

图 10.48　尾气传感器输出

$$\tau_1 = 0.02 \text{ s}, \qquad T_d = 0.2 \text{ s}$$
$$\tau_2 = 1 \text{ s}, \qquad \tau = 0.1 \text{ s}$$

在实际的引擎中,系统的设计要适用于所有的速度负载。

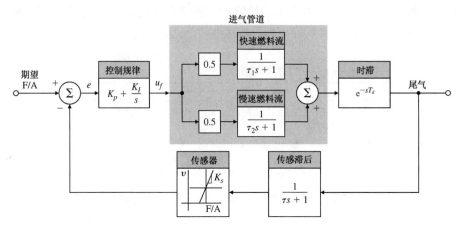

图 10.49   F/A 控制系统的方框图

步骤 5   设计超前滞后或者 PID 控制器。给定严格的误差指标以及由不同的发动机运行状态决定的燃料需求量 u_f,因此,积分控制环节是必需的。在误差信号 $e=0$ 的条件下,有了积分控制就能提供任何期望的稳定状态 u_f。比例环节的加入可以增加带宽(加倍),且不损害系统的稳态特性,虽然通常并不使用它。在这个例子中,我们使用比例积分的控制定律(PI)。控制定律的输出驱动喷射器的脉冲发生器产生一个燃料脉冲,该燃料脉冲的持续时间与电压成正比。控制器的传递函数可以写为

$$D_c(s) = K_p + \frac{K_I}{s} = \frac{K_p}{s}(s+z) \tag{10.35}$$

式中,$z = \dfrac{K_I}{K_p}$,z 可以按期望的要求进行选择。

首先,假设传感器是线性的,且可以由增益 K_s 表示。然后选择 z,使得系统有良好的稳定性和系统响应。图 10.50 给出了在 $K_s K_p = 1.0$,$z = 0.3$ 下系统的频率响应,图 10.51 给出了在 $z = 0.3$ 条件下 $K_s K_p$ 的系统根轨迹。两种分析都表明,在 $K_s K_p \approx 2.8$ 情况下,系统变得不稳定。图 10.51 表明,为达到约 $60°$ 的相位裕度,增益 $K_s K_p \approx 2.2$。图 10.50 也表明,这将产生 6.0 rad/s(约 1 Hz)的转折频率。图 10.51 的根轨迹证明,这个候选方案能达到一个可接受的衰减率($\zeta \approx 0.5$)。

虽然这种线性分析表明,通过 PI 控制器可以在合理带宽(约 1 Hz)下实现满意的稳定性,但是从传感器的非线性特性(如图 10.48 所示)可知,这是不可能达到的。注意,在期望的设置点附近时,传感器输出的斜率特别大,于是导致非常大的 K_s 值。因此,在传感器高增益的情况下,需要用较低的控制器增益 K_p 保持 $K_s K_p$ 的取值为 2.2。另一方面,在 F/A = 1:14.7 (=0.068)时,使得系统稳定的 K_p 值非常小,此时有效的传感器增益大幅度下降,与设置点偏离程度很大的瞬态响应将减缓。因此,为了使设置点在任何干扰下都有满意的响应特性,必须解决传感器的非线性。传感器的一阶近似如图 10.52 所示,因为在设置点处实际的传感器增益依然与近似值有很大的不同,所以对于设置点附近的稳定性,该近似将得出错误的结论。然而,在仿真时,用它来确定对初始状况的响应还是有用的。

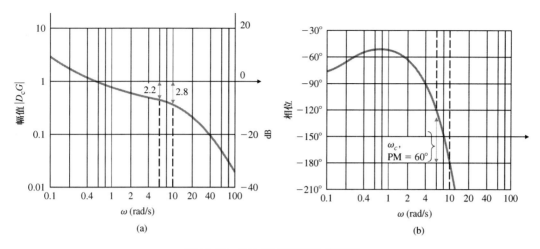

图 10.50 F/A PI 控制器的伯德图

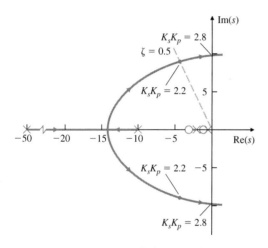

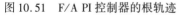

图 10.51 F/A PI 控制器的根轨迹

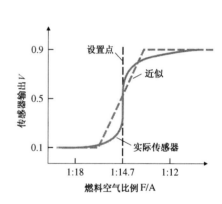

图 10.52 传感器的一阶近似

步骤 6 评估、修正对象。尽管非线性传感器是不太受欢迎的，但是，至今未发现合适的线性传感器。

步骤 7 尝试最优控制器。系统响应由传感器的非线性度主导，且任何良好的控制调节必须要顾及这一特性。此外，这个系统的动态特性相对简单，最优控制对 PI 控制器的改进没有任何帮助。因此可以省略这一步骤。

步骤 8 非线性的设计仿真。在 Simulink 中实现的系统非线性闭环仿真，如图 10.53 所示。通过下面的 MATLAB 函数 fas，得到了图 10.53 中近似的非线性传感器特性。

```
function y = fas(u)
if u < 0.0606,
  y = 0.1 ;
elseif u < 0.0741,
  y = 0.1 + (u − 0.0606) * 20 ;
else y = 0.9 ;
end
```

图 10.54(a) 给出了使用如图 10.52 所示的传感器，且是 $K_p K_s = 2.0$ 的系统误差信号曲线。开始时误差信号在饱和状态持续大约 12.5 s，然后在到达线性区时，其时间常数大约为 5 s。

在实际的汽车控制中，该类系统往往采用更高的增益。为说明这些效果，当 $K_pK_s = 6.0$ 时得到的仿真曲线如图 10.54(b) 和图 10.54(c) 所示。在该增益下，线性系统是不稳定的，且信号上升维持大约 5 s。由于当传感器有输入时的非线性度增大，其有效增益受饱和效应的影响而减弱，因此在此之后信号不再上升，最后达到一个极限环。极限环的频率对应于根轨迹穿越虚轴的点，且有一个幅值使得总的有效增益为 $K_pK_{s,\mathrm{eq}} = 2.8$。正如 9.3 节所介绍的，对于适度的大输入，可以计算饱和有效增益，且由逼近 $4N/\pi a$ 的描述函数给出，其中 N 是饱和深度，a 是输入信号的幅度。此处，$N = 0.4$，并且如果 $K_p = 0.1$，那么 $K_{s,\mathrm{eq}} = 28$。于是，我们预测输入信号的幅度 $a = 4(0.4)/28\pi = 0.018$，如图 10.54(c) 所示，在非线性输入的情况下，该预测值非常接近真实值。振荡频率约为 10.1 rad/s，这与如图 10.51 所示的根轨迹预测相一致。

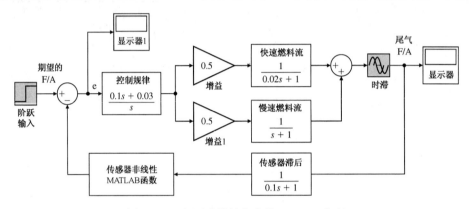

图 10.53　闭环非线性仿真的 Simulink 实现

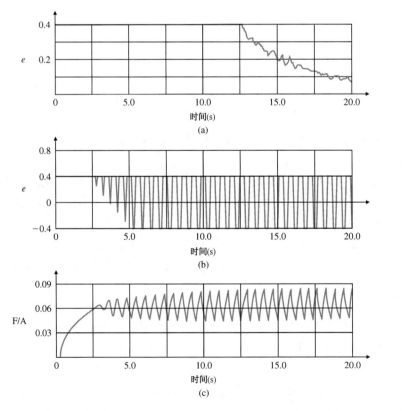

图 10.54　带非线性传感器近似的系统响应

在实际的汽车引擎 F/A 反馈控制器应用中，传感器在汽车行使数千英里后的灵敏度下降是首先要考虑的问题，这是因为联邦政府要求引擎在最初的 50 000 英里之内要符合尾气排放的污染标准。为了降低传感器的输出特性对排放标准设定点变化的敏感度，汽车制造商应特别修改此处讨论的设计方案。一种方法是将传感器输出连接到一个如图 9.6(b) 所示的继电器函数，如此可以在设定点彻底消除对传感器增益的依赖。极限环的频率仅由控制器的常数和引擎特性决定。于是，稳态 F/A 的平均精度也得以改善。同时因为对于车主来说影响并不明显，所以 F/A 的振荡也是可以接受的。实际上，采用 F/A 偏移对于用催化作用减少污染物也是有益的。

10.5　硬盘的读/写磁头组件控制

由 IBM 公司在 1956 年生产的 350 RAMAC 模型[①]是第一台在硬盘上记录数据的信息存储装置。它由 50 个直径为 24 英寸的铝制盘片堆叠在一起，并用一种电磁材料封装起来。数据以每英寸 100 字节的密度存储到同心的磁道上，磁道密度为每英寸 20 条。磁盘的转速可达 1200 r/m(转/分)。读/写磁头安置在一个机械臂上，该臂可以在盘与盘之间垂直运动，也可以在选定盘上水平运动，以访问需要的数据磁道。磁头借助从其固定装置上的小孔里流出的气流，悬浮在盘片的表面。磁头组件可通过一个升降机构固定在某一个盘片上，再通过一个机械臂固定在某一磁道上。整个磁头组件仅依靠一台电动机驱动。尽管硬盘系统具有 5 MB 的数据存储容量，但是不得不考虑 36 英寸的宽度以保证终端设备能通过。2000 年，Seagate 公司推出了一款专门为便携式计算机设计的磁介质硬盘，它包含 3 个盘片，每个盘片 2.5 英寸，具有 15 000 r/m(转/分)的转速。该设备的存储容量为 18 350 MB。读/写组件由一个机械臂和一组梳状的磁头机构组成，盘片的每一面对应着一个磁头，梳状的磁头机构以旋转运动的方式控制磁头在磁道之间的运动。磁头可安装在机械臂末端的悬浮架上，悬浮于磁盘的表面。为了沿着磁道旋转，磁头组件利用在磁道中用户数据扇区之间的样本位置数据进行动态反馈控制。从经济的角度来看，磁盘设计领域取得的进步是显著的，RAMAC 每兆字节数据的花费约为 10 000 美元，而现代硬盘每兆字节的花费还不到 1 美分。Abramovitch 和 Franklin(2002)在阅读了大量资料后撰写了一份概要，旨在反映磁盘设计领域取得的光辉历史。表 10.1 罗列了历代的磁盘性能指标。在过去的 50 年中，大批来自工业领域和学术机构的人员为硬盘存储技术的发展作出了贡献，其中一个广泛应用的技术就是反馈控制。Seagate 1000 GB 硬盘驱动器如图 10.55 所示。在这个简单案例的研究中，我们将涉及包括控制在内的诸多问题，但是设计案例只是着眼于磁道跟随问题。我们将依照 10.1 节给出的设计步骤来阐述这一问题。

图 10.55　1000 GB 硬盘驱动器图片
（图片由Seagate公司提供）

---

① 这是记录和控制的随机访问方法(Random Access Method of Accounting and Control)的缩写。

表10.1　历年硬盘驱动参数

序号	年份	型号	容量	尺寸(N/d)	每英寸磁道数	每英寸MB	每分钟转数	移动高度	磁头类型	传感器类型	执行器类型	寻道时间	备注
1	1956	IBM RAMAC	5 MB	50/24"	20	100	1200	20 μm	空气轴承	定位器	直流电机液压活塞		第一只硬盘
2	1962	IBM 1301	28 MB	25/24"	50	520	1800		移动磁盘	定位器		165 ms	
3	1971	IBM 3330	100 MB	11/14"	192	4040		1.2 μm	铁酸盐	精密表面	线性音圈	30 ms	第一个反馈
4	1973	3340 Winchester	70 MB	4/14"	270	5600		0.5 μm	铁酸盐,移动	精密表面	线性音圈		轻质量磁头
5	1979	IBM 3370	571 MB	7/14"	635	12 134	2964	0.324 μm	薄膜	精密表面	线性音圈		
6	1979	IBM 3310	64.5 MB	6/8"	450	8530				混合,扇区伺服	旋转音圈	27 ms	
7	1980	SeagateST506	5 MB	4/5.25"	255	7690				开环	步进电动机	170 ms	用于PC的5.25"硬盘
8	1983	MaxtorXT1140	126 MB	8/5.25"							旋转音圈		
9	1991	IBM Corsair	1 GB	8/3.5"	2238	58 874			MR读头	扇区伺服	旋转音圈		
10	1993	Seagate 12550	2.19 GB	10/3.5"	12 500	211 000	7200			扇区伺服	旋转音圈		
11	1997	IBMTravelstar	4 GB	3/2.5"	21.5×10^3				Thin-film/巨磁阻磁头	扇区伺服	旋转音圈		
12	2000	Seagate ST318451	18.3 GB	5/2.5"	105×10^3	343×10^3	15 000		Thin-film/巨磁阻磁头	扇区伺服	旋转音圈	3.9(r) 4.5(w)	第一只转速为15 000 r/m的硬盘
13	2003	Seagate ST3300007	300 GB	4/3.3"	125×10^3	658×10^3	10 000		Thin-film/巨磁阻磁头	扇区伺服	微型执行机	4.9(r) 5.4(w)	第一个微型执行器
14	2006	Seagate ST3300655	300 GB	4/2.75"	150×10^3	890×10^3	15 000		Thin-film/巨磁阻磁头	扇区伺服	旋转音圈	3.5(r) 4.0(w)	第一个垂直的记录硬盘
15	2007	Barracuda ES.2	1000 GB	4/3.75"	150×10^3	1090×10^3	7200		Thin-film/隧道磁阻磁头	扇区伺服	旋转音圈	7.4(r) 8.5(w)	第一个SAS硬盘

GMR = giant magnetoresitive head; TMR = tunneling magnetoresistive head.

步骤 1　理解过程。磁道跟随伺服问题的示意图如图 10.56 所示。机械系统由一个旋转的音圈电动机和一个轻质的机械构件组成，此构件支撑着装有悬浮架的滑动机构。滑动机构由磁阻读头和薄膜式电感写头组成，它可借助盘片旋转产生的气流悬浮在盘片的表面。功率放大器通常以电流放大器的方式接入电路，于是磁头的基本运动可以用简单的惯性模型表述为

$$G_o(s) = \frac{A}{Js^2} \tag{10.36}$$

式中，J 是总惯量，A 包括电动机转矩常量和放大器增益。虽然整个系统的结构灵活，但是因为存在许多弱阻尼状态，所以细微的运动是很复杂的。它也会因气流的冲击和由外壳运动引起的振动而受到影响。为了达到控制设计的目的，引入简单的谐振模式，则模型为

$$G(s) = \frac{A}{Js^2} \frac{\left(2\zeta\dfrac{s}{\omega_1} + 1\right)}{\left(\dfrac{s^2}{\omega_1} + 2\zeta\dfrac{s}{\omega_1} + 1\right)} \tag{10.37}$$

式中，振动频率 ω_1 和衰减率 ζ 是已知的，而且是有界的。

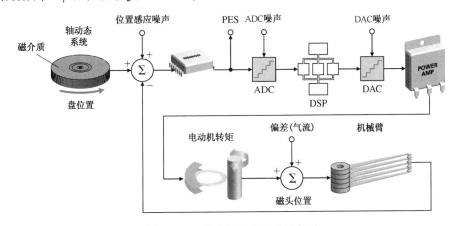

图 10.56　磁道跟随模型的示意图

磁头组件的运动控制有两种模式：一种是寻道运动，即磁头在磁道与磁道之间的运动；另一种是磁道跟随运动，即保持磁头悬浮在指定的磁道中心位置。在寻道方式下，性能的评估标准是最小时间，理论上需要"开关"或"Bang-Bang"[1]控制。不同的单元对应于不同的最大可用力矩及其他一些严格规定的参数。为了使这些单元能使用同样的控制器，磁盘驱动采用的是"继电器式曲线跟随"方法。在该方法下，磁头组件可以在满力矩状态下一直加速运动，直到速度达到力矩反转曲线，在反馈控制作用下磁头按照这个曲线减速，最终以零速度到达目标磁道。力矩反转曲线与磁头到目标磁道的距离有关。当曲线逼近最优的最小时间开关曲线时，力矩有一定程度的降低，此时微小的电动机都有足够的力矩来跟随该曲线。当到达目标磁道时，切换为磁道跟随运动方式。在接近目标磁道时，为避免模式的突然切换使得伺服系统平滑过渡到轨道跟随方式，需要采用一种被称为近似时间最优伺服的控制或者 PTOS(参见第 9 章)[2]。

作为一项成熟的技术，多年来许多趋势都对控制问题的实质产生了影响。例如，如表 10.1

①　这是一个通用的名称，常用于前后半段处于相反的饱和极性的控制场合。

②　Workman(1987)、Franklin、Powell 和 Workman(1998)。

所示，磁盘越来越小、更坚硬、更灵活。随着机械臂组件的变小，惯性也会减小，以至于在两个磁道之间这样微小的运动过程中，摩擦力的影响要比惯量大得多。关于目前推出的驱动器，其磁道的宽度小到约 $0.2~\mu m$，这个值已同现代集成电路芯片的特征尺寸相当。为了应对这一趋势，科研人员正致力于在机械臂和悬浮架之间增加第二个执行器，以让机器臂具有精细的手腕动作。鉴于在欠阻尼状态下的灵活性控制有一定的困难，应考虑将机械臂封装，以增加在主要振动模式下的阻尼。另外，建议在机械臂上增加传感器，以增加额外的反馈来控制系统的微小柔性。在本例研究中，假设采用单音线圈执行器，其柔性由式(10.37)给出，其中 $\omega_1 \geqslant 2\pi \times 2.500$，$\zeta \geqslant 0.05$。因为实际系统的谐振未知，所以谐振需要增益稳定。

步骤 2　选择传感器。最早的驱动器采用开环控制，用一个机械定位器把组件固定在磁盘上，用另一个定位器把磁头固定在磁道上。反馈控制技术在 1971 年开始得到应用，利用存储在磁盘特定区域上的位置信息获得反馈信息。整个梳状磁头由伺服电动机表面信息定位。如果梳状机构倾斜或者彼此错位，数据将难以被读取。这样的问题限制了盘片的数量和磁道的密度。在现代磁盘中，磁道位置信息被记录在每个磁道用户数据扇区之间的沟槽上。基于该位置信息进行的控制，被称为扇区伺服控制，对位置信息进行数据采集是必要的。对大容量数据的存储要求和对更高采样率的控制要求是矛盾的，前者要求更大的扇区，而后者要求更小的扇区。每个案例都是这两个冲突的要求相互妥协的结果。由于位置数据是经过采样得到的，因此控制器都是能够最大限度地利用位置数据的数字装置。虽然已经开始利用多速率控制实现对传感器读取进行控制纠错的理论研究，但是现在还没有找到一个有效的办法。在本研究案例中，我们将设计一个模拟控制器。

磁盘上记录的位置信息易受到因磁道偏移引起误差的影响，这意味着磁道的半径不是恒定的。通常，每一次沿着磁道的运动都会有重复部分，这一部分所能测量的一般为谐波，可以用一个信号作为电动机的前馈将其抵消。位置误差信号(PES)也包括：由多种因素引起的随机噪声。这包括气流对滑动机构的冲击、外界对磁盘的摇摆和震动、解码位置信息的信号处理装置的噪声、为发动机提供转矩的功率放大器噪声以及在过程中需要的模数转换器所产生的误差。

步骤 3　选择执行器。RAMAC 使用直流电动机作为执行器，后来的驱动器使用液压执行器。当 Seagate 公司在 1980 年生产出 5.25 英寸驱动器时，使用的执行器是步进电动机。以上的执行器的控制都采用了开环电路。1971 生产的 IBM 3330，第一次采用了磁头位置反馈控制，执行器是线性运动的音圈电动机。1979 年，旋转音圈电动机问世，如今几乎所有的硬盘驱动器都使用旋转运动执行器。功率放大器通常作为电流放大器接入到电路，以简化动力学问题。从电流感应电阻器到放大器的反馈形成一个独立且精细设计的"力矩回路"，因此，考虑到在大多数情况下磁道跟随的外环位置控制，可以忽略电动机的动力学特性。

步骤 4　建立线性模型。正如关于过程的讨论中所述，线性模型有一个柔性模式，即

$$G(s) = \frac{1}{s^2} \frac{(2\zeta s/\omega_1 + 1)}{\left(\dfrac{s^2}{\omega_1} + 2\zeta \dfrac{s}{\omega_1} + 1\right)} \tag{10.38}$$

式中，$\zeta = 0.05$，$\omega_1 = 2.5$，对应的度量时间单位是毫秒而不是秒。增益 A 和惯性 J 包含在补偿器的增益中。因此，可以假定功率放大器为理想的电流放大器。此外，我们仅考虑磁道跟随问题，而不考虑寻道问题。

步骤 5　设计 PID 或者超前滞后控制器。鉴于标称模型如此简单，首先要设计的是超前补

偿器，以获得尽可能大的带宽来保证相位裕度为 50°，这样得到增益裕度的最小值为 4，从而稳定谐振。该方法已经由 R. K. Oswald(1974)发表。我们将尝试两种设计方法，并比较它们在带宽和阶跃响应方面的性能。对于第一种设计方法，我们使用简单的超前补偿器，它能提供 50°的相位裕度和不低于 4 的增益裕度。为满足期望的相位裕度，要使超前补偿器 $\alpha = 0.1$，转折频率要设得尽可能高，以保证在谐振时的增益裕度为 4。这样的曲线按照因式 $1/2\zeta = 10$ 爬升，且高于幅值渐近线。因此，转折点的位置必须要使得渐近线在 $\omega_1 = 5\pi$ 处低于 $1/40$。最终的超前补偿器传递函数为

$$D(s) = 0.617\frac{(2.22s + 1)}{(0.222s + 1)} \tag{10.39}$$

在超前设计后，系统的伯德图如图 10.57 所示。

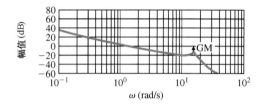
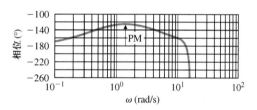

图 10.57　带一个超前补偿的设计伯德图

在该设计中的增益转折频率为 $\omega_c = 1.39$ rad/ms，且阶跃响应如图 10.58 所示，这表明上升时间约为 $t_r = 0.8$ ms，超调量为 25%。之前我们已证实，50°的相位裕度相当于 0.5 的阻尼系数和约为 17%的超调量。但是，由于超前补偿器的零点位于前相通路，所以超调量会因为该零点的存在而有所增加。

在第二种设计方法中，我们增加一个衰减滤波器来消除谐振峰值，以改善响应速度以及带宽。其具体设计思路是，把滤波器的截止频率置于转折频率和谐振频率之间，使得阻尼系数足够小而又不过分减小相位裕度，以避免对增益裕度造成影响。经过反复试验，符合要求的设计为

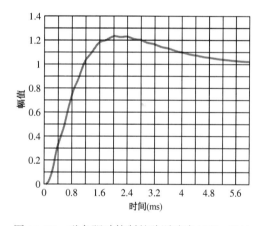

图 10.58　磁盘驱动控制的阶跃响应(PM = 50°)

$$D(s) = 1.44\frac{(1.48s + 1)}{(0.148s + 1)} \tag{10.40}$$

用做测试的滤波器是

$$F(s) = \frac{1}{\dfrac{s^2}{(10.3)^2} + 0.6\dfrac{s}{10.3} + 1} \tag{10.41}$$

该例的伯德图如图 10.59 所示，阶跃响应曲线如图 10.60 所示。

这里，转折频率是 2.13，与没有衰减滤波器相比，增加了 35%。上升时间为 0.3 ms，与没有衰减滤波器相比降低了 60%，但超调量有些增大。虽然这里没有提到，但是对于控制补偿器，其更有可能是一个陷波滤波器，而不是这里设计的低通滤波器。陷波滤波器可更好地抑制

谐振,且允许加大带宽。这主要取决于对谐振及其周围环境不确定性的理解程度。在许多情况下,通过相位稳定来消除谐振,同时提高转折频率使其高于谐振频率,这是可能的。

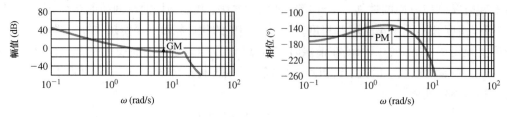

图 10.59　有超前补偿和脉冲衰减滤波器的系统伯德图

步骤 6　评估、改进对象。在步骤 1 中已经提到对包括主要设计在内的方案进行修正的问题。设计的主要参数一旦被选定,那么剩下的改进可能包括在制造工艺上增强机械臂的刚度以提高震动频率,以及为机械臂增加阻尼封装以增加阻尼系数。其他的改进还包括 PES 解码算法的改进,以消除噪声。

步骤 7　尝试最优控制或自适应控制。根据线性二次型指标设计的方案,需要度量其性能指标,以获得大约 0.3 ms 的上升时间来匹配经典设计的性能指数(损失函数),结果如图 10.61 所示。虽然进一步的改进可能会得到满意的设计方案,但是这种技术带来的显著振荡响应是没有必要的。特别是,应该考虑设计包括 $\dot{y}$ 和 y 的代价。关于这种方法的深入探讨,将放在更高级的课程中进行。

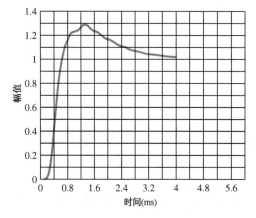

图 10.60　有超前补偿和脉冲衰减滤波器的系统阶跃响应

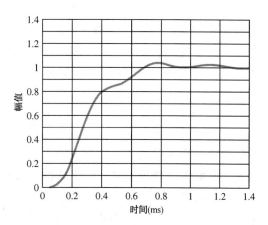

图 10.61　LQR 设计的阶跃响应

步骤 8　仿真设计,对比可选的方案。这一步骤通常与设计同步进行。

步骤 9　建立原型系统。在设计过程的初期,应建立实验模型,使设计可以在该模型上测试。

关于数字控制设计和磁盘伺服系统的应用,读者可以参阅 Franklin、Powell 和 Workman 的著作(1998)。

10.6　半导体芯片制造中的快速热处理器控制系统

图 10.62 展示了制造超大规模集成电路(如微处理器和有关的附属部件)的主要过程。在过程中描述的许多步骤,如化学蒸气沉积或者蚀刻,必须在严密控制和一定的温度时间序列下进行(参见 Sze,1988)。同时,在一批芯片上执行这些生产步骤,可以获得批量完全相同的芯

片，这是多年来的标准做法。为了实现芯片上更小的元件尺寸要求，以及提供更灵活的芯片种类和数量，集成电路制造工具制造商需要在热处理过程中对温度和时间曲线提供越来越准确的控制。对于这些要求，可以在一间墙壁冰冷、有可变热源(快速热处理器 RTP)的封闭室内对一个芯片连续地进行热处理，这也是发展的趋势，如图 10.63 所示。

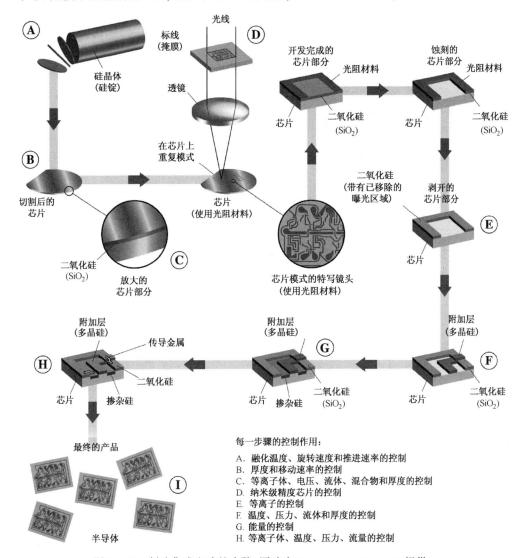

每一步骤的控制作用：

A. 融化温度、旋转速度和推进速率的控制
B. 厚度和移动速率的控制
C. 等离子体、电压、流体、混合物和厚度的控制
D. 纳米级精度芯片的控制
E. 等离子体的控制
F. 温度、压力、流体和厚度的控制
G. 能量的控制
H. 等离子体、温度、压力、流量的控制

图 10.62　制造集成电路的步骤(图片由 International Sematech 提供)

　　RTP 系统要求芯片的温度变化如图 10.64 的曲线所示。在图中，斜坡上升速度是 25℃/s ~ 150℃/s，吸收温度在 600℃ ~ 1100℃ 的范围之内，这个阶段的持续时间很短，最大为 120 s。如果温度的斜坡过大，则晶体结构有可能被损坏，因此斜坡上升率应受到限制。因为具备快速改变温度的能力，RTP 系统能够快速且准确地终止诸如沉积、蚀刻这样的化学处理过程，所以芯片的制造可以达到很小的尺寸。

　　图 10.65 给出了一个普通的 RTP 反应堆，其中包括卤化钨灯、水冷不锈钢墙面和石英窗等。温度的测量可以通过多种方法进行，包括热电偶、RTD 和高温计。出于粒子代谢、小量扰动等多种原因的考虑，最好选用无接触式的温度传感器，因此我们经常用到的是高温计技术。

高温计是测量红外辐射的非接触式传感器,实际上是一个关于温度的函数。我们知道,物体发射的辐射能量与 T^4 成正比例,T 是物体的温度。高温计的优点是具有快速的响应时间,可用来测量移动物体的温度,例如旋转的半导体芯片,可以在半导体制造的真空环境中工作。

图 10.63　应用材料的物质辐射 RTP 系统
(图片由 Applied Materials 提供)

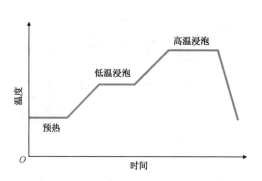

图 10.64　典型的 RTP 温度轨迹

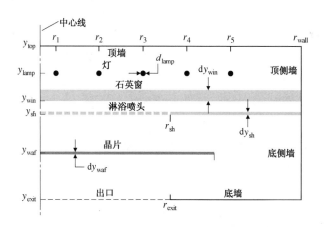

图 10.65　普通的 RTP 系统

　　执行器的选择取决于加热芯片的功率供给技术,包括卤钨电子管、弧光电子管、热感应器等。卤钨电子管广泛应用在半导体制造的快速热处理过程中(Emami-Naeini, et al., 2003)。图 10.66(a)给出了由线性卤钨电子管两面加热的系统(由 Mattson 制造的典型系统),照在顶部和底部的电子束呈直角以形成轴对称。图 10.66(b)给出了蜂巢状单边加热系统(典型的是 Applied Materials 系统)。最后,图 10.66(c)给出了电子管排列在同心环上的配置情形(典型代表为 Stanford-TI MMST 密封室,Gyugyi et al., 1993)。由于实际原因电子管达到饱和,所以需要在 5% ~95% 之间进行功率设定。

　　为了阐述 RTP 系统的设计,我们使用 SC 方法进行专门设计,并据此建立实验模型,用来研究与 RTP 设计和操作相关的问题,实验模型如图 10.67 所示。该模型由铝材料制成,包括三个标准的 35 W、12 V 的电子管,用来对一个模拟芯片的矩形金属板进行加热。金属板的尺寸为 4 in × $1\frac{3}{4}$ in,为了增加对辐射的吸收,金属板被涂黑。金属板与电子管并行排列,电子管放置在灯罩中。电子管全部置于滑轨上,以便调节它们与金属板之间的距离。当电子管外移时,系统增益降低,但是热辐射干扰(热耦合)增加。另一方面,随着电子管靠近金属板,系统增益增加，热耦合减少。尽管电子管到金属板的标称距离是 1 英寸，但是可调整为几英寸。电子管受脉宽调制(PWM)放大驱动器驱动，带有独立的功率供给单元。其侧面有三个为开环控制和人工操纵控制而设定的标度盘。在金属板的背面有 14 个垂直放置的电阻式温度探测器(RTD)带，其中 12 个位于金属板上，2 个分别位于金属板两侧的支架上。噪声源滤波器发出周期为 1.5 Hz 的传感器噪声，用以表征实际 RTP 系统中的噪声。所有的电子元件，如传感器信号处理器和 PWM 放大器，被封装在系统单元的底部，但因为部分器件暴露在外，所以周围环境仍会对其产生干扰。

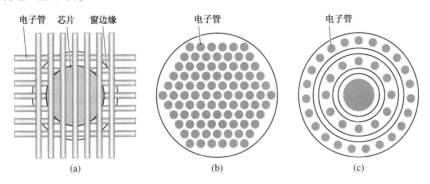

图 10.66 用于 RTP 的不同电子管几何形状

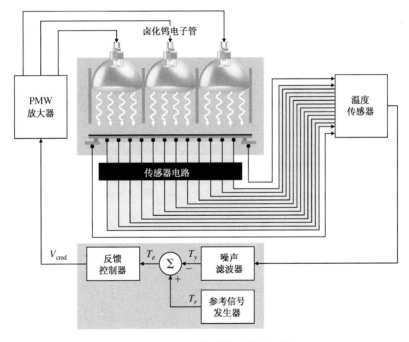

图 10.67 RTP 实验模型的方框图

步骤 1 理解过程和性能指标。RTP 本质上是一个动态的非线性过程。系统有许多值得重视的特性，如多样的时间尺度：电子管、芯片、发射头、石英窗的时间常数都不同；非线性(主导的辐射)特性；非线性电子管；电源效应；传感器的数量及其安装位置；电子管的数量、安装位置及组合方式；温度的大幅度变化等。辐射损失的非线性增加使得温度升高，系统的直流增益(δ温度/δ功率)随之降低，因此需要多种类型的物理模型。装置的设计需要详细的物理模型,但是几何形状变化的快速评估、方法改进以及反馈控制的设计,都需要降阶模型。同时还要求从人工操纵控制到自动控制的平滑过渡。

步骤 2　选择传感器。这个步骤在前面已经讨论过。对于实验模型,传感器是一组有 14 个 RTD 的设备,而只有 3 个(分别位于金属板中心和两边的支架上)用做反馈,其余的用于温度控制。本例只对中心温度进行反馈控制。另一种可选方案是计算三个温度值之和作为一个信号来控制平均温度。

步骤 3　选择执行器。这个步骤也在前面讨论过。对于实验模型,执行器由三根如前面描述的标准卤化钨电子管组成。在本例中,我们要通过为每个电子管提供一样的输入指令,把三根电子管当做一个执行器。

步骤 4　建立线性模型。该实验模型已经建立,请参阅步骤 9。非线性系统方程包括传导环节(参阅第 2 章)和热辐射环节(参阅 Emami-Naeini et al., 2003)。非线性系统辨识方法可用来求解系统模型。特别地,三个电子管的电压逐步升高,然后保持恒定,随后逐步降低,记录下输出温度。由系统辨识方法[1]推导出如下的非线性系统模型,包括辐射环节和传导环节(分别是 A_r 和 A_{con}):

$$M\dot{T} = A_r \begin{bmatrix} T \\ T_\infty \end{bmatrix}^4 + A_{con} \begin{bmatrix} T \\ T_\infty \end{bmatrix} + Bu \qquad (10.42)$$

式中, $T = \begin{bmatrix} T_1 & T_2 & T_3 \end{bmatrix}^T$ 代表温度, T_∞ 为恒定的环境温度($\dot{T}_\infty = 0$), $u = \begin{bmatrix} v_{cmd1} & v_{cmd2} & v_{cmd3} \end{bmatrix}^T$ 是控制电压值。则系统矩阵为

$$M^{-1} = \begin{bmatrix} 1.000\,040 & 0 & 0 \\ 0 & 5.557\,443 & 0 \\ 0 & 0 & 13.638\,218 \end{bmatrix}$$

$$A_r = \begin{bmatrix} 5.4762e-2 & -8.5706e-3 & -8.2961e-4 & -4.5361e-2 \\ -8.5706e-3 & 8.5709e-3 & -1.6213e-7 & -8.9134e-8 \\ -8.2961e-4 & -1.6213e-7 & 8.2998e-4 & 2.0976e-7 \end{bmatrix}$$

$$A_{con} = \begin{bmatrix} 3.5599e-7 & -1.1136e-7 & -1.1976e-7 & -4.7011e-8 \\ -1.1136e-7 & 1.1602e-2 & -2.5027e-3 & -9.0992e-3 \\ -1.9761e-7 & -2.5027e-3 & 6.3736e-3 & -3.8707e-3 \end{bmatrix}$$

$$B = \begin{bmatrix} 3.4600e-1 & 1.1772e-1 & 2.8380e-2 \\ 3.8803e-11 & 8.0249e-2 & 1.8072e-2 \\ 8.0041e-9 & 2.7216e-3 & 3.1713e-2 \end{bmatrix}$$

通过推导,得出系统的一个线性模型为

$$\begin{aligned} \dot{T} &= F_3 T + G_3 u \\ y &= H_3 T + J_3 u \end{aligned} \qquad (10.43)$$

式中, $y = \begin{bmatrix} T_{y1} & T_{y2} & T_{y3} \end{bmatrix}^T$ 且

$$F_3 = \begin{bmatrix} -0.0682 & 0.0149 & 0.0000 \\ 0.0458 & -0.1181 & 0.0218 \\ 0.0000 & 0.04683 & -0.1008 \end{bmatrix}, \quad G_3 = \begin{bmatrix} 0.3787 & 0.1105 & 0.0229 \\ 0.0000 & 0.4490 & 0.0735 \\ 0.0000 & 0.0007 & 0.4177 \end{bmatrix}$$

$$H_3 = \begin{bmatrix} 1 & 0 & 0 \\ 0 & 1 & 0 \\ 0 & 0 & 1 \end{bmatrix}, \quad\quad\quad\quad J_3 = \begin{bmatrix} 0 & 0 & 0 \\ 0 & 0 & 0 \\ 0 & 0 & 0 \end{bmatrix}$$

---

[1]　由 G. van der Linden 博士推导得出。

由 MATLAB 计算出，三个开环极点分别为 -0.0527，-0.0863，-0.1482。对于本例的情况，由于将三根电子管组合为一个执行器，且仅仅使用中心温度作为反馈，得到线性模型，即为

$$\boldsymbol{F} = \begin{bmatrix} -0.0682 & 0.0149 & 0.0000 \\ 0.0458 & -0.1181 & 0.0218 \\ 0.0000 & 0.04683 & -0.1008 \end{bmatrix}, \quad \boldsymbol{G} = \begin{bmatrix} 0.5122 \\ 0.5226 \\ 0.4185 \end{bmatrix}$$

$$\boldsymbol{H} = \begin{bmatrix} 0 & 1 & 0 \end{bmatrix}, \quad\quad\quad\quad \boldsymbol{J} = [0]$$

写成传递函数为

$$G(s) = \frac{T_{y2}(s)}{V_{\mathrm{cmd}}(s)} = \frac{0.5226(s + 0.0876)(s + 0.1438)}{(s + 0.1482)(s + 0.0527)(s + 0.0863)}$$

步骤 5 设计超前滞后或者 PID 控制器。我们尝试用一个形如

$$D_c(s) = \frac{(s + 0.0527)}{s}$$

的简单 PI 控制器来抵消一个慢速极点的作用。系统的线性闭环响应如图 10.68(a) 所示，相关的控制如图 10.68(b) 所示，系统响应以约 2 s 的时滞和无超调量，跟随控制指令的轨迹曲线。电子管直到 75 s 后才具有正常的响应，然后为了跟随温度指令的骤降而发生极性变负。系统中不可能出现这种状况，这是因为没有快速的降温方法且电子管低温饱和。注意，这里没有明确的方法可用于控制温度的不均匀性。

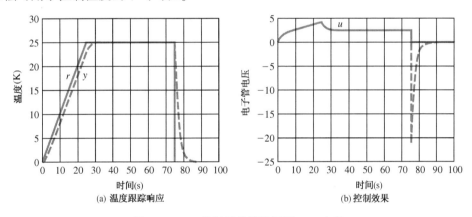

(a) 温度跟踪响应　　(b) 控制效果

图 10.68　PI 控制器的线性闭环 RTP 响应

步骤 6 评估、改进对象。这个步骤，已经在执行器和传感器选择时一起讨论过了。

步骤 7 尝试最优设计。使用包括积分控制的误差空间法和利用第 7 章的线性二次高斯方法。误差系统为

$$\begin{bmatrix} \dot{e} \\ \dot{\boldsymbol{\xi}} \end{bmatrix} = \begin{bmatrix} 0 & \boldsymbol{H} \\ 0 & \boldsymbol{F} \end{bmatrix} \begin{bmatrix} e \\ \boldsymbol{\xi} \end{bmatrix} + \begin{bmatrix} \boldsymbol{J} \\ \boldsymbol{G} \end{bmatrix} \mu \quad\quad (10.44)$$

式中

$$\boldsymbol{A} = \begin{bmatrix} 0 & \boldsymbol{H} \\ 0 & \boldsymbol{F} \end{bmatrix}, \quad \boldsymbol{B} = \begin{bmatrix} \boldsymbol{J} \\ \boldsymbol{G} \end{bmatrix}$$

$e = y - r$，$\boldsymbol{\xi} = \dot{\boldsymbol{T}}$ 且 $\mu = \dot{u}$。为进行状态反馈设计，使用第 7 章的 LQR 公式，即

$$\mathcal{J} = \int_0^\infty \{\boldsymbol{z}^\mathsf{T} \boldsymbol{Q} \boldsymbol{z} + \rho \mu^2\} \, \mathrm{d}t$$

式中 $z = [e \ \boldsymbol{\xi}^{\mathrm{T}}]^{\mathrm{T}}$。注意，$\mathcal{J}$ 的选择需要这样进行：惩罚跟踪误差 e 和控制信号 u，以及三个温度的差异差别。因此，性能指标要包含下列形式的项：

$$10 \left\{ (T_1 - T_2)^2 + (T_1 - T_3)^2 + (T_2 - T_3)^2 \right\}$$

这样就可以将温度的非均匀性降低到最小。通过试错法确定因数为 10，作为误差状态与对象状态之间的相对权重。状态矩阵和控制权重矩阵为 $\boldsymbol{Q}$ 和 R，分别为

$$\boldsymbol{Q} = \begin{bmatrix} 1 & 0 & 0 & 0 \\ 0 & 20 & -10 & -10 \\ 0 & -10 & 20 & -10 \\ 0 & -10 & -10 & 20 \end{bmatrix}, \quad R = \rho = 1$$

使用以下的 MATLAB 指令，可以设计反馈增益为

[K] = lqr(A,B,Q,R)

由 MATLAB 计算，得到最终的反馈增益矩阵

$$\boldsymbol{K} = [K_1 : \boldsymbol{K}_0]$$

式中

$$K_1 = 1, \quad \boldsymbol{K}_0 = \begin{bmatrix} 0.1221 & 2.0788 & -0.2140 \end{bmatrix}$$

于是，得出的内部模型控制器的形式为

$$\begin{aligned} \dot{x}_c &= B_c e \\ u &= C_c x_c - \boldsymbol{K}_0 \boldsymbol{T} \end{aligned} \tag{10.45}$$

式中，x_c 表示控制器状态，且

$$B_c = -K_1 = -1, C_c = 1$$

从 MATLAB 中计算得到的最终状态反馈闭环极点是：$-0.5574 \pm j0.4584$，-0.1442 和 -0.0877。在设计全阶估计器时，选取其过程和传感器噪声强度作为估计器的调节器

$$R_w = 1, \quad R_v = 0.001$$

以下的 MATLAB 指令可以用来设计估计器：

[L] = lqe(F,G,H,Rw,Rv)

由此得到最终的估计器增益矩阵是

$$\boldsymbol{L} = \begin{bmatrix} 16.1461 \\ 16.4710 \\ 13.2001 \end{bmatrix}$$

估计器误差极点在 -16.5268，-0.1438 和 -0.0876。因此，估计器方程为

$$\dot{\hat{\boldsymbol{T}}} = \boldsymbol{F}\hat{\boldsymbol{T}} + Gu + \boldsymbol{L}(y - \boldsymbol{H}\hat{\boldsymbol{T}}) \tag{10.46}$$

加上估计器后，内部模型闭环控制器方程为

$$\begin{aligned} \dot{x}_c &= B_c e \\ u &= C_c x_c - \boldsymbol{K}_0 \hat{\boldsymbol{T}} \end{aligned} \tag{10.47}$$

闭环系统方程为

$$\begin{aligned} \dot{\boldsymbol{x}}_{\mathrm{cl}} &= \boldsymbol{A}_{\mathrm{cl}} \boldsymbol{x}_{\mathrm{cl}} + \boldsymbol{B}_{\mathrm{cl}} r \\ y &= \boldsymbol{C}_{\mathrm{cl}} \boldsymbol{x}_{\mathrm{cl}} + \boldsymbol{D}_{\mathrm{cl}} r \end{aligned} \tag{10.48}$$

式中，r 是参考输入温度曲线，闭环状态向量为 $\boldsymbol{x}_{\mathrm{cl}} = \begin{bmatrix} \boldsymbol{T}^{\mathrm{T}} & x_c^{\mathrm{T}} & \hat{\boldsymbol{T}}^{\mathrm{T}} \end{bmatrix}^{\mathrm{T}}$，系统矩阵为

$$\boldsymbol{A}_{\text{cl}} = \begin{bmatrix} \boldsymbol{F} & \boldsymbol{GC}_c & -\boldsymbol{GK}_0 \\ \boldsymbol{B}_c\boldsymbol{H} & \boldsymbol{0} & \boldsymbol{0} \\ \boldsymbol{LH} & \boldsymbol{GC}_c & \boldsymbol{F}-\boldsymbol{GK}_0-\boldsymbol{LH} \end{bmatrix}, \quad \boldsymbol{B}_{\text{cl}} = \begin{bmatrix} \boldsymbol{0} \\ -\boldsymbol{B}_c \\ \boldsymbol{0} \end{bmatrix}$$

$$\boldsymbol{C}_{\text{cl}} = \begin{bmatrix} \boldsymbol{H} & \boldsymbol{0} & \boldsymbol{0} \end{bmatrix}, \quad \boldsymbol{D}_{\text{cl}} = [0]$$

该系统的闭环极点位于 $-0.5574 \pm j0.4584$，-0.1442，-0.0877，-16.5268，-0.1438 和 -0.0876，与期望的极点相同。闭环控制系统的结构如图 10.69 所示。

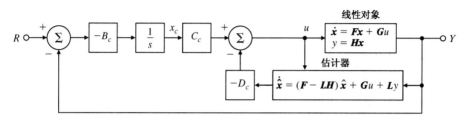

图 10.69　闭环控制结构方框图

在 Simulink 仿真环境中画出的闭环控制系统方框图，如图 10.70 所示。系统的线性闭环响应如图 10.71(a) 所示，有关的控制作用如图 10.71(b) 所示。指令温度曲线 r，就是 0℃ ~ 25℃ 的斜坡，上升斜率为 1℃/s，然后是 50 s 的浸泡时间，接着温度回落至 0℃。因为 RTP 实验模型只有三个电子管，以至于斜坡的斜率很小，而实际的系统有上百个，相应地就会有比前面提到的快得多的上升率。尽管对斜坡约有 2 s 的时滞和最大 0.089℃ 的超调量，但系统仍然能够跟随指令温度轨线。正如所期待的，系统能近似地跟随恒定输入，而没有稳态误差。电子管的控制指令如期待的那样上升，以便跟随斜坡输入，在 25 s 时达到最大值，然后在 35 s 左右回落至稳定值。通常，电子管的响应曲线在 0 ~ 75 s 之内，接着由快速冷却产生几秒钟的负指令电压。然而，因为系统中没有有效的冷却系统，所以负指令电压(如图中的虚线所示)实际上是不可实现的。因此，在非线性仿真中，受控的电子管电源必须严格限定为非负值(参阅步骤 8)。注意，从 75 ~ 100 s 的响应是系统的负阶跃响应。

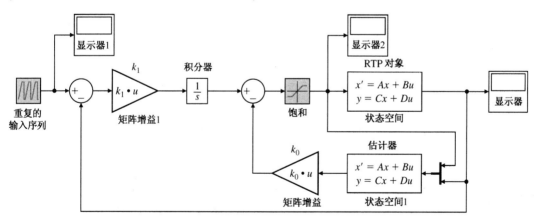

图 10.70　RTP 闭环控制 Simulink 方框图

步骤 8　仿真有非线性的设计。用 Simulink 仿真的非线性闭环系统方框图，如图 10.72(a) 所示。模型以热力学温度为单位，环境温度为 310 K。非线性对象模型对应于式(10.42) 的具体实现。有一个跟随参考温度曲线的预滤波器(用于平滑尖锐的转折点)，其传递函数为

$$G_{pf}(s) = \frac{0.2}{s + 0.2} \tag{10.49}$$

注意,从电压到功率的转化公式,由实验得出为

$$P = V^{1.6} \tag{10.50}$$

相应地,在 Simulink 中,它作为一个非线性模块(VtoPower)实现。静态非线性电子管的逆模型也可以被包含在一个模块(InvLamp):

$$V = P^{0.625} \tag{10.51}$$

这样,就可以消除电子管的非线性度。如图所示,系统的电压调节范围在 1～4 V 之间。电子管包含一个饱和非线性单元,还有用于处理电子管饱和的积分抗漂移逻辑单元。非线性动态响应曲线如图 10.73(a)所示,而控制作用如图 10.73(b)所示。注意,非线性响应与线性响应大体上是相同的。

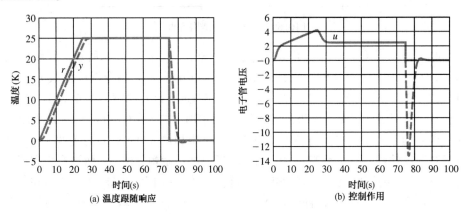

(a) 温度跟随响应   (b) 控制作用

图 10.71 线性闭环 RTP 响应

    RTP 实验模型的原型已经建立[1],并于 1998 年在科罗拉多州维尔市举办的 Sematech AEC/APC 会议上演示。图 10.74 给出了该系统的图片。该系统在本质上是多变量的。原型系统使用的三输入三输出多变量控制器设计方法与步骤 7 讨论的相同,且在使用实时操作系统的嵌入式控制器平台上进行实现。

    连续控制器(即组合的内部模型控制器和估计器)具有如下的形式:

$$\begin{aligned} \dot{\boldsymbol{x}}^c &= \boldsymbol{A}^c \boldsymbol{x}^c + \boldsymbol{B}^c \boldsymbol{e} \\ \boldsymbol{u} &= \boldsymbol{C}^c \boldsymbol{x}^c \end{aligned} \tag{10.52}$$

式中, $\boldsymbol{x}^c = [\boldsymbol{x}_c^{\mathrm{T}} \hat{\boldsymbol{T}}^{\mathrm{T}}]^{\mathrm{T}}$

$$\boldsymbol{A}^c = \begin{bmatrix} \boldsymbol{0} & \boldsymbol{0} \\ \boldsymbol{G}\boldsymbol{C}_c & \boldsymbol{F} - \boldsymbol{G}\boldsymbol{K}_0 - \boldsymbol{L}\boldsymbol{H} \end{bmatrix}, \quad \boldsymbol{B}^c = \begin{bmatrix} \boldsymbol{B}_c \\ \boldsymbol{L} \end{bmatrix} \tag{10.53}$$

并且

$$\boldsymbol{C}^c = \begin{bmatrix} \boldsymbol{C}_c & -\boldsymbol{K}_0 \end{bmatrix}$$

以 $T_s = 0.1$ s 的采样周期对控制器进行离散化(参阅第 8 章),且数字式实现为

$$\begin{aligned} \boldsymbol{x}_{k+1}^c &= \boldsymbol{\Phi}^c \boldsymbol{x}_k^c + \boldsymbol{\Gamma}^c \boldsymbol{e}_k \\ \boldsymbol{u}_k &= \boldsymbol{C}^c \boldsymbol{x}_k^c \end{aligned} \tag{10.54}$$

---

① 由 J. L. Ebert 博士推导得出。

图 10.75 描述了实际系统对参考温度曲线的响应，以及三个电子管的电压值。这与非线性闭环系统仿真结果(如果考虑噪声)能良好地吻合。

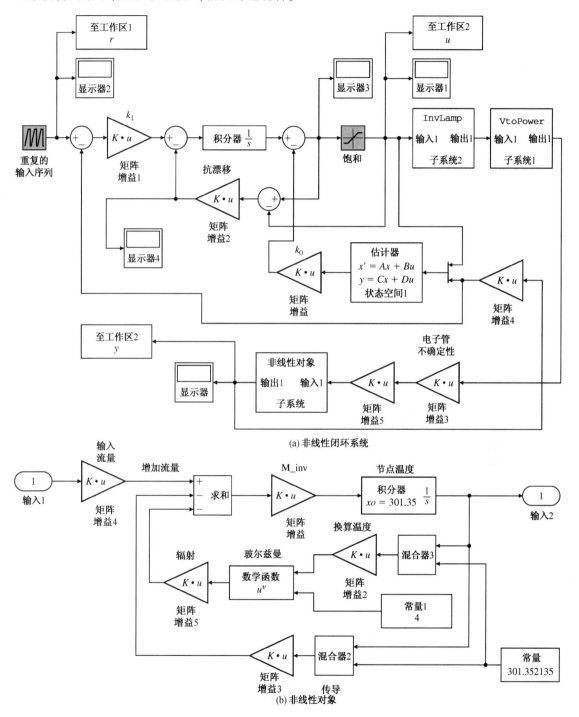

(a)非线性闭环系统

(b)非线性对象

图 10.72　非线性闭环 RTP 系统的 Simulink 方框图

关于建模和控制 RTP 系统的更深层次问题的讨论和学习，读者可参阅 Emami-Naeini et al. (2003)、Ebert et al.(1995a，b)、de Roover et al.(1998)和 Gyugyi et al.(1993)。

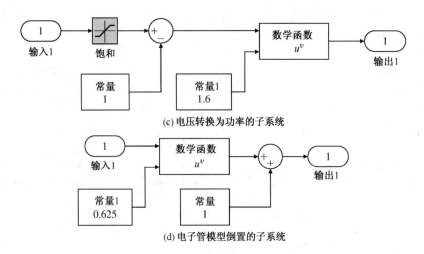

(c) 电压转换为功率的子系统

(d) 电子管模型倒置的子系统

图 10.72　非线性闭环 RTP 系统的 Simulink 方框图(续)

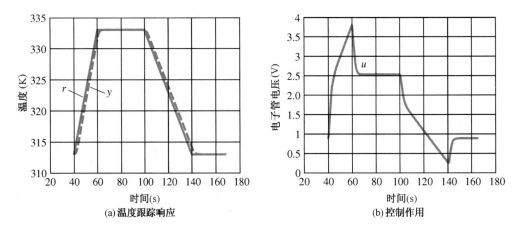

(a) 温度跟踪响应

(b) 控制作用

图 10.73　非线性闭环响应

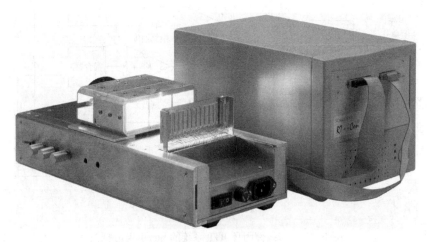

图 10.74　RTP 温度控制实验模型(图片由 Abbas Emami-Naeini 提供)

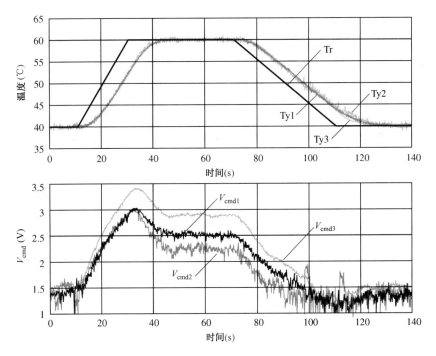

图 10.75　RTP 温度控制实验模型的响应

10.7　趋化性或者大肠杆菌的顺利游动

背景

细胞是所有生物体的基本结构和生理子系统，生命所必需的大部分生化活动都在细胞内进行。某些生物体只由一个细胞组成，如细菌。如图 10.76 所示为一个原核细胞。如图 10.77 所示为大肠杆菌，它是一种被广泛研究的单细胞生物。在案例研究中，其运动和控制将以一种高度简化的方式来描述。系统生物学（System biology）是一个新兴的领域，通过建立动态模型来描述很多生物系统中令人难以置信的复杂过程，其目的是为了研究部分转移的变量如何影响整个群体。在该案例研究中，通过一个高度精简的模型来说明，控制是如何影响整个过程的。在研究的准备过程中，我们尽量减少使用生物学中的术语，而使用简洁的定义。通过本节的简单介绍，希望能激励控制工程师对这一重要领域进行进一步的研究。首先介绍关于这个研究的背景知识。

德国儿科医生和细菌学家 Theodor Escherich 于 1885 年发现了大肠杆菌。这种细菌是一个半球形端盖圆柱有机体，如图 10.76 所示。大肠杆菌的照片如图 10.77 所示，它的直径约为 1 μm、长度为 2 μm、质量约 1 为 pg。因为其相当小的基因组和便于在实验室中生长，大肠杆菌已经被遗传学家广泛研究。通过对大肠杆菌的整个基因组或遗传信息"库"测序发现，它包含 4 639 221 个由腺苷（A）、胞嘧啶（C）、鸟嘌呤（G）和胸腺嘧啶（T）组成的碱基，从而构成 4288 种基因。这些基因促进一些特殊的蛋白质合成并转录、最终转化为主要结构或蛋白质的氨基酸序列。大肠杆菌会不断增长，进而分裂成两个相同的子细胞。这相当于"细胞分裂机"，不断地分裂，甚至在最佳条件下，大肠杆菌的数量每 20 分钟增加一倍。2003 年的一份研究表明，单独的大肠杆菌细胞表现出积极的趋化性，这意味着，它们会被吸引到能够形成大肠杆菌菌落的细胞。大肠杆菌寄居在热血动物（包括人类）的小肠内，并以氨基酸为食。这种细菌能够对抗有害的细菌,从而有助于维持肠道细菌群的平衡,并且还能合成一些维生素。除了一种特定的菌株(大肠杆菌 O157:H7)可引起人类食物中毒外,大多数的大肠杆菌菌株是无害的。

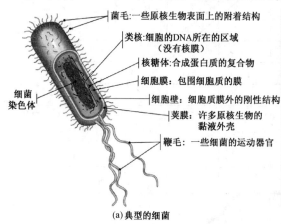

菌毛:一些原核生物表面上的附着结构

类核:细胞的DNA所在的区域(没有核膜)

核糖体:合成蛋白质的复合物

细胞膜:包围细胞质的膜

细菌染色体

细胞壁:细胞质膜外的刚性结构

荚膜:许多原核生物的黏液外壳

鞭毛:一些细菌的运动器官

(a) 典型的细菌

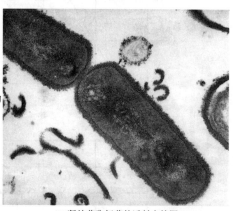

(b) 凝结芽孢杆菌的透射电镜图

图 10.76　细胞结构

大肠杆菌有 6 ~ 10 个旋转运动原,每个旋转运动原通过一个短而灵活、相当于万向节的类似钩的结构来驱动一根长约 10 μm 的细螺旋长丝。这样的整个组件,被称为鞭毛(Berg, 2003)。当观察者从细胞外往下看那个钩时,运动原顺时针(CW)或者逆时针(CCW)转动。当所有的运动原都逆时针转动时,鞭毛丝捆绑在一起,细胞平稳地向前游动,如图 10.78 所示。当一个或多个运动原变为顺时针转动时,相应的鞭毛松开,重新调整翻滚的细胞,这样形成很小的位移,如图 10.79 所示。这两种运动模式根据环境相互交替并保持平衡状态,前进持续约 1 s,滚动约 0.1 s,从而产生一个三维随机游动。

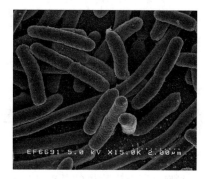

图 10.77　大肠杆菌的图片(图片来自美国卫生部的国家卫生研究院)

通过控制翻滚的频率,细菌可以向有利的分子运动,或者远离有害的分子,如图 10.80 所示。

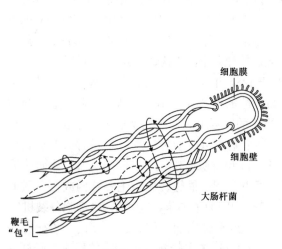

细胞膜

细胞壁

大肠杆菌

鞭毛"包"

图 10.78　逆时针转动实现前进的鞭毛运动原(图片由 Nima Cyrus Emami 提供)

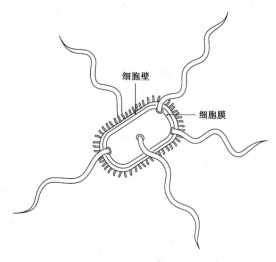

细胞壁

细胞膜

图 10.79　逆时针转动实现翻滚的鞭毛运动原

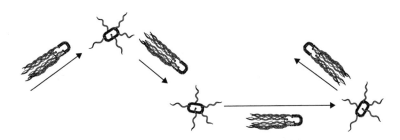

图 10.80 类似于有偏随机步行的大肠杆菌

问题

趋化（Chemotaxis）是一个移动细菌在感知到环境变化后向一个更有利的环境迁移的过程。趋化性对于一个细胞的正常工作是很重要的。大肠杆菌能够比较当前引诱素浓度和之前的引诱素浓度，如果检测到引诱素的正变化，那么它们就会迁移。为了这样做，翻滚的概率和翻滚的频率便会降低，而前进时间相应地变长。相比之下，如果细菌检测到驱避素浓度增加，则它会认为一直在向坏的方向游动，因此便会增加翻滚的频率来改变方向，从而试图远离驱避素。趋化性的动力学是本案例研究的主题。

系统生物学的研究人员已发现几种不同的细菌趋化性模式。我们的讨论将基于这两个模型（Barkai and Libler, 1997；Yi et al., 2000）。趋化反应中所涉及的不同蛋白质已经有了深入的研究，以及它们之间的相互作用也被详细地表征，如图 10.81 所示。生物学家已经按字母顺序，再加上前缀"Che"的形式来命名趋化中所涉及的蛋白质，这样就得到 CheA、CheB、…、一直到 CheZ。细菌表面是受体复合物，包括 CheW 和 CheA，可以绑定引诱素或驱避素。这些构成系统输入的化学物质，被称为集体配位体（collectively ligand）。该系统旨在控制翻滚的频率，这是由直接作用于鞭毛运动原的蛋白质 CheY 所控制。

受体有些是活跃的并且等待配位体，而有些受体是不活跃的也不接受任何配位体。一个受体复合物如果接受了蛋白质 CheR 的甲基（ – CH3），它就会变得活跃。如果甲基被蛋白质 CheB 夺去，受体就会变得不活跃。当受体活动通过蛋白质 CheA 控制蛋白质 CheB

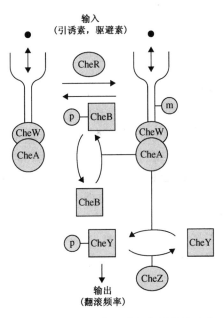

图 10.81 大肠杆菌的趋化信号传导通路

水平的时候，蛋白质 CheR 的水平主要是固定的。作为趋化性的稳态动力学的一部分，甲基有规律地由 CheR 添加或由 CheB 来移除。当一个配位体和活跃的受体结合时，这种平衡就被打破了。如果配位体是引诱素，蛋白质 CheA 的活动减少，结果使蛋白质 CheB 的去甲基化活动减少，更多的受体变得活跃起来，并且蛋白质 CheA 的活动渐渐恢复到稳定状态。这是趋化性的反馈回路。同时，由于这减少了 CheB 的激活率，CheA 对 CheY 的激活率也减小了，从而导致翻滚频率减小。最终，细菌游动得更多，而且游向引诱素。如果配位体是一个驱避素，则 CheA 的活动就会更频繁，这将增大蛋白质 CheY 的活动率且翻滚频率也会增大。这时细菌为了逃离驱避素会寻找新的方向,从而游动得更少。同时,在反馈回路中,蛋白质 CheB 会更活跃,受体的活跃度大幅度降低,并且 CheA 和翻滚频率又会恢复稳态值。在配位体浓度变化后,活动和翻滚频率又能恢复到与之前相同的值,这一突出的特性被系统生物学家称为精确的适应。对于一个控制工程师来说,这是一种很常用的控制方法。大肠杆菌趋化性的实验图如图 10.82 所示。

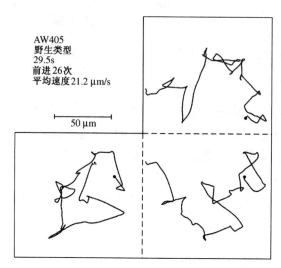

图 10.82　大肠杆菌趋化性实验数据(Berg,1972)。本图为三维路径的平面投影

模型

这项研究的难题是建立一个模型作为控制系统方框图,用来描述该趋化性状态的平均运动。我们将它们看成是一种受体复合物和有关的鞭毛蛋白质,来表示其平均水平。研究表明,这样的方程组很复杂,并且是高度非线性的。此外,细菌的表面也包含数以百计的受体复合物,它们之间的相互作用如图 10.81 所示。我们将线性的、远离其平衡值的一些数据的平均值的小信号偏差,作为方框图的变量。将配位体浓度作为系统输入,引诱素是正的,驱避素是负的。系统的输出就是蛋白质 CheA-P 在 X 轴方向的运动。我们的模型参数是选定的,所以系统响应符合参考文献(Mello et al.,2004)中图 10 的曲线。假定在一维运动中黏性摩擦占据主导地位,因此此时的动态系统可看做是一个简单的积分器。该模型基于以下的事实:

- 观察到当一个配位体和一个激活的受体绑定后,CheA-P、CheB、CheY-P 浓度的变化几乎是瞬时的。
- 改变 CheB 浓度仅仅改变去甲基化的速率,并不影响去甲基化本身。甲基水平的改变远比翻滚速率的改变慢。
- 加入一定量引诱素,测量得到的响应是,CheA 浓度立刻下降,接着又渐渐恢复到稳态水平。这种属性就被称为活动的适应性。

如图 10.83 所示的控制方框图实现了这些事实,包括适应性。可以看出,适应的结果是通过标准的积分控制获得的。Simulink 原理图如图 10.84 所示,当 CheR 浓度固定时的响应如图 10.85、图 10.86 和图 10.87 所示。当 CheR 浓度发生变化时,活性的稳态强度发生改变,并且甲基的时间常数也会改变。

最后,我们剩余的问题比得到的答案更多了。例如,研究者要能够从对特定过程的基本化

学和物理方程的分析中推导出系统模型。以上描述的模型也可以转换为 CheR 浓度变化的模型。最后，模型要如何拓展到三维运动的情况呢？希望读者能够有所启发并找到这三个问题的解决方案。

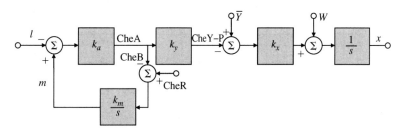

图 10.83　大肠杆菌趋化的控制方框图(ℓ 代表配位体，m 代表甲基化，
CheR代表稳态时的甲基化速率，W代表稳态时的随机游动)

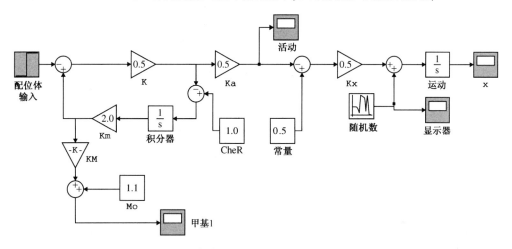

图 10.84　用于仿真大肠杆菌趋化性的 Simulink 原理图

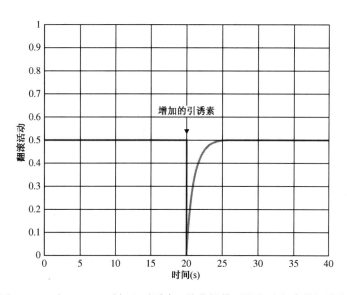

图 10.85　在 $t = 20$ s 时加入引诱素，趋化性模型的翻滚频率模拟曲线

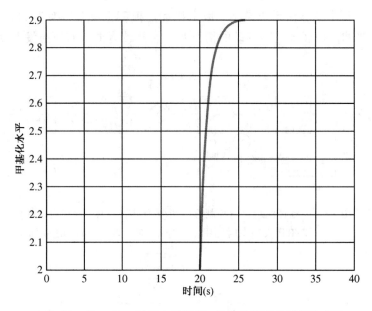

图 10.86 在 $t = 20$ s 时加入引诱素，趋化性模型的甲基化水平

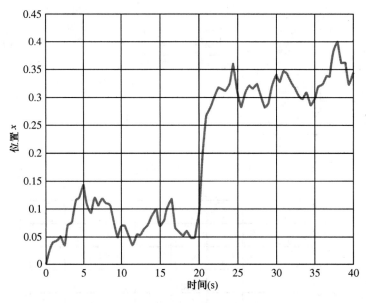

图 10.87 在 $t = 20$ s 时加入引诱素，趋化性模型的运动响应

小结

生物学家多年来一直专注于研究生物体的不同部分。最近，研究的焦点已转移到将整个有机体的行为作为一个相互关联的系统。从 20 世纪 70 年代以来，通过试验已经知道，许多生物系统都能靠自适应的方式来适应环境。近年来，已有可分析的模型来解释我们案例中的这种现象。新的分析模型可以解释生物系统的固有特性，就像对活跃部位的积分控制中表现的优越的适应能力。控制理论方法及诠释将有助于提高我们对生物系统的行为和特性的理解。我们希望这个简单的例子能够激发读者对这一新兴领域的兴趣。

10.8 历史回顾

1912 年，第一个自动飞行器在柯蒂斯飞行船上进行测试，这距离莱特兄弟首次飞行只有 9 年时间。它是埃尔默斯佩里设计的，由一个测量姿态的陀螺仪和活动控制翼面的伺服机构组成。其中一部分是由莱特兄弟设计，这部分故意使飞机稍不稳定从而让飞行员能够更好地控制它。当该飞行器 1914 年在法国获奖时，这个系统才开始被世人知道。它可以贴近地面来回飞行，并且在往返过程中驾驶员劳伦斯·斯佩里可以站在驾驶舱内而将手放空[①]。

出于第一次世界大战的军事安全考虑，自动飞行器的研究在 1915 年转入地下秘密进行。直到 Wiley Post 在 1933 年驾驶"Winnie Mae"号公开环球飞行，这是对 Sperry 系统的一种改装。如果没有自动飞行器，那次环球飞行是几乎不可能的，因为自动驾驶器能让 Post 偶尔打个盹。据报道，Post 有一个系统，由一个绑在手指上的扳手和绳子组成，可以在他睡得很沉的时候叫醒他。这次飞行的成功推动了自动驾驶仪的发展，其中包括一些导航功能和姿态控制。在 1947 年，空军演示了一架 DC-3 型飞机，从起飞到着陆自动地实现跨大西洋的飞行过程。

随后，飞机有了后掠机翼和具备更高的飞行速度，这就需要增稳系统来帮助飞行员控制飞行器。如果不带自动驾驶仪，那么就更需要增稳系统了。现在，这些系统应用于所有高性能军用飞机和商用客机。1974 年，F-16 成为第一架具有空气动力学不稳定体系的飞机，因此其持续飞行要高度依赖于增稳系统。实现这个增稳系统，是为了让飞行更加机动、可控，但需要一个"能遥控的自动驾驶仪"和维持可接受可靠性的四重化冗余。

在 20 世纪 50 年代末，第一艘没有姿态控制的飞船，这是因为它唯一的使命是进行测量并将信息广播回地面。然而，在 20 世纪 60 年代初诞生的 Corona 号飞船，它的任务是拍摄地球照片，这就需要相机能够精确、稳定地定位。在那时，这些任务具有军事目的，被称为公共消费的"发现者"，但是后来已被解密并被详细描述[②]。

在 20 世纪 60 年代末，第一台数字自动驾驶仪出现在阿波罗计划的登月舱和指挥舱。它们最初是由麻省理工学院(MIT)仪器实验室的 Bill Widnall、Don Fraser 和 Dick Battin 发明的。这是美国航空航天局(NASA)第一次决定大胆采用数字技术而非传统的模拟技术，从而处理了一个在合理质量时的复杂性问题。

在 1980 年以前，汽车引擎控制系统包括一个分配器中的机械系统(用来改变点火时间)和一个化油器中的流体系统(根据气流速度或油门的突变，改变燃料流量)。这些是根据发动机的操作条件来设定适当控制机制的开环系统。1980 年，汽车被强制改善污染指标，因此，这需要使用 10.4 节描述的反馈系统来改善控制。这些系统现在仍然在用，如可变的气门定时、可变的喷油定时和可变的气门开度水平。

控制在半导体芯片生产自动化中的应用越来越受到人们的关注。许多重要的工艺步骤，如快速热处理(RTP)、化学机械研磨和使用先进实时控制技术的光刻。据估计，在未来的 10 年内，更多的半导体制造设备将采用高端的现场反馈控制，使新的传感器成为可能。半导体制

---

① 从操纵杆到控制翼面之间没有机械连接。

② Taubman(2003)。

造采用先进的闭环控制系统,这给控制工程师带来了挑战和机遇,尤其是即将诞生的 450 mm 直径的芯片。控制在材料原子结构成像领域的磁共振力显微镜(MRFM)中的应用(de Roover et al.,2008),可以从根本上改变我们对设备原子结构的理解,并使得生物子系统的成像成为可能。

系统生物学的兴起标志着生命科学时代的到来。研究个别组件的常用方法已经被一种侧重于了解整个生物系统行为的新途径所代替,目的就是为了了解生物系统的行为,从而希望能找到治愈癌症的方法,也希望能找到研发新药物及生产抗生素和疫苗的新途径。

控制理论的应用在今天已经很成熟了。反馈控制的思想在生物系统、网络拥塞控制、新型航天系统等领域的应用不断涌现。现在,正在进行将人体视为一个动态系统的基因学研究。互联网已经吸引了很多渴望了解这项技术及如何改进它的控制系统研究者的关注。网络设计和控制包括网络规划和拥塞控制正在研究中。我们的一些同事都热衷于控制理论在金融领域的应用。如果你喜欢研究,那么将会喜欢房地产泡沫。

本章小结

- 在本章,我们列出了控制系统设计的基本纲要,而且将其应用到 5 个典型的案例研究中。设计纲要包括许多的明确步骤:
  1. 建立系统模型,确定要求的性能指标。这一步的目的是回答这样一个问题:系统是怎样的? 用途是什么?
  2. 选择传感器。控制的一条基本规律是,若不能观测,则不能控制。以下是选择传感器要考虑的要素:
     (a)传感器的数量和安装位置
     (b)工艺
     (c)传感器的性能指标,如精确度
     (d)物理尺寸和质量
     (e)传感器的品质,如使用寿命、对环境变化的鲁棒性
     (f)成本
  3. 选择执行器。执行器必须能驱动系统满足要求的性能指标。传感器选择要考虑的要素,同样适用于执行器的选择。
  4. 建立线性模型。所有的设计方法都是基于线性模型的。小信号扰动模型和反馈线性化模型都可应用。
  5. 设计简单的 PID 控制器。用 PID 或者它的同类方法,超前滞后补偿器可能成功满足期望的性能。在任何情况下,这能体现控制问题的本质。
  6. 评估、改进受控对象。评估、改进受控对象是否会提高系统的闭环性能。如果能,则回到步骤 1 或者步骤 4。
  7. 尝试最优设计。用于控制规律的选择和基于状态方程的估计器设计,SRL 方法能确保控制系统的稳定性,并能在减小误差和控制效果之间寻求平衡。相关的另一个方法是任意极点配置,使设计者对动态响应有直接的控制。采用 SRL 法和极点配置法,均会导致设计对参数变化的鲁棒性降低。
  8. 仿真设计与性能验证。此时会用到所有的分析工具,包括根轨迹法、频率响应法、

GM 和 PM 度量、暂态响应。可以通过在仿真中改变模型的参数，以及观察在使用数字控制时用离散模型近似的补偿器的效果来验证设计的性能。

9. 建立原型，使用典型输入信号测试系统性能。要想知道布丁的味道就亲口尝一尝，直到经过测试的控制设计才是可以真正接受的。没有哪个模型能够包含所有的物理设备特征，因此在将设计安装之前的最后步骤就是，在时间和经济允许的范围内，在物理原型上进行测试。

- 关于卫星的案例研究说明了欠阻尼谐振系统使用陷波补偿器的效果，也表明了并置执行器和传感器系统比非并置的情况更容易控制。
- 关于波音 747 飞机的侧向稳定性的案例研究阐明了用来协助飞行员的内回路反馈作用，而飞行员负责提供基本的外回路控制。
- 波音 747 飞机的姿态控制说明了如何联合内回路反馈和外回路补偿器，以设计一个完整的控制系统。
- 汽车燃料控制比例控制的案例说明了在设计时滞系统时伯德图的作用。带有非线性传感器的设计仿真验证了极限环的启发式分析，该分析利用等价增益概念，用根轨迹实现。
- 磁盘驱动案例研究说明了在不稳定环境中，带宽是非常重要的。
- 快速热处理案例研究阐明了非线性热系统的建模和控制问题。
- 大肠杆菌的案例研究是一个简单的例子，表明了控制理论在系统生物学这一新兴领域中的应用。
- 在所有情况下，设计者需要能够使用多种工具，包括根轨迹法、频率响应法、状态反馈的极点配置以及时域响应仿真来得到良好的设计。在本章开始，我们保证了对于这些工具的理解，我们也相信读者现在已准备好实践控制工程这门技术了。

复习题

1. 为什么对欠阻尼结构，例如机械臂，并置的执行器和传感器比非并置的更容易设计呢？
2. 为什么控制工程师要参与控制过程的设计？
3. 为下列控制问题的执行器和传感器举例：
   (a) 地球同步通信卫星姿态控制。
   (b) 波音 747 飞机的偏移控制。
   (c) CD 播放器的音轨跟随器控制。
   (d) 点火式汽车引擎的燃料空气比例控制器。
   (e) 喷涂汽车的机器手臂的位置控制。
   (f) 轮船的航向控制。
   (g) 直升机的姿态控制。

习题

10.1　在比例、积分和微分三种 PID 控制中，哪一种对减少因常量扰动导致的误差最有效？并解释原因。

10.2　当反馈控制系统中的传感器与执行器在机械结构上非并置时，会不会有更大的不稳定可能性？并解释原因。

10.3　对于受控对象 $G(s) = 1/s^3$，判断是否可能通过加入下面的超前补偿器使对象稳定。

$$D_C(s) = K\frac{s+a}{s+b}, \quad (a < b)$$

(a)最终的反馈系统的最大相位裕度是什么？

(b)将这样的受控对象与任意数量的超前补偿器一起，能否使系统条件稳定？解释为什么能或者不能。

10.4　对于如图 10.88 所示的闭环系统。

(a)如果 $K = 70\,000$，相位裕度是多少？

(b)如果 $K = 70\,000$，增益裕度是多少？

(c)当 K 值为多少时，能够产生约 70°的相位裕度？

(d)当 K 值为多少时，能够产生约 0°的相位裕度？

(e)画出系统对 K 的根轨迹，确定能使系统临界稳定的 K 值。

(f)如果扰动 w 是常数且 $K = 10\,000$，使 $y(\infty)$ 保持在 0.1 以下的最大允许 $r = 0$ 值是多少？

(g)假设系统特性要求允许 w 超过(f)中的结果，而又要求有相同的误差约束[$| y(\infty) | < 0.1$]。讨论一下应该采取什么步骤来解决这个问题。

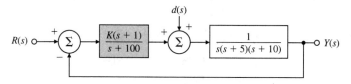

图 10.88　习题 10.4 的控制系统

10.5　考虑如图 10.89 所示的系统，它表示飞机的姿态控制。

(a)设计补偿器，使主导极点位于 $-2 \pm j2$。

(b)画出你设计的伯德图草图，选择补偿器的转折频率至少为 $2\sqrt{2}$ rad/s，且 PM ≥ 50°。

(c)画出你设计的根轨迹，确定当 $\omega_n > 2\sqrt{2}$、$\zeta \geq 0.5$ 时的速度常量。

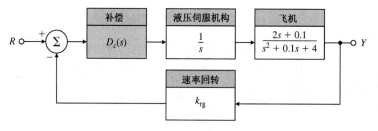

图 10.89　飞机姿态控制的方框图

10.6　对于如图 10.90 的伺服系统方框图，下列哪些说法是正确的？

(a)执行器动态特性(极点在 1000 rad/s)必须包括在分析中，用来估计控制系统稳定时的最大可用增益。

(b)为使系统稳定，增益 K 必须为负。

(c)存在 K 值使得控制系统在 4~6 rad/s 之间振荡。

(d)系统在 $|K| > 10$ 时不稳定。

(e)如果为了稳定，K 必须为负，那么控制系统不能抵消掉正的扰动。

(f)正的常量扰动将加速负载，从而令 e 的终值为负。

(g)当只有正的常量指令输入 r 时，误差信号 e 必然有大于 0 的终值。

(h)对于 $K = -1$，闭环系统稳定，扰动导致的速度误差的稳态幅度小于 5 rad/s。

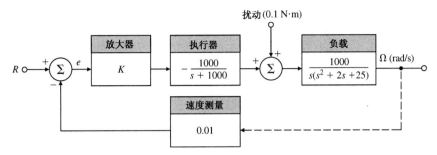

图 10.90　习题 10.6 的伺服系统

10.7　操纵杆平衡仪及其相应的控制方框图如图 10.91 所示。控制是施加在支点附近的力矩。

(a) 使用根轨迹法，设计一个补偿器 $D(s)$ 能够将主导根置于 $s = -5 \pm j5$（对应于 $\omega_n = 7$ rad/s，$\zeta = 0.707$）。

(b) 使用伯德图方法，设计一个补偿器 $D(s)$，要求满足以下的特性：

- 对于常量输入转矩 $T_d = 1$，稳定位移 θ 小于 0.001。
- 相位裕度大于等于 $50°$。
- 闭环带宽约为 7 rad/s。

10.8　考虑如图 10.92 所示的标准反馈系统。

(a) 假设

$$G(s) = \frac{2500\,K}{s(s+25)}$$

设计一个超前补偿器，使得系统相位裕度大于 $45°$，斜坡稳态误差应不大于 0.01。

(b) 使用 (a) 中的传递函数，设计一个超前补偿器，使得超调量小于 25%，以及 1% 的稳定时间小于 0.1 s。

(c) 假设

$$G(s) = \frac{K}{s(1+0.1s)(1+0.2s)}$$

要求性能指标为 $K_v = 100$ 且 PM $\geqslant 40°$。超前补偿是否对该系统有效？设计一个滞后补偿器，画出被补偿系统的根轨迹。

(d) 使用 (c) 中的 $G(s)$，设计一个滞后补偿器，使得峰值超调量少于 20% 且 $K_v = 100$。

(e) 使用超前滞后补偿器，重做 (c)。

(f) 确定 (e) 中的补偿系统的根轨迹，并与 (c) 中的根轨迹进行对比。

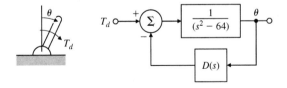
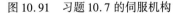
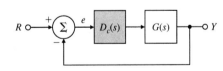

图 10.91　习题 10.7 的伺服机构　　　　　　图 10.92　标准反馈控制系统的方框图

10.9　对于如图 10.92 所示的系统，其中

$$G(s) = \frac{300}{s(s+0.225)(s+4)(s+180)}$$

要求设计的补偿器 $D_c(s)$，可以使得闭环系统满足以下的特性：

- 对于阶跃输入，具有零稳态误差。
- PM $= 55°$，GM $\geqslant 6$ dB。
- 增益转折频率不小于非补偿对象的增益转折频率。

(a)应该使用什么类型的补偿？为什么？

(b)设计合适的 $D_c(s)$ 来满足这些特性。

10.10　我们已讨论了伊凡思根轨迹法、伯德图频率响应法、状态变量极点配置法这三种设计方法。解释以下的说法描述的是哪个方法(如果你感觉某个说法适用于一种以上的方法，请说明并解释)：

(a)当对象描述必须从试验数据中得到时使用最为普遍的方法。

(b)该方法对动态响应特性，如上升时间、超调量百分比和稳定时间，提供最直接的控制。

(c)该方法对于自动机(计算机)实现最容易应用。

(d)该方法对稳态误差常量 K_p 和 K_v 提供最直接的控制。

(e)该方法倾向于使得最少复杂控制器能够满足动态和静态精度要求。

(f)该方法使得设计者确保最终的设计结果无条件稳定。

(g)该方法能够在不做任何修改的情况下，适用于包含转移滞后环节的对象，如

$$G(s) = \frac{e^{-2s}}{(s+3)^2}$$

10.11　超前滞后网络典型应用在以频率响应法(伯德图)为基础的设计之中。假设有一个 1 型系统，指出这些补偿器网络对于每个列出的性能指标的影响。在每种情况下，指出这种影响是"增长"、"不变"还是"减少"呢？使用二阶对象 $G(s) = K/[s(s+1)]$ 来解释你的结论。

(a) K_v

(b)相位裕度

(c)闭环带宽

(d)超调量百分比

(e)稳定时间

10.12　热气球的高度控制：美国的单人气球驾驶者 Steve Fossett 乘坐"自由精神号"于 2002 年 7 月 3 日降落在澳大利亚内陆，成为第一位环球航行的单人气球驾驶者(如图 10.93 所示)。热气球垂直动作(如图 10.94 所示)方程，在垂直平衡点线性化，得到

$$\delta \dot{T} + \frac{1}{\tau_1}\delta T = \delta q$$
$$\tau_2 \ddot{z} + \dot{z} = a\delta T + w$$

其中 δT 为热气温度与平衡温度的差，此时浮力等于重力；z 为气球高度；δq 为燃烧器的加热率与平衡率(取决于热气球的热容量)的差；w 为风速的垂直分量；τ_1，τ_2，a 为方程的参数。

要求为气球设计一个高度保持自动导航仪，其参数为

$$\tau_1 = 250 \text{ s}, \quad \tau_2 = 25 \text{ s}, \quad a = 0.3 \text{ m/(s·°C)}$$

由于只有高度信号被测量，所以使用下面的控制律形式：

$$\delta q(s) = D(s)[z_d(s) - z(s)]$$

其中 z_d 是期望的(指令)高度。

(a)绘制闭环特征值对比例反馈控制器增益 K 的根轨迹草图，$\delta q = -K(z - z_d)$。使用劳斯判据，判断增益值和系统临界稳定的相关频率。

(b)我们的直觉和(a)中的结果表明，需要大量的超前补偿，用来制造满意的自动导航仪。因为 Steve Fossett 是百万富翁，他可以承担更复杂的控制器实现。绘制闭环特征值对双超前补偿器，$\delta q = D(s)(z_d - z)$ 的根轨迹草图，其中

$$D(s) = K\left(\frac{s + 0.03}{s + 0.12}\right)^2$$

(c)为比例反馈和超前补偿系统的开环传递函数绘制伯德图(仅直线渐近)的幅值部分草图。

(d)选择超前补偿系统的增益 K，以期得到 0.06 rad/s 的转折频率。

(e)使用(d)中的增益,对 1 m/s 的稳定的垂直风速有多大的高度稳态误差(注意:首先确定从 w 到误差的闭环传递函数)?

(f)如果(e)中的误差太大,如何调整补偿器以得到更好的低频增益(只给出定性的答案)?

图 10.93　"自由精神号"热气球(图片由 FrenchNavy/Tahitipresse提供)

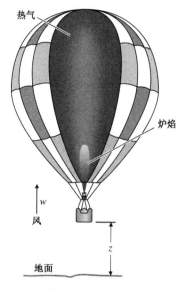

图 10.94　热气球

10.13　卫星姿态控制系统常使用反应轮来控制角度运动。此系统运动方程为:

$$卫星: \quad I\ddot{\phi} = T_c + T_{\text{ex}}$$
$$轮: \quad J\dot{r} = -T_c$$
$$测量: \quad \dot{Z} = \dot{\phi} - aZ$$
$$控制: \quad T_c = -D(s)(Z - Z_d)$$

其中,J 为轮惯性的力矩,r 为轮速,T_c 为控制转矩,T_{ex} 为扰动转矩,ϕ 为控制角,Z 为传感器测量值,Z_d 为参考角度,I 为卫星惯性($1000 \ \text{kg/m}^2$),a 为传感器常量($1 \ \text{rad/s}$),$D(s)$ 为补偿器。

(a)设 $D(s) = K_0$ 为常数。绘制最终的闭环系统对 K_0 的根轨迹。

(b)K_0 在什么范围内时闭环系统稳定?

(c)加入极点在 $s = -1$ 的超前网络,使得闭环系统有带宽 $\omega_{\text{BW}} = 0.04 \ \text{rad/s}$,衰减率 $\zeta = 0.5 \ \text{rad/s}$,补偿器为 $D(s) = K_1\dfrac{s+z}{s+1}$。超前网络的零点应该怎样放置?画出补偿系统的根轨迹,确定 K_1 值令其满足要求。

(d)K_1 在什么范围内时可使系统稳定?

(e)对于(c)中的设计,对常量扰动力矩 T_{ex} 的稳态误差(Z 与参考输入 Z_d 之差)是多少?

(f)考虑输入 T_{ex},系统类型是什么?

(g)采用对(c)中为调节 K_1 得到的增益,画出开环系统的伯德图渐近线。加入(c)中的补偿器,计算闭环系统的相位裕度。

(h)使用状态变量 ϕ,$\dot{\phi}$ 和 Z,写出开环系统的状态方程。选择状态反馈控制器 $T_c = -K_\phi\phi - K_{\dot{\phi}}\dot{\phi}$ 的增益,使闭环极点位于 $s = -0.02 \pm j0.02\sqrt{3}$。

10.14　对象传递函数为 $G(s) = 1/s(s+1)$ 的闭环控制系统,有三种可选的设计方案如图 10.95 所示。信号 w

是受控对象噪声,可作为阶跃信号分析;信号 v 是传感器噪声,可作为包含很高频率的电源信号进行分析。

(a)计算 K_1, a, K_2, K_T, K_3, d, K_D 的参数值,使得在每种情况下(设 $w = 0$, $v = 0$)都有

$$\frac{Y}{R} = \frac{16}{s^2 + 4s + 16}$$

注意,在系统 III 中,极点位于 $s = -4$。

(b)完成以下的表格,用 A/s^k 的形式书写最后一列,来说明 v 的噪声在高频率处被削弱的有多快。

系统	K_v	$\left.\dfrac{y}{w}\right\|_{s=0}$	$\left.\dfrac{y}{v}\right\|_{s\to\infty}$
I			
II			
III			

(c)根据下列的特性,对设计方案进行排序(最好的为"1",最差的为"3"):

	I	II	III
跟踪			
对象噪声抑制			
传感器噪声抑制			

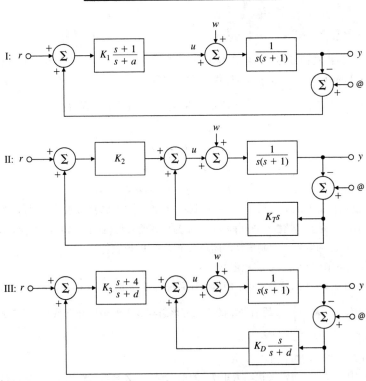

图 10.95　习题 10.14 的可选反馈结构

10.15　使用状态变量为杆角度、杆角速度、车速度的车-杆平衡器运动方程为

$$\dot{\boldsymbol{x}} = \begin{bmatrix} 0 & 1 & 0 \\ 31.33 & 0 & 0.016 \\ -31.33 & 0 & -0.216 \end{bmatrix} \boldsymbol{x} + \begin{bmatrix} 0 \\ -0.649 \\ 8.649 \end{bmatrix} u$$

$$y = \begin{bmatrix} 10 & 0 & 0 \end{bmatrix} \boldsymbol{x}$$

其中输出是杆角度，控制输入为驱动车轮的电动机电压。

(a)计算从 u 到 y 的传递函数，确定极点和零点。

(b)确定能够在 $\omega_n = 4$ rad/s，将系统极点移至 -2.832 和 $-0.521 \pm j1.068$ 所需的反馈增益 $\pmb{K}$。

(c)确定能够将三个估计器极点配置于 -10 的估计器增益 $\pmb{L}$。

(d)确定由(b)、(c)计算的增益定义的估计 – 状态 – 反馈补偿器的传递函数。

(e)设使用极点在 -10 和 -10 的降阶估计器。要求的估计器增益是多少？

(f)使用降阶估计器，重复求解(d)。

(g)计算两个补偿器的频率响应。

10.16 一架 282 吨的波音 747 飞机在海平面即将着陆。如果用案例研究(参见 10.3 节)中给出的状态，假设速度为 221 英尺/秒(0.198 马赫)，则侧向扰动方程为

$$\begin{bmatrix} \dot{\beta} \\ \dot{r} \\ \dot{p} \\ \dot{\phi} \end{bmatrix} = \begin{bmatrix} -0.0890 & -0.989 & 0.1478 & 0.1441 \\ 0.168 & -0.217 & -0.166 & 0 \\ -1.33 & 0.327 & -0.975 & 0 \\ 0 & 0.149 & 1 & 0 \end{bmatrix} \begin{bmatrix} \beta \\ r \\ p \\ \phi \end{bmatrix} + \begin{bmatrix} 0.0148 \\ -0.151 \\ 0.0636 \\ 0 \end{bmatrix} \delta r$$

$$y = \begin{bmatrix} 0 & 1 & 0 & 0 \end{bmatrix} \begin{bmatrix} \beta \\ r \\ p \\ \phi \end{bmatrix}$$

相应的传递函数为

$$G(s) = \frac{r(s)}{\delta r(s)} = \frac{-0.151(s + 1.05)(s + 0.0328 \pm j0.414)}{(s + 1.109)(s + 0.0425)(s + 0.0646 \pm j0.731)}$$

(a)绘制非补偿的根轨迹[对于 $1 + KG(s)$]以及系统的频率响应。系统应该使用哪种类型的经典控制器？

(b)尝试通过为系统绘制对称根轨迹的方法来进行状态变量设计。选择系统在 SRL 上的闭环极点为

$$\alpha_c(s) = (s + 1.12)(s + 0.165)(s + 0.162 \pm j0.681)$$

选择快 5 倍以上的估计器极点为

$$\alpha_e(s) = (s + 5.58)(s + 0.825)(s + 0.812 \pm j3.40)$$

(c)计算 SRL 补偿器的传递函数。

(d)讨论系统对参数改变和非模型化动态性的鲁棒性。

(e)注意本设计与在本章开始时为不同飞行条件而改进的设计相似性。对于在整个操作过程中提供连续(非线性)控制，这意味着什么？

10.17 (本题由 L. Swindlehurst 教授提供)图 10.96 给出的反馈控制系统为位置控制系统。该系统的关键组件是电枢控制的直流电动机。输入电位计产生与期望轴的位置成比例的电压 E_i，即 $E_i = K_p\theta_i$。相似地，输出电位计产生与实际轴位置成比例的电压 E_o，即 $E_o = K_p\theta_o$。注意我们已经假定电位计具有相同的比例常数。用误差信号 $E_i - E_o$ 驱动补偿器，补偿器相应地产生电枢电压驱动电动机。电动机有电枢电阻 R_a、电枢电感 L_a、转矩常量 K_t、反电动势常量 K_e。电动机的惯性力矩 J_m，由齿轮比($N:1$)引起的旋转阻尼是 B_m。负载的惯性力矩是 J_L，而负载阻尼是 B_L。

(a)写出描述反馈系统工作的微分方程。

(b)对于通用的补偿器 $D_c(s)$，确定关于 $\theta_o(s)$、$\theta_i(s)$ 的传递函数。

(c)如表 10.2 所示的开环频率响应数据，由使用电动机电枢电压 v_a 作为输入、电位计电压 E_o 作为输出的系统得到。设电动机是线性的，且是最小相位的，估计电动机的传递函数为

$$G(s) = \frac{\theta_m(s)}{V_a(s)}$$

其中，θ_m 是电动机轴的角位置。

(d)确定一套适合于位置控制系统的性能指标，并得到好的性能。设计 $D_c(s)$ 以满足这些指标。

(e)使用 MATLAB，通过分析和仿真来验证你的设计。

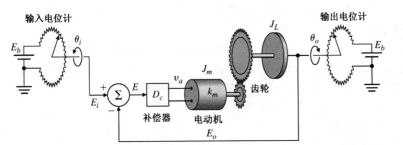

图 10.96 电动机轴和电位计传感器上带有齿轮的伺服系统

表 10.2 习题 10.17 的频率响应数据

频率(rad/s)	$\left\|\dfrac{E_o(s)}{V_a(s)}\right\|$ (dB)	频率(rad/s)	$\left\|\dfrac{E_o(s)}{V_a(s)}\right\|$ (dB)
0.1	60.0	10.0	14.0
0.2	54.0	20.0	2.0
0.3	50.0	40.0	−10.0
0.5	46.0	60.0	−20.0
0.8	42.0	65.0	−21.0
1.0	40.0	80.0	−24.0
2.0	34.0	100.0	−30.0
3.0	30.5	200.0	−48.0
4.0	27.0	300.0	−59.0
5.0	23.0	500.0	−72.0
7.0	19.5		

10.18 设计并构造一个装置,使得小球位于自由摆杆的中心。该装置的例子如图 10.97 所示。把线圈缠绕在永磁铁上作为执行器来移动横杆,用太阳能电池感应小球的位置,用一个霍尔效应装置来感应横杆的位置。研究其他的可能执行器和传感器是设计工作的一部分。比较仅靠小球的位置反馈达到的控制效果和对球与横杆的多回路反馈达到的控制效果,哪一个更好。

图 10.97 球体平衡器设计案例(图片由 David Powell 提供)

10.19 设计和构建的磁悬浮设备,如图 9.2 所示。在设计中,你可能希望使用 LEGO 元件。

10.20 Run-to-Run 控制。对于如图 10.98 所示的快速热处理器(RTP)系统,我们希望加热一块半导体芯片,用卤钨电子管环精确地控制芯片的温度。系统输出是温度 T,形式为 $y = T(t)$。系统参考输入 R 是期望的温度阶跃信号(700℃),且控制输入是电子管的功率。高温计用来测量芯片的中心温度。系统模型是一阶的,积分控制器如图 10.98 所示。在正常情况下,没有传感器偏差($b = 0$)。

(a)假设系统突然出现传感器偏差 $b \neq 0$, b 已知。为保证对温度命令 R 为零稳态跟踪,尽管存在传感器偏差,我们应如何处理?

(b)现在假设 $b = 0$。实际上,我们在尝试控制芯片上氧化膜的厚度而不是温度。此时,氧化膜的厚度不能实时地测量。半导体制造过程工程师必须使用离线设备(又被称为计量仪)来测量芯片上增长的氧化膜的厚度。系统输出温度和氧化膜的厚度之间的关系是非线性的,且

$$氧化膜的厚度 = \int_0^{t_f} pe^{-\frac{c}{T(t)}} \, dt$$

其中, t_f 是过程的持续时间, p 和 c 是已知的常量。设计一个方案,通过使用温度控制器和计量仪的输出,使得芯片的中心氧化膜厚度可以控制在期望值(如氧化膜厚度 $=5000\text{Å}$)。

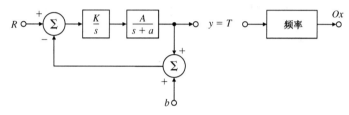

图 10.98 RTP 系统

10.21 为卤钨电子管建立一个非线性模型,并使用 Simulink 进行仿真。

10.22 为高温计建立一个非线性模型。说明如何从模型推算出温度。

10.23 通过对三个传感器求和得到单一信号来控制平均温度,重复 RTP 案例研究的设计。确定线性设计的性能,并通过非线性 Simulink 仿真来验证性能。

10.24 在光刻过程中,半导体芯片制造的其中一个步骤是,将芯片放在加热板上加热一定的时间,实验表明,加热功率到芯片温度的传递函数是

$$\frac{y(s)}{u(s)} = G(s) = \frac{0.09}{(s + 0.19)(s + 0.78)(s + 0.000\ 18)}$$

(a)绘制非补偿系统的 $180°$ 根轨迹图。

(b)运用根轨迹设计方法,设计一个动态补偿器 $D(s)$,使系统满足以下的时域指标:

　　i. $M_p \leqslant 5\%$

　　ii. $t_r \leqslant 20$ s

　　iii. $t_s \leqslant 60$ s

　　iv. 假设 $1℃$ 阶跃输入时的稳态误差小于 $0.1℃$。绘制补偿后系统的 $180°$ 根轨迹图。

10.25 系统生物学(Yang and Iglesias, 2005)中刺激抑制模型:在黏菌细胞中,趋化感应涉及的关键的信号分子的活动可以建模为下面的三阶线性化模型。外部扰动到输出的传递函数为

$$\frac{y(s)}{w(s)} = S(s) = \frac{(1 - \alpha)s}{(s + \alpha)(s + 1)(s + \gamma)}$$

这里, w 是正比例于化学引诱素浓度的外部干扰, y 是响应的输出,这是有缘响应调节器的一部分。这说明系统的传递函数也可以表示如下:

$$G(s) = \frac{(1 - \alpha)}{s^2 + (1 + \alpha + \gamma)s + (\alpha + \gamma + \alpha\gamma)}$$

且反馈调节器为

$$D(s) = \frac{\alpha\gamma}{(1 - \alpha)s}$$

对于这个版本的模型,已知 $\alpha \neq 1$。绘制系统的反馈方框图,标明扰动输入和输出的位置。系统的这种特殊表示的意义是什么?它揭示了系统什么样的隐藏特性?扰动会影响到系统的鲁棒性吗?当扰动输入是单位阶跃信号时,画出系统的扰动抑制响应。假设系统的参数为 $\alpha = 0.5$, $\gamma = 0.2$。

附录 A 拉普拉斯变换

A.1 拉普拉斯变换

拉普拉斯变换可以用来研究包括暂态响应在内的反馈系统完全响应特性。这点与以稳态响应为主要研究的傅里叶变换相对应。在许多应用中，定义 $f(t)$ 的拉普拉斯变换，由 $\mathcal{L}_-\{f(t)\} = F(s)$ 表示，是复变量 $s = \sigma + j\omega$ 的函数，其中

$$F(s) \triangleq \int_{0^-}^{\infty} f(t)e^{-st}\,dt \tag{A.1}$$

用 0^-（即刚好在 $t = 0$ 之前的值）作为积分下限，被称为单边拉普拉斯变换[unilateral(或 one-side)Laplace transform]①。如果函数 $f(t)$ 有指数阶(exponential order)，即存在

$$\lim_{t \to \infty} |f(t)e^{-\sigma t}| = 0 \tag{A.2}$$

则 $f(t)$ 存在拉普拉斯变换。这个衰减指数环节在有效的被积函数中提供内置的收敛因数。这意味着，即使 $f(t)$ 不随 $t \to \infty$ 而趋于 0，如果 f 不以更快的指数率增长，积分将因足够大的 σ 趋于 0。例如 ae^{bt} 具有指数阶，而 e^{t^2} 不具有。如果对某一 $s_0 = \sigma_0 + j\omega_0$ 存在 $F(s)$，那么对所有的满足

$$\mathrm{Re}(s) \geqslant \sigma_0 \tag{A.3}$$

的 s 值存在 $F(s)$。

$F(s)$ 存在的最小 σ_0，被称为收敛横坐标(abscissa of convergence)，且 $\mathrm{Re}(s) \geqslant \sigma_0$ 的区域被称为收敛域(region of convergence)。特别地，双边拉普拉斯变换对特定的区域

$$\alpha < \mathrm{Re}(s) < \beta \tag{A.4}$$

存在拉普拉斯变换，该区域定义收敛带。表 A.2 给出了一些常见的拉普拉斯变换。每个表格中的变换都可以直接应用②。

A.1.1 拉普拉斯变换的特性

在这一部分，我们将解决并证明第 3 章所讨论的、表 A.1 列出的拉普拉斯变换的重要特性。另外，我们将通过例子来展示这些特性的用法。

---

① 双边拉普拉斯变换[Bilateral(或 two-sided)Laplace transforms]，即 $\mathcal{L}_+$ 变换，其中 0^+ 是积分下限值，也出现在其他地方。

② 对于单边拉普拉斯变换，精明的读者会想知道 $\mathrm{Re}(s) < \sigma_0$ 时拉普拉斯变换的有效性。事实上，如果 $F(s)$ 只在 $\mathrm{Re}(s) \geqslant \sigma_0$ 的区域有效，这将是令人失望的。但幸运的是，除了在一些病理情况下(在实践中不会出现)，可以调用解析延拓定理(Analytic Continuation Theorem)将 $F(s)$ 的有效性区域扩展到除极点以外的全部 s 平面。

表 A.1　拉普拉斯变换特性

序　号	拉普拉斯变化	时 间 函 数	注　释
—	$F(s)$	$f(t)$	转换对
1	$\alpha F_1(s) + \beta F_2(s)$	$\alpha f_1(t) + \beta f_2(t)$	叠加
2	$F(s)\mathrm{e}^{-s\lambda}$	$f(t-\lambda)$	时滞 $(\lambda \geqslant 0)$
3	$\dfrac{1}{\lvert a \rvert}F\left(\dfrac{s}{a}\right)$	$f(at)$	时间换算
4	$F(s+a)$	$\mathrm{e}^{-at}f(t)$	频率转换
5	$s^m F(s) - s^{m-1}f(0)$ $-s^{m-2}\dot{f}(0) - \cdots - f^{m-1}(0)$	$f^{(m)}(t)$	微分
6	$\dfrac{1}{s}F(s)$	$\displaystyle\int_0^t f(\zeta)\,\mathrm{d}\zeta$	积分
7	$F_1(s)F_2(s)$	$f_1(t)*f_2(t)$	卷积
8	$\displaystyle\lim_{s\to\infty} sF(s)$	$f(0^+)$	初值定理
9	$\displaystyle\lim_{s\to 0} sF(s)$	$\displaystyle\lim_{t\to\infty} f(t)$	终值定理
10	$\dfrac{1}{2\pi\mathrm{j}}\displaystyle\int_{\sigma_c-\mathrm{j}\infty}^{\sigma_c+\mathrm{j}\infty} F_1(\zeta)F_2(s-\zeta)\,\mathrm{d}\zeta$	$f_1(t)f_2(t)$	时域乘积
11	$\dfrac{1}{2\pi\mathrm{j}}\displaystyle\int_{-\mathrm{j}\infty}^{+\mathrm{j}\infty} Y(-\mathrm{j}\omega)U(\mathrm{j}\omega)\,\mathrm{d}\omega$	$\displaystyle\int_0^\infty y(t)u(t)\,\mathrm{d}t$	Parseval 定理
12	$-\dfrac{\mathrm{d}}{\mathrm{d}s}F(s)$	$tf(t)$	与时间相乘

1. 叠加性

拉普拉斯变换的一个相对重要特性在于：它是线性的。我们可以提供如下的证明：

$$
\begin{aligned}
\mathcal{L}\{\alpha f_1(t) + \beta f_2(t)\} &= \int_0^\infty [\alpha f_1(t) + \beta f_2(t)]\mathrm{e}^{-st}\,\mathrm{d}t \\
&= \alpha \int_0^\infty f_1(t)\mathrm{e}^{-st}\,\mathrm{d}t + \beta \int_0^\infty f_2(t)\mathrm{e}^{-st}\,\mathrm{d}t \\
&= \alpha F_1(s) + \beta F_2(s)
\end{aligned}
\tag{A.5}
$$

比例换算特性是一种线性的特例，即

$$
\mathcal{L}\{\alpha f(t)\} = \alpha F(s)
\tag{A.6}
$$

例 A.1　正弦信号

求 $f(t) = 1 + 2\sin(\omega t)$ 的拉普拉斯变换。

解：函数 $\sin(\omega t)$ 的拉普拉斯变换是

$$
\mathcal{L}\{\sin(\omega t)\} = \frac{\omega}{s^2 + \omega^2}
$$

因此，使用式（A.5），可得到

$$
F(s) = \frac{1}{s} + \frac{2\omega}{s^2 + \omega^2} = \frac{s^2 + 2\omega s + \omega^2}{s^3 + \omega^2 s}
$$

通过以下的 MATLAB 命令，可以得到相同的结果。

```
syms s t w
laplace(1+2*sin(w*t))
```

表 A.2　拉普拉斯变换表

序　　号	$F(s)$	$f(t),t \geq 0$
1	1	$\delta(t)$
2	$1/s$	$1(t)$
3	$1/s^2$	t
4	$2!/s^3$	t^2
5	$3!/s^4$	t^3
6	$m!/s^{m+1}$	t^m
7	$\dfrac{1}{s+a}$	e^{-at}
8	$\dfrac{1}{(s+a)^2}$	te^{-at}
9	$\dfrac{1}{(s+a)^3}$	$\dfrac{1}{2}!\,t^2 e^{-at}$
10	$\dfrac{1}{(s+a)^m}$	$\dfrac{1}{(m-1)!}t^{m-1}e^{-at}$
11	$\dfrac{a}{s(s+a)}$	$1-e^{-at}$
12	$\dfrac{a}{s^3(s+a)}$	$\dfrac{1}{a}(at-1+e^{-at})$
13	$\dfrac{b-a}{(s+a)(s+b)}$	$e^{-at}-e^{-bt}$
14	$\dfrac{s}{(s+a)^2}$	$(1-at)e^{-at}$
15	$\dfrac{a^2}{s(s+a)^2}$	$1-e^{-at}(1+at)$
16	$\dfrac{(b-a)s}{(s+a)(s+b)}$	$be^{-bt}-ae^{-at}$
17	$\dfrac{a}{s^2+a^2}$	$\sin at$
18	$\dfrac{s}{s^2+a^2}$	$\cos at$
19	$\dfrac{s+a}{(s+a)^2+b^2}$	$e^{-at}\cos bt$
20	$\dfrac{b}{(s+a)^2+b^2}$	$e^{-at}\sin bt$
21	$\dfrac{a^2+b^2}{s\left[(s+a)^2+b^2\right]}$	$1-e^{-at}\left(\cos bt+\dfrac{a}{b}\sin bt\right)$

2. 时滞性

设函数 $f(t)$ 被滞后 $\lambda > 0$ 单位时间, 其拉普拉斯变换为

$$F_1(s) = \int_0^\infty f(t-\lambda)e^{-st}\,\mathrm{d}t$$

定义 $t' = t - \lambda$, 由于 λ 为常数, 当 $t < 0$ 时, $f(t) = 0$, 则 $\mathrm{d}t' = \mathrm{d}t$。
　　于是

$$F_1(s) = \int_{-\lambda}^\infty f(t')e^{-s(t'+\lambda)}\,\mathrm{d}t' = \int_0^\infty f(t')e^{-s(t'+\lambda)}\,\mathrm{d}t'$$

由于 $e^{-s\lambda}$ 不依赖于时间, 可以从积分中提取出来, 因此有

$$F_1(s) = e^{-s\lambda}\int_0^\infty f(t')e^{-st'}\,\mathrm{d}t' = e^{-s\lambda}F(s) \tag{A.7}$$

由此可见, 时滞 λ 对应于变换与 $e^{-s\lambda}$ 的乘积。

例 A.2　滞后的正弦信号

求 $f(t) = A\sin(t - t_d)$ 的拉普拉斯变换。

解: 函数 $\sin(t)$ 的拉普拉斯变换是

$$\mathcal{L}\{\sin(t)\} = \frac{1}{s^2 + 1}$$

因此,用式(A.7)得到

$$F(s) = \frac{A}{s^2 + 1}\,\mathrm{e}^{-st_d}$$

3. 时间换算

如果时间 t 由因数 a 进行缩放换算,则时间换算信号的拉普拉斯变换为

$$F_1(s) = \int_0^\infty f(at)\mathrm{e}^{-st}\mathrm{d}t$$

再假设 $t' = at$。如前,$\mathrm{d}t' = a\mathrm{d}t$,且有

$$F_1(s) = \int_0^\infty f(t')\frac{\mathrm{e}^{-st'/a}}{|a|}\,\mathrm{d}t' = \frac{1}{|a|}F\left(\frac{s}{a}\right) \tag{A.8}$$

例 A.3　频率为 ω 的正弦信号

求 $f(t) = A\sin(\omega t)$ 的拉普拉斯变换。

解: 函数 $\sin(t)$ 的拉普拉斯变换是

$$\mathcal{L}\{\sin(t)\} = \frac{1}{s^2 + 1}$$

于是,用式(A.8)得到

$$F(s) = \frac{1}{|\omega|}\frac{1}{\left(\frac{s}{\omega}\right)^2 + 1}$$

$$= \frac{A\omega}{s^2 + \omega^2}$$

通过以下的 MATLAB 命令,可以得到相同的结果。

```
syms s t w A
laplace(A*sin(w*t))
```

4. 频率转换

时域中 $f(t)$ 与指数表达式相乘(调制),所对应的频率转换为

$$F_1(s) = \int_0^\infty \mathrm{e}^{-at}f(t)\mathrm{e}^{-st}\,\mathrm{d}t = \int_0^\infty f(t)\mathrm{e}^{-(s+a)t}\,\mathrm{d}t = F(s + a) \tag{A.9}$$

例 A.4　指数衰减正弦信号

求 $f(t) = A\sin(\omega t)\mathrm{e}^{-at}$ 的拉普拉斯变换。

解: 函数 $\sin(\omega t)$ 的拉普拉斯变换是

$$\mathcal{L}\{\sin(\omega t)\} = \frac{\omega}{s^2 + \omega^2}$$

因此,使用式(A.9),可得到

$$F(s) = \frac{A\omega}{(s + a)^2 + \omega^2}$$

5. 微分

信号微分的变换与本身的拉普拉斯变换和初始情况有如下的关系：

$$\mathcal{L}\left\{\frac{\mathrm{d}f}{\mathrm{d}t}\right\} = \int_{0^-}^{\infty}\left(\frac{\mathrm{d}f}{\mathrm{d}t}\right)\mathrm{e}^{-st}\,\mathrm{d}t = \mathrm{e}^{-st}f(t)\big|_{0^-}^{\infty} + s\int_{0^-}^{\infty}f(t)\mathrm{e}^{-st}\,\mathrm{d}t \tag{A.10}$$

因为假设 $f(t)$ 有拉普拉斯变换，且 $t \to \infty$ 时，$\mathrm{e}^{-st}f(t) \to 0$，所以

$$\mathcal{L}[\dot{f}] = -f(0^-) + sF(s) \tag{A.11}$$

由式（A.11）可以得到

$$\mathcal{L}\{\ddot{f}\} = s^2 F(s) - sf(0^-) - \dot{f}(0^-) \tag{A.12}$$

重复利用式（A.11），得到

$$\mathcal{L}\{f^m(t)\} = s^m F(s) - s^{m-1}f(0^-) - s^{m-2}\dot{f}(0^-) - \cdots - f^{(m-1)}(0^-) \tag{A.13}$$

式中，$f^m(t)$ 表示 $f(t)$ 对时间的 m 阶导数。

例 A.5 余弦信号的导数

求 $g(t) = \dfrac{\mathrm{d}}{\mathrm{d}t}f(t)$ 的拉普拉斯变换，其中 $f(t) = \cos(\omega t)$。

解：函数 $\cos(\omega t)$ 的拉普拉斯变换是

$$F(s) = \mathcal{L}\{\cos(\omega t)\} = \frac{s}{s^2 + \omega^2}$$

在 $f(0^-) = 1$ 的情况下，由式（A.11）得到

$$G(s) = \mathcal{L}\{g(t)\} = s \cdot \frac{s}{s^2 + \omega^2} - 1 = -\frac{\omega^2}{s^2 + \omega^2}$$

6. 积分

假设我们需要求解时域函数积分的拉普拉斯变换，即

$$F_1(s) = \mathcal{L}\left\{\int_0^t f(\xi)\,\mathrm{d}\xi\right\} = \int_0^{\infty}\left[\int_0^t f(\xi)\,\mathrm{d}\xi\right]\mathrm{e}^{-st}\,\mathrm{d}t$$

使用分部积分法，即

$$u = \int_0^t f(\xi)\,\mathrm{d}\xi \quad \text{和} \quad \mathrm{d}v = \mathrm{e}^{-st}\,\mathrm{d}t$$

得到

$$F_1(s) = \left[-\frac{1}{s}\mathrm{e}^{-st}\left(\int_0^t f(\xi)\,\mathrm{d}\xi\right)\right]_0^{\infty} - \int_0^{\infty} -\frac{1}{s}\mathrm{e}^{-st}f(t)\,\mathrm{d}t = \frac{1}{s}F(s) \tag{A.14}$$

例 A.6 正弦信号的时域积分

求 $f(t) = \displaystyle\int_0^t \sin\omega\tau\,\mathrm{d}\tau$ 的拉普拉斯变换。

解：函数 $\sin(\omega t)$ 的拉普拉斯变换是

$$\mathcal{L}\{\sin(\omega t)\} = \frac{\omega}{s^2 + \omega^2}$$

因此，使用式（A.14），可得到

$$F(s) = \frac{\omega}{s^3 + \omega^2 s}$$

7. 卷积

时域卷积对应于频域相乘。假设 $\mathcal{L}\{f_1(t)\} = F_1(s)$，$\mathcal{L}\{f_2(t)\} = F_2(s)$，则

$$\mathcal{L}\{f_1(t) * f_2(t)\} = \int_0^\infty f_1(t) * f_2(t) \mathrm{e}^{-st} \mathrm{d}t = \int_0^\infty \left[\int_0^t f_1(\tau) f_2(t - \tau) \mathrm{d}\tau \right] \mathrm{e}^{-st} \mathrm{d}t$$

可以看出，t 从 0 变到 ∞，τ 从 0 变到 t。由图 A.1 可以看出，转换积分次序和相应地改变积分限制，以至于 τ 从 0 变到 ∞，t 从 τ 变到 ∞，于是得到

$$\mathcal{L}\{f_1(t) * f_2(t)\} = \int_0^\infty \int_\tau^\infty f_1(\tau) f_2(t - \tau) \mathrm{e}^{-st} \mathrm{d}t \, \mathrm{d}\tau$$

乘以 $\mathrm{e}^{-s\tau} \mathrm{e}^{s\tau}$，得到

$$\mathcal{L}\{f_1(t) * f_2(t)\} = \int_0^\infty f_1(\tau) \mathrm{e}^{-s\tau} \left[\int_\tau^\infty f_2(t - \tau) \mathrm{e}^{-s(t - \tau)} \mathrm{d}t \right] \mathrm{d}\tau$$

令 $t' \triangleq t - \tau$，则

$$\mathcal{L}\{f_1(t) * f_2(t)\} = \int_0^\infty f_1(\tau) \mathrm{e}^{-st} \mathrm{d}\tau \int_0^\infty f_2(t') \mathrm{e}^{-st'} \mathrm{d}t'$$

$$\mathcal{L}\{f_1(t) * f_2(t)\} = F_1(s) F_2(s)$$

这意味着

$$\mathcal{L}^{-1}\{F_1(s) F_2(s)\} = f_1(t) * f_2(t) \quad （\text{A}.15）$$

例 A.7　一阶系统的斜坡响应

求有极点在 $+a$ 的一阶系统的斜坡响应。

解： 令 $f_1(t) = t$ 为斜坡输入，且 $f_2(t) = \mathrm{e}^{at}$ 为一阶系统的脉冲响应。应用式（A.15），得到

$$\mathcal{L}^{-1}\left\{ \frac{1}{s^2} \frac{1}{s - a} \right\} = f_1(t) * f_2(t)$$

$$= \int_0^t f_1(\tau) f_2(t - \tau) \mathrm{d}\tau$$

$$= \int_0^t \tau \mathrm{e}^{a(t - \tau)} \mathrm{d}\tau$$

$$= \frac{1}{a^2}(\mathrm{e}^{at} - at - 1)$$

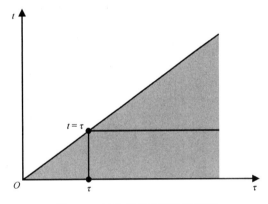

图 A.1　转换积分次序的说明图

通过以下的 MATLAB 命令，可以得到相同的结果。

```
syms s t a
ilaplace(1/(s^3−a*s^2))
```

8. 时域乘积

在时域中的相乘对应在频域中的卷积

$$\mathcal{L}\{f_1(t) f_2(t)\} = \frac{1}{2\pi \mathrm{j}} \int_{\sigma_c - \mathrm{j}\infty}^{\sigma_c + \mathrm{j}\infty} F_1(\xi) F_2(s - \xi) \mathrm{d}\xi$$

为了证明，考虑关系

$$\mathcal{L}\{f_1(t)f_2(t)\} = \int_0^\infty f_1(t)f_2(t)\mathrm{e}^{-st}\,\mathrm{d}t$$

用式(3.25)代替 $f_1(t)$，得到

$$\mathcal{L}\{f_1(t)f_2(t)\} = \int_0^\infty \left[\frac{1}{2\pi\mathrm{j}} \int_{\sigma_c-\mathrm{j}\infty}^{\sigma_c+\mathrm{j}\infty} F_1(\xi)\mathrm{e}^{\xi t}\,\mathrm{d}\xi \right] f_2(t)\mathrm{e}^{-st}\,\mathrm{d}t$$

改变积分次序，得到

$$\mathcal{L}\{f_1(t)f_2(t)\} = \frac{1}{2\pi\mathrm{j}} \int_{\sigma_c-\mathrm{j}\infty}^{\sigma_c+\mathrm{j}\infty} F_1(\xi) \int_0^\infty f_2(t)\mathrm{e}^{-(s-\xi)t}\,\mathrm{d}t\,\mathrm{d}\xi$$

应用式(A.9)，得到

$$\mathcal{L}\{f_1(t)f_2(t)\} = \frac{1}{2\pi\mathrm{j}} \int_{\sigma_c-\mathrm{j}\infty}^{\sigma_c+\mathrm{j}\infty} F_1(\xi)F_2(s-\xi)\,\mathrm{d}\xi = \frac{1}{2\pi\mathrm{j}} F_1(s) * F_2(s) \qquad (\mathrm{A.16})$$

9. 帕塞瓦尔定理

帕塞瓦尔著名定理用来计算信号的能量或者两个信号之间的关联。它告诉我们，前面提到的数量可以在时域或者频域中计算，若

$$\int_0^\infty |y(t)|^2\mathrm{d}t < 1 \quad \textbf{和} \quad \int_0^\infty |u(t)|^2\,\mathrm{d}t < 1 \qquad (\mathrm{A.17})$$

即 $y(t)$ 和 $u(t)$ 是平方可积的，则

$$\int_0^\infty y(t)u(t)\mathrm{d}t = \frac{1}{2\pi} \int_{-\infty}^\infty Y(-\mathrm{j}\omega)U(\mathrm{j}\omega)\,\mathrm{d}\omega \qquad (\mathrm{A.18})$$

帕塞瓦尔的结果只涉及时域函数变换的替代和积分交换

$$\int_0^\infty y(t)u(t)\,\mathrm{d}t = \int_0^\infty y(t)\left[\frac{1}{2\pi} \int_{-\infty}^\infty U(\mathrm{j}\omega)\mathrm{e}^{\mathrm{j}\omega t}\,\mathrm{d}\omega \right]\mathrm{d}t \qquad (\mathrm{A.19})$$

$$= \frac{1}{2\pi} \int_{-\infty}^\infty U(\mathrm{j}\omega)\left[\int_0^\infty y(t)\mathrm{e}^{\mathrm{j}\omega t}\,\mathrm{d}t \right]\mathrm{d}\omega \qquad (\mathrm{A.20})$$

$$= \frac{1}{2\pi} \int_{-\infty}^\infty U(\mathrm{j}\omega)Y(-\mathrm{j}\omega)\,\mathrm{d}\omega \qquad (\mathrm{A.21})$$

10. 与时间相乘

与时间相乘对应于频域中的微分。我们考虑

$$\frac{\mathrm{d}}{\mathrm{d}s}F(s) = \frac{\mathrm{d}}{\mathrm{d}s}\int_0^\infty \mathrm{e}^{-st}f(t)\,\mathrm{d}t$$

$$= \int_0^\infty -t\mathrm{e}^{-st}f(t)\,\mathrm{d}t$$

$$= -\int_0^\infty \mathrm{e}^{-st}[tf(t)]\,\mathrm{d}t$$

$$= -\mathcal{L}\{tf(t)\}$$

则

$$\mathcal{L}\{tf(t)\} = -\frac{\mathrm{d}}{\mathrm{d}s}F(s) \qquad (\mathrm{A.22})$$

这是我们期望的结果。

例 A.8 正弦信号的时间积

求 $f(t) = t\sin(\omega t)$ 的拉普拉斯变换。

解：函数 $\sin(\omega t)$ 的拉普拉斯变换是

$$\mathcal{L}\{\sin(\omega t)\} = \frac{\omega}{s^2 + \omega^2}$$

于是，使用式（A.22），得到

$$F(s) = -\frac{\mathrm{d}}{\mathrm{d}s}\left[\frac{\omega}{s^2 + \omega^2}\right] = \frac{2\omega s}{(s^2 + \omega^2)^2}$$

通过以下的 MATLAB 命令，可以得到相同的结果。

```
syms s t w
laplace(t*sin(w*t))
```

A.1.2　使用部分分式扩展法的拉普拉斯逆变换

正如第 3 章所看到的，若 $F(s)$ 是有理数的，从 $F(s)$ 求 $f(t)$ 的最简单方法是，用部分分式扩展法将 $F(s)$ 扩展为表中可见的简单项的和的形式。我们已经在 3.1.5 节的简单根的联系中讨论过该方法。在这一部分，我们讨论复数根和重根的部分分式扩展法。

复数极点　就分母中的平方因子而言，平方因子的分子可选做是一阶的，如例 A.9 所示。任何时候都存在一对共轭复极点，如

$$F(s) = \frac{C_1}{s - p_1} + \frac{C_2}{s - p_1^*}$$

我们可以证明

$$C_2 = C_1^*$$

（参见习题 3.1）于是

$$f(t) = C_1 \mathrm{e}^{p_1 t} + C_1^* \mathrm{e}^{p_1^* t} = 2\mathrm{Re}(C_1 \mathrm{e}^{p_1 t})$$

设 $p_1 = \alpha + \mathrm{j}\beta$，使用更紧凑的形式重写 $f(t)$ 为

$$\begin{aligned} f(t) &= 2\mathrm{Re}\{C_1 \mathrm{e}^{p_1 t}\} = 2\mathrm{Re}\{|C_1|\mathrm{e}^{\mathrm{j}\arg(C_1)}\mathrm{e}^{(\alpha + \mathrm{j}\beta)t}\} \\ &= 2|C_1|\mathrm{e}^{\alpha t}\cos[\beta t + \arg(C_1)] \end{aligned} \tag{A.23}$$

例 A.9　部分分式扩展：离散复数根

求 $F(s) = \dfrac{1}{s(s^2 + s + 1)}$ 的反拉普拉斯变换为函数 $f(t)$。

解：重写 $F(s)$ 为

$$F(s) = \frac{C_1}{s} + \frac{C_2 s + C_3}{s^2 + s + 1}$$

使用隐藏法，得到

$$C_1 = sF(s)|_{s=0} = 1$$

使 $C_1 = 1$，然后用部分分式扩展关系，计算分子为

$$(s^2 + s + 1) + (C_2 s + C_3)s = 1$$

得到 $C_2 = -1$，$C_3 = -1$。为使之更适合地应用拉普拉斯变换表，重写部分分式为

$$F(s) = \frac{1}{s} - \frac{s + \frac{1}{2} + \frac{1}{2}}{\left(s + \frac{1}{2}\right)^2 + \frac{3}{4}}$$

从表中得出:

$$f(t) = \left(1 - e^{-t/2}\cos\sqrt{\frac{3}{4}}\,t - \frac{1}{\sqrt{3}}e^{-t/2}\sin\sqrt{\frac{3}{4}}\,t\right)1(t)$$

$$= \left(1 - \frac{2}{\sqrt{3}}e^{-t/2}\cos\left(\frac{\sqrt{3}}{2}t - \frac{\pi}{6}\right)\right)1(t)$$

还有一种方法, 将 $F(s)$ 写成

$$F(s) = \frac{C_1}{s} + \frac{C_2}{s - p_1} + \frac{C_2^*}{s - p_1^*} \tag{A.24}$$

式中, $p_1 = -\frac{1}{2} + j\frac{\sqrt{3}}{2}$, $C_1 = 1$, 且

$$C_2 = (s - p_1)F(s)|_{s=p_1} = -\frac{1}{2} + j\frac{1}{2\sqrt{3}}$$

$$C_2^* = -\frac{1}{2} - j\frac{1}{2\sqrt{3}}$$

则

$$f(t) = (1 + 2|C_2|e^{\alpha t}\cos[\beta t + \arg(C_2)])1(t)$$

$$= \left(1 + \frac{2}{\sqrt{3}}e^{-t/2}\cos\left[\frac{\sqrt{3}}{2}t + \frac{5\pi}{6}\right]\right)1(t)$$

$$= \left(1 - \frac{2}{\sqrt{3}}e^{-t/2}\cos\left[\frac{\sqrt{3}}{2}t - \frac{5\pi}{6}\right]\right)1(t)$$

对于后一种部分分式扩展法, 可以直接应用如下的 MATLAB 函数进行计算。

```
num = 1;                    % form numerator
den = conv([1 0],[1 1 1]);  % form denominator
[r,p,k] = residue(num,den)  % compute residues
```

得到结果为

```
r = [−0.5000 + 0.2887i − 0.5000 − 0.2887i 1.0000]';
p = [−0.5000 + 0.8660i − 0.5000 − 0.8660i 0]'; k = [ ]
```

可见, 与之前手工计算的结果相同。注意, 如果使用表格, 第一种方法较好, 而第二种方法适用于检查 MATLAB 的结果。

通过以下的 MATLAB 命令, 可以得到相同的拉普拉斯逆变换。

```
syms s t
ilaplace(1/(s*(s^2+s+1)))
```

重复极点　对于 $F(s)$ 有重复极点的情况, 计算部分分式扩展的步骤需要进行调整。若 p_1 为 3 重极点, 则部分分式写为

$$F(s) = \frac{C_1}{s - p_1} + \frac{C_2}{(s - p_1)^2} + \frac{C_3}{(s - p_1)^3} + \frac{C_4}{s - p_4} + \cdots + \frac{C_n}{s - p_n}$$

根据之前的方法可求常量 C_4 到 C_n。若将之前的方程两边同时乘以 $(s-p_1)^3$，得到

$$(s-p_1)^3 F(s) = C_1(s-p_1)^2 + C_2(s-p_1) + C_3 + \cdots + \frac{C_n(s-p_1)^3}{s-p_n} \tag{A.25}$$

设 $s=p_1$，除 C_3 外，式（A.25）右侧的所有因数为 0，即

$$C_3 = (s-p_1)^3 F(s)|_{s=p_1}$$

将式（A.25）对拉普拉斯变量 s 求导

$$\frac{\mathrm{d}}{\mathrm{d}s}[(s-p_1)^3 F(s)] = 2C_1(s-p_1) + C_2 + \cdots + \frac{\mathrm{d}}{\mathrm{d}s}\left[\frac{C_n(s-p_1)^3}{s-p_n}\right] \tag{A.26}$$

再设 $s=p_1$，得到

$$C_2 = \frac{\mathrm{d}}{\mathrm{d}s}[(s-p_1)^3 F(s)]_{s=p_1}$$

相似地，对式（A.26）求导，再次令 $s=p_1$，得到

$$C_1 = \frac{1}{2}\frac{\mathrm{d}^2}{\mathrm{d}s^2}[(s-p_1)^3 F(s)]_{s=p_1}$$

总之，对于 k 次因子，可以如此计算 C_i

$$C_{k-i} = \frac{1}{i!}\left[\frac{\mathrm{d}^i}{\mathrm{d}s^i}[(s-p_1)^k F(s)]\right]_{s=p_1}, \quad i = 0, \cdots, k-1$$

例 A.10 部分分式扩展：重复实根

求 $F(s) = \dfrac{s+3}{(s+1)(s+2)^2}$ 的反拉普拉斯变换函数 $f(t)$。

解：部分分式写为

$$F(s) = \frac{C_1}{s+1} + \frac{C_2}{s+2} + \frac{C_3}{(s+2)^2}$$

则

$$C_1 = (s+1)F(s)|_{s=-1} = \frac{s+3}{(s+2)^2}|_{s=-1} = 2$$

$$C_2 = \frac{\mathrm{d}}{\mathrm{d}s}\left[(s+2)^2 F(s)\right]|_{s=-2} = -2$$

$$C_3 = (s+2)^2 F(s)|_{s=-2} = \frac{s+3}{s+1}|_{s=-2} = -1$$

函数 $f(t)$ 为

$$f(t) = (2\mathrm{e}^{-t} - 2\mathrm{e}^{-2t} - t\mathrm{e}^{-2t})1(t)$$

部分分式的计算，也可以通过使用 MATLAB 的 `residue` 函数进行。

```
num = [1 3];                % form numerator
den = conv([1 1],[1 4 4]);  % form denominator
[r,p,k] = residue(num,den)  % compute residues
```

得到结果

```
r = [−2 −1 2]′, p = [−2 −2 −1]′, and k = [ ];
```

这与手算的结果相符。

通过以下的 MATLAB 命令，可以得到相同的反拉普拉斯变换。

```
syms s t
ilaplace((s+3)/((s+1)*(s+2)^2))
```

A.1.3　初值定理

我们在第 3 章中讨论过终值定理。又一个有价值的拉普拉斯变换定理是初值定理(Initial Value Theorem),它表明,通过拉普拉斯变换得到时域函数 $f(t)$ 的初值通常是可能的。我们也可以如此表述定理:

对于任何的拉普拉斯变换对,有

$$\lim_{s \to \infty} sF(s) = f(0^+) \tag{A.27}$$

定理的证明过程如下:

使用式(A.11),得到

$$\mathcal{L}\left\{\frac{\mathrm{d}f}{\mathrm{d}t}\right\} = sF(s) - f(0^-) = \int_{0^-}^{\infty} \mathrm{e}^{-st}\frac{\mathrm{d}f}{\mathrm{d}t}\,\mathrm{d}t \tag{A.28}$$

考虑 $s \to \infty$ 的情况,重写积分为

$$\int_{0^-}^{\infty} \mathrm{e}^{-st}\frac{\mathrm{d}f(t)}{\mathrm{d}t}\,\mathrm{d}t = \int_{0^+}^{\infty} \mathrm{e}^{-st}\frac{\mathrm{d}f(t)}{\mathrm{d}t}\,\mathrm{d}t + \int_{0^-}^{0^+} \mathrm{e}^{-st}\frac{\mathrm{d}f(t)}{\mathrm{d}t}\,\mathrm{d}t$$

在 $s \to \infty$ 下取式(A.28)的极限,得到

$$\lim_{s \to \infty} [sF(s) - f(0^-)] = \lim_{s \to \infty}\left[\int_{0^-}^{0^+} \mathrm{e}^{0}\frac{\mathrm{d}f(t)}{\mathrm{d}t}\,\mathrm{d}t + \int_{0^+}^{\infty} \mathrm{e}^{-st}\frac{\mathrm{d}f(t)}{\mathrm{d}t}\,\mathrm{d}t\right]$$

上个方程右边的第二项随 $s \to \infty$ 趋近于 0,原因是 $\mathrm{e}^{-st} \to 0$。于是

$$\lim_{s \to \infty} [sF(s) - f(0^-)] = \lim_{s \to \infty} [f(0^+) - f(0^-)] = f(0^+) - f(0^-)$$

或

$$\lim_{s \to \infty} sF(s) = f(0^+)$$

与终值定理不同,初值定理可以应用于任何 $F(s)$ 函数。

例 A.11　*初值定理*

求例 3.11 中信号的初值。

解:由初值定理得到

$$y(0^+) = \lim_{s \to \infty} sY(s) = \lim_{s \to \infty} s\frac{3}{s(s-2)} = 0$$

这符合例 3.11 中 $y(t)$ 表达式的计算。

A.1.4　终值定理

如果 $sY(s)$ 的所有极点都在左半 s 平面,则

$$\lim_{t \to \infty} y(t) = \lim_{s \to 0} sY(s) \tag{3.46}$$

定理的证明过程如下:

式(3.33)的微分关系为

$$\mathcal{L}\left\{\frac{\mathrm{d}y}{\mathrm{d}t}\right\} = sY(s) - y(0^-) = \int_{0^-}^{\infty} \mathrm{e}^{-st}\frac{\mathrm{d}y}{\mathrm{d}t}\,\mathrm{d}t$$

则

$$\lim_{s \to 0} [sY(s) - y(0)] = \lim_{s \to 0} \left(\int_0^\infty e^{-st} \frac{dy}{dt} \, dt \right) = \lim_{t \to \infty} [y(t) - y(0)]$$

因此，有

$$\lim_{t \to \infty} y(t) = \lim_{s \to 0} sY(s)$$

另一种方法是通过式(3.43)的 $Y(s)$ 的部分分式扩展，得到相同的结果，如下所示：

$$Y(s) = \frac{C_1}{s - p_1} + \frac{C_2}{s - p_2} + \cdots + \frac{C_n}{s - p_n}$$

令 $p_1 = 0$，其他 p_i 位于左半平面，使得 C_1 为 $y(t)$ 的稳态值。

使用式(3.45)，可得

$$C_1 = \lim_{t \to \infty} y(t) = sY(s)|_{s=0}$$

这与之前的结果一致。

若要对拉普拉斯变换进行深入研究并得到更多的表，读者请参阅 Churchill(1972) 和 Campbell 和 Foster(1948)的著作。若要对双边拉普拉斯变换进行深入学习，读者请参阅 Van der Pol 和 Bremmer(1955)的著作。

附录 B 章末复习题答案

第 1 章

1. 反馈控制系统的主要组件有哪些？

    过程、执行器、传感器和控制器。

2. 传感器的作用是什么？

    用来测量输出变量，并且通常将其转化为电压信号。

3. 指出一个好的传感器必须具备的三项重要特性。

    一个好的传感器，是指在输入信号大范围的幅值和大范围的内都是线性的（即输出与输入成比例）。它应该具有低噪声、无偏移，易校准、低成本的特性。这些特性的有关数值视特定的应用而不同。

4. 执行器的作用是什么？

    执行器接收一个输入信号（通常是电信号），将它转化为这样的信号：如使得过程输出在期望的范围内移动或者变化的力或者转矩。

5. 指出一个好的执行器必须具备的三项重要特性。

    一个好的执行器具有快速响应、足够功率、能量、速度、转矩等特性，能够使得过程输出满足期望的设计指标，并且具有高效、轻量化、小型，廉价等优势。在使用传感器时，这些特性的有关数值视应用而不同。

6. 控制器的作用是什么？指出控制器的输入和输出。

    控制器的作用是，接收来自传感器的输出（控制器的输入），计算出要传送给执行器的控制信号（控制器的输出）。

7. 什么样的物理变量可以用霍尔效应传感器直接测量？

    霍尔效应传感器是用来测量磁场强度的器件，它可以非常容易地用来测量两个物体的相对位置或者相对角度。

8. 什么样的物理变量可以用测速器测量？

    转速计用来测量旋转速度或者角速度。

9. 描述用于测量温度的三种方法。

    在下面的每一个案例中，为了获得可靠的、精确的温度测量值，所提到的器件需要被校准，并且经常进行非线性校正，我们要认识到实现这个目标的重要性。

    (a) 有一项仍然用于许多家用恒温器的早期技术是基于由两个不同金属条构成的双金属条的，它们可以随温度和不同的系数而伸展。因此，随着温度变化，金属条弯曲，得到的这种运动可以用来进行温度测量。在 18 世纪，这个原理被用来保持钟摆的恒定长度，以得到足够的时间精度。

    (b) 与双金属条有关的另一项技术原理是，将具有不同工作特性的金属条进行接触时，将产生一个与温度成比例的电压。该装置被称为热电偶，是用于测量温度的标准实验方法的基础。

(c) 许多的材料都有随温度单调变化的电阻，使用这些材料的电阻电桥，可以用来测量温度值，这种设备也被称为热敏电阻。

(d) 众所周知，对于高温，热辐射的颜色取决于温度。放置于火中的铁片将变为橙色，然后变为红色，最终在高温下呈白热状。一种装置可以测出辐射的频率，由此得到温度，这就是高温计。

(e) 在瓷窑中，在不同的已知温度下熔化的不同材料锥形物堆，被放置在瓷窑产品的周围，用来显示设计温度是否已经达到。制瓷工人观察到锥形物下陷就知道产品可以被移走了。以上就是一种量化的测温法。

10. 不管被测变量的物理特性是什么，为什么大多数传感器的输出都是电信号？

因为电信号最容易操控的，所以，大多数控制器是模拟或者数字的电子设备。为了给这些设备提供输入信号，传感器需要输出电信号。

第 2 章

1. "自由体受力图"是什么？

为了列写连接体系统的运动方程，有必要依次画出其他物体对当前分析物体的作用力以及力矩。对如上所述的分离物体逐个地全部描绘，被称为"自由体受力图"。

2. 牛顿定律的两种形式是什么？

水平运动可以描述为 $F = ma$。旋转运动可以描述为 $M = I\alpha$。

3. 对于需要控制的结构化过程(如机械臂)，"并置控制"和"非并置控制"的概念是什么？

当执行器和传感器放置在同一个刚体上，控制被称为"并置的"；当它们位于不同的物体而由弹簧相连时，控制被称为"非并置的"。

4. 描述基尔霍夫电流定律。

流入一个节点或者电路的电流代数和为零。

5. 描述基尔霍夫电压定律。

闭合电路的电压代数和为零。

6. 运算放大器的命名时间、原因和命名者？

在一篇发表于 1947 年的论文中，Ragazzini、Randall 和 Russell 将实现微积分运算的在反馈中使用的高增益、宽频带放大器命名为运算放大器。

7. 运算放大器的零输入电流的主要优势是什么？

使用零输入电流，放大器不必加载输入电路，设备传递函数就与放大器特性无关。同时，在这种情况下，电路的分析得到简化。

8. 为什么说电动机的电枢电阻 R_a 要具有小的电阻值？

当电枢电流通过时，电枢电阻导致功率损耗，于是降低电动机效率。

9. 电动机电气常数的定义和单位是什么？

旋转电动机在电枢中产生与旋转速度成比例的电压(反电动势)。电气常数 K_e 是电压对速度的比率，所以 $e = K_e\dot{\theta}$。单位是：伏特·秒/弧度。

10. 电动机转矩常数的定义和单位是什么？

当电流 i_a 流过电动机电枢时，将产生与电流成正比例的转矩 τ。转矩常数 K_t 是比例常数，即 $\tau = K_t i_a$。单位是：牛顿·米/安培。

11. 为什么将受控对象的物理模型(通常为非线性)近似为线性模型?

线性模型的分析设计比非线性模型要容易得多。而且,李雅普诺夫定理表明,若线性估计稳定,那么非线性模型至少存在一定的稳定区域。

△12. 给出下列过程的关系:(a)热能流过一个物体;(b)物质中的热量存储。

(a)热流量与温差与热阻的商成比例,即 $q = \dfrac{1}{R}(T_1 - T_2)$。

(b)描述热存储的微分方程是 $\dot{T} = \dfrac{1}{C}q$,其中 C 是材料的热容量。

△13. 给出支配液体流动的三个物理关系的名称和方程。

$$\text{连续性:} \qquad \dot{m} = w_{\text{in}} - w_{\text{out}}$$
$$\text{力平衡:} \qquad f = pA$$
$$\text{阻力:} \qquad w = \frac{1}{R}(p_1 - p_2)^{1/\alpha}$$

第3章

1. "传递函数"的定义是什么?

线性时不变系统输出的拉普拉斯变换 $Y(s)$,与输入变换 $U(s)$ 成比例关系。该比例函数即传递函数 $F(s)$,所以有 $Y(s) = F(s)U(s)$,假设所有的初始条件为 0。

2. 可用传递函数来描述其响应的系统具有什么特征?

这样的系统,既是线性(叠加性)的,又是时不变的(参数不随时间变化)。

3. 若 $f(t)$ 的拉普拉斯变换为 $F(s)$,那么 $f(t-\lambda)1(t-\lambda)$ 的拉普拉斯变换结果是什么?

$$\mathcal{L}\{f(t-\lambda)1(t-\lambda)\} = \mathrm{e}^{-s\lambda}F(s)$$

4. 描述终值定理(FVT)的内容。

如果 $sF(s)$ 的所有极点都在左半平面,则 $f(t)$ 的终值为 $\lim\limits_{t\to\infty}f(t) = \lim\limits_{s\to 0}sF(s)$。

5. 在控制中,终值定理最常见的应用是什么?

控制系统的标准测试是阶跃响应,而终值定理用来确定对于该输入的稳态误差。

6. 给定一个二阶传递函数,阻尼比为 ζ,固有振荡频率为 ω_n,估计其阶跃响应的上升时间、超调量和调节时间。

得到的结果为 $t_r \approx 1.8/\omega_n$,M_p 取决于阻尼比(参见图 3.23 的曲线)和 $t_s \approx 4.6/\sigma$。

7. 左半平面的附加零点对二阶系统阶跃响应的主要影响是什么?

这种零点将引起附加的超调量,且零点越靠近虚轴,超调量越大。若零点的实部距离大于复数极点的实部距离 6 倍以上,则其影响可忽略。

8. 右半平面的零点对二阶阶跃响应最明显的影响是什么?

这种零点会导致响应的初始下冲。

9. 附加的实数极点对二阶阶跃响应的主要影响是什么?

附加的实数极点会减慢响应速度,且令上升时间变长。若极点与虚轴越近,则影响越明显。若极点距离比复极点实部距离大 6 倍以上,则影响可忽略。

10. 为什么稳定性是控制系统设计中一个需要重视的问题?

几乎任何一个有用的动态系统都要确保稳定,以实现它的功能。一般情况下,稳定的系统反馈可能引入不稳定的因素,因此控制设计者必须能够确保设计的稳定性。

11. 劳斯判据的主要用途是什么?

使用这种方法,能够象征性地得到可以使系统稳定的参数(如回路增益)的取值范围。

12. 在哪些情况下根据实验数据估算传递函数是非常重要?

在许多案例中,运动方程非常复杂或者无从知道。诸如造纸机的化学过程就属于这种情况。在这种情况下,若想建立良好的控制,收集瞬时数据或者稳态频率响应数据以及由此估计传递函数是十分有用的。

第 4 章

1. 指出在控制中应用反馈的四个优点。

(a)反馈可以降低对于扰动的稳态响应误差。

(b)反馈可以降低跟踪参考量输入的稳态误差。

(c)反馈可以降低传递函数对参数变化的灵敏度。

(d)反馈可以使不稳定过程变得稳定下来。

2. 指出在控制中应用反馈的两个缺点。

(a)反馈需要用到传感器,而传感器可能会非常昂贵并会引入额外的噪声。

(b)反馈系统通常比开环系统更难以设计和操控。

3. 一个温度控制系统在恒定输入的作用下误差为 0,在随时间线性变化的输入作用下有 0.5℃ 的误差,上升速率为 40℃/s。请问该控制系统属于什么系统类以及其相关的误差常数是什么(K_p 或 K_v 或 K_a)?

该系统是 1 型系统, K_v 是输入速度和误差的比值,或者 $K_v = 40/0.5 = 80/s$。

4. K_p、K_v 和 K_a 的单位是什么?

K_p 是无量纲, K_v 是 s^{-1},而 K_a 是 s^{-2}。

5. 关于参考输入的系统类型如何定义?

对于只有 k 次项的参考输入(无扰动),系统类型是稳态误差为常量的 k 的最大值。

6. 关于扰动输入的系统类型如何定义?

对于只有 k 次项的扰动输入(无参考),系统类型是稳态误差为常量的 k 的最大值。

7. 为什么系统类型与外部信号接入系统的位置相关?

因为误差取决于输入施加的位置,所以系统类型也取决于输入的位置。

8. 引进积分控制的主要目的是什么?

积分控制将使得对于常量输入的误差趋于零。它消除了过程噪声偏差的影响,但是不能消除传感器偏差的影响。

9. 加入微分控制的主要目的是什么?

微分控制典型地使得系统更好地衰减并且更加稳定。

10. 为什么设计者可能希望将微分项置于反馈回路而不是误差回路中?

当参考输入可能包括突然的变化时,把它引入微分操作中可能导致不必要的大控制量。

11. 用于 PID 控制器的"整定法则"的优点是什么?

通常,PID 控制器的前端有几个增益常数的旋钮,这些设备被广泛安装在工厂,通过有控制理论经验的技术人员来操作,调整规则允许技术人员来衡量实验过程中的参数,并使用这些数据来设置参数,从而获得良好的响应。

12. 给出两个使用数字控制器而不是模拟控制器的原因。

    (a)若控制器是数字式的,则控制律的改变更容易。

    (b)相对于模拟控制器,数字控制器更容易实现逻辑和其他的非线性运算。

    (c)在实际的控制设计细节完成之前,就可以确定数字控制器的硬件。

13. 指出两个使用数字控制器的缺点。

    (a)数字控制器的带宽受到可能的采样频率的限制。

    (b)数字控制器在量化过程中会引入噪声。

14. 在式(4.98)中,如果对积分项的近似可以用高为 $e(kT_s)$、底为 T_s 的矩形面积来代替,那么请用离散算子 z 来代替拉普拉斯算子 s。

$$s = \frac{z-1}{T_s}$$

第 5 章

1. 给出根轨迹的两种定义。

    (a)根轨迹是在 s 平面中 $a(s) + Kb(s) = 0$ 有解的点轨迹。

    (b)根轨迹是在 s 平面中 $G(s) = b(s)/a(s)$ 为 $180°$ 角度的点轨迹。

2. 定义负根轨迹。

    负根轨迹是 $a(s) - Kb(s) = 0$ 有解的点轨迹,或者 $G(s) = b(s)/a(s)$ 的角度为 $0°$ 的轨迹。

3. 在实轴上的哪些部分是(正)根轨迹的一部分?

    实轴上的点是根轨迹的充要条件是,在其右侧实轴上的零点数和极点数之和为奇数。

4. 实轴上在 $s = -a$ 上有两个重极点,则根轨迹在该点的出射角是多少?假设该点右侧没有其他零极点。

    根轨迹出射角是 $\pm 90°$。

5. 实轴上在 $s = -a$ 上有三个重极点,则根轨迹在该点的出射角是多少?假设该点右侧无其他极零点。

    根轨迹出射角是 $\pm 60°$ 和 $180°$。

6. 超前补偿对根轨迹会产生什么影响?

    超前补偿主要引起轨迹向左半平面偏移,将主导根移向更高阻尼的位置。

7. 滞后补偿对接近闭环主导极点的根轨迹有何影响?

    滞后补偿一般置于与原点很近的地方,使之对闭环主导根值附近的根轨迹的影响可以忽略不计。

8. 滞后补偿对多项式参考输入的稳态误差有何影响?

    滞后补偿一般在 $s=0$ 处提高增益,以增加 1 型系统速度常量并降低多项式输入误差。

9. 为什么靠近虚轴的极点的出射角很重要?

    如果轨迹指向右半平面,则反馈将使系统稳定性降低。另一方面,若轨迹指向左半平面,则反馈将使系统更稳定。

10. 定义条件稳定系统。

随着增益减少而变得不稳定的系统，被认为是条件稳定的，即稳定性是以补偿器具有最小值的增益为条件的。

11. 用根轨迹法来证明有 3 个极点在原点的系统一定是条件稳定系统。

当有 3 个极点位于原点，出射角确定两个极点以 180°、± 60° 离开原点，或者，若有极点位于右半平面的实轴，它们会以 0°、± 120° 离开，也就是说至少一个极点以向右半平面移动开始。随着增益的下降，至少一个根因足够低的增益必须穿入到右半平面，那么系统一定是条件稳定的。

第 6 章

1. 为什么伯德建议将频率响应的幅值绘制在对数 – 对数坐标上？

在对数 – 对数坐标上，有理传递函数曲线可以由线性渐近线很好地引导，因为容易描绘并且直观。

2. 如何定义分贝。

若功率比为 P_1/P_2，用分贝表示就是 $10\lg(P_1/P_2)$。由于功率与电压平方成比例，且传递函数给出电压的比率，那么传递函数 $G(j\omega)$ 增益用分贝表示为 $G_{dB} = 20\lg|G(j\omega)|$。

3. 如果传递函数的增益是 14 dB，那么传递函数的幅值是多少？

因为 $14 = 20\lg M$，故 $M = 5.01$。

4. 如何定义增益穿越。

增益穿越频率 ω_c 是增益幅值为 1（或 0 dB）处的频率值。

5. 如何定义相位穿越。

相位穿越频率 ω_{cp} 是相位穿越 – 180° 处的频率值。

6. 如何定义相位裕度 PM。

相位裕度 PM 是奈奎斯特点与稳定点在相位上的距离度量。在典型的例子中，若系统在增益穿越处的相位为 ϕ，那么相位裕度为 180° + ϕ。例如，若 $\phi = -150°$，则相位裕度即为 30°。

7. 如何定义增益裕度 GM。

增益裕度 GM 是系统仅通过改变增益远离不稳定点的距离度量。若增益处于相位穿越处，则该系统相位是 180°，增益为 $|G(j\omega_{cp})|$，相位裕度就是 GM $*|G(j\omega_{cp})| = 1.0$ 或 GM $= 1/|G(j\omega_{cp})|$。

8. 在伯德图上，什么特性最能体现闭环阶跃响应的超调量？

相位裕度通过 $\xi_{eq} = $ PM/100 近似等效于闭环阻尼率。而如第 3 章所示，阶跃响应超调量与阻尼率是单调相关的。

9. 在伯德图上，什么特性最能体现闭环阶跃响应的上升时间？

上升时间由闭环固有频率决定，而该频率与增益穿越频率足够接近。故上升时间的最佳值是 ω_{cg}。

10. 在伯德图的性能度量上，超前补偿的主要作用是什么？

超前补偿器通常用来增加在期望的增益穿越频率处的相位裕度。

11. 在伯德图的性能度量上，滞后补偿的主要作用是什么？

滞后补偿器通常用来提升低频增益,以减少多项式输入或者低频正弦输入的稳态误差。也可以用来降低穿越频率 ω_c,以获得更优的相位。

12. 你怎样从伯德图上找出 1 型系统的 K_v?

　　K_v 由低频渐近线决定,其在 1 型系统有 -1 的斜率,且由表达式 K_v/ω 得出。常量值可以通过渐近线到达 $1(0\ \mathrm{dB})$ 处的频率或者通过渐近线在 $\omega = 1$ 的值来得到。

13. 为什么我们在奈奎斯特图上确定系统稳定性时,要事先知道开环不稳定极点的数量?

　　奈奎斯特图的环数表示零点和极点个数在右半平面 $1 + KDG$ 的差别。为了求解函数中的零点个数(即闭环极点,因而也是闭环不稳定极点),必须知道开环不稳定极点的个数。

14. 在控制设计中,我们查看 $D(\mathrm{j}\omega)G(\mathrm{j}\omega)$ 的包围点 $-1/K$ 的次数,而不是查看 $KD(\mathrm{j}\omega)G(\mathrm{j}\omega)$ 的包围点 -1 的次数,其优点是什么?

　　若仅画出 DG 图,那么稳定性取决于围绕 $-1/K$ 的圈数。于是,设计者可以容易地看出实数 K 的全部范围,并且在不增加极点的情况下得出最佳的设计增益值。

15. 定义一个条件稳定的反馈系统。你怎样从伯德图上辨认它?

　　一个条件稳定系统随增益的减小而不稳定。若低频相位落入 $-180°$ 以下,那么在没有相位裕度的情况下,增益降至增益穿越点,因此系统几乎就是不稳定的。为了明确这个特点,观察奈奎斯特图来是必要的。这种情况也能够容易地由根轨迹看出。轨迹将在右半平面具有低值的增益段。

16. 要求某控制系统跟随正弦波,它的频率范围是 $0 \leqslant \omega_\ell \leqslant 450\ \mathrm{rad/s}$,且幅值是 5 个单位,要求(正弦的)稳态误差不超过 0.01。画出(或描述)对应的性能函数 $W_1(\omega)$。

　　W_1 的幅值由比率 $|R|/e_b = 5/0.01 = 500$ 得出。那么,当频率达到 450 rad/s 时,性能函数将有取值为 500 的增益值。伯德图的幅值曲线要求在这些频率处高于该曲线。

第 7 章

下面的方程是基于状态变量形式的系统,矩阵为 $\boldsymbol{F}$、$\boldsymbol{G}$、$\boldsymbol{H}$ 和 J,输入为 u,输出为 y,状态为 $\boldsymbol{x}$。

1. 为什么把运动方程写成状态变量形式更为方便?

　　状态变量法为任意的动态系统描述微分方程提供了标准的方式,使得计算机辅助分析更容易实现。用标准的描述矩阵分析线性系统也更方便。

2. 写出该系统的传递函数表达式。

$$G(s) = \boldsymbol{H}(s\boldsymbol{I} - \boldsymbol{F})^{-1}\boldsymbol{G} + J$$

3. 写出该系统传递函数极点的两种表达。

　　(a) p = eig(F)

　　(b) p = det$[s\boldsymbol{I} - \boldsymbol{F}] = a(s) = 0$ 的根。

4. 写出该系统传递函数零点表达式。

$$z = \det\begin{bmatrix} s\boldsymbol{I} - \boldsymbol{F} & -\boldsymbol{G} \\ \boldsymbol{H} & J \end{bmatrix} = b(s) = 0 \text{ 的根}。$$

5. 在什么情况下,该系统状态是能控的?

(a)若向量对($\boldsymbol{F}$, $\boldsymbol{G}$)是能控的, 也即若矩阵

$$\mathcal{C} = \begin{bmatrix} \boldsymbol{G} & \boldsymbol{FG} & \cdots & \boldsymbol{F}^{n-1} \end{bmatrix}$$

是满秩的。

(b)若系统方程可以转化为控制标准型。

6. 在什么情况下, 该系统对输出 y 是能观的?

(a)若矩阵($\boldsymbol{F}$, $\boldsymbol{H}$)是能观的, 也即若矩阵

$$\mathcal{O} = \begin{bmatrix} \boldsymbol{H} \\ \boldsymbol{HF} \\ \vdots \\ \boldsymbol{HF}^{(n-1)} \end{bmatrix}$$

是满秩的。

(b)若系统方程可以转化为观测标准型。

7. 假设状态反馈为 $u = -\boldsymbol{Kx}$, 给出闭环极点的表达式。

(a)$p_c = \text{eig}(F - G*K)$

(b) $p_c = \det(s\boldsymbol{I} - \boldsymbol{F} + \boldsymbol{GK}) = \alpha_c(s) = 0$ 的根。

8. 在什么情况下, 可以选择反馈矩阵 $\boldsymbol{K}$ 使得 $\alpha_c(s)$ 具有任意根?

系统是能控的。

9. 用 LQR 或者 SRL 设计反馈矩阵 $\boldsymbol{K}$ 的优点是什么?

使用 LQR, 闭环系统对参数变化更具鲁棒性, 设计者能对闭环系统使用的控制信号进行调节。

10. 在反馈控制中, 应用估计器的主要原因是什么?

当状态不可用时(通常是因为为每个状态设置传感器代价太大或者不可行), 仅使用输出 y 的估计器就可以给出一个估计值来代替实际值。

11. 设估计器增益为 $\boldsymbol{L}$, 写出基于估计器的闭环极点表达式。

(a)$p_e = \text{eig}(F - L*H)$

(b) $p_e = \det(s\boldsymbol{I} - \boldsymbol{F} + \boldsymbol{LH}) = \alpha_e(s) = 0$ 的根。

12. 在什么情况下, 可以选择估计器的增益 $\boldsymbol{L}$ 使得 $\alpha_e(s) = 0$ 的根是任意的?

系统是能观的。

13. 如果安排参考输入使得估计器的输入与被控过程的输入一样, 则最终闭环传递函数如何?

$$\mathcal{T}(s) = N \frac{b(s)}{\alpha_c(s)}$$

14. 如果引入参考输入使得允许零点配置为 $\gamma(s)$ 的根, 则最终闭环传递函数如何?

$$\mathcal{T}(s) = N \frac{\gamma(s)b(s)}{\alpha_e(s)\alpha_c(s)}$$

通常 $\gamma(s) = \alpha_e(s)$。

15. 在状态反馈设计法中, 引入积分控制的三种标准方法是什么?

(a)通过增加过程状态来包含积分器状态变量。

(b)通过内部模型方法。

(c)通过使用扩展估计器方法。

第8章

1. 什么是奈奎斯特速率? 它有什么特点?

   奈奎斯特速率是采样速率的一半, 即 $\omega_s/2$。当高于该速率时, 频率信号就不能用采样信号进行描述。

2. 描述离散等效设计过程。

   对于一个系统, 控制器的设计与模拟控制器的设计相似。最终得到的控制器就近似为一个等效的数字控制器。

3. 若采样速率为 $30 \times \omega_{BW}$, 试说明如何得到 $D(z)$?

   使用离散等效设计法。对于这样高的采样速率, 该方法典型地可以获得满意的效果。但是使用离散等效法后, 要用仿真来检查设计, 仿真包括采样的效果或者执行精确的离散线性分析。最好使用包含所有已知的采样效果和系统时滞的仿真。

4. 若系统的带宽为 1 rad/s, 试说明采用不同的采样速率有何影响?

   绝对最小的采样速率是 2 rad/s(或 0.32 Hz 及 $T=3$ s)。从 2 ~ 10 rad/s 或 20 rad/s, 在控制中会出现明显的阶跃跳动, 因此设计需要仔细地进行。在 20 ~ 30 rad/s 之间, 控制阶跃信号的跃动幅度逐渐变小, 使用离散等效法的设计效果良好。在 30 rad/s 以上, 控制跃动几乎观察不到, 可以放心地使用离散等效法。

5. 给出选择数字处理器代替模拟电路实现控制器的两个优势。

   (a) 数字控制器的物理布局可以在完成最终设计之前进行, 其硬件装配通常会比选择和组装模拟控制器省时得多。

   (b) 数字处理器在设计中更灵活, 这是因为相对于重新制作印制电路或者增加运算放大器, 修正软件要容易得多。

   (c) 数字处理器更容易满足整个控制设计中的线性条件和逻辑设计步骤, 例如使之允许自适应控制或者增益规划。

   (d) 同一个基本控制器的许多模型可以使用不同的可编程只读存储器(PROM)而不改变硬件设计。例如, 汽车制造商可能在其整条生产线上有一个引擎控制器硬件设计, 而每个引擎/车辆混合体却有不同的 PROM。

   (e) 与模拟控制器相比, 数字控制器对温度变化的敏感度要弱一些。

6. 给出选择数字处理器代替模拟电路实现控制器的两个不利之处。

   (a) 模数(A/D)转换器和数模(D/A)转换器的有限采样速率, 以及计算机处理器的有限计算速度限制了控制器带宽在约 1/10 采样频率内。

   (b) 在使用低端控制器时, 转换器有限的精度和位长为控制回路引入了噪声和偏差。

   (c) 成本。对于简单的控制器, 数字设备比模拟设备昂贵得多。

△7. 若采样速率为 $5 \times \omega_{BW}$, 试说明如何得到 $D(z)$?

   以离散等效法开始, 但是包括在模拟设计时对控制对象模型中的时滞效应进行近似。然后, 通过精确的离散分析进行检验, 离散分析将把控制对象转化为离散形式并融入离散控制器中。如果由设计得到的系统性能低于期望值, 则用离散设计法修改离散控制器。最后, 使用包含所有已知采样效果和系统时滞进行仿真。

第 9 章

1. 为什么用线性模型来近似一个通常为非线性的受控对象的物理模型?

   线性模型的分析和设计比非线性模型简单得多。而且,李雅普诺夫定理表明,如果线性近似是稳定的,非线性模型至少在一些区间内是稳定的。

2. 怎样将辐射热传递的非线性系统方程 ω 进行线性化?

$$\delta \dot{T} = (4T_o^3 + 1)\delta T + \delta u$$

   其中,T_o 是额定的工作温度(参见第 10 章的 RTP 案例研究)。

3. 作为热源的电灯具有非线性,其实验所得的输出功率与输入电压的关系为 $P = V^{1.6}$。在反馈控制系统的设计中,你将如何处理这个非线性?

   我们对灯管进行反向非线性化,即 $V = P^{0.625}$,从而对级联系统进行线性化(参见第 10 章的 RTP 案例研究)。

4. 什么是积分漂移?

   如果对象执行器输出信号饱和,那么误差信号从初始值回归到零需要经历很长的时间。在此期间,积分器输出将比在线性系统中增长或者漂移得更厉害。特别的"抗漂移"电路常用来防止漂移现象。

5. 为什么说抗漂移电路很重要?

   当控制包括积分动作且受饱和影响时,若无抗漂移电路,大的输入将会导致大的超调量,并且恢复速度也很慢。

6. 用增益为 1、上下限为 ±1 的非线性饱和函数,绘制一个有饱和效应的执行器方框图,其增益为 7、上下限为 ± 20。

   如果执行器输出为 u_{out},输入为 u_{in},那么控制信号由 $u_{\text{out}} = 20\text{sat}\left(\dfrac{7u_{\text{in}}}{20}\right)$ 得到。

7. 什么是描述函数,它与传递函数有怎样的关系?

   描述函数方法的目的是,为非线性元件找到类似于"传递函数"的关系。描述函数可以被视为对于非线性的频率响应扩展。

8. 应用描述函数法时,有哪些潜在的假设?

   基本的假设是被控对象工作起来近似为低通滤波器。其他假设是非线性是时不变的,并且系统中只有一个非线性元件。

9. 非线性系统中的极限环是什么?

   在许多非线性系统中,随时间推移,误差增大,响应接近一个固定幅值的周期性解,即极限环。

10. 怎样求出实验室中的非线性系统的描述函数?

    我们将正弦信号引入到系统,在输出端配置边缘陡峭的低通滤波器来测量输出的基本分量。描述函数可由非线性系统的基本输出分量幅值和正弦输入信号幅值的比振幅之比计算得到。

11. 带有有界控制的卫星姿态控制的最小时间控制策略是什么?

    棒–棒控制(Bang-bang)。

12. 怎样使用两种李雅普诺夫法?

间接法或者第一种方法是基于运动方程的线性化,通过分析线性近似系统的稳定性来得到非线性系统稳定性的结论。直接法或者第二种方法,是直接地考虑非线性方程。

第 10 章

1. 为什么对欠阻尼结构,例如机械臂,并置的执行器和传感器比非并置的更容易设计呢?

   在并置的例子中,过程自然地在欠阻尼极点附近具有零点,这样保持了在左半平面上的根轨迹。

2. 为什么控制工程师要参与控制过程的设计?

   在许多例子中,执行器和传感器的特征和位置对控制器设计的复杂度和难度具有主要影响。如果在过程设计中包含控制要求,则最终的系统通常更有效率(更好的闭环效应)并且不再昂贵。

3. 为下列控制问题的执行器和传感器举例。

   (a)地球同步通信卫星姿态控制。

   执行器:冷气喷气推进器、动量轮、磁转矩器(线圈、转矩杆)、等离子推进器。

   传感器:地球传感(滚动、倾斜)、数字式集成速度装置(DIRA)、陀螺仪(测速)、星体追踪仪。

   (b)波音 747 飞机的偏移控制。

   执行器:升降机。

   传感器:倾斜速度和/或倾斜角可用陀螺仪或者环形激光陀螺仪来测量。

   (c)CD 播放器的音轨跟随器控制。

   执行器:用于移动机械臂的直流电动机、用于轨道跟踪的电磁线圈。

   传感器:光敏二极管阵列。

   (d)点火式汽车引擎的燃料空气比例控制器。

   执行器:燃料喷射器。

   传感器:锆氧化物传感器。

   (e)喷涂汽车的机器手臂的位置控制。

   执行器:液压执行机构或者电动机。

   传感器:测量机械臂转数的编码器、压力传感器和力传感器。

   (f)轮船的航向控制。

   执行器:方向舵。

   传感器:旋转罗盘。

   (g)直升机的姿态控制。

   执行器:移动旋转斜盘(通过直接连接或者伺服系统),用于旋转主要的叶片攻击角。

   传感器:与飞机相同(空速管、加速计、速度陀螺仪)。

附录 C　　MATLAB 命令

MATLAB 函数(m. file) 或者变量	描　　述	原书页码
angle	相角	
ans	最近的答案值	
abs	绝对值	
acker	用于极点配置的 Ackermann 公式	448,456,469,472,504
atan2	四象限反正切函数	
axis	控制轴比例	329,332
bilin	双线性变换	
bode	伯德图频率响应	84,300,315,380,522
bodemag	伯德图幅频响应	
c2d	连续到离散的转换	203,353,448,499,570
canon	状态空间标准型	435
clear	清除变量和函数	
clf	清除当前的图像	
close	关闭图像	
close all	关闭所有的图像	
conj	复数共轭	
conv	多项式乘法	92,459,461,767
cos	余弦函数	
ctrb	能控性矩阵	
ctrbf	阶梯标准型,能控性	430
damp	阻尼和固有频率	588~589
dcgain	计算 LTI 系统的 DC 增益	
deconv	多项式分解	
det	矩阵的行列式	
diag	对角阵	
diary	保存 MATLAB 会话文本	
dstep	离散系统的阶跃响应	
eig	特征值和特征向量	
exp	指数	432
expm	矩阵指数	
eye	单位矩阵	
ezplot	易于使用的绘图功能	
feedback	两个系统的反馈连接	262~263
figure	创建图像窗口	
figure(i)	使 i 为当前的图像窗口	
find	查找非零元素的索引号	
format	设置输出格式	
freqresp	LTI 系统的频率响应	
gram	能控性/能观性克拉默行列式	
grid	网格线	
hold	保持当前图像	
i	$\sqrt{-1}$	
ilaplace	拉普拉斯逆变换	
imag	复数的虚部	
impulse	LTI 系统的脉冲响应	111,115,127
inf	无穷	

（续表）

MATLAB 函数(m. file)或者变量	描　　述	原书页码
initial	状态空间系统的初始条件响应	469,475
inv	矩阵的逆	434,436
j	$\sqrt{-1}$	
laplace	拉普拉斯变换	86
linmod	线性化	620
linmod2	线性化(高级)	603
line	创建一行	
linspace	线性间隔的向量	
load	在工作区中加载变量	
log	自然对数	
log10	以 10 为底的对数	
loglog	对数 – 对数图	84,300,315,522
logspace	对数分布频率点	84
lqe	线性二次估计器设计	521
lqr	线性二次校正器设计	463,464,725
lsim	带有绝对输入的 LTI 系统仿真	101,102
ltiview	打开 LTI 浏览器 GUI	
ltru	回路传递恢复(LTR)	
ltry	回路传递恢复(LTR)	
margin	增益和相位裕度	357,398,522
max	最大分量	380
mean	均值	
min	最小分量	
nan	不是数字	
nichols	尼科尔斯图	383
norm	矩阵或向量的范数	
nyquist	奈奎斯特图	326,329,333
obsv	能观性矩阵	471
obsvf	阶梯标准型, 能观性	471
ones	单位阵列	101
padé	时滞的 Padé 近似	273
parallel	两个 LTI 系统的并联	107
place	极点配置	451,472,484,490,510
pi	3.141592653589793	
plot	绘图函数	33,99,101
pole	LTI 系统的极点	
poly	从方程的根到多项式	96
polyval	多项式评估	
printsys	打印系统	98
pzmap	极零点图	109
rand	均匀分布的随机数	
randn	正态分布的随机数	
rank	矩阵的秩	
real	复数的实部	
residue	部分分式扩展的剩余项	92,96,767
rlocfind	计算根轨迹增益	246,399
rlocus	根轨迹	225,399,459,461
rltool	交互式根轨迹工具	282
roots	多项式的根	136,239,441,451
save	保存工作区变量	
semilogx	半对数图像	84,300,522
semilogy	半对数图像	380

（续表）

MATLAB 函数(m. file)或者变量	描　　述	原书页码
series	两个 LTI 系统的串联	107,522,588 ~ 589
sgrid	s 平面网格线	
sin	正弦函数	
sim	Simulink 模型仿真	
sisotool	SISO 设计工具	
size	阵列的大小	
sort	升序或者降序排序	
sqrt	平方根	510
squeeze	删除一行(列)	
ss2ss	状态空间相似度变换	
ss2tf	状态空间到传递函数的变换	438,440,441
ss2zp	状态空间到极零点的变换	423
ss	变换到状态空间	419,435,440,442
ssdata	建立状态空间模型	435
std	标准偏差	
step	阶跃响应	24,137,138
subplot	同一窗口中多个子图	
sum	求和	
svd	奇异值分解	
syms	符号变量的声明	759
text	文本注释	
tf2ss	传递函数到状态空间的变换	426
tf2zp	传递函数到极零点的变换	98,100
tf	创建或者转换为传递函数	24,84,107,111,127,201,459
tfdata	传递函数数据	
title	图形标题	
tzero	传输零点	468,479
var	方差	
who	当前变量列表	
why	回答问题	
whos	当前变量列表(长格式)	
xlabel	x 轴标题	
xlsread	从 Excel 表中获取数据	
ylabel	y 轴标题	
zero	传输零点	
zeros	零阵列	101
zgrid	z 平面网格线	
zpk	零极点增益	
zp2tf	零极点到传递函数的变换	100

参 考 文 献

Abramovitch, D. and G. F. Franklin, "A brief history of disk drive control," *IEEE Control System Magazine*, Vol. 22, pp. 28-42, June 2002.

Ackermann, J., "Der entwurf linearer regelungssysteme im zustandsraum," *Regelungstech. Prozess-Datenverarb.*, Vol. 7, pp. 297-300, 1972.

Airy, G. B., "On the regulator of the clock-work for effecting uniform movement of equatorials," *Mem. R. Astron. Soc.*, Vol. 11, pp. 249-267, 1840.

Alon, U., *An Introduction to Systems Biology.* Chapman & Hall/CRC, 2007.

Alon, U., M. G. Surette, N. Barkai, and S. Leibler, "Robustness in bacterial chemotaxis," *Nature*, Vol. 397, pp. 168-171, January 1999.

Anderson, B. D. O. and J. B. Moore, *Optimal Control: Linear Quadratic Methods.* Upper Saddle River, NJ: Prentice Hall, 1990.

Anderson, E., et al., *LAPACK User's Guide*, 3rd ed., Philadelphia, PA: SIAM, 1999.

Åström, K. J., "Frequency domain properties of Otto Smith regulators," *Int. J. Control*, Vol. 26, No. 2, pp. 307-314, 1977.

Åström, K. J. and T. Hägglund, *PID Controllers: Theory, Design, and Tuning*, 2nd ed., Research Triangle, NC: International Society for Measurement and Control, 1995.

Åström, K. J. and T. Hägglund, *Advanced PID Control.* Research Triangle, NC: International Society for Measurement and Control, 2006.

Athans, M., "A tutorial on the LQG/LTR method," *Proc. American Control Conf*, pp. 1289-1296, June 1986.

Barkai, N. and S. Leibler, "Robustness in simple biochemical networks," *Nature*, Vol. 387, pp. 913-917, 1997.

Bellman, R. and R. Kalaba, eds., *Mathematical Trends in Control Theory.* NewYork: Dover, 1964.

Berg, H. C., *E. coli in Motion.* NewYork: Springer-Verlag, 2004.

Bergen, A. R. and R. L. Franks, "Justification of the describing function method", *SIAM J. Control*, Vol. 9, pp. 568-589, 1971.

Blakelock, J. H., *Automatic Control of Aircraft and Missiles.* 2nd ed., NewYork: John Wiley, 1991.

Bodanis, D., $E = MC^2$: *A Biography of the World's Most Famous Equation.* New York: Walker and Co., 2000.

Bode, H. W., "Feedback: The history of an idea," *Conference on Circuits and Systems.* NewYork (1960): Reprinted in Bellman and Kalaba, 1964.

—*Network Analysis and Feedback Amplifier Design.* New York: Van Nostrand, 1945.

Boyd, S. P. and C. H. Barratt, *Linear Controller Design: Limits of Performance.*
Upper Saddle River, NJ: Prentice Hall, 1991.

Brennan, R. P., *Heisenberg Probably Slept Here.* New York: John Wiley & Sons, 1997.

Brown, J. W. and R. V. Churchill, *Complex Variables and Applications.* 6th ed., New York: McGraw-Hill, 1996.

Bryson, A. E., Jr. and W. F. Denham, "A steepest-ascent method for solving optimum programming problems," *J. Appl. Mech.*, June 1962.

Bryson, A. E., Jr. and Y. C. Ho, *Applied Optimal Control.* Waltham, MA: Blaisdell, 1969.

Bryson, A. E., Jr., *Control of Spacecraft and Aircraft.* Princeton, NJ: Princeton University Press, 1994.

Callender, A., D. R. Hartree, and A. Porter, "Time lag in a control system," *Philos. Trans. R. Soc. London A*, London: Cambridge University Press, 1936.

Campbell, G. A. and R. N. Foster, *Fourier Integrals for Practical Applications.* New York: Van Nostrand, 1948.

Campbell, N. A. and J. B. Reece, *Biology*, 8th ed., Benjamin Cummings, 2008.

Cannon, R. H., Jr., *Dynamics of Physical Systems*. NewYork: McGraw-Hill, 1967.

Churchill, R. V., *Operational Mathematics*, 3rd ed., NewYork: McGraw-Hill, 1972.

Clark, R. N., *Introduction to Automatic Control Systems*. New York: John Wiley, 1962.

Clegg, J. C., "A nonlinear integrator for servomechanisms," *Trans. AIEE*, Pt. II, Vol. 77, pp. 41-42, 1958.

de Roover, D., L. Porter, A. Emami-Naeini, J. A. Marohn, S. Kuehn, S. Garner, and D. Smith, "An all-digital cantilever controller for MRFM and scanned probe microscopy using a combined DSP/FPGA design," *Am. Lab.*, Vol. 40, No. 8, pp. 12-17, 2008.

de Roover, D., A. Emami-Naeini, and J. L. Ebert, "Model-based control of fast-ramp RTP systems," *Sixth International Conference on Advanced Thermal Processing of Semiconductors*, pp. 177-186, Kyoto, Japan, September 1998.

de Vries, G., T. Hillen, M. Lewis, J. Muller, and B. Schonfisch, *A Course in Mathematical Biology*. SIAM, 2006.

Dorato, P., *Analytic Feedback System Design: An Interpolation Approach*, Pacific Grove, CA: Brooks/Cole, 2000.

Doyle, J. C., B. A. Francis, and A. Tannenbaum, *Feedback Control Theory*. NewYork: Macmillan, 1992.

Doyle, J. C. and G. Stein, "Multivariable feedback design: Concepts for a classical/modern synthesis," *IEEE Trans. Autom. Control*, Vol. AC-26, No. 1, pp. 4-16, February 1981.

Doyle, J. C., "Guaranteed margins for LQG regulators," *IEEE Trans. Autom. Control*, Vol. AC-23, pp. 756-757, 1978.

Doyle, J. C. and G. Stein, "Robustness with observers," *IEEE Trans. Autom. Control*, Vol. AC-24, pp. 607-611, August 1979.

Ebert, J. L., A. Emami-Naeini, H. Aling, and R. L. Kosut, "Thermal modeling of rapid thermal processing systems," *Third International Rapid Thermal Processing Conference*, pp. 343-355, Amsterdam, August 1995a.

Ebert, J. L., A. Emami-Naeini, and R. L. Kosut, "Thermal Modeling and control of rapid thermal processing systems," *Proceeding 34th IEEE Conference Decision and Control*, pp. 1304-1309, December 1995b.

Elgerd, O. I., *Electric Energy Systems Theory*. NewYork: McGraw-Hill, 1982.

—and W. C. Stephens, "Effect of closed-loop transfer function pole and zero locations on the transient response of linear control systems," *Trans. Am. Inst. Electr. Eng. Part 1*, Vol. 42, pp. 121-127, 1959.

Emami-Naeini, A., "The shapes of Nyquist plots: Connections with classical plane curves," *IEEE Control Systems Magazine*, October 2009.

Emami-Naeini, A., J. L. Ebert, D. de Roover, R. L. Kosut, M. Dettori, L. Porter, and S. Ghosal, "Modeling and control of distributed thermal systems," *Proc. IEEE Trans. Control Systems Technol.*, Vol. 11, No. 5, pp. 668-683, September 2003.

Emami-Naeini, A. and G. F. Franklin, "Zero assignment in the multivariable robust servomechanism," *Proc. IEEE Conf. Dec. Control*, pp. 891-893, December, 1982.

Emami-Naeini, A., and P. Van Dooren, "Computation of zeros of linear multivariable systems," *Automatica*, Vol. 18, No. 4, pp. 415-430, 1982.

—"On computation of transmission zeros and transfer functions," *Proc. IEEE Conf. Dec. Control*, pp. 51-55, December 1982.

Etkin, B. and L. D. Reid, *Dynamics of Flight: Stability and Control*, 3rd ed., NewYork: JohnWiley, 1996.

Evans, G. W., "Bringing root locus to the classroom," *IEEE Control Systems Magazine*, Vol. 24, pp. 74-81, 2004.

Freudenberg, J. S. and D. P. Looze, "Right half plane zeros and design tradeoffs in feedback systems," *IEEE Trans. Autom. Control*, Vol. AC-30, pp. 555-561, June 1985.

Fuller, A. T., "The Early development of control theory," *J. Dyn. Syst. Meas. Control*, Vol. 98, pp. 109-118 and 224-235, 1976.

Gardner, M. F. and J. L. Barnes, *Transients in Linear Systems*. NewYork: JohnWiley, 1942.

Gunckel, T. L., III and G. F. Franklin, "A general solution for linear sampled data control," *J. Basic Eng.*, Vol. 85-D, pp. 197-201, 1963.

Gyugyi, P., Y. Cho, G. F. Franklin, and T. Kailath, "Control of rapid thermal processing: A system theoretic approach," *Proceedings of IFAC World Congress*, 1993.

Hanselman, D. C. and B. C. Littlefield, *Mastering MATLAB 7*, Upper Saddle River. NJ: Prentice Hall, 2005.

Heffley, R. K. and W. F. Jewell, *Aircraft Handling Qualities*, Technical Report 1004-1, System Technology, Inc., Hawthorne, CA, May 1972.

Higham, D. J. and N. J. Higham, *MATLAB Guide*, 2nd ed., Philadelphia: SIAM, 2005.

Ho, M. -T., A. Datta, and S. P. Bhattacharyya, "An elementary derivation of the Routh-Hurwitz criterion," *IEEE Trans. Autom. Control*, Vol. 43, No. 3, pp. 405-409, 1998.

Huang, J-J. and D. B. DeBra, "Automatic tuning of Smith-predictor design using optimal parameter mismatch," *Proc. IEEE Conf. Dec. Contr.*, pp. 3307-3312, December 2000.

Hubbard, M., Jr., and J. D. Powell, "Closed-loop control of internal combustion engine exhaust emissions," SUDAAR No. 473, Department of Aero/Astro, Stanford University, Stanford, CA, February 1974.

James, H. M., N. B. Nichols, and R. S. Phillips, *Theory of Servomechanisms*, Radiation Lab. Series, 25. New-York: McGraw-Hill, 1947.

Johnson, R. C., Jr., A. S. Foss, G. F. Franklin, R. V. Monopoli, and G. Stein, "Toward development of a practical benchmark example for adaptive control," *IEEE Control System Magazine*, Vol. 1, No. 4, pp. 25-28, December 1981.

Joseph, P. D. and J. T. Tou., "On linear control theory," *AIEE Transactions*, Vol. 80, pp. 193-196, 1961.

Kailath, T., *Linear Systems*. Upper Saddle River, NJ: Prentice Hall, 1980.

Kalman, R. E., "A new approach to linear filtering and prediction problems," *J. Basic Eng.*, Vol. 85, pp. 34-45, 1960a.

Kalman, R. E. and J. E. Bertram, "Control system analysis and design via the second method of Lyapunov. II. Discrete Systems," *J. Basic Eng.*, Vol. 82, pp. 394-400, 1960.

Kalman, R. E., Y. C. Ho, and K. S. Narendra, "Controllability of linear dynamical systems," *Contributions to Differential Equations*, Vol. 1. New York: John Wiley, 1962.

Khalil, H. K., *Nonlinear Systems*, 3rd ed., Upper Saddle River, NJ: Prentice Hall, 2002.

Kharitonov, V. L., "Asymptotic stability of an equilibrium position of a family of systems of linear differential equations," *Differential' nye Uraveniya*, Vol. 14, pp. 1483-1485, 1978.

Kochenburger, R. J., "A frequency response method for analyzing and synthesizing contactor servomechanisms," *Trans. Am. Inst. Electr. Eng.*, Vol. 69, pp. 270-283, 1950.

Kuo, B. C., ed., *Incremental Motion Control, Vol. 2: Step Motors and Control Systems*, Champaign, IL: SRL Publishing, 1980.

—*Proceedings of the Symposium Incremental Motion Control Systems and Devices, Part. 1: Step Motors and Controls*, Champaign-Urbana, IL: University of Illinois, 1972.

Lanchester, F. W., *Aerodonetics*. London: Archibald Constable, 1908.

LaSalle, L. P. and S. Lefschetz, *Stability by Lyapunov's Direct Method*. New York: Academic Press, 1961.

Lyapunov, A. M., "Problème général de la stabilité du mouvement," *Ann. Fac. Sci. Univ. Toulouse Sci. Math. Sci. Phys.*, Vol. 9, pp. 203-474, 1907; original paper published in 1892 in *Commun. Soc. Math. Kharkow*, 1892; reprinted as Vol. 17 in *Annals of Math Studies*. Princeton, NJ: Princeton University Press, 1949.

Ljüng, L., *System Identification: Theory for the User*, 2nd ed., Upper Saddle River, NJ: Prentice Hall, 1999.

Luenberger, D. G., "Observing the state of a linear system," *IEEE Trans. Mil. Electron.*, Vol. MIL-8, pp. 74-80, 1964.

Mahon, B., *The Man who Changed Everything: The Life of James Clerk Maxwell*, UK: Wiley, 2003.

Marsden, J. E. and M. J. Hoffman, *Basic Complex Analysis*, 3rd ed., Freeman, 1999.

Mason, S. J., "Feedback theory: Some properties of signal flow graphs," *Proc. IRE*, Vol. 41, pp. 1144-1156, 1953.

—"Feedback theory: Further properties of signal flow graphs," *Proc. IRE*, Vol. 44, pp. 920-926, 1956.

Maxwell, J. C., "On governors," *Proc. R. Soc. Lond.*, Vol. 16, pp. 270-283, 1868.

Mayr, O., *The Origins of Feedback Control*. Cambridge, MA: MIT Press, 1970.

McRuer, D. T., I. Askenas, and D. Graham, *Aircraft Dynamics and Automatic Control*, Princeton, NJ: Princeton University Press, 1973.

Mello, B. A., L. Shaw, and Y. Tu, "Effects of receptor interaction in bacterial chemotaxis," *Biophysical Journal*, Vol. 87, pp. 1578-1595, September 2004.

Messner, W. C. and D. M. Tilburry, *Control Tutorials for MATLAB and Simulink: A Web-Based Approach*, Upper Saddle River, NJ: Prentice Hall, 1999.

Minimis, G. S. and C. C. Paige, "An algorithm for pole assignment of time invariant systems," *Int. J. Control*, Vol. 35, No. 2, pp. 341-354, 1982.

Moler, C. B., "Nineteen dubious ways to compute the exponential of a matrix, twentyfive years later," *SIAM Rev.*, Vol. 45, No. 1, pp. 3-49, 2003.

—*Numerical Computing with MATLAB*, Philadelphia, PA: SIAM, 2004.

Norman, S. A., "Wafer temperature control in rapid thermal processing," Ph. D. Dissertation, Stanford University, Stanford, CA, 1992.

Nyquist, H., "Regeneration theory," *Bell Systmes Technical. J.*, Vol. 11, pp. 126-147, 1932.

Oswald, R. K., "Design of a disk file head positioning servo," *IBM J. Res. Dev.*, Vol. 18, pp. 506-512, November 1974.

Parks, P., "Lyapunov redesign of model reference adaptive control systems," *IEEE Trans. Autom. Control*, AC-11, No. 3, 1966.

Perkins, W. R., P. V. Kokotovic, T. Boureret, and J. L. Schiano, "Sensitivity function methods in control system education," *IFAC Conference on Control Education*, June 1991.

Ragazzini, J. R., R. H. Randall, and F. A. Russell, "Analysis of problems in dynamics by electronic circuits," *Proc. IRE*, Vol. 35, No. 5, pp. 442-452, May 1947.

Ragazzini, J. R. and G. F. Franklin, *Sampled-Data Control Systems*, New York: McGraw-Hill, 1958.

Reliance Motion Control Corp., *DC Motor Speed Controls Servo Systems*, 5th ed., Eden Prairie, MN: Reliance Motion Control Corp., 1980.

Routh, E. J., *Dynamics of a System of Rigid Bodies*. London: MacMillan, 1905.

Saberi, A., B. M. Chen, P. Sannuti, *Loop Transfer Recovery: Analysis and Design*. NewYork: Springer-Verlag, 1993.

Safonov, M. G. and G. Wyetzner, "Computer-aided stability analysis renders Popov criterion obsolete," *IEEE Trans. Autom. Control*, Vol. AC-32, pp. 1128-1131, 1987.

Sandberg, I. W., "A frequency domain condition for stability of feedback systems containing a single time varying nonlinear element," *Bell SystemsTechnical J.*, Vol. 43, pp. 1581-1599, 1964.

Sastry, S. S., *Nonlinear Systems: Analysis, Stability, and Control*. New York: Springer-Verlag, 1999.

Schmitz, E., "Robotic arm control," Ph. D. Dissertation, Stanford University, Stanford, CA, 1985.

Sedra, A. S., and K. C. Smith, *Microelectronics Circuits*, 3rd ed., NewYork: Oxford University Press, 1991.

Simon, H. A., "Dynamic programming under uncertainty with a quadratic function," *Econometrica*, Vol. 24, pp. 74-81, 1956.

Sinha, N. K. and B. Kuszta, *Modeling and Identification of Dynamic Systems*. New York: Van Nostrand, 1983.

Smith, O. J. M., *Feedback Control Systems*. NewYork: McGraw-Hill, 1958.

Sobel, D., *Galileo's Daughter*. NewYork: Penguin Books, 2000.

Stein, G. and M. Athans, "The LQG/LTR procedure for multivariable feedback control design," *IEEE Trans. Autom. Control*, Vol. AC-32, pp. 105-114, February 1987.

Strang, G., *Linear Algebra and Its Applications*, 3rd ed., NewYork: Harcourt Brace, 1988.

Swift, J., *On Poetry: A Rhapsody*, 1973, J. Bartlett, ed., *Familiar Quotations*, 15th ed., Boston: Little Brown, 1980.

Sze, S. M., ed. *VLSI Technology*, 2nd ed., NewYork: McGraw-Hill, 1988.

Taubman, P., *Secret Empire: Eisenhower, the CIA, and the Hidden Story of America's Space Espionage*, NewYork: Simon and Schuster, 2003.

Thomson, W. T. and M. D. Dahleh, *Theory of Vibration with Applications*, 5th ed., Upper Saddle River, NJ: Prentice Hall, 1998.

Trankle, T. L., "Development of WMEC Tampa maneuvering model from sea trial data," Report MA-RD-760-87201. Palo Alto, CA: Systems Control Technology, March 1987.

Truxal, J. G., *Control System Synthesis*. NewYork: McGraw-Hill, 1955.

van der Linden, G., J. L. Ebert, A. Emami-Naeini, and R. L. Kosut "RTP robust control design: Part II: controller synthesis," Fourth *International Rapid Thermal Processing Conference*, pp. 263-271, September 1996.

Van der Pol, B., and H. Bremmer, *Operational Calculus*. New York: Cambridge University Press, 1955.

Van Dooren, P., A. Emami-Naeini, and L. Silverman, "Stable extraction of the kronecker structure of Pencils," *Proc. IEEE Conf. Dec. Control*, San Diego, CA, pp. 521-524, December 1978.

Vidyasagar, M., *Nonlinear Systems Analysis*, 2nd ed., Upper Saddle River, NJ: Prentice Hall, 1993.

Wiener, N., "Generalized harmonic analysis," *Acta Math.*, Vol. 55, pp. 117, 1930.

Woodson, H. H. and J. R. Melcher, *Electromechanical Dynamics, Part I: Discrete Systems*. NewYork: JohnWiley, 1968.

Workman, M. L., "Adaptive proximate time-optimal servomechanisms," Ph. D. Dissertation, Stanford University, Stanford, CA, 1987.

Yi, T.-M., Y. Huang, M. I. Simon, and J. C. Doyle, "Robust perfect adaptation in bacterial chemotaxis through integral feedback control," *PNAS*, Vol. 97, No. 9, pp. 4649-4653, April 2000.

Zames, G., "On the input-output stability of time-varying nonlinear feedback systems—Part I: Conditions derived using concepts of loop gain, conicity and positivity," *IEEE Trans. Autom. Control*, Vol. AC-11, pp. 465-476, 1966.

—"On the input-output stability of time-varying nonlinear feedback systems—Part II: Conditions involving circles in the frequency plane and sector nonlinearities," *IEEE Trans. Autom. Control*, Vol. AC-11, pp. 228-238, 1966.

Ziegler, J. G. and N. B. Nichols, "Optimum settings for automatic controllers," *Trans. ASME*, Vol. 64, pp. 759-768, 1942.

—"Process lags in automatic control circuits," *Trans. ASME*, Vol. 65, No. 5, pp. 433-444, July 1943.

术 语 表

A

Abscissa of convergence　收敛横坐标

AC motor actuators　交流电动机执行器

Ackermann's estimator formula　Ackermann 估计器估计公式

  pole placement　极点配置

  SRL　对称根轨迹

  undamped oscillator, example of　无阻尼振荡器，例子

Activity, E. coli　活动，大肠杆菌

Actuator saturation, feedback system with　执行器饱和，反馈系统

Actuators　执行器

  control system design procedure　控制系统设计步骤

  sizing　选型

Adams prize　Adams 奖

Adaptation　自适应

Adaptive control　自适应控制

A/D converters　A/D 转换器

  digitization　数字化

Additional poles effect of　附加极点效应

  locus branches　轨迹分支

Aircraft　飞行器

  lateral and longitudinal control　侧向和纵向控制

  control system design procedure　控制系统设计步骤

  nonlinear equations　非线性方程

  response using MATLAB　响应的 MATLAB 实现

Aircraft coordinates　飞行器坐标

Aizerman's conjecture　Aizerman 猜想

aliasing　混叠

  example　举例

  z and s-plane　z 平面和 s 平面

Altimeter　高度计

Altitude-hold autopilot　高度保持自动驾驶仪

Amplitude, armature voltage　幅值，电枢电压

amplitude ratio　幅值比率

Amplitude scaling　幅值缩放

Amplitude stabilization　幅值镇定

Analog computer　模拟计算机

  components　组件

  implementation　实现

Analog implementation　模拟实现

Analog prefilters　模拟预滤波器

Analog to digital(A/D)converters　模数转换

Analysis tools　分析工具

Analytic continuation　解析延拓

Anti-alias prefilters　抗混叠预滤波器

Anti-alias prefilters effect of　抗混叠预滤波器作用

Anti-windup compensation for PI controller　PI 控制器的抗漂移补偿

Anti-windup methods　抗漂移方法

Apollo　阿波罗号宇宙飞船

Argument principle　幅角原理

Armature　电枢

Armature voltage, amplitudes of　电枢电压，幅值

Arrival angles, rule for　入射角，规则

Assigned zeros　分配的零点

Asymptotes　渐近线

  angles of　角度

  center of positive locus　正根轨迹的中心

  frequency response　频率响应

  positive locus　正根轨迹

Asymptotically stable, Lyapunov　渐近稳定，李雅普诺夫

Asynchronous sampling　异步采样

Attitude hold　姿态保持

Attractant　引诱素

Augmented state equations with integral control　使用积分控制的增稳状态方程

Automobile suspension　汽车悬浮

Automotive engine, control of fuel-air ratio in　汽车引擎，燃料空气比例控制

Autonomous estimator　自治估计器

  description　描述

Autopilot design　自动驾驶仪设计

  block diagram　方框图

  root locus　根轨迹

  time response plots　时域响应曲线

Auxiliary variable　辅助变量

B

Back emf　反电动势

  laws and equations　规则和方程

voltage　电压
Bacteria　细菌
Ball levitator　浮球
　　linearization of motion　运动线性化
　　scaling　比例缩放
Band center　频带中心
Band reject filter　带阻滤波器
Bandwidth　带宽
Bang-bang control　棒－棒控制
Barometric altimeter　气压高度计
Bell Laboratories　贝尔实验室
BIBO stability　BIBO 稳定性
Bilateral Laplace transforms　双边拉普拉斯变换
Bilinear approximation　双线性近似
Binary fission　二分裂
Biological systems　生物系统
Block diagram　方框图
　　algebra　代数
　　reduction using MATLAB　用 MATLAB 化简
　　simplification example　简化实例
　　state equations　状态方程
　　third order system　三阶系统
　　transfer function　传递函数
Blocking zeroes　阻碍零点
Bode gain phase relationship　伯德图增益相位关系
　　crossover frequency　穿越频率
　　exercise problems related to　有关习题
Bode gain phase theorem　伯德图增益相位定理
　　stated　规定的
　　weighting function, graphically illustrated　权重函
　　数,图解
Bode plot　伯德图
　　complex poles　复数极点
　　complex poles and zeros　复数极点和零点
　　computer-aided　计算机辅助
　　frequency response, advantages　频率响应,优势
　　minimum and nonminimum phase systems　最小相位
　　和非最小相位系统
　　multiple crossover frequency system　多穿越频率
　　系统
　　real poles and zeros　实数极点和零点
　　RHP　右半平面
　　rules　规则
Bode plot technique, frequency response　伯德图法,
　　频率响应
Boeing 747　波音 747 飞机
　　aircraft coordinates　飞机器坐标
　　lateral and longitudinal control of　侧向和纵向控制
Bounded input-bounded output (BIBO) stability　有界

输入有界输出稳定性
Break point　转折点
Breakaway points　分离点
Break-in point　汇合点
Bridge tee circuit　T 形电桥
Bryson's rule　Bryson 法则
Butterworth configuration　巴特沃思结构

C

Cancellations, transfer function　抵消, 传递函数
Canonical forms　标准型
　　block diagrams and　方框图
　　control　控制
　　modal　模态
　　observer　观测器
　　state equations　状态方程
Capacitor　电容器
　　frequency response characteristics　频率响应特征
　　stability　稳定性
　　symbol and equation　符号和方程
Carburetor　化油器
Cart-stick balancer　车－杆平衡器
Cascaded tanks　级联水箱
Case studies　案例研究
　　Automotive fuel/air ratio　汽车燃料/空气比例
　　Boeing 747 lateral and longitude　波音 747 飞机侧
　　向和纵向
　　E. coli chemotaxis　大肠杆菌
　　Hard-disk read/write head　硬盘读/写磁头
　　Satellite attitude　卫星姿态
　　Semiconductor wafer RTP　半导体芯片快速热处理
Catalytic converter　催化式转换器
Cauchy's Principle of the Argument　柯西定理的原理
Cell　细胞
Characteristic equation　特征方程
　　closed-loop system　闭环系统
Cheap control　廉价控制
Chemotaxis　趋化性
Chemotaxis dynamics　趋化性动力学
chemotaxis model　趋化性模型
Circle criterion　圆判据
　　relationship with describing functions　使用描述函
　　数的关系
　　sector conditions　象限条件
　　sector for signum nonlinearity　正负非线性象限
　　Stability determination using　稳定性判定
Classical control　经典控制
　　design　设计
Clegg integrator　Clegg 积分器

Closed loop bandwidth　闭环带宽

  phase margin　相位裕度

  sample rate selection　采样速率选择

Closed loop control　闭环控制

Closed-loop estimator　闭环估计器

Closed loop frequency response　闭环频率响应

  robust servomechanism　鲁棒伺服系统

Closed loop poles　闭环极点

  root locus　根轨迹

  Truxal's formula　Truxal 公式

Closed loop stability, frequency response determination　闭环稳定性,频率响应判定

Closed-loop system　闭环系统

  characteristic equation　特征方程

  LTR　回路传递回复

  transfer function　传递函数

Closed loop transfer function　闭环传递函数

Closed loop zeros　闭环零点

Communication satellite　通信卫星

Companion form matrix　伴随矩阵

Comparator　比较器

Compensation　补偿

  control law and estimator　控制规律和估计器

  control system design procedure　控制系统设计步骤

  exercise problem related to　相关习题

  frequency response designed method　频率响应设计方法

  root locus　根轨迹

Compensator design (state-space)　补偿器设计(状态空间)

  conditionally stable　条件稳定

  exercise problems related to　相关习题

  full order　满秩

  reduced order　残秩

  transfer function　传递函数

Complementary sensitivity function　补充灵敏度函数

Complete transient response　完全暂态响应

Complex poles　复数极点

  Bode plot　伯德图

  s-plane plot　s 平面图

Complex zeros, Bode plot　复数零点,伯德图

Composite curve　合成曲线

Composite plot　合成图

Computed torque　计算力矩

Computer, digital control　计算机,数字控制

Computer aids　计算机辅助

Computer-aided Bode plot for complex poles and zeros　对于复数零极点的计算机辅助伯德图

Conditionally stable compensator design　条件稳定补偿器设计

Conditionally stable system　条件稳定系统

  block diagram　方框图

  frequency response design method　频率响应设计方法

  root locus　根轨迹

  root locus extension methods　根轨迹扩展法

  stability properties for　稳定性特性

Constant closed loop magnitude, contours of　定常闭环幅值,等值线

Continuation locus　延拓轨迹

Continuity relation　延拓关系

Continuous and digital implementation, comparison of　连续和数字实现,比较

Continuous and discrete systems　连续和离散系统

  Simulink simulation　Simulink 仿真

  step response comparison　阶跃响应对比

Continuous signal Laplace transform　连续信号拉普拉斯变换

Continuous system, block diagram for　连续系统,方框图

Contour evaluation　等值线评价

Control canonical form　控制标准型

  block diagram　方框图

  derivation　微分

  equations　方程

  third order system　三阶系统

  transfer function to state space (tf2ss)　传递函数至状态空间

  transformation to controllability matrix　转换为能控性矩阵

Control characteristic equation　控制特征方程

Control law　控制规律

  and estimator　估计器

  finding　求解

  for pendulum　钟摆

  zero location affecting　零点位置影响

Control law design for full state feedback　全状态反馈的控制规则设计

  Ackermann's formula　Ackermann 公式

  finding　求解

  pendulum example　单摆举例

  reference input　参考输入

  system diagram　系统框图

  zero location example　零点位置示例

Control responses of analog and digital implementations　模拟和数字实现的控制响应

Control system design　控制系统设计

  case studies　案例研究

  historical perspective　历史回顾

outline steps 主要步骤

Control theory and practice 控制理论和实践

Controllability 能控性

Controllability matrix 能控性矩阵

Controllable systems 能控系统

Controllers 控制器

    continuous and discrete comparison plots 连续和离散对比图

    Simulink diagram Simulink 仿真图

    dimension 量纲

    equations 方程

    polynomial form 多项式形式

    transfer function 传递函数

Convolution 卷积

Convolution integral 卷积积分

Cosine signal derivative 余弦信号微分

Cost function 代价函数

Cover-up method of determining coefficients 确定系数的覆盖法

Cross over at 穿越

Crossover frequency 穿越频率

    stability margins 稳定裕度

Cruise control model 巡航控制模型

Cruise control step response 巡航控制阶跃响应

Cruise control transfer function using MATLAB 使用 MATLAB 的巡航控制传递函数

Current source symbol and equation 电流源符号和方程

D

D/A converters 数模转换器

    digitization 数字化

Dakota autopilot Dakota 自动驾驶仪

Damping natural frequency 阻尼固有频率

Damping locus 阻尼轨迹

    versus overshoot 相对于超调量

    versus phase margin 相对于相位裕度

Damping response in digital versus continuous design 数字和连续设计的阻尼响应对比

DC gain 直流增益

    Final Value Theorem 终值定理

    z-plane z 平面

DC motor 直流电机

    lag compensation 滞后补偿

    lead compensation 超前补偿

    modeling 建模

    reference input 参考输入

    sketch 草图

    transfer function using MATLAB 使用 MATLAB 的传递函数

DC motor actuator 直流电动机执行器

DC motor example 直流电动机举例

DC Motor Position Control 直流电动机位置控制

    PI control for PI 控制

    system type for 系统类型

DC servo 直流伺服

    example 举例

    modified dominant second order pole locations 改进的主导二阶极点位置

    reduced order estimator 降解估计器

    root locus, pole assignment 根轨迹, 极点配置

DC servo compensator, redesign of 直流伺服补偿器, 重新设计

Decibel 小数

Delay 滞后

    contrasting method of approximating 近似的对比方法

    hold operation 保持操作

Delayed sinusoidal signal 滞后的正弦信号

    demethylation 去甲基化

Departure angles, root locus design for 出射角, 跟轨迹设计

Derivative, discrete control laws 导数, 离散控制定律

Describing function 描述函数

    conditionally stable system 条件稳定系统

    for hysteresis nonlinearity 磁滞非线性

    for relay nonlinearity 继电器非线性

    root locus extension method 根轨迹扩展法

    for saturation nonlinearity 饱和非线性

    stability analysis 稳定性分析

    stability analysis for hysteresis nonlinearity 磁滞非线性的稳定性分析

Design considerations, frequency response design method 设计考虑因素, 频率响应设计法

Design criterion for spacecraft attitude control 飞船姿态控制的设计标准

Design parameters for lead networks 超前网络的设计参数

design synthesis 设计综合

design trade-off 设计权衡

    satellite 卫星

    yaw damper 偏移阻尼器

Desired gain, graphical calculation of 期望增益, 图解计算

Differential equations 微分方程

    geometry 几何学

    state-variable form of dynamic models 状态变量动态模型

Differentiation 微分

Digital autopilot 数字自动驾驶仪
Digital control 数字控制
    digitization of PID PID 数字化
    discrete design 离散设计
    discrete equivalents 离散等效设计
    dynamic analysis of discrete systems 离散系统的动态分析
    sample-rate selection 采样速率选择
    trapezoid rule 梯形法则
Digital controller 数字控制器
    block diagram 方框图
    digital implementation 数字实现
    space station attitude 空间站姿态
    Tustin's method Tustin 方法
Digital implementations 数字实现
    lead 超前
    lag 滞后
    PID 比例积分微分控制
Digital PID 数字 PID
Digital to analog (D/A) converters 数模(D/A)转换器
Digital versus continuous design, damping and step response in 数字与连续设计, 阻尼和阶跃响应
Digitization 数字化
Diophantine equation 丢番图方程
Direct design with rational transfer function 使用有理传递函数的直接设计
Direct digital design. (see Discrete design) 直接数字设计(参阅离散设计)
Direct transfer function formulation 直接传递函数公式
Direct transmission term 直接传送项
Discrete control laws 离散控制规律
Discrete controller 离散控制
Discrete design 离散设计
    analysis tools 分析工具
    feedback properties 反馈特性
Discrete equivalent of motor speed control 电动机速度控制的离散等效
Discrete equivalents 离散等效
    design using 设计使用
Discrete root locus 离散根轨迹
Discrete signals 离散信号
Discrete systems 离散系统
    and continuous 连续系统
    Simulink simulation Simulink 仿真
    step response comparison 阶跃响应比较
    dynamic analysis of 动态分析
Discrete time functions to z-transform and Laplace transforms 离散时间函数到 z 变换和拉普拉斯变换

Discrete transfer function 离散传递函数
Disk drive servomechanism 磁盘驱动伺服系统
Disk read/write mechanism 磁盘读/写装置
    graphical illustration 图解
    schematic 原理图
Distinct real roots 不同的实数根
Distributed parameter systems 分布式参数系统
Disturbance 扰动
Disturbance rejection 扰动抑制
    digital control 数字控制
    properties for robust servomechanism 鲁棒伺服系统特性
    sample rate selection 采样速率选择
    steady-state tracking by extended estimator 使用扩展估计器的稳态跟踪
Divide and conquer state space design 分步的状态空间设计
Dominant second order poles 主导的二阶极点
Double integrator plant 双积分器对象
    transfer function 传递函数
    discrete model 离散模型
Double pendulum 双钟摆
Double precision 双精度
Drebbel's incubator Drebbel 孵化器
Duality of estimation and control 估计和控制的对偶性
Dutch roll yaw damper 横滚偏移阻尼器
Dynamic analysis of discrete systems 离散系统的动态分析
    Final Value Theorem 终值定理
    s and z relationship s 与 z 的关系
    z-transform z 变换
    z-transform inversion z 逆变换
Dynamic compensation 动态补偿
Dynamic models 动态模型
    electric circuits 电路
    electromechanical systems 机电系统
    equations for 方程
    fluid flow models 流体模型
    heat and fluid flow models 热和液体流动模型
    historical perspective 历史回顾
    linearization 线性化
    mechanical systems 机械系统
    room temperature 室温
    scaling 比例缩放
    state-variable form differential equations 状态变量形式的微分方程
Dynamic response 动态响应
    amplitude and time scaling 幅值和时间缩放

effects of zeros and additional poles 零点和附加极点的影响

experimental data, obtaining models from 实验数据，建立模型

historical perspective 历史回顾

Laplace transforms 拉普拉斯变换

perspective 概述

pole locations, effect of 极点位置，作用

state equations 状态方程

time-domain specifications 时域指标

stability 稳定性

system modeling diagrams 系统建模方框图

Dynamic system with saturation 带饱和的动态系统

E

E. coli 大肠杆菌

E. coli genome 大肠杆菌基因

E. coli motion 大肠杆菌运动

Effect of zero using MATLAB 使用 MATLAB 的零点影响

Eigenvalue 特征值

Eigenvector 特征向量

Electric circuits 电路

differential equation determination 微分方程判定

dynamic model of 动态模型

elements 元件

equations and transfer functions 方程和传递函数

Electric power line conductor 电力线导体

Electromagnent 电磁的

Electromechanical systems, dynamic models of 机电系统，动态模型

Elementary block diagrams 基本的方框图

Emulation 仿真

Emulation design 仿真设计

applicability limits 应用限制

dampling and step response example 阻尼和阶跃响应举例

digital approximation methods comparison of 数字近似方法比较

MMPZ method MMPZ 方法

MPZ method MPZ 方法

space station attitude digital controller 空间站姿态数字控制器

stages 阶段

Tustin's method Tustin 方法

EPROM 可擦除可编程只读存储器

Equilibrium 平衡

Equivalent gain analysis 等效增益分析

frequency response 频率响应

root locus 根轨迹

Error constants 误差常数

Error space 误差空间

approach, robust tracking 方法，鲁棒跟踪

definition 定义

design 设计

robust control equations 鲁棒控制方程

Estimate error characteristic equation 估计误差特征方程

Estimator 估计器

control law combined 联合控制规律

and controller mechanism 控制器机构

extended 扩展

Estimator design 估计器设计

full order 满秩

pole selection 极点选择

reduced order 降阶

pendulum example 单摆举例

for simple pendulum 简单单摆

SRL estimator design for pendulum 单摆的 SRL 估计器设计

Estimator equations 估计器方程

Estimator error equation 估计器误差方程

Estimator modes uncontrollability 估计器模式不能控性

Estimator pole selection 控制器极点选择

Estimator SRL equation 估计器 SRL 方程

Evans form of characteristic equation 特征函数的伊凡思形式

Evans method 伊凡思方法

Exact discrete equivalent 精确的离散等效

Excitation-Inhibition Model 激励抑制模型

Expensive control 昂贵控制

Experimental data 实验数据

obtaining models 建立模型

sources 来源

Exponential envelope 指数包络线

second-quarter system response 第二个四分位系统响应

Exponential order, Laplace transforms 指数阶数，拉普拉斯变换

Exponentially decaying sinusoid 指数衰减正弦曲线

Extended estimator 扩展估计器

motor speed system, block diagram for 汽车速度系统，方框图

steady-state tracking 稳态跟踪

system for tracking, block diagram for 跟踪系统，方框图

Extra pole, effect of　额外的极点，影响

F

Factored zero-pole form　因式化的零极点形式
Fast poles　快速极点
Feedback　反馈
  advantage　优势
  amplifier　放大器
  analysis　分析
  design trade-off　设计权衡
  Drebbel's incubator　Drebbel 孵化器
  equations　方程
  liquid-level control　液位控制
  perspective　概述
Feedback control　反馈控制
  components　组件
Feedback law with integral control　使用积分控制的反馈规律
Feedback loop　反馈回路
Feedback of state　状态的反馈
Feedback output error to state estimate equation　状态估计方程的反馈输出误差
Feedback properties　反馈特性
  discrete design　离散设计
  discrete design example　离散设计举例
Feedback scheme for autopilot design　自动驾驶仪设计的反馈原理图
Feedback structure　反馈结构
Feedback system　反馈系统
  actuator saturation　执行器饱和
  drawing　绘图
Feedforward　前馈
  of disturbances　扰动
  integral model example　积分模型举例
Fibonacci numbers　斐波纳契数
Filament　灯丝
Final Value Theorem　终值定理
  DC gain　直流增益
  incorrect use of　错误使用
  stable system　稳定系统
Finite zeros　有限零点
First order system, SRL for　一阶系统，对称根轨迹
First order term　一阶项
Fixed point arithmetic　定点代数运算
Flagellum　鞭毛
Flexible disk read/write mechanism　柔性的磁盘读/写装置
Float valve　浮动阀
Fluid flow models　流体模型

Fly-ball governor　飞球调节器
Fly-by-wire　遥控自动驾驶仪
Folding z and s-plane　折叠 z 和 s 平面
Forced differential equations solution　强制的微分方程解
Forced equation solution with zero initial conditions　具有零初始状态的强制微分方程解
Forcing function　强迫函数
Fourth order system in modal canonical form　用模态标准型表示的四阶系统
Free body diagram　自由体受力图
  disk read/write mechanism　磁盘读/写装置
  Newton's law　牛顿定律
  suspension system　悬浮系统
Free running　自由运行
Frequency control system design procedure　频率控制系统设计步骤
Frequency response　频率响应
  characteristics　特征
    of capacitor　电容器
    of lead compensator　超前补偿器
  control system design procedure　控制系统设计步骤
  lag lead compensation　滞后超前补偿
  lead compensation　超前补偿器
  PD compensation　PD 补偿器
  state space design methods　状态空间设计法
Frequency response data　频率响应数据
  experimental data source　实验数据来源
  phase margin　相位裕度
Frequency-response design method　频率响应设计法
  Bode's gain-phase relationship　伯德增益相位关系
  closed-loop frequency response　闭环频率响应
  compensation　补偿
  control system design　控制系统设计
  data, alternative presentation of　数据，备选表示
  lag compensation　滞后补偿
  neutral stability　中性稳态
  Nyquist stability criterion　奈奎斯特稳定性判据
  perspective　概述
  PI compensation　PI 补偿
  stability margins　稳定裕度
  time delay　延时
Frequency response plots　频率响应图
  LTR design　LTR 设计
Frequency response resonant peak versus phase margin　频率响应谐振峰值与相位裕度的关系
Frequency shift　频率变化
Frieden calculator　Frieden 计算器
Fuel-air ratio control　燃料空气比例控制

Fuel injection　燃油喷射器

Full order compensator design　全阶补偿器设计

　for DC servo　直流伺服系统

　　for satellite attitude control　卫星姿态控制

Full-order estimator　全阶估计器

G

Gain calculation for reference input　对参考输入的增益计算

Gain margin　增益裕度

　frequency response design method　频率响应设计法

　LTR　回路传递恢复

　　magnitude and phase plot　幅值和相位图

Gain phase relationship demonstration　增益相位关系证明

Gain selection　增益选择

Gain stabilization　增益镇定

Gap between Theory and Practice　理论和实践之间的距离

General controller in polynomial form　多项式形式的通用控制器

GP-B satellite　GP-B 卫星

Gyroscope　陀螺仪

H

Hanging crane for rotational motion　旋转运动的悬挂式起重机

Hard disk control system design procedure　硬盘控制系统设计步骤

Hardware characteristics　硬件特性

Heat exchanger　热交换器

　illustrated　图示说明

　modeling equations for　建模方程

　pure time delay　纯时滞

　root locus　根轨迹

Heat exchanger tuning　热交换器整定

Heat flow　热量流动

　equations for　方程

　models　模型

　　dynamic models　动态模型

Heat transfer RTP system　热传递 RTP 系统

Helicopter near hover　近地盘旋的直升机

Hessenberg Matrix　Hessenberg 矩阵

High frequency plant uncertainty, effect of　高频对象不确定性,影响

Historical perspective　历史回顾

Hold operation, delay due to　保持操作,延迟

Homogeneous differential equations solution　齐次微分方程解

Hot-air balloon　热气球

Hydraulic actuators, modeling　液压执行器,建模

Hydraulic piston, modeling　液压活塞,建模

I

Illustrative root locus　说明性的根轨迹

Impulse function transform　脉冲函数转换

Impulse response　脉冲响应

　using MATLAB　使用 MATLAB

Impulse signal　脉冲信号

Imcompressible fluid flow　非压缩流体

Incubator, Drebbel　孵化器

Inductor symbol and equation　电感器符号和方程

Initial Value Theorem　初值定理

Inner loop design　内部回路设计

Input filter　输入滤波器

Input generator, internal model principle of　输入信号发生器,内部模型原理

Input magnitude, nonlinear example of stability　输入幅值,稳定性的非线性举例

Input matrix　输入矩阵

Integral, discrete control laws of　积分,离散控制律

Integral control　积分控制

　augmented state equations　扩展状态方程

　block diagram　方框图

　description　描述

　feedback law　反馈规律

　internal model approach　内部模型方法

　motor speed system　汽车速度系统

　polynomial solution　多项式解

　using error space design　使用误差空间设计

　structure　结构

Integral model with feedforward　使用前馈的积分模型

Integration　集成

Integrator　积分器

　op-amp　运算放大器

Integrator anti-windup　积分器抗漂移

Internal model approach, integral control using　内部模型方法,积分控制

Internal model principle　内部模型原理

Internal stability　内部稳定性

Internet modeling　Internet 建模

Interrupt　中断

Inverse Laplace transforms by partial-fraction expansion　使用部分分式扩展法的拉普拉斯逆变换

Inverse nonlinearity　逆非线性

Inverse transform　逆变换

Inverted pendulum　倒立摆

　equations　方程

SRL 对称根轨迹
  estimator design 估计器设计
  step response 阶跃响应
Isoclines 等倾线

K

Kharitonov theorem Kharitonov 定理
Kirchhoff's current law（KCL） 基尔霍夫电流定律（KCL）
Kirchhoff's voltage law 基尔霍夫电压定律（KVL）

L

Lag compensation 滞后补偿
  circuit illustration 电路图解
  compensation characteristic 补偿特性
  DC motor 直流电动机
  definition 定义
  design using 设计
  design procedure 设计步骤
  frequency response design method 频率响应设计法
  state space method 状态空间法
Lamp nonlinearity 电子管非线性
LAPACK LAPACK 软件包
Laplace transforms 拉普拉斯变换
  continuous signal 连续信号
  definition 定义
  differential equations solving 微分方程求解
  dynamic analysis 动态分析
  homogeneous differential equations solution 齐次微分方程解
  impulse function transform 脉冲函数变换
  for problem solving 问题求解
  properties 特性
  simple discrete time functions 简单的离散时间函数
  sinusoid transform 正弦变换
  step and ramp transforms 阶跃和斜坡变换
  to solve problems 解决问题
Law of generators 发电机原理
Law of motors 电动机原理
Lead compensation 超前补偿器
  analog and digital implementations 模拟和数字实现
  circuit illustration 电路图解
  compensation characteristic 补偿特性
  for DC motor 直流电动机
  design procedure 设计步骤
  discrete control laws 离散控制规律
  frequency response 频率响应

maximum phase increase 最大相位增加
primary design parameters 主要设计参数
using MATLAB 使用 MATLAB
Lead compensator 超前补偿器
  design for type 1 1 型系统设计
  servomechanism system 伺服系统
  frequency response characteristics 频率响应特性
  state-space example 状态空间举例
  temperature control system 温度控制系统
Lead ratio 超前比率
Least common multiple, extended estimator 最小公倍数，扩展估计器
Least-squares system identification 最小二乘系统辨识
Left companion matrix 左伴随矩阵
Left half plane（LHP） 左半平面（LHP）
  effect of zero in 零点的作用
  Final Value Theorem 终值定理
LTR 回路传递恢复
  root locus extension method 根轨迹扩展法
  SRL 对称根轨迹
  zeros 零点
LHP. ［see Left half plane（LHP）］ 左半平面
Ligand 配位基
Limaçon 蜗牛线
Limit cycle 极限环
Linear differential equations 线性微分方程
  standard form 标准型
Linear quadratic based compensator design 基于线性二次方程的补偿器设计
Linear quadratic regulator（LQR） 线性二次方程校正器（LQR）
  gain and phase margins 增益和相位裕度
  Nyquist plots 奈奎斯特图
  regulator poles, limiting behavior of 校正器极点，极限行为
  regulators, robustness properties 校正器，鲁棒特性
  tape drive 磁带驱动器
Linear system 线性系统
  analysis using MATLAB 使用 MATLAB 分析
  ways of representing 表示方法
Linear time invariant systems for stability 线性时不变系统稳定性
Linearization 线性化
  control system design procedure 控制系统设计步骤
  dynamic models 动态模型
  by feedback 使用反馈

by inverse nonlinearity 使用逆非线性
of motor in ball levitator 悬浮球的运动
nonlinear feedback 非线性反馈
nonlinear pendulum example 非线性单摆举例
rapid thermal processing example 快速热处理举例
by small-signal analysis 使用小信号分析法
water tank height and outflow 水箱液位高度和流出量
Liquid level control 液位控制
Locus, real-axis parts of 轨迹,实轴部分
Logarithmic decrement 对数减量
Long division in z-transform inversion 逆 z 变换的长除法
Loop transfer recovery (LTR) 回路传递恢复(LTR)
design frequency response plots 设计频率响应图
design for satellite attitude control 卫星姿态控制设计
Loudspeaker 扬声器
geometry 几何学
modeling 建模
with circuit 使用电路
Low sensitivity, design criteria for 低灵敏度,设计标准
LQ 线性二次型
LQF Kalman 滤波器
LQG 线性二次高斯滤波
LQR. [see Linear quadratic regulator (LQR)] 线性二次校正器
LTI systems, stability of 线性时不变系统,稳定性
LTR 回路传递回复
Lumped parameter model 集总参数模型
Lyapunov direct method for position feedback system 用于位置反馈系统的李雅普诺夫直接法
Lyapunov equation 李雅普诺夫方程
Lyapunov first method 李雅普诺夫第一方法
Lyapunov function 李雅普诺夫函数特征
Lyapunov indirect method 李雅普诺夫间接法
Lyapunov stability 李雅普诺夫稳定性
nonlinear system 非线性系统
second-order system 二阶系统
Lyapunov stability analysis 李雅普诺夫稳定性分析
asymptotically stable 渐近稳定
first method 第一方法
redesign of adaptive control 自适应控制重新设计
second method 第二方法
stable in the large 大致稳定
Lyapunov stability theorem 李雅普诺夫稳定性定理

M

Magnetic levitation 磁悬浮

Magnitude 幅值
frequency response 频率响应
transfer function class 传递函数类型
Magnitude condition 幅值条件
parameter value 参数值
Magnitude plot 幅值曲线
gain and phase margin 增益和相位裕度
transfer function class 传递函数类型
Matched pole-zero (MPZ) method 极零点配对法(MPZ)
emulation design 仿真设计
MMPZ comparison MMPZ 比较
Mathematical model 数学模型
pole location 极点位置
computing root by 计算根
feedback 反馈
impulse initial 初始脉冲
impulse response by 脉冲响应
initial 初始
linear system analysis 线性系统分析
step response 阶跃响应
Mechanical systems 机械系统
dynamic models 动态模型
Method of computed torque 转矩计算方法
Microphone 麦克风
Microprocessors for control applications 控制应用微处理器
Minimum phase systems and Bode plot 最小相位系统和伯德图
MIT rule MIT 规则
Mixed control system versus pure discrete equivalent 混合控制系统与纯离散等效对比
MMPZ method MMPZ 法
emulation design 仿真设计
MPZ comparison MPZ 比较
Modal canonical form 模态标准型
block diagram 方框图
fourth-order system block diagram 四阶系统方框图
state equations 状态方程
Modal form transformation 模态形式转换
Model, definition 模型,定义
Modern control 现代控制
Modern control design 现代控制设计
Modes of the system 系统的模式
Modified dominant second order pole locations with DC servo redesign 使用直流伺服重新设计的改进主导二阶极点位置
Modified matched pole-zero(MMPZ) method 改进的极零点匹配法(MMPZ)

emulation design 仿真设计

MPZ comparison MPZ 比较

Modified PD control 改进的 PD 控制

Monic 首一的

Monic polynomials 首一多项式

Motion equation development for rigid bodies 刚体的运动方程开发

    position control, root locus for 位置控制, 根轨迹

Motor speed, PID control of 电动机速度, PID 控制

Motor speed system 电动机速度系统

    extended estimator 扩展估计器

    integral control 积分控制

MPZ method MPZ 法

    emulation design 仿真设计

MMPZ comparison MMPZ 比较

MRFM 磁共振力显微镜

Multiple crossover frequency system, Nyquist plot for 多穿越频率系统, 奈奎斯特图

Multiplication by time 与时间的乘法

Multipoint injection 多点喷注

N

Natural frequency 固有频率

    z-plane z 平面

Natural mode 自然模式

Natural responses 固有响应

    stability 稳定性

Negative feedback 负反馈

Negative locus 负轨迹

    plotting rules 绘图规则

    sketching 绘制草图

Negative root locus (see Negative locus) 负根轨迹

Neutral stable system 中性稳定系统

Neutrally stable 中性稳定

    frequency response design method 频率响应设计法

Newton's law 牛顿定律

    rotational motion 旋转运动

    translational motion 平移运动

Nichols chart 尼科尔斯图

    contours of constant closed loop magnitude 恒定闭环幅值的等高线

    for PID example PID 举例

Noncollocated case, root locus for 非并置, 根轨迹

Noncollocated sensor 非并置传感器

Nonlinear differential equations 非线性微分方程

Nonlinear integrator 非线性积分器

Nonlinear radiation RTP system 非线性辐射 RTP 系统

Nonlinear sensor 非线性传感器

Nonlinear systems 非线性系统

    analysis and design based on stability 基于稳定性的分析和设计

    equivalent gain analysis using frequency response 使用频率响应的等效增益分析

    equivalent gain analysis using root locus 使用根轨迹的等效增益分析

    linearization 线性化

    Lyapunov stability 李雅普诺夫稳定性

    root locus extension methods 根轨迹扩展法

Nonlinearity complications 非线性并发

Nonminimum phase systems 非最小相位系统

    Bode plot 伯德图

    frequency response 频率响应

    LTR 回路传递恢复

    response of 响应

Nonminimun phase zero 非最小相位零点

Normal form 标准型

    state space design 状态空间设计

Normal modes 标准模态

Notch compensation 陷波补偿

    design using 设计

    root locus extension method 根轨迹扩展法

Notch filter block diagram 陷波滤波器方框图

Nyquist and Shannon sampling theorem 奈奎斯特和香农采样定理

Nyquist frequency 奈奎斯特频率

Nyquist plot 奈奎斯特图

    characteristics 特征

    defining gain and phase margin 定义增益和相位裕度

    evaluation 评估

    LQR design LQR 设计

    multiple crossover frequency system 多穿越频率系统

    open loop unstable system 开环不稳定系统

    plotting procedure 绘图步骤

    pole locations 极点位置

    second order system 二阶系统

    third order system 三阶系统

    using MATLAB 使用 MATLAB

    vector margin 向量裕度

Nyquist stability criterion 奈奎斯特稳定性标准

O

Observability 能观性

Observability matrix 能观性矩阵

Observer 观测器

Observer canonical form 观测标准型

block diagram　方框图
DC servo　直流伺服
equation　方程
illustrated　图解
third order system　三阶系统
oil-mass resonance　油质共振
One-sided Laplace transforms　单边拉普拉斯变换
Op-amp　运算放大器
as integrator　积分器
schematic symbol　原理图符号
simplified circuit　简化的电路
summer　加法器
Open loop autopilot design　开环自动驾驶仪设计
Open loop control　开环控制
system　系统
Open loop estimator　开环估计器
Open loop transfer function　开环传递函数
Open loop unstable system, Nyquist plot for　开环不稳定系统,奈奎斯特图
Optimal control　最优控制
Optimal design　最优设计
Optimal estimation　最优估计
Oscillator, time scaling　振荡器,时间换算
Oscillatory systems　振荡系统
block example　方框块图
with saturation　带饱和
Oscillatory time response　振荡时间响应
Output equation　输出方程
state description　状态描述
Output matrix　输出矩阵
Output response, analog and digital implementations　输出响应,模拟和数字实现
Overshoot　超调量
plot　曲线图
time domain specification　时域指标
versus damping ratio　对比阻尼率

P

Padé approximant　Padé 近似
Paper machine example　造纸机举例
Parameter, consideration of two　两个参数的考虑
Parameter range versus stability　参数范围与稳定性的关系
Parameter selection　参数选择
Parameter value selection　参数值选择
Parseval's theorem　帕塞瓦尔定理
Partial fraction expansion　部分分式展开
distinct complex roots　不同的复数根
frequency response　频率响应

inverse Laplace transform　拉普拉斯逆变换
repeated real roots　重复的实数根
Partial state control canonical form　局部状态控制标准型
Peak amplitude　幅值峰值
Peak time　峰值时间
Pendulum　单摆
example　举例
control law　控制规律
estimator design　估计器设计
linear and nonlinear response　线性和非线性响应
nonlinear equations　非线性方程
reduced order estimators　阶估计器
rotational motion　旋转运动
SRL estimator design　SRL 估计器设计
rotational motion step input　旋转运动阶跃输入
Performance bound function　性能有界函数
example　举例
plot　图形
Perturbations　扰动
Phase　相位
frequency response　频率响应
Phase condition　相位条件
Phase lag　相位滞后
between output and input　介于输出和输入之间
versus time delay　对时滞
Phase margin　相位裕度
closed loop bandwidth　闭环带宽
frequency response data　频率响应数据
frequency response design method　频率响应设计法
LTR　回路传递回复
magnitude and phase plot　幅值和相位图
versus damping ratio　对阻尼比
versus frequency response peak　对频率响应谐振峰值
versus transient response overshoot　对暂态响应超调量
Phase plane　相平面
state space design　状态空间设计
Phase plot　相位图
gain and phase margin　增益和相位裕度
transfer function class　传递函数类型
Phase stabilization　相位镇定
Phase-plane plot with saturation　带饱和的相平面图
Photolithography　光蚀刻技术
Phugoid mode　长周期模式
PID control　PID 控制
Piper Dakota autopilot　Piper Dakota 自动驾驶仪
Pitch angle　俯仰角

Plant　受控对象

　　estimator connected to　估计器连接到

Plant changes　对象变化

Plant evaluation/ modification　对象评估/改进

Plant inversion　对象的逆

Plant open loop pole, root locus with　对象开环极点，根轨迹

Plant uncertainty　对象不确定性

　　plot　图形

PM　相位裕度

PM to damping ratio rule　PM 阻尼比规则

Polar plot　极坐标图

Pole　极点

　　Bode plot　伯德图

　　compensator design　补偿器设计

　　correlation　相关性

　　definition　定义

　　inverse Laplace transforms　拉普拉斯逆变换

　　partial fraction expansion　部分分式展开

　　rational transfer function　有理传递函数

　　response character indication　响应特征指示

　　of the system　系统

　　and zeros, finding using MATLAB　零点，用 MAT-LAB 求解

Pole assignment　极点配置

　　root locus　根轨迹

　　DC servo　直流伺服

　　SRL　对称根轨迹

Pole location/placement　极点位置/配置

　　Ackermann's formula　Ackermann 公式

　　corresponding impulse responses　对应的脉冲响应

　　polynomial transfer functions　多项式传递函数

　　selection　选择

　　dominant second order poles　主导二阶极点

　　example　举例

　　methods　方法

　　SRL　对称根轨迹

Pole selection SRL　极点选择 SRL

Pole-zero cancellation　极零点抵消

Pole-zero patterns, effects of　极零点模式，作用

Polynomial solution, integral control to　多项式解，积分控制

Polynomial transfer functions　多项式传递函数

　　pole placement for　极点配置

　　reduced-order design for　降阶设计

Position error constant　位置误差常数

Position feedback system, Lyapunov direct method for　位置反馈系统，李雅普诺夫直接法

Positive feedback　正反馈

Positive locus　正根轨迹

　　plotting rules　绘图规则

Positive root locus. (see Positive locus)　正根轨迹

Prefilter　预滤波器

Problem solving, using Laplace transforms　问题求解，使用拉普拉斯变换

Process　过程

Process noise for estimator pole selection　估计器极点选择的过程噪声

Process reaction curve　过程反应曲线

Programmable read only memory (EPROM)　可编程只读存储器

Prokaryotic cell　原核细胞

Proportional derivative (PD) compensation　比例微分补偿器

　　compensation characteristic　补偿特性

　　frequency response　频率响应

Proportional feedback control (P)　比例反馈控制

　　discrete control laws　离散控制规律

Proportional integral(PI)　比例积分

　　anti-windup compensation　抗漂移补偿

　　compensation　补偿

　　control system　控制系统

　　compensation characteristic　补偿特性

Proportional plus integral control (PI)　PI 控制

Proportional-integral-derivative(PID)　PID 控制

　　controller　控制器

　　frequency response design method　频率响应设计法

　　Nichols chart as example for　以 Nichols 为例

　　spacecraft attitude control　飞船姿态控制

　　state-space design　状态空间设计

Proportional-integral-derivative (PID) control　PID 控制

　　digital form　数字形式

Prototype testing　原型测试

Proximate time-optimal system (PTOS)　近似时间最优系统

Pseudorandom binary signal (PRBS)　伪随机二进制信号

Pseudorandom-noise data　伪随机噪声数据

Pulse, digitization　脉冲，数字化

Pure discrete equivalent versus mixed control system　纯离散等效对混合控制系统

Pure time delay　纯时滞

　　design for system　系统设计

　　heat exchanger　热交换

Pyrometer　高温计

Q

QR algorithm　QR 算法

Quality factor　品质因数

Quantized signals　量化信号

Quarter car-model　车模型

Quarter decay ratio　衰减率

R

Radiation Laboratory　辐射实验室

RAM　随机存储器

Ramp response of first order system　一阶系统斜坡响应

Ramp signal, robust tracking　斜坡信号，鲁棒跟踪

Random access memory (RAM)　随机存储器

Random walk　随机游动

Rapid thermal processing (RTP) system　快速热处理系统

    control system design procedure　控制系统设计步骤

    laboratory model　实验室模型

    linear model　线性模型

Rational transfer functions, direct design with　有理传递函数，直接设计

Reaction jets　反作用喷射

Reaction wheels　反作用轮

Read-only memory (ROM)　只读存储器

Receptor　受体

Reduced order compensator design for satellite attitude control　卫星姿态控制的降阶补偿器设计

Reduced order transfer compensator function　降阶补偿器传递函数

Reduced order design for polynomial transfer function model　多项式传递函数模型的降阶设计

Reduced order estimator　降阶估计器

    DC servo redesign example　直流伺服重新设计举例

    for pendulum　单摆

    structure　结构

Reference input　参考输入

    alternative structures　可选结构

    estimator　估计器

    gain selection　增益选择

    general structure　通用结构

    example　举例

    full state feedback　全状态反馈

    gain equation　增益方程

    selection methods　选择方法

    Type 1 system　1 型系统

Reference spectrum plot　参考频谱图

Reference tracking　参考跟踪

Region of convergence　收敛区域

Regulation　校正

Regulation with disturbance inputs for system type　对于系统类型的带干扰校正器

Regulator　校正器

    compensator design　补偿器设计

Relay　继电器

Repeated poles　重复的极点

Repeated real roots, partial fraction expansion　重复的实数根，部分分式展开

Repellent　驱避素

Reset control　复位控制

Reset windup　复位发条

Resistor symbol and equation　电阻器符号和方程

Resonant frequency　谐振频率

Resonant peak　谐振峰值

Response　响应

    by convolution　使用卷积

    to sinusoid　对正弦信号

    versus pole locations and real roots　对极点位置和实数根

Right half plane (RHP)　右半平面

    Bode plot　伯德图

    compensator transfer function　补偿器传递函数

    LTR　回路传递恢复

    Lyapunov stability　李雅普诺夫稳定性

    root locus extension method　根轨迹扩展法

    SRL　对称根轨迹

    zeros　零点

    example　举例

    nonminimum-phase systems　非最小相位系统

Rigid bodies, motion equation development for　刚体，运动方程开发

Ring-lasers gyroscope　环形激光陀螺仪

Rise time　上升时间

RLTOOL　根轨迹工具

RMS value　RMS 值

Robust　鲁棒的

Robust control　鲁棒控制

    definition　定义

    error space equations in　误差空间方程

    sinusoid　正弦信号

Robustness　鲁棒性

Robust properties　鲁棒特性

    LQR regulator　LQR 调节器

    system type　系统类型

Robust servomechanism　鲁棒伺服系统

    closed-loop frequency response　闭环频率响应特性

disturbance rejection properties　扰动抑制特性

Simulink block diagram　Simulink 方框图

tracking properties　跟踪特性

Robust tracking　鲁棒跟随

error space approach　误差空间法

Robustness constraints　鲁棒性约束

Rolling mill　轧钢厂

Roll mode　滚动模式

ROM　只读存储器

Room temperature, dynamic model for　室温, 动态模型

Root locus　根轨迹

0 degree locus. (see Negative locus)　0°根轨迹

180 degree locus. (see Positive locus)　180°度根轨迹

autopilot design　自动驾驶仪设计

closed loop poles　闭环极点

combine control and estimator　联合控制器和估计器

compensation　补偿

complex multiple roots　多重复数根

conditionally stable system　条件稳定系统

DC servo　直流伺服

pole assignment　极点配置

reduced order estimator　降阶估计器

feedback system　反馈系统

guidelines for determining　判定指南

illustrative　图示的

lead design　超前设计

lead lag　超前滞后

method of Evans　伊凡思法

motor position control　电动机位置控制

noncollocated case　非并置实例

notch compensations　陷波补偿器

plant open-loop pole　对象开环极点

plotting rules　绘图规则

reduced order controller　降阶控制器

rules application example　规则应用举例

rules for plotting a positive　绘制正根轨迹的规则

for satellite attitude control　用于卫星姿态控制

satellite control　卫星控制

collocated flexibility　并置灵活性

lead compensator　超前补偿器

small value for pole　极点的微小值

transition value for pole　极点的瞬态值

sketching guidelines　草图绘制指南

SRL pole assignment　SRL 极点配置

stability examples　稳定性举例

time delay　时滞

heat exchanger　热交换器

using two parameters in succession　连续使用两个参数

Root locus design method　根轨迹设计法

basic feedback system　基本的反馈系统

design example using　设计举例

dynamic compensation, design using　动态补偿, 设计

extensions of　扩展

historical perspective　历史回顾

guidelines for determining root locus　确定根轨迹的指南

illustrative root loci　图解性根轨迹

perspective　概述

Root locus forms　根轨迹形式

Root locus method　根轨迹方法

extensions　扩展

of Evans　伊凡思法

Root mean square (RMS) value　均方根值

Rotational and translation hanging crane　旋转和平移悬挂式起重机

Rotational motion　旋转运动

Newton's law　牛顿定律

pendulum　单摆

satellite attitude control model　卫星姿态控制模型

Rotor, free body diagram for　转子, 自由体受力图

Routh, E. J.　劳斯

Routh's array　劳斯阵列

Routh's stability criterion　劳斯稳定性判据

Routh's test　劳斯检验

RTP laboratory model　RTP 实验室模型

RTP linear model　RTP 线性模型

RTP system　RTP 系统

Rudder　方向舵

Run, E. coli　运动, 大肠杆菌

Run-to-run control　Run-to-run 控制

S

Sampled period, digitization　采样周期, 数字化

Sampled rate　采样速率

digitization　数字化

lower limit　更低限制

Sample rate selection　采样速率选择

digital control　数字控制

anti-alias prefilter　抗混叠预滤波器

asynchronous sampling　异步采样

disturbance rejection　扰动抑制

tracking effectiveness　跟踪有效性

digitization　数字化

Sampled data system　采样数据系统

Sampled signals　采样的信号

Sampling theorem of Nyquist and Shannon　奈奎斯特和香农的采样定理

Satellite attitude control　卫星姿势控制

　application　应用

　example　举例

　full order compensator design for　全阶补偿器设计

　LTR　回路传递回复

　reduced order compensator design　降阶补偿器设计

　rotational motion　旋转运动

SRL　对称根轨迹

state-variable form　状态变量形式

Satellite control　卫星控制

　root locus　根轨迹

　collocated flexibility　并置灵活性

　lead compensator　超前补偿器

small value for pole　极点的小值

　transition value for pole　极点的瞬态值

Schematic　原理图

Satellite transfer function using MATLAB　用 MATLAB 的卫星传递函数

Satellite with flexible appendages　带有柔性附件的卫星

Saturation　饱和

　dynamic system　动态系统

　oscillatory systems, nonlinear example　振荡系统, 非线性举例

Scaling　比例缩放

　ball levitator　浮球器

　dynamic models　动态模型

　time　时间

Schmitt trigger circuit　施密特触发电路

Second order equations, external signals　二阶方程, 外部信号

Second order servomechanism　二阶伺服系统

Second order step responses of transfer functions　传递函数的二阶阶跃响应

Second order system　二阶系统

　block diagram　方框图

　Lyapunov stability　李雅普诺夫稳定性

　Nyquist plot　奈奎斯特图

　responses　响应

　exponential envelope　指数包络

step response plots　阶跃响应曲线

Second order term, transfer function class　二阶项, 传递函数类型

Segway　Segway 电动代步车

Semiconductor wafer manufacturing　半导体芯片制造

Sensitivity　灵敏度

Sensitivity function　灵敏度函数

　for antenna　天线

　design limitations　设计限制

　plot and computation　图像和计算

　specifications　指标

Ssensor　传感器

　control system design procedure　控制系统设计步骤

Sensor noise　传感器噪声

　estimator pole selection　估计器极点选择

Sensors for Control　用于控制的传感器

Servo motor, torque-speed curves　伺服电动机, 力矩速度曲线

Servo motor. (see also DC servo)　伺服电动机

Servo speed control, SRL for　伺服速度控制, 对称根轨迹

Servo with tachometer feedback, system type for　带转速计的伺服系统, 系统类型

Servomechanisms　伺服机构

　increasing velocity constant　不断变大的速度常数

　structure, block diagram of　结构, 方框图

　system, lead compensator design for　系统, 超前补偿器设计

Set point　设定点

Settling time　稳定时间

　time domain specification　时域指标

Shift in frequency　频率变化

Short pulse　短脉冲

Short-period mode　短期模式

Sifting property　筛选特性

signal decay, rate of　信号衰落, 比率

Simple design criterion for spacecraft attitude control　飞船姿态控制的简单设计标准

Simulation　仿真

　block diagram transfer　方框图传递函数

　control system design procedure　控制系统设计步骤

Simulink　Simulink 软件

　block diagram for LTR　LTR 的方框图

　block diagram for robust servomechanism　鲁棒伺服系统的方框图

　for nonlinear motion　对于非线性运动

Simulink nonlinear simulation definition　Simulink 非线性仿真定义

　RTP system　RTP 系统

Simulink simulation for continuous and discrete systems　连续和离散系统的 Simulink 仿真

Single point　单点

Sinusoid　正弦信号

　robust control　鲁棒控制

with frequency 频率

Sinusoid of frequency, compensator structure 正弦频率信号，补偿器结构

Sinusoid transform 正弦转换

Sinusoidal signal 正弦信号

time integral 时间积分

time product 时间乘积

Sizing the actuator 选型执行器

Slow poles 慢速极点

Small signal linearization 小信号线性化

Smith compensator 史密斯补偿器

Smith regulator for time delay 对于时滞的史密斯校正器

Space station attitude digital controller 空间站姿态数字控制器

Space station digital controller, direct discrete design of 空间站数字控制器，直接离散设计

Spacecraft attitude control 飞船姿势控制

PID compensation design for PID 补偿

simple design criterion for 简单设计标准

Specific heat 比热

Spectral analyzers 光谱分析仪

Spiral mode 螺旋模式

Spirule 螺旋线

s-plane s 平面

complex poles 复数极点

RHP contour RHP 等值线

specification transformation 指标变换

Time domain specification 时域指标

and z-plane relationship z 平面关系

SRL. (see Symmetric root, locus (SRL)) 对称根轨迹

Stability 稳定性

feedback system 反馈系统

input magnitude, nonlinear response 输入幅值，非线性响应

linear time invariant systems 线性时变系统

natural responses 固有响应

necessary condition for 必要条件

Routh's criterion 劳斯判据

of system 系统

system definition and root locus 系统定义和根轨迹

versus parameter range 对参数范围

versus two parameter ranges 对两个参数范围

Stability analysis 稳定性分析

stability augmentation 稳定性增加

Stability condition, frequency response 稳定性条件，频率响应

Stability margins 稳定裕度

frequency response design method 频率响应设计法

Stability properties for conditionally stable system 条件稳定系统的稳定性特性

Stability robustness 稳定性鲁棒性

Stabilization 镇定

amplitude 幅值

phase 相位

Stable compensator 稳定的补偿器

Stable minimum phase system 稳定的最小相位系统

Stable system 稳定系统

block diagram 方框图

definition 定义

Staircase algorithm 阶梯算法

Star tracker 星体追踪仪

State description 状态描述

equation 方程

thermal system transfer function 热学系统传递函数

zeros for thermal systems from 热学系统的零点

State equations 状态方程

block diagrams 方框图

canonical forms 标准型

dynamic responses from 动态响应

State estimate equation 状态估计方程

feedback output error 反馈输出误差

State of system 系统的状态

State space and frequency response design methods 状态空间和频率响应设计法

State space control design 状态空间控制设计

State space design 状态空间设计

advantages 优势

block diagrams and 方框图

compensator design 补偿器设计

control-law design for full-state feedback 全状态反馈的控制规律设计

estimator design 估计器设计

gain selection 增益选择

historical perspective 历史回顾

integral control and robust tracking 积分控制和鲁棒跟踪

Loop transfer recovery (LTR) 回路传递恢复

Lyapunov stability 李雅普诺夫稳定性

perspective 概述

pole location selection for good design 优良设计的极点位置选择

pure time delay 纯时滞

rational transfer functions 有理传递函数

reference input with estimator 使用估计器的参考输入

state equation analysis 状态方程分析

system description in　系统描述

Time and amplitude scaling in　时间和幅值缩放

State space design elements　状态空间设计组件

state-variable form　状态变量形式

differential equations　微分方程

dynamic models　动态模型

satellite attitude control　卫星姿态控制

loudspeaker with circuit in　带电路的扬声器

modeling DC motor in　建模直流电动机

State space method, lag compensation by　状态空间法，滞后补偿

State space pole placement method　状态空间极点配置法

State space to transfer function　状态空间到传递函数 (ss2tf) MATLAB function　MATLAB 函数

State transformation　状态变换

Steady state error　稳态误差

command inputs and disturbances　指令输入和扰动

determination example　判定举例

Steady state information　稳态信息

Steady state information stochastic　稳态信息随机性

Steady state tracking and disturbance rejection　稳态跟踪和扰动抑制

Steam engine　蒸汽机

Step and ramp transforms　阶跃和斜坡变换

Step response　阶跃响应

digital versus continuous design　数字与连续设计

first-order system　一阶系统

lag compensation　滞后补偿器

lead, lag, and notch compensation　超前、滞后和陷波补偿器

MATLAB　MATLAB 软件

standard second-order system　标准二阶系统

Step response comparison of continuous and discrete system　连续和离散系统的阶跃响应比较

Step response plots, second-quarter systems　阶跃响应曲线，第二个四分位系统

Stick on a cart　车上的杆

Stochastic steady state information　随机稳态信息

Structurally stable　结构稳定

Successive loop closure　依次回路闭合

Superposition　叠加

principle of　原理

Superposition integral　叠加积分

Suspension model, two-mass system　悬浮模型，双质体系统

Suspension system, free body diagram for　悬浮系统，自由体受力图

Sylvester matrix　Sylvester 矩阵

Symmetric root locus (SRL)　对称根轨迹

DC servo compensator　直流伺服补偿器

redesign example　重新设计举例

equation　方程

estimator pole selection　估计器极点选择

estimator design pendulum example　估计器设计单摆实例

first order system　一阶系统

for inverted pendulum　倒立摆

pole assignment　极点配置

pole selection　极点选择

for satellite attitude control　卫星姿态控制

for servo speed control　伺服系统速度控制

System　系统

cruise control model　巡航控制模型

System complexity versus system response　系统复杂度与系统响应

System identification　系统辨识

System matrix　系统矩阵

System modeling diagrams　系统建模图

System response versus system complexity　系统响应与系统复杂度

System stability　系统稳定性

System type　系统类型

reference tracking　参考跟踪

for regulation and disturbance rejection　对于校正和干扰抑制

robust property　鲁棒性特性

for speed control　对于速度控制

for tracking　对于跟踪

using integral control　使用积分控制

System biology　系统生物学

T

Tape drive　磁带驱动器

analysis of state equations of　状态方程分析

LQR design　LQR 设计

state equation analysis　状态方程分析

Tape servomotor design, step responses of　磁带伺服系统设计，阶跃响应

Temperature control system　温度控制系统

lag compensator design for　滞后补偿器

lead compensator for　超前补偿器

Temperature trajectory　温度轨迹

Temperature uniformity　温度均匀性

Tension plots for tape servomotor step responses　磁带伺服电动机阶跃响应的张力图

Thermal capacity　热容量

Thermal conductivity　热传导率

Thermal resistance　热电阻

Thermal system for state description　状态描述热系统

Thermal system transfer function from state description　来自状态描述的热学系统传递函数

Thermal system transformation from control to modal form　从控制标准型到模态标准型的热学系统变换

Thermal system from state description, zeros for　来自状态描述的热学系统, 零点

Thermostat　恒温器

Third order system　三阶系统

    analog computer　模拟计算机

    block diagram　方框图

    control canonical form　控制标准型

    lead compensator design　超前补偿器设计

    Nyquist plot　奈奎斯特图

    observer canonical form　观测标准型

    step response　阶跃响应

Three-term controller　三项控制器

Throttle body injection　节流阀体喷射

Time constant　时间常数

Time delay　时滞

    frequency response design method　频率响应设计法

    heat exchanger　热交换器

    magnitude　幅值

    phase　相位

    root locus　根轨迹

    heat exchanger　热交换器

    Smith regulator　史密斯调节器

    transfer function　传递函数

Time delay system　时滞系统

Time domain specifications　时域指标

Time integral of sinusoidal signal　正弦信号的时间积分

Time invariance　时间不变性

Time multiplication　时间乘法

Time product　时间乘积

    Laplace transform　拉普拉斯变换

    property　特性

    sinusoidal signal example　正弦信号举例

Time response　时间响应

Time scaling　时间比例缩放

    oscillator　振荡器

Time sequences with z-plane　使用 z 平面的时间序列

Time-to-double　时间加倍

Torque　转矩

Torque-speed curves for servo motor　伺服电动机的转矩速度曲线

Tracking　跟踪

Tracking control　跟踪控制

Tracking effectiveness　跟踪有效性

Tracking error estimator　误差跟踪估计器

    description　描述

    example　举例

Tracking properties for robust servomechanism　鲁棒伺服系统的跟踪特性

Tracking system　跟踪系统

Transconduction pathway　传导路径

Transfer function　传递函数

    block diagram　方框图

    Bode form　伯德形式

    cancellations　抵消

    classes of terms　项的类别

    for closed-loop system　闭环系统

    linear system　线性系统

    of simple system using MATLAB　使用 MATLAB 的简单系统

    state equations　状态方程

    time delay　时滞

    using MATLAB　使用 MATLAB

Transfer function poles from state equation　来自状态方程的传递函数极点

Transfer function to state space (tf2ss) control canonical forms　传递函数到状态空间控制标准型

Transfer function zeros from state equations　来自状态方程的传递函数零点

Transformation of state equations　状态方程的转换

Transformations using MATLAB　使用 MATLAB 的变换

Transient response　瞬态响应

    data　数据

    DC motor　直流电动机

    experimental data source　实验数据来源

    motor speed system　电机速度系统

    overshoot versus phase margin　超调量与相位裕度

Translational motion, Newton's law for　平移运动, 牛顿定律

Transmission zeros (tzero)　传输零点

Transportation lag. (see Pure time delay)　传输滞后

Transpose　转置

Trapezoidal integration　梯形积分

Trapezoid rule　梯形法则

Trim command loop　平整指令回路

Truxal's formula,　Truxal 公式

Tumble, E. coli　翻滚, 大肠杆菌

Tumbling frequency　翻滚频率

Tungsten halogen lamp　卤化钨电子管

Tustin's method　Tustin 法
　digital controller　数字控制器
　emulation design　仿真设计
　MPZ and MMPZ comparison　MPZ 与 MMPZ 的比较
Two-mass system, suspension model　双物体系统, 悬浮模型
Two-sided Laplace transforms　双边拉普拉斯变换
Type one servomechanism system, lead compensator design for　确定伺服系统类型, 超前补偿器设计
Typical plant uncertainty　典型的对象不确定性

U

Ultimate gain　最终增益
Ultimate period　最终周期
Ultimate sensitivity method　最终敏感度法
Uncontrollability of estimator modes　估计器模式的不能控性
Uncontrollable systems　不能控系统
Undamped natural frequency　无阻尼固有频率
Undamped oscillator, Ackermann's formula for　无阻尼振荡器, Ackermann 公式
Unilateral Laplace transforms,　单边拉普拉斯变换
Unit step function　单位阶跃函数
Unit step response　单位阶跃响应
Unity feedback structure　单位反馈结构
Unity feedback system　单位反馈系统
　drawing　方框图
Unstable, impulse response　不稳定, 脉冲响应
Unstable system　不稳定系统
Upper companion form　上伴随型

V

Van der Pol's equation　范德波尔方程
Vector margin　向量裕度
Velocity constant　速度常数
Velocity error coefficient　速度误差系数
Voice coil　音圈
Voltage source symbol and equation　电压源符号和方程

W

Washout　抵消
Water tank height, equation for describing　水箱高度, 描述方程
Water tank height and outflow, linearization of　水罐高度和流出量, 线性化

Watt's flyball governor　瓦特飞球调节器
Weak controllability　弱能控性
Weighting function in Bode gain phase theorem　伯德增益相位定理中的权重函数

Y

Yaw damper　偏移阻尼器

Z

Zero　零点
　Bode plot　伯德图
　definition　定义
　affect of　作用
　LHP　左半平面
　inverse Laplace transforms　拉普拉斯逆变换
　LTR　回路传递恢复
　rational transfer function　有理传递函数
　RHP　右半平面
　root locus extension method　根轨迹扩展法
　using MATLAB to find　使用 MATLAB 求解
Zero assignment　零点配置
　estimator　估计器
　description　描述
　example　举例
　increasing velocity constant, servomechanism　不断变大的速度常数, 伺服系统
Zero degree locus (see Negative locus)　零度根轨迹
Zero location and control law　零点位置和控制规律
Zero order hold (ZOH)　零阶保持器
　digitization　数字化
　sample rate selection　采样速率选择
Ziegler-Nichols Tuning of PID　PID 的 Ziegler-Nichols 调节
Zirconia sensor　氧化锆传感器
z-plane　z 平面
　natural frequency and damping locus　固有频率和阻尼轨迹
　s-plane　s 平面
　characteristics　特征值
　digital control relationship　数字控制关系
　relationship　关系
　time sequences　时间序列
z-transform　z 变换
　dynamic analysis　动态分析
　inversion　逆
　simple discrete time function　简单的离散时间函数

拉普拉斯变换表

序　号	$F(s)$	$f(t), t \geqslant 0$
1	1	$\delta(t)$
2	$\dfrac{1}{s}$	$1(t)$
3	$\dfrac{1}{s^2}$	t
4	$\dfrac{2!}{s^3}$	t^2
5	$\dfrac{3!}{s^4}$	t^3
6	$\dfrac{m!}{s^{m+1}}$	t^m
7	$\dfrac{1}{(s+a)}$	e^{-at}
8	$\dfrac{1}{(s+a)^2}$	te^{-at}
9	$\dfrac{1}{(s+a)^3}$	$\dfrac{1}{2!}t^2 e^{-at}$
10	$\dfrac{1}{(s+a)^m}$	$\dfrac{1}{(m-1)!}t^{m-1}e^{-at}$
11	$\dfrac{a}{s(s+a)}$	$1 - e^{-at}$
12	$\dfrac{a}{s^2(s+a)}$	$\dfrac{1}{a}(at - 1 + e^{-at})$
13	$\dfrac{b-a}{(s+a)(s+b)}$	$e^{-at} - e^{-bt}$
14	$\dfrac{s}{(s+a)^2}$	$(1-at)e^{-at}$
15	$\dfrac{a^2}{s(s+a)^2}$	$1 - e^{-at}(1+at)$
16	$\dfrac{(b-a)s}{(s+a)(s+b)}$	$be^{-at} - ae^{-at}$
17	$\dfrac{a}{(s^2+a^2)}$	$\sin at$
18	$\dfrac{s}{(s^2+a^2)}$	$\cos at$
19	$\dfrac{s+a}{(s+a)^2+b^2}$	$e^{-at}\cos bt$
20	$\dfrac{b}{(s+a)^2+b^2}$	$e^{-at}\sin bt$
21	$\dfrac{a^2+b^2}{s\left[(s+a)^2+b^2\right]}$	$1 - e^{-at}\left(\cos bt + \dfrac{a}{b}\sin bt\right)$

反馈控制按年代的发展历史

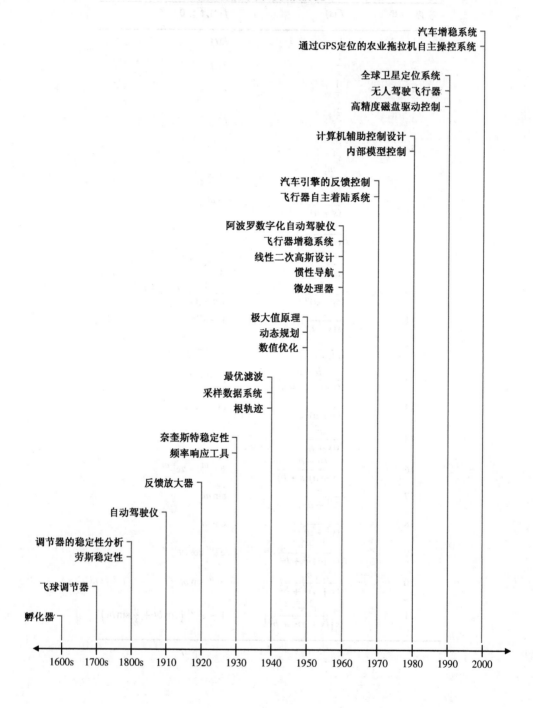

MATLAB 函数 (. mfile)	描　　述	(原书) 页码
acker	用于极点配置的 (Ackermann) 公式	449 , 456 , 469 , 472
bode	伯德图频率响应	84 , 300 , 315 , 380 , 522
c2d	连续到离散的转换	203 , 353 , 488 , 499 , 570
canon	状态空间标准型	435
conv	多项式乘法	92 , 459 , 461 , 767
damp	阻尼和固有频率	588 ~ 589
eig	特征值和特征向量	432 , 433 , 439
feedback	两个系统的反馈连接	262 ~ 263
impulse	LTI 系统的脉冲响应	111 , 115 , 127
initial	状态空间系统的初始条件响应	469 , 475
inv	矩阵的逆	434 , 436
logspace	对数分布频率点	84
lqe	线性二次估计器设计	521
lqr	线性二次校正器设计	463 , 464 , 725
lsim	带有绝对输入的 LTI 系统仿真	101 , 102
margin	增益和相位裕度	357 , 398 , 522
nyquist	奈奎斯特图	326 , 329 , 333
Padé	时滞的 Padé 近似	273
parallel	两个 LTI 系统的并联	107
place	极点配置	451 , 472 , 484 , 490 , 510
plot	绘图函数	33 , 99 , 101
poly	从方程的根得到多项式	96
pzmap	极零点图	109
residue	部分分式扩展的剩余项	92 , 96 , 767
rlocfind	计算根轨迹增益	246 , 399
rlocus	根轨迹	225 , 399 , 459 , 461
rltool	交互式根轨迹工具	282
roots	多项式的根	136 , 239 , 441 , 451
series	两个 LTI 系统的串联	107 , 522 , 588 ~ 889
sqrt	平方根	510
ss2tf	状态空间到传递函数的变换	438 , 440 , 441
ss2zp	状态空间到极零点的变换	423
ss	变换到状态空间	419 , 435 , 440 , 442
ssdata	建立状态空间模型	435
step	阶跃响应	24 , 137 , 138 , 142 , 285
tf2ss	传递函数到状态空间的变换	426
tf2zp	传递函数到极零点的变换	98 , 100
tf	创建或者转换为传递函数	24 , 84 , 107 , 111 , 127
tzero	传输零点	459 , 468 , 470

设计辅助

闭环系统

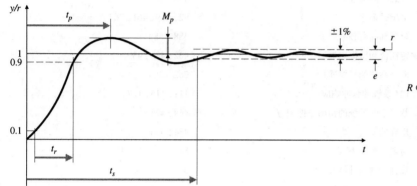

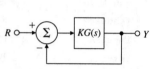

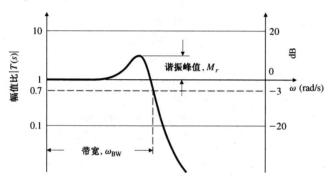

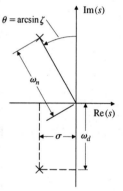

开环系统

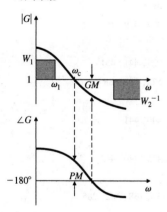

设计关系式

$$t_s = \frac{4.6}{\sigma} \qquad t_r = \frac{1.8}{\omega_n}$$

$$\sigma = \zeta\omega_n \qquad \omega_d = \omega_n\sqrt{1-\zeta^2}$$

$$e_{ss} = \frac{1}{1+K_0}, \quad K_0 = |G(j\omega)|_{\omega=0}$$

$$|E| < \frac{1}{1+W_1}, \quad \omega < \omega_1$$

$$\omega_{BW} = \omega_c, \qquad PM = 90°$$

$$\omega_{BW} = 2\omega_c, \qquad PM = 45°$$

$$M_r \approx \frac{1}{2\sin(PM/2)}$$

$$M_p = 5\%, \qquad \zeta = 0.7$$

$$M_p = 15\%, \qquad \zeta = 0.5$$

$$M_p = 35\%, \qquad \zeta = 0.3$$

$$\zeta \approx \frac{PM}{100}, \qquad PM < 70°$$